建 筑 物 理

——建筑气候 · 热传递 · 湿传递 · 建筑声学

（基础、应用、案例）

Peter Häupl 著

徐 然 徐宇工 译

北京交通大学出版社

· 北京 ·

北京市著作权合同登记号：（01-2022-5046）

Title:Bauphysik–Klima Wärme Feuchte Schall–Grundlagen, Anwendungen, Beispiele

by Peter Häupl

ISBN:978-3-433-01842-2

图书在版编目（CIP）数据

建筑物理：建筑气候·热传递·湿传递·建筑声学：基础、应用、案例 /（德）霍伊普尔著；徐然，徐宇工译. 一北京：北京交通大学出版社，2022.9

ISBN 978-7-5121-4735-5

Ⅰ. ① 建… Ⅱ. ① 霍… ② 徐… ③ 徐… Ⅲ. ① 建筑物理学 Ⅳ. ① TU11

中国版本图书馆 CIP 数据核字（2022）第 098820 号

建筑物理——建筑气候·热传递·湿传递·建筑声学（基础、应用、案例）
JIANZHU WULI——JIANZHU QIHOU · RECHUANDI · SHICHUANDI · JIANZHU SHENGXUE（JICHU,YINGYONG,ANLI）

责任编辑：刘　蕊
出版发行：北京交通大学出版社　　电话：010–51686414　　http://www.bjtup.com.cn
地　　址：北京市海淀区高梁桥斜街 44 号　　邮编：100044
印 刷 者：艺堂印刷（天津）有限公司
经　　销：全国新华书店
开　　本：185 mm×260 mm　　印张：35.75　　字数：739 千字
版 印 次：2022 年 9 月第 1 版　　2022 年 9 月第 1 次印刷
定　　价：149.00 元

本书如有质量问题，请向北京交通大学出版社质监组反映。对您的意见和批评，我们表示欢迎和感谢。
投诉电话：010-51686043，51686008；传真：010-62225406；E-mail：press@bjtu.edu.cn。

Klimagerechtes Bauen ist besser als baugerechtes Klimatisieren

面向气候建造建筑比面向建筑调节气候更好

Karl Petzold（1926—2006）

德累斯顿工业大学建筑气候教席教授（1970—1991）

中文版序

建筑的物理环境因素对建筑的形式有着重要的影响，良好的建筑物理环境是生态建筑、绿色建筑、健康建筑、低碳建筑的基础。建筑物理学是建筑学、土木工程、建筑设备等专业及其相关学科学生必修的专业基础课。学习和研究这门课程的目的在于，为与建筑有关的人营造一个舒适、健康、高效的热、光、声环境。从物理概念上理解热、光、声等物理现象在建筑中的作用规律，对于未来的建筑师、土木工程师及设备工程师等专业人员都非常重要。

在建筑物理学从形成到发展的百余年历史中，欧洲始终处于该学科的领先地位，尽管每年涉及建筑物理研究的学术论文浩如烟海，但源自欧洲的建筑物理基础教材在国内却较为罕见。德国的建筑节能技术在欧洲乃至全世界都位于前列，这与其建筑物理学科的发展和教育是分不开的。今受译者徐宇工教授之邀，为国内首本德文版建筑物理教材的中文译本作序，欣然为之推介。

我与原著作者 Häupl 教授及译者之一徐宇工教授相识于 1995 年，当时，本人的导师、时任中国建筑学会建筑物理分会主任委员的陈启高先生，邀请 Häupl 教授及其博士研究生徐宇工访问重庆，并作为特邀嘉宾参加第七届全国建筑物理学术年会。当时的学术交流给我们彼此留下了深刻的印象。

Häupl 教授曾于 1994—2007 年担任德国德累斯顿工业大学建筑气候研究所所长，期间该研究所在毛细多孔建筑材料中的热湿耦合传递研究及基于室外气候、建筑物参数和房屋使用条件下的室内气候建模仿真研究方面，以其百余篇的学术论文在国际上奠定了坚实的学术声誉基础。鉴于此，本书的重要特色是，描述建筑外围护结构中的湿传递现象的内容与国内同类教材明显不同，其介绍篇幅较大，实际案例较多，与建筑实践联系紧密。相信该书中文译本的出版对于国内相关专业的教师和学生深入理解建筑物理原理定会大有裨益。

本书内容及应用实例丰富，适合作为研究生参考教材。

中国建筑学会建筑物理分会理事长

2022 年 4 月 27 日 于羊城

Vorwort zur chinesischen Ausgabe

Vor genau fünfzig Jahren prägte mein Vorgänger, der weitsichtige deutsche Thermodynamiker Professor Karl Petzold den Begriff Bauklimatik und gründete das gleichnamige Institut an der Technischen Universität Dresden.

Mit seiner Maxime *Klimagerechtes Bauen ist besser als baugerechtes Klimatisieren* schuf er die Grundlage für ein umweltgerechtes Bauen im weitesten heute gültigem Sinne und bediente sich dabei eines präzisen mathematischen Apparates zur Quantifizierung der thermischen Wechselwirkung zwischen Gebäude und Umwelt. Im Kapitel *Wärme* sind die entsprechenden Modelle nachvollzogen und komplettiert worden. Im Teil *Feuchte*, meinem Hauptarbeitsgebiet, habe ich auf der Grundlage des gekoppelten nichtlinearen Feuchte-und Wärmetransportes in Baustoffen und Bauwerksteilen versucht eine Lücke in der bauklimatischen Forschung zu schließen. Zur Bauklimatik gehört aber auch die Bau-und Raumakustik. Auch in diesem Kapitel werden nicht vordergründig international gültige Normen aufgeschrieben, sondern der mechanische Hintergrund der Schallübertragung von Bauteilen behandelt. Neben den wissenschaftlichen Grundlagen werden in diesem Buch zahlreiche praktische Beispiele vorgestellt und mathematisch auf Mathcad Basis gelöst.

Mein herzlicher Dank gilt Professor Xu Yugong von der Beijing Jiaotong University für die recht aufwendige Übersetzung des Buches ins Chinesische. Ich wünsche dem Buch eine gute Resonanz in der Volksrepublik China, deren wirtschaftliche und wissenschaftliche Entwicklung in den letzten fünfundzwanzig Jahren meinen größten Respekt abverlangt hat.

Prof. Dr. Ing. habil. Peter Häupl
Direktor des Instituts für Bauklimatik an der Technischen Universität Dresden von 1992 bis 2007

中文版作者序译文

整整50年前，我的前任、具有远见的德国热物理学者Karl Petzold提出了建筑气候学的概念，并在德累斯顿工业大学建立了以此为名的研究所。

他的名言“面向气候建造建筑比面向建筑调节气候更好”为当今最具广泛意义的环境友好型建筑奠定了基础。同时，他也运用了精确的数学手段来定量研究建筑与环境之间的热相互作用。在“热传递”一章中，重建并完善了相应的模型。在我的主要研究领域“湿传递”部分中，基于建筑材料及建筑构件内部非线性湿热耦合传递计算，我尝试着填补了建筑气候研究方面的空白。建筑及室内声学也属于建筑气候学研究的范围，在这一章并没有介绍浅显的国际标准，而是给出了建筑构件中声音传播的力学影响因素。本书在介绍理论基础的同时，还给出了大量的实际案例及其基于Mathcad软件的数学解。

衷心感谢我曾经的博士研究生北京交通大学的徐宇工教授和他的女儿徐然博士耗费了大量时间和精力将本书译成中文。希望本书在中国能够取得良好的反响，在过去的25年里，中国的经济和科学发展让我肃然起敬。

工学博士、哈比尔博士Peter Häupl教授

德累斯顿工业大学建筑气候研究所原所长（1992—2007年）

Vorwort

Ganz plötzlich ist die Bewahrung der klimatischen Schutzfunktion der irdischen Atmosphäre zu einer politischen Schlüsselaufgabe von Weltrang geworden. Dem klimagerechten Bauen bei voller Gewährleistung der Funktionssicherung (z.B. hygienisch optimales Raumklima oder Einhaltung der von den Produktionstechnologien vorgegebenen Grenzen) und Eigensicherung (z.B. Langlebigkeit der Bauteile durch Vermeidung von Feuchteschäden) von Gebäuden kommt eine von Fachleuten längst angemahnte und häufig genug gegen Widerstände durchgesetzte, aber jetzt auch von der öffentlichen Meinung massiv vertretene Bedeutung zu.

Das Buch,, Bauphysik “ist klassisch gegliedert–Klima, Wärme, Feuchte, Schall–weicht aber in den Einzelinhalten und Vermittlungsmethoden häufig von den eingefahrenen Wegen ab und ist somit über weite Strecken keine Wiederholung gängiger oder bewährter Literatur. Bauphysikalische Normen sind aufgrund der intensiven Wissensschöpfung kurzlebig. Es wird deshalb nur recht sparsam darauf Bezug genommen, geschweige denn ein seitenlanger Normenabdruck angeboten–beim Planen liegt die aktuelle Norm sowieso am Platz.

Alle bauphysikalischen Zusammenhänge sind in der einfachen Software Mathcad formuliert. Das Arbeiten mit Mathcad verlangt eine mathematische Quantifizierung aller Aussagen. Um eine willkürliche Empirie zu vermeiden, müssen die verwendeten Gleichungen für den unter Zeitdruck lemenden und praktizierenden Ingenieur leicht verständlich und deshalb meist näherungsweise aus den physikalischen Grundgesetzen abgeleitet werden. Das betrifft zum einen zahlreiche bekannte bereits zur Innovationsferne erstarrte Formeln zum anderen aber auch die vielen neuen weit aber das Normenlevel hinaus gehenden und dennoch praktikablen und plausiblen Aussagen und Anwendungen. Obgleich auf allen Gebieten der Bauphysik mehr oder weniger nutzerfreundliche Software–Tools auf der Basis numerischer Simulationsverfahren vorliegen, beruht der Schwerpunkt des Buches auf geschlossenen analytischen Darstellungen der wesentlichen Sachverhalte. Die Ergebnisse sind aber im Hintergrund mit dem genannten Werkzeug validiert worden.

Eine CD mit allen durch das,, Ergibtzeichen :=” programmierten und jeweils beispielhaft getesteten analytischen Gleichungen–lauffähig ab,, Mathcad 2001 Professional “–ist beigefügt und kann zum Rechnen, grafischen und tabellarischen Darstellen, Vorbemessen und Planen benutzt werden.

Dem Verlag Ernst & Sohn sei für die Herausgabe dieser,, Bauphysik “gedankt und dem Leser, oder besser Nutzer, ein erfolgreiches Arbeiten gewünscht und versprochen. Gedankt sei auch,, meinen jungen Leuten “am Institut für Bauklimatik der Technischen Universität Dresden, die mich in den letzten 15 Jahren erzogen und gebildet haben, sowie den Drittmittelgebern der EU, der DFG, der DBU, aus der Wirtschaft, des BMVB, aber insbesondere dem Projektträger Jülich des Bundesministeriums für Wirtschaft und Technologie.

Dresden, im Juli 2007 Peter Häupl

原版序言译文

在世界上大多数人毫无准备的情况下，维持地球大气层的气候保护功能突然成了一项国际公认的关键性的政治任务。能否充分保障建筑物的使用功能（例如，对于健康卫生状况理想的室内气候或遵守生产技术规定的限制）和建筑物的自身使用安全（例如，通过避免湿损坏保障部件的耐久性），对于建造气候适应性好的建筑的意义越来越重要。长久以来，专家们一直都对研究该题目的重要意义给予呼吁，也经常遭遇到强大的阻力，但现在已经被大众所认可。

《建筑物理》一书按传统划分方式分为气候、热、湿、声几个部分，但在具体内容和解决问题的方法方面，却常常另辟蹊径。因此，本书并没有对经典文献做大篇幅的重复引用。由于相关知识的高速更新迭代，建筑物理规范的有效性往往是短暂的，因此本书中极少涉及它们，而提供若干页长的规范翻印更是遑论。在房屋规划工作中，现行的规范手册可以说是随手可得。

本书已将所有涉及的建筑物理关系式编入了便捷的 Mathcad 应用软件之中。使用 Mathcad 需要对所有的论述进行数学量化。为避免不严谨的经验论，必须确保在很短的时间内工程师们能够快速并容易地理解所涉及的方程式，因此对其中的大多数方程式都在基于基本物理定律的情况下，进行了近似的推导。一方面，这会涉及一些已经远离创新旋涡的、固化了的知名公式；另一方面，也会涉及很多远在规范标准水平之上的，但仍旧切实可行的新兴论述和应用所对应的方程。尽管在建筑物理的各个领域，会有一些用户界面友好的、基于数值模拟方法的计算应用软件工具，但本书的侧重点仍在于对基本事物进行封闭条件下的解析描述。这些结果也已经间接地利用上述软件得到了验证。

本书另附有一张光盘，其中包含了书中所有通过赋值符号“：=”编程的，并通过算例验证过的分析方程。这些方程均可在专业软件 Mathcad 2001 以上的版本上运行，可用于计算、图形或表格形式的表达、预测及规划等。

在此，感谢 Ernst & Sohn 出版社出版《建筑物理》一书，同时也祝愿本书的读者，或者更确切地说是本书的使用者，取得卓有成效的工作业绩。我还要感谢德累斯顿工业大学气候研究所的“我的年轻人团队”，他们在过去的15年里，对我进行了培养和教育。同样要感谢欧盟给予研究资助的各个企业，感谢德国科学基金会（DFG）、德国联邦环境基金会（DBU）的基金支持，感谢联邦交通、建筑和城市发展部（BMVB），还要特别感谢联邦经济技术部（BMWT）设在北威州的于利希项目管理公司（Projektträger Jülich）。

Peter Häupl

2007 年 7 月于德累斯顿

目　录

引言

热物理学在房屋设计、规划、计算和建造中的任务是：使住宅建筑和公共建筑的室内气候环境符合健康要求，并使影响建筑物室内气候的参数保持在技术要求范围内，以及主要通过避免湿危害来确保建筑物的自身安全和使用寿命。

建筑物内部的室内气候，是由室外气候（房屋外部的气候、外界空气的温度变化过程、短波和长波辐射负荷、空气湿度、风、降雨、气压）、建筑物及单个构造组件的热湿性能（传热阻力、储热性能、湿传递阻力、储湿性能）、通风换气气流、换气率、其他副作用功能（由室内人员、设备、蒸发、照明形成的内部热源和内部湿源）和建筑技术设备（供暖、通风和空调设备）等因素相互作用的结果。

外部气候和功能副作用会干扰建筑物的热湿平衡。建筑物通过自身的传递阻力和储存阻力来抵抗热负荷并且使负荷峰值变得缓和。建筑物可以通过这些特性（以合理的通风为前提）在一年中大部分时间内将室内气候保持在给定的偏差之内。当这些特性不足以维持这个能力时（如过高的热负荷和湿负荷、设计不理想的房屋体块、过窄的容差限值），就必须加入供暖设备和空调设备。由于这种（可调节室内气候的）建筑物的运行费用偏高，因此建筑物的热性能往往比其经济性更具有决定性作用。总之，依据环境气候来建造建筑一定会比依据建筑来调节其环境气候更好。

第 1 章面向建筑物给出（中欧地区的）室外气候的组成部分，并且确定对室内气候的主要湿热要求。

第 2 章涉及热传导、热对流和热辐射等关于热量传递的基础知识。

第 3 章为单个建筑构件的热工性能。热阻和传热系数作为特征参数将被引入并给出详细解释。在本章的最后介绍以热桥的形式出现的房屋内热工性能薄弱部位。本章用较长的篇幅描述了通风房屋结构。除此之外，还对一些典型的非稳态现象进行解析求解，如周期变化负荷及阶跃负荷的温度场（如地板上的导热）。

第 4 章主要是研究建筑整体的热工性能。对建筑物在寒冷季节期间所获得和损失的热流进行量化计算之后，计算出建筑的供热能量需求，并将它与基于经济、生态和房屋几何形状等原因所确定的极限值进行比较。基于夏季 5 天晴好天气期间对房屋的准稳定态呈指数形式的加热过程，给出了夏季隔热的评价准则。为了进行更为准确的描述，本章对无空调房间内体感温度的年变化历程和日变化历程进行了近似计算。其基础仍为基于所有与建筑气候相关的热流量平衡关系，其中考虑了通过所有建筑构件的能量传递、通过窗户的直接辐射能量输入、通过不透明建筑构件的间接辐射热增量、通过通风而进行的热交换、内部热负荷和建筑构件质量中的蓄热等因素。

第 5 章主要介绍的是房屋建筑中的湿技术问题。湿技术问题对建筑物的自身安全具有重要有意义。通过考虑建筑材料中的水蒸气的传输和毛细水分的传输，对建筑物的湿状态的可能状况进行了介绍。在对室内空气湿度的模拟计算中，不仅考虑了湿源的强度和换气率，还考虑了房间围护结构表面的湿储存能力。

第 6 章声学部分有单独的引言进行介绍，并且对室外和室内空间的声级及建筑构件的隔音效果进行评价。所有的关系式均由简单的物理基本定律推导得出，并且通过应用 Mathcad 软件建模运算。这意味着所有带有赋值符号“:=”的公式都是基本可以用于准编程的，同时也可用于计算、预测、规划或使用图形、表格的形式对分析结果进行可视化的表达。

本书附有一张光盘，其中包含所有编程的分析方程。这些方程均可在 Mathcad 专业版软件中运行。但是，针对热湿传递方程数值求解的方法及房屋热湿行为和室内气候的数值模拟的方法等并不在此光盘之中，尽管它们是用于验证大量的近似关系式的基础。

建筑气候

1 室外与室内气候

根据亚历山大·冯·洪堡（Alexander von Humboldt）从地球物理学的角度所给出的定义，气候的概念为“所有能刺激我们感官的环境变化，包括温度、湿度……”。对于房屋及其周围环境来说，气候随即可被定义为：对人类和动物的健康、感受，对植物的生长进化，以及对仓储物资、生产过程、机器、设备和建筑物的状态有直接或间接影响的所有环境因素的总和。

针对建筑气候来说，房屋的任务为：

①保护人、动物、仓储物资和生产免受来自“恶劣天气的侵袭”；

②创造一个满足用户需求的、适宜的室内气候；

③保证房屋本身避免由于气候缘故而受到损害。

上述三个基本任务的实现可以概括为面向气候建造建筑的理念。面向气候建造建筑意味着房屋的建造方式、形体和结构，以及城市、居住区的选址都应与（当地的）室外气候相适应，以使人们能以最小的投入成本，确保适宜的室内气候及理想的房屋耐久性[12]。就面向气候建造建筑而言，温度（确切来说是热量）和湿度具有特别的意义，因为它们既可以影响人们的感受，又常常是导致建筑物受损的原因；噪声，现在已经越来越多地成为干扰源，但对其的控制也决定了音乐厅和报告厅的声效质量；另外还有（本书没有涉及的）光，包括自然光和人工光。本节将系统地介绍室外气候中的湿热组分——空气温度、短波和长波辐射热流、水蒸气分压力、空气相对湿度、降水量、风速和风向及气压，同样也从健康卫生学角度给出对室内气候中湿热因素的影响所提出的湿热生理学要求。由此，便可对因室外气候负荷和室内湿热气候要求所采用的房屋建造措施进行解释。气候适应性好的建筑既会在建造方面，也会在能源消耗方面影响成本。特别是这里所涉及的湿热共同作用的情况，对上述两个方面皆会造成影响，因为人们需要在特定的时间段内，对房屋内部进行加热或冷却，具体所需要的耗能量取决于房屋建造工程方面的众多因素。为了控制这些成本，必须解决以下两个方面的问题。

（1）在一年中尽可能多的时间内，即使不使用采暖或制冷能量，室内气候的各项参数仍能够保持在允许的范围内。在这种不进行人工气候调节的情况下，除用户本身的影响外，只有建筑物的布局、形状和结构，以及通风对于室内气候起到决定性作用，建筑物自身可实现对其室内气候的调节（自发式）。获取所需的室外气候数据的方法包括以每小时或每 10 分钟为时间间隔的实际测量、来自气象部门的典型参考气象年数据，或采用如本书中所述的解析方法得到近似气候数据。

（2）在室内气候所允许的差值非常小的情况下，如某些生产过程所需的室内气候参数的差值，以及一般在极端的室外气候条件下，自身的室内气候调节已经无法再满足室内气候要求（如中欧地区的冬季）。因此，必须在某一时间段内对建筑物进行加热或用空调进行冷却。在这种强制性的（能源密集型）气候调节情况下，建筑物必须采用最经济的成本投入，用以抵消过度的热能损失（在冬季）和热能输入（夏季）。

为了解决这些问题，必须有意识地对各个单独的气候要素进行控制，但要遵循所有开放系统都适用的基本原则：非必要的情况下，要尽可能少地向“外部世界”开放。除此之外，房屋的外围护结构还需要允许那些人们所“期望”的气候元素（如日光）进入室内，对那些“干扰”性的气候元素，如人为或由于技术原因而产生的氮氧化物、噪声，则要有足够的抵抗作用，还要确保对湿热的自身防护。因此，建筑物必须有一个建筑气候方面的设计方案，根据该方案才能选择建造方式和有部分新特点的建筑材料，然后完成建造结构的目标。此类“设计方案”必须基于对建筑物及其组成构件可能产生的建筑物理作用的清晰了解。这既依赖于构件的参数，也取决于边界条件，即建筑物为了保证其特定功能所必需的室内气候，以及建筑物所处的室外气候条件。

本书为所涉及的建筑构件和房屋的湿特性的内容同样预留了较大篇幅空间，对湿度的气候组成元素——空气湿度、降水、风和冲击雨也进行了详细的讨论，并进行了量化处理。

1.1 室外气候

在采暖季和室内气候无人为干扰的自我调节的季节，室外气候对单个建筑构件及整体建筑的热湿性能有显著的影响。与建筑气候相关的气候组成元素以负荷的形式示于图 1.1 中，然后也将以表格的形式列出来。为了深入理解建筑构件和整体建筑的建筑物理性能，需要对以下室外气候元素进行实测及数学量化处理：

——空气温度 θ_e（℃）；

——绝对空气湿度 x（kg 水蒸气 /kg 空气）；

——水蒸气分压力 p_D（Pa）；

——相对空气湿度 φ_e（%）或者（1）；

——太阳短波直射、漫射辐射热流密度 G_{dir}，G_{dif}，以及长波辐射和逆向辐射 G_l（W/m^2）；

——降水的体积流量密度 N（m^3/m^2s）或（l/m^2h），质量流量密度 g（kg/m^2s）；

——风速 v_W（m/s），风向 w_W（°）或（1）；

——冲击雨（由风和雨构成）雨流密度 g_{Rs}（kg/m^2s）；

——大气压 p_L（Pa）。

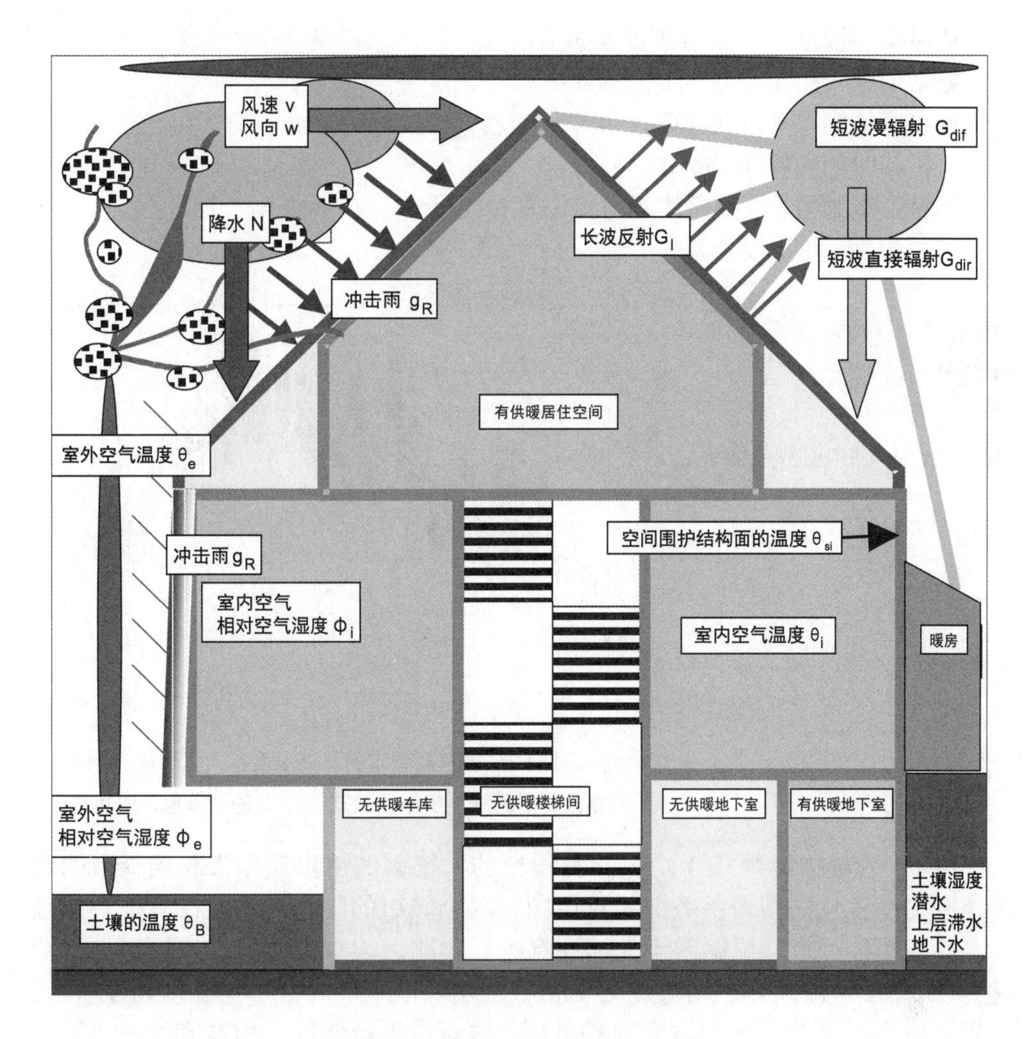

图 1.1 建筑物所承受的建筑气候负荷

1.1.1 室外气温

1.1.1.1 室外气温的年变化历程

中欧地区的年度室外空气变化规律可以近似地用一个简谐函数式（1.1）（基本振动）来进行表达。图 1.2 是测量得到的并已拟合为余弦函数的，德国德累斯顿市 1997 年的气温变化曲线（以小时为测量时间间隔）。

$$\theta_{eD}(t) := \theta_{emD} - \Delta\theta_{eD} \cdot \cos\left[\frac{2\cdot\pi}{T_a}\cdot(t - t_a)\right] \tag{1.1}$$

适用于德国德累斯顿市的参数如下：
德累斯顿市的年均温度 θ_{emD}=9.4℃
年温度波幅 $\Delta\theta_{eD}$=10.4℃
一年的时间长度 T_a=365d
年温度最大值 / 最小值的时间相位差 t_a=15d
时间长度 t 以天数计量

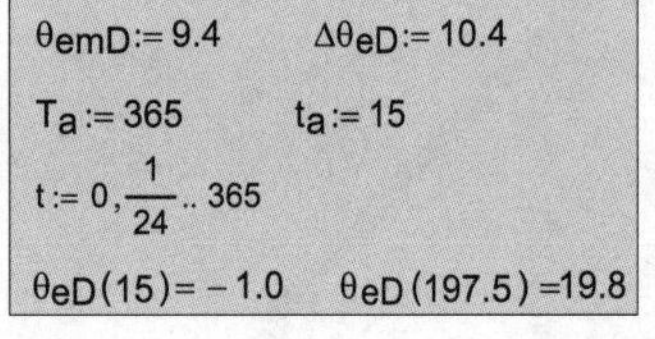

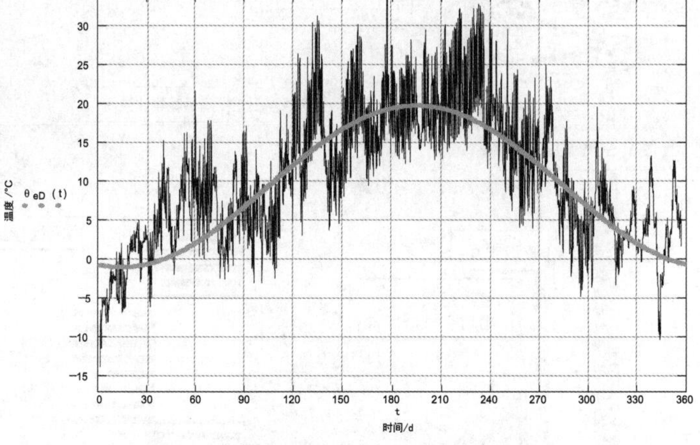

图 1.2　德累斯顿市的室外温度年变化历程
测量值：黑色线　根据函数式（1.1）的计算值：浅色线

图 1.3 为根据函数式（1.1）计算得出的，德国的德累斯顿市和埃森市的两个年度温度变化的简谐函数曲线对比图。两个城市的年平均气温仅有很小的差别。与德累斯顿市（更偏向于大陆性气候）相比，埃森市的温度波幅更加平缓（德累斯顿市年最高日平均温度为 19.8℃、埃森市年最高日平均温度为 17.7℃、德累斯顿市年最低日平均温度为 -1.0℃、埃森市年最低日平均温度为 +1.3℃）。两个城市的年温度最高值（在 7 月）及温度最低值（在 1 月）的时间相位差均约为 15 天。

埃森市的相关参数：

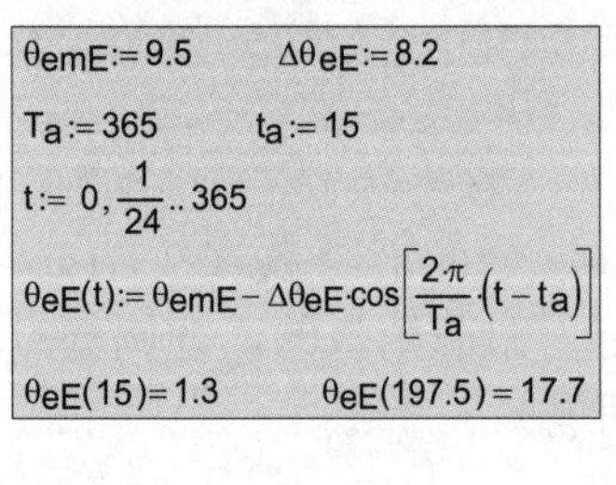

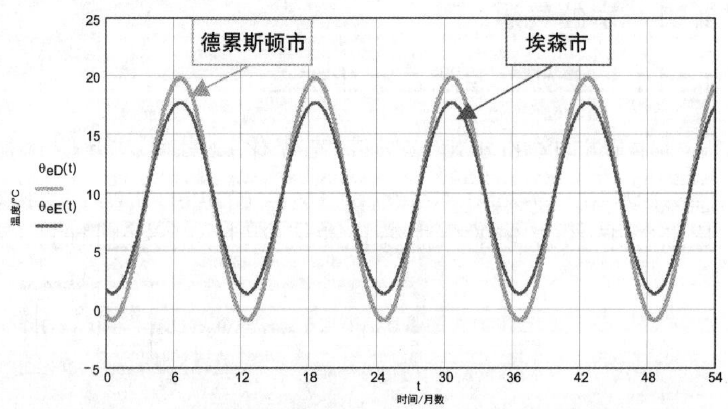

图 1.3　简化后的德累斯顿市和埃森市室外气温年变化历程

1.1.1.2 实际气温变化过程的模拟

昼夜时间变化与天气变化对于室外气温的影响可以主要通过三个具有不同周期和不同振幅的简谐函数叠加来进行模拟。此外，温度的日变化历程还要通过一个指数函数进行适当的修正，以考虑土壤的储热性能所造成的影响（方程式（1.2），还可与图 1.10 至图 1.15 中的温度日变化历程进行对比）。图 1.4、图 1.5b、图 1.6、图 1.7 和图 1.8 给出的是中欧地区的相应结果：以天数为单位的时间 t、一年的时间长度 T_a=365d、天气变化的周期长度 T_p=10d、一天的时间长度 T_d=1d，所有的温度值 θ 和温度幅度 Δθ 的单位均为℃。

通过对上述参数进行更改，也能够为其他的地理气候区域得出近似的并具有代表性的温度变化过程。

θ_{em}：年平均温度　　$\Delta\theta_{eP}$：天气变化幅度

$\Delta\theta_{ea}$：年变化幅度　　$\Delta\theta_{ed}$：日变化幅度

$\theta_{em} := 9.0 \quad \Delta\theta_{ea} := 9.65 \quad \Delta\theta_{eP} := -15.1 \quad \Delta\theta_{ed} := 7.6 \qquad T_a := 365 \quad t_a := 15 \quad T_p := 10 \quad T_d := 1$

$$\theta(t) := \theta_{em} - \left[\begin{array}{l} \Delta\theta_{ea}\cdot\cos\left[\frac{2\cdot\pi}{T_a}\cdot(t-t_a)\right]\ldots \\ +\Delta\theta_{ed}\cdot\left[0.69+0.31\cdot\sin\left[\frac{1\cdot\pi}{T_a}\cdot(t-t_a)\right]^2\right]\cdot\left[0.88\cdot\sin\left[\frac{1\cdot\pi}{T_p}\cdot(t)\right]^2+0.12\right]\cdot\left[2\cdot e^{-\left[\left|\cos\left[\frac{2\cdot\pi}{T_d}\cdot(t+0.150)\right]\right|\right]^{0.75}}\cdot\cos\left[\frac{2\cdot\pi}{T_d}\cdot((t+1.088))\right]\right]\ldots \\ +\Delta\theta_{eP}\cdot\left[0.31-0.69\cdot\sin\left[\frac{1\cdot\pi}{T_a}\cdot(t-t_a)\right]^2\right]\cdot\cos\left[\frac{2\cdot\pi}{T_p}\cdot(t+1)\right] \end{array}\right] \tag{1.2}$$

年变化历程

修改的日变化历程

天气变化过程

图 1.4 为根据方程式（1.2），利用日波动和天气变化过程（周期为 10 天）对年气温变化历程进行细化后的结果。

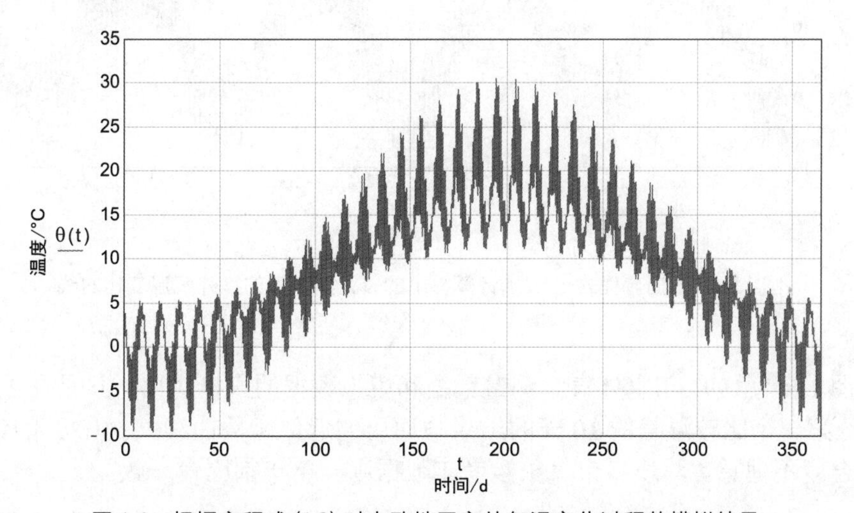

图 1.4 根据方程式 (1.2) 对中欧地区室外气温变化过程的模拟结果

图 1.5a、图 1.5b 给出的是在德累斯顿市实际测量的室外气温（1997 年至 2001 年的小时温度值）与由方程式（1.2）的计算结果对比。根据方程式（1.2）对温度变化进行模拟计算的准确度是足够的。如果要进行准确的建筑构件或者房屋湿热模拟的话，自然也可以使用实际测量的数据（通常是小时测量值）或者是气象参考年数据（TRY，详见 1.1.6 节）。通常的气象参考年数据包含全部气候元素并涉及世界上大部分气候区。

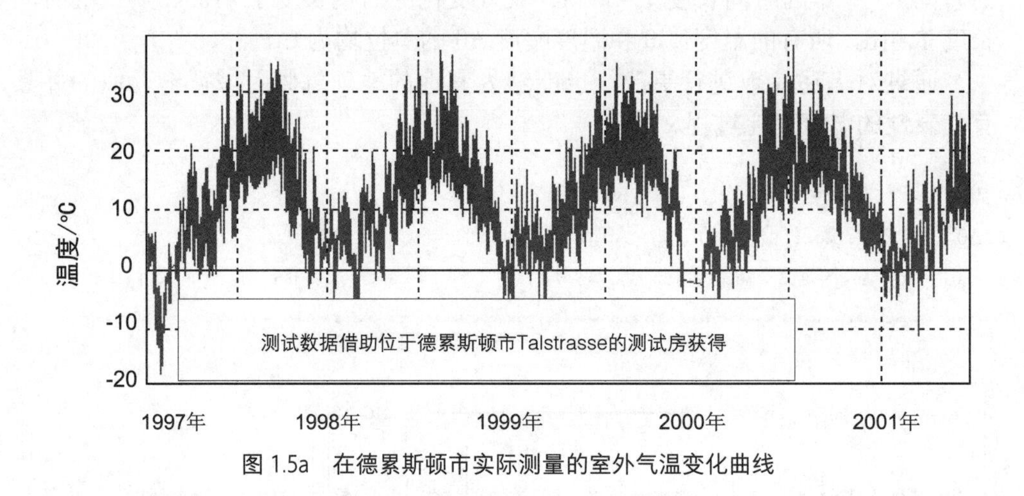

图 1.5a　在德累斯顿市实际测量的室外气温变化曲线

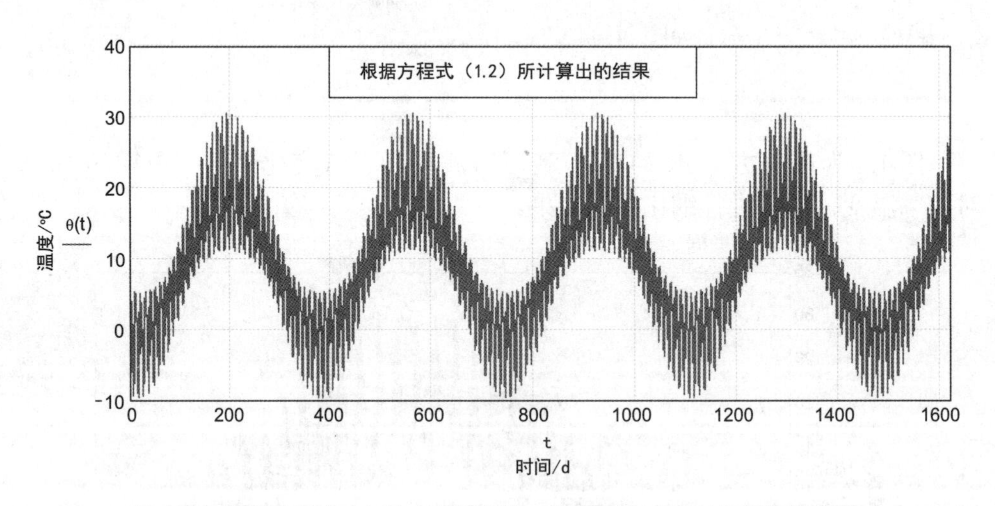

图 1.5b　根据方程式（1.2）计算得出的，为期 4 年的室外气温变化曲线

图 1.6 为 1997 年室外气温测量数据和模拟数据的直接对比。只是在 1997 年 3 月份第一个比较温暖的 10 天的结果与通用的近似函数曲线式（1.2）的计算结果吻合度不理想。与埃森市气象参考年数据则一整年都比较一致。

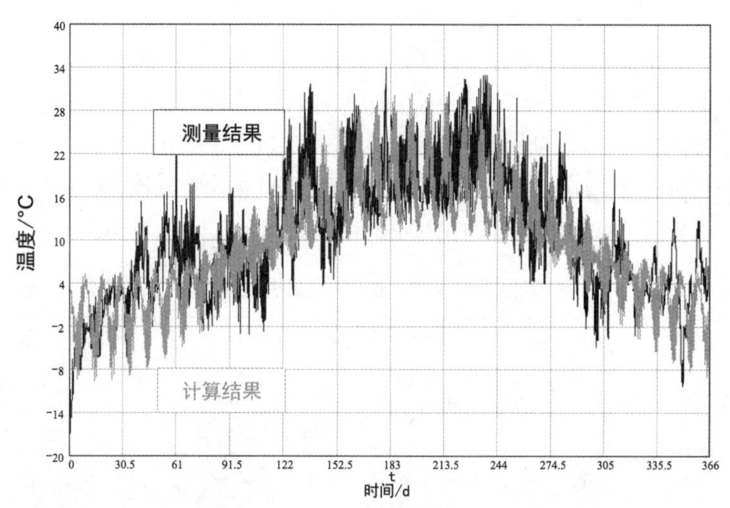

图 1.6 1997 年测量温度（深色线）与根据方程式（1.2）计算温度（浅色线）的结果对比

图 1.7 和图 1.8 再次显示了根据方程式（1.2）计算得出的，在 1 月份和 7 月份天气中的气温变化。其峰值为 +31℃，其最小值为 −10℃。计算第 193 天至第 195 天的昼夜温度平均值，可得出年最高平均温度为 24℃。该值可用于对中欧地区房屋的夏季相关参数进行估算。

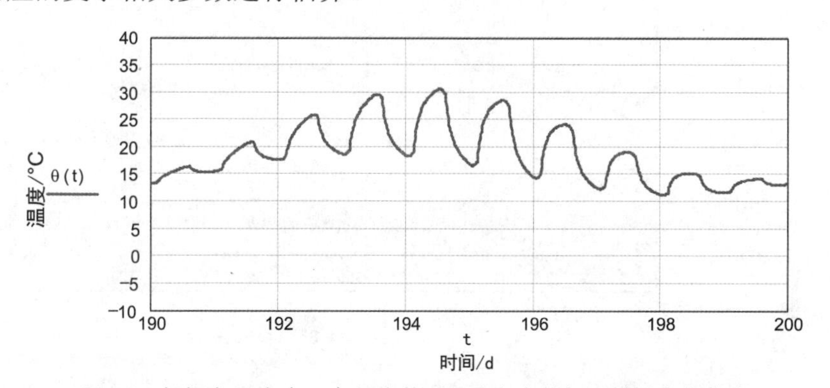

图 1.7 根据方程式（1.2）得出的 7 月上旬室外气温模拟变化曲线

由 1 月份的第 13 天至第 15 天的昼夜平均气温，可得出年最低平均气温为 −5℃。该值可作为建筑构件湿热技术参数确定，以及寒冷季节的最低限度保温设计时的冬季计算温度。

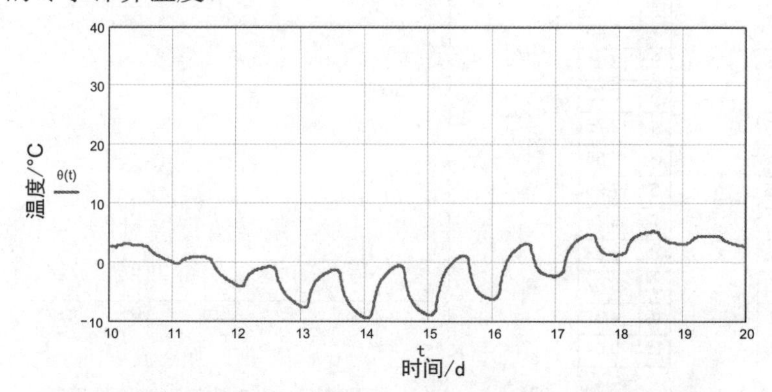

图 1.8 根据方程式（1.2）得出的 1 月中旬室外气温模拟变化曲线

表 1.1 完整呈现了上述结果，即 7 月份最热两天的平均气温（24℃）、1 月份最冷两天的平均气温（−5℃）、年平均气温（9℃）、10 月份至次年 4 月份采暖期的平均气温（分别为 199 天 +3.4℃，以及 185 天 +3.0℃）和月平均气温。如果将表 1.1 中的月平均温度随时间的变化进行呈现，则再次得到仅含有很少几个不同参数的近似简谐函数表达的全年温度变化式（1.1）。

表 1.1　具有代表性的室外气温

月份	气温
1月	−0.5°C
2月	+0.5°C
3月	+3.9°C
4月	+8.8°C
5月	+12.8°C
6月	+16.6°C
7月	+17.9°C
8月	+16.7°C
9月	+13.2°C
10月	+8.7°C
11月	+4.1°C
12月	+0.6°C

7月最热两天及1月最冷两天的平均气温

$$\int_{193}^{195}\theta(t)\,dt\,\frac{1}{2}=24.0 \qquad \int_{13}^{15}\theta(t)\,dt\,\frac{1}{2}=-5.0$$

年平均气温　　　采暖期的平均气温

$$\int_{1}^{365}\theta(t)\,dt\,\frac{1}{365}=9.0 \qquad \int_{-89}^{110}\theta(t)\,dt\,\frac{1}{199}=3.4 \qquad \int_{-83}^{102}\theta(t)\,dt\,\frac{1}{185}=3.0$$

月平均气温

1月 $\int_{1}^{31}\theta(t)\,dt\,\frac{1}{31}=-0.5$　　2月 $\int_{32}^{59}\theta(t)\,dt\,\frac{1}{28}=0.5$　　3月 $\int_{60}^{90}\theta(t)\,dt\,\frac{1}{31}=3.9$

4月 $\int_{91}^{121}\theta(t)\,dt\,\frac{1}{30}=8.8$　　5月 $\int_{122}^{151}\theta(t)\,dt\,\frac{1}{31}=12.8$　　6月 $\int_{152}^{181}\theta(t)\,dt\,\frac{1}{30}=16.6$

7月 $\int_{182}^{212}\theta(t)\,dt\,\frac{1}{31}=17.9$　　8月 $\int_{213}^{243}\theta(t)\,dt\,\frac{1}{31}=16.7$　　9月 $\int_{244}^{273}\theta(t)\,dt\,\frac{1}{30}=13.2$

10月 $\int_{274}^{304}\theta(t)\,dt\,\frac{1}{31}=8.7$　　11月 $\int_{305}^{334}\theta(t)\,dt\,\frac{1}{30}=4.1$　　12月 $\int_{335}^{365}\theta(t)\,dt\,\frac{1}{31}=0.6$

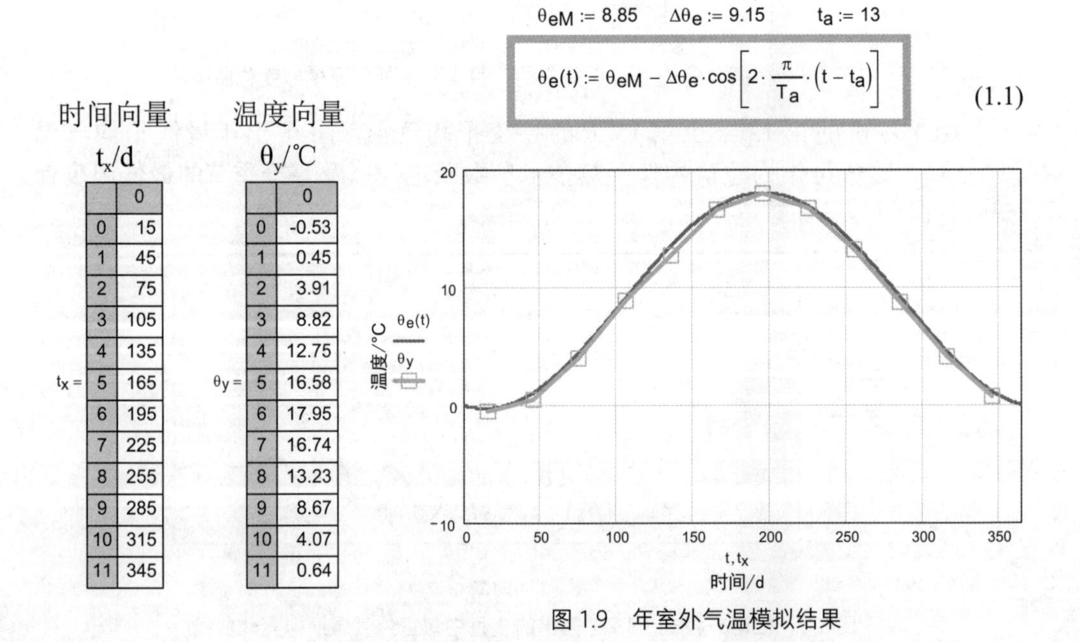

图 1.9　年室外气温模拟结果

1.1.1.3 室外气温的日变化历程

室外气温的日变化历程因受到土壤蓄热效应的影响，与简谐函数的曲线相比略有不同。上午的加热过程和下午的冷却过程更适合用指数函数进行描述。

描述温度变化的方程式（1.2）对于这种情况是适用的，图 1.10 至图 1.15 中，对典型温度日变化历程的单独观察分析证实了这一点。

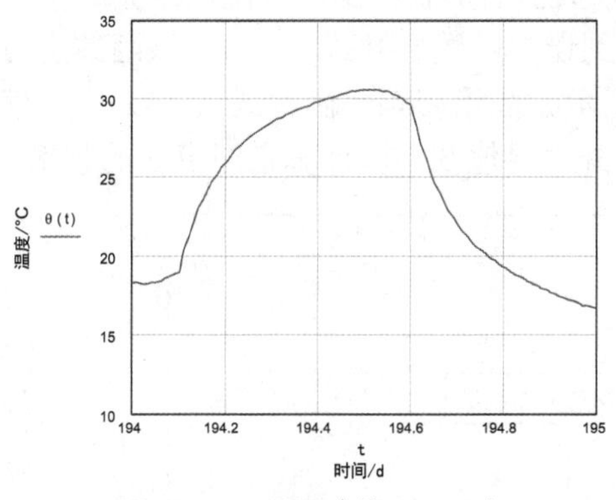

图 1.10 7 月里（第 194 天）

无云天气的室外气温日变化

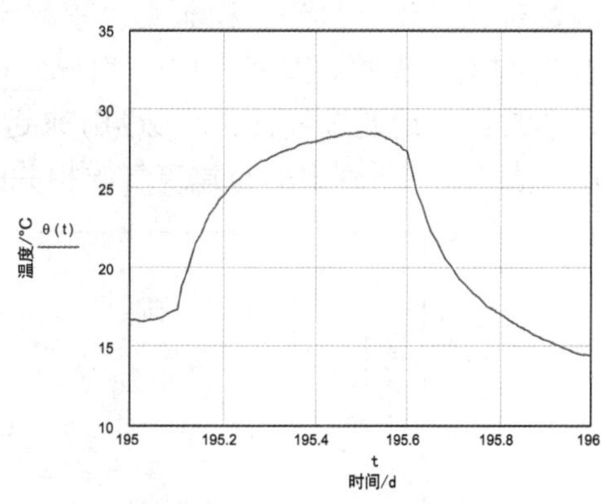

图 1.11 7 月里（第 195 天）

晴朗天气的室外气温日变化

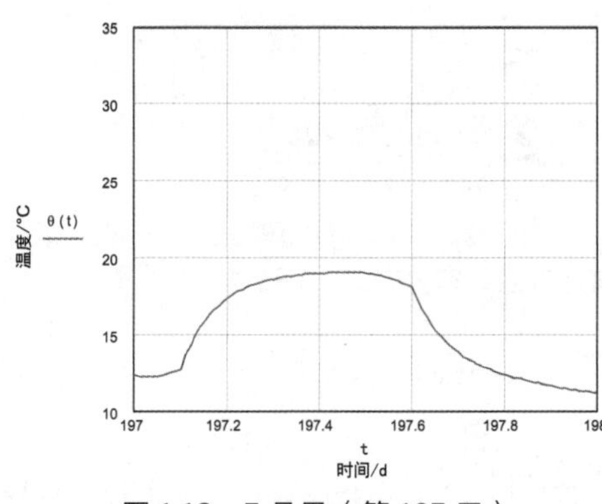

图 1.12 7 月里（第 197 天）

多云天气的室外气温变化

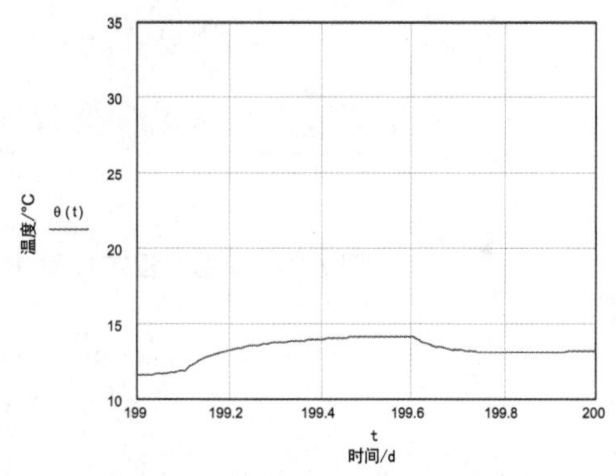

图 1.13 7 月里（第 199 天）

雨天天气的室外气温变化

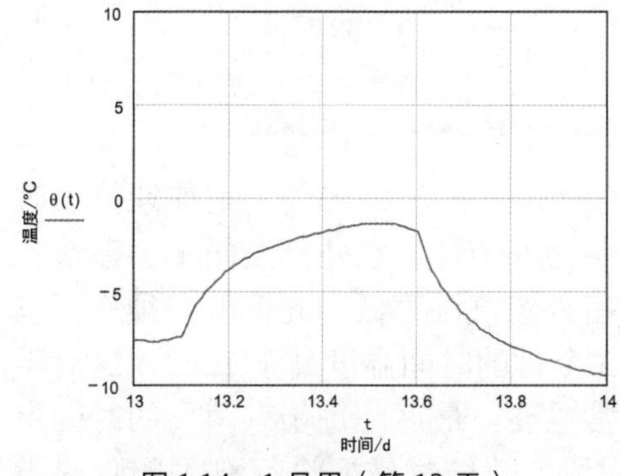

图 1.14 1 月里（第 13 天）

无云霜冻天气的室外气温变化

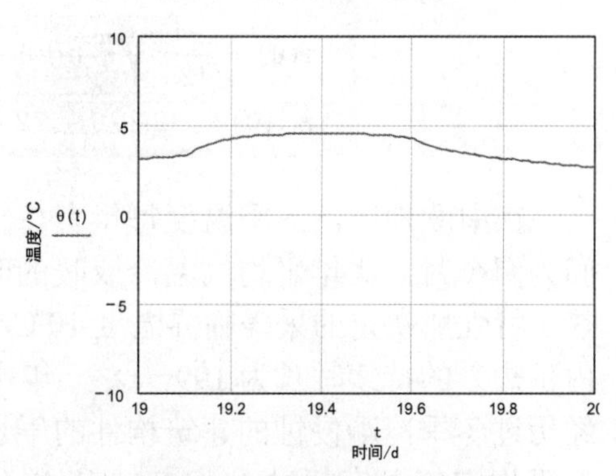

图 1.15 1 月里（第 19 天）

多云化雪天气的室外气温变化

1.1.1.4　室外气温的累积频率

特定温度出现的频率也是房屋及建筑构件热工设计的影响因素。出现频率的度量用温度对时间的一阶导数的倒数 $dt/d\theta$（每个温度间隔出现的频率，以天为单位）来表达。图 1.16 为由方程式（1.2）所表达的 $dt/d\theta$ 随 $\theta(t)$ 的变化。通过所生成的频率云图确定了带有给定参数的高斯正态分布式（1.3）。将频率分布函数对温度积分得到累积频率。累积频率以数值的形式给出，气温低于某给定温度 θ_e 的累积天数。对式（1.3）积分，可得到误差函数 $z(\theta)$ 式（1.4）。该函数也可以非常粗略地通过线性方程 $zG(\theta)$ 来近似表示。在累积频率函数式（1.4）中，使用了表 1.2 中所列出的与建筑气候相关的室外气温值 θ_e，以计算它们出现的频率。

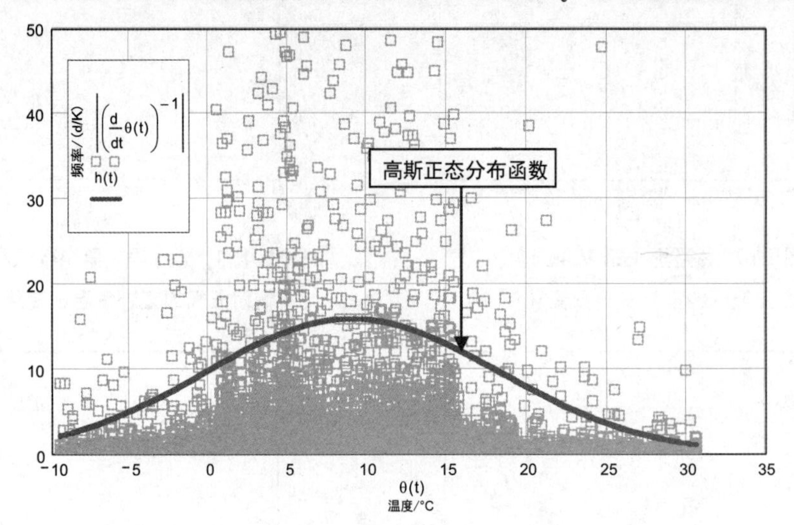

图 1.16　根据方程式 (1.2) 求出的室外气温频率分布式（1.3）

$$\theta_{em} := 9.0 \quad \theta_0 := 13 \quad h_0 := 15.84$$

$$h(t) := h_0 \cdot e^{-\left[\left(\left|\frac{\theta_{em}-\theta(t)}{\theta_0}\right|\right)^2\right]} \tag{1.3}$$

$$z(\theta) := \frac{-1}{2}\cdot\sqrt{\pi}\cdot h_0\cdot\theta_0\cdot \mathrm{fehlf}\left(\frac{\theta_{em}-\theta}{\theta_0}\right) + 182.5 \tag{1.4}$$

$$z_G(\theta) := 12.2\cdot\theta + 72.7 \tag{1.5}$$

在中欧地区，冬季温度每年有 2.5 周的时间是低于 –5℃的。霜冻期持续时间为两个月。比年平均气温冷或暖的时间各为 6 个月。室外气温低于由建筑物热工特性所决定的采暖临界温度 10℃（即室外空气温度低于此值就必须进行室内供热）的持续时长为 199 天。一年中有 3 个月的时间温度高于 15℃，这对于经历过冬季冷凝侵蚀的建筑构件的干燥非常重要。最后，每年有两周的时间室外平均空气温度超过 24℃。针对这一时间段，建筑物需要进行夏季的隔热设计。当然，具有上述温度特征的各时间段并不是“集中分段”出现的。

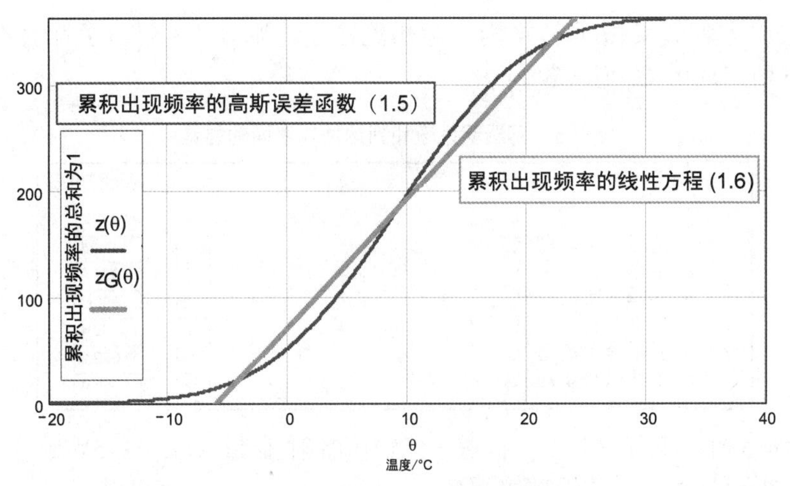

图 1.17 室外气温的累积频率

表 1.2 对于建筑气候工程重要的室外气温（℃），以及它们出现的频率（天数）

-5°C	用于验证房屋最低保温和隔湿效果的冬季温度值	z(-5) = 18.1
0°C	结露与结冰的临界温度值	z(0) = 52.7
9°C	年平均温度	z(9) = 182.5
10°C	用于验证房屋供暖热需求量的采暖临界温度	z(10) = 199.6
15°C	用于验证被冷凝侵蚀建筑构件干燥过程的夏季温度	z(15) = 277.5
24°C	用于验证房屋夏季隔热效果的夏季温度	z(24) = 350.9

1.1.2 热辐射负荷

房屋会受到一系列由太阳产生的热流密度的作用：太阳直接短波辐射 G_{dir}、漫射短波辐射 G_{dif}、长波大气逆辐射和长波反射 G_l 或 G_{er}。这些辐射热流密度在寒冷季节可以降低采暖的能耗，但在夏季也会导致室内温度升高超限。此外，辐射还常常会导致与机械应力和湿分反向扩散效应相关联的建筑构件外表面过热。在使用玻璃外立面时，这种情况被称作热玻璃效应。对于水平表面及任意角度简单平面上的 G_{dir} 和 G_{dif} 可通过改进的叠加方法进行加和，得到总辐射量 G。建筑气候中所涉及的短波辐射被定义为从温度约是 6000K 的表面（太阳表面）发射出的电磁波。在 2000km 高度的大气层边界处，垂直于辐射方向的面积上 G_{dir} 到达的最大值为 G_0=1390W/m^2（太阳常数）。当进入大气层后，该辐射有一部分被大气吸收，另一部分被分散，并且以漫辐射的形式继续传递能量。那些穿过完全干燥和无污染空气，到达房屋垂直表面的辐射部分称为 G_{no}，其实际有效值为 G_n。

根据上述信息，对大气的不透明度系数 Tr 可定义如下：

$$Tr = \frac{\ln\left(\frac{G_o}{G_n}\right)}{\ln\left(\frac{G_o}{G_{no}}\right)} \quad (1.6a)$$

$$G_n(Tr) := G_o \cdot e^{Tr \cdot \ln(0.87)} \quad (1.6b)$$

如果将方程式（1.6）转换为实际热流密度，则表 1.3 列出了针对不透明系数 1 至 6 所对应的 G_n 值（W/m^2）。

表 1.3　不透明系数和到达地球表面的能量

$$G_n(Tr) := G_0 \cdot e^{Tr \cdot \ln(0.87)}$$

	Tr =	$G_n(Tr)$ =
Tr = 1　洁净的干燥空气	1	1174.5
Tr = 2　冬季乡村的空气	2	1021.8
Tr = 3　冬季城市的空气	3	889.0
Tr = 4　夏季乡村的空气	4	773.4
Tr = 5　夏季城市的空气	5	672.9
Tr = 6　工业区严重污染的空气	6	585.4

当 Tr=6 时，只有相当于洁净空气中辐射能量（G_n=1175W/m^2）的一半（G_n=585W/m^2）能够到达地球表面。

1.1.2.1　投射到水平表面上的短波辐射热流密度

图 1.18 给出的是在 1996—2001 年时间段内，测量得到的位于德累斯顿地区（新城城内，不透明系数约为 5）的某水平表面上的总辐射热流密度 G（W/m^2）。

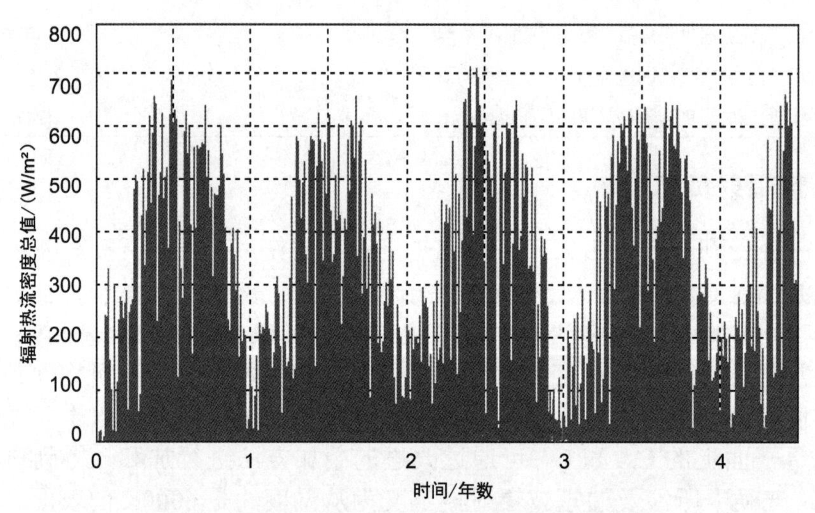

图 1.18　某水平表面上辐射热流密度的实际测量值

辐射的变化过程可以通过对日变化历程、随天气的变化历程及年变化历程的叠加来表达，也能够近似地用数学方法进行表达。其中，日长 D(t)（介于日出和日落之间的时间）将利用下列单位阶跃函数进行模拟：当 t＞0 时，Φ(t)=1；当 t＜0 时，Φ(t)=0。此函数在后面的章节中也会经常被用到。

受季节影响的日长计算函数：

h 为太阳与地平面之间的高度角。在 1.2.2 节中将对其进行计算。当 h＞0 时，有日光照射（白天），D(t)=1；当 h＜0 时，太阳位于地平面之下（夜间），D(t)=0。

$$D(t) := \Phi(h(t)) \tag{1.7}$$

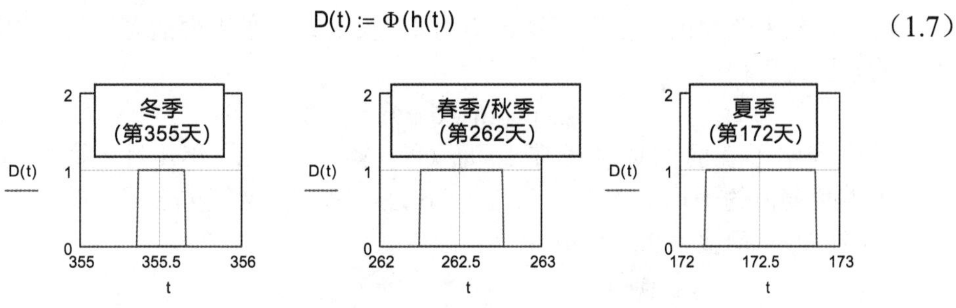

图 1.19 北纬 52° 地区季节影响下的日照长度（日长计算函数）

与室外气温变化类似，水平表面所接收到的直射短波辐射变化，也明显地会受到由测量获得的周期性变化因素（季节变化、昼夜变化、天气变化）的影响（不透明系数约为 5，时间以天为单位、G 和 ΔG 以 W/m² 为单位）。

年长	季节失衡时间	日长	天气变化的周期	时间
$T_a := 365$	$t_a := 10$	$T_d := 1$	$T_p := 10$	$t := 0, \frac{1}{96} .. 365$
$G_{d1} := 379$	$G_{d2} := -20$	$\Delta G_a := 200$		

$$G_{dir}(t) := \left[-G_{d1}\cdot\cos\left(2\cdot\pi\cdot\frac{t}{T_d}\right) + G_{d2} - \Delta G_a\cdot\cos\left[\frac{2\cdot\pi}{T_a}\cdot(t+t_a)\right]\right]\cdot\left(\sin\left(\pi\cdot\frac{t+t_a}{T_a}\right)\cdot 0.52+0.48\right)\cdot\sin\left(\pi\cdot\frac{t}{T_p}\right)^2\cdot D((t)) \tag{1.8}$$

同理，中欧地区投射到某水平面的短波漫射辐射（不透明系数也约为 5）可以进行如下的近似表达：

$G_{dif1} := 190$　　$G_{dif2} := 12$　　$\Delta G_{dif} := 98$

$$G_{dif}(t) := \left[-G_{dif1}\cdot\cos\left(2\cdot\pi\cdot\frac{t}{T_d}\right) + \left[G_{dif2} - \Delta G_{dif}\cdot\cos\left[\frac{2\cdot\pi}{T_a}\cdot(t+t_a)\right]\right]\right]\cdot\left(\cos\left(\pi\cdot\frac{t}{T_p}\right)^2\cdot 0.3 + 0.7\right)\cdot D(t) \tag{1.9}$$

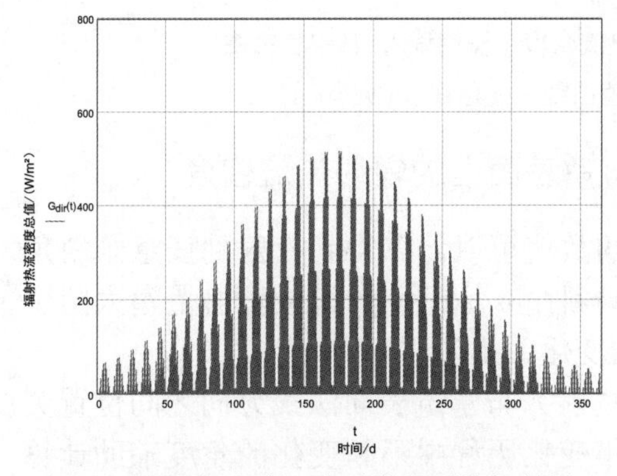

图 1.20 根据式（1.8）计算得到的投射到水平表面的短波直射辐射热流密度（W/m²）

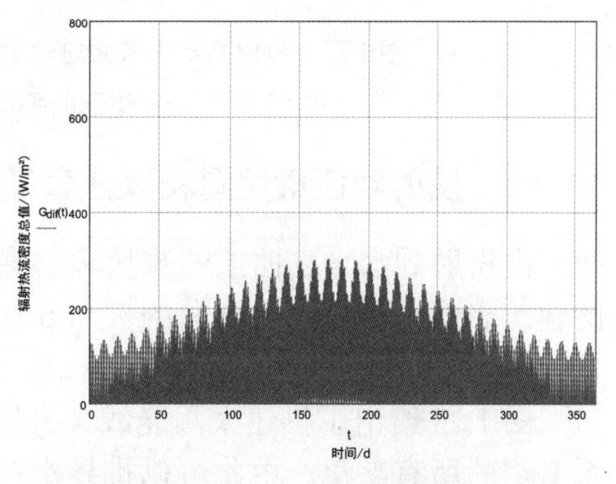

图 1.21 根据式（1.9）计算得到的投射到水平表面的短波漫射辐射热流密度（W/m²）

由此得到中欧地区（不透明系数约为4）投射到水平表面的总短波辐射热流密度的年变化历程：

$$G(t) := G_{dir}(t) + G_{dif}(t) \tag{1.10}$$

投射到水平表面的总辐射在10月（第-84天）至次年4月（第+101天）的冬季供暖期内的平均值为53W/m²，在6月（第173至第178天）的5天晴好天气期间内的平均值为275W/m²。

$$t_H := 185 \qquad t_P := 5$$

$$\left(\int_{-84}^{101} G(t)\,dt\right)\cdot\frac{1}{t_H} = 52.8 \qquad \left(\int_{173}^{178} G(t)\,dt\right)\cdot\frac{1}{t_P} = 275.9$$

类似于对室外气温的处理，投射到水平面上总辐射的年变化历程也能近似地由一简谐函数表达。其最大值出现在6月份，而最小值在12月份。如此计算得到的供暖期内的平均值同样为53W/m²。

$$G_{hm} := 113 \qquad \Delta G_h := 101$$

$$G_h(t) := G_{hm} - \Delta G_h \cdot \cos\left[\frac{2\cdot\pi}{T_a}\cdot(t + t_a)\right] \qquad \left(\int_{-84}^{101} G_h(t)\,dt\right)\cdot\frac{1}{t_H} = 52.8 \tag{1.11}$$

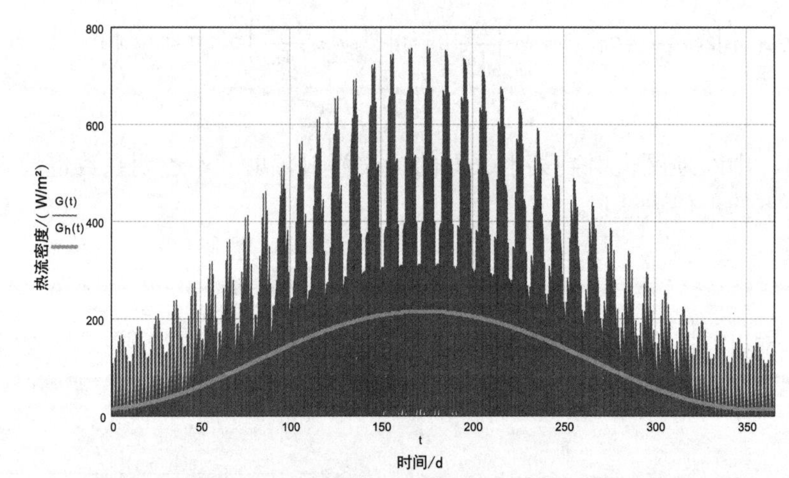

图1.22　投射到水平表面总辐射热流密度（深色线），其中包括由式（1.11）计算得到的平均值曲线（浅色线）（W/m²）

1.1.2.2　投射到任意朝向和以任意倾斜角表面上的辐射热流密度

由投射到水平表面上的直接辐射量的数值可以计算得到投射到任意倾斜角的建筑表面（由与正北方向的夹角β和倾斜角α标记）的直接辐射量随太阳位置（由太阳高度角h和方位角a标记）的变化关系。

图1.23给出了描述太阳光线（直接辐射）与建筑表面法线方向之间位置关系必需的所有夹角。由此可以推导出在年变化历程中不断变化的角度辅助计算函数，该函数乘以投射到水平表面的辐射之后，可以求得投射到任意朝向和任意倾斜角表面上的辐射热流密度，也包括表面自身的阴影。

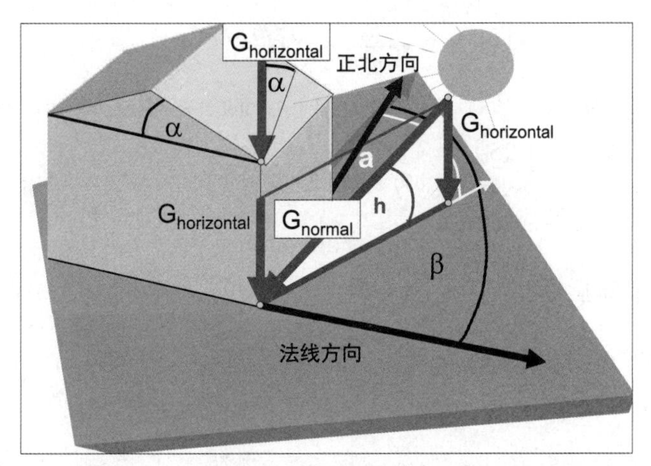

图 1.23 太阳直接辐射与建筑物之间的角度关系

h 太阳高度角，太阳光线与其在水平面上投影之间的夹角

a 太阳方位角，太阳光线的投影与正北方向之间的夹角

β 表面法线与正北方向之间的夹角

α 屋顶表面的倾斜角

$G_{horizontal}$ 太阳直接辐射投射到水平表面的辐射热流密度（W/m^2）

由此得到太阳直接辐射投射到任意建筑表面的辐射热流密度为：

$$G_{dir} = G_{dir,hor} \cdot \left(\cos\alpha + \sin\alpha \cdot \frac{\cos(a-\beta)}{\tanh} \right) \tag{1.12}$$

该方程还要乘以描述日出与日落过程，以及自身阴影（在建筑物某一夹角的后面无太阳光线）的阶跃函数。另外，还需要描述太阳高度角 h 和方位角 a 随地理位置（纬度 χ）和季节的变化关系。这一过程比较烦琐。

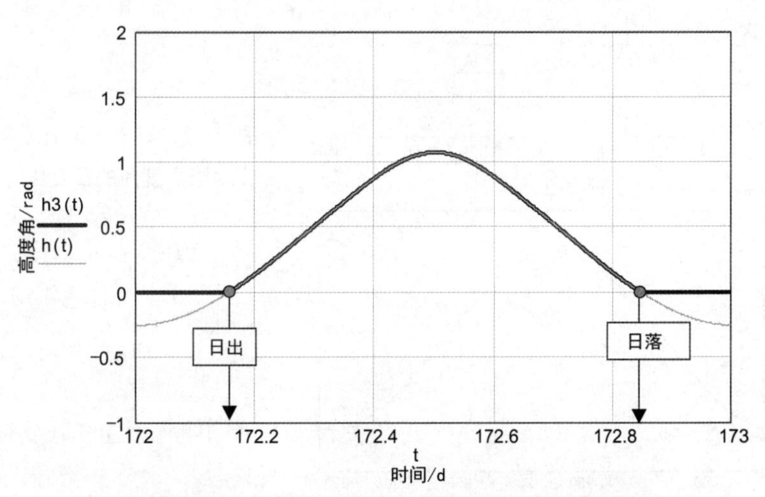

图 1.24 第 172 天时（夏季）太阳高度角的日变化历程

纬度，日长　$\chi := \frac{52}{180}\cdot\pi \quad T_d := 1$

太阳高度角 h(t)（对比图 1.24 和图 1.25）

$$\sin(h(t)) = \sin(\chi)\cdot\sin(\delta(t)) - \cos(\chi)\cdot\cos(\delta(t))\cdot\cos\left(\frac{2\cdot\pi}{T_d}\cdot t\right)$$

$$h(t) := \operatorname{asin}\left(\sin(\chi)\cdot\sin(\delta(t)) - \cos(\chi)\cdot\cos(\delta(t))\cdot\cos\left(\frac{2\cdot\pi}{T_d}\cdot t\right)\right)$$

$$h3(t) := h(t)\cdot\Phi(h(t)) \tag{1.13}$$

年长，季节滞后期　$T_a := 365 \quad t_a := 10$

太阳磁偏角 δ(t)（赤道距离）（图 1.26）

$$\delta(t) := -\frac{23.5}{180}\cdot\pi\cdot\sin\left[\frac{2\cdot\pi}{T_a}\cdot\left(t + t_a + \frac{T_a}{4}\right)\right] \tag{1.14}$$

太阳方位角 a(t)（太阳光线在地平面上的投影与当地南北子午线的夹角）

$$A(t) = \sin(a(t)) = \frac{\cos(\delta(t))}{\cos(h(t))}\cdot\sin\left(\frac{\pi\cdot 2}{T_d}\cdot t\right)$$

$$a(t) := \operatorname{asin}\left(\frac{\cos(\delta(t))}{\cos(h(t))}\cdot\sin\left(\frac{\pi\cdot 2}{T_d}\cdot t\right)\right) \tag{1.15}$$

在计算方位角时，必须注意 A(t) 正负号的变化（符号函数或 +/− 函数）。由此可得 A1(t) 和在日变化过程中始终增大的方位角 a2(t) 的表达式（χ>23.5℃的情况，见图 1.27 和图 1.28）。

$$A1(t) := -A(t)\,\operatorname{signum}\left(\frac{d}{dt}A(t)\right)$$

$$a2(t) := \operatorname{asin}(-A1(t)) + \pi\cdot\Phi\left(-\operatorname{signum}\left(\frac{d}{dt}A(t)\right)\right) + 2\cdot\pi\cdot\Phi\left(-\operatorname{asin}(-A1(t)) - \pi\cdot\Phi\left(-\operatorname{signum}\left(\frac{d}{dt}A(t)\right)\right)\right) \tag{1.16}$$

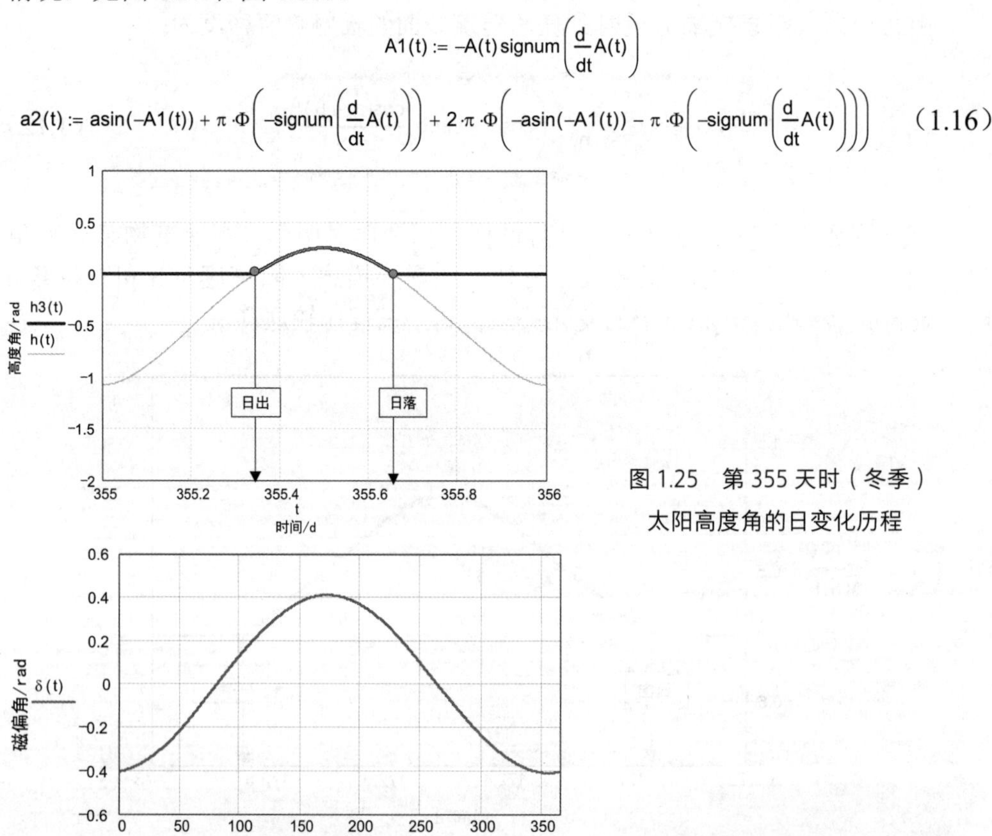

图 1.25　第 355 天时（冬季）太阳高度角的日变化历程

图 1.26　太阳磁偏角的年变化历程

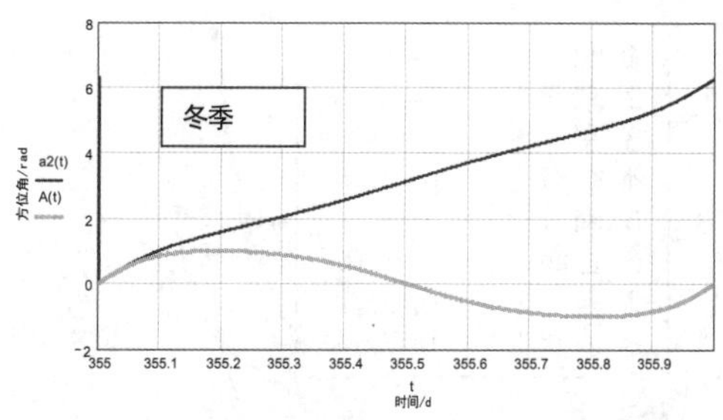

图 1.27 第 355 天时（冬季）太阳方位角的日变化历程

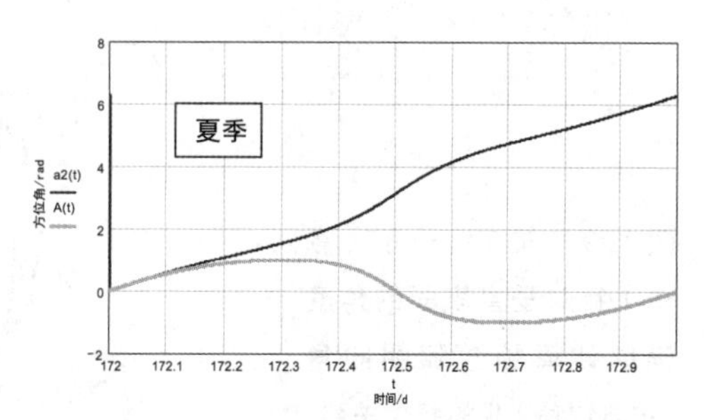

图 1.28 第 172 天时（夏季）太阳方位角的日变化历程

要计算角度辅助计算函数式（1.17）（方程（1.13）中的最后一项），乘以阳光持续函数（日长函数 D(t)），该函数描述了投射到水平面上的直接辐射随高度角 h 式（1.8）的变化关系。式（1.18）为用于直接辐射的角度辅助计算函数 B1(t,β) 的表达式。

方程（1.19）定义了自身阴影函数 S2(t,α,β)（建筑构件的倾角 α，在此为任意角度）。其值在有太阳实际照射到该建筑表面时为 1，否则为零。由此得到针对投射到垂直建筑构件表面的直接辐射，且包含日长函数和自身阴影函数的角度辅助计算函数 B2(t,β) 的表达式（1.20）。

$$B(t,\beta)=\frac{\cos(a-\beta)}{\tanh}=\frac{\cos(a)\cdot\cos(\beta)+\sin(a)\cdot\sin(\beta)}{\tan(h)}$$

$$B(t,\beta):=\frac{\sqrt{1-(A(t))^2}\cdot\cos(\beta)\cdot\mathrm{signum}\left(\frac{d}{dt}A(t)\right)+A(t)\cdot\sin(\beta)}{\tan(h(t))} \tag{1.17}$$

$$D(t):=\Phi((h(t))) \tag{1.7}$$

$$B1(t,\beta):=\frac{\sqrt{1-(A1(t))^2}\cdot\cos(\beta)\cdot\mathrm{signum}\left(\left(\frac{d}{dt}A(t)\right)\right)+A(t)\cdot\sin(\beta)}{\tan(h(t))}\cdot D(t) \tag{1.18}$$

$$S2(t,\beta):=\Phi\left(\cos(\alpha)\cdot D(t)+\sin(\alpha)\cdot B1(t,\beta)\cdot D(t)\right)$$

$$B2(t,\beta):=\frac{\sqrt{1-(A1(t))^2}\cdot\cos(\beta)\cdot\mathrm{signum}\left(\left(\frac{d}{dt}A(t)\right)\right)+A(t)\cdot\sin(\beta)}{\tan(h(t))}\cdot D(t)\cdot S2(t,\beta) \tag{1.19}$$

北纬 52°

$$\chi:=\frac{52}{180}\cdot\pi \tag{1.20}$$

图 1.29 至图 1.31 给出的是针对具有不同方位角（β）的垂直墙（α=π/2）的角度辅助计算函数 B2(t,β) 图示。需要再次指出，为了计算投射到任意朝向（β）垂直表面上的辐射热流密度，必须将通常已知的投射到水平表面的辐射热流密度与上述角度辅助计算函数相乘。

图 1.32 表达了针对某一斜屋顶（此处 α=54°）的 B 函数。

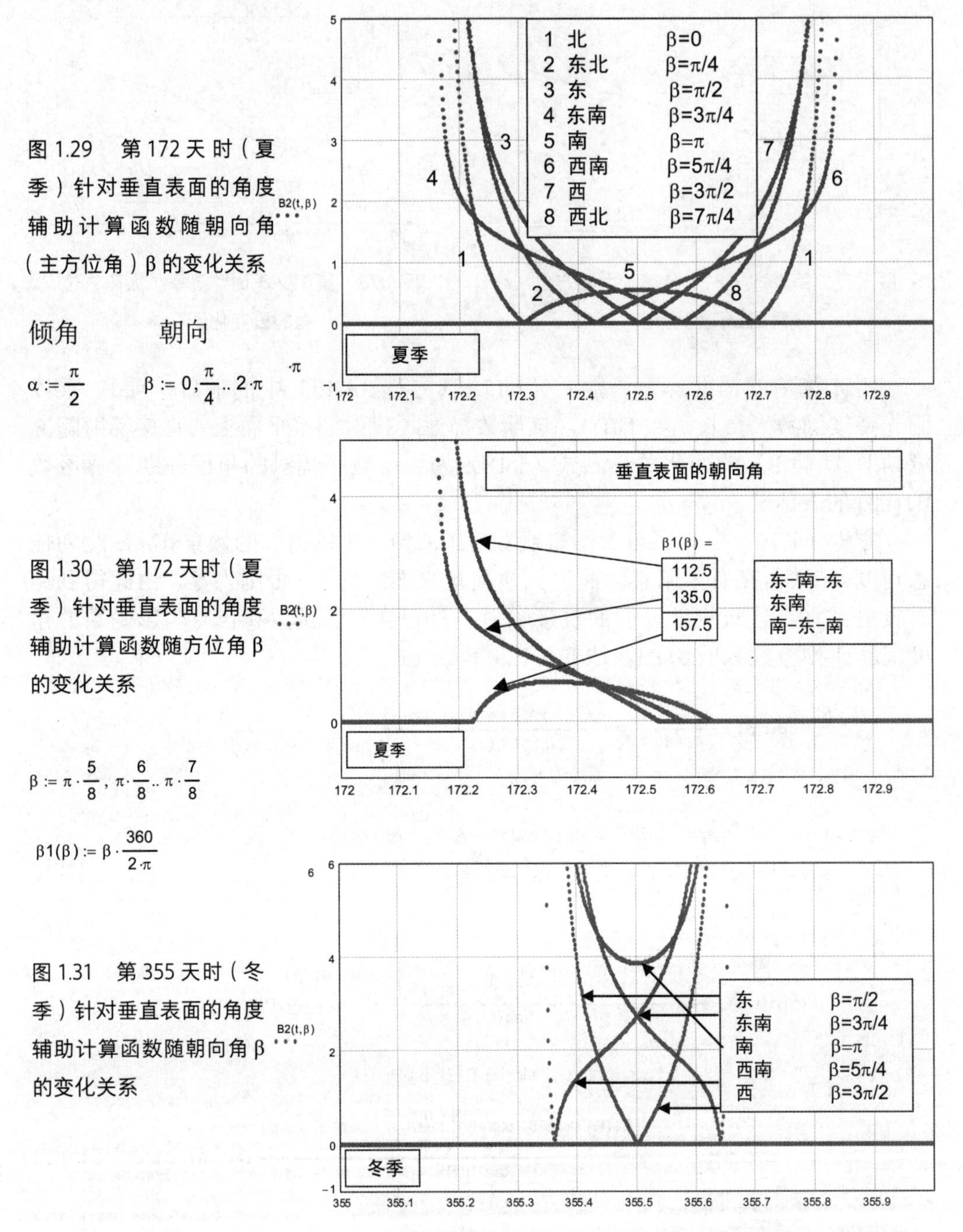

图 1.29　第 172 天时（夏季）针对垂直表面的角度辅助计算函数随朝向角（主方位角）β 的变化关系

图 1.30　第 172 天时（夏季）针对垂直表面的角度辅助计算函数随方位角 β 的变化关系

图 1.31　第 355 天时（冬季）针对垂直表面的角度辅助计算函数随朝向角 β 的变化关系

最后要给出的是，针对任意朝向和以任意角度倾斜表面的通用角度辅助计算函数的表达式（1.21），并将应用于倾角为 54° 的斜屋面时，该函数在第 172 天的变化过程作为范例示于图 1.32。图 1.39 至图 1.42 展示了该函数在辐射功率计算中的应用结果。

$$B3(t,\beta) := \sin(\alpha)\frac{\sqrt{1-(A1(t))^2}\cdot\cos(\beta)\cdot\mathrm{signum}\left(\left(\frac{d}{dt}A(t)\right)\right)+A(t)\cdot\sin(\beta)}{\tan(h(t))}\cdot D(t)\cdot S2(t,\beta)+\cos(\alpha)\cdot(D(t)\cdot S2(t,\beta)) \quad (1.21)$$

倾角　　朝向

$\alpha := \frac{54}{360} \cdot 2 \cdot \pi$　　$\beta := 0, \frac{\pi}{4} .. 2 \cdot \pi$

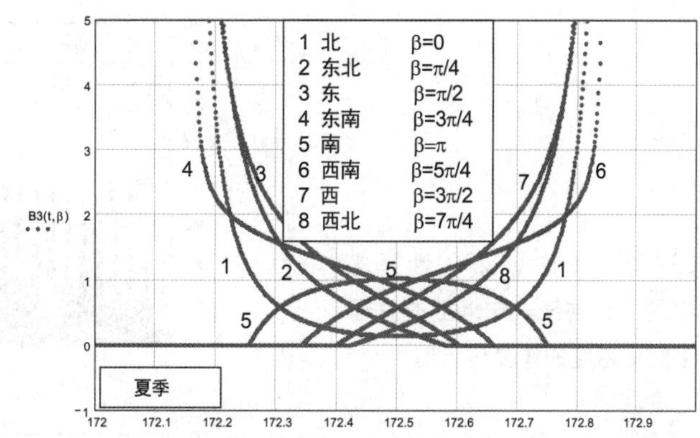

图 1.32　针对倾角为 54° 的斜屋面的角度辅助计算函数在第 172 天（夏季）时随方位角 β 的变化关系

借助于所讨论的角度辅助计算函数，最后得到针对投射到任意朝向（β）和任意倾角（α）的建筑构件表面上的直接辐射热流密度 $G_{\alpha\beta}(t)$ 的计算表达式：

$$G_{\alpha\beta}(t,\alpha,\beta) := G_{dir}(t) \cdot \left[(\cos(\alpha)) + [\sin(\alpha) \cdot (B1(t,\beta))]\right] \cdot (D(t) \cdot S2(t,\beta)) \tag{1.22}$$

漫射辐射仅与倾斜角相关，对此有相应的经验公式来描述。这样，投射到任意建筑构件表面的总辐射可表达为：

$$G(t,\alpha,\beta) := G_{dif}(t) \cdot \left(0.65 + 0.35 \cdot \cos(\alpha)^3\right) + G_{\alpha\beta}(t,\beta) \tag{1.23}$$

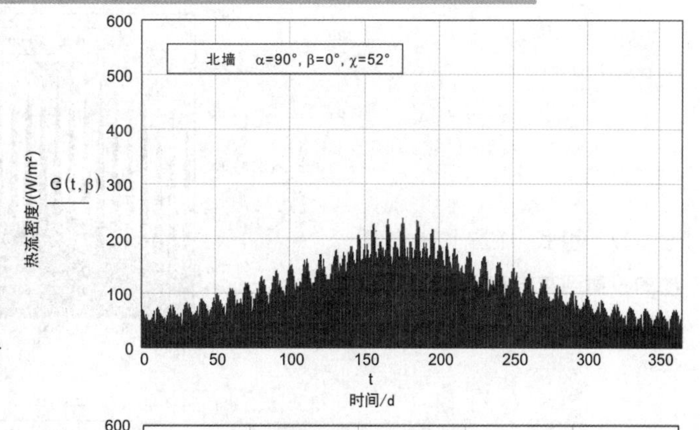

图 1.33　由式（1.23）计算得出的投射到某一北墙上的总辐射热流密度的年变化历程

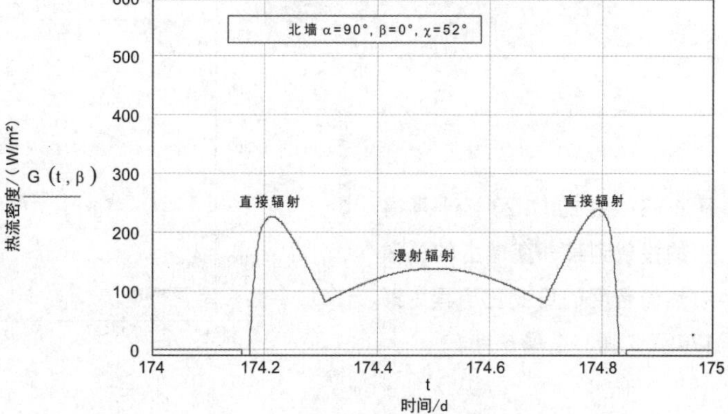

图 1.34　由式（1.23）计算得出的投射到某一北墙上的总辐射热流密度的日变化历程（第 174 天，晴，夏季 6 月）

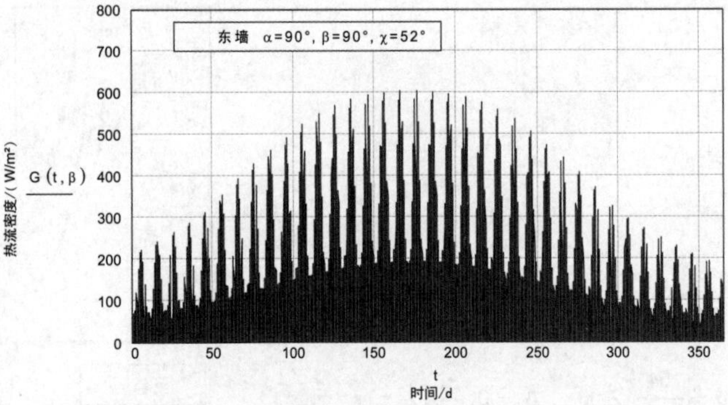

图 1.35　由式（1.23）计算得出的投射到某一东墙上的总辐射热流密度的年变化历程

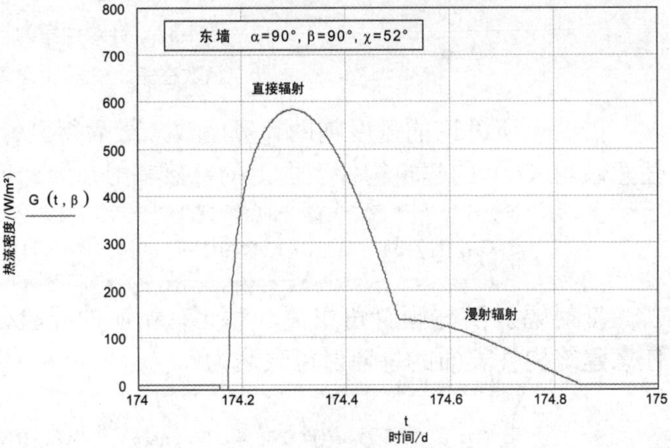

图 1.36　由式（1.23）计算得出的投射到某一东墙上的总辐射热流密度的日变化历程（第 174 天，晴，夏季 6 月）

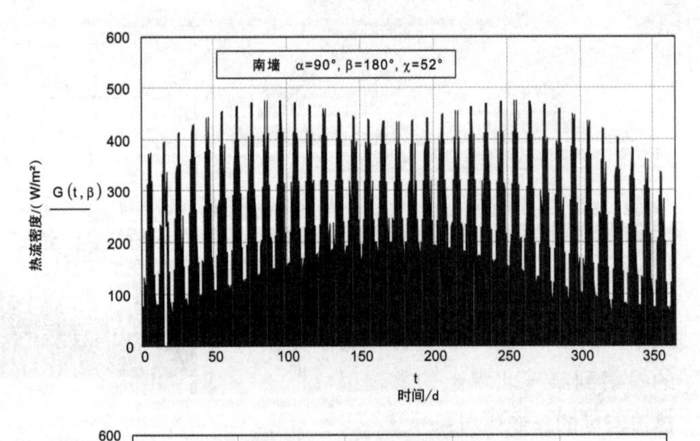

图 1.37　由式（1.23）计算得出的投射到某一南墙上的总辐射热流密度的年变化历程

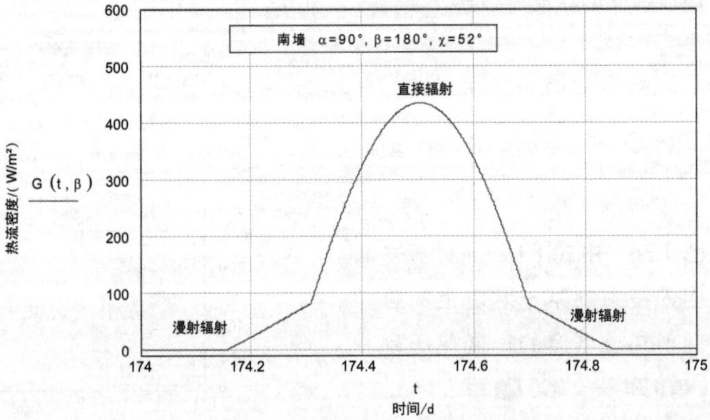

图 1.38　由式（1.23）计算得出的投射到某一南墙上的总辐射热流密度的日变化历程（第 174 天，晴，夏季 6 月）

下列各图给出的是一年中不同时间投射到某一倾角为 54° 的斜屋顶（请与图 1.32 对比）上的直接辐射（黑色细线）和总辐射（中等宽度线）热流密度随方位角的变化（所有热流密度均由式（1.22）和式（1.23）计算得出）。为便于对比，图中给出了投射到水平面上的总辐射热流密度（浅色宽线）。各图对应的纬度均为北纬 52°。

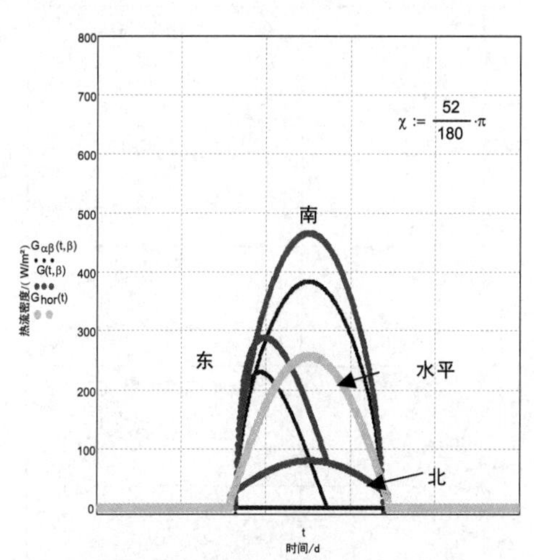

图 1.39 投射到不同朝向表面的直接辐射和总辐射热流密度的日变化历程（2 月，第 35 天）

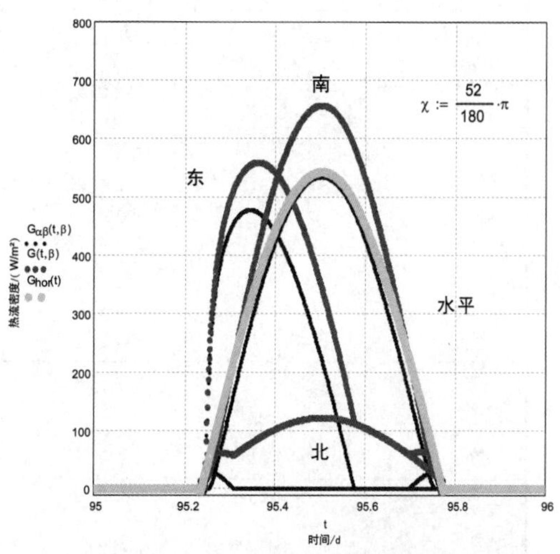

图 1.40 投射到不同朝向表面的直接辐射和总辐射热流密度的日变化历程（4 月，第 95 天）

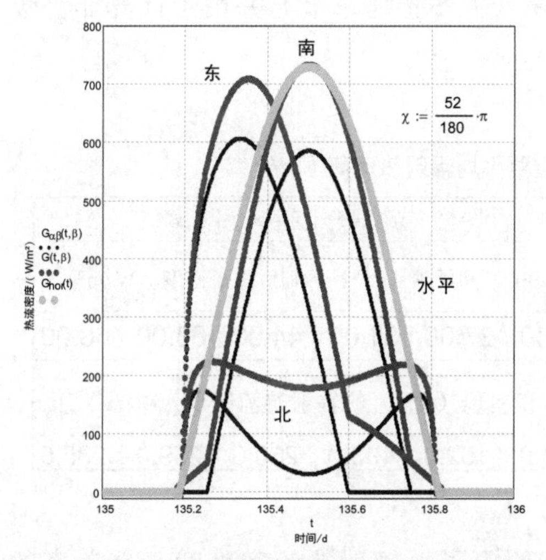

图 1.41 投射到不同朝向表面的直接辐射和总辐射热流密度的日变化历程（5 月，第 135 天）

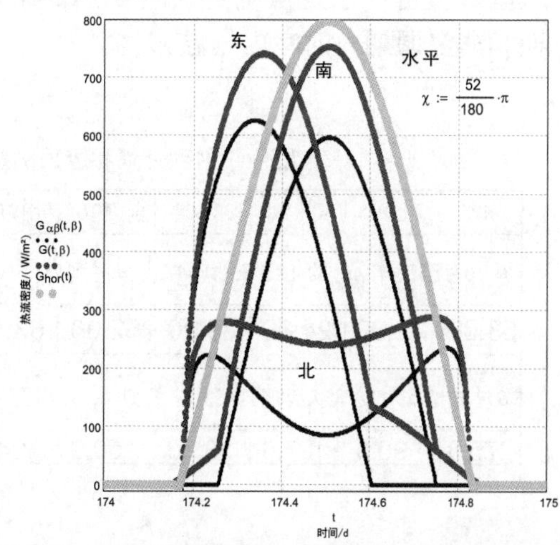

图 1.42 投射到不同朝向表面的直接辐射和总辐射热流密度的日变化历程（4 月，第 95 天）

为便于建筑构件和建筑物的热工设计，将由式（1.23）计算得到的冬季 185 天供暖期和夏季 5 天炎热期辐射热流密度 $G(t,\alpha,\beta)$ 的积分平均值列于表 1.4。表中各积分式的边界值略有不同，其目的是确保积分在数学上收敛。

表 1.4　由式（1.23）计算得到的投射到外墙及屋顶上的辐射热负荷（W/m^2）

10月至次年4月供暖185天期间的平均值	6月末5天炎热天气期间的平均值	10月至次年4月供暖185天期间的平均值	6月末5天炎热天气期间的平均值
北墙 $\int_{-86}^{100} G(t,\beta)\,dt\,\frac{1}{t_H+1}=22.0$	北墙 $\int_{173}^{178} G(t,\beta)\cdot\Phi(G(t,\beta))\,dt\,\frac{1}{t_P}=90.2$	45° 北屋顶 $\int_{-84}^{101} G(t,\beta)\,dt\,\frac{1}{t_H}=26.5$	45° 北屋顶 $\int_{172.5}^{177.5} G(t,\beta)\cdot\Phi(G(t,\beta))\,dt\,\frac{1}{t_P}=161.7$
东北墙 $\int_{-86}^{100} G(t,\beta)\,dt\,\frac{1}{t_H+1}=23.8$	东北墙 $\int_{173}^{178} G(t,\beta)\cdot\Phi(G(t,\beta))\,dt\,\frac{1}{t_P}=126.7$	45° 东北屋顶 $\int_{-83}^{102} G(t,\beta)\,dt\,\frac{1}{t_H}=30.8$	45° 东北屋顶 $\int_{173}^{178} G(t,\beta)\cdot\Phi(G(t,\beta))\,dt\,\frac{1}{t_P}=193.0$
东墙 $\int_{-85}^{100} G(t,\beta)\,dt\,\frac{1}{t_H}=34.9$	东墙 $\int_{173}^{178} G(t,\beta)\cdot\Phi(G(t,\beta))\,dt\,\frac{1}{t_P}=160.7$	45° 东屋顶 $\int_{-86}^{100} G(t,\beta)\,dt\,\frac{1}{t_H+1}=44.2$	45° 东屋顶 $\int_{173}^{178} G(t,\beta)\cdot\Phi(G(t,\beta))\,dt\,\frac{1}{t_P}=229.8$
东南墙 $\int_{-85}^{100} G(t,\beta)\,dt\,\frac{1}{t_H}=51.7$	东南墙 $\int_{173}^{178} G(t,\beta)\cdot\Phi(G(t,\beta))\,dt\,\frac{1}{t_P}=149.9$	45° 东南屋顶 $\int_{-83}^{102} G(t,\beta)\,dt\,\frac{1}{t_H}=60.1$	45° 东南屋顶 $\int_{173}^{178} G(t,\beta)\cdot\Phi(G(t,\beta))\,dt\,\frac{1}{t_P}=239.3$
南墙 $\int_{-85}^{102} G(t,\beta)\,dt\,\frac{1}{t_H+2}=62.4$	南墙 $\int_{173}^{178} G(t,\beta)\cdot\Phi(G(t,\beta))\,dt\,\frac{1}{t_P}=123.7$	45° 南屋顶 $\int_{-86}^{101} G(t,\beta)\,dt\,\frac{1}{t_H+2}=67.6$	45° 南屋顶 $\int_{172.5}^{177.5} G(t,\beta)\cdot\Phi(G(t,\beta))\,dt\,\frac{1}{t_P}=234.9$

由此，得到下列投射到不同朝向建筑构件表面平均辐射热负荷的取整数值。这些数值可用于定量确定供暖期热需求量（见热传递章节）并用于计算非供暖期和非空调期内的室内气温。

表 1.5　投射到外墙和屋顶的重要平均辐射热负荷（W/m^2）

水平	北90°	东北90°	东90°	东南90°	南90°	北45°	东北45°	东45°	东南45°	南45°
从10月至次年 4月的 185 天供暖期内投射到外墙（90°）和屋顶（45°）的辐射热流密度/（W/m^2）										
53.00	22.00	24.00	35.00	52.00	63.00	27.00	31.00	44.00	60.00	68.00
6月底的5天夏季炎热期内投射到外墙（90°）和屋顶（45°）的辐射热流密度/（W/m^2）										
275.0	90.0	127.0	161.0	150.0	124.0	162.0	193.0	230.0	239.0	235.0

在下面的图 1.43 和图 1.44 中，明确给出了总辐射热流密度随云覆盖率的变化关系。它们包括了 6 月（第 170 天到第 175 天）和 12 月（第 355 天到第 360 天）天气变化期间投射到某一东墙上的辐射量变化过程。

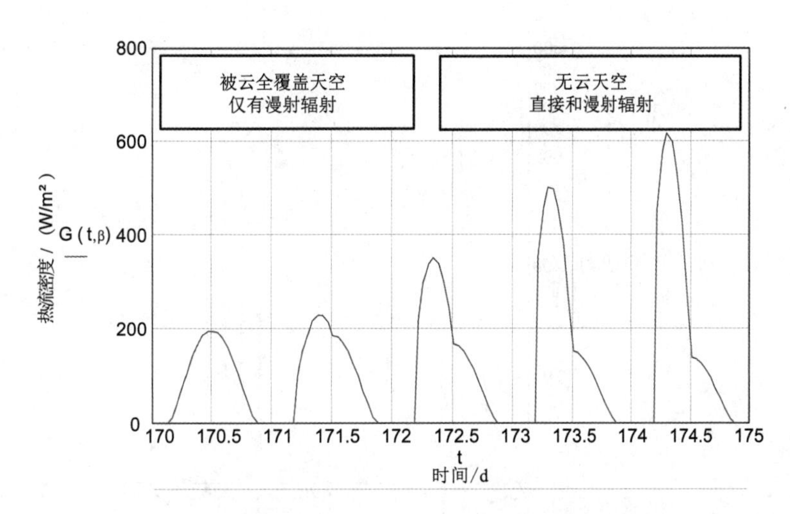

图 1.43 6 月底（第 170 天到第 175 天）总辐射热流密度随云覆盖率的变化

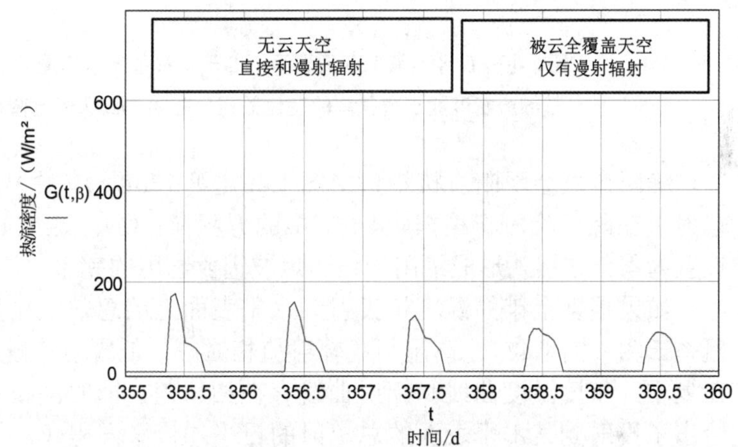

图 1.44 12 月（第 355 天到第 360 天）总辐射热流密度随云覆盖率的变化

最后，图 1.45 展示出辐射、外界气温及降雨之间的相关关系。在无云遮挡的辐射日，外界气温波动也最大，否则，情况相反（对于温度曲线（深灰色线），坐标轴上的 200 对应于 20℃）。

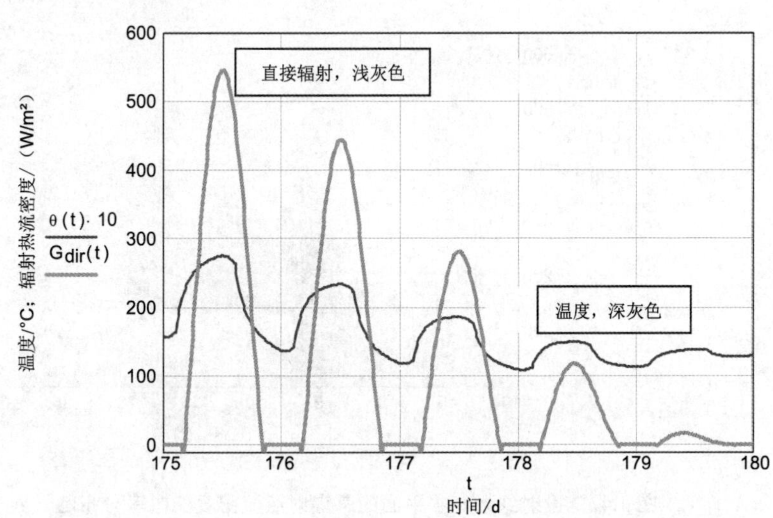

图 1.45 6 月（第 175 天到第 180 天）投射到水平面上的总辐射热流密度及外界气温随云覆盖率的变化

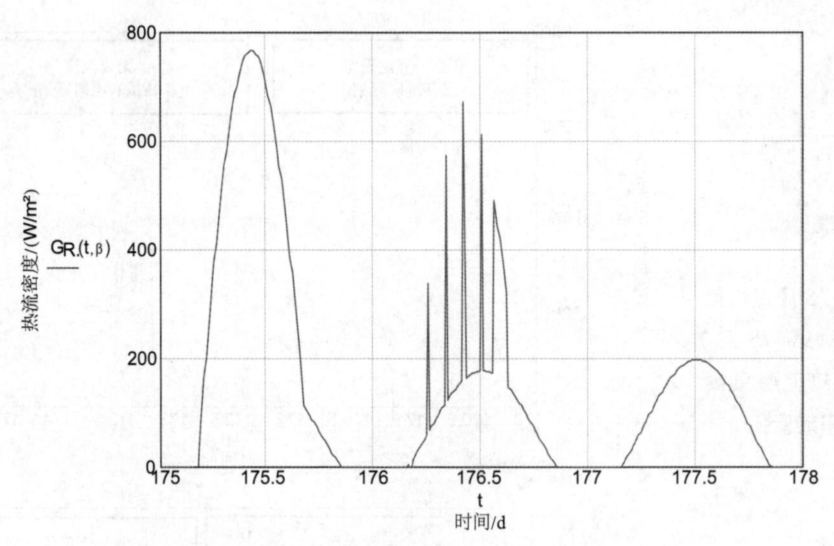

图 1.46　6 月（第 175 天到第 178 天）投射到东南屋顶（45°）的总热流密度随云覆盖率的变化关系，在第 176 天包含降雨的影响

阵雨自然会阻断直接辐射（图 1.46，第 176 天）。由式（1.22）确定的直接辐射量在降雨阶段将根据 1.4.1 节中的方程（1.32），通过 Heaviside 阶跃函数 Φ 设置为零。这样就形成了用于描述短波辐射通用的完整方法。

如果根据全年的温度将投射到水平表面上的总热流密度标记出来，则得到概率云图（图 1.47）：高温与高辐射值相对应，低辐射值既出现在冬季，也出现在夏季。年度温度曲线和辐射曲线存在相位差，即时间位移。图中的拉伸曲线给出了投射到某水平表面的总辐射的日平均值（方程（1.12））随外界气温（方程（1.1））日均值的变化。

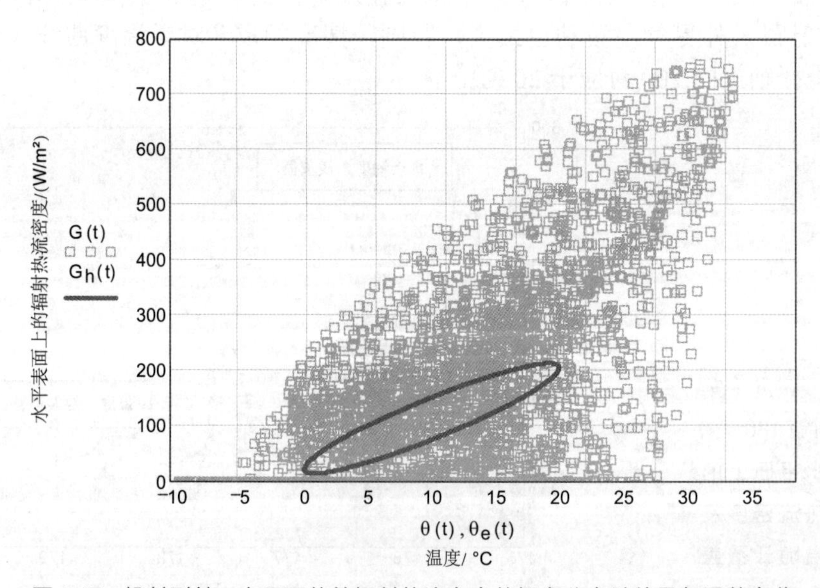

图 1.47　投射到某一水平面的总辐射热流密度的概率分布随外界气温的变化

1.1.2.3 长波辐射

温度为 300K 左右的建筑构件表面和环境之间会发生长波辐射换热。云层和周边建筑表面具有大致相同的温度，因此几乎没有长波辐射出现。寒冷的天空温度较低，其发射率 ε 与波长有关（在长波范围内 $\varepsilon<1$），由此引起的在水平表面的辐射热损失功率可达到 $110\mathrm{W/m^2}$。最终的长波辐射随天气（天空云覆盖率）的年度变化可数学表达为式（1.24）。

$$\Delta G_{lang} := 110 \qquad G_{langm} := \int_{-82.8}^{103.1} G_{lang}(t)\,dt \cdot \frac{1}{t_H + 1}$$

$$G_{lang}(t) := -\Delta G_{lang} \cdot \left(\sin\left(\frac{\pi}{T_p} \cdot t\right)^2 \cdot 0.98 + 0.02 \right) \cdot (1 - D(t)) \qquad G_{langm} = -33.5 \tag{1.24}$$

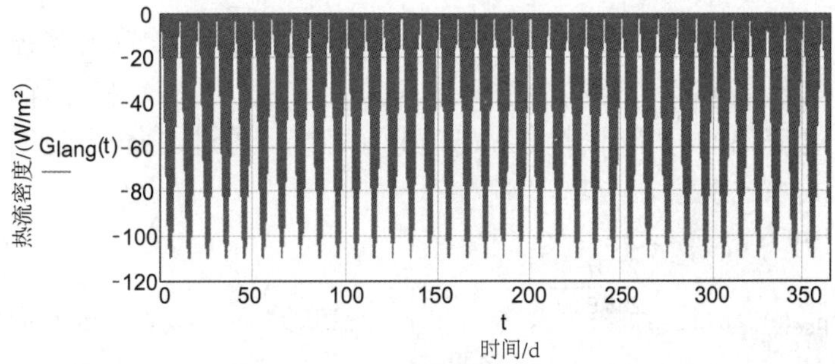

图 1.48 累计长波辐射随天气变化或云覆盖率的变化

投射到水平表面的长波辐射年平均值约为 $33\mathrm{W/m^2}$。由于天空的空间角较小，投射到垂直表面的长波辐射年平均值大约只有 $12\mathrm{W/m^2}$。最后的两张图给出了中欧地区（北纬 52°）投射到某一水平表面总辐射（短波辐射和长波辐射）的年变化历程，以及冬季 10 天的变化历程。

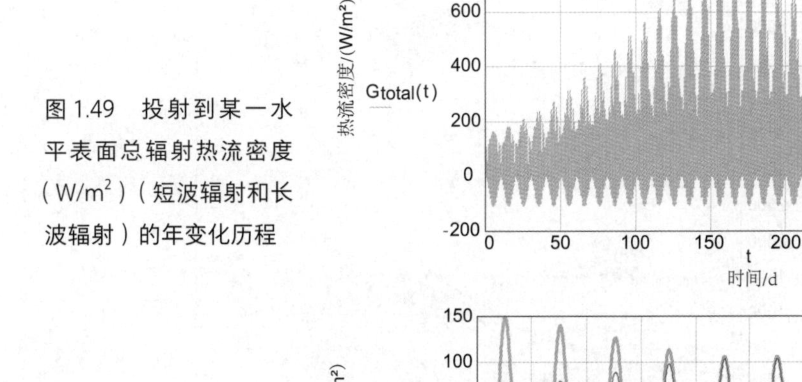

图 1.49 投射到某一水平表面总辐射热流密度（$\mathrm{W/m^2}$）（短波辐射和长波辐射）的年变化历程

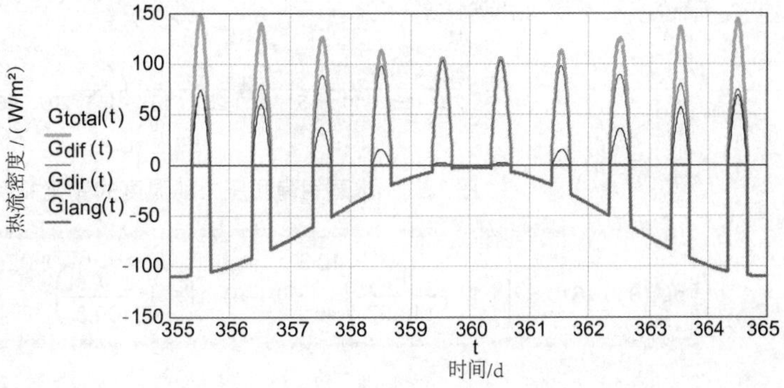

图 1.50 投射到某一水平表面所有辐射热流密度（$\mathrm{W/m^2}$）（短波辐射和长波辐射）在冬季的变化过程（第 355 天到第 365 天）

1.1.3 水蒸气压力和空气相对湿度

在外界和室内空气中，一般总是含有一种不可见的，无味、无毒的气体——水蒸气（可参见湿传递章节）。其在空气中的份额以 x kg 水蒸气 /1kg 空气，或分压力 p_D（Pa）的形式给出。空气相对湿度 ϕ 被定义为，水蒸气的分压力 p_D 与水蒸气的饱和压力 p_s 之比。根据热力学中有关相变的定律，水蒸气压力出现的最大值 p_s 与温度强相关，因此外界气候的昼夜变化可能引起空气相对湿度发生强烈的波动。在莫里尔焓湿关系式（h-x 图）推导框架内的 x，p，θ 和 ϕ 等参数之间的物理关系将在 2.2.2 节中论述。

1.1.3.1 水蒸气的饱和压力

图 1.51 和表 1.6 给出了 p_s 随温度在 θ<0℃（升华压力曲线）和 θ>0℃（饱和压力曲线）范围内的变化关系。方程（1.25）和方程（1.26）为饱和压力随温度变化的分析计算关系式。式（1.27）通过 Heaviside 阶跃函数将这几个单独的关系式组合在一起。

θ<0°C

$$p_{se}(\theta) := 610.5 \cdot e^{\frac{21.87 \cdot \theta}{265.5+\theta}} \tag{1.25a}$$

$$p_{se}(\theta) := 610.5 \cdot \left(1 + \frac{\theta}{148.57}\right)^{12.30} \tag{1.25b}$$

θ>0°C

$$p_{se}(\theta) := 610.5 \cdot e^{\frac{17.26 \cdot \theta}{237.3+\theta}} \tag{1.26a}$$

$$p_{se}(\theta) := 610.5 \cdot \left(1 + \frac{\theta}{109.8}\right)^{8.02} \tag{1.26b}$$

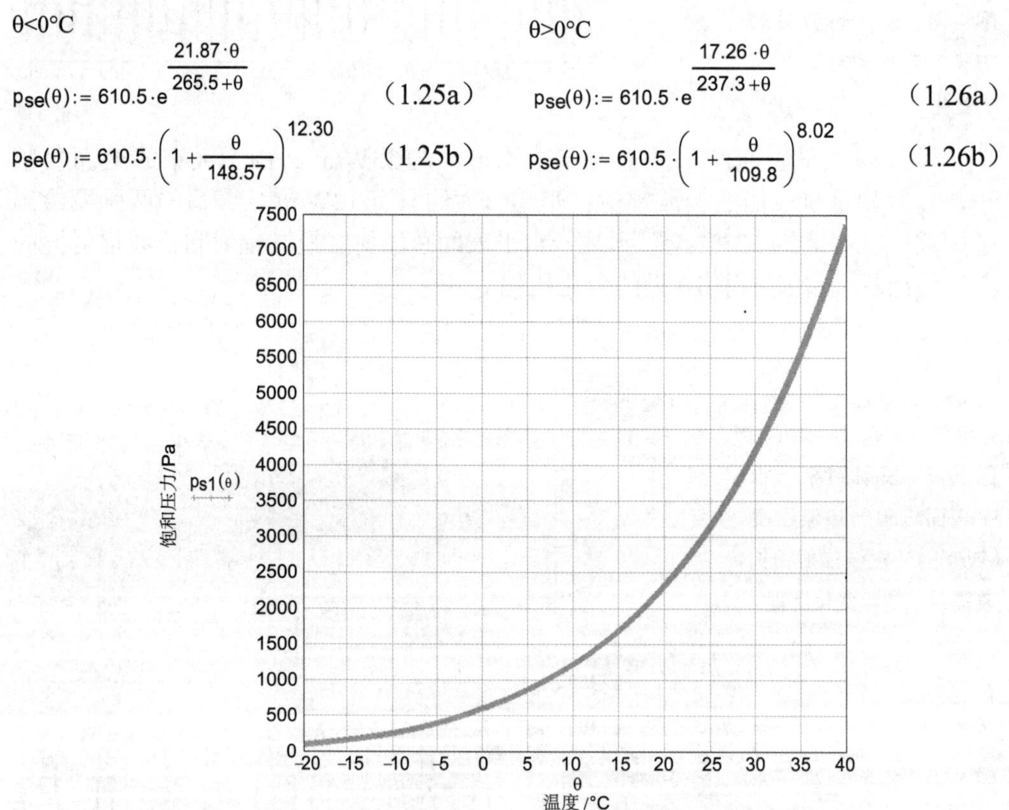

图 1.51　水蒸气饱和压力随温度的变化关系

$$p_{s1}(\theta) := 610.5 \cdot \left[\left(1 + \frac{\theta}{148.57}\right)^{12.3} \cdot \Phi(-\theta) + \left(1 + \frac{\theta}{109.8}\right)^{8.02} \cdot \Phi(\theta)\right] \tag{1.27}$$

借助于外界气温年变化历程的计算曲线，由式（1.27）近似得到如图 1.52 所示的，中欧地区大气环境中水蒸气饱和压力年变化历程的示意图。

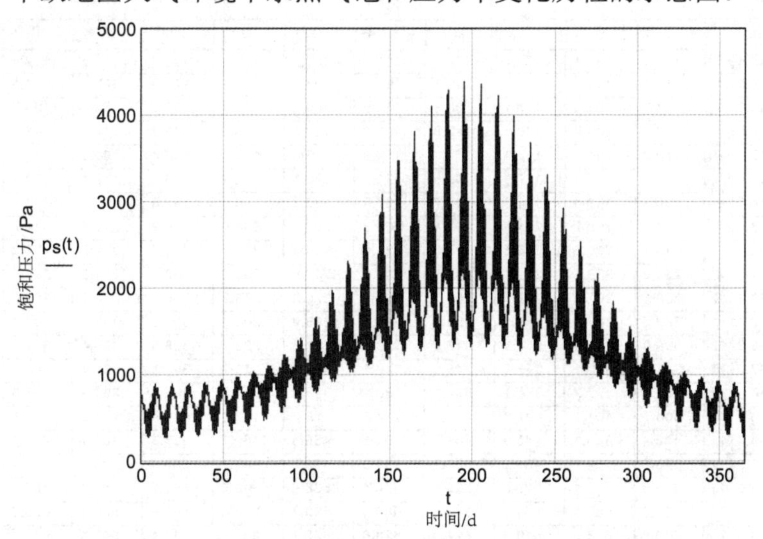

图 1.52 近似的中欧地区外界空气中水蒸气饱和压力年变化历程

在下列的图 1.53 和图 1.54 中，再次给出 1 月份和 7 月份大气中水蒸气的变化。

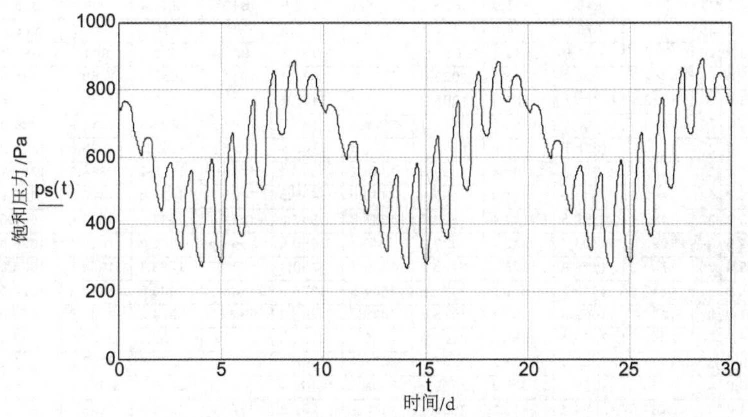

图 1.53 由式（1.27）得出的 1 月份水蒸气饱和压力的变化过程

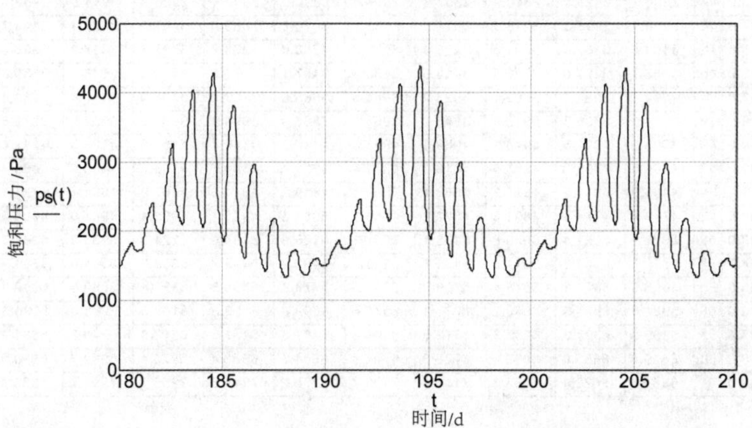

图 1.54 由式（1.27）得出的 7 月份水蒸气饱和压力的变化过程

表 1.6　水蒸气饱和压力随温度的变化

θ/°C		0.0	0.1	0.2	0.3	0.4	0.5	0.6	0.7	0.8	0.9
-20.0	0	103.1	104.1	105.1	106.1	107.1	108.2	109.2	110.2	111.3	112.4
-19.0	1	113.4	114.5	115.6	116.7	117.8	118.9	120.1	121.2	122.4	123.5
-18.0	2	124.7	125.9	127.1	128.3	129.5	130.7	131.9	133.2	134.4	135.7
-17.0	3	137.0	138.2	139.5	140.8	142.2	143.5	144.8	146.2	147.6	148.9
-16.0	4	150.3	151.7	153.1	154.6	156.0	157.4	158.9	160.4	161.9	163.4
-15.0	5	164.9	166.4	167.9	169.5	171.1	172.6	174.2	175.8	177.4	179.1
-14.0	6	180.7	182.4	184.0	185.7	187.4	189.2	190.9	192.6	194.4	196.2
-13.0	7	197.9	199.7	201.6	203.4	205.2	207.1	209.0	210.9	212.8	214.7
-12.0	8	216.7	218.6	220.6	222.6	224.6	226.6	228.7	230.7	232.8	234.9
-11.0	9	237.0	239.1	241.3	243.5	245.6	247.8	250.0	252.3	254.5	256.8
-10.0	10	259.1	261.4	263.7	266.1	268.4	270.8	273.2	275.7	278.1	280.6
-9.0	11	283.1	285.6	288.1	290.6	293.2	295.8	298.4	301.0	303.7	306.3
-8.0	12	309.0	311.8	314.5	317.2	320.0	322.8	325.7	328.5	331.4	334.3
-7.0	13	337.2	340.1	343.1	346.1	349.1	352.1	355.2	358.3	361.4	364.5
-6.0	14	367.7	370.9	374.1	377.3	380.6	383.9	387.2	390.5	393.9	397.3
-5.0	15	400.7	404.1	407.6	411.1	414.6	418.2	421.8	425.4	429.0	432.7
-4.0	16	436.4	440.1	443.9	447.7	451.5	455.3	459.2	463.1	467.1	471.0
-3.0	17	475.0	479.1	483.1	487.2	491.3	495.5	499.7	503.9	508.2	512.4
-2.0	18	516.8	521.1	525.5	529.9	534.4	538.9	543.4	547.9	552.5	557.2
-1.0	19	561.8	566.5	571.3	576.0	580.9	585.7	590.6	595.5	600.5	605.5
0.0	20	610.5	615.0	619.5	624.0	628.6	633.2	637.8	642.4	647.1	651.8
1.0	21	656.5	661.3	666.1	670.9	675.8	680.7	685.6	690.6	695.5	700.6
2.0	22	705.6	710.7	715.8	720.9	726.1	731.3	736.5	741.8	747.1	752.5
3.0	23	757.8	763.2	768.7	774.1	779.7	785.2	790.8	796.4	802.0	807.7
4.0	24	813.4	819.2	825.0	830.8	836.6	842.5	848.5	854.4	860.4	866.5
5.0	25	872.5	878.7	884.8	891.0	897.2	903.5	909.8	916.1	922.5	928.9
6.0	26	935.4	941.9	948.4	955.0	961.6	968.3	975.0	981.7	988.5	995.3
7.0	27	1002.2	1009.1	1016.0	1023.0	1030.0	1037.1	1044.2	1051.4	1058.6	1065.8
8.0	28	1073.1	1080.4	1087.8	1095.2	1102.7	1110.2	1117.7	1125.3	1133.0	1140.6
9.0	29	1148.4	1156.1	1164.0	1171.8	1179.8	1187.7	1195.7	1203.8	1211.9	1220.0
10.0	30	1228.2	1236.5	1244.8	1253.1	1261.5	1269.9	1278.4	1287.0	1295.6	1304.2
11.0	31	1312.9	1321.6	1330.4	1339.3	1348.2	1357.1	1366.1	1375.2	1384.3	1393.4
12.0	32	1402.6	1411.9	1421.2	1430.6	1440.0	1449.5	1459.0	1468.6	1478.3	1487.9
13.0	33	1497.7	1507.5	1517.4	1527.3	1537.3	1547.3	1557.4	1567.6	1577.8	1588.0
14.0	34	1598.4	1608.7	1619.2	1629.7	1640.3	1650.9	1661.6	1672.3	1683.1	1694.0
15.0	35	1704.9	1715.9	1726.9	1738.0	1749.2	1760.4	1771.7	1783.1	1794.5	1806.0
16.0	36	1817.6	1829.2	1840.9	1852.6	1864.5	1876.3	1888.3	1900.3	1912.4	1924.5
17.0	37	1936.7	1949.0	1961.4	1973.8	1986.3	1998.8	2011.5	2024.2	2036.9	2049.8
18.0	38	2062.7	2075.7	2088.7	2101.8	2115.0	2128.3	2141.6	2155.1	2168.5	2182.1
19.0	39	2195.7	2209.4	2223.2	2237.1	2251.0	2265.0	2279.1	2293.3	2307.5	2321.8
20.0	40	2336.2	2350.7	2365.3	2379.9	2394.6	2409.4	2424.3	2439.2	2454.3	2469.4
21.0	41	2484.6	2499.8	2515.2	2530.6	2546.2	2561.8	2577.4	2593.2	2609.1	2625.0
22.0	42	2641.0	2657.2	2673.4	2689.6	2706.0	2722.5	2739.0	2755.7	2772.4	2789.2
23.0	43	2806.1	2823.1	2840.2	2857.3	2874.6	2892.0	2909.4	2926.9	2944.6	2962.3
24.0	44	2980.1	2998.0	3016.0	3034.1	3052.3	3070.6	3089.0	3107.5	3126.1	3144.7
25.0	45	3163.5	3182.4	3201.3	3220.4	3239.6	3258.8	3278.2	3297.7	3317.2	3336.9
26.0	46	3356.7	3376.6	3396.5	3416.6	3436.8	3457.1	3477.5	3498.0	3518.6	3539.3
27.0	47	3560.1	3581.1	3602.1	3623.2	3644.5	3665.8	3687.3	3708.9	3730.6	3752.4
28.0	48	3774.3	3796.3	3818.4	3840.7	3863.0	3885.5	3908.1	3930.8	3953.6	3976.6
29.0	49	3999.6	4022.8	4046.1	4069.5	4093.0	4116.6	4140.4	4164.3	4188.3	4212.4
30.0	50	4236.6	4261.0	4285.5	4310.1	4334.8	4359.7	4384.7	4409.8	4435.0	4460.4
31.0	51	4485.9	4511.5	4537.2	4563.1	4589.1	4615.2	4641.5	4667.9	4694.4	4721.1
32.0	52	4747.9	4774.8	4801.8	4829.0	4856.3	4883.8	4911.4	4939.1	4967.0	4995.0
33.0	53	5023.1	5051.4	5079.8	5108.4	5137.1	5165.9	5194.9	5224.0	5253.3	5282.7
34.0	54	5312.3	5342.0	5371.8	5401.8	5432.0	5462.2	5492.7	5523.3	5554.0	5584.9
35.0	55	5615.9	5647.1	5678.4	5709.9	5741.5	5773.3	5805.3	5837.4	5869.6	5902.0
36.0	56	5934.6	5967.3	6000.2	6033.2	6066.4	6099.8	6133.3	6167.0	6200.8	6234.8
37.0	57	6269.0	6303.3	6337.8	6372.5	6407.3	6442.3	6477.5	6512.8	6548.3	6583.9
38.0	58	6619.8	6655.8	6692.0	6728.3	6764.8	6801.5	6838.4	6875.4	6912.7	6950.1
39.0	59	6987.6	7025.4	7063.3	7101.4	7139.7	7178.2	7216.8	7255.7	7294.7	7333.9

1.1.3.2 水蒸气的实际压力

图 1.55 为根据当前大气中实际存在的绝对湿度 x，通过叠加由反映实际天气变化趋势的简谐函数得到的实际的水蒸气压力年度变化曲线 $p_D(t)$。压力值和压力幅值均以 Pa 为单位。如果由式（1.28）计算的分压力超过由式（1.27）得到的饱和压力，则 $p=p_s$（式（1.29））。

年平均值	年变化过程幅值及时间相位差	与天气变化相关的幅值及时间相位差	日变化过程幅值及时间相位差
$p_{em} := 890$	$\Delta p_{ea} := 390$	$\Delta p_p := 210$	$\Delta p_{ed} := 20$
	$T_a := 365$	$T_p := 10$	$T_d := 1$
	$t_a := 30$	$t_p := 1$	$t_d := \frac{9}{24}$

$$p(t) := \left[p_{em} - \Delta p_{ea} \cdot \cos\left[\frac{2\cdot\pi}{T_a}\cdot(t-t_a)\right] \ldots + \Delta p_p \cdot \cos\left[\frac{\pi\cdot 2}{T_p}\cdot(t-1)\right]\cdot\left[\sin\left[\frac{\pi}{T_a}\cdot(t-t_a)\right]^2\cdot 11+1\right]\cdot\frac{1}{12} \ldots + -\Delta p_{ed}\cdot\cos\left[\frac{2\cdot\pi}{T_d}\cdot(t-t_d)\right]\cdot\left[1+6\cdot\sin\left[\frac{\pi}{T_a}\cdot(t-t_a)\right]^2\right]\cdot\frac{1}{7} \right] \tag{1.28}$$

$$p_D(t) := p(t)\cdot\Phi\left(p_s(t)-p(t)\right) + \left(-p_s(t)\cdot\Phi\left(p_s(t)-p(t)\right)\right) + p_s(t) \tag{1.29}$$

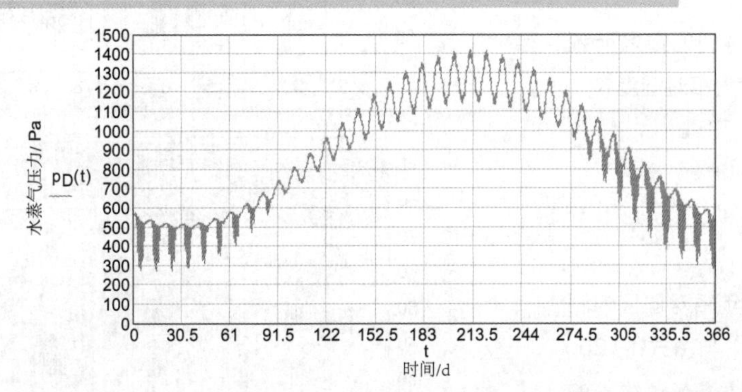

图 1.55　由式（1.29）得出的中欧地区外界空气中水蒸气的简化年变化历程 $p_D(t)$

1.1.3.3 空气相对湿度

由水蒸气压力和饱和压力之比可以最终得到下列相对湿度的年变化历程，其中降雨期间（见 1.4 节）$\phi=1$（借助阶跃函数 Φ）。对于粗估的情况，也可由简谐函数式（1.31）描述相对湿度的年变化历程。

$$\phi(t) := \frac{p_D(t)}{p_s(t)} \qquad \phi_1(t) := \Phi\left(N(t)-10^{-4}\right) + \phi(t)\cdot\left(1-\Phi\left(N(t)-10^{-4}\right)\right) \tag{1.30}$$

$$\phi_n(t) := \phi_o + \Delta\phi\cdot\cos\left[\frac{2\cdot\pi}{T_a}\cdot(t-t_{\phi a})\right] \qquad \phi_o := 0.75 \quad \Delta\phi := 0.11 \quad t_{\phi a} := -5 \quad T_a := 365 \tag{1.31}$$

由于低温及与低温相关联的低吸收水分的能力（饱和压力 p_s 相对较低），外界空气的相对湿度在冬季通常较高。在夏季，相对湿度随着依赖于温度的饱和水蒸气压力的较大幅度波动而在 25%～100% 之间变化。测量得到的空气湿度与由式（1.30）计算得到的值基本一致。图 1.59 为与水蒸气压力对应的温度概率云图。这一结果相应于焓湿图（h-x 图，见 2.2.2 节）中的大气状态描述。图中下侧的边界曲线为水蒸气的饱和压力曲线。

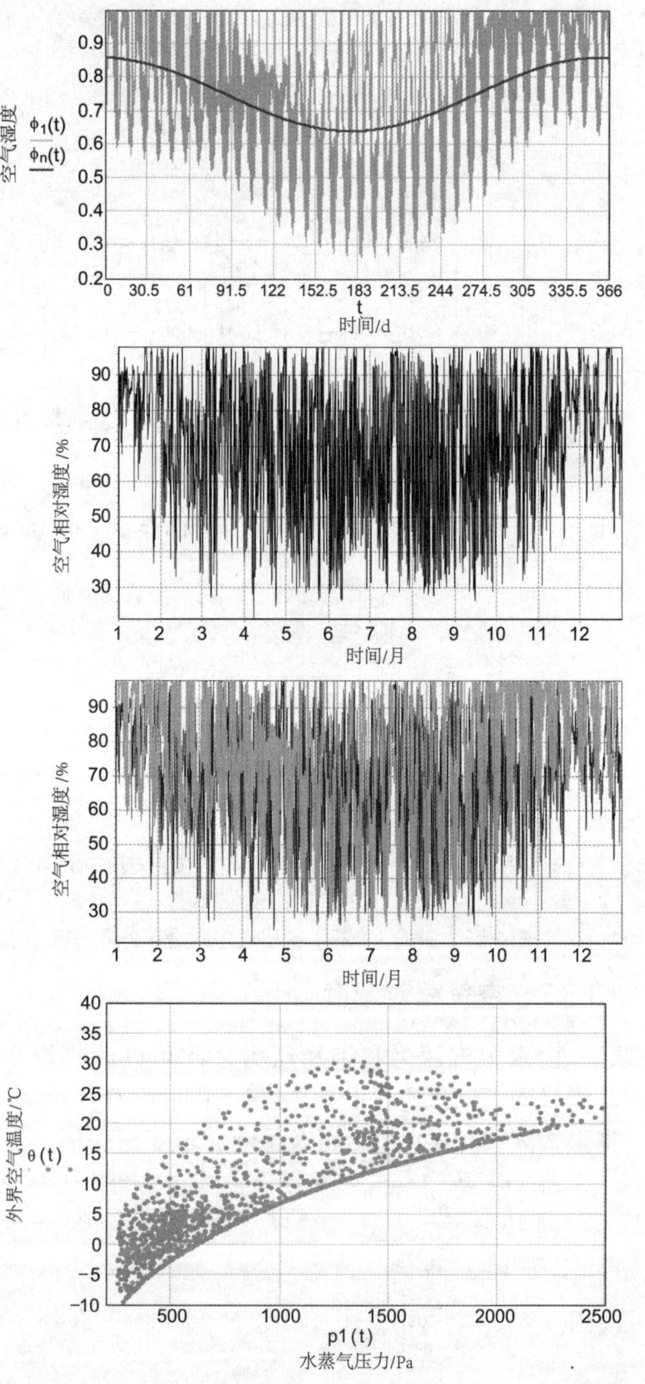

图 1.56　由式（1.30）和式（1.31）计算得到的空气相对湿度的年变化历程

图 1.57　测量得到的德累斯顿市 1997 年的空气相对湿度

图 1.58　1997 年相对湿度的测量值（黑色线）与由式（1.30）得到的计算值（浅灰色线）的比较

图 1.59　气温随水蒸气压力的变化

1.1.4 降水和风

1.1.4.1 雨流密度

降水和风均为随机变量。对于建筑结构外部表面的湿技术工程计算来说，与入侵外表面的冲击雨相关的建筑气候相关参数首先是雨流密度 $g_R=dm_R/dtA$（kg/m^2s）或体积流量密度 $N=dV_R/dtA$（m^3/m^2s 或 l/m^2h），冲击雨与风速和风向有紧密的关联性。图 1.60 给出的是 1997 年在德累斯顿市得到的落在水平表面上的测量值。在中欧地区，最大降雨量出现在 7 月份或 8 月份。

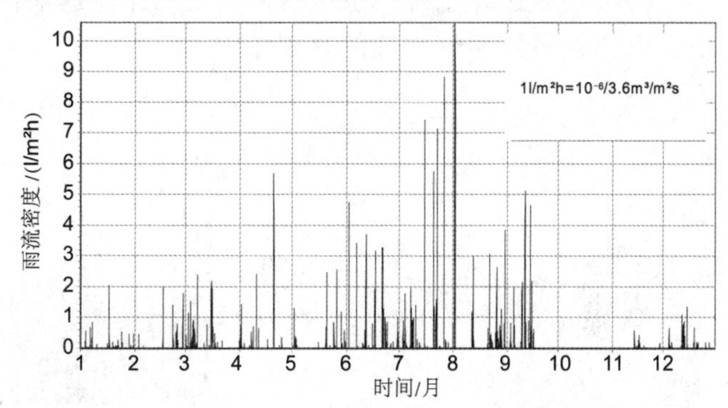

图 1.60 1997 年测量得到的降落于德累斯顿市某一水平表面上的雨流密度（l/m^2h）

为了进行对比，下面的图给出了由方程（1.32）模拟计算出的降雨量的结果（$C_p(t)$ 为“小时降雨函数”）。通过对时间积分得到以 m^3/m^2 为单位的年降雨量，其值与图 1.60 中测量所得到的年降雨量 635mm 相一致。如同前面已讨论过的外界气候元素温度、热辐射、空气湿度等一样，通过改变参数也可以得到其他时间段的降雨数据（N 和 ΔN 的单位为 m^3/m^2h；t，T_d，T_p，T_a 的单位为 d）。

$\Delta N := 3.6\cdot 10^{-4}$ $T_d := 1$ $T_p := 10$ $T_a := 365$

$$C_p(t) := \Phi\left[0.35\cdot\left(\sin\left(\frac{22\cdot t}{T_p}\right)\right)^2 + 0.75\cdot\sin\left(\frac{5.8\cdot t}{T_p}\right)^2 - 0.97\right]$$

$$N(t) := \Delta N\cdot\left[1+6\cdot\sin\left[\frac{\pi}{T_a}\cdot(t-10)\right]^2\right]\cdot\left[1+8\cdot\sin\left[\frac{6}{T_a}\cdot(t+78)\right]^2\right]\cdot\left(\sin\left(\pi\cdot 12\cdot\frac{t}{T_d}\right)^2\right)\cdot\cos\left(\frac{\pi}{T_p}\cdot t\right)^2\cdot\frac{1}{2}\cdot C_p(t) \quad (1.32)$$

$$N1(t) := N(t)\cdot\Phi(N(t))$$

由式（1.32）可得年降雨量（m^3/m^2）：

$$\int_0^{367} N1(t)\,dt\cdot 24 = 0.6355$$

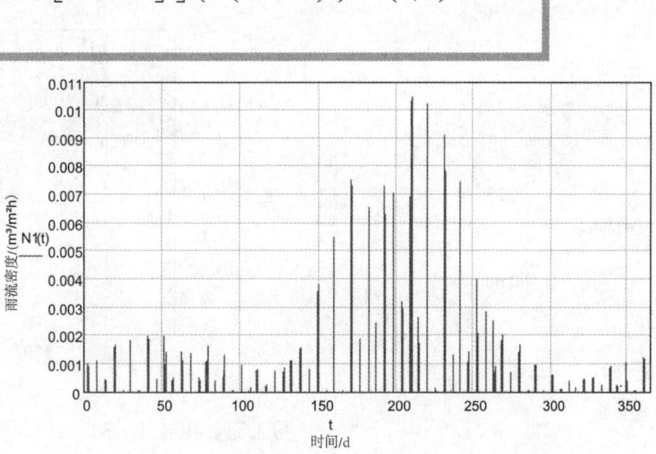

图 1.61 由式（1.32）计算得到的落在水平表面的雨流密度（m^3/m^2h）

1.1.4.2　风速和风向

风速和风向同样是根据测量值进行模拟。风速 v1(t)（m/s）和以角函数形式表达的风向（以弧度测量）将示于后面的图中。

$$\Delta v := 0.85 \qquad v_m := 2.4$$

$$v(t) := \Delta v\cdot\left[\left(1+10\cdot\cos\left(\frac{\pi\cdot 1}{T_a}\cdot t\right)^2\right)\cdot\cos(0.8\cdot t)\cdot\sin(10.1\cdot t)^2+\left(1+4\cdot\cos(0.59\cdot t)^2\right)\cdot\cos(6\cdot t)\right]+v_m\cdot\left(0.8+\cos\left(\frac{\pi}{T_a}\cdot t\right)^2\cdot 0.6\right) \tag{1.33}$$

$$v1(t) := v(t)\cdot\Phi(v(t))+0.1$$

年平均风速 V_{mittle} 约为 3m/s。此值为计算建筑构件外表面对流换热及估算取决于风的建筑物换气次数的基本依据。

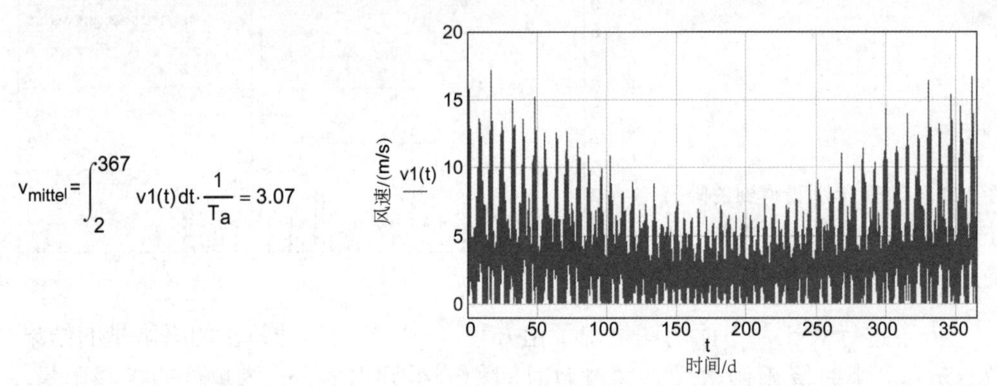

图 1.62　由式（1.33）计算得到的风速（m/s），平均值约为 3m/s

方程（1.34）为风向的数学描述。如果以正东方向为 0°，则风向的年平均值 W_{mittle} 的方向为 180°。这意味着风来自西面。图 1.64 至图 1.65 为以饼图表示的含有数值和长度的风向量（风向谱）。

$$w_m(t) := 3.1\cdot\Phi(124-t)\cdot\left[\sin[0.08(t+40)]^2\cdot 0.3+1\right]+3.45\cdot\Phi(t-124)\cdot(\cos(0.5\cdot t)\cdot 0.4+0.35)+2.9\cdot\Phi(t-152)\cdot(\cos(0.1\cdot t)\cdot 0.1+1)$$

$$w(t) := 0.75\cdot\left[\left[\left|\sin[0.2\cdot(t+130)]\right|\right]^6\cdot(-2)+0.3\right]\cdot\cos(20\cdot t)+\left[0.6+(-2.6)\cdot\left(\left|\cos(2\cdot t)\right|\right)^{1.5}\right]\cdot\left(\left|\cos(5\cdot t)\right|\right)+w_m(t) \tag{1.34}$$

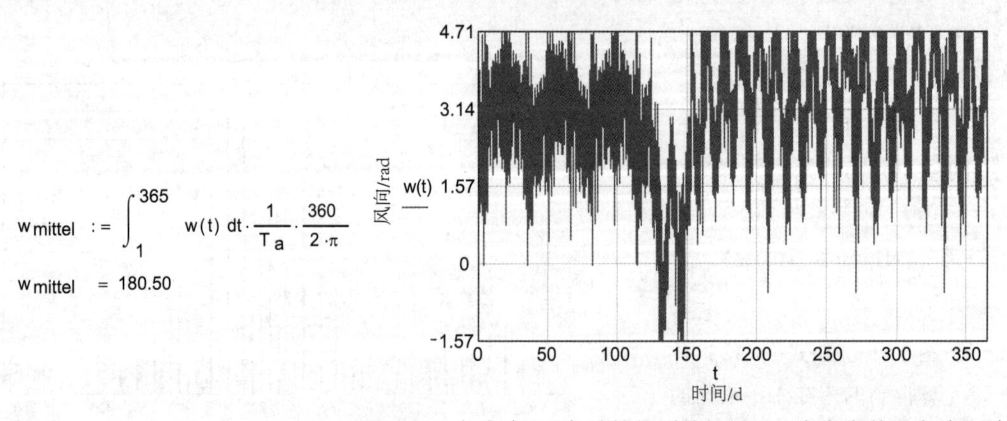

图 1.63　由式（1.34）计算得到的相对于正东方向的风向（rad）

最后，将针对若干月份的风向概率分布和风向谱进行讨论。图中标记了相对于以角度表示（饼图）和以弧度表示（1 弧度 =57.3°）的风向的风速。

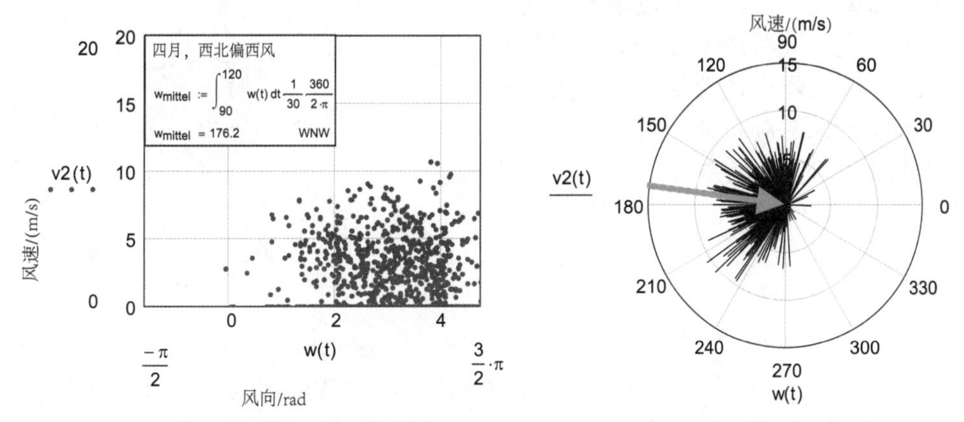

图 1.64a 4 月份的风向（4 月份的平均风向角为 176°，主要为西北偏西（WNW）风）

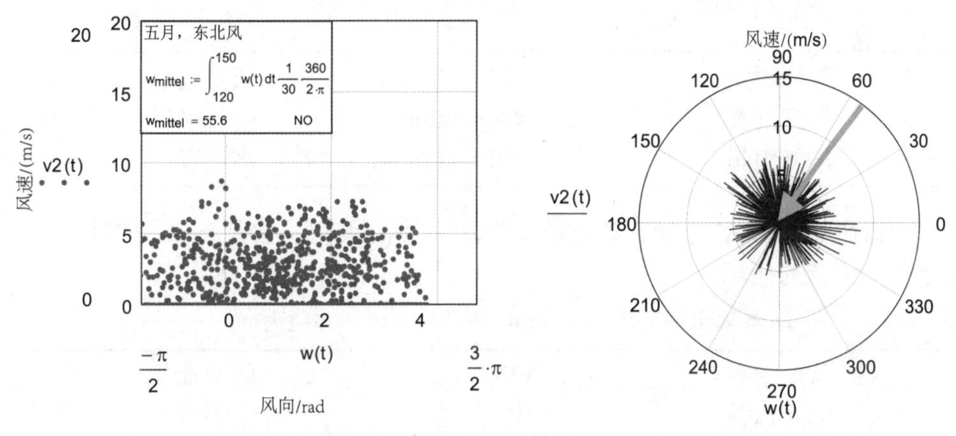

图 1.64b 5 月份的风向（5 月份的平均风向角为 56°，主要为东北（NO）风）

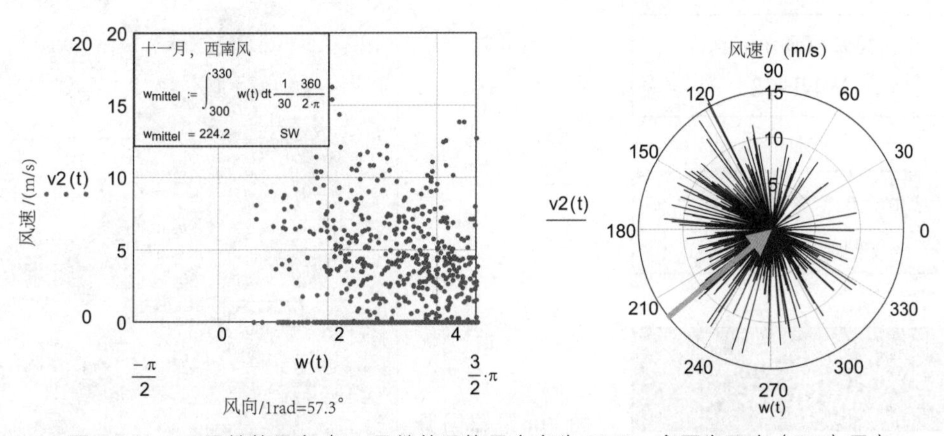

图 1.64c 11 月份的风向（11 月份的平均风向角为 224°，主要为西南（SW）风）

综合考虑，风速和风向影响建筑物外侧的压力比，因而会影响穿过建筑物的气流和换气率，以及炎热季节的通风换气热损失，进而影响夏季炎热期的室内气温。结合降水量的计算可以定量确定冲击雨带来的湿负荷（防水层及缝隙密封处的毛细吸水能力）。

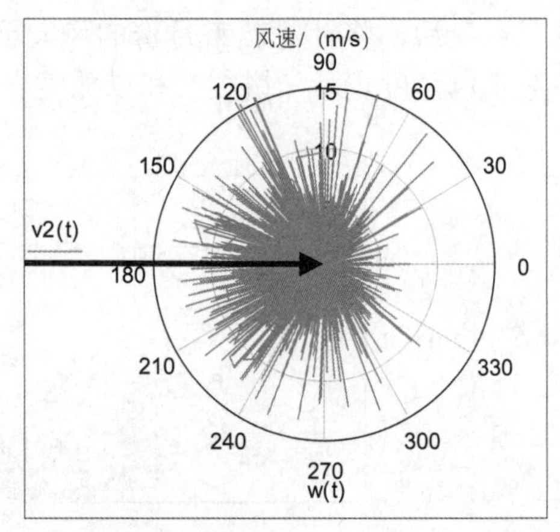

图 1.65　年风向谱

（如前所述，年平均风向角约为 180°，以西风为主）

1.1.4.3　受风雨影响的区域的划分

风－雨的载荷强度可以通过下列简单的恶劣天气防护准则粗略分类：

1 区：年降雨量	N＜600mm	低负荷
2 区：年降雨量	600mm＜N＜800mm	中等负荷
3 区：年降雨量	N＞800mm	高负荷

所谓风雨指数定义为年降雨量与平均风速的乘积。它是一个简单且有效的区分天气负荷的指标。

$$WNI = N \cdot v \quad 单位\ s/m^2，N单位为m，v单位为m/s \tag{1.35}$$

1 区：风雨指数	WNI＜2	低负荷
2 区：风雨指数	2＜WNI＜3	中等负荷
3 区：风雨指数	WNI＞3	高负荷

N＜600mm/a
WNI＜2

600mm/a＜N＜800mm/a
2＜WNI＜3

N＞800mm/a
WNI＞3

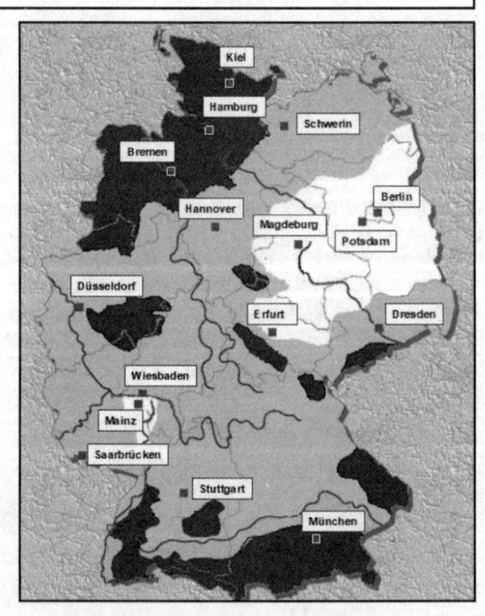

图 1.66　德国降水分布图或恶劣天气保护区

1.1.5 作用在建筑物垂直表面上冲击雨的雨流密度

由降雨量、风速和风向可以近似地计算垂直于建筑构件表面的雨流密度（冲击雨）（kg/m^2s 或 kg/m^2h），这是恶劣天气保护设计及定量计算实际入侵雨量的基础。

在无干扰的风场中，作用在单个雨滴上的力包括垂直方向的重力 F_g，水平方向的风力 F_W，以及摩擦力 F_r（v_L 为风速）：

$$F_g = \rho_W \cdot \frac{4}{3} \cdot \pi \cdot r^3 \cdot g \qquad F_W = c \cdot \frac{\rho_L}{2} \cdot v_L^2 \cdot \pi \cdot r^2 \qquad F_r = c \cdot \frac{\rho_L}{2} \cdot v_R^2 \cdot \pi \cdot r^2$$

雨水密度（kg/m^3） 重力加速度（m/s^2） 空气密度（kg/m^3） 阻力系数（1）

$\rho_W := 1000$ $g := 9.81$ $\rho_L := 1.24$ c

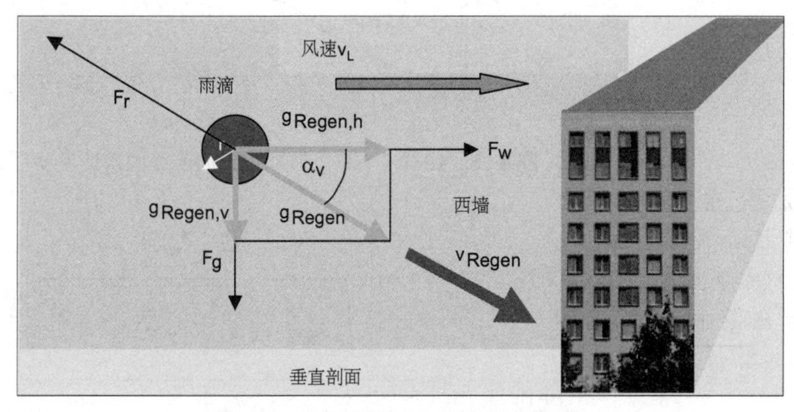

图 1.67 作用在西墙上的雨滴速度图示

$$F_r^2 = F_g^2 + F_W^2$$

$$\left(c \cdot \frac{\rho_L}{2} \cdot v_R^2 \cdot \pi \cdot r^2\right)^2 = \left(\rho_W \cdot \frac{4}{3} \cdot \pi \cdot r^3 \cdot g\right)^2 + \left(c \cdot \frac{\rho_L}{2} \cdot v_L^2 \cdot \pi \cdot r^2\right)^2 \tag{1.36}$$

$$v_R(v_L, r) := v_L \cdot \left[1 + \left(\frac{\rho_W}{\rho_L} \cdot \frac{8 \cdot r \cdot g}{3 \cdot c \cdot v_L^2}\right)^2\right]^{\frac{1}{4}} \tag{1.37}$$

$$\cos(\alpha_V) := \frac{c \cdot \frac{\rho_L}{2} \cdot v_L^2 \cdot \pi \cdot r^2}{\sqrt{\left(\rho_W \cdot \frac{4}{3} \cdot \pi \cdot r^3 \cdot g\right)^2 + \left(c \cdot \frac{\rho_L}{2} \cdot v_L^2 \cdot \pi \cdot r^2\right)^2}} \tag{1.38}$$

$$v_{R0} := \sqrt{\frac{\rho_W}{\rho_L} \cdot \frac{8}{3} \cdot \frac{g}{c} \cdot r} \qquad v_{R0} = 8.39 \qquad \mathrm{acos}(0) = 1.571$$

由力平衡方程式（1.36）可以得到最终的雨滴速度 v_R 和速度矢量 v_R 与水平方向间的方向角 α_V，以及垂直于建筑构件表面的雨流密度 g_R。如果风速 $v_L=0$，则雨滴垂直下落，即 $\cos\alpha_V=0$，$\alpha_V=\pi/2$。当雨滴半径 r=1mm，雨滴阻力系数 c=0.3 时，可得雨滴速度为 v_R=8.4m/s。

图 1.68 和图 1.69 给出的是最终的雨滴速度 v_R（式（1.37））和方向角 α_V（式（1.38））随风速 v_L 和雨滴半径 r 的变化。

风速、雨滴半径和雨滴阻力系数为：

$vL := 0, 0.01, \ldots, 20$

$r := 10^{-4}, 10^{-3}, \ldots, 10^{-3} \cdot 2$

c=0.3

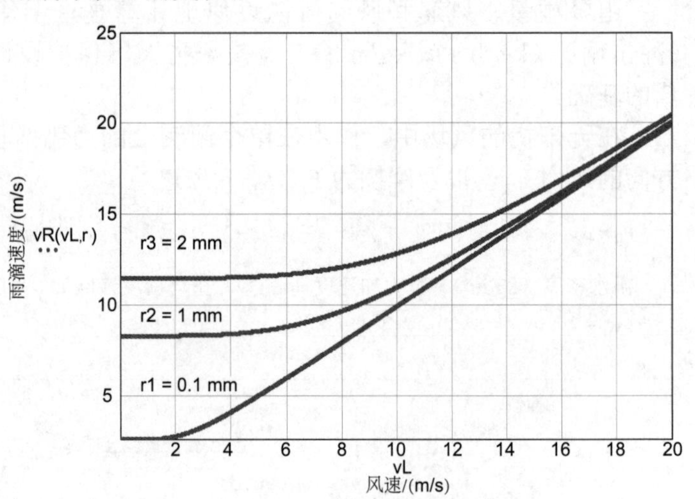

图 1.68　由式（1.37）计算得到的最终雨滴速度 v_R（v_L，r）

雨流密度的垂向角，或者说雨滴速度相对于建筑物垂直表面法向的方向角 α_V 可以通过式（1.39）计算得到。

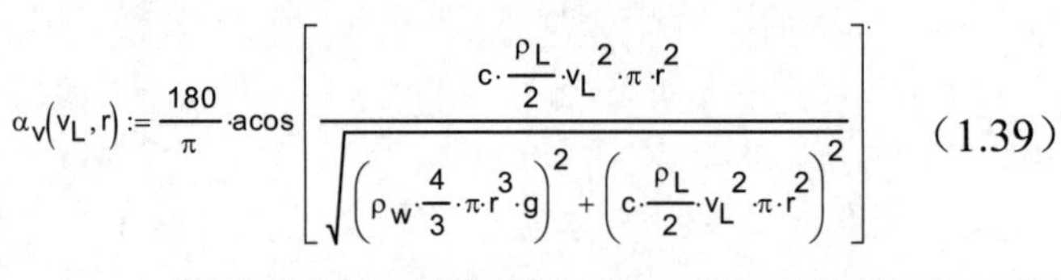

$$\alpha_V(v_L, r) := \frac{180}{\pi} \cdot \mathrm{acos}\left[\frac{c \cdot \frac{\rho_L}{2} \cdot v_L^2 \cdot \pi \cdot r^2}{\sqrt{\left(\rho_W \cdot \frac{4}{3} \cdot \pi \cdot r^3 \cdot g\right)^2 + \left(c \cdot \frac{\rho_L}{2} \cdot v_L^2 \cdot \pi \cdot r^2\right)^2}}\right] \qquad (1.39)$$

作用在某一建筑构件表面（在此为垂直面）上雨流密度的法向分量不仅取决于前面计算得到的 α_V 角（式 1.39），而且还依赖于由与正北方向构成的角度 β 表达的风向。因此得方程（1.40）。

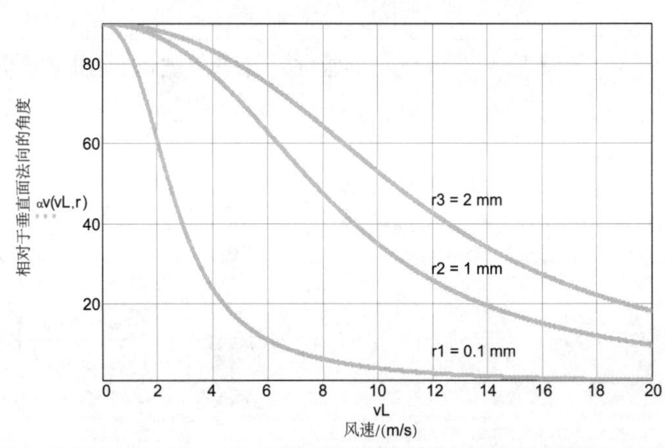

图 1.69　由式（1.39）计算得到的垂向角 α_V（α_V 的单位为角度）图示

$$gRhn = gR \cdot \cos(\alpha_V) \cdot \cos\left(\beta - \frac{\pi}{2}\right) \qquad (1.40)$$

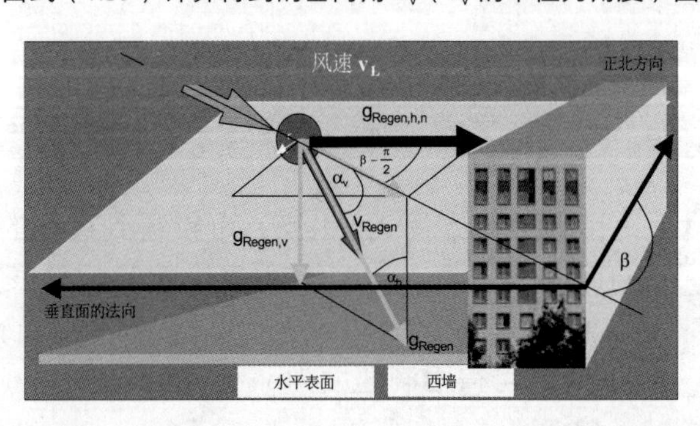

图 1.70　雨流密度（冲击雨雨流密度）法向分量图示

下面给出类似于方程（1.39）的计算雨流密度与水平建筑构件表面法线之间夹角的公式（参见前面的图1.69），即方程（1.41）。

$$\alpha_h(v_L, r) := \frac{180}{\pi} \cdot \operatorname{acos}\left[\frac{\rho_W \cdot \frac{4}{3} \cdot \pi \cdot r^3 \cdot g}{\sqrt{\left(\rho_W \cdot \frac{4}{3} \cdot \pi \cdot r^3 \cdot g\right)^2 + \left(c \cdot \frac{\rho_L}{2} \cdot v_L{}^2 \cdot \pi \cdot r^2\right)^2}}\right] \tag{1.41}$$

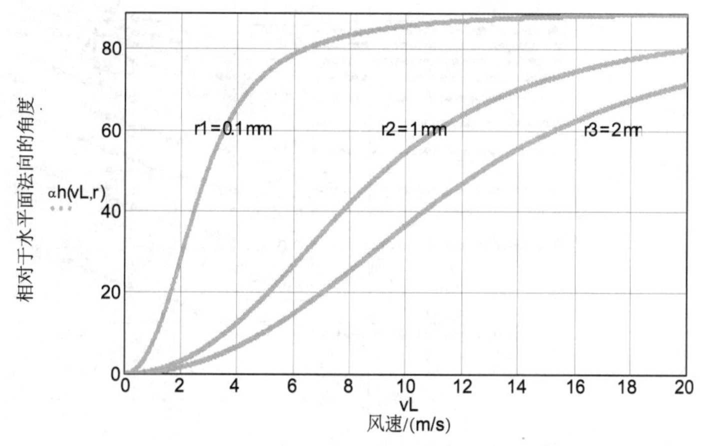

图1.71 水平表面法线与雨流密度之间的夹角 α_h

通过雨滴速度 v_R 可以近似计算出雨流密度。在dt时间内传递的雨流质量 dm_R 为单个雨滴的质量乘以雨滴数量，这表明，雨滴数量随着 $r^{1/2}$ 及雨滴最终速度的增长而增长（见式（1.42））。由此得到在自由空间中的雨流密度计算式（1.43）和式（1.44）（kg/m^2s）。如果无风，即 v_L=0，则 g_R 简化为式（1.45）。如果将式（1.45）转换为r的表达式，则得到式（1.46）。雨滴的平均半径随雨流密度的四次方根而增长。如果r由方程（1.37）表达的 v_R 替代，则得式（1.47），平均雨滴速度随着雨流密度的8次方根的增长而增长。

$$g_R = \frac{dm_R}{dt \cdot A} \qquad \frac{dm_R}{dt} = \rho_W \cdot \frac{4}{3} \cdot \pi \cdot r^3 \cdot \frac{dn}{dt} \qquad \frac{dn}{dt} = k_0 \sqrt{r} \cdot v_R \tag{1.42}$$

$$g_R = \frac{k_0}{A} \cdot v_R \cdot \rho_W \cdot \frac{4}{3} \cdot \pi \cdot r^{3.5} \tag{1.43}$$

$$g_R(v_L, r) := \frac{k_0}{A} \cdot v_L \cdot \left[1 + \left(\frac{\rho_W}{\rho_L} \cdot 8 \cdot \frac{r \cdot g}{3 \cdot c \cdot v_L{}^2}\right)^2\right]^{0.25} \cdot \rho_W \cdot \frac{4}{3} \cdot \pi \cdot r^{3.5} \tag{1.44}$$

$$g_R(r) := \frac{k_0}{A} \cdot \left(\frac{\rho_W}{\rho_L} \cdot 8 \cdot \frac{r \cdot g}{3 \cdot c}\right)^{0.5} \cdot \rho_W \cdot \frac{4}{3} \cdot \pi \cdot r^{3.5} \tag{1.45}$$

$$r(g_R) = B \cdot g_R{}^{0.25} \tag{1.46}$$

$$v_R(g_R) = D \cdot g_R{}^{0.125} \tag{1.47}$$

图 1.72 为由式（1.44）相应于实际参数计算得到的自由空间内的雨流密度（kg/m^2s）。式（1.45）至式（1.47）仅适用于自由空间，即远离建筑物的空间。建筑物本身是被复杂流场环绕着的。在此仅考虑存在一厚度为 L 的简单边界层，雨滴在其间被阻止（图 1.73）。

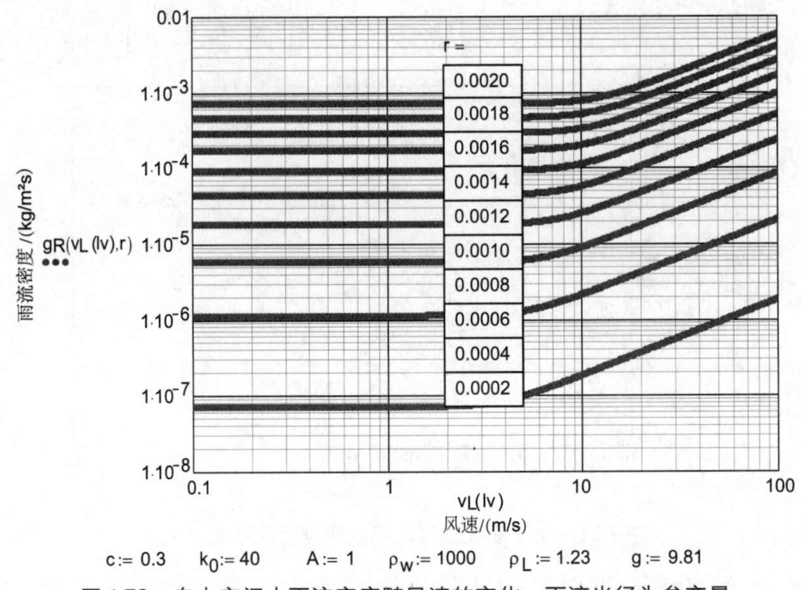

图 1.72　自由空间中雨流密度随风速的变化，雨滴半径为参变量

这将导致作用到建筑构件表面的雨流密度的法向分量降低至 g_{Rhs}。降低程度将通过因子 D_R 表达，它是本节最重要的参数。g_{Rhs} 给出的是雨作用在垂直建筑构件表面时所造成的实际负荷。下面将对 D_R 进行估算。雨滴速度 v_R 的水平分量将被摩擦力的平方（式（1.36））所阻碍（式（1.49））。该运动方程的解（位置坐标 x(t)）可以由式（1.50）描述。由此得到直接作用到建筑物外立面上的雨滴速度（式（1.51）），以及含有式（1.47）的雨流密度（式（1.52））。

$$\boxed{g_{Rhs} = D_R \cdot g_{Rh}} \tag{1.48}$$

$$-c \cdot \rho_L \cdot \frac{v_{Rh}^2}{2} \cdot \pi \cdot r^2 = m_R \cdot \frac{dv_{Rh}}{dt} = \rho_W \cdot 4 \cdot \pi \cdot \frac{r^3}{3} \cdot \frac{dv_{Rh}}{dt} \tag{1.49}$$

$$x(t) = \frac{8 \cdot r}{3 \cdot c} \cdot \frac{\rho_W}{\rho_L} \cdot \ln\left(1 + v_{Rho} \cdot \frac{3}{8} \cdot \frac{c}{r} \cdot \frac{\rho_L}{\rho_W} \cdot t\right) \tag{1.50}$$

$$x(v_{Rh.}) = \left(\frac{\rho_W}{\rho_L} \cdot \frac{8}{3} \cdot \frac{r}{c}\right) \cdot \ln\left(\frac{v_{Rh}}{v_{Rhs}}\right)$$

$$v_{Rhs}(L) = v_{Rh} \cdot e^{-\frac{\rho_L}{\rho_W} \cdot \frac{3 \cdot c}{8 \cdot r} \cdot L} \tag{1.51}$$

$$g_{Rhs} = \left(g_{Rh} \cdot e^{-3 \cdot \frac{\rho_L}{\rho_W} \cdot \frac{c}{r} \cdot L}\right) = D_R \cdot g_{Rh} \tag{1.52}$$

边界层的宽度 L 可以通过机械能守恒定律估算。在边界层容积内部的初始风能量可以由式（1.53）计算得到，其中，根据连续性方程，当通过截面积变窄时，流速会提高。总之，由于边界层中的摩擦力（空气的黏度 η_L）做功，会引起动能部分降低。因此，边界层宽度的计算公式为式（1.54）。

如果将边界层宽度 L 带入式（1.51），并应用关系式 $r(g_R)=B\cdot g_R^{0.25}$（式（1.46）），则得到描述冲击雨的雨流密度（直接作用到建筑构件表面雨流密度的法向分量）的重要方程（1.55）。前述简化的情况示于图 1.73。

由方程（1.55）可以得到用于计算实际作用于建筑物表面雨流密度降低因子 D_R 随风速和落在水平表面雨流密度变化的表达式（1.56）。常数 E 与雨滴的阻力系数 c、空气密度 ρ_L、空气的黏度 η_L、水的密度 ρ_W 及重力加速度等参数相关。

动能 $$W_{kin} = L\cdot H\cdot \rho_L\cdot \frac{v_G^2}{2} \qquad (1.53)$$

连续方程 $$H\cdot l\cdot v_L = L\cdot l\cdot v_G$$

摩擦功 $$L\cdot H\cdot l\cdot \frac{v_L^2}{2}\cdot \frac{H^2}{L^2} = \eta_L\cdot \frac{v_L}{L}\cdot \frac{H}{L}\cdot H\cdot l\cdot l$$

边界层宽度 $$L = \frac{C}{H\cdot v_L} \qquad (1.54)$$

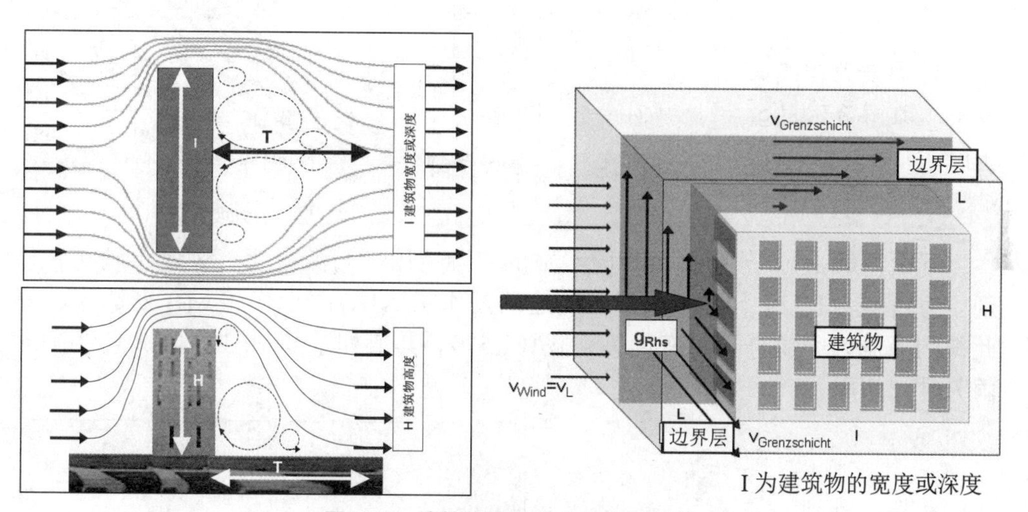

图 1.73 建筑物周边流体边界层图示

$$g_{Rhs} = g_{Rh}\cdot e^{-3\cdot\frac{\rho_L\cdot c}{\rho_W\cdot r}\cdot\frac{C}{H\cdot v_L}} = g_{Rh}\cdot e^{\frac{-E}{v_L\cdot H\cdot g_R^{0.25}}} = g_{Rh}\cdot D_R \qquad (1.55)$$

$$D_R(v_L, n) := e^{\frac{-E}{v_L\cdot\left(\frac{g_R(n)}{3600}\right)^{0.25}\cdot H}}$$

$E := 38 \qquad H := 20 \qquad \rho_W := 1000$

$n := 2, 1 .. -2$

$g_R(n) := 10^n \qquad v1 := 0, 0.01 .. 20 \qquad (1.56)$

E（$kg^{0.25}m^2/s^{0.5}$），v_L（m/s），g_R（kg/m^2h），楼高 H（m）

下面的图 1.74 和图 1.75 中给出了计算冲击雨的雨流密度（在此为作用于西墙的法向向量）需要的降低因子的变化。可以看出，特别是在低风速和小雨流密度的情况下，降低作用是明显的。

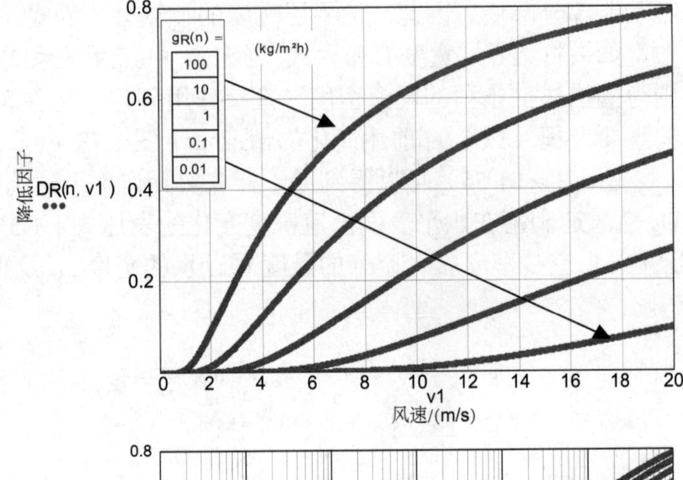

图 1.74　冲击雨的降低因子 D_R 随风速的变化，雨流密度 g_R（kg/m^2h）为参数

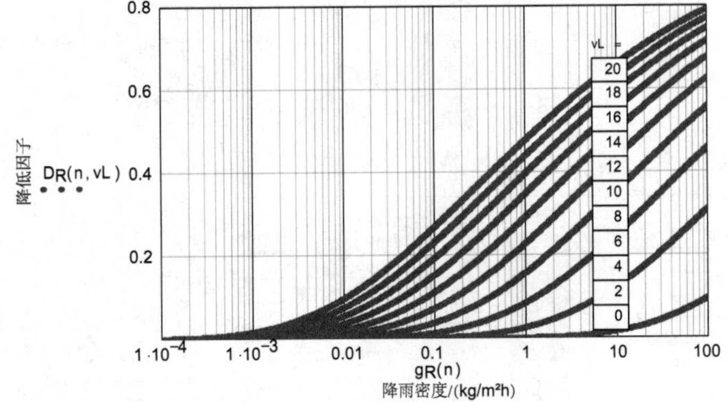

图 1.75　冲击雨的降低因子 D_R 随雨流密度 g_R（kg/m^2h）的变化，风速 v_L（m/s）为参数

下面讲解 1.1.4 节有关风和雨参数的实际应用。雨流密度、风速、风向 β 分别由方程式（1.32）至式（1.34）表达的降水量 N1(t)、v1(t) 和 w(t) 来计算。由此得到降低因子随时间的变化关系式（1.57）。其值处于 0～0.3 之间，且仅在下雨天时起作用。

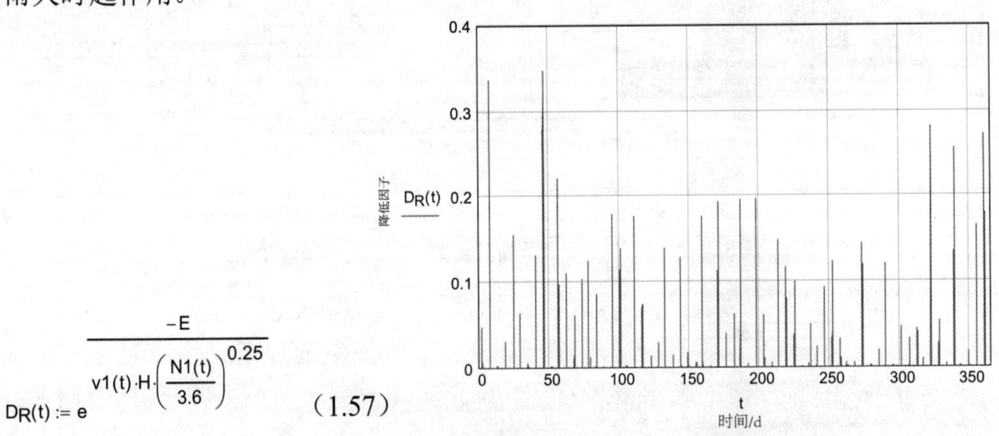

$$D_R(t) := e^{\frac{-E}{v1(t)\cdot H\cdot\left(\frac{N1(t)}{3.6}\right)^{0.25}}} \quad (1.57)$$

图 1.76　作用在西墙的降低因子的年变化历程

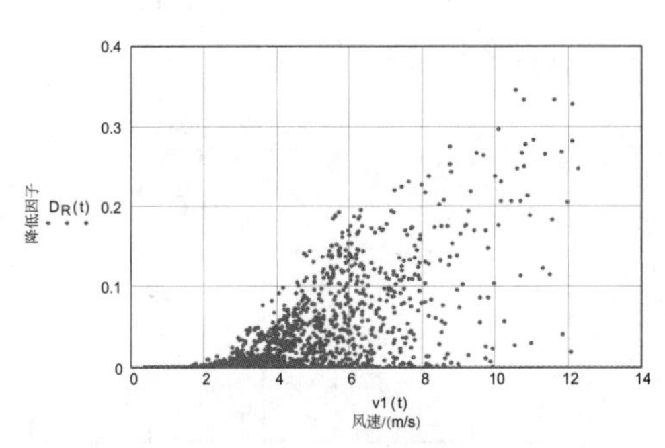

图 1.77 降低因子 D_R（纵坐标）与风速 v1(t)（横坐标）关联关系的概率云图

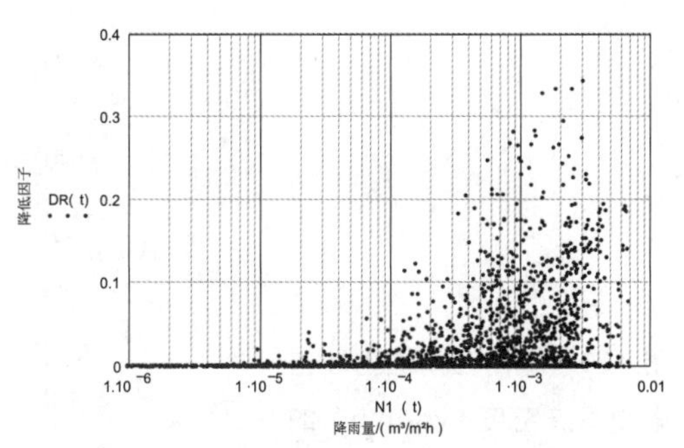

图 1.78 降低因子 D_R（纵坐标）与降雨量 N1(t)（横坐标）关联关系的概率云图

此外，得到最终落到建筑构件垂直表面的雨流密度的计算式（1.58）。负值可再次由函数 Φ(t) 予以排除。

最后的几张图给出了降落在北－西－南－东 4 个主要垂直面上雨流密度（冲击雨的雨流密度 g_{Rs}）（kg/m^2h）的全年变化情况。

$$g_{Rhs}(t) := \rho_w e^{\frac{-E}{v1(t)\cdot H\cdot\left(\frac{N1(t)}{3.6}\right)^{0.25}}} \cdot N1(t)\cdot\cos\left(\frac{\pi\cdot i}{2} - w(t)\right)\cdot\Phi\left(g_{Rhs1}(t)\right) \tag{1.58}$$

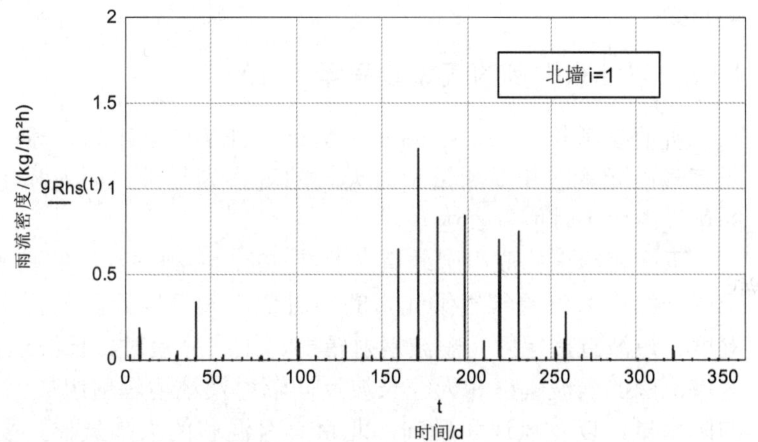

图 1.79 作用在北墙上冲击雨的雨流密度（kg/m^2h）的年变化历程

借助 1.2 节的气候数据，在此得到作用在西侧上的冲击雨最大平均负荷。其结果对建筑物的湿性能改造很重要。

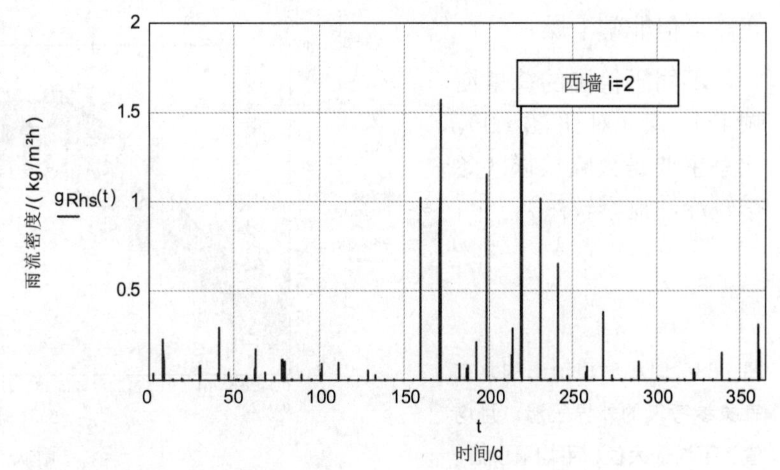

图 1.80 作用在西墙上冲击雨的雨流密度（kg/m^2h）的年变化历程

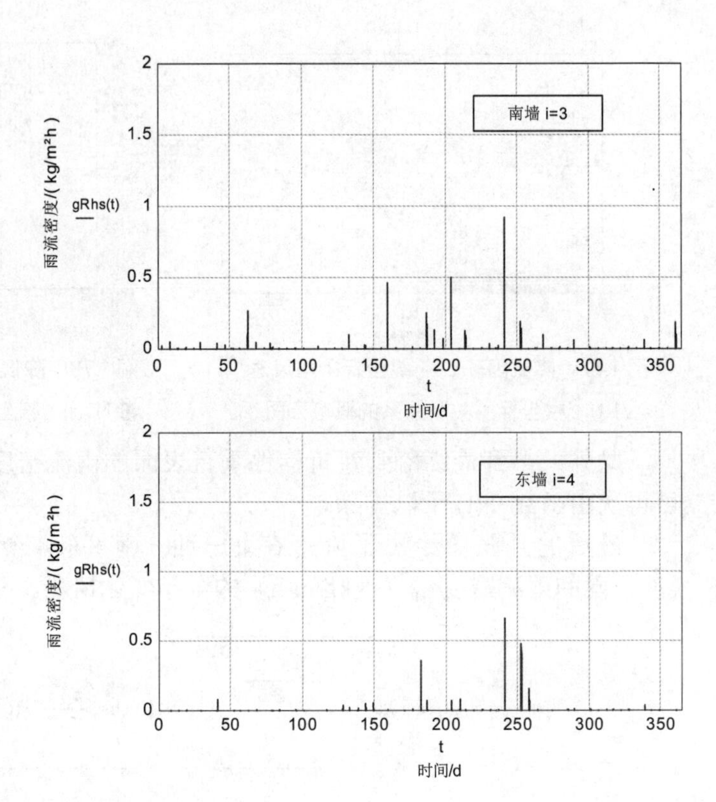

图 1.81　作用在南墙上冲击雨的雨流密度（kg/m^2h）的年变化历程

借助 1.2 节的气候数据，在此得到作用在东侧上的冲击雨最小平均负荷。

图 1.82　作用在东墙上冲击雨的雨流密度（kg/m^2h）的年变化历

1.1.6　以北京为例的气象参考年（TRY）

所谓参考年（Test Reference Year，TRY）是针对地球上所有气候区，以对所有气候元素的长期测量和对天气的观察为基础，而人为定义的气象学意义上的年（由“小时值”表达）。

下面将给出构成中国北京（北纬 40°，大约与欧洲的马德里或美国的纽约处于同一纬度）气象年气候元素的小时值，其气候元素包括室外气温、空气相对湿度、短波直接辐射、短波漫射辐射、短波总辐射、长波总辐射（由 300K 温度区域范围的长波辐射和天空长波反向辐射及环境辐射组成）、降落在水平表面上的降水量，以及风速和风向。北京具有温和的大陆气候，夏季湿热，冬季相对寒冷，但非常干燥。

不同于德国的德累斯顿和埃森（对比图 1.3），北京主要是大陆气候（冬季较冷，夏季较热）。

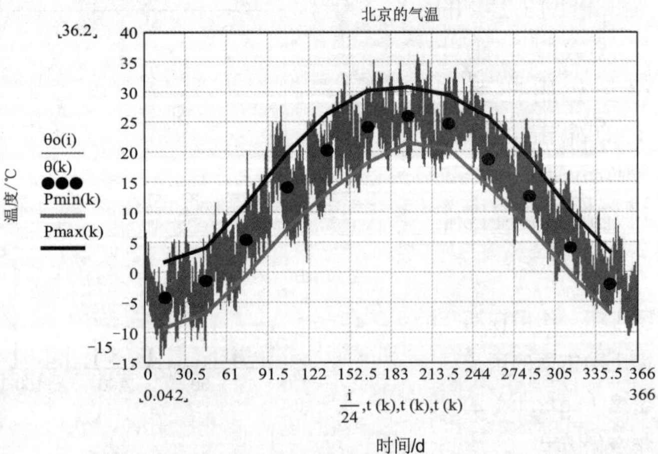

图 1.83　以小时值给出的北京气象参考年的外界气温、月均值、平均最大值、平均最小值

北京冬季的空气绝对湿度极低，因此在气温很低时，相对湿度也低于100%。而在中欧地区，冬季的空气相对湿度总是100%（见图1.57中德累斯顿空气湿度的测量值）。

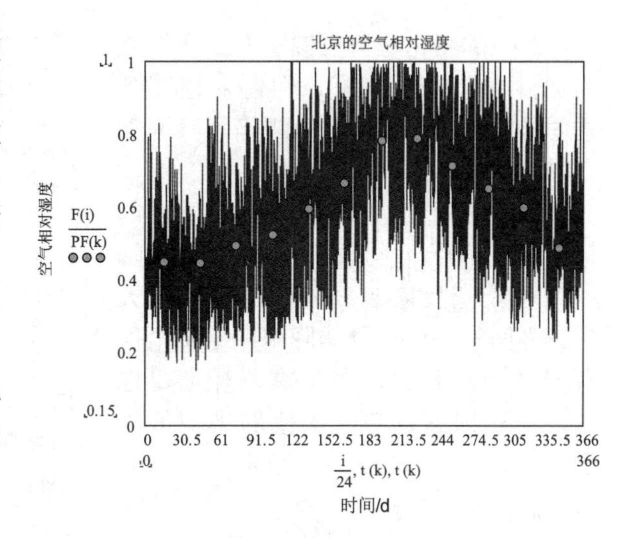

图1.84 以小时值给出的北京气象参考年的外界空气相对湿度（曲线）、月均值（点）

北京冬季的降水量极少，主要降雨期在7月和8月。降水量曲线与图1.84的相对湿度曲线一致性很好。尽管中欧地区的情况类似（对比图1.60），但是表现不如北京明显。

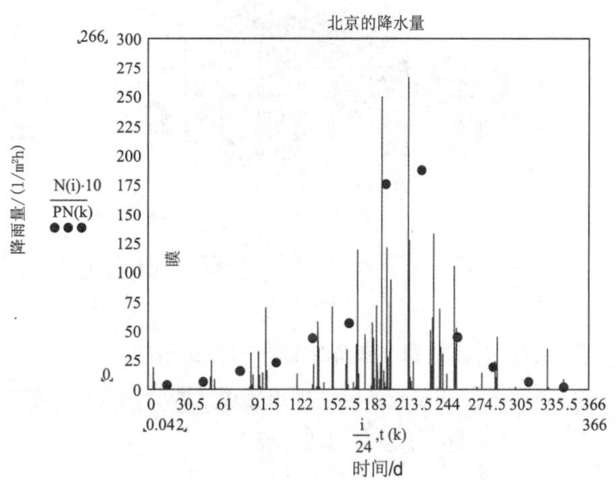

图1.85 以小时值给出的北京气象参考年的降水水流密度（l/m²h）（曲线，注意：300意味着300 l/m²h）和月降水总量（mm）（点）

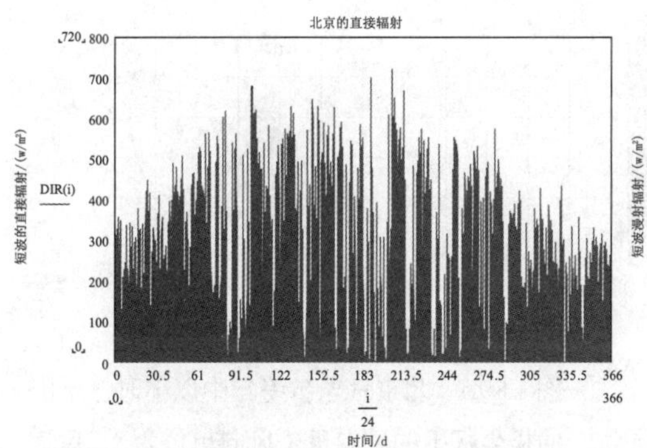

图1.86a 北京气象参考年中以小时值给出的落在水平表面的短波辐射能流密度（W/m²）

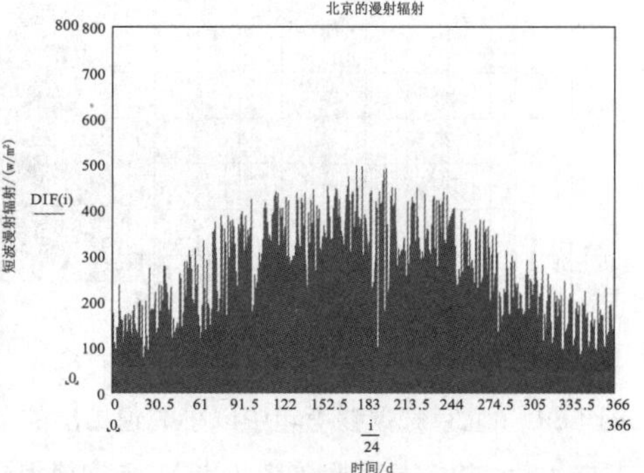

图1.86b 北京气象参考年中以小时值给出的落在水平表面的短波漫射辐射能流密度（W/m²）

在夏季降雨期间，由于高遮挡率，上面数据会中断。而在中欧地区，这一效果不明显。

曲线的变化趋势类似于在德累斯顿的测量数据（图 1.18），但绝对值在冬季明显高。8 月份辐射的凹陷区归因于夏季的“降雨期”。

曲线的变化趋势源于地球各表面的辐射（对应于不同表面温度的黑体辐射）和天空反向辐射（晴空或多云天空）之间的差。在夏季降雨期这两个值有时会相互补偿。在冬季干燥期，地球表面辐射占优势。该值的平均值处于 -80W/m^2 至 -40W/m^2 之间。

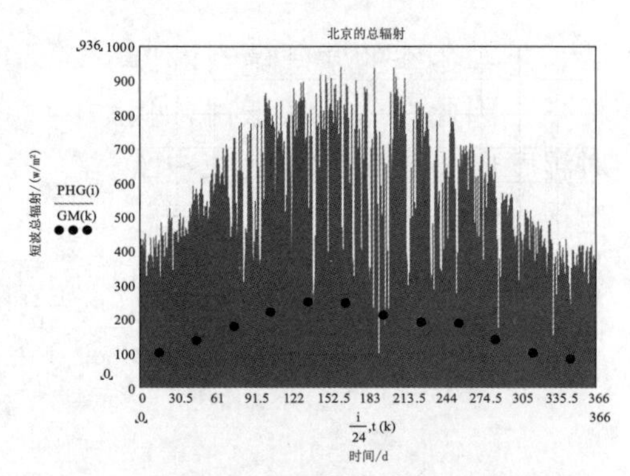

图 1.86c　北京气象参考年以小时值给出的落在水平表面的总短波辐射能流密度（W/m^2）（曲线）及月均值（包括无辐射的夜间，点）

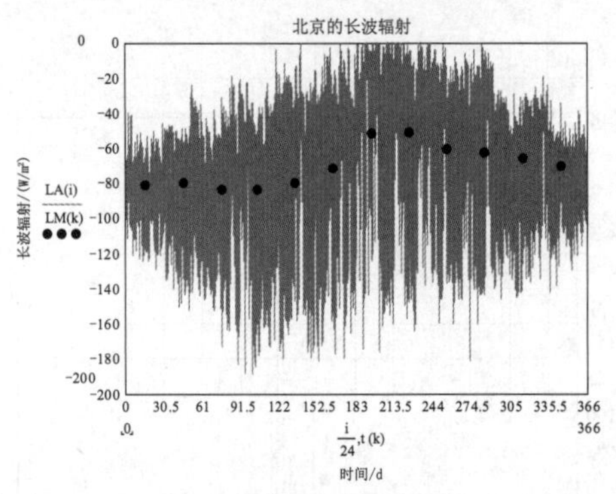

图 1.87　北京气象参考年中以小时值给出的落在水平表面的总长波辐射能流密度（W/m^2）（曲线）及月均值（点）

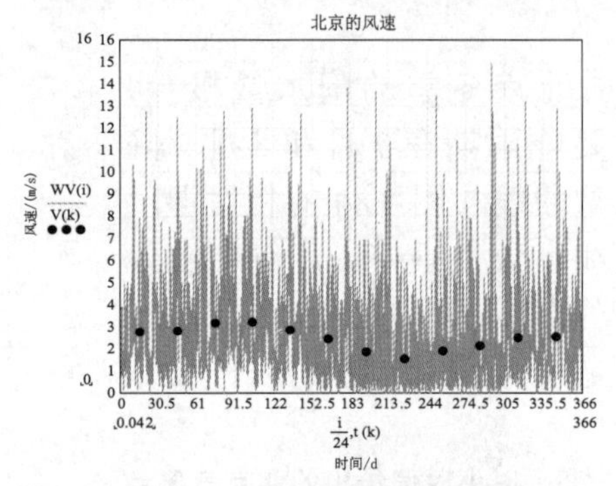

图 1.88　北京气象参考年中以小时值给出的风速（m/s）（曲线）和月均值（点），年均值为 2.5m/s

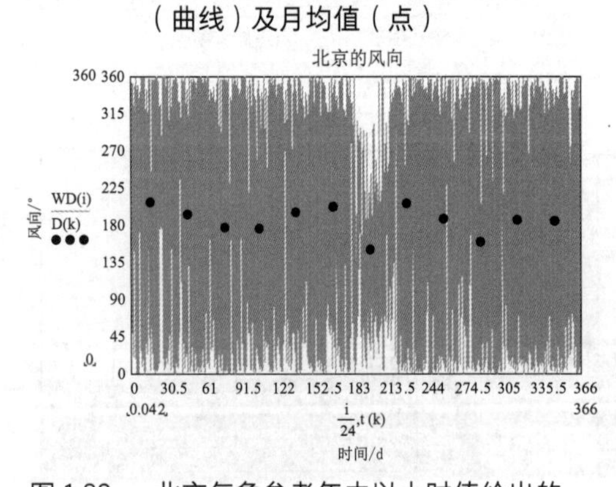

图 1.89a　北京气象参考年中以小时值给出的风向（°）（曲线）和月均值（点），年均值为 186.6°（西南偏西风）

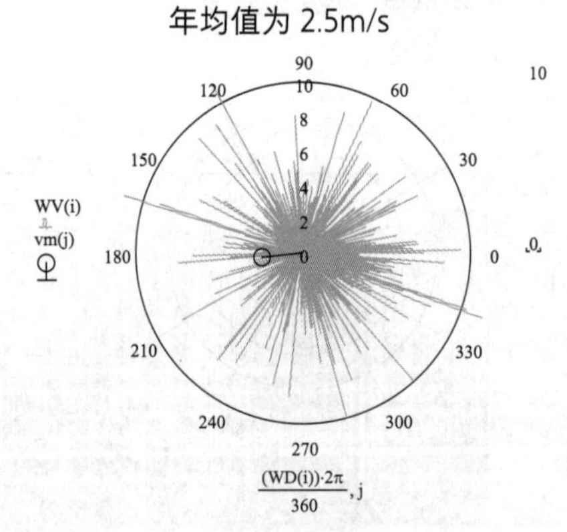

图 1.89b　北京气象参考年中以小时值给出的极坐标下的风向量（风向单位为 °，风速单位为 m/s）（曲线）和风速向量年均值，其值为 2.5m/s 和 186.6°（西南偏西风）

外界气温、直接和漫射短波辐射及长波辐射均影响传热热流，并与影响穿越房屋围护结构换气热流的外界空气的运动相关联。因此室内气温和湿度要与室外空气湿度同时确定，还要考虑结构和使用条件。降水、风速和风向影响作用于建筑物外墙的冲击雨负荷。

1.1.7 局地气候

较大区域范围的气候被称为区域性气候、宏观气候或大空间气候。对中尺度气候可以理解为某较大区域、某城市、某森林、某湖泊、某较大山谷或山脉的局地气候。

微气候是指一条街道、一个公园或类似区域的局地气候。局地气候的影响可能使当地气温降低（如夏季的湖泊、森林等）或升高（如夏季城市内的岩石地面），这要取决于太阳辐射能与蒸发水量的结合程度、在地面内临时储存量的大小，以及在空气中的实时释放量的多少。沿海地区夏季气候是宜人的。由于大海的热惯性，那里的温度变化比较平和。太阳辐射对地面的加热会引起热升浮力，并在无大空间强风作用的情况下，由此引发水面凉风（海风）且会短期明显降温。在高山附近也会出现短期凉风。山脉会阻断风的吹过，所以在盆地或类似区域气温高于周边地区。在山坡面区域，夜间的降温幅度会很大，特别是在那些植被较厚、有冰雪覆盖的或类似的具有较好的“保温”层的山坡面。如果这种冷空气掠过山坡，则会形成“冷风团”，这起码在夜间会明显改善夏季气候。垂直于山坡和谷底的建筑会阻碍冷空气的横向流动及山谷居民区的通风。

最引人注意的可能是城市气候。地面的粗糙度会显著降低城市自由空间中空气的流通。这将对气温带来影响，导致市内自由空间的日平均气温比周边高出 0.5～3K。特别是对于在市内产生的空气中的污染物，空气流通的降低会减少对污染物的清除作用。城市会削减日间气温的幅值，因此，城市内的最高气温（在下午）会与周边区域略有不同。值得关注的是夜间气温，其在人口密集地区偏高，原因如下：

（1）采暖建筑物、街道照明、工业建筑等放热量会明显增大（可达到冬季太阳辐射能量的 1.5～6 倍）。

（2）在城市中，绿植总量较少，雨水不渗透地表迅速流过，因此蒸发及由此产生的冷却效应明显减少。

（3）城市上空由污浊空气形成的“雾霾罩”虽然可以减少太阳辐射带入的能量，但也大大地减少了夜间（长波）的散热辐射量，因为长波辐射特别容易被存留在低层大气中的水蒸气吸收。

（4）气温较高的结果是会在低风速情况下形成“热岛”，其影响区域可达到平均楼房高度的 3～5 倍（中等城市 30～40m，大城市 100～150m）。由于城市中心区上空升浮力的影响，市内大空间风速＜3m/s，即形成走廊风。这种风在太阳升起前开始，持续到中午，不断将污浊的和“预热”的空气从城市周边传送到市内。这种现象在城市的中心区域特别显著，在某老城内，曾测量到不同小巷内的气温差可以达到 7K。

广场和宽阔街道与此不同，为温度波动较大的“大陆气候”。

1.2　室内气候

对于建筑构件和建筑物的热湿设计，室内一侧的气候元素也需要定量确定：

——气温 θ_i（℃）；

——房间围护结构内表面温度 θ_{Si}（℃）；

——体感温度 θ_E（℃）；

——空气绝对湿度（kg 水蒸气 /kg 空气），水蒸气分压力 p_{Di}（Pa）；

——空气相对湿度 ϕ_i（%）或（1）；

——室内空气流速 v_{Li}（m/s）；

——换气率（1/h）或通风体积流量 dV_L/dt（m^3/h 或 m^3/h 人）。

除了建筑物自身的安全之外，室内气候还要确保其功能的实现，如居住建筑和办公建筑的舒适性、厂房及博物馆等建筑的特定气候。本书不涉及空气中污染物（VOC、异味及引发呕吐的物质）的浓度问题，但是针对实现室内相应的热工气候，已采取限制室内空气中有害物质的对应措施（如换气通风）。体感温度和室内空气湿度随室外气候、使用条件及建筑物参数变化关系的计算将在 4.2.5 节和 5.5 节中讨论。

1.2.1　室内温度

1.2.1.1　人体的能量转换

为了实现热舒适性，人体产生的热量 Φ_e 与维持最低生理热调节所释放的热量 Φ_a 必须建立平衡（图 1.90）。人体释放的热量主要受环境温度、人体活动量、服装的热阻（见 2.1.2 节和 3.1.1 节）的影响。在服装保健领域，使用的热阻单位为 clo，而不是 m^2K/W：$R=0.15m^2K/W=1clo$。

图 1.91 给出的是在正常着装（$0.7clo=0.1m^2K/W$）情况下，人体以干和湿方式释放的热量（W）随环境温度（准确的说是体感温度）的变化。活动级别为参变量。

在 20℃时，静坐状态释放的干热量为 100W。

在高温环境并 / 或重体力劳动时，散热只是通过释放湿热的方式，因为在液态水和水蒸气的相变时，焓发生变化（此时为蒸发冷却）。这种情况不再被视为舒适的或可容忍的。

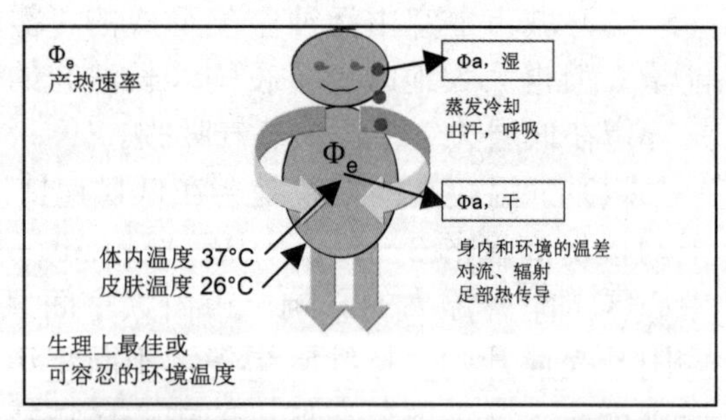

产生和释放的热量	
基础散热量	85W
坐态（1级活动）	100W
轻度体力活动（2级活动）	150...200 W
中等体力活动（3级活动）	200...300 W
重度体力活动（4级活动）	300...700 W

图 1.90　人体热平衡的有效成分

恒温动物的基础散热量随其体重的变化在双对数坐标图中表现为一直线（图1.91）。对应于m=80kg，其散热量如前所述为100W。从图1.93可以看到，当体感温度θ_E大于20℃时，体力和脑力劳动生产率均有明显下降。在26℃时，其值仅为初始值的2/3。

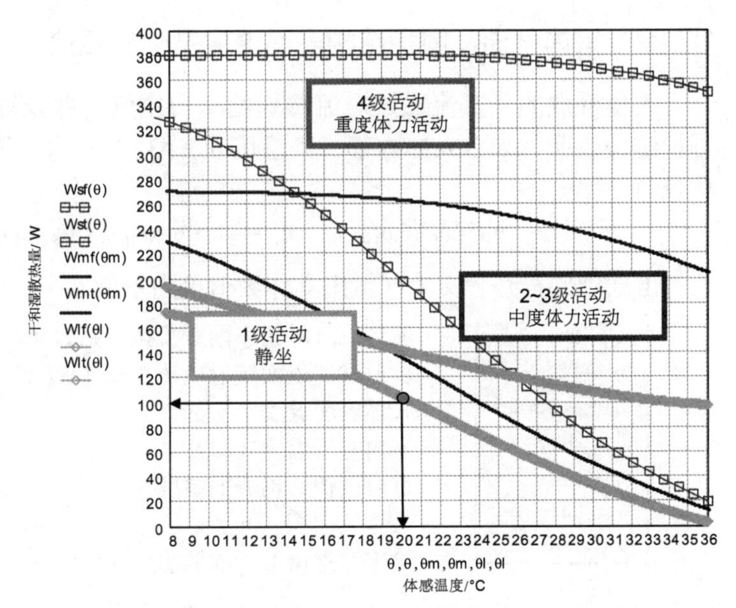

图1.91　干和湿散热量（W）随环境温度和活动强度的变化

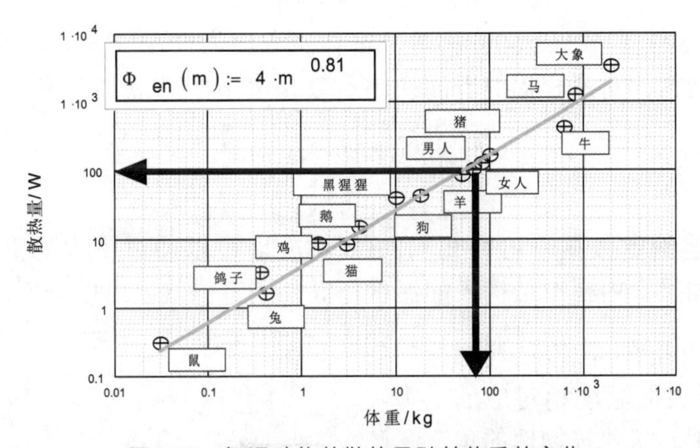

图1.92　恒温动物的散热量随其体重的变化

因此，在炎热季节，体感温度不应超过26℃。热舒适温度范围在18℃至23℃之间。

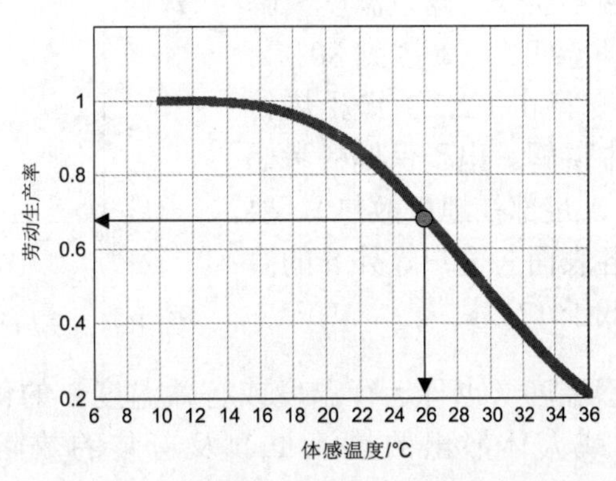

图1.93　人的体力和脑力劳动生产率随体感温度的变化

1.2.1.2　室内气温、围护结构表面温度及体感温度

人体释放的干热流通过对流传递给室内空气，并以辐射的形式传递给房间围护结构表面。来自人体内部（其温度 θ_{Kern}=37℃）的热量通过血液流动传递到体表。

$$\Phi_a := h_c \cdot (\theta_{sKörper} - \theta_i) \cdot A + h_r \cdot (\theta_{sKörper} - \theta_{sWand}) \cdot A \tag{1.59}$$

上式中的符号含义为（给出具体数值仅为举例）：

$h_c := 3.5$	流体流过时的表面对流换热系数（W/m²K）
$h_r := 4.5$	辐射时的表面辐射换热系数（W/m²K）
$\theta_{sKörper} := 26$	人体表面温度（℃）
$\theta_i := 20$	室内空气温度（℃）
$\theta_{sWand} := 17$	室内围护结构表面温度（℃）
$A := 1.8$	人体表面积（m²）
$\Phi_a = 110.700$	给定数据情况下的散热量（W/m²）

如果上面的两个传热过程合并，则由散热量可定义体感温度 θ_E：

$$\Phi_a := (h_c + h_r) \cdot (\theta_{sKörper} - \theta_E) \cdot A \tag{1.60}$$

设式（1.59）和式（1.60）相等，得体感温度为室内气温与围护结构表面温度的加权平均值。对流和辐射表面换热系数 h_c 和 h_r 将在热传递章节中讨论。

$$\theta_E := \frac{h_c \cdot \theta_i + h_r \cdot \theta_{sWand}}{h_c + h_r} \tag{1.61}$$

带入上述给定数据，可得 θ_E=18.3℃。冷墙可以通过室内的高气温得以补偿。反之，如果室内围护结构表面温度提高，则室内气温可以降低。

图 1.94 给出的是室内气温 / 室内天花板表面温度相对应的舒适区域范围。从建筑物理的角度来说，很重要的是围护结构的表面温度不能低于露点温度及临界“霉菌温度”（φ 达到 80%）。露点温度将在 1.2.2.3 节及热传递章节中讲解。出于保健的考虑（冷辐射，足部在地板散热），要求室内各表面（窗户除外）的温度不得低于 17℃。

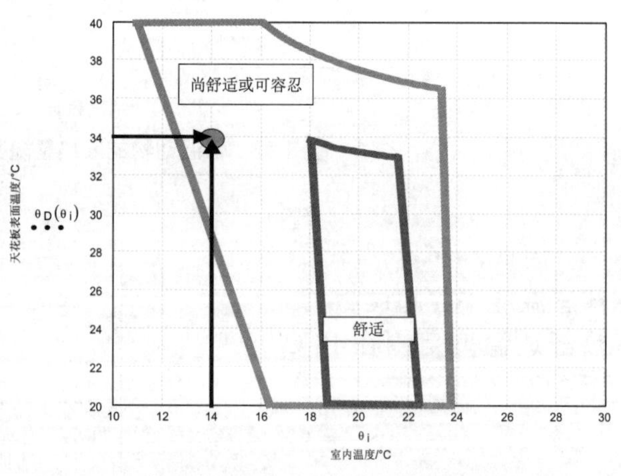

图 1.94　室内气温 / 室内天花板表面温度舒适区域

体感温度（也称运行温度或有效温度）的优化值还取决于人的活动量（产热率 Φ_e 或人体散出的热流 Φ_a）及着装的热阻。其具体关系由式（1.62）和图 1.95 表达（空气相对湿度约为 50%，室内空气速度低于 0.25m/s）。

表 1.7 为衣服的热阻（m^2K/W 和 clo）及针对典型着装习惯的热阻对应值。最后给出最优的，即“经济的”体感温度的标准值为：供暖期 θ_i=19℃至 20℃，夏季 θ_i<26℃。

$$\theta(R,\Phi) := \frac{3.3 + \left(24 - \Phi \cdot 1.8^{-1}\right) \cdot \left(R^{1.06} \cdot 0.07 + 0.01\right)^{1.085}}{0.09 + 3.6 \cdot \left(R^{1.06} \cdot 0.07 + 0.01\right)^{1.085}} \tag{1.62}$$

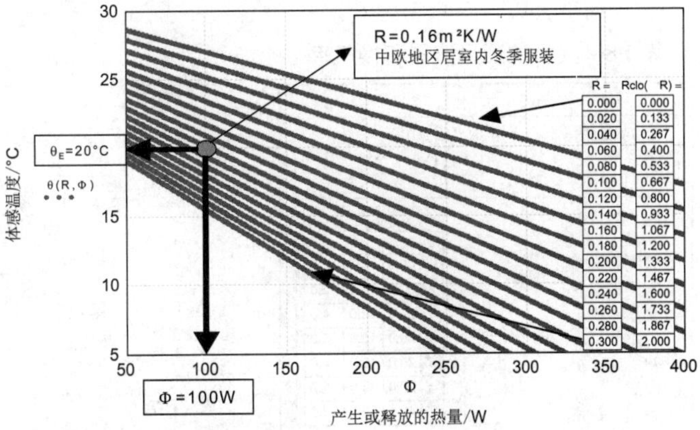

图 1.95 最优的体感温度与体能消耗及着装的变化关系

表 1.7 典型服装的热阻

服装热阻/（m²K/W clo）		
R =	R_{clo}(R) =	
0.000	0.000	无服装
0.020	0.133	热带地区的典型服装
0.040	0.267	中欧地区夏季轻装
0.060	0.400	轻工作装
0.080	0.533	
0.100	0.667	
0.120	0.800	
0.140	0.933	中欧地区的典型冬季居家服
0.160	1.067	
0.180	1.200	
0.200	1.333	
0.220	1.467	中欧地区的典型冬季办公室服
0.240	1.600	
0.260	1.733	
0.280	1.867	典型的春/秋季街服
0.300	2.000	

1.2.2 室内空气湿度

1.2.2.1 空气相对湿度——室内气候分类

如 1.1.3 节开始和湿传递章节中所述，湿空气是干空气和水蒸气的混合物。湿含量可以由水蒸气压力 p_D（Pa）或由绝对湿含量 $f=m_D/V_L$（kg/m^3）或 $x=m_D/m_L$（kg/kg）来表达。空气相对湿度定义为水蒸气压力与其饱和压力之比（见 1.1.3.3 节）。室内空气中的湿含量取决于室内气温、室内湿源强度、室外空气的温度和相对湿度、室内外空气之间的体积交换量或换气率，以及室内围护结构表面的储湿能力。最后提到的因素将在后续涉及“无空调房间内空气的相对湿度”的内容时予以考虑。室外空气气流（方程式（2.9））也起到向室内输送氧气和排除室内污染空气的作用。表 1.8 给出的是以每人（第 0 列）和以单位使用面积（第 1 列）为基准的换气空气流量（m^3/h 人和 m^3/m^2h），以及换气率（1/h）（第 2 列）。

全面考虑各种相关因素的房间内的湿平衡及水蒸气流量平衡关系表达为方程（1.63），并示于图 1.96。

$$\frac{dm_{Dzu}}{dt}+\frac{dm_{DQu}}{dt}=\frac{dm_{Dab}}{dt}+\frac{dm_{DSp}}{dt} \qquad (1.63)$$

表 1.8　典型的通风流量和换气率

通风流量：(0) m³/h人；(1) m³/m²h
换气率：(2) 1/h

		0	1	2
住宅	0	40.0	2.0	0.7
单间办公室	1	40.0	4.0	1.3
大间办公室	2	60.0	6.0	2.0
会议室	3	20.0	12.0	4.0
教室	4	30.0	15.0	5.0
阅览室	5	20.0	12.0	4.0
商店	6	20.0	5.0	1.7
餐馆	7	40.0	8.0	2.7

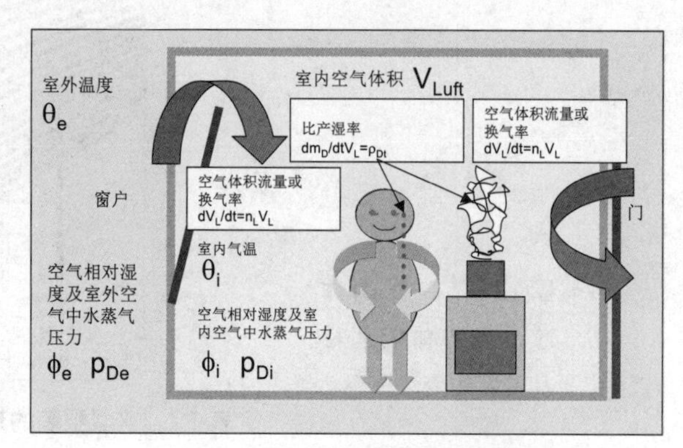

图 1.96　房间内部湿平衡关系图示

室内空气相对湿度（% 或 1）： $\phi_{i.}=\frac{p_{Di}}{p_{si}(\theta_i)}$ （1.64）

室内水蒸气压力（Pa）： $p_{Di.}=p_{De}+p_{Dp}$

由房间中的湿源产生的水蒸气压力（Pa）： $p_{Dp.}=\frac{\left(\frac{d}{dt}m_{Dp}\right)\cdot R_D\cdot T_i}{\frac{d}{dt}V_i}$ （1.65）

产湿率（kg/h）： $\frac{d}{dt}m_{Dp.}=m_{pt}$ 　 $\frac{dm_{Dp}}{V\cdot dt}=\frac{m_{pt}}{V}=m_{ptV}$ （1.66）

水蒸气的气体常数（Ws/kgK）： $R_D:=462$

房间的体积（m³）： V_i

空气体积流量（m³/h）： $V_t=\frac{d}{dt}V_i$

换气率（1/h）： $n_L=\frac{V_t}{V_i}$ 　请与表格中的数据对比 （1.67）

室外水蒸气压力（Pa）： $p_{De.}=\phi_e\cdot p_{se}(\theta_e)$

室内空气相对湿度： $\phi_i(n_L,m_{ptV},\theta_i,\theta_e,\phi_e):=\phi_e\cdot\frac{p_{se}(\theta_e)}{p_{si}(\theta_i)}+m_{ptV}\cdot R_D\cdot\frac{273+\theta_i}{n_L\cdot p_{si}(\theta_i)}$ （1.68）

图 1.97 给出的是冬季气象条件（-5℃，80%）下室内空气相对湿度随换气率 n_L（$0<n_L<10/h$）的变化，其中，单位体积的产湿率 $m_{ptV}=dm_p/dtV_i$（$0<m_{ptV}<0.01kg/m^3h$）为参变量。房间围护结构内表面及其他物品的储湿环节在此还未予以考虑。一般情况下，即当产湿率为 $4g/m^3h$（由居住者、室内绿植、烹饪释放的湿份）且换气率为 0.7/h 时，室内空气湿度为 47%。

示例：

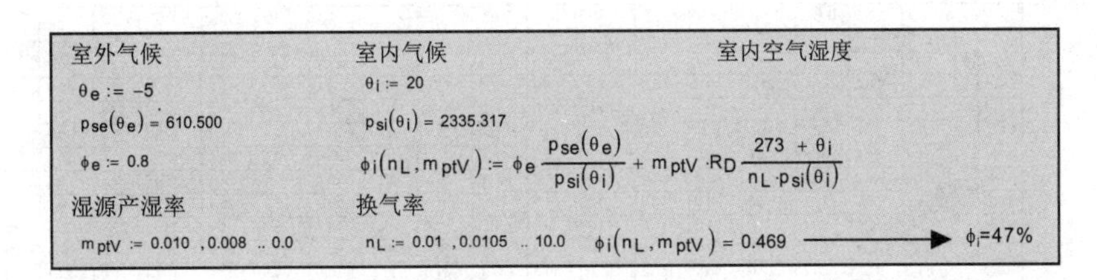

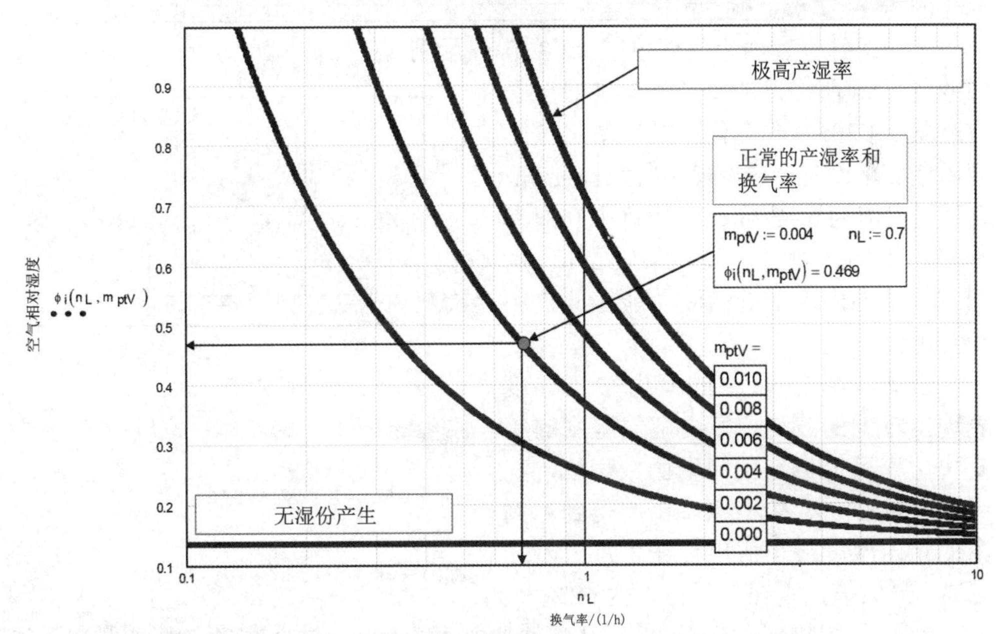

图 1.97　空气相对湿度随换气率的变化，湿源强度为参变量

人在 1 级活动（静坐）时释放的湿量随体感温度的变化的趋势示于图 1.98。与图 1.91 的共同之处是，从 20℃开始，产湿量快速上升。

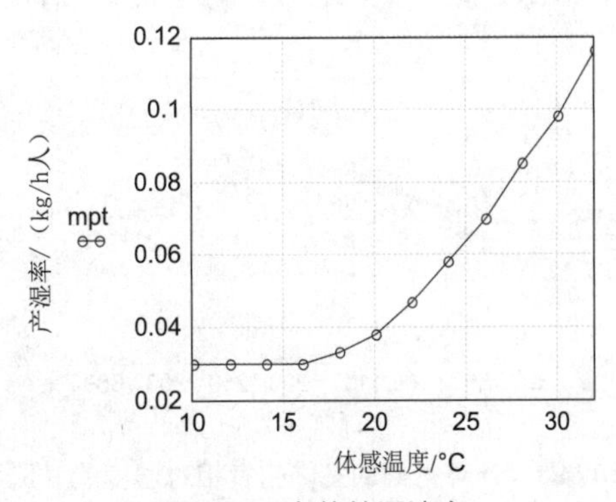

图 1.98　人的放湿速率

室内空气相对湿度（%）随单位体积的产湿率 $m_{ptV}=dm_p/dtV_i$ 及换气率 n_L 变化的具体数值关系列于表 1.9 中。大于 100%（小换气率并大产湿率）数值在表中不会出现，这意味着：室内空气中，以及较冷建筑构件表面会结露。如果室内没有湿份产生，那么具有前面提到参数的干燥的室外冷空气仅能使室内空气相对湿度达到 13.7%。

表 1.9　室内空气相对湿度随换气率 n_L 和湿源强度 m_{ptV} 的变化

n_L/(1/h) m_{PVt}/(kg/m³h)		0.20	0.40	0.60	0.80	1.00	1.20	1.40	1.60	1.80	2.00	2.20	2.40	2.60	2.80	3.00	3.20	3.40	3.60	3.80	4.00
		0	1	2	3	4	5	6	7	8	9	10	11	12	13	14	15	16	17	18	19
0.000	0	13.7	13.7	13.7	13.7	13.7	13.7	13.7	13.7	13.7	13.7	13.7	13.7	13.7	13.7	13.7	13.7	13.7	13.7	13.7	13.7
0.001	1	42.7	28.2	23.4	21.0	19.5	18.6	17.9	17.4	17.0	16.6	16.4	16.2	16.0	15.8	15.7	15.6	15.4	15.4	15.3	15.2
0.002	2	71.7	42.7	33.1	28.2	25.3	23.4	22.0	21.0	20.2	19.5	19.0	18.6	18.2	17.9	17.6	17.4	17.2	17.0	16.8	16.6
0.003	3	100.7	57.2	42.7	35.5	31.1	28.2	26.2	24.6	23.4	22.4	21.6	21.0	20.4	20.0	19.5	19.2	18.9	18.6	18.3	18.1
0.004	4		71.7	52.4	42.7	36.9	33.1	30.3	28.2	26.6	25.3	24.3	23.4	22.7	22.0	21.5	21.0	20.6	20.2	19.8	19.5
0.005	5		86.2	62.0	50.0	42.7	37.9	34.4	31.9	29.8	28.2	26.9	25.8	24.9	24.1	23.4	22.8	22.3	21.8	21.4	21.0
0.006	6		100.7	71.7	57.2	48.5	42.7	38.6	35.5	33.1	31.1	29.6	28.2	27.1	26.2	25.3	24.6	24.0	23.4	22.9	22.4
0.007	7			81.4	64.5	54.3	47.6	42.7	39.1	36.3	34.0	32.2	30.7	29.4	28.2	27.3	26.4	25.7	25.0	24.4	23.9
0.008	8			91.0	71.7	60.1	52.4	46.9	42.7	39.5	36.9	34.8	33.1	31.6	30.3	29.2	28.2	27.4	26.6	25.9	25.3
0.009	9			100.7	79.0	65.9	57.2	51.0	46.3	42.7	39.8	37.5	35.5	33.8	32.4	31.1	30.0	29.1	28.2	27.5	26.8
0.010	10				86.2	71.7	62.0	55.1	50.0	45.9	42.7	40.1	37.9	36.0	34.4	33.1	31.9	30.8	29.8	29.0	28.2

下面将计算室内空气湿度随 1.1.3 节中的图 1.56 所描述的室外气候（对应于方程式（1.30））的变化。换气率将按年度周期变化设置：冬季最小值为 $n_L=1.2/h$，夏季最大值为 $n_L=2.2/h$。在计算中产湿率基本与平均值相当，设为 4.5g/m³h。房间围护结构内表面的储湿功能在此仍不予考虑。

因此，图 1.99a 中的室内空气湿度表现出较大的波动。室内空气湿度的年变化历程可近似地由简谐函数表达，其中，时间相位差为 20 天。由此得到示例中的年内湿度最小值出现在 1 月份，为 43%，最大值出现在 7 月份，为 62%。

示例：

$\theta_{io} := 22 \qquad \Delta\theta_i := 2 \qquad t_1 := -20 \qquad n_o := 1.7 \qquad \Delta n := 0.5$

$$\theta_i(t) := \theta_{io} - \Delta\theta_i \cdot \cos\left[\frac{2\pi}{T_a}(t + t_1)\right]$$

$$n(t) := n_o - \Delta n \cdot \cos\left[\frac{2\pi}{T_a}(t + t_1)\right] \qquad m_{ptV} := 0.0045$$

$$\phi_i(t) := \phi_{1e}(t) \cdot \frac{p_{se}(t)}{p_{si}(t)} + m_{ptV} \cdot R_D \cdot \frac{273 + \theta_i(t)}{n(t) \cdot p_{si}(t)}$$

$t_{na} := 20$

$\phi_{io} := 0.52 \qquad \Delta\phi_i := 0.09$

$$\phi_n(t) := \phi_{io} - \Delta\phi_i \cdot \cos\left[\frac{2 \cdot \pi}{T_a}(t - t_{na})\right] \tag{1.69}$$

一个类似的情况是，1997 年在德累斯顿市 Talstrasse 大街的测试房所测得的室内空气湿度（见图 1.99b）。其室内空气湿度的波动由于房间围护结构表面对湿份的缓解作用而减小。如果考虑对湿份的储存特性的话，则测量值与计算值会更吻合。

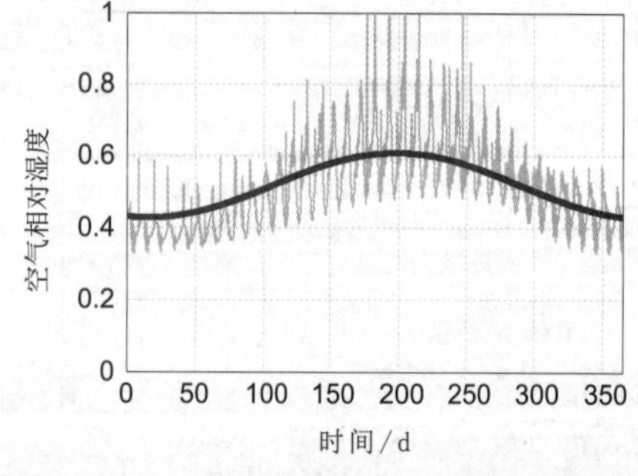

图 1.99a　计算得到的室内空气相对湿度的年变化历程

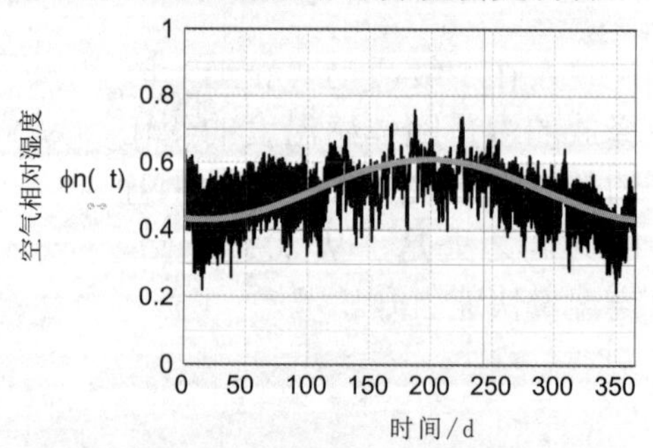

图 1.99b　测量得到的室内空气相对湿度的年变化历程

室内气候分类

基于不同的产湿率，室内气候可分为四种类型，且通过方程式（1.68）可以确定室内空气湿度的年变化历程（月均值），以用于进行更为准确的建筑构件的设计。关系式（1.30）和关系式（1.27）可用于以 $\phi_{1e}(t)$ 和 $p_{se}(t)$ 表达的室外气候。换气率 n(t) 在 0.7/h（冬季）和 1.3/h（夏季）之间波动，室内气温变化于19℃（冬季）和 25℃（夏季）之间。表 1.11 给出了积分的过程。其结果再次汇总于表 1.12，并同时示于图 1.100。

表 1.10 室内气候分类

室内气候分类
第4类 0.008kg/m³h 极高湿负荷
第3类 0.006kg/m³h 高湿负荷
第2类 0.004kg/m³h 正常湿负荷
第1类 0.002kg/m³h 低湿负荷

示例：

第 2 类气候的 ϕ_i 计算，m_{ptV}=0.004kg/m³h

$$\theta_{io} := 22 \quad \Delta\theta_i := 3 \quad t_1 := -20 \quad n_o := 1.0 \quad \Delta n := 0.3 \quad m_{ptV} := 0.004$$

$$\theta_i(t) := \theta_{io} - \Delta\theta_i \cdot \cos\left[\frac{2\pi}{T_a}(t + t_1)\right] \qquad n(t) := n_o - \Delta n \cdot \cos\left[\frac{2\pi}{T_a}(t + t_1)\right]$$

$$\phi_i(t) := \phi_{1e}(t)\frac{p_{se}(t)}{p_{si}(t)} + m_{ptV} \cdot R_D \frac{273 + \theta_i(t)}{n(t) \cdot p_{si}(t)}$$

表 1.11 第 4 类气候的室内空气相对湿度的月均值

	室内气温	ϕ((0.002kg/m³h)	ϕ((0.004kg/m³h)	ϕ((0.006kg/m³h)	ϕ((0.008kg/m³h)
1月	$\int_{0}^{31}(\theta_i(t))\,dt\frac{1}{31} = 19.0$	$\int_{0}^{31}(\phi_i(t))\,dt\frac{1}{31} = 0.348$	$\int_{0}^{31}(\phi_i(t))\,dt\frac{1}{31} = 0.511$	$\int_{0}^{31}(\phi_i(t))\,dt\frac{1}{31} = 0.674$	$\int_{1}^{31}(\phi_i(t))\,dt\frac{1}{31} = 0.811$
2月	$\int_{31}^{59}(\theta_i(t))\,dt\frac{1}{28} = 19.3$	$\int_{31}^{59}(\phi_i(t))\,dt\frac{1}{28} = 0.337$	$\int_{31}^{59}(\phi_i(t))\,dt\frac{1}{28} = 0.494$	$\int_{31}^{59}(\phi_i(t))\,dt\frac{1}{28} = 0.650$	$\int_{32}^{59}(\phi_i(t))\,dt\frac{1}{28} = 0.777$
3月	$\int_{59}^{90}(\theta_i(t))\,dt\frac{1}{31} = 20.2$	$\int_{59}^{90}(\phi_i(t))\,dt\frac{1}{31} = 0.381$	$\int_{59}^{90}(\phi_i(t))\,dt\frac{1}{31} = 0.515$	$\int_{59}^{90}(\phi_i(t))\,dt\frac{1}{31} = 0.649$	$\int_{60}^{90}(\phi_i(t))\,dt\frac{1}{31} = 0.757$
4月	$\int_{90}^{120}(\theta_i(t))\,dt\frac{1}{30} = 21.7$	$\int_{90}^{120}(\phi_i(t))\,dt\frac{1}{30} = 0.448$	$\int_{90}^{120}(\phi_i(t))\,dt\frac{1}{30} = 0.556$	$\int_{90}^{120}(\phi_i(t))\,dt\frac{1}{30} = 0.664$	$\int_{91}^{120}(\phi_i(t))\,dt\frac{1}{30} = 0.744$
5月	$\int_{120}^{151}(\theta_i(t))\,dt\frac{1}{31} = 23.2$	$\int_{120}^{151}(\phi_i(t))\,dt\frac{1}{31} = 0.526$	$\int_{120}^{151}(\phi_i(t))\,dt\frac{1}{31} = 0.615$	$\int_{120}^{151}(\phi_i(t))\,dt\frac{1}{31} = 0.703$	$\int_{121}^{151}(\phi_i(t))\,dt\frac{1}{31} = 0.764$
6月	$\int_{151}^{181}(\theta_i(t))\,dt\frac{1}{30} = 24.4$	$\int_{151}^{181}(\phi_i(t))\,dt\frac{1}{30} = 0.577$	$\int_{151}^{181}(\phi_i(t))\,dt\frac{1}{30} = 0.654$	$\int_{151}^{181}(\phi_i(t))\,dt\frac{1}{30} = 0.730$	$\int_{152}^{181}(\phi_i(t))\,dt\frac{1}{30} = 0.775$
7月	$\int_{181}^{212}(\theta_i(t))\,dt\frac{1}{31} = 24.9$	$\int_{181}^{212}(\phi_i(t))\,dt\frac{1}{31} = 0.619$	$\int_{181}^{212}(\phi_i(t))\,dt\frac{1}{31} = 0.690$	$\int_{181}^{212}(\phi_i(t))\,dt\frac{1}{31} = 0.762$	$\int_{182}^{212}(\phi_i(t))\,dt\frac{1}{31} = 0.800$
8月	$\int_{212}^{243}(\theta_i(t))\,dt\frac{1}{31} = 24.7$	$\int_{212}^{243}(\phi_i(t))\,dt\frac{1}{31} = 0.607$	$\int_{212}^{243}(\phi_i(t))\,dt\frac{1}{31} = 0.681$	$\int_{212}^{243}(\phi_i(t))\,dt\frac{1}{31} = 0.754$	$\int_{213}^{243}(\phi_i(t))\,dt\frac{1}{31} = 0.796$
9月	$\int_{243}^{273}(\theta_i(t))\,dt\frac{1}{30} = 23.7$	$\int_{243}^{273}(\phi_i(t))\,dt\frac{1}{30} = 0.560$	$\int_{243}^{273}(\phi_i(t))\,dt\frac{1}{30} = 0.643$	$\int_{243}^{273}(\phi_i(t))\,dt\frac{1}{30} = 0.726$	$\int_{244}^{273}(\phi_i(t))\,dt\frac{1}{30} = 0.779$
10月	$\int_{273}^{304}(\theta_i(t))\,dt\frac{1}{31} = 22.3$	$\int_{273}^{304}(\phi_i(t))\,dt\frac{1}{31} = 0.493$	$\int_{273}^{304}(\phi_i(t))\,dt\frac{1}{31} = 0.593$	$\int_{273}^{304}(\phi_i(t))\,dt\frac{1}{31} = 0.693$	$\int_{274}^{304}(\phi_i(t))\,dt\frac{1}{31} = 0.766$
11月	$\int_{304}^{334}(\theta_i(t))\,dt\frac{1}{30} = 20.8$	$\int_{304}^{334}(\phi_i(t))\,dt\frac{1}{30} = 0.432$	$\int_{304}^{334}(\phi_i(t))\,dt\frac{1}{30} = 0.556$	$\int_{304}^{334}(\phi_i(t))\,dt\frac{1}{30} = 0.680$	$\int_{305}^{334}(\phi_i(t))\,dt\frac{1}{30} = 0.780$
12月	$\int_{334}^{365}(\theta_i(t))\,dt\frac{1}{31} = 19.6$	$\int_{334}^{365}(\phi_i(t))\,dt\frac{1}{31} = 0.382$	$\int_{334}^{365}(\phi_i(t))\,dt\frac{1}{31} = 0.532$	$\int_{334}^{365}(\phi_i(t))\,dt\frac{1}{31} = 0.681$	$\int_{335}^{365}(\phi_i(t))\,dt\frac{1}{31} = 0.806$

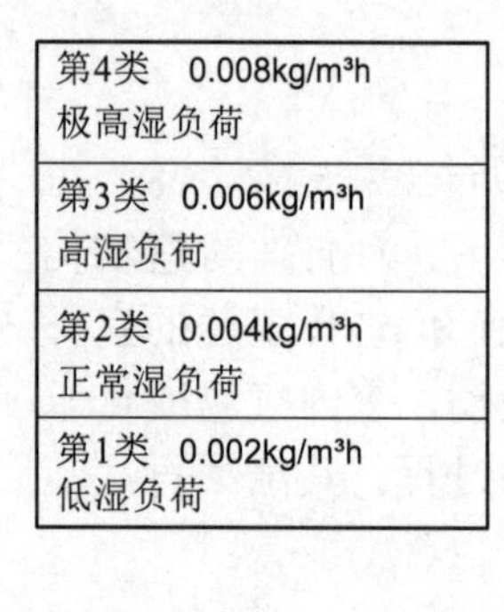

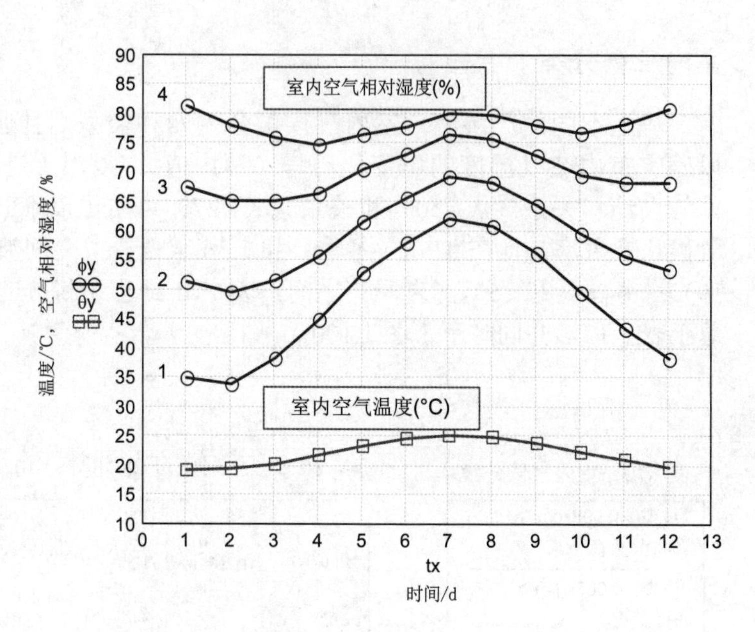

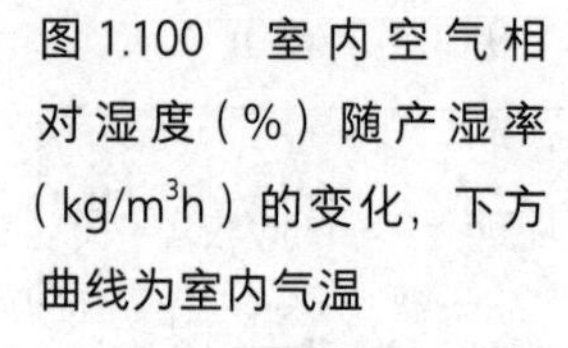

图 1.100　室内空气相对湿度（%）随产湿率（kg/m^3h）的变化，下方曲线为室内气温

在对各类室内气候进行比较时，可以明显地看到：低的产湿率（但换气率仍保持高值）在冬季会导致室内空气非常干燥（ϕ_i=35%）。对于第 4 类气候，室内空气的相对湿度会达到 80%，这一定会导致在外墙的内表面产生霉菌。在夏季，由于室外空气的绝对湿度较高，所有曲线相互靠近。第 2 类气候对应的是中欧地区无空调住宅建筑内室内空气相对湿度的正常变化情况。如果在建筑热工设计时没有准确的室内气候测量数据的话，可以使用该曲线。

表 1.12　给定室内气候类别（$2g/m^3h$、$4g/m^3h$、$6g/m^3h$、$8g/m^3h$）所对应的室内气温和室内空气相对湿度的月均值

	气温	第1类	第2类	第3类	第4类
1月	19.0	34.8	51.1	67.4	81.1
2月	19.3	33.7	49.4	65.0	77.7
3月	20.2	38.1	51.5	64.9	75.7
4月	21.7	44.8	55.6	66.4	74.4
5月	23.2	52.6	61.5	70.3	76.4
6月	24.4	57.7	65.4	73.0	77.5
7月	24.9	61.9	69.0	76.2	80.0
8月	24.7	60.7	68.1	75.4	79.6
9月	23.7	56.0	64.3	72.6	77.9
10月	22.3	49.3	59.3	69.3	76.6
11月	20.8	43.2	55.6	68.0	78.0
12月	19.6	38.2	53.2	68.1	80.6

由上表也可以看出，在不是必须使用室内气候分类对应的数据或者使用实际数据作为设计依据的场合，可以使用室内空气相对湿度的简化参考值。

连续采暖的居室	$\phi_{iWinter} \leqslant 50\%$	$\phi_{iSommer} = 60\%$
非连续采暖的居室	$\phi_{iWinter} \leqslant 60\%$	$\phi_{iSommer} = 60\%$

1.2.2.2 焓与水蒸气含量（h–x 图）

需要进一步补充的是，在热力学状态变化过程中，开始所定义的空气湿度与湿空气的焓变化之间的关系。水蒸气和空气的气体状态方程是其相应的基础。

$$p_D := \frac{m_D}{V_L} \cdot R_D \cdot T \qquad R_D := 462 \qquad p_L := \frac{m_L}{V_L} \cdot R_L \cdot T \qquad R_L := 287 \tag{1.70}$$

进而，得到下列关于绝对湿度（kg/kg）的关系式：

$$x := \frac{R_L}{R_D} \cdot \frac{p_D}{p_L} \qquad x := 0.662 \cdot \frac{p_D}{p_L} \qquad p := p_L + p_D \qquad x := 0.662 \cdot \frac{p_D}{p - p_D} \qquad x(\theta) := \frac{0.622 \cdot \phi \cdot p_S(\theta)}{p - \phi \cdot p_S(\theta)} \tag{1.71}$$

空气相对湿度表达为：

$$\phi(\theta) := \frac{x}{0.622 + x} \cdot \frac{p}{p_S(\theta)} \qquad p_S(\theta) := 610.5 \cdot \left(e^{\frac{17.26 \cdot \theta}{237.3 + \theta}} \cdot \Phi(\theta) + e^{\frac{21.87 \cdot \theta}{265.5 + \theta}} \cdot \Phi(-\theta) \right) \tag{1.72}$$

湿空气的密度为：

$$\rho := \frac{m_L + m_D}{V_L} \qquad \rho := \frac{1}{R_L} \cdot \frac{p}{T} - \left(\frac{1}{R_L} - \frac{1}{R_D} \right) \cdot \frac{p_D}{T} \tag{1.73}$$

因此，湿空气通常比干空气轻。

在建筑物理中，大多数的状态变化过程都是在等压条件下发生的，由此可以通过焓的变化确定状态变化时的吸热或放热量。湿空气的比焓可表达为：

$$h := h_L + x(\theta) \cdot h_D \tag{1.74}$$

其中包括了空气和水蒸气的比热容（Ws/kgK），以及比相变潜热 $r=2.5 \cdot 10^6$Ws/kg（水转变为水蒸气）。

$$c_{pL} := 1000 \qquad c_{pD} := 1860 \qquad h_L := c_{pL} \cdot (\theta - \theta_o) \qquad h_D := c_{pD} \cdot (\theta - \theta_o) + r$$

由方程式（1.70）至式（1.74）得到式（1.75）（请与 h–x 图对应的方程组对比）

$$\theta(x,h) := \theta_o + \frac{h - x \cdot r}{c_{pL} + x \cdot c_{pD}} \tag{1.75}$$

空气温度随绝对湿度 x 和焓 h 的变化关系示于 h–x 图中（图 1.101）。

示例：

温度 θ_1=35℃的 50kg 湿空气（总压力 p=101.3kPa，相对湿度 ϕ=50%）被冷却至 θ_2=20℃。

问：产生的冷凝水 m_K 是多少？向空气中放出的热量 Q 又是多少？

$$\theta_1 := 35 \quad \phi_1 := 0.5 \quad m_L := 50 \quad p := 1.013 \cdot 10^5 \quad \theta_2 := 20 \quad \phi_2 := 1 \quad r = 2.5 \times 10^6 \quad c_{pL} = 1.005 \times 10^3 \quad c_{pD} = 1.86 \times 10^3$$

$$p_S(\theta_1) = 5.613 \times 10^3 \qquad p_S(\theta_2) = 2.335 \times 10^3$$

$$x_1(\theta_1) := \frac{0.622 \cdot \phi_1 \cdot p_S(\theta_1)}{p - \phi_1 \cdot p_S(\theta_1)} \quad x_1(\theta_1) = 0.0177 \qquad x_2(\theta_2) := \frac{0.622 \cdot \phi_2 \cdot p_S(\theta_2)}{p - \phi_2 \cdot p_S(\theta_2)} \quad x_2(\theta_2) = 0.0147$$

$$m_K := m_L \cdot (x_1(\theta_1) - x_2(\theta_2)) \qquad m_K = 0.152 \text{ in kg}$$

$$\Delta h := (c_{pL} + x_1(\theta_1) \cdot c_{pD}) \cdot (\theta_1 - \theta_o) + x_1(\theta_1) \cdot r - [(c_{pL} + x_2(\theta_2) \cdot c_{pD}) \cdot (\theta_2 - \theta_o) + x_2(\theta_2) \cdot r] \qquad \Delta h = 2.329 \times 10^4$$

$$Q := \Delta h \cdot m_L \qquad Q = 1.165 \times 10^6 \text{ in Ws}$$

计算结果说明：m_k=152g 的水蒸气冷凝为水，向外释放的热量为 $Q=1.165 \cdot 10^6$Ws=324kWh。上述状态变化过程也示于图 1.101 的 h–x 图中，冷凝水量及释放的热量也可在图中直接读取。

下列方程为在 Mathcad 软件中表达 h-x 图所用到的公式。

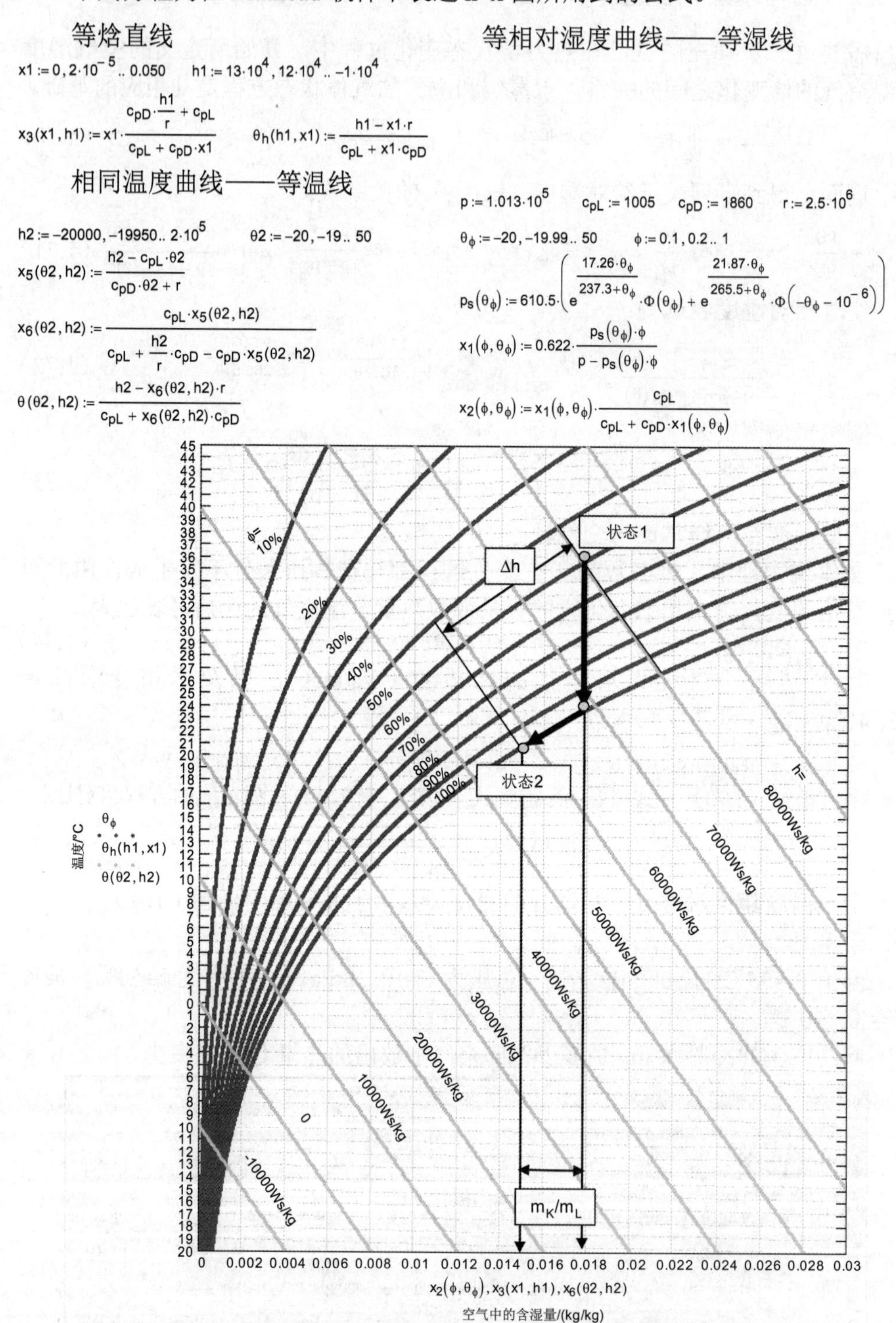

图 1.101　空气温度、焓、相对湿度及空气中水蒸气的绝对含量（h-x 图）

空气从状态 1 冷却至状态 2，会产生 m_K/m_L=0.003kg/kg 冷凝水，并释放 Δh=23300Ws/kg 热量。

1.2.2.3 露点温度

如果 1.2.2.2 节中示例所描述的温度为 θ，相对湿度为 ϕ 的湿空气被冷却的话，则其相对湿度会增加，且当 ϕ=1，即 100% 时，会出现冷凝水。而室内温度为 θ，相对湿度为 ϕ 时的水蒸气压力此时则称为饱和水蒸气压力。

由下式 $$p_s(\theta_T) := \phi \cdot p_s(\theta)$$

得到 $$p_s(\theta) := 610.5 \cdot \left(1 + \frac{\theta}{109.8}\right)^{8.02}$$

$$610.5 \cdot \left(1 + \frac{\theta_T}{109.8}\right)^{8.02} = 610.5 \cdot \left(1 + \frac{\theta}{109.8}\right)^{8.02} \cdot \phi$$

由上式可导出露点温度 θ_T 的表达式：

$$\theta_T(\theta, \phi) := \phi^{0.1247} \cdot (109.8 + \theta) - 109.8 \tag{1.76}$$

露点温度 θ_T 随着室内温度 θ 和相对湿度 ϕ 的变化而变化。图 1.102a 和图 1.102b 给出的是 θ_T 随着室内温度 θ 和相对湿度 ϕ 的变化关系。

当室内温度为 20℃，相对空气湿度为 60% 时，露点温度为 12℃。

图 1.102b 给出的同样是根据方程式（1.76）计算得到的露点温度 θ_T，但图中是以空气相对湿度 ϕ 为自变量，室内温度为参变量。

要保证建筑构件自身的安全，必须遵守建筑物理最基本的要求：一定要避免和限制在建筑构件表面和内部结露（也可参见湿传递章节的内容）。

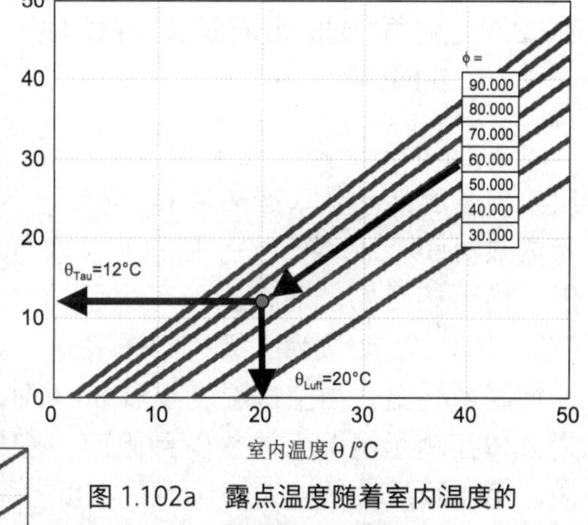

图 1.102a 露点温度随着室内温度的变化，空气相对湿度为参变量

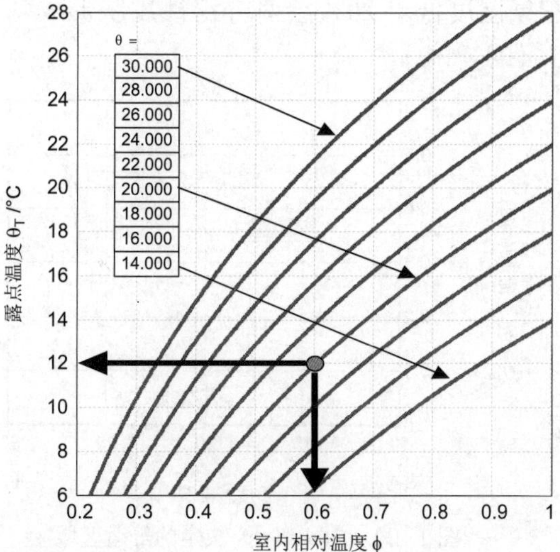

图 1.102b 露点温度随着空气相对湿度的变化，室内温度为参变量

最后，露点温度随着室内温度和相对湿度的变化关系再次以列表的形式给出，表中的温湿度变化范围分别为 5℃ <θ<40℃和 10%<ϕ<90%。在此需要注意的是，当露点温度低于 0℃时，必须用升华压力曲线（式（1.25））替代饱和压力曲线（式（1.26））。其范围还是要借助 Heaviside 阶跃函数 $\Phi(\theta_{T1})$ 及 $\Phi(\theta_{T2})$ 进行区分。

表 1.13　露点温度随着空气相对湿度和室内温度的变化

ϕ /% θ /°C		10.0	20.0	30.0	40.0	50.0	60.0	70.0	80.0	90.0
		0	1	2	3	4	5	6	7	8
5.0	0	-21.2	-13.8	-9.3	-6.0	-3.4	-1.2	0.0	1.8	3.5
6.0	1	-20.4	-13.0	-8.4	-5.1	-2.5	-0.3	1.0	2.8	4.5
7.0	2	-19.6	-12.1	-7.5	-4.2	-1.5	0.7	1.9	3.8	5.5
8.0	3	-18.7	-11.2	-6.6	-3.2	-0.6	0.7	2.9	4.8	6.5
9.0	4	-17.9	-10.3	-5.7	-2.3	0.4	1.7	3.8	5.7	7.4
10.0	5	-17.1	-9.4	-4.8	-1.4	0.1	2.6	4.8	6.7	8.4
11.0	6	-16.2	-8.6	-3.9	-0.5	1.0	3.5	5.7	7.7	9.4
12.0	7	-15.4	-7.7	-3.0	0.5	1.9	4.5	6.7	8.7	10.4
13.0	8	-14.6	-6.8	-2.1	1.4	2.8	5.4	7.7	9.6	11.4
14.0	9	-13.8	-5.9	-1.2	0.6	3.7	6.4	8.6	10.6	12.4
15.0	10	-12.9	-5.1	-0.3	1.5	4.7	7.3	9.6	11.6	13.4
16.0	11	-12.1	-4.2	0.7	2.4	5.6	8.2	10.5	12.5	14.4
17.0	12	-11.3	-3.3	1.6	3.3	6.5	9.2	11.5	13.5	15.3
18.0	13	-10.4	-2.4	0.2	4.2	7.4	10.1	12.4	14.5	16.3
19.0	14	-9.6	-1.6	1.0	5.1	8.3	11.1	13.4	15.5	17.3
20.0	15	-8.8	-0.7	1.9	6.0	9.3	12.0	14.4	16.4	18.3
21.0	16	-7.9	0.2	2.8	6.9	10.2	12.9	15.3	17.4	19.3
22.0	17	-7.1	1.1	3.6	7.8	11.1	13.9	16.3	18.4	20.3
23.0	18	-6.3	2.0	4.5	8.7	12.0	14.8	17.2	19.4	21.3
24.0	19	-5.5	2.8	5.3	9.6	12.9	15.7	18.2	20.3	22.3
25.0	20	-4.6	0.5	6.2	10.4	13.8	16.7	19.1	21.3	23.2
26.0	21	-3.8	1.3	7.1	11.3	14.8	17.6	20.1	22.3	24.2
27.0	22	-3.0	2.1	7.9	12.2	15.7	18.6	21.0	23.2	25.2
28.0	23	-2.1	2.9	8.8	13.1	16.6	19.5	22.0	24.2	26.2
29.0	24	-1.3	3.8	9.7	14.0	17.5	20.4	23.0	25.2	27.2
30.0	25	-0.5	4.6	10.5	14.9	18.4	21.4	23.9	26.2	28.2
31.0	26	0.3	5.4	11.4	15.8	19.3	22.3	24.9	27.1	29.2
32.0	27	1.2	6.2	12.2	16.7	20.3	23.2	25.8	28.1	30.1
33.0	28	2.0	7.0	13.1	17.6	21.2	24.2	26.8	29.1	31.1
34.0	29	2.8	7.9	14.0	18.5	22.1	25.1	27.7	30.1	32.1
35.0	30	3.7	8.7	14.8	19.4	23.0	26.1	28.7	31.0	33.1
36.0	31	4.5	9.5	15.7	20.3	23.9	27.0	29.7	32.0	34.1
37.0	32	0.4	10.3	16.5	21.1	24.8	27.9	30.6	33.0	35.1
38.0	33	1.1	11.1	17.4	22.0	25.8	28.9	31.6	33.9	36.1
39.0	34	1.9	11.9	18.3	22.9	26.7	29.8	32.5	34.9	37.1
40.0	35	2.6	12.8	19.1	23.8	27.6	30.8	33.5	35.9	38.0

露点温度的矩阵表达，$\theta_{T1}>\theta_{T2}<0$：

$$i := 0, 1 .. 35 \qquad j := 0, 1 .. 7$$

$$\theta(i) := 1 \cdot i + 5 \qquad \phi(j) := 0.1 \cdot j + 0.1$$

$$\theta_{T1}(i,j) := \phi(j)^{0.1247} \cdot (109.8 + \theta(i)) - 109.8$$

$$\theta_{T2}(i,j) := \phi(j)^{0.0813} \cdot (148.57 + \theta(i)) - 148.57$$

$$\theta_T(i,j) := \theta_{T1}(i,j) \cdot \Phi(\theta_{T1}(i,j)) + \theta_{T2}(i,j) \cdot \Phi(-\theta_{T1}(i,j))$$

1.2.2.4　空气湿度和流速对舒适度的影响

下面的 h-x 图（图 1.105）中再次给出了随活动量（产热率 Φ_e 及人体释放热流 Φ，活动量级别 1～4）及空气湿度变化时，体感温度的生理最适宜范围、尚可接受的舒适范围及可容忍的区域范围，并以简单的空气温度 - 湿度图（图 1.103，活动量为 2 级）给予表达。人体对空气湿度的相对容忍范围通过舒适性区域标出。当空气湿度超过 80% 时，温度超过 23℃，便使人感到闷热，因为人体在潮湿情况下散热受到阻碍。空气湿度低于 20% 会对分泌性皮肤形成刺激。第 4 级活动量被人们认为是不可容忍的。

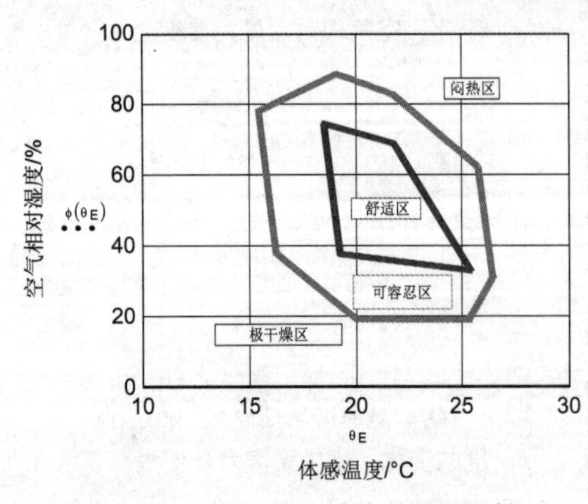

图 1.103　由 ϕ 和 θ_E 决定的舒适区域

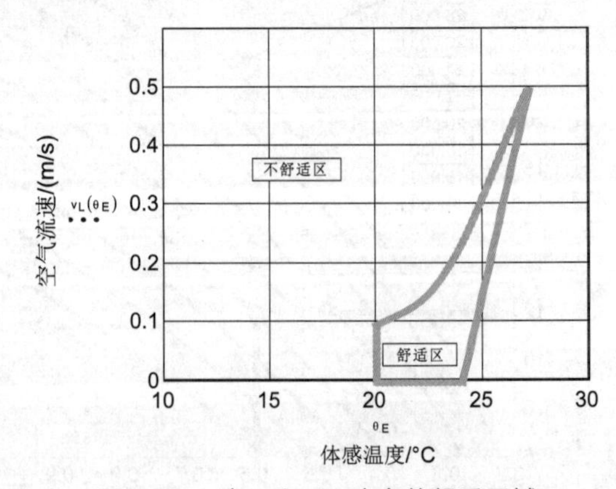

图 1.104　由 v 和 $d\theta_E$ 决定的舒适区域

室内空气流动的速度场将受到通风量 dV_L/dt 或换气率 n_L，通风口、窗、门等，温度场和与温度场相关的升浮力，以及设备和使用方式的影响。室内气流速度场的分析解很难得到，或者说，只能粗略计算。而对此所需的 CFD（Computational Fluid Dynamics）工具则不在本书的涉及范围之内。房间围护结构表面附近的流动状态与建筑物理中重要的对流换热热阻密切相关。下面在 h-x 图中给出 3 倍空气流速时，舒适性区域随室温和空气湿度的范围（图 1.106），而在图 1.104 中，只是给出了空气流速和体感温度之间简单的对应关系。（无吹风感的）最大空气流速与温度相关，可以由方程（1.77）进行估算。

$$v_i \leq \left(-0.59 + 0.04 \cdot \frac{\theta_i}{°C}\right) \cdot \frac{m}{s} \quad 16°C \leq \theta_i \leq 26°C \tag{1.77}$$

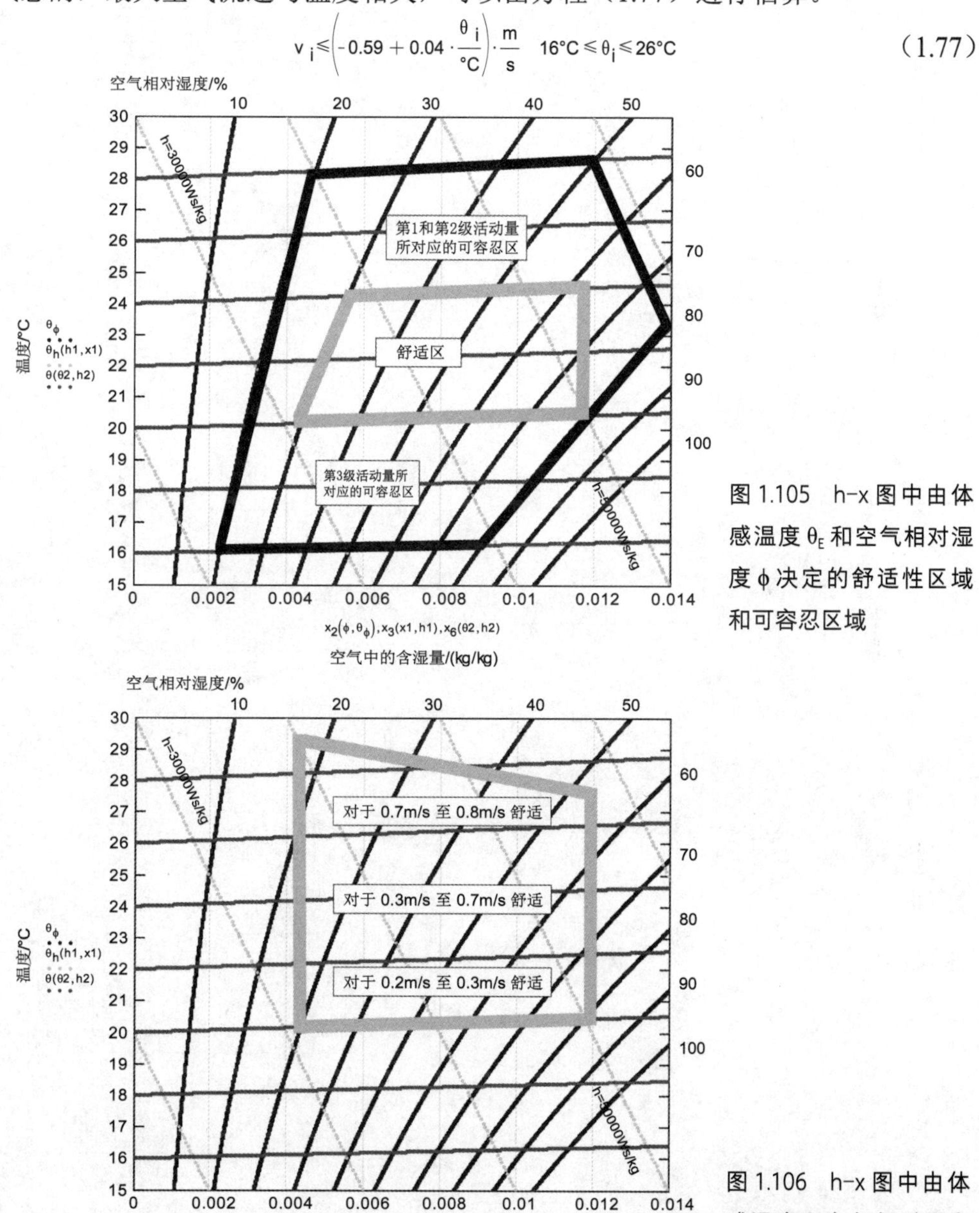

图 1.105 h-x 图中由体感温度 θ_E 和空气相对湿度 ϕ 决定的舒适性区域和可容忍区域

图 1.106 h-x 图中由体感温度和空气相对湿度决定的舒适性区域

热传递

2 热传递基础

热能可以通过固体、静止的液体和静止的气体从高温处向低温处传导。在此，对于所传递的分子或晶格粒子运动能量的耦合机理不再做进一步的解释。在流动的液体和气体中，热量不仅是通过传导，而且主要是伴随流动而传递的。热辐射是一种电磁波，是当电子在原子壳层中发生能级变化时释放出来的能量。辐射时，能量的扩散与介质无关，所以这种热传递的方式与传导和对流有着根本的区别。

2.1 热传导

2.1.1 导热方程

通过求解热传导方程，可以定量地描述由导热引起的能量传递，以及相应的温度分布。在本节中，将通过一个单层外墙的实例进行方程的推导。

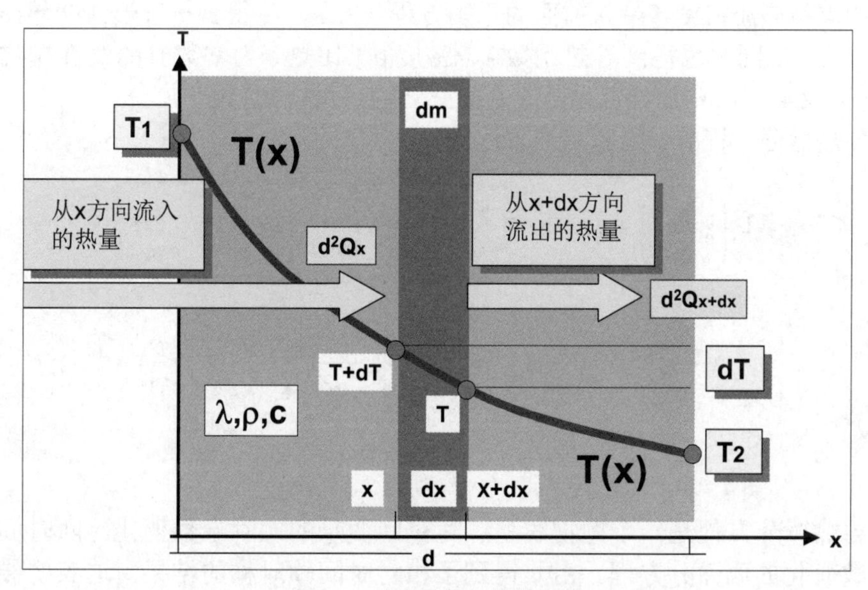

图 2.1 墙内导热与储热图示

热量平衡方程（2.1）

如图 2.1 所示，从左面 x 处流入的热能 d^2Q_x 减去从 x+dx 处流出的热量 d^2Q_{x+dx} 得到在质量单元 dm 中储存的能量。热平衡方程以单位时间（除以 dt）和单位建筑构件表面积（除以构件表面积 A）为平衡基准单元。由此得到热流密度 q 的差随长度 dx 的变化。变量 Φ=dQ/dt 被称为热流。

$$\frac{d^2 \cdot Q_x}{dt \cdot A} - \frac{d^2 \cdot Q_{x+dx}}{dt \cdot A} = \frac{c \cdot dm}{A} \cdot \frac{dT}{dt} = \frac{\rho \cdot c \cdot dV}{A} \cdot \frac{dT}{dt} = \rho \cdot c \cdot dx \cdot \frac{dT}{dt}$$

$$q(x) - q(x+dx) = \rho \cdot c \cdot \frac{dT}{dt} \cdot dx \tag{2.1}$$

$$\frac{q(x) - q(x+dx)}{dx} = \rho \cdot c \cdot \frac{dT}{dt}$$

$$-\frac{dq}{dx} = \rho \cdot c \cdot \frac{dT}{dt}$$

式中：

ρ　材料密度（kg/m^3）；

c　比热容（Ws/kgK）；

λ　导热系数（W/mK）。

傅里叶定律（2.2）

热流密度与引起导热原因的温度梯度 dT/dx 成正比。

$$q = -\lambda \frac{dT}{dx} \tag{2.2}$$

如果将热流密度 q 带入前面的平衡方程（2.1），将得到一般形式的导热微分方程（2.3），同时也得到导热系数 λ、密度 ρ、比热 c 为常数时的线性抛物偏微分方程（2.4），其中的导温系数 a（式（2.5））为材料参数。

导热微分方程的一维和三维表达式：

$$\frac{\partial}{\partial x}\left(\lambda \cdot \frac{\partial}{\partial x} T\right) = \rho \cdot c \cdot \frac{\partial}{\partial t} T \qquad \frac{\partial}{\partial x}\left[\lambda \cdot \left(\frac{\partial}{\partial x} T + \frac{\partial}{\partial y} T + \frac{\partial}{\partial z} T\right)\right] = \rho \cdot c \cdot \frac{\partial}{\partial t} T \tag{2.3}$$

$$\lambda \frac{\partial^2}{\partial x^2} T = \rho \cdot c \cdot \frac{\partial}{\partial t} T \qquad a \cdot \left(\frac{\partial^2}{\partial x^2} T + \frac{\partial^2}{\partial y^2} T \lambda + \frac{\partial^2}{\partial z^2} T\right) = \frac{\partial}{\partial t} T \tag{2.4}$$

$$a := \frac{\lambda}{\rho \cdot c} \qquad \text{a 为导温系数（}m^2/s\text{）} \tag{2.5}$$

导热微分方程是一个抛物线型，随空间变量的二阶导数变化，随时间的一阶导数变化的偏微分方程。由此得到了相对时间轴对称的结果，这表明导热过程是不可逆的（热力学第二定律）。

导热系数λ（另请参阅后续的详细表格）是材料导热能力的量度，而导温系数 a 则描述的是热信号的传播速度。建筑业中重要材料的热导系数大约跨越3 个数量级，λ 的值随材料密度的增加而增大，各种材料的导温系数在数值上的差别相对很小。

下面的关系式描述了材料导热系数与其密度之间的近似关系：

$$\lambda_o := 0.03 \qquad b := 10^{-6} \cdot 7.65$$
$$\rho_o := 1 \qquad n := 1.6$$
$$\rho := 1, 2 .. 2000 \tag{2.6}$$
$$\lambda(\rho) := \lambda_o + b \cdot (\rho - \rho_o)^n$$

表 2.1 一些常用材料的导热系数

材料	λ/(W/mK)	材料	λ/(W/mK)
静止的氩气	0.016	聚乙烯膜	0.18
静止的空气	0.026	砖	0.75
聚苯乙烯泡沫塑料	0.040	石灰水泥抹灰	1.05
岩棉	0.045	石灰砂岩	1.35
石膏板	0.060	普通混凝土	1.75
木材	0.110	砂石	2.00
多孔混凝土	0.130	钢材	40.00

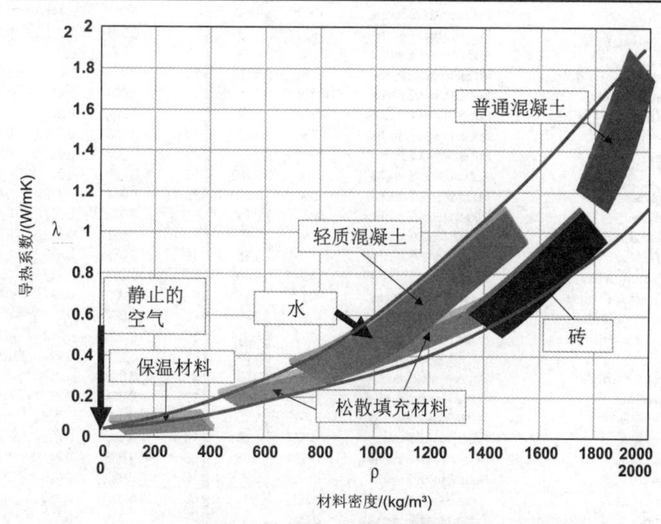

图 2.2 材料导热系数随密度的变化关系

多孔保温材料的λ值在材料密度极低的情况下反而会偏高，因为在空腔中会产生填充气体的流动，以及辐射换热。导热系数也随着建筑材料湿含量的增加而增大。静止水的导热系数（λ_W=0.55W/mK）比空气或其他填充气体更高。

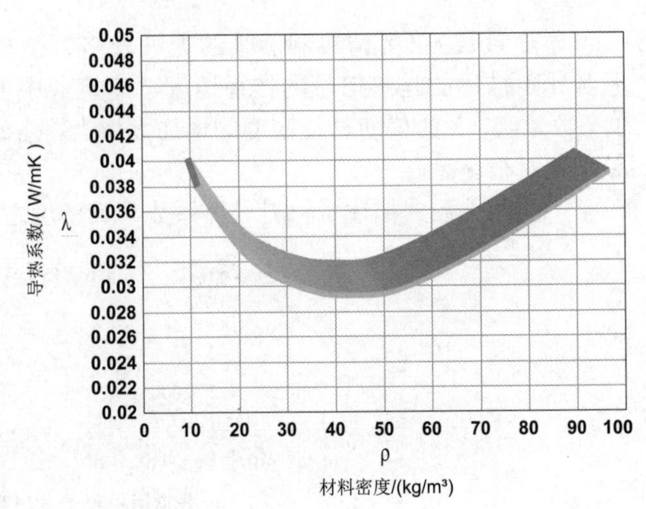

图 2.3　材料导热系数随密度的变化关系（低密度情况）

如果在建筑构件存在热源或热沉（供热管道的含湿构件处于蒸发冷却状态等），则热源强度 $\Phi_S=d^2Q_S/dVdt$（W/m²）应包含在热平衡方程之中。下面是直角坐标系下导热微分方程的一般形式：

$$\frac{\partial}{\partial x}\left[\lambda\cdot\left(\frac{\partial}{\partial x}T+\frac{\partial}{\partial y}T+\frac{\partial}{\partial z}T\right)\right]+\Phi_S=\rho\cdot c\cdot\frac{\partial}{\partial t}T \tag{2.7}$$

表 2.2 给出了一些建筑材料和保温材料的导热系数 λ 值（表中已框出）。这些数值一部分是选自于标准 DIN 4108，但绝大部分是作者研究团队自己的测量结果。表中的水蒸气阻力系数 μ、空气相对湿度 80% 时吸附的湿含量 w_{hyg}、饱和湿含量 w_{sat} 及吸水系数 A_w 则是第 5 章中用于湿状态测定的必要参数。

表 2.2　若干建筑材料和保温材料的湿技术性能参数

Material	Kategorie	Dichte	Lambda	μ	w80	w sat	Aw
		kg/m³	W/mK	---	m³/m³	m³/m³	kg/m²s½
Dämmunterputz	Putze/Mörtel/Estriche	1130	0,415	11	0,086	0,557	0,0317
Gipsputz	Putze/Mörtel/Estriche	1240	0,44	7,4	0,003	0,421	0,2727
Gipsputz	Putze/Mörtel/Estriche	910	0,28	5,5	0,002	0,575	0,3232
Gipsputz	Putze/Mörtel/Estriche	1100	0,52	8	0,008	0,38	0,038
Gipsputz	Putze/Mörtel/Estriche	1300	0,531	8	0,02	0,441	0,038
Kalkputz	Putze/Mörtel/Estriche	1600	0,708	15	0,015	0,361	0,045
Kalkputz	Putze/Mörtel/Estriche	1700	0,74	15	0,02	0,28	0,045
Kalk-Zementputz	Putze/Mörtel/Estriche	1270	0,49	12	0,061	0,295	0,0244
Kalk-Zementputz (leicht)	Putze/Mörtel/Estriche	1020	0,24	6,1	0,029	0,445	0,1274
Kalk-Zementputz	Putze/Mörtel/Estriche	1800	0,89	21	0,02	0,25	0,026
Klimaputz	Putze/Mörtel/Estriche	1290	0,6	18	0,093	0,511	0,0514
Kunstharzputz	Putze/Mörtel/Estriche	1200	0,75	250	0,007	0,05	0,002
Lehmputz	Putze/Mörtel/Estriche	1700	0,789	15	0,02	0,32	0,045
Sanierhaftglättputz	Putze/Mörtel/Estriche	1390	0,5	33	0,044	0,476	0,0289
Sanierputz (leicht)	Putze/Mörtel/Estriche	540	0,13	6,3	0,063	0,787	0,0544
Schimmel-Sanierputz	Putze/Mörtel/Estriche	470	0,15	8,4	0,051	0,812	0,0134
Trasskalk-Feinputz	Putze/Mörtel/Estriche	1520	0,65	51	0,059	0,426	0,071
Trasskalk-Maschinenleichtputz	Putze/Mörtel/Estriche	1430	0,435	11	0,057	0,457	0,0792
Trasskalk-Mineraldämmputz	Putze/Mörtel/Estriche	600	0,1	6,9	0,063	0,487	0,1925
Innenwärmedämmputz	Putze/Mörtel/Estriche	338	0,105	6,2	0,067	0,5	0,3139
Zementputz für Innenbereich	Putze/Mörtel/Estriche	1900	0,941	25	0,025	0,242	0,019
Zementputz	Putze/Mörtel/Estriche	1900	0,93	25	0,025	0,19	0,006
Calciumsilikat-Klebemörtel	Putze/Mörtel/Estriche	1800	0,93	35	0,079	0,257	0,0085
Fachwerkmörtel	Putze/Mörtel/Estriche	1150	0,17	12	0,021	0,26	0,016
Kalkzementmörtel	Putze/Mörtel/Estriche	1850	1	25	0,061	0,208	0,008
Leichtlehmmörtel	Putze/Mörtel/Estriche	1197,5	0,561	18,5	0,015	0,226	0,0315
Leichttonmörtel	Putze/Mörtel/Estriche	1150	0,35	28	0,088	0,24	0,1235
Lehmmörtel	Putze/Mörtel/Estriche	1570	0,6	11	0,039	0,375	0,1757
Anhydrit-Fliessestrich	Putze/Mörtel/Estriche	2060	1,4	50	0,015	0,253	0,0814
Zementestrich	Putze/Mörtel/Estriche	2000	1,4	25	0,026	0,196	0,0042
Calciumsilikat-Klebemörtel	Putze/Mörtel/Estriche	1800	0,93	35	0,079	0,257	0,0085
Fachwerkmörtel	Putze/Mörtel/Estriche	1150	0,17	12	0,021	0,26	0,016
Kalkzementmörtel	Putze/Mörtel/Estriche	1850	1	25	0,061	0,208	0,008
Leichtlehmmörtel	Putze/Mörtel/Estriche	1197,5	0,561	18,5	0,015	0,226	0,0315
Leichttonmörtel	Putze/Mörtel/Estriche	1150	0,35	28	0,088	0,24	0,1235
Lehmmörtel	Putze/Mörtel/Estriche	1570	0,6	11	0,039	0,375	0,1757
Anhydrit-Fliessestrich	Putze/Mörtel/Estriche	2060	1,4	50	0,015	0,253	0,0814
Zementestrich	Putze/Mörtel/Estriche	2000	1,4	25	0,026	0,196	0,0042

表 2.2 若干建筑材料和保温材料的湿技术性能参数（续）

Beton	Beton/Betonbauteile	2100	1,995	76	0,101	0,172	0,0125
Beton	Beton/Betonbauteile	2400	2,1	110	0,059	0,136	0,02
Beton	Beton/Betonbauteile	2500	2,3	119	0,06	0,107	0,007
Beton	Beton/Betonbauteile	2300	1,9	76	0,057	0,175	0,032
Beton mit Leichtzuschlägen	Beton/Betonbauteile	1900	1,4	13	0,042	0,32	0,0266
Beton mit Leichtzuschlägen	Beton/Betonbauteile	1600	1,2	8	0,032	0,43	0,023
Beton mit Leichtzuschlägen	Beton/Betonbauteile	1300	0,8	7,5	0,023	0,54	0,0193
Beton mit Leichtzuschlägen	Beton/Betonbauteile	1000	0,5	6,5	0,018	0,64	0,0157
Beton mit Leichtzuschlägen	Beton/Betonbauteile	700	0,33	5,5	0,012	0,75	0,0121
Beton mit Leichtzuschlägen	Beton/Betonbauteile	500	0,245	4,5	0,009	0,81	0,0085
Beton mit Leichtzuschlägen	Beton/Betonbauteile	300	0,171	3,5	0,006	0,89	0,006
Beton mit Leichtzuschlägen	Beton/Betonbauteile	200	0,114	2,8	0,004	0,92	0,0036
Bimsbeton	Beton/Betonbauteile	850	0,301	6	0,034	0,679	0,0065
Bimsbeton	Beton/Betonbauteile	1200	0,44	9,3	0,048	0,547	0,0042
Isolierbeton	Beton/Betonbauteile	500	0,188	5	0,023	0,811	0,0038
Hochofen-Schlackenbeton	Beton/Betonbauteile	1900	0,711	14	0,04	0,314	0,013
Hochofen-Schlackenbeton	Beton/Betonbauteile	1600	0,469	10	0,05	0,422	0,028
Hochofen-Schlackenbeton	Beton/Betonbauteile	1300	0,315	8	0,04	0,531	0,0365
Hochofen-Schlackenbeton	Beton/Betonbauteile	1000	0,241	6,5	0,03	0,639	0,058
Magerbeton	Beton/Betonbauteile	2400	2,2	91	0,059	0,141	0,02
Magerbeton	Beton/Betonbauteile	2200	1,7	62	0,055	0,193	0,038
Porenbeton	Beton/Betonbauteile	390	0,105	9,9	0,018	0,854	0,0609
Porenbeton	Beton/Betonbauteile	390	0,105	7,4	0,021	0,871	0,0434
Porenbeton	Beton/Betonbauteile	420	0,11	8,9	0,024	0,832	0,0391
Porenbeton auf Zementbasis	Beton/Betonbauteile	600	0,21	5,6	0,028	0,77	0,045
Porenbeton auf Trass-Kalkbasis	Beton/Betonbauteile	360	0,272	4,6	0,055	0,864	0,053
Polystyrolschaum-Beton	Beton/Betonbauteile	220	0,074	20	0,008	0,917	0,0012
Polystyrolschaum-Beton	Beton/Betonbauteile	400	0,124	18	0,055	0,849	0,0035
Polystyrolschaum-Beton	Beton/Betonbauteile	650	0,214	16	0,07	0,755	0,0053
Gipskartonplatten	Bauplatten	850	0,24	8	0,018	0,4	0,4
Gipskartonplatte	Bauplatten	730	0,21	6,8	0,008	0,44	0,1299
Gips-Faserplatte	Bauplatten	1130	0,32	17	0,019	0,526	0,057
Altbauklinker	Mauerwerk	2010	1,045	41	0,01	0,241	0,0168
Altbauziegel	Mauerwerk	1640	0,59	13	0,005	0,38	0,215
Altbauziegel	Mauerwerk	1810	0,705	10	0,001	0,318	0,2513
Altbauziegel	Mauerwerk	1720	0,842	9	0,015	0,34	0,245
Hart-Graubrand-Ziegel	Mauerwerk	1900	0,8	14	0,006	0,255	0,11
Hart-Graubrand-Ziegel	Mauerwerk	1700	0,75	9	0,005	0,289	0,22
Hochlochziegel (HLzW)	Mauerwerk	596	0,319	5,9	0,003	0,775	0,007
Hochlochziegel (HLzW)	Mauerwerk	614	0,42	6,2	0,003	0,768	0,0071
Isolierstein	Mauerwerk	1000	0,314	21	0,032	0,28	0,026
Kalksandstein-Mauerwerk	Mauerwerk	1710	0,84	20	0,024	0,34	0,04
Kalksandstein	Mauerwerk	2000	1,025	25	0,058	0,221	0,04
Kalksandstein	Mauerwerk	1740	0,875	28	0,039	0,359	0,0484
Kalksandstein	Mauerwerk	1810	1,06	40	0,033	0,344	0,0516
Klinkerziegel	Mauerwerk	2100	0,9	31	0,003	0,187	0,091
Normmauerziegel	Mauerwerk	1790	0,555	18	0,013	0,354	0,1987
Perlite Lehmstein	Mauerwerk	1252	0,607	6,4	0,02	0,258	0,1403
Rotbrandziegel	Mauerwerk	1700	0,653	9	0,008	0,323	0,24
Rotbrandziegel	Mauerwerk	1500	0,552	8	0,007	0,345	0,208
Rotbrandziegel	Mauerwerk	1300	0,452	7,5	0,006	0,351	0,162
Vollziegel	Mauerwerk	1950	0,96	19	0,001	0,263	0,1419
Calciumsilikatplatte	Wärmedämmstoffe	240	0,065	6,2	0,008	0,85	0,776
Calciumsilikatplatte	Wärmedämmstoffe	220	0,065	5,4	0,007	0,913	0,9537
Cellulose-Einblasdämmung	Wärmedämmstoffe	55	0,04	2	0,007	0,926	0,5629
Cellulose (gebunden)	Wärmedämmstoffe	90	0,06	2,4	0,01	0,876	3,51
Harnstoff-Formaldehydschaum	Wärmedämmstoffe	10	0,042	2	0,002	0,965	0,0001
Harnstoff-Formaldehydschaum	Wärmedämmstoffe	14	0,055	2,3	0,002	0,97	0,077
Holzfaserdämmplatte	Wärmedämmstoffe	330	0,04	6	0,029	0,38	0,083
Holzwolleleichtbauplatte	Wärmedämmstoffe	180	0,045	4,9	0,026	0,931	0,0089
Holzwolle-Leichtbauplatten	Wärmedämmstoffe	420	0,172	3	0,054	0,501	0,0098
Holzwolle-Leichtbauplatten	Wärmedämmstoffe	400	0,114	2,9	0,051	0,506	0,009
Polyurethanschaum	Wärmedämmstoffe	45	0,029	104	0,001	0,92	0,0001
PVC-Schaum	Wärmedämmstoffe	38	0,036	175	0,001	0,945	1,0E-06
Reetstrohhäckselplatte	Wärmedämmstoffe	300	0,095	3	0,036	0,878	0,083
Schaumglas	Wärmedämmstoffe	135	0,055	10000	1,5E-06	0,001	1,0E-06
Strohhäckselplatte	Wärmedämmstoffe	300	0,111	3,3	0,04	0,878	0,08
Strohlehm	Wärmedämmstoffe	500	0,25	6,3	0,028	0,455	0,0438
Wärmedämmlehm	Wärmedämmstoffe	595	0,291	23	0,008	0,119	0,0182
Wärmedämmlehm	Wärmedämmstoffe	320	0,08	8	0,018	0,27	0,07
Wärmedämmputz	Wärmedämmstoffe	496	0,071	10	0,007	0,082	0,0122

表 2.2 若干建筑材料和保温材料的湿技术性能参数（续）

Fichte	Holz/Holzwerkstoffe	550	0,13	45	0,073	0,66	0,019
Hartholz	Holz/Holzwerkstoffe	700	0,201	180	0,075	0,549	0,0065
Holzfaserplatte	Holz/Holzwerkstoffe	275	0,093	15	0,038	0,848	0,073
Mitteldichte Faserplatte	Holz/Holzwerkstoffe	790	0,14	23	0,088	0,711	0,0582
Holzspan-Zementplatte	Holz/Holzwerkstoffe	525	0,164	6,8	0,04	0,635	0,006
Holzwolle-Zementplatte	Holz/Holzwerkstoffe	525	0,164	3,7	0,04	0,635	0,006
Holzwolle-Magnesitplatte	Holz/Holzwerkstoffe	450	0,138	5,9	0,09	0,7	0,005
Nadelholz	Holz/Holzwerkstoffe	550	0,17	69	0,09	0,627	0,043
OSB-Platte	Holz/Holzwerkstoffe	630	0,14	280	0,037	0,36	0,0019
Kiefernholz	Holz/Holzwerkstoffe	530	0,168	70	0,105	0,634	0,038
Spanplatte	Holz/Holzwerkstoffe	525	0,13	45	0,028	0,635	0,038
Spanplatte	Holz/Holzwerkstoffe	1000	0,31	86	0,055	0,486	0,0118
Teak	Holz/Holzwerkstoffe	640	0,15	60	0,105	0,612	0,035
Triplex-Multiplex	Holz/Holzwerkstoffe	700	0,206	10	0,09	0,58	0,012
Aluminium-Folie	Abdichtungen/Folien	2800	200	10000	1,0E-08	1,5E-06	1,0E-06
Asphalt >70mm Dicke	Abdichtungen/Folien	2000	0,701	100000	0,0008	0,002	0,002
Bitumen	Abdichtungen/Folien	1100	0,17	100000	1,0E-08	1,5E-06	1,0E-06
Bitumendachbahnen	Abdichtungen/Folien	1720	0,45	35000	1,0E-08	1,5E-06	1,0E-06
Bitumendachbahnen	Abdichtungen/Folien	1650	0,41	40000	1,0E-08	1,5E-06	1,0E-06
Dampfbremse (d= 0.25mm)	Abdichtungen/Folien		0,15	8000	0,064	0,63	0,0003
Dampfbremse (d= 0.25mm)	Abdichtungen/Folien		0,15	20000	0,064	0,63	0,0003
Gummi	Abdichtungen/Folien	1350	0,23	900	1,0E-08	1,5E-06	1,0E-06
Gummi expandiert	Abdichtungen/Folien	100	0,04	675	1,0E-08	1,5E-06	1,0E-06
Linoleum	Abdichtungen/Folien	1200	0,17	1800	1,0E-08	1,5E-06	1,0E-06
PE-Folie >= 0.1mm Dicke	Abdichtungen/Folien	1500	0,23	7500	1,0E-08	1,5E-06	1,0E-06
PVC-Belag	Abdichtungen/Folien	1500	0,23	175	0,002	0,4	1,0E-06
PVC-Folie >= 0.1mm Dicke	Abdichtungen/Folien	1500	0,23	5500	1,0E-08	1,5E-06	1,0E-06
Basalt	Natursteine	2650	3,5	1500	1,5E-06	0,012	0,0001
Granit	Natursteine	2550	3,5	1000	0,00015	0,009	0,0008
Granit (verwittert)	Natursteine	2450	1,72	56	0,007	0,095	0,086
Sandstein	Natursteine	2150	2,3	15	0,023	0,189	0,24
Sandstein	Natursteine	1933	2,575	12	0,002	0,271	0,6686
Sandstein	Natursteine	1940	2,435	19	0,009	0,267	0,0703
Sandstein	Natursteine	1970	2,39	14	0,008	0,229	0,6188
Sandstein	Natursteine	1920	2,01	13	0,015	0,276	0,3383
Sandstein	Natursteine	1940	1,83	11,5	0,002	0,267	0,646
Sandstein	Natursteine	2100	2,46	16	0,002	0,21	0,2513
Sandstein	Natursteine	1990	2,405	16	0,006	0,248	0,1397
Tuffstein	Natursteine	1450	0,525	10	0,075	0,453	0,0988
Blei	Sonstiges	12250	35	200000	1,5E-08	1,5E-06	1,0E-06
Fliesen mit Mörtel	Sonstiges	2000	1	100	8,0E-05	0,02	0,001
Fliesen mit Mörtel	Sonstiges	2000	1	300	2,0E-05	0,008	0,0005
Glas	Sonstiges	2500	0,8	200000	1,5E-08	1,5E-06	1,0E-06
Quarzglas	Sonstiges	2500	1,4	200000	1,5E-08	1,5E-06	1,0E-06
Keramik und Glasmosaik	Sonstiges	2625	0,8	100000	1,5E-06	0,008	1,0E-06
Kupfer	Sonstiges	9000	370	200000	1,5E-08	1,5E-06	1,0E-06
Polyesterplatte	Sonstiges	1200	0,2	9000	1,5E-08	1,5E-06	1,0E-06
Polyethen	Sonstiges	1450	0,2	9000	1,5E-08	1,5E-06	1,0E-06
Polymethylacrylat	Sonstiges	1200	0,2	9000	1,5E-08	1,5E-06	1,0E-06
Polypropen	Sonstiges	900	0,2	9000	1,5E-08	1,5E-06	1,0E-06
Rohrgewebe	Sonstiges	150	0,081	1,8	0,023	0,941	0,0093
Schilfmatte	Sonstiges	76	0,068	1,5	0,015	0,97	0,005
Stahl	Sonstiges	7800	47	200000	1,5E-08	1,5E-06	1,0E-06
Zink	Sonstiges	7200	110	200000	1,5E-08	1,5E-06	1,0E-06
Luftschicht 5mm (vertikal)	Sonstiges	1,3	0,045	0,8	1,0E-05	1	1,0E-07
Luftschicht 10mm (vertikal)	Sonstiges	1,3	0,067	0,7	1,0E-05	1	1,0E-07
Luftschicht 25mm (vertikal)	Sonstiges	1,3	0,138	0,5	1,0E-05	1	1,0E-07
Luftschicht 50mm (vertikal)	Sonstiges	1,3	0,278	0,35	1,0E-05	1	1,0E-07
Luftschicht 5mm (horizontal)	Sonstiges	1,3	0,045	0,9	1,0E-05	1	1,0E-07
Luftschicht 10mm (horizontal)	Sonstiges	1,3	0,067	0,85	1,0E-05	1	1,0E-07
Luftschicht 25mm (horizontal)	Sonstiges	1,3	0,156	0,8	1,0E-05	1	1,0E-07
Luftschicht 50mm (horizontal)	Sonstiges	1,3	0,313	0,7	1,0E-05	1	1,0E-07

为了求解导热微分方程，即计算建筑构件内部与位置和时间相关的温度场，以及通过构件内部和表面的热流，求解的初始条件和边界条件必须是已知的。

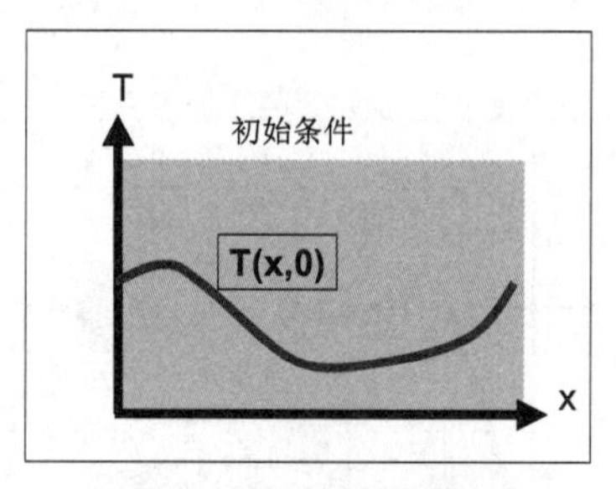

图 2.4 初始温度分布

初始条件	时间 t=0 时的温度分布：	$T(x,0)$
第一类边界条件	构件表面的温度分布：	$T(x_{Rand},t)$
第二类边界条件	构件表面的热流密度：	$q_{Rand} = q(x_{Rand},t) = -\lambda \cdot \left(\frac{d}{dx}T\right)_{Rand}$
第三类边界条件	构件表面的热流密度： 正比于环境与表面的温差， h_s 为表面换热系数（W/m^2K）	$q_{Übergang} = h_s(T_{Luft} - T(x_{Rand},t))$

为了求解导热微分方程（2.5），数学上已经有了大量的解析解（多数是通过拉普拉斯变换实现的）。在温度波动衰减控制一节中将会讨论周期解。通过地板的热扩散则是以阶跃解（故障函数）为基础的。后续部分重点介绍建筑构件在简单线性定常温度分布作用下的稳态热传导。更复杂的问题，如热桥、结构细节连接部分或实际建筑气候边界条件下的温度场计算（第 1 篇 建筑气候）用数值方法解决更好。

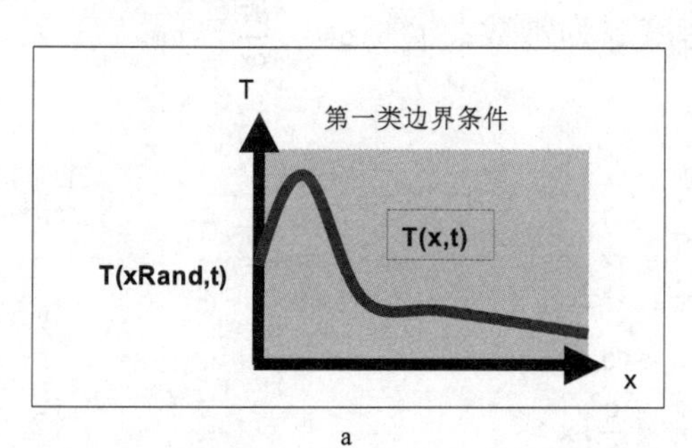

a

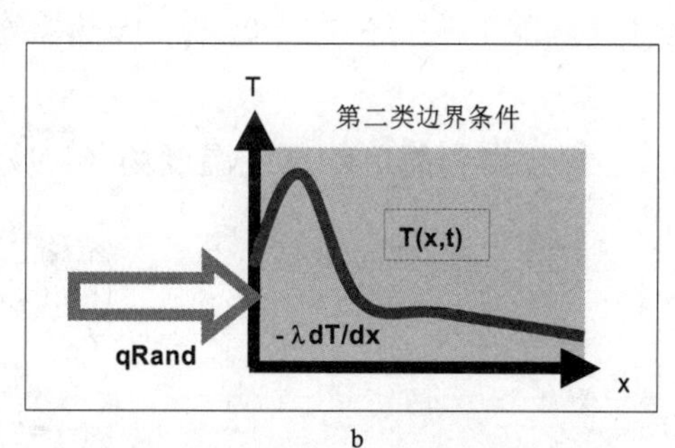

b

c

图 2.5 a,b,c 第一、第二和第三类边界条件

最后，将通过坐标变换将导热微分方程用柱坐标表示。柱坐标方程对于管道热损失的计算、建筑物拐角内的热状况分析，以及圆柱形试件热湿试验的结果验证具有重要意义。

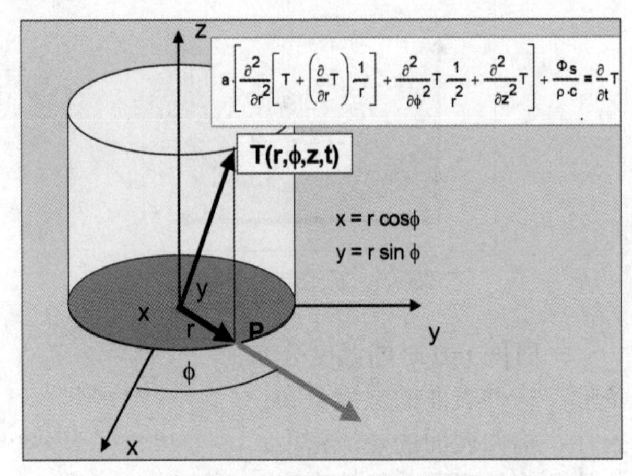

图 2.6　导热微分方程和柱坐标下温度向量的表达

$$a\cdot\left[\frac{\partial^2}{\partial r^2}\left[T+\left(\frac{\partial}{\partial r}T\right)\frac{1}{r}\right]+\frac{\partial^2}{\partial \phi^2}T\,\frac{1}{r^2}+\frac{\partial^2}{\partial z^2}T\right]+\frac{\Phi s}{\rho\cdot c}=\frac{\partial}{\partial t}T \tag{2.8}$$

2.1.2　导热方程的稳态解

如果建筑构件中没有蓄热，则通过每一点的热流密度保持不变，温度场不会随时间而变化。方程（2.4）是方程的一维表达。

$\frac{\partial}{\partial x}\left(\lambda\frac{\partial}{\partial x}T\right)=0$　　即热流密度 q 为常数：　　$q=-\lambda\frac{dT}{dx}$

积分得到简单的直线温度场（2.9）。

$$\int_{T_o}^{T(x)}1\,dT=-\int_0^x\frac{q}{\lambda}dx$$

$$T(x)=T_o-\left(\frac{q}{\lambda}\right)\cdot x \tag{2.9}$$

当 x=d 时，得到热流密度 q，分母为热阻 R。

$$q:=\frac{T_o-T_1}{\frac{d}{\lambda}} \tag{2.10}$$

$$R=\frac{d}{\lambda} \tag{2.11}$$

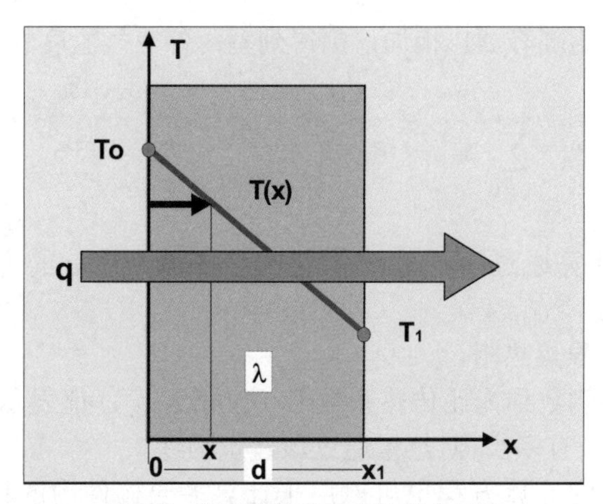

图 2.7 单层建筑构件中的稳态导热

示例：砖墙

$d = 0.365\text{m}$，$\lambda = 0.75\ \text{W/mK}$，
$T_0 = 17\ °\text{C}$，$T_1 = 2°\text{C}$

$T_1 := 2$　　$d := 0.365$

$T_0 := 17$　　$\lambda := 0.75$

$$q := \frac{T_0 - T_1}{\frac{d}{\lambda}} \qquad R := \frac{d}{\lambda}$$

$q = 30.822\ \text{W/m}^2$　　$R = 0.487\ \text{m}^2\text{K/W}$

对于多层构件，且构件表面传热热阻分别为 R_{si} 和 R_{se}（表面对流和辐射热转换将在下面的 2.2 节和 2.3 节中进行定量处理），则每层应采用相同的方式进行计算。首先是假设通过每层的热流密度均为 q，推导后便可得到每一层的温度降。

$$q = \frac{\Delta T_i}{R_{si}} \qquad q = \frac{\Delta T_1}{R_1} \qquad q = \frac{\Delta T_2}{R_2}$$

$$\Delta T_i = q \cdot R_{si} \qquad \Delta T_1 = q \cdot R_1 \qquad \Delta T_2 = q \cdot R_2$$

$$q = \frac{\Delta T_j}{R_j} \quad \ldots\ldots \quad q = \frac{\Delta T_n}{R_n} \qquad q = \frac{\Delta T_e}{R_{se}}$$

$$\Delta T_j = q \cdot R_j \qquad \Delta T_n = q \cdot R_n \qquad \Delta T_e = q \cdot R_{se}$$

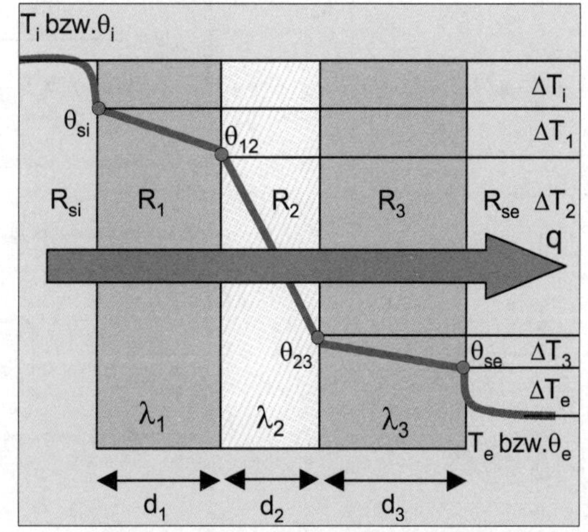

图 2.8 通过多层建筑构件的热传递

如果将每层的温度降 ΔT_j 相加，则得到室内外空气温度的总差 $\theta_i - \theta_e$。

$$\theta_i - \theta_e = \sum_{i=0}^{n+1} \Delta T_j = q \cdot (R_{si} + R_1 + R_2 + \cdots + R_j + \cdots + R_n + R_{se})$$

由此推导出计算通过多层建筑构件的总热流密度 q 的方程（2.12），其中 R_{res} 为总传热热阻。

R_j 的和称为总导热热阻。

总传热热阻的倒数称为比传热系数 U（W/m²K）。U 值表示每 1m² 构件面积，在 1K 温差作用下，有多少 W 热量通过该建筑构件。

上述关于 ΔT_j 的计算方程也可以用来计算多层构件内的稳态温度分布。在 3.1 节“多层建筑构件的稳态传热过程”中将给出详细示例。

$$q = \frac{\theta_i - \theta_e}{R_{si} + \sum_{j=1}^{n} R_j + R_{se}} \tag{2.12}$$

$$R_{res} = R_{si} + \sum_{j=1}^{n} R_j + R_{se}$$

$$U = \frac{1}{R_{si} + \sum_{j=1}^{n} R_j + R_{se}} \tag{2.13}$$

$$\Delta T_j = q \cdot R_j$$

$$\theta_{j,j+1} = \theta_i - q \cdot \left(R_{si} + \sum_{j=1}^{j} R_j \right) \tag{2.14}$$

一维圆柱体导热方程的解

傅里叶定律对此给出的热流 Φ 的计算式为： $\Phi = -2\cdot\pi\cdot r\cdot l\cdot\lambda\cdot\frac{d}{dr}T(r)$

积分后得到呈对数下降关系的温度场表达式（2.15）：

$$T(r) := T_O - \frac{\Phi}{2\cdot\pi\cdot l\cdot\lambda}\cdot\ln\left(\frac{r}{r_o}\right) \quad (2.15)$$

式中：

T_o 内表面的温度；

Φ 径向热流；

L 圆管长度；

λ 圆管壁面材料的导热系数；

r_o 圆管内半径。

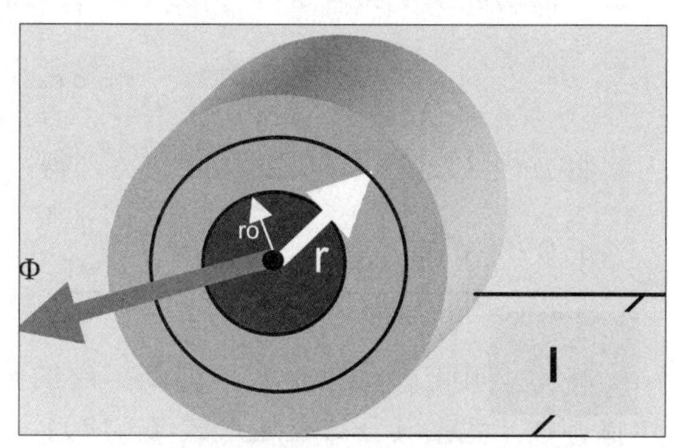

图 2.9a 通过集中供热管道保温层的径向热流

示例:

某一集中供热管道，内半径 r_o=0.08m，外半径 r=0.18m，管长 l=1m，管段通过外表面的热损失 Φ=32.43W，介质温度 T_o=95℃，管壁的导热系数 λ=0.045W/mK，试计算保温层内温度的变化过程和外表面温度。图 2.9 b 显示了该供热管道外保温层内的温度对数变化曲线。外表面的温度约为 2℃。

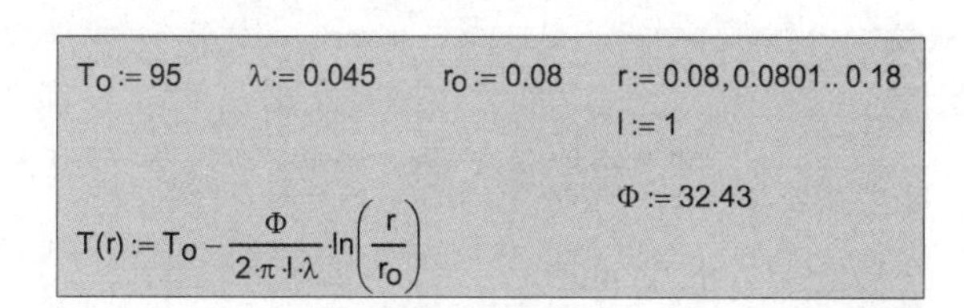

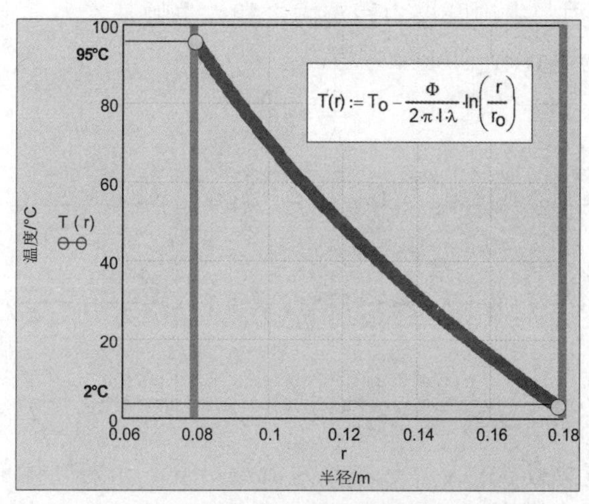

图 2.9 b 集中供热管道保温层内部的径向温度分布

2.2 热对流

2.2.1 导热与对流耦合的传热方程组

在流动的液体和气体中，热量不仅是通过传导，而且主要是通过流动来传递的。借助能量平衡关系，可得到扩展的热传输方程。

$$d^2Q_x - d^2Q_{x+dx} = \rho \cdot c \cdot dx \cdot A \cdot dT + \rho \cdot c \cdot v_X \cdot dt \cdot dT \cdot A \tag{2.16}$$

将方程（2.16）除以 dt，dx 和 A，得：

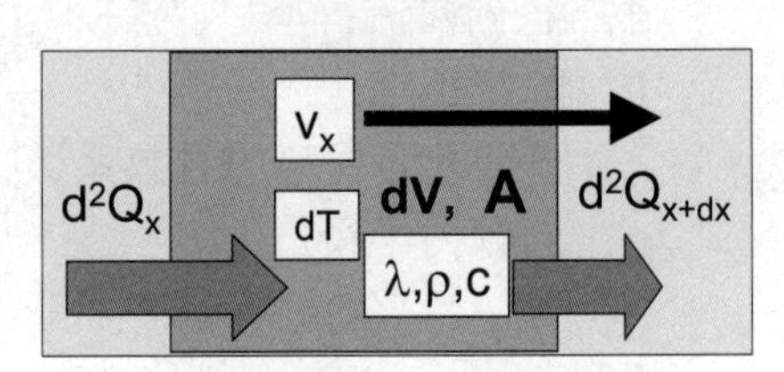

图 2.10　流动传热示意图

$$\frac{d^2Q_x}{dt \cdot A \cdot dx} - \frac{d^2Q_{x+dx}}{dt \cdot A \cdot dx} = \rho \cdot c \cdot \frac{dT}{dt} + \rho \cdot c \cdot v_X \cdot \frac{dT}{dx}$$

将傅里叶定律代入上式，得到扩展的热传输方程，包括其三维表达形式（2.17）：

$$\frac{d^2Q_x}{dt \cdot A \cdot dx} - \frac{d^2Q_{x+dx}}{dt \cdot A \cdot dx} = \frac{dq}{dx} = \frac{d}{dx} \cdot \left(\lambda \cdot \frac{dT}{dx}\right)$$

$$\lambda \cdot \left(\frac{d^2}{dx^2}T + \frac{d^2}{dy^2}T + \frac{d^2}{dz^2}T\right) = \rho \cdot c \cdot \left[\frac{\partial}{\partial t}T + \left(v_X\frac{\partial}{\partial x}T + v_Y\frac{\partial}{\partial y}T + v_Z\frac{\partial}{\partial z}T\right)\right] \tag{2.17}$$

热流场不仅具有热特性，而且还具有力学特性。依据质量守恒定律推导出连续性方程。式（2.18）括号中的表达式称为速度散度。对于不可压缩液体和气体，其速度散度为零。

$$\frac{d}{dt}\rho = \rho \cdot \left(\frac{\partial}{\partial x}v_X + \frac{\partial}{\partial y}v_Y + \frac{\partial}{\partial z}v_Z\right) \tag{2.18}$$

$$\mathrm{div}(v) = 0 \tag{2.19}$$

如果 dF 为压力、牛顿摩擦力和重力之和，牛顿基本力学定律对于单位体积流体的方程式则为 Navier-Stokes 方程。

$$\frac{dF}{dV} = \rho\frac{dv}{dt} \tag{2.20}$$

$$\begin{aligned}
\rho \cdot \left(\frac{\partial}{\partial t}v_X + v_X\frac{\partial}{\partial x}v_X + v_Y\frac{\partial}{\partial y}v_X + v_Z\frac{\partial}{\partial z}v_X\right) &= F_X - \frac{\partial}{\partial x}p + \eta \cdot \left(\frac{\partial^2}{\partial x^2}v_X + \frac{\partial^2}{\partial y^2}v_X + \frac{\partial^2}{\partial z^2}v_X\right) \\
\rho \cdot \left(\frac{\partial}{\partial t}v_Y + v_X\frac{\partial}{\partial x}v_Y + v_Y\frac{\partial}{\partial y}v_Y + v_Z\frac{\partial}{\partial z}v_Y\right) &= F_Y - \frac{\partial}{\partial y}p + \eta \cdot \left(\frac{\partial^2}{\partial x^2}v_Y + \frac{\partial^2}{\partial y^2}v_Y + \frac{\partial^2}{\partial z^2}v_Y\right) \\
\rho \cdot \left(\frac{\partial}{\partial t}v_Z + v_X\frac{\partial}{\partial x}v_Z + v_Y\frac{\partial}{\partial y}v_Z + v_Z\frac{\partial}{\partial z}v_Z\right) &= F_Z - \frac{\partial}{\partial z}p + \eta \cdot \left(\frac{\partial^2}{\partial x^2}v_Z + \frac{\partial^2}{\partial y^2}v_Z + \frac{\partial^2}{\partial z^2}v_Z\right)
\end{aligned} \tag{2.21}$$

其中，p 为气体压力，v_x，v_y，v_z 为流速分量，η 为气体的动力粘性系数，单位为 Pa·s，ρ 为气体的密度，$F_z = -\rho \cdot g$ 为垂直方向上单位体积的重力分量。

方程（2.17）、方程（2.18）和方程（2.21）提供了一个耦合的偏微分方程组，用于计算液体和气体中的温度场和速度场，例如，建筑物的室内或建筑构件的空腔和缝隙内（图 2.11、图 2.12），以及通风结构（3.1.5 节）和双层玻璃外墙内的空气流场。对建筑物理相关问题的求解一般需要借助“CFD 工具”进行数值计算。

图 2.11 和图 2.12 以木梁顶棚为例，展示了室内热风流过时，木梁端头区域的温度场及木梁区域相应的流场。对于由于气流可能带来的湿破坏在此不做讨论。

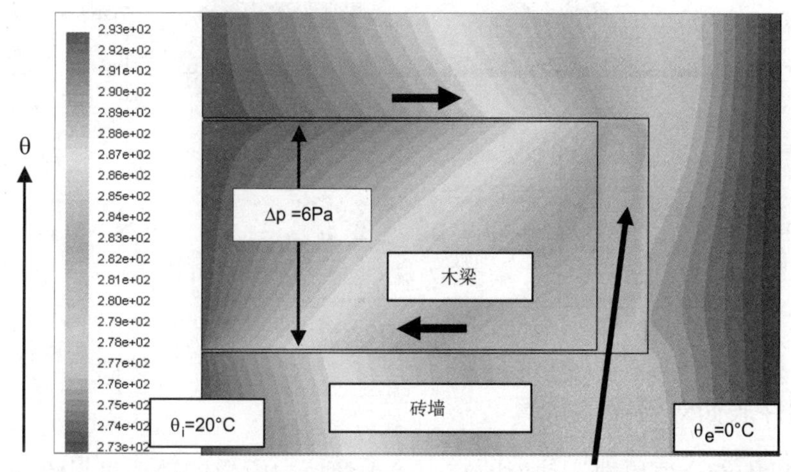

图 2.11　木梁屋顶木梁端头区域内两个通风气隙中由热气流输入引起的温度场

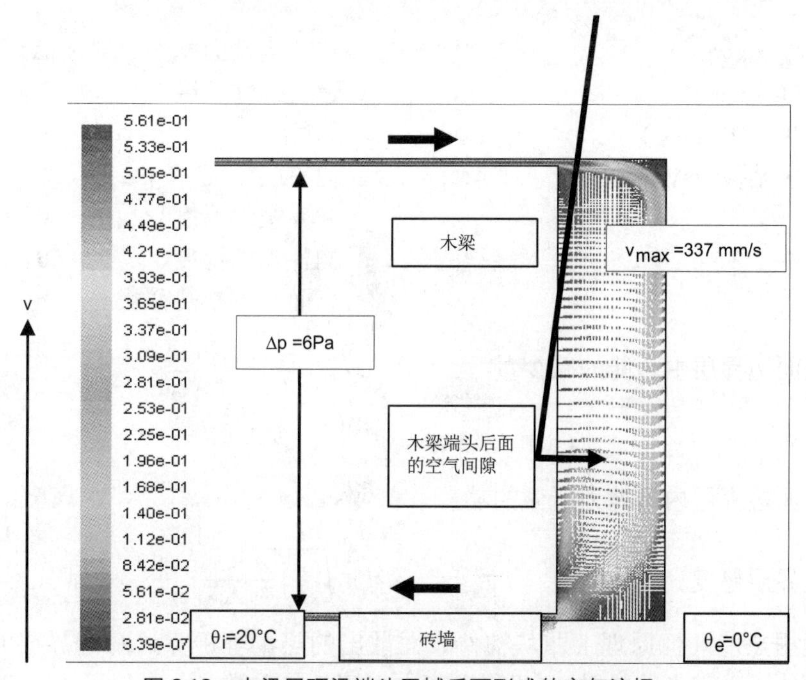

图 2.12　木梁屋顶梁端头区域后面形成的空气流场

2.2.2　建筑构件表面的对流换热

本节中，在不考虑对方程（2.17）～方程（2.21）精确求解的前提下，以非常简化的方式对建筑构件表面（如图片中屋顶表面）的对流换热进行量化研究。根据机械能守恒原理和热能守恒原理，可以对气流边界层的厚度、导热和对流换热量进行近似计算来确定。

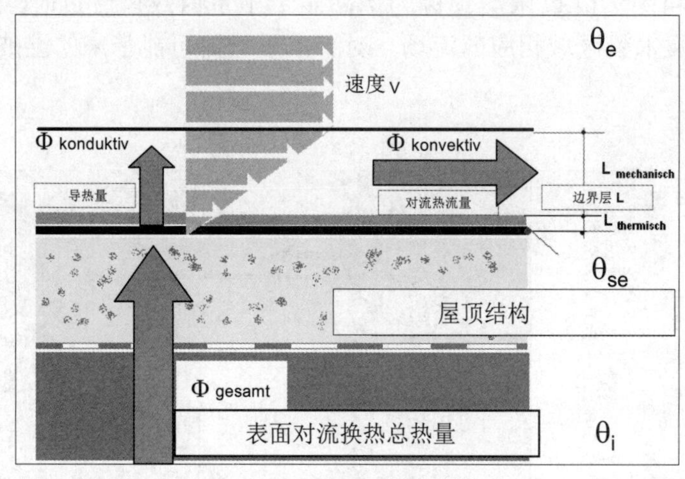

图 2.13　平顶屋面对流换热简化

建筑构件表面对流换热计算

由机械能守恒原理：动能的减少等于摩擦力所做的功，可得流动边界层厚度 L。

空气密度（kg/m^3）	$\rho := 1.25$	建筑构件面积	A
空气粘度（Pas）	$\eta := 1.8 \cdot 10^{-5}$	建筑构件长度	l
空气比热（Ws/kgK）	$c := 1000$	速度	v
空气导热系数（W/mK）	$\lambda := 0.03$	边界层厚度	L
		外界空气温度	θ_e
		构件表面温度	θ_{se}
		表面对流换热系数	h_{sc}

构件表面边界层中动能的减少量

$$\Delta W_{kin} := \frac{m}{2} \cdot v^2 - \frac{m}{2} \cdot \left(\frac{v}{2}\right)^2 \tag{2.22}$$

$$\Delta W_{kin} := \rho \cdot A \cdot L \cdot \frac{3}{8} \cdot v^2$$

构件表面边界层内摩擦力所做的功

$$\Delta W_{reib} := \eta \cdot \left(\frac{v}{L}\right) \cdot A \cdot l \tag{2.23}$$

流动边界层厚度

$$L := \sqrt{\left(\frac{\eta}{\rho}\right) \cdot \frac{8}{3} \cdot l} \cdot \frac{1}{\sqrt{v}} \qquad L = 0.015 \tag{2.24}$$

根据热能守恒原理（即从构件表面散出的热量等于穿过热边界层的导热热量和流体流动带走的热量），可得到表面对流换热系数 h_{sc}。

下列方程表达的含义分别为：
（2.25）为通过热边界层的导热热量；
（2.26）为流动边界层内通过流体流动带走的热量；
（2.27）构件表面散失的总热量；
（2.28）对流换热系数 h_{sc}（W/m^2K）。
由方程（2.24）推导出计算对流换热系数 h_{sc} 的方程（2.28）。

$$\Phi_\lambda := \frac{(\theta_{se} - \theta_e)}{\frac{L \cdot 0.1}{\lambda}} \tag{2.25}$$

说明：此处假设边界层的导热量与静止时边界层厚度十分之一时相同。

$$\Phi_c := c\frac{\rho \cdot A \cdot L}{t}\cdot\left(\frac{\theta_{se} + \theta_e}{2} - \theta_e\right) \tag{2.26}$$

$$\Phi_{ges} := h_{sc}\cdot(\theta_{se} - \theta_e)$$

$$\Phi_{ges} := \Phi_\lambda + \Phi_c \tag{2.27}$$

$$h_{sc} := \frac{\lambda}{L\cdot 0.1} + \rho\frac{L}{l}\cdot c\frac{v}{4}$$

$$h_{sc} := \left[\frac{\lambda}{\sqrt{\left(\frac{\eta}{\rho}\right)\cdot\frac{8}{3}\cdot l}\cdot 0.1} + \frac{\rho\cdot c}{4\cdot l}\cdot\sqrt{\left(\frac{\eta}{\rho}\right)\cdot\frac{8}{3}\cdot l}\right]\sqrt{v} \qquad C := \left[\frac{\lambda}{\sqrt{\left(\frac{\eta}{\rho}\right)\cdot\frac{8}{3}\cdot l}\cdot 0.1} + \frac{\rho\cdot c}{4\cdot l}\cdot\sqrt{\left(\frac{\eta}{\rho}\right)\cdot\frac{8}{3}\cdot l}\right] \tag{2.28}$$

$h_{sc} := C\sqrt{v}$ $l := 18$ $C = 11.867$ $h_{sc} = 20.555$

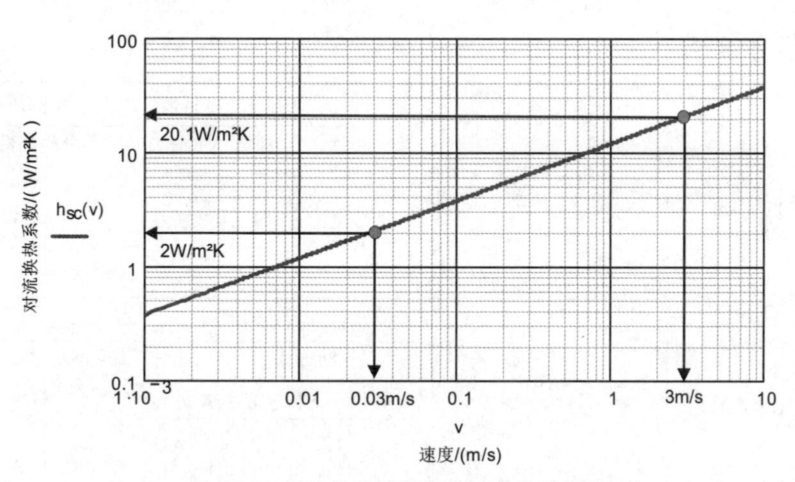

图 2.14 对流换热系数随风速的变化关系

2.2.3 温度场与流场的相似

当某些无量纲特征参数一致时，房间和建筑构件中的流场和温度场是相似的。此时的流场和温度场是由引起热传导、热对流和热辐射（2.3 节）等传热过程的单位体积的热能和机械能（动能和重力势能）共同作用来确定。下表列出了在流体力学领域中普遍使用的一些最重要的区分流场和温度场相似性的特征数。

表 2.3　区分流场和温度场相似性的特征数

特征数	公式	定义
傅里叶数（FOURIER-Zahl）	$Fo=\frac{a\cdot t}{L^2}$	$\frac{导热热量}{储热热量}$　$\frac{\frac{\lambda}{L}\cdot\Delta T\cdot A\cdot t}{\rho\cdot c_p\cdot A\cdot L\cdot\Delta T}$
努塞尔数（NUSSELT-Zahl）	$Nu=\frac{h_c\cdot L}{\lambda}$	$\frac{表面对流换热量}{导热热量}$　$\frac{h_c\cdot\Delta T\cdot A\cdot T}{\frac{\lambda}{L}\cdot\Delta T\cdot A\cdot t}$
佩克莱数（PECLET-Zahl）	$Pe=\frac{v\cdot L}{a}$	$\frac{对流流动换热量}{导热热量}$　$\frac{\rho\cdot c_p\cdot v\cdot\Delta T\cdot A\cdot t}{\frac{\lambda}{L}\cdot\Delta T\cdot A\cdot t}$
斯坦顿数（STANTON-Zahl）	$St=\frac{h_c}{\rho\cdot c_p\cdot v}$	$\frac{表面对流换流量}{储热热量}$　$\frac{h_c\cdot\Delta T\cdot A\cdot t}{\rho\cdot c_p\cdot v\cdot\Delta T\cdot A\cdot t}$
雷诺数（REYNOLDS-Zahl）	$Re=\frac{\rho\cdot L\cdot v}{\eta}$	$\frac{动能}{摩擦功}$　$\frac{\rho\cdot A\cdot L\cdot v^2}{\eta\frac{v}{L}\cdot A\cdot L}$
普朗特数（PRANDTL-Zahl）	$Pr=\frac{\eta}{\rho\cdot a}$	$\frac{对流流动换热量}{动能}$　$\frac{摩擦功}{导热热量}$ $\frac{\rho\cdot c_p\cdot v\cdot\Delta T\cdot A\cdot t}{\rho\cdot A\cdot L\cdot v^2}\frac{\eta\frac{v}{L}\cdot A\cdot L}{\frac{\lambda}{L}\cdot\Delta T\cdot A\cdot t}$
格拉晓夫数（GRASHOF-Zahl）	$Gr=\gamma\cdot g\cdot\Delta T\cdot L^3\cdot\left(\frac{\rho}{\eta}\right)^2$	$\frac{热升浮力做功}{摩擦功}$　$\frac{动能}{摩擦功}$ $\frac{\rho\cdot A\cdot L\cdot\gamma\cdot\Delta T\cdot g\cdot L}{\eta\frac{v}{L}\cdot A\cdot L}\frac{\rho\cdot A\cdot L\cdot v^2}{\eta\frac{v}{L}\cdot A\cdot L}$
阿基米德数（ARCHIMEDES-Zahl）	$Ar=\frac{g\cdot L\cdot\Delta T}{v^2\cdot T}$	$\frac{热升浮力做功}{动能}$　$\frac{\rho\cdot A\cdot L\cdot\gamma\cdot\Delta T\cdot g\cdot L}{\rho\cdot A\cdot L\cdot v^2}$
斯润数（THRING-Zahl）	$Th=\frac{h_c}{4\cdot\varepsilon\cdot\sigma\cdot T^3}$	$\frac{表面对流换热量}{径向传热动量}$　$\frac{h_c\cdot\Delta T\cdot A\cdot t}{4\cdot\varepsilon\cdot\sigma\cdot T^3\cdot\Delta T\cdot A\cdot t}$

2.3 热辐射

2.3.1 热辐射定律

热辐射涉及的是原子壳层中的电子在发生能级阶跃变化时释放出来的电磁波。电磁波的传播不受介质约束，所以这种传热方式与导热和对流是根本不同的。温度为T的表面在波长间隔dλ范围内（此处的波长λ不要与导热系数λ混淆）所能发射的最大热量（黑辐射体）可通过普朗克辐射定律L（T,λ）计算得到。L（λ）表示温度为T的表面A，在半球空间内每波长间隔发出的热量，单位为W/m^2m。

$$L(\lambda)=\frac{d\Phi}{d\lambda \cdot A} \qquad L(\lambda)=\frac{2\cdot h\cdot c^2}{\lambda^5}\cdot\frac{1}{e^{\frac{h\cdot c}{k\cdot T\cdot\lambda}}-1}\cdot\pi \tag{2.29}$$

方程中：

h 普朗克常数（Ws^2） $h := 6.62\cdot10^{-34}$

k 玻尔兹曼常数（Ws/K） $k := 1.38\cdot10^{-23}$

c 光速（m/s） $c := 3\cdot10^{8}$

下图给出了在建筑物理所能涉及的温度范围内，即T_1=6000K（太阳表面温度，短波辐射）至T_2=300K（建筑构件的表面温度，长波辐射），最大辐射能力（黑辐射体）的普朗克曲线图。在6000K温度下辐射最大值所对应的波长为517nm（黄绿色光），而最大光谱辐射力达到$9.89\times10^{13}W/m^2m$；在300K温度下辐射最大值所对应的波长为9653nm（维恩移定律），而最大光谱辐射力仅为$3.12\times10^7W/m^2m$。

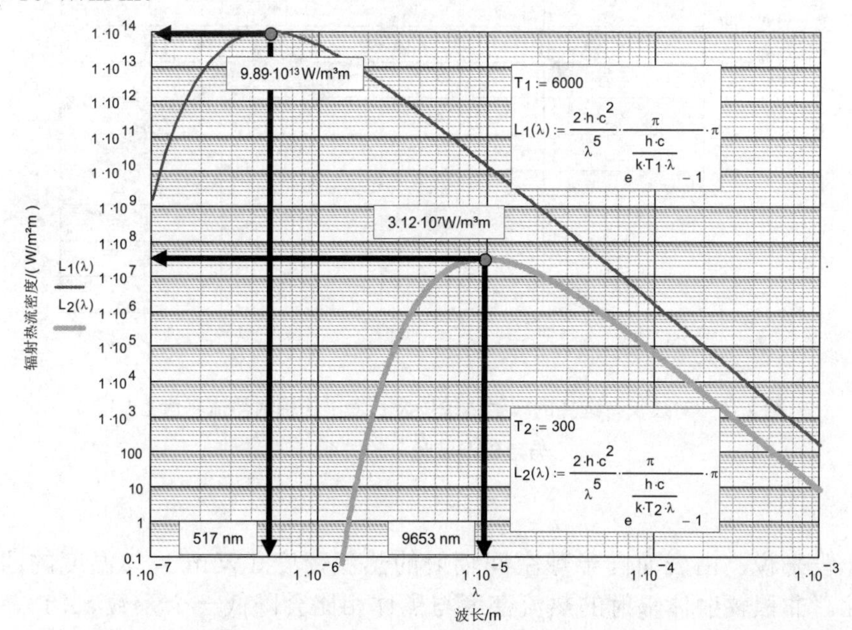

图 2.15 单位波长发出的辐射热流密度L（T，λ）与电磁波波长l的关系（普朗克黑体辐射定律）

大多数辐射体相对黑辐射体其波长具有选择性，即其辐射功率曲线低于黑体的普朗克曲线。对于一个建筑构件的能量平衡来说，更重要的是对辐射热流密度在所有波长上的积分。

$$q(T)=\int_0^{\infty}\frac{2\cdot h\cdot c^2}{\lambda^5}\cdot\frac{1}{e^{\frac{h\cdot c}{k\cdot T\cdot\lambda}}-1}\cdot\pi\,d\lambda$$

由此得出斯蒂芬－玻尔兹曼辐射定律：

$$\boxed{q(T):=\sigma\cdot T^4} \tag{2.30}$$

$\sigma:=5.67\cdot10^{-8}\cdot\frac{W}{m^2\cdot K^4}$ 称为斯蒂芬－玻尔兹曼常数。

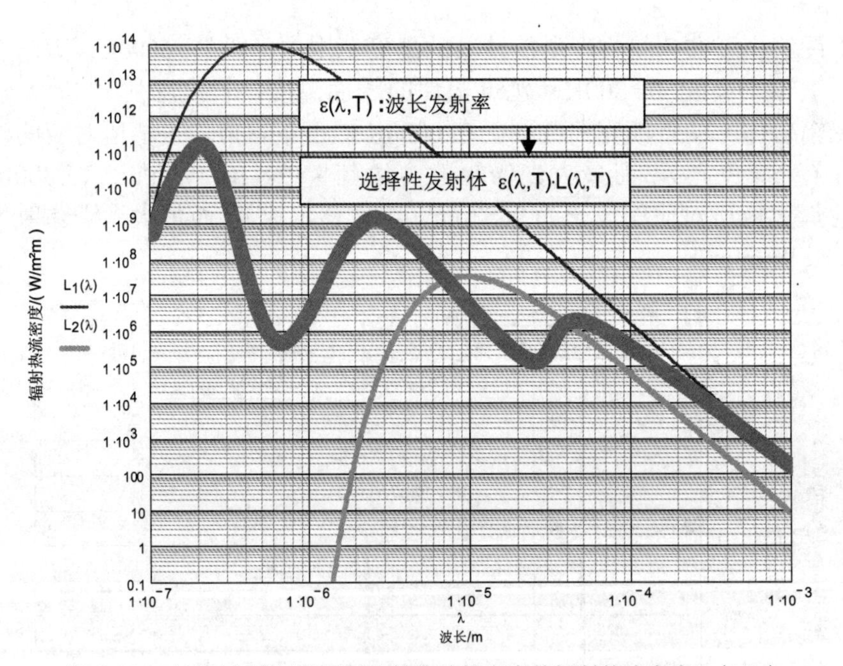

图 2.16 对波长有选择的辐射体单位波长发出的辐射热流密度 L（T,λ）与电磁波波长 λ 的关系

一般来说，由表面向半球空间辐射的热流密度（W/m^2）与温度的四次方成正比。非黑辐射体辐射的热流密度与黑体相比会降低一个系数 ε（T），即发射率。

$$q(T) := \varepsilon(T)\cdot\sigma\cdot T^4 \tag{2.31}$$

对于建筑构件来说，从其他辐射表面接收到的辐射热流量也很重要。根据热力学第一定律（见方程式（2.36）的说明），可得：

$$\varepsilon(T) = a(T) \tag{2.32}$$

即某一面积的吸收率 a（T）等于同一温度下该面积的发射率 ε（T）。

对于黑体，其吸收率和发射率均为 1。辐射热量中未被吸收的部分应被反射回去或像玻璃一样透射过去（d 部分）。

$$a + r + d = 1 \tag{2.33}$$

方程（2.33）是热力学第一定律的表达式。

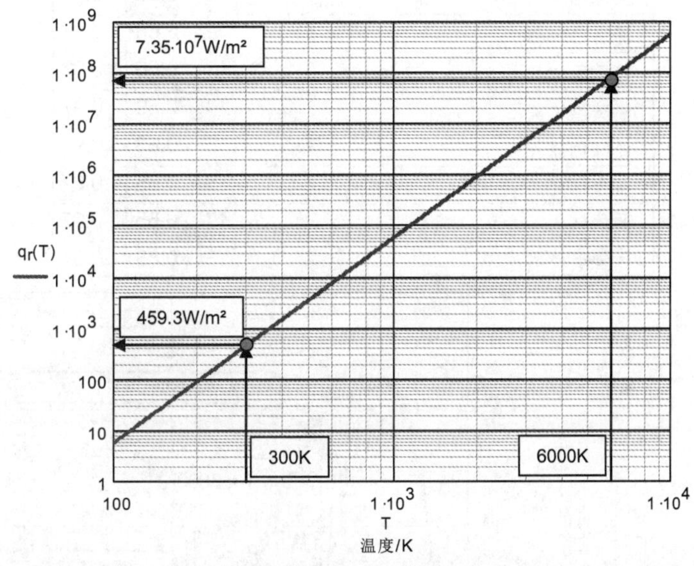

图 2.17 斯蒂芬－玻尔兹曼定律描述的辐射热流密度 q_r（T）与温度的关系

表 2.4 给出了部分建筑构件表面对温度为 6000K 的物体表面所发射的辐射的吸收率 a 和温度为 300K 时构件表面的发射辐射的能力 ε。

在长波范围内，几乎所有表面都是黑辐射体，只有非氧化铝的发射率为 5%。低发射率的材料对于热防护能够起到非常重要的作用，因为它们可以使得窗户玻璃层（3.1.4 节）内，以及在墙壁和屋顶的通风和非通风间隙内，与辐射相关的热流大大减少。

在短波范围内，吸收率处于 20%（白色）到 90%（黑色）之间。图 2.17 再次显示了黑体表面温度为 6000K 时的太阳短波辐射热流密度的光谱分布 L（T，λ），以及多云（类似于 300K 的黑体）和晴朗的天空（选择性辐射体）中大气的反向长波辐射。温度为 300K 的曲线对于建筑构件表面长波辐射量的确定非常重要（4.1.5 节）。

表 2.4　若干建材表面的吸收率和发射率

建材表面		a	ε
红砖	0	0.54	0.93
灰色石灰沙石	1	0.60	0.97
光滑混凝土表面	2	0.55	0.96
风化混凝土表面	3	0.65	0.96
深棕色屋面砖	4	0.76	0.94
杉木原木	5	0.44	0.92
浸渍云杉木	6	0.85	0.99
锈化钢表面	7	0.86	0.92
原铝	8	0.20	0.05
阳极化处理后的铝表面	9	0.33	0.92
白色抹灰	10	0.21	0.97
淡米色抹灰	11	0.58	0.97
深米色抹灰	12	0.68	0.97
锗黄色抹灰	13	0.63	0.97
橘黄色抹灰	14	0.59	0.97
淡绿色抹灰	15	0.65	0.97
灰色抹灰	16	0.65	0.97
蓝色抹灰	17	0.65	0.97
深棕色抹灰	18	0.83	0.97

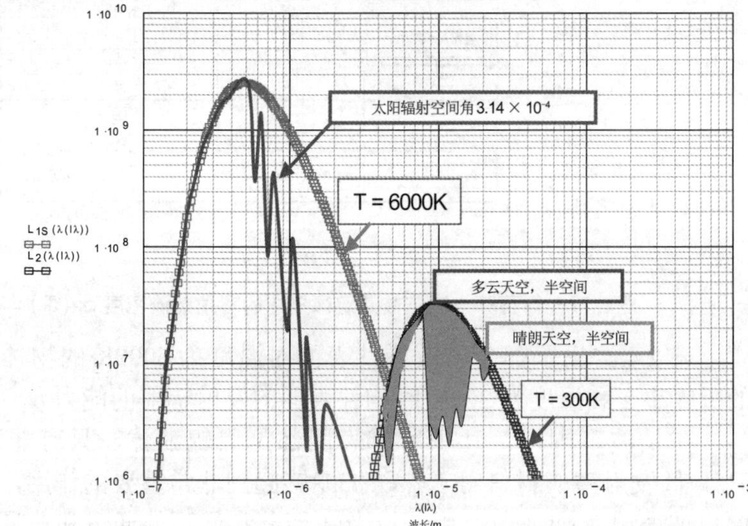

图 2.18　太阳短波辐射（6000K）和天空反向长波辐射（300K）的选择性

注：太阳圆盘只出现在与半球相对应的空间角的很小部分之中。太阳半径和距离为：r_s=6.96×10^5km，r_{se}=1.5×10^8km。由此得到太阳从地球上出现的空间角，而能接收到的辐射功率密度为 L_{sonne}。这样，与第一个图 2.15 进行比较不会产生任何矛盾。

$$\Delta\Omega := \frac{\pi \cdot r_s^2}{r_{se}^2} \qquad \Delta\Omega = 3.142 \times 10^{-4} \qquad L_{sonne} = L_{halbraum} \cdot \frac{\Delta\Omega}{4 \cdot \pi}$$

2.3.2 建筑构件表面之间的辐射换热

2.3.2.1 两个平行表面之间的辐射换热

本节将讨论根据辐射热平衡关系，如何计算两个温度分别为 T_1 和 T_2 的建筑构件表面之间的辐射换热系数。

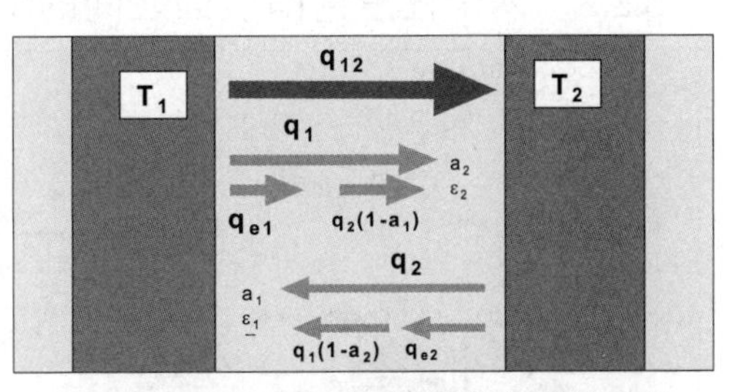

图 2.19 两个平行表面之间的辐射热平衡

从温度为 T_1 的表面 1 向外辐射的热流密度 q_{e1} 为： $q_{e1} := \varepsilon_1 \cdot \sigma \cdot T_1^4$

表面 2 接收的热流中向外反射的热流密度 q_{r1} 为： $q_{r1} := q_2 \cdot (1 - a_1)$

从表面 1 向表面 2 辐射的热流密度 q_1： $q_1 := q_{e1} + q_{r1}$

从温度为 T_2 的表面 2 向外辐射的热流密度 q_{e2} 为： $q_{e2} := \varepsilon_2 \cdot \sigma \cdot T_2^4$

表面 1 接收的热流中向外反射的热流密度 q_{r2} 为： $q_{r2} := q_1 \cdot (1 - a_2)$

从表面 2 向表面 1 辐射的热流密度 q_2： $q_2 := q_{e2} + q_{r2}$

最终，表面 2 向表面 1 辐射的热流密度 q_2 为：

$$q_2 := \frac{q_{e2} + q_{e1} \cdot (1 - a_1)}{(a_1 + a_2) - a_1 \cdot a_2}$$

表面 1（温度 T_1）和表面 2（温度 T_2）之间的总交换热流密度等于 q_1 和 q_2 的差，最终的表达包含下式后，得方程（2.34）。

$$q_{12} := q_1 - q_2$$

$$q_{12} := q_{e1} + q_2 \cdot (1 - a_1) - q_2$$

$$q_{12} := q_{e1} - a_1 \cdot q_2$$

$$q_2 := \frac{q_{e2} + q_{e1} \cdot (1 - a_1)}{(a_1 + a_2) - a_1 \cdot a_2} \qquad q_{e2} := \varepsilon_2 \cdot \sigma \cdot T_2^4 \qquad q_{e1} := \varepsilon_1 \cdot \sigma \cdot T_1^4$$

$$a_2 := \varepsilon_2 \qquad a_1 := \varepsilon_1$$

给定数值下的计算结果	$\sigma := 5.67 \cdot 10^{-8}$	$T_1 := 293$	$\varepsilon_1 := 0.95$
	$q_{12} = 90.329$	$T_2 := 273$	$\varepsilon_2 := 0.92$
	$q_2 = 310.841$		
$q_1 := q_{12} + q_2$	$q_1 = 401.170$		

$$q_{12} := \sigma \frac{T_1^4 - T_2^4}{\frac{1}{\varepsilon_1} + \frac{1}{\varepsilon_2} - 1} \tag{2.34}$$

当 $T_1 - T_2 << T_1$ 时，得 q_{12} 的表达式方程（2.35）。

给定数值下的计算结果	$\sigma := 5.67 \cdot 10^{-8}$	$T := 283$	$\varepsilon_1 := 0.95$
	$q_{12} = 90.216$		$\varepsilon_2 := 0.92$

$$q_{12} := \frac{4 \cdot \sigma \cdot T^3}{\frac{1}{\varepsilon_1} + \frac{1}{\varepsilon_2} - 1} \cdot (T_1 - T_2) \tag{2.35}$$

基于辐射换热得到的换热系数 h_{sr} 计算式为式（2.36）。

$$h_{sr} := \frac{4 \cdot \sigma \cdot T^3}{\frac{1}{\varepsilon_1} + \frac{1}{\varepsilon_2} - 1} \tag{2.36}$$

给定数值下的计算结果	$\sigma := 5.67 \cdot 10^{-8}$	$T := 283$	$\varepsilon_1 := 0.95$
	$h_{sr} = 4.511$		$\varepsilon_2 := 0.92$

注：如果 $T_1 = T_2$，则 $q_{12} = 0$。如果最后的等式中，$a_2 = 1$，则 $Q_{e2} = q_s$，即 $q_{e2}/a_1 = q_s$，其中 $q_{e1} = \varepsilon_1 q_s$，得到重要关系式（2.32）：ε（T）=a（T）。

$$\frac{q_{e1}}{a_1} = \frac{q_{e2} + q_{e1} \cdot (1 - a_1)}{(a_1 + a_2) - a_1 \cdot a_2}$$

$$\frac{q_{e1}}{a_1} = \frac{q_{e2}}{a_2}$$

2.3.2.2　两个任意封闭表面之间的辐射换热

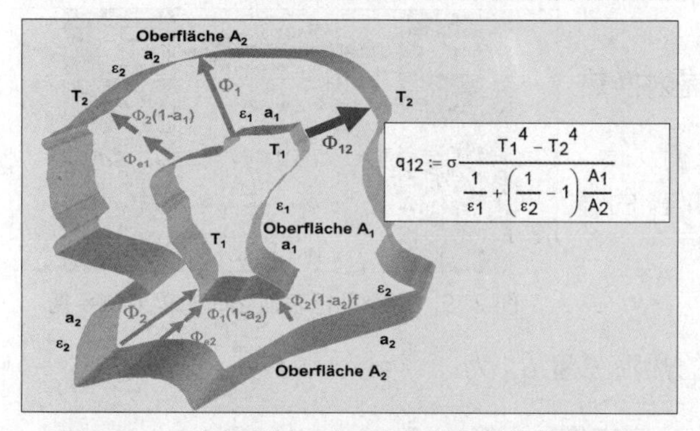

$$q_{12} := \sigma \frac{T_1^{\,4} - T_2^{\,4}}{\frac{1}{\varepsilon_1} + \left(\frac{1}{\varepsilon_2} - 1\right)\frac{A_1}{A_2}}$$

图 2.20　两个任意封闭表面之间的辐射换热热平衡

依据两个互成任意角度的封闭表面之间的辐射换热的热平衡计算，可以得到与此相适应的辐射换热系数。对于成任意角度、任意朝向的封闭空腔组成表面之间辐射换热的一般情况，将在下一节做简短介绍。

从温度为 T_1 的表面 1 向外发射的热流密度 q_{e1} 为：　$q_{e1} := \varepsilon_1 \cdot \sigma \cdot T_1^{\,4}$

由表面 2 接收的热流中向外反射的热流密度 q_{r1} 为：　$q_{r1} := q_2 \cdot (1 - a_1)$

从表面 1 向表面 2 辐射的热流密度 Φ_1 为 q_{e1} 和 q_{r1} 的和：　$\Phi_1 := q_{e1} \cdot A_1 + q_{r1} \cdot A_1$

从温度为 T_2 的表面 2 向外辐射的热流密度 q_{e2} 为：　$q_{e2} := \varepsilon_2 \cdot \sigma \cdot T_2^{\,4}$

由表面 1 接收的热流中向外反射的热流密度 q_{r21} 为：　$q_{r21} := q_1 \cdot (1 - a_2)$

此外，还有表面 2 反射到自身（在表面 1 之后）的热流密度 q_{r22}，其中 f 是角系数：　$q_{r22} := q_2 \cdot (1 - a_2) \cdot f$

从表面 2 向表面 1 辐射的热流密度 Φ_2 是由两部分所组成：

$$\Phi_2 := q_{e2} \cdot A_2 + q_{r21} \cdot A_2 + q_{r22} \cdot A_2$$

$$\Phi_2 := \frac{q_{e2} \cdot A_2 + q_{e1} \cdot (1 - a_1) \cdot A_1}{(a_1 + a_2) - a_1 \cdot a_2 + (1 - a_2) \cdot f}$$

表面 1（温度 T_1）和表面 2（温度 T_2）之间总的交换热流密度等于 Φ_1 和 Φ_2 的差：

$$\Phi_{12} := \Phi_1 - \Phi_2$$

$$\Phi_{12} := q_{e1} \cdot A_1 - a_1 \cdot \Phi_2$$

当 T_1=T_2，则 Φ_{12}=0，由此得到角系数 f：

$$f := \frac{a_2}{1 - a_2} \cdot \left(\frac{A_2}{A_1} - 1\right)$$

由 $\Phi_2 := \frac{q_{e2} \cdot A_2 + q_{e1} \cdot (1 - a_1) \cdot A_1}{(a_1 + a_2) - a_1 \cdot a_2 + (1 - a_2) \cdot f}$　$q_{e2} := \varepsilon_2 \cdot \sigma \cdot T_2^{\,4}$　$a_2 := \varepsilon_2$　$q_{e1} := \varepsilon_1 \cdot \sigma \cdot T_1^{\,4}$　$a_1 := \varepsilon_1$

得方程（2.37）。

给定数值下的计算结果	$\sigma := 5.67 \cdot 10^{-8}$	$T_1 := 293$	$\varepsilon_1 := 0.95$	$A_1 := 200$
	$q_{12} = 96.201$	$T_2 := 273$	$\varepsilon_2 := 0.92$	$A_2 := 1000$

$$q_{12} := \sigma \cdot \frac{T_1^{\,4} - T_2^{\,4}}{\frac{1}{\varepsilon_1} + \left(\frac{1}{\varepsilon_2} - 1\right) \cdot \frac{A_1}{A_2}} \tag{2.37}$$

当 $T_1-T_2 \ll T_1$ 时，得总热流密度 q_{12} 的表达式方程（2.38）。

给定数值下的计算结果	$\sigma := 5.67 \cdot 10^{-8}$	$T := 283$	$\varepsilon_1 := 0.95$	$A_1 := 200$
	$q_{12} = 96.081$		$\varepsilon_2 := 0.92$	$A_2 := 1000$

$$q_{12} := \frac{4 \cdot \sigma \cdot T^3}{\frac{1}{\varepsilon_1} + \left(\frac{1}{\varepsilon_2} - 1\right) \cdot \frac{A_1}{A_2}} \cdot (T_1 - T_2) \tag{2.38}$$

总换热热流密度可由式（2.39）计算。

给定数值下的计算结果	$q_{12} = 96.081$

$$q_{12} := \varepsilon_1 \cdot 4 \cdot \sigma \cdot T^3 \cdot (T_1 - T_2) \tag{2.39}$$

由此得到辐射换热系数 h_{sr} 的计算式（2.40）。

给定数值下的计算结果	$\sigma := 5.67 \cdot 10^{-8}$	$T := 283$	$\varepsilon_1 := 0.95$
	$h_{sr} = 4.883$		$\varepsilon_2 := 0.92$

$$h_{sr} := \varepsilon_1 \cdot 4 \cdot \sigma \cdot T^3 \tag{2.40}$$

2.3.2.3 辐射角系数

首先，根据图 2.21 可计算出辐射表面 dA_s 向半球空间发射的辐射热流密度（或称“辐射能通量”，译者注）为：

$$q1ges = q1 \cdot \pi \tag{2.41}$$

$$q1ges = \int_0^{\frac{\pi}{2}} \int_0^{2\cdot\pi} \frac{q1}{R^2} \cdot \cos\beta \cdot R \cdot \sin\beta \cdot R \, d\beta \, d\psi \tag{2.42}$$

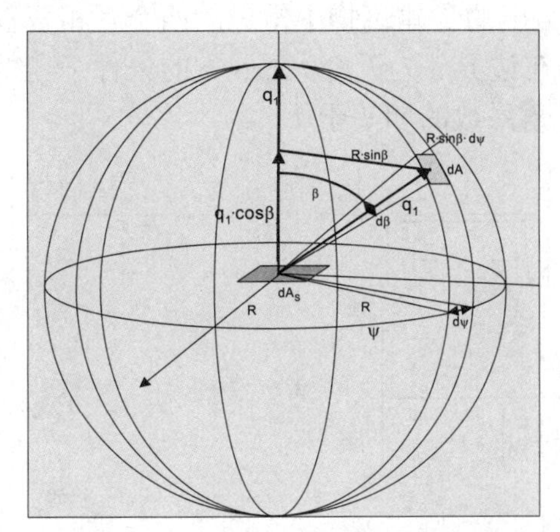

图 2.21 半空间内的辐射热流密度

向半球空间辐射的热流密度 q_{1ges} 是向垂直方向辐射热流密度 q_1 的 p 倍。对于线性辐射源有：

$$q1ges = 2q1 \tag{2.43}$$

两个任意大小，相互倾斜，相距有限距离的表面，其发生辐射换热时的辐射热流密度分别为 q_1 和 q_2，在面积 A_1 和 A_2 中任取其微元面积 dA_1 和 dA_2，它们法线方向与相互辐射方向的夹角分别为 β_1 和 β_2，微元表面之间的距离是 r，从 dA_1 和 dA_2 投向 dA_2 和 dA_1 的辐射功率随着距离 r 的平方成反比下降，而从 A_1 和 A_2 投向 A_2 和 A_1 的总辐射热流量可以通过考虑投射角的影响对整个面积积分得到。结果如下：

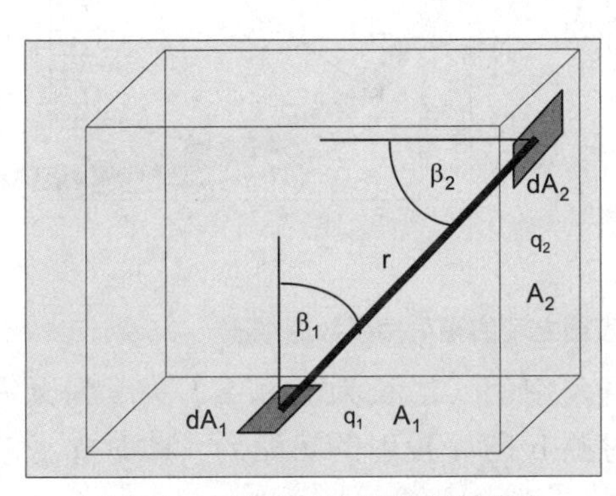

图 2.22 任意表面之间的辐射换热

$$\Phi 1 = \frac{q1}{\pi} \cdot \int\int \frac{\cos\beta 1 \cdot \cos\beta 2}{r^2} dA1 \, dA2 \tag{2.44}$$

$$\Phi 2 = \frac{q2}{\pi} \cdot \int\int \frac{\cos\beta 1 \cdot \cos\beta 2}{r^2} dA1 \, dA2 \tag{2.45}$$

几何表达式 Φ_{12}（或者 Φ_{21}）：

$$\phi 12 = \frac{1}{\pi A1} \cdot \int\int \frac{\cos\beta 1 \cdot \cos\beta 2}{r^2} dA1 \, dA2 \tag{2.46}$$

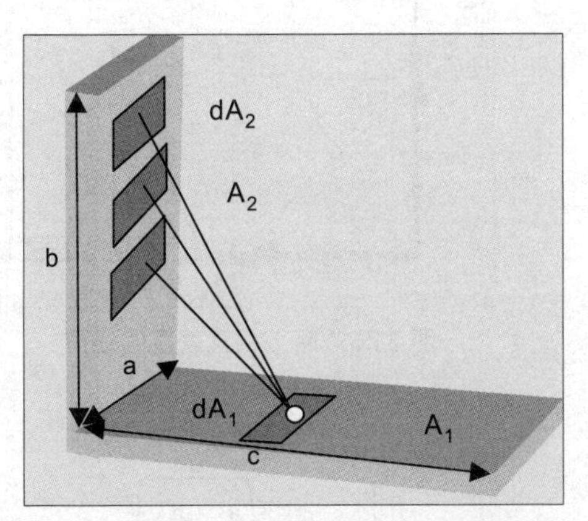

图 2.23 互相垂直的两个表面之间的辐射换热

以上是表面 A_1（或 A_2）对表面 A_2（或 A_1）辐射角系数的一般定义。对于任意空间，角系数只能通过数值方法求解。但对于大量的规则的几何体，也可通过解析方法获得角系数。方程（2.47）给出的是建筑物中常见的两个互相垂直的表面的角系数的解，以及其解的图示。在边界 a 为无穷大，b=c 的条件下，得 Φ_{12}=0.293。对于一个封闭空间，所有辐射角系数的和等于 1。

$$\phi_{12}(a,b,c) := \frac{a}{\pi\cdot b}\cdot\left[\frac{b}{a}\cdot\mathrm{atan}\left(\frac{a}{b}\right)+\frac{c}{a}\cdot\mathrm{atan}\left(\frac{a}{c}\right)-\sqrt{\left(\frac{b}{a}\right)^2+\left(\frac{c}{a}\right)^2}\cdot\mathrm{atan}\left[\frac{1}{\sqrt{\left(\frac{b}{a}\right)^2+\left(\frac{c}{a}\right)^2}}\right]+\frac{\left(\frac{b}{a}\right)^2}{4}\cdot\ln\left[\frac{\left[1+\left(\frac{b}{a}\right)^2+\left(\frac{c}{a}\right)^2\right]\cdot\left(\frac{b}{a}\right)^2}{\left[\left(\frac{b}{a}\right)^2+\left(\frac{c}{a}\right)^2\right]\cdot\left[1+\left(\frac{b}{a}\right)^2\right]}\right]+\frac{\left(\frac{c}{a}\right)^2}{4}\cdot\ln\left[\frac{\left[1+\left(\frac{b}{a}\right)^2+\left(\frac{c}{a}\right)^2\right]\cdot\left(\frac{c}{a}\right)^2}{\left[\left(\frac{b}{a}\right)^2+\left(\frac{c}{a}\right)^2\right]\cdot\left[1+\left(\frac{c}{a}\right)^2\right]}\right]-\frac{1}{4}\ln\left[\frac{1+\left(\frac{b}{a}\right)^2+\left(\frac{c}{a}\right)^2}{\left[1+\left(\frac{b}{a}\right)^2\right]\cdot\left[1+\left(\frac{c}{a}\right)^2\right]}\right]\right] \tag{2.47}$$

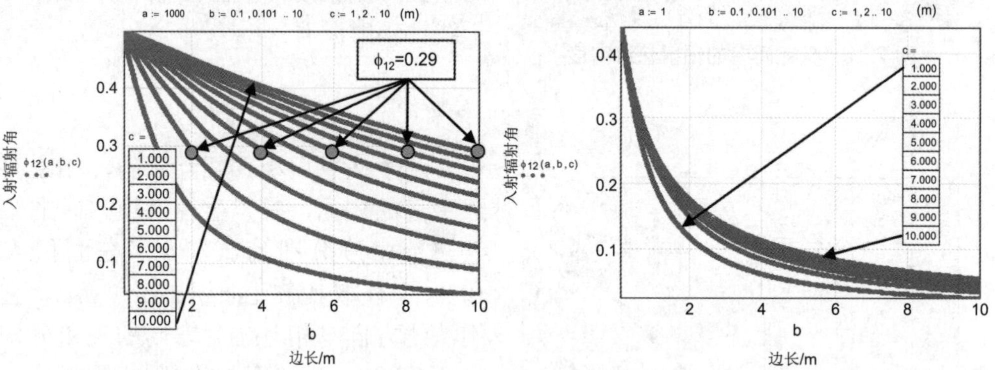

图 2.24，图 2.25　两个相互垂直表面之间的辐射角系数曲线图

从图 2.26 可以看出，对于一个二维直角空间（边长为 a 和 b，深度为无穷大），则计算可得到极大的简化。线性辐射源 b 向 a 投射的热流为（此时 q_{1ges} 的单位为 W/m）：

$$\Phi_1 = \frac{q_{1gesl}}{2}\cdot\int\int\frac{\cos(\beta_1)\cdot\cos(\beta_2)}{r}\,dx\,dy \tag{2.48}$$

$$\Phi_1 = \frac{q_{1gesl}}{2}\cdot\int\int\frac{x\cdot y}{\left(x^2+y^2\right)^{\frac{3}{2}}}\,dx\,dy \tag{2.49}$$

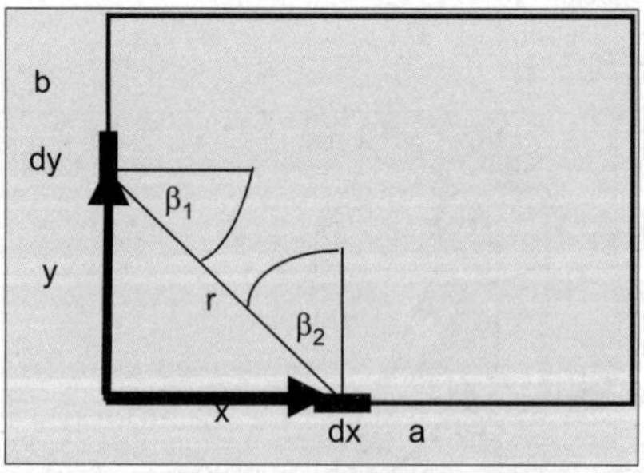

则，b 对 a 的角系数为：

$$\Phi_{12} = \frac{1}{2\cdot b}\cdot\int_0^b\int_0^a\frac{x\cdot y}{\left(x^2+y^2\right)^{\frac{3}{2}}}\,dx\,dy \tag{2.50}$$

$$\phi_{12} = \frac{1}{2\cdot b}\cdot\int_0^b\frac{1}{\left(y^2\right)^{\frac{1}{2}}}\cdot y-\frac{1}{\left(a^2+y^2\right)^{\frac{1}{2}}}\cdot y\,dy \tag{2.51}$$

图 2.26　两个相互垂直的线型源之间的辐射换热

$$\phi_{12}(a,b) := \frac{1}{2}\cdot\left(1+\frac{a}{b}-\frac{\sqrt{a^2+b^2}}{b}\right) \tag{2.52}$$

当 a=b 时，得到 ϕ_{12}=0.293。当方程（2.47）中的 a=∞ 时，可得到方程（2.52）（方程（2.52）中的 a 相应于方程（2.47）中的 c）。

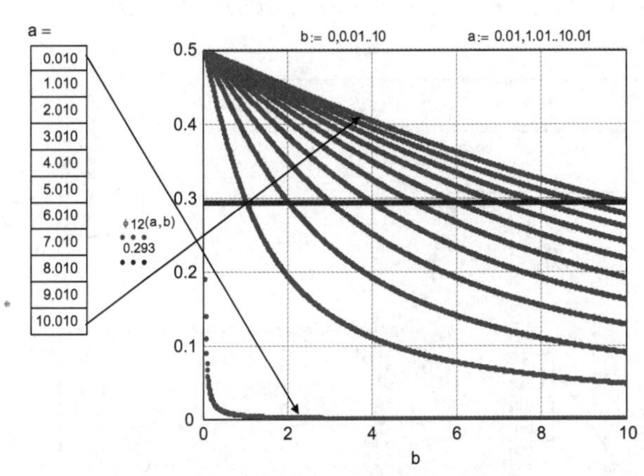

图 2.27 线性源对垂直线性源的角系数

相对于 b 表面对面的平行表面（高度也为 b），其辐射角系数推导过程如下。在此，线性辐射源 b 向外发射的热流量为：

$$\Phi_1 = \frac{q_{1gesl}}{2}\cdot\int\int\frac{\cos(\beta_1)\cdot\cos(\beta_2)}{r}\,dx\,dy \qquad (2.48)$$

$$r = \sqrt{(x-y)^2 + a^2} \qquad \cos(\beta 1) = \frac{a}{\left[\sqrt{(x-y)^2 + a^2}\right]}$$

$$\cos(\beta 2) = \frac{a}{\left[\sqrt{(\quad)^2 \quad ^2}\right]}$$

$$\Phi_1 = \frac{q_{1gesl}}{2}\cdot\int\int\frac{a^2}{\left[(x-y)^2 + a^2\right]^{\frac{3}{2}}}\,dx\,dy \qquad (2.53)$$

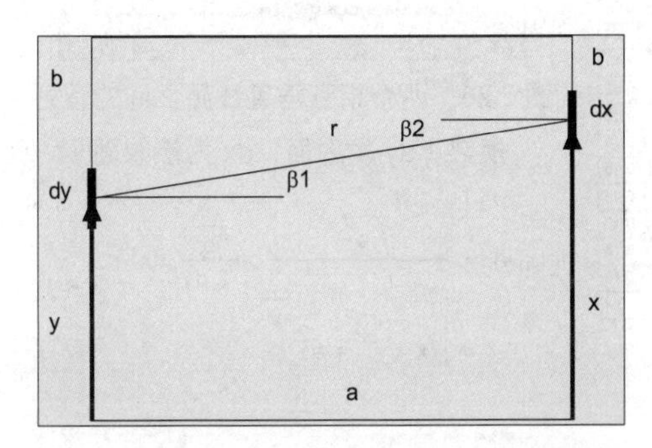

图 2.28 两个相互平行的线源之间的辐射换热

b 左侧向 b 右侧辐射的角系数由下式计算：

$$\phi_{12} = \frac{1}{2\cdot b}\cdot\int_0^b\int_0^b\frac{a^2}{\left[(x-y)^2 + a^2\right]^{\frac{3}{2}}}\,dx\,dy$$

$$\phi_{12} = \frac{1}{2\cdot b}\cdot\int_0^b \frac{b-y}{\left[(b-y)^2 + a^2\right]^{\frac{1}{2}}} + \frac{y}{\left[(-y)^2 + a^2\right]^{\frac{1}{2}}}\,dy \qquad (2.54)$$

$$\phi_{12}(a,b) := \frac{1}{b}\cdot\left[\left(b^2 + a^2\right)^{\frac{1}{2}} - \left(a^2\right)^{\frac{1}{2}}\right] \qquad (2.55)$$

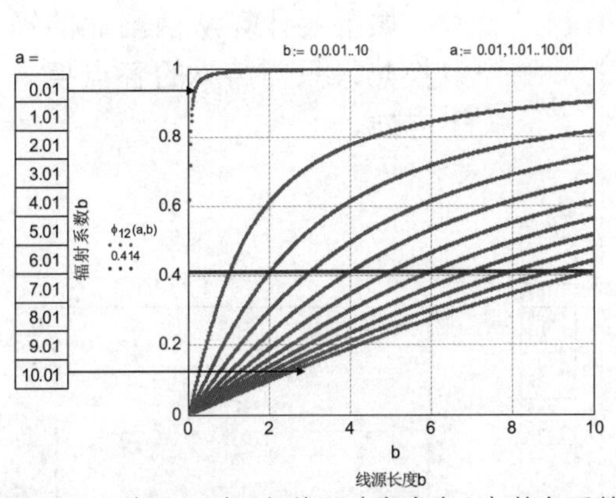

图 2.29 线源 b 对平行线源（高度为 b）的角系数

对于 a=b，可得 ϕ_{12}=0.414

整个封闭空腔的角系数总和为

ϕ_{ges}=0.293+0.293+0.414=1

$$a = b$$

$$\phi_{12}(a,b) = 0.414$$

下面将对从发射面 dy 向接收面 dx（积分总高度不超过发射面 b）的辐射角系数函数 ϕ_β（x,y）进行计算。假设在围护结构中有一个封闭空腔，其尺寸为 a=30mm，b=200mm，在此，发射面 dy 的长度变短，但接收面的尺寸不变。

示例：

$$a := 0.03 \quad b := 0.20001 \quad dx := 1 \cdot 10^{-4} \quad dy := 10^{-4}$$

$$f_b(x,y) := \frac{x \cdot y}{\left(x^2+y^2\right)^{\frac{3}{2}}} \cdot \frac{dy}{2 \cdot dy} \cdot dx \tag{2.56}$$

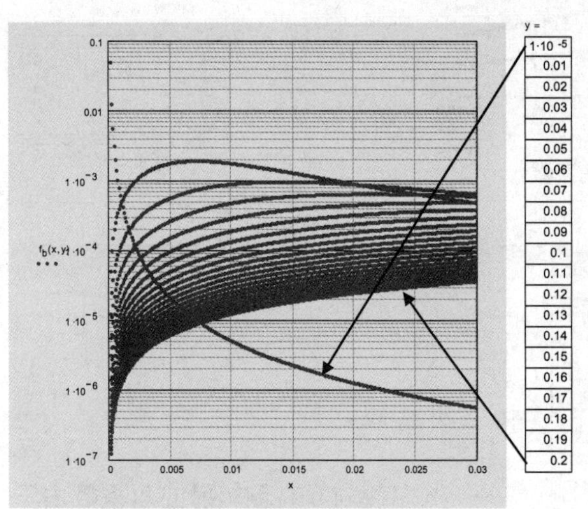

图 2.30　发射面 dy 和接收面 dx 之间的角系数函数函数（从西向南）

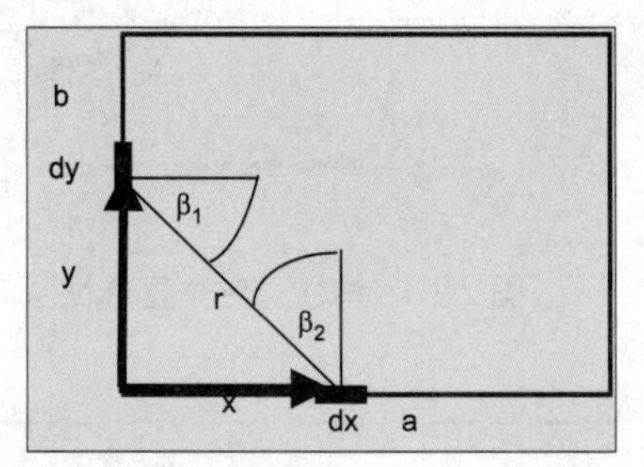

图 2.26　两个相互垂直线源之间的辐射换热（dy 发射面，dx 为接收面）

$$f_b(x,y) := \frac{a^2}{\left[(x-y)^2+a^2\right]^{\frac{3}{2}}} \cdot \frac{dy}{2 \cdot dy} \cdot dx \tag{2.57}$$

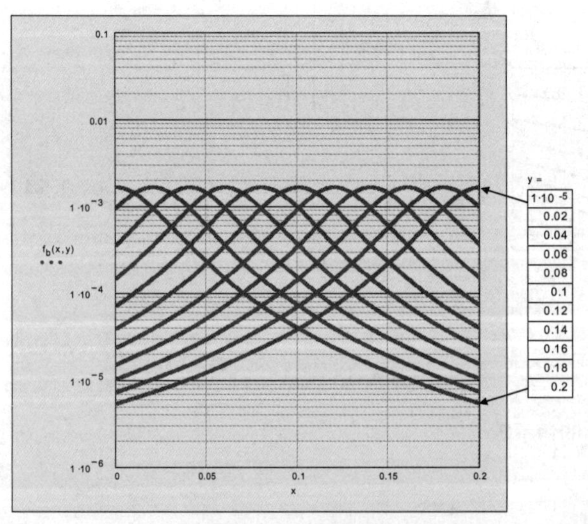

图 2.31　发射面 dy 和接收面 dx 之间的角系数函数函数（从西向东）

如果要计算从西向北的辐射换热，只需将 y 的各点换一下方向。

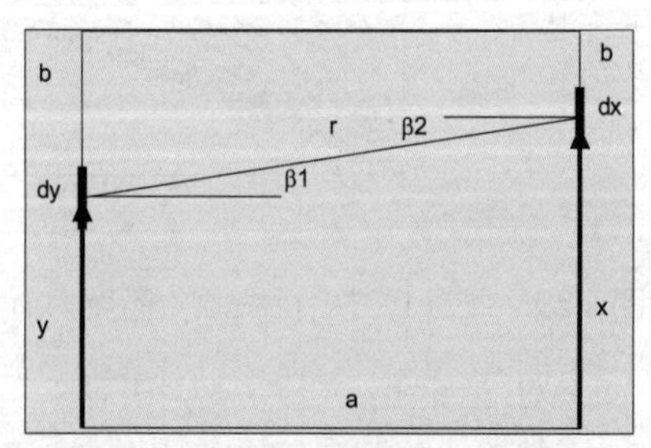

图 2.28　两个平行线源之间的辐射换热（dy 发射面，dx 接收面）

2.4 建筑构件表面的总传热过程

建筑构件表面的传热量是由对流换热热流（2.2.2 节）和辐射换热热流（2.3.2 节）共同组成的。因此，下面介绍总传热系数 h 和总传热热阻 R_s 与流过表面的空气速度及与建筑构件表面温度之间的相互关系。传热热阻随构件表面温度和表面对流空气流速的变化关系如图 2.32 和表 2.5 所示。它们的值位于 $0.01m^2K/W$ 至 $0.25m^2K/W$ 之间。

$$R_s(v,\theta_s) := \frac{1}{h_{sc} + h_{sr}}$$

$$R_s(v,\theta_s) := \frac{1}{12\sqrt{v} + 4\cdot\sigma\cdot\varepsilon\cdot(273 + \theta_s)^3} \tag{2.58}$$

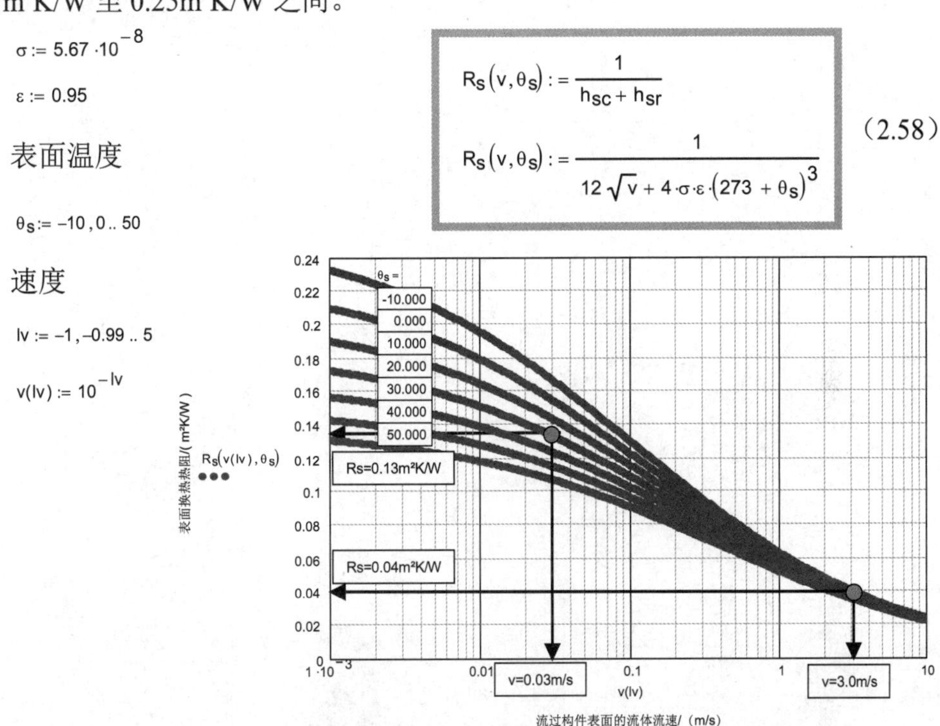

图 2.32 建筑构件表面的总传热阻力与构件表面温度及流体流速的相互关系

表 2.5 建筑构件表面的总传热阻力与构件表面温度及流体流速的相关关系

v/(m/s) θ/°C		1	2	3	4	5	6	7	8	9	10	11	12	13	14	15	16	17	18	19	20
		50.0000	25.0000	12.5000	6.2500	3.1250	1.5625	0.7812	0.3906	0.1953	0.0977	0.0488	0.0244	0.0122	0.0061	0.0031	0.0015	0.0008	0.0004	0.0002	0.0001
		1	2	3	4	5	6	7	8	9	10	11	12	13	14	15	16	17	18	19	20
-10.000	0	0.011	0.016	0.022	0.029	0.040	0.053	0.069	0.088	0.108	0.130	0.152	0.173	0.191	0.206	0.218	0.228	0.235	0.241	0.245	0.248
-8.000	1	0.011	0.016	0.022	0.029	0.040	0.053	0.068	0.087	0.107	0.129	0.150	0.170	0.187	0.202	0.214	0.223	0.230	0.236	0.240	0.242
-6.000	2	0.011	0.016	0.021	0.029	0.040	0.052	0.068	0.086	0.106	0.127	0.148	0.167	0.184	0.198	0.210	0.219	0.226	0.231	0.234	0.237
-4.000	3	0.011	0.016	0.021	0.029	0.039	0.052	0.068	0.086	0.105	0.126	0.146	0.165	0.181	0.195	0.206	0.214	0.221	0.226	0.229	0.232
-2.000	4	0.011	0.016	0.021	0.029	0.039	0.052	0.067	0.085	0.104	0.124	0.144	0.162	0.178	0.191	0.202	0.210	0.216	0.221	0.225	0.227
0.000	5	0.011	0.016	0.021	0.029	0.039	0.052	0.067	0.084	0.103	0.123	0.142	0.160	0.175	0.188	0.198	0.206	0.212	0.217	0.220	0.222
2.000	6	0.011	0.016	0.021	0.029	0.039	0.051	0.066	0.083	0.102	0.121	0.140	0.157	0.172	0.185	0.194	0.202	0.208	0.212	0.215	0.217
4.000	7	0.011	0.015	0.021	0.029	0.039	0.051	0.066	0.083	0.101	0.120	0.138	0.155	0.169	0.181	0.191	0.198	0.204	0.208	0.211	0.213
6.000	8	0.011	0.015	0.021	0.029	0.039	0.051	0.065	0.082	0.100	0.119	0.136	0.153	0.167	0.178	0.187	0.194	0.200	0.204	0.206	0.208
8.000	9	0.011	0.015	0.021	0.029	0.038	0.051	0.065	0.081	0.099	0.117	0.135	0.150	0.164	0.175	0.184	0.190	0.196	0.199	0.202	0.204
10.000	10	0.011	0.015	0.021	0.029	0.038	0.050	0.065	0.081	0.098	0.116	0.133	0.148	0.161	0.172	0.180	0.187	0.192	0.195	0.198	0.200
12.000	11	0.011	0.015	0.021	0.029	0.038	0.050	0.064	0.080	0.097	0.114	0.131	0.146	0.158	0.169	0.177	0.183	0.188	0.191	0.194	0.196
14.000	12	0.011	0.015	0.021	0.028	0.038	0.050	0.064	0.079	0.096	0.113	0.129	0.144	0.156	0.166	0.174	0.180	0.184	0.188	0.190	0.192
16.000	13	0.011	0.015	0.021	0.028	0.038	0.050	0.063	0.079	0.095	0.112	0.127	0.141	0.153	0.163	0.171	0.176	0.181	0.184	0.186	0.188
18.000	14	0.011	0.015	0.021	0.028	0.038	0.049	0.063	0.078	0.094	0.110	0.126	0.139	0.151	0.160	0.167	0.173	0.177	0.180	0.183	0.184
20.000	15	0.011	0.015	0.021	0.028	0.038	0.049	0.062	0.077	0.093	0.109	0.124	0.137	0.148	0.157	0.164	0.170	0.174	0.177	0.179	0.181
22.000	16	0.011	0.015	0.021	0.028	0.037	0.049	0.062	0.077	0.092	0.108	0.122	0.135	0.146	0.155	0.161	0.167	0.171	0.173	0.176	0.177
24.000	17	0.011	0.015	0.021	0.028	0.037	0.048	0.062	0.076	0.091	0.106	0.121	0.133	0.143	0.152	0.159	0.164	0.167	0.170	0.172	0.174
26.000	18	0.011	0.015	0.021	0.028	0.037	0.048	0.061	0.075	0.090	0.105	0.119	0.131	0.141	0.149	0.156	0.161	0.164	0.167	0.169	0.170
28.000	19	0.011	0.015	0.021	0.028	0.037	0.048	0.061	0.075	0.089	0.104	0.117	0.129	0.139	0.147	0.153	0.158	0.161	0.164	0.166	0.167
30.000	20	0.011	0.015	0.021	0.028	0.037	0.048	0.060	0.074	0.089	0.103	0.116	0.127	0.137	0.144	0.150	0.155	0.158	0.161	0.162	0.164
32.000	21	0.011	0.015	0.021	0.028	0.037	0.047	0.060	0.073	0.088	0.101	0.114	0.125	0.134	0.142	0.148	0.152	0.155	0.158	0.159	0.161
34.000	22	0.011	0.015	0.021	0.028	0.036	0.047	0.059	0.073	0.087	0.100	0.113	0.123	0.132	0.139	0.145	0.149	0.152	0.155	0.156	0.157
36.000	23	0.011	0.015	0.020	0.028	0.036	0.047	0.059	0.072	0.086	0.099	0.111	0.121	0.130	0.137	0.142	0.147	0.150	0.152	0.153	0.154
38.000	24	0.011	0.015	0.020	0.027	0.036	0.047	0.059	0.072	0.085	0.098	0.109	0.120	0.128	0.135	0.140	0.144	0.147	0.149	0.150	0.152
40.000	25	0.011	0.015	0.020	0.027	0.036	0.046	0.058	0.071	0.084	0.097	0.108	0.118	0.126	0.133	0.138	0.141	0.144	0.146	0.148	0.149

3　建筑构件的热工特性

3.1　多层建筑构件的稳态传热过程

3.1.1　冬季条件下给定结构的热阻 R 和传热系数 U，以及稳态温度分布的确定

在第 2 章中，推导得到了寒冷季节给定建筑构件的导热热阻、对流换热热阻、传热热阻、传热系数，以及热损失和稳态温度场的计算参数。

现将上述参数再次集中列在下面，然后，针对一些常见的多层墙体和屋顶结构计算出其具体参数值，并绘制出其稳态温度场，以图展示。

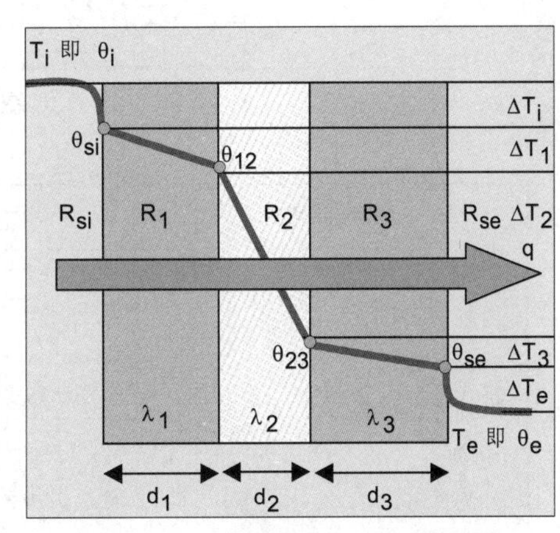

图 3.1　多层墙体的稳态传热过程

单层墙体的热阻（m^2K/W）

$$R = \frac{d}{\lambda} \tag{3.1}$$

由构件表面的对流和辐射引起的表面换热热阻（在此与流体速度和表面温度相关）（m^2K/W）

$$R_s(v,\theta_s) := \frac{1}{h_{sc} + h_{sr}} \tag{3.2}$$

$$R_s(v,\theta_s) := \frac{1}{12\sqrt{v} + 4\cdot\sigma\cdot\varepsilon\cdot(273+\theta_s)^3} \tag{3.3}$$

结构的最终热阻（m^2K/W）

$$R_{res} = R_{si} + \sum_{j=1}^{n} R_j + R_{se} \tag{3.4}$$

结构的传热系数 U（W/m^2K）

$$U = \frac{1}{R_{si} + \sum_{j=1}^{n} R_j + R_{se}} \tag{3.5}$$

通过结构的热流密度（热损失）（W/m^2）

$$q = \frac{\theta_i - \theta_e}{R_{si} + \sum_{j=1}^{n} R_j + R_{se}} \tag{3.6}$$

结构的稳态温度分布：

ΔT_j 为第 j 层内的温度降（K）

$$\Delta T_j = q\cdot R_j \tag{3.7}$$

$\theta_{j,j+1}$ 为在 j 层和 j+1 层之间边界处的温度（℃）

$$\theta_{j,j+1} = \theta_i - q\cdot\left(R_{si} + \sum_{j=1}^{j} R_j\right) \tag{3.8}$$

例 1:

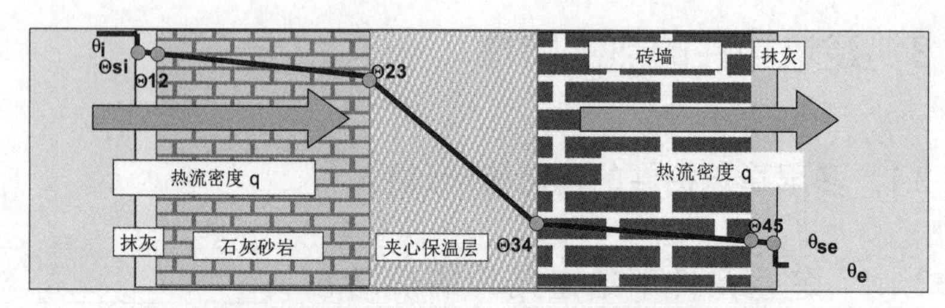

图 3.2a　中空带夹心保温层的外墙

表 3.1

结构组成	层厚d/m	导热系数 λ /（W/mK）	热阻R/（m²K/W）	
内侧表面对流换热热阻	—	—		$R_{si} := 0.130$
内侧抹灰	$d1 := 0.010$	$\lambda1 := 1.01$	$R1 := \frac{d1}{\lambda1}$	$R1 = 0.010$
石灰砂岩	$d2 := 0.250$	$\lambda2 := 1.32$	$R2 := \frac{d2}{\lambda2}$	$R2 = 0.189$
岩棉保温材料	$d3 := 0.090$	$\lambda3 := 0.045$	$R3 := \frac{d3}{\lambda3}$	$R3 = 2.000$
砖墙	$d4 := 0.120$	$\lambda4 := 0.72$	$R4 := \frac{d4}{\lambda4}$	$R4 = 0.167$
外侧抹灰	$d5 := 0.012$	$\lambda5 := 1.10$	$R5 := \frac{d5}{\lambda5}$	$R5 = 0.011$
外侧表面对流换热热阻	—	—		$R_{se} := 0.040$
总传热热阻	$R := R_{si} + R1 + R2 + R3 + R4 + R5 + R_{se}$			$R = 2.547$
U值	$U := \frac{1}{R}$			$U = 0.393$
温度场				θ/°C
冬季室内温度/°C				$\theta_i := 20$
冬季室外温度/°C				$\theta_e := -5$
内表面	$\theta_{si} := \theta_i - (R_{si}) \cdot U \cdot (\theta_i - \theta_e)$			$\theta_{si} = 18.72$
层边界1/2	$\theta_{12} := \theta_i - (R_{si} + R1) \cdot U \cdot (\theta_i - \theta_e)$			$\theta_{12} = 18.63$
层边界2/3	$\theta_{23} := \theta_i - (R_{si} + R1 + R2) \cdot U \cdot (\theta_i - \theta_e)$			$\theta_{23} = 16.77$
层边界3/4	$\theta_{34} := \theta_i - (R_{si} + R1 + R2 + R3) \cdot U \cdot (\theta_i - \theta_e)$			$\theta_{34} = -2.86$
层边界4/5	$\theta_{45} := \theta_i - (R_{si} + R1 + R2 + R3 + R4) \cdot U \cdot (\theta_i - \theta_e)$			$\theta_{45} = -4.50$
外表面	$\theta_{se} := \theta_i - (R_{si} + R1 + R2 + R3 + R4 + R5) \cdot U \cdot (\theta_i - \theta_e)$			$\theta_{se} = -4.61$
通过墙体的热流密度/（W/m²）	$q := U \cdot (\theta_i - \theta_e)$			$q = 9.816$

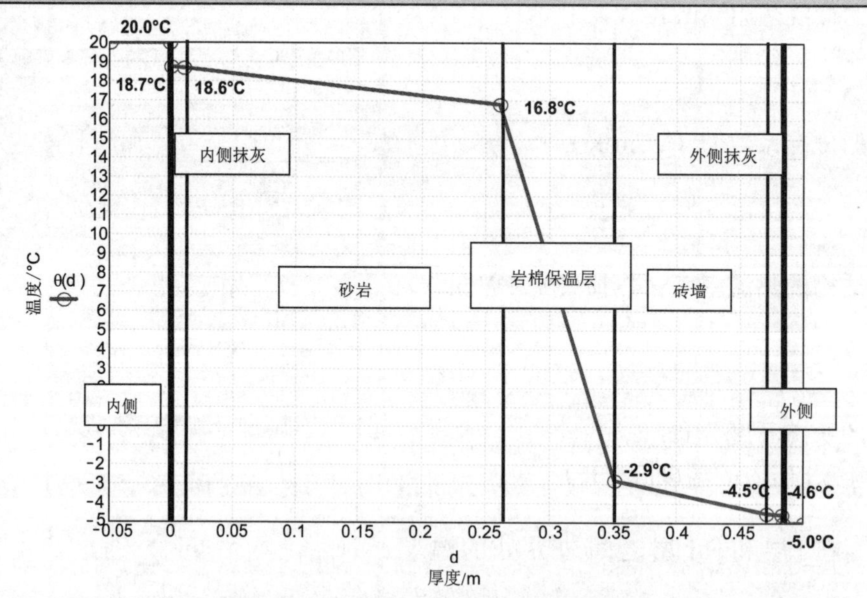

图 3.2b　图 3.2a 所示外墙中的温度分布

例 2：

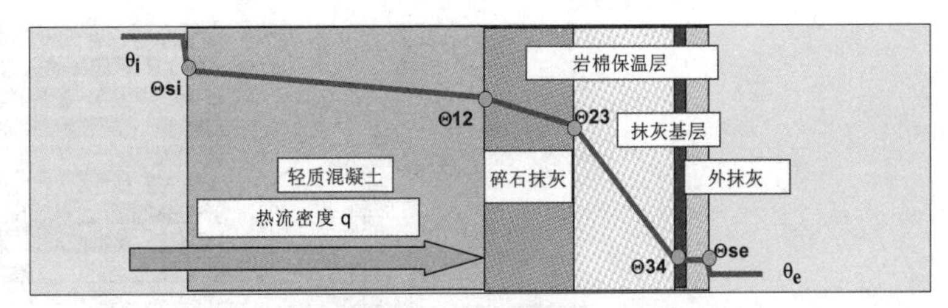

图 3.3a 带复合保温材料的轻质混凝土外墙

表 3.2

结构组成	层厚d/m	导热系数λ/(W/mK)	热阻R/(m²K/W)	
内侧表面对流换热热阻	—	—		$R_{si} := 0.130$
轻质混凝土	$d1 := 0.200$	$\lambda 1 := 0.480$	$R1 := \frac{d1}{\lambda 1}$	$R1 = 0.4167$
含碎石粒的抹灰	$d2 := 0.020$	$\lambda 2 := 1.500$	$R2 := \frac{d2}{\lambda 2}$	$R2 = 0.013$
岩棉保温材料	$d3 := 0.080$	$\lambda 3 := 0.045$	$R3 := \frac{d3}{\lambda 3}$	$R3 = 1.778$
抹灰底层	$d4 := 0.002$	$\lambda 4 := 0.250$	$R4 := \frac{d4}{\lambda 4}$	$R4 = 0.008$
外侧砂石抹灰	$d5 := 0.006$	$\lambda 5 := 1.100$	$R5 := \frac{d5}{\lambda 5}$	$R5 = 0.005$
外侧表面对流换热热阻	—	—		$R_{se} := 0.040$
总传热热阻	$R := R_{si} + R1 + R2 + R3 + R4 + R5 + R_{se}$			$R = 2.391$
U值	$U := \frac{1}{R}$			$U = 0.418$
温度场				θ/°C
冬季室内温度/°C				$\theta_i := 20$
冬季室外温度/°C				$\theta_e := -5$
内表面	$\theta_{si} := \theta_i - (R_{si}) \cdot U \cdot (\theta_i - \theta_e)$			$\theta_{si} = 18.64$
层边界1/2	$\theta_{12} := \theta_i - (R_{si} + R1) \cdot U \cdot (\theta_i - \theta_e)$			$\theta_{12} = 14.28$
层边界2/3	$\theta_{23} := \theta_i - (R_{si} + R1 + R2) \cdot U \cdot (\theta_i - \theta_e)$			$\theta_{23} = 14.15$
层边界3/4	$\theta_{34} := \theta_i - (R_{si} + R1 + R2 + R3) \cdot U \cdot (\theta_i - \theta_e)$			$\theta_{34} = -4.44$
层边界4/5	$\theta_{45} := \theta_i - (R_{si} + R1 + R2 + R3 + R4) \cdot U \cdot (\theta_i - \theta_e)$			$\theta_{45} = -4.52$
外表面	$\theta_{se} := \theta_i - (R_{si} + R1 + R2 + R3 + R4 + R5) \cdot U \cdot (\theta_i - \theta_e)$			$\theta_{se} = -4.58$
通过墙体的热流密度/（W/m²）	$q := U \cdot (\theta_i - \theta_e)$			$q = 10.455$

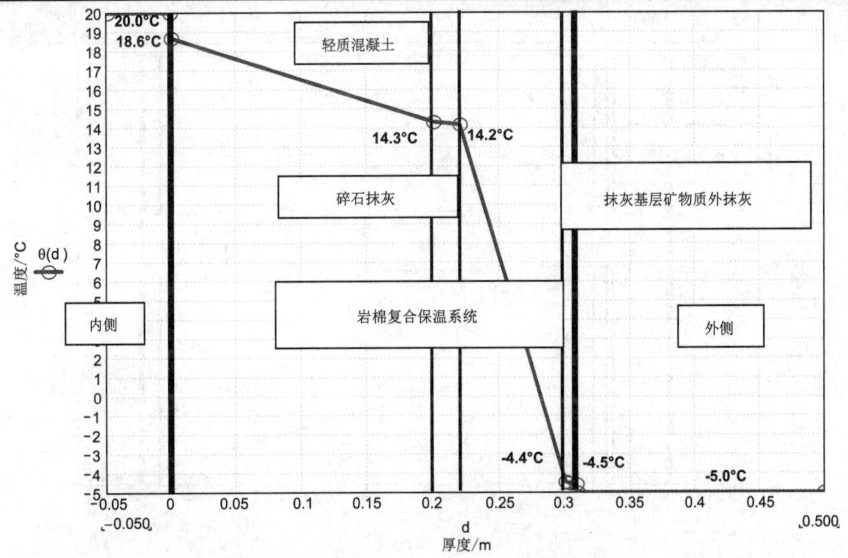

图 3.3b 图 3.3a 所示外墙中的温度分布

例 3:

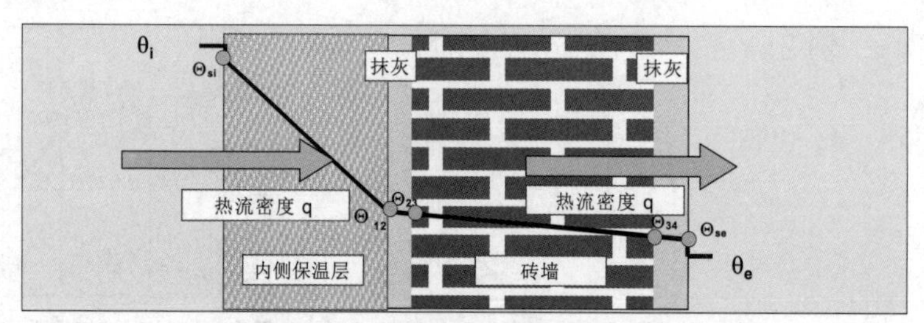

图 3.4a　带硅酸钙保温层的砖砌外墙

表 3.3

结构组成	层厚d/m	导热系数 λ/(W/mK)		热阻R/(m^2K/W)
内侧表面对流换热热阻	—	—		Rsi := 0.130
硅酸钙保温板	d1 := 0.050	λ1 := 0.055	$R1 := \frac{d1}{\lambda 1}$	R1 = 0.9091
粘合砂浆	d2 := 0.005	λ2 := 1.500	$R2 := \frac{d2}{\lambda 2}$	R2 = 0.003
旧内层抹灰	d3 := 0.010	λ3 := 1.010	$R3 := \frac{d3}{\lambda 3}$	R3 = 0.010
砖墙	d4 := 0.365	λ4 := 0.820	$R4 := \frac{d4}{\lambda 4}$	R4 = 0.445
外侧抹灰	d5 := 0.015	λ5 := 1.100	$R5 := \frac{d5}{\lambda 5}$	R5 = 0.014
外侧表面对流换热热阻	—	—		Rse := 0.040
总传热热阻	R := Rsi + R1 + R2 + R3 + R4 + R5 + Rse			R = 1.551
U值	$U := \frac{1}{R}$			U = 0.645
温度场				θ/°C
冬季室内温度/°C				$\theta_i := 20$
冬季室外温度/°C				$\theta_e := -5$
内表面	$\theta_{si} := \theta_i - (Rsi) \cdot U \cdot (\theta_i - \theta_e)$			$\theta_{si} = 17.90$
层边界1/2	$\theta_{12} := \theta_i - (Rsi + R1) \cdot U \cdot (\theta_i - \theta_e)$			$\theta_{12} = 3.25$
层边界2/3	$\theta_{23} := \theta_i - (Rsi + R1 + R2) \cdot U \cdot (\theta_i - \theta_e)$			$\theta_{23} = 3.20$
层边界3/4	$\theta_{34} := \theta_i - (Rsi + R1 + R2 + R3) \cdot U \cdot (\theta_i - \theta_e)$			$\theta_{34} = 3.04$
层边界4/5	$\theta_{45} := \theta_i - (Rsi + R1 + R2 + R3 + R4) \cdot U \cdot (\theta_i - \theta_e)$			$\theta_{45} = -4.14$
外表面	$\theta_{se} := \theta_i - (Rsi + R1 + R2 + R3 + R4 + R5) \cdot U \cdot (\theta_i - \theta_e)$			$\theta_{se} = -4.36$
通过墙体的热流密度/(W/m^2)	$q := U \cdot (\theta_i - \theta_e)$			q = 16.118

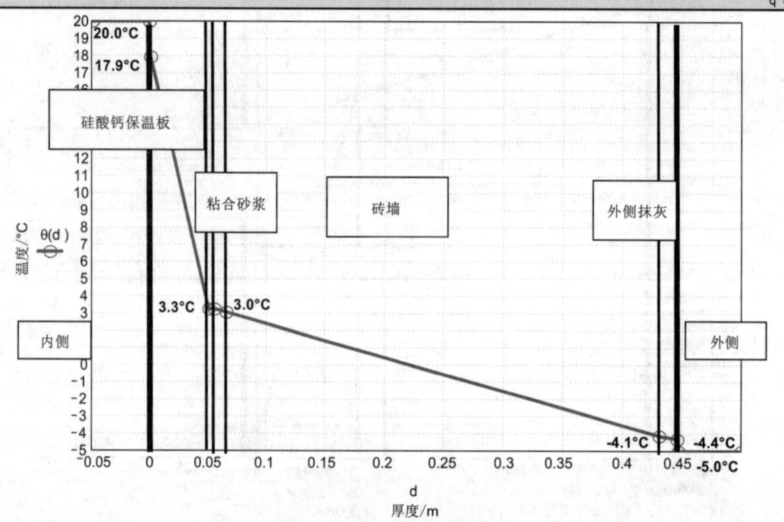

图 3.4b　图 3.4a 所示外墙中的温度分布

例 4:

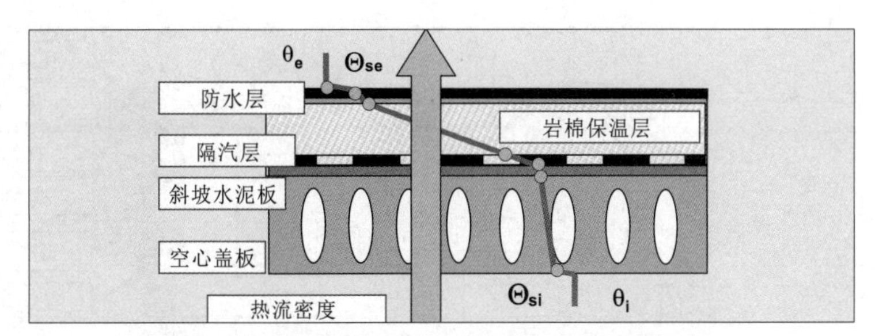

图 3.5a 带聚苯乙烯泡沫的混凝土保温屋面结构

表 3.4

结构组成	层厚d/m	导热系数 λ /(W/mK)	热阻R/(m²K/W)	
内侧表面对流换热热阻	—	—		$Rsi := 0.130$
混凝土屋顶盖板	$d1 := 0.245$	$\lambda1 := 1.550$	$R1 := \frac{d1}{\lambda1}$	$R1 = 0.1581$
混凝土斜坡板	$d2 := 0.060$	$\lambda2 := 1.400$	$R2 := \frac{d2}{\lambda2}$	$R2 = 0.043$
隔汽层	$d3 := 0.002$	$\lambda3 := 0.175$	$R3 := \frac{d3}{\lambda3}$	$R3 = 0.011$
PS保温层	$d4 := 0.120$	$\lambda4 := 0.040$	$R4 := \frac{d4}{\lambda4}$	$R4 = 3.000$
防水层	$d5 := 0.005$	$\lambda5 := 0.175$	$R5 := \frac{d5}{\lambda5}$	$R5 = 0.029$
外侧表面对流换热热阻	—	—		$Rse := 0.040$
总传热热阻	$R := Rsi + R1 + R2 + R3 + R4 + R5 + Rse$			$R = 3.411$
U值	$U := \frac{1}{R}$			$U = 0.293$
温度场				θ/°C
冬季室内温度/°C				$\theta_i := 20$
冬季室外温度/°C				$\theta_e := -5$
内表面	$\theta_{si} := \theta_i - (Rsi)\cdot U\cdot(\theta_i - \theta_e)$			$\theta_{si} = 19.05$
层边界1/2	$\theta_{12} := \theta_i - (Rsi + R1)\cdot U\cdot(\theta_i - \theta_e)$			$\theta_{12} = 17.89$
层边界2/3	$\theta_{23} := \theta_i - (Rsi + R1 + R2)\cdot U\cdot(\theta_i - \theta_e)$			$\theta_{23} = 17.57$
层边界3/4	$\theta_{34} := \theta_i - (Rsi + R1 + R2 + R3)\cdot U\cdot(\theta_i - \theta_e)$			$\theta_{34} = 17.49$
层边界4/5	$\theta_{45} := \theta_i - (Rsi + R1 + R2 + R3 + R4)\cdot U\cdot(\theta_i - \theta_e)$			$\theta_{45} = -4.50$
外表面	$\theta_{se} := \theta_i - (Rsi + R1 + R2 + R3 + R4 + R5)\cdot U\cdot(\theta_i - \theta_e)$			$\theta_{se} = -4.71$
通过墙体的热流密度/（W/m²）	$q := U\cdot(\theta_i - \theta_e)$			$q = 7.329$

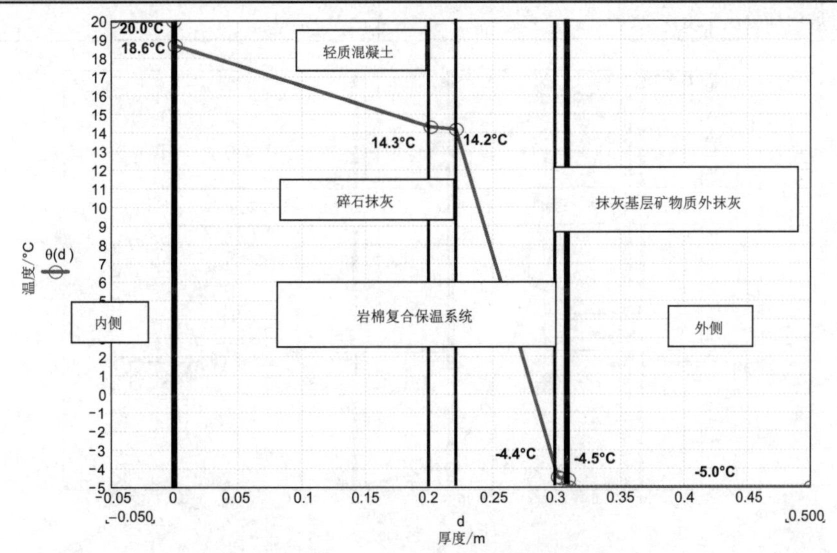

图 3.5b 图 3.5a 所示屋面结构中的温度分布

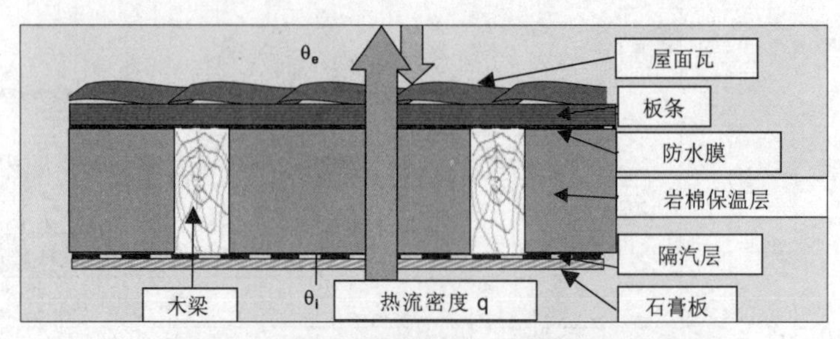

图 3.6a　带椽木间隔保温的瓦屋面通风结构

表 3.5

结构组成	层厚d/m	导热系数λ/(W/mK)		热阻R/(m²K/W)
内侧表面对流换热热阻	—	—		$R_{si} := 0.130$
石膏板	$d1 := 0.012$	$\lambda1 := 0.400$	$R1 := \frac{d1}{\lambda1}$	$R1 = 0.030$
隔汽层	$d2 := 0.001$	$\lambda2 := 0.200$	$R2 := \frac{d2}{\lambda2}$	$R2 = 0.005$
岩棉保温层	$d3 := 0.150$	$\lambda3 := 0.045$	$R3 := \frac{d3}{\lambda3}$	$R3 = 3.333$
防水膜	$d4 := 0.001$	$\lambda4 := 0.150$	$R4 := \frac{d4}{\lambda4}$	$R4 = 0.007$
板条/空气层/屋面瓦	$d5 := 0.080$	$\lambda5 := 0.500$	$R5 := \frac{d5}{\lambda5}$	$R5 = 0.160$
外侧表面对流换热热阻	—	—		$R_{se} := 0.040$
总传热热阻	$R := R_{si} + R1 + R2 + R3 + R4 + R5 + R_{se}$			$R = 3.705$
U值	$U := \frac{1}{R}$			$U = 0.270$
温度场				θ/°C
冬季室内温度/°C				$\theta_i := 20$
冬季室外温度/°C				$\theta_e := -5$
内表面	$\theta_{si} := \theta_i - (R_{si}) \cdot U \cdot (\theta_i - \theta_e)$			$\theta_{si} = 19.12$
层边界1/2	$\theta_{12} := \theta_i - (R_{si} + R1) \cdot U \cdot (\theta_i - \theta_e)$			$\theta_{12} = 18.92$
层边界2/3	$\theta_{23} := \theta_i - (R_{si} + R1 + R2) \cdot U \cdot (\theta_i - \theta_e)$			$\theta_{23} = 18.89$
层边界3/4	$\theta_{34} := \theta_i - (R_{si} + R1 + R2 + R3) \cdot U \cdot (\theta_i - \theta_e)$			$\theta_{34} = -3.61$
层边界4/5	$\theta_{45} := \theta_i - (R_{si} + R1 + R2 + R3 + R4) \cdot U \cdot (\theta_i - \theta_e)$			$\theta_{45} = -3.65$
外表面	$\theta_{se} := \theta_i - (R_{si} + R1 + R2 + R3 + R4 + R5) \cdot U \cdot (\theta_i - \theta_e)$			$\theta_{se} = -4.73$
通过墙体的热流密度/（W/m²）	$q := U \cdot (\theta_i - \theta_e)$			$q = 6.748$

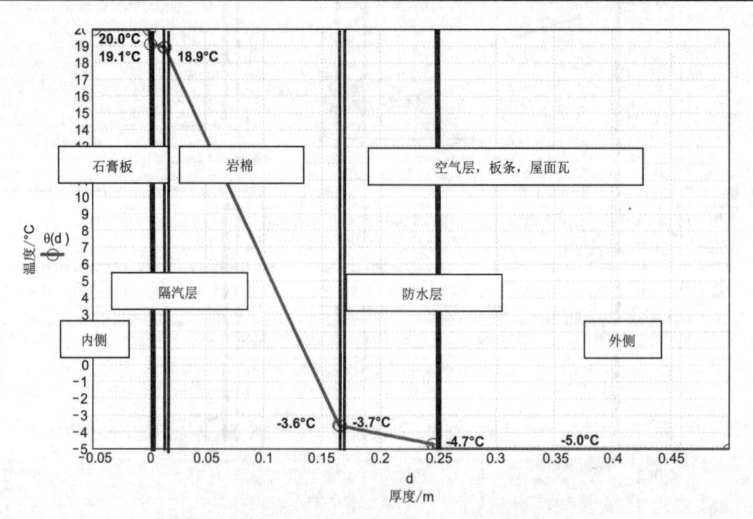

图 3.6b　图 3.6a 所示屋面结构中的温度分布

3.1.2 对 R 值和 U 值的最低要求

为确保建筑物自身的安全和使用功能，必须考虑建筑构件对保温隔热的最低要求。基本准则就是对于外围护结构的构件，其内侧表面的温度要保持在特定的范围内。

准则 1：建筑构件内侧表面的温度必须高于露点温度。这意味着，内表面不允许结露（方程（3.9））（θ_{Tau}=12℃，对应于 θ_i=20℃和 ϕ_i=60%）。

准则 2：建筑构件内侧表面的温度必须高于“霉点温度”。这意味着，内表面附近的空气湿度不允许超过 80%，以确保没有霉菌的产生（方程（3.10））（θ_{80}=12.6℃，对应于 θ_i=20℃和 ϕ_i=50%，θ_{80}=15.4℃，对应于 ϕ_i=60%）。

准则 3：建筑构件内侧表面的温度必须高于 17℃。这意味着，一定要满足保证人体健康的最低使用要求（即不允许围护结构内表面产生过度的冷辐射；不允许过量的热从脚底传走）。

给定结构的表面温度可根据方程（3.8）由温度场计算得到。在某极端条件下，即内侧表面对流换热热阻 $R_{si}=0.25m^2K/W$ 时，构件表面温度随 U 值及室外气温的变化关系曲线，如图 3.7 所示。当 $U=1.28W/m^2K$（θ_e=−5℃）时，内表面温度为 12℃，当 $U=0.74W/m^2K$（θ_e=−5℃）时，为 15.4℃，当 $U=0.48W/m^2K$（θ_e=−5℃）时，为 17℃。

图 3.8 给出了外维护结构内侧表面温度随结构导热热阻的变化关系曲线。图中室外气温作为参数变化。当 $R=0.49m^2K/W$（θ_e=−5℃）时，内表面温度为 12℃，当 $R=1.06m^2K/W$（θ_e=−5℃）时，为 15.4℃，当 $R=1.81m^2K/W$（θ_e=−5℃）时，为 17℃。

表 3.6 建筑构件内表面温度的最小值

准则	条件	说明	公式
准则 1:	$\theta_{si}>\theta_{Tau}$	θ_{Tau} 露点温度（根据式（2.18））θ_{Tau}=12°C θ_i=20°C ϕ_i=60%	$\theta T(\theta,\phi) := \phi^{0.1247}\cdot(109.8+\theta)-109.8$ （3.9）
准则 2:	$\theta_{si}>\theta_{80}$	θ_{80} 霉点温度（构件表面的空气相对湿度达到 80%）θ_{80}=15.4°C θ_i=20°C ϕ_i=60%	$\theta 80 = \left(\frac{\phi i}{0.8}\right)^{0.1247}\cdot(109.8+\theta i)-109.8$ （3.10）
准则 3:	$\theta_{si}>\theta_{17}$	θ_{17} 健康标准要求的表面温度	$\theta hyg = 17$ （3.11）

$$\theta_{si}(U,\theta_e,R_{si}) := \theta_i - U\cdot R_{si}\cdot(\theta_i-\theta_e)$$

$$R_{si} := 0.25 \quad (3.12a)$$

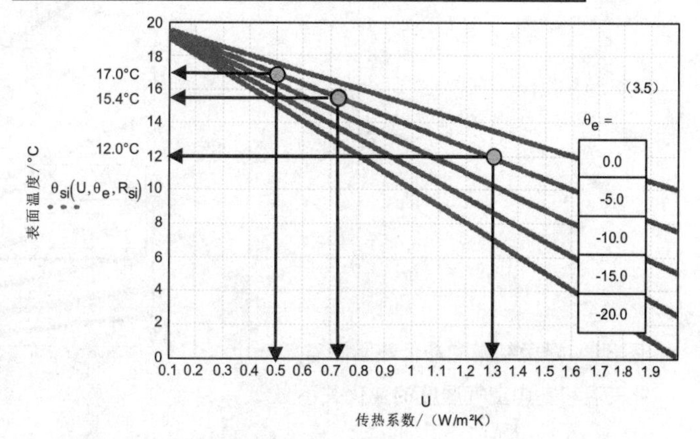

图 3.7 给定结构的内表面温度随墙体 U 值及外界气温的变化关系曲线图

$$\theta_{si}(R,\theta_e,R_{si}) := \theta_i - \frac{R_{si}}{R_{si}+R+R_{se}}\cdot(\theta_i-\theta_e) \qquad (3.12b)$$

$R_{si} := 0.25$

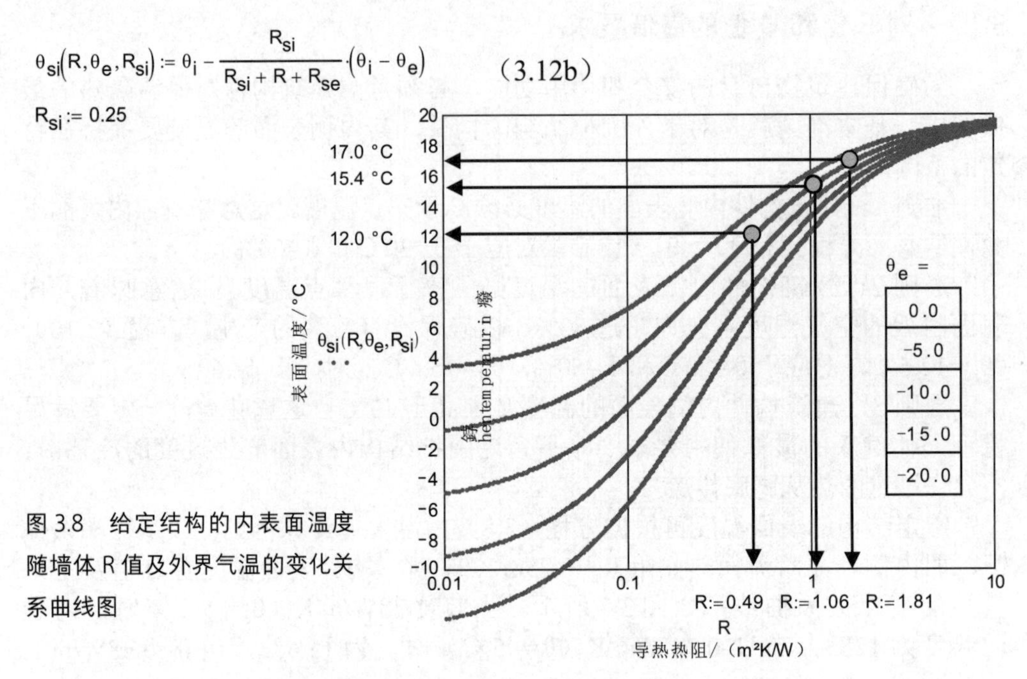

图 3.8　给定结构的内表面温度随墙体 R 值及外界气温的变化关系曲线图

3.1.2.1　准则 1：避免建筑构件表面产生冷凝水

将方程（3.9）带入计算表面温度的方程（3.12a）和方程（3.12b）中，便可得到为避免室内侧建筑构件表面结露的最低热阻的计算方程（3.13）。图 3.9 和表 3.7a 给出了在室温 θ_i=20℃，构件外表面对流换热热阻 R_{se}=0.04m²K/W，内表面对流换热热阻 R_{si}=0.17m²K/W 的条件下，构件最低热阻随室外气温和室内空气湿度的相互变化关系。此外，在表 3.7b 中还给出了最常见的内表面对流换热热阻 R_{si}=0.25m²K/W 所对应的情况。对应于这一对流换热热阻值，构件内表面温度下降最快，因而对应得到对墙体最为苛刻的要求。

$$R_{min}(\theta_i,\theta_e,\phi_i) := R_{si}\frac{\theta_i-\theta_e}{\theta_i-\left[\phi_i^{\,0.1247}\cdot(109.8+\theta_i)-109.8\right]} - R_{si} - R_{se} \qquad (3.13)$$

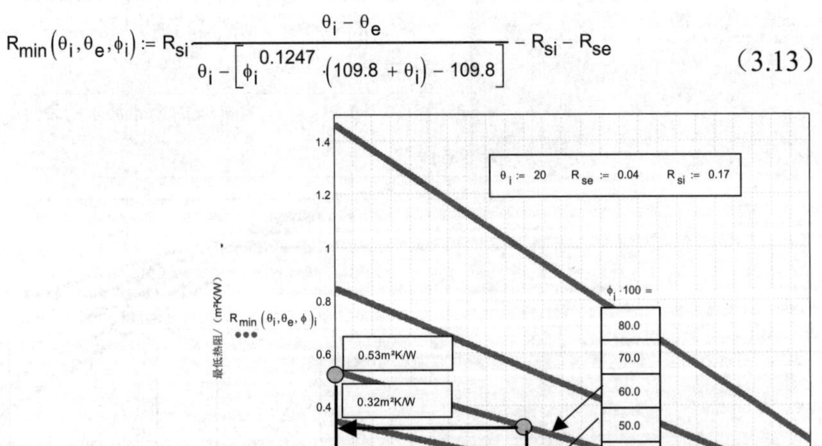

图 3.9　避免结露的最低热阻随室外气温和室内空气湿度的变化关系

表 3.7a 和表 3.7b 最低热阻随室外气温和室内空气湿度的变化关系

$\theta_i := 20 \quad R_{se} := 0.04 \quad R_{si} := 0.17$

ϕ_i/% θ/°C		20.0	30.0	40.0	50.0	60.0	70.0	80.0	90.0
		0	1	2	3	4	5	6	7
-15.000	0	0.04	0.12	0.21	0.34	0.53	0.84	1.46	3.30
-14.000	1	0.03	0.11	0.20	0.33	0.51	0.81	1.41	3.20
-13.000	2	0.03	0.10	0.19	0.31	0.49	0.78	1.36	3.10
-12.000	3	0.02	0.09	0.18	0.30	0.47	0.75	1.32	3.00
-11.000	4	0.01	0.08	0.17	0.28	0.45	0.72	1.27	2.90
-10.000	5	0.01	0.07	0.15	0.26	0.43	0.69	1.22	2.80
-9.000	6	0.00	0.06	0.14	0.25	0.41	0.66	1.17	2.70
-8.000	7	0.00	0.05	0.13	0.23	0.38	0.63	1.13	2.60
-7.000	8	0.00	0.04	0.12	0.22	0.36	0.60	1.08	2.50
-6.000	9	0.00	0.03	0.11	0.20	0.34	0.57	1.03	2.40
-5.000	10	0.00	0.02	0.09	0.19	0.32	0.54	0.98	2.30
-4.000	11	0.00	0.02	0.08	0.17	0.30	0.51	0.94	2.20
-3.000	12	0.00	0.01	0.07	0.15	0.28	0.48	0.89	2.10
-2.000	13	0.00	0.00	0.06	0.14	0.26	0.45	0.84	2.00
-1.000	14	0.00	0.00	0.04	0.12	0.24	0.42	0.79	1.90
0.000	15	0.00	0.00	0.03	0.11	0.21	0.39	0.74	1.80
1.000	16	0.00	0.00	0.02	0.09	0.19	0.36	0.70	1.70
2.000	17	0.00	0.00	0.01	0.07	0.17	0.33	0.65	1.60
3.000	18	0.00	0.00	0.00	0.06	0.15	0.30	0.60	1.50
4.000	19	0.00	0.00	0.00	0.04	0.13	0.27	0.55	1.40
5.000	20	0.00	0.00	0.00	0.03	0.11	0.24	0.51	1.30
6.000	21	0.00	0.00	0.00	0.01	0.09	0.21	0.46	1.19
7.000	22	0.00	0.00	0.00	0.00	0.07	0.18	0.41	1.09
8.000	23	0.00	0.00	0.00	0.00	0.04	0.15	0.36	0.99
9.000	24	0.00	0.00	0.00	0.00	0.02	0.12	0.31	0.89
10.000	25	0.00	0.00	0.00	0.00	0.00	0.09	0.27	0.79

$\theta_i := 20 \quad R_{se} := 0.04 \quad R_{si} := 0.25$

ϕ_i/% θ/°C		20.0	30.0	40.0	50.0	60.0	70.0	80.0	90.0
		0	1	2	3	4	5	6	7
-15.000	0	0.08	0.19	0.33	0.52	0.80	1.26	2.17	4.87
-14.000	1	0.07	0.18	0.32	0.50	0.77	1.22	2.10	4.73
-13.000	2	0.06	0.17	0.30	0.48	0.74	1.17	2.03	4.58
-12.000	3	0.05	0.15	0.28	0.45	0.71	1.13	1.96	4.43
-11.000	4	0.04	0.14	0.26	0.43	0.68	1.08	1.89	4.28
-10.000	5	0.03	0.12	0.25	0.41	0.65	1.04	1.82	4.14
-9.000	6	0.02	0.11	0.23	0.38	0.62	0.99	1.75	3.99
-8.000	7	0.01	0.10	0.21	0.36	0.58	0.95	1.68	3.84
-7.000	8	0.00	0.08	0.19	0.34	0.55	0.91	1.60	3.69
-6.000	9	0.00	0.07	0.17	0.31	0.52	0.86	1.53	3.55
-5.000	10	0.00	0.06	0.16	0.29	0.49	0.82	1.46	3.40
-4.000	11	0.00	0.04	0.14	0.27	0.46	0.77	1.39	3.25
-3.000	12	0.00	0.03	0.12	0.24	0.43	0.73	1.32	3.10
-2.000	13	0.00	0.01	0.10	0.22	0.40	0.68	1.25	2.96
-1.000	14	0.00	0.00	0.08	0.20	0.37	0.64	1.18	2.81
0.000	15	0.00	0.00	0.07	0.18	0.33	0.60	1.11	2.66
1.000	16	0.00	0.00	0.05	0.15	0.30	0.55	1.04	2.51
2.000	17	0.00	0.00	0.03	0.13	0.27	0.51	0.97	2.37
3.000	18	0.00	0.00	0.01	0.11	0.24	0.46	0.90	2.22
4.000	19	0.00	0.00	0.00	0.08	0.21	0.42	0.83	2.07
5.000	20	0.00	0.00	0.00	0.06	0.18	0.37	0.76	1.92
6.000	21	0.00	0.00	0.00	0.04	0.15	0.33	0.69	1.78
7.000	22	0.00	0.00	0.00	0.01	0.12	0.29	0.62	1.63
8.000	23	0.00	0.00	0.00	0.00	0.08	0.24	0.55	1.48
9.000	24	0.00	0.00	0.00	0.00	0.05	0.20	0.48	1.33
10.000	25	0.00	0.00	0.00	0.00	0.02	0.15	0.41	1.19

当外界气温为 −15℃，室温为 +20℃，室内空气湿度为 60% 时，为避免建筑构件内表面结露，构件的导热热阻不能低于 $0.53m^2K/W$ 或 $0.80m^2K/W$。常用的隔热玻璃窗的热阻值基本在此范围内。鉴于受到节能和保障健康的要求限制，常用的建筑构件的热阻值一般均优于最低要求值。只是对建筑外围护结构中的保温弱点位置（热桥）需要特别关注该值是否达标。当外界气温为 −5℃时，要求的最低热阻降低为 $0.32m^2K/W$ 或 $0.49m^2K/W$。

与最低热阻相对应的建筑结构最大允许传热系数为：

$$U_{max}(\theta_i, \theta_e, \phi_i) := \frac{1}{R_{si}} \frac{\theta_i - \left[\phi_i^{0.1247} \cdot (109.8 + \theta_i) - 109.8\right]}{\theta_i - \theta_e} \tag{3.14}$$

图 3.10 和表 3.8a 给出了在室温 θ_i=20℃，构件外表面对流换热热阻 R_{se}=$0.04m^2K/W$，内表面对流换热热阻 R_{si}=$0.17m^2K/W$ 的条件下，建筑构件最大允许的传热系数 U 值随室外气温和室内空气湿度的变化关系。此外，在表 3.8b 中还给出了最常见的内表面对流换热热阻 R_{si}=$0.25m^2K/W$ 所对应的情况。这一对流换热热阻值使得构件表面温度下降迅速，因此对墙体的要求也更苛刻。

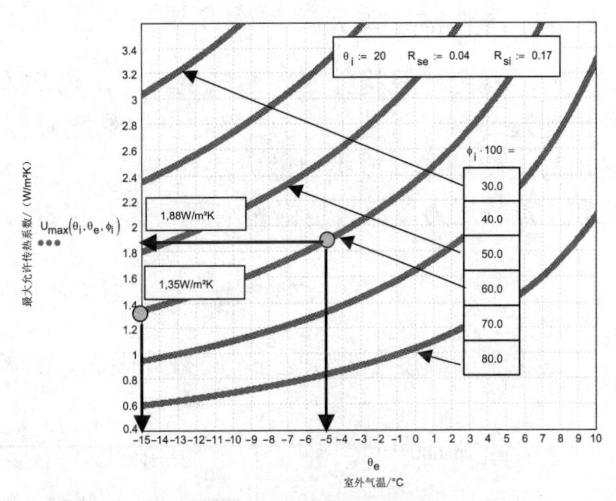

图 3.10 最大允许传热系数随室外气温和室内空气湿度的变化关系

表 3.8a 和表 3.8b 最大允许传热系数随室外气温和室内空气湿度的变化关系

$\theta_i := 20 \quad R_{se} := 0.04 \quad R_{si} := 0.17$

ϕ_i/%		20.0	30.0	40.0	50.0	60.0	70.0	80.0	90.0
θ/°C		0	1	2	3	4	5	6	7
-15.000	0	3.97	3.04	2.36	1.81	1.35	0.95	0.60	0.28
-14.000	1	4.08	3.13	2.42	1.86	1.39	0.98	0.62	0.29
-13.000	2	4.21	3.23	2.50	1.92	1.43	1.01	0.63	0.30
-12.000	3	4.34	3.33	2.58	1.98	1.47	1.04	0.65	0.31
-11.000	4	4.48	3.43	2.66	2.04	1.52	1.07	0.68	0.32
-10.000	5	4.63	3.55	2.75	2.11	1.57	1.11	0.70	0.33
-9.000	6	4.79	3.67	2.84	2.18	1.62	1.15	0.72	0.34
-8.000	7	4.96	3.80	2.94	2.26	1.68	1.19	0.75	0.36
-7.000	8	5.14	3.94	3.05	2.34	1.75	1.23	0.78	0.37
-6.000	9	5.34	4.09	3.17	2.43	1.81	1.28	0.81	0.38
-5.000	10	5.55	4.26	3.30	2.53	1.88	1.33	0.84	0.40
-4.000	11	5.78	4.44	3.44	2.63	1.96	1.38	0.87	0.42
-3.000	12	6.04	4.63	3.58	2.75	2.05	1.44	0.91	0.43
-2.000	13	6.31	4.84	3.75	2.87	2.14	1.51	0.95	0.45
-1.000	14	6.61	5.07	3.93	3.01	2.24	1.58	1.00	0.47
0.000	15	6.94	5.32	4.12	3.16	2.36	1.66	1.05	0.50
1.000	16	7.31	5.60	4.34	3.33	2.48	1.75	1.10	0.52
2.000	17	7.71	5.91	4.58	3.51	2.62	1.85	1.16	0.55
3.000	18	8.17	6.26	4.85	3.72	2.77	1.95	1.23	0.59
4.000	19	8.68	6.65	5.15	3.95	2.95	2.08	1.31	0.62
5.000	20	9.26	7.10	5.50	4.21	3.14	2.21	1.40	0.66
6.000	21	9.92	7.60	5.89	4.52	3.37	2.37	1.50	0.71
7.000	22	10.68	8.19	6.34	4.86	3.62	2.56	1.61	0.77
8.000	23	11.57	8.87	6.87	5.27	3.93	2.77	1.75	0.83
9.000	24	12.62	9.68	7.49	5.75	4.28	3.02	1.90	0.91
10.000	25	13.88	10.64	8.24	6.32	4.71	3.32	2.10	1.00

$\theta_i := 20 \quad R_{se} := 0.04 \quad R_{si} := 0.25$

ϕ_i/%		20.0	30.0	40.0	50.0	60.0	70.0	80.0	90.0
θ/°C		0	1	2	3	4	5	6	7
-15.000	0	2.70	2.07	1.60	1.23	0.92	0.65	0.41	0.19
-14.000	1	2.78	2.13	1.65	1.26	0.94	0.66	0.42	0.20
-13.000	2	2.86	2.19	1.70	1.30	0.97	0.68	0.43	0.21
-12.000	3	2.95	2.26	1.75	1.34	1.00	0.71	0.45	0.21
-11.000	4	3.05	2.33	1.81	1.39	1.03	0.73	0.46	0.22
-10.000	5	3.15	2.41	1.87	1.43	1.07	0.75	0.47	0.23
-9.000	6	3.26	2.50	1.93	1.48	1.10	0.78	0.49	0.23
-8.000	7	3.37	2.59	2.00	1.54	1.14	0.81	0.51	0.24
-7.000	8	3.50	2.68	2.08	1.59	1.19	0.84	0.53	0.25
-6.000	9	3.63	2.78	2.16	1.65	1.23	0.87	0.55	0.26
-5.000	10	3.78	2.90	2.24	1.72	1.28	0.90	0.57	0.27
-4.000	11	3.93	3.02	2.34	1.79	1.34	0.94	0.59	0.28
-3.000	12	4.10	3.15	2.44	1.87	1.39	0.98	0.62	0.29
-2.000	13	4.29	3.29	2.55	1.95	1.46	1.03	0.65	0.31
-1.000	14	4.50	3.45	2.67	2.05	1.53	1.08	0.68	0.32
0.000	15	4.72	3.62	2.80	2.15	1.60	1.13	0.71	0.34
1.000	16	4.97	3.81	2.95	2.26	1.69	1.19	0.75	0.36
2.000	17	5.25	4.02	3.11	2.39	1.78	1.25	0.79	0.38
3.000	18	5.55	4.26	3.30	2.53	1.88	1.33	0.84	0.40
4.000	19	5.90	4.52	3.50	2.69	2.00	1.41	0.89	0.42
5.000	20	6.29	4.83	3.74	2.87	2.14	1.51	0.95	0.45
6.000	21	6.74	5.17	4.00	3.07	2.29	1.61	1.02	0.48
7.000	22	7.26	5.57	4.31	3.31	2.46	1.74	1.10	0.52
8.000	23	7.87	6.03	4.67	3.58	2.67	1.88	1.19	0.56
9.000	24	8.58	6.58	5.10	3.91	2.91	2.05	1.30	0.62
10.000	25	9.44	7.24	5.61	4.30	3.20	2.26	1.42	0.68

当外界气温为 -15℃，室温为 +20℃，室内空气湿度为 60% 时，为避免建筑构件内表面结露，构件的 U 值不能超过 1.35W/m²K 或 0.92W/m²K。常用的隔热玻璃窗的热阻值基本上在此范围内。出于节能和健康的原因，其他常用的建筑构件的热阻值一般均高于这一要求。只是对建筑外围护结构中的保温弱点位置（热桥）需要特别关注该值是否达标。当外界气温为 -5℃时，对最大许用 U 值的要求降低为 1.88W/m²K 或 1.28W/m²K。

3.1.2.2 准则 2：避免建筑构件表面产生霉菌

为了避免建筑构件内表面产生霉菌，内表面处的空气相对湿度只能在短时间内超过 80%（限值）。与此相对应的温度被称为长霉温度 θ_{80}。这一温度可以采用与求解结露温度类似的方法获得。只是室内降温时对应的水蒸气压力不是饱和水蒸气压力，而只是饱和水蒸气压力的 80%。由此可得：

$$\theta_{80} = \left(\frac{\phi_i}{0.8}\right)^{0.1247} \cdot (109.8 + \theta_i) - 109.8 \tag{3.10}$$

由于表面温度不能超过 θ_{80} 的条件限制，结构的最低热阻或最大 U 值为：

$$R_{min80}(i,j) := R_{si} \frac{\theta_i - \theta_e(i)}{\theta_i - \left[\left(\frac{\phi_i(j)}{0.8}\right)^{0.1247} \cdot (109.8 + \theta_i) - 109.8\right]} - R_{si} - R_{se} \tag{3.15}$$

图 3.11 和表 3.9a 给出了在室温 θ_i=20℃，构件外表面对流换热热阻 R_{se}=0.04m^2K/W，内表面对流换热热阻 R_{si}=0.17m^2K/W 的条件下，构件最大允许传热系数 U 值随室外气温和室内空气湿度的变化关系。此外，在表 3.9b 中还给出了最常见的内表面对流换热热阻 R_{si}=0.25m^2K/W 所对应的情况。因为这一对流换热热阻值使得构件表面温度下降迅速，因此对避免墙体产生霉菌的要求也更苛刻。

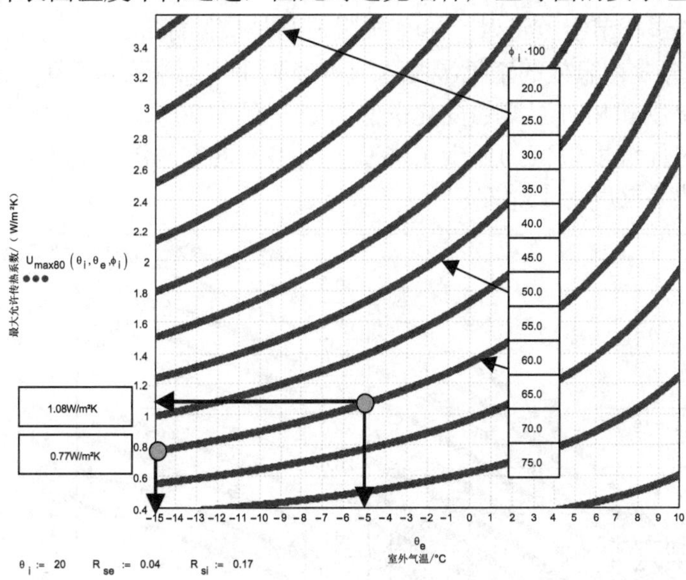

图 3.11 避免构件内表面产生霉菌的最大允许传热系数随室外气温和室内空气湿度的变化关系

表 3.9a 和表 3.9b 最大允许传热系数随室外气温和室内空气湿度的变化关系

$\theta_i := 20$ $R_{se} := 0.04$ $R_{si} := 0.17$

ϕ_i/% θ/°C		25.0 1	30.0 2	35.0 3	40.0 4	45.0 5	50.0 6	55.0 7	60.0 8	65.0 9	70.0 10	75.0 11
-15.000	3.46	2.95	2.51	2.14	1.81	1.51	1.24	1.00	**0.77**	0.56	0.36	0.17
-14.000	3.57	3.03	2.59	2.20	1.86	1.55	1.28	1.03	0.79	0.57	0.37	0.18
-13.000	3.67	3.12	2.66	2.27	1.92	1.60	1.32	1.06	0.82	0.59	0.38	0.19
-12.000	3.79	3.22	2.75	2.34	1.98	1.65	1.36	1.09	0.84	0.61	0.39	0.19
-11.000	3.91	3.33	2.84	2.41	2.04	1.71	1.40	1.12	0.87	0.63	0.41	0.20
-10.000	4.04	3.44	2.93	2.49	2.11	1.76	1.45	1.16	0.90	0.65	0.42	0.20
-9.000	4.18	3.55	3.03	2.58	2.18	1.82	1.50	1.20	0.93	0.67	0.43	0.21
-8.000	4.33	3.68	3.14	2.67	2.26	1.89	1.55	1.24	0.96	0.70	0.45	0.22
-7.000	4.49	3.82	3.26	2.77	2.34	1.96	1.61	1.29	1.00	0.72	0.47	0.23
-6.000	4.66	3.96	3.38	2.88	2.43	2.03	1.67	1.34	1.03	0.75	0.48	0.24
-5.000	4.85	4.12	3.52	2.99	2.53	2.11	1.74	1.39	**1.08**	0.78	0.50	0.24
-4.000	5.05	4.30	3.66	3.12	2.63	2.20	1.81	1.45	1.12	0.81	0.53	0.26
-3.000	5.27	4.48	3.82	3.25	2.75	2.30	1.89	1.52	1.17	0.85	0.55	0.27
-2.000	5.51	4.69	4.00	3.40	2.87	2.40	1.98	1.58	1.22	0.89	0.57	0.28
-1.000	5.77	4.91	4.19	3.56	3.01	2.52	2.07	1.66	1.28	0.93	0.60	0.29
0.000	6.06	5.15	4.40	3.74	3.16	2.64	2.17	1.74	1.35	0.98	0.63	0.31
1.000	6.38	5.43	4.63	3.94	3.33	2.78	2.29	1.83	1.42	1.03	0.66	0.32
2.000	6.73	5.73	4.88	4.15	3.51	2.94	2.41	1.94	1.49	1.08	0.70	0.34
3.000	7.13	6.06	5.17	4.40	3.72	3.11	2.56	2.05	1.58	1.15	0.74	0.36
4.000	7.58	6.44	5.49	4.67	3.95	3.30	2.72	2.18	1.68	1.22	0.79	0.38
5.000	8.08	6.87	5.86	4.99	4.21	3.52	2.90	2.32	1.79	1.30	0.84	0.41
6.000	8.66	7.36	6.28	5.34	4.52	3.78	3.10	2.49	1.92	1.39	0.90	0.44
7.000	9.32	7.93	6.76	5.75	4.86	4.07	3.34	2.68	2.07	1.50	0.97	0.47
8.000	10.10	8.59	7.33	6.23	5.27	4.41	3.62	2.90	2.24	1.63	1.05	0.51
9.000	11.02	9.37	7.99	6.80	5.75	4.81	3.95	3.17	2.45	1.77	1.15	0.56
10.000	12.12	10.31	8.79	7.48	6.32	5.29	4.35	3.49	2.69	1.95	1.26	0.61

$\theta_i := 20$ $R_{se} := 0.04$ $R_{si} := 0.25$

ϕ_i/% θ/°C		25.0 1	30.0 2	35.0 3	40.0 4	45.0 5	50.0 6	55.0 7	60.0 8	65.0 9	70.0 10	75.0 11
-15.000	2.35	2.00	1.71	1.45	1.23	1.03	0.84	0.68	**0.52**	0.38	0.24	0.12
-14.000	2.42	2.06	1.76	1.50	1.26	1.06	0.87	0.70	0.54	0.39	0.25	0.12
-13.000	2.50	2.12	1.81	1.54	1.30	1.09	0.90	0.72	0.55	0.40	0.26	0.13
-12.000	2.58	2.19	1.87	1.59	1.34	1.12	0.92	0.74	0.57	0.41	0.27	0.13
-11.000	2.66	2.26	1.93	1.64	1.39	1.16	0.95	0.76	0.59	0.43	0.28	0.13
-10.000	2.75	2.34	1.99	1.70	1.43	1.20	0.99	0.79	0.61	0.44	0.29	0.14
-9.000	2.84	2.42	2.06	1.75	1.48	1.24	1.02	0.82	0.63	0.46	0.30	0.14
-8.000	2.94	2.50	2.13	1.82	1.54	1.28	1.06	0.85	0.65	0.47	0.31	0.15
-7.000	3.05	2.60	2.21	1.88	1.59	1.33	1.09	0.88	0.68	0.49	0.32	0.15
-6.000	3.17	2.70	2.30	1.96	1.65	1.38	1.14	0.91	0.70	0.51	0.33	0.16
-5.000	3.30	2.80	2.39	2.03	1.72	1.44	1.18	0.95	**0.73**	0.53	0.34	0.17
-4.000	3.43	2.92	2.49	2.12	1.79	1.50	1.23	0.99	0.76	0.55	0.36	0.17
-3.000	3.58	3.05	2.60	2.21	1.87	1.56	1.29	1.03	0.80	0.58	0.37	0.18
-2.000	3.75	3.19	2.72	2.31	1.95	1.63	1.34	1.08	0.83	0.60	0.39	0.19
-1.000	3.92	3.34	2.85	2.42	2.05	1.71	1.41	1.13	0.87	0.63	0.41	0.20
0.000	4.12	3.51	2.99	2.54	2.15	1.80	1.48	1.19	0.91	0.66	0.43	0.21
1.000	4.34	3.69	3.15	2.68	2.26	1.89	1.56	1.25	0.96	0.70	0.45	0.22
2.000	4.58	3.89	3.32	2.83	2.39	2.00	1.64	1.32	1.02	0.74	0.48	0.23
3.000	4.85	4.12	3.52	2.99	2.53	2.11	1.74	1.39	1.08	0.78	0.50	0.24
4.000	5.15	4.38	3.74	3.18	2.69	2.25	1.85	1.48	1.14	0.83	0.54	0.26
5.000	5.49	4.67	3.98	3.39	2.87	2.40	1.97	1.58	1.22	0.88	0.57	0.28
6.000	5.89	5.01	4.27	3.63	3.07	2.57	2.11	1.69	1.31	0.95	0.61	0.30
7.000	6.34	5.39	4.60	3.91	3.31	2.77	2.27	1.82	1.41	1.02	0.66	0.32
8.000	6.87	5.84	4.98	4.24	3.58	3.00	2.46	1.98	1.52	1.11	0.71	0.35
9.000	7.49	6.37	5.43	4.62	3.91	3.27	2.69	2.15	1.66	1.21	0.78	0.38
10.000	8.24	7.01	5.98	5.09	4.30	3.59	2.96	2.37	1.83	1.33	0.86	0.42

当外界气温为 -15℃，室温为 +20℃，室内空气湿度为 60% 时，为避免建筑构件内表面产生霉菌，构件的传热系数不能超过 0.77W/m²K 或 0.52W/m²K。最后给出的值相应于对新建建筑中各构件的节能要求。出于节能和健康的原因，对于建筑外围护结构中的保温弱点位置（热桥）需要特别关注该值是否达标。当外界气温为 -5℃时，对最大许用 U 值的要求降低为 1.08W/m²K 或 0.73W/m²K。在对既有建筑进行节能改造时，这个极限值则是最低标准。

图（3.12）是内表处的空气湿度达到 80% 时的“霉菌温度”θ_{80}（方程（3.10））随室内空气温度和相对湿度的变化关系。在室温为 20℃，室内空气湿度为 50% 时，构件内表面温度限值为低于 12.6℃，而当室内空气湿度为 60% 时，有产生霉菌风险的边界温度为 15.4℃。

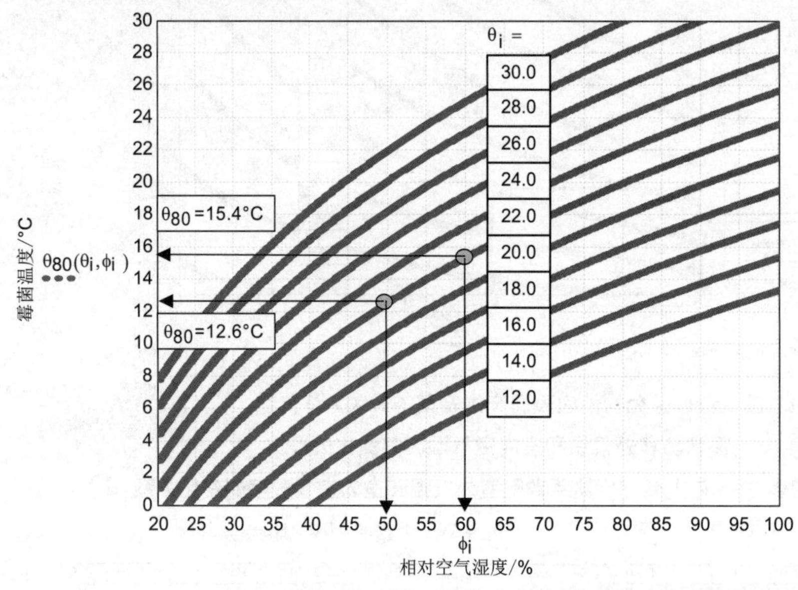

图 3.12 “霉菌温度”随室内空气温度和相对湿度的变化关系

表 3.10 “霉菌温度”随室内空气温度和相对湿度的变化关系的表格表示

φ/% θ/°C		20.0	25.0	30.0	35.0	40.0	45.0	50.0	55.0	60.0	65.0	70.0	75.0	80.0
		0	1	2	3	4	5	6	7	8	9	10	11	12
10.0	0	-6.9	-4.3	-2.2	-0.3	0.1	1.7	3.2	4.5	5.8	6.9	8.0	9.0	10.0
11.0	1	-6.0	-3.4	-1.2	0.6	1.0	2.6	4.1	5.5	6.7	7.9	9.0	10.0	11.0
12.0	2	-5.1	-2.5	-0.3	0.1	1.9	3.6	5.1	6.4	7.7	8.9	10.0	11.0	12.0
13.0	3	-4.2	-1.6	0.6	1.0	2.8	4.5	6.0	7.4	8.7	9.9	11.0	12.0	13.0
14.0	4	-3.3	-0.7	1.5	1.9	3.7	5.4	7.0	8.3	9.6	10.8	12.0	13.0	14.0
15.0	5	-2.4	0.2	0.6	2.8	4.7	6.4	7.9	9.3	10.6	11.8	12.9	14.0	15.0
16.0	6	-1.5	1.2	1.5	3.7	5.6	7.3	8.8	10.3	11.6	12.8	13.9	15.0	16.0
17.0	7	-0.6	2.1	2.4	4.6	6.5	8.2	9.8	11.2	12.5	13.8	14.9	16.0	17.0
18.0	8	0.2	0.7	3.3	5.5	7.4	9.2	10.7	12.2	13.5	14.7	15.9	17.0	18.0
19.0	9	1.1	1.6	4.2	6.4	8.3	10.1	11.7	13.1	14.5	15.7	16.9	18.0	19.0
20.0	10	2.0	2.5	5.1	7.3	9.3	11.0	12.6	14.1	15.4	16.7	17.9	19.0	20.0
21.0	11	0.2	3.3	5.9	8.2	10.2	11.9	13.6	15.0	16.4	17.7	18.8	20.0	21.0
22.0	12	1.1	4.2	6.8	9.1	11.1	12.9	14.5	16.0	17.4	18.6	19.8	20.9	22.0
23.0	13	1.9	5.1	7.7	10.0	12.0	13.8	15.4	16.9	18.3	19.6	20.8	21.9	23.0
24.0	14	2.8	5.9	8.6	10.9	12.9	14.7	16.4	17.9	19.3	20.6	21.8	22.9	24.0
25.0	15	3.6	6.8	9.5	11.8	13.8	15.7	17.3	18.8	20.2	21.6	22.8	23.9	25.0
26.0	16	4.4	7.7	10.4	12.7	14.8	16.6	18.3	19.8	21.2	22.5	23.8	24.9	26.0
27.0	17	5.3	8.5	11.3	13.6	15.7	17.5	19.2	20.8	22.2	23.5	24.7	25.9	27.0
28.0	18	6.1	9.4	12.1	14.5	16.6	18.5	20.2	21.7	23.1	24.5	25.7	26.9	28.0
29.0	19	7.0	10.3	13.0	15.4	17.5	19.4	21.1	22.7	24.1	25.5	26.7	27.9	29.0
30.0	20	7.8	11.1	13.9	16.3	18.4	20.3	22.0	23.6	25.1	26.4	27.7	28.9	30.0

3.1.2.3　准则 3：避免建筑构件表面温度低于 17℃

为了避免围护结构表面对人体的冷辐射及足部的过度散热，建筑构件表面的温度不允许低于 17℃（健康限值）。这一温度在下文中将标记为 θ_{hyg}。在室内气温 θ_i、室外气温 θ_e 和表面对流换热阻力 R_{si} 为已知的条件下，便可推导出计算构件内侧表面的 R_{min} 和 U_{max} 的方程（3.16）和方程（3.17）。

为保证构件表面温度不低于 17℃的健康限值的要求，相应地对传热阻力或传热系数也提出了极为严格的限制。在室外气温 θ_e=−5℃的条件下，U 值必须保持在 0.71W/m²K（R_{si}=0.17m²K/W）或 0.48W/m²K（R_{si}=0.25m²K/W）水平。从节能角度来看，这几乎与严格的要求相对应（见 4.1 节，供暖期间建筑物的热工性能）。例如，对于屋面传热过程，规范规定传热阻力为 R=1.75m²K/W。在冬季计算室外气温为 θ_e=−5℃的条件下，外墙的最低热阻值应为 R=1.22m²K/W（R_{si}=0.17m²K/W）。在 θ_e=0℃（冷屋顶房间，地面层房间）的条件下，热阻值应为 R=0.92m²K/W。室外气温 θ_e=+10℃时（相应于隔壁房间为不连续供热时的气温）的热阻值也展现于此。由此得到居民住房内屋顶楼板的相应值为：R=0.35m²K/W 和 U=1.77W/m²K。

$$R_{minhyg}(\theta_i,\theta_e,R_{si}) := R_{si}\frac{\theta_i-\theta_e}{\theta_i-\theta_{hyg}} - R_{si} - R_{se} \tag{3.16}$$

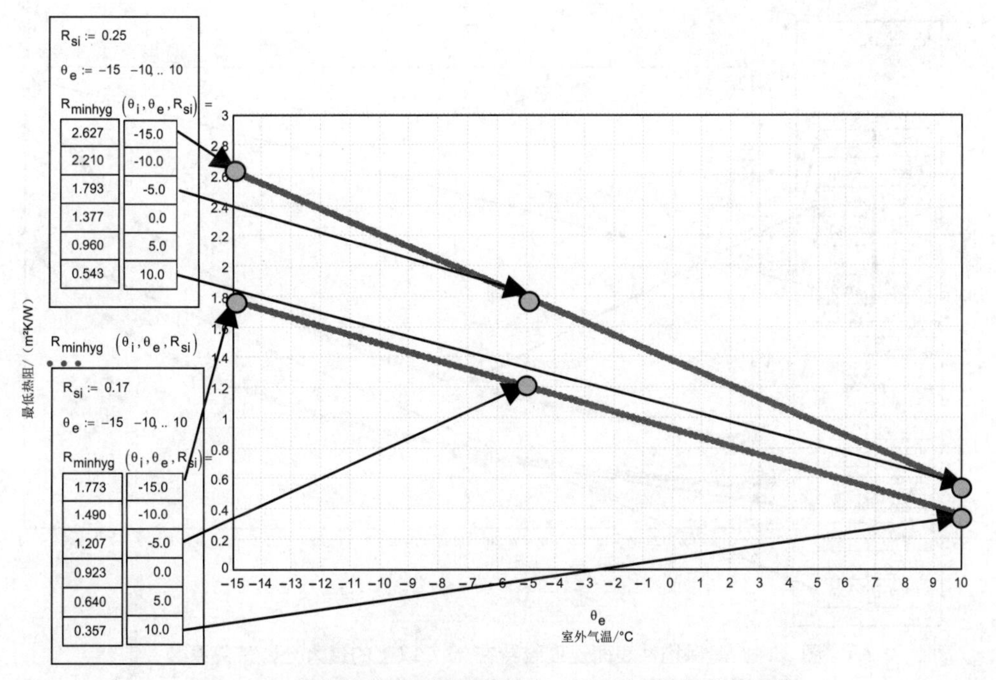

图 3.13　确保构件表面温度维持在 17°C 以上的最低热阻值

表 3.11 列出了根据方程式（3.15）和方程式（3.16）得出的建筑构件最低热阻的一些关键数值。

表 3.11　建筑构件的最低热阻值

起居室地面（下方外侧为室外空气）	1.75m²K/W
起居室外墙及屋面（上方外侧为室外空气）	1.20m²K/W
起居室与冷空间的隔墙及屋顶（如冷屋顶）；与土壤直接接触的建筑构件（含通风腔的情况除外）	0.90m²K/W
室内楼板	0.35m²K/W
与非供热房间分隔的隔墙	0.20m²K/W

$$U_{maxhyg}(\theta_i,\theta_e,R_{si}) := \frac{1}{R_{si}}\frac{\theta_i-\theta_{hyg}}{\theta_i-\theta_e} \quad (3.17)$$

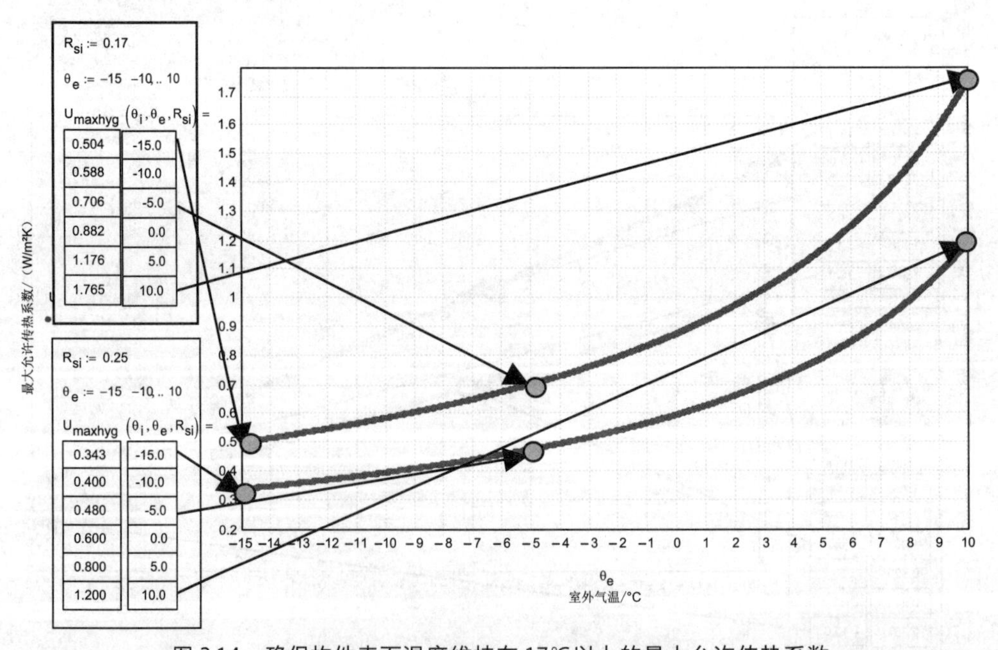

图 3.14　确保构件表面温度维持在 17℃以上的最大允许传热系数

3.1.3 并联组合构件的传热

每栋建筑都由不同隔热材料，即不同的 U 值的构件组成。平均热阻或平均传热系数可以由分别平行流过墙壁和窗的热流来确定，如图 3.15 所示。

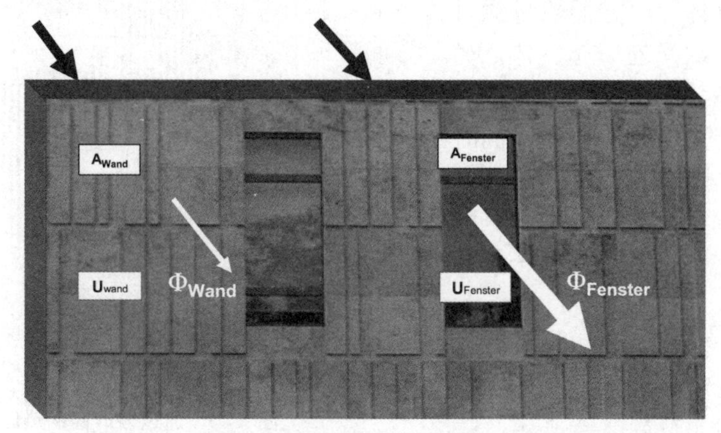

图 3.15 不同保温材料组件并联布置组成的建筑构件

$$\Phi_W = U_W \cdot A_W \cdot (\theta_i - \theta_e)$$
$$\Phi_F = U_F \cdot A_F \cdot (\theta_i - \theta_e)$$
$$\Phi_{res} = \Phi_W + \Phi_F$$
$$\Phi_{res} = U_{res} \cdot A_{res} \cdot (\theta_i - \theta_e) \tag{3.18}$$

$$U_{res} := \frac{U_W \cdot A_W + U_F \cdot A_F}{A_W + A_F} \tag{3.19}$$

示例：
不同保温材料组件并联布置组成的建筑构件（墙和窗）

$A_{ges} := 3.6 \cdot 2.8$

$A_{ges} = 10.080$

$A_F := 1.4 \cdot 1.6$　　$U_F := 1.4$

$A_F = 2.240$

$A_W := A_{ges} - A_F$　　$U_W := 0.4$

$A_W = 7.840$

$U_{res} := \frac{U_W \cdot A_W + U_F \cdot A_F}{A_W + A_F}$

$U_{res} = 0.622$

对于由 n 个面积为 A_k，传热系数为 U_k 的不同部分组成的构件，其总热流 Φ 是通过所有单元分热流的总和。由此产生的总传热系数 U_{res} 可由各部分表面及其相应的 U 值的加权平均得到（式（3.20））。在计算建筑物的传热损失时（第 4 章），建筑物的各个部件将根据这种并联组合的形式建立模型。

$$U_{res} := \frac{\sum_{k=1}^{n} U_k \cdot A_k}{\sum_{k=1}^{n} A_k} \tag{3.20}$$

3.1.4 玻璃窗的传热

在窗户处，热损失平行地流过窗框和玻璃。热流透过窗户上的玻璃进入中间的填充气体，一方面热量通过传导的方式穿过玻璃间的填充气体，另一方面填充气体在热面一侧上升，在冷面一侧下降由此产生了热的对流，同时冷热面之间又产生了长波辐射。

下面将定量地近似推导三种热流和通过玻璃及整个窗户总的传热系数的计算方程。

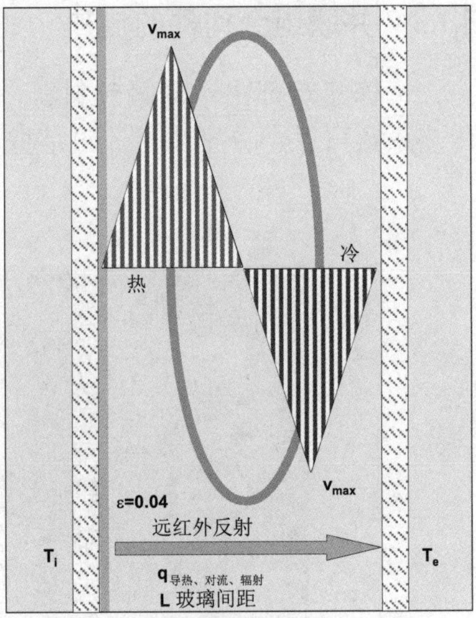

图 3.16 通过玻璃窗的热传递过程图示

通过玻璃单元的导热、对流和辐射传热过程相关参数推导：

式（3.21）总升浮力（填充气体冷热侧的浮力差）

$$F_{auftrieb} := (\rho e - \rho i)\cdot A\cdot \frac{L}{2}\cdot g \tag{3.21}$$

式（3.22）由气体状态方程表达的气体密度差

$$\rho e - \rho i. = \rho \frac{T_i - T_e}{2T_m} \tag{3.22}$$

式（3.23）上升与下降气流之间的层流摩擦力

$$F_{reibung} := \eta\cdot 4\cdot A\cdot \frac{v_{max}}{\left(\frac{L}{4}\right)} \qquad A := b\cdot h \tag{3.23}$$

式（3.24）在升浮力和摩擦力相等 $F_a=F_r$ 的情况下，填充气体向上或向下流动的最大速度

$$v_{max} := \frac{1}{64}\cdot\frac{T_i - T_e}{T_m}\cdot\frac{\rho}{\eta}\cdot L^2\cdot g \tag{3.24}$$

式（3.25）通过填充气体的导热和对流换热的热流量

$$\Phi_{cc}(L) := \frac{T_i - T_e}{\left(\frac{L}{\lambda}\right)}\cdot A + c\cdot\rho\cdot\left(\frac{L}{2}\cdot b\cdot\frac{v_{max}}{2}\right)\cdot\frac{T_i - T_e}{2} \tag{3.25}$$

式（3.26）导热和对流热流密度（v_{max} 由方程（3.24）代入，面积由 A=b · h 代入）

$$q_{cc}(L) := \frac{\lambda}{L}\cdot\left[1 + \frac{L}{512\cdot h}\cdot\left[\frac{T_i - T_e}{T_m}\cdot\frac{L^3}{\left(\frac{\eta}{\rho}\right)^2}\cdot g\right]\cdot\left(\frac{\eta\cdot c}{\lambda}\right)\right]\cdot(T_i - T_e) \tag{3.26}$$

由式（3.26）可导出式（3.27）和式（3.28）。

式（3.29）对应于式（2.36）。

式（3.27）填充气体的导热系数

$$h_{cond}(L) := \frac{\lambda}{L} \tag{3.27}$$

式（3.28）对流换热系数

$$h_{conv}(L) := \frac{\lambda}{512\cdot h}\cdot\left[\frac{T_i - T_e}{T_m}\cdot\frac{L^3}{\left(\frac{\eta}{\rho}\right)^2}\cdot g\right]\cdot\left(\frac{\eta\cdot c}{\lambda}\right) = \frac{\lambda}{512\cdot h}\cdot Gr\cdot Pr \tag{3.28}$$

式（3.29）辐射换热系数

$$h_r(L) := \frac{4\cdot\sigma\cdot T_m^3}{\frac{1}{\varepsilon_1} + \frac{1}{\varepsilon_2} - 1} \tag{3.29}$$

传导、对流和辐射传热系数值之和得到由式（3.30）表达的玻璃单元的总传热系数 h_{total}（W/m^2K）。由浮力诱导的空腔内流动精确的数值模拟结果表明，对流发生的范围约为 L＜0.04m 和 5L＜h＜100L。

$$h_{total}(L) := \frac{\lambda}{L} + \frac{\lambda}{512 \cdot h} \cdot \left[\frac{T_i - T_e}{T_m} \cdot \frac{L^3}{\left(\frac{\eta}{\rho}\right)^2} \cdot g \right] \cdot \frac{\eta \cdot c}{\lambda} + \frac{4 \cdot \sigma \cdot T_m^3}{\frac{1}{\varepsilon 1} + \frac{1}{\varepsilon 2} - 1} \tag{3.30}$$

示例：隔热玻璃窗（双层红外反射玻璃和氩气填充）

填充气体氩气的特性参数：$\rho := 1.78$　$\eta := 2.1 \cdot 10^{-5}$　$\lambda := 0.016$　$c := 500$

玻璃的温度和辐射特性参数：$T_i := 293$　$T_e := 273$　$T_m := 283$　$\varepsilon 1 := 0.04$　$\varepsilon 2 := 0.84$　$\sigma := 5.67 \cdot 10^{-8}$

窗的几何尺寸：$L := 0.015$　$h := 2$　$g := 9.81$　$v_{max} = 0.207$

玻璃单元的传热系数/（W/m^2K）

导热传热系数　$h_{cond}(L) := \frac{\lambda}{L}$　　$h_{cond}(L) = 1.067$

对流传热系数　$h_{conv}(L) := \frac{\lambda}{512 \cdot h} \cdot \left[\frac{T_i - T_e}{T_m} \cdot \frac{L^3}{\left(\frac{\eta}{\rho}\right)^2} \cdot g \right] \cdot \frac{\eta \cdot c}{\lambda}$　　$h_{conv}(L) = 0.172$

辐射传热系数　$h_r(L) := \frac{4 \cdot \sigma \cdot T_m^3}{\frac{1}{\varepsilon 1} + \frac{1}{\varepsilon 2} - 1}$　　$h_r(L) = 0.204$

总传热系数　$h_{total}(L) := \frac{\lambda}{L} \cdot \left[1 + \frac{L}{512 \cdot h} \cdot \left[\frac{T_i - T_e}{T_m} \cdot \frac{L^3}{\left(\frac{\eta}{\rho}\right)^2} \cdot g \right] \cdot \left(\frac{\eta \cdot c}{\lambda} \right) \right] + \frac{4 \cdot \sigma \cdot T_m^3}{\frac{1}{\varepsilon 1} + \frac{1}{\varepsilon 2} - 1}$　　$h_{total}(L) = 1.443$

热阻/（m^2K/W）

$$R(L) := \frac{1}{h_{total}(L)} \qquad R_{si} := 0.13 \qquad R_{se} := 0.04 \tag{3.31}$$

$R(L) = 0.693$　　$R_{verglasung} = 0.693 m^2K/W$

隔热玻璃单元的传热系数/（W/m^2K）

$U_G(L) := \frac{1}{R_{si} + R(L) + R_{se}}$

$U_G(L) = 1.159$

$U_{verglasung} = 1.16 W/m^2K$

下面将讨论通过隔热窗玻璃单元的导热、对流及辐射换热量与玻璃间隔大小之间的相互关系。

填充气体氩气的特性参数：		红外反射隔热玻璃的温度和辐射特性参数：			窗的几何尺寸：		
	$\rho := 1.78$		$T_i := 291$	$\varepsilon_1 := 0.04$		$L := 0.015$	$R_{si} := 0.13$
	$\eta := 2.1\cdot 10^{-5}$		$T_e := 273$	$\varepsilon_2 := 0.84$		$h := 2$	$R_{se} := 0.04$
	$\lambda := 0.016$		$T_m := 282$				
	$c := 500$						

导热传热系数/（W/m²K）

$$h_{cond}(L) := \frac{\lambda}{L}$$

对流传热系数/（W/m²K）

$$h_{conv}(L) := \frac{\lambda}{512\cdot h}\cdot\left[\frac{T_i - T_e}{T_m}\cdot\frac{L^3}{\left(\frac{\eta}{\rho}\right)^2}\cdot g\right]\cdot\frac{\eta\cdot c}{\lambda}$$

辐射传热系数/（W/m²K）

$$h_r(L) := \frac{4\cdot\sigma\cdot T_m^3}{\frac{1}{\varepsilon_1}+\frac{1}{\varepsilon_2}-1}$$

总传热系数/（W/m²K）

$$h_{total}(L) := \frac{\lambda}{L}\cdot\left[1+\frac{L}{512\cdot h}\cdot\left[\frac{T_i - T_e}{T_m}\cdot\frac{L^3}{\left(\frac{\eta}{\rho}\right)^2}\cdot g\right]\cdot\left(\frac{\eta\cdot c}{\lambda}\right)\right]+\frac{4\cdot\sigma\cdot T_m^3}{\frac{1}{\varepsilon_1}+\frac{1}{\varepsilon_2}-1}$$

隔热玻璃单元的传热系数/（W/m²K）

$$U_G(L) := \frac{1}{R_{si}+\frac{1}{h_{total}(L)}+R_{se}}$$

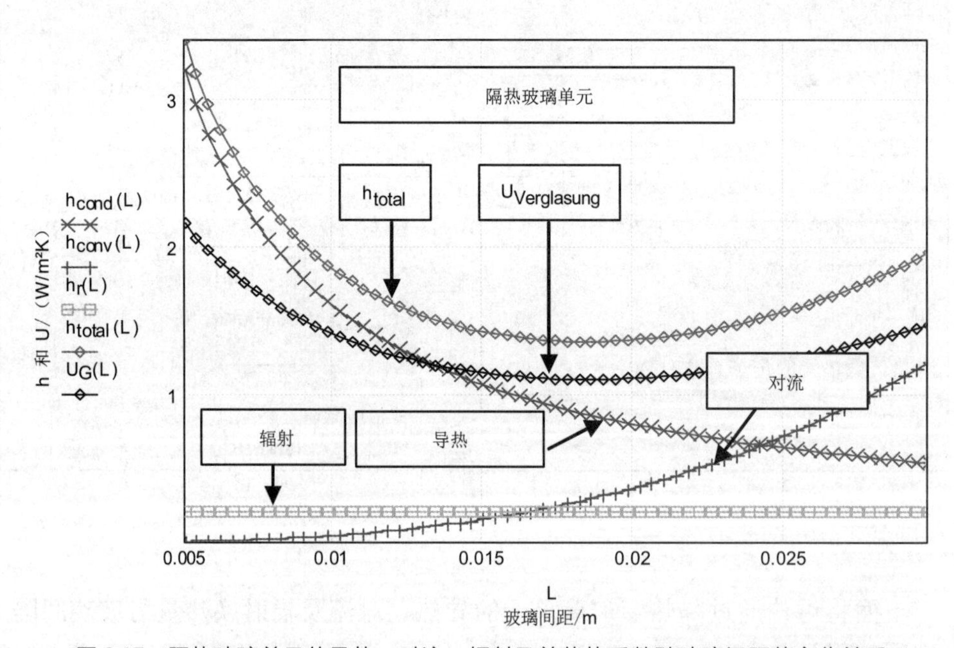

图 3.17　隔热玻璃单元的导热、对流、辐射及总传热系数随玻璃间距的变化关系

下面讨论通过普通密封玻璃单元的导热、对流及辐射换热量与玻璃间距 L 大小之间的相互关系，以便与前面内容进行比较。

填充气体氩气的特性参数：
$\rho := 1.23$
$\eta := 1.0 \cdot 10^{-5}$
$\lambda := 0.030$
$c := 1000$

非红外反射隔热玻璃的温度和辐射特性参数：
$T_i := 288$
$T_e := 274$
$T_m := 281$
$\varepsilon_1 := 0.84$
$\varepsilon_2 := 0.84$

窗的几何尺寸：
$L := 0.005, 0.0054, .. ,0.03$
$h := 2$
$R_{si} := 0.13$
$R_{se} := 0.04$

导热传热系数/（W/m²K）
$$h_{cond}(L) := \frac{\lambda}{L}$$

对流传热系数/（W/m²K）
$$h_{conv}(L) := \frac{\lambda}{512 \cdot h} \cdot \left[\frac{T_i - T_e}{T_m} \cdot \frac{L^3}{\left(\frac{\eta}{\rho}\right)^2} \cdot g \right] \cdot \frac{\eta \cdot c}{\lambda}$$

辐射传热系数/（W/m²K）
$$h_r(L) := \frac{4\,\sigma \cdot T_m^3}{\frac{1}{\varepsilon_1} + \frac{1}{\varepsilon_2} - 1}$$

总传热系数/（W/m²K）
$$h_{total}(L) := \frac{\lambda}{L} \cdot \left[1 + \frac{L}{512 \cdot h} \cdot \left[\frac{T_i - T_e}{T_m} \cdot \frac{L^3}{\left(\frac{\eta}{\rho}\right)^2} \cdot g \right] \cdot \left(\frac{\eta \cdot c}{\lambda}\right) \right] + \frac{4 \cdot \sigma \cdot T_m^3}{\frac{1}{\varepsilon_1} + \frac{1}{\varepsilon_2} - 1}$$

隔热玻璃单元的传热系数/（W/m²K）
$$U_G(L) := \frac{1}{R_{si} + \frac{1}{h_{total}(L)} + R_{se}}$$

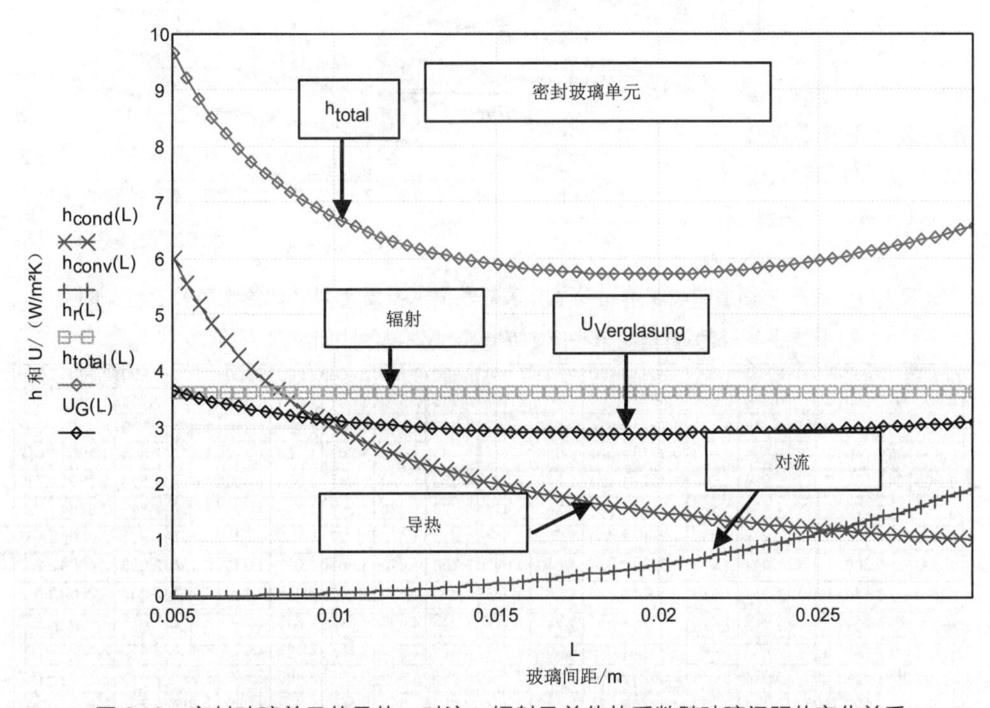

图 3.18　密封玻璃单元的导热、对流、辐射及总传热系数随玻璃间距的变化关系

本节的最后，将对整个窗户（平行布置的玻璃单元、固定框架和玻璃边框）的传热系数进行计算。

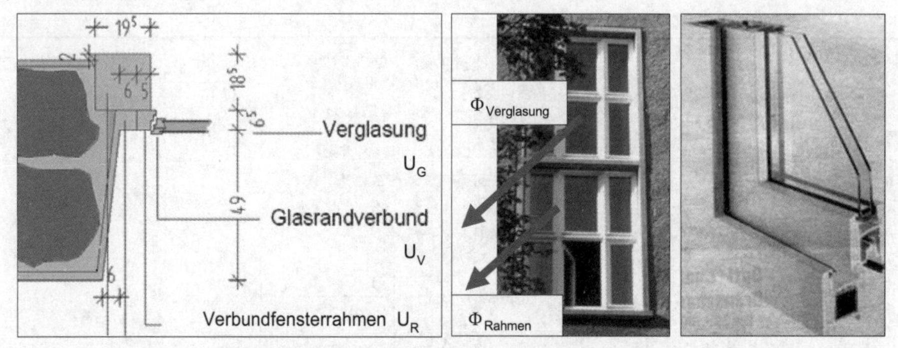

图 3.19　窗户的构造和连接：玻璃单元、固定框架、玻璃边框

各部分面积：　　　　　　　　　　　　　　各部分传热系数：

$A_F := 1$　　$A_G := 0.70$　　$A_V := 4\sqrt{A_G}\cdot 5\cdot 10^{-3}$　　$A_R := A_F - A_G - A_V$　　$U_G := 0.5, 1 .. 3$　　$U_R := 1.0, 1.001 .. 3.5$

$A_F = 1.000$　　$A_G = 0.700$　　$A_V = 0.017$　　$A_R = 0.283$　　$U_V := 4$

$$U_F(U_G, U_R) := \frac{U_G \cdot A_G + U_R \cdot A_R + U_V \cdot A_V}{A_F} \tag{3.32}$$

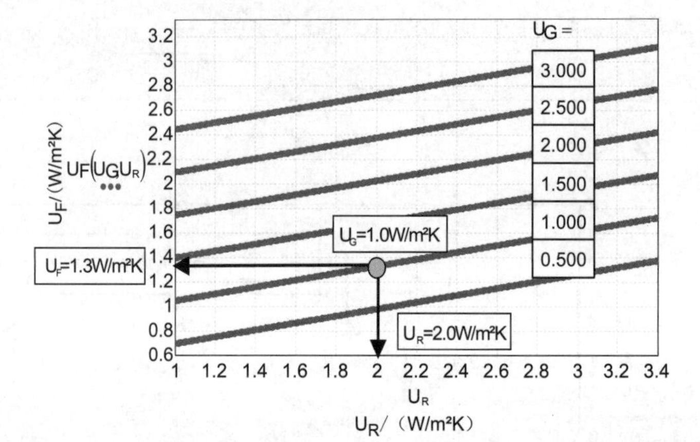

图 3.20　窗户的总传热系数随固定框架和玻璃单元 U 值的变化关系

表 3.12　窗户的 U 值随玻璃单元 U 值（表最左列）及固定框架 U 值（表最上行）的变化关系：隔热玻璃窗：U_G=1.0W/m²K，U_R=2.0W/m²K，U_F=1.3W/m²K

U_R/(W/m²K) U_G/(W/m²K)		0.400	0.600	0.800	1.000	1.200	1.400	1.600	1.800	2.000	2.200	2.400	2.600	2.800	3.000	3.200	3.400	3.600
0.400	0	0.460	0.517	0.574	0.630	0.687	0.744	0.800	0.857	0.913	0.970	1.027	1.083	1.140	1.197	1.253	1.310	1.367
0.600	1	0.600	0.657	0.714	0.770	0.827	0.884	0.940	0.997	1.053	1.110	1.167	1.223	1.280	1.337	1.393	1.450	1.507
0.800	2	0.740	0.797	0.854	0.910	0.967	1.024	1.080	1.137	1.193	1.250	1.307	1.363	1.420	1.477	1.533	1.590	1.647
1.000	3	0.880	0.937	0.994	1.050	1.107	1.164	1.220	1.277	1.333	1.390	1.447	1.503	1.560	1.617	1.673	1.730	1.787
1.200	4	1.020	1.077	1.134	1.190	1.247	1.304	1.360	1.417	1.473	1.530	1.587	1.643	1.700	1.757	1.813	1.870	1.927
1.400	5	1.160	1.217	1.274	1.330	1.387	1.444	1.500	1.557	1.613	1.670	1.727	1.783	1.840	1.897	1.953	2.010	2.067
1.600	6	1.300	1.357	1.414	1.470	1.527	1.584	1.640	1.697	1.753	1.810	1.867	1.923	1.980	2.037	2.093	2.150	2.207
1.800	7	1.440	1.497	1.554	1.610	1.667	1.724	1.780	1.837	1.893	1.950	2.007	2.063	2.120	2.177	2.233	2.290	2.347
2.000	8	1.580	1.637	1.694	1.750	1.807	1.864	1.920	1.977	2.033	2.090	2.147	2.203	2.260	2.317	2.373	2.430	2.487
2.200	9	1.720	1.777	1.834	1.890	1.947	2.004	2.060	2.117	2.173	2.230	2.287	2.343	2.400	2.457	2.513	2.570	2.627
2.400	10	1.860	1.917	1.974	2.030	2.087	2.144	2.200	2.257	2.313	2.370	2.427	2.483	2.540	2.597	2.653	2.710	2.767
2.600	11	2.000	2.057	2.114	2.170	2.227	2.284	2.340	2.397	2.453	2.510	2.567	2.623	2.680	2.737	2.793	2.850	2.907
2.800	12	2.140	2.197	2.254	2.310	2.367	2.424	2.480	2.537	2.593	2.650	2.707	2.763	2.820	2.877	2.933	2.990	3.047
3.000	13	2.280	2.337	2.394	2.450	2.507	2.564	2.620	2.677	2.733	2.790	2.847	2.903	2.960	3.017	3.073	3.130	3.187

3.1.5 通风围护结构的传热

3.1.5.1 通风外墙

本节将讨论带有悬挂外立面的围护结构的传热过程。在垂直的墙体缝隙中会有外部空气流过。由升浮力引起的热对流情况如下列各图所示。首先，缝隙中空气的热升力和摩擦力之间的平衡关系使得层流范围内的气流速度 v_{max} 可以通过非常简化的方式来确定。

$$F_{Auftrieb} = \rho \cdot \frac{(T_{sp} - T_e)}{T} \cdot h \cdot g \cdot L \cdot b$$

$$F_{Reibung} = \eta \cdot 2 \cdot h \cdot b \cdot \left(\frac{v_{max}}{\frac{L_g}{2}} \right)$$

$$v_{max} = \frac{1}{8} \cdot \frac{T_{sp} - T_e}{T} \cdot \frac{\rho}{\eta} \cdot L \cdot L_g \cdot g$$

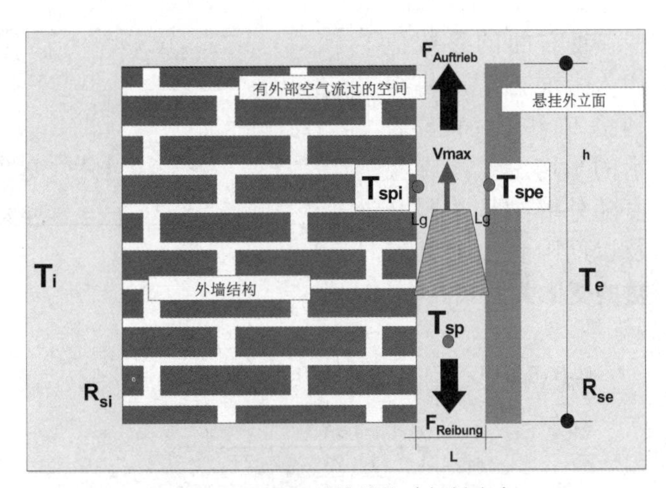

图 3.21 通风外墙结构（机械力）

热流平衡关系式为：

$$q_i = q_{cd} + q_r + q_{cv}$$

$$q_{cd} + q_r = q_e$$

其中，导热热流密度为：

$$q_{cd} = \frac{\lambda}{L} \cdot (T_{spi} - T_{spe})$$

对流热流密度为：

$$q_{cv} = c \cdot \rho \cdot \frac{L \cdot b}{h \cdot b} \cdot \frac{v_{max}}{2} \cdot (T_{sp} - T_e)$$

辐射热流密度为：

$$q_r = \frac{4 \cdot \sigma \cdot T^3}{\frac{1}{\varepsilon_1} + \frac{1}{\varepsilon_2} - 1} \cdot (T_{spi} - T_{spe})$$

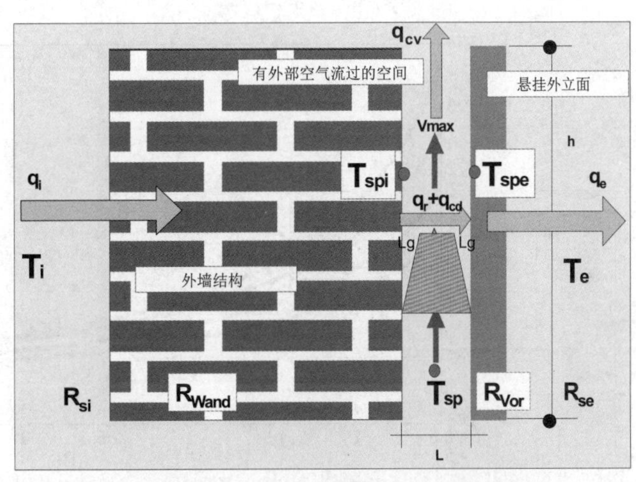

图 3.22 通风外墙结构（热流密度）

通过墙体内部的热流密度为：

$$q_i = \frac{T_i - T_{spi}}{R_i} \qquad R_i = R_{si} + R_W$$

从墙表面向外流出的热流密度为：

$$q_e = \frac{T_{spe} - T_e}{R_e} \qquad R_e = R_V + R_{se}$$

如果观察所有的散热过程，可以注意到，对流换热的热流密度矢量是垂直于其他热流密度矢量的，并且还产生了一个垂直的温度场。根据热量平衡关系，可以得到计算温度 T_{sp} 和 $\Delta T=T_{spi}-T_{spe}$ 的两个方程。

$$\frac{T_i - T_{spi}}{R_i} = \frac{\lambda}{L}\cdot\left(T_{spi} - T_{spe}\right) + \frac{4\cdot\sigma\cdot T^3}{\frac{1}{\varepsilon 1}+\frac{1}{\varepsilon 2}-1}\cdot\left(T_{spi} - T_{spe}\right) + \frac{c\cdot\rho^2\cdot g}{\eta}\cdot\frac{L^2\cdot Lg(L)}{8\cdot h\cdot T}\cdot\left(T_{sp} - T_e\right)^2 \tag{3.33}$$

$$\frac{T_{spe} - T_e}{R_e} = \frac{\lambda}{L}\cdot\left(T_{spi} - T_{spe}\right) + \frac{4\cdot\sigma\cdot T^3}{\frac{1}{\varepsilon 1}+\frac{1}{\varepsilon 2}-1}\cdot\left(T_{spi} - T_{spe}\right) \tag{3.34}$$

将右面的参数值代入上面方程，将得到含 F_1 和 F_2 简化表示的平均空气间隙温度随外墙结构热阻 R_i 及以间隙宽度 L 为参数的变化关系式。

$c := 1000$　$\rho := 1.24$　$\eta := 2\cdot 10^{-5}$　$g := 9.81$　$\lambda := 0.03$

$\sigma := 5.67\cdot 10^{-8}$　$\varepsilon 1 := 0.95$　$\varepsilon 2 := 0.92$

$h := 15$　$l := 0.02$　$Lg(L) := l\cdot\left(1 - e^{-\frac{L}{l}}\right)$　$L := 0.02, 0.04 .. 0.08$

$T := 275$　$T_e := 268$　$T_i := 293$

$R_e := 0.1$　$R_{si} := 0.13$　$R_{se} := 0.04$　$R_i := 0.5, 0.51 .. 5$

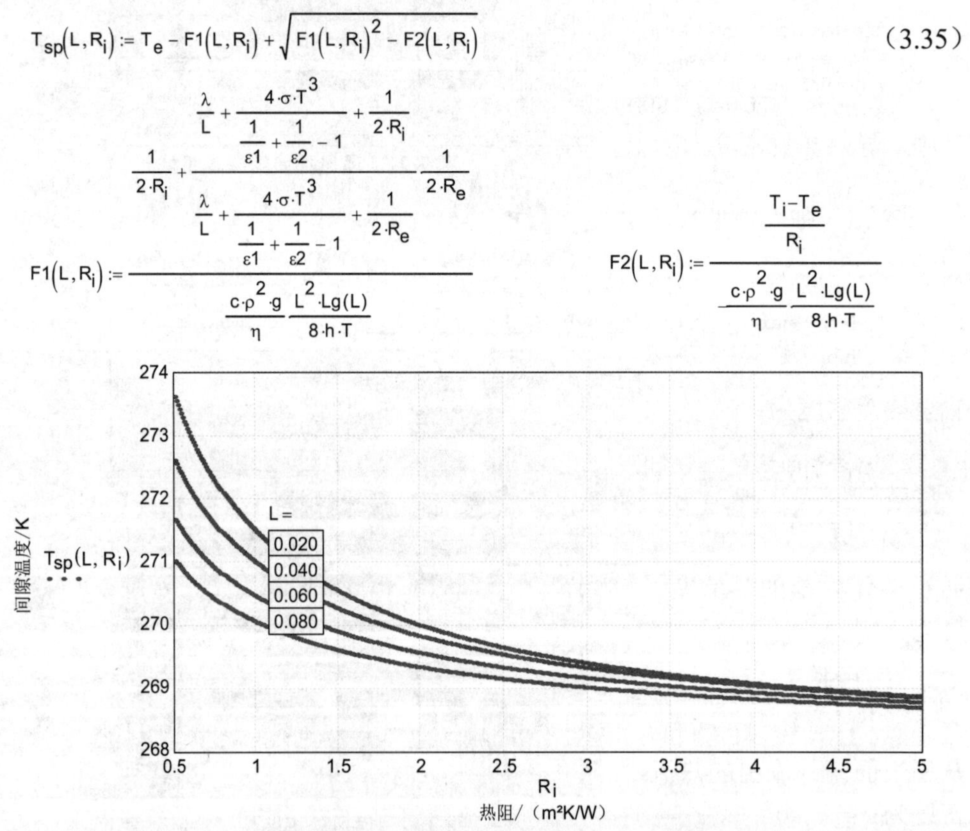

$$T_{sp}(L,R_i) := T_e - F1(L,R_i) + \sqrt{F1(L,R_i)^2 - F2(L,R_i)} \tag{3.35}$$

$$F1(L,R_i) := \frac{\dfrac{1}{2\cdot R_i} + \dfrac{\dfrac{\lambda}{L}+\dfrac{4\cdot\sigma\cdot T^3}{\frac{1}{\varepsilon 1}+\frac{1}{\varepsilon 2}-1}+\dfrac{1}{2\cdot R_i}}{\dfrac{\lambda}{L}+\dfrac{4\cdot\sigma\cdot T^3}{\frac{1}{\varepsilon 1}+\frac{1}{\varepsilon 2}-1}+\dfrac{1}{2\cdot R_e}}\cdot\dfrac{1}{2\cdot R_e}}{\dfrac{c\cdot\rho^2\cdot g}{\eta}\cdot\dfrac{L^2\cdot Lg(L)}{8\cdot h\cdot T}}$$

$$F2(L,R_i) := \frac{\dfrac{T_i - T_e}{R_i}}{\dfrac{c\cdot\rho^2\cdot g}{\eta}\cdot\dfrac{L^2\cdot Lg(L)}{8\cdot h\cdot T}}$$

图 3.23a　平均空气间隙温度随外墙结构传热热阻 R_i（不包括悬挂外立面）及间隙宽度 L 的变化关系曲线

空气间隙内侧和外侧温度的差可由下式计算：

$$\Delta T_{sp}(L,R_i) := \frac{\dfrac{T_{sp}(L,R_i)-T_e}{R_e}}{\dfrac{\lambda}{L}+\dfrac{4\cdot\sigma\cdot T_{sp}(L,R_i)^3}{\dfrac{1}{\varepsilon 1}+\dfrac{1}{\varepsilon 2}-1}+\dfrac{1}{2\cdot R_e}} \tag{3.36}$$

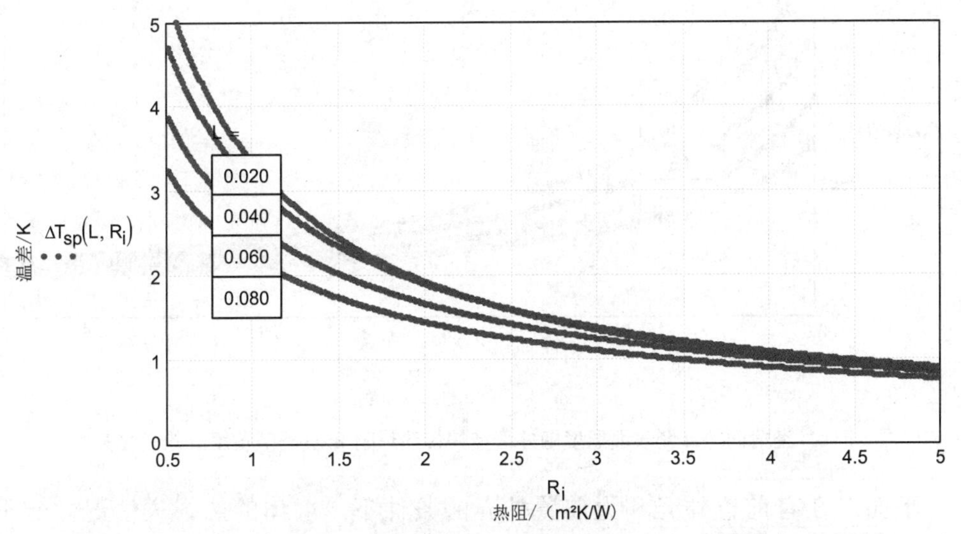

图 3.23b　空气间隙内外侧温差随外墙结构传热热阻 R_i（不包括悬挂外立面）及间隙宽度 L 的变化关系

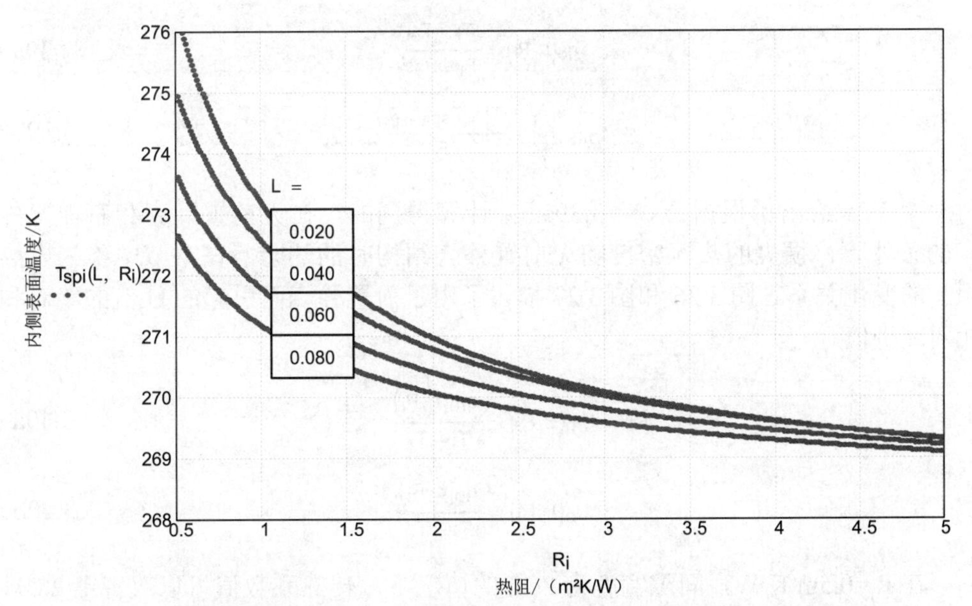

图 3.24a　空气间隙内侧表面温度随外墙结构传热热阻 R_i 及间隙宽度 L 的变化关系

由此，可以得到空气间隙内侧表面和外侧表面的温度。

$$T_{spi}(L,R_i):=T_{sp}(L,R_i)+\frac{\Delta T_{sp}(L,R_i)}{2} \tag{3.37}$$

$$T_{spe}(L,R_i):=T_{sp}(L,R_i)-\frac{\Delta T_{sp}(L,R_i)}{2} \tag{3.38}$$

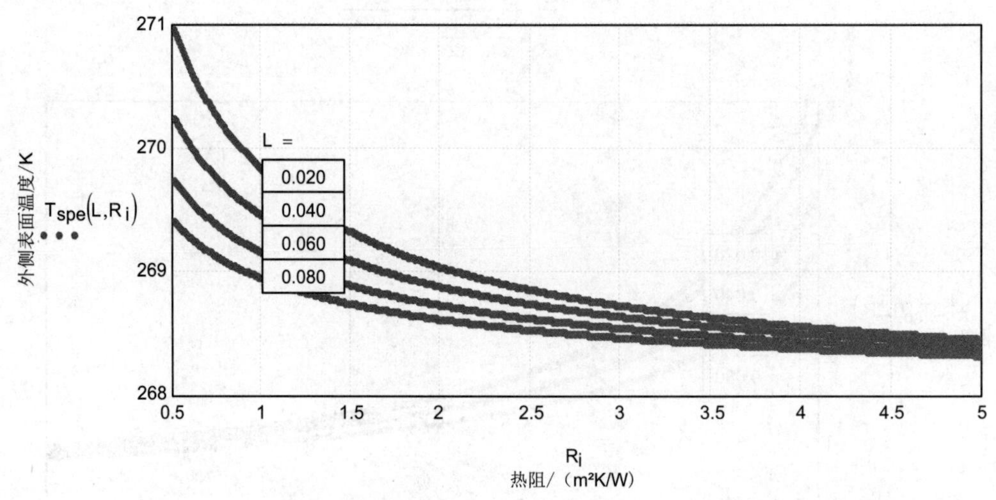

图 3.24b　空气间隙外侧表面温度随外墙结构传热热阻 R_i 及间隙宽度 L 的变化关系

下面对在有前置外壳和无前置外壳的条件下，墙体的热损失情况做一下比较。

$$R_{se}:=0.04 \quad Rsi:=0.13$$

$$q_o(L,R_i):=\frac{T_i-T_e}{R_i+Rse} \tag{3.39a}$$

$$q_m(L,R_i):=\frac{T_i-T_{spi}(L,R_i)}{R_i} \tag{3.39b}$$

图 3.25 给出了根据公式（3.39a,b）计算得到的，在无前置外壳和有前置外壳的条件下，损失的热流密度随无前置外壳结构时的热阻（在本节中称为内热阻）的变化关系。图 3.26 和图 3.27 描述了由于前置外壳而引起的 U 值的绝对和相对减少值。

$$U_m(L,R_i):=\frac{q_m(L,R_i)}{T_i-T_e} \tag{3.40a}$$

$$U_o(L,R_i):=\frac{q_o(L,R_i)}{T_i-T_e} \tag{3.40b}$$

在 R_i=0.5m^{2}K/W，间隙宽度为 2cm 的情况下，传热系数值可以改善至 28%，而当 R_i=2m^{2}K/W 时，传热系数值可以改善至 10%。当间隙宽度为 8cm，R_i 值大于 2.5m^{2}K/W 时，U 值仅能降低约 5%。在内阻（无前置外壳结构热阻）为 2.0m^{2}K/W 的情况下，8cm 宽的间隙对应于 0.17m^{2}K/W 的过渡阻力。

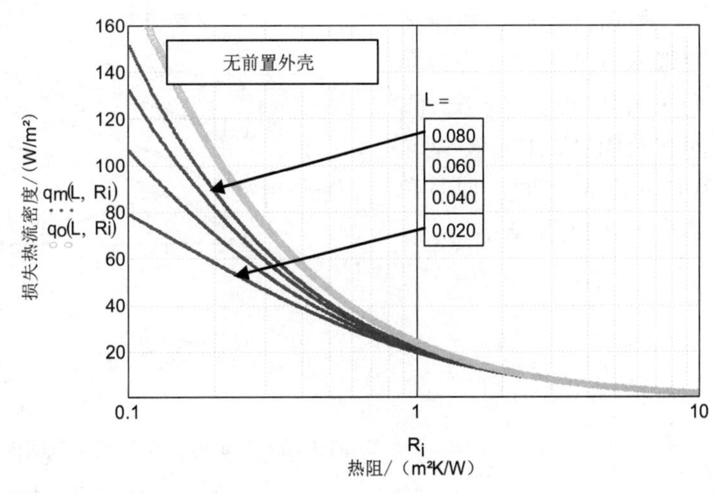

图 3.25　有前置外壳和无前置外壳时的损失热流密度

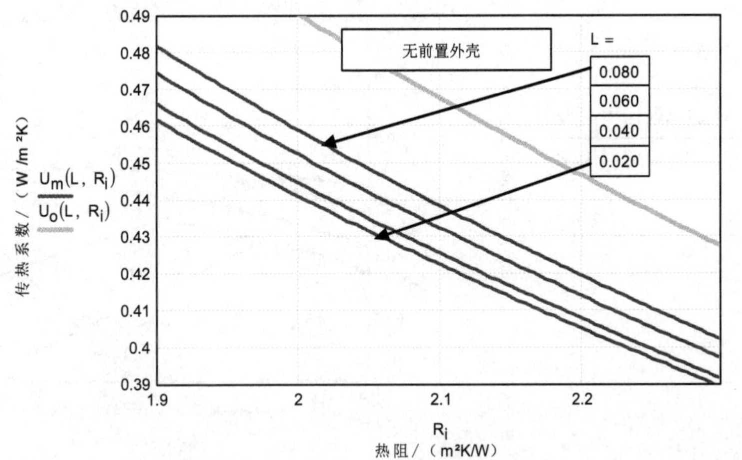

图 3.26　有前置外壳和无前置外壳时的结构的传热系数（浅色曲线为无前置外壳）

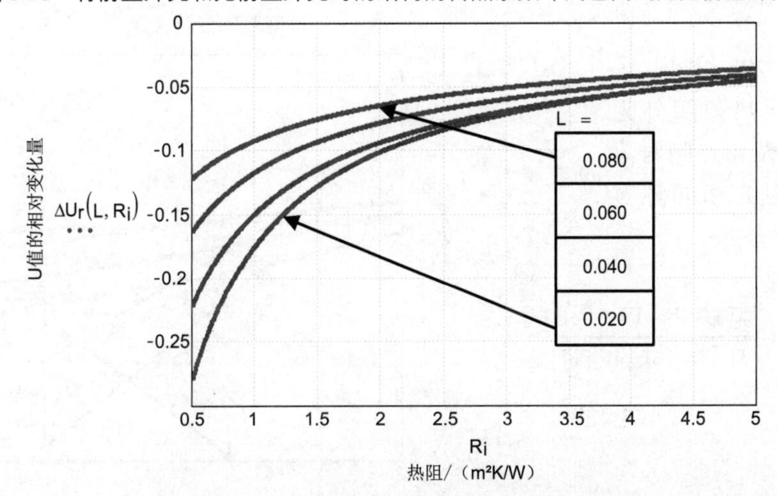

图 3.27　结构传热系数相对变化量随墙体结构热阻 R_i 和间隙宽度 L 的变化关系

$$R_{seg}(L,R_i) := R_i \cdot \left(\frac{T_i - T_e}{T_i - T_{spi}(L,R_i)}\right) - R_i \tag{3.41}$$

最后，还要计算空气间隙本身的热阻。在内阻为 2.0m²K/W 的情况下，间隙热阻在 0.13m²K/W 至 0.17m²K/W 之间，而且总是小于 0.2m²K/W。

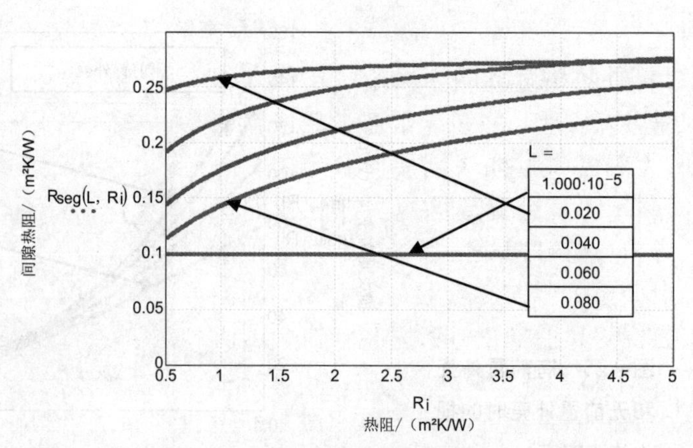

图 3.28　有前置外壳时的空气间隙热阻随墙体结构热阻 R_i 和间隙宽度 L 的变化关系

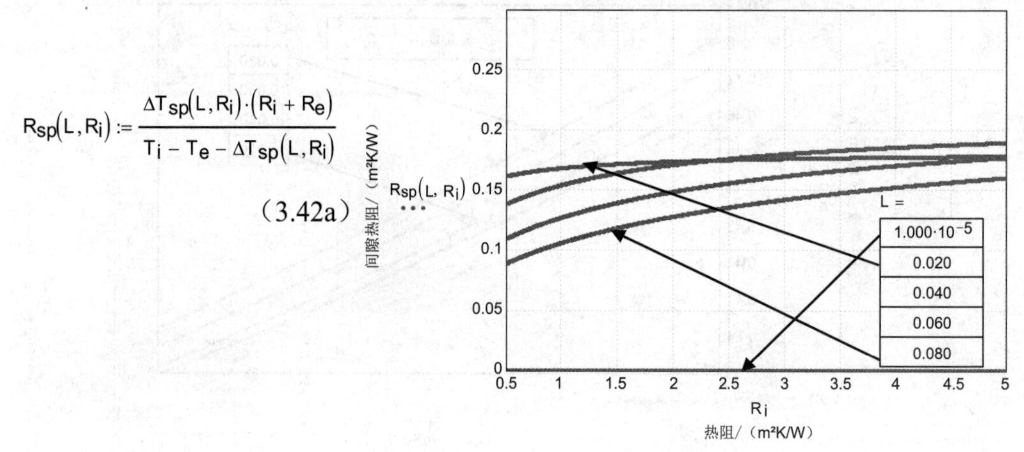

$$R_{sp}(L,R_i) := \frac{\Delta T_{sp}(L,R_i)\cdot(R_i+R_e)}{T_i - T_e - \Delta T_{sp}(L,R_i)} \tag{3.42a}$$

图 3.29a　空气间隙热阻随墙体结构热阻 R_i 和间隙宽度 L 的变化关系

图 3.29b 给出了空气间隙热阻随外阻（前置外壳和外侧对流换热热阻）和间隙宽度的变化关系。

$$R_{sp}(L,R_e) := \frac{\Delta T_{sp}(L,R_e)\cdot(R_i+R_e)}{T_i - T_e - \Delta T_{sp}(L,R_e)} \tag{3.42b}$$

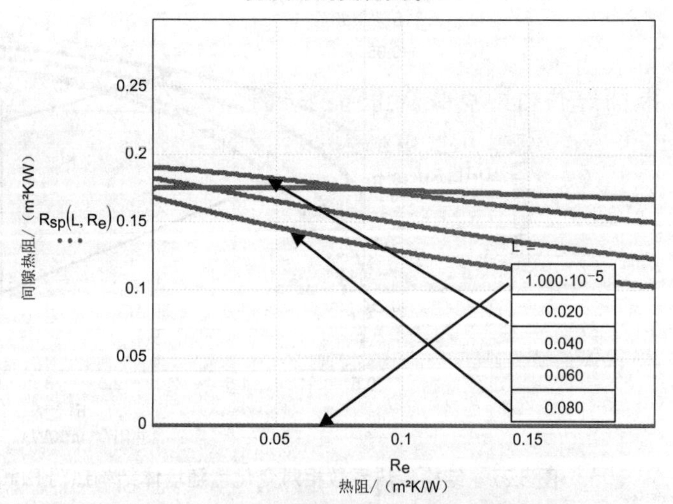

图 3.29b　有前置外壳时的空气间隙热阻随前置外壳热阻 R_e 和间隙宽度 L 的变化关系

对空气间隙的热阻 R_{sp} 和等效总外热阻 R_{eg}（间隙、悬挂外壳、外部对流换热热阻）随空气间隙宽度大小（内阻 R_i=2m²K/W，外阻 0.04m²K/W＜Re＜0.2m²K/W）变化的关系图示，表述清晰且具有指导意义。当空气间隙宽度在 30mm 左右时，空气间隙热阻达到其最大值，为 0.19m²K/W：其中前段由于空气间隙宽度较小，空气间隙内空气的热阻较小，后一段表明大量的热能通过气流被带走。总外热阻 R_{eg} 的变化趋势也与此类似。

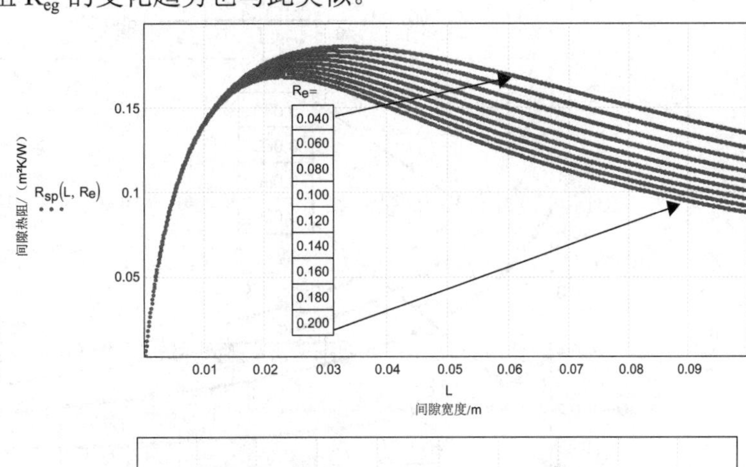

图 3.30a 有前置外壳时的空气间隙热阻随间隙宽度和前置外壳传热阻力的变化关系

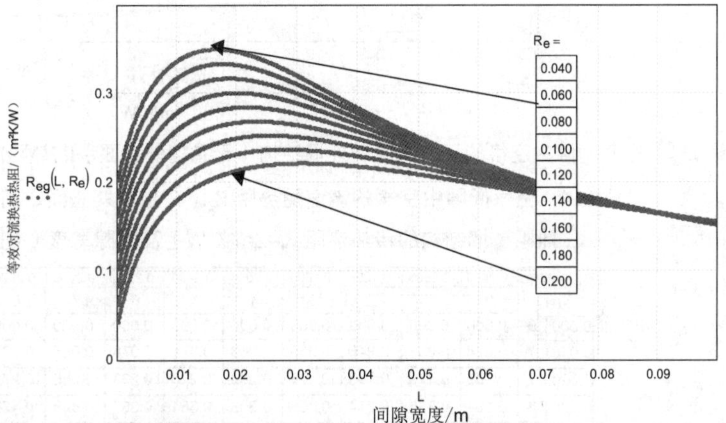

图 3.30b 有前置外壳时的空气间隙等效热阻随前置外壳传热阻力和间隙宽度的变化关系

表 3.13 在结构内热阻 R_i=2m²K/W 的条件下，垂直持续通风间隙的热阻随间隙宽度和外阻的变化关系

Re/(m²K/W)		0.0400	0.0800	0.1200	0.1600	0.2000	0.2400	0.2800	0.3200	0.3600	0.4000	0.4400
L/m		0	1	2	3	4	5	6	7	8	9	10
0.000	0	0.000	0.000	0.000	0.000	0.000	0.000	0.000	0.000	0.000	0.000	0.000
0.010	1	0.142	0.142	0.142	0.142	0.141	0.141	0.140	0.139	0.139	0.138	0.137
0.020	2	0.176	0.175	0.173	0.170	0.168	0.164	0.161	0.158	0.155	0.152	0.149
0.030	3	0.186	0.181	0.176	0.170	0.164	0.158	0.152	0.147	0.142	0.138	0.134
0.040	4	0.185	0.176	0.167	0.159	0.151	0.143	0.137	0.131	0.125	0.120	0.116
0.050	5	0.178	0.166	0.155	0.145	0.136	0.129	0.122	0.116	0.110	0.105	0.101
0.060	6	0.169	0.156	0.143	0.133	0.124	0.116	0.109	0.103	0.098	0.093	0.089
0.070	7	0.160	0.145	0.132	0.122	0.113	0.105	0.098	0.093	0.088	0.083	0.080
0.080	8	0.151	0.135	0.123	0.112	0.103	0.096	0.089	0.084	0.080	0.076	0.072
0.090	9	0.143	0.127	0.114	0.103	0.095	0.088	0.082	0.077	0.073	0.069	0.066
0.100	10	0.135	0.119	0.106	0.096	0.088	0.081	0.076	0.071	0.067	0.063	0.060

最后，将确定间隙中空气的平均流速。在结构的热阻为 2.0m²K/W 的条件下，间隙内的风速会根据间隙宽度的不同在 0.15m/s 至 0.6m/s 之间进行变化。在结构内部热阻 R_i 较小的情况下，气流速度相对较大，因为较高的空气间隙温度增加了缝隙与外界空气之间的温差，且因此增加了空气间隙中的热升力。甚至可能超出了简单的流动模型的适用范围。

$$v(L,R_i) := \frac{1}{8} \cdot \frac{T_{sp}(L,R_i) - T_e}{T} \cdot \frac{\rho}{\eta} \cdot L \cdot L_g(L) \cdot g \tag{3.43}$$

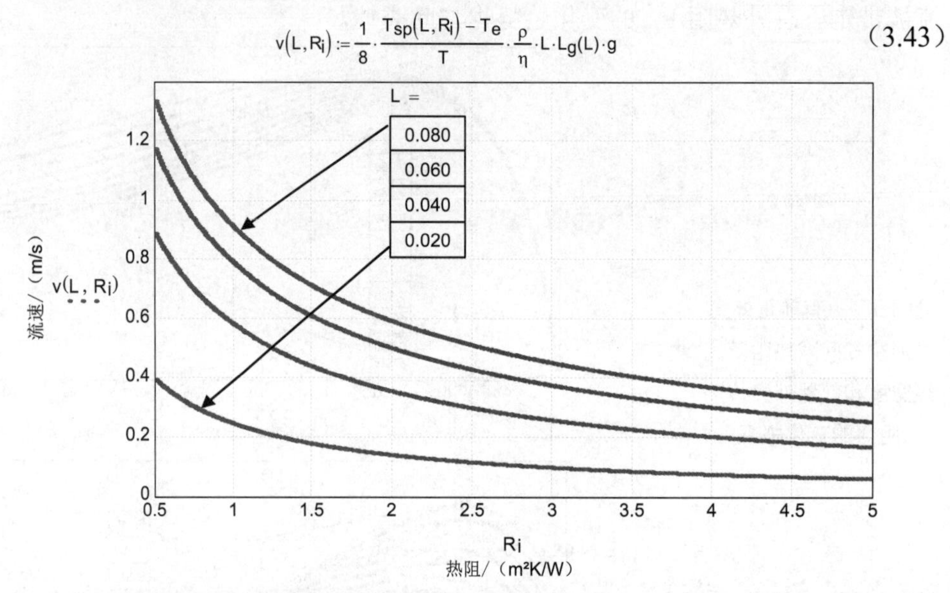

图 3.31　空气间隙中空气的平均流速随外墙结构（无悬挂外立面）的热阻 R_i 和间隙宽度 L 的变化关系

表 3.14　空气间隙中空气的流速随热阻 R_e（在悬挂外立面之前并包含对流换热热阻，墙结构的传热热阻 R_i=2m²K/W）及间隙宽度 L 的变化关系

R_e/(m²K/W)		0.0400	0.0800	0.1200	0.1600	0.2000	0.2400	0.2800	0.3200	0.3600	0.4000	0.4400
L/m		0	1	2	3	4	5	6	7	8	9	10
0.000	0	0.000	0.000	0.000	0.000	0.000	0.000	0.000	0.000	0.000	0.000	0.000
0.010	1	0.028	0.037	0.046	0.055	0.063	0.071	0.078	0.085	0.092	0.099	0.105
0.020	2	0.102	0.129	0.155	0.178	0.200	0.220	0.238	0.255	0.271	0.285	0.298
0.030	3	0.191	0.235	0.274	0.308	0.338	0.364	0.387	0.408	0.426	0.442	0.457
0.040	4	0.278	0.332	0.377	0.416	0.448	0.475	0.499	0.519	0.537	0.553	0.567
0.050	5	0.353	0.412	0.460	0.498	0.530	0.556	0.579	0.598	0.614	0.628	0.641
0.060	6	0.417	0.477	0.524	0.561	0.591	0.615	0.636	0.653	0.668	0.681	0.692
0.070	7	0.469	0.529	0.574	0.609	0.636	0.659	0.678	0.694	0.707	0.719	0.729
0.080	8	0.513	0.570	0.613	0.646	0.672	0.692	0.710	0.724	0.736	0.747	0.756
0.090	9	0.549	0.604	0.644	0.675	0.699	0.718	0.734	0.748	0.759	0.769	0.777
0.100	10	0.580	0.632	0.670	0.699	0.721	0.739	0.754	0.766	0.777	0.785	0.793

上述所有计算结果有效的前提条件是入口和出口与空气间隙宽度相同，并且间隙中没有大的障碍物，并且空气的流动近似为层流状态。在下面图片中补充的是将 1.1.1 节中描述的外界气温的年变化历程公式（1.2）代入方程（3.42）、方程（3.43）和方程（3.36）。由于没有考虑到墙体的蓄热，参数的波动提前出现衰减，并且有一定的相位滞后。在空气间隙宽度为 20mm 的情况下，空气间隙热阻在冬季为 0.18m²K/W，夏季为 0.16m²K/W 之间波动。当间隙宽度为 100mm 时，则会出现较大的波动。在夏季，气流的方向通常是相反的（图 3.33）。间隙的温差在 1 月份（图 3.34a）会高于 7 月份（图 3.24b）。

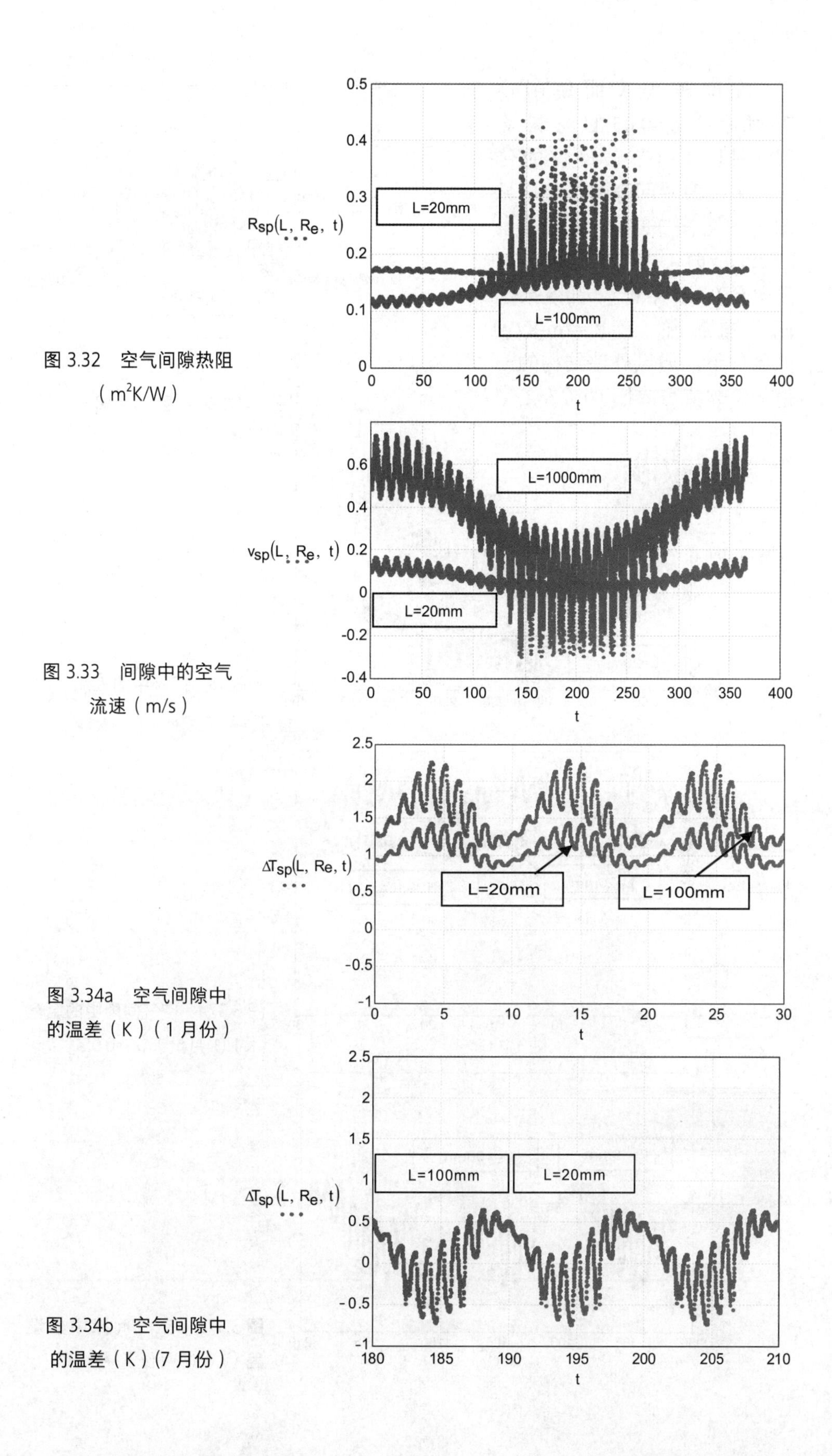

图 3.32 空气间隙热阻（m^2K/W）

图 3.33 间隙中的空气流速（m/s）

图 3.34a 空气间隙中的温差（K）（1 月份）

图 3.34b 空气间隙中的温差（K）(7 月份）

在间隙内表面使用小辐射系数ε_1=0.05的材料涂层（对比3.14节玻璃窗的传热）能够改善间隙的热阻（见图3.35至图3.37b，例如，当L=20mm时，图3.35显示可改善至0.4m²K/W），其效果远低于隔热窗。在R_i=2m²K/W的条件下，通风外墙结构的U值的总体值可降低10%左右。

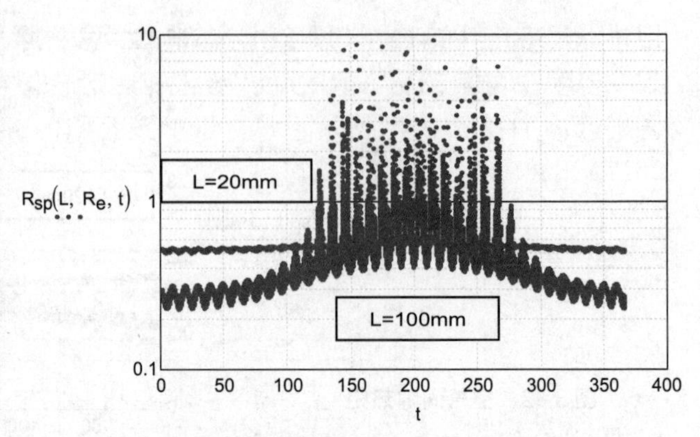

图3.35　空气间隙的热阻，ε_1=0.05

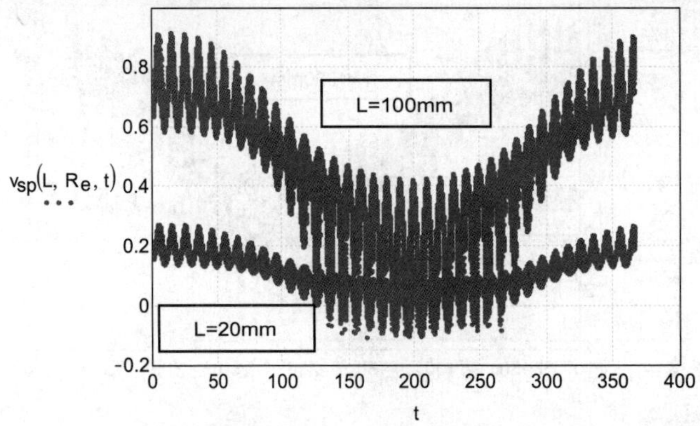

图3.36　间隙中的气流速度，ε_1=0.05

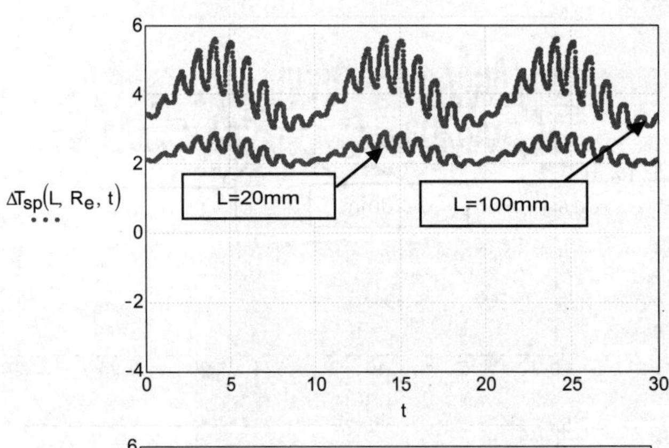

图3.37a　空气间隙中的温差（K）(1月份)，ε_1=0.05

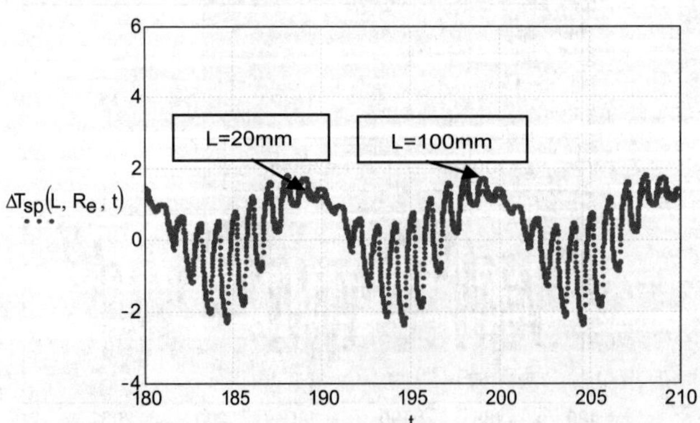

图3.37b　空气间隙中的温差（K）(7月份)，ε_1=0.05

3.1.5.2 通风坡屋顶

本节将研究通风坡屋顶结构的传热过程。这里的与斜屋顶的坡度角 α（从水平方向计算）相对应的倾斜的空气间隙可以与外部（从檐口到屋脊）通风。在前面章节热对流的基础上，本节增加了短波辐射吸收热增量 G 的内容，后面还补充了来自外界的长波辐射。通过近似计算得到斜屋面通风空气间隙内的温度有 T_{spD}、T_{spiD}、T_{speD}，间隙中的空气流速 v_{spD}，最重要的是散热损失的热流密度 q_{mD}，以及对 U 值的影响。由于特别要考虑到的夏季与辐射相关的温度变化（$T_{spiD} < T_{speD}$），此时的空气间隙的等效热阻可能会出现负值，因此不再具有实际意义。在此，内部热阻 R_i 的定义是内侧的对流传热热阻 R_{si} 及石膏板、隔汽层、保温材料（包括木梁）和防水层等构件热阻的总和。外部热阻 R_e 则由木板条、屋顶盖板和外侧的对流传热热阻 R_{se} 构成。由 ε_1=0.05 的材料制做的长效防水层，在冬季可提高保温性能，并显著降低夏季的热负荷。下面将以极简化的方式定量讨论所有的热效应。

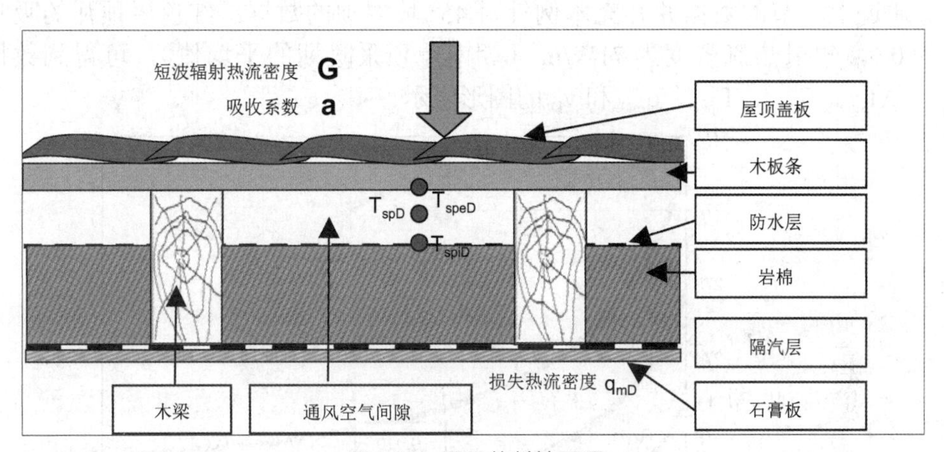

图 3.38 通风的斜坡屋顶

在此，3.1.5.1 节中的能量守恒方程（3.33）和方程（3.34）形式如下：

$$\frac{T_i - T_{spi}}{R_i} = \frac{\lambda}{L}\cdot\left(T_{spi} - T_{spe}\right) + \frac{4\cdot\sigma\cdot T^3}{\frac{1}{\varepsilon1} + \frac{1}{\varepsilon2} - 1}\cdot\left(T_{spi} - T_{spe}\right) + \frac{c\cdot\rho^2\cdot g}{\eta}\cdot\frac{L^2\cdot Lg(L)}{8\cdot h\cdot T}\cdot\sin(\alpha)\cdot\left(T_{sp} - T_e\right)^2 \tag{3.44}$$

$$\frac{T_{spe} - T_e}{R_e} - a\cdot G = \frac{\lambda}{L}\cdot\left(T_{spi} - T_{spe}\right) + \frac{4\cdot\sigma\cdot T^3}{\frac{1}{\varepsilon1} + \frac{1}{\varepsilon2} - 1}\cdot\left(T_{spi} - T_{spe}\right) \tag{3.45}$$

由此得空气间隙内部温度 T_{spD} 的解（比较方程（3.35）无辐射的情况）：

$$T_{spD}\left(L, R_i\right) := T_e - F1D\left(L, R_i\right) + \sqrt{F1D\left(L, R_i\right)^2 - F2D\left(L, R_i\right)} \tag{3.46}$$

在此，定义两个变量为：

$$F1D(L,R_i) := \frac{\dfrac{1}{2\cdot R_i} + \dfrac{\dfrac{\lambda}{L} + \dfrac{4\cdot\sigma\cdot T^3}{\dfrac{1}{\varepsilon 1} + \dfrac{1}{\varepsilon 2} - 1} + \dfrac{1}{2\cdot R_i}}{\dfrac{\lambda}{L} + \dfrac{4\cdot\sigma\cdot T^3}{\dfrac{1}{\varepsilon 1} + \dfrac{1}{\varepsilon 2} - 1} + \dfrac{1}{2\cdot R_e}} \cdot \dfrac{1}{2\cdot R_e}}{\dfrac{c\cdot\rho^2\cdot g}{\eta} \cdot \dfrac{L^2\cdot Lg(L)}{8\cdot h\cdot T}\cdot\sin(\alpha)}$$

$$F2D(L,R_i) := \frac{a\cdot G\dfrac{\dfrac{\lambda}{L} + \dfrac{4\cdot\sigma\cdot T^3}{\dfrac{1}{\varepsilon 1} + \dfrac{1}{\varepsilon 2} - 1} + \dfrac{1}{2\cdot R_i}}{\dfrac{\lambda}{L} + \dfrac{4\cdot\sigma\cdot T^3}{\dfrac{1}{\varepsilon 1} + \dfrac{1}{\varepsilon 2} - 1} + \dfrac{1}{2\cdot R_e}} + \dfrac{T_i - T_e}{R_i}}{\dfrac{c\cdot\rho^2\cdot g}{\eta} \cdot \dfrac{L^2\cdot Lg(L)}{8\cdot h\cdot T}\cdot\sin(\alpha)}$$

示例：

$c := 1000$　$\sigma := 5.67\cdot 10^{-8}$　$h := 15$　$T := 275$　$R_e := 0.1$

$\rho := 1.24$　$\varepsilon 1 := 0.95$　$l := 0.02$　$T_e := 268$　$R_{se} := 0.04$

$\eta := 2\cdot 10^{-5}$　$\varepsilon 2 := 0.92$　$\alpha := \frac{\pi}{4}$　$T_i := 293$　$R_{si} := 0.13$

$g := 9.81$　$R_i := 0.5, 0.51 .. 5$

$\lambda := 0.03$　$Lg(L) := l\cdot\left(1 - e^{\frac{-L}{l}}\right)$　$G := 71$　$a := 0.6$

$L := 0.02, 0.04 .. 0.08$

通过上一节的数据并补充本例针对45°坡屋顶的数据：红色屋顶瓦的吸收率为0.6，辐射热流密度为71W/m²（朝南屋顶采暖期的平均值），可得到数据 T_{spD}、ΔT_{spD}、T_{spiD}、T_{speD}、q_{mD} 和 v_D 的图形表示。

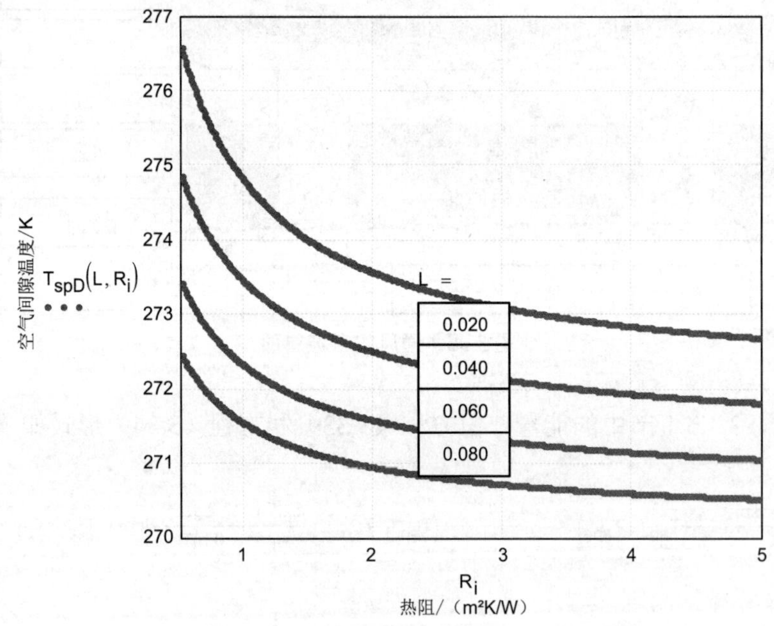

图 3.39　空气间隙温度随热阻 R_i 和间隙宽度 L 的变化关系

空气间隙内外温度差 ΔT_{spD} 可由下式计算：

$$\Delta T_{spD}(L,R_i) := \frac{\dfrac{T_{spD}(L,R_i) - T_e}{R_e} - a\cdot G}{\dfrac{\lambda}{L} + \dfrac{4\cdot\sigma\cdot T_{spD}(L,R_i)^3}{\dfrac{1}{\varepsilon 1} + \dfrac{1}{\varepsilon 2} - 1} + \dfrac{1}{2\cdot R_e}} \tag{3.47}$$

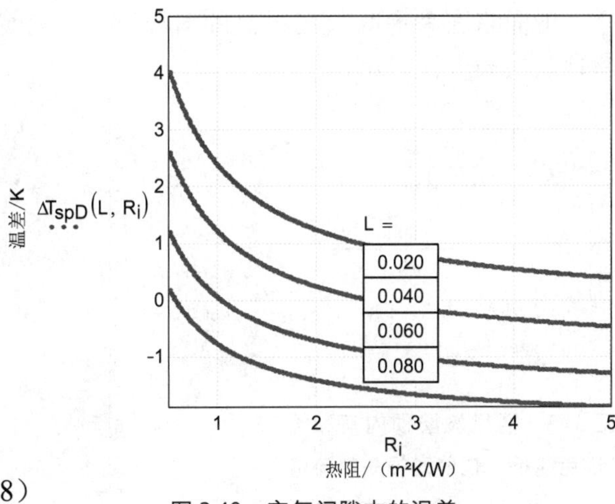

图 3.40　空气间隙中的温差

类似的也可得到空气间隙外侧的温度：

$$T_{spe}(L, R_i) := T_{sp}(L, R_i) - \frac{\Delta T_{sp}(L, R_i)}{2} \quad (3.38)$$

必须再次说明，对于各种作用力，在坡屋顶计算中的热升浮力只考虑了 h · sinα 的作用，而摩擦力的作用范围是从檐口到屋脊贯穿整个空气间隙的长度 h。

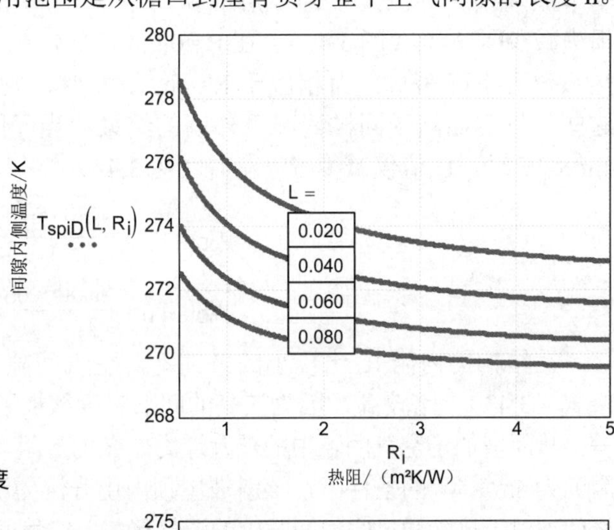

图 3.41　防水层的温度

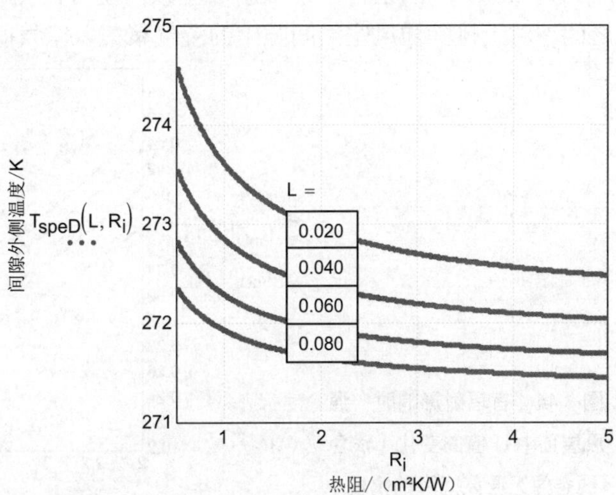

图 3.42　屋面温度

下面将在考虑吸收辐射热的情况下，对有通风和无通风的斜坡屋面的冬季屋顶热损失进行对比。

$$q_o(L, R_i) := \frac{T_i - T_e}{R_i + Rse}$$

$$q_m(L, R_i) := \frac{T_i - T_{spi}(L, R_i)}{R_i}$$

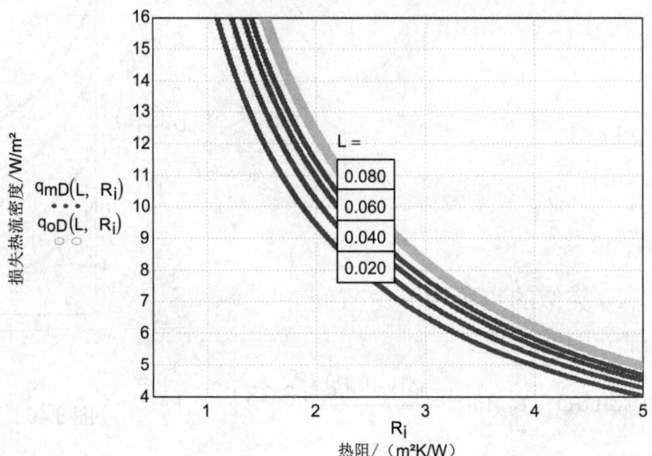

图 3.43　通风坡屋顶内有和无（浅色线条）辐射时损失热流随热阻 R_i 和间隙宽度 L 的变化关系

在内热阻（从内侧到防水层之间的计算热阻）为 4m²K/W 的条件下，寒冷季节屋顶损失热流量在通风层的作用下从 6.2W/m² 降到 4.9W/m²，即屋顶的热损失减少了 21%（图 3.43）。在 R_i=0.5m²K/W，间隙宽度为 20mm 的条件下，传热系数可下降 38%，而相应于 R_i=4m²K/W 时，则下降 21%。由于辐射的影响，这些数值明显高于同样情况下外墙的结果。当间隙宽度为 80mm，且 R_i 值大于 4m²K/W 时，U 值仅减少 5% 左右（图 3.44）。

$$U_{oD}(L, R_i) := \frac{q_{oD}(L, R_i)}{T_i - T_e} \tag{3.40a}$$

$$U_{mD}(L, R_i) := \frac{q_{mD}(L, R_i)}{T_i - T_e} \tag{3.40b}$$

在结构的内阻 R_i 比较小的条件下，空气间隙中的气流速度（图 3.45，对应于式（3.43））比较高，因为较高的间隙温度增加了空气间隙与外部空气之间的温差，从而增加了空气间隙中的热升浮力。在内热阻（从内侧到防水层之间的计算热阻）为 4m²K/W 的条件下，该斜坡屋顶内由升浮力诱导的风速在 0.21m/s 至 0.81m/s 之间，对于排除通风空气间隙中的湿气聚集，空气间隙宽度必须达到 40mm。

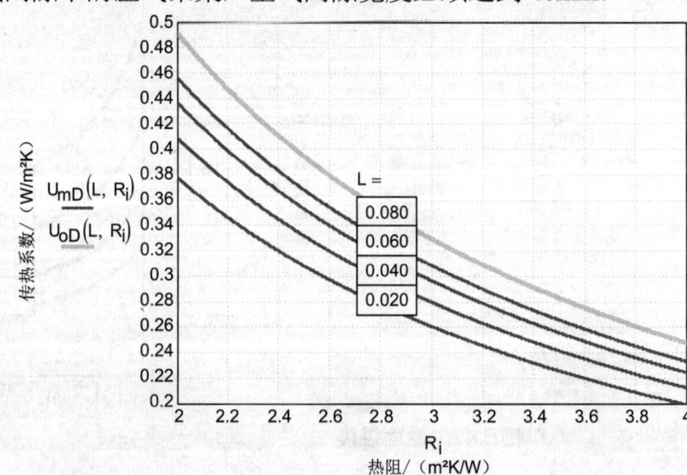

图 3.44　有辐射影响时，通风屋顶中 U 值的变化（浅色线条为无通风间隙的情况）

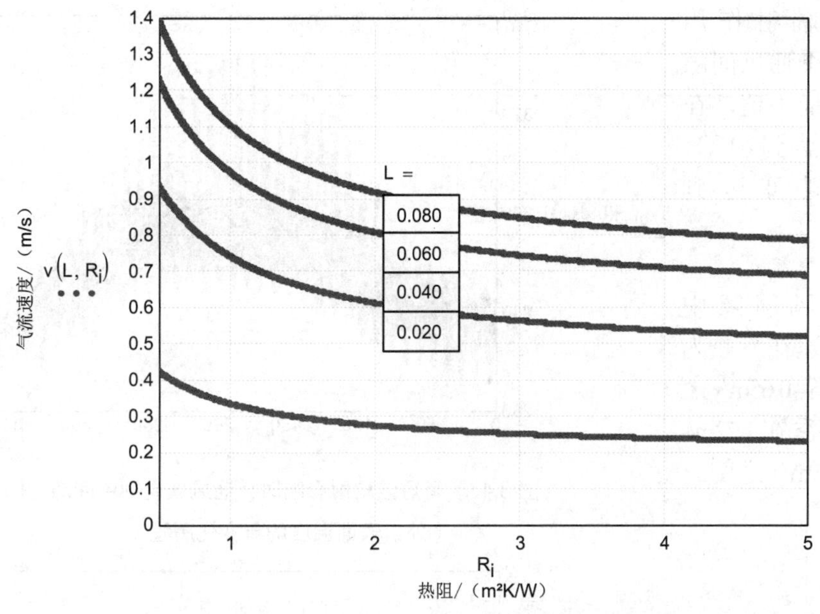

图 3.45　有辐射影响时，通风坡屋顶中的气流速度

在下面的各图（图 3.46 至图 3.50）中，通风坡屋顶（R_i=2m^2K/W，R_e=0.1m^2K/W，L=30mm，a=0.6）受到的外界气候负荷为：由 1.1.1 节中的式（1.2）给出的外界气温，由 1.1.2 节中式（1.8）和式（1.9）给出的辐射量。这里，由室内向外的长波辐射暂不予以考虑。

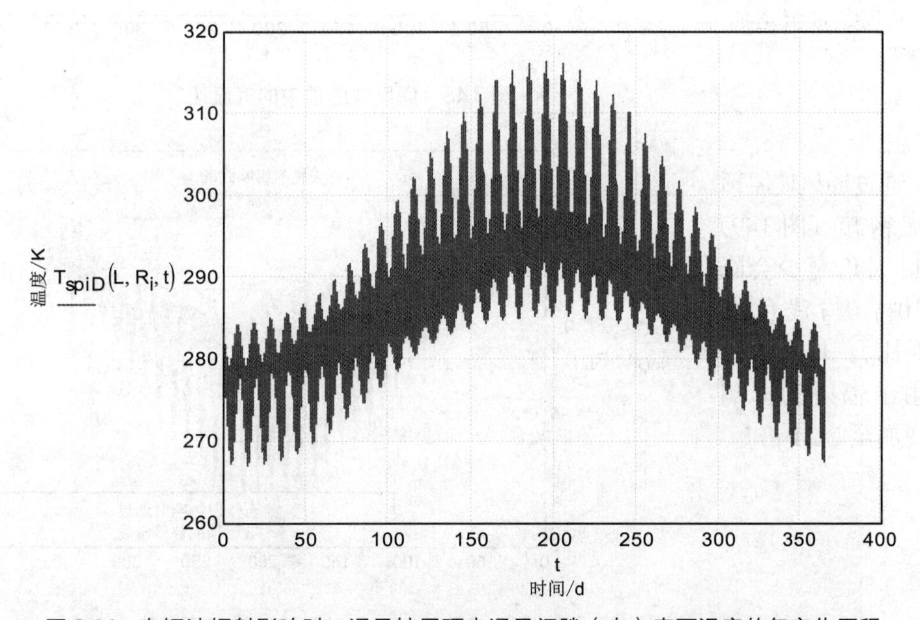

图 3.46　有短波辐射影响时，通风坡屋顶中通风间隙（内）表面温度的年变化历程

在辐射作用下，夏季通风间隙温度的最大值，在外侧可达到61℃，在内侧可达到43℃。

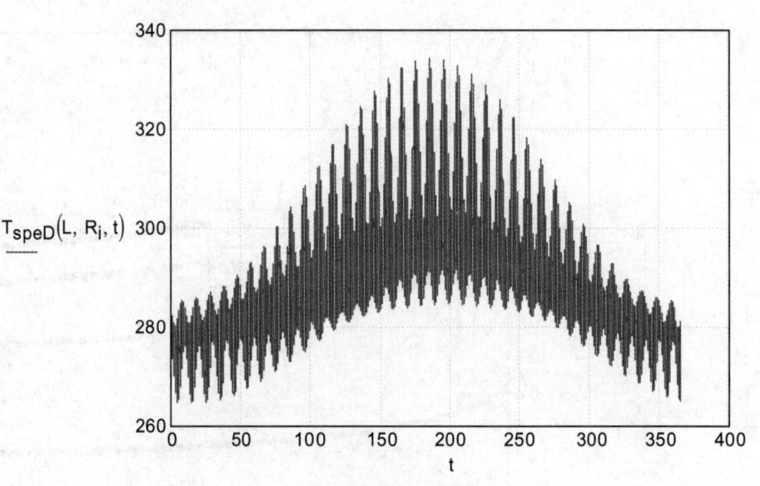

图 3.47 有短波辐射影响时，通风坡屋顶中间隙（外）表面温度的年变化历程

通风间隙中的气流速在冬季为0.08m/s至0.65m/s之间，夏季在1.72m/s至-0.15m/s之间。

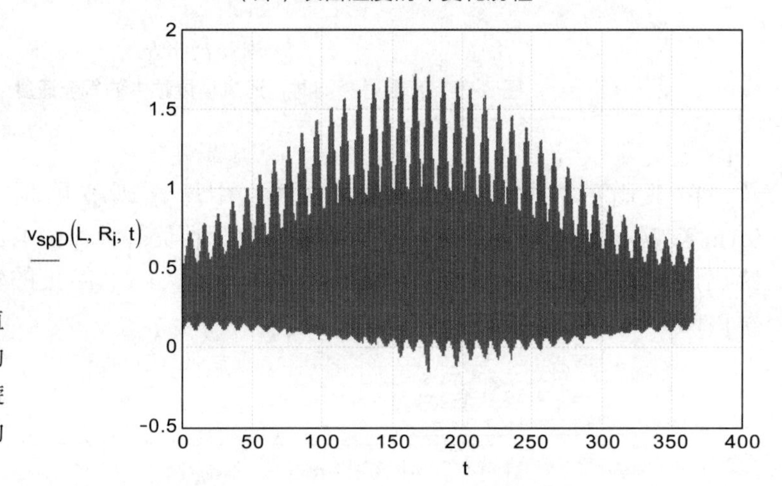

图 3.48 通风坡屋顶中的气流速度

注：对流动的数值模拟结果显示，较高的速度会产生强烈的漩涡，从而造成流道的“堵塞”。

通过通风坡屋顶热流密度（图3.49）在12月份至少会降低10%（与浅色曲线对比）。但在6月份由于辐射的影响会增加至2.24倍！

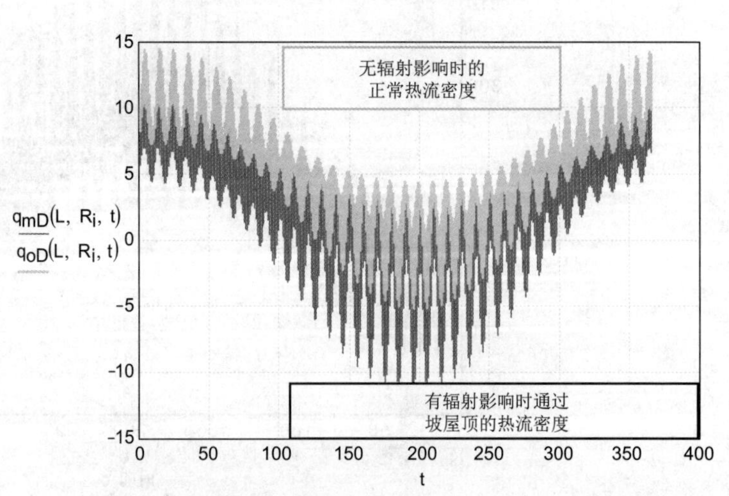

图 3.49 有和无辐射影响时通过坡屋顶的热流密度

ε=0.05 的防水层（图 3.50）可以改善换热状况 1.2 倍左右，在冬季可使热损失减少 76%。

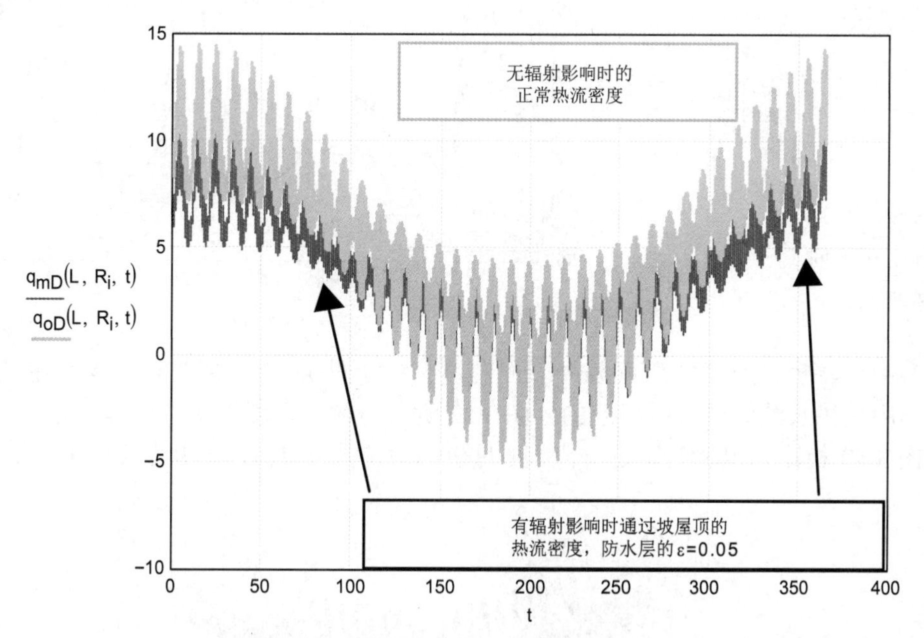

图 3.50 有和无辐射影响条件下的热流密度，防水层的 ε=0.05

在下面的一系列图中，通风坡屋顶（R_i=2m^{2}K/W，R_e=0.1m^{2}k/W，L=30mm，a=0.6）受到的外界气候负荷仍然为：由 1.1.1 节中的式（1.2）给出的外界气温，由 1.1.2 节中式（1.8）和式（1.9）给出的短波辐射量，同时还考虑了与屋顶相关的长波辐射（1.1.2.3 节，式（1.24）和 2.3.2 节、4.1.1.5 节）。图 3.51a 给出了通风空气间隙内侧温度的年变化过程，图 3.51b 给出了通风空气间隙外表面的温度。温度的最小值和最大值为 −12℃和 −14.5℃，以及 43℃和 61℃。即由于向外长波辐射的作用，空气间隙的温度只是在寒冷的季节比图 3.46 和图 3.47 所示的情况下降了 4K 到 8K。这样，这些温度可能会低于环境空气温度（图 3.51 显示会低 6K，见图中 1 月 2 日至 6 日的温度变化曲线），从而导致在通风空气间隙中的温度低于露点，进而会发生结露或结冰。

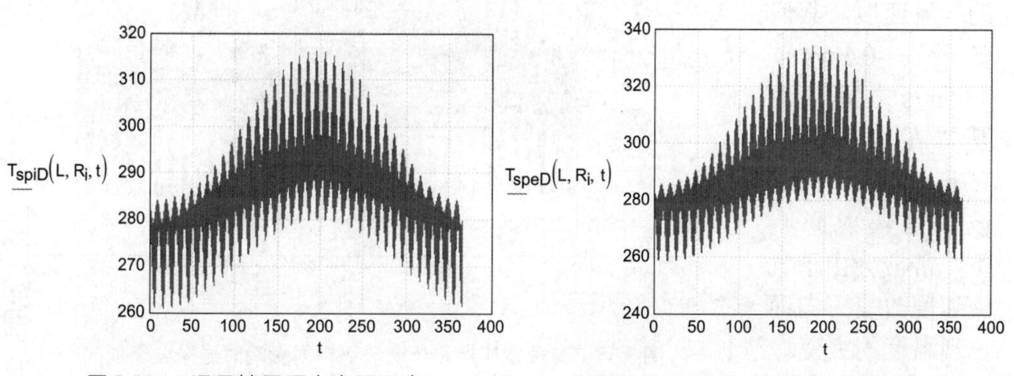

图 3.51a 通风坡屋顶内表面温度

图 3.51b 通风坡屋顶外表面温度

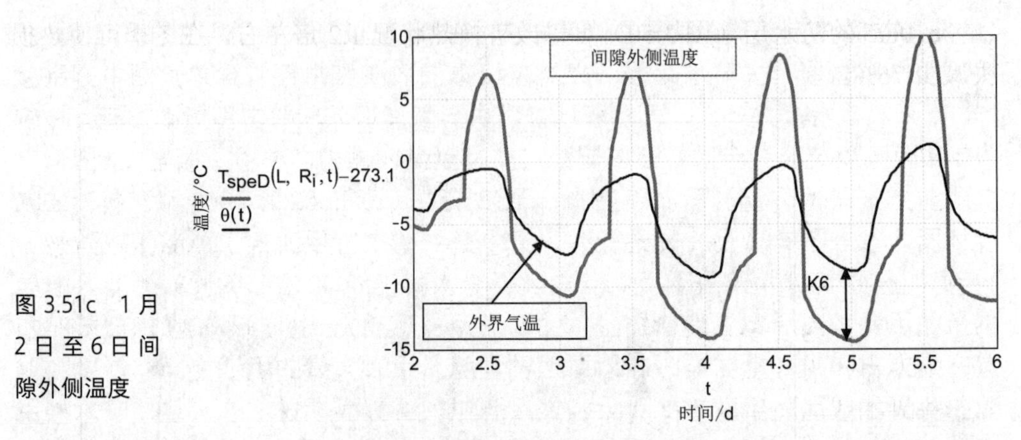

图 3.51c　1月2日至6日间隙外侧温度

由于辐射，通风空气间隙外表面温度会低于外界空气温度 6K。这里附的冷却作用是由长波散热辐射引起的。图 3.52 所示的热流密度年变化历程（与图 3.49 和图 3.50 相比）也证明了这一点。1 月份的散热量从 10W/m^2 增加到 16W/m^2。

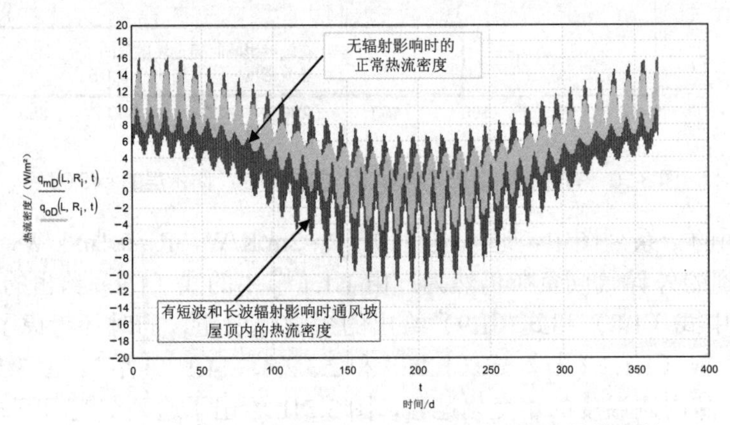

图 3.52　无辐射（浅色线）及有短波加热和长波散热辐射（深色线）条件下，通风坡屋顶内热流密度的年变化历程

图 3.53 给出了通风空气间隙内的气流速度。其值冬天在 –0.5m/s 至 0.65m/s 之间，而夏季在 –0.9m/s 至 1.7m/s 之间。在长波散热辐射影响下，常常会由于气流速度改变方向而出现温度的突变。

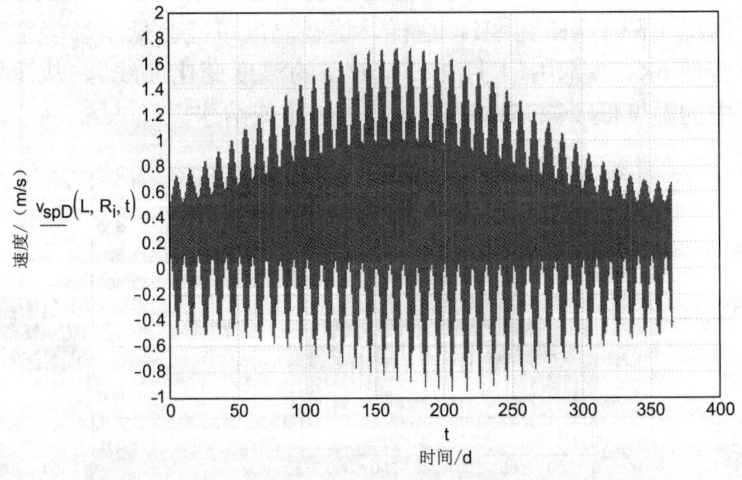

图 3.53　有短波加热和长波散热辐射影响时通风坡屋顶内气流速度的年变化历程

通风空气间隙在冬季仅能带来很微弱的保温效果，然而在夏季却能起到很明显的散热作用。

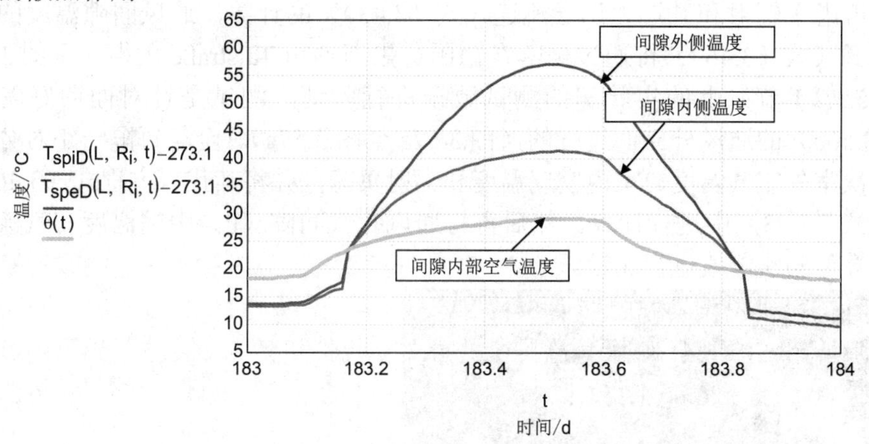

图 3.54 第 183 天（6 月）时考虑短波加热和长波散热辐射影响条件下的外界空气温度及通风坡屋顶内空气间隙外侧和内侧温度

温度曲线 24 小时的平均值为：通风空气间隙内空气温度 23.5℃，间隙外侧温度 33.5℃，间隙内侧温度（直接影响热量输入）仅为 27.3℃。由此导致在基础结构热阻 R_i=2m^{2}K/W 的情况下，热流密度差为 3W/m^2，如下面算例所示。这种降低热负荷的效果对于夏季隔热非常适用（见 4.2 节）。

$$\theta_m := \int_{183}^{184} \theta(t)\,dt \qquad \theta_{SpiDm} := \int_{183}^{184} \left(T_{spiD}(L,R_i,t) - 273.1\right) dt \qquad \theta_{Spem} := \int_{183}^{184} \left(T_{speD}(L,R_i,t) - 273.1\right) dt$$

$$\theta_m = 23.534 \qquad \theta_{SpiDm} = 27.270 \qquad \theta_{Spem} = 33.492$$

$$R_i = 2.000 \qquad q_{iD}(L,R_i,t) := \frac{T_i - T_{spiD}(L,R_i,t)}{R_i} \qquad q_{eD}(L,R_i,t) := \frac{T_i - T_{speD}(L,R_i,t)}{R_i}$$

$$\Delta q := \int_{183}^{184} \left(q_{eD}(L,R_i,t)\right) - q_{iD}(L,R_i,t)\,dt \qquad \Delta q = -3.112$$

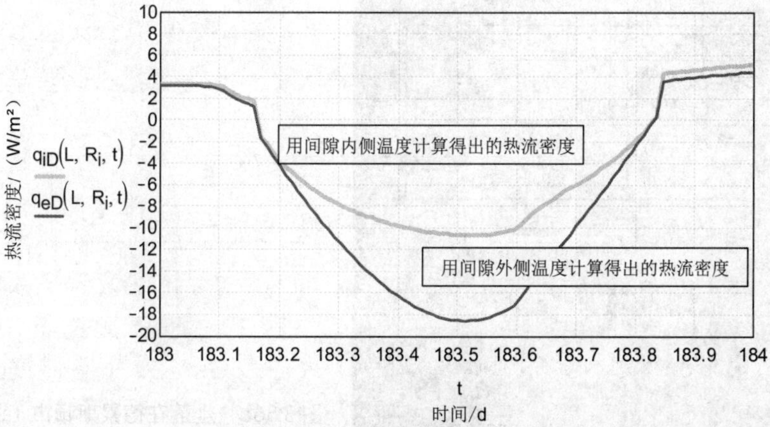

用间隙内侧温度计算得出的热流密度
用间隙外侧温度计算得出的热流密度
热流密度/（W/m²）
$q_{iD}(L, R_i, t)$
$q_{eD}(L, R_i, t)$
10 8 6 4 2 0 −2 −4 −6 −8 −10 −12 −14 −16 −18 −20
183 183.1 183.2 183.3 183.4 183.5 183.6 183.7 183.8 183.9 184
t
时间/d

图 3.55 第 183 天（6 月）时热流密度的变化过程，深色曲线根据通风间隙外侧温度和室内空气温度计算得出，浅色曲线根据通风间隙内侧温度和室内空气温度计算得出

3.1.5.3　通风间隙的温度和流速的计算值与测量值的比较

考虑了辐射和升浮力诱导流速（式（3.43））的计算，通风间隙温度的简单关系式（式（3.46））将通过坐落在德国德累斯顿市 Talstraße 大街（见图 3.56a、b 和 5.3.2.1 节）上的实验房的测试数据进行验证，测试是针对面向庭院一侧（图 3.56b）的通风外立面进行的（图 3.57a 至图 3.57c）。全年每隔一小时分别测量一次室外空气温度、室内空气温度和辐射负荷，并将其代入方程式（3.46）和方程式（3.43）中进行计算。然后再将通风孔气间隙（P）中的温度和气流速度的计算值与实测值进行比较。

图 3.56a　坐落在德累斯顿市 Talstraße 大街用强毛细力内保温材料装修改造的实验房（见 5.3.2.1 节）

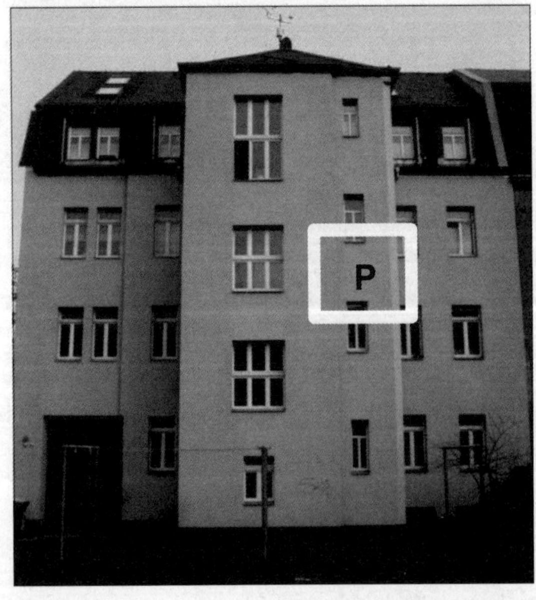

图 3.56b　坐落在德累斯顿市 Talstraße 大街，面向庭院一侧用外保温材料和悬挂式背面通风外立面装修改造的实验房

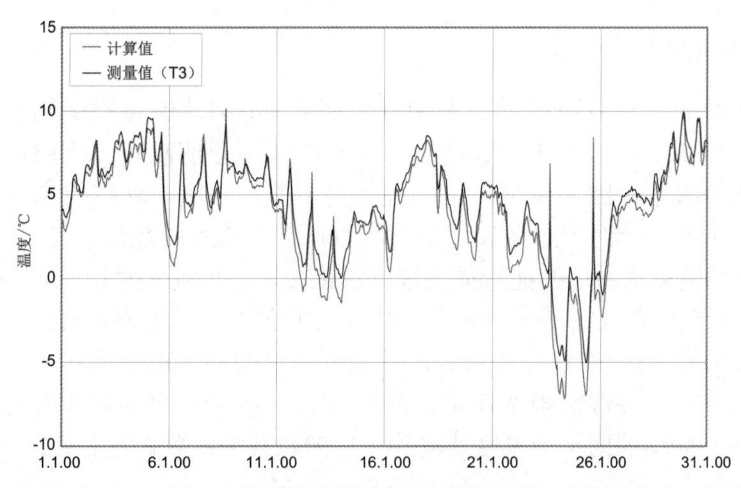

图 3.57a 图 3.56b 中 P 区域，1 月份背面通风外立面空气间隙中温度变化的计算值和测量值

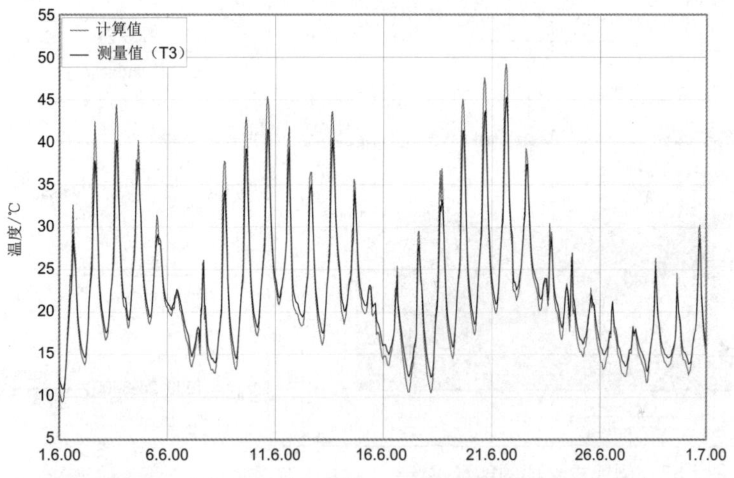

图 3.57b 图 3.56b 中 P 区域，6 月份背面通风外立面空气间隙中温度变化的计算值和测量值

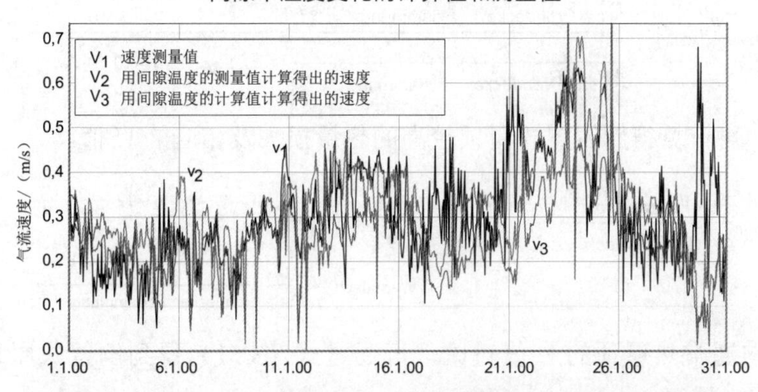

图 3.57c 图 3.56b 中 P 区域，1 月份背面通风外立面空气间隙中气流速度变化的计算值和测量值

温度的测量值和计算值非常一致。尽管与正规的 CFD 模拟计算相比，在流动计算时做了很大的简化，但在各种流动速度下温度的测量值和计算值的吻合度仍很好。

3.1.6　倒置式屋顶的传热

倒置式屋顶与热屋顶（3.1.1 节中的示例 4）不同，保温层是位于密封层的上方。如第 5 章湿传递所述，这种结构形式的屋顶即使没有隔汽层，密封层下也不会形成冷凝水，因为屋顶结构的温度高于露点温度。这对于木质屋顶结构特别有利。为此，流经密封层表面的雨水可以带走屋顶的热量，使得 U 值增加。下面将对这种倒置式屋顶的能量损失进行量化计算：热流密度 q_i（式（3.48a））首先从室内传输到密封层，其中一部分是由流过密封层表面的雨水带走的热流密度 q_r（式（3.48b））。另一部分是由密封层传输外部空间的热流密度 q_e（式（3.48c））。由热流平衡方程，并假定雨水流量密度为 V_{td}（mm/d），可导出保温层下侧（即密封层表面）流动的雨水的温度计算式（3.49）。其中系数 ζ 是流走的雨水所占的比例。

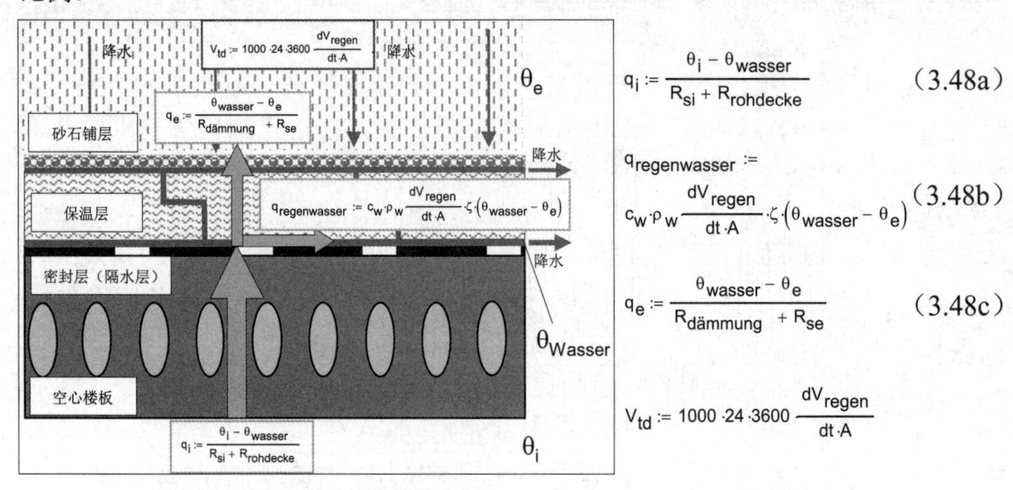

$$q_i := \frac{\theta_i - \theta_{wasser}}{R_{si} + R_{rohdecke}} \tag{3.48a}$$

$$q_{regenwasser} := c_w \cdot \rho_w \frac{dV_{regen}}{dt \cdot A} \cdot \zeta \cdot (\theta_{wasser} - \theta_e) \tag{3.48b}$$

$$q_e := \frac{\theta_{wasser} - \theta_e}{R_{dämmung} + R_{se}} \tag{3.48c}$$

$$V_{td} := 1000 \cdot 24 \cdot 3600 \frac{dV_{regen}}{dt \cdot A}$$

图 3.58　倒置式屋顶的能量平衡

$$\theta_{wasser}(V_{td}, \zeta) := \frac{\dfrac{\theta_i}{R_{si} + R_{rohdecke}} + \dfrac{\theta_e}{R_{dämmung} + R_{se}} + c_w \cdot \rho_w \cdot \zeta \cdot 1.157 \cdot 10^{-8} \cdot V_{td} \cdot \theta_e}{\dfrac{1}{R_{si} + R_{rohdecke}} + \dfrac{1}{R_{dämmung} + R_{se}} + c_w \cdot \rho_w \cdot \zeta \cdot 1.157 \cdot 10^{-8} \cdot V_{td}} \tag{3.49}$$

由此，可计算得到倒置式屋顶较高的热量损失及相应的 U 值。

$$q_i(V_{td}, \zeta) := \frac{\theta_i - \theta_{wasser}(V_{td}, \zeta)}{R_{si} + R_{rohdecke}} \qquad U_{Umkehrdach}(V_{td}, \zeta) := \frac{q_i(V_{td}, \zeta)}{\theta_i - \theta_e} \tag{3.50}$$

$$U_{Warmdach} := \frac{1}{R_{si} + R_{rohdecke} + R_{dämmung} + R_{se}} \tag{3.51}$$

通过与通常热屋顶的 U 值对比，可通过式（3.51）得到倒置式屋顶传热系数的增加量 ΔU。

$$\Delta U(V_{td}, \zeta) := \frac{\theta_i - \dfrac{\dfrac{\theta_i}{R_{si} + R_{rohdecke}} + \dfrac{\theta_e}{R_{dämmung} + R_{se}} + c_w \cdot \rho_w \cdot \zeta \cdot 1.157 \cdot 10^{-8} \cdot V_{td} \cdot \theta_e}{\dfrac{1}{R_{si} + R_{rohdecke}} + \dfrac{1}{R_{dämmung} + R_{se}} + c_w \cdot \rho_w \cdot \zeta \cdot 1.157 \cdot 10^{-8} \cdot V_{td}}}{(\theta_i - \theta_e)(R_{si} + R_{rohdecke})} - \frac{1}{R_{si} + R_{rohdecke} + R_{dämmung} + R_{se}} \tag{3.52}$$

示例：倒置式屋顶热损失的计算

下面将给出倒置式屋顶传热系数增加量 ΔU 随雨流密度 $V_{td}=dV_R/dtA\cdot 1.157\cdot 10^{-8}$（mm/h）和保温层下侧流走雨水的比例 ζ（见方程（3.52）及图 3.52 中的浅色线）的变化关系，以及简化的近似描述（见方程（3.53）及图 3.52 中的深色线）。

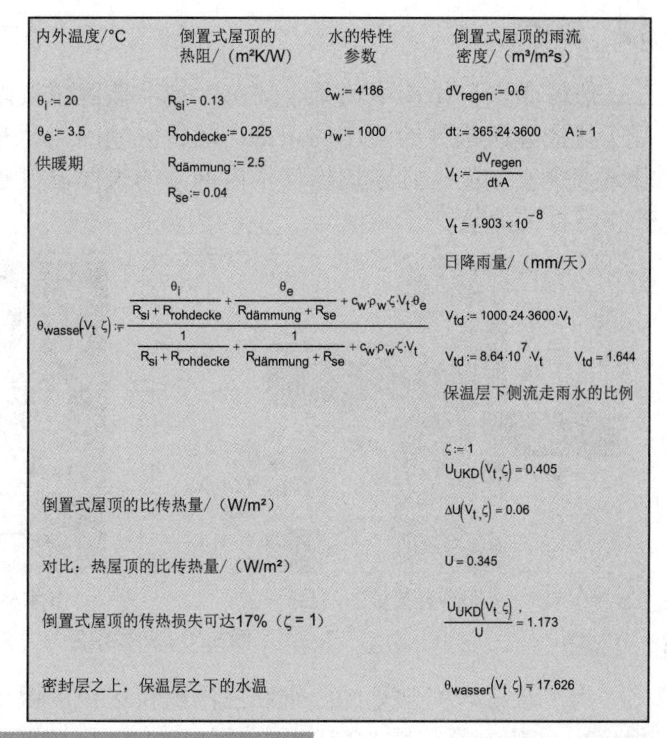

$$\theta_{wasser}(V_t,\zeta) := \frac{\dfrac{\theta_i}{R_{si}+R_{rohdecke}}+\dfrac{\theta_e}{R_{dämmung}+R_{se}}+c_w\cdot\rho_w\cdot\zeta\cdot V_t\cdot\theta_e}{\dfrac{1}{R_{si}+R_{rohdecke}}+\dfrac{1}{R_{dämmung}+R_{se}}+c_w\cdot\rho_w\cdot\zeta\cdot V_t}$$

$$\Delta U_n(V_{td},\zeta) := 0.0358\cdot\zeta\cdot V_{td} \tag{3.53}$$

倒置式屋顶在降雨条件下 U 值的提高，与屋顶结构的热阻、室内空气温度及外界空气温度均无关。它仅是流走雨量的函数。

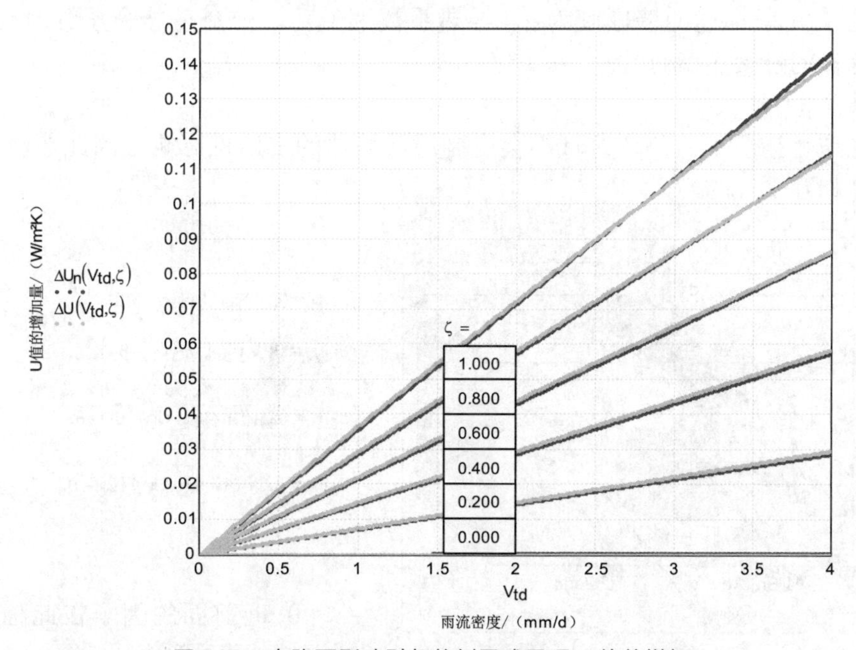

图 3.59　由降雨影响引起的倒置式屋顶 U 值的增加

3.2 热桥

热桥是围护结构中的某个局部区域，该区域被限制在一定的范围内，与未受干扰的建筑构件的温度场相比，热桥区域的热阻是比较低的，因此该区域的热量损失会较高，且建筑构件室内部分的表面温度也会较低，因此会有结露和产生霉菌的危险。

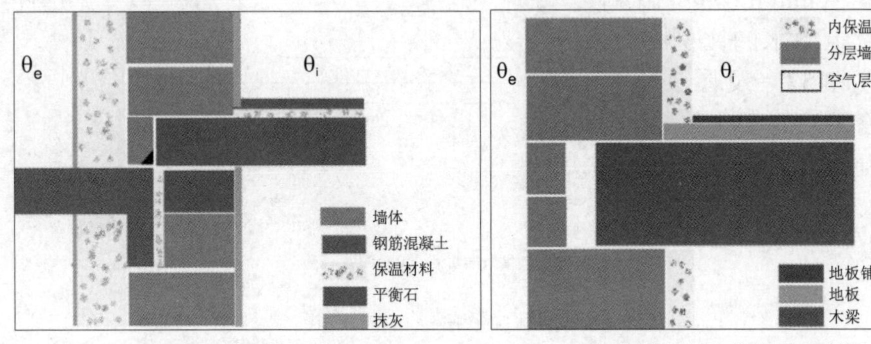

a 阳台连接处的隔热　　b 木横梁楼板连接处的内保温

图 3.60　热桥示例

为了量化研究常见的二维和三维热桥区内的温度场，必须对通用热传导方程（2.1.1 节中的方程（2.3）和方程（2.4））用数值方法求解（例如，应用软件 DELPHIN，德累斯顿工业大学建筑气候研究所[4]）。在本节中，将对高导热率的过梁和作为几何热桥的建筑物墙角这两个简单的实例，进行近似的分析计算。

3.2.1 过梁——简单热桥

图 3.61 所描述的墙厚度为 d，导热系数为 λ_{Wand}。一个高导热系数为 $\lambda_{Brücke}$，宽度为 b 的过梁穿墙而过。

情形 1：b>d

在这种情况下，热桥区域不会受到周边墙体的实质性影响，因此热流 Φ 的流线是相互平行的。

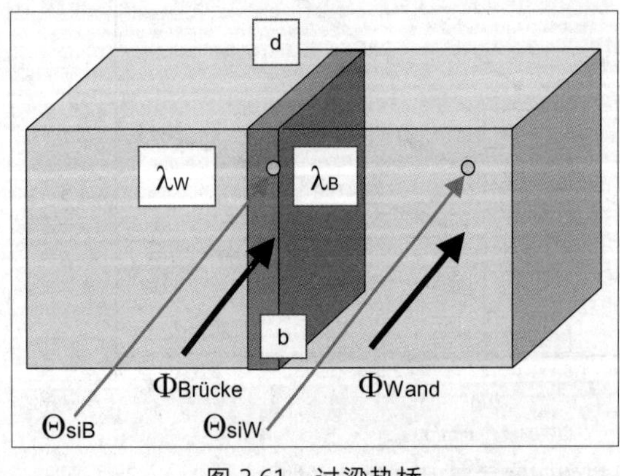

图 3.61　过梁热桥

$$\theta_{siB} = \theta_i - R_{si} \cdot U_B \cdot (\theta_i - \theta_e)$$

$$\theta_{siW} = \theta_i - R_{si} \cdot U_W \cdot (\theta_i - \theta_e)$$

$$\theta_{siB} = \theta_e + (1 - R_{si} \cdot U_B) \cdot (\theta_i - \theta_e) \quad (3.54)$$

$$\theta_{siW} = \theta_e + (1 - R_{si} \cdot U_W) \cdot (\theta_i - \theta_e) \quad (3.55)$$

$\theta_i - \theta_e$ 前面的因子在此称为热桥区域的表面系数 f_B。

热桥区域的表面系数 f_B 总是比与墙对应的值 $f_W = 1 - R_{si} \cdot U_W$ 要小。

如果对于一般热桥的 f_B 可通过数值解或测量得到的话，那么，用于热桥能耗评价的热桥区域平均 U 值则可通过计算得到。

$$f_B = 1 - R_{si} \cdot U_B \qquad (3.56)$$

$$f_B = \frac{\theta_{siB} - \theta_e}{\theta_i - \theta_e} \qquad (3.57)$$

$$U_B = \frac{1 - f_B}{R_{si}} \qquad (3.58)$$

情形 2：b<d

如果热桥尺寸比较窄，那么侧向进入的热流将会使热桥的 U 值增大。热流场和温度场将会变形。针对热桥 d/2 部分进行热流平衡计算，可近似地得到热桥表面系数 f_B。

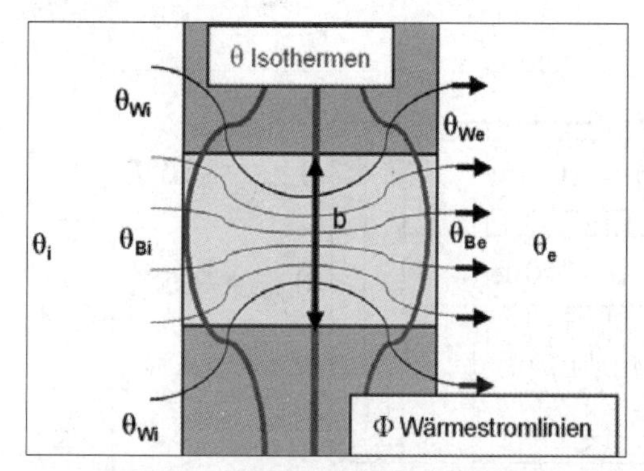

图 3.62 热桥中的热流线和等温线

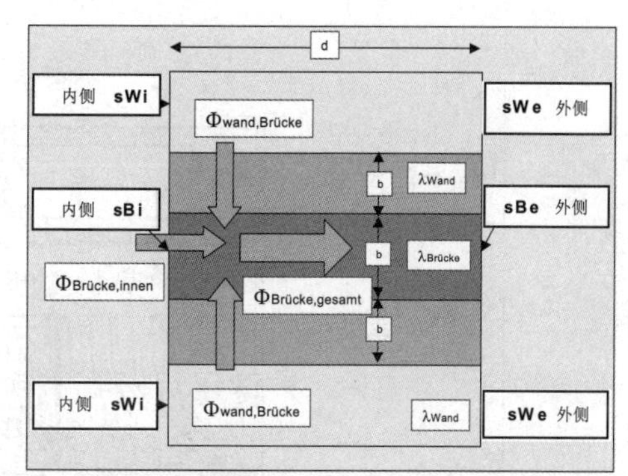

图 3.63 热桥中热流密度的近似描述

由室内空气传向热桥的热流量为：

$$\Phi_{Bi} = b \cdot l \cdot \frac{(\theta_i - \theta_{siB})}{R_{si}} = b \cdot l \cdot (1 - f_B) \cdot (\theta_i - \theta_e) \qquad (3.59)$$

由墙的垂直方向侧面流入热桥的热流为：

$$\Phi_{WB} = \frac{d}{2} \cdot l \cdot \frac{(\theta_{siW} - \theta_{siB})}{\frac{b}{\lambda_W}} \cdot 2 = b \cdot l \cdot \left(\frac{d}{b}\right)^2 \cdot (1 - f_B + R_{si} \cdot U_W) \cdot \frac{(\theta_i - \theta_e)}{\frac{d}{\lambda_W}} \qquad (3.60)$$

热桥中的总热流可通过式（3.61）计算。通过热流平衡，可得热桥区域的表面系数计算式（3.62）。

$$\Phi_{Bges} = b \cdot l \cdot (\theta_i - \theta_e) \cdot U_B \qquad \Phi_{Bges} = \Phi_{Bi} + \Phi_{WB} \qquad (3.61)$$

$$f_B(b, U_B) := 1 - R_{si} \cdot \frac{U_W + U_B \cdot \left(\frac{1}{U_W \cdot R_{si}} - \frac{R_{se}}{R_{si}} - 1\right) \cdot \left(\frac{b}{d}\right)^2}{1 + \left(\frac{1}{U_W \cdot R_{si}} - \frac{R_{se}}{R_{si}} - 1\right) \cdot \left(\frac{b}{d}\right)^2} \qquad (3.62)$$

与简单关系式（3.56）$f_B = 1 - R_{si} \cdot U_B$ 的比较表明，U_{Bm} 现在可以通过某种加权平均从 U_B、U_W 和纯几何量 b/d 计算得到。

热桥的平均 U 值：

$$U_{Bm}(b, U_B) := \frac{U_W + U_B \cdot \left(\frac{1}{U_W \cdot R_{si}} - \frac{R_{se}}{R_{si}} - 1\right) \cdot \left(\frac{b}{d}\right)^2}{1 + \left(\frac{1}{U_W \cdot R_{si}} - \frac{R_{se}}{R_{si}} - 1\right) \cdot \left(\frac{b}{d}\right)^2} \tag{3.63}$$

重要参数“热桥的内侧表面温度”可由下式计算得到：

$$\theta_{sBi}(b, U_B) := \theta_e + f_B(b, U_B) \cdot (\theta_i - \theta_e) \tag{3.64}$$

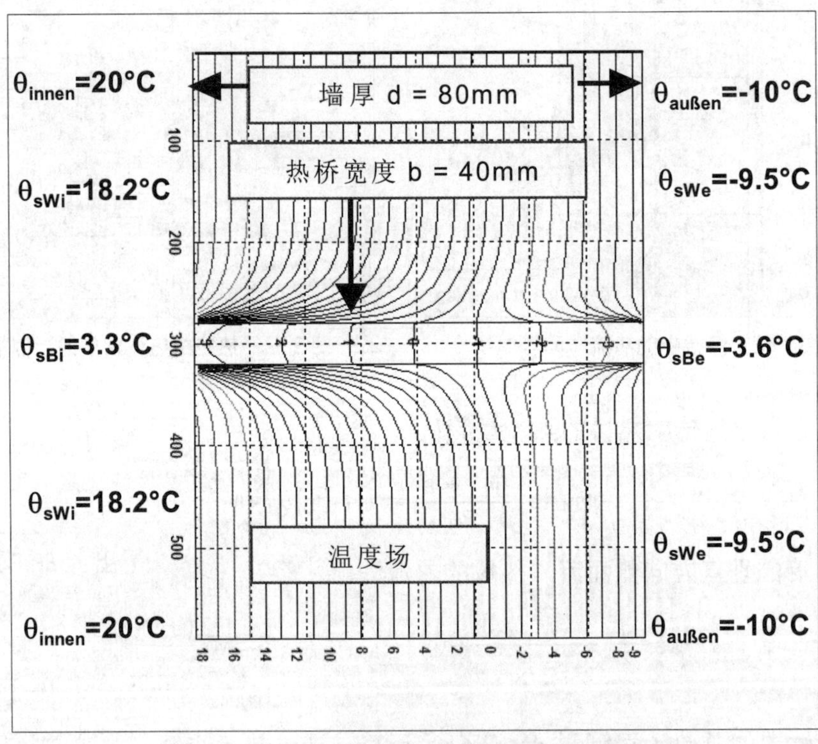

图 3.64　数值计算得到的过梁热桥中等温线的分布

为了判断表面结露及避免产生霉菌，对热桥的表面系数、平均 U 值及表面温度的降低量随热桥 U 值及热桥几何宽度的变化描述如下。热桥区域内的温度场可以用此方法近似计算，但本节并未计算。

示例 1：过梁热桥

室外和室内温度		墙的厚度和u值		墙外和墙内对流换热热阻		热桥区域的宽度和u值
$\theta_e := -5$	$\theta_i := 20$	$d := 0.25$	$U_W := 0.50$	$R_{se} := 0.04$	$R_{si} := 0.13$	$b := 0, 0.0005 .. 0.25$ $U_B := 0.5, 0.75 .. 3$

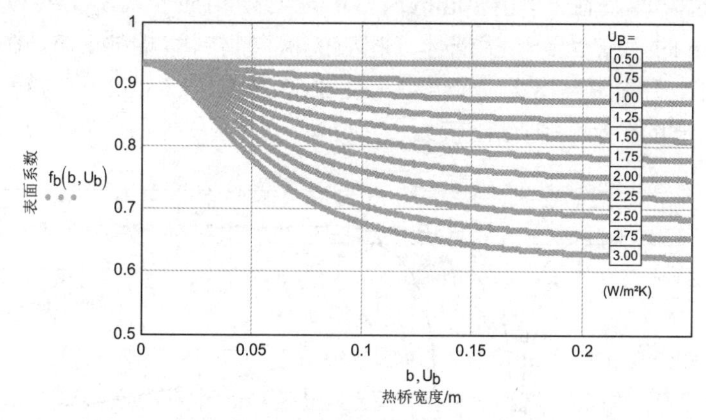

图 3.65　由式（3.62）计算得到的过梁热桥的表面系数

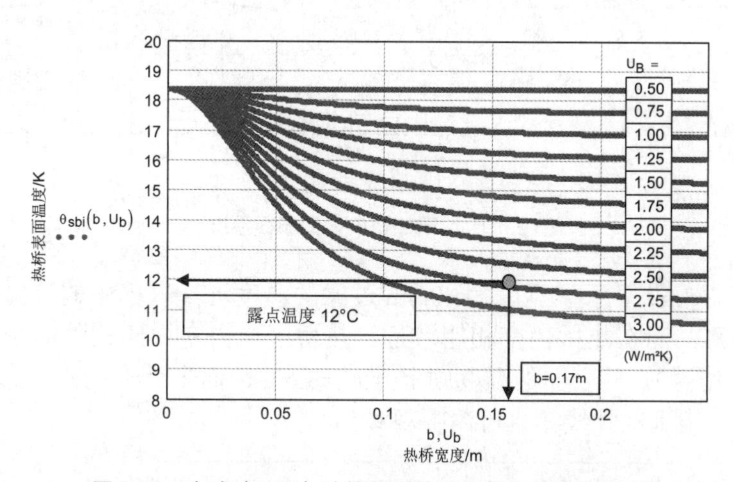

图 3.66　由式（3.64）计算得到的过梁热桥的表面温度

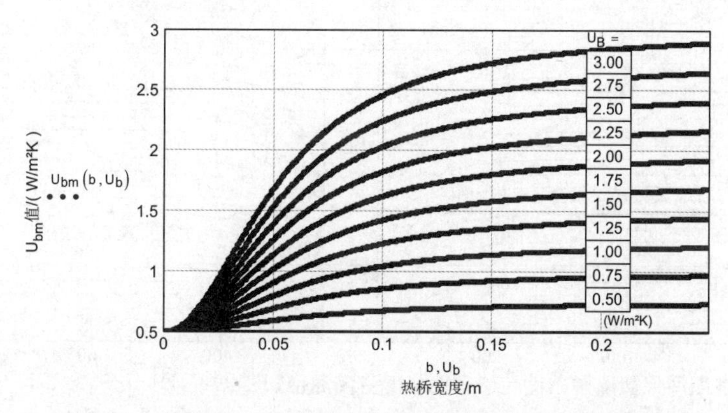

图 3.67　由式（3.63）计算得到的过梁热桥的平均传热系数

下面将介绍针对由岩棉保温层包裹的混凝土过梁（图 3.61）热传导问题所进行的二维数值解的一些计算结果（例如，应用软件 DELPHIN，德累斯顿工业大学建筑气候研究所）。计算条件为室内空气温度 20℃，外界空气温度 10℃。

第一张图 3.68 显示了混凝土过梁内侧的表面温度随过梁宽度的变化关系。过梁内侧表面温度，在 b＞d=80mm 时，θ_{si}=2℃（相应于 $\lambda_{混凝土}$=2W/m^{2}K），而当 b＜d=80mm 时，未受到干扰墙体（相应的保温材料岩棉的 $\lambda_{岩棉}$=0.04W/m^{2}K）的表面温度可上升至 θ_{si}=18.2℃（也可与图 3.66 和方程（3.62）、方程（3.64）所表达的表面温度的分析解进行比较）。

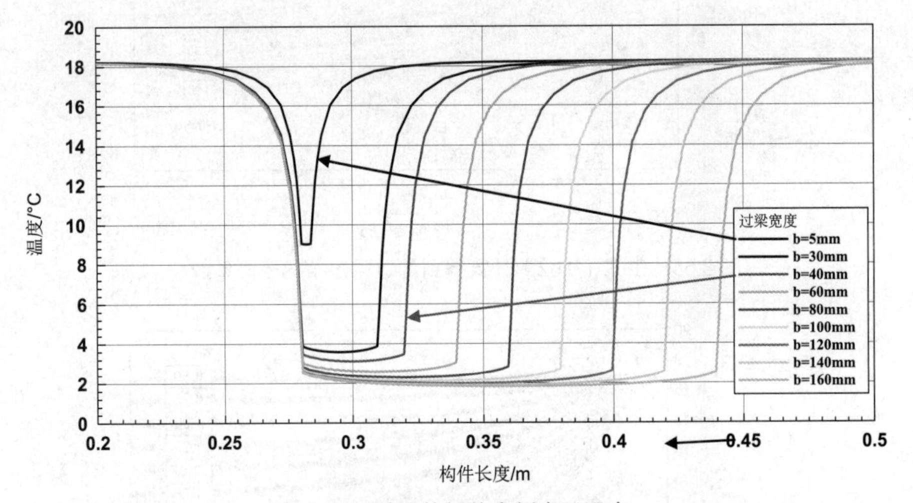

图 3.68　过梁热桥的内侧表面温度

第二张图 3.69 显示了宽度为 40mm 过梁的温度场。岩棉中的等温线在热桥附近发生变形，而在热桥内部相距较远。热桥区域内室内侧构件的表面温度为 3.3℃（表面结露）。外表面的温度则上升到 −3.6℃，而未受干扰的壁面区域的温度为 −9.5℃（用远红外线相机可清晰观测到）。

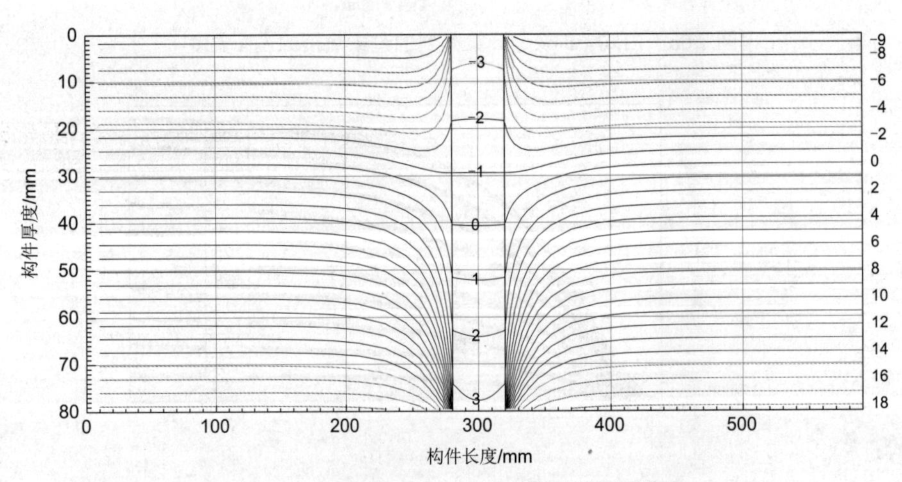

图 3.69　宽度为 40mm 过梁热桥的等温线图

第三张图3.70显示的是一个真实的三层混凝土外墙结构，其中的岩棉保温层被混凝土过梁隔断。

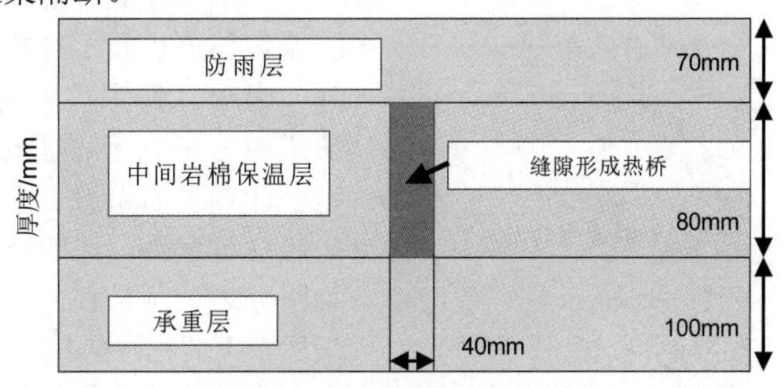

图3.70 被包裹着的过梁热桥

下一张图3.71显示了内表面上“涂抹状”的温度变化曲线（过梁宽度为30mm时，过梁热桥的表面温度为15.2℃，当宽度为160mm时，温度为10.5℃）。与本系列的图3.68相比，热桥的影响现在是被抑制的。承重层和防雨层的温度场（图3.72）在热桥区域（过梁宽度现在为40mm）变形非常强烈。

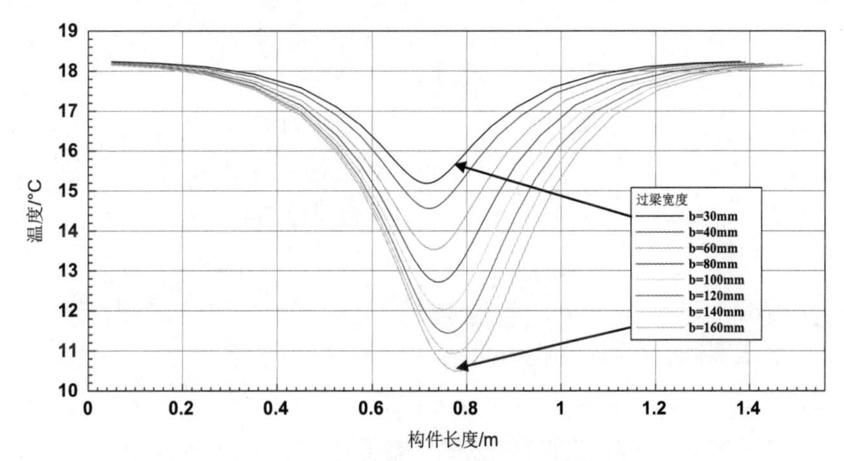

图3.71 被包裹着的过梁热桥的表面温度

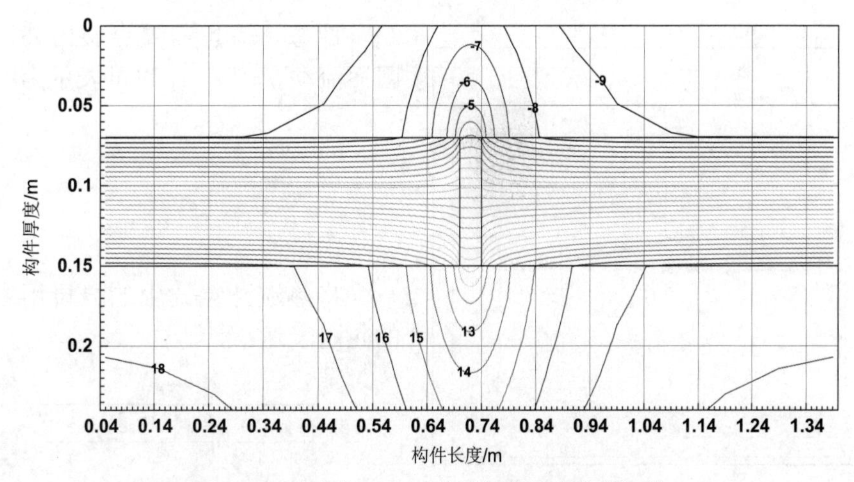

图3.72 宽度为40mm的过梁热桥内的等温线

3.2.2　建筑物墙角

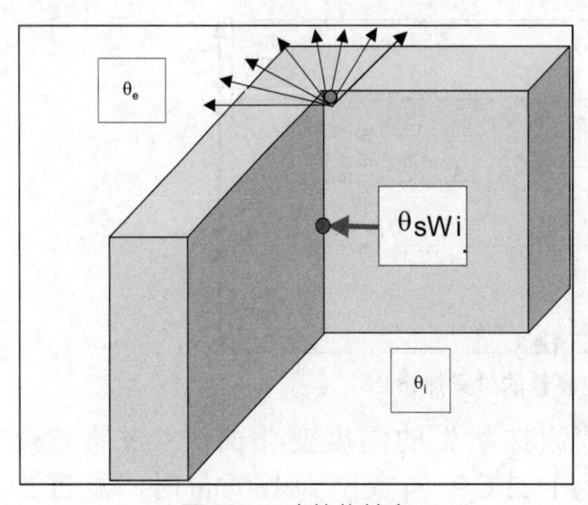

图 3.73　建筑物墙角

外围护结构中的有角度的墙体，即墙角部分也属于热桥，因为这些部分（由于几何原因）的热损失较大，造成对应的内表面温度会有所下降。为了计算表面系数、平均U值、内表面温度等参数，建筑物的墙角被简化为四分之一圆柱体，由此便可以用柱坐标系下的稳态热传导方程（2.1.1 节）进行求解。将建筑物的墙角部分视为一个内径为 r_i，外径为 r_e，厚度为 d 的四分之一空心圆柱体（见图 3.75）。从内到外的径向热流为：

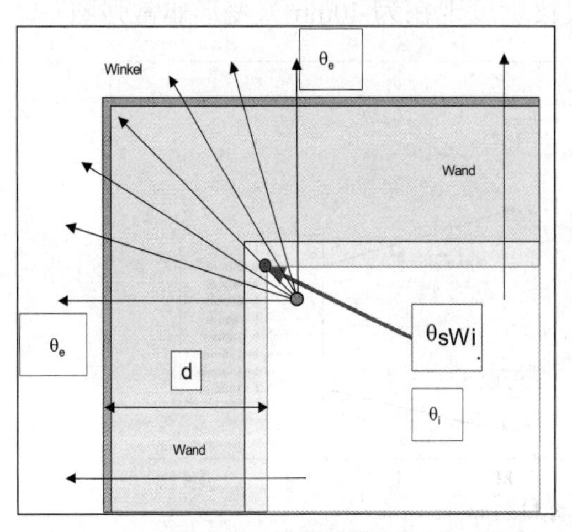

图 3.74　建筑物墙角

$$\Phi_r := -2\cdot\pi\cdot r\cdot h\cdot\lambda\cdot\frac{d\theta}{dr} \quad d\theta := \frac{-\Phi_r}{2\cdot\pi\cdot h\cdot\lambda}\cdot\frac{dr}{r} \tag{3.65}$$

针对稳态的情况（Φ_r=constant），经过对温度 θ 和对半径 r 的积分，可得到热流为：

$$\theta_{se} := \int_{r_i}^{r_e}\frac{-\Phi_r}{2\cdot\pi\cdot h\cdot\lambda\cdot r}dr + \theta_{si}$$

$$\Phi_r := \frac{\theta_{si}-\theta_{se}}{\frac{1}{\lambda}\cdot\ln\left(\frac{r_e}{r_i}\right)}\cdot 2\cdot\pi\cdot h \tag{3.66}$$

稳态热流也需要克服内外表面热阻而流动，因此 Φ_r 也可表示为：

$$\Phi_r := \frac{\theta_i-\theta_{si}}{R_{si}}\cdot 2\cdot\pi\cdot h\cdot r_i \tag{3.67a}$$

$$\Phi_r := \frac{\theta_{se}-\theta_e}{R_{se}}\cdot 2\cdot\pi\cdot h\cdot r_e \tag{3.67b}$$

将热流计算式中的分母用圆柱体的热阻表达：

$$\Phi_r := \frac{\theta_i-\theta_e}{\left(\frac{R_{si}}{r_i}+\frac{1}{\lambda}\cdot\ln\left(\frac{r_e}{r_i}\right)+\frac{R_{se}}{r_e}\right)\cdot\frac{1}{2\cdot\pi\cdot h}} \tag{3.68}$$

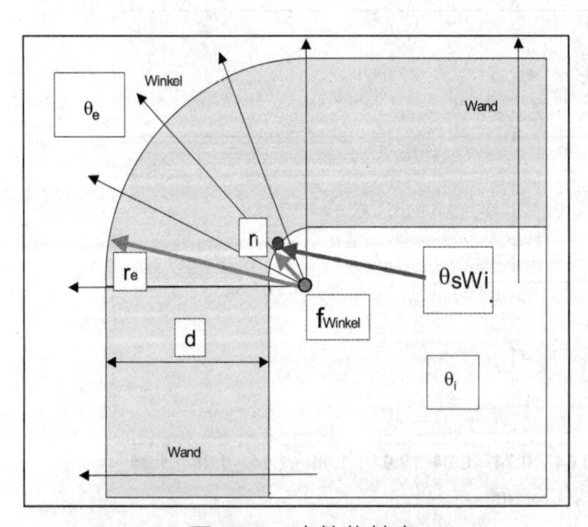

图 3.75　建筑物墙角

类似于平面建筑构件，内表面（即室内墙角部分）温度可表示为：

$$\theta_{si} := \theta_e + \Phi_r \cdot \left(\frac{1}{\lambda} \cdot \ln\left(\frac{r_e}{r_i}\right) + \frac{R_{se}}{r_e}\right) \cdot \frac{1}{2 \cdot \pi \cdot h} \quad (3.69)$$

$$\theta_{si} := \theta_e + \frac{\frac{1}{\lambda} \cdot \ln\left(\frac{r_e}{r_i}\right) + \frac{R_{se}}{r_e}}{\frac{R_{si}}{r_i} + \frac{1}{\lambda} \cdot \ln\left(\frac{r_e}{r_i}\right) + \frac{R_{se}}{r_e}} \cdot (\theta_i - \theta_e) \quad (3.70)$$

式（3.70）中，$\theta_i - \theta_e$ 的因子为表达墙角热桥特征的温度表面系数。基于下列假设：

$r_i := \frac{d}{3.5}$　$R_\lambda := \frac{d}{\lambda}$　$R_{se} := 0.04$　$R_{si} := 0.17$，可得温度系数方程（3.71）。

$$f_{si} := \frac{R_\lambda + 0.021}{R_\lambda + 0.416} \quad (3.71)$$

$$U_W := \frac{1}{0.04 + R_\lambda + 0.13} \quad (3.72)$$

如果相互交叉的墙的导热热阻用其U值（方程（3.72））替代的话，将得到以U值（W/m²K）为参数的墙角表面积系数计算式（3.73）。

$$f_{wi}(U_W) := \frac{1 - 0.149 \cdot U_W}{1 + 0.246 \cdot U_W} \quad (3.73)$$

由此，得到墙角的内表面温度（方程（3.74），U值和 θ_e 是参数）和墙角区域的等效U值（方程（3.75））的计算式。

$$\theta_{swi}(U_W, \theta_e) := \theta_e + f_{wi}(U_W) \cdot (\theta_i - \theta_e) \quad (3.74)$$

$$U_{wim}(U_W) := \frac{1 - f_{wi}(U_W)}{R_{si}} \quad (3.75)$$

热桥区域的面积近似由下式计算：$A_{wi} = \frac{2 \cdot \pi}{4} \cdot r_i \cdot h = \frac{2 \cdot \pi}{4} \cdot \frac{d}{3.5} \cdot h = \frac{\pi}{7} \cdot d \cdot h$

示例：

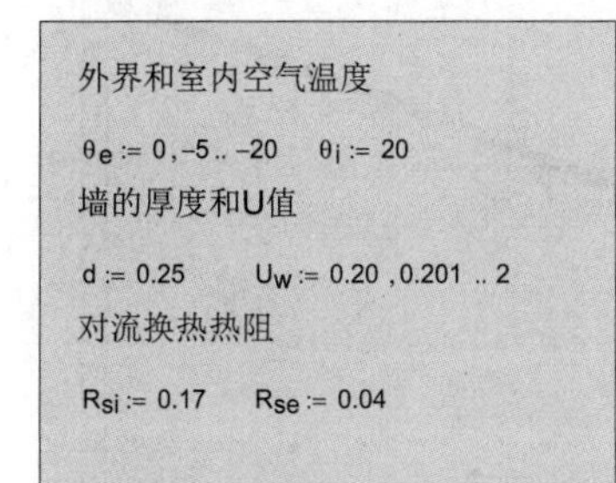

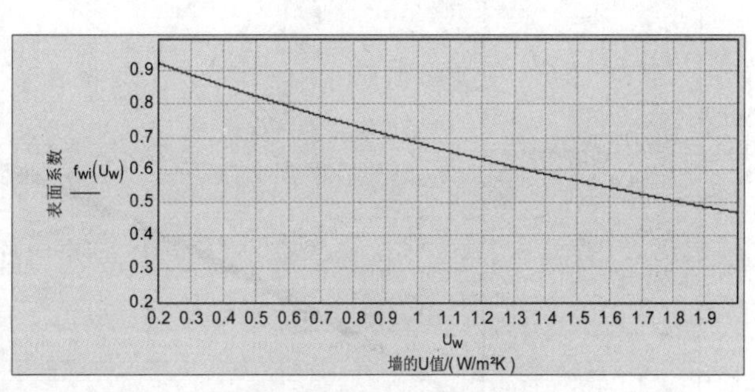

图 3.76　建筑物墙角的表面系数随墙的 U 值的变化关系

为了避免墙角产生霉菌，在室内空气温度为20℃，空气相对湿度为60%，外界空气温度为 -5℃的条件下，墙的U值不能超过0.54W/m²K。

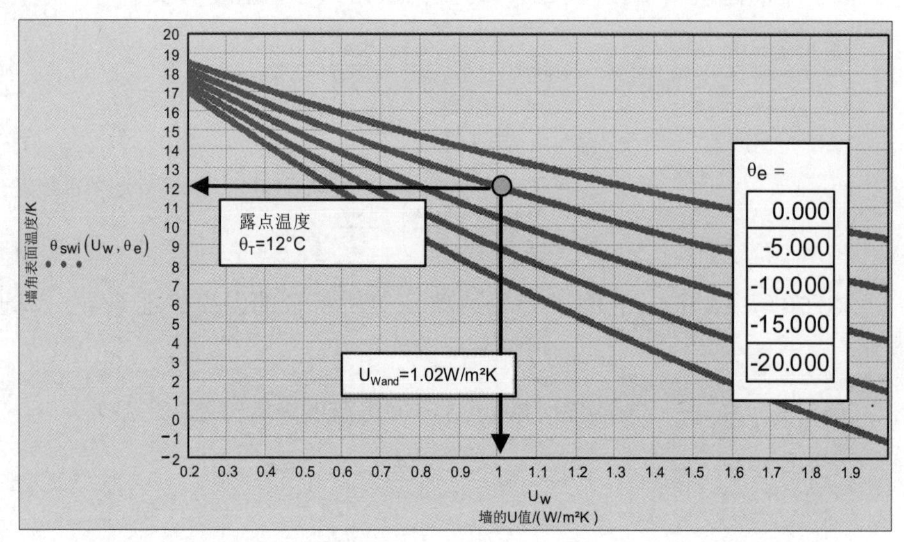

图 3.77 建筑物墙角的表面温度随墙体 U 值及外界空气温度的变化关系

建筑物墙角处的平均 U 值几乎是两个相交墙体 U 值的两倍。
本例中，在室内高度为 2.6m 时，具有高 U 值的热桥面积为：

$$A_{wi} := \frac{\pi}{7} \cdot 0.25 \cdot 2.6$$

$$A_{wi} = 0.29$$

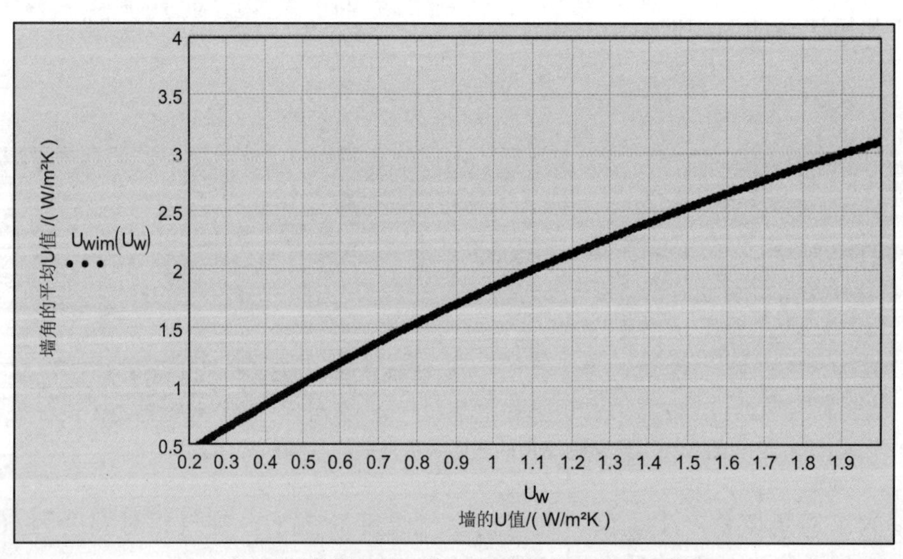

图 3.78 建筑物墙角的平均 U 值随墙的 U 值的变化关系

下列各图中给出了以德国埃森市的参考气象年数据为条件，对由抹灰和石灰砂岩砌成的非保温墙角中温度场和湿度场的准确描述。

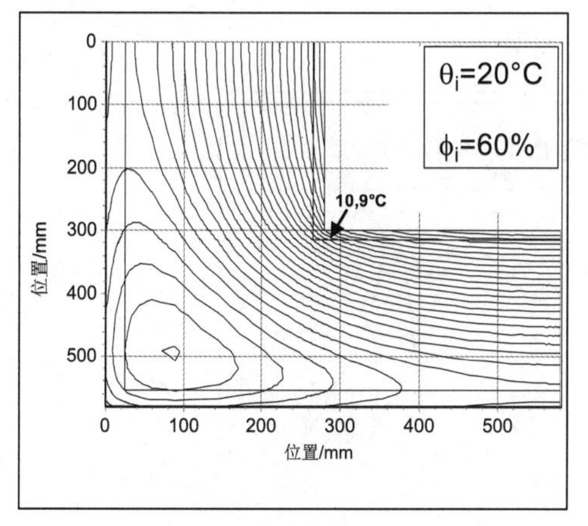

图 3.79a 墙角中的实际等温线图

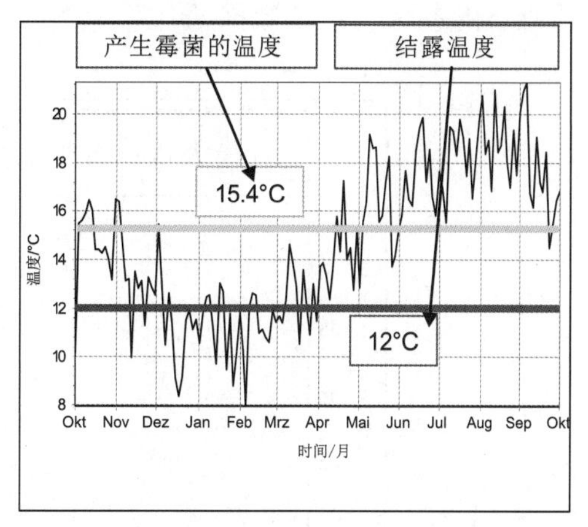

图 3.79b 墙角表面温度的实际年变化历程

上面左图中给出了 2 月 6 日墙角中的温度场（四分之一周期的等温线）。右图为墙角内表面温度一年的变化历程。对由石灰砂岩砌成的非保温墙实际上在整个采暖季从 10 月份至次年 4 月份均低于 15.4℃，而且在冬季的 12 月至次年 2 月也低于结露温度。

虽然在第 5 章才讨论传湿的问题，但下图先给出表面冷凝水入侵墙体的直观图。

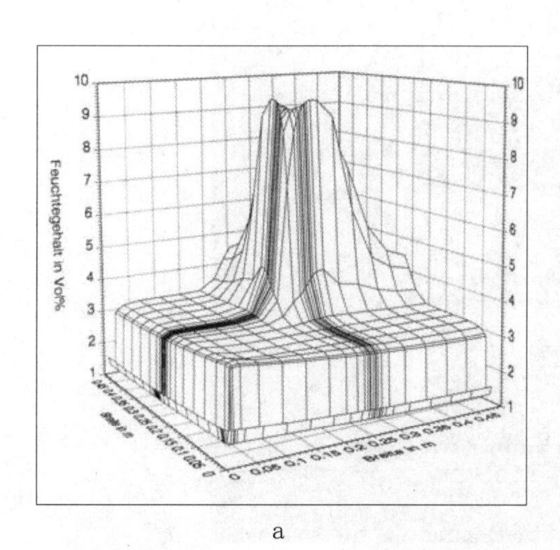

a

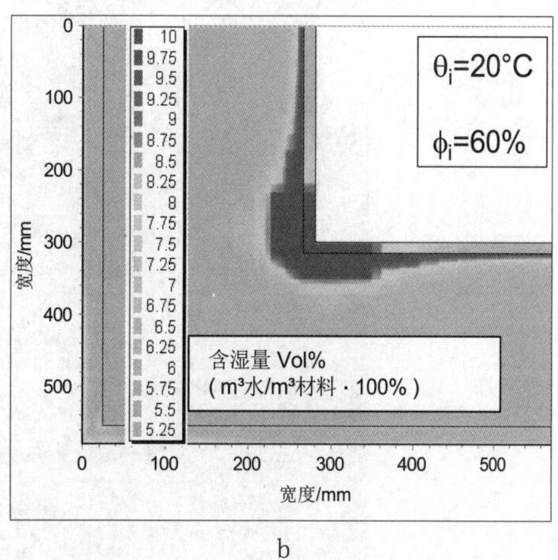

b

图 3.80 2 月 6 日墙角的湿度场

由于低于露点温度，会出现冷凝水。液态水会因为材料的毛细吸力作用（见第5章）被从内表面吸入结构内部。下图给出了2月6日墙角的湿度场，以及1月和2月期间每米墙角边长的湿分聚集量（各图的外界气候条件均为德国埃森市的参考气象年数据）。

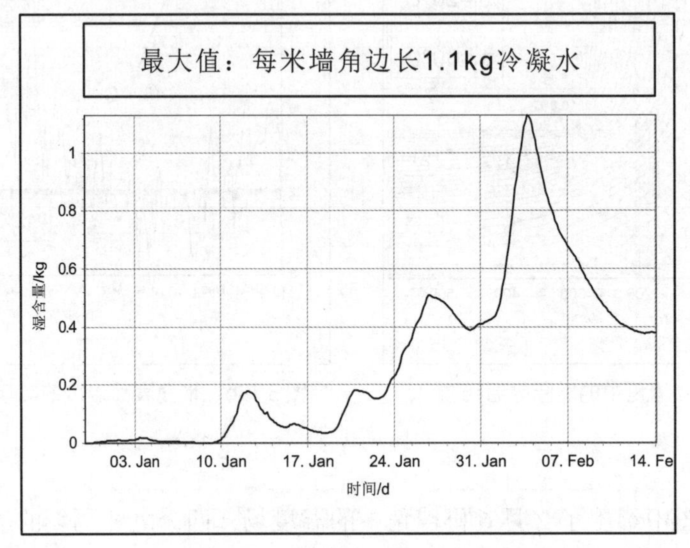

图 3.81　由于表面冷凝水的侵入而引发的墙体内总湿含量

图 3.82　由热桥引起的窗边墙内表面的冷凝水和霉菌

3.3 建筑构件对温度波动的衰减作用

3.3.1 建筑构件稳态温度场的计算

如 1.1 节外界气候所提到的，外界空气温度的日和年变化历程可以近似地用简谐函数描述。非供暖期间的室内空气温度也可采用同样的方法进行计算。由外部热负荷导致建筑构件内部的温度场随时间发生周期性变化，但由于构件本身具有的储热能力，温度幅值会随空间位置的变化逐渐衰减。由于房间围护结构表面的热吸收能力对各种室内温度（环境空气温度、表面温度、体感温度）有着显著的相反的影响，因此应首先对其进行量化分析。

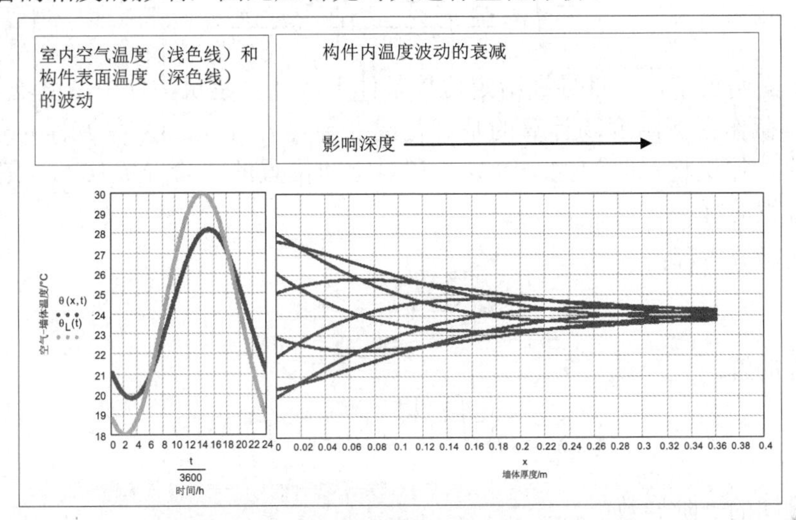

图 3.83 温度波动在构件内部的衰减过程图示

通过下面的示例，将给出导热微分方程（3.76）（对比 2.1.1 节的内容）的求解过程：墙体两边的外界温度和室内空气温度以随时间变化的简谐函数（3.77）的形式波动，此处假设波动周期为 T=24h=1 天。描述 x=0 表面处对流换热热流密度的第 3 类边界条件由式（3.78）给出，由此得到描述构件内部温度场的方程（3.79）。

$$a\cdot\frac{\partial^2}{\partial x^2}\theta=\frac{\partial}{\partial t}\theta \tag{3.76}$$

$$T:=24 \qquad t:=0,0.001\,..\,72$$

$$\theta_L(t):=\Delta\theta_L\cdot\cos\left(\frac{2\cdot\pi}{T}\cdot t\right) \tag{3.77}$$

$$q_{\ddot{u}}(t)=h\cdot\left(\theta_L(t)-\theta(0,t)\right)=\left(-\lambda\frac{d}{dx}\theta\right)_{xRand} \tag{3.78}$$

$$\theta(x,t):=\frac{\Delta\theta_L}{\sqrt{1+\frac{b}{h}\cdot\sqrt{\frac{\pi}{T}}+\left(\frac{b}{h}\right)^2\cdot 2\cdot\frac{\pi}{T}}}\cdot e^{\left(-\sqrt{\frac{\pi}{T\cdot a}}\right)\cdot x}\cdot\cos\left(\frac{2\cdot\pi}{T}\cdot t-\sqrt{\frac{\pi}{T\cdot a}}\cdot x-\phi\right) \tag{3.79}$$

上式中，b（式（3.80））为热穿透系数，ϕ（式（3.81））为空气中的温度波动与构件表面上温度波动之间的相位差，h 为表面对流换热系数。$\Delta\theta_s$（式（3.82））为构件表面温度波动的幅值。比值 $\Delta\theta_s/\Delta\theta_L$ 也被称为温度幅值衰减系数 η。

$$b = \sqrt{\frac{\lambda^2}{a}} = \sqrt{\lambda\cdot\rho\cdot c} \tag{3.80}$$

$$\tan(\phi) = \frac{1}{1+\frac{h}{b}\cdot\sqrt{\frac{T}{\pi}}} \tag{3.81}$$

$$\Delta\theta_s := \frac{\Delta\theta_L}{\sqrt{1+\frac{2\cdot b}{h}\cdot\sqrt{\frac{\pi}{T\cdot 3600}}+\left(\frac{b}{h}\right)^2\cdot 2\cdot\frac{\pi}{T\cdot 3600}}} \tag{3.82}$$

在下面两页中，将推导在给定边界条件下，计算建筑构件中温度场的过程。周期热负荷作用下温度场计算的基础是建立导热方程（2.4）和方程（3.76）的解的形式。如果将对时间的一阶导数和对空间位置的二阶导数代入，则可得导热微分方程的解。

导热微分方程：

$$a\cdot\frac{\partial^2}{\partial x^2}T = \rho\cdot c\cdot\frac{\partial}{\partial t}T$$

方程的解：

$$T(x,t) := T_O\cdot e^{\left(-\sqrt{\frac{1}{2}}\cdot p\right)\cdot x}\cdot\cos\left[a\cdot p^2\cdot t-\left(\sqrt{\frac{1}{2}}\cdot p\right)\cdot x\right]$$

对时间的一阶导数：

$$T_t(x,t) := -T_O\cdot\exp\left(\frac{-1}{2}\sqrt{2}\cdot p\cdot x\right)\cdot\sin\left(a\cdot p^2\cdot t-\frac{1}{2}\sqrt{2}\cdot p\cdot x\right)\cdot a\cdot p^2$$

对空间位置的一阶导数：

$$\begin{aligned}T_x(x,t) := &\frac{-1}{2}\cdot T_O\sqrt{2}\cdot p\cdot\exp\left(\frac{-1}{2}\cdot\sqrt{2}\cdot p\cdot x\right)\cdot\cos\left(a\cdot p^2\cdot t-\frac{1}{2}\cdot\sqrt{2}\cdot p\cdot x\right)\ldots\\&+\frac{1}{2}\cdot T_O\cdot\exp\left(\frac{-1}{2}\sqrt{2}\cdot p\cdot x\right)\cdot\sin\left(a\cdot p^2\cdot t-\frac{1}{2}\sqrt{2}\cdot p\cdot x\right)\sqrt{2}\cdot p\end{aligned}$$

对空间位置的二阶导数：

$$T_{xx}(x,t) := -T_O\cdot p^2\cdot\exp\left(\frac{-1}{2}\sqrt{2}\cdot p\cdot x\right)\cdot\sin\left(a\cdot p^2\cdot t-\frac{1}{2}\sqrt{2}\cdot p\cdot x\right)$$

边界处的外界和室内空气温度将按简谐函数波动。

时间函数的周期 T：　$T := 24$　　$t := 0, 0.001 .. 72$

时间函数的幅值 $\Delta\theta_L$：　$\theta_L(t) := \Delta\theta_L\cdot\cos\left(\frac{2\cdot\pi}{T}\cdot t\right)$

x=0 处的第 3 类边界条件：

$$q_{\ddot{u}}(t) = h\cdot(\theta_L(t)-\theta(0,t)) = \left(-\lambda\cdot\frac{d}{dx}\theta\right)_{xRand}$$

建筑构件内部的温度场即在前面解的基础上加一时间滞后量，即相位差，可得：

$$\theta(x,t) := \Delta\theta_S \cdot e^{\left(-\sqrt{\frac{1}{2}}\cdot p\right)\cdot x} \cdot \cos\left[a\cdot p^2\cdot t - \left(\sqrt{\frac{1}{2}}\cdot p\right)\cdot x - \phi\right]$$

$$\theta_X(x,t) := \frac{-1}{2}\cdot\Delta\theta_S\sqrt{2}\cdot p\cdot \exp\left(\frac{-1}{2}\sqrt{2}\cdot p\cdot x\right)\cdot\cos\left(a\cdot p^2\cdot t - \frac{1}{2}\sqrt{2}\cdot p\cdot x - \phi\right)\ldots$$

$$+\frac{1}{2}\cdot\Delta\theta_S\cdot\exp\left(\frac{-1}{2}\sqrt{2}\cdot p\cdot x\right)\cdot\sin\left(a\cdot p^2\cdot t - \frac{1}{2}\sqrt{2}\cdot p\cdot x - \phi\right)\sqrt{2}\cdot p$$

$$x := 0$$

$$\theta(t) := \Delta\theta_S\cdot\cos\left(a\cdot p^2\cdot t - \phi\right)$$

$$\theta_X(t) := \frac{-1}{2}\cdot\Delta\theta_S\sqrt{2}\cdot p\cdot\cos\left(a\cdot p^2\cdot t - \phi\right) + \frac{1}{2}\cdot\Delta\theta_S\cdot\sin\left(a\cdot p^2\cdot t - \phi\right)\sqrt{2}\cdot p$$

如果将 $\theta_L(t)$、$\theta(t)$ 及 $\theta_x(t)$ 带入方程中对应的对流换热项，并应用三角函数的加法定理，得到下列方程：

$$h\cdot\left(\Delta\theta_L\cdot\cos\left(\frac{2\cdot\pi}{T}\cdot t\right) - \Delta\theta_S\cdot\cos\left(a\cdot p^2\cdot t - \phi\right)\right) = -\lambda\cdot\left(\frac{-\Delta\theta_S}{2}\sqrt{2}\cdot p\cdot\cos\left(a\cdot p^2\cdot t - \phi\right) + \Delta\theta_S\cdot\sin\left(a\cdot p^2\cdot t - \phi\right)\sqrt{2}\cdot p\right)$$

$$h\cdot\left(\Delta\theta_L\cdot\cos\left(\frac{2\cdot\pi}{T}\cdot t\right)\right) = \Delta\theta_S\cdot\left(1+\frac{\lambda}{h}\cdot\sqrt{\frac{\pi}{T\cdot a}}\right)\cdot\left(\cos\left(\frac{2\cdot\pi}{T}\cdot t\right)\cdot\cos(\phi) + \sin\left(\frac{2\cdot\pi}{T}\cdot t\right)\cdot\sin(\phi)\right)\ldots$$

$$+\left(-\Delta\theta_S\frac{\lambda}{h}\cdot\sqrt{\frac{\pi}{T\cdot a}}\right)\cdot\left(\sin\left(\frac{2\cdot\pi}{T}\cdot t\right)\cdot\cos(\phi) + \cos\left(\frac{2\cdot\pi}{T}\cdot t\right)\cdot\sin(\phi)\right)$$

将含有 cos(2πt/T) 和 sin(2πt/T) 的各项分别组合，得到可以确定构件表面温度幅值 θ_o 和相位差 ϕ 两个未知变量的两个方程。

$$\Delta\theta_L = \Delta\theta_S\cdot\left(1+\frac{\lambda}{h}\cdot\sqrt{\frac{\pi}{T\cdot a}}\right)\cdot\cos(\phi) + \Delta\theta_S\cdot\frac{\lambda}{h}\cdot\sqrt{\frac{\pi}{T\cdot a}}\cdot\sin(\phi)$$

$$\theta = \Delta\theta_S\cdot\left(1+\frac{\lambda}{h}\cdot\sqrt{\frac{\pi}{T\cdot a}}\right)\cdot\sin(\phi) + \Delta\theta_S\cdot\frac{\lambda}{h}\cdot\sqrt{\frac{\pi}{T\cdot a}}\cdot\cos(\phi)$$

除此之外，还引入了热穿透系数 b（$Ws^{1/2}/m^2K$）作为同一时刻构件导热和储热能力度量。

$$b := \sqrt{\lambda\cdot\rho\cdot c}$$

上面两个方程的解给出了相位差 ϕ 和构件表面温度波动幅值 $\Delta\theta_s$：

$$\tan(\phi) = \frac{1}{1+\frac{h}{b}\cdot\sqrt{\frac{T}{\pi}}} \qquad \Delta\theta_S = \frac{\Delta\theta_L}{\sqrt{\left(1+\frac{2\cdot b}{h}\cdot\sqrt{\frac{\pi}{T}}+\left(\frac{b}{h}\right)^2\cdot 2\cdot\frac{\pi}{T}\right)^2}}$$

表面温度波动幅值 $\Delta\theta_S$ 与邻近的室内空气波动幅值 $\Delta\theta_L$ 的比被称为温度幅值衰减系数：$\eta=\Delta\theta_S/\Delta\theta_L$。

由此，得到在周期热负荷作用下，建筑构件内部温度场的表达式：

$$\theta(x,t) := \frac{\Delta\theta_L}{\sqrt{\left(1+\frac{b}{h}\cdot\sqrt{\frac{\pi}{T}}+\left(\frac{b}{h}\right)^2\cdot 2\cdot\frac{\pi}{T}\right)^2}}\cdot e^{\left(-\sqrt{\frac{\pi}{T\cdot a}}\right)\cdot x}\cdot\cos\left(\frac{2\cdot\pi}{T}\cdot t - \sqrt{\frac{\pi}{T\cdot a}}\cdot x - \phi\right) \tag{3.79}$$

示例:

计算某砖墙墙体在空气温度日周期波动于18℃至30℃之间时的内部温度场。

$\Delta\theta_L := 6$　　$T := 24$　　$\lambda := 0.75$　　$\rho := 1400$　　$c := 850$　　$b := \sqrt{\lambda \cdot \rho \cdot c}$　　$a := \frac{\lambda}{\rho \cdot c}$

$\theta_{oL} := 24$　　$t := 0, 0.05 .. 120$　　$h := 15$　　$b = 944.722$

$a = 6.303 \times 10^{-7}$

空气温度的日变化历程　　$\theta_L(t) := \Delta\theta_L \cdot \cos\left[\frac{2 \cdot \pi}{T} \cdot (t - 14)\right] + \theta_{oL}$

构件温度的时间相位差和温度幅值的衰减

$$\phi := \operatorname{atan}\left(\frac{1}{1 + \frac{h}{b} \cdot \sqrt{\frac{T \cdot 3600}{\pi}}}\right) \qquad \Delta\theta_S := \frac{\Delta\theta_L}{\sqrt{1 + \frac{2 \cdot b}{h} \cdot \sqrt{\frac{\pi}{T \cdot 3600}} + \left(\frac{b}{h}\right)^2 \cdot 2 \cdot \frac{\pi}{T \cdot 3600}}}$$

$\phi = 0.269$　　$\Delta\theta_S = 4.193$

构件表面温度的日变化历程　　$x := 0$

$$\theta_S(x,t) := \frac{\Delta\theta_L}{\sqrt{1 + \frac{2 \cdot b}{h} \cdot \sqrt{\frac{\pi}{T \cdot 3600}} + \left(\frac{b}{h}\right)^2 \cdot 2 \cdot \frac{\pi}{T \cdot 3600}}} \cdot e^{-\sqrt{\frac{\pi}{T \cdot 3600 \cdot a}} \cdot x} \cdot \cos\left[\frac{2 \cdot \pi}{T} \cdot (t - 14) - \sqrt{\frac{\pi}{T \cdot 3600 \cdot a}} \cdot x - \phi\right] + \theta_{oL}$$

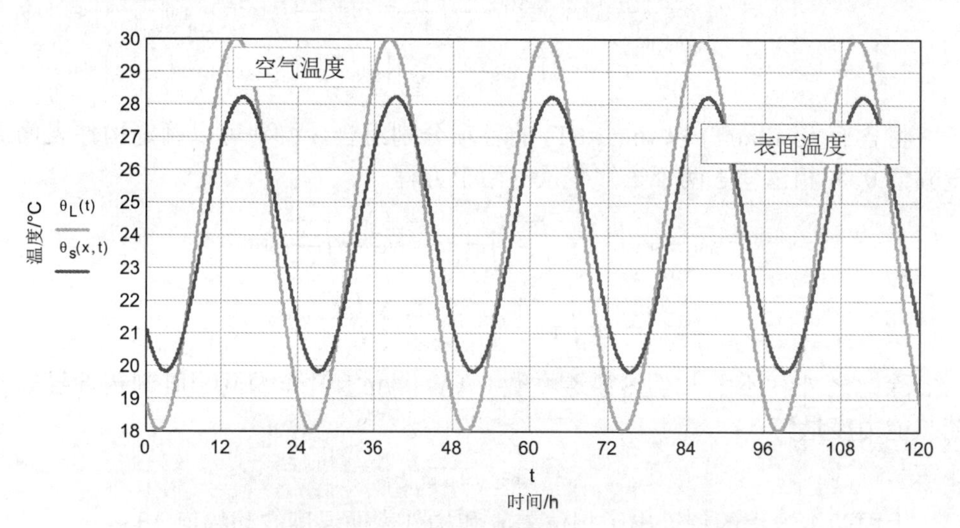

图 3.84　空气温度（浅色）和表面温度（深色）的波动

图 3.84 描述了外界空气温度和表面温度的日变化历程。幅值 θ_s 从对应于 θ_L 的 6K，衰减到 4.2K，相位滞后为 ϕ=0.269（t=1h）。

图 3.85 以每两小时记录一次的方式给出了影响到构件内部的温度场（式（3.79））。图中的包络线（式（3.79）中的指数函数）描述了构件中温度波动的衰减过程。当深度为 x_E（热穿透深度）时，幅值下降到初始时的 1/e（式（3.79）中的指数为 -1），见方程（3.83）。

图 3.86 给出了外界空气温度和有相位差的表面温度的日变化历程与 365mm 深处衰减的温度曲线的对比情况。

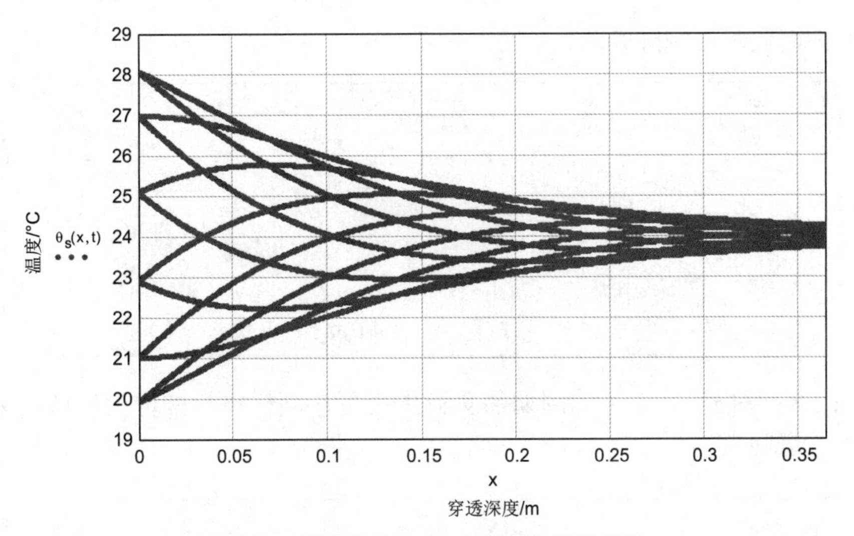

图 3.85 厚度为 365mm 的砖墙内部温度场

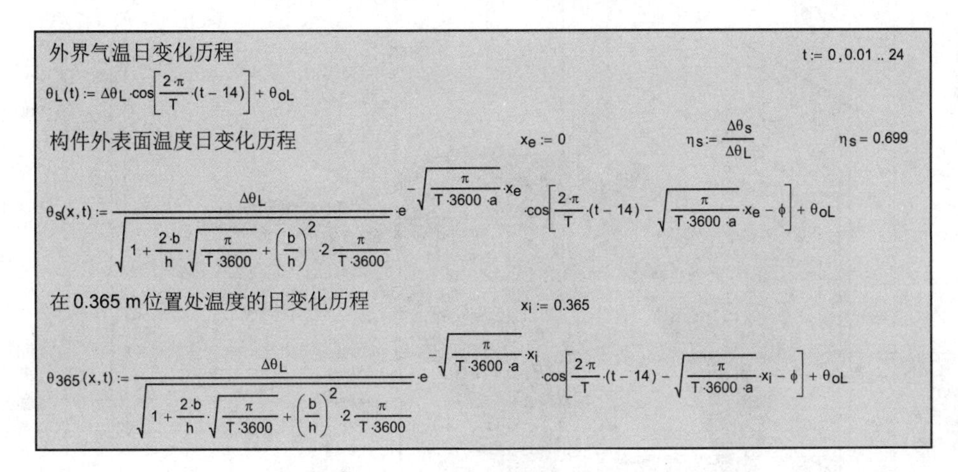

外界气温日变化历程 $t := 0, 0.01 .. 24$

$$\theta_L(t) := \Delta\theta_L \cdot \cos\left[\frac{2\cdot\pi}{T}\cdot(t-14)\right] + \theta_{oL}$$

构件外表面温度日变化历程 $x_e := 0$ $\eta_s := \frac{\Delta\theta_s}{\Delta\theta_L}$ $\eta_s = 0.699$

$$\theta_s(x,t) := \frac{\Delta\theta_L}{\sqrt{1+\frac{2\cdot b}{h}\cdot\sqrt{\frac{\pi}{T\cdot 3600}}+\left(\frac{b}{h}\right)^2\cdot 2\cdot\frac{\pi}{T\cdot 3600}}}\cdot e^{-\sqrt{\frac{\pi}{T\cdot 3600\cdot a}}\cdot x_e}\cdot\cos\left[\frac{2\cdot\pi}{T}\cdot(t-14)-\sqrt{\frac{\pi}{T\cdot 3600\cdot a}}\cdot x_e-\phi\right]+\theta_{oL}$$

在 0.365 m 位置处温度的日变化历程 $x_i := 0.365$

$$\theta_{365}(x,t) := \frac{\Delta\theta_L}{\sqrt{1+\frac{2\cdot b}{h}\cdot\sqrt{\frac{\pi}{T\cdot 3600}}+\left(\frac{b}{h}\right)^2\cdot 2\cdot\frac{\pi}{T\cdot 3600}}}\cdot e^{-\sqrt{\frac{\pi}{T\cdot 3600\cdot a}}\cdot x_i}\cdot\cos\left[\frac{2\cdot\pi}{T}\cdot(t-14)-\sqrt{\frac{\pi}{T\cdot 3600\cdot a}}\cdot x_i-\phi\right]+\theta_{oL}$$

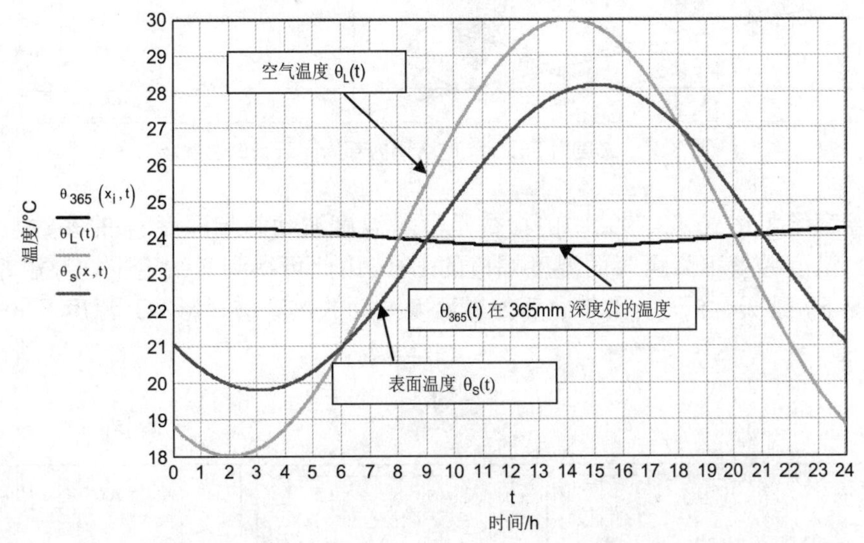

图 3.86 厚度为 365mm 的砖墙内部周期衰减的温度场

空间温度场的矩阵表示：

$$x(i) := i \cdot 0.01 \qquad i := 0, 1..36$$

$$t(j) := j \cdot 1 \qquad j := 0, 1..48$$

$$\theta(i,j) := \frac{\Delta\theta_L}{\sqrt{1+\frac{2\cdot b}{h}\cdot\sqrt{\frac{\pi}{T\cdot 3600}}+\left(\frac{b}{h}\right)^2\cdot 2\cdot\frac{\pi}{T\cdot 3600}}}\cdot e^{-\sqrt{\frac{\pi}{T\cdot 3600\cdot a}}\cdot x(i)}\cdot\cos\left(\frac{2\cdot\pi}{T}\cdot t(j)-\sqrt{\frac{\pi}{T\cdot 3600\cdot a}}\cdot x(i)-\phi\right)+\theta_{oL}$$

matrix(74, 48, θ)

图 3.87 给出了在 2 天的周期热负荷作用下，同样材料构成的砖墙内衰减的温度场的空间表达。

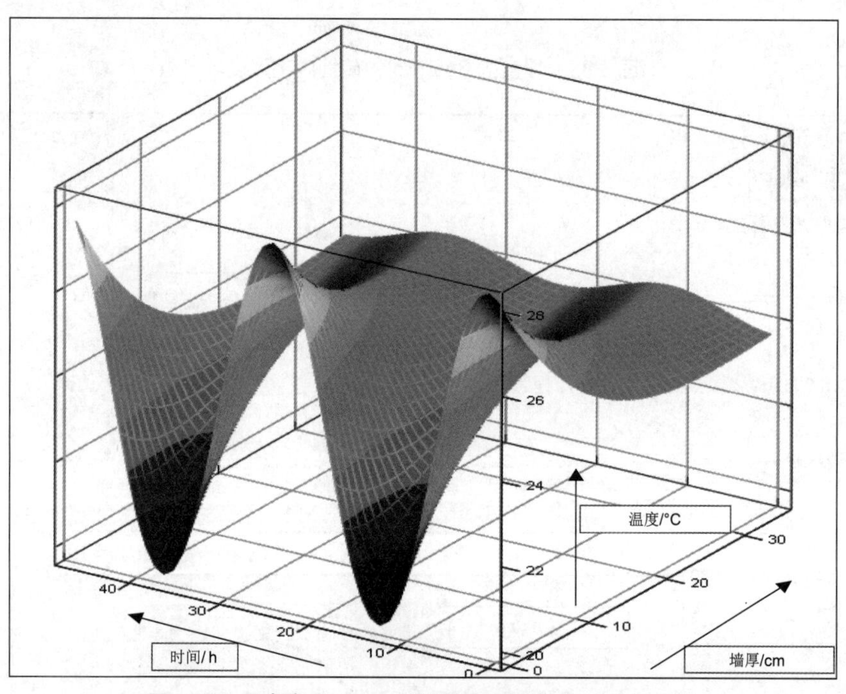

图 3.87　厚度为 365mm 的砖墙内部周期衰减的温度场

温度场表达式（3.79）中的指数是度量温度波动影响深度 x_E 的参数。在 x_E 位置，温度幅值下降至表面温度幅值的 1/e。由此可得到在给定平均导温系数 a 的情况下，1 天、5 天及 1 年之后外界温度波动的热穿透（影响）深度（m）。

$$x_E := \sqrt{a\frac{T}{\pi}} \tag{3.83}$$

$a := 1\cdot 10^{-6}$　$T := 24\cdot 3600$　$x_E := \sqrt{\frac{T\cdot a}{\pi}}$　$x_E = 0.17$	$T := 5\cdot 24\cdot 3600$　$x_E := \sqrt{\frac{T\cdot a}{\pi}}$　$x_E = 0.37$	$T := 365\cdot 24\cdot 3600$　$x_E := \sqrt{\frac{T\cdot a}{\pi}}$　$x_E = 3.17$

3.3.2 周期负荷作用下的热储存

3.3.2.1 热流密度与存储热

根据第 3 类边界条件，可得到在建筑构件表面流过的热流密度。

$$q = h\cdot(\theta_L(t) - \theta_S(t)) = -\lambda\cdot\theta_X(0,t)$$

$$\theta(x,t) := \frac{\Delta\theta_L}{\sqrt{1+\frac{2\cdot b}{h}\cdot\sqrt{\frac{\pi}{T}}+\left(\frac{b}{h}\right)^2\cdot 2\frac{\pi}{T}}}\cdot e^{-\sqrt{\frac{\pi}{T\cdot a}}\cdot x}\cdot\cos\left(\frac{2\cdot\pi}{T}\cdot t-\sqrt{\frac{\pi}{T\cdot a}}\cdot x-\phi\right)+\theta_{oL}$$

温度场对空间的导数在构件表面的值为：

$$x := 0$$

$$\theta_X(x,t) := \frac{\Delta\theta_L}{\sqrt{1+\frac{2\cdot b}{h}\cdot\sqrt{\frac{\pi}{T}}+\left(\frac{b}{h}\right)^2\cdot 2\frac{\pi}{T}}}\cdot\sqrt{\frac{\pi}{T\cdot a}}\cdot\left(-\cos\left(2\cdot\frac{\pi}{T}\cdot t-\phi\right)+\sin\left(2\cdot\frac{\pi}{T}\cdot t-\phi\right)\right)$$

将上式乘以 λ 得到在构件表面流过的热流密度 q 的表达式（3.84）及其简化表达式（3.85）。

$$q(t) := (-\lambda)\cdot\left[\frac{\Delta\theta_L}{\sqrt{1+\frac{2\cdot b}{h}\cdot\sqrt{\frac{\pi}{T}}+\left(\frac{b}{h}\right)^2\cdot 2\cdot\frac{\pi}{T}}}\cdot\sqrt{\frac{\pi}{T\cdot a}}\cdot\left(-\cos\left(2\cdot\frac{\pi}{T}\cdot t-\phi\right)+\sin\left(2\cdot\frac{\pi}{T}\cdot t-\phi\right)\right)\right] \tag{3.84}$$

$$q(t) := \frac{\Delta\theta_L}{\sqrt{1+\frac{2\cdot b}{h}\cdot\sqrt{\frac{\pi}{T}}+\left(\frac{b}{h}\right)^2\cdot 2\frac{\pi}{T}}}\cdot b\cdot\sqrt{\frac{2\cdot\pi}{T}}\cdot\cos\left(2\cdot\frac{\pi}{T}\cdot t-\phi+\frac{\pi}{4}\right) \tag{3.85}$$

$$q(t) := \Delta\theta_S\cdot b\cdot\sqrt{\frac{2\cdot\pi}{T}}\cdot\cos\left(2\cdot\frac{\pi}{T}\cdot t-\phi+\frac{\pi}{4}\right) \tag{3.86}$$

热流密度 q 相对于温度曲线有 π/4 的相位滞后，或者说是 T/8 的时间滞后。$\Delta\theta_s$ 为热流密度的幅值。

$$\Delta q_S := \Delta\theta_S\cdot b\cdot\sqrt{\frac{2\cdot\pi}{T}} \tag{3.87}$$

幅值比 $\Delta q_S/\Delta\theta_S$ 被称为热储存传导系数 S（W/m^2K），而 $\Delta q_S/\Delta\theta_L$ 被称为热吸收系数 B（W/m^2K）。η_S 在此还是构件表面温度幅值衰减系数。

$$S := b\cdot\sqrt{\frac{2\cdot\pi}{T}} \tag{3.88}$$

$$B = S\cdot\eta_S = \frac{S}{\sqrt{1+\frac{S}{h}\sqrt{2}+\frac{S^2}{h^2}}} \tag{3.89}$$

由此可得流过表面的热流密度 q 为：

$$q(t) := \Delta\theta_L\frac{S}{\sqrt{1+\frac{S}{h}\sqrt{2}+\frac{S^2}{h^2}}}\cdot\cos\left(2\cdot\frac{\pi}{T}\cdot t-\phi+\frac{\pi}{4}\right) \tag{3.90}$$

热吸收系数 B 将在下一节单独进行定量讨论。

示例:

前节所示砖墙在周边空气温度周期变化情况下的响应。

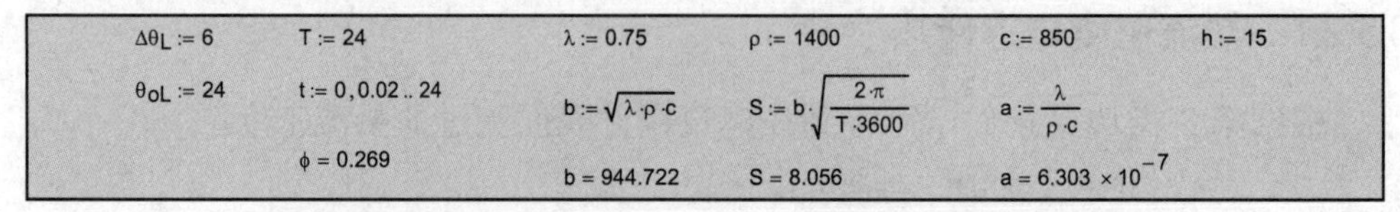

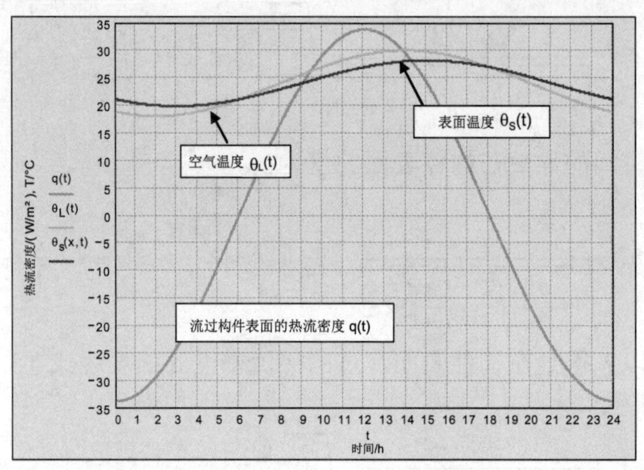

图 3.88　空气温度周期变化条件下从构件表面进入砖墙的热流密度

对热流密度积分可得在半周期 T/2 时间范围内，单位构件表面所获得或放出的热量，其单位为 Ws/m^2 或 Wh/m^2。

$$q(t) := \Delta\theta_L \cdot \frac{S}{\sqrt{1+\frac{S}{h}\cdot\sqrt{2}+\frac{S^2}{h^2}}}\cdot\cos\left(2\frac{\pi}{T}\cdot t-\phi+\frac{\pi}{4}\right) \tag{3.91}$$

$$Q(t) := \sin\left(2\cdot\frac{\pi}{T}\cdot t-\phi+\frac{1}{4}\cdot\pi\right)\cdot\frac{T}{2\cdot\pi}\cdot\Delta\theta_L\cdot\frac{S}{\sqrt{1+\frac{S}{h}\sqrt{2}+\frac{S^2}{h^2}}} \tag{3.92}$$

$$Q_{\frac{T}{2}} := 2\cdot\frac{T}{2\cdot\pi}\cdot\Delta\theta_L\cdot\frac{S}{\sqrt{1+\frac{S}{h}\sqrt{2}+\frac{S^2}{h^2}}} \tag{3.93}$$

示例：砖墙　　$Q_{T/2}=258Wh/m^2$

3.3.2.2　热吸收系数和起作用的储热质量

如果在构件内部引起的温度波动（式（3.79））衰减至 1/e 的话，那么穿透（影响）深度 x_E（见上一节的方程（3.83））为：

$$x_E := \sqrt{a\cdot\frac{T}{\pi}}$$

示例：砖墙

$T := 24\cdot3600$　　$\rho := 1400$　　$c := 950$　　$\lambda := 0.7$

$a := \frac{\lambda}{\rho\cdot c}$　　$a = 5.263\times10^{-7}$

$x_E := \sqrt{a\frac{T}{\pi}}$　　$x_E = 0.120$

结构中穿透深度所占据的部分被定义为在周期热负荷作用下具有储热能力的结构质量。这一概念将会在4.2节模拟房间自然温度时用到。正如各种建筑材料的导温系数 a=λ/ρc 差别不大，穿透系数也可以看成是一个与材料无关的参数。

将

$$R := \frac{xE}{\lambda} \quad S := b \cdot \sqrt{\frac{2 \cdot \pi}{T}}$$

代入式（3.79）和式（3.83），则其中的指数项可消除：

$$\sqrt{\frac{\pi}{T \cdot a}} \cdot xE = \frac{R \cdot S}{\sqrt{2}} \qquad (3.94)$$

上式中包含构件深至 x_E 部分的热阻 R 和储热系数 S。下面将给出作为房间围护结构吸热能力度量的吸热系数 B 随材料密度 ρ、比热容 c、导热系数 λ 及表面对流换热系数 h_c 的变化关系。吸热系数 B 的单位与 U 值相同，为 W/m^2K，它也是进入建筑构件内部热流多少的度量，只是此时除了表面对流换热和导热之外，储热量的多少也有很大的影响。

$$S(\lambda, \rho) := \sqrt{\lambda \cdot \rho \cdot c \cdot \frac{2 \cdot \pi}{T}} \qquad (3.88)$$

$$B(\lambda, \rho) := \frac{S(\lambda, \rho)}{\sqrt{1 + \frac{S(\lambda, \rho)}{h_c} \sqrt{2} + \frac{S(\lambda, \rho)^2}{h_c^2}}} \qquad (3.89)$$

对于 $h_c=3W/m^2K$，c=950Ws/kgK 和 T=24.3600s，得到吸热系数 B 值随 ρ 和 λ 的变化关系（见图3.89和表3.15）。在半天的时间范围内，PUR 泡沫的 B 值是 $0.13W/m^2K$，而花岗岩则是 $2.65W/m^2K$。

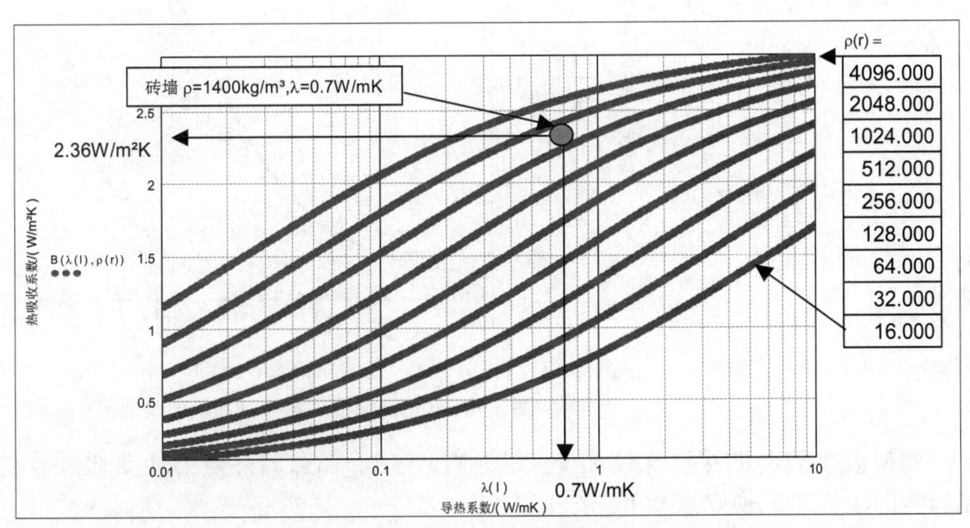

图3.89 热吸收系数 B（W/m^2K）随密度和导热系数的变化

表 3.15　热吸收系数 B（W/m^2K）随密度和导热系数的变化

ρ/(kg/m³) λ/(W/mK)		2048.0 0	1448.2 1	1024.0 2	724.1 3	512.0 4	362.0 5	256.0 6	181.0 7	128.0 8	90.5 9	64.0 10	45.3 11	32.0 12	22.6 13	16.0 14	11.3 15
2.048	0	2.65	花岗岩	52	2.44	2.36	2.26	2.15	2.03	1.90	1.77	1.63	1.48	1.34	1.21	1.07	0.95
1.448	1	2.59	2.52	2.44	2.36	2.26	2.15	2.03	1.90	1.77	1.63	1.48	1.34	1.21	1.07	0.95	0.83
1.024	2	2.52	2.44	2.36	2.26	2.15	2.03	1.90	1.77	1.63	1.48	1.34	1.21	1.07	0.95	0.83	0.73
0.724	3	2.44	2.36	砖墙	15	2.03	1.90	1.77	1.63	1.48	1.34	1.21	1.07	0.95	0.83	0.73	0.63
0.512	4	2.36	2.26	2.15	2.03	1.90	1.77	1.63	1.48	1.34	1.21	1.07	0.95	0.83	0.73	0.63	0.55
0.362	5	2.26	2.15	2.03	1.90	1.77	1.63	1.48	1.34	1.21	1.07	0.95	0.83	0.73	0.63	0.55	0.47
0.256	6	2.15	2.03	1.90	1.77	1.63	1.48	1.34	1.21	1.07	0.95	0.83	0.73	0.63	0.55	0.47	0.40
0.181	7	2.03	1.90	1.77	1.63	1.48	1.34	1.21	1.07	0.95	0.83	0.73	0.63	0.55	0.47	0.40	0.34
0.128	8	1.90	1.77	1.63	1.48	1.34	1.21	1.07	0.95	0.83	0.73	0.63	0.55	0.47	0.40	0.34	0.29
0.091	9	1.77	1.63	1.48	1.34	1.21	1.07	0.95	0.83	0.73	0.63	0.55	0.47	0.40	0.34	0.29	0.25
0.064	10	1.63	1.48	1.34	1.21	1.07	0.95	0.83	0.73	0.63	0.55	0.47	0.40	0.34	0.29	0.25	0.21
0.045	11	1.48	1.34	1.21	1.07	0.95	0.83	0.73	0.63	0.55	0.47	0.40	0.34	0.29	0.25	0.21	0.18
0.032	12	1.34	1.21	1.07	0.95	0.83	0.73	0.63	0.55	0.47	0.40	0.34	0.29	0.25	0.21	0.18	0.15
0.023	13	1.21	1.07	0.95	0.83	0.73	0.63	0.55	0.47	0.40	0.34	0.29	0.25	0.2	PUR泡沫		0.13
0.016	14	1.07	0.95	0.83	0.73	0.63	0.55	0.47	0.40	0.34	0.29	0.25	0.21	0.18	0.15	0.13	0.11
0.011	15	0.95	0.83	0.73	0.63	0.55	0.47	0.40	0.34	0.29	0.25	0.21	0.18	0.15	0.13	0.11	0.09

如果将导热系数随密度变化的近似关系式

$$\lambda(\rho) := 0.03 + 7.65 \cdot 10^{-6} \cdot (\rho - 1)^{1.6}$$

代入方程（3.88），得到 B 值仅与墙体材料的密度相关的关系式（3.95）：

$$B(\rho) := \frac{S(\rho)}{\sqrt{1 + \frac{S(\rho)}{h_c}\sqrt{2} + \frac{S(\rho)^2}{h_c^2}}} \tag{3.95}$$

图 3.90 给出了热吸收系数曲线的变化趋势（图中除了给出日波动情况外，也给出了年波动情况）。

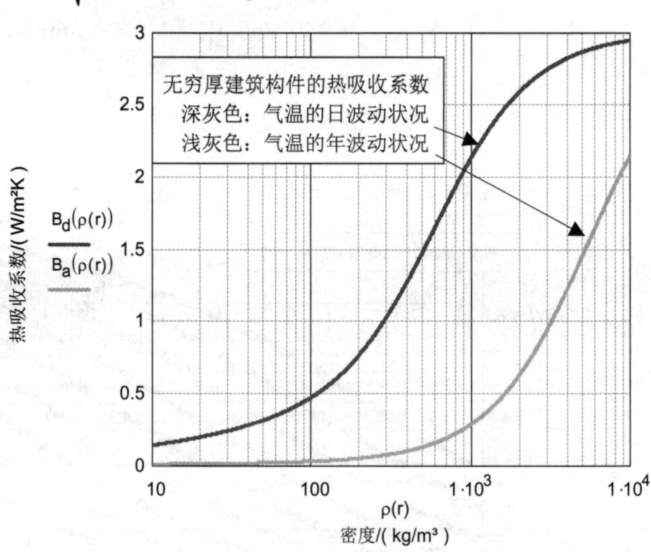

图 3.90　B 值随密度的日波动和年波动情况

如果温度波动的穿透深度 x_E 超过墙体厚度 d，那么储热能力还要通过波动出口侧的表面对流换热系数 h_{oe} 来确定。

$$x_E(\rho) := \sqrt{\frac{\lambda(\rho)}{\rho \cdot c} \cdot \frac{T}{\pi}} \tag{3.83}$$

储热系数 S 可以近似地由方程（3.96）进行计算（随 d 的增大 S 的影响线性增大，随 d 的增大 h_{oe} 的影响线性减小）。由于室内空气温度日波动会引发墙内 0.1m 至 0.2m 范围内产生温度波动。对于相当于房间一半厚度的较厚墙体，仍适用于方程（3.88）及方程（3.89）。

$$S(\rho) := \left[\left[(S(\rho))^{-1}\,\frac{d1(\lambda,\rho,d)}{x_E(\rho)}\right] + h_{ce}{}^{-1}\left(1-\frac{d}{x_E(\rho)}\right)\cdot\Phi\left(1-\frac{d}{x_E(\rho)}\right)\right]^{-1} \tag{3.96}$$

$$d1(\rho,d) := d\cdot\Phi\left(x_E(\rho)-d\right) + x_E(\rho)\cdot\Phi\left(d-x_E(\rho)\right)$$

本系列最后的图 3.92 给出的是外墙构件在空气温度年度波动历程条件下的热吸收系数。在此情况下，墙体厚度达到 2m 至 3m 时，便可看作无穷厚墙体（中世纪的城堡和教堂、与地面接触的建筑构件、地下室等）。对于比较薄的构件，除了储热系数 S 外，外侧表面的对流换热系数对于 B 值也起着重要的作用。

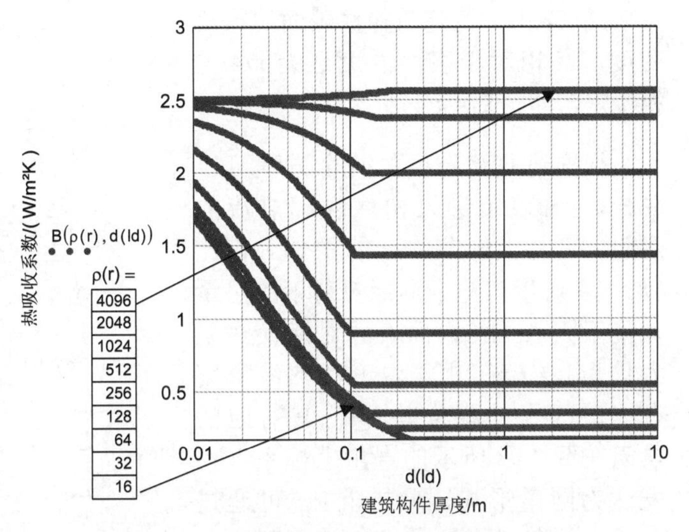

图 3.91　日温度波动作用下无穷厚墙体的 B 值

内侧和外侧表面对流换热系数（W/m²K）分别为：

$h_c := 2.8$

$h_{ce} := 25$

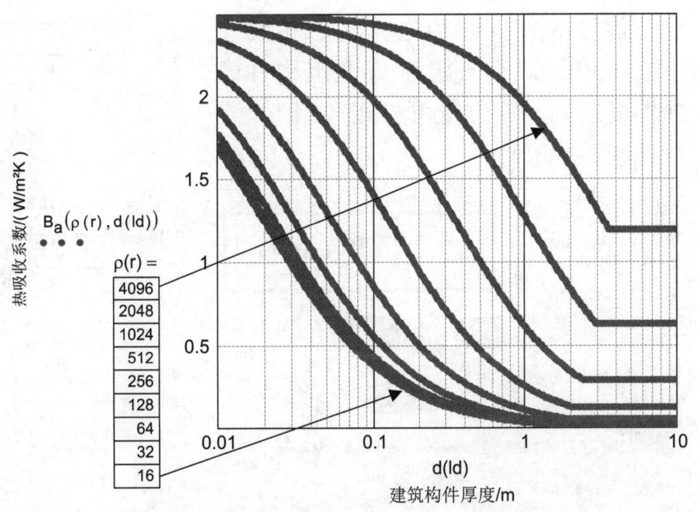

图 3.92　年温度波动作用下无穷厚墙体的 B 值

3.3.2.3　非稳态热阻的向量表达

最后，将对温度和热流密度的变化趋势进行比较，并利用它们之间的 π/4 相位差对向量热阻进行定义。

式（3.77）为简谐变化的空气温度。

$$\theta_L(t) := \Delta\theta_L \cdot \cos\left(\frac{2\cdot\pi}{T}\cdot t\right) + \theta_{oL} \tag{3.77}$$

式（3.82）为相对于空气温度，相位滞后 ϕ 角，且幅值有所衰减的表面温度。

$$\theta_S(t) := \Delta\theta_S \cdot \cos\left(\frac{2\cdot\pi}{T}\cdot t - \phi\right) + \theta_{oL}$$

$$\theta_S(t) := \frac{\Delta\theta_L}{\sqrt{1+\frac{S}{h}\sqrt{2}+\frac{S^2}{h^2}}} \cdot \cos\left(\frac{2\cdot\pi}{T}\cdot t - \phi\right) + \theta_{oL} \tag{3.82}$$

式（3.91）为建筑构件表面的热流密度，其相对于表面温度还有 π/4 的相位差，即，$\phi_{res}=\pi/4-\phi$。

$$q(t) := \Delta\theta_S \cdot S \cdot \cos\left(2\cdot\frac{\pi}{T}\cdot t - \phi + \frac{\pi}{4}\right)$$

$$q(t) := \Delta\theta_L \cdot \frac{S}{\sqrt{1+\frac{S}{h}\sqrt{2}+\frac{S^2}{h^2}}} \cdot \cos\left(2\cdot\frac{\pi}{T}\cdot t - \phi + \frac{\pi}{4}\right) \tag{3.91}$$

从描述热流密度的两个方程可以看出，1/S 表示进入构件内部热流的热阻（可与上一节中 B 的积分进行比较）。它可以表达为周期负荷下的热量入侵阻力 R_e=1/S。而表面对流换热阻力仍为 R_s=1/h。由于温度和热流密度有一时间上的相位差 π/4，其对应的热阻在图 3.93 所示的直角坐标系下可表达为向量形式。总热阻 R_{res} 可通过向量和的形式表达。最终的热阻相应于式（3.97）中的分母，或式（3.88）的倒数。用向量的表达方式，可得到空气温度和侵入热流之间的总相位差（式（3.99））。空气温度与建筑构件表面温度之间的相位差可与式（3.81）进行比较。

$$q(t) := \Delta\theta_L \cdot \frac{1}{\sqrt{\frac{1}{S^2}+\frac{\sqrt{2}}{S\cdot h}+\frac{1}{h^2}}} \cdot \cos\left(2\cdot\frac{\pi}{T}\cdot t - \phi + \frac{\pi}{4}\right) \tag{3.97}$$

$$\gamma := \frac{\pi}{4} \qquad \cos(\gamma) = \frac{1}{2}\sqrt{2}$$

$$R_{res} := \sqrt{\left(\frac{1}{S}\cdot\sin(\gamma)\right)^2 + \left(\frac{1}{h}+\frac{1}{S}\cdot\cos(\gamma)\right)^2}$$

$$R_{res} := \sqrt{\left(\frac{1}{S}\cdot\sin(\gamma)\right)^2 + \left(\frac{1}{h}\right)^2 + \frac{2}{S\cdot h}\cdot\cos(\gamma) + \left(\frac{1}{S}\cdot\cos(\gamma)\right)^2}$$

$$R_{res} := \sqrt{\frac{1}{S^2} + \frac{2}{S\cdot h}\cdot\cos(\gamma) + \frac{1}{h^2}}$$

$$R_{res} := \sqrt{\frac{1}{S^2} + \frac{\sqrt{2}}{S\cdot h} + \frac{1}{h^2}} \tag{3.98}$$

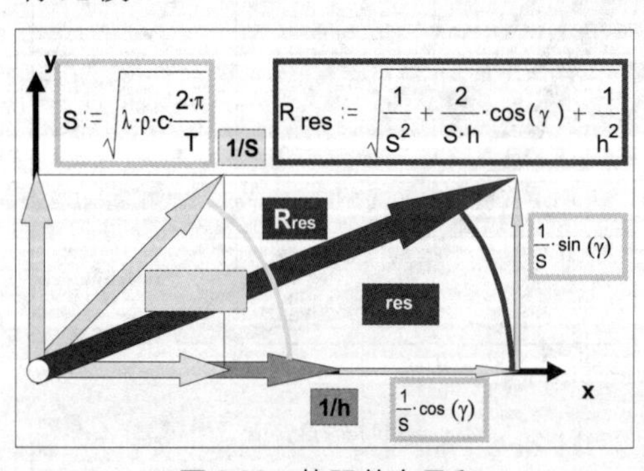

图 3.93　热阻的向量和

$$\tan(\phi_{res}) = \frac{\frac{1}{S}\cdot\frac{\sqrt{2}}{2}}{\frac{1}{S}\cdot\frac{\sqrt{2}}{2}+\frac{1}{h}} \tag{3.99}$$

$$\tan(\phi) = \frac{1}{1+\frac{h}{b}\cdot\sqrt{\frac{T}{\pi}}} = \frac{\frac{1}{h}}{\frac{1}{h}+\frac{\sqrt{2}}{S}} \tag{3.81}$$

3.3.3 给定测试参考气象年（TRY）数据条件下的温度场

下面将对 3.1.1 节中介绍的带有内保温层的外墙结构施加真实的气象条件（埃森市的测试参考气象年数据），且室内温度保持在 20℃进行计算。

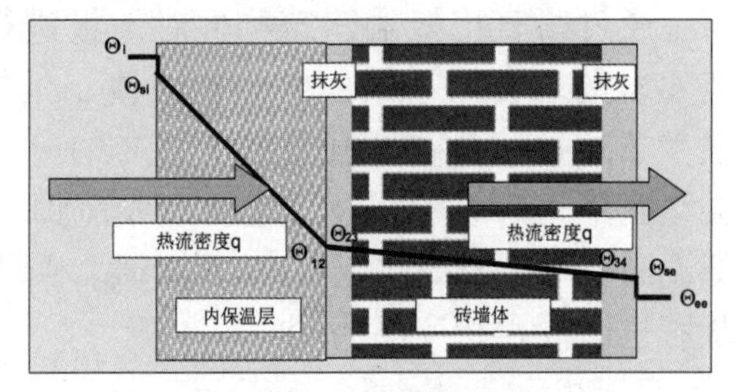

图 3.94 带有内保温层的墙体构成

图 3.95 给出了通过数值解方法（如计算软件 DELPHIN，德累斯顿工业大学建筑气候研究所）求得的温度场的年变化历程结果。在图的左侧边界可以清楚地看到冬季内保温层处的温度降。墙体外侧（图右侧）温度的强烈波动通过墙体被衰减（可与图 3.87 对比）。在夏季，墙体外表面温度由于外界高气温和辐射的作用会高于墙体的内表面温度和墙内温度。

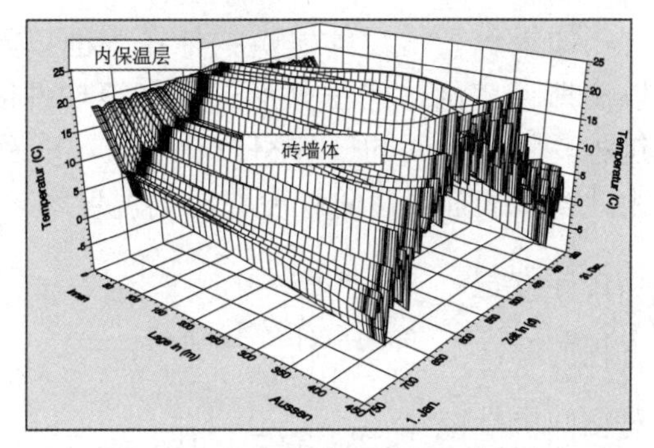

图 3.95 实际温度场的年变化历程

图 3.96 中的计算边界条件为室内维持 20℃不变，室外温度为埃森市的测试参考气象年的墙体内侧表面温度变化的小时数据。

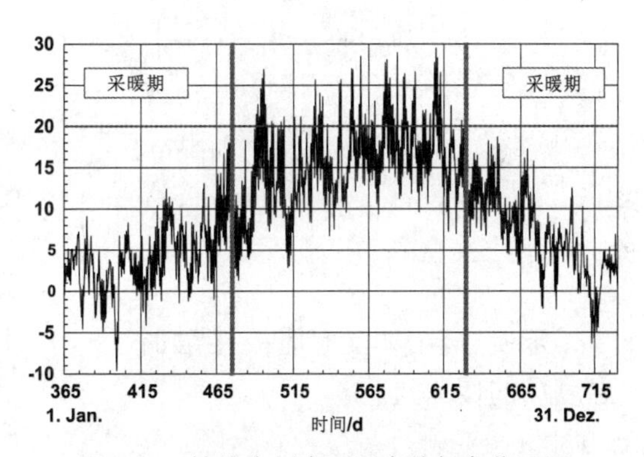

图 3.96 墙体内侧表面温度的年变化历程

图 3.97 给出了从室内向墙内传递的热流密度的变化过程。热损失在冬季达到 15W/m²，而在夏季会有 3W/m² 流向室内。10 月 3 日和 4 月 17 日的标记为采暖期（见 4.1.3 节）。根据温度和热流变化曲线，可得到采暖期内的平均传热系数为 U=0.65W/m²K，此值与在 3.1.1 节中通过稳态简化计算得到的结果一致。

$$U = \frac{\frac{1}{t_{heiz}} \cdot \int_{3.10.}^{17.4.} q(t)\,dt}{\frac{1}{t_{heiz}} \cdot \int_{3.10.}^{17.4.} \left(\Theta_i - \Theta_e(t)\right) dt} = 0.65 \frac{W}{m^2K}$$

墙体质量的储热系数在计算采暖期的平均 U 值时不起任何作用。

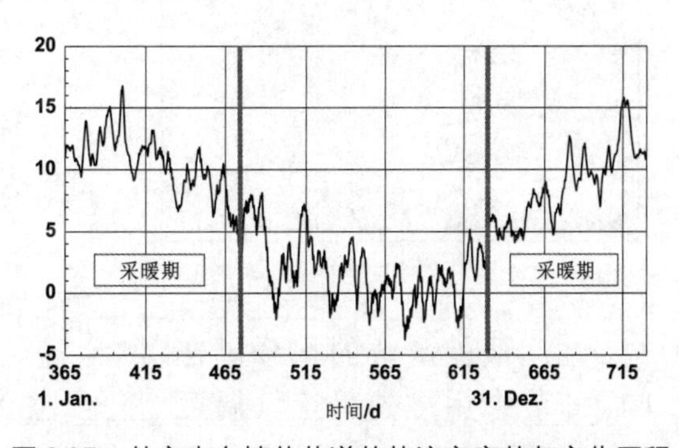

图 3.97 从室内向墙体传递的热流密度的年变化历程

3.4 地板的热传导

通过脚直接接触建筑构件对地板进行热工测定（除节能要求外）是健康规范要求的。会由于较低的地板温度、地板材料具有较高的热穿透系数 b、脚部缺少热防护（鞋袜热阻偏小，见 1.2.1 节）使得脚与地板接触产生的散热量可能会达到不可容忍的程度，这会造成前脚掌和脚踝骨被强烈降温。由于血管收缩，低温时除了足部区域会有从“脚暖”到“脚冷”的感觉外，其他器官如颈部和肾脏也会发生相应的病变。

3.4.1 阶跃负荷作用下的非稳态温度场

如果一个常温的建筑构件在表面以阶跃的方式被加热的话，那么热信号将以高斯误差函数的积分形式侵入该构件的内部。下面将简要叙述温度场的推导过程。将对空间的一阶和二阶导数，以及对时间的一阶导数代入导热微分方程。由此得出表面温度阶跃变化时的温度场表达式（3.102）。

热传导方程： $a \cdot \theta_{xx} = \theta_t$ （2.4）

方程的解： $\theta(x,t) = \theta(u) \qquad u(x,t) := \dfrac{x}{\sqrt{4 \cdot a \cdot t}}$ （3.100）

对空间求导： $\theta_x = \theta_u \cdot \dfrac{1}{\sqrt{4 \cdot a \cdot t}} \qquad \theta_{xx} = \theta_{uu} \cdot \dfrac{1}{4 \cdot a \cdot t}$

对时间求导： $\theta_t = \theta_u \cdot \dfrac{x \cdot \left(\dfrac{-1}{2}\right)}{\sqrt{4 \cdot a} \cdot t^{\frac{3}{2}}} = \theta_u \cdot \dfrac{u}{t} \cdot \left(\dfrac{-1}{2}\right)$

$$\theta_{uu} \cdot \frac{a}{4 \cdot a \cdot t} = \theta_u \cdot \frac{u}{t} \cdot \left(\frac{-1}{2}\right)$$

$$\frac{\theta_{uu}}{\theta_u} = -2 \cdot u \qquad \theta_u = \theta o_u \cdot e^{-u^2} \qquad \theta(u) = \theta_o + (\theta_1 - \theta_o) \cdot \mathrm{fehlf}(u) \tag{3.101}$$

$$\theta(x,t) := \theta_o + (\theta_1 - \theta_o) \cdot \mathrm{erf}\left(\frac{x}{\sqrt{4 \cdot a \cdot t}}\right) \tag{3.102}$$

示例：当脚与木地板接触时温度场的侵入过程

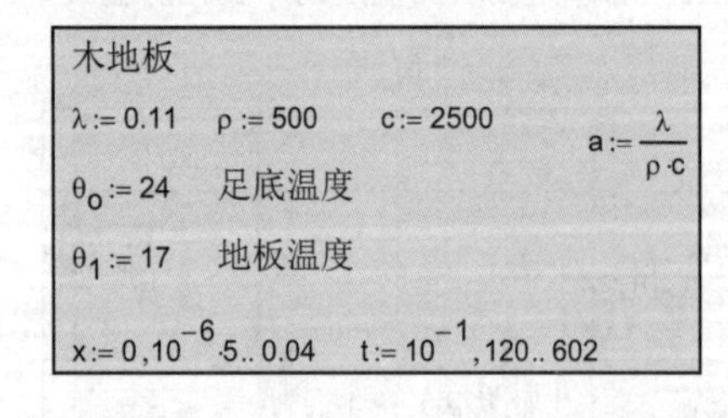

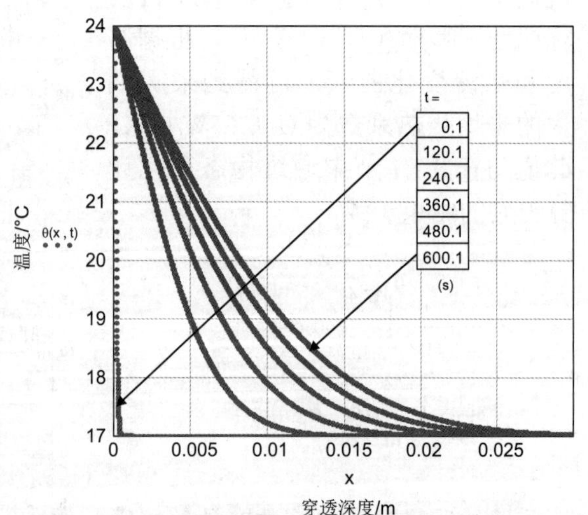

图 3.98 某建筑构件（地板）在阶跃热负荷作用下温度场的侵入过程

注：误差函数的积分已在 1.1.1.4 节中用于外界空气温度的累积频率。

3.4.2 传导热量和储存热量

3.4.2.1 赤足情况下的热传导

如果将两个具有不同温度的均质且半无穷大物体（此处所对应的是，温度分别为 θ_{Fu} 和 θ_{Fb} 的脚和地板）相互接触，则可得出导热微分方程在接触面两边区域的解：θ_{Fu}（x_{Fu},t）和 θ_{Fb}（x_{Fb},t），即高斯误差函数的积分。本例中的接触温度是常数。

针对脚和地板的热传导方程：
$$\begin{aligned} x<0 \quad & a_{Fu}\cdot\theta_{xx}=\theta_t \\ x\geq 0 \quad & a_{Fb}\cdot\theta_{xx}=\theta_t \end{aligned} \tag{2.4}$$

脚和地板的热穿透系数：
$$b_{Fu}:=\sqrt{\lambda_{Fu}\cdot\rho_{Fu}\cdot c_{Fu}} \qquad b_{Fb}:=\sqrt{\lambda_{Fb}\cdot\rho_{Fb}\cdot c_{Fb}} \tag{3.103}$$

脚和地板的接触温度：
$$\theta_K:=\theta_{Fbo}+\frac{\theta_{Fuo}-\theta_{Fbo}}{1+\frac{b_{Fb}}{b_{Fu}}} \qquad \theta_K=24.389 \tag{3.104}$$

脚内部的温度场：
$$\theta_{Fu}(x_{Fu},t):=\theta_K-\frac{\theta_{Fuo}-\theta_{Fbo}}{1+\frac{b_{Fu}}{b_{Fb}}}\cdot \mathrm{fehlf}\left(\frac{x_{Fu}}{\sqrt{4\cdot a_{Fu}\cdot t}}\right) \tag{3.105}$$

地板内部的温度场：
$$\theta_{Fb}(x_{Fb},t):=\theta_K-\frac{\theta_{Fuo}-\theta_{Fbo}}{1+\frac{b_{Fb}}{b_{Fu}}}\cdot \mathrm{fehlf}\left(\frac{x_{Fb}}{\sqrt{4\cdot a_{Fb}\cdot t}}\right) \tag{3.106}$$

示例：

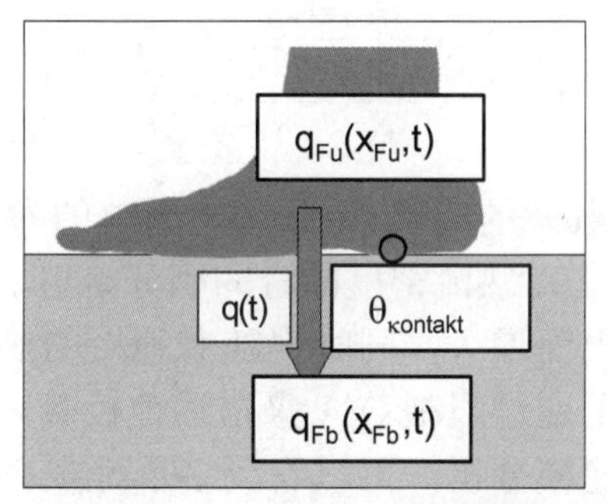

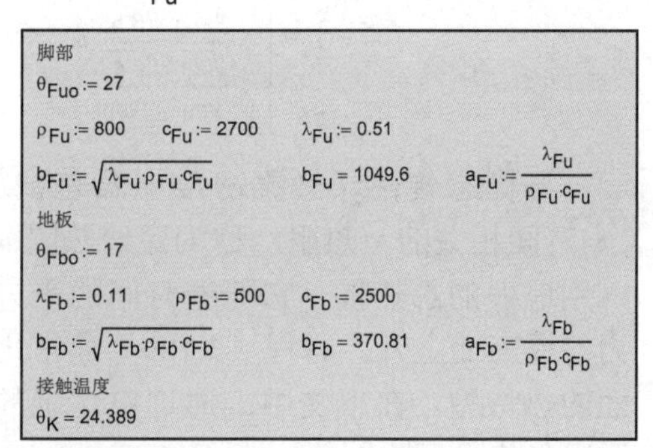

图 3.99 赤足情况下的热传导

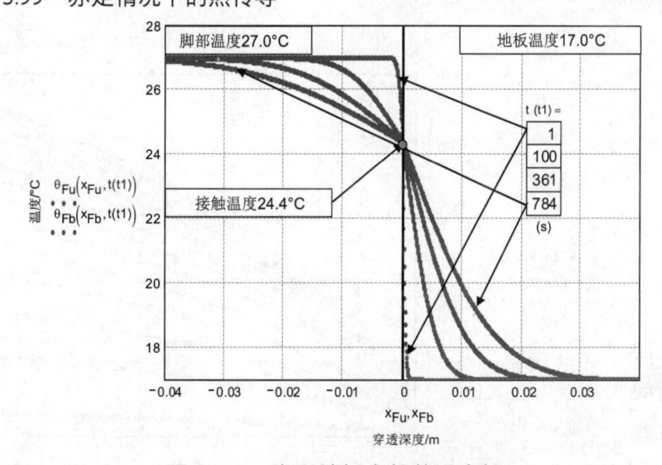

图 3.100 脚和地板内部的温度场

在本例所给的简单条件下，接触温度不随时间而变。地板的穿透系数 b_{Fb} 值越大，接触温度就越低。

通过温度梯度可求得从脚向地板的散热量。

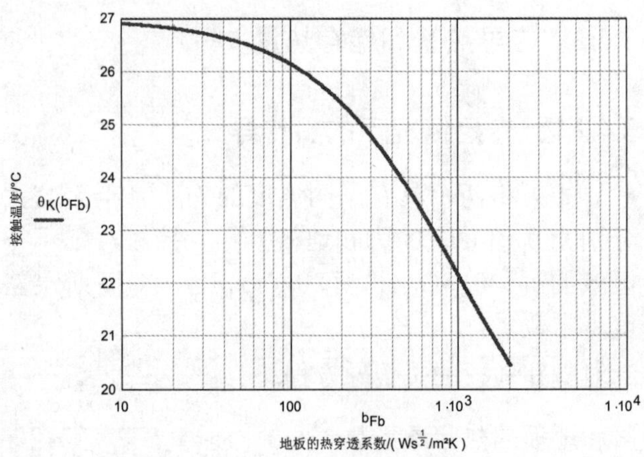

图 3.101　脚 / 地板的接触温度随地板的热穿透系数的变化关系

$$q(t)=-\lambda_{Fu}\cdot\theta_{Fux}(x_{Fu},t)=\lambda_{Fu}\cdot\frac{\theta_{Fuo}-\theta_{Fbo}}{1+\frac{b_{Fu}}{b_{Fb}}}\cdot\frac{1}{\sqrt{4\cdot a_{Fu}\cdot t}}\cdot\frac{2}{\pi\cdot e^{\frac{-x^2}{4\cdot a_{Fu}\cdot t}}}\tag{3.107}$$

在接触面 x=0 处：

$$x=0\qquad q(t):=\frac{\theta_{Fuo}-\theta_{Fbo}}{\frac{\sqrt{\pi\cdot t}}{b_{Fu}}+\frac{\sqrt{\pi\cdot t}}{b_{Fb}}}\qquad R_{EFu}(t):=\frac{\sqrt{\pi\cdot t}}{b_{Fu}}\qquad R_{EFb}(t):=\frac{\sqrt{\pi\cdot t}}{b_{Fb}}\tag{3.108}$$

全部释放的热能为：

$$\frac{Q}{A}=Q_A=\int_0^{t_K}\frac{\theta_{Fuo}-\theta_{Fbo}}{\frac{\sqrt{\pi\cdot t}}{b_{Fu}}+\frac{\sqrt{\pi\cdot t}}{b_{Fb}}}dt\qquad Q_A(t_K,b_{Fb}):=2\cdot t_K\cdot\frac{\theta_{Fuo}-\theta_{Fbo}}{\frac{\sqrt{\pi\cdot t_K}}{b_{Fu}}+\frac{\sqrt{\pi\cdot t_K}}{b_{Fb}}}\tag{3.109}$$

与稳态传热（热流密度 = 温差 / 热阻）的对比表明，分母中的参数代表（与时间相关的）热阻，称为穿透热阻 R_E。对热流密度的时间积分给出了脚部散入到地板的总热量。它随着时间的平方根而增大，同时也随着地板的热渗透能力的提高而上升。方程（3.109）通常用于通过限制 Q/A 来描述地板散热能力方面的热特型。在下文中，通过更精确的建模分析，可以看到多层地板系统的穿透阻力将受到限制。

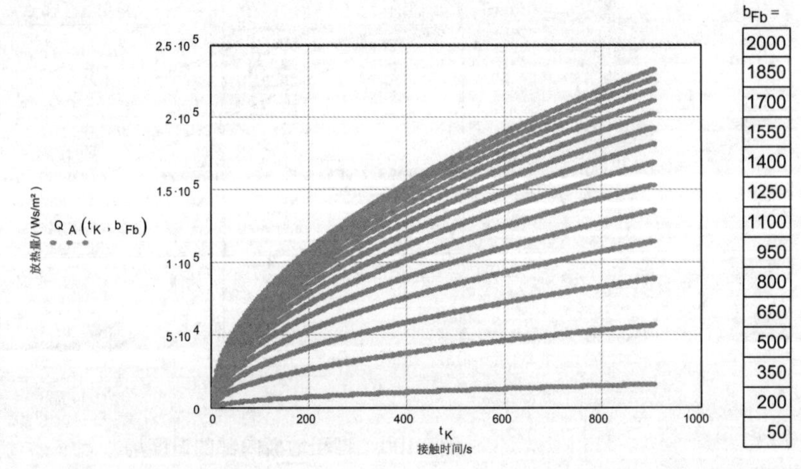

图 3.102　赤足的放热量随接触时间及地板热穿透系数 b_{Fb} 的变化关系

3.4.2.2 非赤足情况下的热传导

在描述热流密度的方程（3.107）中可以加入固定的接触热阻和鞋袜热阻。除此之外，还应该考虑在足温表达式中增加一个附加项来描述保证脚部血液循环的热源。

热流密度：

$$q_{Be}(t_K,R_{Be}) := \frac{\theta_{Fuo} + C\cdot\sqrt{t_K} - \theta_{Fbo}}{\frac{\sqrt{\pi \cdot t_K}}{b_{Fu}} + \frac{\sqrt{\pi \cdot t_K}}{b_{Fb}} + R_{Be}} \tag{3.110}$$

示例：

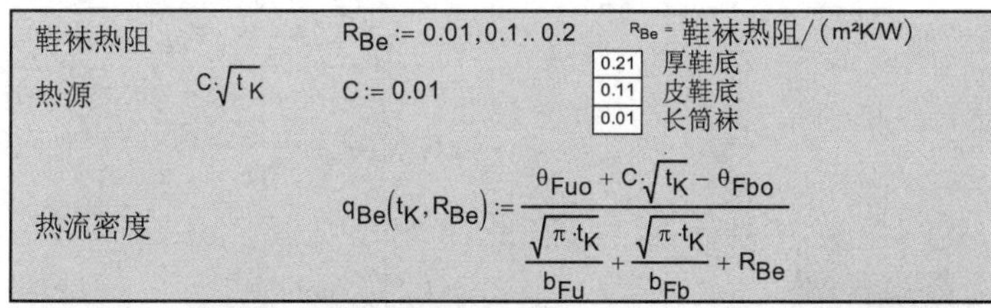

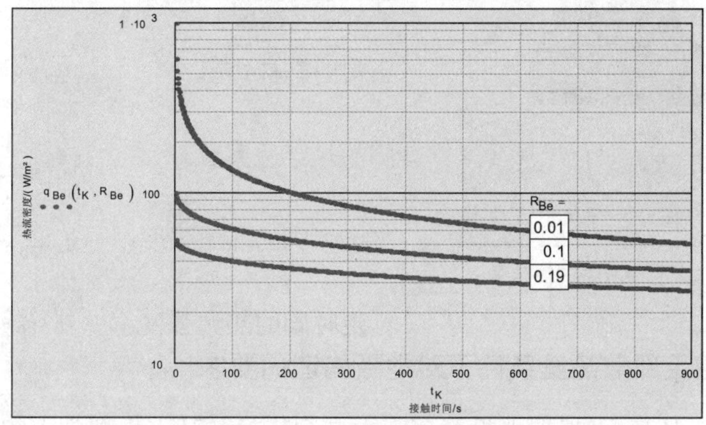

图 3.103 热流密度随接触时间及鞋袜热阻的变化关系

接触温度，或者称为非赤足情况下的皮肤温度可由式（3.111）计算。

$$\theta_{KBe}(t_K,R_{Be}) := \theta_{Fbo} + \left(\theta_{Fuo} + C\cdot\sqrt{t_K} - \theta_{Fbo}\right)\cdot \frac{\left(\frac{\sqrt{\pi \cdot t_K}}{b_{Fb}} + R_{Be}\right)}{\left(\frac{\sqrt{\pi \cdot t_K}}{b_{Fu}} + \frac{\sqrt{\pi \cdot t_K}}{b_{Fb}} + R_{Be}\right)} \tag{3.111}$$

图 3.104 给出了冷地板和考虑不同鞋袜热阻条件下，接触温度随接触时间的变化。

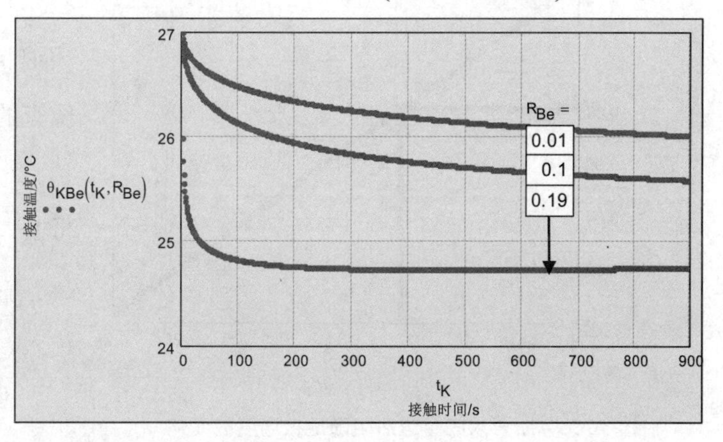

图 3.104 接触温度随接触时间和鞋袜热阻的变化关系

实际上，脚和地板之间经常交换地接触。在源项和脚的穿透阻力中的时间 t_K 可能分布于在房间总停留时间 t 内的各个阶段，但在地板的穿透热阻力中保留了每次接触时间的重要性。每次计算新的一步时，前一次接触结束时的皮肤温度将会被代入使用。由此得出非赤足时前脚掌皮肤温度，在停留时间为 t_a 时可用式（3.112）进行近似计算，在停留时间较长时可用式（3.113）进行计算。

$$\theta_{Haut} := \theta_{Fb} + \left(\theta_{Fu} + C_S \cdot \sqrt{t_a} - \theta_{Fb}\right) \cdot \frac{\left(\frac{\sqrt{\pi \cdot t_K}}{b_{Fb}} + R_{Be}\right)}{\left(\frac{\sqrt{\pi \cdot t_a}}{b_{Fu}} + \frac{\sqrt{\pi \cdot t_K}}{b_{Fb}} + R_{Be}\right)} \quad (3.112)$$

$$t_a = \infty \qquad \theta_{Haut} := \theta_{Fb} + C_S \cdot b_{Fb} \cdot \left(R_{Be} + \frac{\sqrt{\pi \cdot t_K}}{b_{Fb}}\right) \quad (3.113)$$

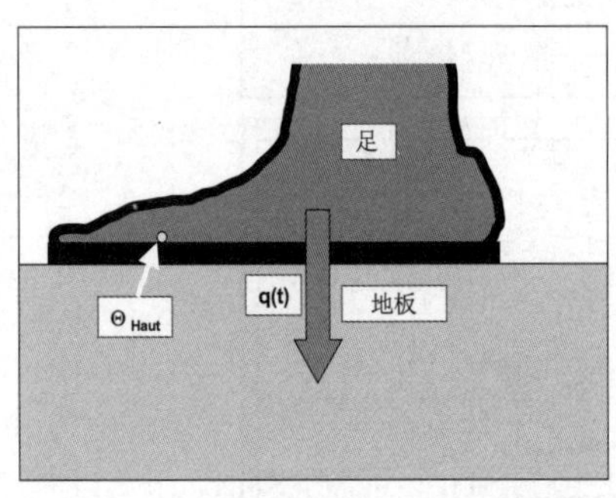

图 3.105　非赤足情况下的热传导

在此，

坐姿下的接触时间：　$t_K = 300 \cdot s$

正常的鞋袜热阻：　$R_{Be} = 0.09 \cdot \frac{m^2 \cdot K}{W}$

脚的热穿透系数：　$b_{Fu} = 1050 \cdot \frac{Ws^{\frac{1}{2}}}{m^2 \cdot K}$

坐姿下脚的热源强度：　$C_S \cdot b_{Fb} = 63 \cdot \frac{W}{m^2}$

行走时脚的热源强度：　$C_B \cdot b_{Fb} = 140 \frac{W}{m^2}$

3.4.3　限定足部散热量条件下对地板构造的要求

由式（3.113）可根据地板穿透阻力进行转换。基于生理学上的要求 $\theta_{Haut} > 28℃$，可得到式（3.114），由此可计算出满足这一要求所对应的，随地板温度变化的地板穿透热阻。现有的地板热穿透阻力计算式（3.115），在 3.4.2 节中已针对单层地板结构做了定义。

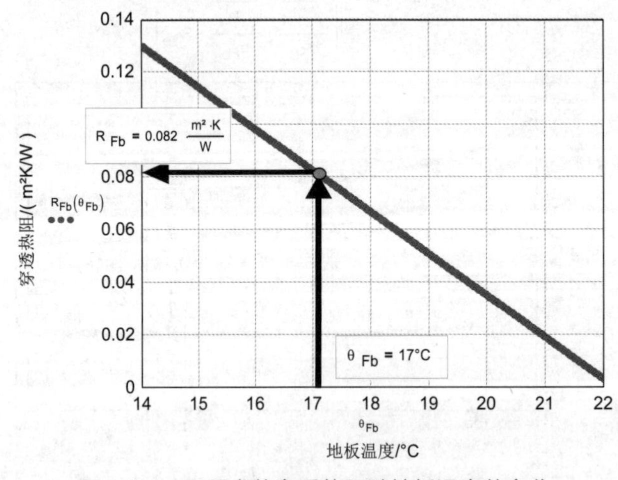

图 3.106　所要求的穿透热阻随地板温度的变化

要求地板的穿透热阻：

$$R_{Fb}(\theta_{Fb}) := 0.352 - \frac{\theta_{Fb}}{63} \quad (3.114)$$

现有的穿透热阻：

$$R_{Fb} := \frac{\sqrt{\pi \cdot t_K}}{b_{Fb}}$$

将 t_K=300s 和

Mit t_K=300s bzw. $\sqrt{\pi \cdot t_K} = 30 \cdot s^{\frac{1}{2}}$

代入，得：

$$R_{Fbvor} := \frac{30}{b_{Fb}} \quad (3.115)$$

对于多层地板结构应该给出计算散失到地板内热量及所对应的穿透热阻的近似关系式。热流经过时间 t_1 穿过地板结构的第一层。在假设穿透热阻已达到稳态的导热热阻的条件下，储热过程可以不做考虑，因而只需计算导热过程。

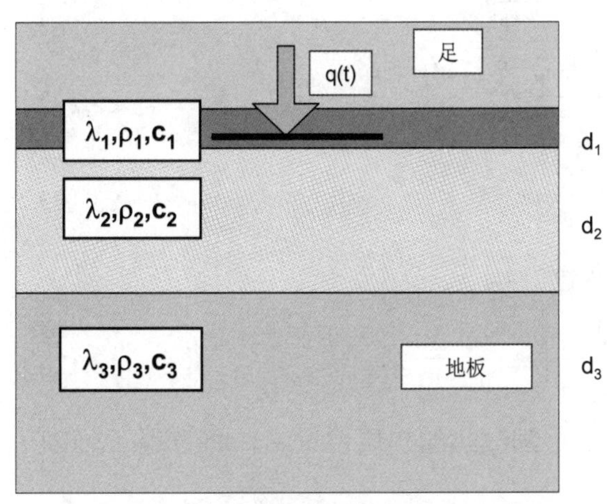

图 3.107　多层地板构造：热信号达到第二层

$$\frac{\sqrt{\pi \cdot t_1}}{b_{Fb}}=\frac{d_1}{\lambda_1}$$

由此得：

$$t_1=\left(\frac{d_1}{\sqrt{\pi \cdot a_1}}\right)^2 \qquad (3.116)$$

对于 $0<t_k<t_1$，（3.117）

式（3.115）仍适用。

当在接触期间内热信号达到第二层时，穿透热阻可近似地表达为：

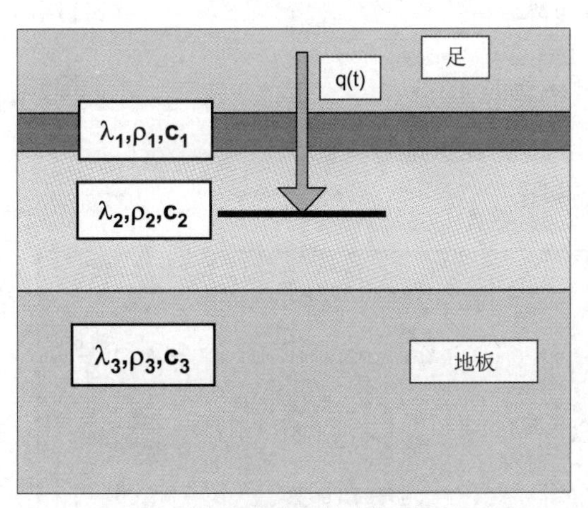

图 3.108　多层地板构造：热信号达到第三层

$$t_1<t_k<t_2$$

$$R_{Fb}=\frac{d_1}{\lambda_1}\cdot\left(1-\frac{b_1}{b_2}\right)+\frac{\sqrt{\pi \cdot t_K}}{b_2} \qquad (3.118)$$

此时地板的穿透热阻是第二层的穿透热阻与第一层导热热阻之和，由于第一层材料参数及影响时间 t_1 的介入，这必将导致穿透热阻有所减小。将式（3.116）代入式（3.118），得：

$$R_{Fb}=\frac{d_1}{\lambda_1}\cdot\left(1-\frac{b_1}{b_2}+\frac{\sqrt{\pi \cdot t_K}}{b_2}\right) \qquad (3.119)$$

影响时间 t_2 的计算式为：

$$t_2=\left(\frac{d_1}{\sqrt{\pi \cdot a_1}}+\frac{d_2}{\sqrt{\pi \cdot a_2}}\right)^2 \qquad (3.120)$$

当接触时间在 t_{n-1} 至 t_n 之间时，多层结构的信号影响时间和实际穿透热阻可分别由式（3.121）和式（3.124）计算。

足部散热极限值的证实

1. n 层结构特性的确定

$$t_n = \left(\sum_{j=1}^{n} \frac{d_j}{\sqrt{\pi \cdot a_j}} \right)^2 \quad (3.121)$$

$$R_{Fb} = \sum_{j=1}^{n-1} \frac{d_j}{\lambda_j} \cdot \left(1 - \frac{b_j}{b_n} \right) + \frac{\sqrt{\pi \cdot t_K}}{b_n} = \sum_{j=1}^{n-1} \frac{d_j}{\lambda_j} \cdot \left(1 - \frac{b_j}{b_n} \right) + \frac{30}{b_n} \quad (3.122)$$

$$\sum_{j=1}^{n} \frac{d_j}{\sqrt{300 \cdot a_j}} \geq 1.77 \quad (3.123)$$

2. n 层地板结构实际穿透热阻的计算

$$R_{Fbvor} = \sum_{j=1}^{n-1} \frac{d_j}{\lambda_j} \cdot \left(1 - \frac{b_j}{b_n} \right) + \frac{30}{b_n} \quad (3.124)$$

为了确定地板结构的分层特性对于足部散热的实质性意义，将方程（3.121）改写为下列条件不等式：

$$\sum_{j=1}^{n} \frac{d_j}{\sqrt{t_K \cdot a_j}} \geq \sqrt{\pi} \quad \text{或} \quad \sum_{j=1}^{n} \frac{d_j}{\sqrt{300 \cdot a_j}} \geq 1.77$$

3. 与地板穿透热阻最小值的对比

$$R_{Fb}(\theta_{Fb}) := 0.352 - \frac{\theta_{Fb}}{63} \quad (3.114)$$

$$R_{Fbvor} \geq R_{Fb}(\theta_{Fb}) \quad (3.125)$$

例 1：硬石膏砂浆层之上的 17mm 厚的复合木地板

实际的穿透热阻大于所要求的穿透热阻。

$d_1 := 0.017$　$\lambda_1 := 0.105$　$\rho_1 := 500$　$c_1 := 2500$　$b_1 := \sqrt{\lambda_1 \cdot \rho_1 \cdot c_1}$　$a_1 := \frac{\lambda_1}{\rho_1 \cdot c_1}$

$b_1 = 362.284$　$a_1 = 8.4 \times 10^{-8}$

$d_2 := 0.04$　$\lambda_2 := 0.90$　$\rho_2 := 1200$　$c_2 := 900$　$b_2 := \sqrt{\lambda_2 \cdot \rho_2 \cdot c_2}$　$a_2 := \frac{\lambda_2}{\rho_2 \cdot c_2}$

$b_2 = 985.901$　$a_2 = 8.333 \times 10^{-7}$

$\frac{d_1}{\sqrt{300 \cdot a_1}} = 3.386$　$3.309 \geq 1.77$　单层

实际穿透热阻

$R_{Fbvor} := \frac{30}{b_1}$　$R_{Fbvor} = 0.083$

要求的穿透热阻

$\theta_{Fb} := 17$　$R_{Fb}(\theta_{Fb}) := 0.352 - \frac{\theta_{Fb}}{63}$　$R_{Fb}(17) = 0.082$

例 2：硬石膏砂浆层 + 纺织物支撑层 +0.5mmPVC 膜

实际的穿透热阻大于所要求的穿透热阻。

$d_1 := 0.0005$ $\lambda_1 := 0.30$ $\rho_1 := 1500$ $c_1 := 1100$ $b_1 := \sqrt{\lambda_1 \cdot \rho_1 \cdot c_1}$ $a_1 := \frac{\lambda_1}{\rho_1 \cdot c_1}$

$b_1 = 703.562$ $a_1 = 1.818 \times 10^{-7}$

$d_2 := 0.0045$ $\lambda_2 := 0.05$ $\rho_2 := 250$ $c_2 := 1500$ $b_2 := \sqrt{\lambda_2 \cdot \rho_2 \cdot c_2}$ $a_2 := \frac{\lambda_2}{\rho_2 \cdot c_2}$

$b_2 = 136.931$ $a_2 = 1.333 \times 10^{-7}$

$d_3 := 0.040$ $\lambda_3 := 0.90$ $\rho_3 := 1200$ $c_3 := 900$ $b_3 := \sqrt{\lambda_3 \cdot \rho_3 \cdot c_3}$ $a_3 := \frac{\lambda_3}{\rho_3 \cdot c_3}$

$b_3 = 985.901$ $a_2 = 1.333 \times 10^{-7}$

$\frac{d_1}{\sqrt{300 \cdot a_1}} = 0.068$ $0.068 \le 1.77$

$\frac{d_1}{\sqrt{300 \cdot a_1}} + \frac{d_2}{\sqrt{300 \cdot a_2}} = 0.779$ $0.779 \le 1.77$

$\frac{d_1}{\sqrt{300 \cdot a_1}} + \frac{d_2}{\sqrt{300 \cdot a_2}} + \frac{d_3}{\sqrt{300 \cdot a_3}} = 3.309$ $3.309 \ge 1.77$ 三层

实际穿透热阻

$R_{Fbvor} := \frac{d_1}{\lambda_1} \cdot \left(1 - \frac{b_1}{b_3}\right) + \frac{d_2}{\lambda_2} \cdot \left(1 - \frac{b_2}{b_3}\right) + \frac{30}{b_3}$ $R_{Fbvor} = 0.108$

要求的穿透热阻

$\theta_{Fb} := 17$ $R_{Fb}(\theta_{Fb}) := 0.352 - \frac{\theta_{Fb}}{63}$ $R_{Fb}(17) = 0.082$

例 3：硬石膏砂浆层之上的 8mm 厚的地砖

实际的穿透热阻小于所要求的穿透热阻。地砖地板的温度必须达到 20.5℃才能满足要求。

$d_1 := 0.008$ $\lambda_1 := 0.98$ $\rho_1 := 1600$ $c_1 := 950$ $b_1 := \sqrt{\lambda_1 \cdot \rho_1 \cdot c_1}$ $a_1 := \frac{\lambda_1}{\rho_1 \cdot c_1}$

$b_1 = 1.22 \times 10^3$ $a_1 = 6.447 \times 10^{-7}$

$d_2 := 0.04$ $\lambda_2 := 0.90$ $\rho_2 := 1200$ $c_2 := 900$ $b_2 := \sqrt{\lambda_2 \cdot \rho_2 \cdot c_2}$ $a_2 := \frac{\lambda_2}{\rho_2 \cdot c_2}$

$b_2 = 985.901$ $a_2 = 8.333 \times 10^{-7}$

$\frac{d_1}{\sqrt{300 \cdot a_1}} = 0.575$ $0.575 \le 1.77$

$\frac{d_1}{\sqrt{300 \cdot a_1}} + \frac{d_2}{\sqrt{300 \cdot a_2}} = 3.105$ $3.105 \le 1.77$ 两层

实际穿透热阻

$R_{Fbvor} := \frac{d_1}{\lambda_1} \cdot \left(1 - \frac{b_1}{b_2}\right) + \frac{30}{b_2}$ $R_{Fbvor} = 0.028$

要求的穿透热阻

$\theta_{Fb} := 17$ $R_{Fb}(\theta_{Fb}) := 0.352 - \frac{\theta_{Fb}}{63}$ $R_{Fb}(17) = 0.082$

$\theta_{Fb} := 20.5$ $R_{Fb}(\theta_{Fb}) := 0.352 - \frac{\theta_{Fb}}{63}$ $R_{Fb}(20.5) = 0.027$

4 建筑物及房间的热工性能

4.1 供暖期间建筑物的热工性能

这一章主要介绍建筑物供暖期间的失热与得热的平衡计算。由此将确定所需要的供热量，即在考虑供暖热水的耗能和供暖设备效率系数情况下的一次能源需求量。在计算中应用了简单的整体综合气候作为气候边界条件，包括外界及室内空气温度、辐射热吸收量、空气置换率，以及内部热源等。供暖期的确定，其基础内容实质上就是确定外界气候条件的简谐变化及建筑物一年之内热负荷增加和降低的简谐变化过程。

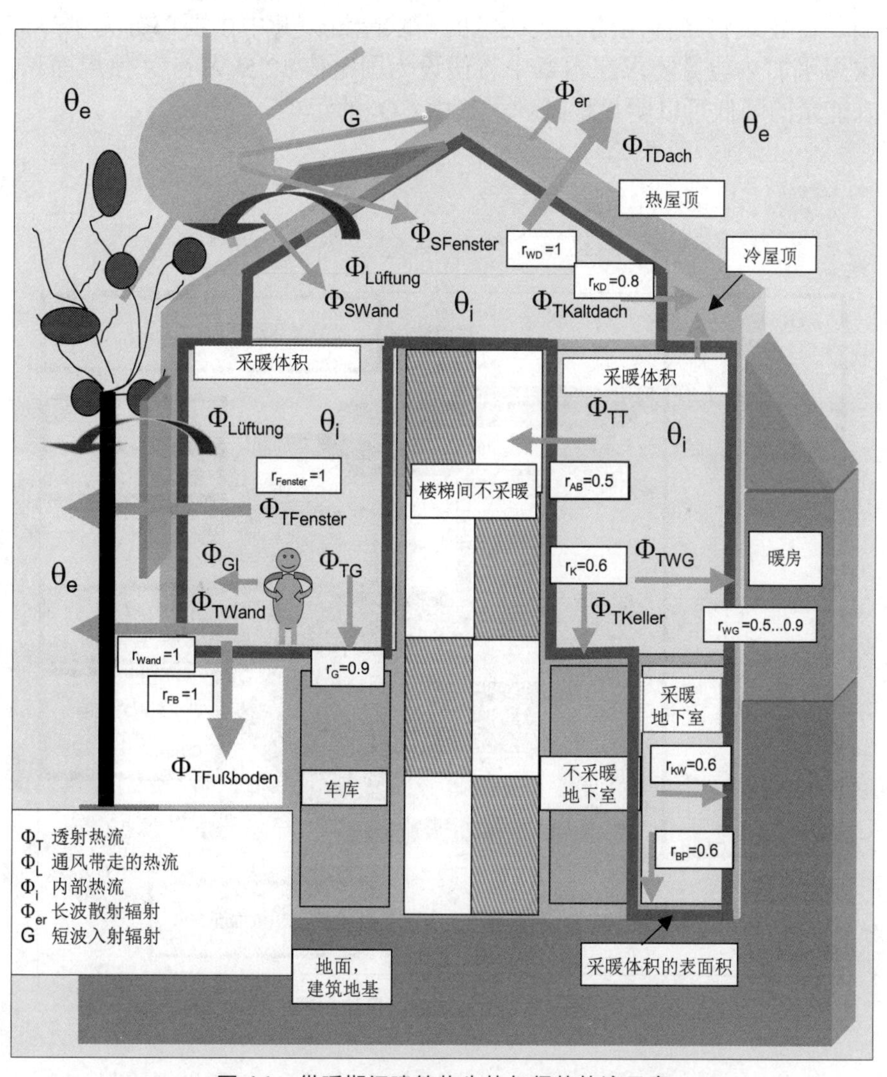

图 4.1 供暖期间建筑物失热与得热热流示意

4.1 节的主要任务是通过建筑物失热与得热的平衡计算确定所需的供热量，包括在中欧气象条件下供暖期内的透射热损失、通风热损失、通过窗户的入射辐射、通过不透明构件的入射辐射、内部热源等。

图 4.1 描述了得热与失热的热流状况。德国的法规制定者在节能条例 ENEV 2002（修订版 2004 和 2007 [21]）中限定了一次能源的消耗量。所谓一次能源是一种假想的能源，人们用它来评估技术设备能量损失（见流向图 4.2），同时考虑输入能源（例如，在 2006 年输入能源为电能，而不是天然气）经济“质量”的能源需求量。不能将一次能源与所需要的，且由消费者实际支付费用的最终能源混淆。一次能源的最大许用消耗量与所要求的加热能量（供热需求量和饮用热水加热量）之比被称为设备的能耗系数。设计要求规定房屋技术设备的能耗系数不能超限。这实际上是技术设备设计师必须完成的任务。

能量流向图 4.2 的左侧给出的是准备进入建筑物的能量（终端能源），右侧给出的是由建筑物结构用能方式决定的需求能量。其中主要部分为供热需求能量。饮用水加热能量需求在本章中将假设为固定值 12.5kW/m^2（使用面积）。供热需求能量的降低可以明显地减少大气中 CO_2 的污染。

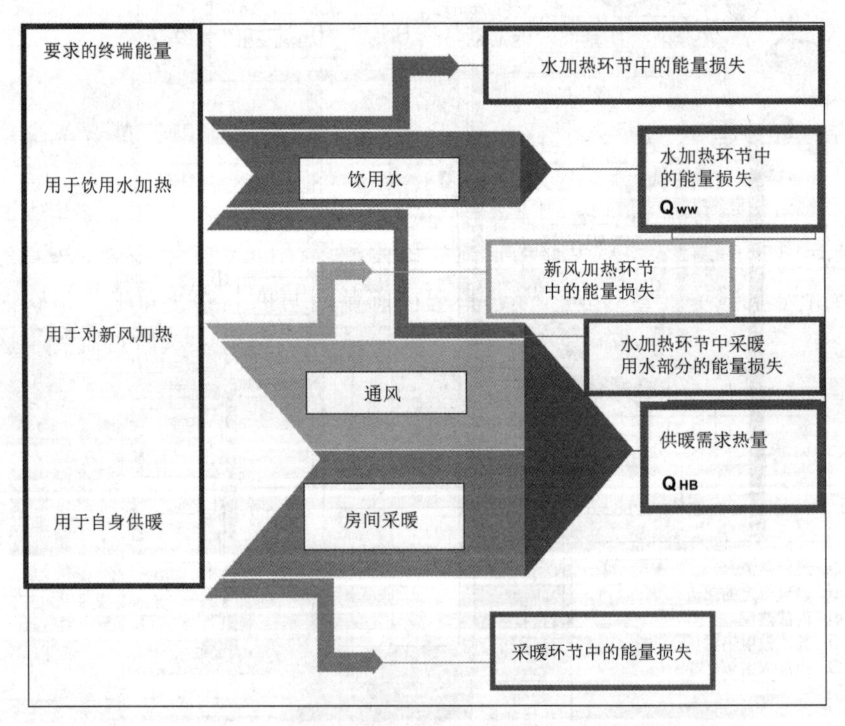

图 4.2　建筑物中能量流向图

4.1.1 供暖期间的热平衡——需求供热量

4.1.1.1 计算需求供热量时失热量与得热量的热平衡

建筑物终端能量需求的最主要部分为供热热量。供热需求热量可以通过对建筑物在采暖期间，以定常气候作为边界条件进行热平衡近似计算得到，之后，将以此作为限值。下面先简要给出失热和得热热流的计算式。在下一节将分别进行推导，并通过实例详细解释。

采暖期的室内外空气温度（℃）：$\theta_i := 19 \quad \theta_e := 3.3$

德国节能条例 2002 是基于 t_h=185 天或 4440 小时的较早期的低值进行计算的，该值已经考虑到气候变暖的情况，供热边界温度为 10℃。4.1.3 节精确推导得出的值为 t_h=196 天。

供暖周期时长（h 或 d） $t_h := 4440 \quad t_h := 185$ （4.1）

采暖期度日数 Z（Kd） $Z := (\theta_i - \theta_e) \cdot t_h \qquad Z = 2905$

若干德国城市的采暖期度日数 Z（采暖期为 t_h=212h，供热边界温度为 12℃）

城市	Z	城市	Z
奥格斯堡	3663Kd	霍夫	4369Kd
柏林	3410Kd	卡尔斯鲁厄	2952Kd
德累斯顿	3576Kd	慕尼黑	3626Kd
法兰克福	3322Kd	维尔茨堡	3340Kd

通过不透明墙体和玻璃窗向外辐射损失的热量（W）

$$\Phi_{TV} = \sum_{j=1}^{n} \left(U_j \cdot A_j \cdot r_j + \Delta U_B \cdot A\right) \cdot (\theta_i - \theta_e) \tag{4.2}$$

单位温差通过不透明墙体和玻璃窗向外辐射损失的热量（W/K）

$$H_{TV} = \sum_{j=1}^{n} \left(U_j \cdot A_j \cdot r_j + \Delta U_B \cdot A\right)$$

热桥引起的外围护结构表面 U 值的总增加量（W/m^2K）

$\Delta U_B := 0.05$

建筑构件不与外界空气直接接触时的温差减小系数 r

$r_W := 1$	外墙和热屋顶
$r_D := 0.8$	冷屋顶
$r_{AB} := 0.5$	不采暖相邻房间
$r_K := 0.6$	不采暖地下室、地下室墙、底层地面
$r_G := 0.9$	汽车库
$r_{Wi} := 0.5, 0.6 .. 0.9$	暖房

通风热损失 Φ_{LV}（W）：

$$\Phi_{LV} = \left[c_{pL} \cdot \rho_L \cdot V_t \cdot (\theta_i - \theta_e)\right] \tag{4.3}$$

或代入 $V_t = dV/dt = n_L V_L$，得：

$$\Phi_{LV} = \left[c_{pL} \cdot \rho_L \cdot n_L \cdot V_L \cdot (\theta_i - \theta_e)\right]$$

其中，n_L 为换气次数（1/h）；

ρ_L 为空气密度（kg/m^3）； $\rho_L := 1.24$

V_t 为空气的体积流量（m^3/h）； $c_{pL} := \frac{1000}{3600}$

V_L 为被加热的空气体积（m^3）；

C_{pL} 为空气的比热（Wh/kgK）。

单位温差的换气热损失（W/K） $H_{LV} = (c_{pL} \cdot \rho_L \cdot n_L \cdot V_L)$ （4.4）

通过窗户和玻璃幕墙吸收的幅射热流 $\Phi_{SGF} = \sum_{j=1}^{n} z_j \cdot f_{Rj} \cdot g_j \cdot G_j \cdot A_{Fj}$ （4.5）

10月至次年4月采暖期内从室外向室内辐射的短波辐射热流密度G（W/m²）

$G_{s南} := 61$ $G_{n北} := 23$ $G_{东} := 35$ $G_{西} := 35$

$G_{45南} := 72$ $G_{45北} := 31$ $G_{45东} := 47$ $G_{45西} := 47$

$G_{水平} := 51$

玻璃窗的有效透射系数g

$g_1 := 0.74$ 单层玻璃

$g_2 := 0.65$ 双层无远红外涂层玻璃

$g_{2b} := 0.55$ 双层有远红外涂层玻璃

$g_3 := 0.55$ 三层无远红外涂层玻璃

$g_{3b} := 0.40$ 三层有远红外涂层玻璃

玻璃面积占比或窗框系数 f_R $f_R = \frac{A_{玻璃}}{A_{玻璃} + A_{框}}$ $f_R := 0.7$ （4.6）

冬季的遮阳系数Z $z := 0.9$

通过不透明建筑构件辐射得热热流（W）

$$\Phi_{SGW} = \left[\sum_{j=1}^{n} \left(a_j \cdot G_j - f \cdot \varepsilon \cdot h_{er} \cdot \Delta\theta_{er}\right) \cdot A_{Wj} \cdot U_{Wj}\right] \cdot R_{sec}$$ （4.7）

短波辐射的得热量等于由1.1.2.2节给出的供暖期的辐射供应量乘以由2.3.1节所描述的吸收系数。

供暖期内短波辐射的总供应量

$G_{南}$:=61	$G_{北}$:=23	$G_{东}$:=35	$G_{西}$:=35	
$G_{45南}$:=72	$G_{45北}$:=31	$G_{45东}$:=47	$G_{45西}$:=47	$G_{水平}$:=51

不透明建筑构件对短波辐射的吸收率a（见表2.5）

白色抹灰	a=0.21	风化的混凝土	a=0.65
灰色抹灰	a=0.65	经过防水处理的木材	a=0.85
红砖	a=0.54	沥青涂层	a=0.90
灰色石灰砂岩	a=0.60	原铝	a=0.05

对于不透明的建筑构件，从短波辐射所获得的热量 aG 一定会通过长波散热辐射而减少（方程（4.8）和方程（4.9））。

$$q_{erh} := f_h \cdot \varepsilon \cdot h_{er} \cdot \Delta\theta_{er} \quad (4.8)$$

$$q_{erv} := f_v \cdot \varepsilon \cdot h_{er} \cdot \Delta\theta_{er} \quad (4.9)$$

构件表面与天空对流边界层之间的平均温差 $\Delta\theta_{er}$（K） $\Delta\theta_{er} := 60$

斯蒂芬 - 波尔茨曼常数 σ（W/m^2K^4） $\sigma := 5.67 \cdot 10^{-8}$

供暖期间构件外表面平均温度 θ_{se}（℃） $\theta_{se} := 3.5$

向天空长波辐射的发射率 ε $\varepsilon := 0.15$

辐射换热系数 h_{er}（W/m^2K） $h_{er} := 4 \cdot \sigma \cdot (273 + \theta_{se})^3$

$h_{er} = 4.794$

45° 以下屋顶表面的辐射减小系数 f_h $f_h := 0.76$

垂直墙表面的辐射减小系数 f_v $f_v := 0.28$

长波散热辐射热流密度 q_{erh} 和 q_{erv}（W/m^2） $q_{erh} = 32.8$

$q_{erv} = 12.1$

对流换热热阻 R_{sec}（m^2K/W） $R_{sec} := 0.05$

通过内热源（人员、设备、照明等）所获得的热量（W）

$$\Phi_{Gi} = \sum_{j=1}^{n} q_{iJ} \cdot A_{Nj} \quad (4.10)$$

其中，q_i 为单位使用面积内热源的分摊量，A_N 为供热建筑空间的使用面积（m^2）居住建筑的 q_i（W/m^2）为：

$$q_i := 5$$

如果得热与失热保持平衡，将其乘以供热周期的时长，则可近似得到建筑物采暖期对供热热量的需求量。通过中断加热，可以使热损失有所减少（η_V = 0.95）。构件有限的储热能力使得随时间变化的辐射供热量不能得到充分的利用（η_G = 0.95）。由此得到，采暖期内实际供热需求量（Wh）为：

$$Q_{HB} = (\Phi_{TV} + \Phi_{LV}) \cdot \eta_V \cdot t_h - (\Phi_{SGF} + \Phi_{SGW} + \Phi_{GI}) \cdot \eta_G \cdot t_h$$

$$\boxed{\begin{aligned} Q_{HB.} = & \sum_{j=1}^{n} \left[(U_j \cdot A_j \cdot r_j + \Delta U_B \cdot A_j) + (c_{pL} \cdot \rho_L \cdot n_L \cdot V_L) \right] \cdot (\theta_i - \theta_e) \cdot \eta_V \cdot t_h - \\ & - \left[\sum_{j=1}^{n} z_j \cdot f_{Rj} \cdot g_j \cdot G_j \cdot A_{Fj} + \sum_{j=1}^{n} (a_j \cdot G_j - f \cdot \varepsilon \cdot h_{er} \cdot \Delta\theta_{er}) \cdot A_{Wj} \cdot U_{Wj} \cdot R_{sec} + q_i \cdot A_N \right] \cdot \eta_G \cdot t_h \end{aligned}} \quad (4.11)$$

4.1.1.2　传热热流与传热损失

通过单一建筑构件的稳态热流密度 q_T 乘以构件的面积 A_B，可得到通过这一构件的传热热流 $dQ/dt=\Phi_T$（W）。

$$\Phi_T = U\cdot\left[(\theta_i - \theta_e)A_B\right] \tag{4.12}$$

采用从10月初至次年4月初（185天）的供暖季室内外气候的小时数据对非稳态传热过程进行数值仿真的结果显示，在供暖期这个大的时间范围内对储热量进行平均没有任何意义，而稳态传热系数U值实际上是外墙热工性能优劣的评判标准（见第3章建筑构件的热工性能）。通过环绕建筑物加热空间的围护结构的全部传热热流并联穿过每一个单独的建筑构件，这意味着，总传热热流等于对通过单一构件热流的加和。由此得：

$$\Phi_{T.} = \sum_{j=1}^{n} (U_j \cdot A_j)\cdot(\theta_i - \theta_e) \tag{4.13a}$$

正如本章开始时给出的模型图所示，并不是所有构件都暴露在全温差环境中。在计算中将对相应的情况（不采暖的邻房间、冷屋顶、底层地面、暖房等）引入温差减小系数 r_j。

$$\Phi_{T.} = \sum_{j=1}^{n} (U_j \cdot A_j \cdot r_j)\cdot(\theta_i - \theta_e) \tag{4.13b}$$

热桥将导致通过围护结构的传热量增加。这一增加量在计算中将通过假定围护结构的整个面积A上，U值增加了 $\Delta U_B=0.05W/m^2K$ 来加以考虑。

$$\Phi_{TV.} = \sum_{j=1}^{n} (U_j \cdot A_j \cdot r_j + \Delta U_B \cdot A)\cdot(\theta_i - \theta_e) \tag{4.1}$$

每年总的传热损失可由上式乘以供暖总时长 t_h 得到。

$$Q_{TV.} = \sum_{j=1}^{n} (U_j \cdot A_j \cdot r_j + \Delta U_B \cdot A)\cdot(\theta_i - \theta_e)\cdot t_h \tag{4.14}$$

4.1.1.3　通风热流与通风热损失

本章的基础是建立在通过门、窗及特定通风口的自然通风。温度为 θ_e 的外界冷空气流入室内，必须被加热到室内温度 θ_i。热的室内空气（首先）在不获取回馈热量的情况下被排到室外。为此需要消耗的热功率 $dQ_L/dt=\Phi_L$ 为空气的体积流量 $dV/dt=V_t$ 与空气的定压比热 $c_{pL}=1000Ws/kgK$ 或 $c_{pL}=0.278Wh/kgK$，以及空气平均密度 $\rho_L=1.24kg/m^3$ 的乘积。

$$\Phi_{LV} = \left[c_{pL}\cdot\rho_L\cdot V_t\cdot(\theta_i - \theta_e)\right] \qquad V_t = \frac{d}{dt}V_i \qquad n_L = \frac{V_t}{V_i} \tag{4.3}$$

空气的体积流量 $dV/dt=V_t$ 可以通过直观的换气次数（率）n_L，或 $V_t=n_L V_L$ 来表示（空气的体积流量的单位为 m^3/h，空气换气次数为 1/h，请与式（1.67）比较）。V_L 是建筑物内的空气体积。在供暖期 t_h 内这部分空气必须从 θ_e 被实际加热到 θ_i。在自然通风的情况下换气次数的范围如下：

门窗关闭时：　　　　　　　　0 …0.5/h

窗户斜开，无百叶卷帘时：　　0.3…1.5/h

窗户全开时：　　　　　　　　5 …15/h

自然通风时，换气是通过建筑物外面的风压差和浮力压差引起的。下面将对此压差进行估算。在供暖期内，这一压差的数量级约为 10Pa。每年总的通风热损失同样也是由通风换热热流量乘以供热期时长 t_h 得到。

$$Q_{LV} = \left[c_{pL} \cdot \rho_L \cdot n_L \cdot V_L \cdot (\theta_i - \theta_e)\right] \cdot t_h \tag{4.15}$$

由风作用引起的建筑物周边的风压差可通过风的滞止压力得到。

$\rho := 1.25$

$$\Delta p_{wind}(c_G, v_W) := c_G \frac{\rho}{2} \cdot v_W^2 \tag{4.16}$$

$c_G := 0.8, 1.0 .. 1.4$

$v_W := 0, 0.01 .. 10$

c_G 建筑物的风阻系数

v_W 风速（m/s）

从图 4.4 可以看出，建筑物周边的风压差，对应风速 3.5m/s 时的最大值约为 10Pa。

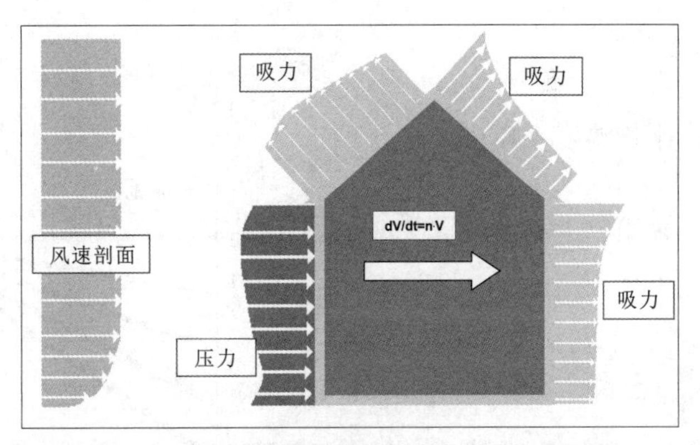

图 4.3 风绕流建筑物时的压力分布及以风压为条件的建筑物通风

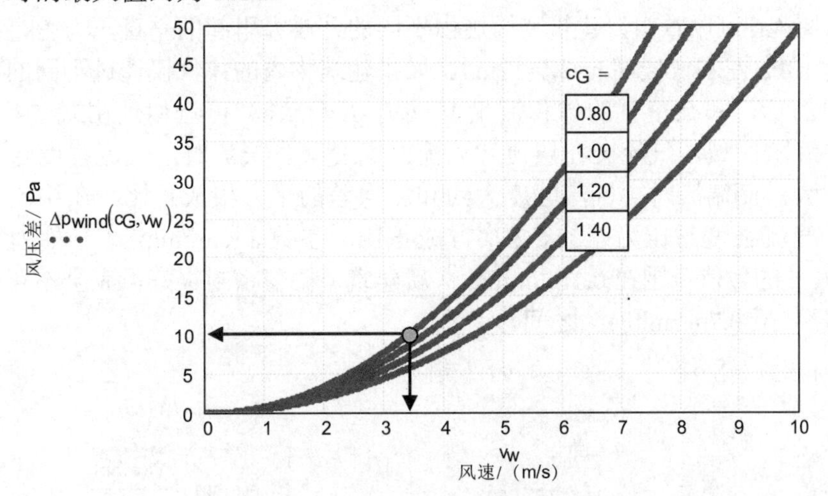

图 4.4 风压差随风速的变化关系

建筑物周边的垂直压力分布是由于室内外空气温度不同 θ_i-θ_e，以及建筑物热通风效应（烟囱效应）引起的。因为热浮力在建筑物周边产生的压力差来自于内外空气的密度差，而密度依赖于温度的变化。

由气体状态方程可得：

$$\rho_i := \rho_e - \rho\frac{\theta_i - \theta_e}{T_m}$$

$$\Delta p_{auftrieb}(z,\theta_e) := \rho \cdot g \cdot z \frac{\theta_i - \theta_e}{T_m} \quad (4.17)$$

$$\theta_i := 20$$

$$\theta_e := 0, 5 .. 25$$

$$\Delta p_{auftrieb} := (\rho_i - \rho_e) \cdot g \cdot z$$

$$g := 9.81 \qquad \rho := 1.25$$

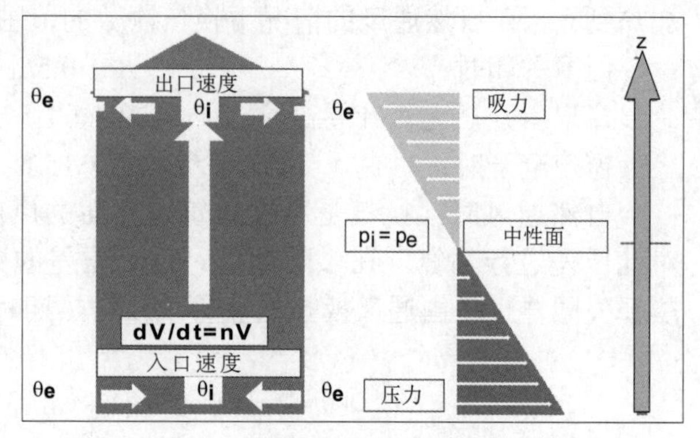

图 4.5　建筑物周边的垂直压力分布

平均温度（K）

$$T_m := 283$$

建筑物半高（m）

$$z := -6, -5.990 .. 6$$

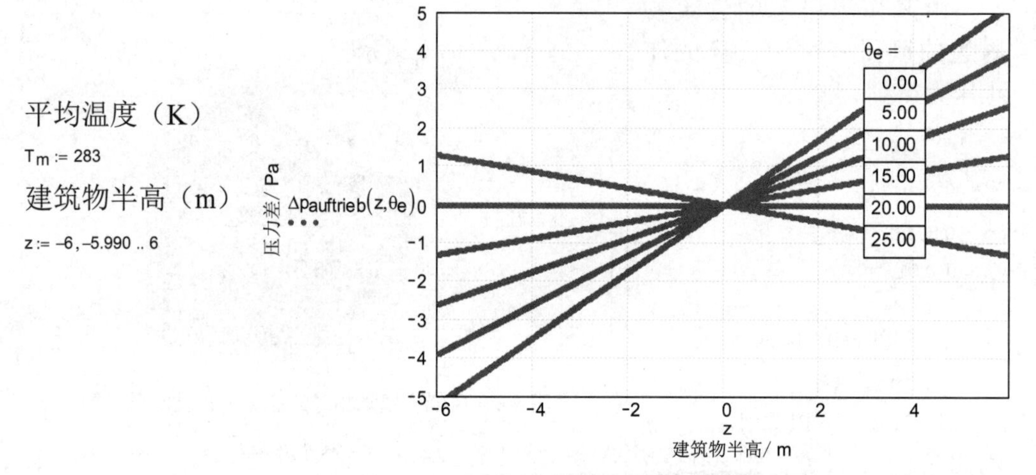

图 4.6　重力压力差与高度的关系

从图 4.6 可以看出，建筑物周边由不同的升浮力引起的垂直压力差，在冬季同样为 10Pa 左右（楼高 h=2Z=12m）。如果建筑物内的换气仅通过不同的门和窗来实现的话，那么空气的体积流量 V_t=dV_L/dt（m^3/h）可近似地由式（4.18）计算。在缝隙区域，气流会在层流和湍流之间变化。层流时，气流强度随压力差线性增大，而湍流时，气流强度大约和压力差的平方根成正比。在层流和湍流之间，气流强度与压力差的 2/3 次方成正比。参数 a（$m^3/mhPa^{2/3}$）称为缝隙透风系数。a 的数值范围在 $0.1m^3/mhPa^{2/3}$（新建筑，门窗密封很好，完全不存在“虚假接缝”）至 $0.7m^3/mhPa^{2/3}$ 之间。

$V_{tl} := c_l \cdot \Delta p_l$　　层流　　$a := 0.1, 0.3 .. 0.7$　　缝隙通风：

$$V_t(a,\Delta p) := a \cdot l \cdot (\Delta p)^{\frac{2}{3}} \quad (4.18)$$

$l := 30$

$V := 60$

$V_{tt} := c_t \cdot \Delta p_t^{\frac{1}{2}}$　　湍流　　$\Delta p := 2, 2.02 .. 60$

$$n(a,\Delta p) := \frac{V_t(a,\Delta p)}{V} \quad (4.19)$$

对于所选定的示例房间 V=60m³，包括 3 个窗户和 2 个门，其缝隙总长为 l=30m。建筑物周边的压力差在 2Pa 至 60Pa 之间变化。建筑物及所观察房间的换气次数可根据方程（4.19）计算。

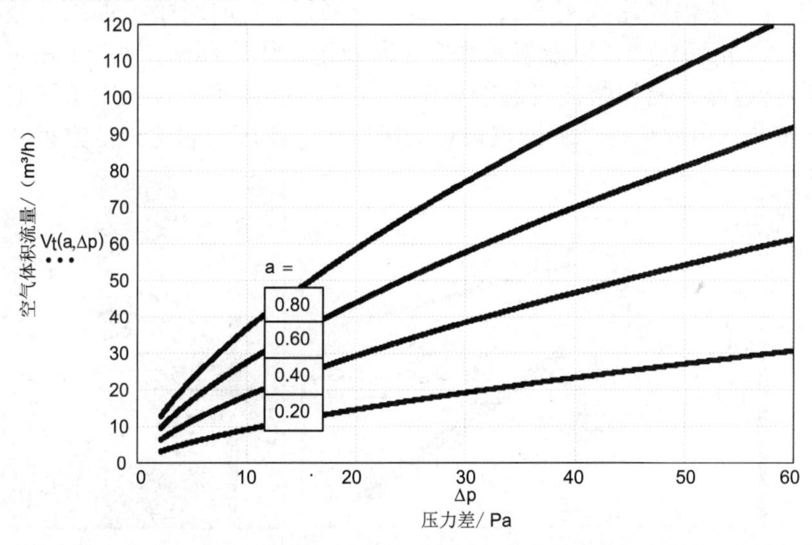

图 4.7　建筑物内部的空气体积流量随风压差、重力压力差及缝隙透风系数（门窗关闭）的变化

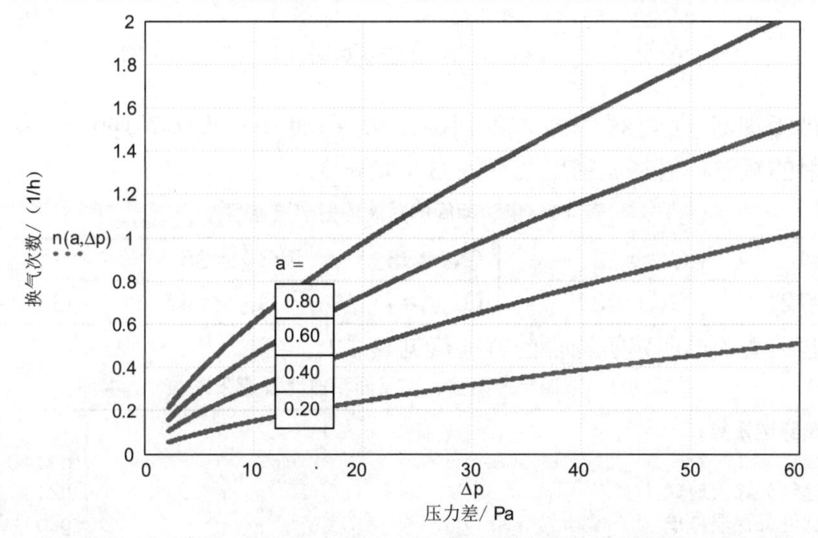

图 4.8　建筑物的换气次数（率）随风压差、重力压力差及缝隙透风系数（门窗关闭）的变化

由图 4.7 和图 4.8 可知，当压力差 Δp=10Pa 时，只有在非常大的缝隙透风系数 $a=0.6m^3/mhPa^{2/3}$ 的情况下，才能达到最小换气次数 n=0.5/h。对于当今窗户的密封状况，缝隙透风系数的通常值为 $a=0.2m^3/mhPa^{2/3}$（基本换气次数为 $n_{Grund}=0.2/h$），这意味着，在冬季缝隙通风还要通过定时的强迫通风加以补充。换气率的一般适用情况为：

门窗关闭时：	0～0.5/h
窗户斜开，无百叶卷帘时：	0.3～1.5/h
窗户全开时：	5～15/h

4.1.1.4　辐射热流与通过透明建筑构件的得热

短波辐射热流密度 G（W/m^2）从外部投向建筑物围护结构。在穿过透明层的过程中，该辐射热流密度通过玻璃穿透系数 g，玻璃面积占比或边框系数 $f_R=A_{Glas}/(A_{Glas}+A_{Rahmen})$，以及遮阳系数 z 所表达的作用逐渐变小。z 还可以进一步分解为周边建筑物和植被引起的遮阳系数 F_s，以及遮阳设施带来的遮阳系数 F_c，即 $z=F_sF_c$。由此可得计算通过窗户的辐射热流密度的表达式，方程（4.5）。

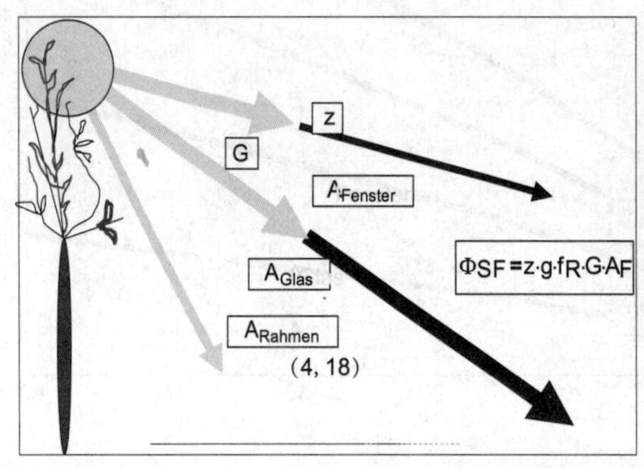

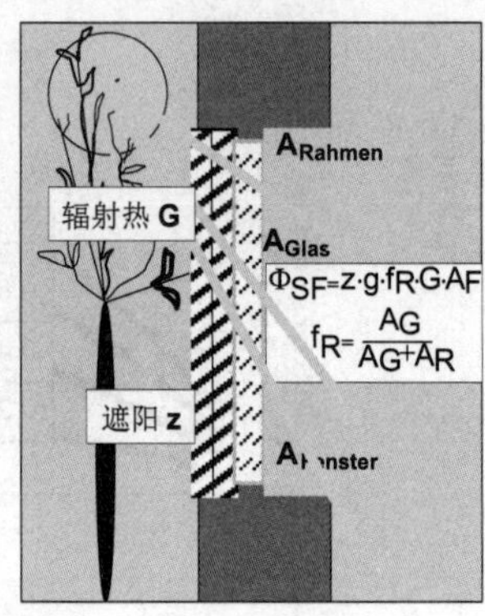

图 4.9　通过窗户获得的辐射热

$$\Phi_{SF}=\sum_{j=1}^{n} z_j \cdot f_{Rj} \cdot g_j \cdot G_j \cdot A_{Fj} \qquad (4.5)$$

在供暖期间（t_h=185 天或 4440 小时，从 10 月初至次年 4 月中），从外部向室内投射的短波辐射热流密度总量为 G（W/m^2）。

表 4.1　供暖期间的短波辐射热流密度

$G_{南}:=61$	$G_{北}:=23$	$G_{东}:=35$	$G_{西}:=35$	
$G_{45南}:=72$	$G_{45北}:=31$	$G_{45东}:=47$	$G_{45西}:=47$	$G_{水平}:=51$

一些典型的透明建筑构件的特征值见表 4.2。

表 4.2　玻璃穿透系数、玻璃面积占比及遮阳系数

有效玻璃穿透系数 g 单层玻璃 双层无远红外涂层玻璃 双层有远红外涂层玻璃 三层无远红外涂层玻璃 三层有远红外涂层玻璃		 g1 : =0.74 g2 : =0.65 g2b : =0.55 g3 : =0.55 g3b : =0.40
窗户的玻璃面积占比或窗框系数 f_R	$f_R=\frac{A_{玻璃}}{A_{玻璃}+A_{框}}$	f_R: =0.7
冬季的遮阳系数 z		z : =0.9

如果 Φ_{SF} 乘以供暖期时长 t_h，则得到供暖期内通过窗户获得的辐射热：

$$Q_{SGF}=\sum_{j=1}^{n} f_{Rj} \cdot z_j \cdot g_j \cdot G_j \cdot A_{Fj} \cdot t_h \qquad (4.20)$$

4.1.1.5 辐射热流与通过不透明建筑构件的得热

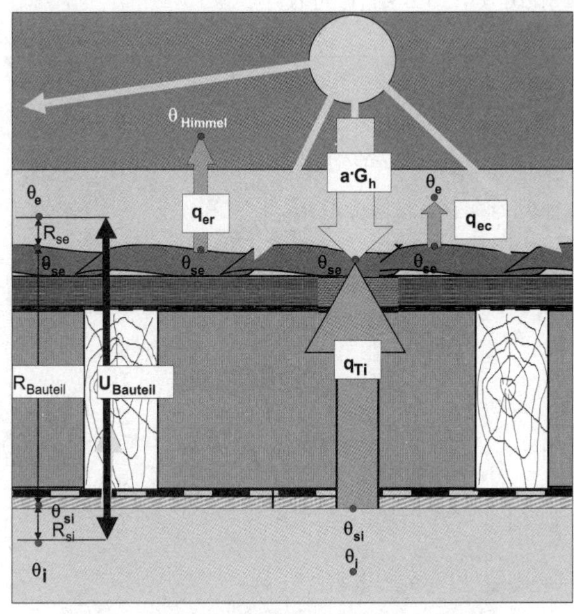

图 4.10 通过不透明建筑构件获得的辐射热量

短波投射辐射的热流密度 G 的一部分 aG 通过不透明构件的外表面以吸收率 a 被吸收，而其中的一部分（q_{er}）又以长波的形式被放射出去。因此，通常情况下，构件的外表面会被加热（表面温度为 θ_{se}），这也会对向周边环境散失的对流换热量 q_{ec} 产生影响。与此相关的热损失量 q_{Ti} 的减少量与通过不透明建筑构件获得的辐射热量相对应。

根据图 4.10 可得热流密度的平衡关系如下：

$$q_{Ti} = \left(q_{ec} + q_{er} - a \cdot G_h\right) \tag{4.21}$$

q_{Ti} 和 q_{ec} 均可用前述公式描述。由于下面将单独考虑长波散热辐射，此处 q_{ec} 仅为表面对流换热热流密度。

$$q_{Ti} = \frac{\theta_i - \theta_e}{R_W + R_{si}} \qquad R_W = \sum_{j=1}^{n} \frac{d_j}{\lambda_j} \qquad q_{ec} = \frac{\theta_{se} - \theta_e}{R_{sec}}$$

长波散热辐射量将由深空温度和构件表面温度之间的差 $\Delta\theta_{er}$，以及由长波范围内天空反向辐射（见 2.3.1 节中图 2.17 给出的辐射热流密度）折算得到的减小的 ε 值进行估算。

$$\Delta\theta_{er} := 60 \qquad \sigma := 5.67 \cdot 10^{-8} \qquad h_{er} := 4 \cdot \sigma \cdot (273 + \theta_{se})^3$$

$$\theta_{se} := 3.5 \qquad \varepsilon := 0.15 \qquad f_h := 0.76 \quad f_v := 0.28$$

$$q_{erh} := f_h \cdot \varepsilon \cdot h_{er} \cdot \Delta\theta_{er} \qquad q_{erh} = 32.79 \quad \text{屋顶} \tag{4.22a}$$

$$q_{erv} := f_v \cdot \varepsilon \cdot h_{er} \cdot \Delta\theta_{er} \qquad q_{erv} = 12.08 \quad \text{墙体} \tag{4.22b}$$

如果将热流密度 q_{Ti}，q_{ec}，q_{er} 的表达式代入方程（4.21）中，则可求得构件的外表面温度，如某一水平表面的温度为：

$$\theta_{se} := \frac{\theta_i \cdot R_{sec} + \theta_e \cdot (R_W + R_{si}) + (R_W + R_{si}) \cdot R_{sec} \cdot (a \cdot G_h - q_{erh})}{R_{si} + R_W + R_{sec}} \tag{4.23}$$

代入室内和室外温度，以及外表面及室内表面的对流换热热阻的标准值，可得到建筑构件外表面温度为 4.0℃。

$$\theta_i := 19 \quad \theta_e := 3.3 \quad R_{sec} := 0.048 \qquad R_{si} := 0.13 \qquad \theta_{se} = 4.02$$

如果将表面温度 θ_{se} 代入 q_{Ti} 的方程中，则得到通过水平或垂直表面的能量损失，且引入 U_W 得到如式（4.24）和式（4.25）给出的表达式。

$$q_{Tih} := \frac{\theta_i - \theta_e}{R_{si} + R_W + R_{sec}} - (a \cdot G_h - f_h \cdot \varepsilon \cdot h_{er} \cdot \Delta\theta_{er}) \frac{R_{sec}}{R_{si} + R_W + R_{sec}}$$

$$U_W := \frac{1}{R_{si} + R_W + R_{sec}}$$

$$q_{Tih} := U_W \cdot \left[(\theta_i - \theta_e) - \left[a \cdot G_h - (f_h \cdot \varepsilon \cdot h_{er} \cdot \Delta\theta_{er}) \right] \cdot R_{sec} \right] \tag{4.24}$$

$$q_{Tiv} := U_W \cdot \left[(\theta_i - \theta_e) - \left[a \cdot G_v - (f_v \cdot \varepsilon \cdot h_{er} \cdot \Delta\theta_{er}) \right] \cdot R_{sec} \right] \tag{4.25}$$

由于短波辐射热流，围护结构散热热流密度 $a \cdot G_h \frac{R_{sec}}{R_{si} + R_W + R_{se}}$，相当于获得了相应的热量。

$$\Phi_{SGW} = \left(\sum_{j=1}^{n} a_j \cdot G_j \cdot A_{Wj} \cdot U_{Wj} \right) \cdot R_{sec} \tag{4.26}$$

这一散热量的减少也可以解释为假想外界空气温度（太阳空气温度）升高了。

$$\theta_{er} := \theta_e + a \cdot G_h \cdot R_{sec} \qquad \theta_{er} = 5.26$$

前面所描述的所获得的热量总之要以长波辐射的形式首先从屋顶表面散向晴朗天空，其减少量为 q_{er}。

$$\Phi_{SGW} = \left[\sum_{j=1}^{n} (a_j \cdot G_j - q_{er}) \cdot A_{Wj} \cdot U_{Wj} \right] \cdot R_{sec} \tag{4.27}$$

将 $\Delta\theta_{er}$=60K（建筑构件表面和天空对流层边界之间的平均温差）和 θ_{se}=3.5℃代入，可得 q_{erh} 和 q_{erv} 如下：

$$\sigma := 5.67 \cdot 10^{-8} \qquad \varepsilon := 0.15 \qquad f_h := 0.76 \qquad f_v := 0.28 \quad \text{和} \quad h_{er} := 4 \cdot \sigma \cdot (273 + \theta_{se})^3 \qquad h_{er} = 4.79$$

$$q_{erh} := f_h \cdot \varepsilon \cdot h_{er} \cdot \Delta\theta_{er} \qquad q_{erh} = 32.79 \quad \text{屋顶面积}$$

$$q_{erv} := f_v \cdot \varepsilon \cdot h_{er} \cdot \Delta\theta_{er} \qquad q_{erv} = 12.08 \quad \text{墙体面积}$$

最后可得到供暖期内不透明建筑构件所获得的总热量为：

$$Q_{SGW} = \sum_{j=1}^{n} \left[a_j \cdot G_j - (f_j \cdot \varepsilon \cdot h_{er} \cdot \Delta\theta_{er}) \right] \cdot U_{Wj} \cdot A_{Wj} \cdot R_{sec} \cdot t_h \tag{4.28}$$

此时的环境温度可以理解为太阳空气温度。

$$\theta_{erh} := \theta_e + \left[a \cdot G_h - (f_h \cdot \varepsilon \cdot h_{er} \cdot \Delta\theta_{er}) \right] \cdot R_{sec} \qquad \theta_{erh} = 3.69$$

$$\theta_{erv} := \theta_e + \left[a \cdot G_v - (f_v \cdot \varepsilon \cdot h_{er} \cdot \Delta\theta_{er}) \right] \cdot R_{sec} \qquad \theta_{erv} = 4.60$$

上式中外表面的对流换热热阻只需考虑纯对流的部分。

$$C := 12 \quad v := 3 \qquad R_{sec} := \frac{1}{C\sqrt{v}} \qquad R_{sec} = 0.048$$

减小的辐射热流密度（W/m^2）汇总如下：

$a = 1$ 最有利的情况

$G_{南} := 49$　　$G_{北} := 11$　　$G_{东} := 23$　　$G_{西} := 23$

$G_{45南} := 39$　　$G_{45北} := -2$　　$G_{45东} := 14$　　$G_{45西} := 14$　　$G_{水平} := 18$

$a = 0.6$ 一般情况

$G_{南} := 25$　　$G_{北} := 2$　　$G_{东} := 9$　　$G_{西} := 9$

$G_{45南} := 10$　　$G_{45北} := -14$　　$G_{45东} := 5$　　$G_{45西} := 5$　　$G_{水平} := -2$

在供暖期，由于长波散热辐射，屋顶所获得的辐射热常常会是负值。

4.1.1.6 内热源产生的热流

由内热源（人、设备、照明等）产生的得热热流（W）等于单位使用面积的特征放热量 q_i（W/m^2）乘以被加热建筑物空间的使用面积 A_N（m^2）。使用面积 A_N 将根据式（4.30）按净层高 h=2.6m 进行估算。乘以供热期时长 t_h 后将得到由内热源获得的总加热量。

$$\Phi_i = \sum_{j=1}^{n} q_{ij} \cdot A_{Nj} \tag{4.29}$$

$$Q_{GI} = \sum_{j=1}^{n} q_{ij} \cdot A_{Nj} \cdot t_h \qquad A_N = \frac{V_L}{2.6} = 0.8\frac{V}{2.6} = 0.32 \cdot V \tag{4.30}$$

居住用房	q_{iW}=5W/m^2
工作期间办公室及行政管理用房	q_{iB1}=15W/m^2
非工作期间办公室及行政管理用房	q_{iB2}=2W/m^2

4.1.2 实际供热需求量及许用耗热量的近似关系式

4.1.2.1 实际比供热需求量的近似关系式

实际供热需求量（4.1.1.1 节中方程（4.11））分为两部分：以单位使用面积为基准的部分（通风换气热损失和内热源放热，式（4.31）中第一行）和以围护结构表面积为基准的部分（通过窗户和墙体的辐射的热量及传热损失，式（4.31）中第二行）。

$$Q_{HB} = \left[\left(c_{pL} \cdot \rho_L \cdot n_L\right) \cdot 2.6 \cdot \left(\theta_i - \theta_e\right) \cdot \eta_V \cdot t_h - q_i \cdot \eta_G \cdot t_h\right] \cdot A_N$$

$$-\left[\sum_{j=1}^{n} z_j \cdot f_{Rj} \cdot g_j \cdot G_j \cdot A_{Fj} + \sum_{j=1}^{n} \left(a_j \cdot G_j - f \cdot \varepsilon \cdot h_{er} \cdot \Delta\theta_{er}\right) \cdot A_{Wj} \cdot U_{Wj} \cdot R_{sec}\right] \cdot t_h \cdot \eta_G + \left[\sum_{j=1}^{n} \left(U_j \cdot A_j \cdot r_j + \Delta U_B \cdot A\right) \cdot \left(\theta_i - \theta_e\right) \cdot \eta_V \cdot t_h\right] \tag{4.31}$$

如果将以围护结构表面积为基准的三部分内容（式（4.31）中第二行）用一平均有效传热系数

$$U_{em}=\frac{Q_{TVn}\cdot\eta V-(Q_{SGF}-Q_{SGW})\cdot\eta G}{(\theta_i-\theta_e)\cdot t_h\cdot A} \tag{4.32}$$

来替代，同时代入下面给出的建筑物的标准值，并假设所需供热量将以采暖体积 V 为基准和以建筑物的使用面积 A_N 为基准的两种形式来进行描述，则会得到实际一年所需的比供热量随着表面积 / 体积比 $A_V=A/V$ 的改变和通过围护结构面积的平均有效传热系数 U_{em} 的改变而产生的近似变化关系。

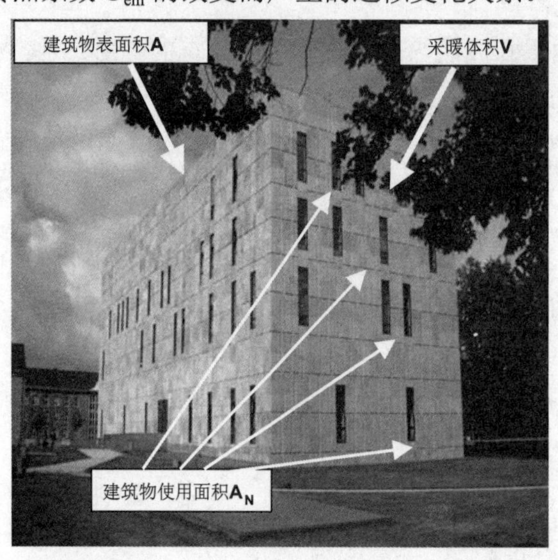

图 4.11　用于确定所需供热量与建筑物几何尺寸关系的示意图

$\rho L:=1.24$　　$c_{pL}:=\frac{1000}{3600}$　　$n_L:=0.7$　　$V_L=0.8\cdot V$　　$\theta_i:=19$　　$\theta_e:=3.3$　　$Av=\frac{A}{V}$

$t_h:=4440$　　$q_i:=5$　　$A_N=0.32\cdot V$　　$\eta V:=0.95$　　$\eta G:=0.95$

$Av:=0,0.002..2$　　$U_{em}:=0.3,0.4..0.6$

以体积为基准	$Q'_{HB}(Av,U_{em}):=5.86+69.7\cdot Av\cdot U_{em}$	(kWh/m³)	(4.33)
以使用面积为基准	$Q''_{HB}(Av,U_{em}):=18.3+217.8\cdot Av\cdot U_{em}$	(kWh/m²)	(4.34)

式（4.34）所给出的实际比供热需求量在下面的表 4.3 中详细列出，在图 4.12 中以射线束的形式描述。

在 2002 年版的德国节能条例中，不再单独给出供热需求量的限值，而是限定了一次能源的需求量（包括热水加热能耗、辅助能源、辅助能源质量、热水锅炉的效率等，见 4.1.5 节）。另外还依据下列认可的技术规则对供热需求量做了单独限定。

对于分割面较多的小型建筑，当 $A_V=A/V>1.05/m$ 时，所要求的 U_{em} 值最低，为 $0.3W/m^2K$；分割面较少的大型建筑，当 $A_V=A/V<0.2/m$ 时，所要求的 U_{em} 值仅为 $0.6W/m^2K$。

4.1.2.2 许用比耗热量的近似关系式

根据上一节的内容，可得到许用比耗热量限值如下：

	大型建筑 Avg := 0, 0.002.. 0.2	中型建筑 Avm := 0.2, 0.202.. 1.05	小型建筑 Avk:= 1.05, 1.052.. 2
以体积为基准/（Wh/m³）	Q'HBgross(Avg) := 14.2 (4.35a)	Q"HBmittel(Avm) := 11.0 + 16.0·Avm (4.35b)	Q"HBklein(Avk) := 27.8 (4.35c)
以使用面积为基准/（Wh/m²）	Q"HBgross(Avg) := 44.4 (4.36a)	Q"HBmittel(Avm) := 34.4 + 50.0·Avm (4.36b)	Q"HBklein(Avk) := 86.9 (4.36c)
WSVO1995	Q"HBg95(Avg) := 54 (4.37a)	Q"HBm95(Avm) := 43.18 + 54.13·Avm (4.37b)	Q"HBk95(Avk) := 100 (4.37c)

德国1995年规范（WSVO 95）给出的单位使用面积供暖耗热量的许用值列于上表中最后一行，式（4.37）。式（4.31）至式（4.35）描述的关系示于下图。黑色直线表示实际的单位使用面积供热需求量（kWh/m^2）随建筑物的表面积/体积比 A_V=A/V 及由式（4.34）给出的围护结构的平均有效传热系数 U_{em}。下面（深色）曲线描述的是根据方程（4.36）得出的单位使用面积的许用供暖耗热量（2002年标准）。上面（中等灰色）曲线是依据德国1995年规范给出的允许的最大值（方程（4.37））。

小型建筑（也包括分割面多的建筑及外表面比较大的建筑）在双倍良好的围护结构保温性能的条件下（$U=0.3W/m^2K$），允许消耗的供热能量（$Q''=87kWh/m^2$）要比大型及分割面较少的建筑多一倍（$U=0.6W/m^2K$，$Q''=44kWh/m^2$）。

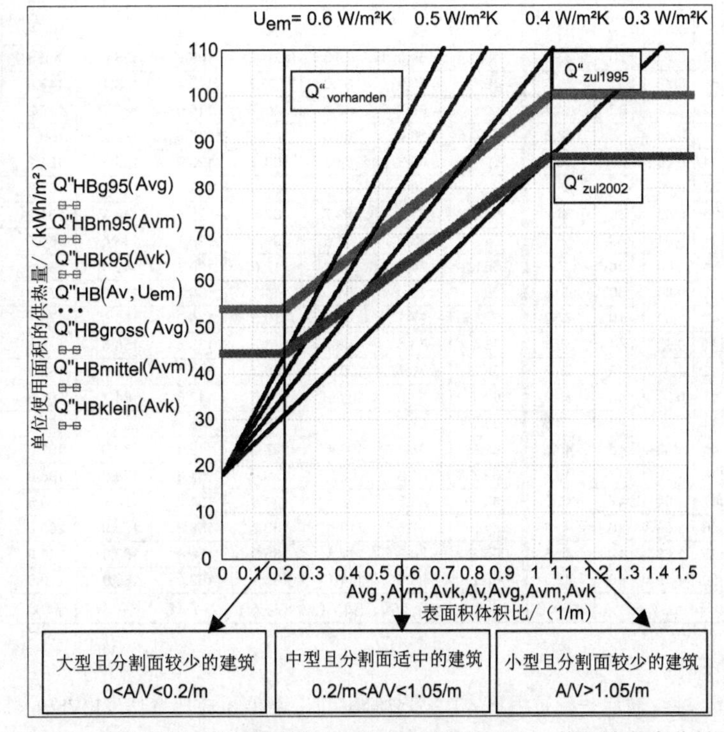

图4.12 实际使用和许用供暖耗热量随建筑物表面积/体积比的变化关系

表 4.3　实际的比供热需求量（kWh/m²）随 A/V 及 U_{em} 的变化关系

A/V/(1/m)			0.100	0.200	0.300	0.400	0.500	0.600	0.700	0.800	0.900	1.000	1.100
U_{em} /(W/m²K)			0	1	2	3	4	5	6	7	8	9	10
0	0.10	0	20.5	22.7	24.8	27.0	29.2	31.4	33.5	35.7	37.9	40.1	42.3
1	0.12	1	20.9	23.5	26.1	28.8	31.4	34.0	36.6	39.2	41.8	44.4	47.0
2	0.14	2	21.3	24.4	27.4	30.5	33.5	36.6	39.6	42.7	45.7	48.8	51.8
3	0.16	3	21.8	25.3	28.8	32.2	35.7	39.2	42.7	46.2	49.7	53.1	56.6
4	0.18	4	22.2	26.1	30.1	34.0	37.9	41.8	45.7	49.7	53.6	57.5	61.4
5	0.20	5	22.7	27.0	31.4	35.7	40.1	44.4	48.8	53.1	57.5	61.9	66.2
6	0.22	6	23.1	27.9	32.7	37.5	42.3	47.0	51.8	56.6	61.4	66.2	71.0
7	0.24	7	23.5	28.8	34.0	39.2	44.4	49.7	54.9	60.1	65.3	70.6	75.8
8	0.26	8	24.0	29.6	35.3	41.0	46.6	52.3	57.9	63.6	69.3	74.9	80.6
9	0.28	9	24.4	30.5	36.6	42.7	48.8	54.9	61.0	67.1	73.2	79.3	85.4
10	0.30	10	24.8	31.4	37.9	44.4	51.0	57.5	64.0	70.6	77.1	83.6	90.2
11	0.32	11	25.3	32.2	39.2	46.2	53.1	60.1	67.1	74.1	81.0	88.0	95.0
12	0.34	12	25.7	33.1	40.5	47.9	55.3	62.7	70.1	77.5	84.9	92.4	99.8
13	0.36	13	26.1	34.0	41.8	49.7	57.5	65.3	73.2	81.0	88.9	96.7	104.5
14	0.38	14	26.6	34.9	43.1	51.4	59.7	68.0	76.2	84.5	92.8	101.1	109.3
15	0.40	15	27.0	35.7	44.4	53.1	61.9	70.6	79.3	88.0	96.7	105.4	114.1
16	0.42	16	27.4	36.6	45.7	54.9	64.0	73.2	82.3	91.5	100.6	109.8	118.9
17	0.44	17	27.9	37.5	47.0	56.6	66.2	75.8	85.4	95.0	104.5	114.1	123.7
18	0.46	18	28.3	38.3	48.4	58.4	68.4	78.4	88.4	98.5	108.5	118.5	128.5
19	0.48	19	28.8	39.2	49.7	60.1	70.6	81.0	91.5	101.9	112.4	122.8	133.3
20	0.50	20	29.2	40.1	51.0	61.9	72.8	83.6	01.6	105.4	110.0	127.2	138.1
21	0.52	21	29.6	41.0	52.3	63.6	74.9	86.3	97.6	108.9	120.2	131.6	142.9
22	0.54	22	30.1	41.8	53.6	65.3	77.1	88.9	100.6	112.4	124.2	135.9	147.7
23	0.56	23	30.5	42.7	54.9	67.1	79.3	91.5	103.7	115.9	128.1	140.3	152.5
24	0.58	24	30.9	43.6	56.2	68.8	81.5	94.1	106.7	119.4	132.0	144.6	157.3
25	0.60	25	31.4	44.4	57.5	70.6	83.6	96.7	109.8	122.8	135.9	149.0	162.0
26	0.62	26	31.8	45.3	58.8	72.3	85.8	99.3	112.8	126.3	139.8	153.3	166.8
27	0.64	27	32.2	46.2	60.1	74.1	88.0	101.9	115.9	129.8	143.8	157.7	171.6
28	0.66	28	32.7	47.0	61.4	75.8	90.2	104.5	118.9	133.3	147.7	162.0	176.4
29	0.68	29	33.1	47.9	62.7	77.5	92.4	107.2	122.0	136.8	151.6	166.4	181.2
30	0.70	30	33.5	48.8	64.0	79.3	94.5	109.8	125.0	140.3	155.5	170.8	186.0
31	0.72	31	34.0	49.7	65.3	81.0	96.7	112.4	128.1	143.8	159.4	175.1	190.8
32	0.74	32	34.4	50.5	66.7	82.8	98.9	115.0	131.1	147.2	163.4	179.5	195.6
33	0.76	33	34.9	51.4	68.0	84.5	101.1	117.6	134.2	150.7	167.3	183.8	200.4
34	0.78	34	35.3	52.3	69.3	86.3	103.2	120.2	137.2	154.2	171.2	188.2	205.2
35	0.80	35	35.7	53.1	70.6	88.0	105.4	122.8	140.3	157.7	175.1	192.5	210.0
36	0.82	36	36.2	54.0	71.9	89.7	107.6	125.5	143.3	161.2	179.0	196.9	214.8
37	0.84	37	36.6	54.9	73.2	91.5	109.8	128.1	146.4	164.7	183.0	201.3	219.5
38	0.86	38	37.0	55.8	74.5	93.2	112.0	130.7	149.4	168.1	186.9	205.6	224.3
39	0.88	39	37.5	56.6	75.8	95.0	114.1	133.3	152.5	171.6	190.8	210.0	229.1
40	0.90	40	37.9	57.5	77.1	96.7	116.3	135.9	155.5	175.1	194.7	214.3	233.9
41	0.92	41	38.3	58.4	78.4	98.5	118.5	138.5	158.6	178.6	198.6	218.7	238.7
42	0.94	42	38.8	59.2	79.7	100.2	120.7	141.1	161.6	182.1	202.6	223.0	243.5
43	0.96	43	39.2	60.1	81.0	101.9	122.8	143.8	164.7	185.6	206.5	227.4	248.3
44	0.98	44	39.6	61.0	82.3	103.7	125.0	146.4	167.7	189.1	210.4	231.7	253.1
45	1.00	45	40.1	61.9	83.6	105.4	127.2	149.0	170.8	192.5	214.3	236.1	257.9
46	1.02	46	40.5	62.7	84.9	107.2	129.4	151.6	173.8	196.0	218.2	240.5	262.7
47	1.04	47	41.0	63.6	86.3	108.9	131.6	154.2	176.9	199.5	222.2	244.8	267.5
48	1.06	48	41.4	64.5	87.6	110.6	133.7	156.8	179.9	203.0	226.1	249.2	272.3
49	1.08	49	41.8	65.3	88.9	112.4	135.9	159.4	183.0	206.5	230.0	253.5	277.0
50	1.10	50	42.3	66.2	90.2	114.1	138.1	162.0	186.0	210.0	233.9	257.9	281.8
Q''_{HBzul}			44.40	44.40	49.40	54.40	59.40	64.40	69.40	74.40	79.40	84.40	86.90

注：最后一行是根据 4.1.2.2 节给出的许用供暖耗热量值（kWh/m²）。与此相比较，在粗线标记以上的值是满足要求的。

4.1.2.3 许用耗热量受使用面积 A_N 单一影响时的相关关系

应用如下许用供暖耗热量计算函数（4.35）和函数（4.36）

	大型建筑	中型建筑	小型建筑	
	$Avg := 0, 0.002 .. 0.2$	$Avm := 0.2, 0.202 .. 1.05$	$Avk := 1.05, 1.052 .. 2$	
以体积为基准/（kWh/m³）	$Q'_{HBgross}(Avg) := 14.2$	$Q'_{HBmittel}(Avm) := 11.0 + 16.0 \cdot Avm$	$Q'_{HBklein}(Avk) := 27.8$	（4.35）
以使用面积为基准/（kWh/m²）	$Q'_{HBgross}(Avg) := 44.4$	$Q'_{HBmittel}(Avm) := 34.4 + 50.0 \cdot Avm$	$Q'_{HBklein}(Avk) := 86.9$	（4.36）

可以通过与供暖耗热量相关的 A_V=A/V 对建筑物大小等级进行判断，对于小型建筑物，给出的比供暖耗热量许用值偏高，但是，令人遗憾的是，该计算函数对于给定体积但（分割）表面积较大的建筑（见前面章节中提到的带散热肋的建筑）给出的值也同样高。

为了避免这种错误产生，计算时应该以采暖体积 V 或使用面积 A_N 为测定依据（也可与 4.1.5 节比较）。

对于一个正立方体（边长为 L）建筑物，

$$Av = \frac{6 \cdot L^2}{L^3} = \frac{6}{L} = \frac{6}{V^{\frac{1}{3}}} = \frac{6}{\left(\frac{A_N}{0.32}\right)^{\frac{1}{3}}} = \frac{4.1}{A_N^{\frac{1}{3}}} \tag{4.38}$$

由此得：

	大型建筑	中型建筑	小型建筑	
	$A_N > 8615.2$	$59.5 < A_N < 8615.2$	$A_N < 59.5$	
以使用面积为基准/（kWh/m²）	$Q''_{HBg}(A_N) := 44.4$	$Q''_{HBm}(A_N) := 34.4 + 205.2 \cdot A_N^{-\frac{1}{3}}$	$Q''_{HBk}(A_N) := 86.9$	（4.39a,b,c）

在方程（4.38）（正立方体建筑）中将系数 6 放大到 9，用于一个正方形截面的建筑，其边长分别为 L，L，0.16L，即 $A/V=6.15/A_N^{1/3}$，便得到一个适中的（对有分割面的建筑更严格），但简单且合理的计算最大许用比耗热量的公式，它仅与使用面积 A_N 有关系（方程（4.40a,b,c））。

图 4.13 正方形截面的建筑

	大型建筑	中型建筑	小型建筑	
	$A_N > 25000$	$170 < A_N < 25000$	$A_N < 170$	
	$A_{Ng} := 25000, 25010 .. 100000$	$A_{Nm} := 170, 172 .. 25000$	$A_{Nk} := 1, 2 .. 170$	
以使用面积为基准/（kWh/m²）	$Q''_{HBg}(A_{Ng}) := 44.3$	$Q''_{HBm}(A_{Nm}) := 34.4 + \frac{292}{A_{Nm}^{\frac{1}{3}}}$	$Q''_{HBk}(A_{Nk}) := 87.1$	（4.40a,b,c）

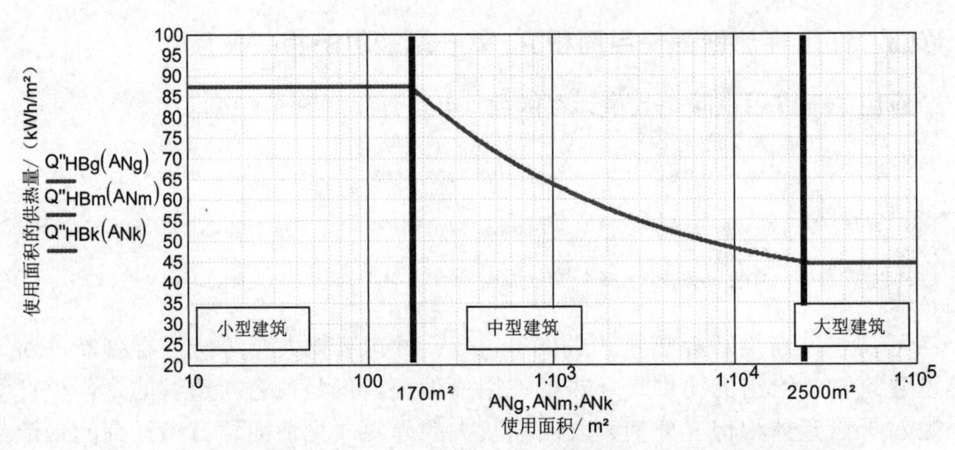

图 4.14 根据方程（4.40a,b,c）得到的仅与使用面积相关的许用比耗热量

4.1.3 建筑物的周期热负荷——供暖周期时长和供暖临界温度

4.1.3.1 不考虑和考虑建筑结构质量时的供暖周期时长和供暖临界温度计算

如果一个建筑物失热超过了得热，那就必须被加热。下面将所有热流（除内热源外）的年变化历程用带有相应时间滞后的余弦函数描述。失热热流和得热热流交叉点显示了供暖周期应从 10 月开始，次年的 4 月结束。这两个月的外界气温被称为供暖边界温度。

$$\theta_{et}(t) := \theta_e - \Delta\theta_e \cdot \cos(\omega \cdot t - \phi_o)$$ 外界气温年变化历程

$$n_L(t) := n_{Lm} - \Delta n_L \cdot \cos(\omega \cdot t - \phi_o)$$ 换气率年变化历程

$$G(t) := G_o - \Delta G \cdot \cos(\omega \cdot t + \phi_1)$$ 总辐射得热年变化历程 （1.1）

$$z(t) := z_o + \Delta z \cdot \cos(\omega \cdot t + \phi_1)$$ 窗户遮阳年变化历程

失热与得热热流的年变化历程

$$\Phi_T(t) := H_T \cdot [\theta_i - (\theta_e - \Delta\theta_e \cdot \cos(\omega \cdot t - \phi_o))]$$ 传热损失热流 （4.41）

$$\Phi_L(t) := \rho_L \cdot c_L \cdot V_L \cdot \left[n_{Lm} \cdot (\theta_i - \theta_e) - \Delta n_L \cdot (\theta_i - \theta_e) \cdot \cos(\omega \cdot t - \phi_o) \ldots \atop + n_{Lm} \cdot \Delta\theta_e \cdot \cos(\omega \cdot t - \phi_o) - \Delta n_L \cdot \Delta\theta_e \cdot \cos(\omega \cdot t - \phi_o)^2 \right]$$ 换气损失热流 （4.42）

$$\Phi_V(t) := (\Phi_T(t) + \Phi_L(t)) \cdot \eta_V$$ 总损失热流 （4.43）

$$\Phi_{SF}(t) := g \cdot f \cdot (z_o + \Delta z \cdot \cos(\omega \cdot t + \phi_1)) \cdot (G_o - \Delta G \cdot \cos(\omega \cdot t + \phi_1)) \cdot A_F$$ 通过窗户获得的辐射热流

$$\Phi_{SW}(t) := [a \cdot (G_o - \Delta G \cdot \cos(\omega \cdot t + \phi_1)) - G_l] \cdot U_W \cdot R_S \cdot A_W$$ 通过墙和屋顶获得的辐射热流（4.44）

$$\Phi_i(t) := q_i \cdot A_N$$ 内热源热流 （4.45）

$$\Phi_G(t) := (\Phi_{SF}(t) + \Phi_{SW}(t) + \Phi_i(t)) \cdot \eta_G$$ 总得热热流

$$\Phi_{ges}(t) := \Phi_G(t) - \Phi_V(t)$$ 总热流 （4.46）

如果考虑具有储热效果的建筑结构质量（在年变化历程中基本上与建筑物总质量一致）的话，可得到下列补充方程：

$\Phi_{Sp}(t) = c_B \cdot m_B \dfrac{d\theta_B}{dt}$ 建筑结构质量单位时间储存的热量

$t_{Sp} := 30$

$\phi_{Sp} := \dfrac{2 \cdot \pi \cdot t_{Sp}}{T}$ 建筑结构质量中温度曲线的相位滞后

$\Phi_{Sp}(t) := c_B \cdot m_B \dfrac{\Delta\theta_e \cdot \omega}{3 \cdot 3600 \cdot 24} \cdot \sin(\omega \cdot t - \phi_{Sp})$ 储热热流函数

$\Phi_{Vm}(t) := (\Phi_T(t) + \Phi_L(t) + \Phi_{Sp}(t)) \cdot \eta_V$ 考虑储热热流情况下的总损失热流 （4.47）

$\Phi_{gesm}(t) := \Phi_G(t) - \Phi_{Vm}(t)$ 考虑储热热流情况下的总热流 （4.48）

下面我们假定热负荷及建筑物的几何尺寸为已知，由此得出以下结论。

总失热热流和总得热热流在 10 月 3 日（供暖周期起始日）和次年的 4 月 17 日（供暖周期终止日）达到同样的值。由此得到供暖周期的时长为 196 天。节能规范 ENEV2002 中规定为 185 天。

4 月 17 日和 10 月 3 日的外界空气温度（供暖边界温度）分别约为 9℃和 11℃。导致这一温差的原因是，春季对短波辐射的吸收量大于秋季。如果考虑建筑结构的热惯性作用，则总的热流（平衡点）将会向右移。这就意味着，供暖周期要持续到 4 月 29 日结束，而开始于 10 月 12 日，时间延长到 199 天。这样造成总热流量的最小值，即必须由供暖热量平衡的热流量将会略有降低（23.9kW，之前为 27.0kW）。供暖边界温度在 4 月份是 11.2℃，而在 10 月份是 9.5℃。在 4.1.3.2 节中的年能量平衡模型中也将给出类似的结果，其结果是在室内最低温度限制在 θ_i=19℃，且无空调的条件下得到的。

在计算供暖边界温度和供暖周期时长时，假定下列数值为已知条件。

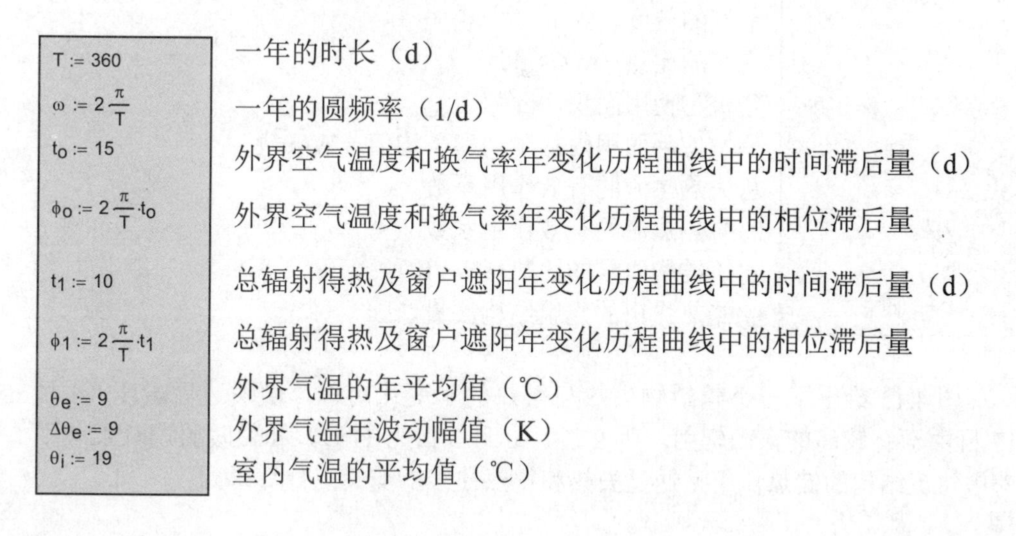

$T := 360$ 一年的时长（d）

$\omega := 2\dfrac{\pi}{T}$ 一年的圆频率（1/d）

$t_o := 15$ 外界空气温度和换气率年变化历程曲线中的时间滞后量（d）

$\phi_o := 2\dfrac{\pi}{T} \cdot t_o$ 外界空气温度和换气率年变化历程曲线中的相位滞后量

$t_1 := 10$ 总辐射得热及窗户遮阳年变化历程曲线中的时间滞后量（d）

$\phi_1 := 2\dfrac{\pi}{T} \cdot t_1$ 总辐射得热及窗户遮阳年变化历程曲线中的相位滞后量

$\theta_e := 9$ 外界气温的年平均值（℃）

$\Delta\theta_e := 9$ 外界气温年波动幅值（K）

$\theta_i := 19$ 室内气温的平均值（℃）

输入/计算	结果	说明
$G_0 := 80$		短波辐射功率的年平均值（W/m^2）
$\Delta G := 60$		短波辐射功率的年波动幅值（W/m^2）
$a := 0.7$		不透明建筑构件对短波辐射的吸收率
$R_S := 0.05$		不透明建筑构件表面对流换热热阻（m^2K/W）
$G_l := 18$		不透明建筑构件单位面积长波散热辐射量的平均值（W/m^2）
$l := 20$		建筑物（正立方体）外观尺寸（m）
$b := 20$		
$h := 20$		
$V := l \cdot b \cdot h$	$V = 8000$	建筑物毛体积（建筑体积）（m^3）
$V_L := 0.8 \cdot V$	$V_L = 6400$	建筑物净体积（m^3）
$A_0 := 6 \cdot l \cdot b$	$A_0 = 2400$	建筑物表面积（m^2）
$A_F := 700$		窗户面积（m^2）
$g := 0.55$		短波辐射玻璃透射系数
$f := 0.7$		边框系数或窗户的玻璃占比
$U_F := 1.4$		窗户的传热系数（W/m^2K）
$z_0 := 0.75$		窗户遮阳系数的年平均数
$\Delta z := 0.25$		窗户遮阳系数的年波动幅值
$A_W := A_0 - A_F$		不透明建筑构件的面积（m^2）
$U_W := 0.3$		不透明建筑构件的传热系数（W/m^2K）
$H_T := A_W \cdot U_W \cdot 0.7 + A_F \cdot U_F$	$H_T = 1337$	比传热损失（W/K）
$n_{Lm} := \frac{0.90}{3600}$		换气率的年平均值（1/s）
$\Delta n_L := \frac{0.40}{3600}$		换气率的年波动幅值（1/s）
$\rho_L := 1.23$		空气的密度（kg/m^3）
$c_L := 1000$		空气的比热（Ws/kgK）
$A_N := 0.32 \cdot V$	$A_N = 2560$	建筑物使用面积（m^2）
$q_i := 5$		单位使用面积内热源功率平均值（W/m^2）
$\eta_V := 0.95$		总失热热流的有效作用系数
$\eta_G := 0.95$		总得热热流的有效作用系数
$c_B := 950$		建筑结构质量的比热（Ws/K）
$m_B := 3.0 \cdot 10^7$		起储热作用的建筑结构质量（kg）

图 4.15 给出了一个建筑物失热与得热的年变化历程。供暖边界温度（4 月 17 日由于有较高的太阳辐射，为 9℃，10 月 3 日为 11℃）和供暖周期时长（不考虑建筑结构的储热作用）通过失热和得热曲线的交叉点计算得到。

供暖期起始于10月3日（第272天），终止于次年4月17日（第106天）。所选定代表性实例的供热需求量（对从10月3日至次年4月17日总热流进行积分）为82.5MWh。

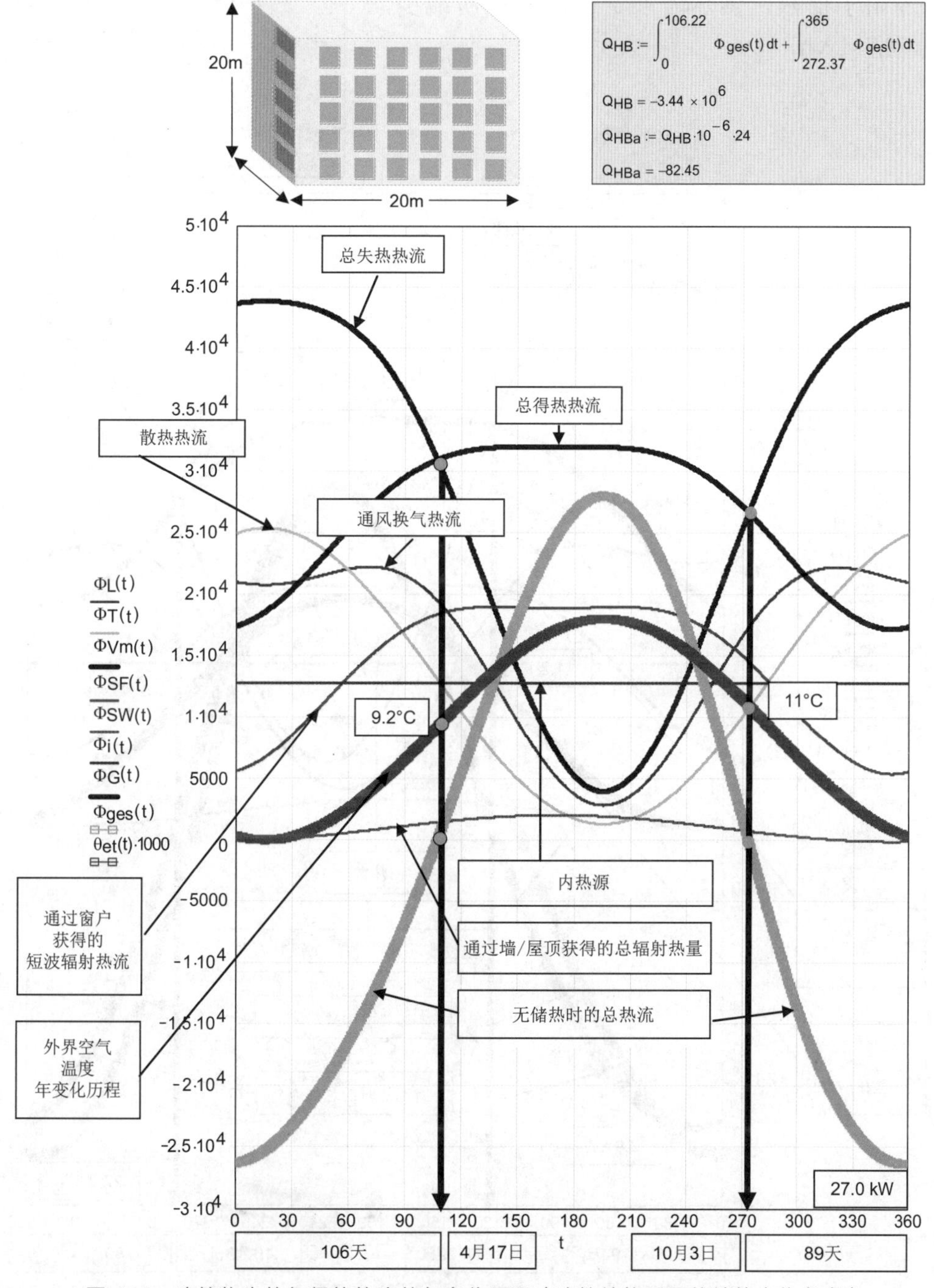

图4.15 建筑物失热与得热热流的年变化历程（建筑结构质量的储热未作考虑）

图 4.16 给出了在考虑建筑结构质量储热功能的条件下，建筑物失热与得热热流的年变化历程。供暖边界温度和供暖周期时长通过失热和得热曲线的交叉点计算得到。由于建筑物的热惯性，供暖期现在始于 10 月 12 日，终止于次年 4 月 29 日。因此，必须由供暖热流量平衡的最小散热总热流也相应有所减少（23.9kW，前值为 27.0kW）。

由于储热，供热需求量也同样有所减少，为 78.3MWh。

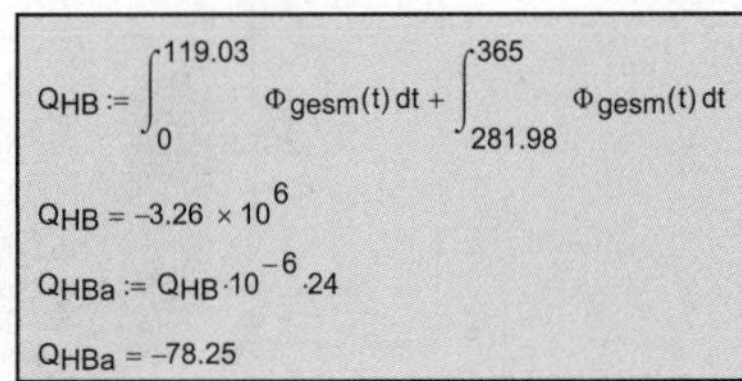

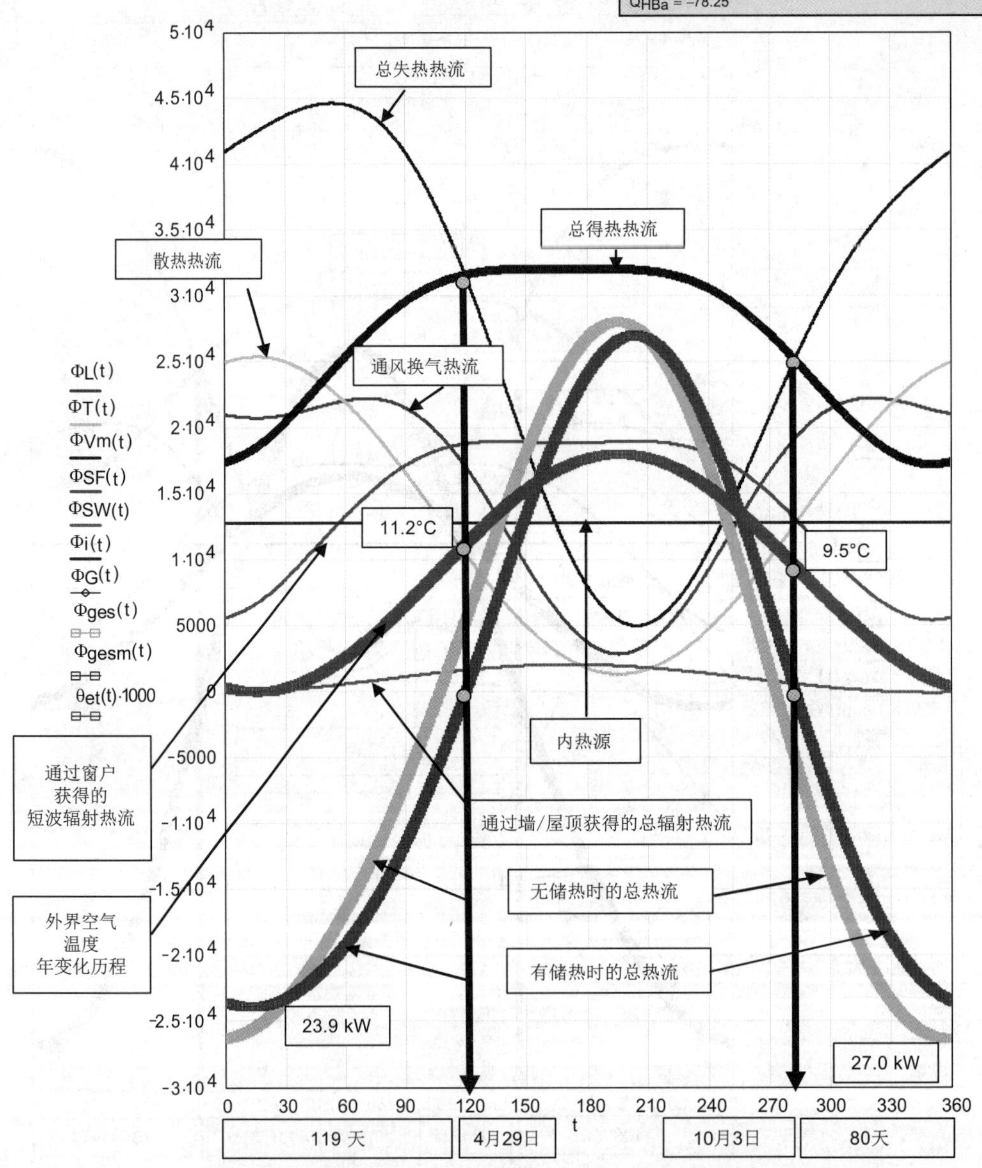

图 4.16　建筑物失热与得热热流的年变化历程（考虑建筑结构质量的储热功能）

4.1.3.2 无空调时通过最低室温限定的供暖周期时长

前述内容将通过以下物理原理清晰的近似模型得到确认。在无空调的条件下（冬季无供暖，夏季无制冷），通过热平衡分析，可计算出室内空气温度年变化历程 θ_i（t）。如果在 10 月份室内温度 θ_i 低于 19℃的标记的话，就必须供暖，同样，在 4 月份，如果 θ_i＞19℃的话，将停止供热。所有热负荷的年度变化都可以用纯简谐函数加以描述，所以室内空气温度 θ_i（t）也同样是以简谐方式变化的。为了确保通过窗户的通风热损失及辐射得热的年度变化历程也能用纯简谐函数表达，气候数据和建筑物参数基本上与前面给出的例子相对应，与方程（4.41）和方程（4.43）的不同点，只是冬季通风量的减少和夏季遮阳引起的辐射量的减少都直接包含于相应的热流之中（另见图 4.17）。

气候数据和建筑物参数：

$\theta_{em} := 9.0 \quad \Delta\theta_e := 9.0$

$T_a := 365 \quad T := 365 \cdot 24 \cdot 3600$

$t_L := 15$

$\phi_L := \frac{t_L}{T_a} \cdot 2 \cdot \pi$

$t := 0, 1 .. 365$

$\theta_e(t) := \theta_{em} - \Delta\theta_e \cdot \left[\cos\left[\frac{2 \cdot \pi}{T_a} \cdot (t - t_L)\right]\right]$

$G_m := 80 \quad \Delta G := 60 \quad G_l := 18$

$T_a := 365 \quad T := 365 \cdot 24 \cdot 3600$

$t_S := 10$

$\phi_S := \frac{t_S}{T_a} \cdot 2 \cdot \pi$

$t := 0, 1 .. 365$

$G(t) := G_m - \Delta G \cdot \cos\left[\frac{2 \cdot \pi}{T_a} \cdot (t + t_S)\right]$

$A_o := 2400 \quad V_L := 6400 \quad A_N := 2560$

$A_F := 700 \quad U_F := 1.4 \quad g := 0.55 \quad f := 0.7$

$z_S := 0.4 \quad z_W := 1$

$z := \frac{z_S + z_W}{2}$

$A_W := 1700 \quad U_W := 0.30 \quad a := 0.7 \quad R_e := 0.05$

$\rho_L := 1.3 \quad c_L := 1000$

$n_W := \frac{0.5}{3600} \quad n_S := \frac{2.5}{3600}$

$n_L := \frac{n_W + n_S}{2}$

$q_i := 5$

$c := 1000$

$n := 5, 5.5 .. 9$

$m(n) := 10^n$

$C(n) := c \cdot m(n)$

$$\theta_i(t,n) := \theta_{im} + \theta_{i13}(n) \cdot \cos\left(\frac{2 \cdot \pi}{T_a} \cdot t\right) + \theta_{i23}(n) \cdot \sin\left(\frac{2 \cdot \pi}{T_a} \cdot t\right)$$

室内空气温度年变化历程（也能用带相位差的余弦函数描述） （4.49）

$$\phi_T(t,n) := -\left[\left(\theta_i(t,n) - \theta_e(t)\right) \cdot \left(A_W \cdot U_W + A_F \cdot U_F\right)\right]$$

围护结构散热量的年变化历程

$$\theta_{eL}(t) := \theta_{em} + \Delta\theta_e \cdot \left(1 - \frac{n_W}{n_S}\right) - \left(\Delta\theta_e \cdot \frac{n_W}{n_S}\right) \cdot \left[\cos\left[\frac{2 \cdot \pi}{T_a} \cdot (t - t_L)\right]\right]$$

$$\phi_L(t,n) := -\left[\left(\theta_i(t,n) - \theta_{eL}(t)\right) \cdot \left(\rho_L \cdot c_L \cdot V_L \cdot n_L\right)\right]$$

通风换气热流的年变化历程

$\phi_{SF}(t,n) := g\cdot f\cdot z\cdot A_F\left[\left[G_m-\left(1-\frac{z_s}{z_w}\right)\cdot\Delta G\right]-\frac{z_s}{z_w}\cdot\Delta G\cdot\cos\left[\frac{2\cdot\pi}{T_a}\cdot(t+t_S)\right]\right]$　通过窗户辐射热流的年变化历程

$\phi_{SW}(t,n) := a\cdot U_W\cdot R_e\cdot A_W\cdot\left[G_m-\Delta G\cdot\cos\left[\frac{2\cdot\pi}{T_a}\cdot(t+t_S)\right]\right]$　通过不透明建筑构件辐射热流的年变化历程

$\phi_I(t,n) := q_i\cdot A_N$　内热源产热量

$\phi_{SP}(t,n) = C(n)\frac{d}{dt}\theta_i(t)$　　$C(n) = c_B\cdot m_B$

$\phi_{SP}(t,n) := -\left[C(n)\cdot\frac{2\cdot\pi}{T}\cdot\left(\theta_{i23}(n)\cdot\cos\left(\frac{2\cdot\pi}{T_a}\cdot t\right)-\theta_{i13}(n)\cdot\sin\left(\frac{2\cdot\pi}{T_a}\cdot t\right)\right)\right]$　储热速度（建筑构件质量近似作为室内空气温度的影响因素）

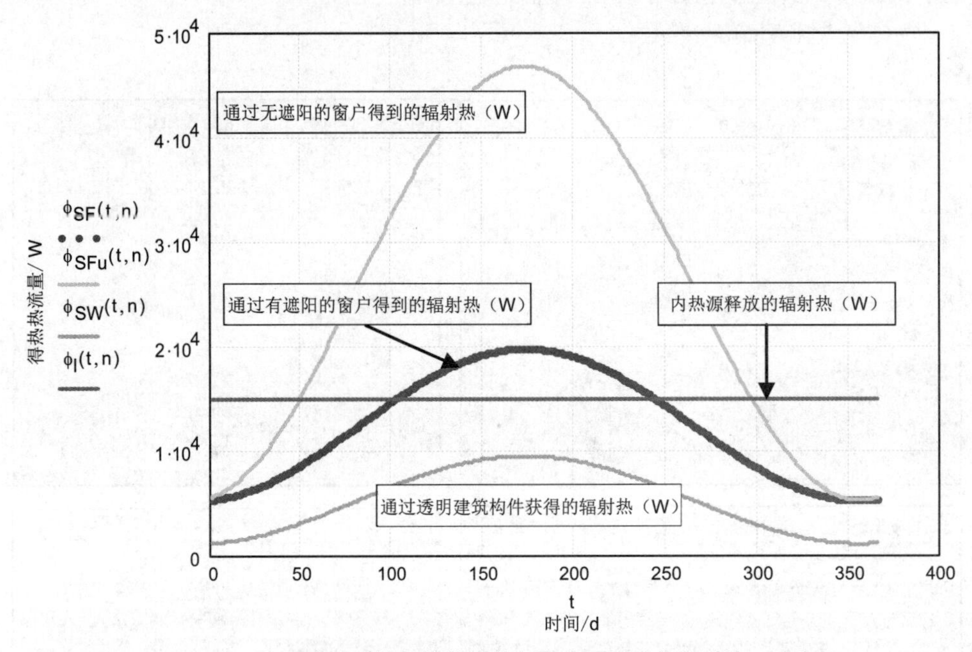

图 4.17　与温度无关的得热热流的年变化历程。作为对比，图中也给出了通过无遮阳窗户的辐射热流的年变化历程（浅色线条）

所有这些热流加和之后必须归零。由此可得出计算室内空气温度式（4.49）中的一些参数：室内空气温度年平均值 θ_{im}，余弦项中的幅值 θ_{i13} 和正弦项中的幅值 θ_{i23}。

$$\Phi_T(t)+\Phi_L(t)+\Phi_{SF}(t)+\Phi_{SW}(t)+\Phi_I(t)+\Phi_{SP}(t)=0$$

$$\theta_{im} := \frac{\left[z\cdot g\cdot f\cdot A_F\cdot\left[G_m-\Delta G\cdot\left(1-\frac{z_s}{z_w}\right)\right]+(a\cdot G_m-G_I)\cdot U_W\cdot R_e\cdot A_W+q_i\cdot A_N+\theta_{em}\cdot(A_W\cdot U_W+A_F\cdot U_F)\right]\ldots+\left[\theta_{em}+\Delta\theta_e\cdot\left(1-\frac{n_w}{n_s}\right)\right]\cdot\rho_L\cdot c_L\cdot V_L\cdot n_L}{A_W\cdot U_W+A_F\cdot U_F+\rho_L\cdot c_L\cdot V_L\cdot n_L} \tag{4.50}$$

$$\theta_{i13}(n) := \frac{(A_1)\cdot(A_W\cdot U_W + A_F\cdot U_F + \rho_L\cdot c_L\cdot V_L\cdot n_L) - \frac{C(n)\cdot 2\cdot\pi}{T}\cdot B_1}{(A_W\cdot U_W + A_F\cdot U_F + \rho_L\cdot c_L\cdot V_L\cdot n_L)^2 + \frac{C(n)^2\cdot(\pi\cdot 2)^2}{T^2}} \tag{4.51a}$$

$$\theta_{i23}(n) := \frac{\left(B_1 + \frac{C(n)\cdot\pi\cdot 2}{T}\cdot\theta_{i13}(n)\right)}{(A_W\cdot U_W + A_F\cdot U_F + \rho_L\cdot c_L\cdot V_L\cdot n_L)} \tag{4.51b}$$

$$A_1 := -\cos(\phi_S)\cdot\left(z\cdot g\cdot f\cdot A_F\frac{z_s}{z_w}\cdot\Delta G + a\cdot\Delta G\cdot U_W\cdot R_e\cdot A_W\right) - \left[(A_W\cdot U_W + A_F\cdot U_F) + \rho_L\cdot c_L\cdot V_L\cdot n_L\cdot\left(\frac{n_w}{n_s}\right)\right]\cdot\Delta\theta_e\cdot\cos(\phi_L)$$

$$B_1 := \sin(\phi_S)\cdot\left(z\cdot g\cdot f\cdot A_F\frac{z_s}{z_w}\cdot\Delta G + a\cdot\Delta G\cdot U_W\cdot R_e\cdot A_W\right) - \left[(A_W\cdot U_W + A_F\cdot U_F) + \rho_L\cdot c_L\cdot V_L\cdot n_L\cdot\left(\frac{n_w}{n_s}\right)\right]\cdot\Delta\theta_e\cdot\sin(\phi_L)$$

室内空气温度（4.49）可以通过幅值为 $\Delta\theta_i$，相位角为 ϕ_i 的简谐函数描述。

$$\theta_i(t,n) := \theta_{im} + \Delta\theta_i(n)\cdot\cos\left(\frac{2\cdot\pi}{T_a}\cdot t - \phi_i(n)\right) \tag{4.49}$$

$$\Delta\theta_i(n) := \theta_{i13}(n)\cdot\sqrt{1 + \tan(\phi_i(n))^2} \tag{4.52}$$

$$\phi_i(n) := \operatorname{atan}\left(\frac{\theta_{i23}(n)}{\theta_{i13}(n)}\right) \tag{4.53}$$

室内空气温度随建筑结构质量的变化示于图 4.18 和图 4.19。它的年度均值总是不低于 18.6℃。两个幅值随建筑结构质量 M（kg/m²）的变化关系以表格形式示出。室内空气温度振幅和相位（时间）仅在极高的建筑质量下才会表现出明显的受到抑制作用。

$m(n) =$	$M(n) =$	$\theta_{i13}(n) =$	$\theta_{i23}(n) =$	$\Delta\theta_i(n) =$	$\phi_i(n) =$
$1\cdot10^5$	39.063	-5.69	-0.99	-5.013	0.168
$3.162\cdot10^5$	123.526	-5.69	-1.0	-5.013	0.177
$1\cdot10^6$	390.625	-5.67	-1.10	-5.009	0.204
$3.162\cdot10^6$	$1.235\cdot10^3$	-5.6	-1.35	-4.973	0.291
$1\cdot10^7$	$3.906\cdot10^3$	-5.26	-2.08	-4.651	0.546
$3.162\cdot10^7$	$1.235\cdot10^4$	-3.49	-3.3	-3.1	1.068
$1\cdot10^8$	$3.906\cdot10^4$	-0.66	-2.39	-1.21	1.491
$3.162\cdot10^8$	$1.235\cdot10^5$	0.01	-0.8	0.393	-1.485
$1\cdot10^9$	$3.906\cdot10^5$	0.03	-0.27	0.125	-1.432
（kg）	（kg/m²）	（K）	（K）	（K）	（1）

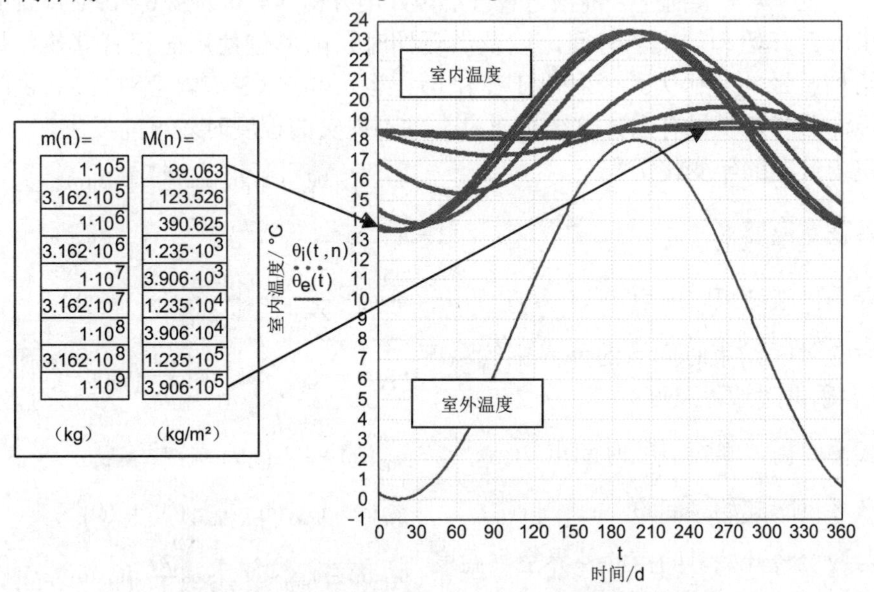

图 4.18　室内空气温度年变化历程（无暖气，无空调）随建筑物结构质量的变化，室外空气温度作为对比

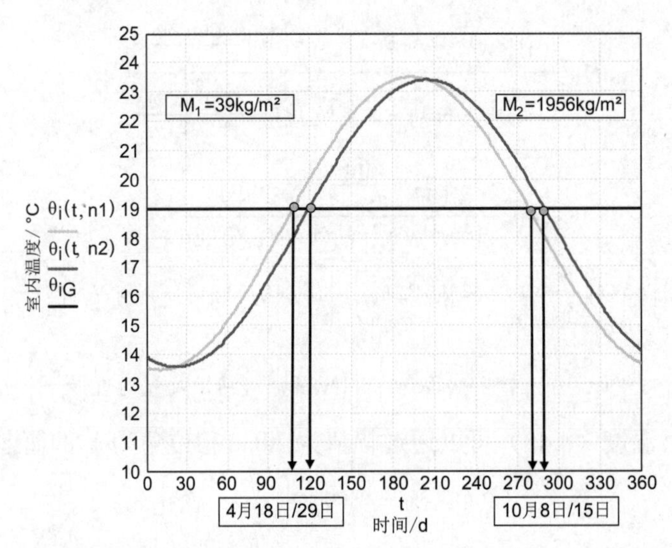

图 4.19　室内空气温度在 M_1=39kg/m² 和 M_2=1956kg/m² 情况下的年变化历程

在给定的建筑物参数、使用方式及外界气候参数条件下，室内空气平均温度（无暖气，无空调时）波动于 13.5℃（1 月份）和 23.5℃（6 月份）之间。而要求的最低室内气温应该是 19℃。浅色曲线（极轻型建筑物）与 19℃直线的交叉点为第 107 天（4 月 18 日）和第 277.5 天（10 月 5 日）。其间的供暖期为 194 天。对于重型建筑物（深色曲线）交叉点的位置移至第 118.5 天（4 月 29 日）和第 288.5 天（10 月 15 日）。供暖期为 195 天。与此相对应的外界气温，对于第一种情况是 9.7℃（4 月 18 日）和 10.7℃（10 月 8 日），对于第二种情况是 10.9℃（4 月 29 日）和 9.0℃（10 月 15 日）。这一结果与前面讨论的例子基本一致。

表 4.4 再次描述了根据方程（4.49）至方程（4.58）及 θ_i=19℃所计算得到的供暖期开始和结束的时间，以及供暖期时长随单位使用面积有储热作用的建筑结构质量的变化关系（对于年变化历程也可与 3.3.3 节内容对比）。供暖期的明显滞后和延长只有当建筑结构质量大到不现实的程度时才可能发生。

室内气温的年变化历程
$$\theta_i(t,n) := \theta_{im} + \Delta\theta_i(n)\cdot\cos\left(\frac{2\cdot\pi}{T_a}\cdot t - \phi_i(n)\right) \tag{4.49}$$

最低室温要求
$$\theta_i := 19.0 \qquad n := 5.6, 5.8 ..$$

春季供暖结束时间点
$$t_{Fr}(n) := \frac{T_a}{2\cdot\pi}\cdot\left(\text{acos}\left(\frac{\theta_i - \theta_{im}}{\Delta\theta_i(n)}\right) + \phi_i(n)\right) \tag{4.54}$$

对应供暖结束时间点的外界空气温度（春季供暖边界温度）
$$\theta_{Fr}(n) := \theta_{em} - \Delta\theta_e\cdot\left[\cos\left[\frac{2\cdot\pi}{T_a}\cdot\left(t_{Fr}(n) - t_L\right)\right]\right] \tag{4.55}$$

最高室内气温对应的时间点
$$t_{max}(n) := \frac{T_a}{2\cdot\pi}\cdot\left(\phi_i(n) + \pi\right)$$

秋季供暖起始时间点
$$t_{He}(n) := t_{max}(n) + \left(t_{max}(n) - t_{Fr}(n)\right) \tag{4.56}$$

对应供暖开始时间点的外界空气温度（秋季供暖边界温度）
$$\theta_{He}(n) := \theta_{em} - \Delta\theta_e\cdot\left[\cos\left[\frac{2\cdot\pi}{T_a}\cdot\left(t_{He}(n) - t_L\right)\right]\right] \tag{4.57}$$

供暖期时长
$$t_H(n) := 365.00 - \left(t_{He}(n) - t_{Fr}(n)\right) \tag{4.58}$$

表 4.4 供暖期起始和终止时间、供暖期时长及边界温度

$n =$	$M(n) =$	$t_{Fr}(n) =$	$\theta_{Fr}(n) =$	$t_{max}(n) =$	$t_{He}(n) =$	$\theta_{He}(n) =$	$t_H(n) =$
5.60	155	107.6	9.21	192.9	278.2	10.61	194.3
5.80	246	108.2	9.30	193.5	278.8	10.53	194.3
6.00	390	109.0	9.43	194.3	279.6	10.40	194.3
6.20	619	110.4	9.64	195.7	281.0	10.19	194.4
6.40	981	112.6	9.98	197.8	283.1	9.86	194.4
6.60	1555	116.0	10.50	201.2	286.4	9.35	194.5
6.80	2464	121.3	11.31	206.4	291.5	8.56	194.7
7.00	3906	129.3	12.49	214.2	299.0	7.40	195.3
7.20	6191	140.7	14.0	224.9	309.1	5.89	196.6
7.40	9812	155.1	15.71	237.9	320.7	4.29	199.4
7.60	15551	170.8	17.06	250.8	330.8	3.03	205.0
7.80	24646	186.6	17.84	261.4	336.3	2.42	215.2
8.00	39062	203.2	17.95	269.1	335.0	2.56	233.2

对于有储热作用的建筑结构比质量为981kg/m^2（在计算年变化历程时，这个质量为建筑结构的总质量）的情况下，供暖起始时间为第283天（10月9日），终止于第113天（4月23日）。外界气温在这两天都是10℃。

建筑物在夏季，有短期气候变化期间，所表现出的非稳态热工性能将在4.2节详细讨论。

4.1.4 一次能源消耗量 Q_P 与设备能耗系数 e_P

一次能源消耗量 Q_P 是一种假设的（用于经济学评价的）为满足所有供热需求而对建筑物输入的能量。在计算了实际的年度比供热需求量（kWh/m^2）之后，一次能源的需求量可以通过考虑热水整备过程能耗及使用称为设备能耗系数 e_p 的参数（用来评价技术设备效率及所用能源经济性“品质”，但在真正意义上不是建筑物理学的研究内容）进行计算。

我们设定加热饮用水的年度比能耗需求为12.5kWh/m^2。由此得到单位使用面积的总需求量 Q''_H 及乘以设备能耗系数 e_p 之后的一次能源比消耗量 Q''_p（kWh/m^2）。

$$Q''_{TW} := 12.5$$

$$Q''_H(Av, U_{em}) := Q''_{HB} + 12.5$$

$$Q''_P = e_P \cdot Q''_H = e_P \cdot (Q''_{HB} + Q''_{TW}) \tag{4.59}$$

设备能耗系数 e_p

设备能耗系数 e_p 表征技术设备的耗能品质，它能表达为房屋使用面积和供热需求量的函数。

对于建筑物内统一加热饮用水的冷凝式锅炉系统，e_p 可由式（4.60）计算得到。e_p 的值应该尽可能的小（$e_p<1.5$）。

$Q''_O := 40 \quad Q''_{HB} := 40, 50 .. 90 \quad A_O := 20 \quad n := 2, 2.005 .. 4$

$A_N(n) := 10^n$

$$e_{pB}(A_N, Q''_{HB}) := \frac{\left(1+\frac{Q''_O}{Q''_{HB}}\right)^{2.25}}{\left(1+\frac{A_N}{A_O}\right)^{1.0}} + 1.335 \cdot \left(\frac{Q''_O}{Q''_{HB}}\right)^{0.075} \tag{4.60}$$

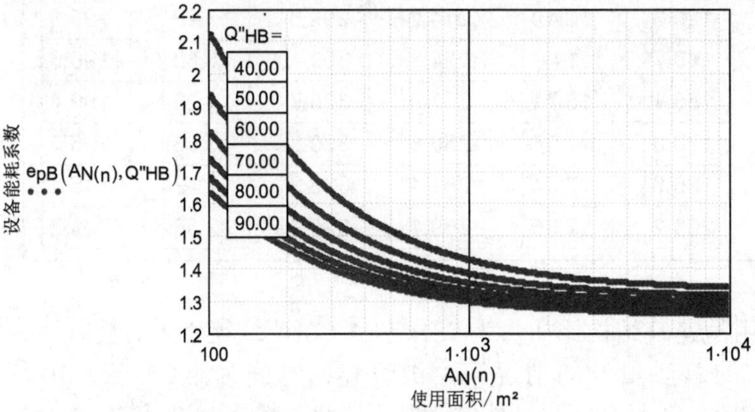

设备能耗系数
$e_{pB}(A_N(n), Q''_{HB})$
2.2
2.1
2
1.9
1.8
1.7
1.6
1.5
1.4
1.3
1.2
Q"HB=
40.00
50.00
60.00
70.00
80.00
90.00
100
$1 \cdot 10^3$
$1 \cdot 10^4$
$A_N(n)$
使用面积/ m²

图 4.20　某台冷凝式锅炉加热时的设备能耗系数随使用面积及实际加热量的变化关系

由此得 4.1.6 节中所描述的 Q''_{HB} 的方程（4.64），其用于建筑物内统一加热饮用水的冷凝式锅炉系统的一次能源实际需求量的计算，计算中使用了 4.1.2.1 节中推导的近似关系式。

对于建筑物内统一加热饮用水的低温锅炉系统，其 e_p 值相对偏高。

$Q''_O := 30 \quad A_O := 35 \quad Q''_{HB} := 40, 50 .. 90 \quad n := 2, 2.005 .. 4$

$A_N(n) := 10^n$

$$e_{pN}(A_N, Q''_{HB}) := \frac{\left(1+\frac{Q''_O}{Q''_{HB}}\right)^{2.25}}{\left(1+\frac{A_N}{A_O}\right)^{1}} + 1.42 \cdot \left(\frac{Q''_O}{Q''_{HB}}\right)^{0.075} \tag{4.61}$$

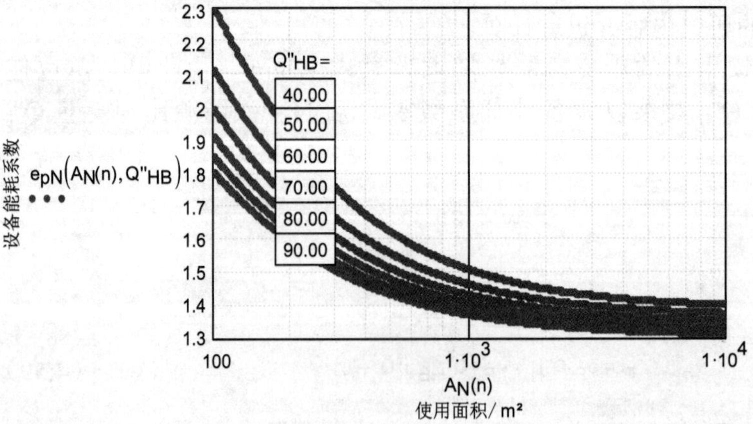

设备能耗系数
$e_{pN}(A_N(n), Q''_{HB})$
2.3
2.2
2.1
2
1.9
1.8
1.7
1.6
1.5
1.4
1.3
Q"HB=
40.00
50.00
60.00
70.00
80.00
90.00
100
$1 \cdot 10^3$
$1 \cdot 10^4$
$A_N(n)$
使用面积/ m²

图 4.21　某台低温锅炉加热时的设备能耗系数随使用面积及实际加热量的变化关系

4.1.5 许用一次能源比消耗量 Q''_P

4.1.5.1 许用一次能源比消耗量 Q''_P 与 A_O/V 的相关关系

单位使用面积一次能源消耗量 Q''_P（kWh/m^2）的许用值是根据供热需求量随建筑物表面积 / 体积比的变化关系和设备能耗系数作为 A_O/V 和 A_N 的函数随使用面积的变化关系共同来确定的，即方程式（4.62）（也可见德国节能条例 ENEV 2002）。

根据 ENEV 2002，一次能源比消耗量的最大值，对于大型和（或）紧凑式建筑为 $66kWh/m^2$，而对于小型和（或）分隔式建筑为 $143kWh/m^2$。介于这两种形式之间的建筑，其比消耗量最大值则随表面积 / 体积比线性变化。

图 4.22 和表 4.5 分别以图示和数字的形式表达了设计实践常见范围内 Q''_P 值随 A_O/V 和 A_N 的变化关系。

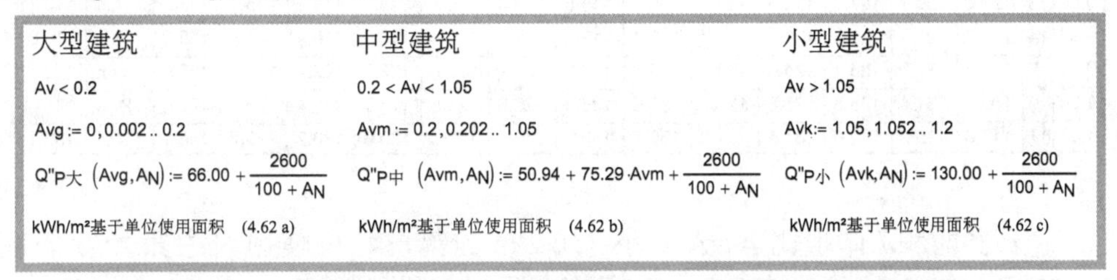

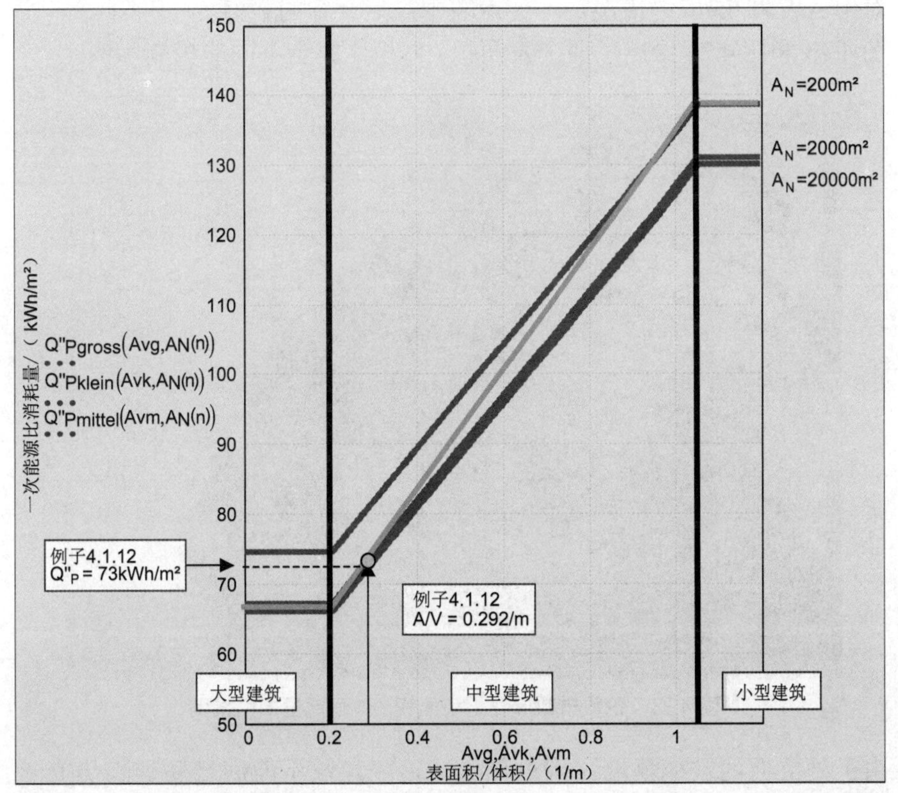

图 4.22 一次能源比消耗量的许用值随使用面积及建筑物表面积 / 体积比的变化关系

表 4.5　单位使用面积一次能源消耗量的许用值（kWh/m²）

（0.2/m<A/V<1.05/m 及 100m²<AN<22500m²）

A_N /m²		100	400	900	1600	2500	3600	4900	6400	8100	10000	12100	14400	16900	19600	22500
A_O/V/(1/m)		0	1	2	3	4	5	6	7	8	9	10	11	12	13	14
0.20	0	79.0	71.2	68.6	67.5	67.0	66.7	66.5	66.4	66.3	66.3	66.2	66.2	66.2	66.1	66.1
0.25	1	82.8	75.0	72.4	71.3	70.8	70.5	70.3	70.2	70.1	70.0	70.0	69.9	69.9	69.9	69.9
0.30	2	86.5	78.7	76.1	75.1	74.5	74.2	74.0	73.9	73.8	73.8	73.7	73.7	73.7	73.7	73.6
0.35	3	90.3	82.5	79.9	78.8	78.3	78.0	77.8	77.7	77.6	77.5	77.5	77.5	77.4	77.4	77.4
0.40	4	94.1	86.3	83.7	82.6	82.1	81.8	81.6	81.5	81.4	81.3	81.3	81.2	81.2	81.2	81.2
0.45	5	97.8	90.0	87.4	86.3	85.8	85.5	85.3	85.2	85.1	85.1	85.0	85.0	85.0	85.0	84.9
0.50	6	101.6	93.8	91.2	90.1	89.6	89.3	89.1	89.0	88.9	88.8	88.8	88.8	88.7	88.7	88.7
0.55	7	105.3	97.5	94.9	93.9	93.3	93.1	92.9	92.7	92.7	92.6	92.6	92.5	92.5	92.5	92.5
0.60	8	109.1	101.3	98.7	97.6	97.1	96.8	96.6	96.5	96.4	96.4	96.3	96.3	96.3	96.2	96.2
0.65	9	112.9	105.1	102.5	101.4	100.9	100.6	100.4	100.3	100.2	100.1	100.1	100.1	100.0	100.0	100.0
0.70	10	116.6	108.8	106.2	105.2	104.6	104.3	104.2	104.0	104.0	103.9	103.9	103.8	103.8	103.8	103.8
0.75	11	120.4	112.6	110.0	108.9	108.4	108.1	107.9	107.8	107.7	107.7	107.6	107.6	107.6	107.5	107.5
0.80	12	124.2	116.4	113.8	112.7	112.2	111.9	111.7	111.6	111.5	111.4	111.4	111.4	111.3	111.3	111.3
0.85	13	127.9	120.1	117.5	116.5	115.9	115.6	115.5	115.3	115.3	115.2	115.1	115.1	115.1	115.1	115.1
0.90	14	131.7	123.9	121.3	120.2	119.7	119.4	119.2	119.1	119.0	119.0	118.9	118.9	118.9	118.8	118.8
0.95	15	135.5	127.7	125.1	124.0	123.5	123.2	123.0	122.9	122.8	122.7	122.7	122.6	122.6	122.6	122.6
1.00	16	139.2	131.4	128.8	127.8	127.2	126.9	126.8	126.6	126.5	126.5	126.4	126.4	126.4	126.4	126.3
1.05	17	143.0	135.2	132.6	131.5	131.0	130.7	130.5	130.4	130.3	130.3	130.2	130.2	130.1	130.1	130.1

对于表面积 / 体积比 A_v=A/V 小于 0.2/m 的情况，可使用表中第一行的数值，对于 A/V>1.05/m 的情况，可使用表中最后一行的数值。

图 4.23 和图 4.24 给出了两个表面积 / 体积比完全不同的极端示例。

图 4.23　伦敦市政厅作为表面积 / 体积比适中的案例

由于外立面的玻璃幕墙比例份额大，这座建筑不能满足夏季隔热要求（见 4.2 节），因此要求的制冷负荷比较大。

图 4.24　美国科罗拉多州丹佛的艺术博物馆作为表面积 / 体积比不合适的案例

这座建筑“只有表面积而没有体积”。因此，为了冬季保温，围护结构表面的热阻必须非常大。

4.1.5.2　许用一次能源比消耗量 Q''_P 受使用面积 A_N 单一影响时的相关关系

一次能源的许用消耗量由表面积 / 体积比和使用面积同时决定的方法，不能够惩戒那些分隔式建筑由于表面积 / 体积比失衡而造成能耗过高的情况，因为这类建筑自动就被归类为“小型”建筑。至今人们不得不允许这类建筑有相对较高的能耗。因此，最好规定许用能耗只由使用面积决定，因为使用面积对于任何建筑物都是已知的基本参数（也与 4.1.2 节对比）。

鉴于此目的，现以一长度为 L、高度为 L、宽度为 0.16L 的正方立面房屋为例。表面积 / 体积比现在是 $A_V=(A_N)^{-1/3}$，此值应该适用于所有的分隔式建筑（包括强分隔式建筑）。将此表达式代入式（4.62），得到建筑物单位使用面积一次能源许用消耗量与使用面积相关关系式的简单表达式（4.63）。由此计算得出的消耗量的许用要求值通常是适中的。假如针对一个边长为 L 的立方体建筑，对其的要求就立即变得非常苛刻。这样，对于强分隔式建筑，就必须强化保温隔热。

图 4.25　正方立面建筑——萨克森州立暨大学图书馆

关系式（4.63a）（大型建筑）、关系式（4.63b）（中型建筑）及关系式（4.63c）（小型建筑）给出了一次能源最大许用比消耗量仅随使用面积 A_N 的变化关系（请与 4.1.2 节中的式（4.35）至式（4.37）进行比较）。其结果示于图 4.26。所有值都位于 66kWh/m^2（大型建筑）和 150kWh/m^2（小型建筑）之间。

大型建筑

$A_N > 25000$

$A_{Ng} := 25000, 25010 .. 100000$

$$Q''_{P\text{大}}(A_{Ng}) := 66.0 + \frac{2600}{100 + A_{Ng}}$$

基于单位使用面积（kWh/m²）(4.63 a)

中型建筑

$170 < A_N < 25000$

$A_{Nm} := 170, 172 .. 25000$

$$Q''_{P\text{中}}(A_{Nm}) := 50.94 + \frac{440}{A_{Nm}^{\frac{1}{3}}} + \frac{2600}{100 + A_{Nm}}$$

基于单位使用面积（kWh/m²）(4.63 b)

小型建筑

$A_N < 170$

$A_{Nk} := 1, 2 .. 170$

$$Q''_{P\text{小}}(A_{Nk}) := 130.4 + \frac{2600}{100 + A_{Nk}}$$

基于单位使用面积（kWh/m²）(4.63 c)

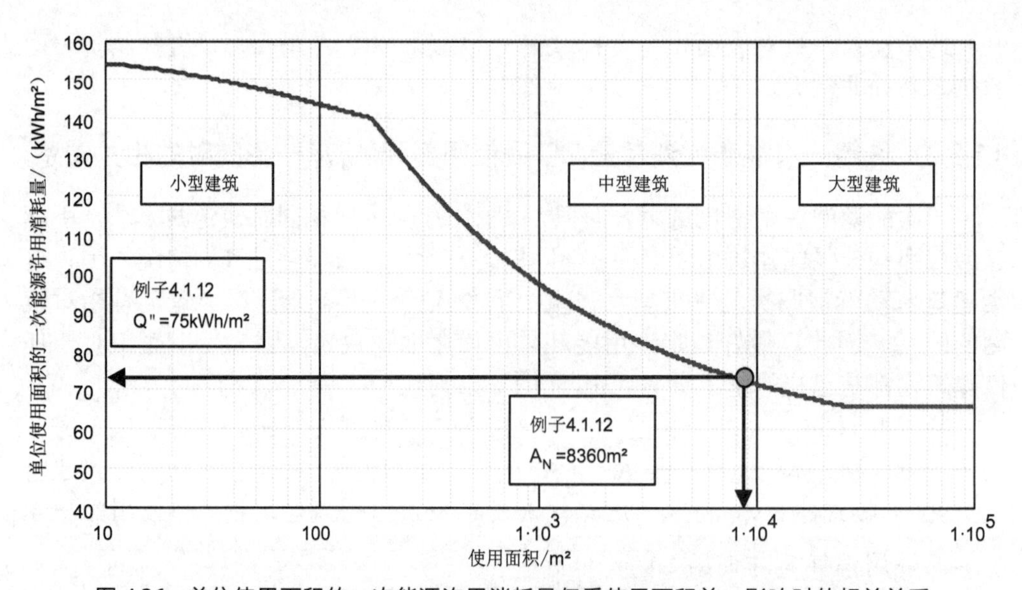

图 4.26 单位使用面积的一次能源许用消耗量仅受使用面积单一影响时的相关关系

4.1.6 某建筑使用冷凝式锅炉时一次能源的实际比消耗量与许用比消耗量的比较

下面各图描述了某建筑使用冷凝锅炉时一次能源的实际比消耗量及德国节能规范 ENEV 2002 所规定的许用比消耗量，其值通常与比值表面积 / 体积比 A_V=A/V 及使用面积 A_N 相关，但出于前述原因，也可表达为仅与建筑物使用面积 A_N 相关的关系式。围护结构的平均有效 U 值为 0.35W/m^{2}K。将方程（4.60）代入方程（4.59）得方程（4.64），其表达了在利用冷凝锅炉技术的情况下一次能源的实际比消耗量。根据方程（4.63b）和方程（4.63c）计算得出的许用比消耗量在此也同样被显示出来。

使用冷凝锅炉时，一次能源的实际比消耗量为：

$$Q''_o := 40 \quad A_o := 20 \quad U_{em1} := 0.25 \quad Av := 0.2, 0.625 .. 1.05$$

$$Q''_{P1}(A_N, Av, U_{em1}) := \left[\frac{\left(1 + \frac{Q''_o}{18.3 + 217.8 \cdot Av \cdot U_{em1}}\right)^{2.25}}{\left(1 + \frac{A_N}{A_o}\right)^{1.0}} + 1.335 \cdot \left(\frac{Q''_o}{18.3 + 217.8 \cdot Av \cdot U_{em1}}\right)^{0.075} \right] \cdot (30.8 + 217.8 \cdot Av \cdot U_{em1}) \tag{4.64}$$

根据德国节能规范 ENEV 2002 得出的一次能源许用比消耗量为：

$$Q''_{Pmittel}(Av, A_N) := 50.94 + 75.29 \cdot Av + \frac{2600}{100 + A_N} \qquad n := 2, 2.005 .. 5 \quad A_N(n) := 10^n \tag{4.62}$$

仅与使用面积相关的一次能源许用比消耗量为：

$$Q''_{Pm}(A_{Nm}) := 50.94 + \frac{440}{A_{Nm}^{\frac{1}{3}}} + \frac{2600}{100 + A_{Nm}} \qquad 170 < A_{Nm} < 25000 \quad m := 2.23, 2.231 .. 4.4 \quad A_{Nm}(m) := 10^m \tag{4.59}$$

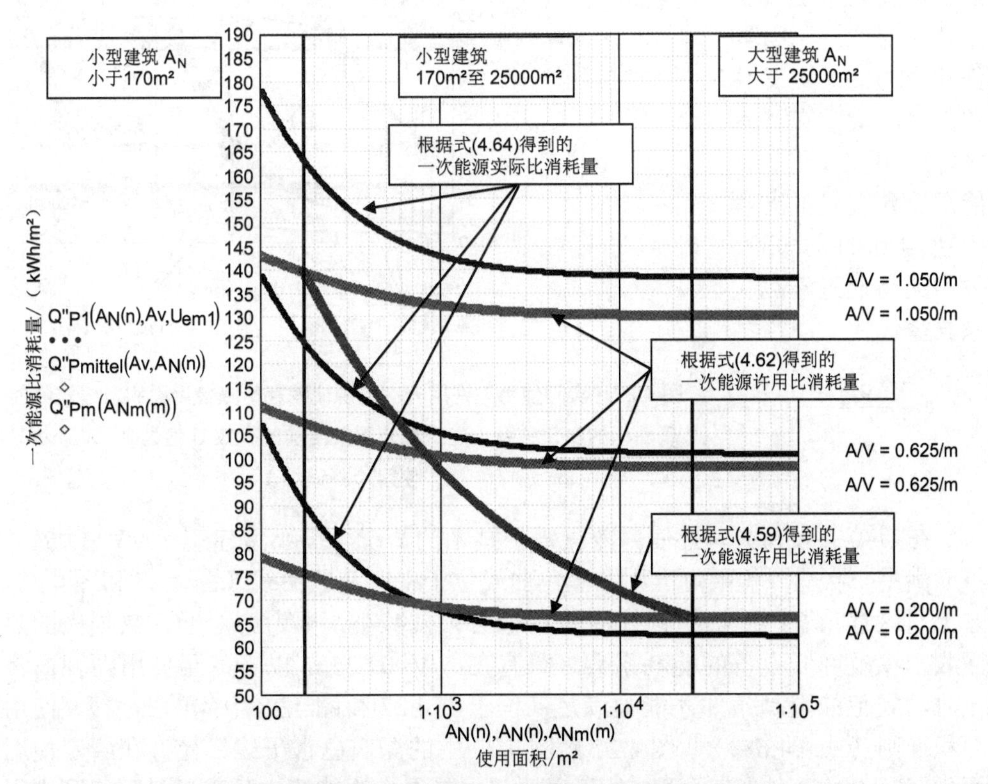

图 4.27 实际使用与许用一次能源比消耗量随使用面积及表面积 / 体积比的变化关系（建筑物外围护结构的有效 U 值为 0.35W/m²K，使用冷凝锅炉）

一次能源比消耗量（中型建筑 0.2/m<A/V<1.05/m）随表面积/体积比的变化（使用面积为参变量）示于图 4.28。

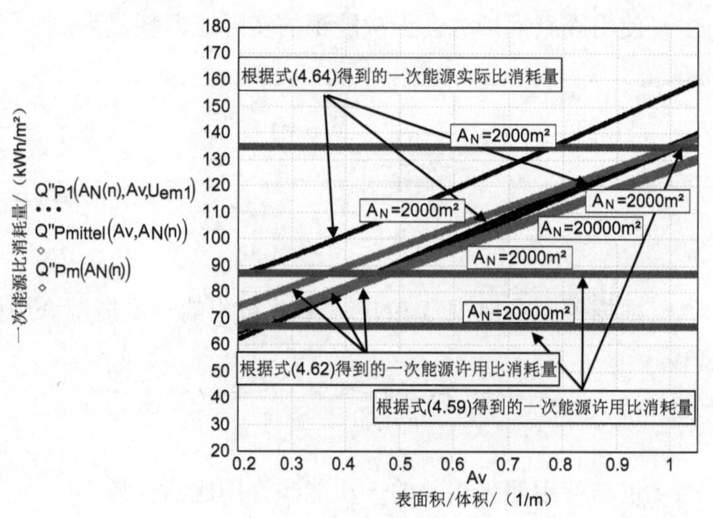

图 4.28　实际与许用一次能源比消耗量随表面积/体积比及使用面积的变化关系（建筑物外围护结构的有效 U 值为 0.35W/m²K，使用冷凝锅炉）

在本系列最后一张图中，描述了一次能源比消耗量随围护结构外表面积 A_O 和使用面积 A_N 的变化关系。因此，在计算实际使用和许用一次能源比消耗量的方程中所用到的表面积/体积比将通过下列关系式替代。

$$Av = \frac{A_O}{V} = \frac{A_O}{\frac{A_N}{0.32}}$$

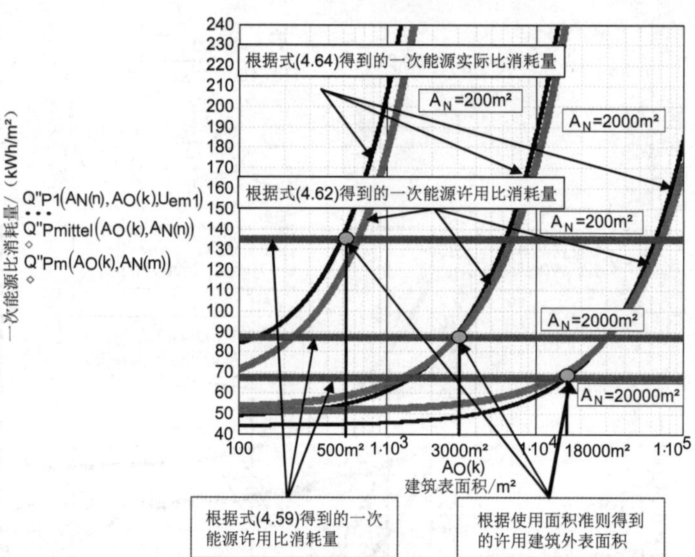

图 4.29　实际使用与许用一次能源比消耗量随使用面积及建筑物外表面积的变化关系（建筑物外围护结构的有效 U 值为 0.35W/m²K，使用冷凝锅炉）

在 U=0.35W/m²K，且使用冷凝锅炉技术的情况下，小型建筑（A/V>1.05/m）不能满足一次能源的限定准则。黑色曲线位于中度灰色曲线（图 4.27 和图 4.28）之上。这意味着：围护结构外墙的 U 值必须被减小，要考虑对通风热损失的热回收，以及降低设备的能耗系数。只有在 A/V=0.625/m 以下，且使用面积非常大时，规范的限制条件才能被满足（位于图 4.27 和图 4.28 中间的曲线）。使用面积准则（式（4.63））（图 4.27 到图 4.29 中的深灰色水平线）允许在给定使用面积情况下通过减小表面积/体积之比值，使得一次能源实际消耗量降低到许用值以下，由此表明紧凑式建筑方式具有节能优势。这一点在图 4.29 中已通过针对给定使用面积的正方立面建筑外围护结构面直接给出数据得以证实。

4.1.7 案例：某混凝土预制板楼节能改造前后采暖期内的热能平衡

处理案例的 10 个步骤：
步骤 1：计算传热损失量
步骤 2：计算通风换气热损失量
步骤 3：计算通过窗户的辐射得热量
步骤 4：计算通过不透明建筑构件的辐射得热量
步骤 5：计算内热源的得热量
步骤 6：计算实际供热需求量
步骤 7：（通过资料）计算围护结构的平均有效 U 值
步骤 8：（通过资料）计算许用热消耗量
步骤 9：计算实际一次能源比消耗量
步骤 10：计算许用一次能源比消耗量 Q''_P 和设备能耗系数 e_P

图 4.30 用复合保温系统及隔热玻璃窗节能改造后的板式建筑

图 4.31 节能改造前的板式建筑

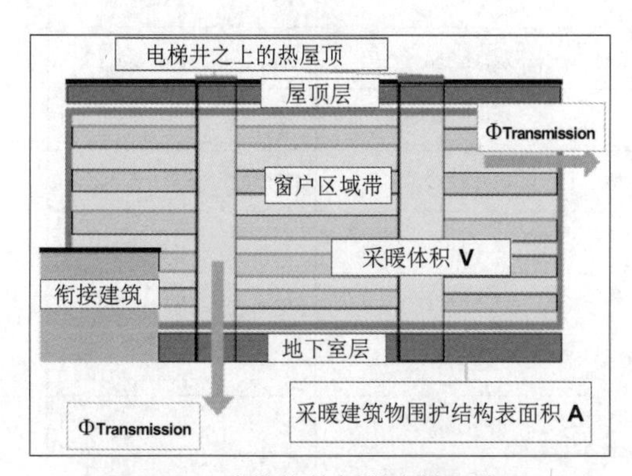

图 4.32 建筑物外侧纵向墙示意图

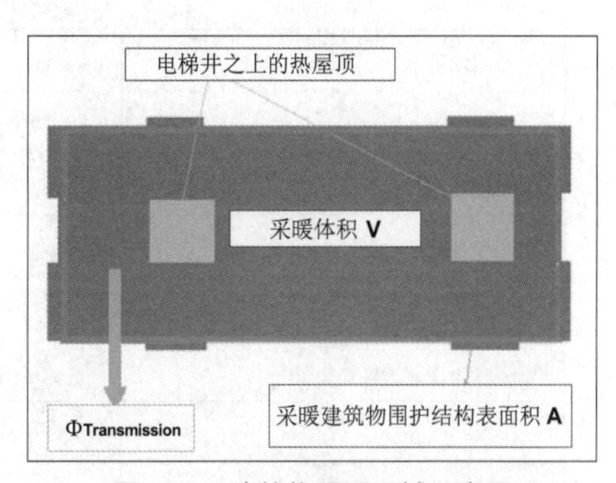

图 4.33 建筑物屋顶区域示意图

步骤 1:
计算传热损失量

$$Q_{TV.} = \sum_{j=1}^{n} \left(U_j \cdot A_j \cdot r_j + \Delta U_B \cdot A\right) \cdot \left(\theta_i - \theta_e\right) \cdot t_h$$

比（单位温差）传热损失

$$H_{TV} = \sum_{j=1}^{n} \left(U_j \cdot A_j \cdot r_j + \Delta U_B \cdot A_j\right)$$

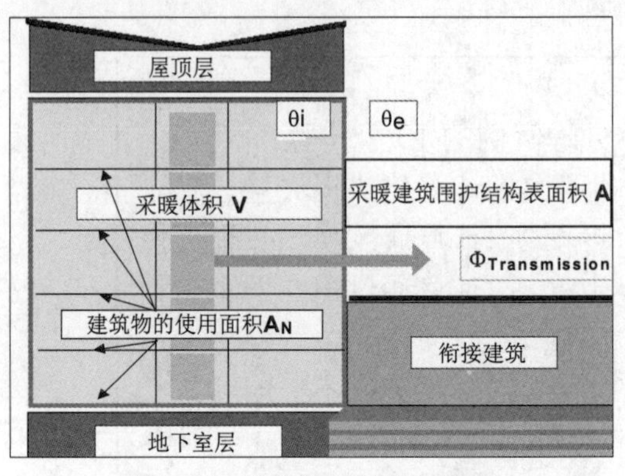

图 4.34　建筑物的侧墙示意图

建筑物总建筑面积（m²）

$A_G := 1926.2$

5 层采暖层的总高度（m）

$h := 14.0$

总体积（m³）

$V := A_G \cdot h$　　　$V = 2.697 \times 10^4$

建筑构件 U 值的计算:
地下室顶面盖板

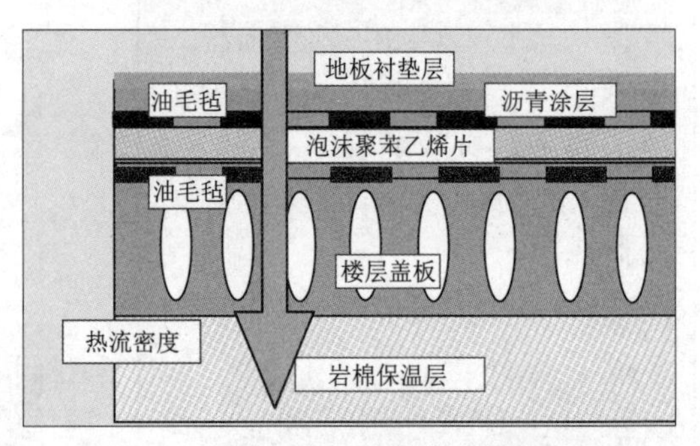

图 4.35　节能改造之后的地下室顶面盖板

节能改造后结构的构造	层厚d/m	导热系数λ/（W/mK）	热阻R/（m²K/W）
内侧表面对流换热热阻	—	—	$R_{si} := 0.170$
地板衬垫层	$d1 := 0.005$	$\lambda1 := 0.070$	$R1 := \frac{d1}{\lambda1}$　$R1 = 0.071$
沥青涂层	$d2 := 0.030$	$\lambda2 := 0.650$	$R2 := \frac{d2}{\lambda2}$　$R2 = 0.046$
单层油毛毡	$d3 := 0.002$	$\lambda3 := 0.180$	$R3 := \frac{d3}{\lambda3}$　$R3 = 0.011$
泡沫聚苯乙烯片	$d4 := 0.020$	$\lambda4 := 0.040$	$R4 := \frac{d4}{\lambda4}$　$R4 = 0.500$
单层油毛毡	$d5 := 0.002$	$\lambda5 := 0.180$	$R5 := \frac{d5}{\lambda5}$　$R5 = 0.011$
楼层盖板	$d6 := 0.250$	$\lambda6 := 1.480$	$R6 := \frac{d6}{\lambda6}$　$R6 = 0.169$
岩棉保温层	$d7 := 0.060$	$\lambda7 := 0.045$	$R7 := \frac{d7}{\lambda7}$　$R7 = 1.333$
外侧表面对流换热热阻	—	—	$R_{se} := 0.170$
总热阻	$R := R_{si} + R1 + R2 + R3 + R4 + R5 + R6 + R7 + R_{se}$		$R = 2.482$
U值　U = 0.40 W/m²K	$U := \frac{1}{R}$		$U = 0\ 403$

节能改造之前的地下室顶面盖板

节能改造前结构的构造	层厚d/m	导热系数λ/（W/mK）	热阻R/（m²K/W）	
内侧表面对流换热热阻	—	—		Rsi := 0.170
地板衬垫层	d1 := 0.005	λ1 := 0.070	$R1 := \frac{d1}{\lambda 1}$	R1 = 0.071
沥青涂层	d2 := 0.030	λ2 := 0.650	$R2 := \frac{d2}{\lambda 2}$	R2 = 0.05
单层油毛毡	d3 := 0.002	λ3 := 0.180	$R3 := \frac{d3}{\lambda 3}$	R3 = 0.01
泡沫聚苯乙烯片	d4 := 0.020	λ4 := 0.040	$R4 := \frac{d4}{\lambda 4}$	R4 = 0.50
单层油毛毡	d5 := 0.002	λ5 := 0.180	$R5 := \frac{d5}{\lambda 5}$	R5 = 0.01
楼层盖板	d6 := 0.250	λ6 := 1.480	$R6 := \frac{d6}{\lambda 6}$	R6 = 0.17
外侧表面对流换热热阻	—	—		Rse := 0.170
总热阻	R := Rsi + R1 + R2 + R3 + R4 + R5 + R6 + Rse			R = 1.15
U值 U = 0.87 W/m²K	$U := \frac{1}{R}$			U = 0.87

建筑构件U值的计算：外侧纵向墙

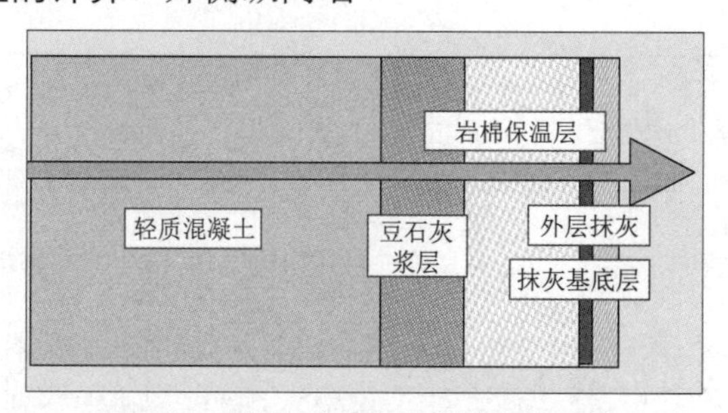

图 4.36 节能改造之后的外侧纵向墙

节能改造后结构的构造	层厚d/m	导热系数λ/（W/mK）	热阻R/（m²K/W）	
内侧表面对流换热热阻	—	—		Rsi := 0.130
轻质混凝土	d1 := 0.250	λ1 := 0.480	$R1 := \frac{d1}{\lambda 1}$	R1 = 0.5208
豆石灰浆层	d2 := 0.030	λ2 := 1.500	$R2 := \frac{d2}{\lambda 2}$	R2 = 0.020
岩棉保温层	d3 := 0.080	λ3 := 0.045	$R3 := \frac{d3}{\lambda 3}$	R3 = 1.778
抹灰基底层	d4 := 0.002	λ4 := 0.250	$R4 := \frac{d4}{\lambda 4}$	R4 = 0.008
矿物材料外层抹灰	d5 := 0.006	λ5 := 1.100	$R5 := \frac{d5}{\lambda 5}$	R5 = 0.005
外侧表面对流换热热阻	—	—		Rse := 0.040
总热阻	R := Rsi + R1 + R2 + R3 + R4 + R5 + Rse			R = 2.502
U值 U =0.40 W/m²K	$U := \frac{1}{R}$			U = 0.400

节能改造之前的外侧纵向墙

节能改造前结构的构造	层厚d/m	导热系数λ/（W/mK）	热阻R/（m²K/W）	
内侧表面对流换热热阻	—	—		Rsi := 0.130
轻质混凝土	d1 := 0.250	λ1 := 0.480	$R1 := \frac{d1}{\lambda 1}$	R1 = 0.5208
豆石灰浆层	d2 := 0.030	λ2 := 1.500	$R2 := \frac{d2}{\lambda 2}$	R2 = 0.02
外侧表面对流换热热阻	—	—		Rse := 0.040
总热阻	R := Rsi + R1 + R2 + Rse			R = 0.71
U值 U = 1.41 W/m²K	$U := \frac{1}{R}$			U = 1.41

建筑构件 U 值的计算：山墙

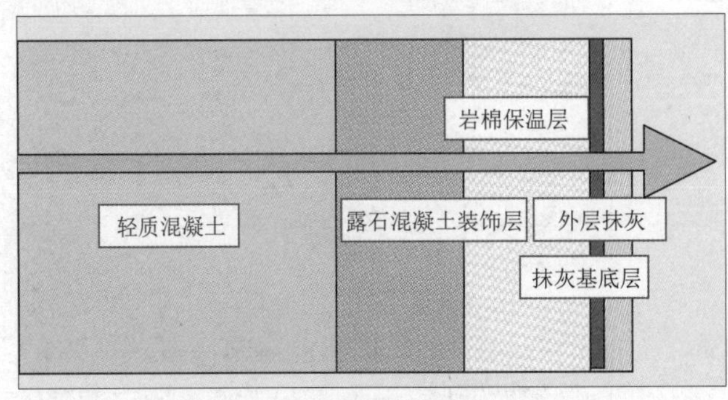

图 4.37 节能改造之后的山墙

节能改造后结构的构造	层厚d/m	导热系数λ/（W/mK）	热阻R/（m²K/W）	
内侧表面对流换热热阻	—	—		Rsi := 0.130
轻质混凝土	d1 := 0.250	λ1 := 0.480	$R1 := \frac{d1}{\lambda 1}$	R1 = 0.5208
露石混凝土装饰层	d2 := 0.090	λ2 := 1.500	$R2 := \frac{d2}{\lambda 2}$	R2 = 0.060
岩棉保温层	d3 := 0.080	λ3 := 0.045	$R3 := \frac{d3}{\lambda 3}$	R3 = 1.778
抹灰基底层	d4 := 0.002	λ4 := 0.250	$R4 := \frac{d4}{\lambda 4}$	R4 = 0.008
矿物材料外层抹灰	d5 := 0.006	λ5 := 1.100	$R5 := \frac{d5}{\lambda 5}$	R5 = 0.005
外侧表面对流换热热阻	—	—		Rse := 0.040
总热阻	R := Rsi + R1 + R2 + R3 + R4 + R5 + Rse			R = 2.542
U值 U = 0.39 W/m²K	$U := \frac{1}{R}$			U = 0.393

节能改造之前的山墙

节能改造前结构的构造	层厚d/m	导热系数λ/（W/mK）	热阻R/（m²K/W）	
内侧表面对流换热热阻	—	—		Rsi := 0.130
轻质混凝土	d1 := 0.250	λ1 := 0.480	$R1 := \frac{d1}{\lambda 1}$	R1 = 0.5208
露石混凝土装饰层	d2 := 0.090	λ2 := 1.500	$R2 := \frac{d2}{\lambda 2}$	R2 = 0.06
外侧表面对流换热热阻	—	—		Rse := 0.040
总热阻	R := Rsi + R1 + R2 + Rse			R = 0.75
U值 U = 1.33 W/m²K	$U := \frac{1}{R}$			U = 1.33

建筑构件 U 值的计算：屋顶层盖板

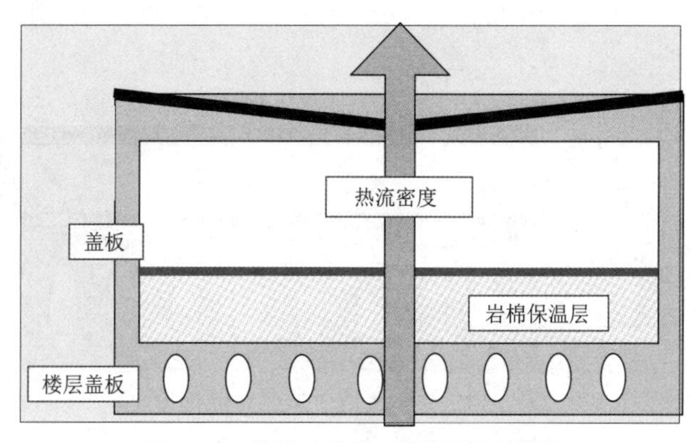

图 4.38 节能改造之后的屋顶层盖板

节能改造后结构的构造	层厚d/m	导热系数λ/（W/mK）	热阻R/（m²K/W）	
内侧表面对流换热热阻	—	—		Rsi := 0.130
楼层盖板	d1 := 0.250	λ1 := 1.480	$R1 := \frac{d1}{\lambda 1}$	R1 = 0.1689
岩棉保温层	d2 := 0.180	λ2 := 0.045	$R2 := \frac{d2}{\lambda 2}$	R2 = 4.000
盖板	d3 := 0.002	λ3 := 0.180	$R3 := \frac{d3}{\lambda 3}$	R3 = 0.011
外侧表面对流换热热阻	—	—		Rse := 0.080
总热阻	R := Rsi + R1 + R2 + R3 + Rse			R = 4.390
U值 U = 0.23 W/m²K	$U := \frac{1}{R}$			U = 0.228

节能改造之前的屋顶层盖板

节能改造前结构的构造	层厚d/m	导热系数λ/（W/mK）	热阻R/（m²K/W）	
内侧表面对流换热热阻	—	—		Rsi := 0.130
楼层盖板	d1 := 0.250	λ1 := 1.480	$R1 := \frac{d1}{\lambda 1}$	R1 = 0.1689
岩棉保温层	d2 := 0.100	λ2 := 0.045	$R2 := \frac{d2}{\lambda 2}$	R2 = 2.22
盖板	d3 := 0.002	λ3 := 0.180	$R3 := \frac{d3}{\lambda 3}$	R3 = 0.01
外侧表面对流换热热阻	—	—		Rse:= 0.080
总热阻	R := Rsi + R1 + R2 + R3 + Rse			R = 2.61
U值 U = 0.38 W/m²K	$U := \frac{1}{R}$			U = 0.38

建筑构件U值的计算：电梯井的热屋顶层

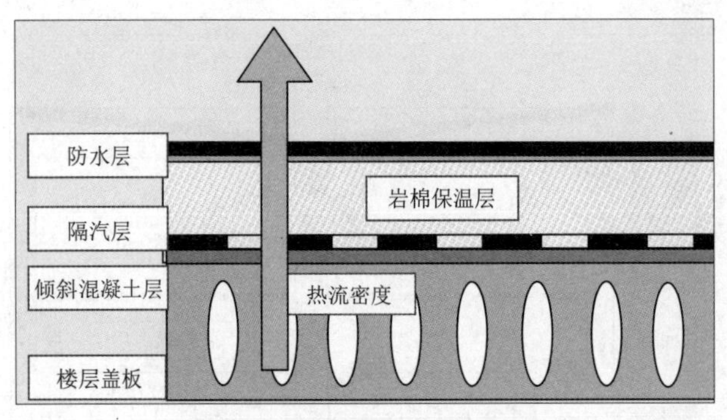

图4.39　节能改造之后的热屋顶层

节能改造后结构的构造	层厚d/m	导热系数λ/（W/mK）	热阻R/（m²K/W）	
内侧表面对流换热热阻	—	—		Rsi := 0.130
楼层盖板	d1 := 0.250	λ1 := 1.480	$R1 := \frac{d1}{\lambda 1}$	R1 = 0.169
倾斜混凝土层	d2 := 0.100	λ2 := 0.650	$R2 := \frac{d2}{\lambda 2}$	R2 = 0.154
隔汽层	d3 := 0.002	λ3 := 0.200	$R3 := \frac{d3}{\lambda 3}$	R3 = 0.010
岩棉保温层	d4 := 0.120	λ4 := 0.040	$R4 := \frac{d4}{\lambda 4}$	R4 = 3.000
防水层	d5 := 0.005	λ5 := 0.180	$R5 := \frac{d5}{\lambda 5}$	R5 = 0.028
砂砾层	d6 := 0.035	λ6 := 0.980	$R6 := \frac{d6}{\lambda 6}$	R6 = 0.036
外侧表面对流换热热阻	—	—		Rse := 0.040
总热阻	R := Rsi + R1 + R2 + R3 + R4 + R5 + R6 + Rse			R = 3.566
U值 U = 0.28 W/m²K	$U := \frac{1}{R}$			U = 0.280

节能改造之前的热屋顶层

节能改造前结构的构造	层厚d/m	导热系数λ/（W/mK）	热阻R/（m²K/W）	
内侧表面对流换热热阻	—	—		Rsi := 0.130
楼层盖板	d1 := 0.250	λ1 := 1.480	$R1 := \frac{d1}{\lambda 1}$	R1 = 0.169
倾斜混凝土层	d2 := 0.100	λ2 := 0.650	$R2 := \frac{d2}{\lambda 2}$	R2 = 0.15
隔汽层	d3 := 0.002	λ3 := 0.200	$R3 := \frac{d3}{\lambda 3}$	R3 = 0.01
木纤维保温板	d4 := 0.100	λ4 := 0.055	$R4 := \frac{d4}{\lambda 4}$	R4 = 1.82
防水层	d5 := 0.005	λ5 := 0.180	$R5 := \frac{d5}{\lambda 5}$	R5 = 0.03
砂砾层	d6 := 0.035	λ6 := 0.980	$R6 := \frac{d6}{\lambda 6}$	R6 = 0.04
外侧表面对流换热热阻	—	—		Rse := 0.040
总热阻	R := Rsi + R1 + R2 + R3 + R4 + R5 + R6 + Rse			R = 2.38
U值 U = 0.42 W/m²K	$U := \frac{1}{R}$			U = 0.42

节能改造后比（单位温差）传热损失的计算

$$H_{TV} = \sum_{j=1}^{n} \left(U_j \cdot A_j \cdot r_j + \Delta U_B \cdot A_j\right)$$

改造后的外侧纵向墙	$U_1 := 0.40$	$A_1 := 2425.5$	$r_1 := 1$	$H_1 := U_1 \cdot A_1 \cdot r_1$	$H_1 = 970.20$
改造后的山墙	$U_2 := 0.39$	$A_2 := 514.2$	$r_2 := 1$	$H_2 := U_2 \cdot A_2 \cdot r_2$	$H_2 = 200.54$
改造后的屋顶层盖板	$U_3 := 0.23$	$A_3 := 1882.2$	$r_3 := 0.8$	$H_3 := U_3 \cdot A_3 \cdot r_3$	$H_3 = 346.32$
改造后的电梯井的热屋顶层	$U_4 := 0.28$	$A_4 := 39.1$	$r_4 := 1$	$H_4 := U_4 \cdot A_4 \cdot r_4$	$H_4 = 10.95$
改造后的地下室顶面盖板	$U_5 := 0.40$	$A_5 := 1921.3$	$r_5 := 0.6$	$H_5 := U_5 \cdot A_5 \cdot r_5$	$H_5 = 461.11$
改造后的窗户	$U_6 := 1.40$	$A_6 := 993.3$	$r_6 := 1$	$H_6 := U_6 \cdot A_6 \cdot r_6$	$H_6 = 1390.620$
附加采暖面积	$U_7 := 1.30$	$A_7 := 68.2$	$r_7 := 0$	$H_7 := U_7 \cdot A_7 \cdot r_7$	$H_7 = 0.00$
包围采暖体积的总面积	$A := A1 + A2 + A3 + A4 + A5 + A6 + A7$				$A = 7843.800$
热桥引起的热损失	$\Delta U_B := 0.05$			$H_B := \Delta U_B \cdot A$	$H_B = 392.19$
比传热损失	$H_{TVn} := H1+H2+H3+H4+H5+H6+H7+HB$				$H_{TVn} = 3771.93$
围护结构面积的平均U值	$U_m := \frac{H_{TVn}}{A}$				$U_m = 0.48$

比传热损失	$H_{TV} = 3771.9$ W/K
包围采暖体积的总面积	$A = 7843.8$ m²
围护结构面积的平均U值	$U_m = 0.48$ W/m²K

节能改造前比（单位温差）传热损失的计算

改造前的外侧纵向墙	$U_1 := 1.41$	$A_1 := 2425.5$	$r_1 := 1$	$H_1 := U_1 \cdot A_1 \cdot r_1$	$H_1 = 3419.95$
改造前的山墙	$U_2 := 1.33$	$A_2 := 514.2$	$r_2 := 1$	$H_2 := U_2 \cdot A_2 \cdot r_2$	$H_2 = 683.89$
改造前的屋顶层盖板	$U_3 := 0.38$	$A_3 := 1882.2$	$r_3 := 0.8$	$H_3 := U_3 \cdot A_3 \cdot r_3$	$H_3 = 572.19$
改造前的电梯井的热屋顶层	$U_4 := 0.42$	$A_4 := 39.1$	$r_4 := 1$	$H_4 := U_4 \cdot A_4 \cdot r_4$	$H_4 = 16.422$
改造前的地下室顶面盖板	$U_5 := 0.87$	$A_5 := 1921.3$	$r_5 := 0.6$	$H_5 := U_5 \cdot A_5 \cdot r_5$	$H_5 = 1002.92$
改造前的窗户	$U_6 := 2.60$	$A_6 := 993.3$	$r_6 := 1$	$H_6 := U_6 \cdot A_6 \cdot r_6$	$H_6 = 2582.580$
附加采暖面积	$U_7 := 1.30$	$A_7 := 68.2$	$r_7 := 0$	$H_7 := U_7 \cdot A_7 \cdot r_7$	$H_7 = 0.00$
包围采暖体积的总面积	$A := A1 + A2 + A3 + A4 + A5 + A6 + A7$				$A = 7843.800$
热桥引起的热损失	$\Delta U_B := 0.05$			$H_B := \Delta U_B \cdot A$	$H_B = 392.19$
比传热损失	$H_{TVn} := H1+H2+H3+H4+H5+H6+H7+HB$				$H_{TVn} = 8670.140$
围护结构面积的平均U值	$U_m := \frac{H_{TVn}}{A}$				$U_m = 1.11$

比传热损失	$H_{TV} = 8670.1$ W/K
包围采暖体积的总面积	$A = 7843.8$ m²
围护结构面积的平均U值	$U_m = 1.11$ W/m²K

计算结果

供暖期时长/ h		4440 h
供暖期间的室内温度/ ºC		19.0°C
供暖期间的平均室外温度/ ºC		3.3°C
改造后供暖期间的传热损失	比传热损失	3792 W/K
$Q_{TV,nach}$ = 262.9 MWh	$Q_{TVn} := H_{TVn} \cdot (\theta_i - \theta_e) \cdot t_h$ $Q_{TVn} = 2.63 \times 10^8$	
改造前供暖期间的传热损失	比传热损失	8670 W/K
$Q_{TV,vor}$ = 604.4 MWh	$Q_{TVv} := H_{TVv} \cdot (\theta_i - \theta_e) \cdot t_h$ $Q_{TVv} = 6.04 \times 10^8$	

步骤 2：计算通风换气热损失量　　$Q_{LV} = \left[c_{pL} \cdot \rho_L \cdot n_L \cdot V_L \cdot (\theta_i - \theta_e)\right] \cdot t_h$

通风换气热损失可根据方程（4.15）得到：

$$Q_{LV.} := c_{pL} \cdot \rho_L \cdot V_t \cdot (\theta_i - \theta_e) \cdot t_h$$

$$V_t = \frac{d}{dt} V_i \qquad n_L = \frac{V_t}{V_i}$$

$$Q_{LV.} := c_{pL} \cdot \rho_L \cdot n_L \cdot V_L \cdot (\theta_i - \theta_e) \cdot t_h$$

比（单位温差）通风换气热损失为：

$$H_{LV.} := c_{pL} \cdot \rho_L \cdot n_L \cdot V_L$$

图 4.40　通风换气热损失

建筑物的总面积/m²	$A_G := 1926.2$
5层采暖层总高度/m	$h := 14.0$
总体积/m³	$V := A_G \cdot h$
计算空气体积时的减小系数	$V = 2.70 \times 10^4$ $\zeta := 0.8$
被加热的空气体积/m³（地下室不采暖）	$V_L := A_G \cdot h \cdot \zeta$ $V_L = 2.16 \times 10^4$
供暖期时长/h	$t_h := 4440$
供暖期间平均换气率/（次/h）	$n_L := 0.7$
供暖期间的室内空气温度/°C	$\theta_i := 19$
供暖期间的平均室外空气温度/°C	$\theta_e := 3.3$
空气的比热容/（Ws/kgK）	$c_{pL} := 1000$
空气的密度/（kg/m³）	$\rho_L := 1.24$

结果

比通风换气热损失/（W/K） **H_{LV} = 5201.6 W/K**	$H_{LV} := \frac{c_{pL}}{3600} \cdot \rho_L \cdot n_L \cdot V_L$ $H_{LV} = 5201.60$
通风换气热损失/（Ws）	$Q_{LV} := c_{pL} \cdot \rho_L \cdot n_L \cdot V_L \cdot (\theta_i - \theta_e) \cdot t_h$ $Q_{LV} = 1.31 \times 10^{12}$
通风换气热损失/（MWh） **Q_{LV} = 362.6 MWh**	$Q_{LV} := \frac{c_{pL}}{3600} \cdot \rho_L \cdot n_L \cdot V_L \cdot (\theta_i - \theta_e) \cdot t_h \cdot 10^{-6}$ $Q_{LV} = 362.59$

步骤 3：计算通过窗户的辐射得热量

在供暖期（从 10 月初至次年 4 月初 t_h=185 天），从外部进入屋内的短波辐射热流密度 G（W/m²）为：

$$Q_{SGF} = \sum_{j=1}^{n} f_{Rj} \cdot z_j \cdot g_j \cdot G_j \cdot A_{Fj} \cdot t_h$$

$G_{南} := 61$	$G_{北} := 23$	$G_{东} := 35$	$G_{西} := 35$	
$G_{45南} := 72$	$G_{45北} := 31$	$G_{45东} := 47$	$G_{45西} := 47$	$G_{水平} := 51$

供暖期时长（h） $t_h = 4440.00$

供暖期总辐射得热（kWh/m²）

$I_{南} := \frac{G_{南} \cdot t_h}{1000}$ $I_{南} = 270.84$	$I_{北} := \frac{G_{北} \cdot t_h}{1000}$ $I_{北} = 102.12$	$I_{东} := \frac{G_{东} \cdot t_h}{1000}$ $I_{东} = 155.40$	$I_{西} := \frac{G_{西} \cdot t_h}{1000}$ $I_{西} = 155.40$	
$I_{45南} := G_{45南} \cdot \frac{t_h}{1000}$ $I_{45南} = 319.68$	$I_{45北} := \frac{G_{45北} \cdot t_h}{1000}$ $I_{45北} = 137.64$	$I_{45东} := \frac{G_{45东} \cdot t_h}{1000}$ $I_{45东} = 208.68$	$I_{45西} := \frac{G_{45西} \cdot t_h}{1000}$ $I_{45西} = 208.68$	$I_{水平} := \frac{G_{水平} \cdot t_h}{1000}$ $I_{水平} = 226.44$

辐射对窗户的穿透特性

玻璃的有效穿透系数 g	单层玻璃	$g_1 := 0.74$
	无远红外涂层的双层玻璃 有远红外涂层的双层玻璃	$g_2 := 0.65$ $g_{2b} := 0.55$
	无远红外涂层的三层玻璃 有远红外涂层的三层玻璃	$g_3 := 0.55$ $g_{3b} := 0.40$
窗户的玻璃面积占比或窗框系数	$f_R := \frac{A_{玻璃}}{A_{玻璃} + A_{窗框}}$	$f_R := 0.7$
遮阳系数z		$z := 0.9$

窗户面积

南侧山墙上的窗户面积/m²	$A_{F南} := 18.9$
北侧山墙上的窗户面积/m²	$A_{F北} := 18.9$
西侧纵向墙上的窗户面积/m²	$A_{F西} := 468.5$
东侧纵向墙上的窗户面积/m²	$A_{F东} := 487.1$

结果

供暖期内通过窗户的辐射得热量/MWh

$$Q_{SGF} := z \cdot f_R \cdot g_{2b} \cdot \left(A_{Fs} \cdot G_{南} + A_{Fn} \cdot G_{北} + A_{Fw} \cdot G_{西} + A_{Fo} \cdot G_{东}\right) \cdot t_h$$

$$Q_{SGF} = 5.39 \times 10^7$$

$\mathbf{Q_{SGF} = 53.9\ MWh}$

步骤4：计算通过不透明建筑构件的辐射得热量

在供暖期（从 10 月初至次年 4 月初 t_h=185 天），从外部进入屋内的短波辐射热流密度 G（W/m^2）为：

$$Q_{SGW} = \sum_{j=1}^{n} \left[a_j \cdot G_j - \left(f_j \cdot \varepsilon \cdot h_{er} \cdot \Delta\theta_{er}\right)\right] \cdot U_{Wj} \cdot A_{Wj} \cdot R_{sec} \cdot t_h$$

$G_{南} := 61$	$G_{北} := 23$	$G_{东} := 35$	$G_{西} := 35$	
$G_{45南} := 72$	$G_{45北} := 31$	$G_{45东} := 47$	$G_{45西} := 47$	$G_{水平} := 51$

长波散热辐射

$q_{erh} := f_h \cdot \varepsilon \cdot h_{er} \cdot \Delta\theta_{er}$	$q_{erh} = 32.79$
$q_{erv} := f_v \cdot \varepsilon \cdot h_{er} \cdot \Delta\theta_{er}$	$q_{erv} = 12.08$

供暖期时长 t_h=4440h

建筑构件表面参数

	m²	W/m²K	1	W/m²	W/m²
南侧山墙（无窗）	$A_{G南}$:= 257.1	$U_{G南}$:= 0.39	$a_{G南}$:= 0.4	$G_{南}$ = 61.00	G_{erW} = 12.00
北侧山墙（无窗）	$A_{G北}$:= 257.1	$U_{G北}$:= 0.39	$a_{G北}$:= 0.4	$G_{北}$ = 23.00	G_{erW} = 12.00
西侧纵向墙（无窗）	$A_{L西}$:= 1180.7	$U_{L西}$:= 0.40	$a_{L西}$:= 0.4	$G_{西}$ = 35.00	G_{erW} = 12.00
东侧纵向墙（无窗）	$A_{L东}$:= 1244.8	$U_{L东}$:= 0.40	$a_{L东}$:= 0.4	$G_{东}$ = 35.00	G_{erW} = 12.00
屋顶表面	$A_{顶}$:= 1921.3	$U_{顶}$:= 0.23	$a_{顶}$:= 0.9	$G_{顶}$ = 51.00	$G_{er顶}$= 32.80

供暖期总辐射得热（kWh/m²）

$$Q_{SGW} := \left[\begin{aligned} &A_{Gs} \cdot U_{Gs} \cdot (a_{Gs} \cdot G_{南} - G_{erW}) + A_{Gn} \cdot U_{Gn} \cdot (a_{Gn} \cdot G_{北} - G_{erW}) \ldots \\ &+ A_{Lw} \cdot U_{Lw} \cdot (a_{Lw} \cdot G_{西} - G_{erW}) + A_{Lo} \cdot U_{Lo} \cdot (a_{Lo} \cdot G_{东} - G_{erW}) + A_D \cdot U_D \cdot (a_D \cdot G_{hor} - G_{erD}) \cdot 0.35 \end{aligned} \right] \cdot R_{sec} \cdot t_h$$

$$Q_{SGW} = 1.05 \times 10^6$$

注：由于屋顶层的作用，屋顶面辐射得热中只有35%可以利用。与通常情况下发生的其他加热和散热过程相比，不透明建筑构件在供暖期内所获得的辐射热量可以忽略不计。

结果

供暖期内通过不透明建筑构件的辐射得热量/MWh
Q_{SGW} = 1.1 MWh

步骤5：计算内热源的得热量

$$Q_{GI.} = \sum_{j=1}^{n} q_{ij} \cdot A_{Nj} \cdot t_h$$

单位使用面积的内热源功率（W/m²）

使用面积A_N为建筑物被供热部分的净地面面积

对于房间净高为2.5m，V_L=0.8V 的建筑物：

$V := A_G \cdot h$ $\quad A_N := \frac{V_L}{2.5}$ $\quad A_N := \frac{0.8}{2.5} \cdot V$ $\quad A_N := 0.32 \cdot V$ $\quad A_N := 8629.38$

住宅建筑	$q_{iw} := 5$
办公楼	$q_{iv} := 8$
学校及会议室	$q_{is} := 10$

结果

供暖期内内热源的得热量/MWh
Q_{GI} = 191.6 MWh

步骤6：计算实际供热需求量

$$Q_{HB.}=\left(Q_{TV}+Q_{LV}\right)\cdot\eta_V-\left(Q_{SGF}+Q_{SGW}+Q_{GI}\right)\cdot\eta_G$$

$$Q_{HB.}=\sum_{j=1}^{n}\left[\left(U_j\cdot A_j\cdot r_j+\Delta U_B\cdot A_j\right)+\left(c_{pL}\cdot\rho_L\cdot n_L\cdot V_L\right)\right]\cdot\left(\theta_i-\theta_e\right)\cdot\eta_V\cdot t_h-\left[\sum_{j=1}^{n}z_j\cdot f_{Rj}\cdot g_j\cdot G_j\cdot A_{Fj}+\sum_{j=1}^{n}\left(a_j\cdot G_j-f\cdot\varepsilon\cdot h_{er}\cdot\Delta\theta_{er}\right)\cdot A_{Wj}\cdot U_{Wj}\cdot R_{sec}+q_i\cdot A_N\right]\cdot\eta_G\cdot t_h$$

由于夜间室温降低及暂停供暖造成的传热及换气热损失减少系数　　$\eta_V := 0.95$

主要受建筑结构储热能力影响的辐射热利用系数　　$\eta_G := 0.95$

使用面积　　$A_N = 8629.38$

单位使用面积的各种热量/（kWh/m²）

传热损失 Q_{TV}/MWh	$Q_{TVn} := \frac{Q_{TVn}}{10^6}$	$Q_{TVn} := 262.9$	$Q''_{TVn} := \frac{Q_{TVn}}{A_N}\cdot 10^3$	$Q''_{TVn} = 30.47$
换气热损失Q_{TV}/MWh	$Q_{TVv} := \frac{Q_{TVv}}{10^6}$	$Q_{TVv} := 604.4$	$Q''_{TVv} := \frac{Q_{TVv}}{A_N}\cdot 10^3$	$Q''_{TVv} = 70.04$
		$Q_{LV} = 362.59$	$Q''_{LV} := \frac{Q_{LV}}{A_N}\cdot 10^3$	$Q''_{LV} = 42.02$
通过窗户的辐射得热量 Q_{SGF}/MWh	$Q_{SGF} := \frac{Q_{SGF}}{10^6}$	$Q_{SGF} = 53.90$	$Q''_{SGF} := \frac{Q_{SGF}}{A_N}\cdot 10^3$	$Q''_{SGF} = 6.25$
通过不透明构件的辐射得热量Q_{SGW}/MWh	$Q_{SGW} := \frac{Q_{SGW}}{10^6}$	$Q_{SGW} = 1.05$	$Q''_{SGW} := \frac{Q_{SGW}}{A_N}\cdot 10^3$	$Q''_{SGW} = 0.12$
通过内热源的得热量 Q_{Gi}/MWh	$Q_{GI} := \frac{Q_{GI}}{10^6}$	$Q_{GI} = 191.57$	$Q''_{GI} := \frac{Q_{GI}}{A_N}\cdot 10^3$	$Q''_{GI} = 22.20$

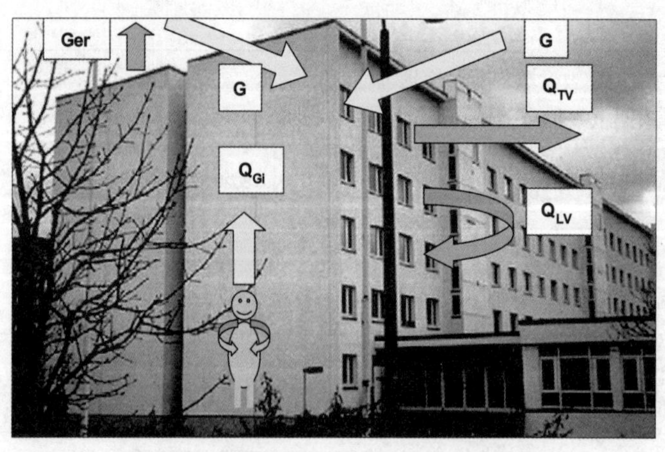

图 4.41　建筑物损失热流和得热热流图示

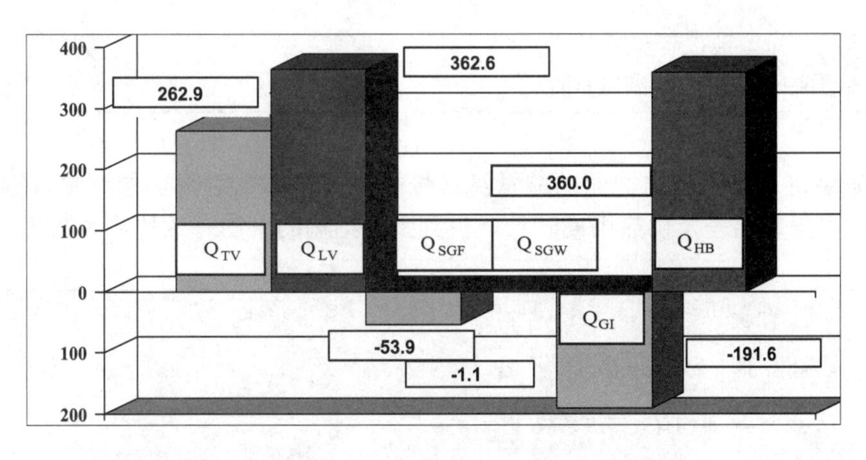

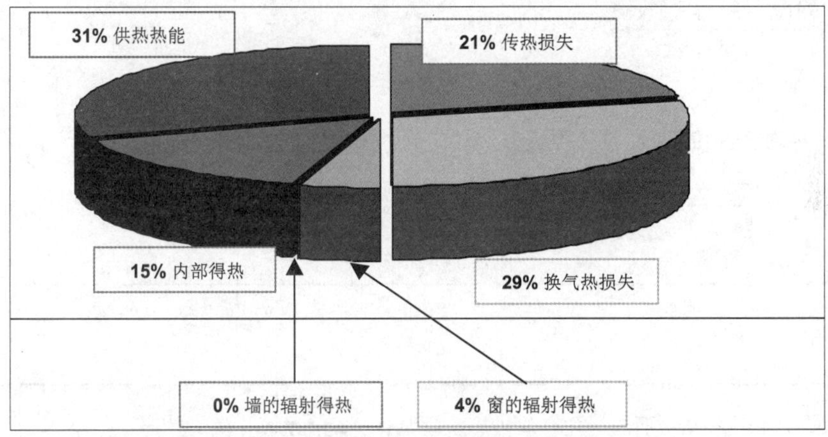

图 4.42 和图 4.43 热损失量、得热热量及供热需求量示意图

供热需求量	Q_{HB}=358.5MWh
使用面积	A_N=8629m^2
比（单位使用面积）供热需求量	Q''_{HB}=41.5kWh/m^2

结果

热改造之后的供热需求量

$$Q_{HBn} := (Q_{TVn} + Q_{LV}) \cdot \eta V - (Q_{SGF} + Q_{SGW} + Q_{GI}) \cdot \eta G$$

Q_{HBn} = 360.0 MWh

$Q_{HBn} = 360.021$

热改造之前的供热需求量

$$Q_{HBv} := (Q_{TVv} + Q_{LV}) \cdot \eta V - (Q_{SGF} + Q_{SGW} + Q_{GI}) \cdot \eta G$$

Q_{HBv} = 684.5 MWh

$Q_{HBv} = 684.446$

热改造之后的单位使用面积的供热需求量

$A_N = 8629.376$

$$Q''_{HB} := \frac{Q_{HBn}}{A_N} \cdot 10^3$$

Q''_{HBn} = 41.7 kWh/m²

$Q''_{HB} = 41.720$

步骤 7（供参考）：
计算围护结构的平均有效U值

如果将通过围护结构面的能量流（传热损失减去辐射得热量）除以围护结构面积、平均温差及供热周期时长，得到围护结构的平均有效传热系数。

$\eta_V := 0.95$　$\eta_G := 0.95$　$\theta_i := 19$　$\theta_e := 3.3$　$t_h = 4440.00$

$Q_{TVn} = 2.63 \times 10^8$　$Q_{LV} = 3.63 \times 10^8$　$Q_{SGF} = 5.39 \times 10^7$　$Q_{SGW} = 1.07 \times 10^6$　$Q_{GI} = 1.92 \times 10^8$

公式（4.32）——平均有效传热系数

$$U_{em} := \frac{Q_{TVn} - Q_{SGF} - Q_{SGW}}{(\theta_i - \theta_e) \cdot t_h \cdot A} \cdot 0.95$$

$U_{em} = 0.36$

比较：平均散热U值

$$U_{emT} := \frac{Q_{TVn}}{(\theta_i - \theta_e) \cdot t_h \cdot A} \cdot 0.95$$

$U_{emT} = 0.46$

结果

被加热体积围护结构面的平均有效传热系数为 $\mathbf{U_{eff,m}=0.36W/m^2K.}$

不考虑辐射得热的U值为 **U=0.46W/m²K.**

根据方程（4.33），比供热需求量近似计算方法如下：

$A := 7843.8$　$V := 26970$

表面积/体积比（1/m）　$Av := \frac{A}{V}$

$Av = 0.291$　中型建筑A/V = 0.291/m

通过近似关系式得比供热需求量　$Q''_{HB} := 18.3 + 217.8 \cdot Av \cdot U_{em}$

$Q''_{HB} = 41.418$

比（单位使用面积）供热需求量近似为

$\mathbf{Q''_{HB} = 41.4kWh/m^2}$　（比较第6步：：$Q''_{HB} = 41.7kWh/m^2$）

注：对于中欧地区的南窗来说，在供暖期内，传热损失和辐射得热量均有所增加。

$G_S := 61$　$g_{2b} := 0.55$　$z := 0.9$　$U_F := 1.4$

$q_{SGFS} := G_S \cdot g_{2b} \cdot f_R \cdot z$

$q_{SGFS} = 21.14$

$$U_{eFS} := U_F - \frac{q_{SGFS}}{(\theta_i - \theta_e)}$$

$U_{eFS} = 0.05$

步骤 8（供参考）：计算许用热消耗量

由4.1. 2.2节的式（4.36）

$Q''_{HBmax} := 34.4 + 50.0 \cdot A_V$

$Q''_{HBmax} = 48.942$

得最大许用比（单位使用面积的）热消耗量

$$Q''_{HB,max} = 48.9\ kWh/m^2$$

（比较：根据建筑节能法规WSVO 1995：

$Q''_{HB,max} = 58.9\ kWh/m^2$）

由

$A_N := 8629.4$

$Q_{HBmax} := Q''_{HBmax} \cdot A_N$

$Q_{HBmax} = 4.223 \times 10^5$

得当前给出建筑物的最大许用年热消耗量

$$Q_{HB许用} = 422.3\ MWh$$

节能改造后当前给出建筑物的实际年热消耗量

$$_{HBn} = 360.0\ MWh$$

从建筑物理角度（热消耗量）来看，该建筑满足节能要求。

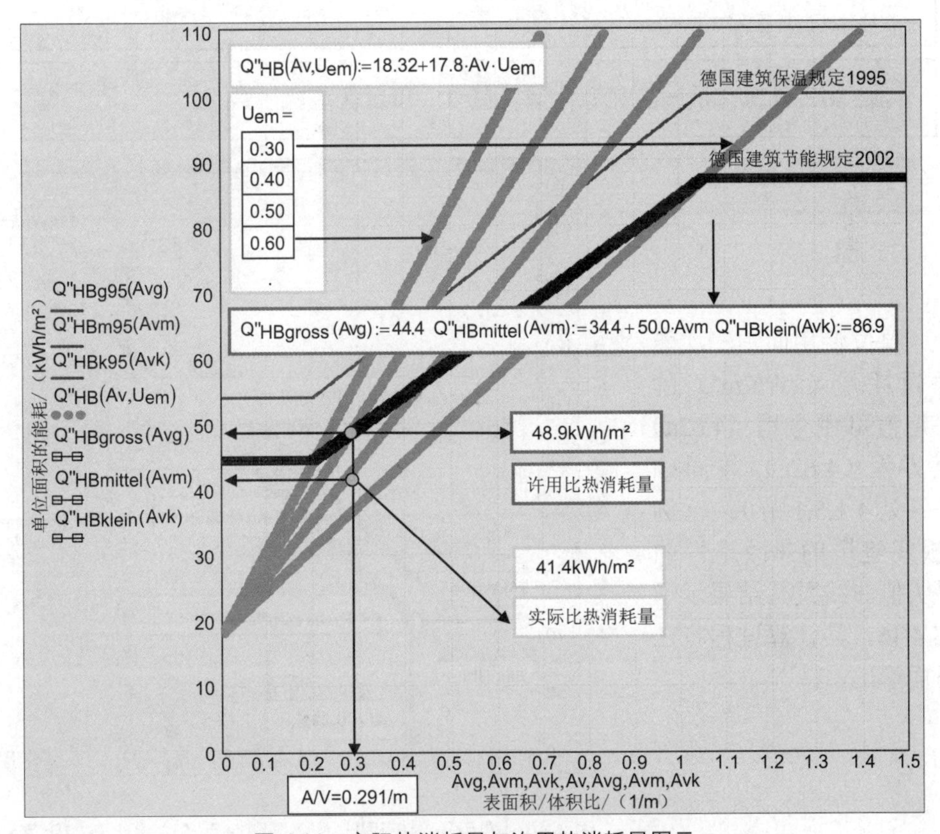

图 4.44　实际热消耗量与许用热消耗量图示

步骤 9：计算实际一次能源比消耗量

如果使用一台冷凝式供热锅炉供热并且同时为整个楼房的饮用水加热的话，则示例楼房的一次能源比消耗量和设备能耗系数为 Q''_p=72.7kWh/m² 和 e_p=1.34。

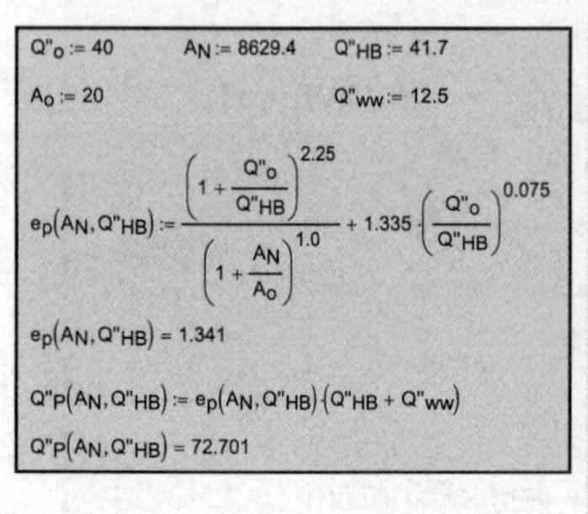

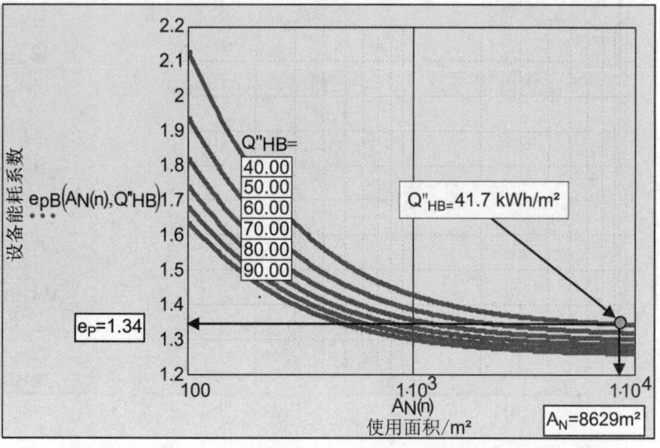

图 4.45　与 4.1.4 节中图 4.20 比较的设备能耗系数

结果

Q"P=(Q"H+12.5kWh/m²)eP = 54.2kWh/m² 1.341 = 72.7kWh/m²

一次能源比消耗量为72.7kWh/m².

步骤 10：计算许用一次能源比消耗量 Q''_P 和设备能耗系数 e_P

单位使用面积一次能源消耗量（kWh/m²）的许用值可由方程（4.62a）至方程（4.62c）共同确定（见 4.1.5.1 节）。范例“板式建筑的热改造”的最大值曲线及其结果示于图 4.46。其计算过程将在下面给出。

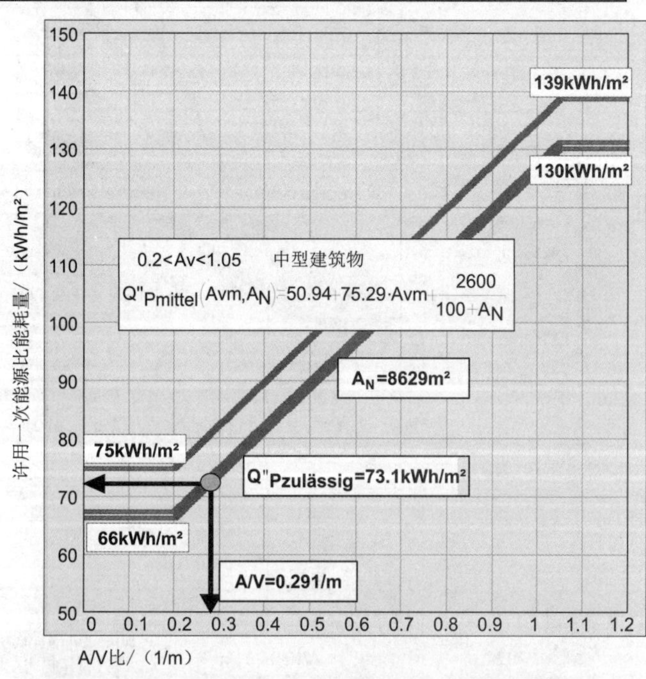

图 4.46　许用一次能源比消耗量随表面 / 体积比及使用面积的变化关系，范例“板式建筑的热改造”的结果示于图中

许用一次能源比消耗量式（4.62b）适用于中型建筑物

$0.2 < Av < 1.05$

$Avm := 0.2, 0.202 .. 1.05$

$$Q''_{Pmittel}(Avm, A_N) := 50.94 + 75.29 \cdot Avm + \frac{2600}{100 + A_N}$$

$Avm := 0.291$ $A_N := 8629.4$

除以使用面积（kWh/m²）得

$Q''_{Pmittel}(Avm, A_N) = 73.147$

许用一次能源比消耗量
$Q''_{p,mittel}$=73.1 kWh/m²
此值高于消耗量的实际值 72.7KWh/m²

适用于中型建筑物的使用面积公式（4.63b）

$170 < A_N < 25000$

$$Q''_{Pm}(A_N) := 50.94 + \frac{440}{A_N^{\frac{1}{3}}} + \frac{2600}{100 + A_N}$$

除以使用面积（kWh/m²）得

$Q''_{Pm}(A_N) = 72.689$

用使用面积公式计算得到的许用一次能源比消耗量
$Q''_{p,mittel}$=72.7 kWh/m²
此值偏低，但正好等于实际值72.7KWh/m²

许用设备能耗系数

$Q''_{HB} := 41.7$ $Q''_{ww} := 12.5$

$$e_p := \frac{Q''_{Pmittel}(Avm, A_N)}{(Q''_{HB} + Q''_{ww})}$$

$e_p = 1.350$

根据许用和实际的一次能源比消耗量，可以反算出许用设备能耗系数，此例中为 e_p=1.350

结果

许用一次能源比消耗量为**73.1kWh/m²**，大于实际一次能源比消耗量**72.7kWh/m²**。实际设备能耗系数为**e_p= 1.341**，其值同样低于许用设备能耗系数**e_p= 1.350**。

如果使用同时为整个楼房的饮用水加热的冷凝式供热锅炉供热系统，改造后的板式楼房满足德国建筑节能标准的规定。假如上述条件不能被满足，则从建筑角度看，比供热需求量，及（或）从设备角度来说，能耗系数要降低。

如果每个房间或建筑物内部区域要求有不同的室内气候及使用条件的话，就必须针对每一区域单独建立能量平衡关系，这样才能计算出供暖热需求和一次能源的需求。此外，对于各种参与供暖的能源（如照明作为内热源的一部分）还要加以区分（DIN 18599 [20]）。对于非住宅建筑来说，供暖设备技术及其分类在建筑设计中往往起着决定性的作用。

4.2　非采暖期内无空调建筑物的热工性能——夏季防热

本节将定量描述非供暖期内，无空调作用下建筑物的得热和失热热流的计算，并在此基础上介绍一款计算室内温度的简单模型。在下面的4.2.1节至4.2.4节中，将介绍针对中欧地区夏季炎热季节所研发的夏季防热近似计算方法。以某楼房内一间暴露于恶劣热环境（极端条件）下的房间（处于热屋顶之下，具有从东向到南向，以及西向的大窗，房屋构件质量轻、储热能力小，室内内热源强度大等）为例，进行了热平衡计算，并由此近似确定了室内温度 $\theta_i(t)$ 的升高过程。在加热过程中，由建筑构件质量所吸收的储存热流起到了缓解热负荷的作用。气候边界条件为：室外空气平均温度 θ_e 为24℃（白天30℃，夜间18℃）；在夏季辐射期间将平均辐射热负荷施加于不同朝向的构件表面。在室外气温跃变之前输出的室内气温为20℃。室内的换气是通过窗户的自然通风实现的，在计算中区分了日间和夜间通风换气量的不同。要求在5天的炎热期之后室内气温的升高不能超过6K。夏季防热的这一目标应该在无空调的条件下，通过建筑本身来实现。

在4.2.5节，给出了无空调房间在任意气候条件和使用条件下，室温（室内气温、室内围护结构内表面温度、体感温度）的确定过程。由能量守恒关系推导出确定室内围护结构内表面温度和室内气温的方程组。对此微分方程组进行简化求解。求解时，所有热负荷在4小时内保持不变，但整体以阶跃形式变化。这样，各种负荷的时变特性（室外气温的简谐变化，通风换气和内热源依据使用条件常常会阶跃变化）可以得到充分的反映。

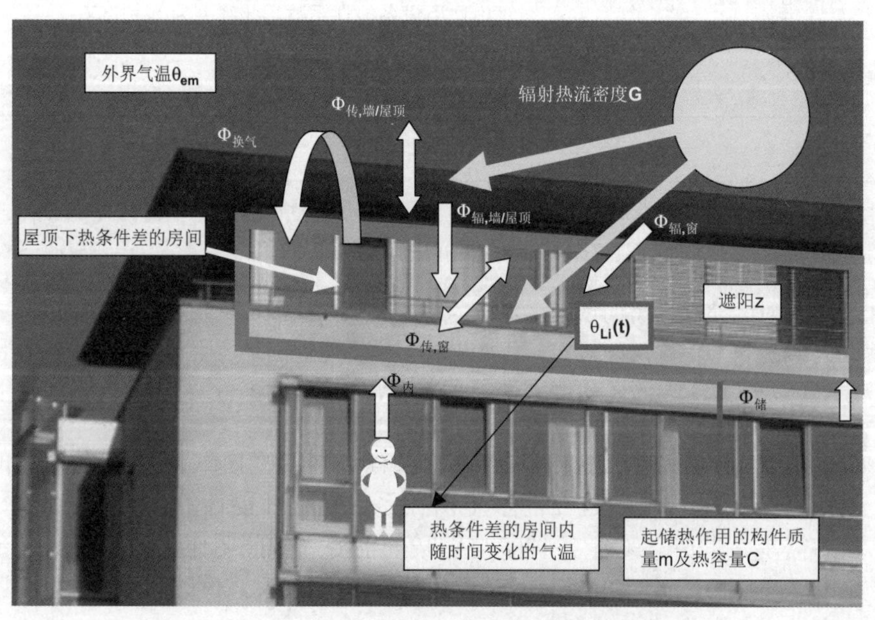

图4.47　夏季无空调情况下作用在建筑物上的热流

在加热或散热过程中，6 个随时间变化的室内温度函数为简单的指数函数。6 个分别在 4:00、8:00、12:00、16:00、20:00、24:00 时得到的端点值可近似地回归为正弦函数。4:00 时的端点温度是计算下一个室内温度日变化历程的起始点。由此，可以对作为判定夏季防热基础的晴好天气的加热过程，以及非炎热季节时任意天气作用下房间的热工性能进行模拟分析。在 3.4 节中对该方法进行了概括性描述，因此可以针对任何气候负荷的房间内部气候进行计算。

在分析计算的公式中，所有负荷及建筑物参数的影响都是明确的，因此，在建筑物预设计阶段就有可能对未来的室内气候给出一般性的预测。

4.2.1 夏季晴好天气期间的热流平衡

本节首先给出了在夏季晴好天气期间，某建筑物在热极端条件下的房间的热流平衡关系。其目的是通过计算得出室温及体感温度随时间的变化过程，并借助简单的建筑措施限制其温度增长。与前面的冬季情况相对应，这里的热流包括传热热流、通风换气热流、通过玻璃建筑构件的辐射热流、通过不透明建筑构件的间接辐射热流，以及内热源释放的热流，此外，与质量大小相关的储热热流在此对于建筑物的能量平衡也起着至关重要的作用。

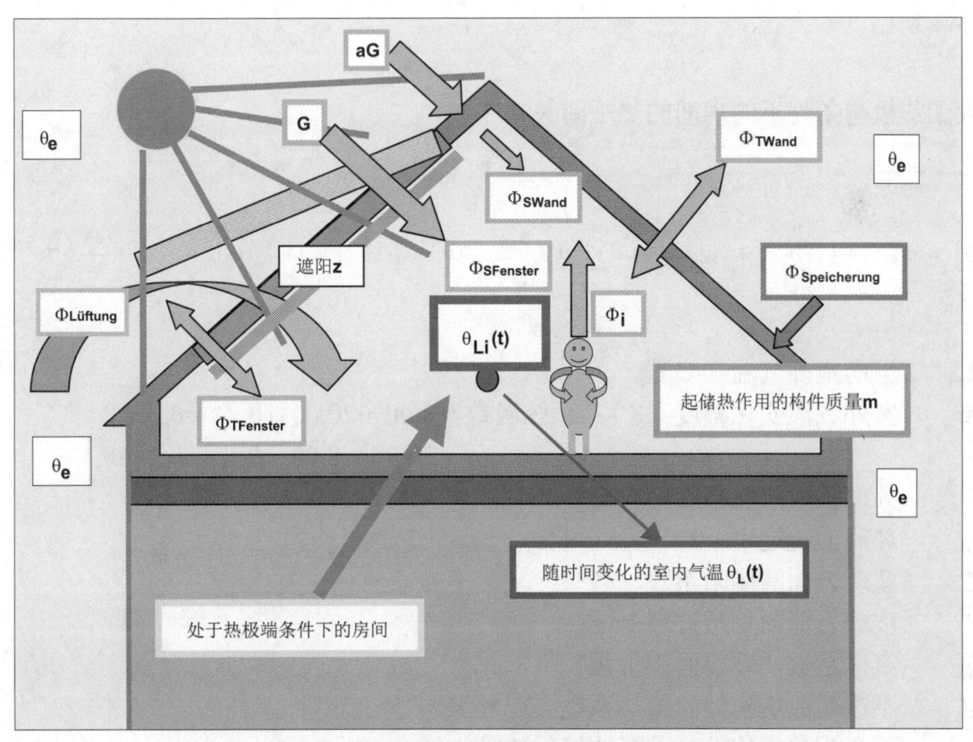

图 4.48 夏季某建筑物处于热极端条件下房间的热流

下列热流将会加大或减缓处于热极端条件下房间的热负荷：

通过窗户及玻璃构件的辐射热流（W）
$$\Phi_{SF}=\sum_{j=1}^{n} z_j\cdot f_{Rj}\cdot g_j\cdot G_j\cdot A_{Fj} \tag{4.65}$$

通过不透明构件的辐射热流（W）
$$\Phi_{SW}=\sum_{j=1}^{n} a_j\cdot G_j\cdot U_{Wj}\cdot A_{Wj}\cdot R_{se} \tag{4.66}$$

通过墙体及窗户的传热热流（W）
$$\Phi_T=\sum_{j=1}^{n} U_j\cdot A_j\cdot\left(\theta_{em}-\theta_i(t)\right) \tag{4.67}$$

固定换气率情况下的通风换气热流（W）
$$\Phi_L=\left(c_{pL}\cdot\rho_L\cdot n_L\cdot V_L\right)\cdot\left(\theta_{em}-\theta_i(t)\right) \tag{4.68}$$

日间换气率 n_{Lt} 和夜间换气率 n_{Ln} 不同情况下的通风换气热流（W）
$$\Phi_{Lt}=\left(c_{pL}\cdot\rho_L\cdot n_{Lt}\cdot V_L\right)\cdot\left(\theta_{em}+\Delta\theta-\theta_i(t)\right)\frac{1}{2} \tag{4.69}$$

不同使用条件下内热源释放的热流（W）
$$\Phi_{Ln}=\left(c_{pL}\cdot\rho_L\cdot n_{Ln}\cdot V_L\right)\cdot\left(\theta_{em}-\Delta\theta-\theta_i(t)\right)\frac{1}{2} \tag{4.70}$$

由构件质量储存的热流（W）（构件温度设定为与室内气温相同，即忽略构件内表面处的对流换热热阻）
$$\Phi_I=q_i\cdot A_N \tag{4.71}$$
$$\Phi_{Sp}=C\frac{d\theta_i}{dt} \tag{4.72}$$

储热功能明显的构件质量的热容量（Ws/K）
$$C=\sum_{j=1}^{n} c_j\cdot\rho_j\cdot A_{Wej}\cdot d_{Wej}+\sum_{j=1}^{n} c_j\cdot\rho_j\cdot A_{Wij}\frac{d_{Wij}}{2} \tag{4.73}$$

处于热极端条件下的房间的热平衡关系

$$\Phi_{SF}+\Phi_{SW}+\Phi_T+\Phi_L+\Phi_I=\Phi_{Sp}$$

$$\sum_{j=1}^{n} z_j\cdot f_{Rj}\cdot g_j\cdot G_j\cdot A_{Fj}+\sum_{j=1}^{n} a_j\cdot G_j\cdot U_{Wj}\cdot A_{Wj}\cdot R_{se}+\sum_{j=1}^{n} U_j\cdot A_j\cdot\left(\theta_{em}-\theta_i(t)\right)+c_{pL}\cdot\rho_L\cdot n_L\cdot V_L\cdot\left(\theta_{em}-\theta_i(t)\right)+q_i\cdot A_N=C\frac{d\theta_i}{dt} \tag{4.74}$$

θ_{em}　平均室外气温（℃）

$\Delta\theta_e$　室外气温变化幅度（K）；正弦函数，8:00—20:00　$\theta_{e\,白天}=\theta_{em}+\Delta\theta_e$
20:00—8:00　$\theta_{e\,夜间}=\theta_{em}+\Delta\theta_e$

G　外部辐射热流密度（W/m^2）

g　玻璃的透过率

Z　玻璃表面的遮阳系数

F　玻璃表面的总透过率 $F=gZ$

f_R　窗框系数（玻璃面积份额）

U　不透明建筑构件的传热系数（W/m^2K）

a　不透明建筑构件对于短波辐射的吸收率

n_L, n_{Lt}, n_{Ln}　换气系数（1/h）（平均值，日间值，夜间值）

q_i　单位使用面积内热源释放的热流（W/m^2）
R_{se}　外表面的对流换热热阻（m^2K/W）
ρ_L　空气的密度（kg/m^3）
c_{pL}　空气的比热容（Ws/kgK）
ρ　热极端条件下房间围护结构的建筑材料密度（kg/m^3）
c　建材的比热容（Ws/kgK）
V_L　热极端条件下房间的空间体积（m^3）
A_N　热极端条件下房间的地面面积（使用面积）（m^2）
A_e　不透明外墙构件的面积（m^2）
d_{We}　不透明外墙构件的厚度（m）
A_F　窗户的面积（m^2）
A_i　内墙构件的面积（m^2）
d_{Wi}　内墙构件的厚度（m）
C　起储热作用质量的热容量（Ws/K）

注：在本节的示例中，能起到储热作用的构件质量，即处于热极端条件房间的热容量，外墙构件取整个厚度范围（5天晴好天气作用下），但对内墙构件只取其一半厚度（另一半属于隔壁房间的热平衡计算内容）。除此之外，温度信号的影响深度，即起到储热作用的构件质量一般由温度波动的频率确定（见3.3节）。

在假定的观察时间范围内，在外界气温 θ_e、外界辐射热流密度 G、换气率 n_L 及内热源 θ_i 为常数的条件下，得到描述室内气温加热过程的简化微分方程（4.74）的解为指数函数：方程（4.82）和方程（4.85）。

为了简化微分方程的表达，引入下列缩写符号：

起储热作用质量的热容C（Ws/K）

$$C = \sum_{j=1}^{n} c_j \cdot \rho_j \cdot A_{Wej} \cdot d_{Wej} + \sum_{j=1}^{n} c_j \cdot \rho_j \cdot A_{Wij} \frac{d_{Wij}}{2} \qquad (4.73)$$

起储热作用的质量、单位地面面积（使用面积）的热容量（kg/m^2）

$$m_A = \frac{m}{A_N} \qquad C_{A.} = \frac{C}{A_N} \qquad C_{A.} = .c \cdot m_A \qquad (4.75)$$

单位地面面积（使用面积）的辐射热负荷（W/m^2）

$$S_A = \frac{\sum_{j=1}^{n} z_j \cdot f_{Rj} \cdot g_j \cdot G_j \cdot A_{Fj} + \sum_{j=1}^{n} a_j \cdot G_j \cdot U_{Wj} \cdot A_{Wj} \cdot R_{se}}{A_N} \qquad (4.76)$$

单位地面面积（使用面积）比传热热负荷（W/m^2K）

$$T_A = \frac{\sum_{j=1}^{n} U_j \cdot A_j}{A_N} \qquad (4.77)$$

单位地面面积（使用面积）日间换气热负荷（W/m^2K）（日间换气率 n_{Lt}（1/h））

$$L_{At} = \rho_L \cdot c_{pL} \frac{n_{Lt}}{3600} \frac{V_L}{A_N} \qquad (4.78)$$

单位地面面积（使用面积）夜间换气热负荷（W/m^2K）（夜间换气率 n_{Ln}（1/h））

$$L_{An} = \rho_L \cdot c_{pL} \frac{n_{Ln}}{3600} \frac{V_L}{A_N} \qquad (4.79)$$

单位地面面积（使用面积）内热源热负荷（W/m^2）

$$I_A = q_i \qquad (4.80)$$

由此得到基于上述热极端条件下房间单位地面面积所列出的热流平衡关系。其中，日间和夜间的换气热损失是不同的。

$$S_A + T_A \cdot (\theta_{em} - \theta_i(t)) + \frac{L_{At}}{2} \cdot (\theta_{em} + \Delta\theta_e - \theta_i(t)) + \frac{L_{An}}{2} \cdot (\theta_{em} - \Delta\theta_e - \theta_i(t)) + I_. = C_A \frac{d\theta_i}{dt} \quad (4.81)$$

将含有外界气温变化幅度 $\Delta\theta_e$ 的各项分离后得：

$$\left(T_A + \frac{L_{At} + L_{An}}{2}\right) \cdot (\theta_{em} - \theta_i(t)) + \left[S_A + \frac{\Delta\theta_e}{2} \cdot (L_{At} - L_{An}) + I_A\right] = C_A \frac{d\theta_i}{dt}$$

该微分方程可通过分离变量法求解。θ_{io} 为加热升温过程初始时刻的室内气温。

$$\int_{\theta_{io}}^{\theta_i} \frac{1}{(\theta_{em} - \theta_i(t)) + \left[\dfrac{S_A + \frac{\Delta\theta_e}{2} \cdot (L_{At} - L_{An}) + I_A}{\left(T_A + \frac{L_{At} + L_{An}}{2}\right)}\right]} d\theta_i = \int_0^t \left(\frac{T_A + \frac{L_{At} + L_{An}}{2}}{C_A}\right) dt$$

$$\ln\left[\frac{(\theta_{em} - \theta_i(t)) + \left[\dfrac{S_A + \frac{\Delta\theta_e}{2} \cdot (L_{At} - L_{An}) + I_A}{\left(T_A + \frac{L_{At} + L.{An}}{2}\right)}\right]}{(\theta_{em} - \theta_{io}) + \left[\dfrac{S_A + \frac{\Delta\theta_e}{2} \cdot (L_{At} - L_{An}) + I_A}{\left(T_A + \frac{L_{At} + L_{An}}{2}\right)}\right]}\right] = \left(\frac{T_A + \frac{L_{At} + L_{An}}{2}}{C_A}\right) \cdot t$$

由此导出描述室内气温加热升高过程的指数函数：

$$\theta_i(t) = \left[\theta_{em} + \frac{S_A + \frac{\Delta\theta_e}{2} \cdot (L_{At} - L_{An}) + I_A}{\left(T_A + \frac{L_{At} + L_{An}}{2}\right)}\right] + \left[\theta_{io} - \left[\theta_{em} + \frac{S_A + \frac{\Delta\theta_e}{2} \cdot (L_{At} - L_{An}) + I_A}{\left(T_A + \frac{L_{At} + L_{An}}{2}\right)}\right]\right] \cdot e^{-\left(\frac{T_A + \frac{L_{At} + L_{An}}{2}}{C_A}\right) \cdot t} \quad (4.82)$$

方程（4.82）的第一项表示室温能够达到的最终值，即加热无限长时间后室内空气所达到的温度值。

$$\theta_{i\infty} = \theta_{em} + \frac{S_A + \frac{\Delta\theta_e}{2} \cdot (L_{At} - L_{An}) + I_A}{T_A + \frac{L_{At} + L_{An}}{2}} \quad (4.83)$$

在上式的分子当中包含了与温度无关的热负荷，如单位使用面积的辐射热流 S_A，以及单位使用面积的内热源 I_A。

上式分子中的 $0.5\Delta\theta_e$（L_{At}−L_{An}）项通常为负数（$L_{At}<L_{An}$），它描述了夏季通过强化夜间通风换气缓解了热负荷的机理。分母中包含了比传热热流和比平均换气热流。在较小的 U 值（如 $0.5W/m^2K$）的情况下，即使换气率较低（如 1 次 /h），也是第二项起主导作用。

室温能够达到的最终值 $\theta_{i\infty}$ 与起储热作用的构件质量无关。

e 函数的指数描述了调整过程的快慢程度。经过调整时间 τ 后，室温达到初始温差值 95% 时的值称为 95% 值。由关系式 $\theta_i(t)-\theta_{io}=0.95(\theta_i-\theta_{io})$ 得：

$$\tau_{.} = \left[3\cdot\left(\frac{C_A}{T_A+\frac{L_{At}+L_{An}}{2}}\right)\right] \quad (s)$$

$$\tau_{.} = \left[\frac{3}{3600}\cdot\left(\frac{C_A}{T_A+\frac{L_{At}+L_{An}}{2}}\right)\right] \quad (h) \tag{4.84}$$

调整时间（热惯性）主要取决于热容量 C_A，或者说是起储热作用的建筑构件质量 m_A。分子中包含了比传热热流和比平均换气热流。在较小的 U 值（如 $0.5W/m^2K$）的情况下，即使换气率较低（如 1 次 /h），也是第二项起主导作用。

调整时间 τ 和与温度相关的加热热流及散热热流 S_A，I_A，以及 $\Delta\theta_e\cdot$（L_{At}−L_{An}）/2 无关。

由 $\theta_i(t)$ 和 θ_{i0} 的差得到室内空气的实际温升 $\Delta\theta_i$：

$$\Delta\theta(t) = \left(\theta_{i\infty}-\theta_{io}\right)\cdot\left(1-e^{-3\frac{t}{\tau}}\right) \tag{4.85}$$

$$\Delta\theta(t) = \left[\theta_{em}-\theta_{io}+\frac{S_A+\frac{\Delta\theta_e}{2}\cdot(L_{At}-L_{An})+I_A}{T_A+\frac{L_{At}+L_{An}}{2}}\right]\left[1-e^{-\left(\frac{T_A+\frac{L_{At}+L_{An}}{2}}{C_A}\right)\cdot t}\right]$$

4.2.2 室内空气的加热与房屋相关参数及使用条件参数的关系

4.2.2.1 针对加热过程的讨论

下面将介绍判定夏季隔热的一些建议及限制条件。首先，通过改变房屋相关参数（T_A，S_A 和 C_A）及与使用条件相关的参数（I_A，n_L），探讨这些参数对室内空气加热的影响。

室内空气的加热与时间、建筑构件的质量（作为参数）、辐射热负荷及日间和夜间不同换气率 n_T 情况下的内部热负荷等均有关。

例 1：本例讨论的是一个未被使用的房间，在 10W/m²（单位使用面积）的辐射热负荷作用下的加热过程：日间和夜间没有通风换气，没有内热源。建筑构件质量为 700kg/m²（单位使用面积）的房间温升不超过 6K。而对于质量为 100kg/m² 的非常轻的建筑物，则（2.2 天之后）可升高 9K，对于质量为 1300kg/m² 的非常重的建筑物，则是 4K。辐射热负荷为 10W/m² 意味着：从外侧将窗户完全遮挡的情况下，热屋顶下面房间的窗户的面积可以达到使用面积的 30%，而其他楼层房间窗户的面积可以达到使用面积的 50%（屋顶面积与使用面积相同）。

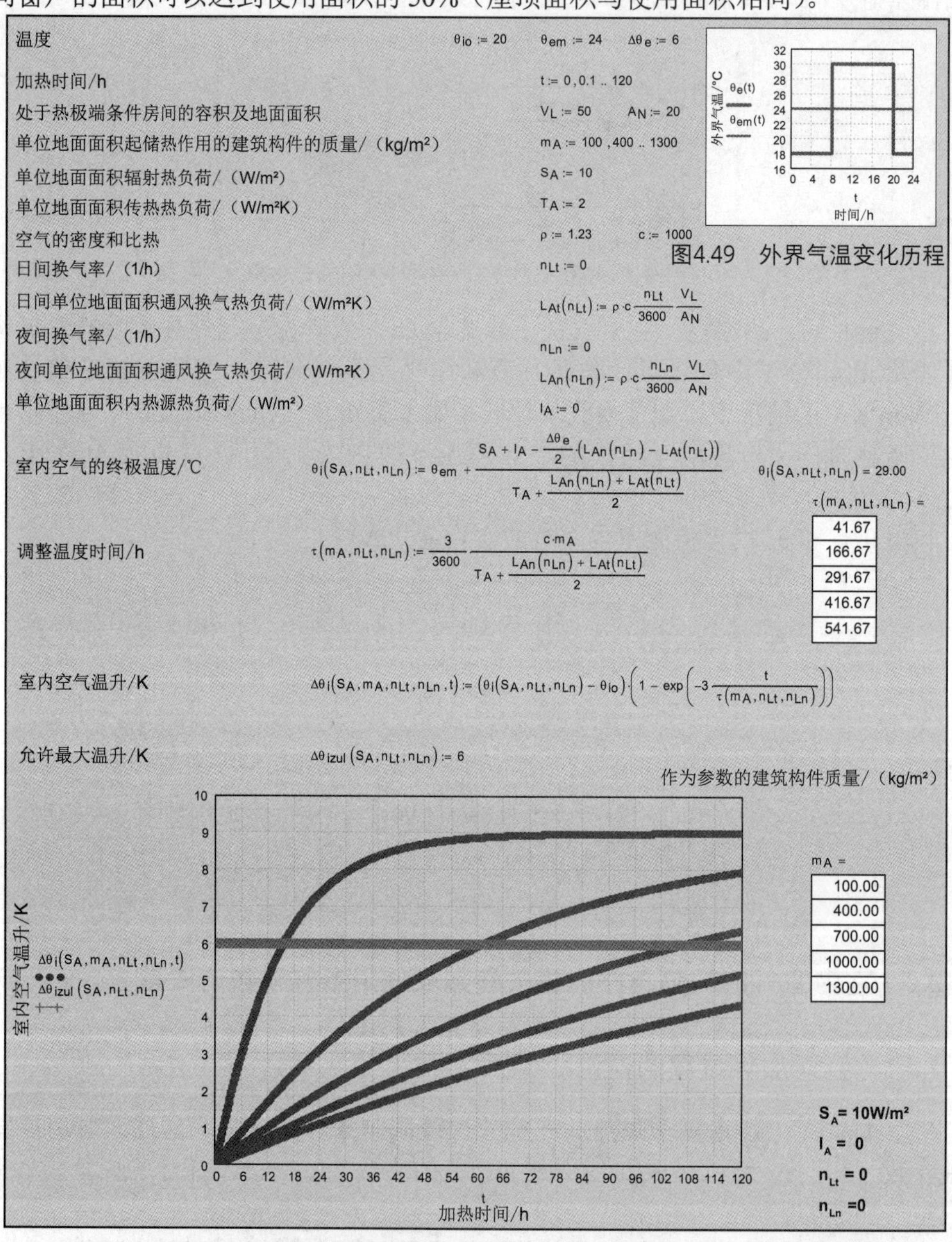

图4.49　外界气温变化历程

图 4.50　某非居住房间在无内热源、无通风情况下室内空气温升 $\Delta\theta_i$ 随构件质量的变化关系（浅色线为 6K- 极限温升线）

例 2：本例讨论的是一个正常使用的房间，在 10W/m^2（单位使用面积）的辐射热负荷作用下的加热过程：日间的换气率为 0.5/h，夜间的强化换气率为 3/h，内热源为 5W/m^2。针对不同建筑构件质量的所有房间温升不超过 6.5K。在窗户从外侧完全被遮挡的情况下，热屋顶下面房间窗户的面积可以达到使用面积的 30%，而其他楼层房间窗户的面积可以达到使用面积的 50%（屋顶面积与使用面积相同）。

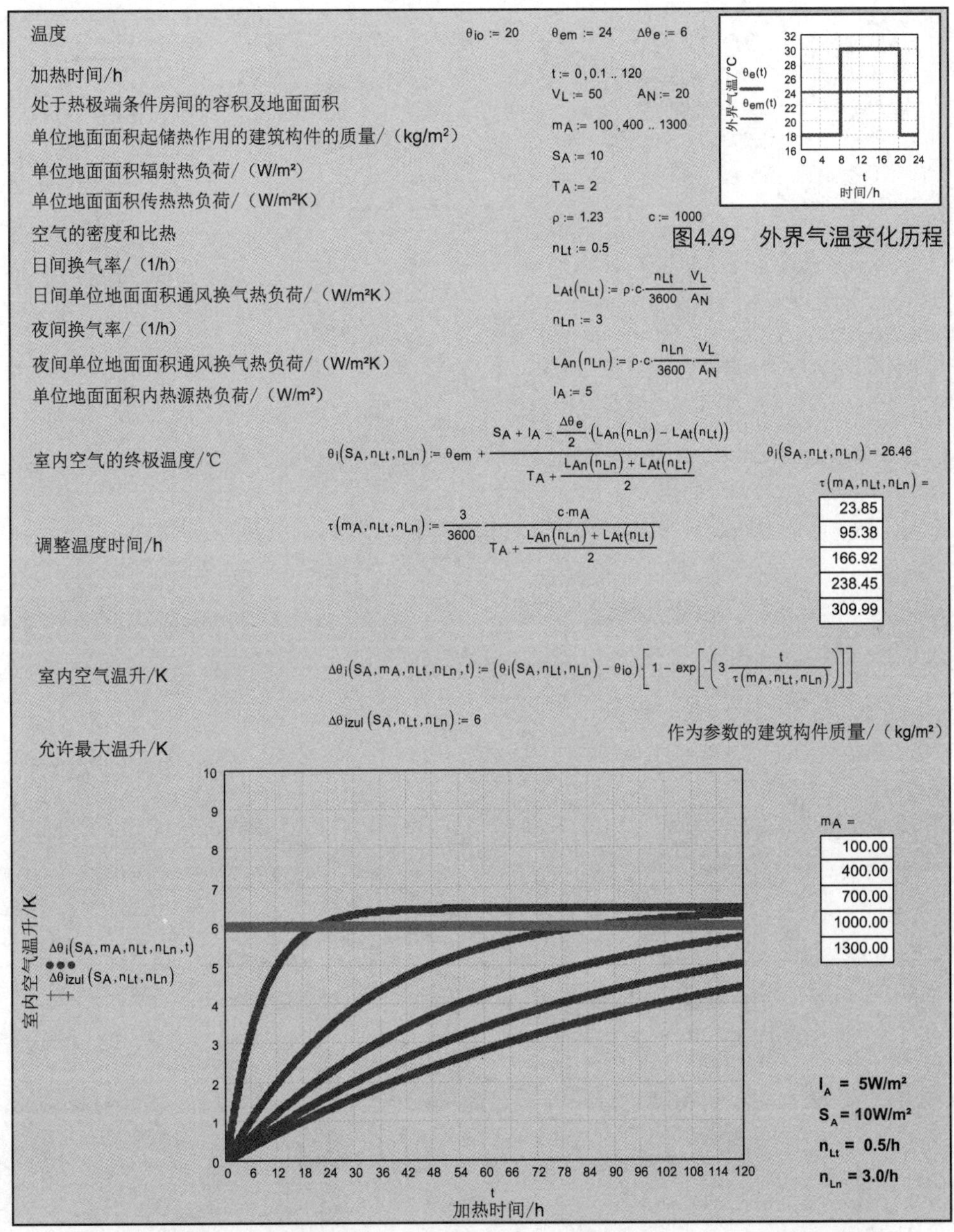

$$L_{At}(n_{Lt}) := \rho \cdot c \cdot \frac{n_{Lt}}{3600} \cdot \frac{V_L}{A_N}$$

$$L_{An}(n_{Ln}) := \rho \cdot c \cdot \frac{n_{Ln}}{3600} \cdot \frac{V_L}{A_N}$$

$$\theta_i(S_A, n_{Lt}, n_{Ln}) := \theta_{em} + \frac{S_A + I_A - \frac{\Delta\theta_e}{2}\cdot\left(L_{An}(n_{Ln}) - L_{At}(n_{Lt})\right)}{T_A + \frac{L_{An}(n_{Ln}) + L_{At}(n_{Lt})}{2}}$$

$$\tau(m_A, n_{Lt}, n_{Ln}) := \frac{3}{3600}\cdot\frac{c \cdot m_A}{T_A + \frac{L_{An}(n_{Ln}) + L_{At}(n_{Lt})}{2}}$$

$$\Delta\theta_i(S_A, m_A, n_{Lt}, n_{Ln}, t) := \left(\theta_i(S_A, n_{Lt}, n_{Ln}) - \theta_{io}\right)\cdot\left[1 - \exp\left[-\left(3\frac{t}{\tau(m_A, n_{Lt}, n_{Ln})}\right)\right]\right]$$

图 4.51 某正常居住房间在内热源为 5W/m^2、日间换气率为 0.5/h、夜间换气率为 3/h 情况下室内空气温升 $\Delta\theta_i$ 随构件质量的变化关系（浅色线为 6K- 极限温升线）

例 3：本例涉及 $m/A=700kg/m^2$ 的中等重量建筑物中一间未被使用的房间的加热过程：日间和夜间没有通风换气，没有内热源，加热过程与辐射热负荷相关。在辐射热负荷低于单位使用面积 $10W/m^2$ 的情况下，房间温升不超过 6K。在窗户从外侧完全被遮挡的情况下，热屋顶下面房间窗户的面积可以达到使用面积的 30%，而其他楼层房间窗户的面积可以达到使用面积的 50%（屋顶面积与使用面积相同）。

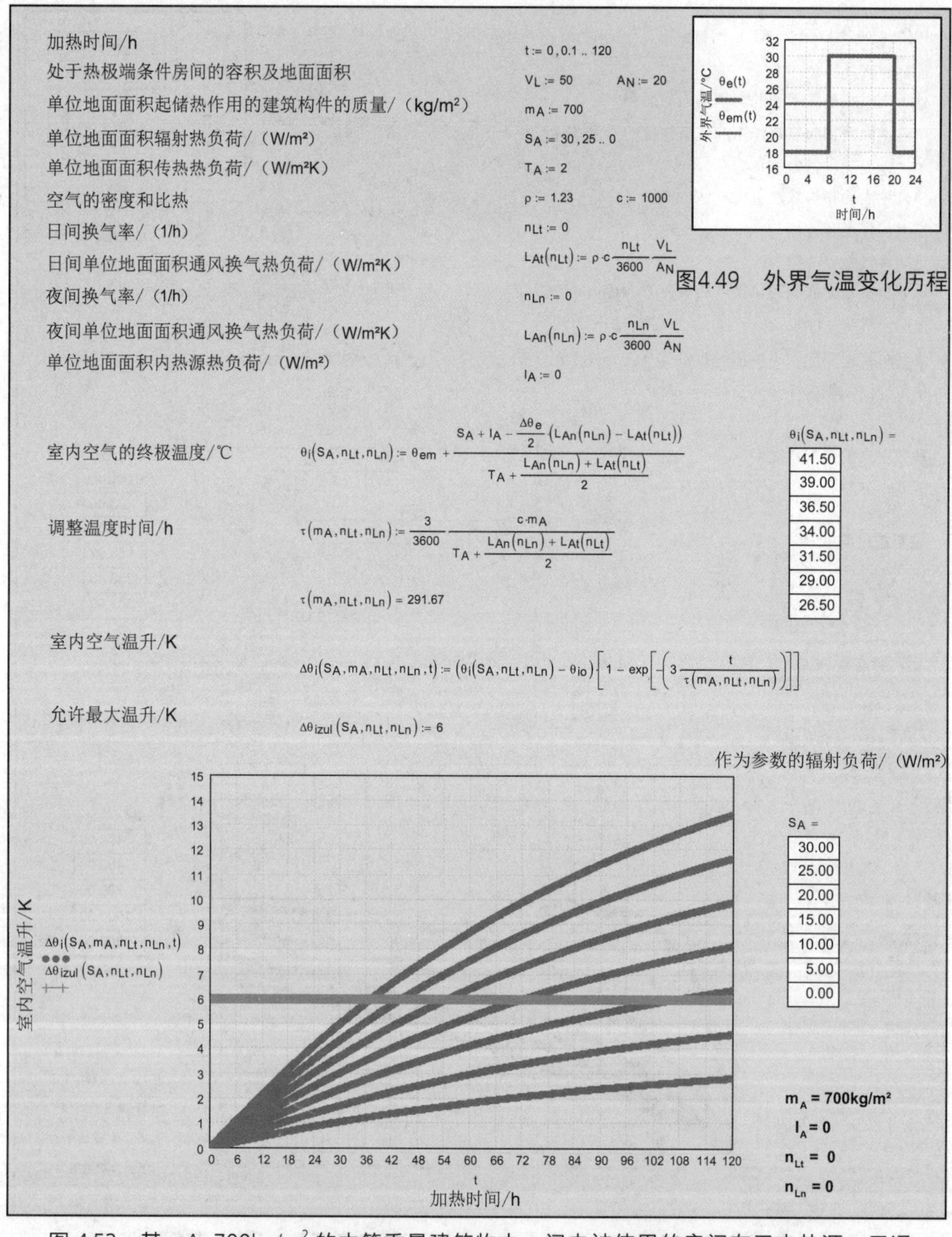

图 4.52　某 $mA=700kg/m^2$ 的中等重量建筑物中一间未被使用的房间在无内热源、无通风情况下室内空气温升 $\Delta\theta_i$ 随辐射热负荷的变化关系（浅色线为 6K- 极限温升线）

例 4：本例讨论的是在 m/A=700kg/m² 的中等重量建筑物中一间被正常使用的房间的加热过程：日间换气率为 0.5/h，夜间换气率为 3/h，内热源为 5W/m²。加热过程与辐射热负荷相关。在辐射热负荷低于单位使用面积 10W/m² 的情况下，房间升温不超过 6K；低于 15W/m² 时，5 天之后，房间升温不超过 7K；低于 30W/m² 时，则达到 11K。在窗户从外侧完全被遮挡的情况下，中间各楼层房间窗户的面积可以达到使用面积的 50%，而热屋顶下面房间窗户的面积为使用面积的 30%。

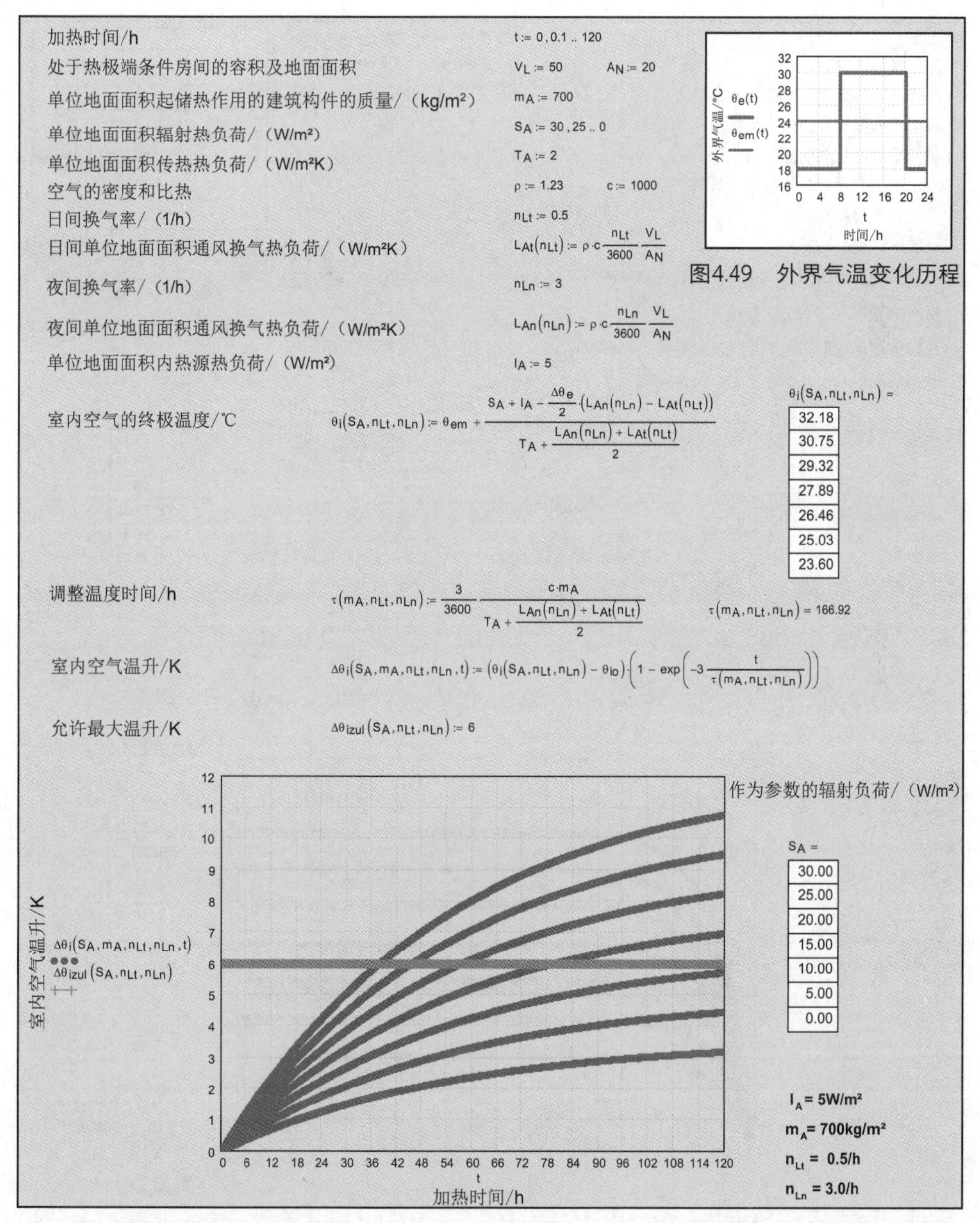

图 4.53 某被正常使用的房间室内空气温升 $\Delta\theta_i$ 随辐射热负荷的变化关系，内热源为 5W/m²，构件质量为 700kg/m²，日间换气率为 0.5/h，夜间换气率为 3/h（浅色线为 6K- 极限温升线）

例 5：本例所讨论的是在 m/A=100kg/m² 的非常轻型建筑物中，一间被正常使用的房间的加热过程：日间换气率为 0.5/h，夜间换气率为 3/h，内热源为 5W/m²。加热过程（一天后的温度值）在辐射热负荷低于 8W/m² 的情况下，房间温升不超过 6K。在窗户从外侧完全被遮挡的情况下，中间各楼层房间窗户的面积只允许达到使用面积的 25%。而热屋顶下面房间则不再满足 6K 的准则要求。对于轻型建筑（无储热能力）只能通过强化通风降低室内温度。

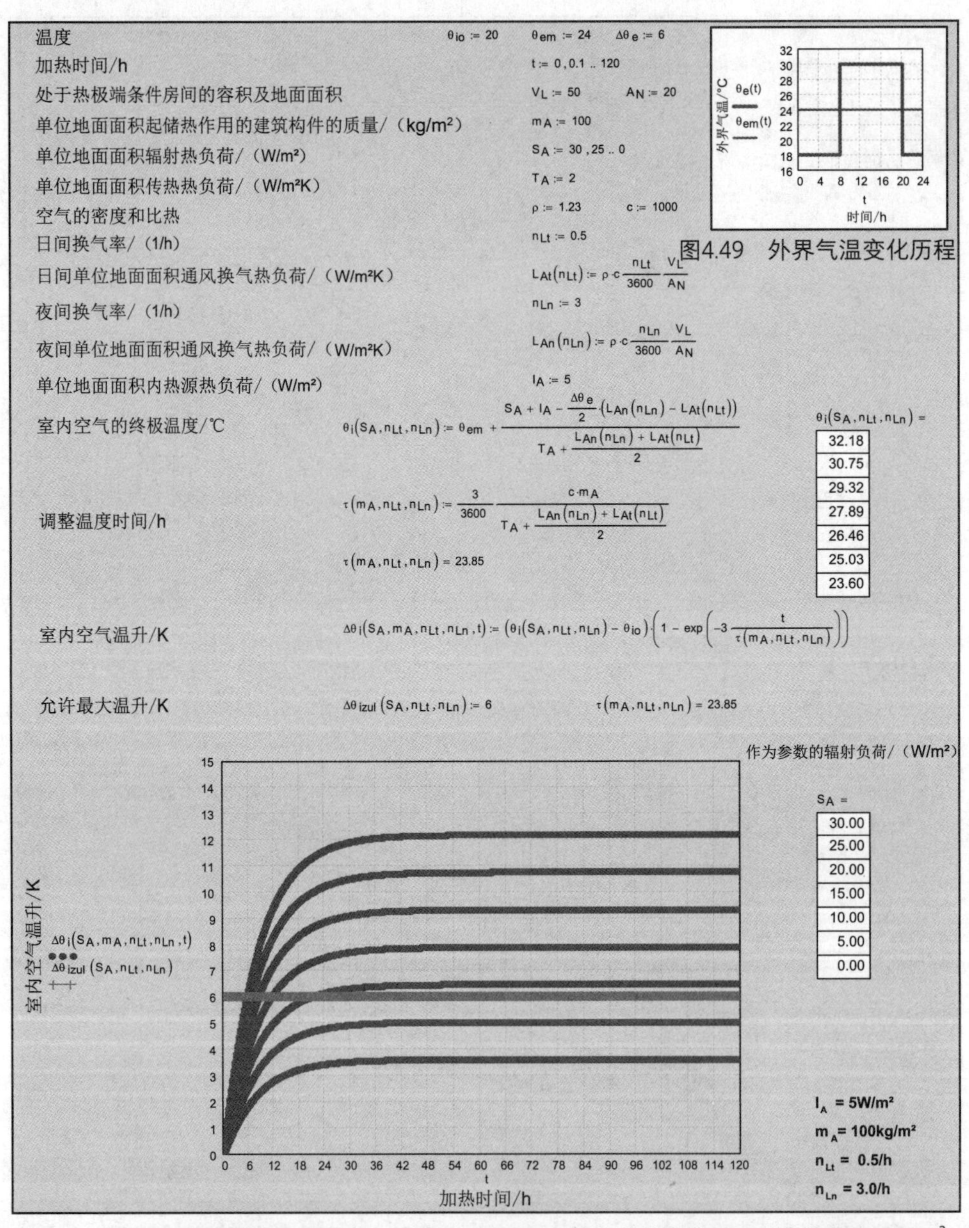

图4.49　外界气温变化历程

图 4.54　某被正常使用的房间室内空气温升 $\Delta\theta_i$ 随辐射热负荷的变化关系，内热源为 5W/m²，日间换气率为 0.5/h，夜间换气率为 3/h，构件质量为 100kg/m²（浅色线为 6K- 极限温升线）

4.2.2.2 针对夏季 5 天加热后室内温度的讨论

例 1a：本例给出了一间被正常使用的房间在 5 天晴好天气加热之后的平均温升随以下参数的变化关系：建筑构件质量从 m/A=100kg/m^2（非常轻型建筑物）到 700kg/m^2（通常的居住建筑）直至 1500kg/m^2（极重型建筑物）变化、辐射热负荷从 0 到 30W/m^2 变化、日间换气率为 0.5/h、夜间换气率为 3/h、内热源为单位使用面积 5W/m^2。在辐射热负荷低于单位使用面积 11W/m^2 的情况下，质量为 700kg/m^2 建筑物中的房间温升不超过 6K。在窗户从外侧完全被遮挡的情况下，中间各楼层房间窗户的面积可达到使用面积的 30%。而热屋顶下面能满足 6K 的准则要求房间窗户的面积份额最多约为 20%。

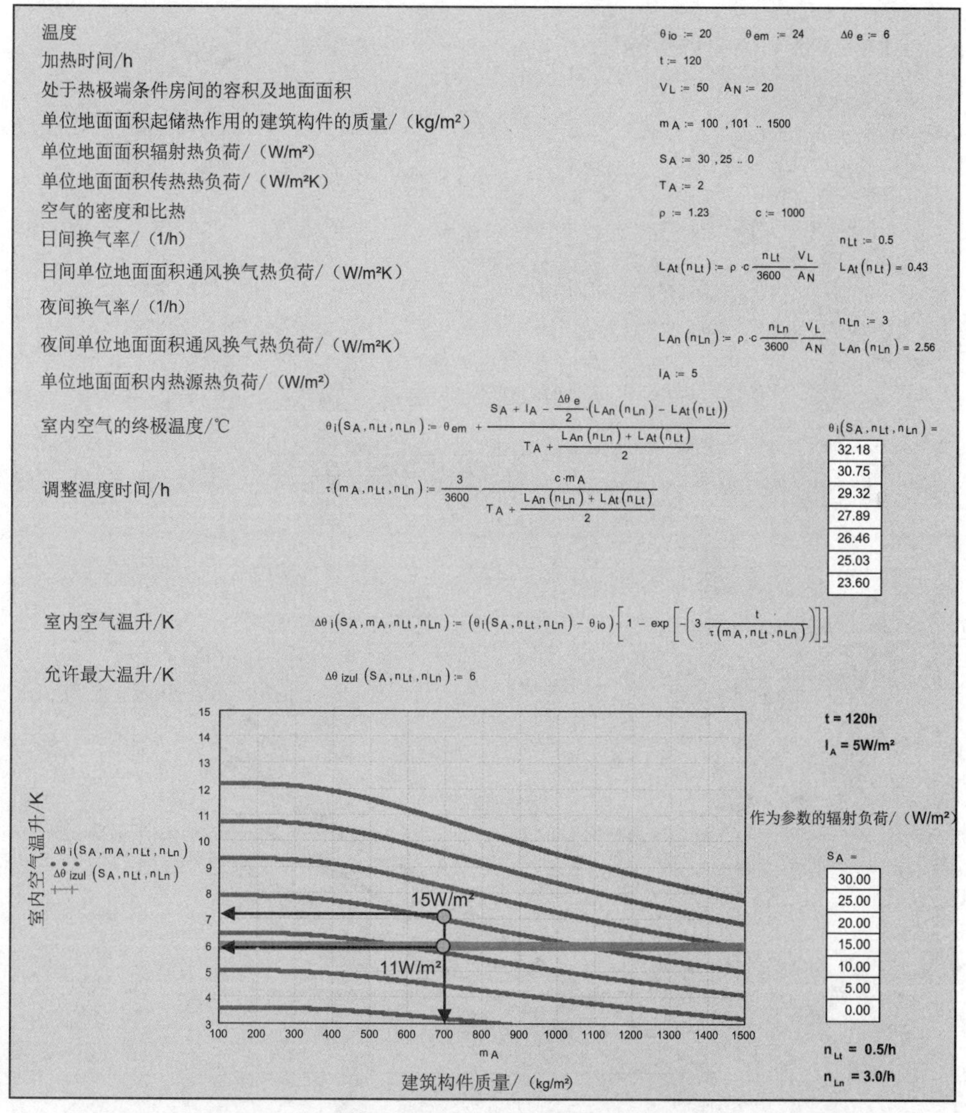

$$L_{At}(n_{Lt}) := \rho \cdot c \cdot \frac{n_{Lt}}{3600} \cdot \frac{V_L}{A_N}$$

$$L_{An}(n_{Ln}) := \rho \cdot c \cdot \frac{n_{Ln}}{3600} \cdot \frac{V_L}{A_N}$$

$$\theta_i(S_A, n_{Lt}, n_{Ln}) := \theta_{em} + \frac{S_A + I_A - \frac{\Delta\theta_e}{2}\cdot\left(L_{An}(n_{Ln}) - L_{At}(n_{Lt})\right)}{T_A + \frac{L_{An}(n_{Ln}) + L_{At}(n_{Lt})}{2}}$$

$$\tau(m_A, n_{Lt}, n_{Ln}) := \frac{3}{3600} \cdot \frac{c \cdot m_A}{T_A + \frac{L_{An}(n_{Ln}) + L_{At}(n_{Lt})}{2}}$$

$$\Delta\theta_i(S_A, m_A, n_{Lt}, n_{Ln}) := \left(\theta_i(S_A, n_{Lt}, n_{Ln}) - \theta_{io}\right)\cdot\left[1 - \exp\left[-\left(3\frac{t}{\tau(m_A, n_{Lt}, n_{Ln})}\right)\right]\right]$$

图 4.55 某被正常使用的房间被加热 5 天之后室内空气温升 $\Delta\theta_i$ 随构件质量和辐射热负荷的变化关系，内热源为 5W/m^2，日间换气率为 0.5/h，夜间换气率为 3/h

例 1b：本例给出了一间被正常使用的房间在 5 天晴好天气加热之后的平均温升随以下参数的变化关系：建筑构件质量从 m/A=100kg/m²（非常轻型建筑物）到 700kg/m²（通常的居住建筑）直至 1500kg/m²（极重型建筑物）变化、辐射热负荷从 0 到 30W/m² 变化、日间换气率为 0.5/h、夜间换气率为 3/h、内热源为单位使用面积 5W/m²。在辐射热负荷低于单位使用面积 11W/m² 的情况下，质量为 700kg/m² 建筑物中的房间温升不超过 6K。如果窗户从外侧完全被遮挡的话，中间各楼层房间窗户的面积可达到使用面积的 30%。而热屋顶下面能满足 6K 的准则要求房间窗户的面积份额最多约为 20%。辐射热负荷为 15W/m² 时，室温将升高 7K。

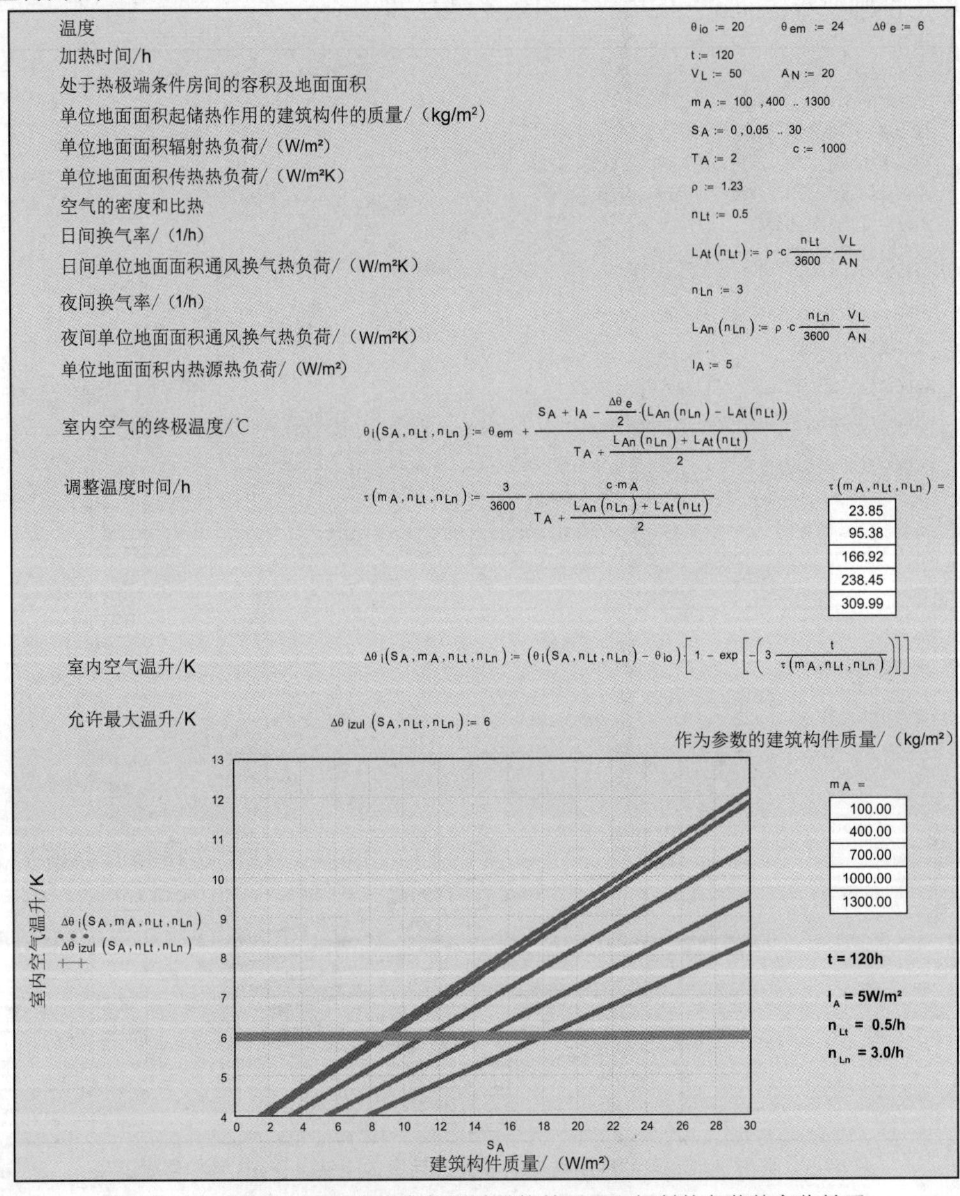

图 4.56　被加热 5 天之后室内空气温升随构件质量和辐射热负荷的变化关系，内热源为 5W/m²，日间换气率为 0.5/h，夜间换气率为 3/h

例 2a：本例给出了一间被正常使用的房间在 5 天晴好天气加热之后的平均温升随以下参数的变化关系：建筑构件质量从 m/A=100kg/m²（非常轻型建筑物）到 700kg/m²（通常的居住建筑）直至 1500kg/m²（极重型建筑物）变化、日间换气率从 0 至 5/h 变化、夜间换气率仅为 1/h、内热源为单位使用面积 5W/m²、辐射热负荷为单位使用面积 10W/m²。质量为 1500kg/m² 建筑物中的房间，在日间换气率为 0 时，温升不超过 6K；而质量为 700kg/m² 建筑物中的房间，在日间换气率为 0.5/h 时，温升达到 9.3K。重要的是下面的结论：在轻型建筑（不超过 400kg/m²）中，白天也必须强化通风，才能使室内温度适当降低。而在重型建筑中，白天要少量通风，以利用其储热效应。

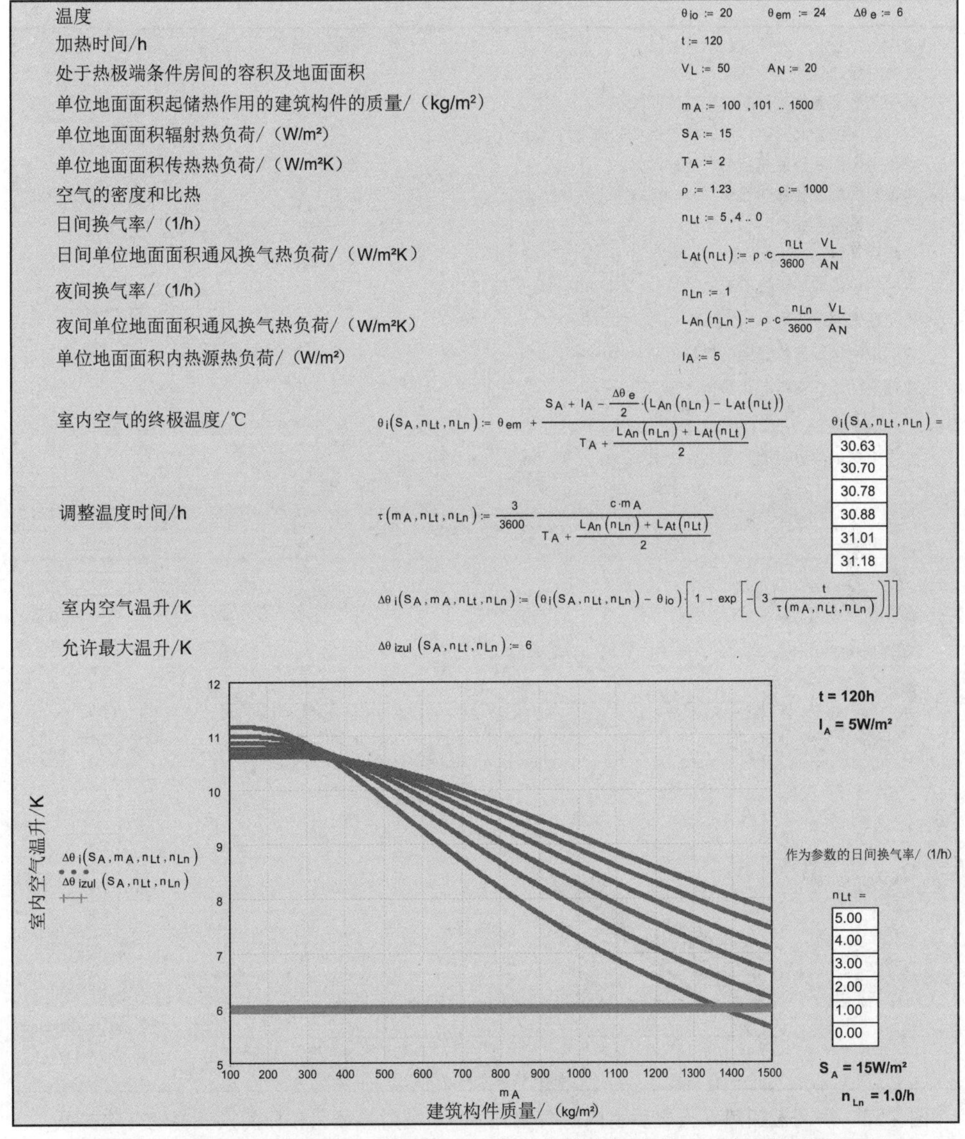

$$L_{At}(n_{Lt}) := \rho \cdot c \cdot \frac{n_{Lt}}{3600} \cdot \frac{V_L}{A_N}$$

$$L_{An}(n_{Ln}) := \rho \cdot c \cdot \frac{n_{Ln}}{3600} \cdot \frac{V_L}{A_N}$$

$$\theta_i(S_A, n_{Lt}, n_{Ln}) := \theta_{em} + \frac{S_A + I_A - \frac{\Delta\theta_e}{2}\cdot(L_{An}(n_{Ln}) - L_{At}(n_{Lt}))}{T_A + \frac{L_{An}(n_{Ln}) + L_{At}(n_{Lt})}{2}}$$

$$\tau(m_A, n_{Lt}, n_{Ln}) := \frac{3}{3600}\cdot\frac{c\cdot m_A}{T_A + \frac{L_{An}(n_{Ln}) + L_{At}(n_{Lt})}{2}}$$

$$\Delta\theta_i(S_A, m_A, n_{Lt}, n_{Ln}) := (\theta_i(S_A, n_{Lt}, n_{Ln}) - \theta_{io})\cdot\left[1 - \exp\left[-\left(3\cdot\frac{t}{\tau(m_A, n_{Lt}, n_{Ln})}\right)\right]\right]$$

图 4.57　某被正常使用的房间被加热 5 天之后室内空气温升 $\Delta\theta_i$ 随构件质量和日间换气率的变化关系，辐射热负荷 10W/m²，内热源为 5W/m²，夜间换气率为 1/h

例 2b：本例给出建筑构件质量为 300kg/m² 的轻型建筑物中的一间被正常使用的房间在 5 天晴好天气加热之后（夜间换气率为 1/h，内热源为单位使用面积 5W/m²）的平均温升随辐射热负荷及日间换气率的变化关系。所获得的重要结论是：房间内的过热温度随日间换气率的变化关系在辐射热负荷为 13W/m² 时发生反转（请与上面的例子比较）。在辐射热负荷超过 13W/m² 时，白天的换气率必须提高，如 5/h，才能控制住室内空气的进一步升温（尽管 6K 的准则要求不再能被满足）。当辐射热负荷低于 13W/m² 时，白天应该只进行必要的通风，以保证结构的滞后效应不被通风所抵消。

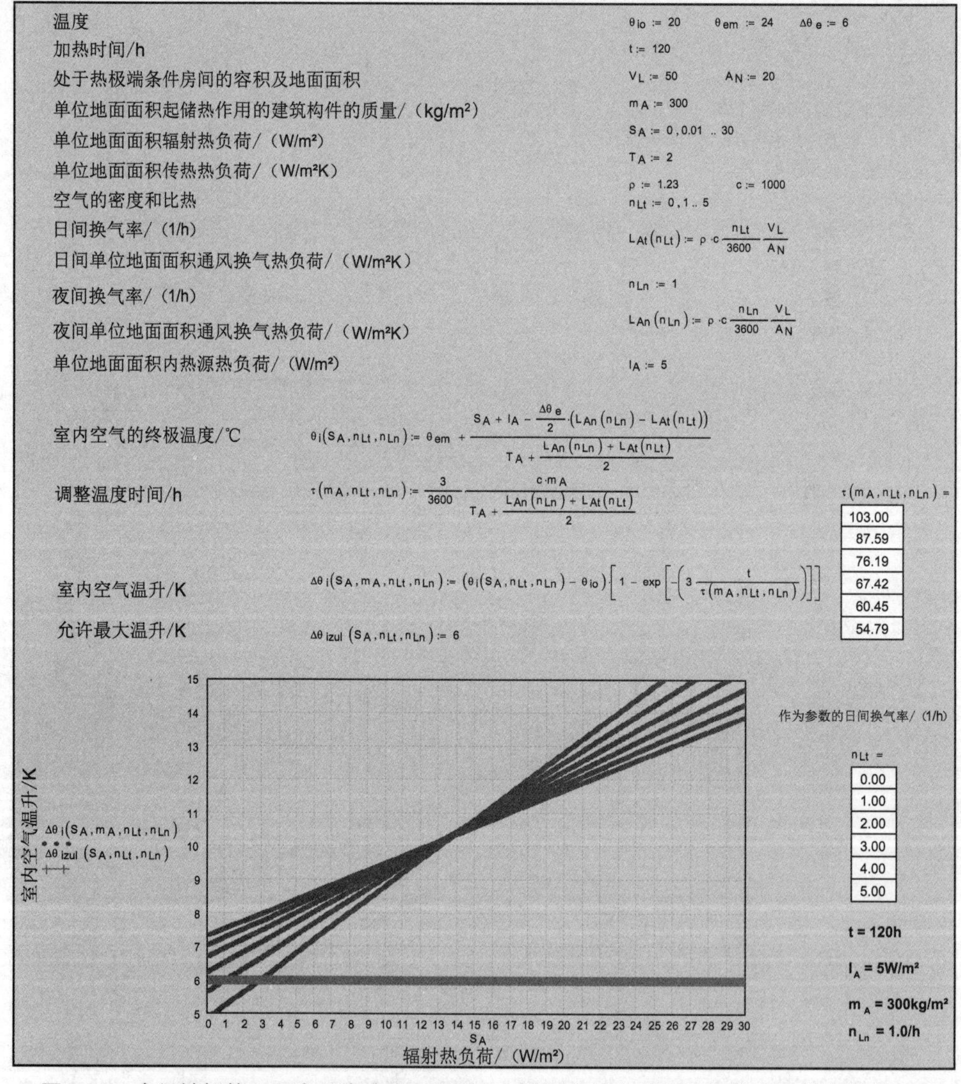

图 4.58　房间被加热 5 天之后室内空气温升 $\Delta\theta_i$ 随辐射热负荷和日间换气率的变化关系，构件质量 300kg/m²，内热源为 5W/m²，夜间换气率为 1/h（与例 2a 相同）

例 3：本例给出了一间被正常使用的房间在 5 天晴好天气加热之后的平均温升：内热源为 $5W/m^2$，正常的辐射热负荷为 $10W/m^2$，起储热作用的建筑构件质量为 $700kg/m^2$，日间换气率从 0 至 8/h 变化，夜间换气率从 0 至 5/h 变化。质量为 $1500kg/m^2$ 建筑物中的房间，在日间换气率低于 1/h，而夜间换气率高于 3.0/h 时，房间的温升不超过 6K。

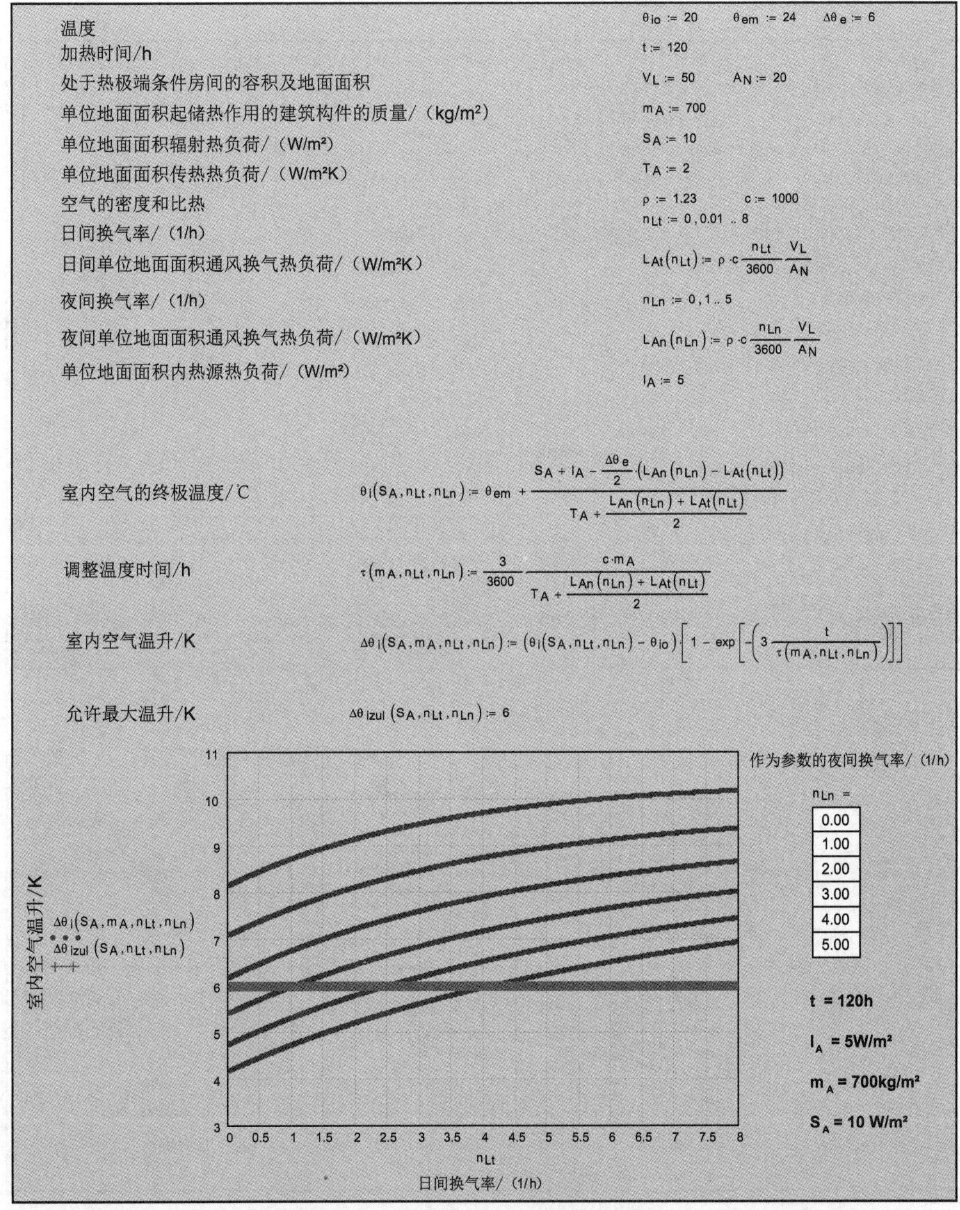

图 4.59 某个被正常使用的房间被加热 5 天之后室内空气温升随日间换气率和夜间换气率的变化关系，构件质量为 $700kg/m^2$，辐射热负荷 $10W/m^2$，内热源为 $5W/m^2$

例 4：本例将分别讨论通过窗户及通过不透明墙体的辐射热负荷的影响。下图给出了在 5 天加热之后室内空气的温升随不透明墙体传热系数 U 及通过窗户的单位使用面积辐射热负荷的变化关系。日间换气率为 0.5/h，夜间为 2/h，内热源负荷为 5W/m²。与室内空气的最终温度相比，5 天之后室内温升随着通过窗户的辐射热负荷，以及 U 值的增加（即通过不透明墙体的辐射热负荷的增加）而增加。通过比较 S_{AF}=2W/m² 和 S_{AF}=15W/m² 的结果看出，导热散热只有在室内空气温升比较大时才可能。

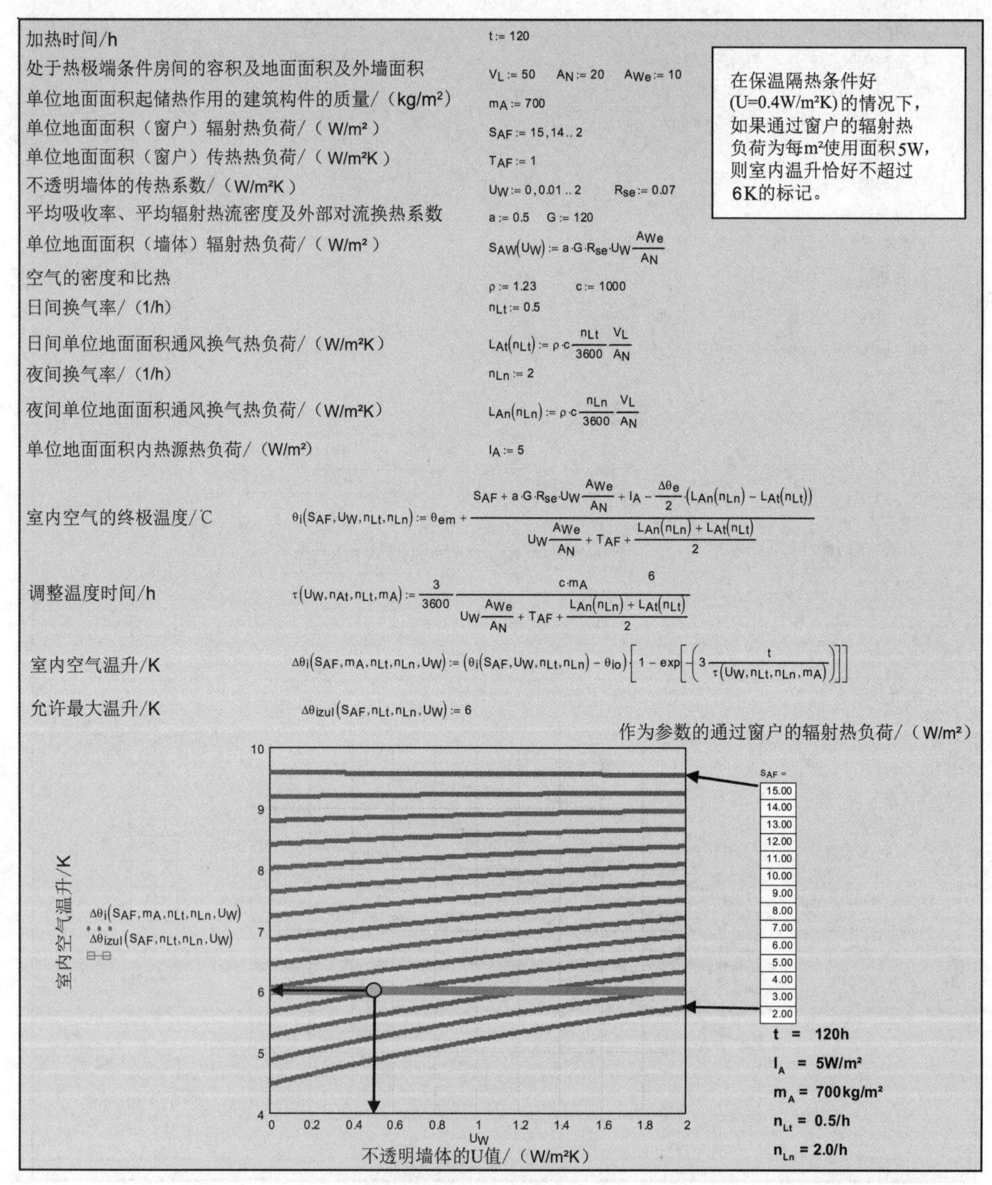

$$S_{AW}(U_W) := a \cdot G \cdot R_{se} \cdot U_W \cdot \frac{A_{We}}{A_N}$$

$$L_{At}(n_{Lt}) := \rho \cdot c \cdot \frac{n_{Lt}}{3600} \cdot \frac{V_L}{A_N}$$

$$L_{An}(n_{Ln}) := \rho \cdot c \cdot \frac{n_{Ln}}{3600} \cdot \frac{V_L}{A_N}$$

$$\theta_i(S_{AF}, U_W, n_{Lt}, n_{Ln}) := \theta_{em} + \frac{S_{AF} + a \cdot G \cdot R_{se} \cdot U_W \cdot \frac{A_{We}}{A_N} + I_A - \frac{\Delta\theta_e}{2} \cdot \left(L_{An}(n_{Ln}) - L_{At}(n_{Lt})\right)}{U_W \cdot \frac{A_{We}}{A_N} + T_{AF} + \frac{L_{An}(n_{Ln}) + L_{At}(n_{Lt})}{2}}$$

$$\tau(U_W, n_{At}, n_{Lt}, m_A) := \frac{3}{3600} \cdot \frac{c \cdot m_A}{U_W \cdot \frac{A_{We}}{A_N} + T_{AF} + \frac{L_{An}(n_{Ln}) + L_{At}(n_{Lt})}{2}} \cdot 6$$

$$\Delta\theta_i(S_{AF}, m_A, n_{Lt}, n_{Ln}, U_W) := \left(\theta_i(S_{AF}, U_W, n_{Lt}, n_{Ln}) - \theta_{io}\right)\left[1 - \exp\left[-\left(3 \cdot \frac{t}{\tau(U_W, n_{Lt}, n_{Ln}, m_A)}\right)\right]\right]$$

图 4.60　某个被正常使用的房间被加热 5 天之后室内空气温升随不透明墙体的 U 值及通过窗户的辐射热负荷的变化关系，日间和夜间换气率分别为 0.5/h 和 2/h，构件质量为 700kg/m²，内热源为 5W/m²

4.2.3 夏季热防护的评价准则

4.2.3.1 平均室内空气温度的边界值

基本要求：

在夏季5天的炎热时段，室内温度的平均升高量不能超过6K：

$$\Delta\theta_i<6\text{K} \quad \theta_{i,mittel}<26℃ \tag{4.86}$$

室内温度的升高量可以通过描述加热过程的方程（4.85）来确定。

$$L_{At}(n_{Lt}) := \rho_L \cdot c_{pL} \cdot \frac{n_{Lt}}{3600} \cdot \frac{V_L}{A_N} \qquad L_{An}(n_{Ln}) := \rho_L \cdot c_{pL} \cdot \frac{n_{Ln}}{3600} \cdot \frac{V_L}{A_N}$$

$$\Delta\theta_i(S_A, m_A, n_{Lt}, n_{Ln}) := \left[\theta_{em} + \frac{S_A + I_A - \frac{\Delta\theta_e}{2}\cdot\left(L_{An}(n_{Ln}) - L_{At}(n_{Lt})\right)}{T_A + \frac{L_{An}(n_{Ln}) + L_{At}(n_{Lt})}{2}} - \theta_{io}\right]\cdot\left(1 - \exp\left(-\frac{\frac{t\cdot 3600}{c\cdot m_A}}{T_A + \frac{L_{An}(n_{Ln}) + L_{At}(n_{Lt})}{2}}\right)\right) \tag{4.85}$$

这一准则非常简单，但是与建筑构造相关的影响因素却没有直接体现出来。

4.2.3.2 允许的夏季辐射热负荷的边界值

将温升限制条件$\Delta\theta_i<6$K、初始室温20℃、外界平均气温24℃，幅值6K代入方程（4.85）。同样，也将如下空气和建材的特性参数，以及内热源参数代入其中：

$$\rho_L=1.23\text{kg/m}^3 \quad c_L=1000\text{Ws/kgK} \quad c=900\text{Ws/kgK} \quad I_A=5\text{W/m}^2$$

$$t := 120 \qquad \theta_{em} := 24 \qquad \Delta\theta_e := 6 \qquad \theta_{io} := 20 \qquad \Delta\theta_{izul}(S_{AF}, n_{Lt}, n_{Ln}, U_W) := 6$$

由于在炎热季节对保温隔热要求高，所以通过墙体和窗户的传热换热量仅起到次要作用，在此假设为T_A=1W/m²K（请与例4.2.4比较）。日间换气率代入最小值n_{Lt1}=0.5/h和比较值n_{Lt2}=2/h。将上述值代入后，方程（4.86）转换为单位使用面积的辐射热负荷S_A的表达式：

$$n_{Lt1} := 0.5$$

$$S_{A1}(m_A, n_{Ln}) := \left[\frac{6}{1 - \exp\left[-\frac{480}{m_A}\cdot\left[1 + 0.17\cdot(n_{Ln} + n_{Lt1})\cdot\frac{V_L}{A_N}\right]\right]} - 4\right]\cdot\left[1 + 0.17\cdot(n_{Ln} + n_{Lt1})\cdot\frac{V_L}{A_N}\right] + 1.02\cdot(n_{Ln} - n_{Lt1})\cdot\frac{V_L}{A_N} - I_A$$

$$n_{Lt2} := 2 \tag{4.87}$$

$$S_{A2}(m_A, n_{Ln}) := \left[\frac{6}{1 - \exp\left[-\frac{480}{m_A}\cdot\left[1 + 0.17\cdot(n_{Ln} + n_{Lt2})\cdot\frac{V_L}{A_N}\right]\right]} - 4\right]\cdot\left[1 + 0.17\cdot(n_{Ln} + n_{Lt2})\cdot\frac{V_L}{A_N}\right] + 1.02\cdot(n_{Ln} - n_{Lt2})\cdot\frac{V_L}{A_N} - I_A$$

该方程给出了处于热极端条件的房间，每平方米地面面积（使用面积）最大允许夏季辐射热负荷S_A随每平方米地面面积的具有储热作用的构件质量m_A及夜间换气率n_{Ln}（如强化夜间通风）的变化关系。

构件质量值的变化范围为m_A=100kg/m²,200kg/m²,…,1500kg/m²。夜间换气率的变化范围为n_{Ln}=1/h,2/h,…,5/h。下图给出了处于热极端条件房间，每平方米地面面积（使用面积）最大允许夏季辐射热负荷S_A随每平方米地面面积的具有储热作用的构件质量m_A及夜间换气率n_{Ln}（1/h）的变化关系。

数值示例：

$\theta_{em} := 24$ $\Delta\theta_e := 6$ $\theta_{io} := 20$ $t := 120$ $n_{Lt2} := 2$ $n_{Lt1} = 0.50$

$\rho_L := 1.23$ $c_{pL} := 1000$ $c := 900$ $l_A := 5$ $n_{Ln} := 5, 4 .. 0$

$V_L := 50$ $A_N := 20$ $T_A := 2$ $m_A := 100, 101 .. 1500$

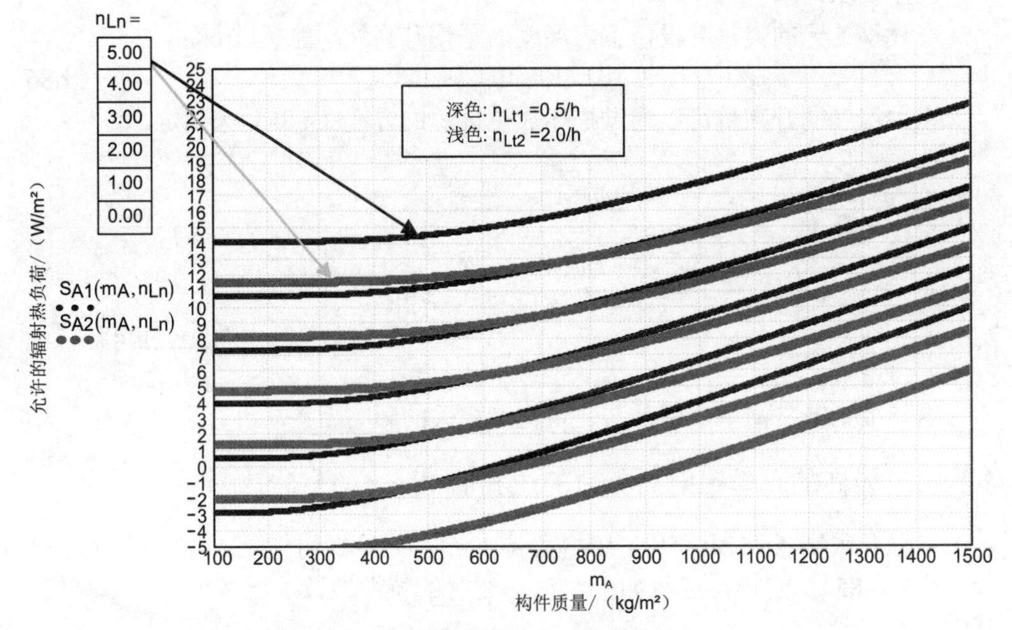

图 4.61 允许的辐射热负荷随构件质量 m_A 及夜间换气率 n_{Ln}（n_{Lt1}=0.5/h，n_{Lt2}=2.0/h）的变化关系

对于日间换气率为 0.5/h 的情况，允许的辐射热负荷随构件质量和夜间换气率的变化关系也以列表的形式示于表 4.6。m_A=700kg/m^2，n_{Ln}=3/h，n_{Lt}=0.5/h，S_A=9.7W/m^2 作为标准状况在表中被标注出来。

表 4.6 允许的辐射热负荷（W/m^2）随 n_{Ln} 和 m_A 的变化关系

m_A/(kg/m²)		100.00	200.00	300.00	400.00	500.00	600.00	700.00	800.00	900.00	1000.00	1100.00	1200.00	1300.00	1400.00	1500.00
n_{LN} in 1/h		0	1	2	3	4	5	6	7	8	9	10	11	12	13	14
0.50	0	-2.14	-1.86	-1.18	-0.26	0.77	1.87	3.01	4.18	5.36	6.56	7.77	8.98	10.20	11.42	12.65
1.00	1	-0.45	-0.25	0.32	1.15	2.12	3.18	4.29	5.43	6.59	7.77	8.97	10.17	11.38	12.59	13.81
1.50	2	1.25	1.38	1.86	2.60	3.51	4.52	5.59	6.71	7.85	9.01	10.19	11.38	12.58	13.78	14.99
2.00	3	2.95	3.04	3.42	4.09	4.93	5.89	6.92	8.01	9.12	10.27	11.43	12.60	13.79	14.99	16.19
2.50	4	4.65	4.71	5.02	5.60	6.38	7.29	8.28	9.33	10.42	11.54	12.69	13.85	15.02	16.20	17.40
3.00	5	6.35	6.39	6.63	7.14	7.86	8.71	9.66	10.68	11.74	12.84	13.96	15.11	16.26	17.44	18.62
3.50	6	8.05	8.07	8.27	8.71	9.36	10.16	11.07	12.05	13.08	14.15	15.25	16.38	17.52	18.68	19.85
4.00	7	9.75	9.77	9.92	10.30	10.89	11.63	12.49	13.44	14.44	15.48	16.57	17.67	18.80	19.94	21.10
4.50	8	11.45	11.46	11.58	11.90	12.43	13.13	13.94	14.85	15.82	16.84	17.89	18.98	20.09	21.22	22.36
5.00	9	13.15	13.16	13.25	13.52	14.00	14.64	15.41	16.28	17.21	18.20	19.24	20.30	21.39	22.51	23.64
5.50	10	14.85	14.85	14.92	15.16	15.58	16.17	16.90	17.72	18.63	19.59	20.60	21.64	22.71	23.81	24.92
6.00	11	16.55	16.55	16.60	16.80	17.18	17.72	18.40	19.19	20.06	20.99	21.97	22.99	24.05	25.12	26.22

如果房间（层高 $h=V_L/A_N$ 约为 2.6m）没有被使用（$I_A=0$，$n_{Lt}=0.5/h$，$n_{Ln}=0.5/h$），则得到简化的限定要求：

$$S_{Ao}(m_A) := \frac{8.7}{1-\exp\left[-\left(\frac{692}{m_A}\right)\right]} - 5.8 \tag{4.88}$$

而对于 $I_A=5W/m^2$，$n_{Lt}=0.5/h$，$n_{Ln}=3/h$ 的情况，可得式（4.89）：

$$S_A(m_A) := \frac{15.3}{1-\exp\left[-\left(\frac{1223}{m_A}\right)\right]} - 8.6 \tag{4.89}$$

对于构件质量低于 $350kg/m^2$ 地面面积的情况（轻型建筑），在晴好天气时的夏季辐射热负荷 S_A 不得超过 $6.5W/m^2$，对于更重的建筑，其允许辐射热负荷的值近似随构件质量的增加线性增加：质量 $700kg/m^2$（中型建筑）时为 $10W/m^2$，而 $1500kg/m^2$（极重型建筑）时为 $19W/m^2$。

$$\begin{array}{ll} m_A < 350kg/m^2 & S_{A\_leicht}(m_{Al}) := 6.5 \\ m_A > 350kg/m^2 & S_{A\_schwer}(m_{As}) := 0.0107 \cdot m_{As} + 2.8 \end{array} \tag{4.90}$$

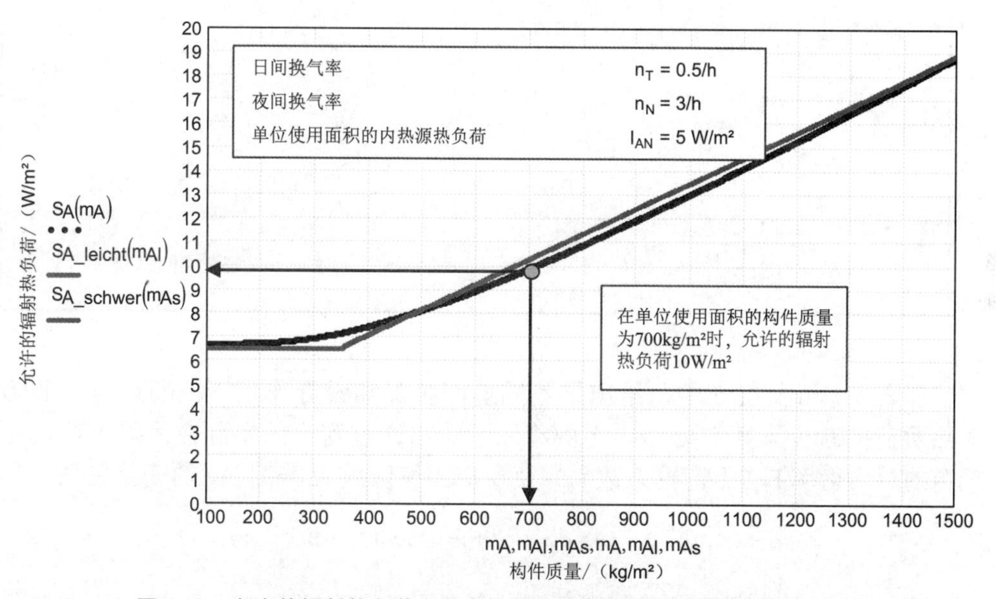

图 4.62 允许的辐射热负荷在固定换气率情况下随构件质量的变化关系

下面通过 4.2.1 节中的方程（4.76）定量给出辐射热负荷与窗户尺寸、玻璃的透射率，以及遮阳形式的变化关系：

$$S_{A.} = \frac{\sum_{j=1}^{n} z_j \cdot f_{Rj} \cdot g_j \cdot G_j \cdot A_{Fj} + \sum_{j=1}^{n} a_j \cdot G_j \cdot U_{Wj} \cdot A_{Wj} \cdot R_{se}}{A_N} \tag{4.76}$$

例：

$U_D := 0.3$	$a := 0.6$	$G_F := 160$	$f_R := 0.7$	$A_F := 4$	$A_N .. 20$
$U_W := 0.5$	$R_{se} := 0.07$	$G_D := 270$ $G_W := 160$	$g := 0.55$ $z := 0.6$	$A_D := 20$ $A_W := 10$	

单位使用面积的外围护结构面积比例

有屋面的热极端条件房间 ——不受光暗表面比例		只有外墙（中间层）的房间 ——不受光暗表面比例		外墙上的窗户 ——窗户面积的比例	
$A_{DN} := \frac{A_D}{A_N}$	$A_{DN} = 1.00$	$A_{WN} := \frac{A_W}{A_N}$	$A_{WN} = 0.50$	$A_{FN} := \frac{A_F}{A_N}$	$A_{FN} = 0.20$

通过不透明外围护结构的辐射热负荷/（W/m²）

热屋顶	外墙
$S_{AD} := a \cdot U_D \cdot R_{se} \cdot G_D \cdot A_{DN}$	$S_{AW} := a \cdot U_W \cdot R_{se} \cdot G_W \cdot A_{WN}$
$S_{AD} = 3.40$	$S_{AW} = 1.68$

表 4.7　不同窗户和不同遮阳条件的总穿透率（节选自表 4.15）

序号	窗户及遮阳条件	F	
6	三层玻璃窗，有红外反射膜，无遮阳设施	$F_6 := 0.40$	
7	单层窗或带室内百叶窗或织物窗帘的双层玻璃窗	$F_7 := 0.40$	
8	双层玻璃窗，外侧为滤光玻璃，背面有通风	$F_8 := 0.35$	**0.30 = F < 0.45**
9	带内百叶、窗帘或远红外反射膜的双层玻璃窗	$F_9 := 0.35$	
10	双层玻璃窗，外侧为反光玻璃	$F_{10} := 0.30$	
11	两层玻璃之间有百叶的玻璃窗	$F_{11} := 0.30$	
12	单层窗或带固定外遮阳设施的双层玻璃窗 外伸水平遮挡占据窗高0.4 外伸垂直遮挡占据窗宽0.4	$F_{12} := 0.30$	

在表 4.7 和表 4.15 中，给出了不同遮阳种类和设施作用下，通过窗户的辐射热负荷的减少系数 $F=g \cdot z$。下面将图示给出通过窗户的实际辐射热负荷随玻璃窗的总透射率 F（无窗框系数 f_R）及窗户面积份额 $A_{FN}=A_F/A_N$ 的变化关系。

$$A_{FN} := 0.5, 0.4 .. 0 \qquad F = g \cdot z \qquad F := 0.1, 0.101 .. 0.9 \qquad f_R := 0.7$$

图 4.63 中黑色线簇表示某屋顶层热条件差房间的单位使用面积的辐射热负荷关系式（4.76）随总透射率和窗户面积份额的变化关系。

$$S_{AFWD}(F, A_{FN}) := F \cdot f_R \cdot G_F \cdot A_{FN} + a \cdot U_D \cdot R_{se} \cdot G_D \cdot A_{DN} + a \cdot U_W \cdot R_{se} \cdot G_W \cdot A_{WN}$$

绿色（浅色）线簇表示某中间楼层房间的单位使用面积的辐射热负荷随总透射率和窗户面积份额的变化关系。

$$S_{AFW}(F, A_{FN}) := F \cdot f_R \cdot G_F \cdot A_{FN} + a \cdot U_W \cdot R_{se} \cdot G_W \cdot A_{WN}$$

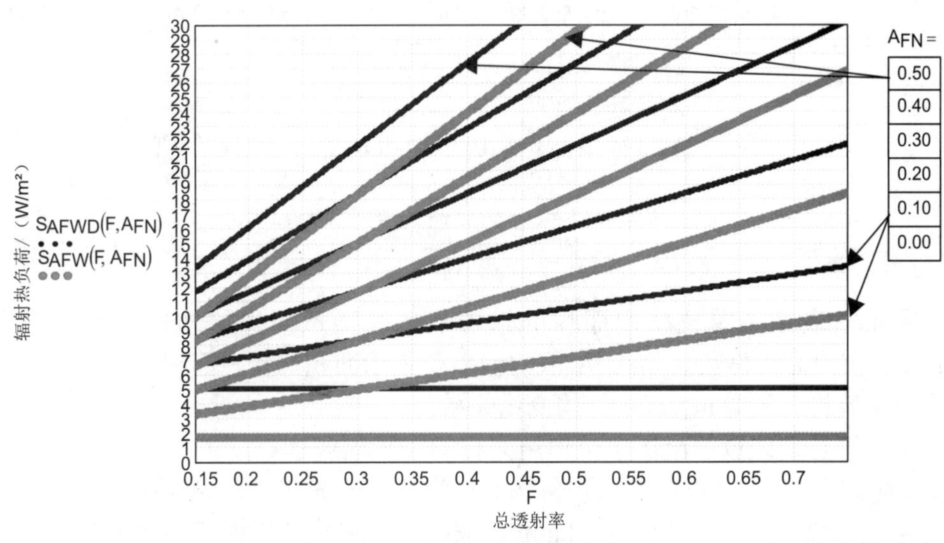

图 4.63　单位使用面积的辐射热负荷随窗户的总透射率及窗户面积份额的变化关系

为了获得屋顶层热条件差房间真实值的范围，遮阳系数 F 及窗户面积份额 A_{FN} 的变化与上图相同。

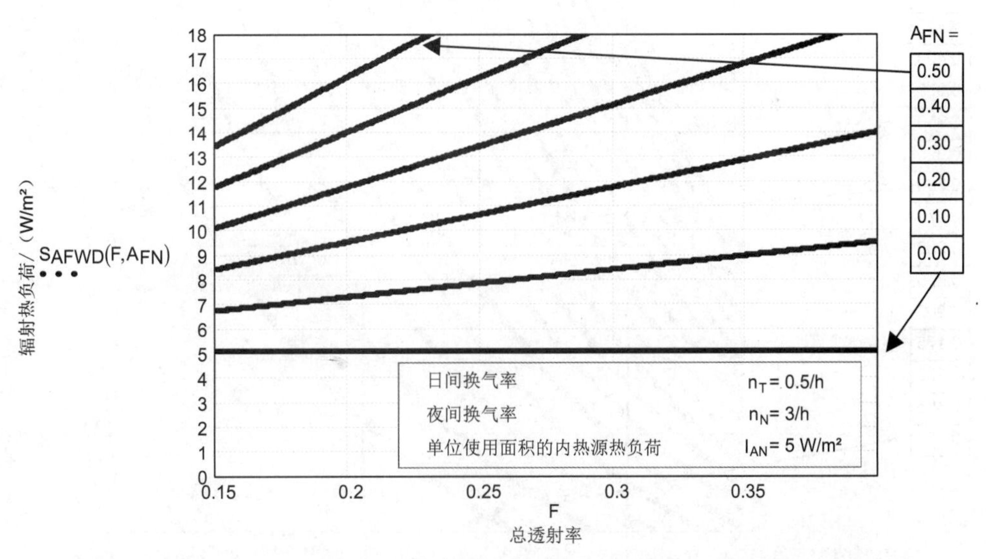

图 4.64　单位使用面积的辐射热负荷随窗户的总透射率及窗户面积份额的变化关系

最后，确立了遮阳措施的标准值与单位使用面积的建筑质量及单位使用面积窗户面积的变化关系。该关系式将总辐射热负荷关系式（4.91）与建筑构件质量关系式（4.88）结合在一起。

$$S_{AFWD}(F, A_{FN}) := F \cdot f_R \cdot G_F \cdot A_{FN} + a \cdot U_D \cdot R_{se} \cdot G_D \cdot A_{DN} + a \cdot U_W \cdot R_{se} \cdot G_W \cdot A_{WN} \qquad (4.91)$$

日间换气率　$n_T = 0.5/h$

夜间换气率　$n_N = 3/h$

单位使用面积的内热源热负荷　$I_{AN} = 5\ W/m^2$

$$S_A(m_A) := \frac{15.3}{1 - \exp\left[-\left(\frac{1223}{m_A}\right)\right]} - 8.6 \qquad (4.88)$$

图 4.65 表达了单位使用面积的辐射热负荷随透明建筑构件的总透射率 $F=g \cdot z$、窗户面积份额 $A_{FN}=A_F/A_N$（房间单位使用面积的窗户面积）及具有储热作用的建筑构件质量 $m_{AN}=m/A_N$ 的变化关系。

图中深色曲线簇给出了单位使用面积的实际辐射热负荷（W/m^2）随总透射率 F（对数坐标），并以窗户面积份额 A_{FN} 为参数的变化关系。浅色直线簇表达了给定起储热作用的构件质量（kg/m^2）条件下，单位使用面积的最大允许辐射热负荷 S_{AFWD}。

m_{AN}/(kg/m²)	400	500	600	700	800	900	1000	1100
S_{AFWD}/(W/m²)	7.5	8.2	9.2	10.2	11.2	12.3	13.4	14.5

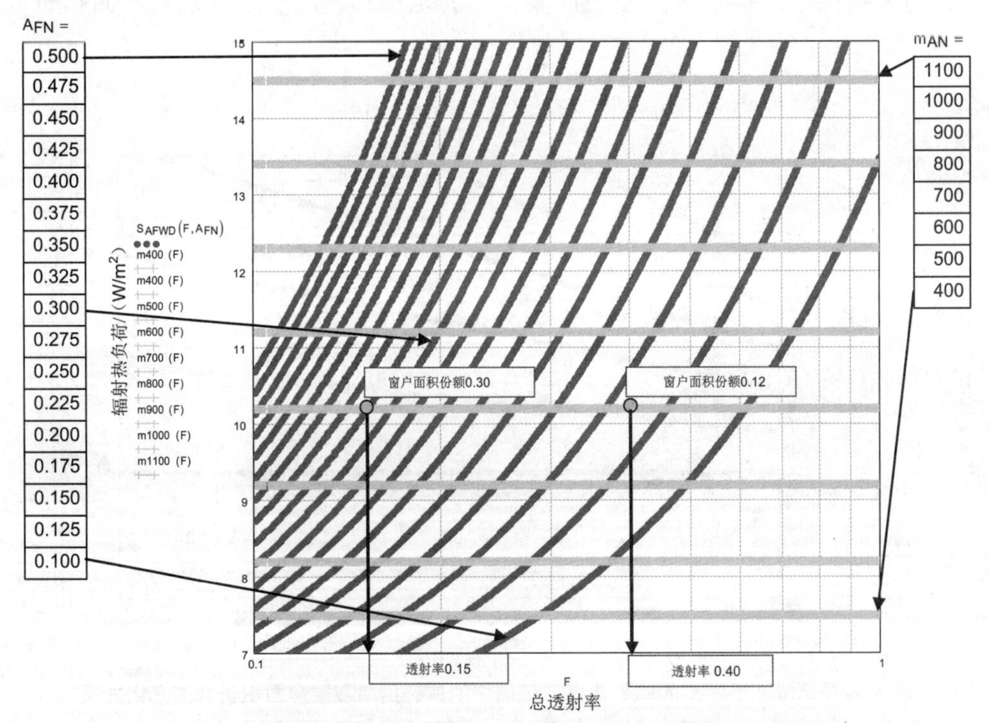

图 4.65　单位使用面积的辐射热负荷随总透射率、窗户面积份额及具有储热作用的建筑构件质量的变化关系

在起储热作用的构件质量为 700kg/m² 的条件下，窗户面积份额为 30% 时，必须采用外部全遮阳措施，而窗户面积份额为 12% 时，内侧遮阳就足够了。

4.2.3.3 必要的遮阳系数的证明

如果将式（4.88）$s_A(m_A) := \dfrac{15.3}{1-\exp\left[-\left(\dfrac{1223}{m_A}\right)\right]} - 8.6$ 中的辐射热流量代入公式

$$s_{AFWD}(F, A_{FN}) := F \cdot f_R \cdot G_F \cdot A_{FN} + a \cdot U_D \cdot R_{se} \cdot G_D \cdot A_{DN} + a \cdot U_W \cdot R_{se} \cdot G_W \cdot A_{WN} \tag{4.91}$$

之中，则得为确保室内平均气温为26℃所要求的总遮阳系数F随具有储热作用的建筑构件质量$m_A=m/A_N$，以及窗户面积份额$A_{FN}=A_F/A_N$的变化关系。

$$F(m_A, A_{FN}) := \frac{0.0107 \cdot m_A + 2.8 - a \cdot U_W \cdot R_{se} \cdot G_W \cdot A_{WN} - a \cdot U_D \cdot R_{se} \cdot G_D \cdot A_{DN}}{f_R \cdot G_F \cdot A_{FN}}$$

或一般形式为

$$F(m_A, A_{FN}) = \frac{0.0107 \cdot m_A + 2.8 - \sum_{j=1}^{n} a_j \cdot U_{Wj} \cdot G_{Wj} \cdot A_{WNj} \cdot R_{se}}{\sum_{j=1}^{m} f_{Rj} \cdot G_{Fj} \cdot A_{FNj}} \tag{4.93}$$

这是用于评估和预测欧洲中部地区建筑结构上可实现的夏季防热效果的最简单近似公式。

对于m_A>300kg/m^{2}的情况，式（4.93）已足够准确。包括限定条件的计算结果示于图4.67。如果将计算辐射热负荷的精确公式（4.87）与方程（4.76）合并使用，得方程（4.93a），其矩阵形式是下面列表讨论夏季防热效果预测的基础，即相应的夏季防热措施与建筑构件质量及窗户的面积份额密切相关。

$i := 0, 1 .. 11 \qquad j := 0, 1 .. 14$

$A_{FN}(i) := 0.05 + i \cdot 0.05 \qquad m_A(j) := 100 + j \cdot 100$

$$F_0(i,j) := \frac{\left[\dfrac{6}{1-\exp\left[-\dfrac{480}{m_A(j)} \cdot \left[T_A + 0.17 \cdot (n_{Ln} + n_{Lt1}) \dfrac{V_L}{A_N}\right]\right]} - 4\right] \cdot \left[T_A + 0.17 \cdot (n_{Ln} + n_{Lt1}) \dfrac{V_L}{A_N}\right] + 1.02 \cdot (n_{Ln} - n_{Lt1}) \dfrac{V_L}{A_N} - I_A - a \cdot G_W \cdot U_W \cdot R_{se} \cdot (2 - A_{FN}(i))}{f_R \cdot G_F \cdot A_{FN}(i)} \tag{4.93a}$$

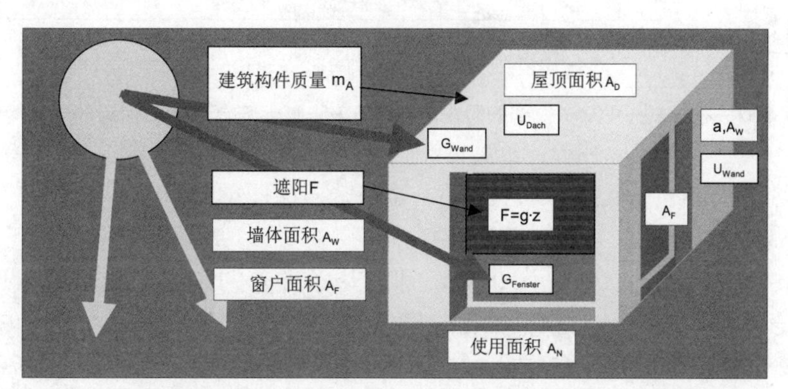

图4.66 要求通过窗户面积部分的总透射率随辐射热负荷、吸收系数、不透明构件的U值及具有储热作用的建筑构件质量的变化关系

上述关系式的列表（表 4.8 至表 4.14）适用于所列出的代表性数值。作为处于热极端条件的房间，再次以一间位于屋顶层的，使用面积 A_N=25m²，高度为 h=2.5m 的房间为例。房间两侧开有窗户，其面积随墙体面积呈反方向变化。所有输入值都列在相应表格的上方。如果 F>0.75，则对遮阳不作要求，表内对应值显示为 00（表中右侧上方的值）。如果 F<0.15，即使采用全外侧遮阳，也不能满足室内最高温度为 26℃的准则要求，因此房间必须使用空调（表中左下方的 00 值）。表 4.7 和表 4.15 直观地给出了 F 的意义。如前所述，除了构件质量和窗户面积份额具有实质性的影响之外，夜间换气率，以及对短波辐射的吸收系数 a 也对结果有很大的影响。

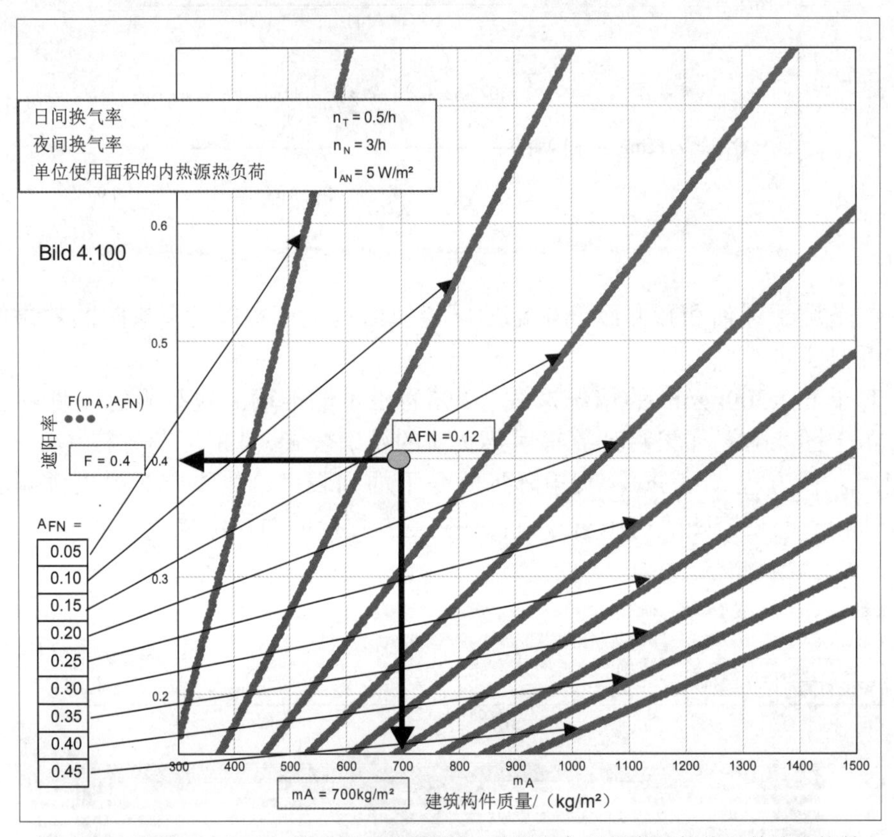

图 4.67　根据式（4.93）得到的需求遮阳率 F（防晒）随具有储热作用的建筑构件质量 m_A=m/A_N，以及窗户面积份额 A_{FN}=A_F/A_N 的变化关系

U_W=0.5，U_D=0.3，a=0.6，G_W=160，G_D=270，G_F=160

如果白天的换气次数仅为 0.7/h，那么热条件差的房间，从建筑本身在夏季其温度是不可控的。针对夜间 3/h 的换气率，本章已多次证明了对于中欧地区适用的夏季防热经验准则：对于一个具有储热作用的建筑构件质量为 700kg/m²，窗户面积份额低于 35% 地面面积的房间，不用空调，仅借助外侧完全遮阳就可以将平均室温控制在 26℃之内。

当夜间换气率达 6/h 时，窗户面积份额达到 60%，人们仍可适应无空调的房间。值得注意的是，吸收系数 a 及不透明构件面积 U 值的相关影响仅在窗户面积份额小时发挥作用。

浅色构件表面（a=0.3）、墙体和屋顶较小的 U 值（冬季隔热性能良好）均能减少间接通过墙体和屋顶而侵入的辐射热流。

表 4.8 需求遮阳率 F（防晒措施）随具有储热作用的建筑构件质量 $m_A=m/A_N$，以及窗户面积份额 $A_{FN}=A_F/A_N$ 的变化关系表示

$A_N := 25$ $m_A := 100, 101 .. 1500$ $G_F := 150$ $U_W := 0.35$ $a := 0.6$ $n_{Ln} := 3$ $I_A := 5$

$A_{FN} := 0.05, 0.1 .. 0.6$ $G_W := 200$ $T_A := 1$ $R_{se} := 0.07$ $n_{Lt} := 0.7$

$f_R := 0.7$

$$V_L := \frac{A_N^{\frac{3}{2}}}{2}$$

m_A /(kg/m²) A_{FN} /(m²/m²)		0	1	2	3	4	5	6	7	8	9	10	11	12	13	14
		100	200	300	400	500	600	700	800	900	1000	1100	1200	1300	1400	1500
0.05	0	0.00	0.00	0.17	0.27	0.40	0.57	0.75	0.00	0.00	0.00	0.00	无防晒要求			
0.10	1	0.00	0.00	0.00	0.15	0.22	0.30	0.39	0.48	0.59	0.69	0.00	0.00	0.00	0.00	0.00
0.15	2	0.00	0.00	0.00	0.00	0.15	0.21	0.27	0.33	0.40	0.47	0.54	0.61	0.69	0.00	0.00
0.20	3	0.00	0.00	0.00	0.00	0.00	0.16	0.21	0.26	0.31	0.36	0.41	0.47	0.52	0.58	0.63
0.25	4	0.00	0.00	0.00	0.00	0.00	0.00	0.17	0.21	0.25	0.29	0.34	0.38	0.42	0.47	0.51
0.30	5	0.00	0.00	0.00	0.00	0.00	0.00	0.15	0.18	0.21	0.25	0.28	0.32	0.36	0.39	0.43
0.35	6	0.00	0.00	0.00	0.00	0.00	0.00	0.00	0.16	0.19	0.22	0.25	0.28	0.31	0.34	0.37
0.40	7	0.00	0.00	0.00	0.00	0.00	0.00	0.00	0.00	0.17	0.19	0.22	0.25	0.28	0.30	0.33
0.45	8	0.00	0.00	0.00	0.00	0.00	0.00	0.00	0.00	0.15	0.18	0.20	0.22	0.25	0.27	0.30
0.50	9	0.00	0.00	0.00	0.00	0.00	0.00	0.00	0.00	0.00	0.16	0.18	0.20	0.23	0.25	0.27
0.55	10	0.00	建筑技术防热已不可能，必须使用空调								0.15	0.17	0.19	0.21	0.23	0.25
0.60	11	0.00									0.00	0.16	0.17	0.19	0.21	0.23

表 4.9 需求遮阳率 F（防晒）随具有储热作用的建筑构件质量，以及窗户面积份额的变化关系，基本变化为使用了浅色表面（a=0.3）

$A_N := 25$ $m_A := 100, 101 .. 1500$ $G_F := 150$ $U_W := 0.35$ $a := 0.3$ $n_{Ln} := 3$ $I_A := 5$

$A_{FN} := 0.05, 0.1 .. 0.6$ $G_W := 200$ $T_A := 1$ $R_{se} := 0.07$ $n_{Lt} := 0.7$

$f_R := 0.7$

$$V_L := \frac{A_N^{\frac{3}{2}}}{2}$$

m_A /(kg/m²) A_{FN} /(m²/m²)		0	1	2	3	4	5	6	7	8	9	10	11	12	13	14
		100	200	300	400	500	600	700	800	900	1000	1100	1200	1300	1400	1500
0.05	0	0.66	0.67	0.72	0.00	0.00	0.00	0.00	0.00	0.00	0.00	0.00	无防晒要求			
0.10	1	0.34	0.34	0.37	0.41	0.48	0.56	0.65	0.75	0.00	0.00	0.00	0.00	0.00	0.00	0.00
0.15	2	0.23	0.23	0.25	0.28	0.33	0.38	0.44	0.51	0.57	0.64	0.71	0.00	0.00	0.00	0.00
0.20	3	0.18	0.18	0.19	0.21	0.25	0.29	0.33	0.38	0.43	0.49	0.54	0.59	0.65	0.70	0.76
0.25	4	0.00	0.15	0.15	0.17	0.20	0.23	0.27	0.31	0.35	0.39	0.43	0.48	0.52	0.57	0.61
0.30	5	0.00	0.00	0.00	0.15	0.17	0.20	0.23	0.26	0.29	0.33	0.36	0.40	0.44	0.47	0.51
0.35	6	0.00	0.00	0.00	0.00	0.15	0.17	0.20	0.22	0.25	0.28	0.31	0.35	0.38	0.41	0.44
0.40	7	0.00	0.00	0.00	0.00	0.00	0.15	0.17	0.20	0.22	0.25	0.28	0.30	0.33	0.36	0.39
0.45	8	0.00	0.00	0.00	0.00	0.00	0.00	0.16	0.18	0.20	0.22	0.25	0.27	0.30	0.32	0.35
0.50	9	0.00	0.00	0.00	0.00	0.00	0.00	0.00	0.16	0.18	0.20	0.22	0.25	0.27	0.29	0.31
0.55	10	0.00	建筑技术防热已不可能，必须使用空调									0.20	0.22	0.24	0.27	0.29
0.60	11	0.00										0.19	0.21	0.23	0.24	0.26

表 4.10　需求遮阳率 F（防晒）随具有储热作用的建筑构件质量，以及窗户面积份额的变化关系，U_W 值增大一倍

$A_N := 25$　$m_A := 100, 101 .. 1500$　$G_F := 150$　$U_W := 0.70$　$a := 0.3$　$n_{Ln} := 3$　$I_A := 5$

$V_L := \frac{A_N^{\frac{3}{2}}}{2}$　$A_{FN} := 0.05, 0.1 .. 0.6$　$G_W := 200$　$T_A := 1$　$R_{se} := 0.07$　$n_{Lt} := 0.7$

$f_R := 0.7$

m_A /(kg/m²) A_{FN} /(m²/m²)		0	1	2	3	4	5	6	7	8	9	10	11	12	13	14
		100	200	300	400	500	600	700	800	900	1000	1100	1200	1300	1400	1500
0.05	0	0.00	0.00	0.17	0.27	0.40	0.57	0.75	0.00	0.00	0.00	0.00	无防晒要求			
0.10	1	0.00	0.00	0.00	0.15	0.22	0.30	0.39	0.48	0.59	0.69	0.00	0.00	0.00	0.00	0.00
0.15	2	0.00	0.00	0.00	0.00	0.15	0.21	0.27	0.33	0.40	0.47	0.54	0.61	0.69	0.00	0.00
0.20	3	0.00	0.00	0.00	0.00	0.00	0.16	0.21	0.26	0.31	0.36	0.41	0.47	0.52	0.58	0.63
0.25	4	0.00	0.00	0.00	0.00	0.00	0.00	0.17	0.21	0.25	0.29	0.34	0.38	0.42	0.47	0.51
0.30	5	0.00	0.00	0.00	0.00	0.00	0.00	0.15	0.18	0.21	0.25	0.28	0.32	0.36	0.39	0.43
0.35	6	0.00	0.00	0.00	0.00	0.00	0.00	0.00	0.16	0.19	0.22	0.25	0.28	0.31	0.34	0.37
0.40	7	0.00	0.00	0.00	0.00	0.00	0.00	0.00	0.00	0.17	0.19	0.22	0.25	0.28	0.30	0.33
0.45	8	0.00	0.00	0.00	0.00	0.00	0.00	0.00	0.00	0.15	0.18	0.20	0.22	0.25	0.27	0.30
0.50	9	0.00	0.00	0.00	0.00	0.00	0.00	0.00	0.00	0.00	0.16	0.18	0.20	0.23	0.25	0.27
0.55	10	0.00	建筑技术防热已不可能，必须使用空调								0.15	0.17	0.19	0.21	0.23	0.25
0.60	11	0.00									0.00	0.16	0.17	0.19	0.21	0.23

表 4.11　需求遮阳率 F（防晒）随具有储热作用的建筑构件质量，以及窗户面积份额的变化关系，基本变化为考虑了表面污染，即 a 值增大一倍，请与表 4.9 对比

$A_N := 25$　$m_A := 100, 101 .. 1500$　$G_F := 150$　$U_W := 0.35$　$a := 0.6$　$n_{Ln} := 3$　$I_A := 5$

$V_L := \frac{A_N^{\frac{3}{2}}}{2}$　$A_{FN} := 0.05, 0.1 .. 0.6$　$G_W := 200$　$T_A := 1$　$R_{se} := 0.07$　$n_{Lt} := 0.7$

$f_R := 0.7$

m_A /(kg/m²) A_{FN} /(m²/m²)		0	1	2	3	4	5	6	7	8	9	10	11	12	13	14
		100	200	300	400	500	600	700	800	900	1000	1100	1200	1300	1400	1500
0.05	0	0.00	0.00	0.17	0.27	0.40	0.57	0.75	0.00	0.00	0.00	0.00	无防晒要求			
0.10	1	0.00	0.00	0.00	0.15	0.22	0.30	0.39	0.48	0.59	0.69	0.00	0.00	0.00	0.00	0.00
0.15	2	0.00	0.00	0.00	0.00	0.15	0.21	0.27	0.33	0.40	0.47	0.54	0.61	0.69	0.00	0.00
0.20	3	0.00	0.00	0.00	0.00	0.00	0.16	0.21	0.26	0.31	0.36	0.41	0.47	0.52	0.58	0.63
0.25	4	0.00	0.00	0.00	0.00	0.00	0.00	0.17	0.21	0.25	0.29	0.34	0.38	0.42	0.47	0.51
0.30	5	0.00	0.00	0.00	0.00	0.00	0.00	0.15	0.18	0.21	0.25	0.28	0.32	0.36	0.39	0.43
0.35	6	0.00	0.00	0.00	0.00	0.00	0.00	0.00	0.16	0.19	0.22	0.25	0.28	0.31	0.34	0.37
0.40	7	0.00	0.00	0.00	0.00	0.00	0.00	0.00	0.00	0.17	0.19	0.22	0.25	0.28	0.30	0.33
0.45	8	0.00	0.00	0.00	0.00	0.00	0.00	0.00	0.00	0.15	0.18	0.20	0.22	0.25	0.27	0.30
0.50	9	0.00	0.00	0.00	0.00	0.00	0.00	0.00	0.00	0.00	0.16	0.18	0.20	0.23	0.25	0.27
0.55	10	0.00	建筑技术防热已不可能，必须使用空调								0.15	0.17	0.19	0.21	0.23	0.25
0.60	11	0.00									0.00	0.16	0.17	0.19	0.21	0.23

表 4.12 需求遮阳率 F（防晒）随具有储热作用的建筑构件质量，以及窗户面积份额的变化关系，I_A 值增大一倍

$A_N := 25$ $m_A := 100, 101 .. 1500$ $G_F := 150$ $U_W := 0.35$ $a := 0.3$ $n_{Ln} := 3$ $I_A := 10$

$A_{FN} := 0.05, 0.1 .. 0.6$ $G_W := 200$ $T_A := 1$ $R_{se} := 0.07$ $n_{Lt} := 0.7$

$f_R := 0.7$

$$V_L := \frac{A_N^{\frac{3}{2}}}{2}$$

m_A /(kg/m²) A_{FN} /(m²/m²)		0	1	2	3	4	5	6	7	8	9	10	11	12	13	14
		100	200	300	400	500	600	700	800	900	1000	1100	1200	1300	1400	1500
		0	1	2	3	4	5	6	7	8	9	10	无防晒要求			
0.05	0	0.00	0.00	0.00	0.00	0.00	0.16	0.34	0.54	0.74	0.00	0.00				
0.10	1	0.00	0.00	0.00	0.00	0.00	0.00	0.18	0.27	0.38	0.48	0.59	0.70	0.00	0.00	0.00
0.15	2	0.00	0.00	0.00	0.00	0.00	0.00	0.00	0.19	0.26	0.33	0.40	0.47	0.54	0.62	0.69
0.20	3	0.00	0.00	0.00	0.00	0.00	0.00	0.00	0.00	0.20	0.25	0.30	0.36	0.41	0.47	0.52
0.25	4	0.00	0.00	0.00	0.00	0.00	0.00	0.00	0.00	0.16	0.20	0.24	0.29	0.33	0.38	0.42
0.30 ,F_k) =	5	0.00	0.00	0.00	0.00	0.00	0.00	0.00	0.00	0.00	0.17	0.21	0.24	0.28	0.32	0.35
0.35	6	0.00	0.00	0.00	0.00	0.00	0.00	0.00	0.00	0.00	0.15	0.18	0.21	0.24	0.27	0.30
0.40	7	0.00	0.00	0.00	0.00	0.00	0.00	0.00	0.00	0.00	0.00	0.16	0.18	0.21	0.24	0.27
0.45	8	0.00	0.00	0.00	0.00	0.00	0.00	0.00	0.00	0.00	0.00	0.00	0.17	0.19	0.21	0.24
0.50	9	0.00	0.00	0.00	0.00	0.00	0.00	0.00	0.00	0.00	0.00	0.00	0.15	0.17	0.19	0.22
0.55	10	0.00	建筑技术防热已不可能，必须使用空调								0.00	0.00	0.00	0.16	0.18	0.20
0.60	11	0.00									0.00	0.00	0.00	0.15	0.16	0.18

表 4.13 需求遮阳率 F（防晒）随具有储热作用的建筑构件质量，以及窗户面积份额的变化关系，n_{Ln}=0.7/h，夜间无强化换气

$A_N := 25$ $m_A := 100, 101 .. 1500$ $G_F := 150$ $U_W := 0.35$ $a := 0.3$ $n_{Ln} := 0.7$ $I_A := 5$

$A_{FN} := 0.05, 0.1 .. 0.6$ $G_W := 200$ $T_A := 1$ $R_{se} := 0.07$ $n_{Lt} := 0.7$

$f_R := 0.7$

$$V_L := \frac{A_N^{\frac{3}{2}}}{2}$$

m_A /(kg/m²) A_{FN} /(m²/m²)		0	1	2	3	4	5	6	7	8	9	10	11	12	13	14
		100	200	300	400	500	600	700	800	900	1000	1100	1200	1300	1400	1500
													无防晒要求			
0.05	0	0.00	0.00	0.00	0.00	0.00	0.00	0.00	0.34	0.57	0.00	0.00				
0.10	1	0.00	0.00	0.00	0.00	0.00	0.00	0.00	0.18	0.29	0.40	0.52	0.63	0.75	0.00	0.00
0.15	2	0.00	0.00	0.00	0.00	0.00	0.00	0.00	0.00	0.20	0.27	0.35	0.43	0.50	0.58	0.66
0.20	3	0.00	0.00	0.00	0.00	0.00	0.00	0.00	0.00	0.15	0.21	0.27	0.32	0.38	0.44	0.50
0.25	4	0.00	0.00	0.00	0.00	0.00	0.00	0.00	0.00	0.00	0.17	0.22	0.26	0.31	0.35	0.40
0.30	5	0.00	0.00	0.00	0.00	0.00	0.00	0.00	0.00	0.00	0.00	0.18	0.22	0.26	0.30	0.34
0.35	6	0.00	0.00	0.00	0.00	0.00	0.00	0.00	0.00	0.00	0.00	0.16	0.19	0.22	0.26	0.29
0.40	7	0.00	0.00	0.00	0.00	0.00	0.00	0.00	0.00	0.00	0.00	0.00	0.17	0.20	0.23	0.26
0.45	8	0.00	0.00	0.00	0.00	0.00	0.00	0.00	0.00	0.00	0.00	0.00	0.15	0.18	0.20	0.23
0.50	9	0.00	0.00	0.00	0.00	0.00	0.00	0.00	0.00	0.00	0.00	0.00	0.00	0.16	0.18	0.21
0.55	10	0.00	建筑技术防热已不可能，必须使用空调								0.00	0.00	0.00	0.15	0.17	0.19
0.60	11	0.00									0.00	0.00	0.00	0.00	0.16	0.18

表 4.14　需求遮阳率 F（防晒）随具有储热作用的建筑构件质量，以及窗户面积份额的变化关系，n_{Ln}=6/h，夜间强化换气

$A_N := 25$　　$m_A := 100, 101 .. 1500$　　$G_F := 150$　　$U_W := 0.35$　　$a := 0.3$　　$n_{Ln} := 6$　　$I_A := 5$

$A_{FN} := 0.05, 0.1 .. 0.6$　　$G_W := 200$　　$T_A := 1$　　$R_{se} := 0.07$　　$n_{Lt} := 0.7$

$f_R := 0.7$

$$V_L := \frac{A_N^{\frac{3}{2}}}{2}$$

m_A /(kg/m²) A_{FN} /(m²/m²)		0	1	2	3	4	5	6	7	8	9	10	11	12	13	14
		100	200	300	400	500	600	700	800	900	1000	1100	1200	1300	1400	1500
0.05	0	0.00	0.00	0.00	0.00	0.00	0.00	0.00	0.00	0.00	0.00	0.00	无防晒要求			
0.10	1	0.00	0.00	0.00	0.00	0.00	0.00	0.00	0.00	0.00	0.00	0.00	0.00	0.00	0.00	0.00
0.15	2	0.00	0.00	0.00	0.00	0.00	0.00	0.00	0.00	0.00	0.00	0.00	0.00	0.00	0.00	0.00
0.20	3	0.66	0.66	0.66	0.67	0.69	0.72	0.75	0.00	0.00	0.00	0.00	0.00	0.00	0.00	0.00
0.25	4	0.53	0.53	0.53	0.54	0.56	0.58	0.60	0.63	0.67	0.70	0.74	0.00	0.00	0.00	0.00
0.30	5	0.45	0.45	0.45	0.45	0.47	0.48	0.50	0.53	0.56	0.59	0.62	0.65	0.68	0.72	0.75
0.35	6	0.38	0.38	0.39	0.39	0.40	0.42	0.43	0.46	0.48	0.51	0.53	0.56	0.59	0.62	0.65
0.40	7	0.34	0.34	0.34	0.34	0.35	0.37	0.38	0.40	0.42	0.44	0.47	0.49	0.52	0.54	0.57
0.45	8	0.30	0.30	0.30	0.31	0.32	0.33	0.34	0.36	0.38	0.40	0.42	0.44	0.46	0.48	0.51
0.50	9	0.27	0.27	0.27	0.28	0.29	0.30	0.31	0.32	0.34	0.36	0.38	0.40	0.42	0.44	0.46
0.55	10	0.25	0.25	0.25	0.25	0.26	0.27	0.28	0.30	0.31	0.33	0.34	0.36	0.38	0.40	0.42
0.60	11	0.23	0.23	0.23	0.23	0.24	0.25	0.26	0.27	0.29	0.30	0.32	0.33	0.35	0.37	0.38

上述结果也可用象形示意图直观表达：

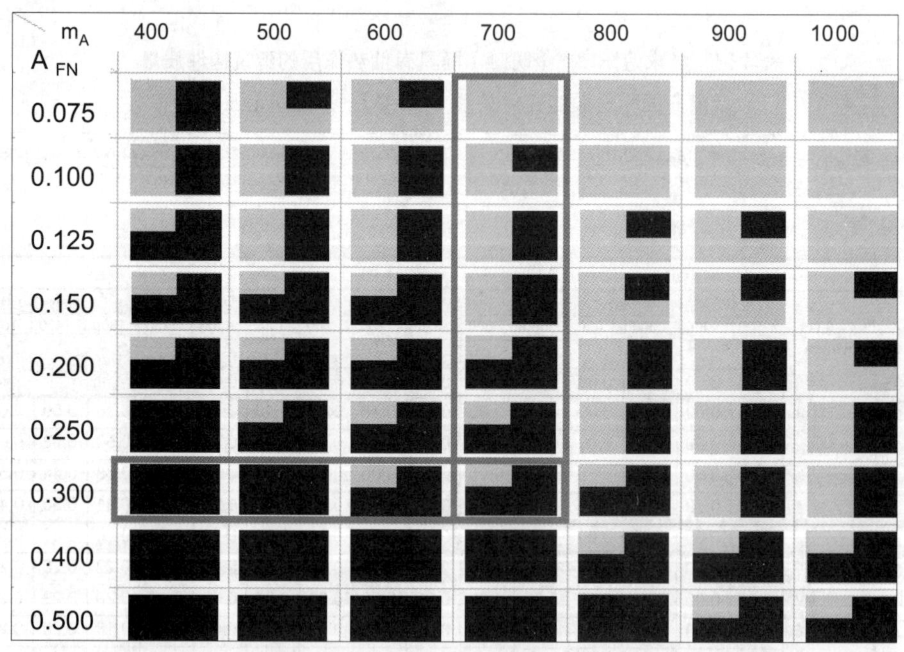

图 4.68　遮阳措施的参考值 F 随单位使用面积具有储热作用的建筑构件质量 m_A=m/A_N（kg/m²），以及单位使用面积窗户面积 A_{FN}=A_F/A_N 的变化关系（室内平均气温限制在 26℃）无须使用空调即可保证室内温度的限制条件：m_A=700kg/m²，A_{FN}=0.3（J=5W/m²，n_{Lt}=0.5/h，n_{Ln}=3/h）也在图中标出

通过窗户的辐射热负荷的减少系数 F=g · z 是由玻璃透射率 g 和遮阳系数 z 共同决定的。玻璃面积份额 f_R 必须单独考虑。

表 4.15 借助玻璃类型及防晒设施降低通过窗户的辐射热负荷

1. 最简单的透明玻璃，无遮阳设施	$F_1 := 0.75$	
2. 双层玻璃窗，无红外反射膜，无遮阳设施	$F_2 := 0.65$	0.60>F
3. 双层玻璃窗，有红外反射膜，无遮阳设施	$F_3 := 0.55$	
4. 双层玻璃窗，外侧为滤光玻璃	$F_4 := 0.50$	0.45 = F < 0.60
5. 浮雕玻璃、嵌丝玻璃、玻璃砖	$F_5 := 0.50$	
6. 三层玻璃窗，有红外反射膜，无遮阳设施	$F_6 := 0.40$	
7. 单层窗或带室内百叶窗或织物窗帘的双层玻璃窗	$F_7 := 0.40$	0.30 = F < 0.45
8. 双层玻璃窗，外侧为滤光玻璃，背面有通风	$F_8 := 0.35$	
9. 带内百叶、窗帘或远红外反射膜的双层玻璃窗	$F_9 := 0.35$	
10. 双层玻璃窗，外侧为反光玻璃	$F_{10} := 0.30$	
11. 两层玻璃之间有百叶的玻璃窗	$F_{11} := 0.30$	
12. 单层窗或带固定外遮阳设施的双层玻璃窗 外伸水平遮挡占据窗高 0.4 外伸垂直遮挡占据窗宽 0.4	$F_{12} := 0.30$	
13.带刚性外遮阳设施的单层窗或双层玻璃窗 外伸水平遮挡占据窗高 0.7 外伸垂直遮挡占据窗宽 0.7	$F_{13} := 0.20$	0.15 = F < 0.30
14. 外侧有遮阳设施的全遮挡玻璃窗 （外侧百叶、卷帘、百叶窗）	$F_{14} := 0.15$	
15. 所需的室内气温无法通过遮阳措施获得，只能借助空调		F < 0.15

在表 4.16 中，针对若干类型的建筑物给出了 5 天晴好天气期间单位使用面积起储热作用的建筑构件质量 $m_A=m_a/A_N$（kg/m²）。

表 4.16　若干类型建筑物的单位使用面积起储热作用的建筑构件质量

建筑物类型	m_A/(kg/m²)
轻型建筑，大型简易建筑	100
居住建筑，轻型木框架结构	400
办公建筑，轻型结构	500
轻型建筑，地板直接与地面接触	600
气囊大棚，地板直接与地面接触	600
有分割地板，且地板下方有吸风的农业建筑	700
有隔音板和隔热地板的公共建筑，重型结构	700
居住建筑，砖结构	700
居住建筑，混凝土结构，板式建筑	900
公共建筑，重型结构，无墙和屋顶	1000
工业厂房建筑，底层，上层有重屋顶	1500

表 4.17　需求的遮阳系数 F（防晒）随具有储热作用的建筑构件质量 m_A 及窗户面积 A_F/A_N 的变化关系表示

m_A /(kg/m²) A_{FN} /(m²/m²)		0	1	2	3	4	5	6	7	8	9	10	11	12	13	14
		100	200	300	400	500	600	700	800	900	1000	1100	1200	1300	1400	1500
0.05	0	0.00	0.00	0.17	0.27	0.40	0.57	0.75	0.00	0.00	0.00	0.00	无防晒要求			
0.10	1	0.00	0.00	0.00	0.15	0.22	0.30	0.39	0.48	0.59	0.69	0.00	0.00	0.00	0.00	0.00
0.15	2	0.00	0.00	0.00	0.00	0.15	0.21	0.27	0.33	0.40	0.47	0.54	0.61	0.69	0.00	0.00
0.20	3	0.00	0.00	0.00	0.00	0.00	0.16	0.21	0.26	0.31	0.36	0.41	0.47	0.52	0.58	0.63
0.25	4	0.00	0.00	0.00	0.00	0.00	0.00	0.17	0.21	0.25	0.29	0.34	0.38	0.42	0.47	0.51
0.30	5	0.00	0.00	0.00	0.00	0.00	0.00	0.15	0.18	0.21	0.25	0.28	0.32	0.36	0.39	0.43
0.35	6	0.00	0.00	0.00	0.00	0.00	0.00	0.00	0.16	0.19	0.22	0.25	0.28	0.31	0.34	0.37
0.40	7	0.00	0.00	0.00	0.00	0.00	0.00	0.00	0.00	0.17	0.19	0.22	0.25	0.28	0.30	0.33
0.45	8	0.00	0.00	0.00	0.00	0.00	0.00	0.00	0.00	0.15	0.18	0.20	0.22	0.25	0.27	0.30
0.50	9	0.00	0.00	0.00	0.00	0.00	0.00	0.00	0.00	0.00	0.16	0.18	0.20	0.23	0.25	0.27
0.55	10	0.00	建筑技术防热已不可能，必须使用空间								0.15	0.17	0.19	0.21	0.23	0.25
0.60	11	0.00									0.00	0.16	0.17	0.19	0.21	0.23

图 4.69 位于德累斯顿 Zellescher Weg 路上的办公建筑（德累斯顿工业大学建筑学院）

图 4.70 伦敦市政厅

上面建筑物均为玻璃外立面，构件质量较轻，即使采用外部遮阳措施也不能满足夏季防热要求，因此，必须使用空调。

图 4.71 位于德累斯顿的萨克森州立暨大学图书馆

图 4.72 在格利兹市的 15 号手工匠人工坊

上面建筑物为孔洞外立面，在窗户面积份额从小到适中，构件质量从适中到高的情况下，即使不采用遮阳措施，也可满足夏季防热的要求。

4.2.4　案例：给定居住单元中某间热极端条件房间的气温计算

该单元在第三层，位于带有PS泡沫保温层的混凝土平屋顶下面。外侧南墙材料为轻质混凝土，并用复合保温系统进行了热节能改造。南窗、南阳台玻璃，包括阳台门均使用隔热玻璃，边框为塑料。南窗首先只是从内侧进行了遮阳。内凹式阳台处的西窗被向前延伸出去的西侧墙遮挡。通过后期从外侧安装的遮阳卷帘，辐射热辐射可以进一步被降低。承重内墙为普通混凝土墙，储热能力良好。地板由楼层盖板、非固定地面层及织物地毯构成。换气率在0～5/h之间变化，白天主要为0.5/h，夜间主要为3/h。内热源估计值为5W/m^2。

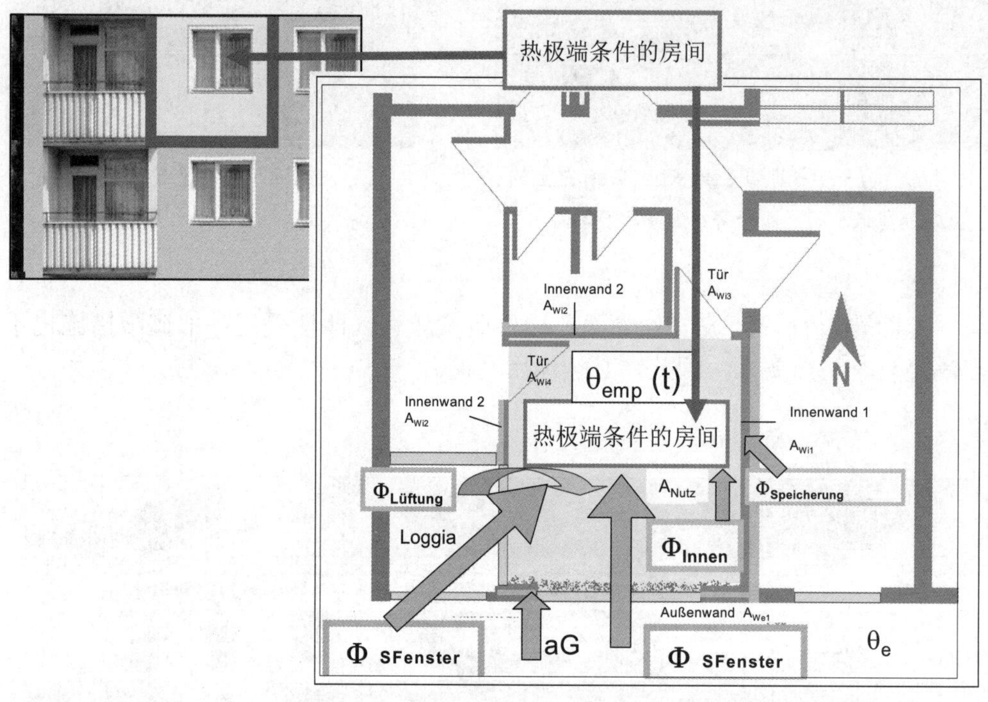

图4.73，图4.74　节能改造后的板式建筑中某居住单元内的热极端条件的房间

本案例的计算过程包括以下10个步骤：

步骤1：计算不透明外墙的U值及内外墙起储热作用的构件质量
步骤2：计算通过窗户的辐射得热量
步骤3：计算通过不透明墙体的辐射得热量
步骤4：计算传热换热量
步骤5：计算日间和夜间的通风换热量
步骤6：计算内热源发热量
步骤7：计算室内空气温度的稳态终值
步骤8：计算热调整时间
步骤9：计算5天之后室内温度的实际值
步骤10：将5天之后室内温度的实际值与允许值进行比较

下面的图示以透视图的形式给出了在南窗外侧无遮阳，其余窗户（西窗、阳台门窗）外侧完全遮阳的情况下，所研究热条件差房间的热负荷。本案例将计算出不同换气条件下，室内空气温度的升高过程。尽管起储热作用的构件质量比较大，达 800kg/m^2，但在第一种情况下，只有当日间换气率为 0.5/h，夜间换气率为 5/h 时才能恰好满足 6K 准则的要求。很明显，通过窗户面积的热负荷大约为 40%。在第二种情况下，日间换气率可调为 1/h，夜间换气率调到大于 3/h。这与人们的居住通风习惯基本一致。

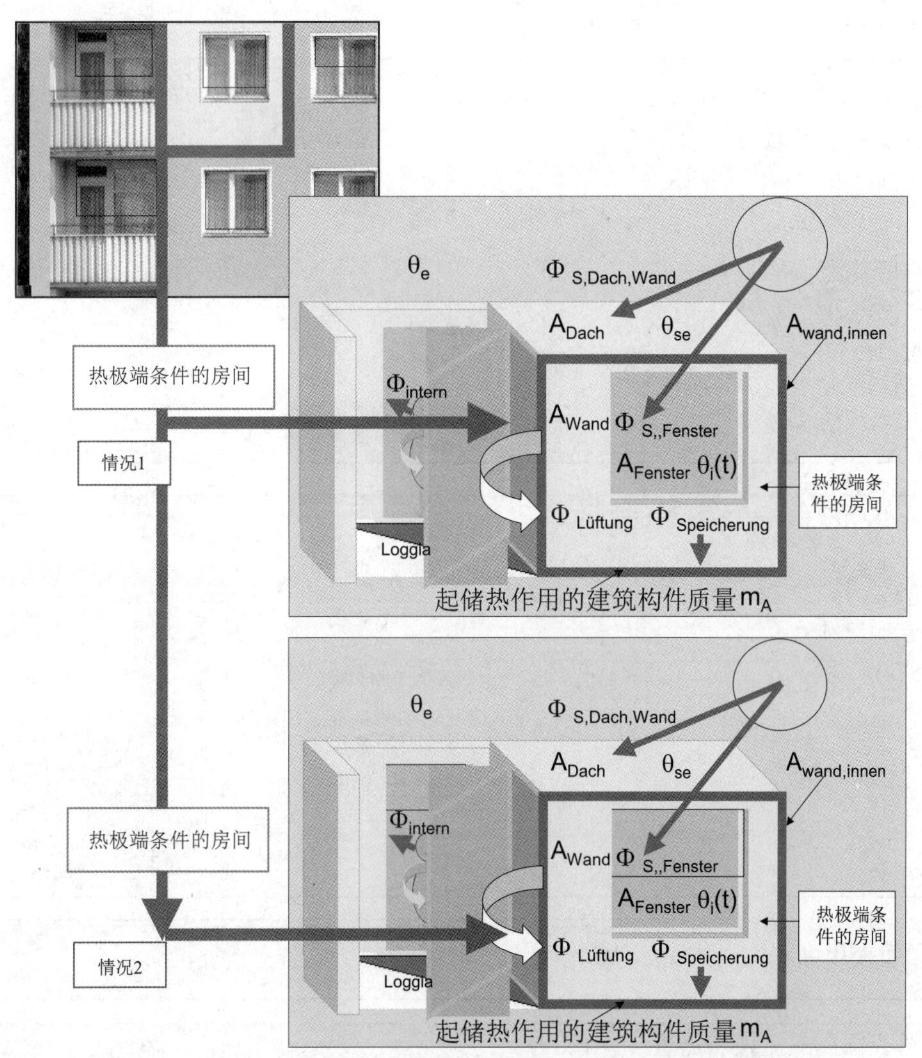

图 4.75～图 4.77 节能改造后的板式建筑中某居住单元内的处于热极端条件的房间，内遮阳（情况 1）和外遮阳（情况 2）条件下的热平衡图示

下面所列的值，在本例中用于计算夏季热条件差房间的室内气温，随后将用于计算其体感温度。由于这些值会被经常用到，所以在此集中列出。

平均外界气温/°C	$\theta_{em} := 24$
外界气温幅值/K	$\Delta\theta_e := 6$
阶梯函数：8.00—20.00　$\theta_{e日} = \theta_{em} + \Delta\theta_e$　20:00—8:00　$\theta_{e夜} = \theta_{em} - \Delta\theta_e$	
θ=θ升温过程初始的室内气温/°C	$\theta_{io} := 20$

外界辐射热流密度 G/（W/m²）

水平	南	东	西	东南	西南	东北	西北	北
$G_{水平} := 270$	$G_{南} := 140$	$G_{东} := 160$	$G_{西} := 160$	$G_{东南} := 160$	$G_{西南} := 160$	$G_{东北} := 120$	$G_{西北} := 120$	$G_{北} := 80$
	$G45_{南} := 245$	$G45_{东} := 230$	$G45_{西} := 230$	$G45_{东南} := 245$	$G45_{西南} := 245$	$G45_{东北} := 200$	$G45_{西北} := 200$	$G45_{北} := 180$

有效透射系数g	单层玻璃	$g_1 := 0.74$
	双层玻璃，无远红外镀层	$g_2 := 0.65$
	双层玻璃，有远红外镀层	$g_{2b} := 0.55$
	三层玻璃，无远红外镀层	$g_3 := 0.55$
	三层玻璃，有远红外镀层	$g_{3b} := 0.40$
窗框系数		$f_R := 0.7$
遮阳系数	无遮阳	$z_o := 1$
	内部遮阳	$z_i := 0.75$
	外部固定式遮阳设施	$z_{es} := 0.40$
	外部可调节遮阳设施	$z_{eb} := 0.25$

不透明墙体对短波辐射的吸收率	白色抹灰	$a := 0.21$
	锗黄色抹灰	$a := 0.58$
	灰色抹灰	$a := 0.65$
	深棕色抹灰	$a := 0.83$
	红砖，红色	$a := 0.54$
	灰砂砖，灰色	$a := 0.60$
	砂岩，浅色	$a := 0.50$
	带铜绿锈的砂岩	$a := 0.85$
	光滑的混凝土	$a := 0.55$
	风化的混凝土	$a := 0.65$
	原木木材（松木）	$a := 0.44$
	浸渍过的木材	$a := 0.85$
	沥青涂料	$a := 0.90$
	原铝	$a := 0.05$

单位使用面积的内热源/（W/m²）	住宅用房
	办公用房
	会议用房

外表面的对流换热热阻/（m²K/W）	$R_{se} := 0.07$
空气密度/（kg/m³）	$\rho_L := 1.23$
空气比热/（Ws/kgK）	$c_{pL} := 1000$
建材比热/（Ws/kgK）	$c := 900$
木材比热/（Ws/kgK）	$c_H := 2000$

步骤1：U值及起储热作用的外墙的构件质量

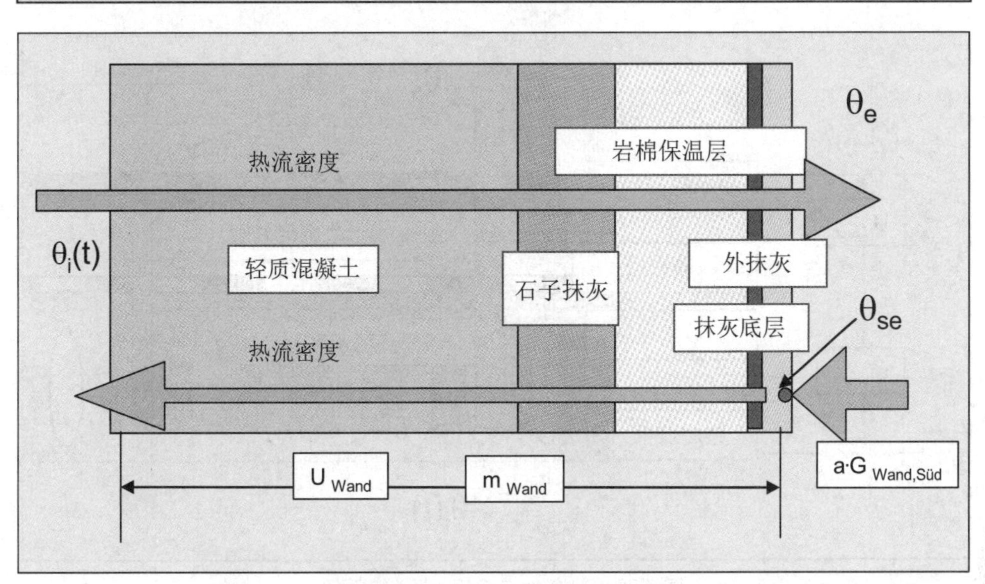

图 4.78 南侧外纵向墙：带复合保温系统的轻质混凝土墙

下表给出了U值、面积值、起储热作用的构件质量及不透明墙体辐射热负荷的计算值。

外纵向墙（南侧）
带保温复合系统的轻质混凝土墙

结构组成	密度ρ/（kg/m³）	层厚d/m	导热系数λ/（W/mK）	热阻R/（m²K/W）	
内侧对流换热热阻		—	—		$Rsi := 0.130$
轻质混凝土	$\rho1 := 1100$	$d1 := 0.200$	$\lambda1 := 0.480$	$R1 := \frac{d1}{\lambda1}$	$R1 = 0.4167$
石子抹灰	$\rho2 := 1700$	$d2 := 0.020$	$\lambda2 := 1.500$	$R2 := \frac{d2}{\lambda2}$	$R2 = 0.013$
岩棉保温层	$\rho3 := 120$	$d3 := 0.080$	$\lambda3 := 0.045$	$R3 := \frac{d3}{\lambda3}$	$R3 = 1.778$
抹灰底层	$\rho4 := 600$	$d4 := 0.002$	$\lambda4 := 0.250$	$R4 := \frac{d4}{\lambda4}$	$R4 = 8 \times 10^{-3}$
矿物质外抹灰	$\rho5 := 1700$	$d5 := 0.006$	$\lambda5 := 1.100$	$R5 := \frac{d5}{\lambda5}$	$R5 = 5.455 \times 10^{-3}$
外侧对流换热热阻		—	—		$Rse := 0.070$
总传热热阻		$R := Rsi + R1 + R2 + R3 + R4 + R5 + Rse$			$R = 2.421$
U值		**U = 0.413 W/m²K**		$U_{Ws} := \frac{1}{R}$	$U_{Ws} = 0.413$
热极端条件房间的边界面积/m²		**A_{Ws} = 8.7 m²**			$A_{Ws} := 8.7$
南侧的辐射热负荷		**G_s = 140 W/m²**			$G_s := 140$
起储热作用的构件质量		$m_{Ws} := (\rho1 \cdot d1 + \rho2 \cdot d2 + \rho3 \cdot d3 + \rho4 \cdot d4 + \rho5 \cdot d5) \cdot A_{Ws}$ **m_{Ws} = 2393kg**			$m_{Ws} = 2.393 \times 10^3$

步骤1：U值及起储热作用的外墙的构件质量

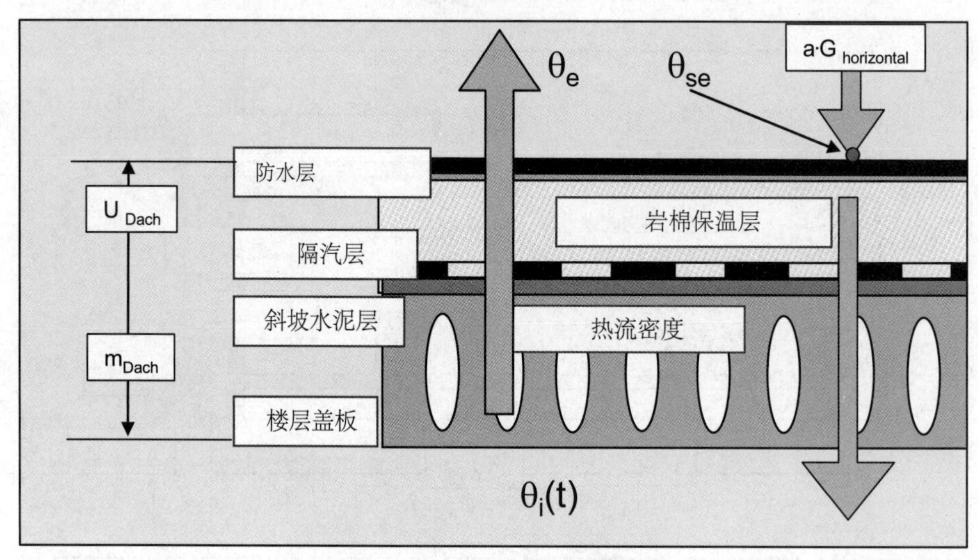

图 4.79　热条件差房间上面的热屋顶

下表给出了U值、面积值、起储热作用的构件质量及不透明墙体辐射热负荷的计算值。

热屋顶

带PS泡沫保温层的混凝土平屋顶

结构组成	密度ρ/（kg/m³）	层厚d/m	导热系数λ/（W/mK）	热阻R/（m²K/W）	
内侧对流换热热阻		—	—		Rsi := 0.130
混凝土楼层盖板	ρ1 := 1400	d1　0.245	1 := 1.550	$R1 := \frac{d1}{\lambda 1}$	R1 = 0.1581
斜坡水泥层	ρ2 := 1000	d2　0.060	2 := 1.400	$R2 := \frac{d2}{\lambda 2}$	R2 = 0.043
隔汽层	ρ3 := 500	d3　0.002	3 := 0.175	$R3 := \frac{d3}{\lambda 3}$	R3 = 0.011
PS保温层	ρ4 := 50	d4　0.120	4 := 0.040	$R4 := \frac{d4}{\lambda 4}$	R4 = 3
防水层	ρ5 := 700	d5　0.005	5 := 0.175	$R5 := \frac{d5}{\lambda 5}$	R5 = 0.029
外侧对流换热热阻		—	—		Rse := 0.070
总传热热阻		R := Rsi + R1 + R2 + R3 + R4 + R5 + Rse			R = 3.441
U值		**U = 0.291 W/m²K**		$U_D := \frac{1}{R}$	$U_D = 0.291$
热极端条件房间的边界面积/m^2		**A_D = 21.2 m²**			$A_D := 21.2$
水平面的辐射热负荷		$m_D := (\rho1 \cdot d1 + \rho2 \cdot d2 + \rho3 \cdot d3 + \rho4 \cdot d4 + \rho5 \cdot d5) \cdot A_D$			
起储热作用的构件质量		**m_D = 8766kg** **G_h = 270W/m²**			$m_D = 8.766 \times 10^3$ $G_h := 270$

步骤1：起储热作用的内墙的构件质量

地板

结构组成	密度ρ/(kg/m³)	层厚d/m	导热系数λ/(W/mK)	热阻R/(m²K/W)	
内侧对流换热热阻		—	—		Rsi := 0.170
地板衬垫层	ρ1 := 500	d1 := 0.005	λ1 := 0.070	$R1 := \frac{d1}{\lambda 1}$	R1 = 0.071
无缝地面层	ρ2 := 1900	d2 := 0.030	λ2 := 1.250	$R2 := \frac{d2}{\lambda 2}$	R2 = 0.024
防潮膜	ρ3 := 500	d3 := 0.002	λ3 := 0.180	$R3 := \frac{d3}{\lambda 3}$	R3 = 0.011
楼层盖板	ρ4 := 1400	d4 := 0.250	λ4 := 1.480	$R4 := \frac{d4}{\lambda 4}$	R4 = 0.169
外侧对流换热热阻		—	—		Rse := 0.170
总传热热阻		R := Rsi + R1 + R2 + R3 + R4 + Rse			R = 0.615
U值		U = 1.625 W/m²K		$U := \frac{1}{R}$	U = 1.625
热极端条件房间的边界面积/m²		$\mathbf{A_{Fu} = 21.2\ m^2}$			AFu := 21.2
起储热作用的构件质量		$m_{Fu} := \frac{\rho 1 \cdot d1 + \rho 2 \cdot d2 + \rho 3 \cdot d3 + \rho 4 \cdot d4}{2} \cdot A_{Fu}$ $\mathbf{m_{Fu} = 4351kg}$			$m_{Fu} = 4.351 \times 10^3$

与隔壁房间的隔墙

结构组成	密度ρ/(kg/m³)	层厚d/m	导热系数λ/(W/mK)	热阻R/(m²K/W)	
内侧对流换热热阻		—	—		Rsi := 0.130
普通混凝土	ρ1 := 2100	d1 := 0.15	λ1 := 1.75	$R1 := \frac{d1}{\lambda 1}$	R1 = 0.086
外侧对流换热热阻		—	—		Rse := 0.130
总传热热阻		R := Rsi + R1 + Rse		$U := \frac{1}{R}$	R = 0.346
U值		U = 2.893 W/m²K			U = 2.893
热极端条件房间的边界面积/m²		$\mathbf{A_{1i} = 11.6\ m^2}$			A1i := 11.6
起储热作用的构件质量		$m_{1i} := \frac{\rho 1 \cdot d1}{2} \cdot A_{1i}$ $\mathbf{m_{1i} = 1827kg}$			$m_{1i} = 1.827 \times 10^3$

与隔壁房间2（卫生间、厨房）的隔墙

结构组成	密度ρ/(kg/m³)	层厚d/m	导热系数λ/(W/mK)	热阻R/(m²K/W)	
内侧对流换热热阻		—	—		Rsi := 0.130
普通混凝土	ρ1 := 2100	d1 := 0.06	λ1 := 1.75	$R1 := \frac{d1}{\lambda 1}$	R1 = 0.034
外侧对流换热热阻		—	—		Rse := 0.130
总传热热阻		R := Rsi + R1 + Rse		$U := \frac{1}{R}$	R = 0.294
U值		U = 3.398 W/m²K			U = 3.398
热极端条件房间的边界面积/m²		$\mathbf{A_{2i} = 11.9\ m^2}$			A2i := 11.9
起储热作用的构件质量		$m_{2i} := \frac{\rho 1 \cdot d1}{2} \cdot A_{2i}$ $\mathbf{m_{2i} = 750kg}$			m2i = 749.7

情况 1：南窗内部遮阳，西窗外部部分遮阳

步骤 2：通过窗户的辐射得热量
步骤 3：通过不透明墙体的辐射得热量
步骤 4：传热换热量
步骤 5：日间和夜间的通风换热量
步骤 6：内热源发热量

南窗	热极端条件房间的边界面积/ m^2	A_{Fs} = 3.2 m²	$A_{Fs}:=3.2$
	U值	U_{Fs} = 1.4W/m²k	$U_{Fs}:=1.4$
	玻璃透射率		$g:=0.55$
	窗框系数（玻璃面积份额）		$f_R:=0.7$
	玻璃面积的遮阳率，**内遮阳**	z_s = 0.75	$z_S:=0.75$
	辐射热负荷，**南侧**	G_s = 140 W/m²	$G_S:=140$
西窗	热极端条件房间的边界面积/ m^2	A_{Fw} = 5.8 m²	$A_{Fw}:=5.8$
	U值	U_{Fw} = 1.4W/m²k	$U_{Fw}:=1.4$
	玻璃透射率		$g:=0.55$
	窗框系数（玻璃面积份额）		$f_R:=0.7$
	玻璃面积的遮阳率，**内遮阳**	z_w = 0.40	$z_W:=0.40$
	辐射热负荷，**西侧**	G_w = 160 W/m²	$G_W:=160$

对室内空气的加热过程依赖于建筑构件的质量和辐射热负荷，同时还和换气率 n_T 和 n_N，以及内热源热负荷有关。

平均外界气温/ ℃	$\theta_{em}:=24$	
外界气温幅值/ K　　Δθ in K	$\Delta\theta_e:=6$	
升温过程初始的室内气温/ ℃	$\theta_{io}:=20$	
加热时间/ h（晴好天气时长）	$t:=120$	
热极端条件房间的地面面积	$A_N:=21.2$	
热极端条件房间的高度和容积	$h:=2.6$　$V_L:=A_N\cdot h$　$V_L=55.12$	
单位地面面积起储热作用的建筑构件的质量/（kg/m^2）	$m_A:=\frac{m_{Ws}+m_D+m_{Fu}+m_{1i}+m_{2i}}{A_N}$	$m_A=853.146$
吸收系数	$a_S:=0.6$　$a_D:=0.8$	$R_{se}=0.07$
单位地面面积的辐射热负荷/（W/m^2）	$S_A:=\frac{z_S\cdot g\cdot f_R\cdot G_S\cdot A_{Fs}+z_W\cdot g\cdot f_R\cdot G_W\cdot A_{Fw}+R_{se}\cdot(a_S\cdot G_S\cdot U_{Ws}\cdot A_{Ws}+a_D\cdot G_h\cdot U_D\cdot A_D)}{A_N}$	$S_A=18.234$
单位地面面积通过窗户的辐射热负荷/（W/m^2）	$S_{AF}:=\frac{z_S\cdot g\cdot f_R\cdot G_S\cdot A_{Fs}+z_W\cdot g\cdot f_R\cdot G_W\cdot A_{Fw}}{A_N}$	$S_{AF}=12.843$　$\frac{A_{Fs}+A_{Fw}}{A_N}=0.425$
单位地面面积的传热换热热负荷/（W/m^2K）	$T_A:=\frac{U_{Ws}\cdot A_{Ws}+U_D\cdot A_D+U_{Fs}\cdot A_{Fs}+U_{Fw}\cdot A_{Fw}}{A_N}$	$T_A=1.054$
空气的密度和比热	$\rho:=1.23$　$c:=1000$	
日间换气率/（1/h）	$n_{Lt}:=0,0.01..5$	
单位地面面积的日间通风换气热负荷/（W/m^2K）	$L_{At}(n_{Lt}):=\rho\cdot c\cdot\frac{n_{Lt}}{3600}\cdot\frac{V_L}{A_N}$	
夜间换气率/（1/h）	$n_{Ln}:=0,1..5$	
单位地面面积的夜间通风换气热负荷/（W/m^2K）	$L_{An}(n_{Ln}):=\rho\cdot c\cdot\frac{n_{Ln}}{3600}\cdot\frac{V_L}{A_N}$	
单位地面面积的内热源放热热负荷/（W/m^2）	$I_A:=5$	$I_A=5$

步骤 7：室内空气温度的稳态终值

步骤 8：热调整时间

步骤 9：5天之后室内温度的实际值

步骤 10：室内温度的实际值与允许值的比较

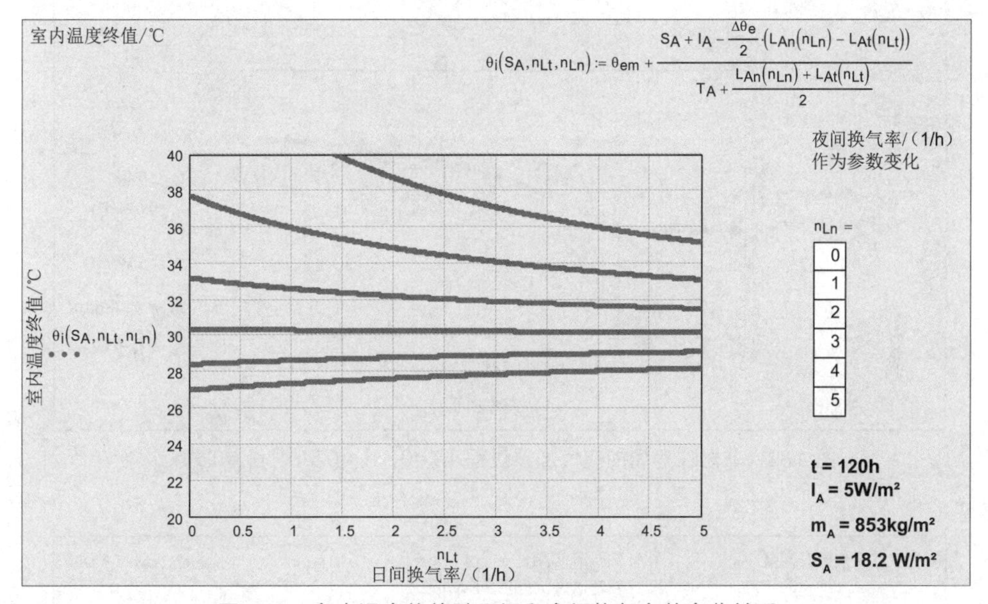

图 4.80 室内温度终值随日间和夜间换气率的变化关系

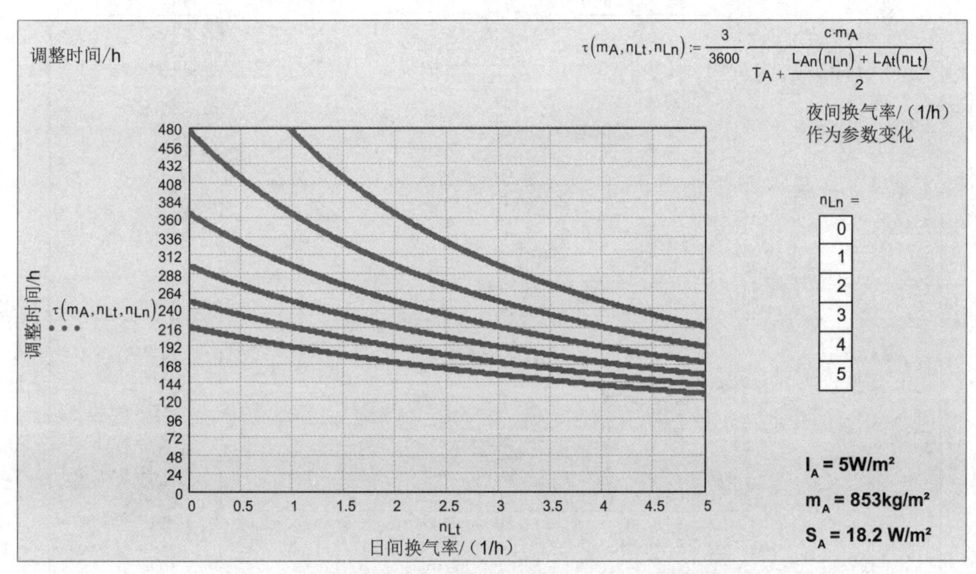

图 4.81 调整时间随日间和夜间换气率的变化关系

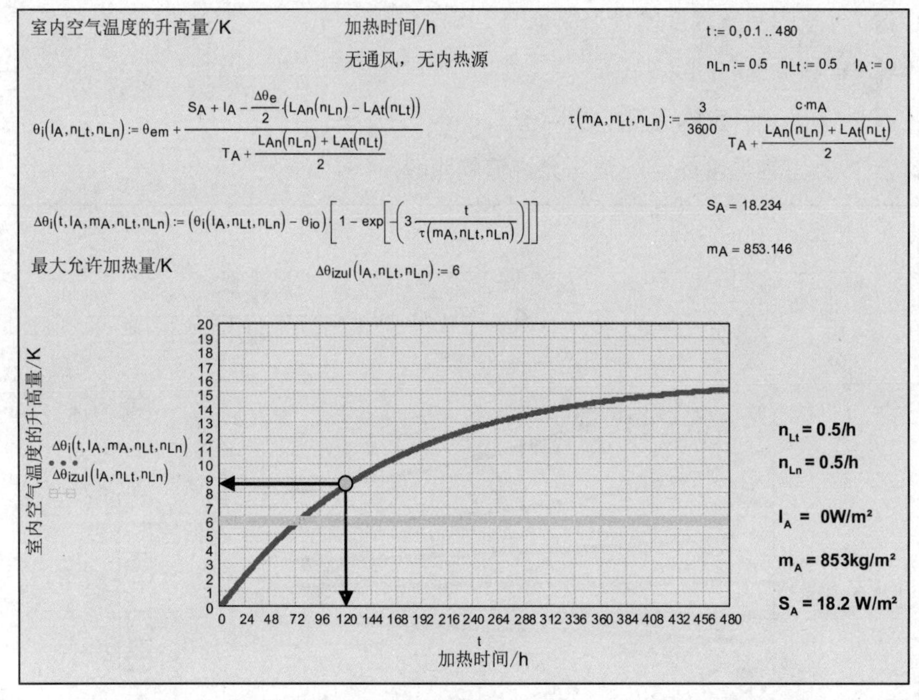

$$\theta_i(I_A,n_{Lt},n_{Ln}) := \theta_{em} + \frac{S_A + I_A - \frac{\Delta\theta_e}{2}\cdot(L_{An}(n_{Ln}) - L_{At}(n_{Lt}))}{T_A + \frac{L_{An}(n_{Ln}) + L_{At}(n_{Lt})}{2}}$$

$$\tau(m_A,n_{Lt},n_{Ln}) := \frac{3}{3600}\cdot\frac{c\cdot m_A}{T_A + \frac{L_{An}(n_{Ln}) + L_{At}(n_{Lt})}{2}}$$

$$\Delta\theta_i(t,I_A,m_A,n_{Lt},n_{Ln}) := (\theta_i(I_A,n_{Lt},n_{Ln}) - \theta_{io})\cdot\left[1 - \exp\left[-\left(3\frac{t}{\tau(m_A,n_{Lt},n_{Ln})}\right)\right]\right]$$

图 4.82　非居住房间的空气加热过程（I_A=0，n_{Lt}=0.5/h，n_{Ln}=0.5/h）

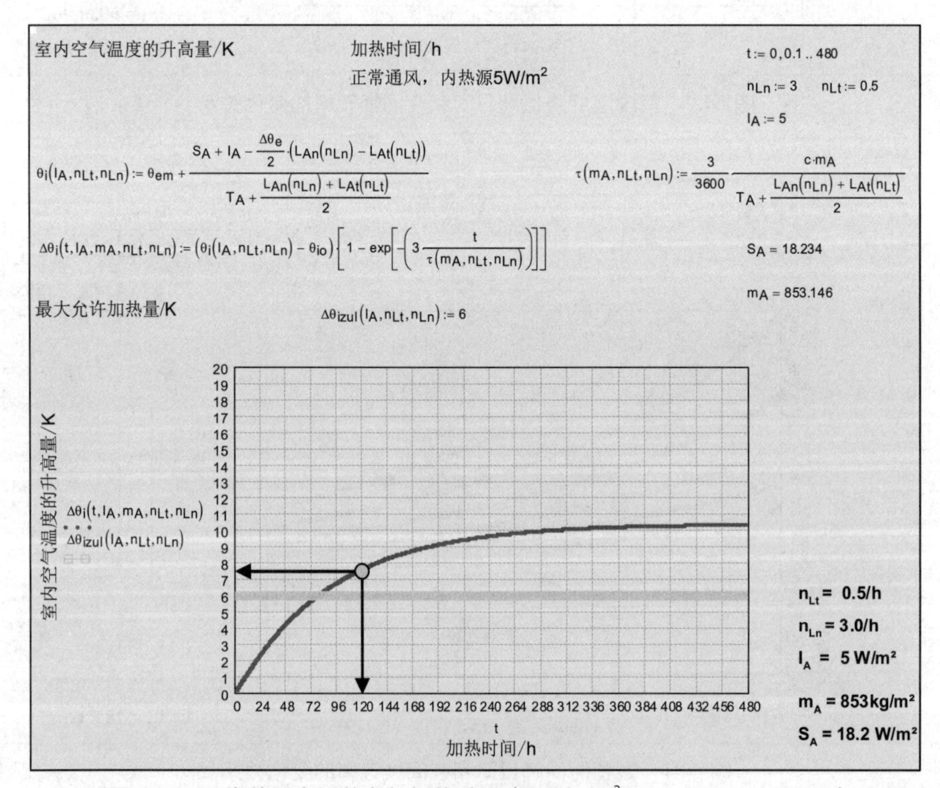

$$\theta_i(I_A,n_{Lt},n_{Ln}) := \theta_{em} + \frac{S_A + I_A - \frac{\Delta\theta_e}{2}\cdot(L_{An}(n_{Ln}) - L_{At}(n_{Lt}))}{T_A + \frac{L_{An}(n_{Ln}) + L_{At}(n_{Lt})}{2}}$$

$$\tau(m_A,n_{Lt},n_{Ln}) := \frac{3}{3600}\cdot\frac{c\cdot m_A}{T_A + \frac{L_{An}(n_{Ln}) + L_{At}(n_{Lt})}{2}}$$

$$\Delta\theta_i(t,I_A,m_A,n_{Lt},n_{Ln}) := (\theta_i(I_A,n_{Lt},n_{Ln}) - \theta_{io})\cdot\left[1 - \exp\left[-\left(3\frac{t}{\tau(m_A,n_{Lt},n_{Ln})}\right)\right]\right]$$

图 4.83　正常使用房间的空气加热过程（I_A=5W/m^2，n_{Lt}=0.5/h，n_{Ln}=3/h）

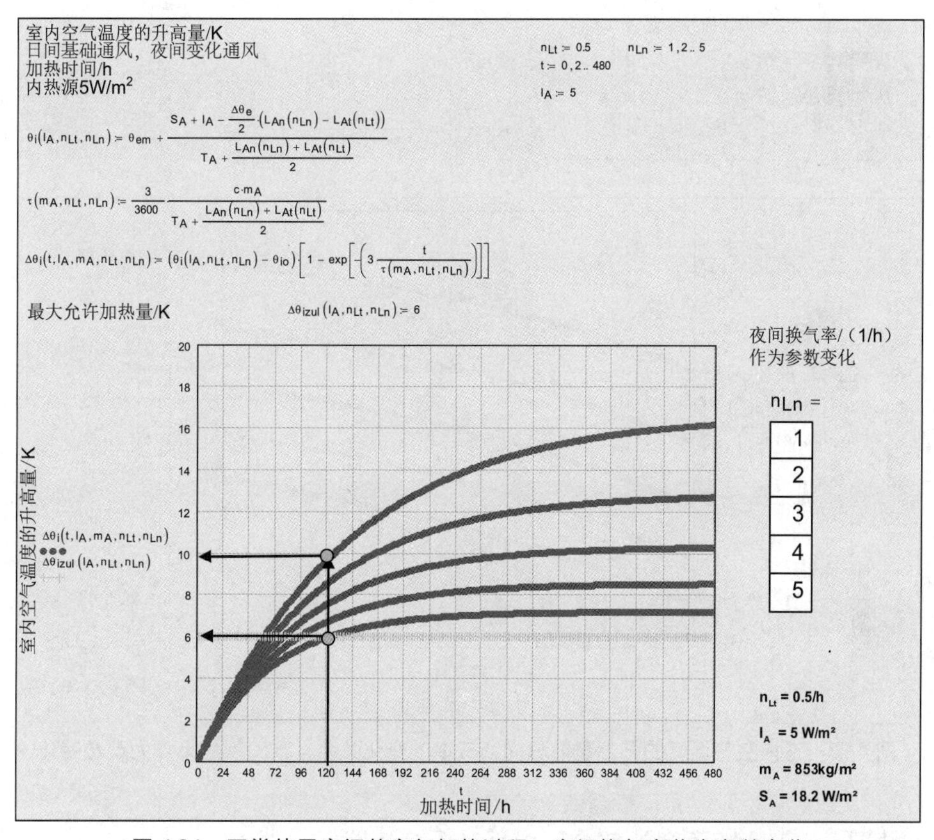

图 4.84　正常使用房间的空气加热过程，夜间换气率作为参数变化

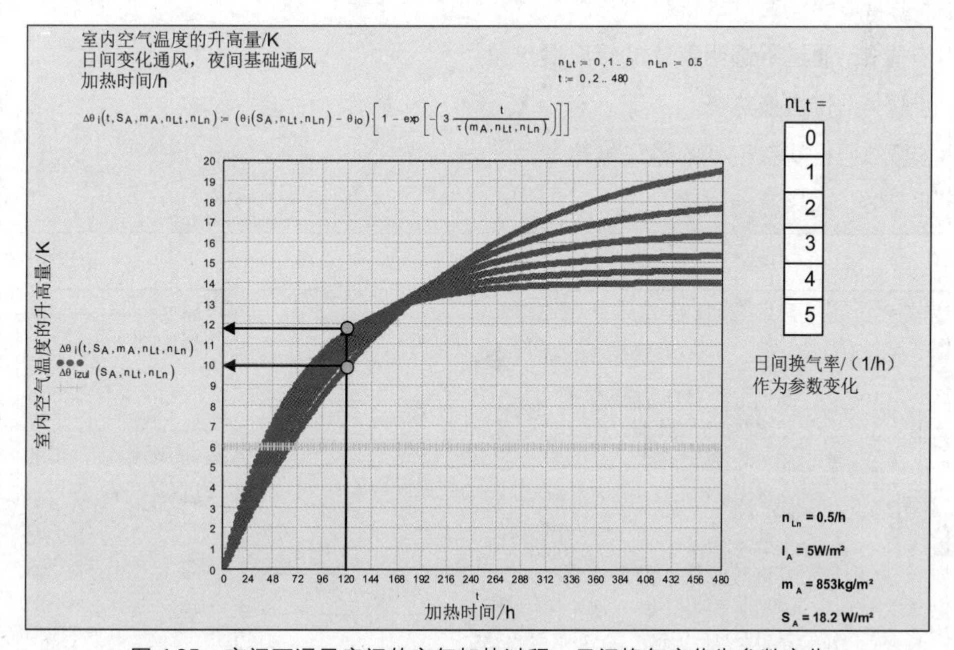

图 4.85　夜间不通风房间的空气加热过程，日间换气率作为参数变化

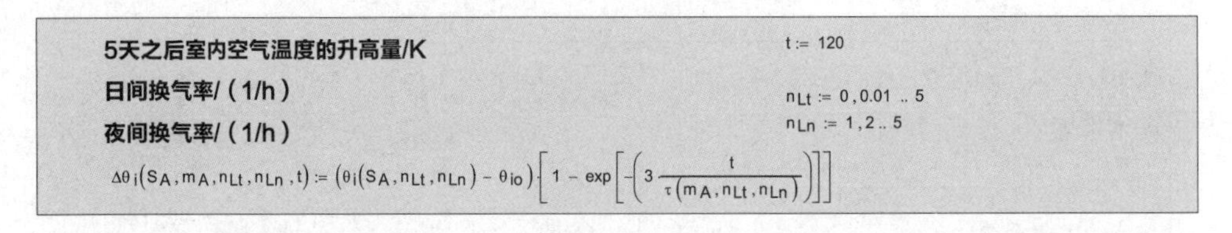

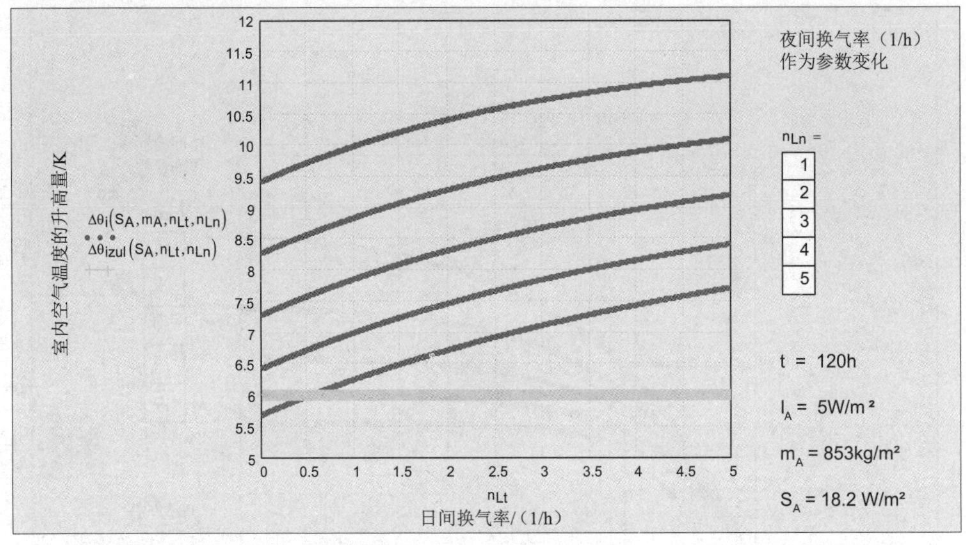

图 4.86　室内空气温度的升高量随日间换气率的变化关系，夜间换气率作为参数变化

情况 2：南窗和西窗外部全部由百叶设施遮阳

步骤 2：通过窗户的辐射得热量

步骤 3：通过不透明墙体的辐射得热量

步骤 4：传热换热量

步骤 5：日间和夜间的通风换热量

步骤 6：内热源发热量

南窗	热极端条件房间的边界面积/m²		A_{Fs} = 3.2 m²	A_{Fs} := 3.2
	U值		U_{Fs} = 1.4W/m²k	U_{Fs} := 1.4
	玻璃透射率			g := 0.55
	窗框系数（玻璃面积份额）			f_R := 0.7
	玻璃面积的遮阳率	外侧完全遮挡	z_s = 0.25	z_s := 0.25
	辐射热负荷，南侧		G_s = 140 W/m²	G_s := 140
西窗	热极端条件房间的边界面积/m²		A_{Fw} = 5.8 m²	A_{Fw} := 5.8
	U值		U_{Fw} = 1.4W/m²k	U_{Fw} := 1.4
	玻璃透射率			
	窗框系数（玻璃面积份额）			g := 0.55
	玻璃面积的遮阳率，固定遮阳设施	外侧完全遮挡	z_w = 0.25	f_R := 0.7
	辐射热负荷，西侧		G_w = 160 W/m²	z_w := 0.25 G_w := 160

对室内空气的加热过程依赖于建筑构件的质量和辐射热负荷，同时还和换气率 n_T 和 n_N，以及内热源热负荷有关。

平均外界气温/ ℃	$\theta_{em} := 24$	
外界气温幅值/ K	$\Delta\theta_e := 6$	
升温过程初始的室内气温/ ℃	$\theta_{io} := 20$	
加热时间/ h（晴好天气时长）	$t := 120$	
热极端条件房间的地面面积	$A_N := 21.2$	
热极端条件房间的高度和容积	$h := 2.6$　　$V_L := A_N \cdot h$	$V_L = 55.12$
单位地面面积起储热作用的建筑构件的质量/（kg/m²）	$m_A := \frac{m_{Ws} + m_D + m_{Fu} + m_{1i} + m_{2i}}{A_N}$	$m_A = 853.146$
吸收系数	$a_S := 0.6$　　$a_D := 0.8$	$R_{se} = 0.07$
单位地面面积的辐射热负荷/（W/m²）	$S_A := \frac{z_S \cdot g \cdot f_R \cdot G_S \cdot A_{Fs} + z_W \cdot g \cdot f_R \cdot G_W \cdot A_{Fw} + R_{se} \cdot (a_S \cdot G_S \cdot U_{Ws} \cdot A_{Ws} + a_D \cdot G_h \cdot U_D \cdot A_D)}{A_N}$	$S_A = 11.638$
单位地面面积通过窗户的辐射热负荷/（W/m²）	$S_{AF} := \frac{z_S \cdot g \cdot f_R \cdot G_S \cdot A_{Fs} + z_W \cdot g \cdot f_R \cdot G_W \cdot A_{Fw}}{A_N}$	$S_{AF} = 6.247$
单位地面面积的传热换热热负荷/（W/m²K）	$T_A := \frac{U_{Ws} \cdot A_{Ws} + U_D \cdot A_D + U_{Fs} \cdot A_{Fs} + U_{Fw} \cdot A_{Fw}}{A_N}$	$T_A = 1.054$
空气的密度和比热	$\rho := 1.23$　　$c := 1000$	
日间换气率/（1/h）	$n_{Lt} := 0, 0.01 .. 5$	
单位地面面积的日间通风换气热负荷/（W/m²K）	$L_{At}(n_{Lt}) := \rho \cdot c \cdot \frac{n_{Lt}}{3600} \cdot \frac{V_L}{A_N}$	
夜间换气率/（1/h）	$n_{Ln} := 0, 1 .. 5$	
单位地面面积的夜间通风换气热负荷/（W/m²K）	$L_{An}(n_{Ln}) := \rho \cdot c \cdot \frac{n_{Ln}}{3600} \cdot \frac{V_L}{A_N}$	
单位地面面积的内热源放热热负荷/（W/m²）	$I_A := 5$	

步骤 7：室内空气温度的稳态终值

步骤 8：热调整时间

步骤 9：5 天之后室内温度的实际值

步骤 10：室内温度的实际值与允许值的比较

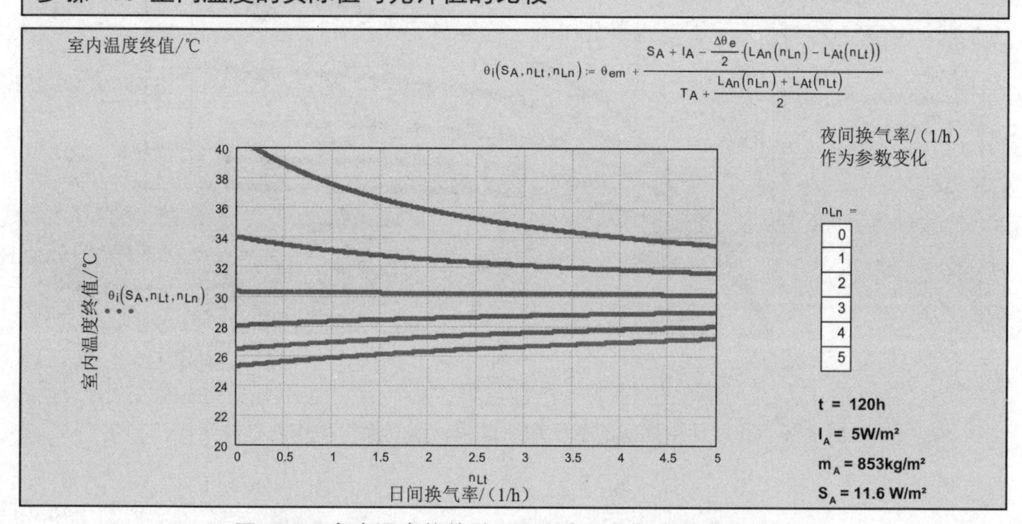

图 4.87　室内温度终值随日间和夜间换气率的变化关系

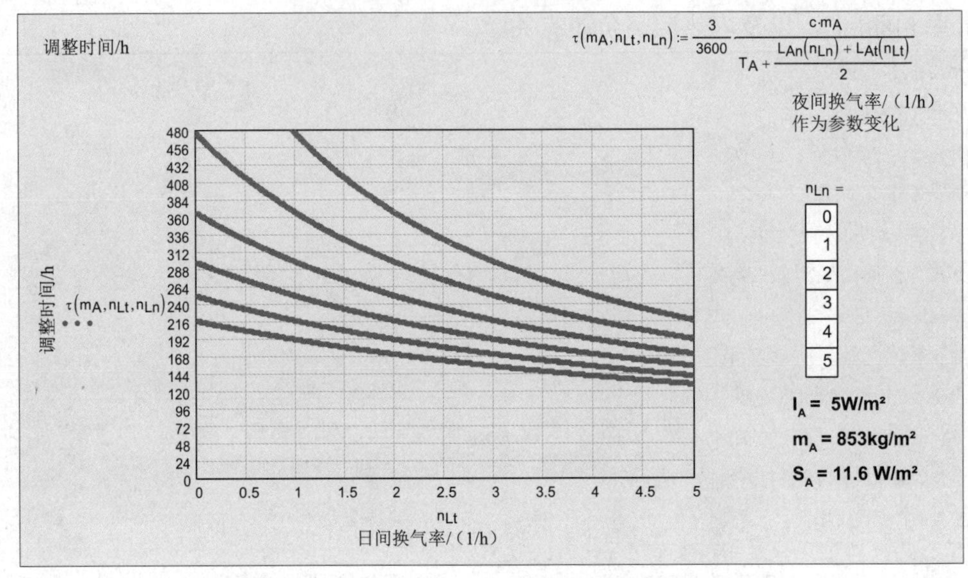

图 4.88　调整时间随日间和夜间换气率的变化关系

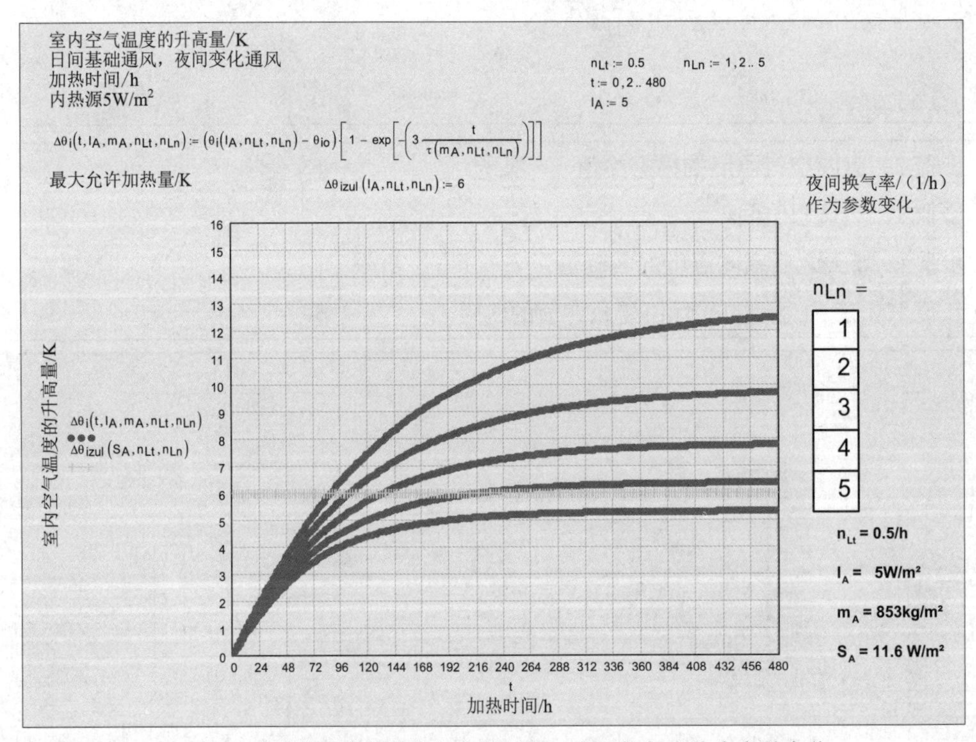

图 4.89　正常使用房间的空气加热过程，夜间换气率作为参数变化

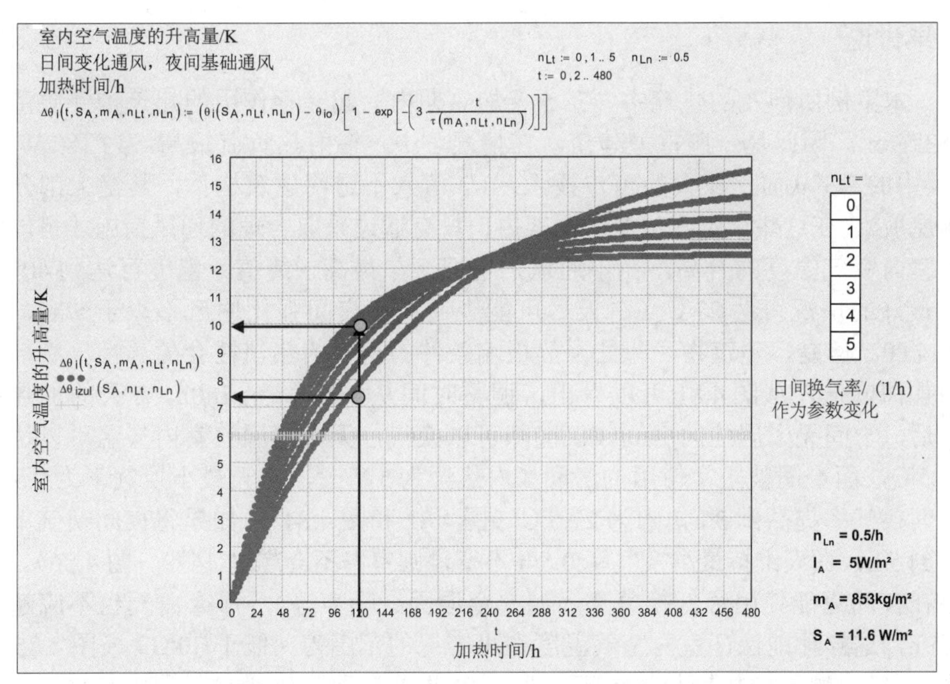

图 4.90　夜间弱通风房间的空气加热过程，日间换气率作为参数变化

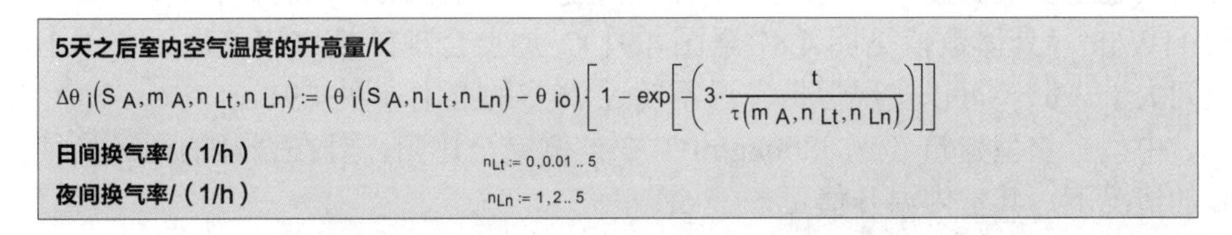

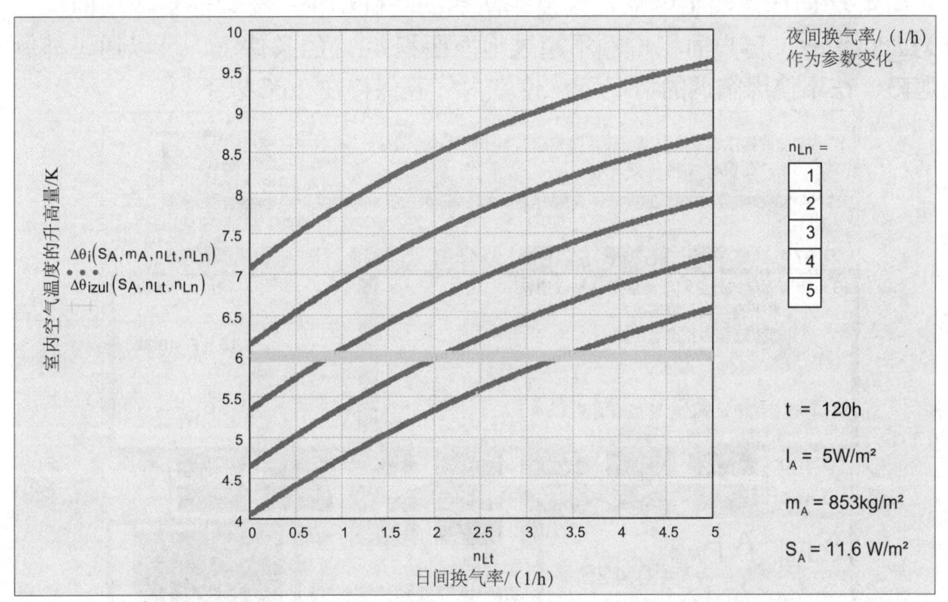

图 4.91　室内空气温度的升高量随日间换气率的变化关系，夜间换气率作为参数变化，正常使用（I_A=5W/m^2）

结果讨论

本案例所涉及的建筑中（在5天加热期内）起储存作用的建筑构件质量为853kg/m^2，因此是一座重型建筑。在情况1中，辐射热负荷很高，为18.2W/m^2（其中的2/3从面积较大的窗户投入，1/3落入不透明建筑构件，其绝大部分落到屋顶）。在这些给定固定值的框架内，只有通过采取合理的通风措施才可能限制室内空气温度的升高。在不通风的情况下，最高（终值）温度可达到40℃，而最好的情况可达27℃（白天尽可能少通风，夜间强化通风不少于5/h），见图4.80。但是，建筑物，即处于热极端条件的房屋的热惯性会随着换气次数的增加而降低，从图4.81可以看出，调整时间从480h降至140h。5天的加热期之后，一间无人居住的房间（仅缝隙可以换气，无内热源）室内气温可以达到28.5℃，而一间被正常使用的房间（内热源为5W/m^2，白天最小换气率为0.5/h，夜间换气率提高到3/h）则为27.5℃（图4.82和图4.84）。如果将夜间换气率提高到5/h，白天维持最小换气率0.5/h不变，则室温不会超过26℃（图4.86）。如果在夜间只能使用最低换气率（如安全原因、噪声等），那么白天也不应超过0.5/h，这样才能保证室内空气温度在可容忍的范围内（低于30℃）（图4.85和图4.86）。如果加热期超过8天，那么白天也必须强化通风（图4.85）。此时，室内气温至少要升至34℃。通过外侧完全遮阳（情况2），辐射热负荷可减小至约11W/m^2（具体数值见图4.87至图4.91）。加上合理的换气率（白天小于1/h，夜间大于3/h），可以实现保持室温不超过26℃的准则（图4.91）。

中型至重型建筑（m_A>800kg/m^2）在外侧完全遮阳，且在合理的通风换气措施的情况下，其室内温升值可低于6K。

图4.92同样证明了中欧地区夏季防热的基础结论：在起储热作用的构件质量为800kg/m^2，窗户面积份额不超过地面面积40%的条件下，可以通过外侧完全遮阳，在不使用空调的情况下，使室内气温保持在26℃以下。

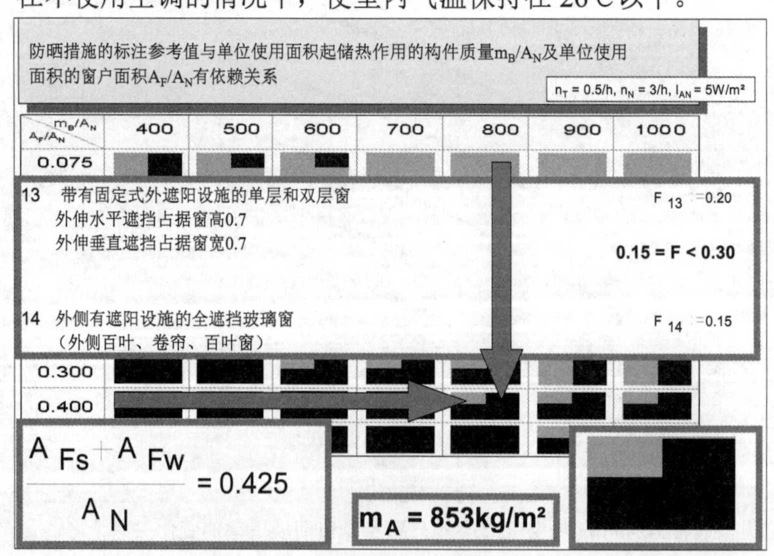

图4.92 示意图4.69中的实例数据

4.2.5 无空调房间结构内表面温度、室内空气温度及体感温度的日变化历程

4.2.5.1 热流日变化历程的模拟

本节将给出房间在无空调条件下的体感温度（室内气温和维护结构内表面温度的平均值）随外界气候（外界气温和辐射）、建筑物参数（围护结构的传热阻力及各建筑构件的吸热能力）、通风换气参数及房间使用情况（内热源）变化的近似关系。波动状态下的日最大值、日最小值及日均值将与欧洲标准 EN ISO 13792 中针对 3 种基础房间给出的标准值进行对比。如果其差距不超过 1.5K，则所给出的计算方法可以用于设计工作。此处给出的计算模型基于下列热流平衡方程：

（1）针对不透明墙体外表面建立的热平衡方程；

（2）针对室内空气建立的热平衡方程；

（3）针对室内围护结构内表面建立的热平衡方程。

上述热平衡关系构成了确定房间内表面温度及室内气温的方程组。该微分方程组可以近似求解。在求解过程中，假设：所有热负荷在 4 小时的时间间隔内保持为常数，即以阶跃形式变化。由此，各种负荷随时间的变化（外界气温为简谐函数，与使用条件相关的换气次数和内热源常常为阶跃函数）可以足够准确地再现。描述室温随时间变化的 6 个时段函数构成表达升温和降温过程的简单指数函数。6 个时段终点的值，即 4:00，8:00，12:00，16:00，20:00，24:00 时的值，通过近似回归方法，可表达为正弦函数。4:00 时的温度值是计算接下来当天温度日变化历程的起始点。由此可以对晴好天气期间，通常的升温过程，做为夏季防热的判别基础进行模拟分析计算，同时也可对除高温气候之外的其他任意天气期间房间的热工特性进行分析计算。当用于分析计算的所有热负荷及建筑物参数为已知时，那么，在建筑物的设计阶段就能够针对室内气候给出总体预测。实用的计算方法在用户界面较好的软件 SUN 中也已经给出。图 4.93 给出了进、出房间的所有热流。这些热流的平衡关系将在下面列出，以计算室内气温、内表面温度及体感温度。

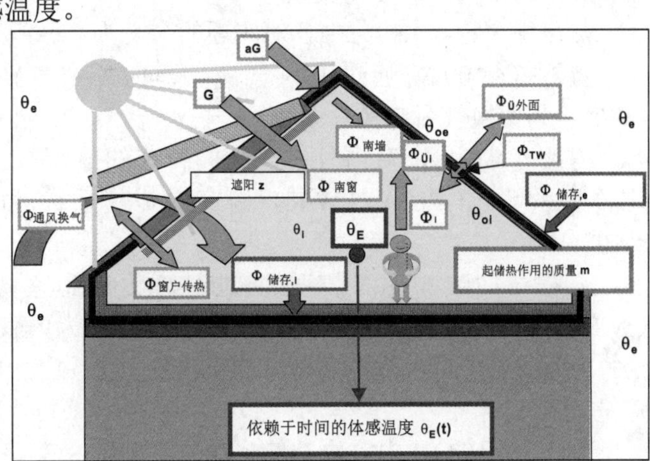

图 4.93 高热天气下，无空调时进、出房间的全部热流示意图

1. 不透明墙体外表面的热平衡关系

热平衡方程（4.94）中的各个热流分别为：

方程（4.95），由不透明外表面（墙体、屋顶）吸收的辐射热流，其中 a 为外表面对短波辐射的吸收系数。

方程（4.96），由不透明外表面起储存作用质量所吸收的热流，$C_e=c_e\ m_e$（Ws/K）为外侧起储存作用的建筑构件质量的比热容。

方程（4.97），从不透明外表面传导到内表面的热流，U'（W/m^2K）为墙的单位面积传热系数（不考虑墙内外表面的对流换热系数），$T'_W=U'A_W$（W/K）为墙的传热系数，$1/T'_W$（K/W）为外墙的热阻。

方程（4.98），外表面传递到环境的热流，h_e 为外表面的对流和辐射换热系数，$\ddot{U}_e=h_e\ A_{We}$（W/K）为外侧的表面换热系数。

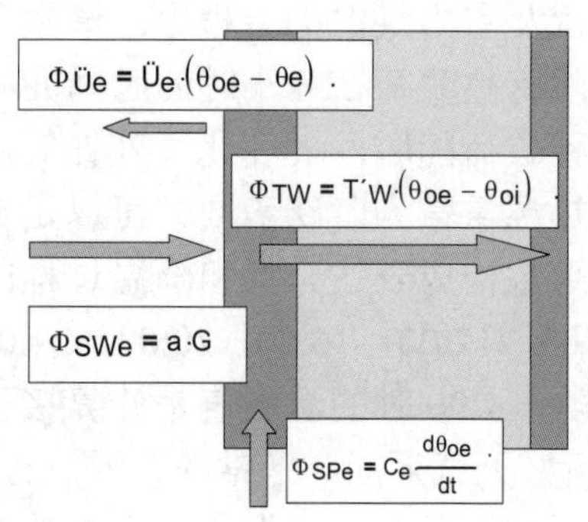

图 4.94　墙体外表面的热平衡关系

$$\Phi_{SWe} = \Phi_{SPe} + \Phi_{TW} + \Phi_{\ddot{U}e}. \tag{4.94}$$

$$\Phi_{SWe} = \sum_{j=1}^{n} a_j \cdot G_j \cdot A_{ej} = S_W \tag{4.95}$$

$$\Phi_{SPe.} = \sum_{j=1}^{n} c_{ej} \cdot m_{ej} \frac{d\theta_{oe}}{dt} = C_e \frac{d\theta_{oe}}{dt} \tag{4.96}$$

$$\Phi_{TW.} = \sum_{j=1}^{n} U'_j \cdot A_{Wej} \cdot (\theta_{oe} - \theta_{oi}) = T'_W \cdot (\theta_{oe} - \theta_{oi}) \tag{4.97}$$

$$\Phi_{\ddot{U}e} = \sum_{j=1}^{n} h_{e.j} \cdot A_{Wej} \cdot (\theta_{oe} - \theta_e) = \ddot{U}.e(\theta_{oe} - \theta_e) \tag{4.98}$$

2. 室内空气的热平衡关系

热平衡方程（4.99）中各对应项的含义为：

方程（4.100），通过通风气流，即内外空气换气率 n_L 所交换的热流，L（W/K）为由换气引起换热系数。

方程（4.101），窗内外空气之间传递的热流，U_F（W/m^2K）为典型的窗户比传热系数，$T_F=U_FA_F$（W/K）为窗户传热系数，$1/T_F$（K/W）为窗户的传热热阻。

方程（4.102），由内表面通过对流传递到室内空气的热流量，$\ddot{U}_i=h_{ci}\ A_{Wi}$（W/K）为内表面对流换热系数，$1/\ddot{U}_i$（K/W）为内表面处对流换热热阻。

方程（4.103），由内热源（功率为 Φ_i（W））通过对流传递到室内空气的热流量。

方程（4.104），由室内空气储存的热流量，C_L 为空气的比热容。

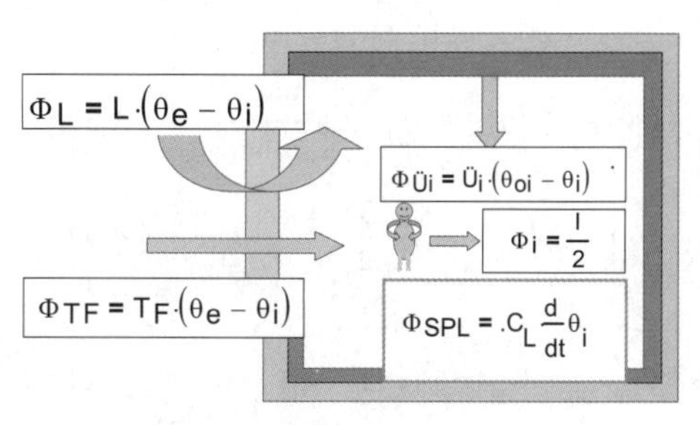

图 4.95 室内空气的热平衡关系

$$\Phi_L + \Phi_{TF} + \Phi_{Üi} + \frac{\Phi_I}{2} = \Phi_{SPL} \quad (4.99)$$

$$\Phi_L = \rho_L \cdot c_{pL} \cdot n_L \cdot V_L \cdot (\theta_e - \theta_i) = L\cdot(\theta_e - \theta_i) \quad (4.100)$$

$$\Phi_{TF.} = \sum_{j=1}^{n} U_{Fj}\cdot A_{Fj}\cdot(\theta_e - \theta_i) = T_F\cdot(\theta_e - \theta_i) \quad (4.101)$$

$$\Phi_{Üi} = \sum_{j=1}^{n} h_{cij}\cdot A_{Wij}\cdot(\theta_{oi} - \theta_i) = Ü.i(\theta_{oi} - \theta_i) \quad (4.102)$$

$$\frac{\Phi_I}{2} = \frac{I}{2} \quad (4.103)$$

$$\Phi_{SPL} = .C_L\frac{d}{dt}\theta_i \quad (4.104)$$

3. 室内围护结构内表面的热平衡关系

下面介绍热平衡方程（4.105）：

方程（4.106），通过窗户进入房间的辐射热流，f_R 为窗框系数或玻璃面积份额，z 为遮阳系数，g 为玻璃透射系数，G（W/m^2）为单位面积的辐射热流。

方程（4.107），从外表面至内表面的导热热流，U'（W/m^2K）为墙的单位面积传热系数（不考虑墙内外表面的对流换热系数），$T'_W=U'A_W$（W/K）为墙的传热系数，$1/T'_W$（K/W）为外墙的热阻。

方程（4.108），由内表面通过对流传递到室内空气的热流量，$Ü_i=h_{ci}A_{Wi}$（W/K）为内表面对流换热系数，$1/Ü_i$（K/W）为内表面处对流换热热阻。

方程（4.109），由内热源（功率为 Φ_i（W））通过对流传递到室内围护结构内表面的热流量。

方程（4.110），由内表面起储存作用质量所吸收的热流，$C_i=c_im_i$（Ws/K）为内侧起储存作用的建筑构件质量的比热容。

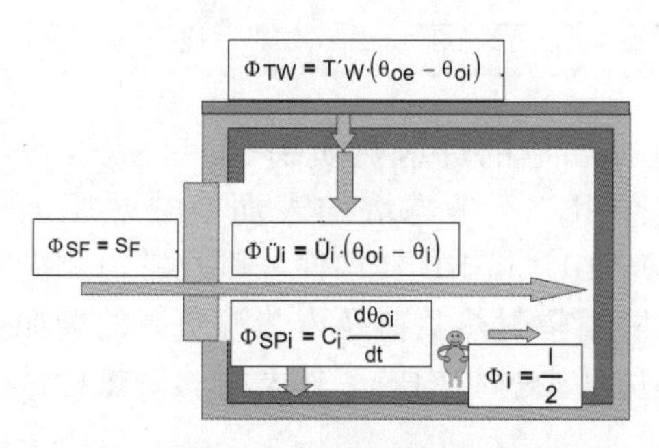

图 4.96 室内围护结构内表面的热平衡关系

$$\Phi_{SF} + \Phi_{TW} + \Phi_{Üi} + \frac{\Phi_I}{2} = \Phi_{SPi} \quad (4.105)$$

$$\Phi_{SF} = \sum_{j=1}^{n} f_{Rj}\cdot z_j\cdot g_j\cdot G_j\cdot A_{Fj} = S_F \quad (4.106)$$

$$\Phi_{TW.} = \sum_{j=1}^{n} U'_j\cdot A_{Wej}\cdot(\theta_{oe} - \theta_{oi}) = T'_W\cdot(\theta_{oe} - \theta_{oi}) \quad (4.107)$$

$$\Phi_{Üi} = \sum_{j=1}^{n} h_{cij}\cdot A_{Wij}\cdot(\theta_{oi} - \theta_i) = Ü.i(\theta_{oi} - \theta_i) \quad (4.108)$$

$$\frac{\Phi_I}{2} = \frac{I}{2} \quad (4.109)$$

$$\Phi_{SPi} = \sum_{j=1}^{n} c_{ij}\cdot m_{ij}\,\frac{d\theta_{oi}}{dt} = .C_i\frac{d\theta_{oi}}{dt} \quad (4.110)$$

在计算室内空气温度 θ_i 和室内围护结构内表面温度 θ_{oi} 时，空气的储热能力可以被忽略。由此得出上述三个方程（方程（4.94）至方程（4.110））的简化形式。

针对外表面的热平衡关系 1
$$S_W = T'_W\cdot(\theta_{oe}-\theta_{oi}) + \ddot{U}_e\cdot(\theta_{oe}-\theta_e) + C_e\frac{d\theta_{oe}}{dt} \tag{4.111}$$

针对室内空气的热平衡关系 2
$$0 = (L+T_F)\cdot(\theta_e-\theta_i) + \ddot{U}_i\cdot(\theta_{oi}-\theta_i) + \frac{J}{2} \tag{4.112}$$

针对室内围护结构内表面的热平衡关系 3
$$C_i\frac{d\theta_{oi}}{dt} = S_F + T'_W\cdot(\theta_{oe}-\theta_{oi}) + \ddot{U}_i\cdot(\theta_{oi}-\theta_i) + \frac{J}{2} \tag{4.113}$$

由上述简化的微分方程组可求解出三个温度 θ_{oe}，θ_{oi}，θ_i，其中，只有室内气温 θ_i 和内表面温度 θ_{oi} 随时间的变化历程与当前面临的问题直接相关。

如前面假设，外界温度 θ_e，通过窗户的辐射 S_F，通过墙的辐射 S_W，通风量 L，以及内热源负荷 J 等表达热负荷的参数，每 4 小时阶跃变化一次，但在 n 个 4 小时的时间段内均保持为常数。由此得，针对将一天分为六个确定时间段，即 4:00—8:00，8:00—12:00，12:00—16:00，16:00—20:00，20:00—24:00，24:00—4:00 的 n 个时间段内的指数函数，为室内各个组成表面的表面温度的解。

$$\theta_{oi,n} = \theta_{oi,n-1} + (\theta_{oi,lim,n} - \theta_{oi,n-1})\cdot\left(1-e^{-\beta_n\cdot t}\right) \tag{4.114a}$$

上式中，$\theta_{oi,n-1}$ 为第 n 个时间段开始时的温度，而 $\theta_{oi,lim,n}$ 为用本时间段给定的热负荷参数加热或冷却无穷长时间之后的内表面温度。

$$\theta_{oi,lim,n} = \theta_{e,n} + \frac{\dfrac{S_{Wn}}{\ddot{U}_e}\dfrac{1}{\dfrac{1}{T'_W}+\dfrac{1}{\ddot{U}_e}} + S_{Fn} + \dfrac{J_n}{2\cdot(L_n+T_F)}\dfrac{1}{\dfrac{1}{L_n+T_F}+\dfrac{1}{\ddot{U}_i}} + \dfrac{J_n}{2}}{\left(\dfrac{1}{\dfrac{1}{T'_W}+\dfrac{1}{\ddot{U}_e}} + \dfrac{1}{\dfrac{1}{L_n+T_F}+\dfrac{1}{\ddot{U}_i}}\right)} \tag{4.114b}$$

假想的最终温度（4.114b）仅与通过窗和墙的辐射热负荷 S_{Fn} 和 S_{Wn}、内热源负荷 J_n、传热热阻 $1/T'_W$（墙的传热热阻，不考虑墙的表面换热热阻）、$1/(L_n+T_F)$（通过窗户的通风和传热热阻）、$1/\ddot{U}_e$ 和 $1/\ddot{U}_i$（构件外侧及室内侧的表面对流换热热阻）等因素有关。该温度随着辐射热负荷及内热源负荷的增加而增加，而随着换气次数的增长而降低。房间围护结构内、外表面的储热特性 C_i 和 C_e 在此未被考虑。

下面给出了一系列的计算每 4 小时时间段的时间常数 β_n 和调整时长 τ_n 的方程，其中，只有方程（4.115b）和方程（4.116b）从建筑气候角度来看是重要的。

$$\beta_{n1} = -\frac{En}{2} + \sqrt{\left(\frac{En}{2}\right)^2 + Bn} \qquad (4.115a)$$

$$\beta_{n2} = -\frac{En}{2} - \sqrt{\left(\frac{En}{2}\right)^2 + Bn} \qquad (4.115b)$$

$$\tau_{n1} = \frac{3}{\beta_{n1}} \qquad \tau_{n2} = \frac{3}{\beta_{n2}} \qquad (4.115a)$$

$$B_n = -\frac{(T'_w + \ddot{U}_e)}{C_e \cdot C_i} \cdot \left(\frac{1}{\frac{1}{\ddot{U}_i} + \frac{1}{L_n + T_F}} + \frac{1}{\frac{1}{T'_w} + \frac{1}{\ddot{U}_e}}\right) \qquad (4.116a)(4.116b)$$

$$E_n = \frac{\ddot{U}_i}{C_i \cdot (L_n + T_F)} \cdot \left(\frac{1}{\frac{1}{\ddot{U}_i} + \frac{1}{L_n + T_F}}\right) - \frac{(T'_w + \ddot{U}_e)}{C_e} - \frac{(T'_w + \ddot{U}_i)}{C_i} \qquad (4.117b)$$

温度随时间变化的特性除了与传热热阻有关之外，主要还与储热能力（热容量 C_i 和 C_e）有关。通常，内表面的储热能力的影响会变得更强。而通过窗户和墙体的辐射热负荷 S_{Fn} 和 S_{Wn}，以及内热源负荷 J_n，此时没有影响（图 3.24 至图 3.27）。

由于在前述的 6 个 4 小时时间段内，根据 3.3 节所述内容（对比图 3.91），对应于内表面材料的导温系数 λ/ρ_c 热信号可达到结构内部的深度约为 x_E= 120mm，因此，这个数值将作为预估建筑构件起储热作用质量 m_i 和 m_e 的范围。如果将图 3.3 和图 3.4 中的信号达到深度进行线性化处理，则以房间围护结构内表面为例，可得出，起储热作用的质量约为 $m_i=\rho_i A_i x_e/2$。由此可得到多层围护结构内层和外层的热容量如下：

$$C_i = m_i \cdot c_i \qquad C_e = m_e \cdot c_e \qquad (4.118a)(4.118b)$$

$$m_i = \sum_{k=1}^{p_i} \sum_{j=1}^{l_i} \rho_{j,i} \cdot d_{j,i} \cdot A_{k,i} \qquad m_e = \sum_{k=1}^{p_e} \sum_{j=1}^{l_e} \rho_{j,i} \cdot d_{j,i} \cdot A_{k,i} \qquad (4.119a)(4.119b)$$

$$\sum_{j=1}^{i_i} d_{j,i} < 60\text{mm} \qquad \sum_{j=1}^{l_e} d_{j,e} < 60\text{mm} \qquad (4.120a)(4.120b)$$

在上面公式中，p_i 和 p_e 为围护结构整个表面中组成内（或外）表面的分面积个数；l_i 和 l_e 为计算内（或外）表面所涉及的层数。

现在将热吸收能力函数由起储热作用的质量，以及热容量 C_i 和 C_e，传热阻力系数 $1/\ddot{U}_i$ 和 $1/\ddot{U}_e$ 等参数共同替代。

室内气温 θ_{in} 与围护结构内表面温度相关，可借助热平衡关系 2 计算，体感温度基本上是上述两个温度的算术平均 $\theta_E=\theta_{eff}=(\theta_{oi}+\theta_i)/2$。

$$\theta_{i,n} = \frac{\theta_{oi,n} \cdot U_i + \theta_{oi,n} \cdot (L_n + T_F) + \frac{J_n}{2}}{L_n + T_F + \ddot{U}_i} \qquad \theta_{En} = \theta_{effn.} = \frac{\theta_{oi,n} + \theta_{i,n}}{2} \qquad (4.121)(4.122)$$

4.2.5.2　选定测试房间中的体感温度日变化历程

标准给定的测试房间（国际标准 EN ISO 13792[22]）示于图 4.97。在相应的计算开始之前，所有建筑物参数和热负荷均将在后续内容（表 4.18 和表 4.19）中列出。测试房间 1 的特点是由于悬挂了轻质隔音天花板而导致建筑质量低。测试房间 2 为中间楼层的常规状况。测试房间 3 虽然起储热作用的构件质量最大，但在大部分时间是通过屋顶受到间接热辐射的作用。

所有测试房间均采用标准给定的外界气候（温度和辐射量）、同样的使用方式（内热源主要出现时间段为 12:00—20:00）及通风方式（表 4.19）。针对 3 个测试房间的所有计算结果（表 4.20、表 4.21 和表 4.22）在每个计算结束时均会进行简短讨论，并与标准给定值进行比较。如果计算得到的体感温度的日最大值、最小值，以及平均值与标准给定值的偏差小于 1.5K，则本节所介绍的简化计算模型便可以用于夏季建筑防热设计等场合。

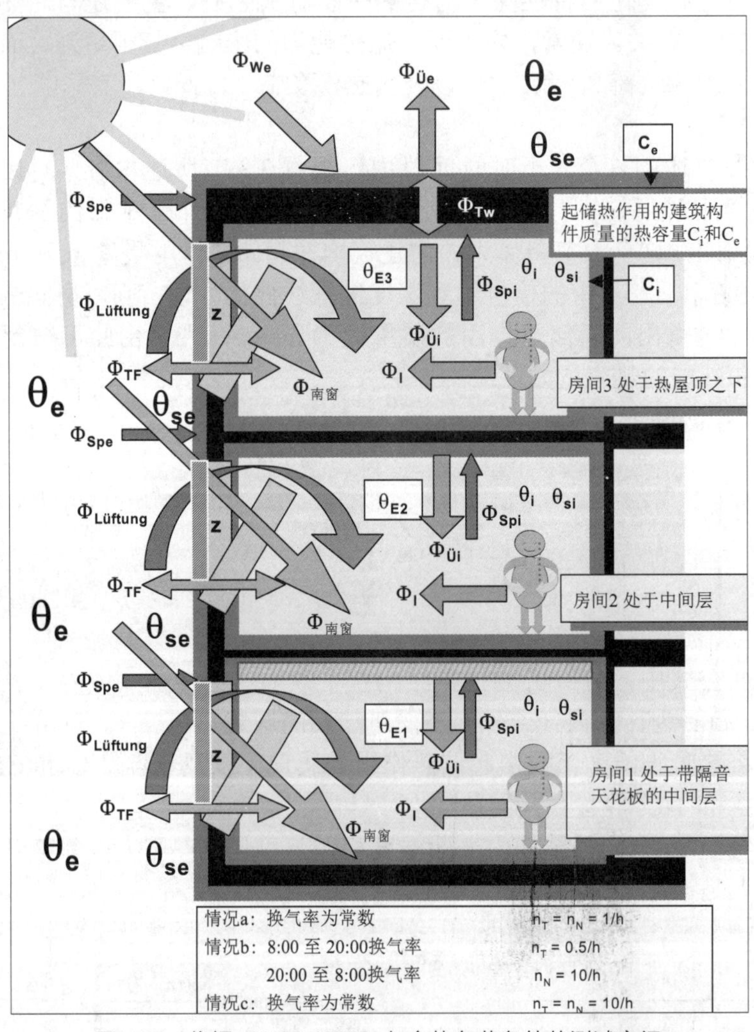

图 4.97　依据 EN ISO 13792，包含热负荷条件的测试房间

非最热气候期间无空调房间中的体感温度日变化历程

情况 1a：带轻质隔音天花板的中间层房间，换气率为常数 n=1/h

表 4.18 建筑物参数

对流换热热阻

给定值	内外表面的对流换热系数				计算值		
	hi := 7.5	hic := 2.2	he := 14	(W/m²K)	$Ri := \frac{1}{hi}$	$Re := \frac{1}{he}$	
					Ri = 0.13	Re = 0.07	(m²K/W)

屋顶

给定值	面积/ m^2	密度/ (kg/m³)	U值/ (W/m²K)	吸收系数	U' 值（仅涉及构件，无对流热阻）/ (W/m²K)	
水平方向	Ad1 := 0	ρd1 := 2000	kd1 := 0.44	ad1 := 0.8	$kd1' := \frac{kd1}{1-(Ri+Re)\cdot kd1}$	kd1′ = 0.48
水平方向	Ad2 := 0	ρd2 := 1500	kd2 := 0.3	ad2 := 0.8	$kd2' := \frac{kd2}{1-(Ri+Re)\cdot kd2}$	kd2′ = 0.32

外墙

给定值	面积/ m^2	密度/ (kg/m³)	U值/ (W/m²K)	吸收系数	计算值 U' 值（仅涉及构件，无对流热阻）/ (W/m²K)	
南	Awe1 := 0	ρwe1 := 1000	kwe1 := 0.5	aw1 := 0.6	$kwe1' := \frac{kwe1}{1-(Ri+Re)\cdot kwe1}$	kwe1′ = 0.56
西	Awe2 := 3	ρwe2 := 1400	kwe2 := 0.6	aw2 := 0.6	$kwe2' := \frac{kwe2}{1-(Ri+Re)\cdot kwe2}$	kwe2′ = 0.68
北	Awe3 := 0	ρwe3 := 1400	kwe3 := 0.4	aw3 := 0.3	$kwe3' := \frac{kwe3}{1-(Ri+Re)\cdot kwe3}$	kwe3′ = 0.44
东	Awe4 := 0	ρwe4 := 1000	kwe4 := 0.5	aw4 := 0.5	$kwe4' := \frac{kwe4}{1-(Ri+Re)\cdot kwe4}$	kwe4′ = 0.56

内墙

给定值	面积/ m^2	密度/ (kg/m³)	容积/ m^3
	Awi1 := 15	ρwi1 := 160	Vl := 50
	Awi2 := 10	ρwi2 := 160	
	Awi3 := 15	ρwi3 := 160	
	Awi4 := 20	ρwi4 := 160	
屋顶	Ade := 20	ρde := 140	
地面	An := 20	ρn := 1400	

计算值

内围护结构表面积/ m^2

Aoi := Awi1 + Awi2 + Awi3 ... + Awe1 + Awe2 + Awe3 + Awe4 + Awe4 + Ad1 + Ad2 + Ade + An

Aoi = 83.00

窗户

给定值	面积/ m^2	遮阳系数	U值/ (W/m²K)	窗框系数	玻璃透射率	计算值	总透射率
南	Af1 := 0	z1 := 0.33	kf1 := 1.8	fr1 := 0.9	g1 := 0.65	sf1 := z1·g1·fr1	sf1 = 0.19
西	Af2 := 7	z2 := 0.33	kf2 := 1.8	fr2 := 0.9	g2 := 0.65	sf2 := z2·g2·fr2	sf2 = 0.19
北	Af3 := 0	z3 := 0.33	kf3 := 1.8	fr3 := 0.9	g3 := 0.65	sf3 := z3·g3·fr3	sf3 = 0.19
东	Af4 := 0	z4 := 0.2	kf4 := 1.2	fr4 := 0.9	g4 := 0.65	sf4 := z4·g4·fr4	sf4 = 0.12
水平	Af5 := 0	z5 := 0.2	kf5 := 1.4	fr5 := 0.7	g5 := 0.5	sf5 := z5·g5·fr5	sf5 = 0.07

表 4.18　建筑物参数（续——起储热作用的质量及传递系数）

起储热作用的建筑构件质量m/kg及热容量C/（Ws/K）

给定值　比热容/（Ws/kgK）　c := 900

起储热作用的建筑构件质量m/kg及总热容量C/（Ws/K）

计算值

mwi := 0.06 ·(Awi1 ·ρwi1 + Awi2 ·ρwi2 + Awi3 ·ρwi3 + Awi4 ·ρwi4)　mwi = 576.00
mwe := 0.06 ·(Awe1 ·ρwe1 + Awe2 ·ρwe2 + Awe3 ·ρwe3 + Awe4 ·ρwe4)　mwe = 252.00
mde := 0.06 ·Ade ·ρde + 0.05 ·(Ad1 ·ρd1 + Ad2 ·ρd2)　mde = 168.00
mn := 0.06 ·An ·ρn　mn = 1680
mi := mwi + mwe + mde + mn　$\frac{mi}{An}$ = 133.80　mi = 2676
Ci := c·mi　Ci = 2.41 × 10^6
Ce := c·mwe　Ce = 2.27 × 10^5

比传热热流T'_W和T_F/（W/K）

计算值

T'w := kd1´·Ad1 + kd2´·Ad2 + kwe1´·Awe1 + kwe2´·Awe2 + kwe3´·Awe3 + kwe4´·Awe4　T'w = 2.05
Tf := kf1·Af1 + kf2·Af2 + kf3·Af3 + kf4·Af4　Tf = 12.60

比对流换热热流$\ddot{U}_i$和$\ddot{U}_e$/（W/K）

计算值

Üi := hic ·Aoi　nur konvektiver Übergang an der raumseitigen Oberfläche　Üi = 182.60
Üe := he ·(Ad1 + Ad2 + Awe1 + Awe2 + Awe3 + Awe4)　Üe = 42.00

表4.19　热负荷

外界气温/ °C　时间段　t := 14400

给定值

4.00-8.00	8.00-12.00	12.00-16.00	16.00-20.00	20.00-24.00	0.00-4.00
Te1 := 13.0	Te2 := 20.5	Te3 := 27.3	Te4 := 23.5	Te5 := 16.6	Te6 := 13.0

投射辐射热流密度 G/（W/m²）

H：水平　O：东　S：南　W：西　N：北

给定值

4.00-8.00	8.00-12.00	12.00-16.00	16.00-20.00	20.00-24.00	0.00-4.00
GH1 := 170	GH2 := 700	GH3 := 780	GH4 := 305	GH5 := 0	GH6 := 0
GO1 := 400	GO2 := 440	GO3 := 120	GO4 := 40	GO5 := 0	GO6 := 0
GS1 := 120	GS2 := 380	GS3 := 380	GS4 := 120	GS5 := 0	GS6 := 0
GW1 := 40	GW2 := 120	GW3 := 445	GW4 := 600	GW5 := 0	GW6 := 0
GN1 := 50	GN2 := 40	GN3 := 40	GN4 := 50	GN5 := 0	GN6 := 0

通过窗户的辐射热流 S_F/W

计算值

时间段	计算式	结果
04.00-08.00	Sf1 := sf1·Af1·GS1 + sf2·Af2·GW1 + sf3·Af3·GN1 + sf4·Af4·GO1 + sf5·Af5·GH1	Sf1 = 54.05
08.00-12.00	Sf2 := sf1·Af1·GS2 + sf2·Af2·GW2 + sf3·Af3·GN2 + sf4·Af4·GO2 + sf5·Af5·GH2	Sf2 = 162.16
12.00-16.00	Sf3 := sf1·Af1·GS3 + sf2·Af2·GW3 + sf3·Af3·GN3 + sf4·Af4·GO3 + sf5·Af5·GH3	Sf3 = 601.35
16.00-20.00	Sf4 := sf1·Af1·GS4 + sf2·Af2·GW4 + sf3·Af3·GN4 + sf4·Af4·GO4 + sf5·Af5·GH4	Sf4 = 810.81
20.00-24.00	Sf5 := 0	Sf5 = 0.00
00.00-04.00	Sf6 := 0	Sf6 = 0.00

由外表面吸收的辐射热流 S_W/W

计算值

时间段	计算式	结果
04.00-08.00	Sw1 := aw1·Awe1·GS1 + aw2·Awe2·GW1 + aw3·Awe3·GN1 + aw4·Awe4·GO1	Sw1 = 72.00
	Sd1 := ad1·Ad1·GH1 + ad2·Ad2·GH2	Sd1 = 0.00
08.00-12.00	Sw2 := aw1·Awe1·GS2 + aw2·Awe2·GW2 + aw3·Awe3·GN2 + aw4·Awe4·GO2	Sw2 = 216.00
	Sd2 := ad1·Ad1·GH2 + ad2·Ad2·GH2	Sd2 = 0.00
12.00-16.00	Sw3 := aw1·Awe1·GS3 + aw2·Awe2·GW3 + aw3·Awe3·GN3 + aw4·Awe4·GO3	Sw3 = 801.00
	Sd3 := ad1·Ad1·GH3 + ad2·Ad2·GH3	Sd3 = 0.00
16.00-20.00	Sw4 := aw1·Awe1·GS4 + aw2·Awe2·GW4 + aw3·Awe3·GN4 + aw4·Awe4·GO4	Sw4 = 1080.00
	Sd4 := ad1·Ad1·GH4 + ad2·Ad2·GH4	Sd4 = 0.00
20.00-24.00	Sw5 := 0　Sd5 := 0	Sw5 = 0.00　Sd5 = 0.00
00.00-04.00	Sw6 := 0　Sd6 := 0	Sw6 = 0.00　Sd6 = 0.00

表 4.19 热负荷（续——通风换气热流，内热源）

换气次数n/（1/h）及比通风换气热流L/（W/K）

给定值

4.00-8.00	8.00-12.00	12.00-16.00	16.00-20.00	20.00-24.00	0.00-4.00
n1 := 1	n2 := 1	n3 := 1	n4 := 1	n5 := 1	n6 := 1

计算值

L1 := n1·Vl·0.34	L2 := n2·Vl·0.34	L3 := n3·Vl·0.34	L4 := n4·Vl·0.34	L5 := n5·Vl·0.34	L6 := n6·Vl·0.34
L1 = 17.00	L2 = 17.00	L3 = 17.00	L4 = 17.00	L5 = 17.00	L6 = 17.00

内热源的热负荷，地面等部分的吸热

给定值 q / (W/m²) J / W

4.00-8.00	8.00-12.00	12.00-16.00	16.00-20.00	20.00-24.00	0.00-4.00
q1i := 0.25	q2i := 3.25	q3i := 7.75	q4i := 8	q5i := 10	q6i := 0
q1b := 0	q2b := 0	q3b := 0	q4b := 0	q5b := 0	q6b := 0

计算值

q1 := q1i + q1b	q2 := q2i + q2b	q3 := q3i + q3b	q4 := q4i + q4b	q5 := q5i + q5b	q6 := q6i + q6b
I1 := q1·An	I2 := q2·An	I3 := q3·An	I4 := q4·An	I5 := q5·An	I6 := q6·An
I1 = 5.00	I2 = 65.00	I3 = 155.00	I4 = 160.00	I5 = 200.00	I6 = 0.00

表 4.20 计算结果，时间常数 β/（1/s），针对每天 6 个时间段的升温及降温时间 τ/h，E 和 B 为计算 β 和 τ 的辅助参数

时间段	β	β 值	D	τ	τ 值
04.00-08.00	$\beta_{12} := -\frac{E1}{2} - \sqrt{\left(\frac{E1}{2}\right)^2 + B1}$	$\beta_{12} = 1.13858 \times 10^{-5}$	$D_1 := 1 - \exp(-\beta_{12} \cdot t)$, $D_1 = 0.1512$	$\tau_1 := \frac{3}{\beta_{12} \cdot 3600}$	$\tau_1 = 73.19$
08.00-12.00	$\beta_{22} := -\frac{E2}{2} - \sqrt{\left(\frac{E2}{2}\right)^2 + B2}$	$\beta_{22} = 1.13858 \times 10^{-5}$	$D_2 := 1 - \exp(-\beta_{22} \cdot t)$, $D_2 = 0.1512$	$\tau_2 := \frac{3}{\beta_{22} \cdot 3600}$	$\tau_2 = 73.19$
12.00-16.00	$\beta_{32} := -\frac{E3}{2} - \sqrt{\left(\frac{E3}{2}\right)^2 + B3}$	$\beta_{32} = 1.13858 \times 10^{-5}$	$D_3 := 1 - \exp(-\beta_{32} \cdot t)$, $D_3 = 0.1512$	$\tau_3 := \frac{3}{\beta_{32} \cdot 3600}$	$\tau_3 = 73.19$
16.00-20.00	$\beta_{42} := -\frac{E4}{2} - \sqrt{\left(\frac{E4}{2}\right)^2 + B4}$	$\beta_{42} = 1.13858 \times 10^{-5}$	$D_4 := 1 - \exp(-\beta_{42} \cdot t)$, $D_4 = 0.1512$	$\tau_4 := \frac{3}{\beta_{42} \cdot 3600}$	$\tau_4 = 73.19$
20.00-24.00	$\beta_{52} := -\frac{E5}{2} - \sqrt{\left(\frac{E5}{2}\right)^2 + B5}$	$\beta_{52} = 1.13858 \times 10^{-5}$	$D_5 := 1 - \exp(-\beta_{52} \cdot t)$, $D_5 = 0.1512$	$\tau_5 := \frac{3}{\beta_{52} \cdot 3600}$	$\tau_5 = 73.19$
00.00-04.00	$\beta_{62} := -\frac{E6}{2} - \sqrt{\left(\frac{E6}{2}\right)^2 + B6}$	$\beta_{62} = 1.13858 \times 10^{-5}$	$D_6 := 1 - \exp(-\beta_{62} \cdot t)$, $D_6 = 0.1512$	$\tau_6 := \frac{3}{\beta_{62} \cdot 3600}$	$\tau_6 = 73.19$

$$E1 := \frac{Üi}{Ci \cdot (L1 + Tf)} \cdot \left(\frac{1}{\frac{1}{Üi} + \frac{1}{L1 + Tf}}\right) - \frac{(T'w + Üe)}{Ce} - \frac{(T'w + Üi)}{Ci} \qquad E1 = -2.00 \times 10^{-4}$$

$$B1 := \frac{(T'w + Üe)}{Ce \cdot Ci} \cdot \left(\frac{1}{\frac{1}{Üi} + \frac{1}{L1 + Tf}} + \frac{1}{\frac{1}{T'w} + \frac{1}{Üe}}\right) \qquad B1 = -1.21 \times 10^{-9}$$

$$E2 := \frac{Üi}{Ci \cdot (L2 + Tf)} \cdot \left(\frac{1}{\frac{1}{Üi} + \frac{1}{L2 + Tf}}\right) - \frac{(T'w + Üe)}{Ce} - \frac{(T'w + Üi)}{Ci} \qquad E2 = -2.00 \times 10^{-4}$$

$$B2 := \frac{(T'w + Üe)}{Ce \cdot Ci} \cdot \left(\frac{1}{\frac{1}{Üi} + \frac{1}{L2 + Tf}} + \frac{1}{\frac{1}{T'w} + \frac{1}{Üe}}\right) \qquad B2 = -1.21 \times 10^{-9}$$

$$E3 := \frac{Üi}{Ci \cdot (L3 + Tf)} \cdot \left(\frac{1}{\frac{1}{Üi} + \frac{1}{L3 + Tf}}\right) - \frac{(T'w + Üe)}{Ce} - \frac{(T'w + Üi)}{Ci} \qquad E3 = -2.00 \times 10^{-4}$$

$$B3 := \frac{(T'w + Üe)}{Ce \cdot Ci} \cdot \left(\frac{1}{\frac{1}{Üi} + \frac{1}{L3 + Tf}} + \frac{1}{\frac{1}{T'w} + \frac{1}{Üe}}\right) \qquad B3 = -1.21 \times 10^{-9}$$

$$E4 := \frac{Üi}{Ci \cdot (L4 + Tf)} \cdot \left(\frac{1}{\frac{1}{Üi} + \frac{1}{L4 + Tf}}\right) - \frac{(T'w + Üe)}{Ce} - \frac{(T'w + Üi)}{Ci} \qquad E4 = -2.00 \times 10^{-4}$$

$$B4 := \frac{(T'w + Üe)}{Ce \cdot Ci} \cdot \left(\frac{1}{\frac{1}{Üi} + \frac{1}{L4 + Tf}} + \frac{1}{\frac{1}{T'w} + \frac{1}{Üe}}\right) \qquad B4 = -1.21 \times 10^{-9}$$

$$E5 := \frac{Üi}{Ci \cdot (L5 + Tf)} \cdot \left(\frac{1}{\frac{1}{Üi} + \frac{1}{L5 + Tf}}\right) - \frac{(T'w + Üe)}{Ce} - \frac{(T'w + Üi)}{Ci} \qquad E5 = -2.00 \times 10^{-4}$$

$$B5 := \frac{(T'w + Üe)}{Ce \cdot Ci} \cdot \left(\frac{1}{\frac{1}{Üi} + \frac{1}{L5 + Tf}} + \frac{1}{\frac{1}{T'w} + \frac{1}{Üe}}\right) \qquad B5 = -1.21 \times 10^{-9}$$

$$E6 := \frac{Üi}{Ci \cdot (L6 + Tf)} \cdot \left(\frac{1}{\frac{1}{Üi} + \frac{1}{L6 + Tf}}\right) - \frac{(T'w + Üe)}{Ce} - \frac{(T'w + Üi)}{Ci} \qquad E6 = -2.00 \times 10^{-4}$$

$$B6 := \frac{(T'w + Üe)}{Ce \cdot Ci} \cdot \left(\frac{1}{\frac{1}{Üi} + \frac{1}{L6 + Tf}} + \frac{1}{\frac{1}{T'w} + \frac{1}{Üe}}\right) \qquad B6 = -1.21 \times 10^{-9}$$

表 4.21　计算结果

室内温度

内表面温度	θ_{oi} 或 T_{oi} 为每天 6 个时间段末端的值
室内气温	θ_i 或 Ti
体感温度	θ_E 或 T_{eff} 为每天 6 个时间段末端的值

内表面温度/°C　　　　**给定值** $Toi0 := 31.93$

计算值

04.00-08.00

$$Toi1 := Toi0 + \left[Te1 + \frac{\left(\frac{Sf1}{Üe} + \frac{Sf1}{T'w} + \frac{Sw1 + Sd1}{Üe}\right)\left(\frac{1}{L1 + Tf} + \frac{1}{Üi}\right)}{\frac{1}{Üe} + \frac{1}{T'w} + \frac{1}{Üi} + \frac{1}{L1 + Tf}} + \frac{\left(\frac{1}{Üe} + \frac{1}{T'w}\right)\left(\frac{I1}{Üi \cdot 2} + \frac{I1}{L1 + Tf}\right)}{\frac{1}{Üe} + \frac{1}{T'w} + \frac{1}{Üi} + \frac{1}{L1 + Tf}} - Toi0\right] \cdot D_1 \quad Toi1 = 29.41$$

08.00-12.00

$$Toi2 := Toi1 + \left[Te2 + \frac{\left(\frac{Sf2}{Üe} + \frac{Sf2}{T'w} + \frac{Sw2 + Sd2}{Üe}\right)\left(\frac{1}{L2 + Tf} + \frac{1}{Üi}\right)}{\frac{1}{Üe} + \frac{1}{T'w} + \frac{1}{Üi} + \frac{1}{L2 + Tf}} + \frac{\left(\frac{1}{Üe} + \frac{1}{T'w}\right)\left(\frac{I2}{Üi \cdot 2} + \frac{I2}{L2 + Tf}\right)}{\frac{1}{Üe} + \frac{1}{T'w} + \frac{1}{Üi} + \frac{1}{L2 + Tf}} - Toi1\right] \cdot D_2 \quad Toi2 = 29.35$$

12.00-16.00

$$Toi3 := Toi2 + \left[Te3 + \frac{\left(\frac{Sf3}{Üe} + \frac{Sf3}{T'w} + \frac{Sw3 + Sd3}{Üe}\right)\left(\frac{1}{L3 + Tf} + \frac{1}{Üi}\right)}{\frac{1}{Üe} + \frac{1}{T'w} + \frac{1}{Üi} + \frac{1}{L3 + Tf}} + \frac{\left(\frac{1}{Üe} + \frac{1}{T'w}\right)\left(\frac{I3}{Üi \cdot 2} + \frac{I3}{L3 + Tf}\right)}{\frac{1}{Üe} + \frac{1}{T'w} + \frac{1}{Üi} + \frac{1}{L3 + Tf}} - Toi2\right] \cdot D_3 \quad Toi3 = 33.36$$

16.00-20.00

$$Toi4 := Toi3 + \left[Te4 + \frac{\left(\frac{Sf4}{Üe} + \frac{Sf4}{T'w} + \frac{Sw4 + Sd4}{Üe}\right)\left(\frac{1}{L4 + Tf} + \frac{1}{Üi}\right)}{\frac{1}{Üe} + \frac{1}{T'w} + \frac{1}{Üi} + \frac{1}{L4 + Tf}} + \frac{\left(\frac{1}{Üe} + \frac{1}{T'w}\right)\left(\frac{I4}{Üi \cdot 2} + \frac{I4}{L4 + Tf}\right)}{\frac{1}{Üe} + \frac{1}{T'w} + \frac{1}{Üi} + \frac{1}{L4 + Tf}} - Toi3\right] \cdot D_4 \quad Toi4 = 37.43$$

20.00-24.00

$$Toi5 := Toi4 + \left[Te5 + \frac{\left(\frac{Sf5}{Üe} + \frac{Sf5}{T'w} + \frac{Sw5 + Sd5}{Üe}\right)\left(\frac{1}{L5 + Tf} + \frac{1}{Üi}\right)}{\frac{1}{Üe} + \frac{1}{T'w} + \frac{1}{Üi} + \frac{1}{L5 + Tf}} + \frac{\left(\frac{1}{Üe} + \frac{1}{T'w}\right)\left(\frac{I5}{Üi \cdot 2} + \frac{I5}{L5 + Tf}\right)}{\frac{1}{Üe} + \frac{1}{T'w} + \frac{1}{Üi} + \frac{1}{L5 + Tf}} - Toi4\right] \cdot D_5 \quad Toi5 = 35.31$$

00.00-04.00

$$Toi6 := Toi5 + \left[Te6 + \frac{\left(\frac{Sf6}{Üe} + \frac{Sf6}{T'w} + \frac{Sw6 + Sd6}{Üe}\right)\left(\frac{1}{L6 + Tf} + \frac{1}{Üi}\right)}{\frac{1}{Üe} + \frac{1}{T'w} + \frac{1}{Üi} + \frac{1}{L6 + Tf}} + \frac{\left(\frac{1}{Üe} + \frac{1}{T'w}\right)\left(\frac{I6}{Üi \cdot 2} + \frac{I6}{L6 + Tf}\right)}{\frac{1}{Üe} + \frac{1}{T'w} + \frac{1}{Üi} + \frac{1}{L6 + Tf}} - Toi5\right] \cdot D_6 \quad Toi6 = 31.94$$

室内气温/°C　　　　**体感温度/°C**

04.00-08.00

$$Ti1 := \frac{L1 \cdot Te1 + \frac{I1}{2} + Üi \cdot Toi1 + Tf \cdot Te1}{L1 + Üi + Tf} \quad Ti1 = 27.14 \quad Teff1 := Toi1 \cdot 0.5 + Ti1 \cdot 0.5 \quad Teff1 = 28.27$$

08.00-12.00

$$Ti2 := \frac{L2 \cdot Te2 + \frac{I2}{2} + Üi \cdot Toi2 + Tf \cdot Te2}{L2 + Üi + Tf} \quad Ti2 = 28.27 \quad Teff2 := Toi2 \cdot 0.5 + Ti2 \cdot 0.5 \quad Teff2 = 28.81$$

12.00-16.00

$$Ti3 := \frac{L3 \cdot Te3 + \frac{I3}{2} + Üi \cdot Toi3 + Tf \cdot Te3}{L3 + Üi + Tf} \quad Ti3 = 32.88 \quad Teff3 := Toi3 \cdot 0.5 + Ti3 \cdot 0.5 \quad Teff3 = 33.12$$

16.00-20.00

$$Ti4 := \frac{L4 \cdot Te4 + \frac{I4}{2} + Üi \cdot Toi4 + Tf \cdot Te4}{L4 + Üi + Tf} \quad Ti4 = 35.87 \quad Teff4 := Toi4 \cdot 0.5 + Ti4 \cdot 0.5 \quad Teff4 = 36.65$$

20.00-24.00

$$Ti5 := \frac{L5 \cdot Te5 + \frac{I5}{2} + Üi \cdot Toi5 + Tf \cdot Te5}{L5 + Üi + Tf} \quad Ti5 = 33.17 \quad Teff5 := Toi5 \cdot 0.5 + Ti5 \cdot 0.5 \quad Teff5 = 34.24$$

00.00-04.00

$$Ti6 := \frac{L6 \cdot Te6 + \frac{I6}{2} + Üi \cdot Toi6 + Tf \cdot Te6}{L6 + Üi + Tf} \quad Ti6 = 29.29 \quad Teff6 := Toi6 \cdot 0.5 + Ti6 \cdot 0.5 \quad Teff6 = 30.61$$

表 4.22 计算结果：体感温度的日变化历程，测试房间 1，

换气方式 a，通过简谐函数（4.123）近似回归

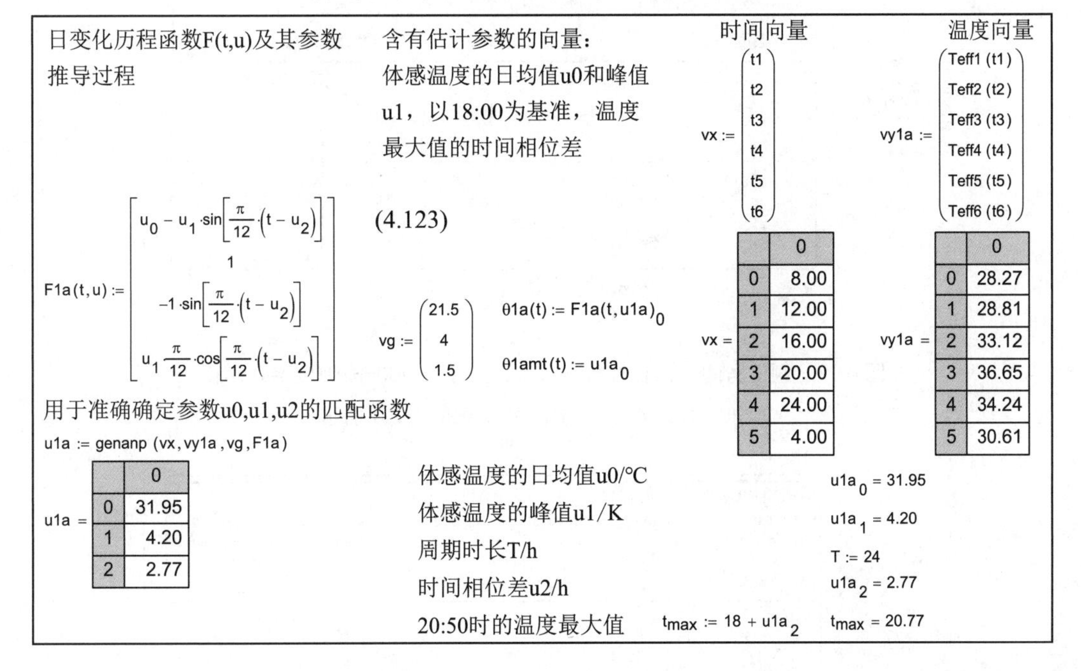

日变化历程函数F(t,u)及其参数推导过程

含有估计参数的向量：体感温度的日均值u0和峰值u1，以18:00为基准，温度最大值的时间相位差

时间向量 $vx := (t1, t2, t3, t4, t5, t6)^T$

温度向量 $vy1a := (Teff1(t1), Teff2(t2), Teff3(t3), Teff4(t4), Teff5(t5), Teff6(t6))^T$

$$F1a(t,u) := \begin{bmatrix} u_0 - u_1 \cdot \sin\left[\frac{\pi}{12}\cdot(t-u_2)\right] \\ 1 \\ -1 \cdot \sin\left[\frac{\pi}{12}\cdot(t-u_2)\right] \\ u_1 \cdot \frac{\pi}{12} \cdot \cos\left[\frac{\pi}{12}\cdot(t-u_2)\right] \end{bmatrix} \quad (4.123)$$

$$vg := \begin{pmatrix} 21.5 \\ 4 \\ 1.5 \end{pmatrix} \qquad \theta 1a(t) := F1a(t, u1a)_0 \qquad \theta 1amt(t) := u1a_0$$

	vx =	vy1a =
0	8.00	28.27
1	12.00	28.81
2	16.00	33.12
3	20.00	36.65
4	24.00	34.24
5	4.00	30.61

用于准确确定参数u0,u1,u2的匹配函数

u1a := genanp (vx, vy1a, vg, F1a)

	u1a =
0	31.95
1	4.20
2	2.77

体感温度的日均值u0/℃ $u1a_0 = 31.95$

体感温度的峰值u1/K $u1a_1 = 4.20$

周期时长T/h $T := 24$

时间相位差u2/h $u1a_2 = 2.77$

20:50时的温度最大值 $t_{max} := 18 + u1a_2$ $t_{max} = 20.77$

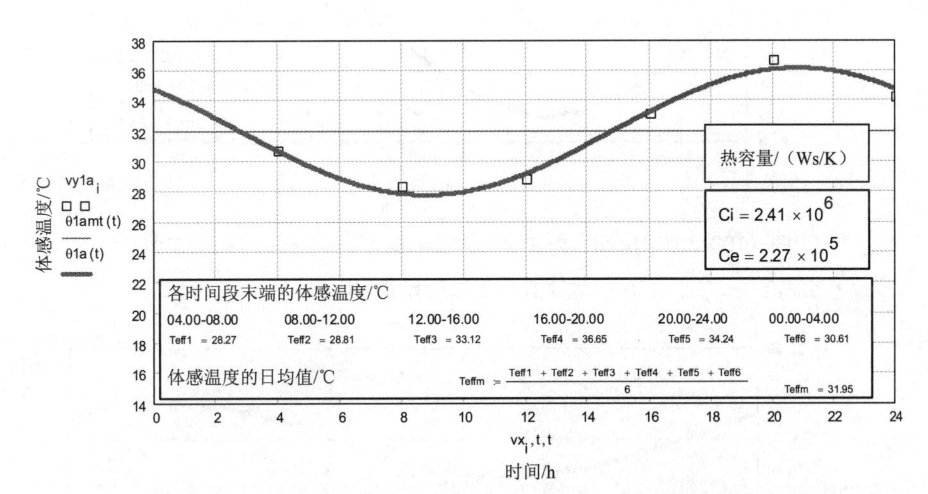

图 4.98 测试房间 1 内在换气方式 a 条件下（所有 6 个时间段 n=1/h）体感温度的日变化历程（房间位于中间楼层，天花板挂有轻质隔音板）

对情况 1a 给出了完整的计算过程和结果，并给出图示（图 4.98）。对于情况 1b 和 1c 仅图示给出结果（图 4.99 和图 4.100）。由于隔音天花板，测试房间 1 起储热作用的质量，或者说热容量（C_i=2.4×106Ws/K）最小。在波动条件下，情况 1b 时的日最大波动幅度达到 7K。

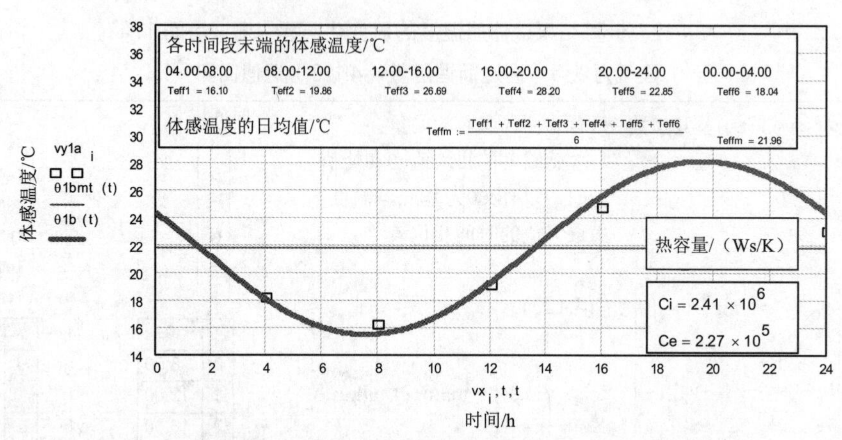

图 4.99 测试房间 1 内在换气方式 b 条件下（8:00—20:00 n=0.5/h；20:00—8:00 n=10/h）体感温度的日变化历程

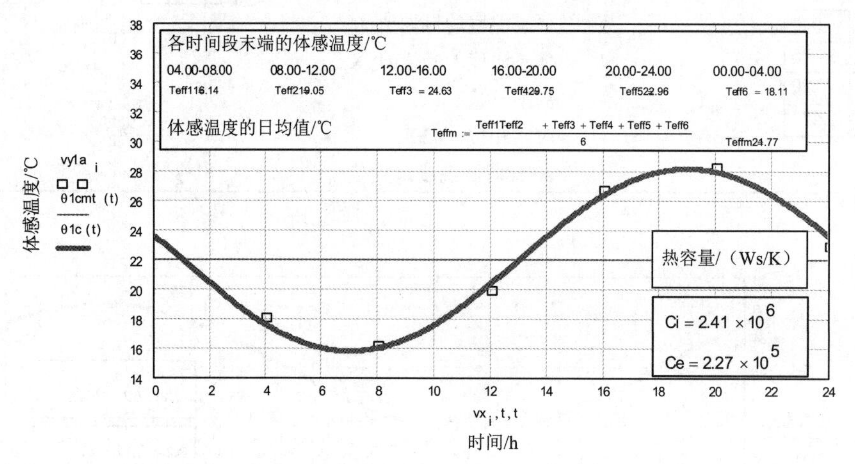

图 4.100 测试房间 1 内在换气方式 c 条件下（所有 6 个时间段 n=10/h）体感温度的日变化历程

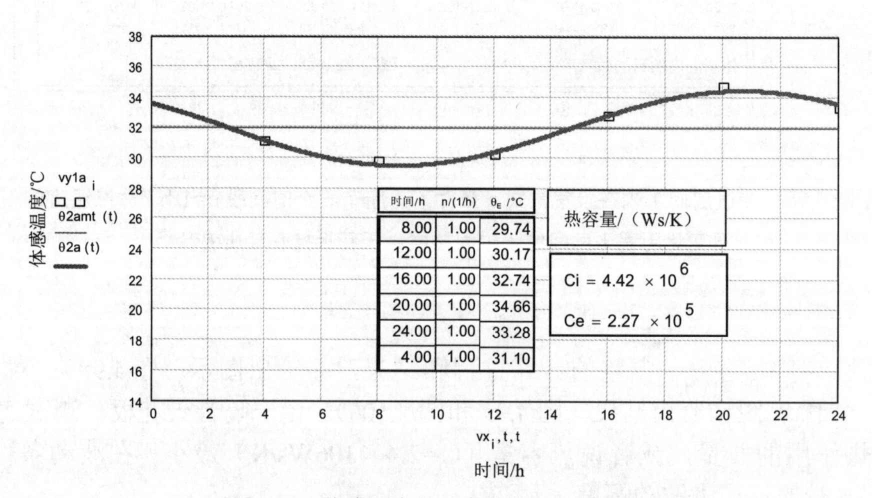

时间/h	n/(1/h)	θ_E /°C
8.00	1.00	29.74
12.00	1.00	30.17
16.00	1.00	32.74
20.00	1.00	34.66
24.00	1.00	33.28
4.00	1.00	31.10

图 4.101 体感温度的日变化历程，情况 2a

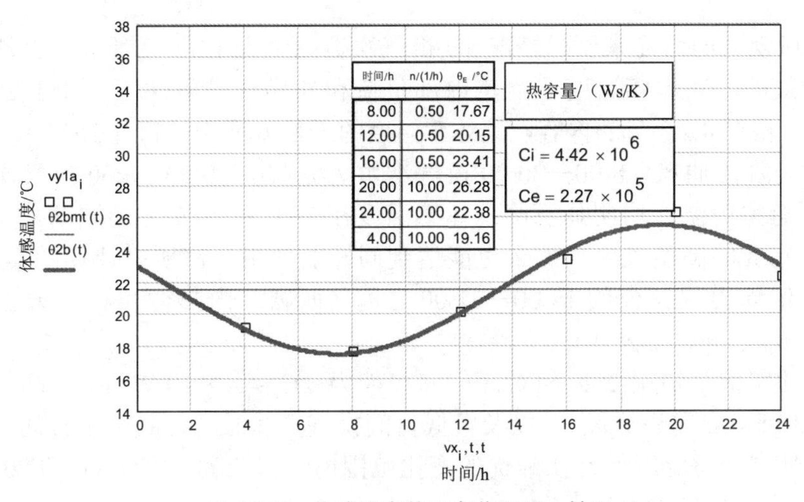

图 4.102 体感温度的日变化历程，情况 2b

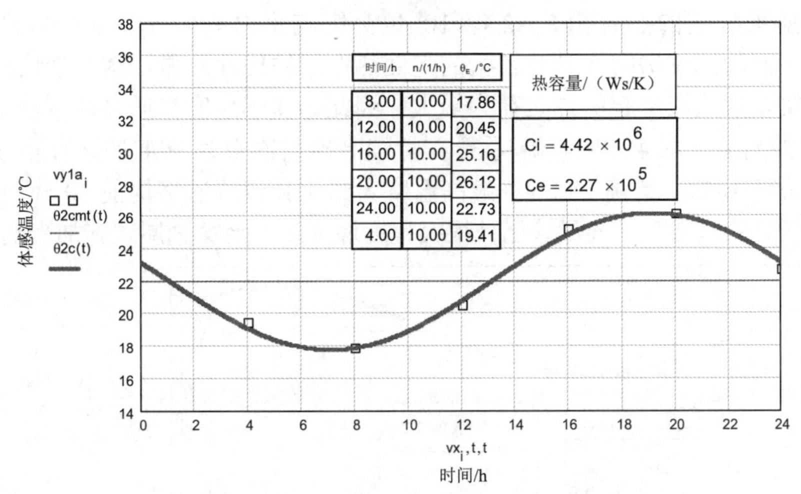

图 4.103 体感温度的日变化历程，情况 2c

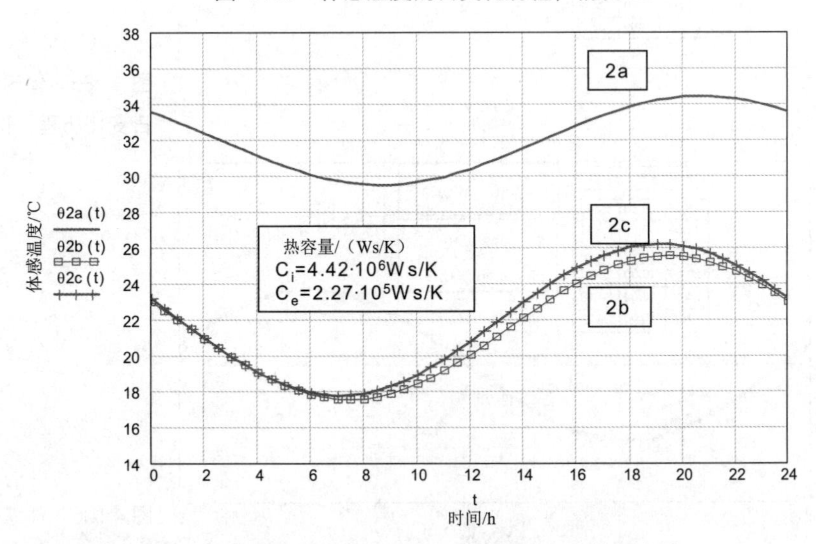

图 4.104 体感温度的日变化历程，测试房间 2，换气方式 a,b,c

从通风换气的角度来看，情况 a（换气次数始终为 1/h）在所有 3 个测试房间中表现最差。其体感温度在给定内部负荷和外界气候条件下，介于 28℃和 36℃之间。根据 4.2.3 节的内容，其体感温度的平均值不应该超过 26℃。

通过分阶段通风（8:00—20:00 换气次数为 0.5/h，20:00—8:00 换气次数为 10/h），所有室内温度均明显下降：体感温度在 16℃和 30℃之间波动。如果全天都采用 10/h 的高换气率，那么也能达到同样的效果。在所有计算的案例中，温度最大值均出现在夜间 19:00—21:00 之间（西窗，内热源负荷主要出现在 12:00—24:00 之间，见表 4.11）。

最好的案例是情况 2b：相对高的储热能力（C_i=4.4×10^6Ws/K）、高的夜间换气量（10/h，夜间进凉风），以及较低日间换气量（0.5/h，减少了日间热空气的进入）使得体感温度保持在最优的变化范围内，即 7:00 时的 18℃和 20:00 时的 26℃之间（图 4.102）。

由于屋顶外层的热容量 C_e=2.4×10^6 也会影响室内气候（C_i=4.4×10^6），所以热屋顶下面的测试房间 3 具有较大的起储热作用的构件质量。这就造成通过屋顶的非直接辐射热流引起的热负荷为最大。因此，体感温度在通风的情况下甚至达到 36℃的高值（图 4.105）。情况 3c 在持续高换气次数为 10/h 的条件下获得最佳效果（最低 18℃，最高 28℃）。最高温度大约比其他测试房提前 30 分钟达到，因为外界气候的正常变化（尽管已被很大程度地削弱）会穿越屋顶施加影响。

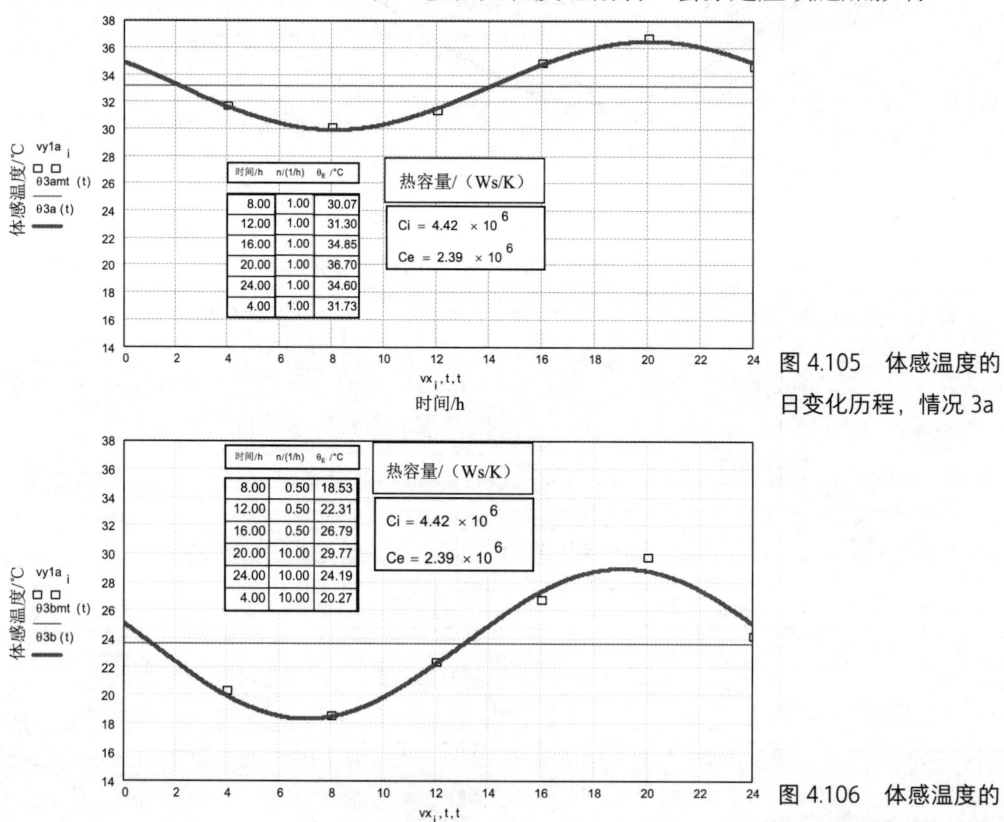

图 4.105　体感温度的日变化历程，情况 3a

图 4.106　体感温度的日变化历程，情况 3b

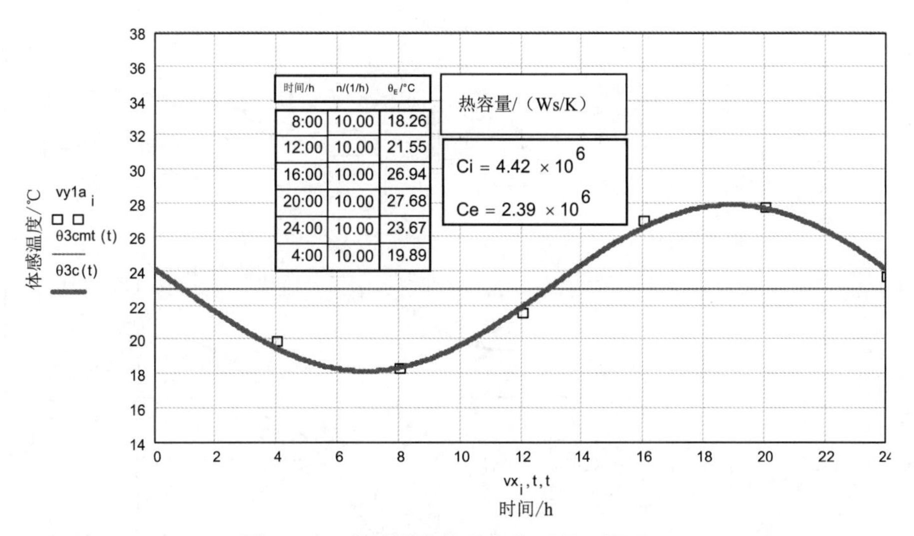

图 4.107　体感温度的日变化历程，情况 3c

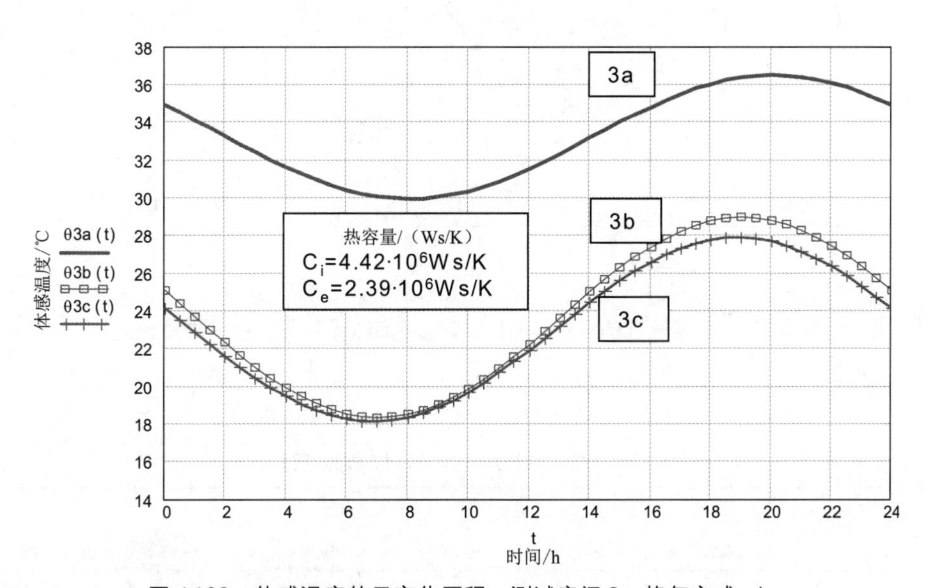

图 4.108　体感温度的日变化历程，测试房间 3，换气方式 a,b,c

图 4.109 再次给出无空调时所有体感温度日变化历程的示意图。所涉及的外界气温的日变化历程对应于阶跃形式的模型假设。表 4.15 利用此处介绍的分析方法 SUN，将针对所有情况进行计算得到的结果值与标准给定值进行了对比。除情况 1b 之外，其余均满足 $\Delta\theta_E$<1.5K。

本案例将以测试房间 1，在换气方式 a 的条件下，定量调整体感温度的过程介绍结束。初始时，房间围护结构内表面的温度为 θ_{oi}=20℃，体感温度 7 天之内在根据表 4.10 和表 4.11 持续重复变化的日热负荷作用下，达到如图 4.106 所示的波动状态。

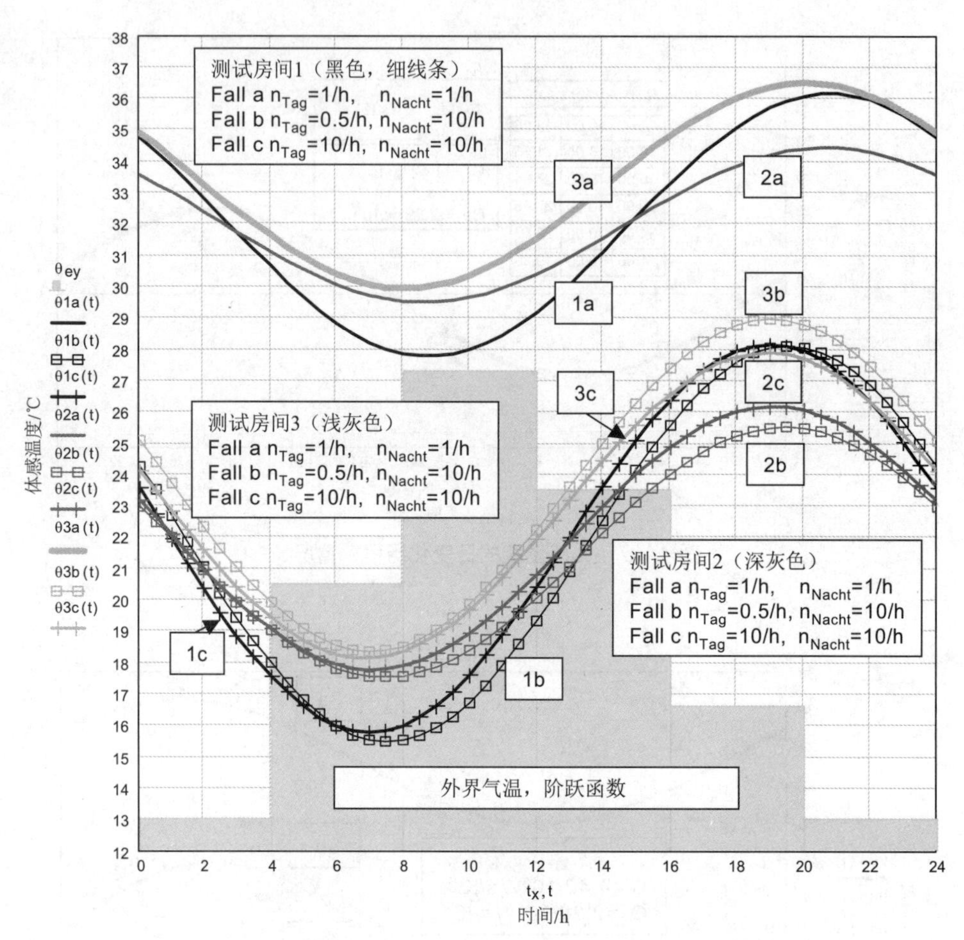

图 4.109　体感温度的日变化历程，测试房间 1，2，3，换气方式 a,b,c

表 4.23　体感温度（最大值、最小值、均值），测试房间 1，2，3，换气方式 a,b,c，与标准 ENISO 13792 进行对比

	体感温度								
	换气次数 n_L / (1/h)			最大值 θ_{max} / °C		均值 θ_{mittel} / °C		最小值 θ_{min} / °C	
	夜间	白天		SUN	EN ISO	SUN	EN ISO	SUN	EN ISO
测试房间 1	1.0	1.0	0	36.2	36.6	31.9	31.1	27.7	27.0
中间楼层，隔音天花板	10.0	0.5	1	29.8	31.8	21.8	23.0	16.1	16.6
	10.0	10.0	2	28.1	28.7	22.0	21.8	15.8	16.2
测试房间 2	1.0	1.0	3	34.4	34.3	31.9	31.1	29.5	28.8
中间楼层	10.0	0.5	4	26.3	27.5	21.5	22.6	17.7	18.5
	10.0	10.0	5	27.9	26.6	22.0	21.7	17.8	17.9
测试房间 3	1.0	1.0	6	36.7	35.8	33.1	32.8	30.1	30.6
顶层，热屋顶之下	10.0	0.5	7	29.8	29.4	23.6	22.4	18.5	19.7
	10.0	10.0	8	27.9	27.4	23.0	22.7	18.2	19.0

如前所述，通过回归可以将计算得到的体感温度作为温度变化过程的分析解（在此是正弦函数和指数函数的结合）。

表 4.24 测试房间 3 体感温度的调整过程，换气方式 a，第 1 天至第 7 天

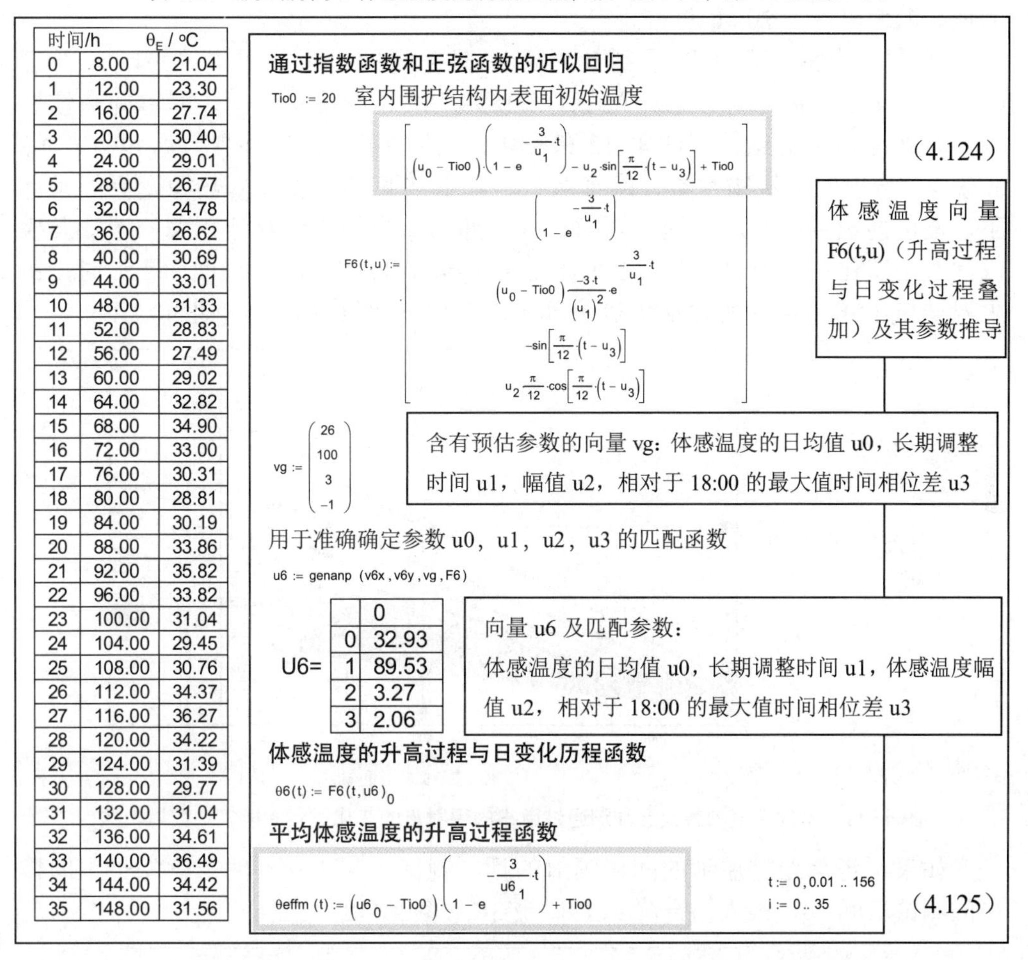

时间/h		θ_E / °C
0	8.00	21.04
1	12.00	23.30
2	16.00	27.74
3	20.00	30.40
4	24.00	29.01
5	28.00	26.77
6	32.00	24.78
7	36.00	26.62
8	40.00	30.69
9	44.00	33.01
10	48.00	31.33
11	52.00	28.83
12	56.00	27.49
13	60.00	29.02
14	64.00	32.82
15	68.00	34.90
16	72.00	33.00
17	76.00	30.31
18	80.00	28.81
19	84.00	30.19
20	88.00	33.86
21	92.00	35.82
22	96.00	33.82
23	100.00	31.04
24	104.00	29.45
25	108.00	30.76
26	112.00	34.37
27	116.00	36.27
28	120.00	34.22
29	124.00	31.39
30	128.00	29.77
31	132.00	31.04
32	136.00	34.61
33	140.00	36.49
34	144.00	34.42
35	148.00	31.56

通过指数函数和正弦函数的近似回归

Tio0 := 20 室内围护结构内表面初始温度

$$F6(t,u) := \begin{bmatrix} (u_0 - Tio0)\cdot\left(1 - e^{-\frac{3}{u_1}\cdot t}\right) - u_2\cdot\sin\left[\frac{\pi}{12}\cdot(t-u_3)\right] + Tio0 \\ \left(1 - e^{-\frac{3}{u_1}\cdot t}\right) \\ (u_0 - Tio0)\cdot\frac{-3\cdot t}{(u_1)^2}\cdot e^{-\frac{3}{u_1}\cdot t} \\ -\sin\left[\frac{\pi}{12}\cdot(t-u_3)\right] \\ u_2\cdot\frac{\pi}{12}\cdot\cos\left[\frac{\pi}{12}\cdot(t-u_3)\right] \end{bmatrix} \quad (4.124)$$

体感温度向量 F6(t,u)（升高过程与日变化过程叠加）及其参数推导

$$vg := \begin{pmatrix} 26 \\ 100 \\ 3 \\ -1 \end{pmatrix}$$

含有预估参数的向量 vg：体感温度的日均值 u0，长期调整时间 u1，幅值 u2，相对于 18:00 的最大值时间相位差 u3

用于准确确定参数 u0，u1，u2，u3 的匹配函数

u6 := genanp (v6x , v6y , vg , F6)

U6=	0
0	32.93
1	89.53
2	3.27
3	2.06

向量 u6 及匹配参数：体感温度的日均值 u0，长期调整时间 u1，体感温度幅值 u2，相对于 18:00 的最大值时间相位差 u3

体感温度的升高过程与日变化历程函数

$$\theta6(t) := F6(t,u6)_0$$

平均体感温度的升高过程函数

$$\theta effm(t) := (u6_0 - Tio0)\cdot\left(1 - e^{-\frac{3}{u6_1}\cdot t}\right) + Tio0 \quad (4.125)$$

t := 0, 0.01 .. 156

i := 0.. 35

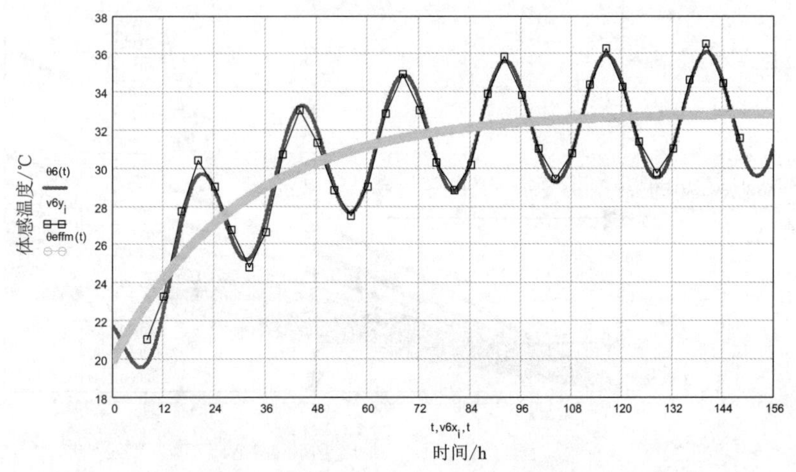

图 4.110 体感温度的升高过程（7 天），测试房间 1，换气方式 a

室内体感温度的平均值在晴热天气无空调期间以（1-e）函数形式不断上升，测试房间 1 在通风情况 1a 的气候负荷作用下，大约 7 天之后达到准稳态终值（约为 33℃）。这个温度调整过程叠加在幅值为 3K 的日变化历程之上，每天的最高温度出现在 20:00 左右。

基于上述案例还可以得到针对无空调房间的，诸如平衡（终端）温度（式（4.114））、由式（4.115）至式（4.118）所表达的调整时间，即房间热惯性等具有普遍意义的结论。图 4.112 和图 4.113 给出了在已知外界气温和由表 4.8 和表 4.9 给出的建筑物参数、换气次数、辐射热负荷，以及内热源变更的条件下，最可能出现的升温过程。期间只是与通过窗户的辐射热流相关的参数及换气次数是变化的。当通过窗户的太阳辐射 S_f=400W（20W/m^2 地面面积）时，最大温升在 4.5K（换气次数 n=9.5/h）和 16K（换气次数 n=0.6/h）之间波动。

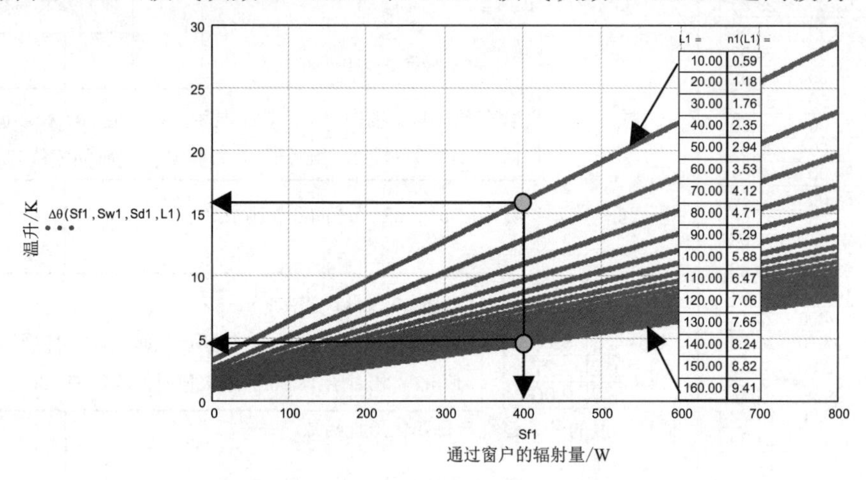

图 4.111　室内空气的最大温升随通过窗户的辐射量的变化关系，换气次数为参数

如果不考虑通过屋顶的间接辐射的话（测试房间 3 受到的影响先于中间楼层的测试房间 2），最大温升降到 13K 至 3K（图 4.112）。

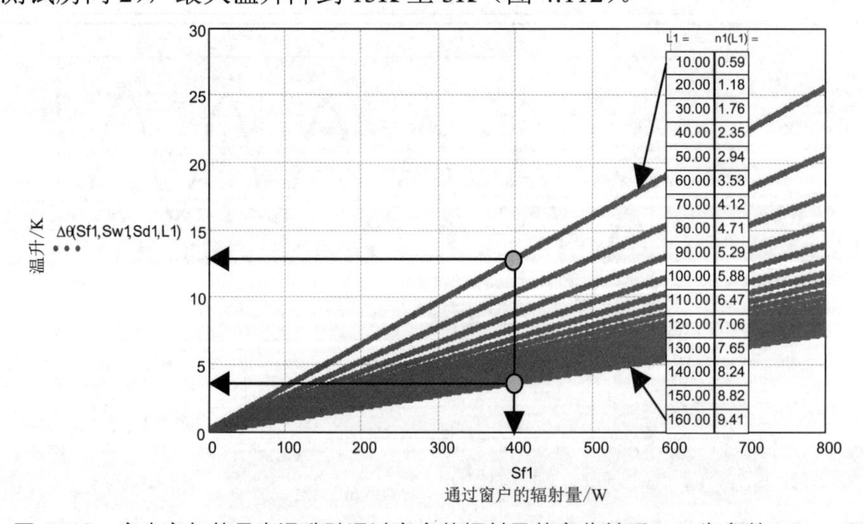

图 4.112　室内空气的最大温升随通过窗户的辐射量的变化关系，n_L 为参数，S_{Dach}=0

耐热能力受到起储热作用的质量和热容量，以及通风换气次数的显著影响。在图 4.113 中，通风换气次数为 n_L=1/h（比通风热流 L=17W/K）。调整时间在双对数坐标系中随着房间内围护结构的面积热容量 C_i 线性增加。以房间外侧质量的热容量 C_e 作为参数。内侧热容量如果达到 C_i，则它也会与热储存及室内所有温度的热调节过程相关联。在给出的案例中，只有房间 3（混凝土平屋顶）外侧质量的影响效果能够显现出来。

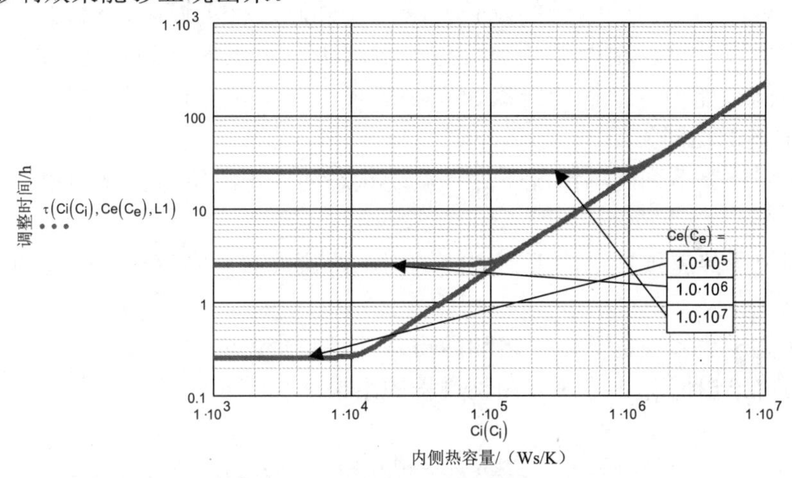

图 4.113 调整时间随内侧热容量（房间围护结构内表面的热容量）的变化关系，外侧热容量为参数，n_L=1/h

最后，图 4.114 给出了室内温度的调整时间是如何随着换气次数的增加而减少的，同时，期望的耐热能力也会降低。

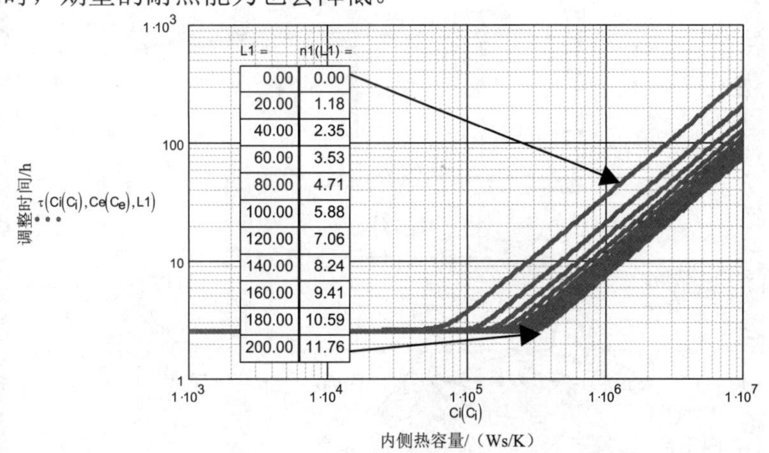

图 4.114 调整时间随内侧热容量（房间围护结构内表面的热容量）的变化关系，换气次数为参数，C_e=106Ws/K

一般来说，对于欧洲中部地区（与 4.2.3 节比较）：在窗户面积 $A_F<0.35A_{Nutz}$（使用面积）、外侧遮阳 zg<0.3、换气次数在白天 n_T=0.5/h 和夜间 n_N=3/h、起储热作用的构件质量为 $m/A_{Nutz}>700kg/m^2$（$C/A_{Nutz}=7\times10^5Ws/m^2K$），以及内热源负荷为 5W/m^2（使用面积）的条件下，体感温度，即使在夏季极端的 5 天晴热天气期间，也能保持均值低于 26℃。

4.2.5.3 案例：给定的居住单元中某间热极端条件房间内体感温度随时间变化关系的计算

该居住单元位于三楼的顶层，单元中是带有 PS 保温层的混凝土平顶屋面。南侧外墙材料为轻质混凝土，并用采用复合保温材料进行了隔热改造。南窗及通向内阳台的门均为带有塑料边框的防热玻璃。南窗开始时只允许从内侧遮阳。房间的西窗，由于内凹阳台的延长西墙，从外侧进行了遮阳，借助于在外侧后装的卷帘式百叶窗，辐射热负荷可进一步减少。承重内墙为普通混凝土墙，具有较好的储热能力。地板由混凝土空心盖板、不固定地板及织物地毯组成（与 4.2.4 节中案例相同）。

首先将计算下列两种情况下处于波动状态的体感温度日变化历程。

情况 1：

房间位于热屋顶之下，南窗内侧遮阳，西窗外侧有固定式遮阳设施。

情况 2：

房间位于热屋顶之下，南窗和西窗从外侧完全遮阳。

随后将给出情况 2 前 6 天调整过程的结果。

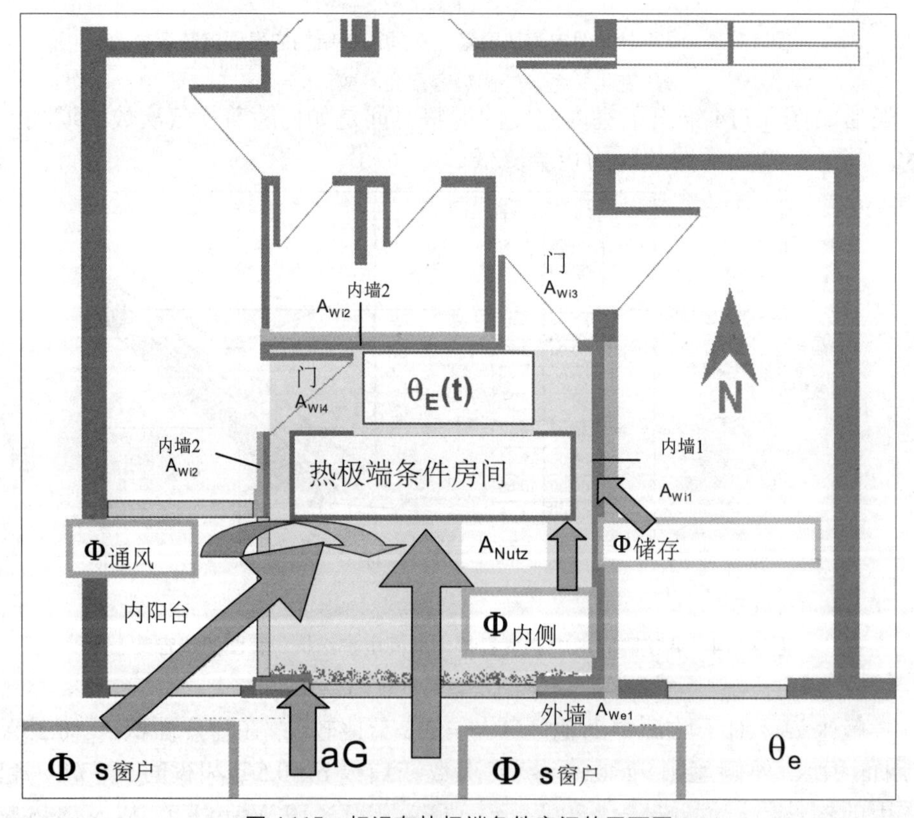

图 4.115 标记有热极端条件房间的平面图

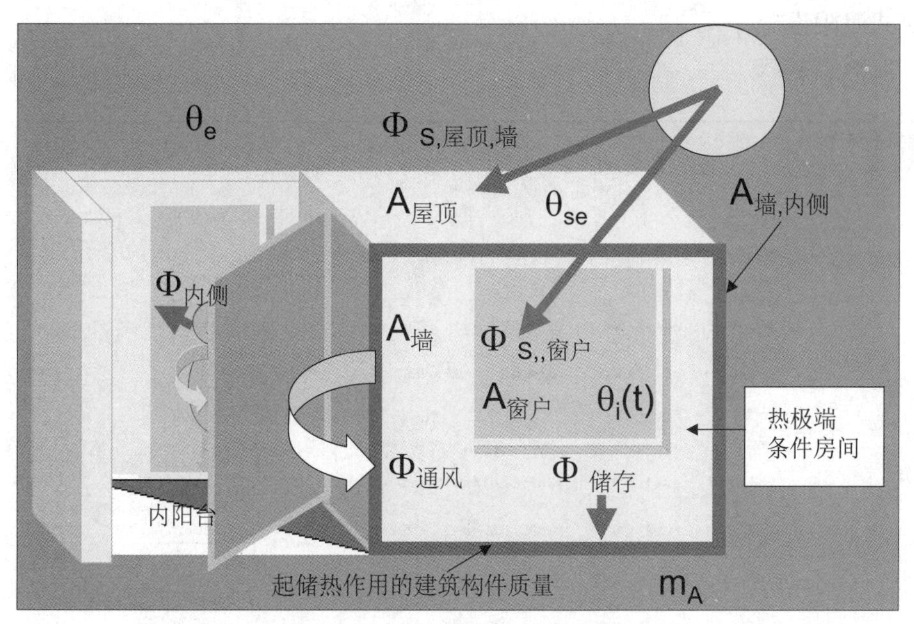

图 4.116 南外立面示意，情况 1

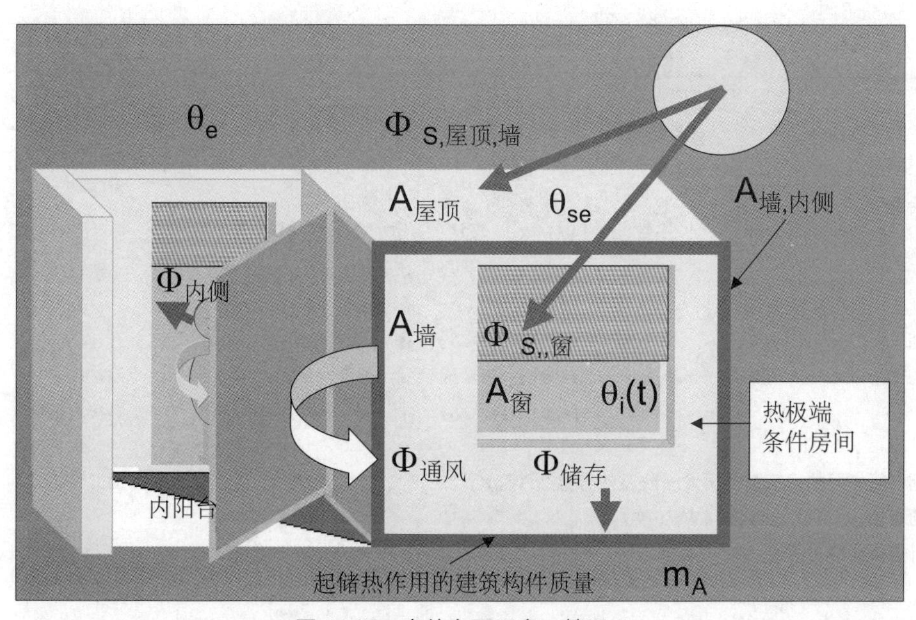

图 4.117 南外立面示意，情况 2

夏季体感温度日变化历程的计算。

案例居住单元，情况 1：房间位于热屋顶之下，南窗内侧遮阳，西窗外侧有固定式遮阳设施

建筑物参数

对流换热热阻

给定值　　内外表面的对流换热热阻

$\alpha i := 7.5$　$\alpha ic := 2.2$　$\alpha e := 14$　(W/m²K)

计算值/ (m²K/W)

$Ri := \frac{1}{\alpha i}$　$Re := \frac{1}{\alpha e}$　$Ri = 0.13$　$Re = 0.07$

屋顶

给定值

	面积/m²	密度/(kg/m³)	U值/(W/m²K)	吸收系数
水平方向	$Ad1 := 21.2$	$\rho d1 := 1400$	$kd1 := 0.291$	$ad1 := 0.6$
水平方向	$Ad2 := 0$	$\rho d2 := 1500$	$kd2 := 0.3$	$ad2 := 0.6$

U' 值（针对构件，不考虑对流阻力）

$kd1' := \frac{kd1}{1-(Ri+Re)\cdot kd1}$　$kd1' = 0.31$

$kd2' := \frac{kd2}{1-(Ri+Re)\cdot kd2}$　$kd2' = 0.32$

外墙

给定值

	面积/m²	密度/(kg/m³)	U值/(W/m²K)	吸收系数
南	$Awe1 := 8.7$	$\rho we1 := 1000$	$kwe1 := 0.413$	$aw1 := 0.5$
西	$Awe2 := 0$	$\rho we2 := 1400$	$kwe2 := 0.6$	$aw2 := 0.5$
北	$Awe3 := 0$	$\rho we3 := 1400$	$kwe3 := 0.4$	$aw3 := 0.3$
东	$Awe4 := 0$	$\rho we4 := 1000$	$kwe4 := 0.5$	$aw4 := 0.5$

计算值/ (m²K/W)

$Sd5 = 0.00$

U' 值针对构件，不考虑对流阻力

$Sd6 = 0.00$

$kwe1' := \frac{kwe1}{1-(Ri+Re)\cdot kwe1}$　$kwe1' = 0.45$

$kwe2' := \frac{kwe2}{1-(Ri+Re)\cdot kwe2}$　$kwe2' = 0.68$

$kwe3' := \frac{kwe3}{1-(Ri+Re)\cdot kwe3}$　$kwe3' = 0.44$

$kwe4' := \frac{kwe4}{1-(Ri+Re)\cdot kwe4}$　$kwe4' = 0.56$

内墙

给定值

	面积/m²	密度/(kg/m³)	体积/m³
	$Awi1 := 11.6$	$\rho wi1 := 2100$	$Vl := 55.12$
	$Awi2 := 11.9$	$\rho wi2 := 2100$	
	$Awi3 := 2$	$\rho wi3 := 800$	
	$Awi4 := 2$	$\rho wi4 := 800$	
屋顶	$Ade := 0$	$\rho de := 2000$	
地板	$An := 21.2$	$\rho n := 1800$	

计算值围护结构内表面

$Aoi := Awi1 + Awi2 + Awi3 ... + Awe1 + Awe1 + Awe2 + Awe3 + Awe4 ... + Ad1 + Ad2 + Ade + An$

$Aoi = 85.30$

窗户

给定值

	面积/m²	遮阳系数	U值/(W/m²K)	窗框系数	玻璃透射率	总透射率	
南	$Af1 := 3.2$	$z1 := 0.75$	$kf1 := 1.4$	$fr1 := 0.7$	$g1 := 0.55$	$sf1 := z1\cdot g1\cdot fr1$	$sf1 = 0.29$
西	$Af2 := 5.8$	$z2 := 0.40$	$kf2 := 1.4$	$fr2 := 0.7$	$g2 := 0.55$	$sf2 := z2\cdot g2\cdot fr2$	$sf2 = 0.15$
北	$Af3 := 0$	$z3 := 0.33$	$kf3 := 1.8$	$fr3 := 0.9$	$g3 := 0.65$	$sf3 := z3\cdot g3\cdot fr3$	$sf3 = 0.19$
东	$Af4 := 0$	$z4 := 0.2$	$kf4 := 1.2$	$fr4 := 0.9$	$g4 := 0.65$	$sf4 := z4\cdot g4\cdot fr4$	$sf4 = 0.12$
水平	$Af5 := 0$	$z5 := 0.2$	$kf5 := 1.4$	$fr5 := 0.7$	$g5 := 0.5$	$sf5 := z5\cdot g5\cdot fr5$	$sf5 = 0.07$

起储热作用的建筑构件质量m/kg及热容量C/(Ws/K)

给定值　　比热容/（Ws/kgK）$c := 900$

计算值

$mi := 0.06\cdot(Awi1\cdot\rho wi1 + Awi2\cdot\rho wi2 + Awi3\cdot\rho wi3 + Awi4\cdot\rho wi4 + Awe1\cdot\rho we1 + Ad1\cdot\rho d1 + An\cdot\rho n)$　$mi = 7745.40$

$me := 0.06\cdot(Awe1\cdot\rho we1 + Ad1\cdot\rho d1)$　$me = 2302.80$

$\frac{mi}{An} = 365.35$　$\frac{me}{An} = 108.62$　$Ci := c\cdot mi$　$Ci = 6.97\times10^{6}$　$Ce := c\cdot me$　$Ce = 2.07\times10^{6}$

热负荷

外界气温/°C **时间步长** t := 14400

给定值

04.00-08.00	08.00-12.00	12.00-16.00	16.00-20.00	20.00-24.00	00.00-04.00
Te1 := 21	Te2 := 27	Te3 := 32	Te4 := 27	Te5 := 21	Te6 := 16

投射辐射热流密度G/（W/m_2）

H:水平 O:东 S:南 W:西 N:北

给定值

04.00-08.00	08.00-12.00	12.00-16.00	16.00-20.00	20.00-24.00	00.00-04.00
GH1 := 235	GH2 := 740	GH3 := 740	GH4 := 235	GH5 := 0	GH6 := 0
GO1 := 600	GO2 := 440	GO3 := 120	GO4 := 40	GO5 := 0	GO6 := 0
GS1 := 120	GS2 := 380	GS3 := 380	GS4 := 120	GS5 := 0	GS6 := 0
GW1 := 40	GW2 := 120	GW3 := 440	GW4 := 600	GW5 := 0	GW6 := 0
GN1 := 120	GN2 := 80	GN3 := 80	GN4 := 120	GN5 := 0	GN6 := 0

通过窗户的辐射热流S_F/W

计算值

时间	公式	结果
04.00-08.00	Sf1 := sf1·Af1·GS1 + sf2·Af2·GW1 + sf3·Af3·GN1 + sf4·Af4·GO1 + sf5·Af5·GH1	Sf1 = 146.61
08.00-12.00	Sf2 := sf1·Af1·GS2 + sf2·Af2·GW2 + sf3·Af3·GN2 + sf4·Af4·GO2 + sf5·Af5·GH2	Sf2 = 458.30
12.00-16.00	Sf3 := sf1·Af1·GS3 + sf2·Af2·GW3 + sf3·Af3·GN3 + sf4·Af4·GO3 + sf5·Af5·GH3	Sf3 = 744.13
16.00-20.00	Sf4 := sf1·Af1·GS4 + sf2·Af2·GW4 + sf3·Af3·GN4 + sf4·Af4·GO4 + sf5·Af5·GH4	Sf4 = 646.80
20.00-24.00	Sf5 := 0	Sf5 = 0.00
00.00-04.00	Sf6 := 0	Sf6 = 0.00

由外表面吸收的辐射热流S_W/W

计算值

时间	公式	结果
04.00-08.00	Sw1 := aw1·Awe1·GS1 + aw2·Awe2·GW1 + aw3·Awe3·GN1 + aw4·Awe4·GO1	Sw1 = 522.00
	Sd1 := ad1·Ad1·GH1 + ad2·Ad2·GH2	Sd1 = 2989.20
08.00-12.00	Sw2 := aw1·Awe1·GS2 + aw2·Awe2·GW2 + aw3·Awe3·GN2 + aw4·Awe4·GO2	Sw2 = 1653.00
	Sd2 := ad1·Ad1·GH2 + ad2·Ad2·GH2	Sd2 = 9412.80
12.00-16.00	Sw3 := aw1·Awe1·GS3 + aw2·Awe2·GW3 + aw3·Awe3·GN3 + aw4·Awe4·GO3	Sw3 = 1653.00
	Sd3 := ad1·Ad1·GH3 + ad2·Ad2·GH3	Sd3 = 9412.80
16.00-20.00	Sw4 := aw1·Awe1·GS4 + aw2·Awe2·GW4 + aw3·Awe3·GN4 + aw4·Awe4·GO4	Sw4 = 522.00
	Sd4 := ad1·Ad1·GH4 + ad2·Ad2·GH4	Sd4 = 2989.20
20.00-24.00	Sw5 := 0	Sw5 = 0.00
	Sd5 := 0	Sd5 = 0.00
00.00-04.00	Sw6 := 0	Sw6 = 0.00
	Sd6 := 0	Sd6 = 0.00

换气次数n/（1/h）及比通风换气热流L/（W/K）

给定值

04.00-08.00	08.00-12.00	12.00-16.00	16.00-20.00	20.00-24.00	00.00-04.00
n1 := 5	n2 := 0.5	n3 := 0.5	n4 := 0.5	n5 := 10	n6 := 5

计算值

L1 := n1·Vl·0.34	L2 := n2·Vl·0.34	L3 := n3·Vl·0.34	L4 := n4·Vl·0.34	L5 := n5·Vl·0.34	L6 := n6·Vl·0.34
L1 = 93.70	L2 = 9.37	L3 = 9.37	L4 = 9.37	L5 = 187.41	L6 = 93.70

热负荷（续）

内热源的热负荷，地面等部分的吸热

给定值　　q/(W/m²)　　J/W

04.00-08.00	08.00-12.00	12.00-16.00	16.00-20.00	20.00-24.00	00.00-04.00
q1i := 0.5	q2i := 0.5	q3i := 0.5	q4i := 5	q5i := 8	q6i := 0.5
q1b := 0	q2b := 0	q3b := 0	q4b := 0	q5b := 0	q6b := 0

计算值

q1 := q1i + q1b	q2 := q2i + q2b	q3 := q3i + q3b	q4 := q4i + q4b	q5 := q5i + q5b	q6 := q6i + q6b
I1 := q1 ·An	I2 := q2 ·An	I3 := q3 ·An	I4 := q4 ·An	I5 := q5 ·An	I6 := q6 ·An
I1 = 10.60	I2 = 10.60	I3 = 10.60	I4 = 106.00	I5 = 169.60	I6 = 10.60

比传热热流 T'_W 和 T_F/(W/K)

计算值

T'w := kd1´·Ad1 + kd2´·Ad2 + kwe1´·Awe1 + kwe2´·Awe2 + kwe3´·Awe3 + kwe4´·Awe4　　T'w = 10.49

Tf := kf1·Af1 + kf2·Af2 + kf3·Af3 + kf4·Af4　　Tf = 12.60

比对流换热热流 $\ddot{U}_i$ 及 $\ddot{U}_e$/(W/K)

计算值

Üi := αic·Aoi　　仅为室内表面处的对流换热　　Üi = 187.66

Üe := αe·(Ad1 + Ad2 + Awe1 + Awe2 + Awe3 + Awe4)　　Üe = 418.60

各个时段的热负荷（外界气温、内热源、换气次数、总辐射热流密度，以及通过窗户的入射辐射等）将示于下面的图中。

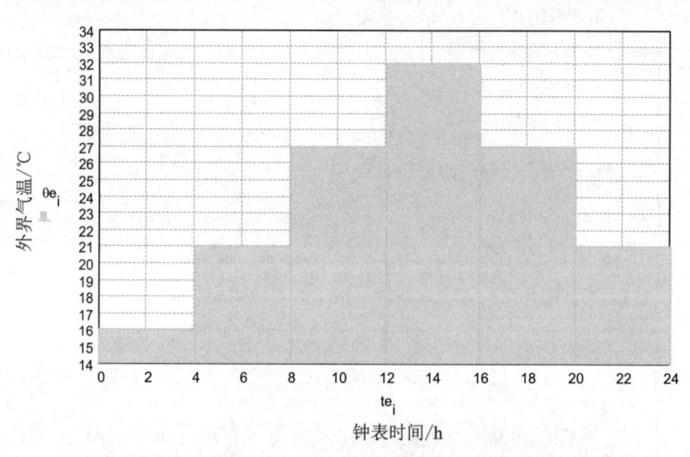

图 4.118　外界气温的日变化历程（请与图 1.10 比较）

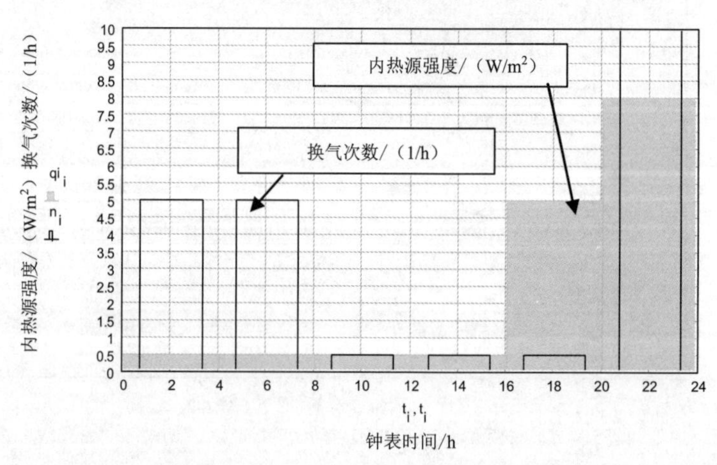

图 4.119 内热源的日变化历程（20:00—24:00 有访客）及与负荷变化和温度变化相对应的换气次数

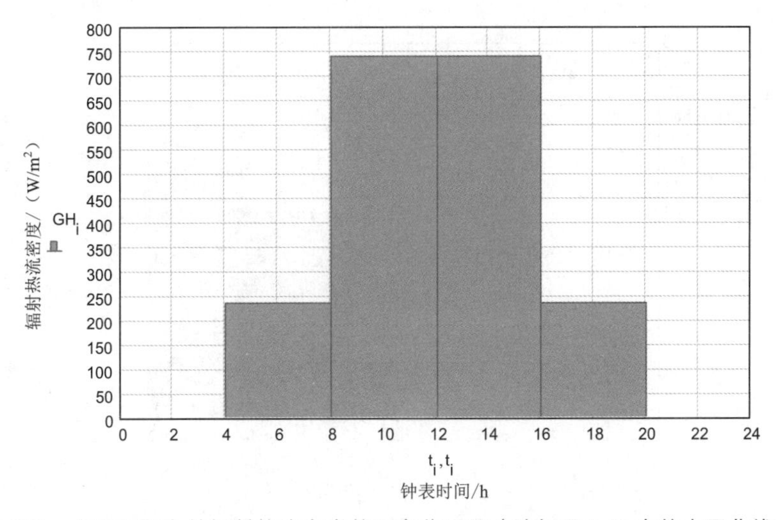

图 4.120 水平面积上总辐射热流密度的日变化历程（请与图 1.42 中的水平曲线比较）

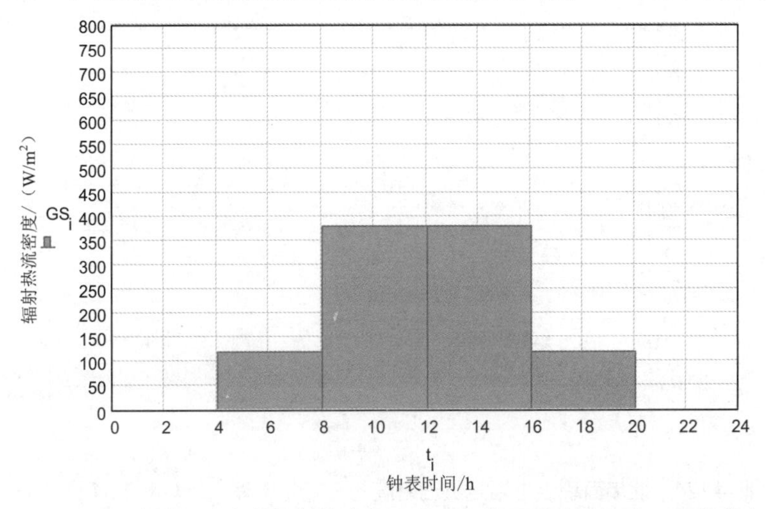

图 4.121 南墙面积上总辐射热流密度的日变化历程（请与图 1.38 比较）

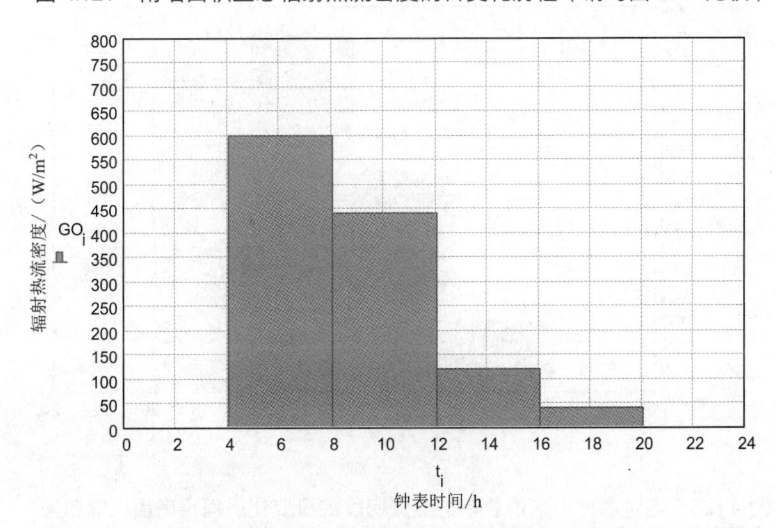

图 4.122 东墙面积上总辐射热流密度的日变化历程（请与图 1.36 比较）

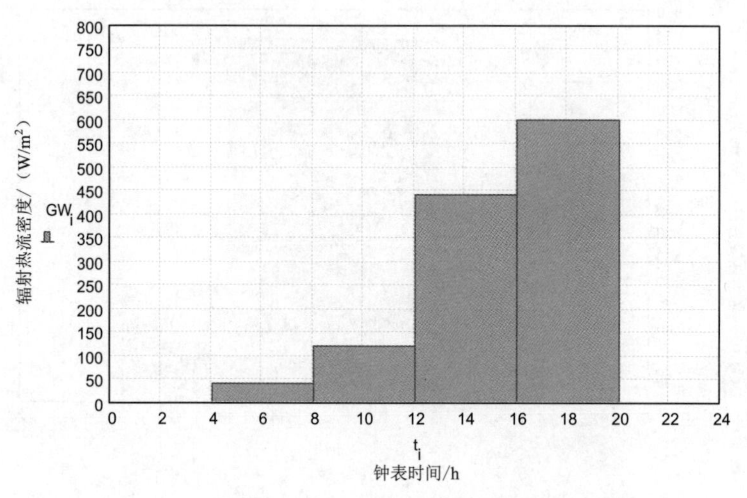

图 4.123　西墙面积上总辐射热流密度的日变化历程

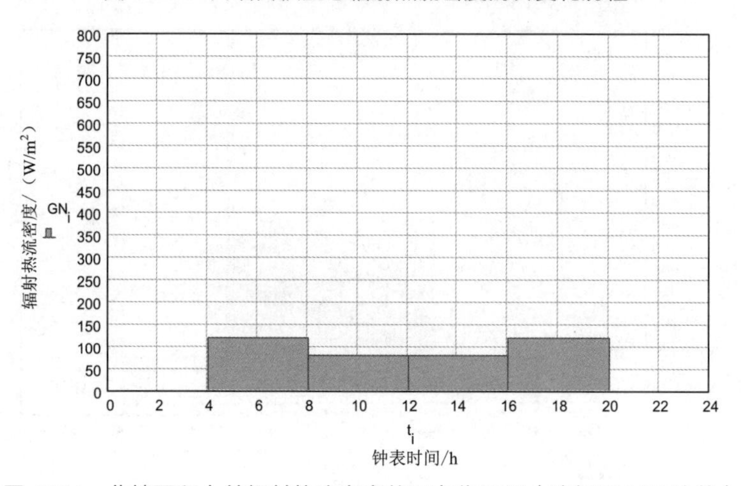

图 4.124　北墙面积上总辐射热流密度的日变化历程（请与图 1.34 比较）

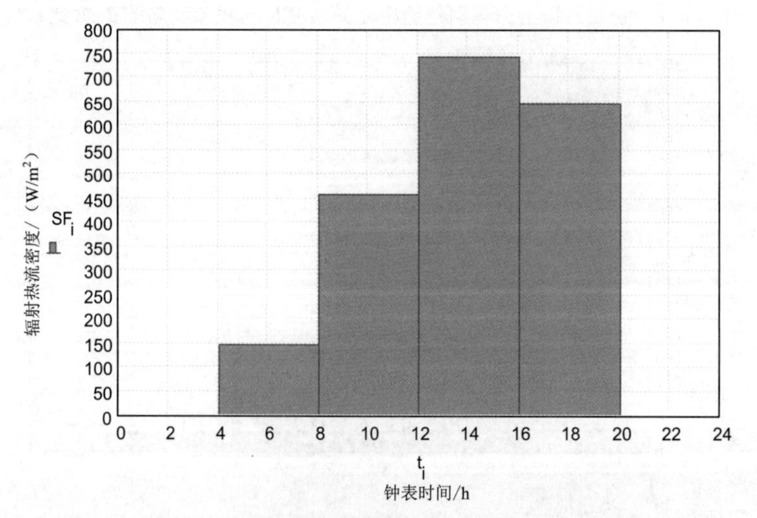

图 4.125　通过窗户射入的总辐射热流密度的日变化历程，南窗内侧遮阳，西窗外侧有固定式遮阳设施

时间常数 β/（1/s）和调整期时长 τ/h

04.00-08.00

$$E1 := \frac{Üi}{Ci\cdot(L1+Tf)}\cdot\left(\frac{1}{\frac{1}{Üi}+\frac{1}{L1+Tf}}\right)-\frac{(T'w+Üe)}{Ce}-\frac{(T'w+Üi)}{Ci}\qquad B1 := \frac{(T'w+Üe)}{Ce\cdot Ci}\cdot\left(\frac{1}{\frac{1}{Üi}+\frac{1}{L1+Tf}}+\frac{1}{\frac{1}{T'w}+\frac{1}{Üe}}\right)$$

08.00-12.00

$$E2 := \frac{Üi}{Ci\cdot(L2+Tf)}\cdot\left(\frac{1}{\frac{1}{Üi}+\frac{1}{L2+Tf}}\right)-\frac{(T'w+Üe)}{Ce}-\frac{(T'w+Üi)}{Ci}\qquad B2 := \frac{(T'w+Üe)}{Ce\cdot Ci}\cdot\left(\frac{1}{\frac{1}{Üi}+\frac{1}{L2+Tf}}+\frac{1}{\frac{1}{T'w}+\frac{1}{Üe}}\right)$$

12.00-16.00

$$E3 := \frac{Üi}{Ci\cdot(L3+Tf)}\cdot\left(\frac{1}{\frac{1}{Üi}+\frac{1}{L3+Tf}}\right)-\frac{(T'w+Üe)}{Ce}-\frac{(T'w+Üi)}{Ci}\qquad B3 := \frac{(T'w+Üe)}{Ce\cdot Ci}\cdot\left(\frac{1}{\frac{1}{Üi}+\frac{1}{L3+Tf}}+\frac{1}{\frac{1}{T'w}+\frac{1}{Üe}}\right)$$

16.00-20.00

$$E4 := \frac{Üi}{Ci\cdot(L4+Tf)}\cdot\left(\frac{1}{\frac{1}{Üi}+\frac{1}{L4+Tf}}\right)-\frac{(T'w+Üe)}{Ce}-\frac{(T'w+Üi)}{Ci}\qquad B4 := \frac{(T'w+Üe)}{Ce\cdot Ci}\cdot\left(\frac{1}{\frac{1}{Üi}+\frac{1}{L4+Tf}}+\frac{1}{\frac{1}{T'w}+\frac{1}{Üe}}\right)$$

20.00-24.00

$$E5 := \frac{Üi}{Ci\cdot(L5+Tf)}\cdot\left(\frac{1}{\frac{1}{Üi}+\frac{1}{L5+Tf}}\right)-\frac{(T'w+Üe)}{Ce}-\frac{(T'w+Üi)}{Ci}\qquad B5 := \frac{(T'w+Üe)}{Ce\cdot Ci}\cdot\left(\frac{1}{\frac{1}{Üi}+\frac{1}{L5+Tf}}+\frac{1}{\frac{1}{T'w}+\frac{1}{Üe}}\right)$$

00.00-04.00

$$E6 := \frac{Üi}{Ci\cdot(L6+Tf)}\cdot\left(\frac{1}{\frac{1}{Üi}+\frac{1}{L6+Tf}}\right)-\frac{(T'w+Üe)}{Ce}-\frac{(T'w+Üi)}{Ci}\qquad B6 := \frac{(T'w+Üe)}{Ce\cdot Ci}\cdot\left(\frac{1}{\frac{1}{Üi}+\frac{1}{L6+Tf}}+\frac{1}{\frac{1}{T'w}+\frac{1}{Üe}}\right)$$

04.00-08.00

$$\beta_{12} := -\frac{E1}{2}-\sqrt{\left(\frac{E1}{2}\right)^2+B1}\qquad \beta_{12}=1.12004\times10^{-5}\qquad \tau_1 := \frac{3}{\beta_{12}\cdot3600}\qquad \tau_1=74.40\qquad D_1 := 1-\exp(-\beta_{12}\cdot t)\qquad D_1=0.149$$

08.00-12.00

$$\beta_{22} := -\frac{E2}{2}-\sqrt{\left(\frac{E2}{2}\right)^2+B2}\qquad \beta_{22}=4.28803\times10^{-6}\qquad \tau_2 := \frac{3}{\beta_{22}\cdot3600}\qquad \tau_2=194.34\qquad D_2 := 1-\exp(-\beta_{22}\cdot t)\qquad D_2=0.0599$$

12.00-16.00

$$\beta_{32} := -\frac{E3}{2}-\sqrt{\left(\frac{E3}{2}\right)^2+B3}\qquad \beta_{32}=4.28803\times10^{-6}\qquad \tau_3 := \frac{3}{\beta_{32}\cdot3600}\qquad \tau_3=194.34\qquad D_3 := 1-\exp(-\beta_{32}\cdot t)\qquad D_3=0.0599$$

16.00-20.00

$$\beta_{42} := -\frac{E4}{2}-\sqrt{\left(\frac{E4}{2}\right)^2+B4}\qquad \beta_{42}=4.28803\times10^{-6}\qquad \tau_4 := \frac{3}{\beta_{42}\cdot3600}\qquad \tau_4=194.34\qquad D_4 := 1-\exp(-\beta_{42}\cdot t)\qquad D_4=0.0599$$

20.00-24.00

$$\beta_{52} := -\frac{E5}{2}-\sqrt{\left(\frac{E5}{2}\right)^2+B5}\qquad \beta_{52}=1.53535\times10^{-5}\qquad \tau_5 := \frac{3}{\beta_{52}\cdot3600}\qquad \tau_5=54.28\qquad D_5 := 1-\exp(-\beta_{52}\cdot t)\qquad D_5=0.1984$$

00.00-04.00

$$\beta_{62} := -\frac{E6}{2}-\sqrt{\left(\frac{E6}{2}\right)^2+B6}\qquad \beta_{62}=1.12004\times10^{-5}\qquad \tau_6 := \frac{3}{\beta_{62}\cdot3600}\qquad \tau_6=74.40\qquad D_6 := 1-\exp(-\beta_{62}\cdot t)\qquad D_6=0.149$$

房间围护结构内表面温度 /℃

计算值

给定值 $Toi0 := 28.68$

04.00-08.00 $t1 := 8$

$$Toi1 := Toi0+\left[Te1+\frac{\left(\frac{Sf1}{Üe}+\frac{Sf1}{T'w}+\frac{Sw1+Sd1}{Üe}\right)\left(\frac{1}{L1+Tf}+\frac{1}{Üi}\right)}{\frac{1}{Üe}+\frac{1}{T'w}+\frac{1}{Üi}+\frac{1}{L1+Tf}}+\frac{\left(\frac{1}{Üe}+\frac{1}{T'w}\right)\left(\frac{I1}{Üi\cdot2}+\frac{I1}{L1+Tf}\right)}{\frac{1}{Üe}+\frac{1}{T'w}+\frac{1}{Üi}+\frac{1}{L1+Tf}}-Toi0\right]\cdot D_1$$

$Toi1 = 27.96$

08.00-12.00 $t2 := 12$

$$Toi2 := Toi1+\left[Te2+\frac{\left(\frac{Sf2}{Üe}+\frac{Sf2}{T'w}+\frac{Sw2+Sd2}{Üe}\right)\left(\frac{1}{L2+Tf}+\frac{1}{Üi}\right)}{\frac{1}{Üe}+\frac{1}{T'w}+\frac{1}{Üi}+\frac{1}{L2+Tf}}+\frac{\left(\frac{1}{Üe}+\frac{1}{T'w}\right)\left(\frac{I2}{Üi\cdot2}+\frac{I2}{L2+Tf}\right)}{\frac{1}{Üe}+\frac{1}{T'w}+\frac{1}{Üi}+\frac{1}{L2+Tf}}-Toi1\right]\cdot D_2$$

$Toi2 = 29.35$

12.00-16.00 $t3 := 16$

$$Toi3 := Toi2+\left[Te3+\frac{\left(\frac{Sf3}{Üe}+\frac{Sf3}{T'w}+\frac{Sw3+Sd3}{Üe}\right)\left(\frac{1}{L3+Tf}+\frac{1}{Üi}\right)}{\frac{1}{Üe}+\frac{1}{T'w}+\frac{1}{Üi}+\frac{1}{L3+Tf}}+\frac{\left(\frac{1}{Üe}+\frac{1}{T'w}\right)\left(\frac{I3}{Üi\cdot2}+\frac{I3}{L3+Tf}\right)}{\frac{1}{Üe}+\frac{1}{T'w}+\frac{1}{Üi}+\frac{1}{L3+Tf}}-Toi2\right]\cdot D_3$$

$Toi3 = 31.60$

16.00-20.00 $t4 := 20$

$$Toi4 := Toi3+\left[Te4+\frac{\left(\frac{Sf4}{Üe}+\frac{Sf4}{T'w}+\frac{Sw4+Sd4}{Üe}\right)\left(\frac{1}{L4+Tf}+\frac{1}{Üi}\right)}{\frac{1}{Üe}+\frac{1}{T'w}+\frac{1}{Üi}+\frac{1}{L4+Tf}}+\frac{\left(\frac{1}{Üe}+\frac{1}{T'w}\right)\left(\frac{I4}{Üi\cdot2}+\frac{I4}{L4+Tf}\right)}{\frac{1}{Üe}+\frac{1}{T'w}+\frac{1}{Üi}+\frac{1}{L4+Tf}}-Toi3\right]\cdot D_4$$

$Toi4 = 33.04$

20.00-24.00 $t5 := 24$

$$Toi5 := Toi4+\left[Te5+\frac{\left(\frac{Sf5}{Üe}+\frac{Sf5}{T'w}+\frac{Sw5+Sd5}{Üe}\right)\left(\frac{1}{L5+Tf}+\frac{1}{Üi}\right)}{\frac{1}{Üe}+\frac{1}{T'w}+\frac{1}{Üi}+\frac{1}{L5+Tf}}+\frac{\left(\frac{1}{Üe}+\frac{1}{T'w}\right)\left(\frac{I5}{Üi\cdot2}+\frac{I5}{L5+Tf}\right)}{\frac{1}{Üe}+\frac{1}{T'w}+\frac{1}{Üi}+\frac{1}{L5+Tf}}-Toi4\right]\cdot D_5$$

$Toi5 = 30.88$

00.00-04.00 $t6 := 4$

$$Toi6 := Toi5+\left[Te6+\frac{\left(\frac{Sf6}{Üe}+\frac{Sf6}{T'w}+\frac{Sw6+Sd6}{Üe}\right)\left(\frac{1}{L6+Tf}+\frac{1}{Üi}\right)}{\frac{1}{Üe}+\frac{1}{T'w}+\frac{1}{Üi}+\frac{1}{L6+Tf}}+\frac{\left(\frac{1}{Üe}+\frac{1}{T'w}\right)\left(\frac{I6}{Üi\cdot2}+\frac{I6}{L6+Tf}\right)}{\frac{1}{Üe}+\frac{1}{T'w}+\frac{1}{Üi}+\frac{1}{L6+Tf}}-Toi5\right]\cdot D_6$$

$Toi6 = 28.68$

注意：Toi6 = Toi0 是由于处于波动状态

室内气温 T_i 和体感温度 T_{eff}/℃

04.00–08.00　$t1 := 8$

$$Ti1 := \frac{L1 \cdot Te1 + \frac{I1}{2} + Üi \cdot Toi1 + Tf \cdot Te1}{L1 + Üi + Tf} \qquad Ti1 = 25.46$$

08.00–12.00　$t2 := 12$

$$Ti2 := \frac{L2 \cdot Te2 + \frac{I2}{2} + Üi \cdot Toi2 + Tf \cdot Te2}{L2 + Üi + Tf} \qquad Ti2 = 29.13$$

12.00–16.00　$t3 := 16$

$$Ti3 := \frac{L3 \cdot Te3 + \frac{I3}{2} + Üi \cdot Toi3 + Tf \cdot Te3}{L3 + Üi + Tf} \qquad Ti3 = 31.67$$

16.00–20.00　$t4 := 20$

$$Ti4 := \frac{L4 \cdot Te4 + \frac{I4}{2} + Üi \cdot Toi4 + Tf \cdot Te4}{L4 + Üi + Tf} \qquad Ti4 = 32.66$$

20.00–24.00　$t5 := 24$

$$Ti5 := \frac{L5 \cdot Te5 + \frac{I5}{2} + Üi \cdot Toi5 + Tf \cdot Te5}{L5 + Üi + Tf} \qquad Ti5 = 26.00$$

00.00–04.00　$t6 := 4$

$$Ti6 := \frac{L6 \cdot Te6 + \frac{I6}{2} + Üi \cdot Toi6 + Tf \cdot Te6}{L6 + Üi + Tf} \qquad Ti6 = 24.11$$

$$Teff1 := Toi1 \cdot 0.5 + Ti1 \cdot 0.5 \qquad Teff1 = 26.71$$

$$Teff2 := Toi2 \cdot 0.5 + Ti2 \cdot 0.5 \qquad Teff2 = 29.24$$

$$Teff3 := Toi3 \cdot 0.5 + Ti3 \cdot 0.5 \qquad Teff3 = 31.63$$

$$Teff4 := Toi4 \cdot 0.5 + Ti4 \cdot 0.5 \qquad Teff4 = 32.85$$

$$Teff5 := Toi5 \cdot 0.5 + Ti5 \cdot 0.5 \qquad Teff5 = 28.44$$

$$Teff6 := Toi6 \cdot 0.5 + Ti6 \cdot 0.5 \qquad Teff6 = 26.40$$

结果汇总

每一时间段末端的体感温度/ºC

04.00-08.00	08.00-12.00	12.00-16.00	16.00-20.00	20.00-24.00	00.00-04.00
Teff1 = 26.71	Teff2 = 29.24	Teff3 = 31.63	Teff4 = 32.85	Teff5 = 28.44	Teff6 = 26.40

体感温度日均值/ºC

$$Teffm := \frac{Teff1 + Teff2 + Teff3 + Teff4 + Teff5 + Teff6}{6} \qquad Teffm = 29.21$$

通过回归，再次得到由每一时间段末端体感温度计算值表示的温度变化过程的解析解（此处为正弦函数）。

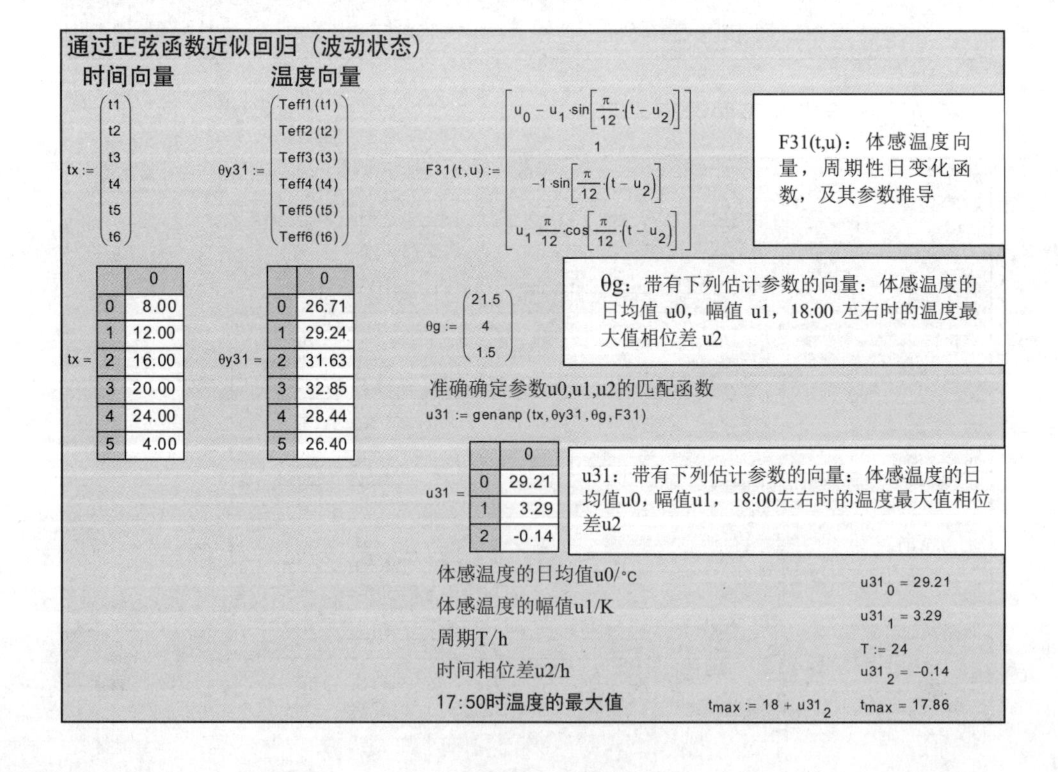

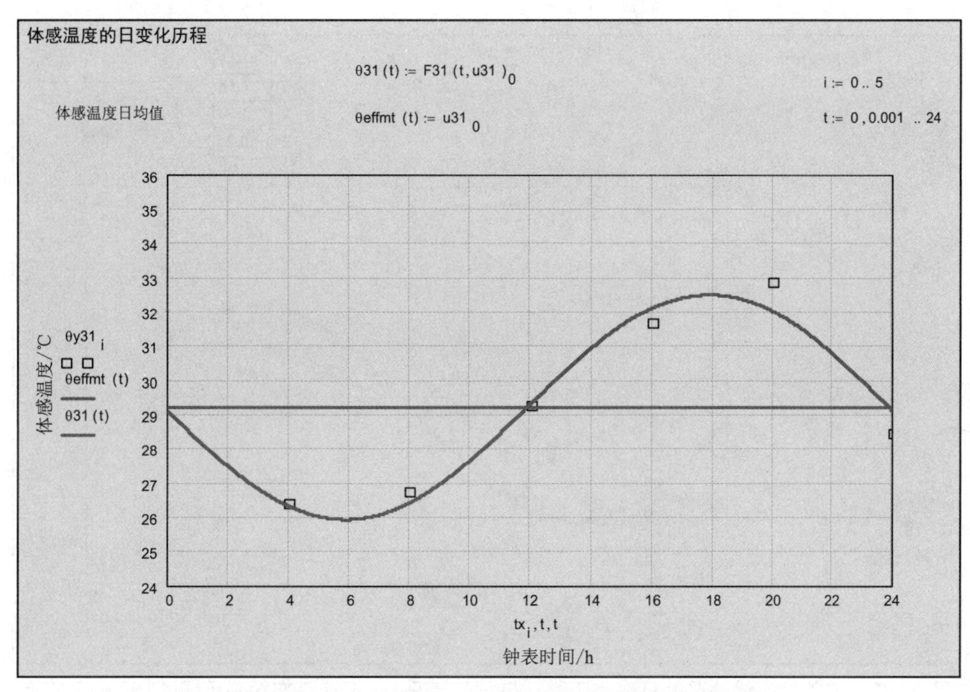

图 4.126 热负荷情况 1 所对应的体感温度日变化历程

如果平均气温为 29.3℃，幅值为 3.2K，则体感温度的平均值超过 26℃的限值。通过更好的通风换气方式，即使在辐射热负荷高的气候条件下，也能使室温下降 2K 左右（图 4.128）。温度最大值出现在 17:40—17:50（南窗和西窗，最大内热源热负荷在 16:00—24:00 之间）。

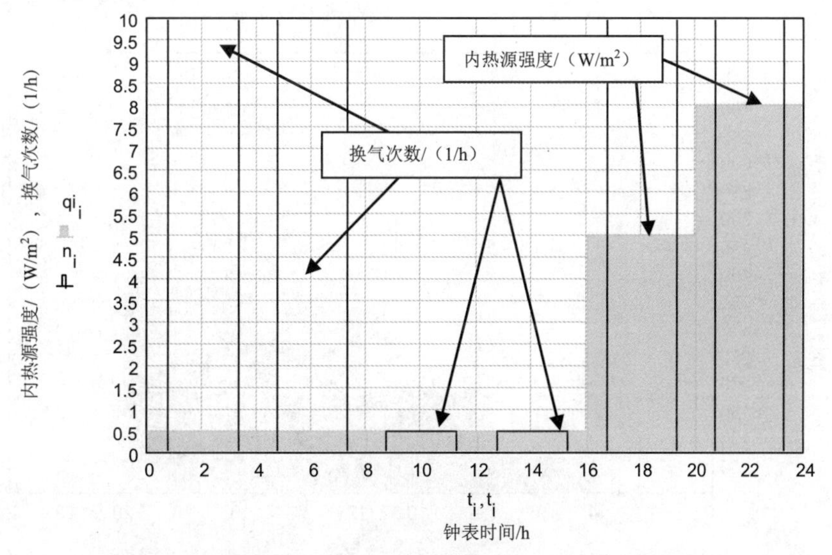

图 4.127 内热源的日变化历程（假设 20:00—24:00 有访客），
以及与内热源热负荷及外界气温对应的最佳换气次数

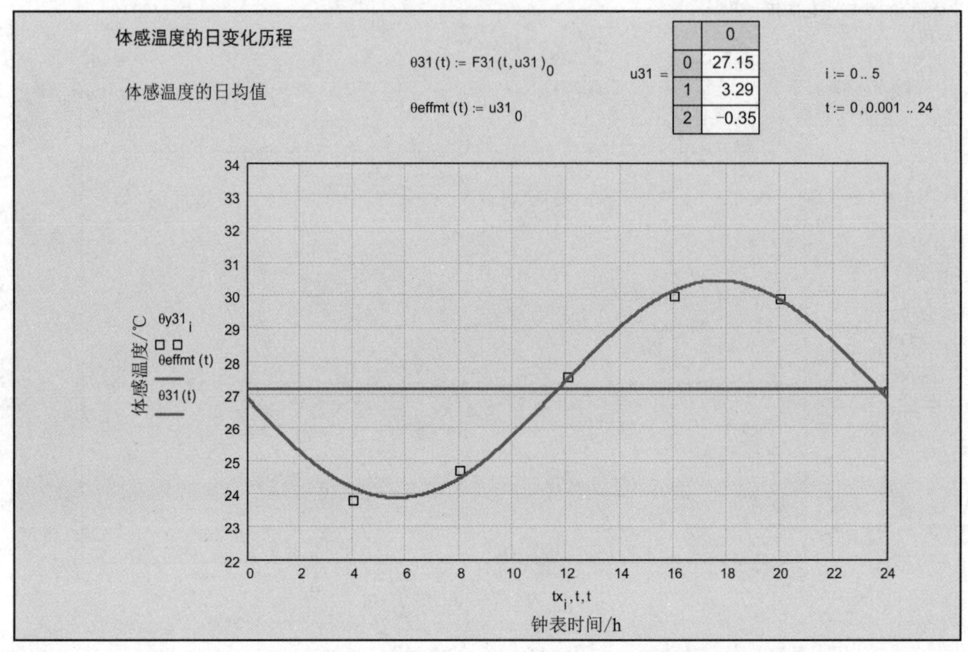

图 4.128　改善后的体感温度日变化历程，热负荷情况 1，但换气次数采用图 4.127 所示方案

情况 2：房间位于热屋顶之下，南窗和西窗从外侧完全遮阳

所有参数都保持不变，仅仅通过窗户的热负荷根据图 4.129 所示的方案有所降低。

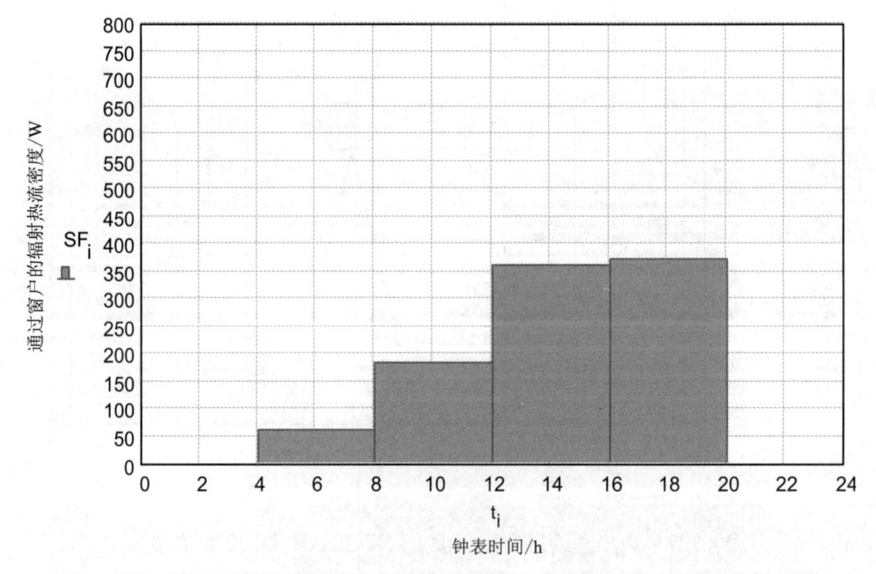

图 4.129　通过窗户的辐射热流的日变化历程，南窗和西窗从外侧完全遮阳

建筑物参数

对流换热热阻

给定值 内外表面的对流换热热阻

αi := 7.5 αic := 2.2 αe := 14 (W/m²K)

计算值/(m²K/W)

$Ri := \frac{1}{\alpha i}$ $Re := \frac{1}{\alpha e}$ Ri = 0.13 Re = 0.07

屋顶

给定值	面积/m²	密度/（kg/m³）	U值/（W/m²K）	吸收系数
水平方向	Ad1 := 21.2	ρd1 := 1400	kd1 := 0.291	ad1 := 0.6
水平方向	Ad2 := 0	ρd2 := 1500	kd2 := 0.3	ad2 := 0.6

U' 值（针对构件，不考虑对流阻力）

$kd1' := \frac{kd1}{1-(Ri+Re)\cdot kd1}$ kd1' = 0.31

$kd2' := \frac{kd2}{1-(Ri+Re)\cdot kd2}$ kd2' = 0.32

外墙

给定值	面积/m²	密度/（kg/m³）	U值/（W/m²K）	吸收系数
南	Awe1 := 8.7	ρwe1 := 1000	kwe1 := 0.413	aw1 := 0.5
西	Awe2 := 0	ρwe2 := 1400	kwe2 := 0.6	aw2 := 0.5
北	Awe3 := 0	ρwe3 := 1400	kwe3 := 0.4	aw3 := 0.3
东	Awe4 := 0	ρwe4 := 1000	kwe4 := 0.5	aw4 := 0.5

计算值/(m²K/W)

Sd5 = 0.00

U' 值（针对构件，不考虑对流阻力）

Sd6 = 0.00

$kwe1' := \frac{kwe1}{1-(Ri+Re)\cdot kwe1}$ kwe1' = 0.45

$kwe2' := \frac{kwe2}{1-(Ri+Re)\cdot kwe2}$ kwe2' = 0.68

$kwe3' := \frac{kwe3}{1-(Ri+Re)\cdot kwe3}$ kwe3' = 0.44

$kwe4' := \frac{kwe4}{1-(Ri+Re)\cdot kwe4}$ kwe4' = 0.56

内墙

给定值	面积/m²	密度/（kg/m³）	体积/m³
	Awi1 := 11.6	ρwi1 := 2100	Vl := 55.12
	Awi2 := 11.9	ρwi2 := 2100	
	Awi3 := 2	ρwi3 := 800	
	Awi4 := 2	ρwi4 := 800	
屋顶	Ade := 0	ρde := 2000	
地板	An := 21.2	ρn := 1800	

计算值 围护结构内表面

Aoi := Awi1 + Awi2 + Awi3 ...
+ Awe1 + Awe1 + Awe2 + Awe3 + Awe4 ...
+ Ad1 + Ad2 + Ade + An

Aoi = 85.30

窗户

给定值	面积/m²	遮阳系数	U值/（W/m²K）	窗框系数	玻璃透射率	总透射率	
南	Af1 := 3.2	z1 := 0.75	kf1 := 1.4	fr1 := 0.7	g1 := 0.55	sf1 := z1·g1·fr1	sf1 = 0.29
西	Af2 := 5.8	z2 := 0.40	kf2 := 1.4	fr2 := 0.7	g2 := 0.55	sf2 := z2·g2·fr2	sf2 = 0.15
北	Af3 := 0	z3 := 0.33	kf3 := 1.8	fr3 := 0.9	g3 := 0.65	sf3 := z3·g3·fr3	sf3 = 0.19
东	Af4 := 0	z4 := 0.2	kf4 := 1.2	fr4 := 0.9	g4 := 0.65	sf4 := z4·g4·fr4	sf4 = 0.12
水平	Af5 := 0	z5 := 0.2	kf5 := 1.4	fr5 := 0.7	g5 := 0.5	sf5 := z5·g5·fr5	sf5 = 0.07

起储热作用的建筑构件质量m/kg及热容量C/(Ws/K)

给定值 比热容/（Ws/kgK） c := 900

计算值

mi := 0.06·(Awi1·ρwi1 + Awi2·ρwi2 + Awi3·ρwi3 + Awi4·ρwi4 + Awe1·ρwe1 + Ad1·ρd1 + An·ρn) mi = 7745.40

me := 0.06·(Awe1·ρwe1 + Ad1·ρd1) me = 2302.80

$\frac{mi}{An} = 365.35$ $\frac{me}{An} = 108.62$ Ci := c·mi $Ci = 6.97\times10^{6}$ Ce := c·me $Ce = 2.07\times10^{6}$

热负荷（请与图 4.120 至图 4.125 及图 4.129 比较）

外界气温/^{0}C　　　　**时间步长**　t := 14400

给定值

04.00-08.00	08.00-12.00	12.00-16.00	16.00-20.00	20.00-24.00	00.00-04.00
Te1 := 21	Te2 := 27	Te3 := 32	Te4 := 27	Te5 := 21	Te6 := 16

投射辐射热流密度G/（W/m$_2$）

H:水平　O:东　S:南　W:西　N:北

给定值

04.00-08.00	08.00-12.00	12.00-16.00	16.00-20.00	20.00-24.00	00.00-04.00
GH1 := 235	GH2 := 740	GH3 := 740	GH4 := 235	GH5 := 0	GH6 := 0
GO1 := 600	GO2 := 440	GO3 := 120	GO4 := 40	GO5 := 0	GO6 := 0
GS1 := 120	GS2 := 380	GS3 := 380	GS4 := 120	GS5 := 0	GS6 := 0
GW1 := 40	GW2 := 120	GW3 := 440	GW4 := 600	GW5 := 0	GW6 := 0
GN1 := 120	GN2 := 80	GN3 := 80	GN4 := 120	GN5 := 0	GN6 := 0

通过窗户的辐射热流S$_F$/W

计算值

04.00-08.00	Sf1 := sf1·Af1·GS1 + sf2·Af2·GW1 + sf3·Af3·GN1 + sf4·Af4·GO1 + sf5·Af5·GH1	Sf1 = 146.61
08.00-12.00	Sf2 := sf1·Af1·GS2 + sf2·Af2·GW2 + sf3·Af3·GN2 + sf4·Af4·GO2 + sf5·Af5·GH2	Sf2 = 458.30
12.00-16.00	Sf3 := sf1·Af1·GS3 + sf2·Af2·GW3 + sf3·Af3·GN3 + sf4·Af4·GO3 + sf5·Af5·GH3	Sf3 = 744.13
16.00-20.00	Sf4 := sf1·Af1·GS4 + sf2·Af2·GW4 + sf3·Af3·GN4 + sf4·Af4·GO4 + sf5·Af5·GH4	Sf4 = 646.80
20.00-24.00	Sf5 := 0	Sf5 = 0.00
00.00-04.00	Sf6 := 0	Sf6 = 0.00

由外表面吸收的辐射热流S$_W$/W

计算值

04.00-08.00	Sw1 := aw1·Awe1·GS1 + aw2·Awe2·GW1 + aw3·Awe3·GN1 + aw4·Awe4·GO1	Sw1 = 522.00
	Sd1 := ad1·Ad1·GH1 + ad2·Ad2·GH2	Sd1 = 2989.20
08.00-12.00	Sw2 := aw1·Awe1·GS2 + aw2·Awe2·GW2 + aw3·Awe3·GN2 + aw4·Awe4·GO2	Sw2 = 1653.00
	Sd2 := ad1·Ad1·GH2 + ad2·Ad2·GH2	Sd2 = 9412.80
12.00-16.00	Sw3 := aw1·Awe1·GS3 + aw2·Awe2·GW3 + aw3·Awe3·GN3 + aw4·Awe4·GO3	Sw3 = 1653.00
	Sd3 := ad1·Ad1·GH3 + ad2·Ad2·GH3	Sd3 = 9412.80
16.00-20.00	Sw4 := aw1·Awe1·GS4 + aw2·Awe2·GW4 + aw3·Awe3·GN4 + aw4·Awe4·GO4	Sw4 = 522.00
	Sd4 := ad1·Ad1·GH4 + ad2·Ad2·GH4	Sd4 = 2989.20
20.00-24.00	Sw5 := 0	Sw5 = 0.00
	Sd5 := 0	Sd5 = 0.00
00.00-04.00	Sw6 := 0	Sw6 = 0.00
	Sd6 := 0	Sd6 = 0.00

换气次数n/（1/h）及比通风换气热流L/（W/K）

给定值

04.00-08.00	08.00-12.00	12.00-16.00	16.00-20.00	20.00-24.00	00.00-04.00
n1 := 5	n2 := 0.5	n3 := 0.5	n4 := 0.5	n5 := 10	n6 := 5

计算值

L1 := n1·VI·0.34	L2 := n2·VI·0.34	L3 := n3·VI·0.34	L4 := n4·VI·0.34	L5 := n5·VI·0.34	L6 := n6·VI·0.34
L1 = 93.70	L2 = 9.37	L3 = 9.37	L4 = 9.37	L5 = 187.41	L6 = 93.70

热负荷（续）

内热源的热负荷，地面等部分的吸热

给定值 q/(W/m²) J/W

04.00-08.00	08.00-12.00	12.00-16.00	16.00-20.00	20.00-24.00	00.00-04.00
q1i := 0.5	q2i := 0.5	q3i := 0.5	q4i := 5	q5i := 8	q6i := 0.5
q1b := 0	q2b := 0	q3b := 0	q4b := 0	q5b := 0	q6b := 0

计算值

q1 := q1i + q1b	q2 := q2i + q2b	q3 := q3i + q3b	q4 := q4i + q4b	q5 := q5i + q5b	q6 := q6i + q6b
I1 := q1·An	I2 := q2·An	I3 := q3·An	I4 := q4·An	I5 := q5·An	I6 := q6·An
I1 = 10.60	I2 = 10.60	I3 = 10.60	I4 = 106.00	I5 = 169.60	I6 = 10.60

比传热热流 T'_W 和 T_F/(W/K)

计算值

$$T'w := kd1'\cdot Ad1 + kd2'\cdot Ad2 + kwe1'\cdot Awe1 + kwe2'\cdot Awe2 + kwe3'\cdot Awe3 + kwe4'\cdot Awe4 \qquad T'w = 10.49$$

$$Tf := kf1\cdot Af1 + kf2\cdot Af2 + kf3\cdot Af3 + kf4\cdot Af4 \qquad Tf = 12.60$$

比对流换热热流 $\ddot{U}_i$ 及 $\ddot{U}_e$/(W/K)

计算值

$$\ddot{U}i := \alpha ic\cdot Aoi \qquad \ddot{U}i = 187.66$$

仅为室内表面处的对流换热

$$\ddot{U}e := \alpha e\cdot(Ad1 + Ad2 + Awe1 + Awe2 + Awe3 + Awe4) \qquad \ddot{U}e = 418.60$$

时间常数和调整期时长

时间常数β/（1/s）和调整期时长τ/h t := 14400

计算值

04.00-08.00

$$E1 := \frac{\ddot{U}i}{Ci\cdot(L1+Tf)}\cdot\left(\frac{1}{\frac{1}{\ddot{U}i}+\frac{1}{L1+Tf}}\right) - \frac{(T'w+\ddot{U}e)}{Ce} - \frac{(T'w+\ddot{U}i)}{Ci} \qquad B1 := \frac{(T'w+\ddot{U}e)}{Ce\cdot Ci}\cdot\left(\frac{1}{\frac{1}{\ddot{U}i}+\frac{1}{L1+Tf}}+\frac{1}{\frac{1}{T'w}+\frac{1}{\ddot{U}e}}\right)$$

08.00-12.00

$$E2 := \frac{\ddot{U}i}{Ci\cdot(L2+Tf)}\cdot\left(\frac{1}{\frac{1}{\ddot{U}i}+\frac{1}{L2+Tf}}\right) - \frac{(T'w+\ddot{U}e)}{Ce} - \frac{(T'w+\ddot{U}i)}{Ci} \qquad B2 := \frac{(T'w+\ddot{U}e)}{Ce\cdot Ci}\cdot\left(\frac{1}{\frac{1}{\ddot{U}i}+\frac{1}{L2+Tf}}+\frac{1}{\frac{1}{T'w}+\frac{1}{\ddot{U}e}}\right)$$

12.00-16.00

$$E3 := \frac{\ddot{U}i}{Ci\cdot(L3+Tf)}\cdot\left(\frac{1}{\frac{1}{\ddot{U}i}+\frac{1}{L3+Tf}}\right) - \frac{(T'w+\ddot{U}e)}{Ce} - \frac{(T'w+\ddot{U}i)}{Ci} \qquad B3 := \frac{(T'w+\ddot{U}e)}{Ce\cdot Ci}\cdot\left(\frac{1}{\frac{1}{\ddot{U}i}+\frac{1}{L3+Tf}}+\frac{1}{\frac{1}{T'w}+\frac{1}{\ddot{U}e}}\right)$$

16.00-20.00

$$E4 := \frac{\ddot{U}i}{Ci\cdot(L4+Tf)}\cdot\left(\frac{1}{\frac{1}{\ddot{U}i}+\frac{1}{L4+Tf}}\right) - \frac{(T'w+\ddot{U}e)}{Ce} - \frac{(T'w+\ddot{U}i)}{Ci} \qquad B4 := \frac{(T'w+\ddot{U}e)}{Ce\cdot Ci}\cdot\left(\frac{1}{\frac{1}{\ddot{U}i}+\frac{1}{L4+Tf}}+\frac{1}{\frac{1}{T'w}+\frac{1}{\ddot{U}e}}\right)$$

20.00-24.00

$$E5 := \frac{\ddot{U}i}{Ci\cdot(L5+Tf)}\cdot\left(\frac{1}{\frac{1}{\ddot{U}i}+\frac{1}{L5+Tf}}\right) - \frac{(T'w+\ddot{U}e)}{Ce} - \frac{(T'w+\ddot{U}i)}{Ci} \qquad B5 := \frac{(T'w+\ddot{U}e)}{Ce\cdot Ci}\cdot\left(\frac{1}{\frac{1}{\ddot{U}i}+\frac{1}{L5+Tf}}+\frac{1}{\frac{1}{T'w}+\frac{1}{\ddot{U}e}}\right)$$

00.00-04.00

$$E6 := \frac{\ddot{U}i}{Ci\cdot(L6+Tf)}\cdot\left(\frac{1}{\frac{1}{\ddot{U}i}+\frac{1}{L6+Tf}}\right) - \frac{(T'w+\ddot{U}e)}{Ce} - \frac{(T'w+\ddot{U}i)}{Ci} \qquad B6 := \frac{(T'w+\ddot{U}e)}{Ce\cdot Ci}\cdot\left(\frac{1}{\frac{1}{\ddot{U}i}+\frac{1}{L6+Tf}}+\frac{1}{\frac{1}{T'w}+\frac{1}{\ddot{U}e}}\right)$$

04.00-08.00

$$\beta_{12} := \frac{E1}{2} - \sqrt{\left(\frac{E1}{2}\right)^2 + B1} \qquad \beta_{12} = 1.12004\times10^{-5} \qquad \tau_1 := \frac{3}{\beta_{12}\cdot3600} \qquad \tau_1 = 74.40 \qquad D_1 := 1-\exp(-\beta_{12}\cdot t) \qquad D_1 = 0.149$$

08.00-12.00

$$\beta_{22} := \frac{E2}{2} - \sqrt{\left(\frac{E2}{2}\right)^2 + B2} \qquad \beta_{22} = 4.28803\times10^{-6} \qquad \tau_2 := \frac{3}{\beta_{22}\cdot3600} \qquad \tau_2 = 194.34 \qquad D_2 := 1-\exp(-\beta_{22}\cdot t) \qquad D_2 = 0.0599$$

12.00-16.00

$$\beta_{32} := \frac{E3}{2} - \sqrt{\left(\frac{E3}{2}\right)^2 + B3} \qquad \beta_{32} = 4.28803\times10^{-6} \qquad \tau_3 := \frac{3}{\beta_{32}\cdot3600} \qquad \tau_3 = 194.34 \qquad D_3 := 1-\exp(-\beta_{32}\cdot t) \qquad D_3 = 0.0599$$

16.00-20.00

$$\beta_{42} := \frac{E4}{2} - \sqrt{\left(\frac{E4}{2}\right)^2 + B4} \qquad \beta_{42} = 4.28803\times10^{-6} \qquad \tau_4 := \frac{3}{\beta_{42}\cdot3600} \qquad \tau_4 = 194.34 \qquad D_4 := 1-\exp(-\beta_{42}\cdot t) \qquad D_4 = 0.0599$$

20.00-24.00

$$\beta_{52} := \frac{E5}{2} - \sqrt{\left(\frac{E5}{2}\right)^2 + B5} \qquad \beta_{52} = 1.53535\times10^{-5} \qquad \tau_5 := \frac{3}{\beta_{52}\cdot3600} \qquad \tau_5 = 54.28 \qquad D_5 := 1-\exp(-\beta_{52}\cdot t) \qquad D_5 = 0.1984$$

00.00-04.00

$$\beta_{62} := \frac{E6}{2} - \sqrt{\left(\frac{E6}{2}\right)^2 + B6} \qquad \beta_{62} = 1.12004\times10^{-5} \qquad \tau_6 := \frac{3}{\beta_{62}\cdot3600} \qquad \tau_6 = 74.40 \qquad D_6 := 1-\exp(-\beta_{62}\cdot t) \qquad D_6 = 0.149$$

室内温度

房间围护结构内表面温度、室内气温、体感温度

房间围护结构内表面温度/°C

计算值 **给定值** $Toi0 := 26.18$

04.00-08.00

$t1 := 8$

$$Toi1 := Toi0 + \left[Te1 + \frac{\left(\frac{Sf1}{\ddot{U}e} + \frac{Sf1}{Tw} + \frac{Sw1 + Sd1}{\ddot{U}e}\right)\cdot\left(\frac{1}{L1 + Tf} + \frac{1}{\ddot{U}i}\right)}{\frac{1}{\ddot{U}e} + \frac{1}{Tw} + \frac{1}{\ddot{U}i} + \frac{1}{L1 + Tf}} + \frac{\left(\frac{1}{\ddot{U}e} + \frac{1}{Tw}\right)\cdot\left(\frac{I1}{\ddot{U}i\cdot 2} + \frac{I1}{L1 + Tf}\right)}{\frac{1}{\ddot{U}e} + \frac{1}{Tw} + \frac{1}{\ddot{U}i} + \frac{1}{L1 + Tf}} - Toi0\right]\cdot D_1$$

$Toi1 = 25.66$

08.00-12.00

$t2 := 12$

$$Toi2 := Toi1 + \left[Te2 + \frac{\left(\frac{Sf2}{\ddot{U}e} + \frac{Sf2}{Tw} + \frac{Sw2 + Sd2}{\ddot{U}e}\right)\cdot\left(\frac{1}{L2 + Tf} + \frac{1}{\ddot{U}i}\right)}{\frac{1}{\ddot{U}e} + \frac{1}{Tw} + \frac{1}{\ddot{U}i} + \frac{1}{L2 + Tf}} + \frac{\left(\frac{1}{\ddot{U}e} + \frac{1}{Tw}\right)\cdot\left(\frac{I2}{\ddot{U}i\cdot 2} + \frac{I2}{L2 + Tf}\right)}{\frac{1}{\ddot{U}e} + \frac{1}{Tw} + \frac{1}{\ddot{U}i} + \frac{1}{L2 + Tf}} - Toi1\right]\cdot D_2$$

$Toi2 = 26.65$

12.00-16.00

$t3 := 16$

$$Toi3 := Toi2 + \left[Te3 + \frac{\left(\frac{Sf3}{\ddot{U}e} + \frac{Sf3}{Tw} + \frac{Sw3 + Sd3}{\ddot{U}e}\right)\cdot\left(\frac{1}{L3 + Tf} + \frac{1}{\ddot{U}i}\right)}{\frac{1}{\ddot{U}e} + \frac{1}{Tw} + \frac{1}{\ddot{U}i} + \frac{1}{L3 + Tf}} + \frac{\left(\frac{1}{\ddot{U}e} + \frac{1}{Tw}\right)\cdot\left(\frac{I3}{\ddot{U}i\cdot 2} + \frac{I3}{L3 + Tf}\right)}{\frac{1}{\ddot{U}e} + \frac{1}{Tw} + \frac{1}{\ddot{U}i} + \frac{1}{L3 + Tf}} - Toi2\right]\cdot D_3$$

$Toi3 = 28.29$

16.00-20.00

$t4 := 20$

$$Toi4 := Toi3 + \left[Te4 + \frac{\left(\frac{Sf4}{\ddot{U}e} + \frac{Sf4}{Tw} + \frac{Sw4 + Sd4}{\ddot{U}e}\right)\cdot\left(\frac{1}{L4 + Tf} + \frac{1}{\ddot{U}i}\right)}{\frac{1}{\ddot{U}e} + \frac{1}{Tw} + \frac{1}{\ddot{U}i} + \frac{1}{L4 + Tf}} + \frac{\left(\frac{1}{\ddot{U}e} + \frac{1}{Tw}\right)\cdot\left(\frac{I4}{\ddot{U}i\cdot 2} + \frac{I4}{L4 + Tf}\right)}{\frac{1}{\ddot{U}e} + \frac{1}{Tw} + \frac{1}{\ddot{U}i} + \frac{1}{L4 + Tf}} - Toi3\right]\cdot D_4$$

$Toi4 = 29.37$

20.00-24.00

$t5 := 24$

$$Toi5 := Toi4 + \left[Te5 + \frac{\left(\frac{Sf5}{\ddot{U}e} + \frac{Sf5}{Tw} + \frac{Sw5 + Sd5}{\ddot{U}e}\right)\cdot\left(\frac{1}{L5 + Tf} + \frac{1}{\ddot{U}i}\right)}{\frac{1}{\ddot{U}e} + \frac{1}{Tw} + \frac{1}{\ddot{U}i} + \frac{1}{L5 + Tf}} + \frac{\left(\frac{1}{\ddot{U}e} + \frac{1}{Tw}\right)\cdot\left(\frac{I5}{\ddot{U}i\cdot 2} + \frac{I5}{L5 + Tf}\right)}{\frac{1}{\ddot{U}e} + \frac{1}{Tw} + \frac{1}{\ddot{U}i} + \frac{1}{L5 + Tf}} - Toi4\right]\cdot D_5$$

$Toi5 = 27.94$

00.00-04.00

$t6 := 4$

$$Toi6 := Toi5 + \left[Te6 + \frac{\left(\frac{Sf6}{\ddot{U}e} + \frac{Sf6}{Tw} + \frac{Sw6 + Sd6}{\ddot{U}e}\right)\cdot\left(\frac{1}{L6 + Tf} + \frac{1}{\ddot{U}i}\right)}{\frac{1}{\ddot{U}e} + \frac{1}{Tw} + \frac{1}{\ddot{U}i} + \frac{1}{L6 + Tf}} + \frac{\left(\frac{1}{\ddot{U}e} + \frac{1}{Tw}\right)\cdot\left(\frac{I6}{\ddot{U}i\cdot 2} + \frac{I6}{L6 + Tf}\right)}{\frac{1}{\ddot{U}e} + \frac{1}{Tw} + \frac{1}{\ddot{U}i} + \frac{1}{L6 + Tf}} - Toi5\right]\cdot D_6$$

$Toi6 = 26.18$

注意：Toi6 = Toi0 是由于处于波动状态

室内气温/°C **体感温度/°C**

04.00-08.00

$t1 := 8$

$$Ti1 := \frac{L1\cdot Te1 + \frac{I1}{2} + \ddot{U}i\cdot Toi1 + Tf\cdot Te1}{L1 + \ddot{U}i + Tf} \qquad Ti1 = 23.99$$

$Teff1 := Toi1\cdot 0.5 + Ti1\cdot 0.5$ $Teff1 = 24.83$

08.00-12.00

$t2 := 12$

$$Ti2 := \frac{L2\cdot Te2 + \frac{I2}{2} + \ddot{U}i\cdot Toi2 + Tf\cdot Te2}{L2 + \ddot{U}i + Tf} \qquad Ti2 = 26.71$$

$Teff2 := Toi2\cdot 0.5 + Ti2\cdot 0.5$ $Teff2 = 26.68$

12.00-16.00

$t3 := 16$

$$Ti3 := \frac{L3\cdot Te3 + \frac{I3}{2} + \ddot{U}i\cdot Toi3 + Tf\cdot Te3}{L3 + \ddot{U}i + Tf} \qquad Ti3 = 28.70$$

$Teff3 := Toi3\cdot 0.5 + Ti3\cdot 0.5$ $Teff3 = 30.28$

16.00-20.00

$t4 := 20$

$$Ti4 := \frac{L4\cdot Te4 + \frac{I4}{2} + \ddot{U}i\cdot Toi4 + Tf\cdot Te4}{L4 + \ddot{U}i + Tf} \qquad Ti4 = 29.38$$

$Teff4 := Toi4\cdot 0.5 + Ti4\cdot 0.5$ $Teff4 = 29.37$

20.00-24.00

$t5 := 24$

$$Ti5 := \frac{L5\cdot Te5 + \frac{I5}{2} + \ddot{U}i\cdot Toi5 + Tf\cdot Te5}{L5 + \ddot{U}i + Tf} \qquad Ti5 = 24.58$$

$Teff5 := Toi5\cdot 0.5 + Ti5\cdot 0.5$ $Teff5 = 26.26$

00.00-04.00

$t6 := 4$

$$Ti6 := \frac{L6\cdot Te6 + \frac{I6}{2} + \ddot{U}i\cdot Toi6 + Tf\cdot Te6}{L6 + \ddot{U}i + Tf} \qquad Ti6 = 22.52$$

$Teff6 := Toi6\cdot 0.5 + Ti6\cdot 0.5$ $Teff6 = 24.35$

结果汇总

每一时间段末端的体感温度/°C

04.00-08.00	08.00-12.00	12.00-16.00	16.00-20.00	20.00-24.00	00.00-04.00
Teff1 = 24.83	Teff2 = 26.68	Teff3 = 28.49	Teff4 = 29.37	Teff5 = 26.26	Teff6 = 24.35

体感温度日均值/°C

$$Teffm := \frac{Teff1 + Teff2 + Teff3 + Teff4 + Teff5 + Teff6}{6} \qquad Teffm = 26.67$$

下面，再次通过回归，得到由每一时间段末端体感温度计算值表示的温度变化过程的解析解（此处为正弦函数）。

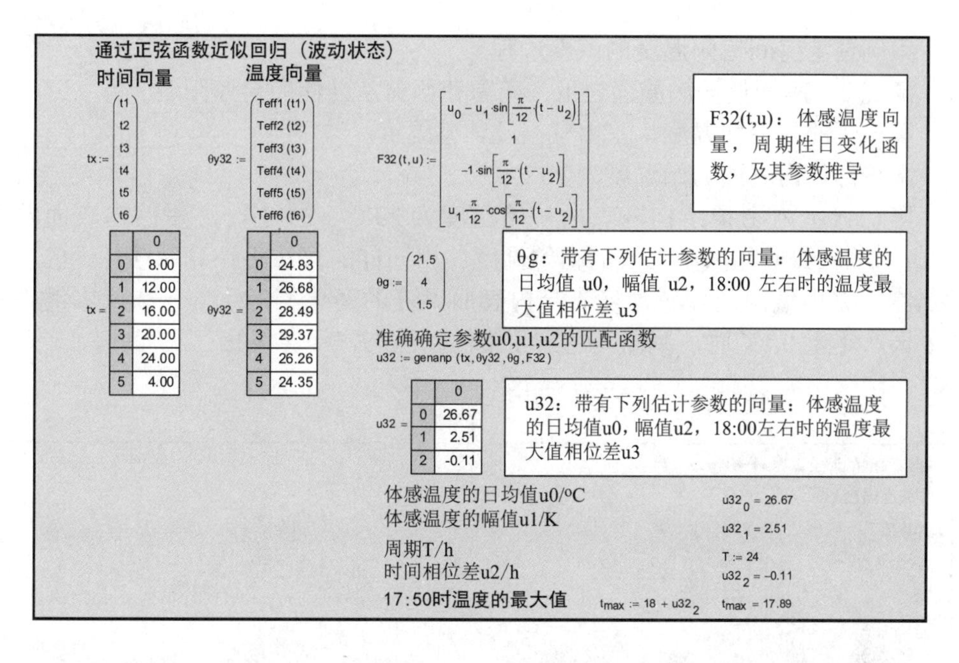

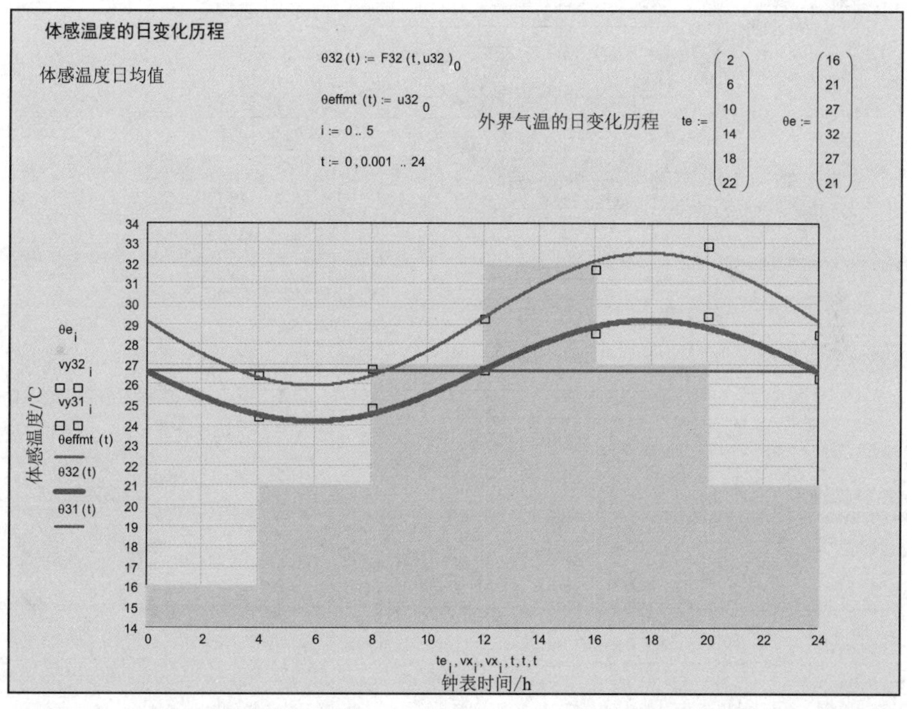

图 4.130 与热负荷情况 1（细线）和情况 2（粗线）所对应的体感温度日变化历程

如果平均气温为 26.7℃，波动幅值为 2.5K，则体感温度的平均值可近似达到 26℃的限值。体感温度由于最大范围的完全外遮阳（傍晚 17:50）会降低 2.5K，而在早晨 6:00 左右，由于通过窗户的入射辐射较高，相对于情况 1 会降低 2K。

案例住宅房间室内温度的调整过程

情况 2：房间位于热屋顶之下，南窗和西窗从外侧完全遮阳

第一天的内表面温度、室内气温及体感温度。

围护结构内表面初始温度为 20℃。

第一天室内围护结构内表面初始温度为 20℃。24 小时之后的内表面温度（此时为 23.2℃）作为第二天的初始温度。用同样的算法将计算后续各天的内表面温度、室内气温及体感温度。当内表面温度的变化相对于前一天（本例中为第 6 天）小于 0.1K 时，判断为达到正常波动状态，计算终止。

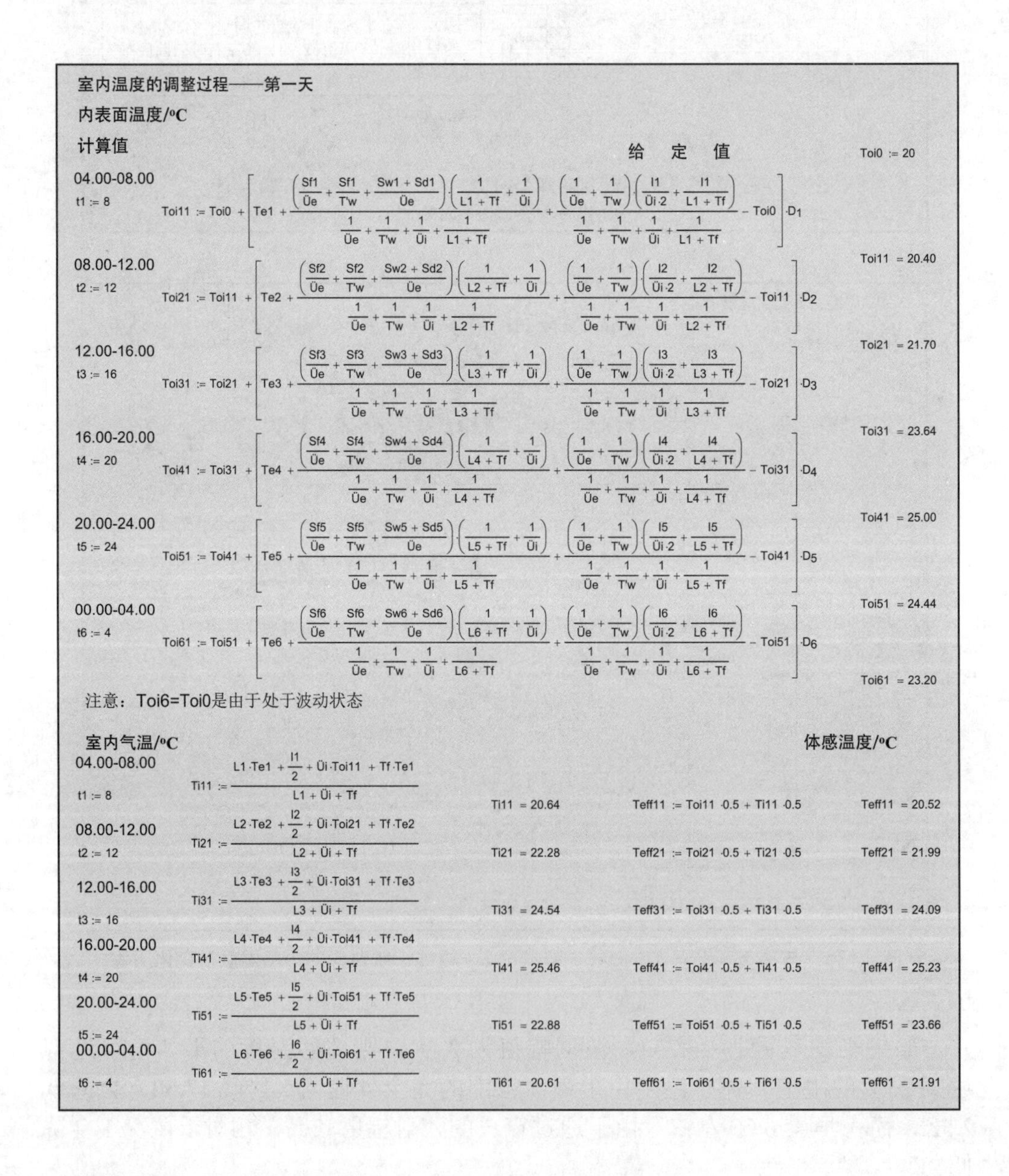

室内温度的调整过程——第一天

内表面温度/°C

计算值　　　　给　定　值　　　　$Toi0 := 20$

04.00-08.00　$t1 := 8$

$$Toi11 := Toi0 + \left[Te1 + \frac{\left(\frac{Sf1}{Üe} + \frac{Sf1}{T'w} + \frac{Sw1 + Sd1}{Üe}\right)\left(\frac{1}{L1 + Tf} + \frac{1}{Üi}\right)}{\frac{1}{Üe} + \frac{1}{T'w} + \frac{1}{Üi} + \frac{1}{L1 + Tf}} + \frac{\left(\frac{1}{Üe} + \frac{1}{T'w}\right)\left(\frac{I1}{Üi \cdot 2} + \frac{I1}{L1 + Tf}\right)}{\frac{1}{Üe} + \frac{1}{T'w} + \frac{1}{Üi} + \frac{1}{L1 + Tf}} - Toi0\right] \cdot D_1$$

$Toi11 = 20.40$

08.00-12.00　$t2 := 12$

$$Toi21 := Toi11 + \left[Te2 + \frac{\left(\frac{Sf2}{Üe} + \frac{Sf2}{T'w} + \frac{Sw2 + Sd2}{Üe}\right)\left(\frac{1}{L2 + Tf} + \frac{1}{Üi}\right)}{\frac{1}{Üe} + \frac{1}{T'w} + \frac{1}{Üi} + \frac{1}{L2 + Tf}} + \frac{\left(\frac{1}{Üe} + \frac{1}{T'w}\right)\left(\frac{I2}{Üi \cdot 2} + \frac{I2}{L2 + Tf}\right)}{\frac{1}{Üe} + \frac{1}{T'w} + \frac{1}{Üi} + \frac{1}{L2 + Tf}} - Toi11\right] \cdot D_2$$

$Toi21 = 21.70$

12.00-16.00　$t3 := 16$

$$Toi31 := Toi21 + \left[Te3 + \frac{\left(\frac{Sf3}{Üe} + \frac{Sf3}{T'w} + \frac{Sw3 + Sd3}{Üe}\right)\left(\frac{1}{L3 + Tf} + \frac{1}{Üi}\right)}{\frac{1}{Üe} + \frac{1}{T'w} + \frac{1}{Üi} + \frac{1}{L3 + Tf}} + \frac{\left(\frac{1}{Üe} + \frac{1}{T'w}\right)\left(\frac{I3}{Üi \cdot 2} + \frac{I3}{L3 + Tf}\right)}{\frac{1}{Üe} + \frac{1}{T'w} + \frac{1}{Üi} + \frac{1}{L3 + Tf}} - Toi21\right] \cdot D_3$$

$Toi31 = 23.64$

16.00-20.00　$t4 := 20$

$$Toi41 := Toi31 + \left[Te4 + \frac{\left(\frac{Sf4}{Üe} + \frac{Sf4}{T'w} + \frac{Sw4 + Sd4}{Üe}\right)\left(\frac{1}{L4 + Tf} + \frac{1}{Üi}\right)}{\frac{1}{Üe} + \frac{1}{T'w} + \frac{1}{Üi} + \frac{1}{L4 + Tf}} + \frac{\left(\frac{1}{Üe} + \frac{1}{T'w}\right)\left(\frac{I4}{Üi \cdot 2} + \frac{I4}{L4 + Tf}\right)}{\frac{1}{Üe} + \frac{1}{T'w} + \frac{1}{Üi} + \frac{1}{L4 + Tf}} - Toi31\right] \cdot D_4$$

$Toi41 = 25.00$

20.00-24.00　$t5 := 24$

$$Toi51 := Toi41 + \left[Te5 + \frac{\left(\frac{Sf5}{Üe} + \frac{Sf5}{T'w} + \frac{Sw5 + Sd5}{Üe}\right)\left(\frac{1}{L5 + Tf} + \frac{1}{Üi}\right)}{\frac{1}{Üe} + \frac{1}{T'w} + \frac{1}{Üi} + \frac{1}{L5 + Tf}} + \frac{\left(\frac{1}{Üe} + \frac{1}{T'w}\right)\left(\frac{I5}{Üi \cdot 2} + \frac{I5}{L5 + Tf}\right)}{\frac{1}{Üe} + \frac{1}{T'w} + \frac{1}{Üi} + \frac{1}{L5 + Tf}} - Toi41\right] \cdot D_5$$

$Toi51 = 24.44$

00.00-04.00　$t6 := 4$

$$Toi61 := Toi51 + \left[Te6 + \frac{\left(\frac{Sf6}{Üe} + \frac{Sf6}{T'w} + \frac{Sw6 + Sd6}{Üe}\right)\left(\frac{1}{L6 + Tf} + \frac{1}{Üi}\right)}{\frac{1}{Üe} + \frac{1}{T'w} + \frac{1}{Üi} + \frac{1}{L6 + Tf}} + \frac{\left(\frac{1}{Üe} + \frac{1}{T'w}\right)\left(\frac{I6}{Üi \cdot 2} + \frac{I6}{L6 + Tf}\right)}{\frac{1}{Üe} + \frac{1}{T'w} + \frac{1}{Üi} + \frac{1}{L6 + Tf}} - Toi51\right] \cdot D_6$$

$Toi61 = 23.20$

注意：Toi6=Toi0是由于处于波动状态

室内气温/°C　　　　体感温度/°C

04.00-08.00　$t1 := 8$

$$Ti11 := \frac{L1 \cdot Te1 + \frac{I1}{2} + Üi \cdot Toi11 + Tf \cdot Te1}{L1 + Üi + Tf}$$

$Ti11 = 20.64$　　$Teff11 := Toi11 \cdot 0.5 + Ti11 \cdot 0.5$　　$Teff11 = 20.52$

08.00-12.00　$t2 := 12$

$$Ti21 := \frac{L2 \cdot Te2 + \frac{I2}{2} + Üi \cdot Toi21 + Tf \cdot Te2}{L2 + Üi + Tf}$$

$Ti21 = 22.28$　　$Teff21 := Toi21 \cdot 0.5 + Ti21 \cdot 0.5$　　$Teff21 = 21.99$

12.00-16.00　$t3 := 16$

$$Ti31 := \frac{L3 \cdot Te3 + \frac{I3}{2} + Üi \cdot Toi31 + Tf \cdot Te3}{L3 + Üi + Tf}$$

$Ti31 = 24.54$　　$Teff31 := Toi31 \cdot 0.5 + Ti31 \cdot 0.5$　　$Teff31 = 24.09$

16.00-20.00　$t4 := 20$

$$Ti41 := \frac{L4 \cdot Te4 + \frac{I4}{2} + Üi \cdot Toi41 + Tf \cdot Te4}{L4 + Üi + Tf}$$

$Ti41 = 25.46$　　$Teff41 := Toi41 \cdot 0.5 + Ti41 \cdot 0.5$　　$Teff41 = 25.23$

20.00-24.00　$t5 := 24$

$$Ti51 := \frac{L5 \cdot Te5 + \frac{I5}{2} + Üi \cdot Toi51 + Tf \cdot Te5}{L5 + Üi + Tf}$$

$Ti51 = 22.88$　　$Teff51 := Toi51 \cdot 0.5 + Ti51 \cdot 0.5$　　$Teff51 = 23.66$

00.00-04.00　$t6 := 4$

$$Ti61 := \frac{L6 \cdot Te6 + \frac{I6}{2} + Üi \cdot Toi61 + Tf \cdot Te6}{L6 + Üi + Tf}$$

$Ti61 = 20.61$　　$Teff61 := Toi61 \cdot 0.5 + Ti61 \cdot 0.5$　　$Teff61 = 21.91$

对于第二天至第五天仅给出室内围护结构内表面平均温度的计算值。

室内温度的调整过程——第二天

内表面温度/°C

计算值

给 定 值

$\mathrm{Toi02} := \mathrm{Toi61}$

04.00-08.00

$t1 := 8$

$$\mathrm{Toi12} := \mathrm{Toi02} + \left[\mathrm{Te1} + \frac{\left(\frac{\mathrm{Sf1}}{\text{Üe}} + \frac{\mathrm{Sf1}}{\mathrm{T'w}} + \frac{\mathrm{Sw1}+\mathrm{Sd1}}{\text{Üe}}\right)\left(\frac{1}{\mathrm{L1}+\mathrm{Tf}} + \frac{1}{\text{Üi}}\right)}{\frac{1}{\text{Üe}} + \frac{1}{\mathrm{T'w}} + \frac{1}{\text{Üi}} + \frac{1}{\mathrm{L1}+\mathrm{Tf}}} + \frac{\left(\frac{1}{\text{Üe}} + \frac{1}{\mathrm{T'w}}\right)\left(\frac{\mathrm{I1}}{\text{Üi}\cdot 2} + \frac{\mathrm{I1}}{\mathrm{L1}+\mathrm{Tf}}\right)}{\frac{1}{\text{Üe}} + \frac{1}{\mathrm{T'w}} + \frac{1}{\text{Üi}} + \frac{1}{\mathrm{L1}+\mathrm{Tf}}} - \mathrm{Toi02}\right]\cdot D_1$$

$\mathrm{Toi12} = 23.13$

08.00-12.00

$t2 := 12$

$$\mathrm{Toi22} := \mathrm{Toi12} + \left[\mathrm{Te2} + \frac{\left(\frac{\mathrm{Sf2}}{\text{Üe}} + \frac{\mathrm{Sf2}}{\mathrm{T'w}} + \frac{\mathrm{Sw2}+\mathrm{Sd2}}{\text{Üe}}\right)\left(\frac{1}{\mathrm{L2}+\mathrm{Tf}} + \frac{1}{\text{Üi}}\right)}{\frac{1}{\text{Üe}} + \frac{1}{\mathrm{T'w}} + \frac{1}{\text{Üi}} + \frac{1}{\mathrm{L2}+\mathrm{Tf}}} + \frac{\left(\frac{1}{\text{Üe}} + \frac{1}{\mathrm{T'w}}\right)\left(\frac{\mathrm{I2}}{\text{Üi}\cdot 2} + \frac{\mathrm{I2}}{\mathrm{L2}+\mathrm{Tf}}\right)}{\frac{1}{\text{Üe}} + \frac{1}{\mathrm{T'w}} + \frac{1}{\text{Üi}} + \frac{1}{\mathrm{L2}+\mathrm{Tf}}} - \mathrm{Toi12}\right]\cdot D_2$$

$\mathrm{Toi22} = 24.26$

12.00-16.00

$t3 := 16$

$$\mathrm{Toi32} := \mathrm{Toi22} + \left[\mathrm{Te3} + \frac{\left(\frac{\mathrm{Sf3}}{\text{Üe}} + \frac{\mathrm{Sf3}}{\mathrm{T'w}} + \frac{\mathrm{Sw3}+\mathrm{Sd3}}{\text{Üe}}\right)\left(\frac{1}{\mathrm{L3}+\mathrm{Tf}} + \frac{1}{\text{Üi}}\right)}{\frac{1}{\text{Üe}} + \frac{1}{\mathrm{T'w}} + \frac{1}{\text{Üi}} + \frac{1}{\mathrm{L3}+\mathrm{Tf}}} + \frac{\left(\frac{1}{\text{Üe}} + \frac{1}{\mathrm{T'w}}\right)\left(\frac{\mathrm{I3}}{\text{Üi}\cdot 2} + \frac{\mathrm{I3}}{\mathrm{L3}+\mathrm{Tf}}\right)}{\frac{1}{\text{Üe}} + \frac{1}{\mathrm{T'w}} + \frac{1}{\text{Üi}} + \frac{1}{\mathrm{L3}+\mathrm{Tf}}} - \mathrm{Toi22}\right]\cdot D_3$$

$\mathrm{Toi32} = 26.05$

16.00-20.00

$t4 := 20$

$$\mathrm{Toi42} := \mathrm{Toi32} + \left[\mathrm{Te4} + \frac{\left(\frac{\mathrm{Sf4}}{\text{Üe}} + \frac{\mathrm{Sf4}}{\mathrm{T'w}} + \frac{\mathrm{Sw4}+\mathrm{Sd4}}{\text{Üe}}\right)\left(\frac{1}{\mathrm{L4}+\mathrm{Tf}} + \frac{1}{\text{Üi}}\right)}{\frac{1}{\text{Üe}} + \frac{1}{\mathrm{T'w}} + \frac{1}{\text{Üi}} + \frac{1}{\mathrm{L4}+\mathrm{Tf}}} + \frac{\left(\frac{1}{\text{Üe}} + \frac{1}{\mathrm{T'w}}\right)\left(\frac{\mathrm{I4}}{\text{Üi}\cdot 2} + \frac{\mathrm{I4}}{\mathrm{L4}+\mathrm{Tf}}\right)}{\frac{1}{\text{Üe}} + \frac{1}{\mathrm{T'w}} + \frac{1}{\text{Üi}} + \frac{1}{\mathrm{L4}+\mathrm{Tf}}} - \mathrm{Toi32}\right]\cdot D_4$$

$\mathrm{Toi42} = 27.27$

20.00-24.00

$t5 := 24$

$$\mathrm{Toi52} := \mathrm{Toi42} + \left[\mathrm{Te5} + \frac{\left(\frac{\mathrm{Sf5}}{\text{Üe}} + \frac{\mathrm{Sf5}}{\mathrm{T'w}} + \frac{\mathrm{Sw5}+\mathrm{Sd5}}{\text{Üe}}\right)\left(\frac{1}{\mathrm{L5}+\mathrm{Tf}} + \frac{1}{\text{Üi}}\right)}{\frac{1}{\text{Üe}} + \frac{1}{\mathrm{T'w}} + \frac{1}{\text{Üi}} + \frac{1}{\mathrm{L5}+\mathrm{Tf}}} + \frac{\left(\frac{1}{\text{Üe}} + \frac{1}{\mathrm{T'w}}\right)\left(\frac{\mathrm{I5}}{\text{Üi}\cdot 2} + \frac{\mathrm{I5}}{\mathrm{L5}+\mathrm{Tf}}\right)}{\frac{1}{\text{Üe}} + \frac{1}{\mathrm{T'w}} + \frac{1}{\text{Üi}} + \frac{1}{\mathrm{L5}+\mathrm{Tf}}} - \mathrm{Toi42}\right]\cdot D_5$$

$\mathrm{Toi52} = 26.26$

00.00-04.00

$t6 := 4$

$$\mathrm{Toi62} := \mathrm{Toi52} + \left[\mathrm{Te6} + \frac{\left(\frac{\mathrm{Sf6}}{\text{Üe}} + \frac{\mathrm{Sf6}}{\mathrm{T'w}} + \frac{\mathrm{Sw6}+\mathrm{Sd6}}{\text{Üe}}\right)\left(\frac{1}{\mathrm{L6}+\mathrm{Tf}} + \frac{1}{\text{Üi}}\right)}{\frac{1}{\text{Üe}} + \frac{1}{\mathrm{T'w}} + \frac{1}{\text{Üi}} + \frac{1}{\mathrm{L6}+\mathrm{Tf}}} + \frac{\left(\frac{1}{\text{Üe}} + \frac{1}{\mathrm{T'w}}\right)\left(\frac{\mathrm{I6}}{\text{Üi}\cdot 2} + \frac{\mathrm{I6}}{\mathrm{L6}+\mathrm{Tf}}\right)}{\frac{1}{\text{Üe}} + \frac{1}{\mathrm{T'w}} + \frac{1}{\text{Üi}} + \frac{1}{\mathrm{L6}+\mathrm{Tf}}} - \mathrm{Toi52}\right]\cdot D_6$$

$\mathrm{Toi62} = 24.74$

注意：Toi6=Toi0是由于处于波动状态

室内温度的调整过程——第三天

内表面温度/°C

计算值

给 定 值

$\mathrm{Toi03} := \mathrm{Toi62}$

04.00-08.00

$t1 := 8$

$$\mathrm{Toi13} := \mathrm{Toi03} + \left[\mathrm{Te1} + \frac{\left(\frac{\mathrm{Sf1}}{\text{Üe}} + \frac{\mathrm{Sf1}}{\mathrm{T'w}} + \frac{\mathrm{Sw1}+\mathrm{Sd1}}{\text{Üe}}\right)\left(\frac{1}{\mathrm{L1}+\mathrm{Tf}} + \frac{1}{\text{Üi}}\right)}{\frac{1}{\text{Üe}} + \frac{1}{\mathrm{T'w}} + \frac{1}{\text{Üi}} + \frac{1}{\mathrm{L1}+\mathrm{Tf}}} + \frac{\left(\frac{1}{\text{Üe}} + \frac{1}{\mathrm{T'w}}\right)\left(\frac{\mathrm{I1}}{\text{Üi}\cdot 2} + \frac{\mathrm{I1}}{\mathrm{L1}+\mathrm{Tf}}\right)}{\frac{1}{\text{Üe}} + \frac{1}{\mathrm{T'w}} + \frac{1}{\text{Üi}} + \frac{1}{\mathrm{L1}+\mathrm{Tf}}} - \mathrm{Toi03}\right]\cdot D_1$$

$\mathrm{Toi13} = 24.44$

08.00-12.00

$t2 := 12$

$$\mathrm{Toi23} := \mathrm{Toi13} + \left[\mathrm{Te2} + \frac{\left(\frac{\mathrm{Sf2}}{\text{Üe}} + \frac{\mathrm{Sf2}}{\mathrm{T'w}} + \frac{\mathrm{Sw2}+\mathrm{Sd2}}{\text{Üe}}\right)\left(\frac{1}{\mathrm{L2}+\mathrm{Tf}} + \frac{1}{\text{Üi}}\right)}{\frac{1}{\text{Üe}} + \frac{1}{\mathrm{T'w}} + \frac{1}{\text{Üi}} + \frac{1}{\mathrm{L2}+\mathrm{Tf}}} + \frac{\left(\frac{1}{\text{Üe}} + \frac{1}{\mathrm{T'w}}\right)\left(\frac{\mathrm{I2}}{\text{Üi}\cdot 2} + \frac{\mathrm{I2}}{\mathrm{L2}+\mathrm{Tf}}\right)}{\frac{1}{\text{Üe}} + \frac{1}{\mathrm{T'w}} + \frac{1}{\text{Üi}} + \frac{1}{\mathrm{L2}+\mathrm{Tf}}} - \mathrm{Toi13}\right]\cdot D_2$$

$\mathrm{Toi23} = 25.50$

12.00-16.00

$t3 := 16$

$$\mathrm{Toi33} := \mathrm{Toi23} + \left[\mathrm{Te3} + \frac{\left(\frac{\mathrm{Sf3}}{\text{Üe}} + \frac{\mathrm{Sf3}}{\mathrm{T'w}} + \frac{\mathrm{Sw3}+\mathrm{Sd3}}{\text{Üe}}\right)\left(\frac{1}{\mathrm{L3}+\mathrm{Tf}} + \frac{1}{\text{Üi}}\right)}{\frac{1}{\text{Üe}} + \frac{1}{\mathrm{T'w}} + \frac{1}{\text{Üi}} + \frac{1}{\mathrm{L3}+\mathrm{Tf}}} + \frac{\left(\frac{1}{\text{Üe}} + \frac{1}{\mathrm{T'w}}\right)\left(\frac{\mathrm{I3}}{\text{Üi}\cdot 2} + \frac{\mathrm{I3}}{\mathrm{L3}+\mathrm{Tf}}\right)}{\frac{1}{\text{Üe}} + \frac{1}{\mathrm{T'w}} + \frac{1}{\text{Üi}} + \frac{1}{\mathrm{L3}+\mathrm{Tf}}} - \mathrm{Toi23}\right]\cdot D_3$$

$\mathrm{Toi33} = 27.21$

16.00-20.00

$t4 := 20$

$$\mathrm{Toi43} := \mathrm{Toi33} + \left[\mathrm{Te4} + \frac{\left(\frac{\mathrm{Sf4}}{\text{Üe}} + \frac{\mathrm{Sf4}}{\mathrm{T'w}} + \frac{\mathrm{Sw4}+\mathrm{Sd4}}{\text{Üe}}\right)\left(\frac{1}{\mathrm{L4}+\mathrm{Tf}} + \frac{1}{\text{Üi}}\right)}{\frac{1}{\text{Üe}} + \frac{1}{\mathrm{T'w}} + \frac{1}{\text{Üi}} + \frac{1}{\mathrm{L4}+\mathrm{Tf}}} + \frac{\left(\frac{1}{\text{Üe}} + \frac{1}{\mathrm{T'w}}\right)\left(\frac{\mathrm{I4}}{\text{Üi}\cdot 2} + \frac{\mathrm{I4}}{\mathrm{L4}+\mathrm{Tf}}\right)}{\frac{1}{\text{Üe}} + \frac{1}{\mathrm{T'w}} + \frac{1}{\text{Üi}} + \frac{1}{\mathrm{L4}+\mathrm{Tf}}} - \mathrm{Toi33}\right]\cdot D_4$$

$\mathrm{Toi43} = 28.36$

20.00-24.00

$t5 := 24$

$$\mathrm{Toi53} := \mathrm{Toi43} + \left[\mathrm{Te5} + \frac{\left(\frac{\mathrm{Sf5}}{\text{Üe}} + \frac{\mathrm{Sf5}}{\mathrm{T'w}} + \frac{\mathrm{Sw5}+\mathrm{Sd5}}{\text{Üe}}\right)\left(\frac{1}{\mathrm{L5}+\mathrm{Tf}} + \frac{1}{\text{Üi}}\right)}{\frac{1}{\text{Üe}} + \frac{1}{\mathrm{T'w}} + \frac{1}{\text{Üi}} + \frac{1}{\mathrm{L5}+\mathrm{Tf}}} + \frac{\left(\frac{1}{\text{Üe}} + \frac{1}{\mathrm{T'w}}\right)\left(\frac{\mathrm{I5}}{\text{Üi}\cdot 2} + \frac{\mathrm{I5}}{\mathrm{L5}+\mathrm{Tf}}\right)}{\frac{1}{\text{Üe}} + \frac{1}{\mathrm{T'w}} + \frac{1}{\text{Üi}} + \frac{1}{\mathrm{L5}+\mathrm{Tf}}} - \mathrm{Toi43}\right]\cdot D_5$$

$\mathrm{Toi53} = 27.13$

00.00-04.00

$t6 := 4$

$$\mathrm{Toi63} := \mathrm{Toi53} + \left[\mathrm{Te6} + \frac{\left(\frac{\mathrm{Sf6}}{\text{Üe}} + \frac{\mathrm{Sf6}}{\mathrm{T'w}} + \frac{\mathrm{Sw6}+\mathrm{Sd6}}{\text{Üe}}\right)\left(\frac{1}{\mathrm{L6}+\mathrm{Tf}} + \frac{1}{\text{Üi}}\right)}{\frac{1}{\text{Üe}} + \frac{1}{\mathrm{T'w}} + \frac{1}{\text{Üi}} + \frac{1}{\mathrm{L6}+\mathrm{Tf}}} + \frac{\left(\frac{1}{\text{Üe}} + \frac{1}{\mathrm{T'w}}\right)\left(\frac{\mathrm{I6}}{\text{Üi}\cdot 2} + \frac{\mathrm{I6}}{\mathrm{L6}+\mathrm{Tf}}\right)}{\frac{1}{\text{Üe}} + \frac{1}{\mathrm{T'w}} + \frac{1}{\text{Üi}} + \frac{1}{\mathrm{L6}+\mathrm{Tf}}} - \mathrm{Toi53}\right]\cdot D_6$$

$\mathrm{Toi63} = 25.49$

注意：Toi6=Toi0是由于处于波动状态

室内温度的调整过程——第四天

内表面温度/°C

计算值　　　　给　定　值

$Toi04 := Toi63$

04.00-08.00

$t1 := 8$

$$Toi14 := Toi04 + \left[Te1 + \frac{\left(\frac{Sf1}{\ddot{U}e} + \frac{Sf1}{T'w} + \frac{Sw1 + Sd1}{\ddot{U}e}\right)\cdot\left(\frac{1}{L1 + Tf} + \frac{1}{\ddot{U}i}\right)}{\frac{1}{\ddot{U}e} + \frac{1}{T'w} + \frac{1}{\ddot{U}i} + \frac{1}{L1 + Tf}} + \frac{\left(\frac{1}{\ddot{U}e} + \frac{1}{T'w}\right)\cdot\left(\frac{I1}{\ddot{U}i\cdot 2} + \frac{I1}{L1 + Tf}\right)}{\frac{1}{\ddot{U}e} + \frac{1}{T'w} + \frac{1}{\ddot{U}i} + \frac{1}{L1 + Tf}} - Toi04\right]\cdot D_1$$

$Toi14 = 25.08$

08.00-12.00

$t2 := 12$

$$Toi24 := Toi14 + \left[Te2 + \frac{\left(\frac{Sf2}{\ddot{U}e} + \frac{Sf2}{T'w} + \frac{Sw2 + Sd2}{\ddot{U}e}\right)\cdot\left(\frac{1}{L2 + Tf} + \frac{1}{\ddot{U}i}\right)}{\frac{1}{\ddot{U}e} + \frac{1}{T'w} + \frac{1}{\ddot{U}i} + \frac{1}{L2 + Tf}} + \frac{\left(\frac{1}{\ddot{U}e} + \frac{1}{T'w}\right)\cdot\left(\frac{I2}{\ddot{U}i\cdot 2} + \frac{I2}{L2 + Tf}\right)}{\frac{1}{\ddot{U}e} + \frac{1}{T'w} + \frac{1}{\ddot{U}i} + \frac{1}{L2 + Tf}} - Toi14\right]\cdot D_2$$

$Toi24 = 26.10$

12.00-16.00

$t3 := 16$

$$Toi34 := Toi24 + \left[Te3 + \frac{\left(\frac{Sf3}{\ddot{U}e} + \frac{Sf3}{T'w} + \frac{Sw3 + Sd3}{\ddot{U}e}\right)\cdot\left(\frac{1}{L3 + Tf} + \frac{1}{\ddot{U}i}\right)}{\frac{1}{\ddot{U}e} + \frac{1}{T'w} + \frac{1}{\ddot{U}i} + \frac{1}{L3 + Tf}} + \frac{\left(\frac{1}{\ddot{U}e} + \frac{1}{T'w}\right)\cdot\left(\frac{I3}{\ddot{U}i\cdot 2} + \frac{I3}{L3 + Tf}\right)}{\frac{1}{\ddot{U}e} + \frac{1}{T'w} + \frac{1}{\ddot{U}i} + \frac{1}{L3 + Tf}} - Toi24\right]\cdot D_3$$

$Toi34 = 27.77$

16.00-20.00

$t4 := 20$

$$Toi44 := Toi34 + \left[Te4 + \frac{\left(\frac{Sf4}{\ddot{U}e} + \frac{Sf4}{T'w} + \frac{Sw4 + Sd4}{\ddot{U}e}\right)\cdot\left(\frac{1}{L4 + Tf} + \frac{1}{\ddot{U}i}\right)}{\frac{1}{\ddot{U}e} + \frac{1}{T'w} + \frac{1}{\ddot{U}i} + \frac{1}{L4 + Tf}} + \frac{\left(\frac{1}{\ddot{U}e} + \frac{1}{T'w}\right)\cdot\left(\frac{I4}{\ddot{U}i\cdot 2} + \frac{I4}{L4 + Tf}\right)}{\frac{1}{\ddot{U}e} + \frac{1}{T'w} + \frac{1}{\ddot{U}i} + \frac{1}{L4 + Tf}} - Toi34\right]\cdot D_4$$

$Toi44 = 28.88$

20.00-24.00

$t5 := 24$

$$Toi54 := Toi44 + \left[Te5 + \frac{\left(\frac{Sf5}{\ddot{U}e} + \frac{Sf5}{T'w} + \frac{Sw5 + Sd5}{\ddot{U}e}\right)\cdot\left(\frac{1}{L5 + Tf} + \frac{1}{\ddot{U}i}\right)}{\frac{1}{\ddot{U}e} + \frac{1}{T'w} + \frac{1}{\ddot{U}i} + \frac{1}{L5 + Tf}} + \frac{\left(\frac{1}{\ddot{U}e} + \frac{1}{T'w}\right)\cdot\left(\frac{I5}{\ddot{U}i\cdot 2} + \frac{I5}{L5 + Tf}\right)}{\frac{1}{\ddot{U}e} + \frac{1}{T'w} + \frac{1}{\ddot{U}i} + \frac{1}{L5 + Tf}} - Toi44\right]\cdot D_5$$

$Toi54 = 27.55$

00.00-04.00

$t6 := 4$

$$Toi64 := Toi54 + \left[Te6 + \frac{\left(\frac{Sf6}{\ddot{U}e} + \frac{Sf6}{T'w} + \frac{Sw6 + Sd6}{\ddot{U}e}\right)\cdot\left(\frac{1}{L6 + Tf} + \frac{1}{\ddot{U}i}\right)}{\frac{1}{\ddot{U}e} + \frac{1}{T'w} + \frac{1}{\ddot{U}i} + \frac{1}{L6 + Tf}} + \frac{\left(\frac{1}{\ddot{U}e} + \frac{1}{T'w}\right)\cdot\left(\frac{I6}{\ddot{U}i\cdot 2} + \frac{I6}{L6 + Tf}\right)}{\frac{1}{\ddot{U}e} + \frac{1}{T'w} + \frac{1}{\ddot{U}i} + \frac{1}{L6 + Tf}} - Toi54\right]\cdot D_6$$

$Toi64 = 25.85$

注意：Toi6=Toi0是由于处于波动状态

室内温度的调整过程——第五天

内表面温度/°C

计算值　　　　给　定　值

$Toi05 := Toi64$

04.00-08.00

$t1 := 8$

$$Toi15 := Toi05 + \left[Te1 + \frac{\left(\frac{Sf1}{\ddot{U}e} + \frac{Sf1}{T'w} + \frac{Sw1 + Sd1}{\ddot{U}e}\right)\cdot\left(\frac{1}{L1 + Tf} + \frac{1}{\ddot{U}i}\right)}{\frac{1}{\ddot{U}e} + \frac{1}{T'w} + \frac{1}{\ddot{U}i} + \frac{1}{L1 + Tf}} + \frac{\left(\frac{1}{\ddot{U}e} + \frac{1}{T'w}\right)\cdot\left(\frac{I1}{\ddot{U}i\cdot 2} + \frac{I1}{L1 + Tf}\right)}{\frac{1}{\ddot{U}e} + \frac{1}{T'w} + \frac{1}{\ddot{U}i} + \frac{1}{L1 + Tf}} - Toi05\right]\cdot D_1$$

$Toi15 = 25.38$

08.00-12.00

$t2 := 12$

$$Toi25 := Toi15 + \left[Te2 + \frac{\left(\frac{Sf2}{\ddot{U}e} + \frac{Sf2}{T'w} + \frac{Sw2 + Sd2}{\ddot{U}e}\right)\cdot\left(\frac{1}{L2 + Tf} + \frac{1}{\ddot{U}i}\right)}{\frac{1}{\ddot{U}e} + \frac{1}{T'w} + \frac{1}{\ddot{U}i} + \frac{1}{L2 + Tf}} + \frac{\left(\frac{1}{\ddot{U}e} + \frac{1}{T'w}\right)\cdot\left(\frac{I2}{\ddot{U}i\cdot 2} + \frac{I2}{L2 + Tf}\right)}{\frac{1}{\ddot{U}e} + \frac{1}{T'w} + \frac{1}{\ddot{U}i} + \frac{1}{L2 + Tf}} - Toi15\right]\cdot D_2$$

$Toi25 = 26.38$

12.00-16.00

$t3 := 16$

$$Toi35 := Toi25 + \left[Te3 + \frac{\left(\frac{Sf3}{\ddot{U}e} + \frac{Sf3}{T'w} + \frac{Sw3 + Sd3}{\ddot{U}e}\right)\cdot\left(\frac{1}{L3 + Tf} + \frac{1}{\ddot{U}i}\right)}{\frac{1}{\ddot{U}e} + \frac{1}{T'w} + \frac{1}{\ddot{U}i} + \frac{1}{L3 + Tf}} + \frac{\left(\frac{1}{\ddot{U}e} + \frac{1}{T'w}\right)\cdot\left(\frac{I3}{\ddot{U}i\cdot 2} + \frac{I3}{L3 + Tf}\right)}{\frac{1}{\ddot{U}e} + \frac{1}{T'w} + \frac{1}{\ddot{U}i} + \frac{1}{L3 + Tf}} - Toi25\right]\cdot D_3$$

$Toi35 = 28.04$

16.00-20.00

$t4 := 20$

$$Toi45 := Toi35 + \left[Te4 + \frac{\left(\frac{Sf4}{\ddot{U}e} + \frac{Sf4}{T'w} + \frac{Sw4 + Sd4}{\ddot{U}e}\right)\cdot\left(\frac{1}{L4 + Tf} + \frac{1}{\ddot{U}i}\right)}{\frac{1}{\ddot{U}e} + \frac{1}{T'w} + \frac{1}{\ddot{U}i} + \frac{1}{L4 + Tf}} + \frac{\left(\frac{1}{\ddot{U}e} + \frac{1}{T'w}\right)\cdot\left(\frac{I4}{\ddot{U}i\cdot 2} + \frac{I4}{L4 + Tf}\right)}{\frac{1}{\ddot{U}e} + \frac{1}{T'w} + \frac{1}{\ddot{U}i} + \frac{1}{L4 + Tf}} - Toi35\right]\cdot D_4$$

$Toi45 = 29.14$

20.00-24.00

$t5 := 24$

$$Toi55 := Toi45 + \left[Te5 + \frac{\left(\frac{Sf5}{\ddot{U}e} + \frac{Sf5}{T'w} + \frac{Sw5 + Sd5}{\ddot{U}e}\right)\cdot\left(\frac{1}{L5 + Tf} + \frac{1}{\ddot{U}i}\right)}{\frac{1}{\ddot{U}e} + \frac{1}{T'w} + \frac{1}{\ddot{U}i} + \frac{1}{L5 + Tf}} + \frac{\left(\frac{1}{\ddot{U}e} + \frac{1}{T'w}\right)\cdot\left(\frac{I5}{\ddot{U}i\cdot 2} + \frac{I5}{L5 + Tf}\right)}{\frac{1}{\ddot{U}e} + \frac{1}{T'w} + \frac{1}{\ddot{U}i} + \frac{1}{L5 + Tf}} - Toi45\right]\cdot D_5$$

$Toi55 = 27.76$

00.00-04.00

$t6 := 4$

$$Toi65 := Toi55 + \left[Te6 + \frac{\left(\frac{Sf6}{\ddot{U}e} + \frac{Sf6}{T'w} + \frac{Sw6 + Sd6}{\ddot{U}e}\right)\cdot\left(\frac{1}{L6 + Tf} + \frac{1}{\ddot{U}i}\right)}{\frac{1}{\ddot{U}e} + \frac{1}{T'w} + \frac{1}{\ddot{U}i} + \frac{1}{L6 + Tf}} + \frac{\left(\frac{1}{\ddot{U}e} + \frac{1}{T'w}\right)\cdot\left(\frac{I6}{\ddot{U}i\cdot 2} + \frac{I6}{L6 + Tf}\right)}{\frac{1}{\ddot{U}e} + \frac{1}{T'w} + \frac{1}{\ddot{U}i} + \frac{1}{L6 + Tf}} - Toi55\right]\cdot D_6$$

$Toi65 = 26.02$

注意：Toi6=Toi0是由于处于波动状态

最后一张表针对情况 2：房间位于热屋顶之下，南窗和西窗从外侧完全遮阳。表中再次给出第六天的内表面温度、室内气温及体感温度的完整计算值。

室内温度的调整过程——第六天

内表面温度/°C

计算值 **给 定 值**

$Toi06 := Toi65$

04.00-08.00

$t1 := 8$

$$Toi16 := Toi06 + \left[Te1 + \frac{\left(\frac{Sf1}{Üe} + \frac{Sf1}{T'w} + \frac{Sw1 + Sd1}{Üe}\right)\left(\frac{1}{L1 + Tf} + \frac{1}{Üi}\right)}{\frac{1}{Üe} + \frac{1}{T'w} + \frac{1}{Üi} + \frac{1}{L1 + Tf}} + \frac{\left(\frac{1}{Üe} + \frac{1}{T'w}\right)\left(\frac{I1}{Üi \cdot 2} + \frac{I1}{L1 + Tf}\right)}{\frac{1}{Üe} + \frac{1}{T'w} + \frac{1}{Üi} + \frac{1}{L1 + Tf}} - Toi06 \right] \cdot D_1$$

$Toi16 = 25.53$

08.00-12.00

$t2 := 12$

$$Toi26 := Toi16 + \left[Te2 + \frac{\left(\frac{Sf2}{Üe} + \frac{Sf2}{T'w} + \frac{Sw2 + Sd2}{Üe}\right)\left(\frac{1}{L2 + Tf} + \frac{1}{Üi}\right)}{\frac{1}{Üe} + \frac{1}{T'w} + \frac{1}{Üi} + \frac{1}{L2 + Tf}} + \frac{\left(\frac{1}{Üe} + \frac{1}{T'w}\right)\left(\frac{I2}{Üi \cdot 2} + \frac{I2}{L2 + Tf}\right)}{\frac{1}{Üe} + \frac{1}{T'w} + \frac{1}{Üi} + \frac{1}{L2 + Tf}} - Toi16 \right] \cdot D_2$$

$Toi26 = 26.52$

12.00-16.00

$t3 := 16$

$$Toi36 := Toi26 + \left[Te3 + \frac{\left(\frac{Sf3}{Üe} + \frac{Sf3}{T'w} + \frac{Sw3 + Sd3}{Üe}\right)\left(\frac{1}{L3 + Tf} + \frac{1}{Üi}\right)}{\frac{1}{Üe} + \frac{1}{T'w} + \frac{1}{Üi} + \frac{1}{L3 + Tf}} + \frac{\left(\frac{1}{Üe} + \frac{1}{T'w}\right)\left(\frac{I3}{Üi \cdot 2} + \frac{I3}{L3 + Tf}\right)}{\frac{1}{Üe} + \frac{1}{T'w} + \frac{1}{Üi} + \frac{1}{L3 + Tf}} - Toi26 \right] \cdot D_3$$

$Toi36 = 28.17$

16.00-20.00

$t4 := 20$

$$Toi46 := Toi36 + \left[Te4 + \frac{\left(\frac{Sf4}{Üe} + \frac{Sf4}{T'w} + \frac{Sw4 + Sd4}{Üe}\right)\left(\frac{1}{L4 + Tf} + \frac{1}{Üi}\right)}{\frac{1}{Üe} + \frac{1}{T'w} + \frac{1}{Üi} + \frac{1}{L4 + Tf}} + \frac{\left(\frac{1}{Üe} + \frac{1}{T'w}\right)\left(\frac{I4}{Üi \cdot 2} + \frac{I4}{L4 + Tf}\right)}{\frac{1}{Üe} + \frac{1}{T'w} + \frac{1}{Üi} + \frac{1}{L4 + Tf}} - Toi36 \right] \cdot D_4$$

$Toi46 = 29.26$

20.00-24.00

$t5 := 24$

$$Toi56 := Toi46 + \left[Te5 + \frac{\left(\frac{Sf5}{Üe} + \frac{Sf5}{T'w} + \frac{Sw5 + Sd5}{Üe}\right)\left(\frac{1}{L5 + Tf} + \frac{1}{Üi}\right)}{\frac{1}{Üe} + \frac{1}{T'w} + \frac{1}{Üi} + \frac{1}{L5 + Tf}} + \frac{\left(\frac{1}{Üe} + \frac{1}{T'w}\right)\left(\frac{I5}{Üi \cdot 2} + \frac{I5}{L5 + Tf}\right)}{\frac{1}{Üe} + \frac{1}{T'w} + \frac{1}{Üi} + \frac{1}{L5 + Tf}} - Toi46 \right] \cdot D_5$$

$Toi56 = 27.86$

00.00-04.00

$t6 := 4$

$$Toi66 := Toi56 + \left[Te6 + \frac{\left(\frac{Sf6}{Üe} + \frac{Sf6}{T'w} + \frac{Sw6 + Sd6}{Üe}\right)\left(\frac{1}{L6 + Tf} + \frac{1}{Üi}\right)}{\frac{1}{Üe} + \frac{1}{T'w} + \frac{1}{Üi} + \frac{1}{L6 + Tf}} + \frac{\left(\frac{1}{Üe} + \frac{1}{T'w}\right)\left(\frac{I6}{Üi \cdot 2} + \frac{I6}{L6 + Tf}\right)}{\frac{1}{Üe} + \frac{1}{T'w} + \frac{1}{Üi} + \frac{1}{L6 + Tf}} - Toi56 \right] \cdot D_6$$

$Toi66 = 26.11$

注意：Toi6=Toi0是由于处于波动状态

室内气温/°C **体感温度/°C**

04.00-08.00

$t1 := 8$

$$Ti16 := \frac{L1 \cdot Te1 + \frac{I1}{2} + Üi \cdot Toi16 + Tf \cdot Te1}{L1 + Üi + Tf}$$

$Ti16 = 23.91$ $Teff16 := Toi16 \cdot 0.5 + Ti1 \cdot 0.5$ $Teff16 = 24.76$

08.00-12.00

$t2 := 12$

$$Ti26 := \frac{L2 \cdot Te2 + \frac{I2}{2} + Üi \cdot Toi26 + Tf \cdot Te2}{L2 + Üi + Tf}$$

$Ti26 = 26.60$ $Teff26 := Toi26 \cdot 0.5 + Ti2 \cdot 0.5$ $Teff26 = 26.62$

12.00-16.00

$t3 := 16$

$$Ti36 := \frac{L3 \cdot Te3 + \frac{I3}{2} + Üi \cdot Toi36 + Tf \cdot Te3}{L3 + Üi + Tf}$$

$Ti36 = 28.60$ $Teff36 := Toi36 \cdot 0.5 + Ti3 \cdot 0.5$ $Teff36 = 28.44$

16.00-20.00

$t4 := 20$

$$Ti46 := \frac{L4 \cdot Te4 + \frac{I4}{2} + Üi \cdot Toi46 + Tf \cdot Te4}{L4 + Üi + Tf}$$

$Ti46 = 29.28$ $Teff46 := Toi46 \cdot 0.5 + Ti4 \cdot 0.5$ $Teff46 = 29.32$

20.00-24.00

$t5 := 24$

$$Ti56 := \frac{L5 \cdot Te5 + \frac{I5}{2} + Üi \cdot Toi56 + Tf \cdot Te5}{L5 + Üi + Tf}$$

$Ti56 = 24.54$ $Teff56 := Toi56 \cdot 0.5 + Ti5 \cdot 0.5$ $Teff56 = 26.22$

00.00-04.00

$t6 := 4$

$$Ti66 := \frac{L6 \cdot Te6 + \frac{I6}{2} + Üi \cdot Toi66 + Tf \cdot Te6}{L6 + Üi + Tf}$$

$Ti66 = 22.47$ $Teff66 := Toi66 \cdot 0.5 + Ti6 \cdot 0.5$ $Teff66 = 24.31$

至此，通过回归得到了由体感温度计算值表示的温度变化过程的解析解（此处为正弦函数和指数函数的结合）。处于热极端条件下房间的平均体感温度在夏季晴热天气期间和 4.2.4 节中描述的室内气温一样，呈指数上升，且在情况 2（外侧完全遮阳）中，6 天之后达到 26.6℃（图 4.131）。而当起储热作用的构件质量高达 474kg/m^2（对应于 4.2.4 节中的 852kg/m^2）时，体感温度的波动幅值对应于给定的换气方式（图 4.146）仅为 2.5K。

体感温度——第一至第六天的调整过程

通过指数和正弦函数的近似回归

Tio0 := 20　　初始温度

$$F6(t,u) := \begin{bmatrix} (u_0 - Tio0)\cdot\left(1 - e^{-\frac{3}{u_1}\cdot t}\right) - u_2\cdot\sin\left[\frac{\pi}{12}\cdot(t - u_3)\right] + Tio0 \\ \left(1 - e^{-\frac{3}{u_1}\cdot t}\right) \\ (u_0 - Tio0)\frac{-3\cdot t}{(u_1)^2}\cdot e^{-\frac{3}{u_1}\cdot t} \\ -\sin\left[\frac{\pi}{12}\cdot(t - u_3)\right] \\ u_2\frac{\pi}{12}\cdot\cos\left[\frac{\pi}{12}\cdot(t - u_3)\right] \end{bmatrix}$$

F6(t,u)：体感温度向量，升温过程与日变化函数叠加，及其参数推导

tx :=

	时间向量	温度向量
0	8	20.55
1	12	22.05
2	16	24.12
3	20	25.22
4	24	23.65
5	28	21.90
6	32	22.77
7	36	24.47
8	40	26.39
9	44	27.35
10	48	24.99
11	52	23.16
12	56	23.85
13	60	25.64
14	64	27.48
15	68	28.38
16	72	25.64
17	76	23.77
18	80	24.36
19	84	26.20
20	88	28.01
21	92	28.88
22	96	25.95
23	100	24.06
24	104	24.61
25	108	26.47
26	112	28.27
27	116	29.12
28	120	26.10
29	124	24.20
30	128	24.78
31	132	26.67
32	136	28.45
33	140	29.29
34	144	26.20
35	148	24.30

$$\theta g := \begin{pmatrix} 26 \\ 100 \\ 3 \\ -1 \end{pmatrix}$$

θg：带有下列估计参数的向量：体感温度的日均值u0，幅值u2，18:00左右时的温度最大值相位差u3，以及长期调整时间u1

准确确定参数u0, u1, u2的匹配函数

u6 := genanp (tx, θy, θg, F6)

	0
0	26.62
1	92.46
2	2.31
3	-0.12

u6：带有下列估计参数的向量：体感温度的日均值u0，幅值u2，18:00左右时的温度最大值相位差u3，以及长期调整时间u1

体感温度的升温过程和日变化历程函数

$\theta 6(t) := F6(t, u6)_0$

平均体感温度的升温过程函数

$$\theta effm(t) := (u6_0 - Tio0)\cdot\left(1 - e^{-\frac{3}{u6_1}\cdot t}\right) + Tio0$$

t := 0, 0.01 .. 156

i := 0 .. 35

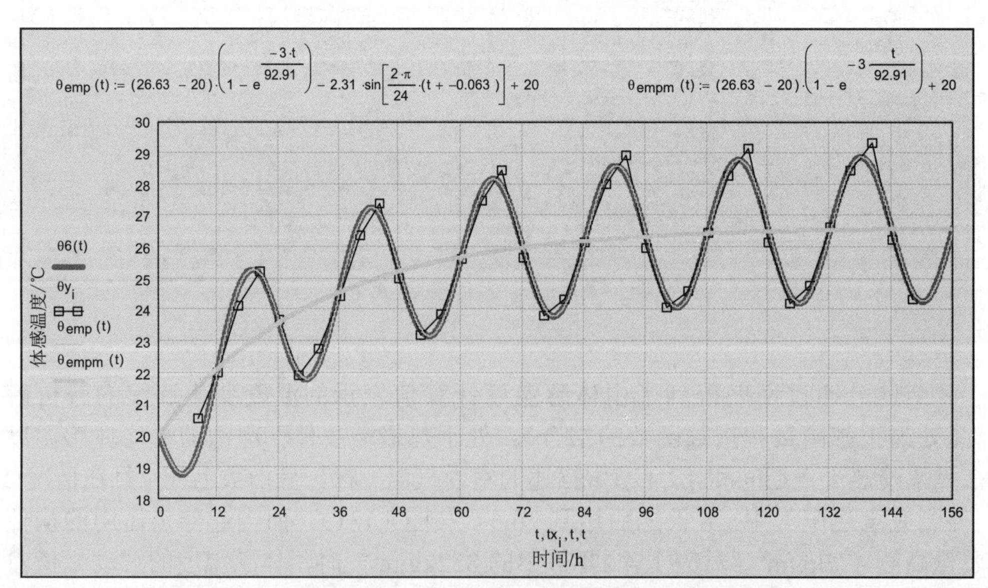

图 4.131　与热负荷情况 2 所对应的体感温度日变化历程及调整过程

4.3 室内温度日变化历程和年变化历程的一般表达

4.3.1 通常热负荷下的内表面温度、室内气温及体感温度

4.2.5 节所介绍的确定室内温度的模型是一种通用的模型，用于计算外界自然气候及房间任意使用条件下，体感温度的日和年变化历程与建筑物参数的相关关系。4.2.5.2 节中给出的测试房间 1 作为应用示例。建筑物参数将采用表 4.18 给出的数据。

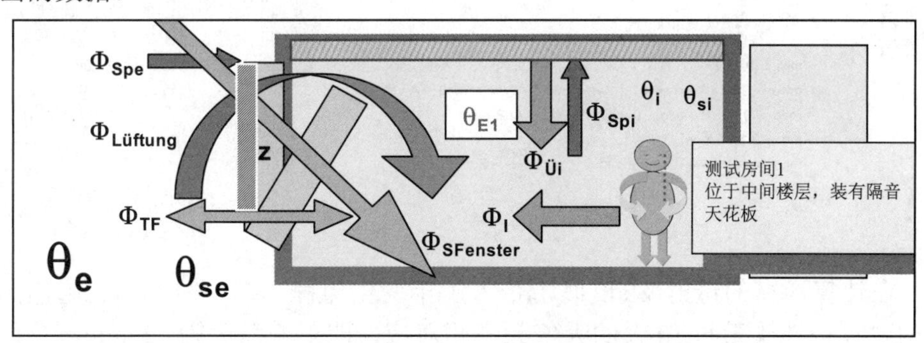

图 4.132 用于通用计算室内温度的测试房间

建筑物参数

对流换热热阻

给定值 内外表面的对流换热系数

hi := 7.5 hic := 2.2 he := 14 (W/m²K)

计算值

$Ri := \frac{1}{hi}$ $Re := \frac{1}{he}$

Ri = 0.13 Re = 0.07 in m²K/W

屋顶
给定值

	面积/m²	密度/(kg/m³)	U值/(W/m²K)	吸收系数
水平方向	Ad1 := 0	ρd1 := 2000	kd1 := 0.44	ad1 := 0.8
水平方向	Ad2 := 0	ρd2 := 1500	kd2 := 0.3	ad2 := 0.8

U' 值（仅涉及构件，无对流热阻）/（W/m²K）

$kd1' := \frac{kd1}{1-(Ri+Re)\cdot kd1}$ kd1′ = 0.48

$kd2' := \frac{kd2}{1-(Ri+Re)\cdot kd2}$ kd2′ = 0.32

外墙
给定值

	面积/m²	密度/(kg/m³)	U值/(W/m²K)	吸收系数
南	Awe1 := 0	ρwe1 := 1000	kwe1 := 0.5	aw1 := 0.6
西	Awe2 := 3	ρwe2 := 1400	kwe2 := 0.6	aw2 := 0.6
北	Awe3 := 0	ρwe3 := 1400	kwe3 := 0.4	aw3 := 0.3
东	Awe4 := 0	ρwe4 := 1000	kwe4 := 0.5	aw4 := 0.5

计算值

U' 值（仅涉及构件，无对流热阻）/（W/m²K）

$kwe1' := \frac{kwe1}{1-(Ri+Re)\cdot kwe1}$ kwe1′ = 0.56

$kwe2' := \frac{kwe2}{1-(Ri+Re)\cdot kwe2}$ kwe2′ = 0.68

$kwe3' := \frac{kwe3}{1-(Ri+Re)\cdot kwe3}$ kwe3′ = 0.44

$kwe4' := \frac{kwe4}{1-(Ri+Re)\cdot kwe4}$ kwe4′ = 0.56

内墙
给定值

	面积/m²	密度/(kg/m³)	容积/m³
	Awi1 := 15	ρwi1 := 160	VI := 50
	Awi2 := 10	ρwi2 := 160	
	Awi3 := 15	ρwi3 := 160	
	Awi4 := 20	ρwi4 := 160	
屋顶	Ade := 20	ρde := 140	
地面	An := 20	ρn := 1400	

计算值

内围护结构表面积/m²

Aoi := Awi1 + Awi2 + Awi3 ...
+ Awe1 + Awe2 + Awe3 + Awe4
+ Ad1 + Ad2 + Ade + An

Aoi = 83.00

建筑物参数（续）

窗户

给定值	面积/ m^2	遮阳系数	U值/（W/m^2K）	窗框系数	玻璃透射率	**计算值** 总透射率	
南	Af1 := 0	z1 := 0.33	kf1 := 1.8	fr1 := 0.9	g1 := 0.65	sf1 := z1·g1·fr1	sf1 = 0.19
西	Af2 := 7	z2 := 0.33	kf2 := 1.8	fr2 := 0.9	g2 := 0.65	sf2 := z2·g2·fr2	sf2 = 0.19
北	Af3 := 0	z3 := 0.33	kf3 := 1.8	fr3 := 0.9	g3 := 0.65	sf3 := z3·g3·fr3	sf3 = 0.19
东	Af4 := 0	z4 := 0.2	kf4 := 1.2	fr4 := 0.9	g4 := 0.65	sf4 := z4·g4·fr4	sf4 = 0.12
水平	Af5 := 0	z5 := 0.2	kf5 := 1.4	fr5 := 0.7	g5 := 0.5	sf5 := z5·g5·fr5	sf5 = 0.07

起储热作用的建筑构件质量m/kg及热容量C/（Ws/K）

给定值　比热容/（Ws/kgK）　c := 900

起储热作用的每一建筑构件质量、总面积及总热容量/（Ws/K）

计算值

mwi := 0.12·(Awi1·ρwi1 + Awi2·ρwi2 + Awi3·ρwi3 + Awi4·ρwi4)	mwi = 1152.00
mwe := 0.12·(Awe1·ρwe1 + Awe2·ρwe2 + Awe3·ρwe3 + Awe4·ρwe4)	mwe = 504.00
mde := 0.12·Ade·ρde + 0.05·(Ad1·ρd1 + Ad2·ρd2)	mde = 336.00
mn := 0.12·An·ρn	mn = 3360
mi := mwi + mwe + mde + mn　　$\frac{mi}{An} = 267.60$	mi = 5352
Ci := c·mi	$Ci = 4.82 \times 10^6$
Ce := c·mwe	$Ce = 4.54 \times 10^5$

提示

在计算西窗的透射率sf2时，带入了年变化历程（式（4.126））。起储热作用的建筑构件质量与10天的天气频率相对应，即影响深度为120mm，单位面积建筑构件质量（使用面积A_N=20m^2）为m/A_N=268kg/m^2。由于轻质隔音天花板和轻质内墙，测试房间起储热作用的构件质量总是很低。

外界气温

外界气温由专门数据文件或拟合公式（1.2）给出。投向西墙的辐射热将由系列公式（1.8）至（1.23）进行数学描述。而相应于将一天分成每4个小时为一个时段，一年则被分隔成365×6=2190个时间段。图4.133和图4.134粗略给出了西墙的温度和辐射热负荷的变化过程。

$\theta_{em} := 9.0$　$\Delta\theta_{ea} := 9.65$　$\Delta\theta_{eP} := -15.1$　$\Delta\theta_{ed} := 7.6$　$T_a := 365$　$t_a := 15$　$T_p := 10$　$T_d := 1$　$j := 1, 2 .. 365 \cdot 6$　$t(j) := \frac{1}{6} \cdot j$

$$\theta(j) := \theta_{em} - \left[\Delta\theta_{ea} \cdot \cos\left[\frac{2\cdot\pi}{T_a}\cdot(t(j) - t_a)\right] \ldots \right.$$
$$+ \Delta\theta_{ed} \cdot \left[0.69 + 0.31 \cdot \sin\left[\frac{\pi}{T_a}\cdot(t(j) - t_a)\right]^2\right] \cdot \left(0.88 \cdot \sin\left(\frac{\pi}{T_p}\cdot t(j)\right)^2 + 0.12\right) \cdot \left[\frac{2}{e^{\left[\left|\cos\left[\frac{2\cdot\pi}{T_d}\cdot(t(j)+0.15)\right]\right|\right]^{\frac{3}{4}}}} \cdot \cos\left[\frac{2\cdot\pi}{T_d}\cdot((t(j) + 1.088))\right]\right] \ldots$$
$$\left. + \Delta\theta_{eP} \cdot \left[0.31 - 0.69 \cdot \sin\left[\frac{\pi}{T_a}\cdot(t(j) - t_a)\right]^2\right] \cdot \cos\left[\frac{2\cdot\pi}{T_p}\cdot(t(j) + 1)\right] \right]$$

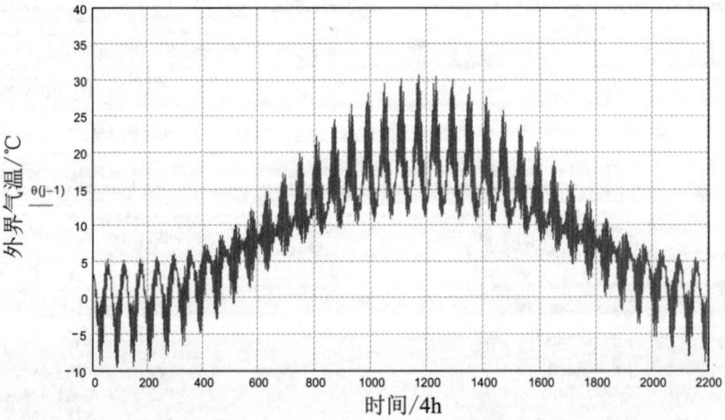

图4.133　根据式（1.2）4小时为一段的外界气温变化曲线

投向西墙的辐射

投向水平面上的直接和漫射辐射热流密度（W/m^2）：

$G_{d1} := 379 \quad G_{d2} := -20 \quad \Delta G_a := 200 \quad t_a := 10 \quad T_p := 10 \quad T_d := 1$

$$G_{dir}(j) := \left[-G_{d1}\cdot\cos\left(2\cdot\pi\cdot\frac{t(j)}{T_d}\right) + G_{d2} - \Delta G_a\cdot\cos\left[\frac{2\cdot\pi}{T_a}\cdot(t(j)+t_a)\right]\right]\cdot\left(\sin\left(\pi\cdot\frac{t(j)+t_a}{T_a}\right)\cdot 0.52 + 0.48\right)\cdot\sin\left(\pi\cdot\frac{t(j)}{T_p}\right)^2\cdot D((j)) \quad (1.8)$$

$G_{dif1} := 190 \quad G_{dif2} := 12 \quad \Delta G_{dif} := 98$

$$G_{dif}(j) := \left[-G_{dif1}\cdot\cos\left(2\cdot\pi\cdot\frac{t(j)}{T_d}\right) + \left[G_{dif2} - \Delta G_{dif}\cdot\cos\left[\frac{2\cdot\pi}{T_a}\cdot(t(j)+t_a)\right]\right]\right]\cdot\left(\cos\left(\pi\cdot\frac{t(j)}{T_p}\right)^2\cdot 0.3 + 0.7\right)\cdot D(j) \quad (1.9)$$

自身阴影函数：

$$S2(j,\beta) := \Phi\left(\cos(\alpha) + \sin(\alpha)\cdot B1(j,\beta)\right) \quad (1.19)$$

投向任意倾斜角为 α，朝向角为 β 的建筑构件表面的直接辐射和总辐射热流密度：

$$G_{\alpha\beta}(j,\beta) := G_{dir}(j)\cdot\left[(\cos(\alpha)) + [\sin(\alpha)\cdot(B1(j,\beta))]\right]\cdot(D(j)\cdot S2(j,\beta)) \quad (1.22)$$

$$G_R(j,\beta) := G_{dif}(j)\cdot\left(0.65 + 0.35\cdot\cos(\alpha)^3\right) + G_{\alpha\beta}(j,\beta)$$

$$G_R(j,\beta) := \left[G_{dif}(j)\cdot\left(0.65 + 0.35\cdot\cos(\alpha)^3\right) + G_{\alpha\beta}(j,\beta)\right]\cdot\Phi\left[G_{dif}(j)\cdot\left(0.65 + 0.35\cdot\cos(\alpha)^3\right) + G_{\alpha\beta}(j,\beta)\right]$$

定量确定投向任意朝向和倾斜角的建筑物表面的辐射热的角度关系式：

太阳倾斜角 δ（χ 为视角的地理宽度）

$$\chi := \frac{52}{180}\cdot\pi \quad T_d := 1 \quad T_a := 365 \quad t_a := 10$$

$$\delta(j) := -\frac{23.5}{180}\cdot\pi\cdot\sin\left[\frac{2\cdot\pi}{T_a}\cdot\left(t(j) + t_a + \frac{T_a}{4}\right)\right] \quad (1.14)$$

太阳的高度角 h

$$h(j) := \operatorname{asin}\left(\sin(\chi)\cdot\sin(\delta(j)) - \cos(\chi)\cdot\cos(\delta(j))\cdot\cos\left(\frac{2\cdot\pi}{T_d}\cdot t(j)\right)\right) \quad (1.13)$$

$$h3(j) := h(j)\cdot\Phi(h(j))$$

太阳的方位角 a

$$a(j) := \operatorname{asin}\left(\frac{\cos(\delta(j))}{\cos(h(j))}\cdot\sin\left(\frac{\pi\cdot 2}{T_d}\cdot t(j)\right)\right)$$

$$A(j) := \frac{\cos(\delta(j))}{\cos(h(j))}\cdot\sin\left(\frac{\pi\cdot 2}{T_d}\cdot t(j)\right) \quad (1.15)$$

$$A1(j) := -A(j)\,\mathrm{signum}\left(\frac{A(j+1) - A(j)}{\frac{1}{6}}\right)$$

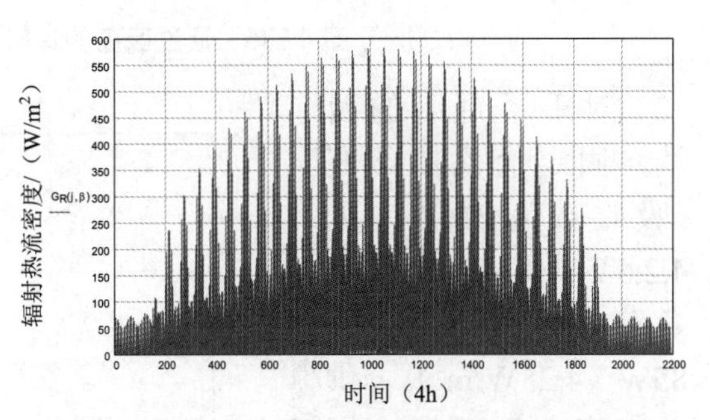

图 4.134　由（1.23）计算得到的 4 小时一段投向西墙（α=π/2，β=3π/2）的总辐射

阳光持续时间——日长函数

$$D(j) := \Phi((h(j))) \quad (1.7)$$

角度辅助函数

$$B1(j,\beta) := \frac{\sqrt{1 - (A1(j))^2}\cdot\cos(\beta)\cdot\mathrm{signum}\left(\frac{A(j+1) - A(j)}{\frac{1}{6}}\right) + A(j)\cdot\sin(\beta)}{\tan(h(j))}\cdot D(j) \quad (1.17)$$

窗户的总透射率将通过下面的年变化历程（式（4.126））代换（图 4.135）。当然，在 2190 个时间段中每个时间段都可以分配与其相对应的值。

$$sf2(j) := 0.30 \cdot \left[1 - 1\sin\left[\frac{1 \cdot \pi}{T_a \cdot 6} \cdot (j - 84)\right]^6\right] + 0.10 \tag{4.126}$$

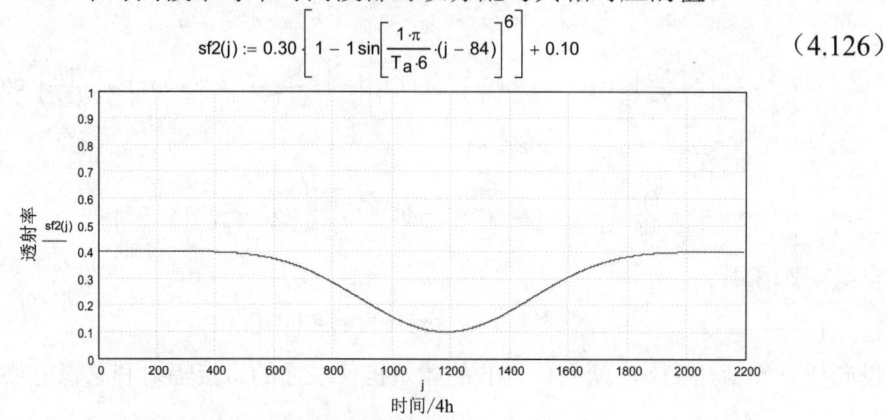

图 4.135　西窗总透射率的年变化历程

测试房间仅有一扇西窗，所通过的热流可由下式描述（图 4.136）：

$$Sf(j,\beta) := sf2(j) \cdot Af2 \cdot G_R(j,\beta) \tag{4.127}$$

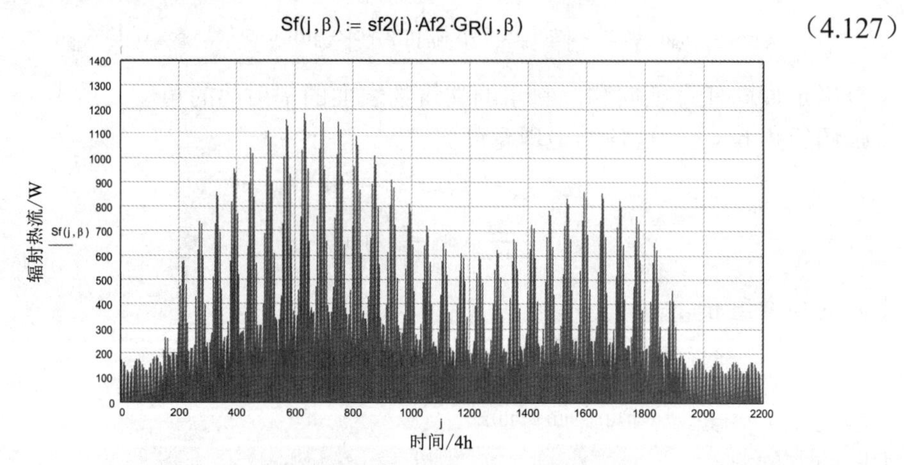

图 4.136　通过西窗的辐射热流的年变化历程

对于不透明的西墙，固定值保持不变（吸收量为 216W，见 4.2.5.2 节）。内热源热负荷全年保持为常数 85W（4.25W/m²）。供热功率在采暖期中期达到最大值（400W 或 20W/m²，图 4.136）。这一值包括内热源。根据图 4.137，平均比供热需求为 35kWh/m²。

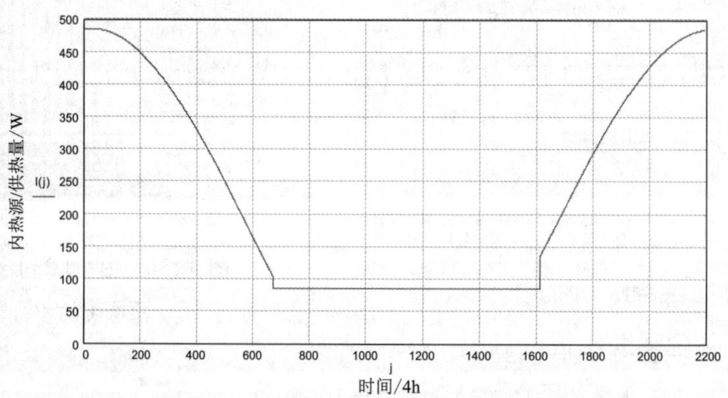

图 4.137　供暖热流及内热源的年变化历程

供暖热流及内热源（W）

$$I(j) := \left[300\cdot\cos\left[\frac{2\cdot\pi}{T_a}\cdot(t(j)-4)\right]+100\right]\cdot((\Phi(666-j)+\Phi(j-1608)))+85 \qquad I1 := 85 \tag{4.128}$$

供暖期开始和结束时间及供暖期时长（d）

$$t_{Hf} := \frac{666}{6} \qquad t_{Hh} := \frac{1668}{6}$$

$$t_{Hf} = 111.00 \qquad t_{Hh} = 278.00$$

$$t_H := 365-(t_{Hh}-t_{Hf})$$

$$t_H = 198.00$$

比通风换气热流（W/K）

$$p(j) := 3.5\cdot\left(\sin\left(\frac{1\cdot\pi}{T_a\cdot 6}\cdot j\right)\right)^2 \tag{4.129}$$

$$L(j) := (\theta(j-p(j))+15)\cdot\left[0.80-0.26\cdot\left(\sin\left(\frac{1\cdot\pi}{T_a\cdot 6}\cdot j\right)\right)^2\right]+\theta(j-p(j))\cdot 0.95\cdot\left(\sin\left(\frac{1\cdot\pi}{T_a\cdot 6}\cdot j\right)\right)^{16} \tag{4.130}$$

换气次数及与此相关联的比通风换气热流根据外界气温进行调整（$n_{平均,冬季}$=0.7/h 或 L=12W/K）。在夏季这一数值偏高（$n_{平均,夏季}$=2.1/h 或 L=36W/K，图 4.138），而在冬夏季之外，换气时间将会变换（夏季会提高夜间通风，图 4.139b）。作为对比，外界气温也被标示出来（下方曲线）。

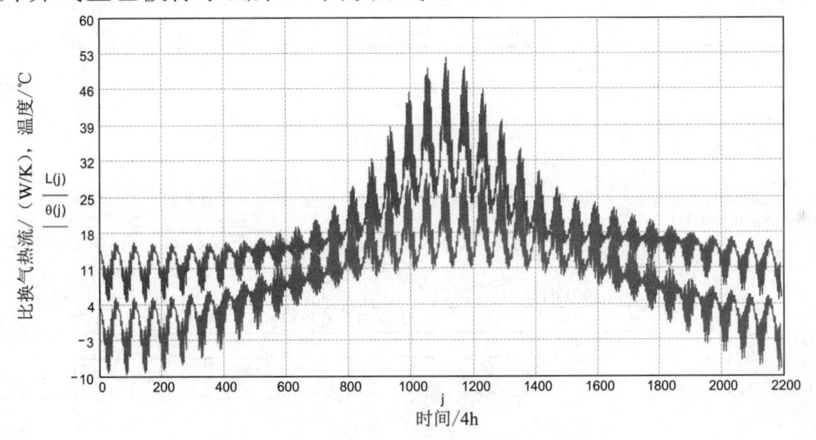

图 4.138 比通风换气热流的年变化历程

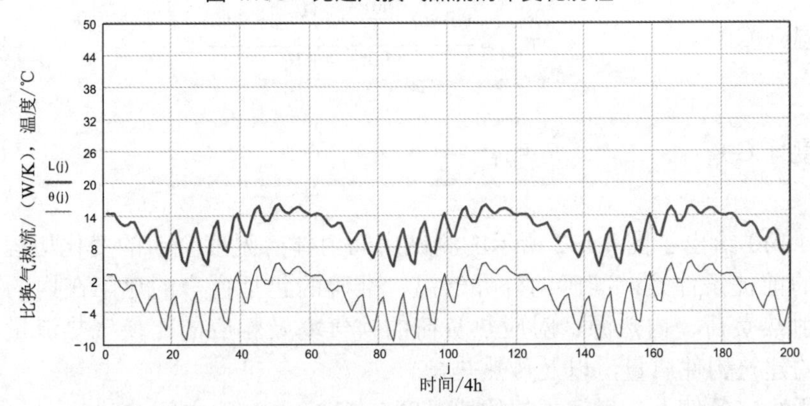

图 4.139a 冬季比通风换气热流，外界气温（下方曲线）作为对比

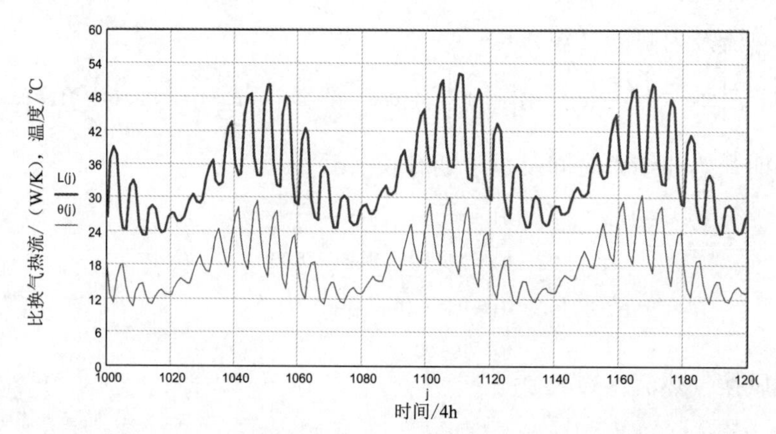

图 4.139b　夏季比通风换气热流，外界气温（下方曲线）作为对比

模型的核心部分是建立了室内温度方程（对应于式（4.114）至式（4.122））。该方程表达为递推公式的形式。由 2190 个时间段的任意一个时间段 j 的终点温度便可以得到时间段 j+1 的温度。

室内围护结构内表面温度（℃）

$$E1(j) := \frac{Üi}{Ci\cdot(L(j)+Tf)}\cdot\left(\frac{1}{\frac{1}{Üi}+\frac{1}{L(j)+Tf}}\right)-\frac{(T'w+Üe)}{Ce}-\frac{(T'w+Üi)}{Ci} \qquad B1(j) := \frac{(T'w+Üe)}{Ce\cdot Ci}\cdot\left(\frac{1}{\frac{1}{Üi}+\frac{1}{L(j)+Tf}}+\frac{1}{\frac{1}{T'w}+\frac{1}{Üe}}\right)$$

$$b(j) := -\frac{E1(j)}{2}-\sqrt{\left(\frac{E1(j)}{2}\right)^2+B1(j)}$$

$$t_4 := 14400$$

$$D(j) := 1-\exp(-b(j)\cdot t_4) \qquad \tau(j) := \frac{3}{b(j)\cdot 3600}$$

$$To_1 := 20 \qquad j := 1, 2 .. 365\cdot 6$$

$$To_{j+1} := To_j + \left[\theta(j)+\frac{\left(\frac{Sf(j,\beta)}{Üe}+\frac{Sf(j,\beta)}{T'w}+\frac{Sw1+Sd1}{Üe}\right)\cdot\left(\frac{1}{L(j)+Tf}+\frac{1}{Üi}\right)}{\frac{1}{Üe}+\frac{1}{T'w}+\frac{1}{Üi}+\frac{1}{L(j)+Tf}}+\frac{\left(\frac{1}{Üe}+\frac{1}{T'w}\right)\cdot\left(\frac{I(j)}{Üi\cdot 2}+\frac{I(j)}{L(j)+Tf}\right)}{\frac{1}{Üe}+\frac{1}{T'w}+\frac{1}{Üi}+\frac{1}{L(j)+Tf}}-To_j\right]\cdot D(j)$$

（4.131）

室内气温（℃）

$$Ti_{j+1} := \frac{L(j)\cdot\theta(j)+\frac{I(j)}{2}+Üi\cdot To_{j+1}+Tf\cdot\theta(j)}{L(j)+Üi+Tf} \tag{4.132}$$

体感温度（℃）

$$TE_{j+1} := 0.5\cdot\left(To_{j+1}+Ti_{j+1}\right) \tag{4.133}$$

图 4.140 给出了图 4.132 所示的测试房间内体感温度全年的变化历程，其前面给出的前提条件是：准确的外界气温，准确的包括窗户的遮阳在内的外围护结构辐射热负荷、内热源、对应热负荷的换气率及相应的比换气热流量、起储热作用的建筑构件质量，以及传热热量。

在所给定条件下，房间内的体感温度在 18℃至 27℃之间波动。

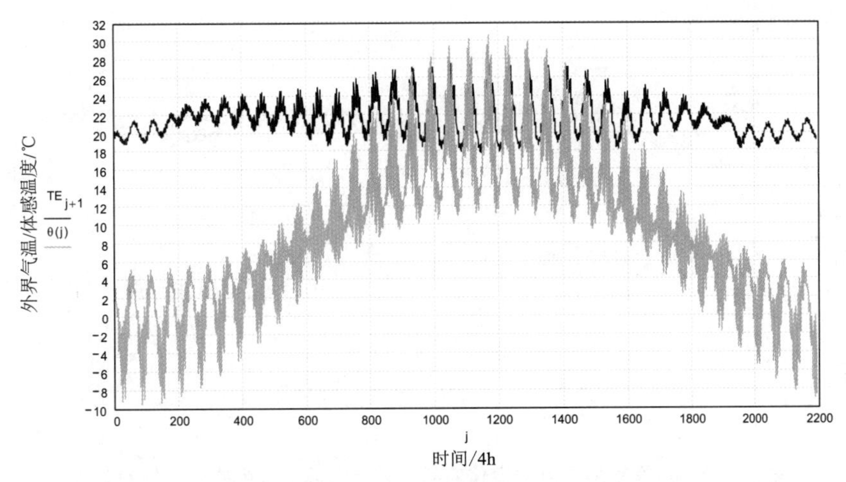

图 4.140 体感温度全年的变化历程，外界气温（下方曲线）作为对比

图 4.141a 至图 4.141d 给出了春季（停暖之后）、夏季、秋季（供暖之后）和冬季室内围护结构内表面平均温度（上方曲线）、室内气温（下方曲线）体感温度（中间，重点标记的曲线）的年变化历程。作为对比，外界气温（浅色曲线）也同时标出。

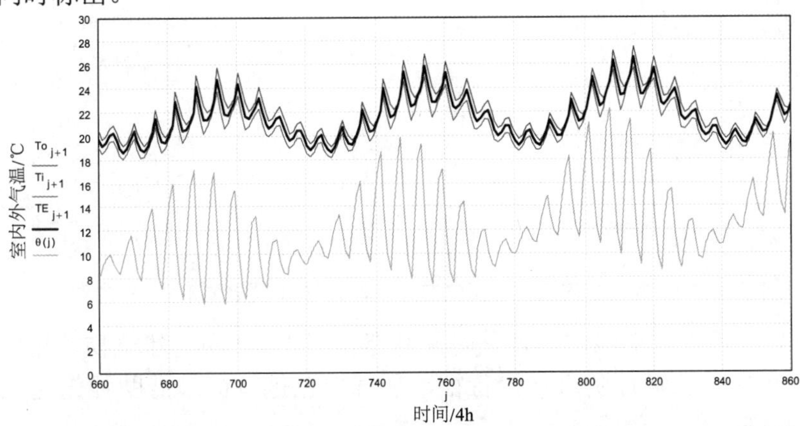

图 4.141a 春季室内温度的变化曲线，外界气温（浅色曲线）作为对比

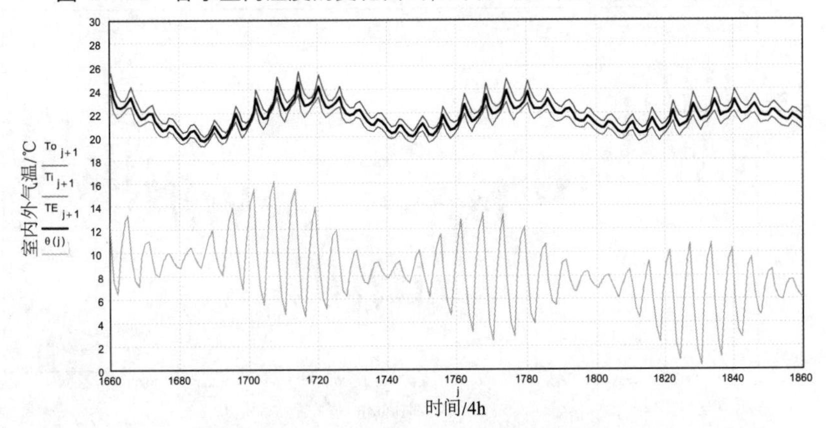

图 4.141b 夏季室内温度的变化曲线，外界气温（浅色曲线）作为对比

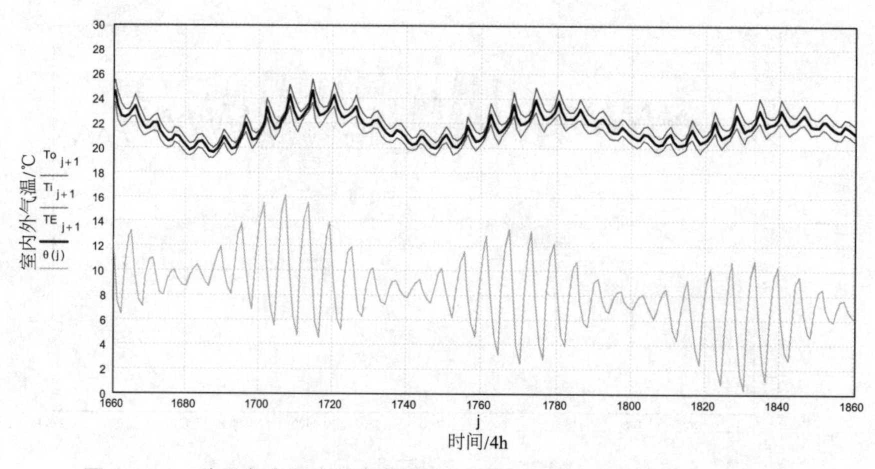

图 4.141c　秋季室内温度的变化曲线，外界气温（浅色曲线）作为对比

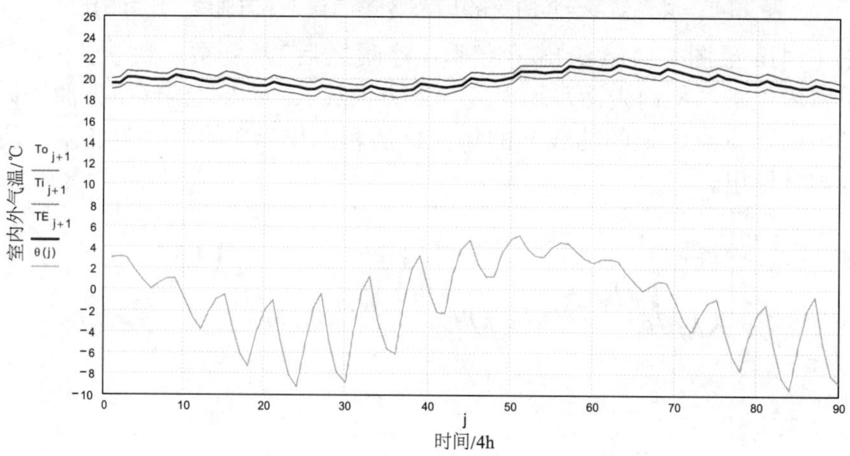

图 4.141d　冬季室内温度的变化曲线，外界气温（浅色曲线）作为对比

另外，年度变化曲线中的调整时间补充在图 4.142 中。建筑物的热惯性不仅仅以起储热作用的构件质量作为特征，换气率也是特征。借助强化通风，调整时间可能会被大大地缩短。

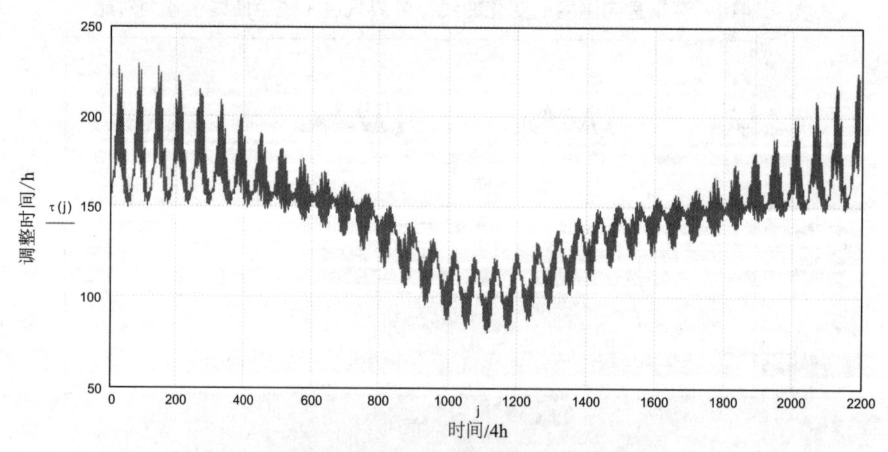

图 4.142　调整时间的年变化历程与换气率的变化关系

下面的图 4.143 给出了非供暖期间测试房间 1 内体感温度的变化过程（可与 4.1.3.2 节对比）。如果低于 19℃的标记，则必须启动供暖，同时，供暖期的长度需要再次计算。图中，冬季室内平均气温降至 6℃。

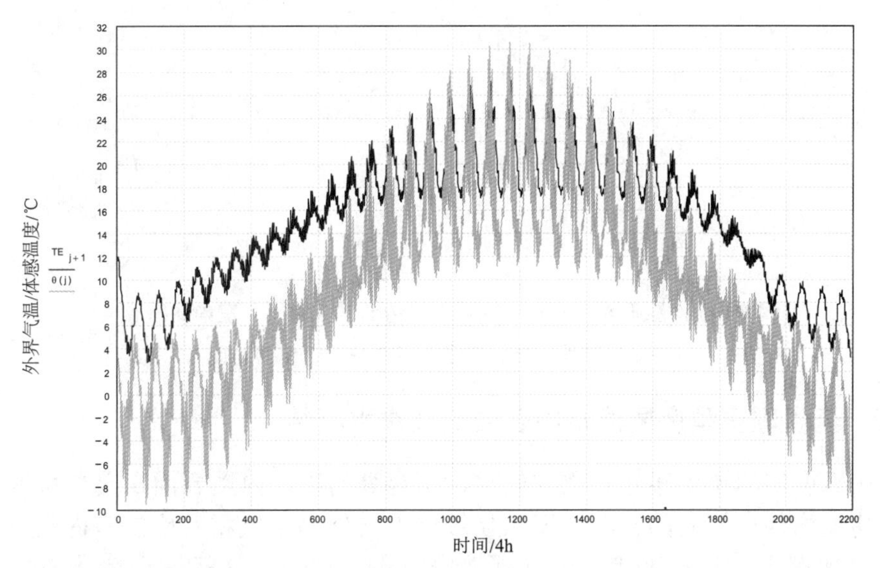

图 4.143　室内无供暖条件下体感温度的变化过程，外界气温（下方曲线）作为对比

图 4.144 给出的是起储热作用的构件质量减半降至 m/A_N=137kg/m^2 的情况。此时，房间内的体感温度在 17℃至 30℃之间波动。特别是在夏季不再满足防热规范。

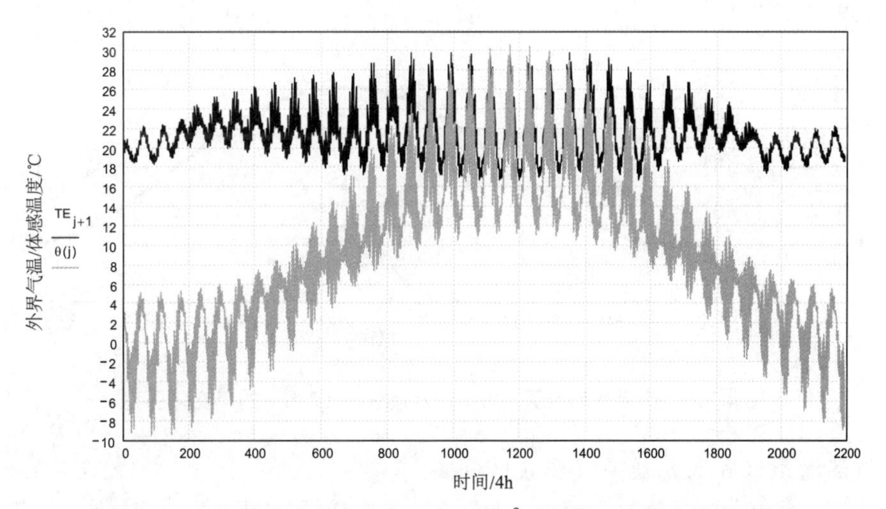

图 4.144　构件质量减半至 m/A_N=134kg/m^2 的条件下，室内体感温度的变化过程，外界气温（下方曲线）作为对比

最后一张图 4.145 给出的是起储热作用的构件质量加倍至 m/A_N=536kg/m^2 的情况。此时，房间内的体感温度处于 19℃至 26℃的理想范围内。

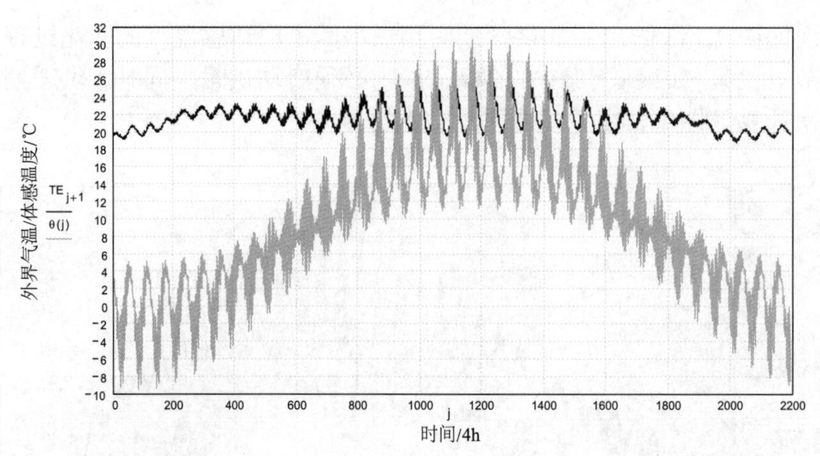

图 4.145 构件质量加倍至 m/A_N=536kg/m^2 的条件下，室内体感温度的变化过程，外界气温（下方曲线）作为对比

4.3.2 无供暖重型房屋建筑内表面的夏季水凝结

在极重型的无供暖建筑物（教堂、酒窖等）中，内墙表面在夏季可能会结露。建筑构件在初夏的升温速度明显缓慢于与外界空气相对应的室内空气，因为其更加潮湿，且相变点也发生了变化（图 4.149）。这就导致墙体内表面可能结露。比换气热流量及换气率将根据式（4.134）进行简化（请与图 4.146 对比）。

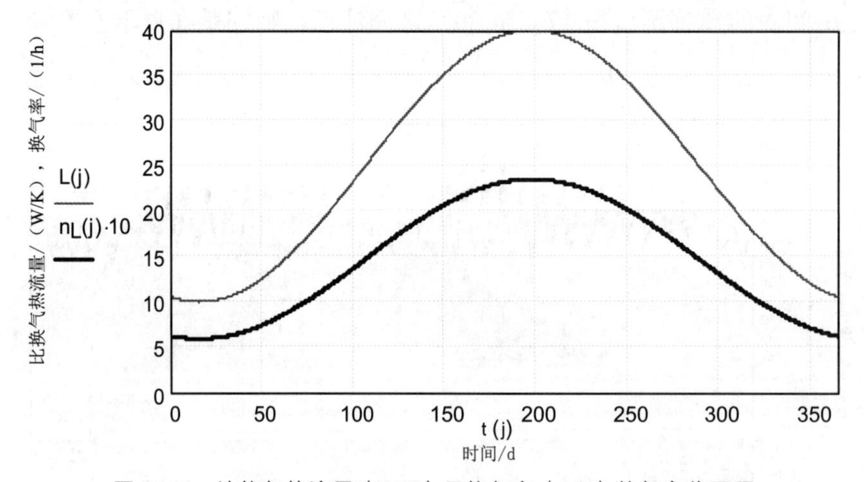

图 4.146　比换气热流量（W/K）及换气率（1/h）的年变化历程

比换气热流量（W/K）及换气率（1/h）

$$L(j) := 30\cdot\left[\sin\left[\frac{1\cdot\pi}{T_a\cdot 6}\cdot(j-90)\right]\right]^2+10 \qquad n_L(j) := \frac{L(j)}{Vl\cdot 0.34} \tag{4.134}$$

窗户的总透射率将降至 0.1，这样由式（4.127）计算得到的入射辐射热流量不超过 400W（图 4.147）。

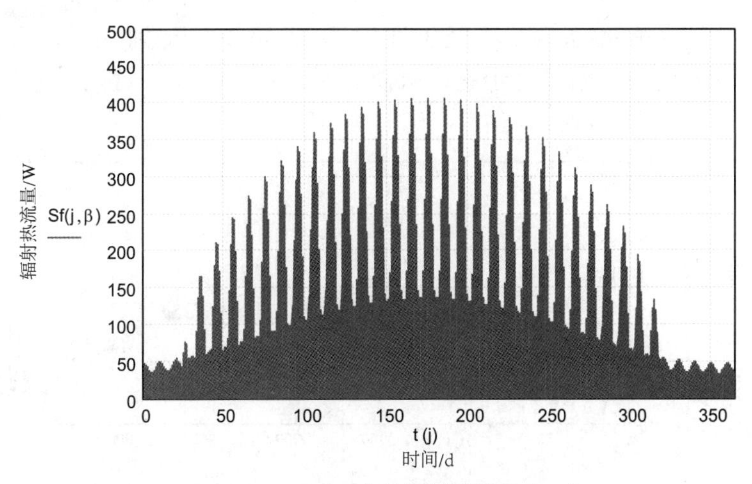

图 4.147　通过西窗的辐射热流量（W）

sf2(j) := 0.10　　Sf(j,β) := sf2(j)·Af2·G_R(j,β)　　窗户的总透射率 $s_{f2}(1)$ 及投向西窗的热流密度 G_R（W/m^2）　　（4.127）

由式（4.131）至式（4.133）计算得到的体感温度，在给定的大质量和高热容量

$$Ci := 2 \cdot 10^9 \qquad Ce := 10^7$$

的情况下，在 11℃左右波动非常小（图 4.148，也可与图 4.18 对比）。若内热源非常小，为 I(j)=40W，则设为常数。该建筑（图 4.132 的测试房间）不采暖。

同样由式（4.131）至式（4.133）计算得到的墙体表面温度和室内气温，在幅值和相位上出现明显的不同（图 4.149）。从第 150 天（6 月初）到第 240 天（8 月底）这一段气象学上的夏季，建筑构件内表面温度低于室内空气温度，因此存在夏季结露的风险。

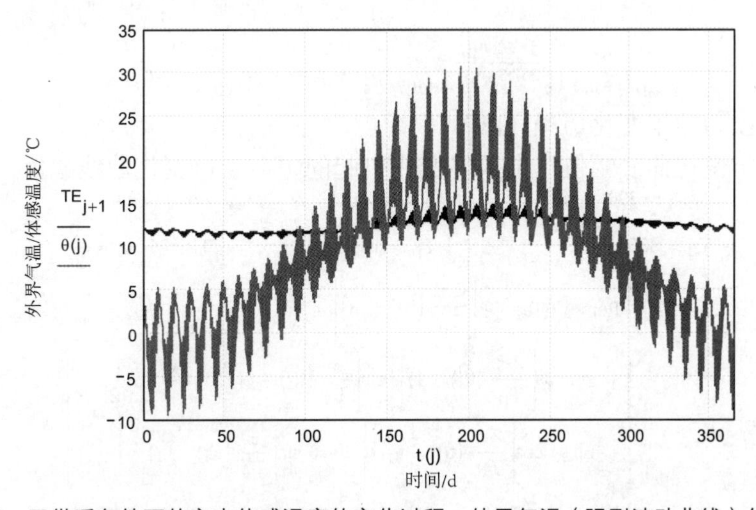

图 4.148　无供暖条件下的室内体感温度的变化过程，外界气温（强烈波动曲线）作为对比

从第1天到第90天（1月至3月）及从第300天到第365天（11月和12月），构件的内表面温度高于室内气温。对于重型建筑，这段时间是潜在的干燥阶段。

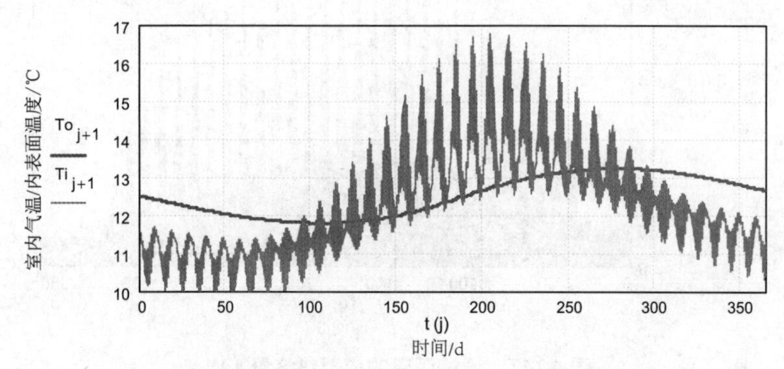

图 4.149　室内气温（强烈波动的曲线）和内表面温度（波动被大幅度衰减，且相位滞后的曲线）的变化过程

借助于室内气温（式（4.132））和外界气温（式（1.2）），可由式（1.25）、式（1.26）和式（1.27）计算得到饱和压力（始终针对2190个时间段）。

大气中的实际分压力可由式（1.28）和式（1.29）得到，但上两式没有考虑对降水情况的修正（式（1.30））（即外界空气相对干燥）。

通过相对空气湿度的定义式（1.30）及室内空气湿度的方程（1.68）（此时还不考虑室内围护结构面的储湿情况，可与5.4.4节的结果相对比，其内容针对前面提到的小构件质量为m/A_N=268kg/m^{2}和高的产湿率为0.004kg/hm^3），可以计算出室内空气相对湿度，并结合式（4.131）计算构件内表面处的空气相对湿度。

饱和压力曲线（Pa）

$$p_{si}(j) := 610.5\cdot\left(e^{\frac{17.26\cdot Ti_{j+1}}{237.3+Ti_{j+1}}}\cdot\Phi\left(Ti_{j+1}\right)+e^{\frac{21.87\cdot Ti_{j+1}}{265.5+Ti_{j+1}}}\cdot\Phi\left(-Ti_{j+1}-10^{-6}\right)\right)$$

$$p_{se}(j) := 610.5\cdot\left(e^{\frac{17.26\cdot\theta(j)}{237.3+\theta(j)}}\cdot\Phi(\theta(j))+e^{\frac{21.87\cdot\theta(j)}{265.5+\theta(j)}}\cdot\Phi\left(-\theta(j)-10^{-6}\right)\right) \tag{1.27}$$

水蒸气分压力的年变化历程（Pa）

年均值　年变化曲线幅值　由天气变化引起的幅值　日变化曲线幅值

$p_{em} := 890$　$\Delta p_{ea} := 390$　$\Delta p_p := 210$　$\Delta p_{ed} := 20$

$t_a := 30$　$T_a := 365$　$T_p := 10$　$T_d := 1$　$t_d := \frac{9}{24}$

$$p(j) := \left[\begin{array}{l} p_{em}-\Delta p_{ea}\cdot\cos\left[\frac{2\cdot\pi}{T_a}\cdot(t(j)-t_a)\right]\ldots \\ +\Delta p_p\cdot\cos\left[\frac{2\cdot\pi}{T_p}\cdot(t(j)-1)\right]\cdot\left[\sin\left[\frac{\pi}{T_a}\cdot(t(j)-t_a)\right]^2\cdot 11+1\right]\frac{1}{12}\ldots \\ +-\Delta p_{ed}\cdot\cos\left[\frac{2\cdot\pi}{T_d}\cdot(t(j)-t_d)\right]\cdot\left[1+6\cdot\sin\left[\frac{\pi}{T_a}\cdot(t(j)-t_a)\right]^2\right]\frac{1}{7}\end{array}\right] \tag{1.28}$$

$$p_{De}(j) := p(j)\cdot\Phi\left(p_{se}(j)-p(j)\right)+\left(-p_{se}(j)\cdot\Phi\left(p_{se}(j)-p(j)\right)\right)+p_{se}(j) \tag{1.29}$$

相对湿度年变化过程（%）

$$\phi e(j) := \frac{pDe(j)}{pse(j)} \tag{1.30}$$

$$m_{ptV} := 0.0015$$

$$\phi i(j, m_{ptV}) := \phi e(j)\frac{pse(j)}{psi(j)} + m_{ptV}\cdot R_D\frac{273 + Ti_{j+1}}{n_L(j)\cdot psi(j)} \tag{1.68a}$$

$$psoi(j) := 610.5\cdot\left(e^{\frac{17.26\cdot To_{j+1}}{237.3+To_{j+1}}}\cdot\Phi(To_{j+1}) + e^{\frac{21.87\cdot To_{j+1}}{265.5+To_{j+1}}}\cdot\Phi(-To_{j+1} - 10^{-6})\right)$$

$$\phi oi(j, m_{ptV}) := \phi e(j)\frac{pse(j)}{psoi(j)} + m_{ptV}\cdot R_D\frac{273 + To_{j+1}}{n_L(j)\cdot psoi(j)} \tag{1.68b}$$

这些成果示于图 4.150 至图 4.155。图 4.155 给出了相对于“气候”一章中图 1.56 有所减小的室外空气相对湿度（浅色曲线）和室内空气相对湿度（深色曲线）的年变化历程。

这里，设定了非常低的湿源，m_{ptV}=0.0015kg/（m^3h）。通风方式采用前面讨论过的式（4.134）所描述的模式。图 4.151 给出了在式（1.131）和式（4.132）（图 4.149）的温度条件下，由式（1.27）计算得出的室内空气中和构件表面附近的饱和水蒸气压力。从 6 月至 8 月构件表面附近的饱和水蒸气压力再次低于室内空气的饱和水蒸气压力（构件表面有夏季结露的风险），只有超过，才可能无结露的风险。相对湿度的具体变化示于图 4.152。

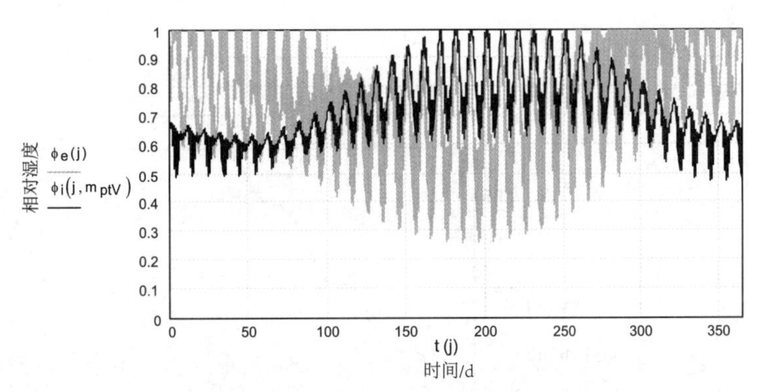

图 4.150　室外空气相对湿度（浅色）和室内空气相对湿度（深色）的年变化历程

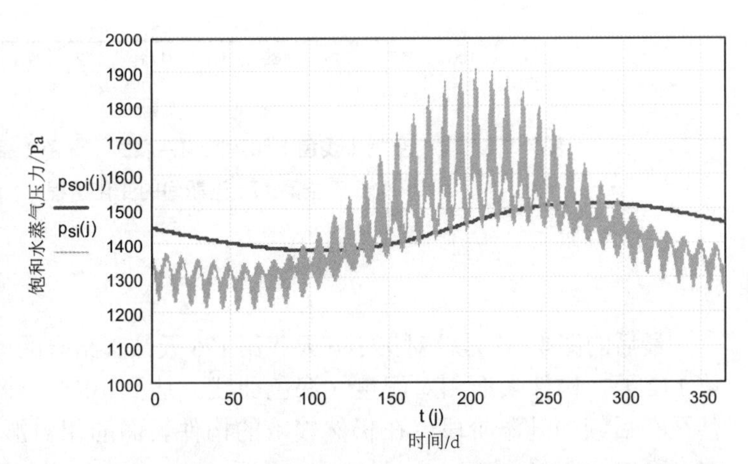

图 4.151　室内空气的饱和水蒸气压力（波动强烈的曲线）及内表面处的饱和水蒸气压力（波动被大幅度衰减，且相位滞后的曲线）

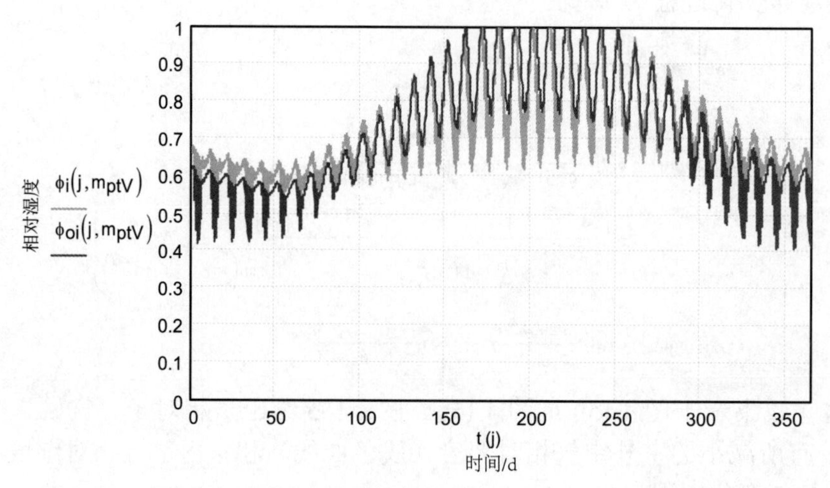

图 4.152　室内空气（浅色）和建筑构件表面（深色）相对湿度年变化历程

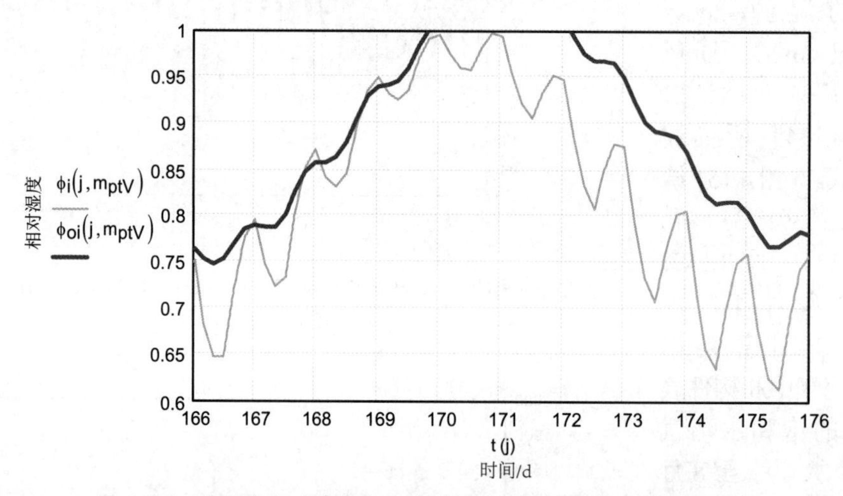

图 4.153　室内空气（浅色）和建筑构件表面（深色）相对湿度在第 166 天至第 176 天期间的变化历程

最后的图 4.153 是针对第 166 天和第 176 天仿真结果的放大表示。在第 170 至第 172 天，构件表面相对湿度（深色曲线）达到 100%。此时将会出现凝结水。甚至在后续的升温阶段，在仍然较冷的构件表面的相对湿度较室内空气部分的湿度高出达 20%。

湿传递

5 建筑构件和房屋的湿传递性能

建筑构件和建筑物不仅受热的作用，也会受湿的作用。建筑物建成之后，建筑构件内部还含有大量的湿分。湿分可以从外部以不同方式进入建筑结构中，并在其中存留或继续传输。在直接与水接触的情况下（冲击雨、地下水、渗漏水、分层水、密封泄露水等），由建筑材料内部的毛细压力梯度或由外部压力引发的毛细水传导起主导作用。

在风干的建筑材料中，湿分主要以水蒸气的形式，由水蒸气分压力的梯度引起传递。湿分也能通过空气气流进入建筑构件中。当建筑构件表面或内部的温度低于露点温度时，则会有冷凝水析出。所有的湿负荷都必须通过足够的干燥势来缓解。

过高的湿含量会引起建筑材料的强度降低、腐烂，在盐和冰共同作用下引起力学和化学的破坏，产生锈蚀、霉菌及保温隔热性能降低。另外，某些建材（如木材）需要保持最低湿含量，才能保障其最佳性能。

总之，建筑结构在高湿负荷作用下，其特性和功能将不再能够得到保障。

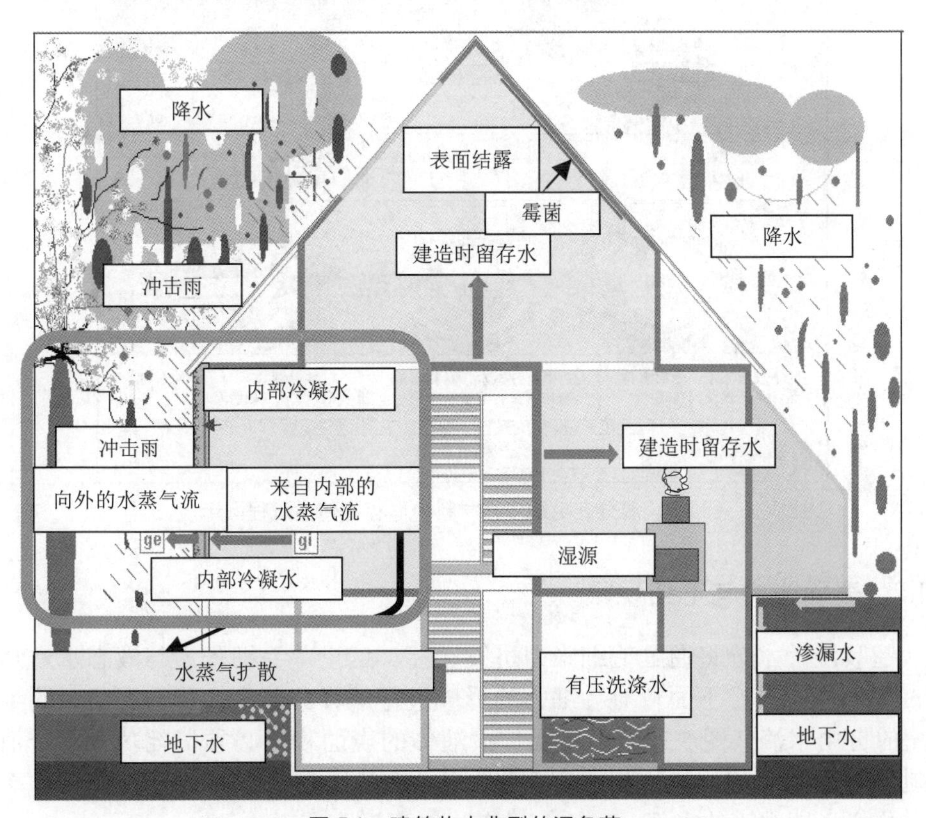

图 5.1 建筑物中典型的湿负荷

5.1　湿储存与湿传递基础

5.1.1　引言

建筑材料中的湿分主要以吸附于微孔壁面的吸湿水和可移动的超吸湿毛细水的形式呈现。以水蒸气的形式存在于多孔材料中的湿分，其含量相对来说是非常少的。水蒸气形式的湿分的运移是由水蒸气的压力梯度引发的，而液态水则是通过毛细压力梯度驱动的。毛细压力梯度是通过孔隙中液体弯月面的曲率而建立的。

水蒸气流量密度（kg/m^3s）：　$g_D=-\delta_{grad}dp_D$　（5.1）

水的流量密度（kg/m^3s）：　$g_W=-K_{grad}dp_{ci}$　（5.2）

图 5.2 描述了处于等温状态（无温度梯度）的建筑材料从完全干燥到完全水饱和的整个形成过程。材料的孔隙结构及与之密切相关的孔隙中的毛细张力，是对湿储存功能（湿含量与毛细压力或空气湿度相关）和湿传递功能（水蒸气传导系数 δ 和毛细水传导系数 K 与毛细压力或空气湿度相关）进行数学描述的基础。

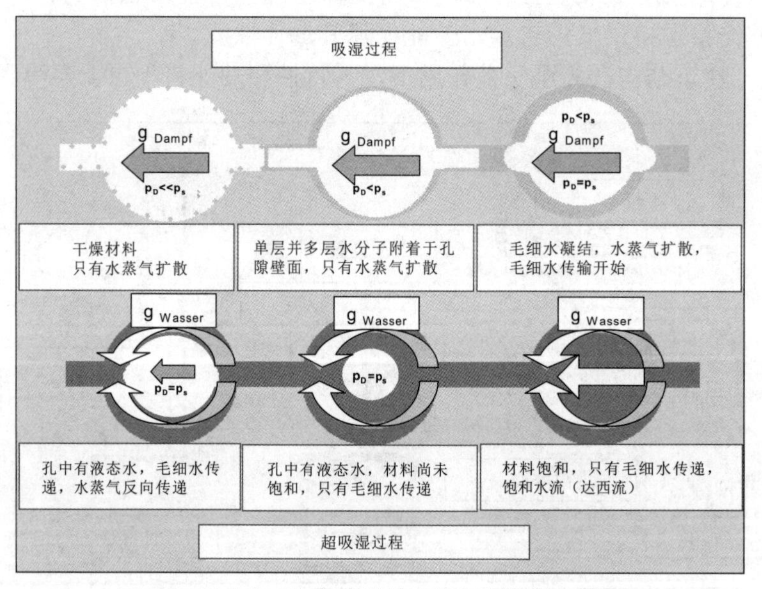

图 5.2　湿分在毛细多孔材料中储存和传递过程图示

5.1.2　表面张力与毛细现象

超吸湿的水分将通过毛细张力引发运移。这里，毛细张力与液态水弯月面的曲率大小相关。下面将对毛细力的形成进行解释。首先，我们观察一滴半径为 r 的自由水滴（图 5.3）。如果要扩大液体的表面积，必须消耗功。这个消耗的功与表面增量的比值称为比表面张力 σ。毛细压力 p_c 的作用总是向着曲率半径的中心，即水滴的内部。

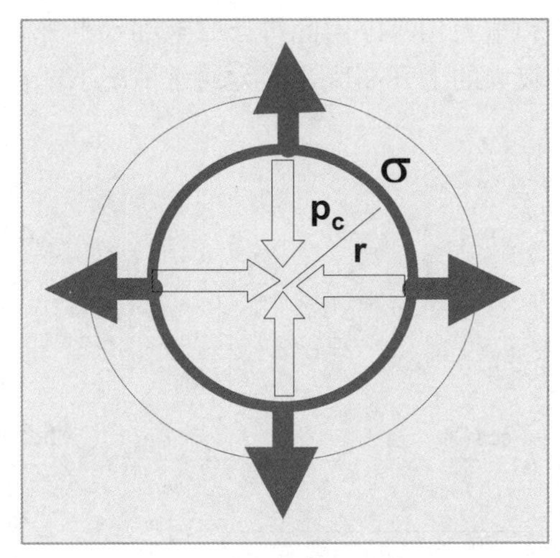

$$\sigma = \frac{dW}{dA} \qquad \sigma_{Wasser} = 0.074 \cdot \frac{N}{m}$$

$$dW = F \cdot dr = p_C \cdot 4 \cdot \pi \cdot r^2 \cdot dr$$

$$dA = d\left(4 \cdot \pi \cdot r^2\right) = 8 \cdot \pi r^2 \cdot dr$$

$$\sigma = \frac{p_C \cdot 4 \cdot \pi \cdot r^2 \cdot dr}{8 \cdot \pi \cdot r \cdot dr} = p_C \cdot \frac{r}{2}$$

$$p_C = \frac{2 \cdot \sigma}{r} \qquad (5.3)$$

图 5.3 在弯曲水表面出现的表面张力

下面的两张图给出了毛细管或孔隙中产生弯曲表面及相应的毛细张力的解释。作用在孔隙壁面上水分子的合力取决于壁面附着力和分子间凝聚力的和。曲面要调整自身与合力垂直。接触角要通过材料构架与空气、材料构架与水，以及水与空气之间的界面张力计算得到。

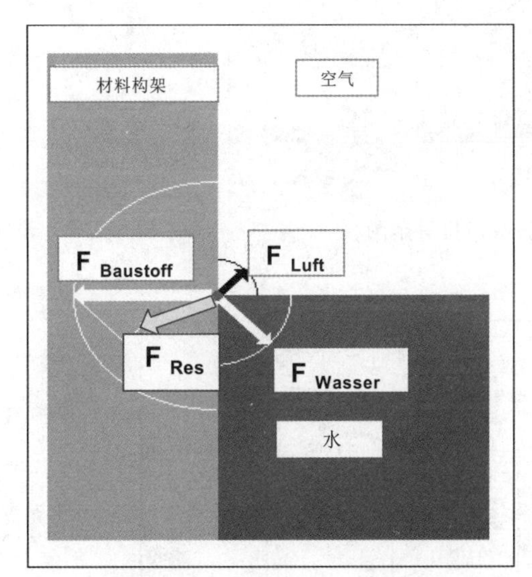

图 5.4 水表面、孔壁及空气范围内的分子力

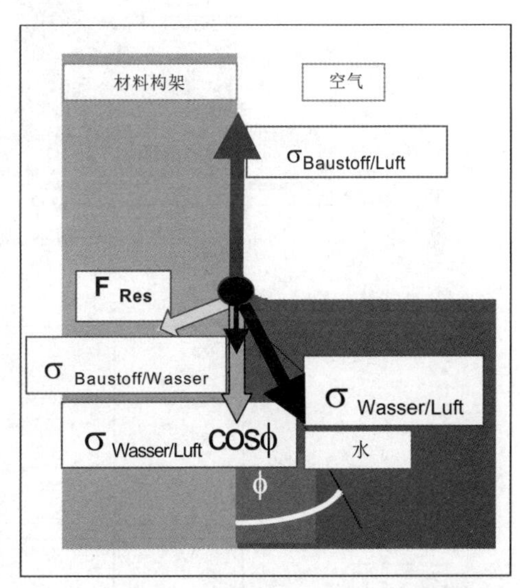

图 5.5 水表面、孔壁及空气范围内的界面张力

如果接触角 $\phi<90°$，则毛细液上升，如果 $\phi=0$，则称为完全润湿。对于 $\phi>0$（如水银），则毛细液下降。所描述的液体表面弯曲导致在毛细管或孔隙内形成一个近似球形的表面。毛细力 P_c 的作用方向为中心点（注意不要像观察水滴一样向水中看）。这个力导致液体克服摩擦力、重力及可能出现的其他同向或反向力而运移。

由图 5.6 可知：在平衡状态，毛细力和重力相等。由此得计算毛细水上升高度的式（5.5）。但是，在实践中不会发生较大的上升高度，因为通常情况下，自然放置的建筑构件会发生侧向干燥。

$$p_C = \frac{2\cdot\sigma}{r'} = \frac{2\cdot\sigma}{r}\cdot\cos\phi \tag{5.4}$$

$$\frac{2\cdot\sigma}{r}\cdot\cos\phi = \rho\cdot g\cdot h$$

$$h(r) := \frac{2\cdot\sigma}{r\cdot\rho_W\cdot g}\cdot\cos(\phi) \tag{5.5}$$

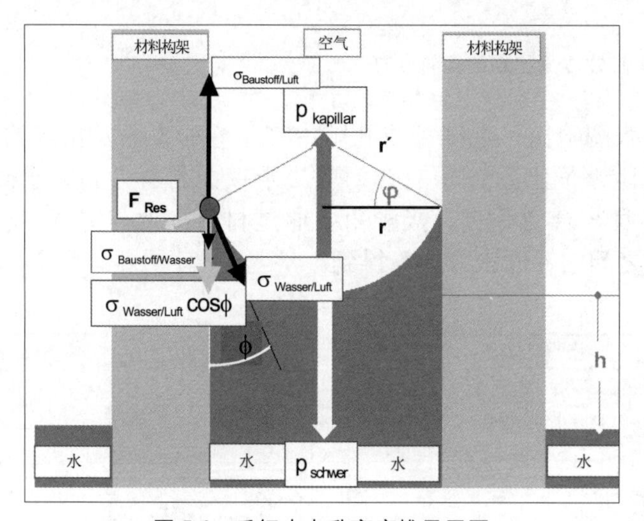

图 5.6　毛细水上升高度推导用图

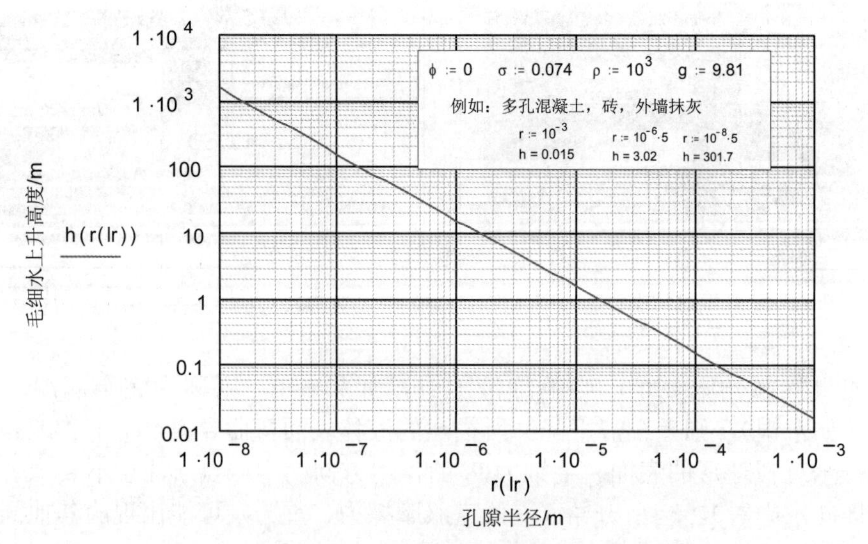

图 5.7　毛细水上升高度随毛细管或孔隙半径的变化

5.1.3 湿储存

5.1.3.1 孔隙半径分布概率

在平衡状态下，毛细力导致液态水回归到最小孔径的孔隙内。因此，水含量就会与特定的极限半径 r_G，以及与之相对应的毛细张力存在着对应关系。多孔结构最重要的特征是其孔隙半径的分布概率 f（r）。n 组表征孔隙组合模式方程（5.6）可用于对此现象进行描述。n 个表征半径 R_j 对应于孔径分布曲线中的各个最大值，即出现频率最高的孔隙半径；而 w_j 代表每组孔隙在总体积中所占的体积份额（m^3/m^3）。

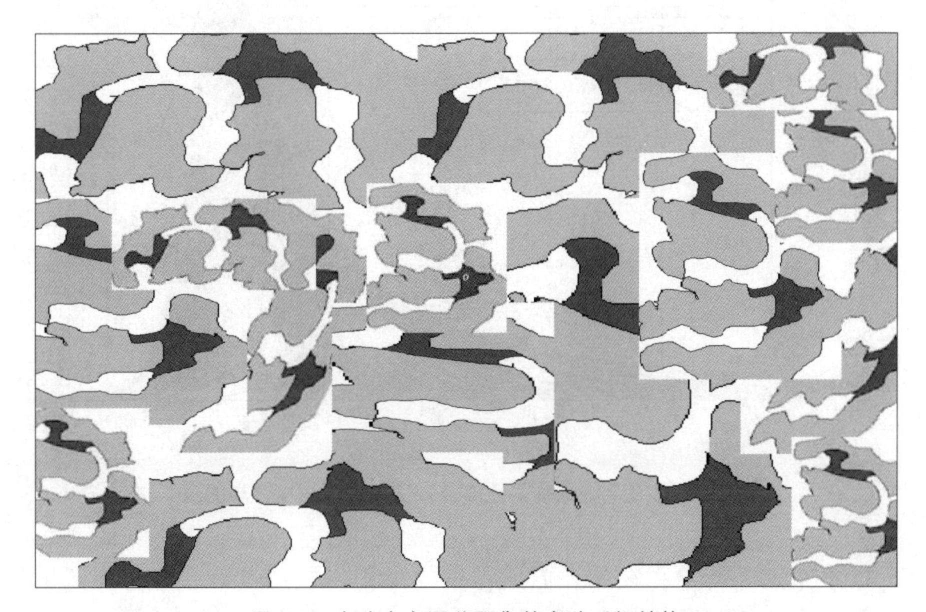

图 5.8 小孔中有湿分聚集的多孔毛细结构

所有 w_j 的和等于开放孔隙的总体积 w_s。m_j 为孔隙峰值宽度的形状参数，其值在 2～50 之间。针对单组孔隙结构，不同形状参数对应的结果如图 5.9 所示。

$$f(r)=\sum_{j=1}^{n}\left[\frac{w_j}{2\cdot 0.4343}\cdot\frac{\left(\frac{R_j}{r\cdot m_j}\right)^3}{\left(1+\frac{R_j}{r\cdot m_j}\right)^{m+1}}\cdot\left[m_j\cdot(m_j-1)\cdot(m_j-2)\right]\right] \tag{5.6}$$

示例：

单组表征孔隙模式，但孔隙分布不同：较小的 m 值表示孔隙分布比较平缓，且向微孔范围延伸；较大的 m 值表示存在一个与特定孔径 R_m 对应的孔隙分布尖锐峰值。

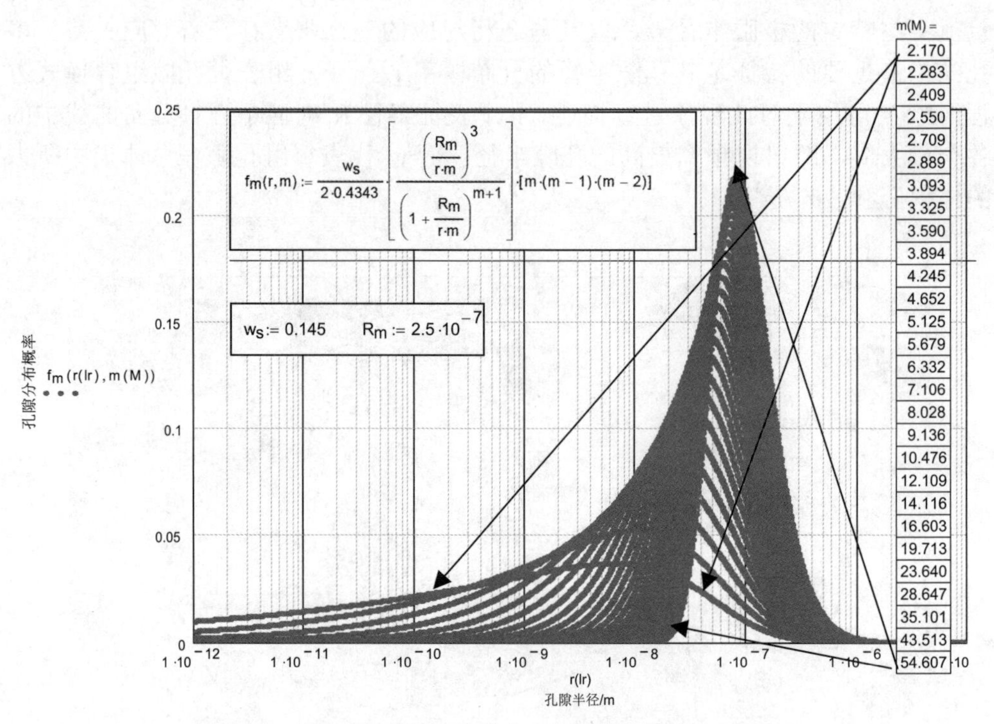

图 5.9　多孔毛细结构中孔隙分布概率的数学描述与图示

孔隙水充满至特定孔径的孔后所占据的体积可以通过对孔径分布函数积分得到。而孔隙半径则可以由毛细吸力势函数 p=2σ/r 代替。

$$f(r) = \frac{d}{d\left(\log\left(\frac{r}{m}\right)\right)} w(r) \qquad \frac{d\log(r)}{dr} = \frac{1}{r\cdot\ln(10)}$$

$$w(p(r)) = \int_0^r \frac{f(r)}{r}\cdot 0.4343\, dr \tag{5.7}$$

$$w(r) = \sum_{j=1}^{n} w_j \frac{\left[1+\frac{R_j}{r\cdot m_j}\cdot m_j+\left(\frac{R_j}{r\cdot m_j}\right)^2\cdot\frac{m_j\cdot(m_j-1)}{2}\right]}{\left(1+\frac{R_j}{r\cdot m_j}\right)^{m_j}}$$

$$p(r) = 2\frac{\sigma}{r} \tag{5.4}$$

5.1.3.2 湿滞留系数和等温吸湿曲线

基于前述考虑，可得到通用的湿储存系数（湿滞留系数）。它给出了湿含量随材料内部起控制作用的毛细张力的变化关系。

$$w(r)=\sum_{j=1}^{n} w_j \frac{\left[1+\frac{R_j\cdot p}{2\cdot\sigma\cdot m_j}\cdot m_j+\left(\frac{R_j\cdot p}{2\cdot\sigma\cdot m_j}\right)^2\frac{m_j\cdot(m_j-1)}{2}\right]}{\left(1+\frac{R_j\cdot p}{2\cdot\sigma\cdot m_j}\right)^{m_j}} \tag{5.8}$$

示例：

单组表征孔隙模式，但孔隙分布不同。形状参数 m 影响滞留曲线的陡峭程度。

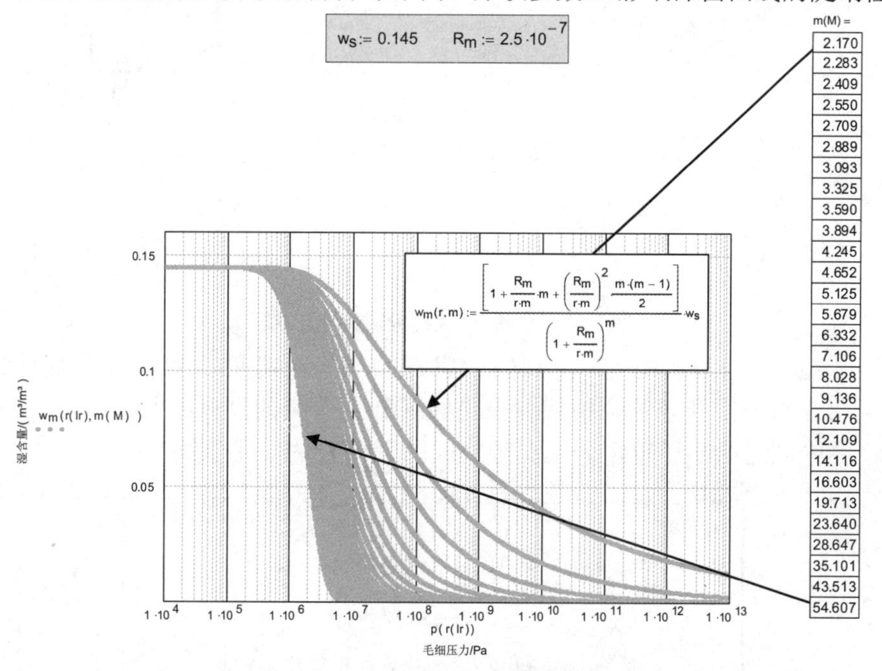

图 5.10 湿储存系数，湿滞留系数

毛细张力或孔隙半径是通过开尔文方程（5.9）将吸湿或超吸湿状态下充满水分孔隙中的空气相对湿度联系起来的。如果将方程（5.9）代入通用储存系数方程（5.7）中，可得到等温吸湿曲线（式（5.10））。对于系数 m 较大的情况，等温吸湿曲线在空气相对湿度超过 90% 时，才开始上升（如石膏），而对于系数 m 较小的情况，在空气相对湿度较低时，等温吸湿曲线便已开始升高了（如混凝土）。

$$p_c(\phi)=-\rho_w\cdot R_D\cdot T\cdot\ln(\phi) \qquad r(\phi)=\frac{-2\cdot\sigma}{\rho_w\cdot R_D\cdot T\cdot\ln(\phi)} \qquad R_D=462\ \mathrm{Ws/kgK} \qquad \rho_w=1000\ \mathrm{kg/m^3} \tag{5.9}$$

$$w(r)=\sum_{j=1}^{n} w_j \frac{\left[1+\frac{R_j\cdot(\rho_w\cdot R\cdot T\cdot\ln(\phi))}{-2\cdot\sigma\cdot m_j}\cdot m_j+\left[\frac{R_j\cdot(\rho_w\cdot R\cdot T\cdot\ln(\phi))}{-2\cdot\sigma\cdot m_j}\right]^2\frac{m_j\cdot(m_j-1)}{2}\right]}{\left[1+\frac{R_j\cdot(\rho_w\cdot R\cdot T\cdot\ln(\phi))}{-2\cdot\sigma\cdot m_j}\right]^{m_j}} \tag{5.10}$$

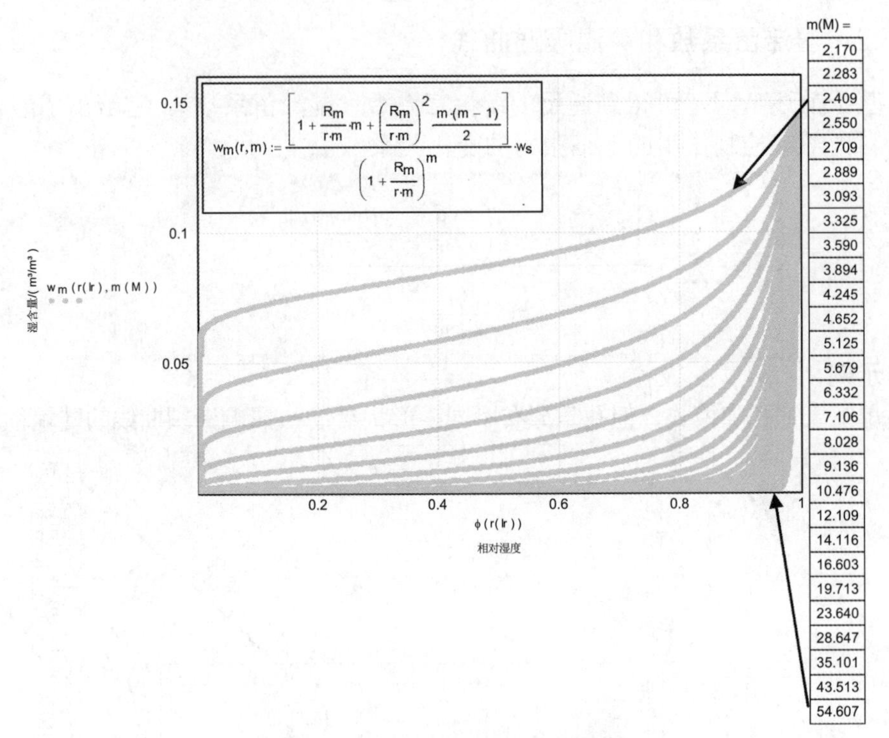

$$w_m(r,m) := \frac{\left[1+\frac{R_m}{r\cdot m}\cdot m+\left(\frac{R_m}{r\cdot m}\right)^2\frac{m\cdot(m-1)}{2}\right]}{\left(1+\frac{R_m}{r\cdot m}\right)^m}\cdot w_s$$

图 5.11　湿储存系数，等温吸湿曲线

图 5.12 是根据式（5.6）得到的砂岩孔隙半径分布图。对于大多数建筑材料，采用 3 组表征孔径组合模式就已足够（砂岩对应的具体参数已给出）。作为对比，图中同时给出了单组表征孔隙模式的近似表达（浅色线）。

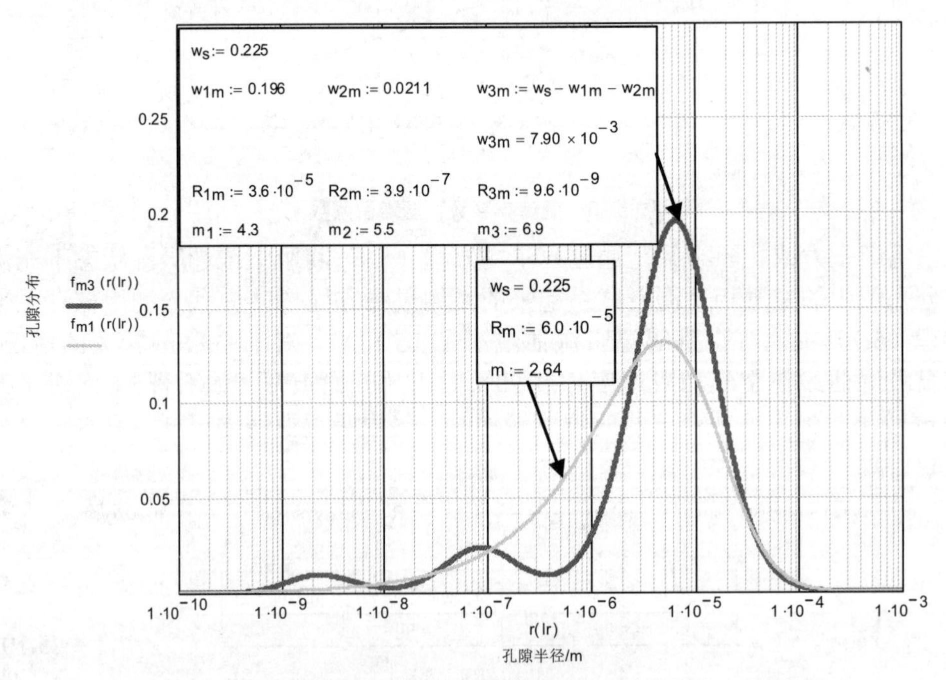

图 5.12　产自 REINHARDTSDORF 砂岩的孔隙半径分布 f(r)=dw/d(logr)

孔隙分布可以通过压汞仪法和 BET 法来确定，在此不再做进一步讨论。砂岩孔隙的主要部分（22.5% 孔隙体积中的 19.6%）归属于半径为 7μm 的表征组。对应的孔隙空间可能会被液态水充满。最小的孔隙（5nm）对应的比例为 0.8%，其所对应的空间属于吸湿区域。平均最大孔隙（0.1μm，体积份额为 2.1%）表征吸湿与超吸湿的边界区域。

$$
\begin{aligned}
f_{m3}(r) :=\; & \frac{w_{1m}}{2\cdot 0.4343}\cdot\left[\frac{\left(\frac{R_{1m}}{r\cdot m_1}\right)^3}{\left(1+\frac{R_{1m}}{r\cdot m_1}\right)^{m_1+1}}\right]\cdot\left[m_1\cdot(m_1-1)\cdot(m_1-2)\right]\ldots \\
& +\frac{w_{2m}}{2\cdot 0.4343}\cdot\left[\frac{\left(\frac{R_{2m}}{r\cdot m_2}\right)^3}{\left(1+\frac{R_{2m}}{r\cdot m_2}\right)^{m_2+1}}\right]\cdot\left[m_2\cdot(m_2-1)\cdot(m_2-2)\right]\ldots \\
& +\frac{w_{3m}}{2\cdot 0.4343}\cdot\left[\frac{\left(\frac{R_{3m}}{r\cdot m_3}\right)^3}{\left(1+\frac{R_{3m}}{r\cdot m_3}\right)^{m_3+1}}\right]\cdot\left[m_3\cdot(m_3-1)\cdot(m_3-2)\right]
\end{aligned}
\tag{5.6}
$$

通过方程（5.8）可以计算出湿滞留系数，并与测量值进行比较。

$$
\begin{aligned}
w_{m3}(r) :=\; & \frac{1+\frac{R_{1m}}{r\cdot m_1}\cdot m_1+\left(\frac{R_{1m}}{r\cdot m_1}\right)^2\cdot\frac{m_1\cdot(m_1-1)}{2}}{\left(1+\frac{R_{1m}}{r\cdot m_1}\right)^{m_1}}\cdot w_{1m}\ldots \\
& +\frac{1+\frac{R_{2m}}{r\cdot m_2}\cdot m_2+\left(\frac{R_{2m}}{r\cdot m_2}\right)^2\cdot\frac{m_2\cdot(m_2-1)}{2}}{\left(1+\frac{R_{2m}}{r\cdot m_2}\right)^{m_2}}\cdot w_{2m}\ldots \\
& +\frac{1+\frac{R_{3m}}{r\cdot m_3}\cdot m_3+\left(\frac{R_{3m}}{r\cdot m_3}\right)^2\cdot\frac{m_3\cdot(m_3-1)}{2}}{\left(1+\frac{R_{3m}}{r\cdot m_3}\right)^{m_3}}\cdot w_{3m}
\end{aligned}
\tag{5.8}
$$

毛细压力 /Pa　湿含量 /（m³/m³）

px =

	0
0	$5.00\cdot10^{2}$
1	$3.00\cdot10^{3}$
2	$3.00\cdot10^{4}$
3	$6.00\cdot10^{4}$
4	$1.00\cdot10^{5}$
5	$3.00\cdot10^{5}$
6	$4.00\cdot10^{5}$
7	$1.40\cdot10^{6}$
8	$4.26\cdot10^{6}$
9	$5.53\cdot10^{6}$
10	$1.43\cdot10^{7}$
11	$2.31\cdot10^{7}$
12	$3.84\cdot10^{7}$
13	$7.47\cdot10^{7}$
14	$1.14\cdot10^{8}$
15	$1.51\cdot10^{8}$

wy =

	0
0	0.2250
1	0.2245
2	0.0994
3	0.0607
4	0.0440
5	0.0347
6	0.0279
7	0.0250
8	0.0125
9	0.0088
10	0.0080
11	0.0068
12	0.0053
13	0.0026
14	0.0017
15	0.0007

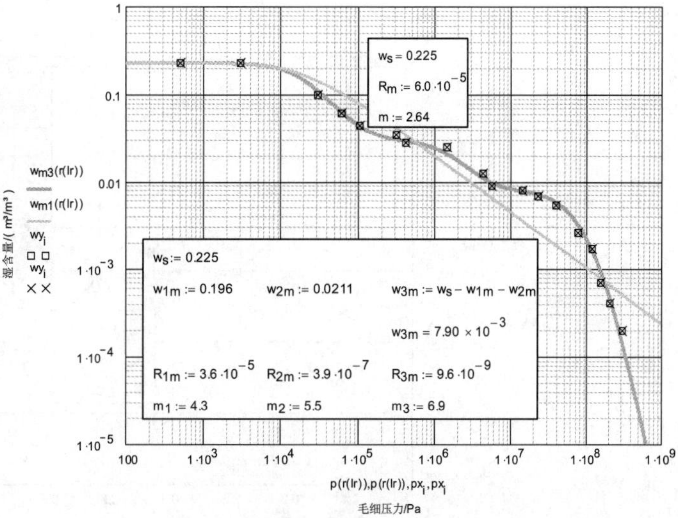

图 5.13　产自 REINHARDTSDORF 砂岩的湿储存系数（湿滞留系数）w(r(p))（m³/m³）

式（5.8）的计算结果与测试结果非常一致。式（5.8）与后续用于描述材料吸湿特性的所有系数都使用相同的参数 R_j，w_j，m_j。作为对比，图中同时给出了粗略的单组表征孔隙模式的近似表达。

图 5.14 再次给出了湿储存系数的结果，纵坐标的湿度标尺为线性分隔。图 5.15 给出了由式（5.10）计算得到的等温吸湿曲线，即由同样的参数得到的同样的储存系数，只是孔径 r 通过开尔文方程（5.9）由 ϕ 进行了替代。计算结果与测试结果的一致性同样是令人满意的。

相对湿度　湿含量 /（m^3/m^3）

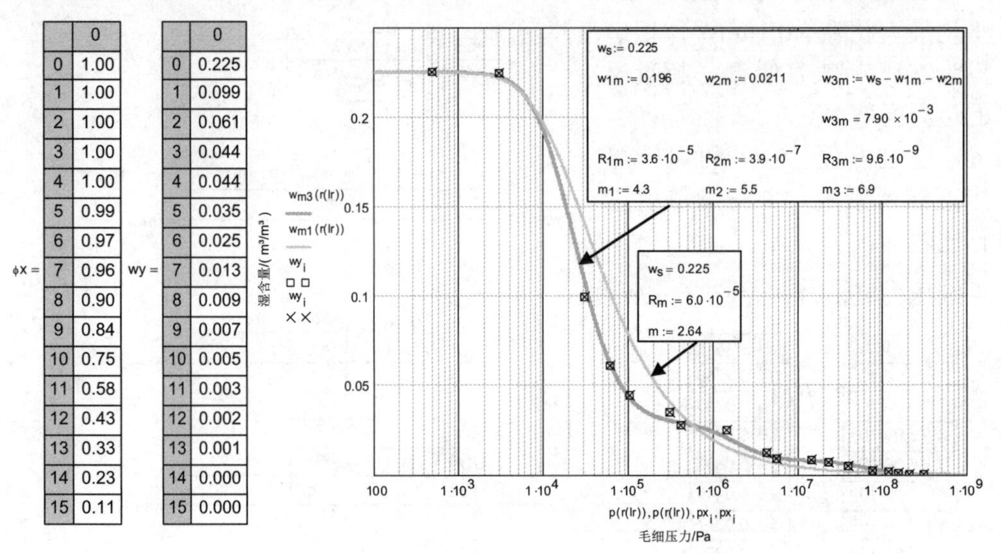

	ϕx = 0		wy = 0
0	1.00	0	0.225
1	1.00	1	0.099
2	1.00	2	0.061
3	1.00	3	0.044
4	1.00	4	0.044
5	0.99	5	0.035
6	0.97	6	0.025
7	0.96	7	0.013
8	0.90	8	0.009
9	0.84	9	0.007
10	0.75	10	0.005
11	0.58	11	0.003
12	0.43	12	0.002
13	0.33	13	0.001
14	0.23	14	0.000
15	0.11	15	0.000

图 5.14　湿储存函数（湿滞留函数）

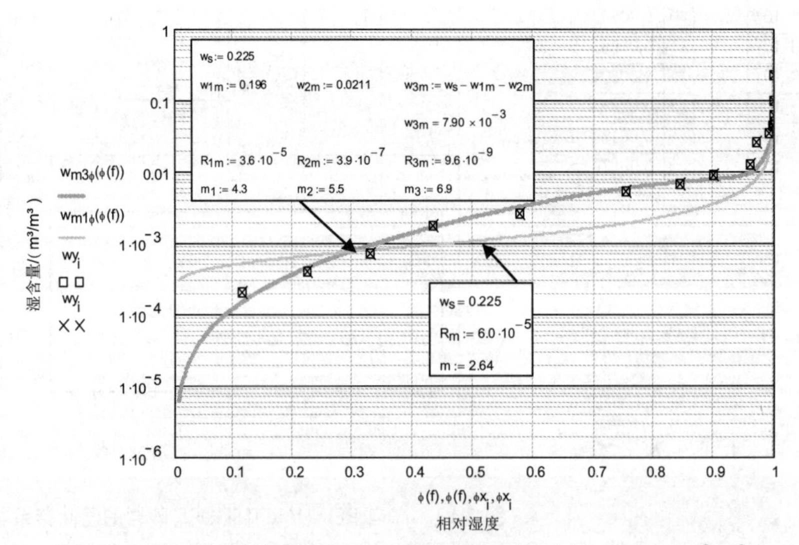

图 5.15　产自 REINHARDTSDORF 砂岩的等温吸湿曲线 w(ϕ(r))（m^3/m^3）

在表 5.1 中的第三列汇总了若干建筑材料（ϕ=80%）具有代表性的吸湿水分量值 w_h。在此，等温吸湿曲线是线性变化的。第四列为自然开放孔隙的饱和湿含量 w_s。第一列又一次列出了干燥建筑材料的导热系数 λ，第二列是相对于静止空气，水蒸气传导系数的减小系数。水吸收系数 A_w 是描述液态水传输过程的一个积分量，将在后面讨论。

表 5.1 建筑材料的 w_h 值和 w_s 值

	λ/(W/mK)	μ	w_h/（m^3/m^3）	w_s/（m^3/m^3）	A_w/（$kg/m^2s^{0.5}$）
沥青防水层	0.18	100000	0.001	0.01	1E-6
硅酸钙板	0.06	4	0.008	0.85	0.776
硅酸钙粘合剂	1.3	32	0.1	0.33	0.04
石膏板	0.34	18	0.011	0.4	0.355
木材（垂直于纤维）	0.12	40	0.08	0.42	0.019
木材（平行于纤维）	0.12	25	0.08	0.42	0.043
木材软纤维	0.06	3	0.042	0.85	0.105
石灰抹灰	0.87	12	0.025	0.3	0.045
石灰-水泥抹灰	0.98	21	0.025	0.3	0.025
灰砂砖	1.25	18	0.065	0.32	0.088
缸砖	0.95	25	0.007	0.27	0.03
合成树脂石膏	0.8	100	0.007	0.2	0.002
矿物棉	0.04	1	0.001	0.95	1E-5
矿物泡沫	0.04	2.5	0.01	0.9	0.15
普通混凝土	1.75	55	0.042	0.15	0.048
OSB板	0.5	55	0.01	0.3	0.008
PE膜	0.18	100000	0.001	0.01	1E-6
多孔混凝土	0.18	6	0.025	0.45	0.072
PS泡沫	0.04	45	0.001	0.95	1E-5
砂岩	2.05	25	0.005	0.22	0.25
纸浆保温材料	0.05	3	0.02	0.75	0.105
水泥抹灰	1.1	31	0.022	0.25	0.014
砖	0.75	8	0.01	0.35	0.145

5.1.4 毛细水的传输

5.1.4.1 毛细水传导系数或导水率

在多孔建筑材料中，液态水通过毛细张力差（图中右侧由于孔径较小而具有较左侧更大的张力）克服摩擦阻力而运移。摩擦阻力将应用简单的牛顿定律或 Hagen-Poisseuille 定律描述，其中 η 表示水的黏度。

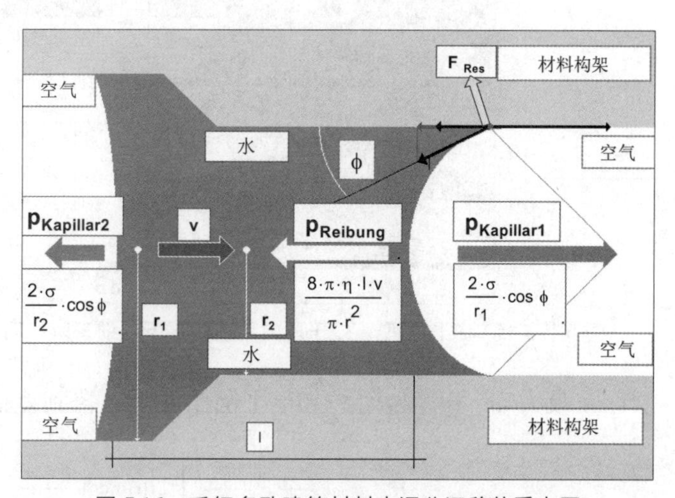

图 5.16 毛细多孔建筑材料中湿分运移的受力图

$$p_R = \frac{8\cdot\pi\cdot\eta\cdot l\cdot v}{\pi\cdot r^2} \qquad \eta = 1.010^{-3}\cdot Pa\cdot s \tag{5.11}$$

在忽略惯性力的条件下，针对图中所示的情况，通过毛细力与摩擦阻力的平衡关系，可得运移速度 v。

$$\frac{8\cdot\pi\cdot\eta\cdot l\cdot v}{\pi\cdot r^2} = \frac{2\cdot\sigma}{r_1}\cdot\cos\phi - \frac{2\cdot\sigma}{r_2}\cdot\cos\phi \tag{5.12}$$

基于毛细压力梯度是引起液态水运移的原因，针对简单的多孔系统（处于压力平衡的毛细管束，管壁为多孔，见下图），可推导得出毛细水传导系数（导水率）。针对一根毛细管 j（孔径为 r），在 x 处的毛细吸力可以表示为（假设所有毛细管处于压力平衡）：

$$d^2F_{cj} = -2\cdot\frac{\sigma}{r_x^2}\cdot dr_x\cdot\pi\cdot r^2 = -dp_c(x)\cdot\pi\cdot r^2 \tag{5.13}$$

由孔径分布函数 dw/dr 加权之后，得到 dx 区段上的总吸力 dF_c。

$$\frac{d}{dr}w = \frac{f(r)}{r}\cdot 0.4343 \qquad f(r) = \frac{dw}{d\left(\log\left(\frac{r}{m}\right)\right)} \qquad dF_c = -dp_c(x)\cdot\int_0^{r_x}\pi\cdot r^2\cdot\frac{f(r)}{r}\cdot 0.4343\ dr \tag{5.14}$$

同样可得，区段 dx 上 x 处的摩擦阻力，运移速度 v=dV/(dtA) 相应于 x 处的体积流量密度。

$$dF_R = 8\cdot\pi\cdot\eta\cdot v(r_x)\cdot dx = 8\cdot\pi\cdot\eta\cdot\frac{dV}{dt\cdot A}\cdot dx \tag{5.15}$$

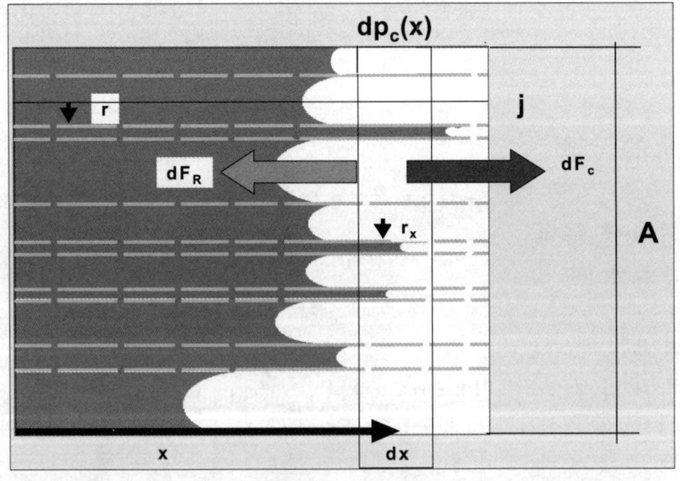

图 5.17　简单孔隙模型：处于压力平衡的平行毛细管束，毛细压力和摩擦阻力处于平衡

在吸力 dF_c 和摩擦阻力 dF_R 平衡条件下，得到体积流量密度为：

$$\frac{dV}{dt\cdot A} = -\frac{dp_c}{dx}\cdot\left(\int_0^{r_x} f(r)\cdot r\,dr\right)\cdot\frac{0.4343}{8\cdot\eta} \tag{5.16}$$

或者，乘以水的密度 ρ_w 之后得到质量流量密度（液态水流密度）g_w（kg/m^2s）：

$$g_w = \frac{dm_w}{dt \cdot A} = -\left(\frac{\rho_w \cdot 0.4343}{8 \cdot \eta} \cdot \int_0^{r_x} f(r) \cdot r\, dr\right) \cdot \frac{dp_c}{dx} = -K_w(r) \cdot \frac{dp_c}{dx} \tag{5.17}$$

毛细水的运移是由毛细压力梯度 dp_c/dx 引发的。毛细压力梯度前面的参数称为毛细水传导系数（导水率）。它可以与热传递章节中的导热系数相比，其值与多孔建筑材料中的湿含量强相关。

$$K_w(r) = \int_0^r f(r) \cdot r\, dr \cdot \frac{\rho_w \cdot 0.4343}{8 \cdot \eta} \tag{5.18}$$

上式中的因子 $0.4343\rho_w/8\eta$ 仅适用于简单的平行毛细管束。而在实际中毛细孔隙却具有各种各样的形状，其内表面的粗造程度也各不相同。除此之外，水要经过大量的迂曲路径而运移，因此，这个因子要小得多。它可以通过实验获得，期间要测量饱和试件在压力梯度作用下所流过的流量。这一值称为 K_s 值（达西导水系数）。如果 r_0 表示孔隙分布中的最大半径，得：

$$K_w(p(r)) = \left(\frac{\int_0^r f(r) \cdot r\, dr}{\int_0^{r_o} f(r) \cdot r\, dr}\right) \cdot K_s \qquad K_w(r_o) = \int_0^{r_o} f(r) \cdot r\, dr \cdot \frac{\rho_w \cdot 0.4343}{8 \cdot \eta} = K_s \tag{5.19}$$

最后，在给定孔径分布函数 f(r) 式（5.6）的条件下，得到孔隙水的传导系数或导水率。在此仍假定孔隙分布中的最大半径 r_0 为无穷大。

$$K_w(r) = \frac{\sum_{j=1}^{n} w_j \cdot R_j^2 \frac{\left(m_j^2 - 3 \cdot m_j + 2\right)}{m_j^2} \cdot \left(\frac{1}{1 + \frac{R_j}{r \cdot m_j}}\right)^{m_j}}{\sum_{j=1}^{n} w_j \cdot R_j^2 \frac{\left(m_j^2 - 3 \cdot m_j + 2\right)}{m_j^2}} \cdot K_s \tag{5.20}$$

湿分传导系数中除了包含 K_s 值之外，还包括已知的孔隙的结构参数 R_j，w_j，m_j。孔隙半径 r 可以由毛细压力 p(r) 或由湿储存系数通过湿含量 w(r) 替代。由此得到 $K_w(p_c)$ 及 $K_w(w)$。该系数涉及的数值范围跨越多个数量级。低的湿含量（吸湿阶段的湿含量）与壁面结合的比较紧密。较高的湿含量（超吸湿阶段的湿含量）相对容易移动。与相对简单的热传导相比，湿分的传递在数学上是一个非线性的不易求解的问题。下面的图 5.18 和图 5.19 给出了前面针对单组表征孔隙模式的 $K_w(p_c)$ 和 $K_w(w)$，其描述了湿分的储存量随孔隙形状参数 m 的变化关系，这里最大导水系数为 $K_s=3.2 \cdot 10^{-15}s$。此时得到方程（5.20）最简化的形式（方程（5.21））。

$$K_{wm1}(r) := \left(\frac{1}{1 + \frac{R_m}{r \cdot m}}\right)^m \cdot K_s \qquad w_s := 0.145 \qquad R_m := 2.5 \cdot 10^{-7} \qquad K_s := 3.2 \cdot 10^{-15} \tag{5.21}$$

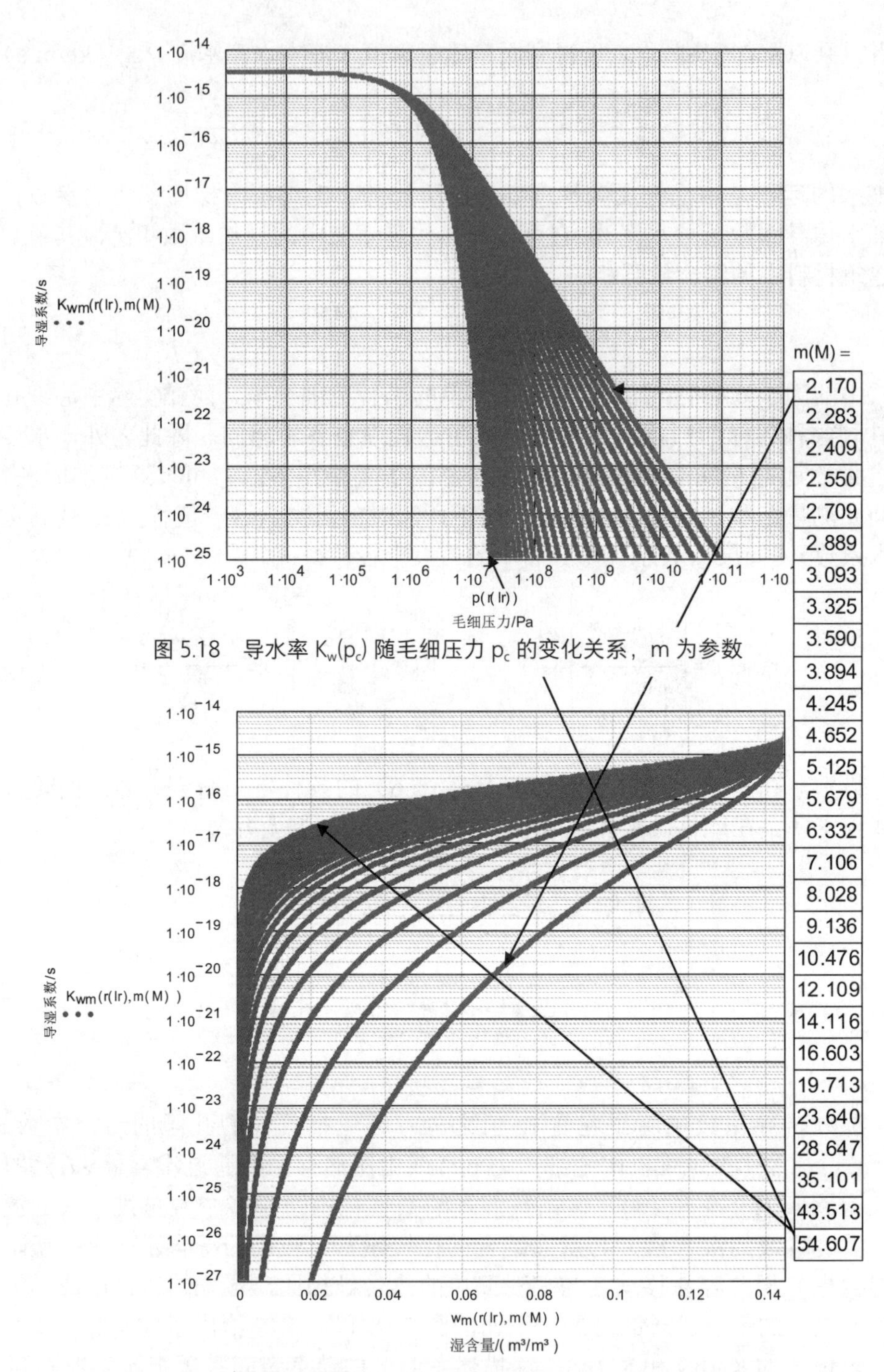

图 5.18　导水率 $K_w(p_c)$ 随毛细压力 p_c 的变化关系，m 为参数

图 5.19　孔隙水传导系数 $K_w(w)$ 随湿含量 w 的变化关系，m 为参数

较大的 m（孔峰值陡峭），导水率下降迅速。所有曲线在小压力下（饱和材料）汇聚到最大 K_s。

m 大（孔峰值陡峭）时，表示处于低湿含量区域，导水率低。所有曲线在材料湿饱和时都汇聚到最大值 K_s。

针对典型参考建筑材料，产自 REINHARDTSDORF 的砂岩，下面图示给出了基于 3 组表征孔径组合模式的孔细水传导系数 $K_w(p_c)$ 和 $K_w(w)$，同时，作为对比，也给出了对应于单组表征孔径模式的近似表达（浅色曲线）。方程（5.20）将以方程（5.20a）的形式表达。所有参数，如 R_j，w_j，m_j 均取自前述内容，并相应于前面给出的湿储存系数。测量得到，材料饱和时对应的最大 K_s 值为 8.8×10^{-9}。导水率在试件饱和时趋向于此值。

$$K_{wm3}(r) := \frac{w_{1m}\cdot R_{1m}^{2}\,\frac{\left(m_1^2-3\cdot m_1+2\right)}{m_1^2}\cdot\left(\frac{1}{1+\frac{R_{1m}}{r\cdot m_1}}\right)^{m_1}\ldots+w_{2m}\cdot R_{2m}^{2}\,\frac{\left(m_2^2-3\cdot m_2+2\right)}{m_2^2}\cdot\left(\frac{1}{1+\frac{R_{2m}}{r\cdot m_2}}\right)^{m_2}\ldots+w_{3m}\cdot R_{3m}^{2}\,\frac{\left(m_3^2-3\cdot m_3+2\right)}{m_3^2}\cdot\left(\frac{1}{1+\frac{R_{3m}}{r\cdot m_3}}\right)^{m_3}}{w_{1m}\cdot R_{1m}^{2}\,\frac{\left(m_1^2-3\cdot m_1+2\right)}{m_1^2}\ldots+w_{2m}\cdot R_{2m}^{2}\,\frac{\left(m_2^2-3\cdot m_2+2\right)}{m_2^2}\ldots+w_{3m}\cdot R_{3m}^{2}\,\frac{\left(m_3^2-3\cdot m_3+2\right)}{m_3^2}}\cdot K_s \tag{5.20a}$$

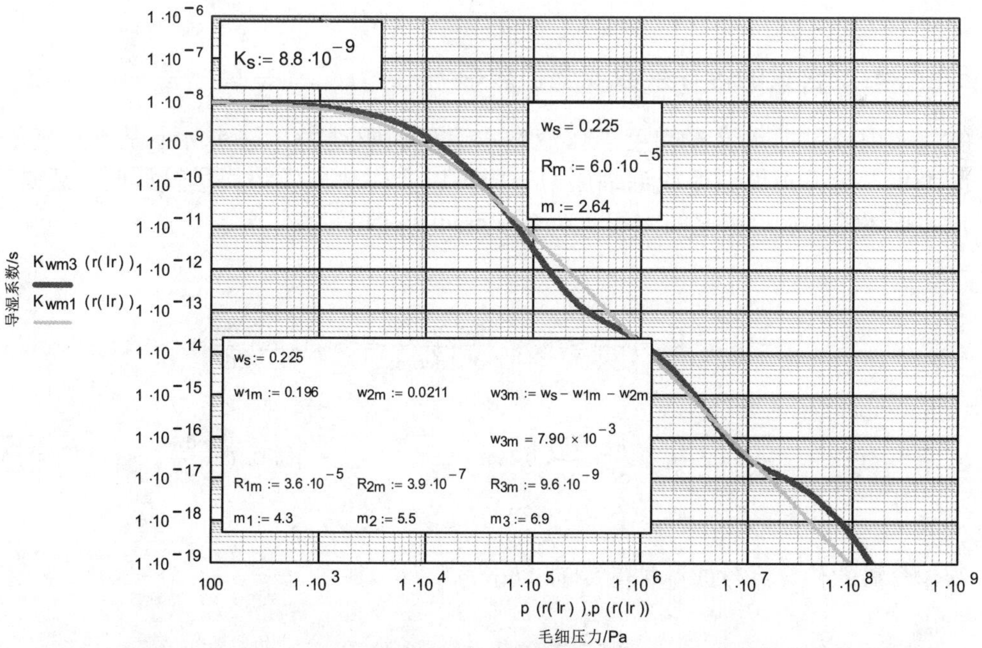

图 5.20 产自 REINHARDTSDORF 的砂岩的孔隙水传导系数 $K_w(p)$ 随毛细压力的变化关系

除此之外，曲线还可以由孔径分布函数确定。在实际的湿度范围内，导湿系数的值可跨越 12 个数量级。

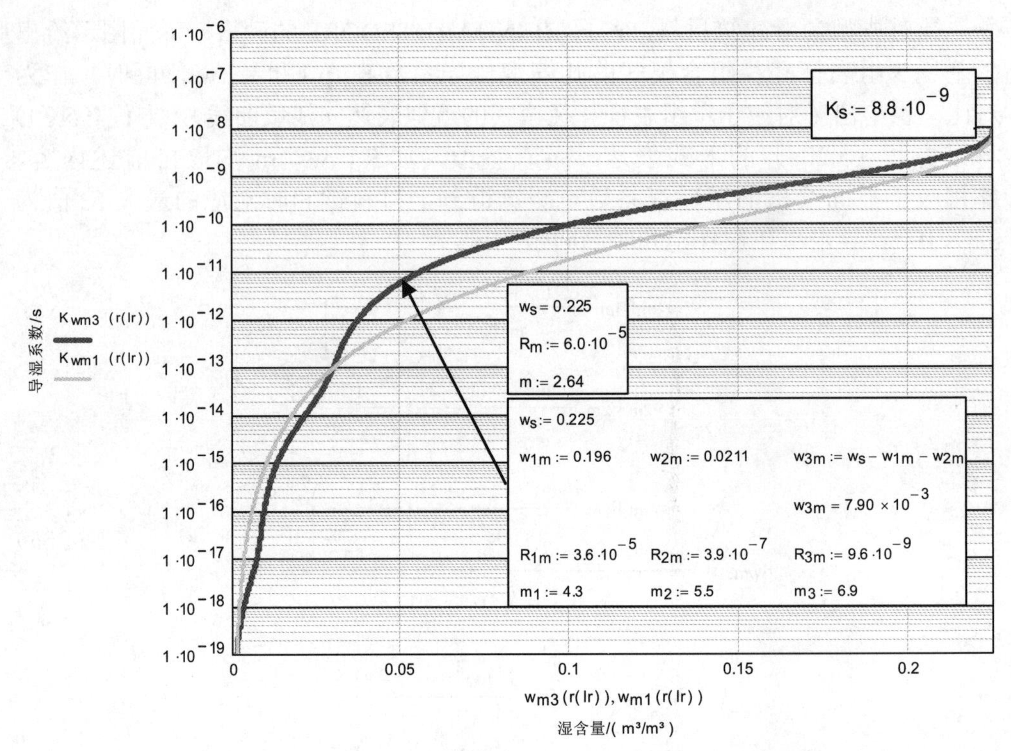

图 5.21　产自 REINHARDTSDORF 的砂岩的孔隙水传导系数 $K_w(w)$ 随湿含量的变化关系

5.1.4.2　湿含量的传导系数或湿扩散率

人们经常把水含量梯度当作液态水运移的驱动力，这实际上是不正确的，因为水含量并不像温度或毛细压力一样可以看作热力学势。尽管如此，还是可以将描述毛细水流密度的方程 $g_w=-K_w\cdot \mathrm{grad}(p_c)$ 改写为：

$$g_w = -K_w(r)\cdot\frac{dp_c}{dx} = -K_w(r)\cdot\frac{dp_c}{dr}\cdot\frac{dr}{dw}\cdot\frac{dw}{dx} = -\rho_w\cdot D_w(w)\cdot\frac{dw}{dx}$$

其中　$\frac{dp_c}{dr} = 2\cdot\frac{\sigma}{r^2}$　　$\frac{dw}{dr} = \frac{f(r)}{r}\cdot 0.4343$　　　$g_w = -\rho_w\cdot D_w(w)\cdot\frac{dw}{dx}$　　(5.22)

得湿含量的传导系数或湿扩散率 D_w（m^2/s）为：

$$D_w(r) = \frac{K_w(r)}{f(r)}\cdot\frac{2\cdot\sigma}{r\cdot\rho_w\cdot 0.4343} \tag{5.23}$$

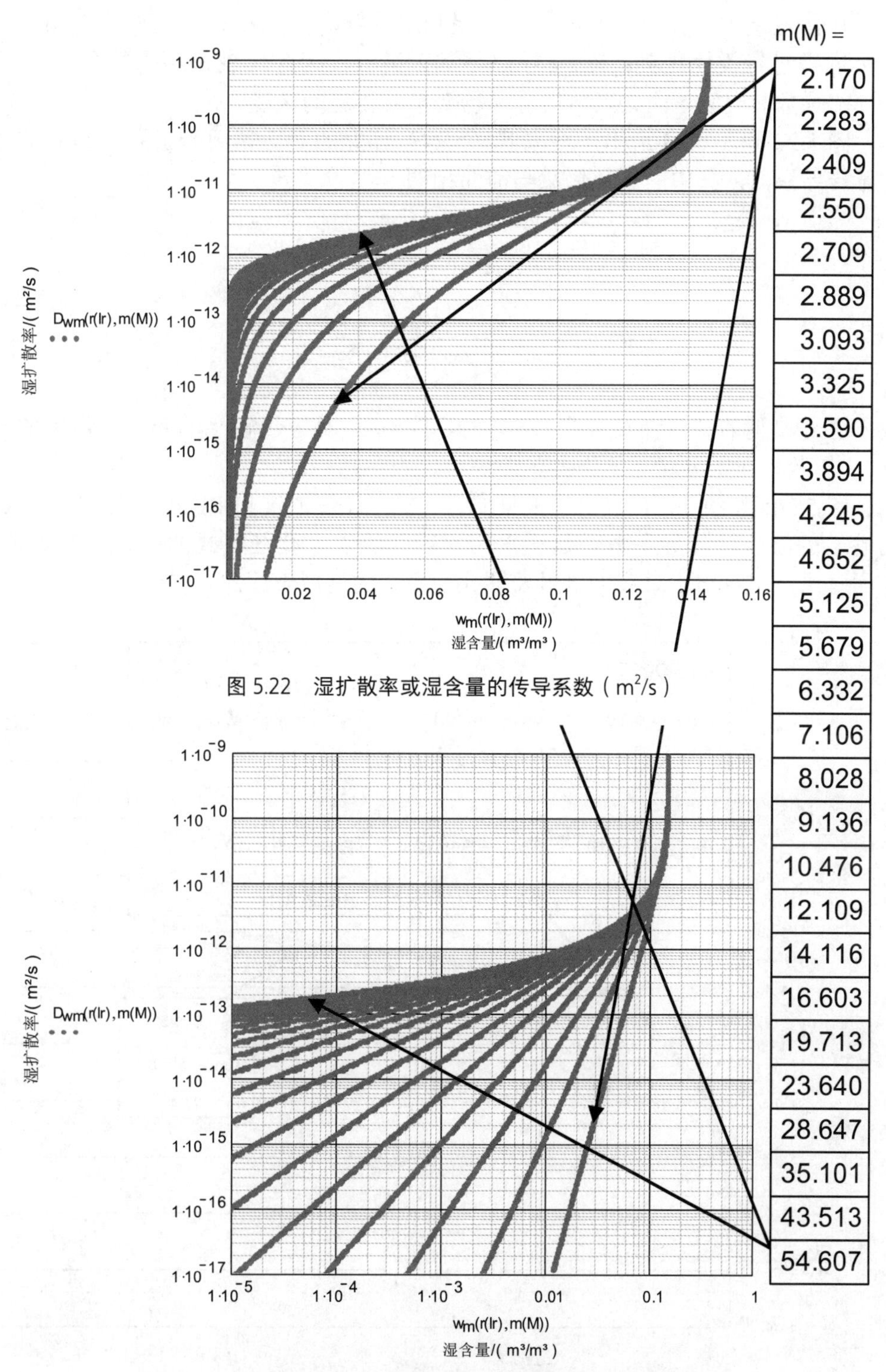

图 5.22 湿扩散率或湿含量的传导系数（m^2/s）

图 5.23 湿扩散率或湿含量的传导系数（m^2/s）

如果将式（5.23）中的 r 由湿储存系数 w(r) 替代，多孔材料中的增湿过程总是从孔径最小的孔隙开始的，可以得到湿扩散率 $D_w(w)$ 随 w 的变化关系。与传热过程进行类比得到：K_w 与导热系数 λ 类似，因此代表传递的数量；而 D_w 与导温系数 a 类似，因此表达信号（场变量）传递的速度。

图 5.22 和图 5.23 给出了根据式（5.24）计算的对应单组表征孔径模式的湿含量传导系数，其中的系数仍然与前面相同。

$$w_S := 0.145 \qquad R_m := 2.5\cdot 10^{-7} \qquad K_S := 3.2\cdot 10^{-15}$$

$$D_{wm}(r,m) := \frac{K_S\cdot\left(\frac{r\cdot m}{R_m}\right)\cdot\left(1+\frac{r\cdot m}{R_m}\right)}{w_S\cdot[(m-1)\cdot(m-2)]}\cdot\frac{4\cdot\sigma}{\rho w\cdot R_m} \tag{5.24}$$

这是典型的 S 形曲线，当 $w=w_s$ 时，$D_w=\infty$。对应于较小的 m（非常小的孔隙），扩散率在低湿度区下降得非常快。

图 5.24a 和图 5.24b 给出了根据式（5.23）计算的产自 REINHARDTSDORF 的砂岩的湿含量传导系数。这里采用对应 3 组表征孔径模式的孔径分布函数，作为对比，也给出了对应于单组表征孔径模式的近似表达式。

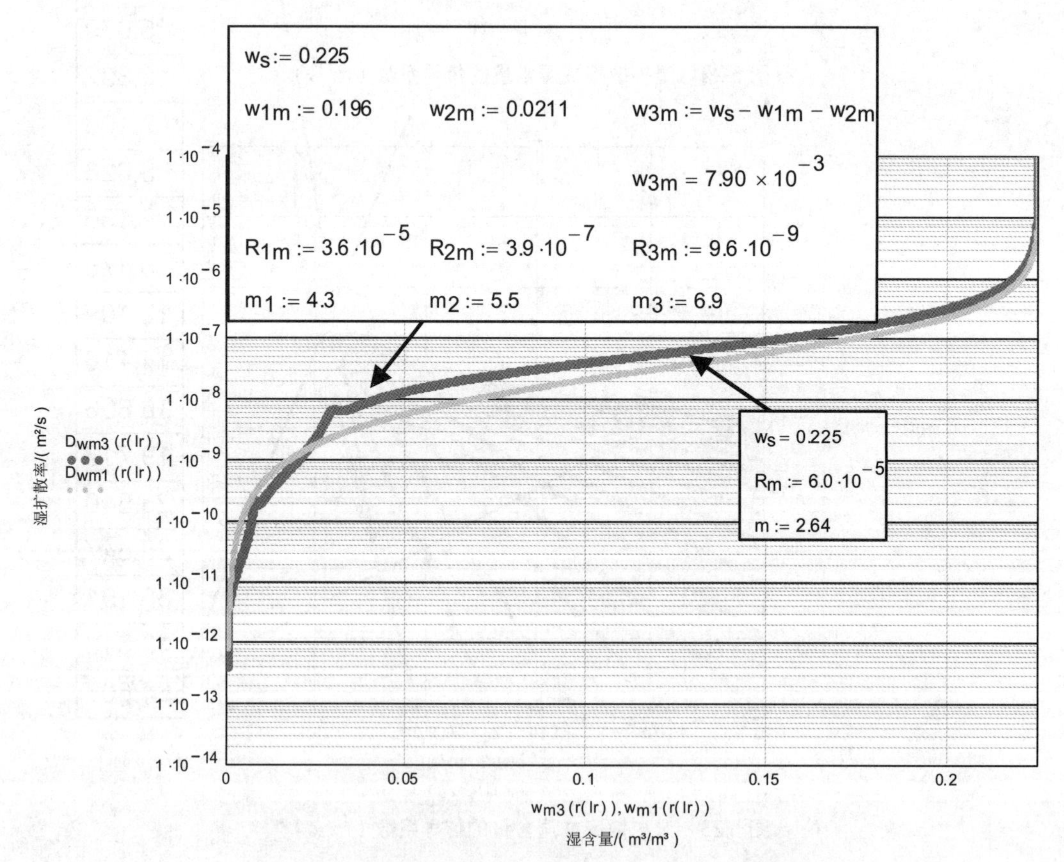

图 5.24a 砂岩的湿扩散率（3 组和单组表征孔径模式）

这里，孔隙半径还是由式（5.8）所表达的湿含量替代。在孔隙半径分布函数中稀少或较小的区域内，湿扩散率或多或少会表现出不同的峰值。

上图中，横坐标所表示的湿含量同样是对数坐标，以便低湿区域的状态也能得到准确表达。

3 组表征孔径模式 $D_{wm3}(r) := \dfrac{K_{wm3}(r)}{f_{m3}(r)} \cdot \dfrac{2\cdot\sigma}{r\cdot\rho w\cdot 0.4343}$

$$D_{wm1}(r) := \frac{K_{wm1}(r)}{f_{m1}(r)} \cdot \frac{2\cdot\sigma}{r\cdot\rho w\cdot 0.4343}$$

单组表征孔径模式 $D_{wm1}(r) := \dfrac{\left(\dfrac{r\cdot m}{R_m}\right)\cdot\left(1+\dfrac{r\cdot m}{R_m}\right)}{[(m-1)\cdot(m-2)]} \cdot \dfrac{4\cdot\sigma\cdot K_s}{\rho w\cdot R_m\cdot w_s}$

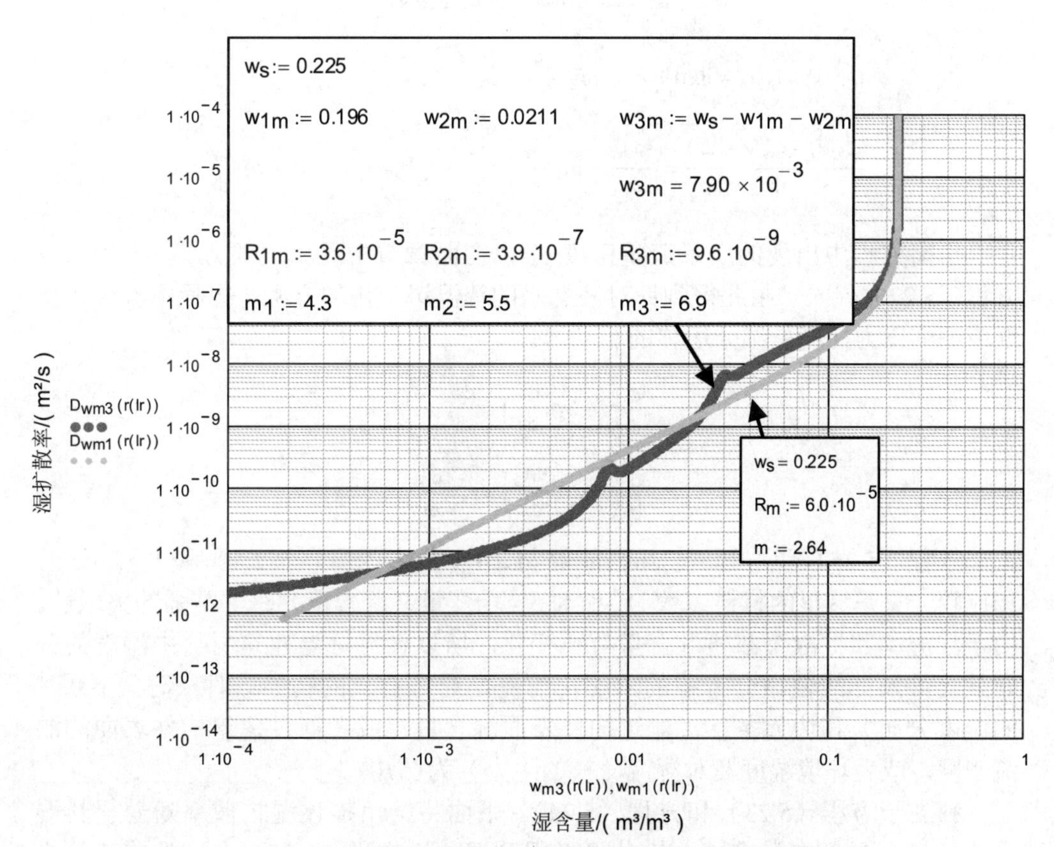

图 5.24b 砂岩的湿扩散率（3 组和单组表征孔径模式）

5.1.4.3　等温湿传导方程及毛细水的吸收

通过对建筑材料中的运移和储存湿分进行平衡分析，可以得到湿传递方程。平衡分析首先针对液态水进行。湿分流量 g_w 的差为在微元体积 dV 内储存的湿分质量（湿含量 w 以 m^3/m^3 的形式表达）。

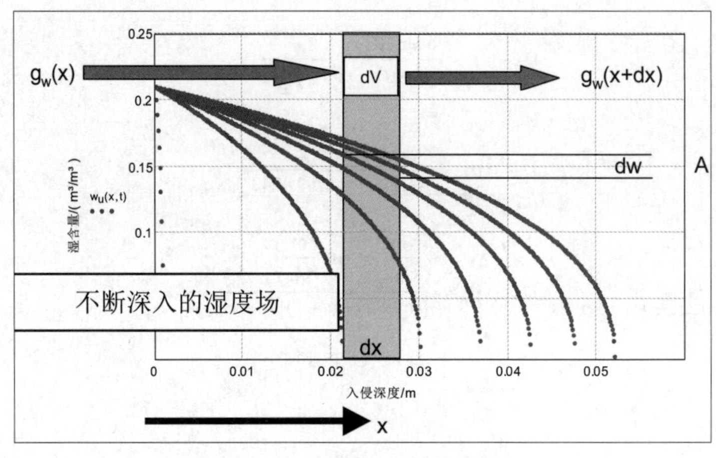

图 5.25　不断深入的湿度场

$$\left(g_W(x)-g_W(x+dx)\right)\cdot A=\rho_W\cdot dV\cdot\frac{dw}{dt}$$

$$\frac{g_W(x)-g_W(x+dx)}{dx}=\frac{-dg_W}{dx}=\rho_W\cdot\frac{dw}{dt}\qquad g_W=-\rho_W\cdot D_W(w)\cdot\frac{dw}{dx}\tag{5.22}$$

平衡方程中出现的质量流量密度 g_w 由前面章节中已出现的方程（5.17）或方程（5.22）代入。由此得到针对液态水的等温湿分传导方程。方程中湿含量梯度或毛细压力梯度是湿分运移的驱动力。

$$\frac{d}{dx}\left(D_W(w)\cdot\frac{dw}{dx}\right)=\frac{dw}{dt}\tag{5.25}$$

$$\frac{d}{dx}\left(K_W(r)\cdot\frac{dp_C}{dx}\right)=\rho_W\cdot\frac{dw}{dt}\tag{5.26}$$

方程（5.25）和方程（5.26）能够与 2.1.1 节中的方程（2.4）和方程（2.5）相比较，只是这里的材料参数 D_w 和 K_w 与场变量（湿含量）有非常强的关联性。由于导湿率和扩散率都随湿含量有所变化，所以计算等温建筑材料中湿度的分布就会涉及非线性微分方程的求解，前提是通常要求的初始条件（时间 t=0 时的湿度分布）和边界条件（建筑构件表面湿含量，或者掠过建筑构件表面的湿流密度，或者环境湿度及对湿流交换的阻力）为已知。

独立于方程（5.23）和方程（5.24），下面将给出描述湿扩散率随着材料湿含量 w 变化的双参数公式。由此可以得到湿传递方程（5.25）在试件或建筑构件直接与水面接触情况下的解析解，即可以计算得到随时间不断深入的湿度场。

借助扩散率计算公式（5.27）（D_{o1} 为 $w=w_s$ 时的最大扩散率，其单位为 m^2/s，k_1 为形状参数），可以得到随时间不断深入的湿度场 $w_1(x,t)$（式（5.28）），以及湿分前锋的入侵深度 $x_{E1}(t)$（$w_1(x,t)=0$）。B_1 称为湿分入侵系数。对整个湿度场积分可以得到在多孔材料与水面直接接触的情况下，吸收的水的质量（kg/m^2）与接触时间的平方根成正比（时间平方根定律）。公式中 $t^{1/2}$ 之前的因子称为由测量确定的水吸收系数 A_w（$kg/m^2s^{1/2}$）。然后，可以由式（5.31）计算 D_{o1}。

$$D_{wu1}(w) := D_{o1}\left[(k_1+1)\cdot\left(\frac{w}{w_s}\right)^{\frac{1}{k_1}} - k_1\cdot\left(\frac{w}{w_s}\right)^{\frac{2}{k_1}}\right] \tag{5.27}$$

不断深入的湿度场 1　　　　　　湿分前锋的入侵深度 1（w1(x,t)=0）

$$w_1(x,t) := w_s\left[1-\frac{1}{\sqrt{2\cdot D_{o1}\cdot[(k_1+1)\cdot k_1]}}\cdot\frac{x}{\sqrt{t}}\right]^{k_1} \tag{5.28}$$

$$x_{E1}(t) = B_1\sqrt{t}$$

吸收质量 1（kg/m^2）

$$x_{E1}(t) := \sqrt{2\cdot D_{o1}\cdot[(k_1+1)\cdot k_1]}\sqrt{t} \tag{5.29}$$

$$M_1(t) = \int_0^{x_{E1}(t)} w_1(x,t)\,dx$$

$$M_1(t) := \sqrt{2}\cdot\sqrt{D_{o1}\frac{k_1}{(k_1+1)}}\sqrt{t}\cdot w_s \qquad M_1(t) = A_w\sqrt{t} \tag{5.30}$$

$$D_{o1} := \left(\frac{A_w}{\rho_w\cdot w_s}\right)^2\frac{k_1+1}{2\cdot k_1} \tag{5.31}$$

同样，可得到第二个扩散率计算公式（5.32）（D_{o2} 是 w 约为 $w_s/2$ 时的扩散率，其单位为 m^2/s，k_2 为形状参数），由此可以得到最终的湿度场 $w_2(x,t)$:

$$D_{wu2}(w) := D_{o2}\left[\left(1-\frac{w}{w_s}\right)^{\frac{1}{k_2}-1} - \left(1-\frac{w}{w_s}\right)^{\frac{2}{k_2}}\right] \tag{5.32}$$

不断深入的湿度场 2　　　　　　湿分前锋的入侵深度 2（$w_2(x,t)=0$）

$$x_{E2}(t) = B_2\sqrt{t}$$

$$w_2(x,t) := w_s\left[1-\left[\frac{1}{\sqrt{2\cdot D_{o2}\cdot((k_2+1))}}\cdot\frac{x}{\sqrt{t}}\right]^{k_2}\right] \tag{5.33}$$

$$x_{E2}(t) := \sqrt{2\cdot D_{o2}\cdot((k_2+1))}\sqrt{t} \tag{5.34}$$

吸收质量 2（kg/m^2）

$$M_2(t) = \int_0^{x_{E2}(t)} w_2(x,t)\,dx$$

$$M_2(t) := \sqrt{2}\cdot\sqrt{D_{o2}\frac{k_2^{\,2}}{(k_2+1)}}\sqrt{t}\cdot w_s \qquad M_2(t) = A_w\sqrt{t} \tag{5.35}$$

$$D_{o2} := \left(\frac{A_w}{\rho_w\cdot w_s}\right)^2\frac{k_2+1}{2\cdot k_2^{\,2}} \tag{5.36}$$

由上述两个计算公式得到的所有结论及结果都显示于下面针对产自 REINHARDTSDORF 的砂岩的图中。水吸收系数 A_w 当然不是由湿分传导系数推导而来，因此，这两个扩散率是等效的。

类型1的扩散率（黑色粗曲线）在低湿度区域（0<w<5%）与孔隙模型产生的湿传导率（式（5.23））非常近似，但当 $w=w_s$ 时，仅能达到有限值 D_{o1}。类型2的扩散率（黑色细曲线）在低湿度区域值偏大，但当 $w=w_s$ 时，则以正确的方式（水分在没有湿度梯度的情况下运移）趋向无穷大。

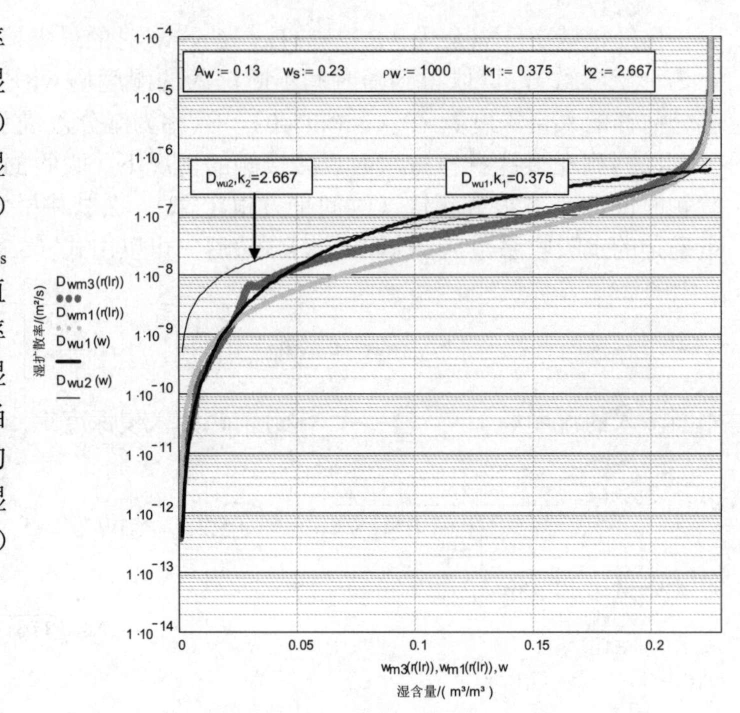

图 5.26　砂石的湿扩散率

场传导系数的变化过程也映射出湿度场的形式。直接接触水面的入侵质量（湿度场曲线下方的面积）和入侵深度对于两种类型的场都是相同的（也可参考用时间平方根定律得到的 M(t) 和 xE(t)）。类型1（黑色粗曲线）在有限梯度作用下不断入侵的时间段内，湿分前锋降落陡峭。类型2（浅色曲线）在入侵时间段内平缓推进，且前端湿度保持有限梯度。

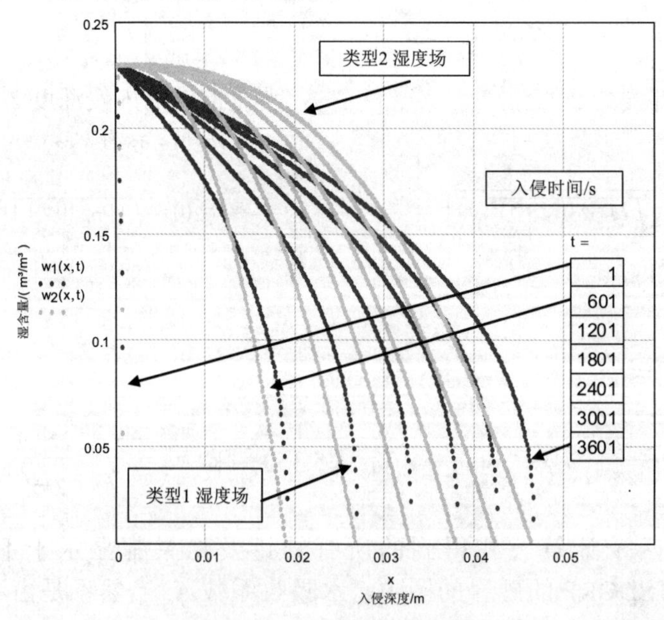

图 5.27　砂岩不断深入的湿度场

下面的图 5.28 和图 5.29 给出了针对产自 REINHARDTSDORF 的砂岩在与水接触 t=1h=3600s 后的条件下，由方程（5.28）和方程（5.33）计算得出的入侵湿度场随形状参数 k_1 和 k_2 的变化。

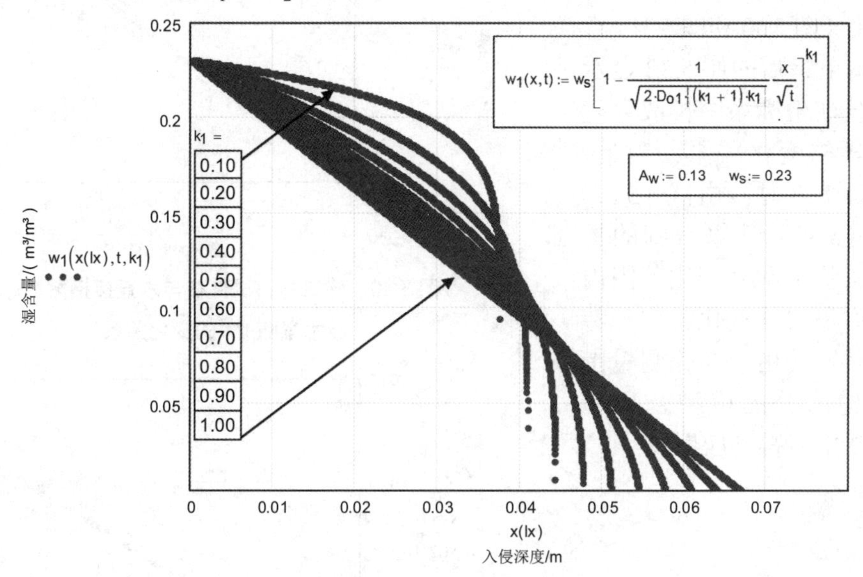

图 5.28　入侵湿度场类型 1

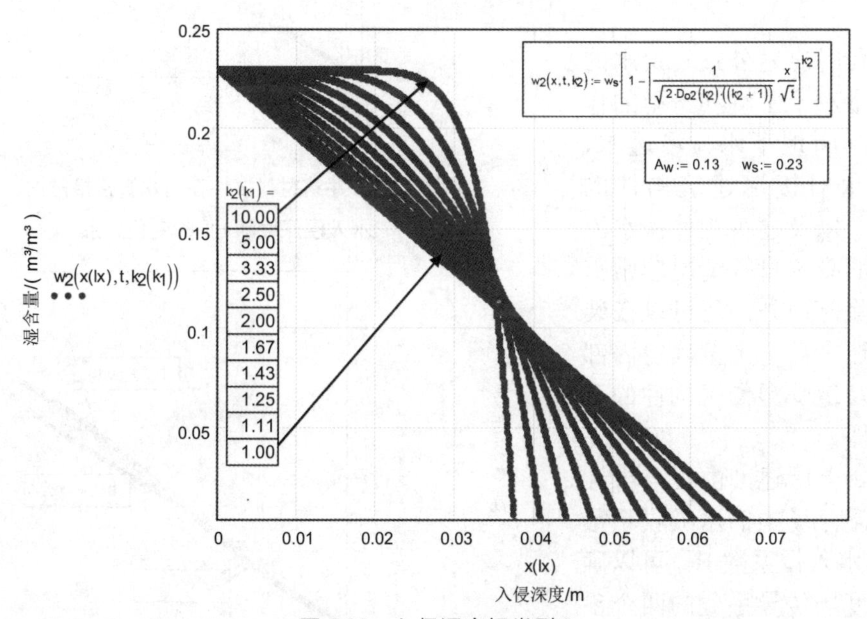

图 5.29　入侵湿度场类型 2

在第一种情况下，小的 k 值（比如，k_1=0.1）对应于陡峭的前锋，而在第二种情况下，对于大的 k 值（比如，k_2=10），湿度场水平向前推进，但是同样也有一个相对陡峭的前锋。对于 k_1=k_2=1，得到直线分布的场，且两种类型的湿度场完全一致。从根本上说，相对于不断深入的温度场（参考足部热传导一节的内容），湿分场的深入范围是有限的。

在这两种情况下，吸收水分量及入侵深度均以同样方式，即随时间的平方根呈线性变化（图 5.30 和图 5.31）。

本节最后的图 5.32 显示出在线性坐标系中扩散率随湿含量的变化关系。当 k_1=0.7，k_2=1.23 时，由式（5.27）和式（5.32）计算得到的扩散率在整个湿度变化范围内几乎均呈线性变化。这一特点在后期的用于简化测量围护结构湿分的模型及程序 COND 中将得到应用。

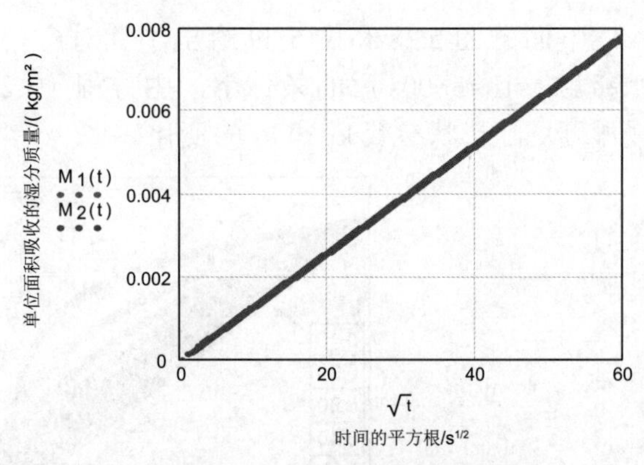

图 5.30　建筑材料试件在与水直接接触时，吸水量随 $t^{1/2}$ 的变化关系

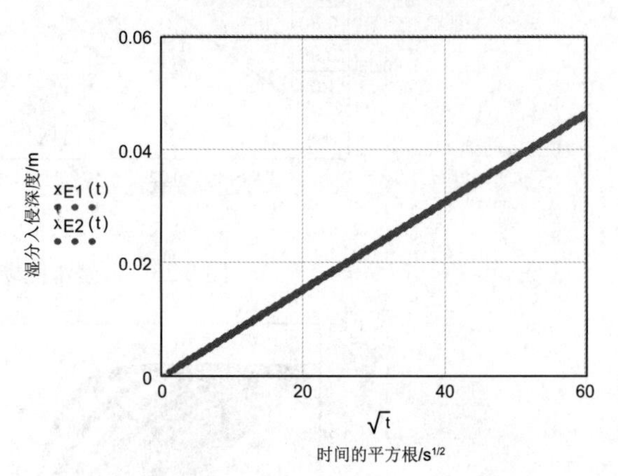

图 5.31　建筑材料试件在与水直接接触时，水入侵深度随 $t^{1/2}$ 的变化关系

利用前述公式确定水的入侵量对于了解冲击雨的作用，判断地下水、渗透水、层流水对接地建筑构件的影响，以及建筑构件被水淹泡后的吸水量等情况非常重要。除此而外，还可以在装修改造之后，定量确定内部湿分及遭受湿侵害构件的干燥过程。

如上所述，由可分析计算的湿分场中的水吸收系数 A_w 和水入侵系数 B，可以确定湿度场传导系数的两个参数 D_o 和 k。在简化的材料列表中的最后一列，给出了各种材料对应的水吸收系数 A_w。

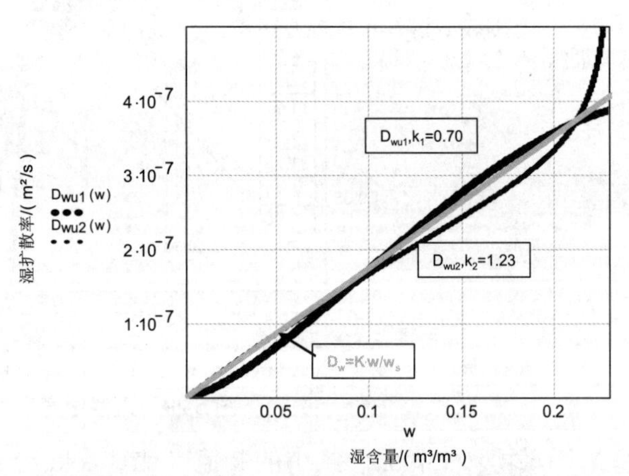

图 5.32　根据式（5.27）和式（5.32），针对 k_1=0.70 和 k_2=1.23 计算得到的线性化扩散率

表 5.2 若干建筑材料的建筑物理特征参数——水吸收系数（kg/（$s^{1/2}m^2$））

	λ/(W/mK)	μ	w_h/（m^3/m^3）	w_s/（m^3/m^3）	A_w/（$kg/m^2s^{0.5}$）
沥青防水层	0.18	100000	0.001	0.01	1E-6
硅酸钙板	0.06	4	0.008	0.85	0.776
硅酸钙粘合剂	1.3	32	0.1	0.33	0.04
石膏板	0.34	18	0.011	0.4	0.355
木材（垂直于纤维）	0.12	40	0.08	0.42	0.019
木材（平行于纤维）	0.12	25	0.08	0.42	0.043
木材软纤维	0.06	3	0.042	0.85	0.105
石灰抹灰	0.87	12	0.025	0.3	0.045
石灰-水泥抹灰	0.98	21	0.025	0.3	0.025
灰砂砖	1.25	18	0.065	0.32	0.088
缸砖	0.95	25	0.007	0.27	0.03
合成树脂石膏	0.8	100	0.007	0.2	0.002
矿物棉	0.04	1	0.001	0.95	1E-5
矿物泡沫	0.04	2.5	0.01	0.9	0.15
普通混凝土	1.75	55	0.042	0.15	0.048
OSB板	0.5	55	0.01	0.3	0.008
PE膜	0.18	100000	0.001	0.01	1E-6
多孔混凝土	0.18	6	0.025	0.45	0.072
PS泡沫	0.04	45	0.001	0.95	1E-5
砂岩	2.05	25	0.005	0.22	0.25
纸浆保温材料	0.05	3	0.02	0.75	0.105
水泥抹灰	1.1	31	0.022	0.25	0.014
砖	0.75	8	0.01	0.35	0.145

5.1.5 水蒸气的储存与传递

外界空气、室内空气、孔隙空气均包含以气相形式存在的湿分——水蒸气。湿含量可以用水蒸气的质量 m_D 或分压力 p_D 的形式给出。这两个参数通过气体状态方程构成关联关系。除此而外，也常用 x 值（见 1.2.2.2 节中的 h-x 图）表征空气的湿度。

$p_D = \frac{m_D}{V_L} \cdot R_D \cdot T$ p_D（Pa）水蒸气分压力，$R_D = 462 \cdot \frac{Ws}{kg \cdot K}$ 水蒸气气体常数，V_L 空气体积

$x = \frac{m_D}{m_L}$

在给定温度下，空气中的水含量或水蒸气分压力不能超过其最大值——饱和值。其值可以用下列近似关系式来确定（请与 1.2.2.1 节对比）。

$$p_S(\theta) = 610.5 \cdot e^{\frac{17.26 \cdot \theta}{237.3+\theta}} \quad \theta \geq 0 \cdot {}^\circ C \qquad p_S(\theta) = 610.5 \cdot e^{\frac{21.87 \cdot \theta}{265.5+\theta}} \quad \theta < 0 \cdot {}^\circ C \tag{1.25}$$

$$p_S(\theta) = 610.5 \cdot \left(1 + \frac{\theta}{109.80}\right)^{8.02} \quad \theta \geq 0 \cdot {}^\circ C \qquad p_S(\theta) = 610.5 \cdot \left(1 + \frac{\theta}{148.57}\right)^{12.30} \quad \theta < 0 \cdot {}^\circ C \tag{1.26}$$

空气的相对湿度定义如下（请与 1.1.3.3 节中的式（1.30）对比）

$$\phi = \frac{p_D}{p_S} \quad （1 或\%） \tag{1.30}$$

水蒸气的分压力梯度是引起水蒸气在建筑构件中运移的原因。类似于热传递和毛细水运移，描述水蒸气运移的菲克定律可写成如式（5.37）的表达式。δ 称为水蒸气传导系数。

$$g_D = \delta \frac{d}{dx} p_D \quad (kg/m^2s) \tag{5.37}$$

如果水蒸气气流受到多孔建筑材料阻挡，则传导系数相对于在空气中的值，减小因子为 μ。

$$\delta := \frac{\delta_{Luft}}{\mu}$$ $\delta_{Luft}=1.85\times10^{-10}$ s 为水蒸气在空气中的扩散阻力系数（5.37a）

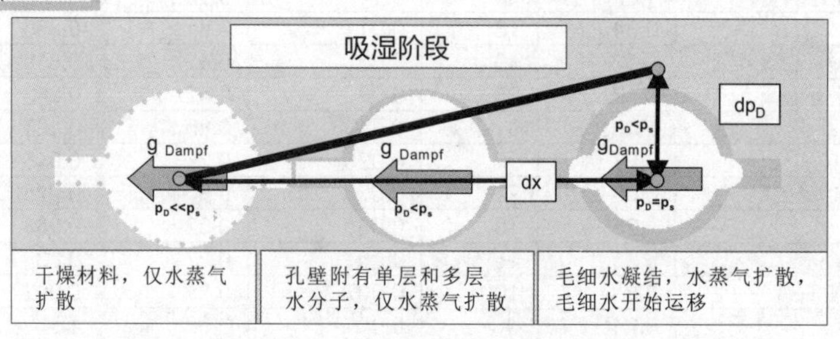

图 5.33　水蒸气压力梯度作用下引发的水蒸气传输

由湿传递方程（5.25）和方程（5.26），$\frac{d}{dx}\left(K_W(w)\frac{d}{dx}p_C\right)=\frac{d}{dt}w$ 和 $\frac{d}{dx}\left(D_W(w)\frac{d}{dx}w\right)=\frac{d}{dt}w$，进一步完善，从而得到等温的总湿传递方程：

$$\frac{\partial}{\partial x}\left[K_W(w)\frac{\partial}{\partial x}p_C+\delta\cdot\left(\frac{\partial}{\partial x}p_D\right)\right]=\frac{\partial}{\partial t}w \tag{5.38}$$

在下面的材料列表 5.3 中，方框圈出的第二列数据给出了若干建筑材料的水蒸气扩散阻力系数的减小因子 μ。

表 5.3　若干建筑材料的建筑物理特征参数——μ 值

	λ/(W/mK)	μ	w_h/(m³/m³)	w_s/(m³/m³)	A_w/(kg/m²s⁰·⁵)
沥青防水层	0.18	100000	0.001	0.01	1E-6
硅酸钙板	0.06	4	0.008	0.85	0.776
硅酸钙粘合剂	1.3	32	0.1	0.33	0.04
石膏板	0.34	18	0.011	0.4	0.355
木材（垂直于纤维）	0.12	40	0.08	0.42	0.019
木材（平行于纤维）	0.12	25	0.08	0.42	0.043
木材软纤维	0.06	3	0.042	0.85	0.105
石灰抹灰	0.87	12	0.025	0.3	0.045
石灰-水泥抹灰	0.98	21	0.025	0.3	0.025
灰砂砖	1.25	18	0.065	0.32	0.088
缸砖	0.95	25	0.007	0.27	0.03
合成树脂石膏	0.8	100	0.007	0.2	0.002
矿物棉	0.04	1	0.001	0.95	1E-5
矿物泡沫	0.04	2.5	0.01	0.9	0.15
普通混凝土	1.75	55	0.042	0.15	0.048
OSB板	0.5	55	0.01	0.3	0.008
PE膜	0.18	100000	0.001	0.01	1E-6
多孔混凝土	0.18	6	0.025	0.45	0.072
PS泡沫	0.04	45	0.001	0.95	1E-5
砂岩	2.05	25	0.005	0.22	0.25
纸浆保温材料	0.05	3	0.02	0.75	0.105
水泥抹灰	1.1	31	0.022	0.25	0.014
砖	0.75	8	0.01	0.35	0.145

由于在多孔材料中，孔隙内空气中储存的湿分相对于材料的吸湿水和超吸湿水的储存量要小很多，所以在湿平衡方程（5.38）中忽略了这一部分湿含量。

下面各图中（请与1.2.2节对比）再次给出了水蒸气饱和压力随温度的变化关系（请与完整数据表1.6相比较），以及露点温度（对应水蒸气分压力为饱和压力，表1.10）和“易发霉菌温度”（当前水蒸气分压力对应80%的空气相对湿度）。

$$ps1(\theta) := 610.5\cdot\left[\left(1+\frac{\theta}{148.57}\right)^{12.3}\cdot\Phi(-\theta)+\left(1+\frac{\theta}{109.8}\right)^{8.02}\cdot\Phi(\theta)\right]$$

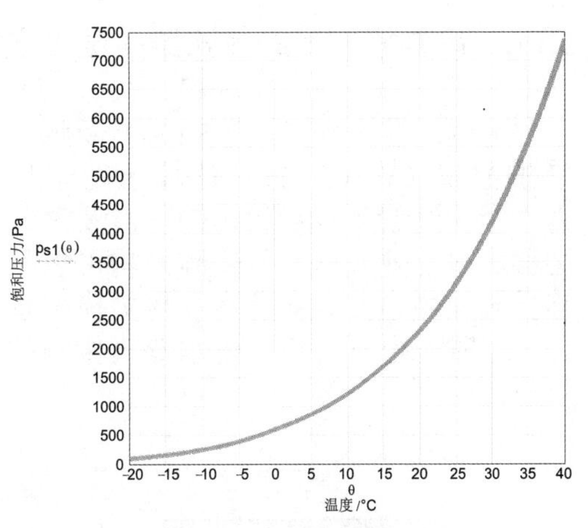

图1.51　水蒸气饱和压力随温度θ的变化关系（θ＜0℃和θ＞0℃的区域由F(θ)相互关联）

$$\theta_T(\theta,\phi) := \phi^{0.1247}\cdot(109.8+\theta)-109.8$$

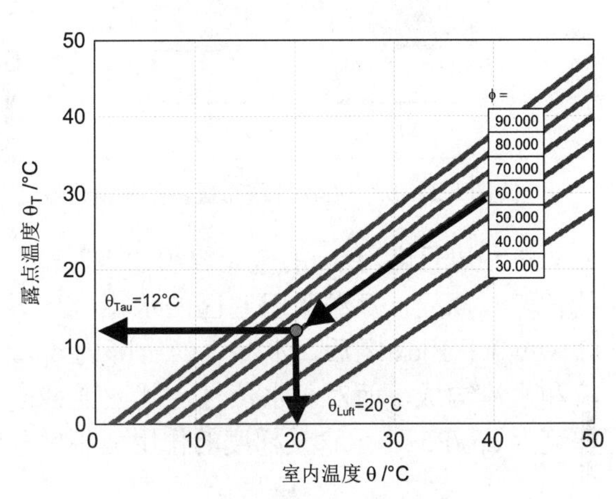

图1.102a　露点温度θ_T随室内温度θ及空气相对湿度φ的变化

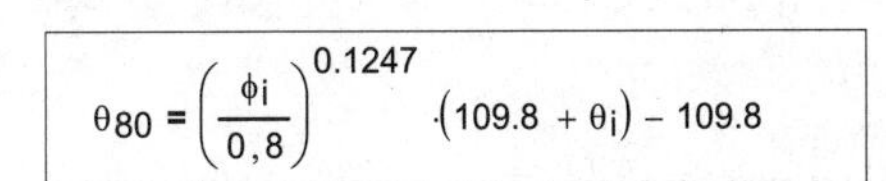

$$\theta_{80} = \left(\frac{\phi_i}{0,8}\right)^{0.1247}\cdot(109.8+\theta_i)-109.8$$

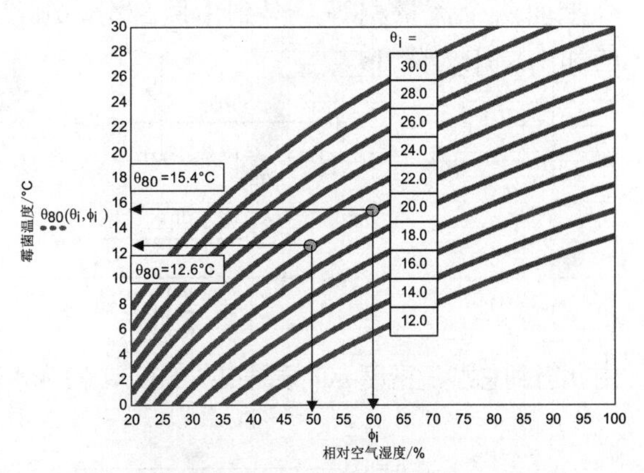

图3.12　80%温度（易发霉菌温度）随室内温度θ及相对空气湿度φ的变化

5.1.6 串并联布置的多孔聚类湿传递模型的细化

毛细水导水率（式（5.17））及水蒸气扩散率（式（5.32））是基于处于压力平衡的细管束推导得出的。涉及湿分运移的多孔建筑材料的实际结构可以足够精确地由串并联布置多孔聚类模型替代，同时，也可定量描述水蒸气传输的效应。

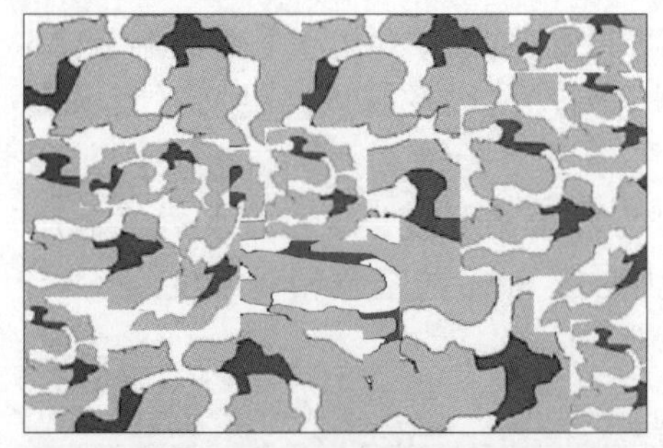

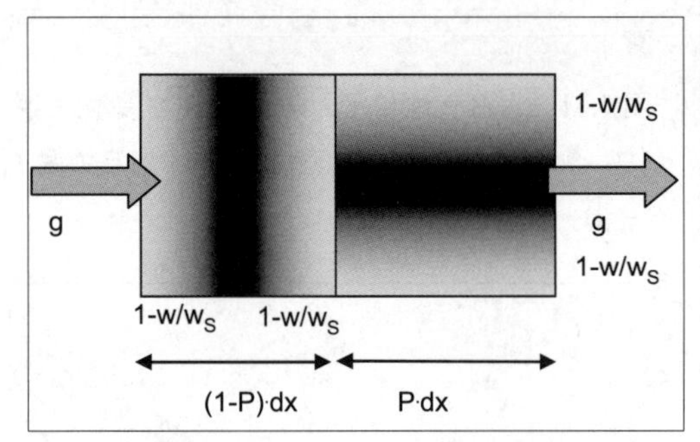

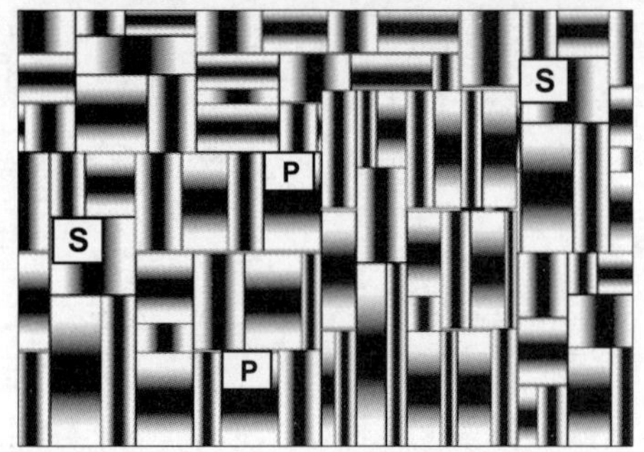

图 5.34a,b,c 在串并联布置多孔聚类孔隙结构模型中的水蒸气与毛细水的传递

在左边长度为 dx 的微元容积的串联部分 S=1−P 中，湿分的运移只有水蒸气的传输，期间，穿越水阻塞区的水蒸气传导是以“短路”的形式发生的。通过 $(1-w/w_s)(1-P)dx$ 之后，水蒸气的压降为 dp_S。在右边部分 P，总流量由水蒸气气流和水流构成，而对于水蒸气，其通道截面积减小比例为 $1-w/w_s$。水蒸气压力梯度为 dp_P/Pdx。水含量梯度的作用面不做分隔，而是以整个微元体为基准。

$$g = D_d \frac{dp_S}{\left(1-\frac{w}{w_S}\right)\cdot(1-P)\cdot dx} \qquad g = D_d\cdot\left(1-\frac{w}{w_S}\right)\frac{dp_P}{P\cdot dx} + D_W\frac{dw}{dx}$$

令上面两个流量相等，得到串联部分水压力降 dp_s 的表达式。此外，dp_s 和 dp_p 的和为总压力降 dp。

$$D_d \frac{dp_S}{\left(1-\frac{w}{w_S}\right)\cdot(1-P)\cdot dx} = D_d\cdot\left(1-\frac{w}{w_S}\right)\frac{dp_P}{P\cdot dx} + D_W\frac{dw}{dx}$$

$$dp_S = \frac{\left(1-\frac{w}{w_S}\right)\frac{dp_P}{P} + \frac{D_W}{D_d}\cdot dw}{\left(1-\frac{w}{w_S}\right)\cdot(1-P)} \qquad dp = dp_S + dp_P$$

由此得到总湿流密度 g 的表达式（5.39），其为水蒸气气流密度和液态水流量密度之和。

$$g = D_d \frac{1-\frac{w}{w_S}}{P+(1-P)\cdot\left(1-\frac{w}{w_S}\right)^2}\frac{d}{dx}p + D_W\frac{P}{\left[P+(1-P)\cdot\left(1-\frac{w}{w_S}\right)^2\right]}\frac{d}{dx}w \qquad (5.39)$$

由方程（5.39）可以得到针对水蒸气和毛细水传导系数（即扩散率和导水率）的修正系数 k_d 和 k_w（方程（5.39a）和方程（5.39b））。

$$\kappa_d(w,P) := \frac{\left(1-\frac{w}{w_s}\right)}{P+(1-P)\cdot\left(1-\frac{w}{w_s}\right)^2} \tag{5.39a}$$

水蒸气传导系数只是在并联的毛细孔隙中，由于流通截面逐渐变窄，随湿含量的增加而逐渐减小，而在占大多数的串联毛细孔隙中，由于水阻塞区域的“短路效应”，传导系数随湿含量的增加首先是增加的，而当 $w=w_s$ 时，同样趋于零。

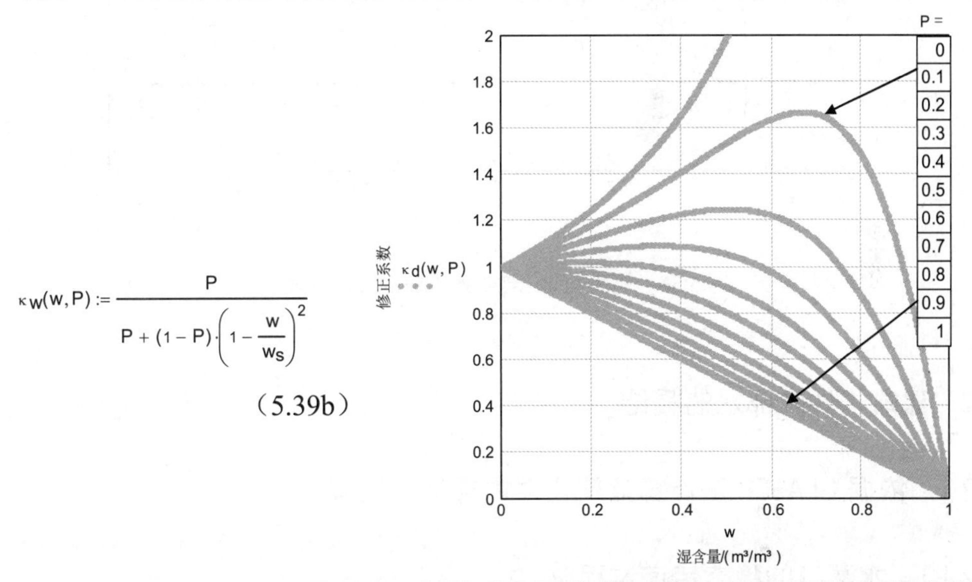

$$\kappa_w(w,P) := \frac{P}{P+(1-P)\cdot\left(1-\frac{w}{w_s}\right)^2} \tag{5.39b}$$

图 5.35a 水蒸气传导系数的修正系数随并联毛细管份额的变化关系

液态水传导率或扩散率主要随着串联孔隙份额的增加而减小，因为它们与毛细水运移阻力增大同步。

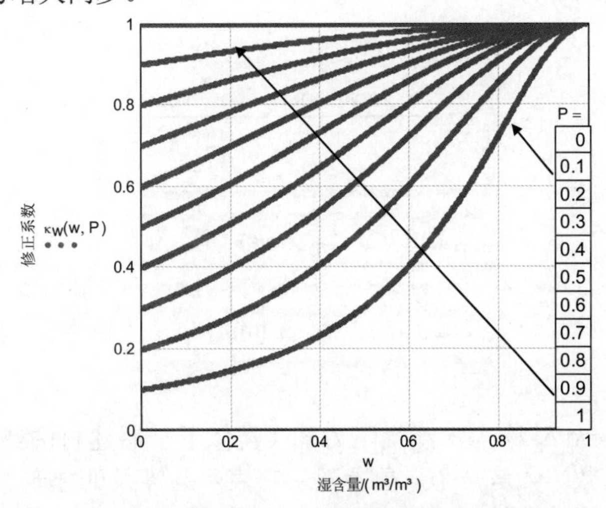

图 5.35b 毛细水传导系数的修正系数随并联毛细管份额的变化关系

通常情况下，对于每一个具体的孔隙结构，并联的孔隙份额大小是不同的，即它是孔径的函数。轻质混凝土由于其球形孔中较差的毛细传导能力，就只能用很小的并联份额加以描述了。

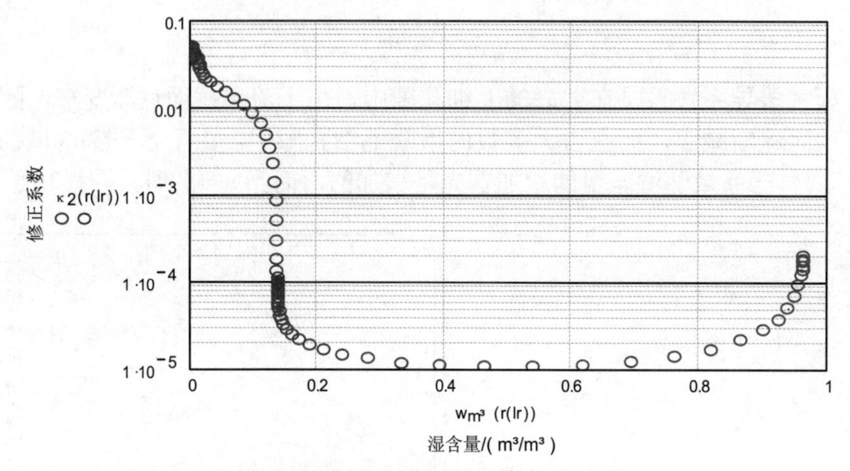

图 5.36　轻质混凝土毛细水传输的修正系数

5.2　建筑构件内部水的凝结

5.2.1　依据 GLASER 法计算建筑构件内部结露过程

5.2.1.1　水蒸气的稳态传递过程

如果建筑构件处于稳定状态（通过结构的水蒸气气流密度为常数，或者说结构内部的水蒸气分布不随时间变化），则方程可归纳为 $g_D=\delta_L/\mu \cdot dp/dx$。

$$g_D = \frac{\delta_L}{\mu}\frac{(p_{Di} - p_{De})}{d} = \frac{p_{Di} - p_{De}}{\frac{\mu \cdot d}{\delta_L}} \tag{5.40}$$

$$r_D = \frac{\mu \cdot d}{\delta_L} \qquad r_D\ (m/s) \tag{5.41}$$

$$s_d = \mu \cdot d \qquad s_d\ (m) \tag{5.42}$$

参数组合 $\mu \cdot d/\delta_L$ 称为水蒸气阻力 r_D（类似于一层建材的热阻）。μ 称为水蒸气扩散阻力系数。s_d 是一个形象参数，它表示与涉及的建筑材料具有相同水蒸气阻力的空气层的厚度。

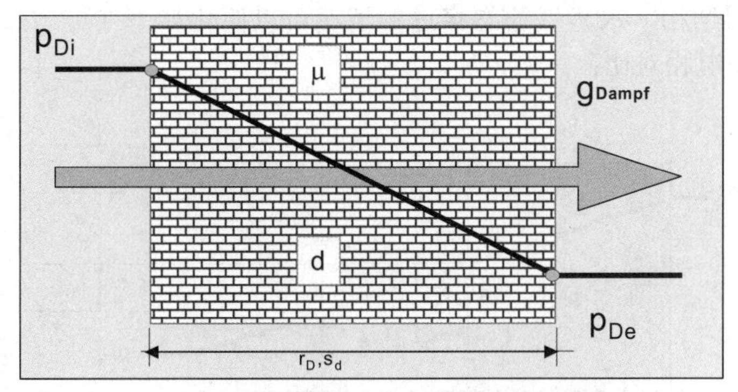

图 5.37 水蒸气稳态穿过单层建材的过程

建筑构件表面水蒸气对流传递阻力 $r_{Dü}$ 与表面对流换热热阻 R_{sc} 成正比，或者说，物质表面对流传递系数 β 与表面对流换热系数 h_c 成正比。

$$\beta := 7\cdot 10^{-9}\cdot\frac{m\cdot s\cdot K}{W}\cdot h_c \tag{5.43}$$

$$R_S := 0.04$$

$$r_{Dü} := R_S\cdot 1.3\cdot 10^8$$

$$r_{Dü} = 5.20\times 10^6$$

表面水蒸气对流传递阻力 $r_{Dü}$ 相对于建筑构件层内的水蒸气传递阻力很小。因此，建筑构件内侧和外侧空间的水蒸气压力 p_{Di} 和 p_{De} 直接作用在构件两侧表面。表面（最先被干燥的一层）潮湿的建筑构件干燥过程中，表面水蒸气对流传递阻力 $r_{Dü}$ 具有关键作用，因为流过表面的干燥气流密度由下式计算（p_{sO} 为潮湿建筑构件表面处的饱和水蒸气压力）：

$$g_D = \frac{p_{sO} - p_{De}}{r_{Dü}}$$

示例：墙砖

$$d := 0.365 \qquad \theta_i := 20 \qquad \theta_e := 0$$

$$\mu := 8 \qquad \delta_L := 1.85\cdot 10^{-10} \qquad \phi_i := 0.60 \qquad \phi_e := 0.90$$

$$p_{si}(\theta_i) := 610.5\cdot\left(1+\frac{\theta_i}{109.8}\right)^{8.02} \qquad p_{se}(\theta_e) := 610.5\cdot\left(1+\frac{\theta_e}{148.57}\right)^{12.3}$$

$$p_{si}(\theta_i) = 2336.24 \qquad p_{se}(\theta_e) = 610.50$$

$$p_{Di} := \phi_i\cdot p_{si}(\theta_i) \qquad p_{De} := \phi_e\cdot p_{se}(\theta_e)$$

$$p_{Di} = 1401.75 \qquad p_{De} = 549.45$$

$$s_d := \mu\cdot d \qquad r_D := \frac{\mu\cdot d}{\delta_L}$$

$$s_d = 2.92 \qquad r_D = 1.58\times 10^{10}$$

$$g_D := \frac{p_{Di} - p_{De}}{\frac{\mu\cdot d}{\delta_L}} \qquad g_D = 5.40\times 10^{-8}\ \frac{kg}{m2\cdot s}$$

$$g_{Dh} := g_D\cdot 3600$$

$$g_{Dh} = 1.94\times 10^{-4}\ \frac{kg}{m2\cdot h}$$

一般情况下，由水蒸气的含量差所引起的扩散非常少。

对于多层结构，水蒸气稳态穿过的情况可以简化如下（可与热量传过多层壁面结构的情况相对比）。

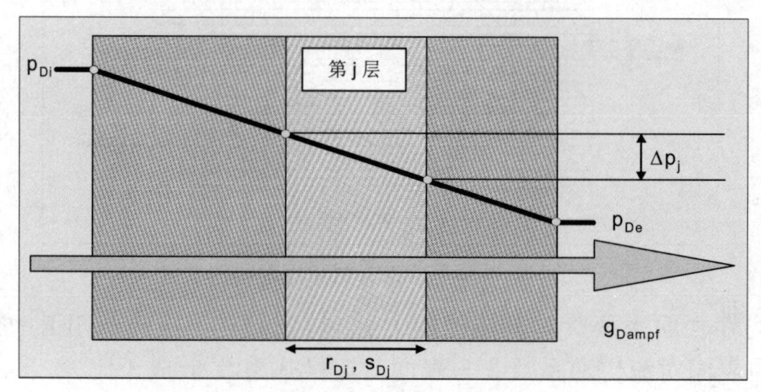

图 5.38　水蒸气稳态穿过多层建材的过程

水蒸气在每一层的压力降为：

水蒸气压力分布　$\Delta p_j = g_D \cdot r_{Dj}$　(Pa)　（5.44）

所有各层压力降的和为总压差（忽略水蒸气的表面对流传递阻力）：

$$\sum_{j=1}^{n} \Delta p_j = p_{Di} - p_{De} = g_D \cdot \sum_{j=1}^{n} r_{Dj}$$

多层结构的水蒸气气流密度及总水蒸气阻力的计算式如下：

水蒸气气流密度

$$g_D = \frac{p_{Di} - p_{De}}{\sum_{j=1}^{n} r_{Dj}} = \frac{p_{Di} - p_{De}}{\sum_{j=1}^{n} s_{dj}} \cdot \delta_L \quad (kg/m^2s) \qquad (5.45)$$

总水蒸气阻力

$$r_{Dges} = \sum_{j=1}^{n} r_{Dj} \quad (m/s)$$

5.2.1.2　凝结水量的计算

冬季情况——1 个结露面

如果水蒸气分压力 p_D 达到饱和压力 p_s，则出现凝结水。下面将定量给出多层外墙内部水的凝结过程。水蒸气压力随扩散阻力，即随 s_d 值的变化描绘于下面的图中。

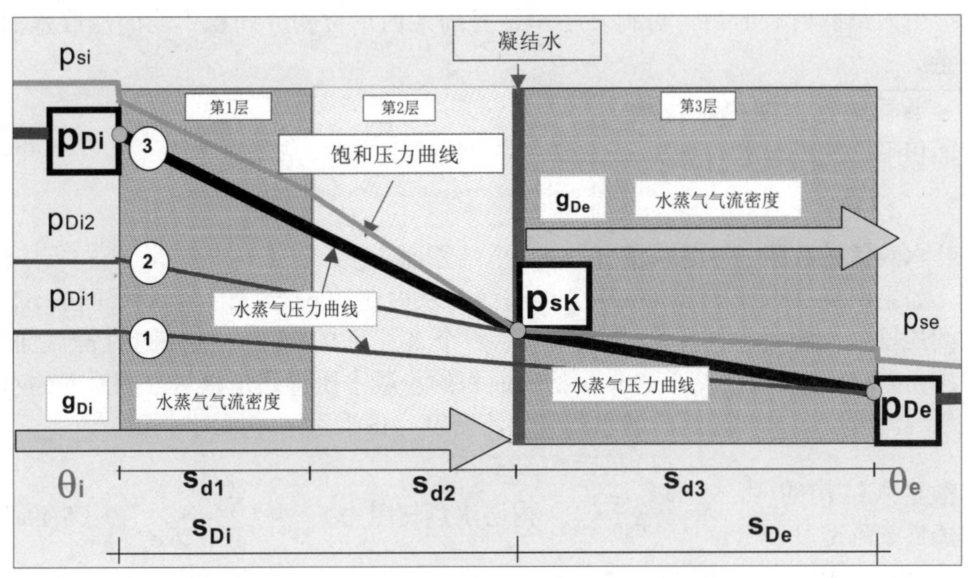

图 5.39 水蒸气扩散图，冬季情况，1 个结露面

（1）在情况 1 中，室内空气相对湿度 ϕ_1 及水蒸气分压力 p_{Di1} 都很低。实际的水蒸气压力曲线始终处于饱和压力曲线下方，与之不发生接触。这种情况相应于上一张图所描述的稳态传输。扩散进入与扩散流出的水蒸气气流密度相等。在这种情况下，无凝结水产生。

（2）在情况 2 中，实际水蒸气压力曲线与饱和压力曲线在某点接触。在这一点，冷凝开始（结露面）。冷凝点通常位于保温层冷侧。

（3）在情况 3 中，结构的内部产生了有限量的冷凝水。如果在 p_{Di} 和 p_{De} 之间连线，那么在结露面附近区域水蒸气压力曲线会处于饱和压力曲线之上，而从热力学角度这是不可能发生的。压力分布曲线 3（模型示例，非真实情况）起始于 p_{Di}，逐渐达到结露面处的饱和值 p_{sK}，终止于外表面处的水蒸气压力 p_{De}。压力曲线在 K 平面发生转折。从内侧扩散进入的水蒸气气流密度大于向外流出的密度。其差为存留在结露面的冷凝水。

水蒸气气流密度为：

扩散进入结构的水蒸气气流密度 $g_{Di}=\dfrac{p_{Di}-p_{sK}}{r_{Di}}$ 内层水蒸气阻力 $r_{Di}=\sum\limits_{j=1}^{k} r_{Dj}$ （5.46a）

扩散流出结构的水蒸气气流密度 $g_{De}=\dfrac{p_{sK}-p_{De}}{r_{De}}$ 外层水蒸气阻力 $r_{De}=\sum\limits_{j=k+1}^{n} r_{Dj}$ （5.46b）

冷凝水水流密度 $$g_K=\frac{p_{Di}-p_{sK}}{r_{Di}}-\frac{p_{sK}-p_{De}}{r_{De}} \quad (5.47)$$

引入结露时长 t_c 后，可得在冬季结露周期内单位构件面积平均的冷凝水的质量。

冬季结露周期内单位构件面积平均的冷凝水的质量

$$M_C=\frac{m_C}{A}=g_K\cdot t_C=\left(\frac{p_{Di}-p_{sK}}{r_{Di}}-\frac{p_{sK}-p_{De}}{r_{De}}\right)\cdot t_C \quad (5.48)$$

水蒸气扩散图——冬季情况——2 个结露面

如果出现 2 个或多个（m 个）结露面，从内侧的 p_{Di} 到第 1 个 K 平面的 p_{sKk} 之间的压力差将用于计算 g_{Di}，而从最后一个 K 平面的 $p_{sK,\,m+1}$ 到外侧的 p_{De} 之间的压力差将用于计算 g_{De} 值。单位构件面积的冷凝水质量还是由从内侧流入的水蒸气气流密度减去向外流出的水蒸气气流密度，再乘以结露周期时长。

扩散进入结构的水蒸气气流密度 $g_{Di}=\frac{p_{Di}-p_{sKk}}{r_{Di}}$　内层水蒸气阻力 $r_{Di}=\sum_{j=1}^{k} r_{Dj}$　(5.49a)

扩散流出结构的水蒸气气流密度 $g_{De}=\frac{p_{sK,k+m}-p_{De}}{r_{De}}$　外层水蒸气阻力 $r_{De}=\sum_{j=k+1}^{n} r_{Dj}$　(5.49b)

如果出现 2 个结露面，但在两个 K 平面之间的区域仍处于干燥的情况，则冷凝水量必须分别计算，然后相加。

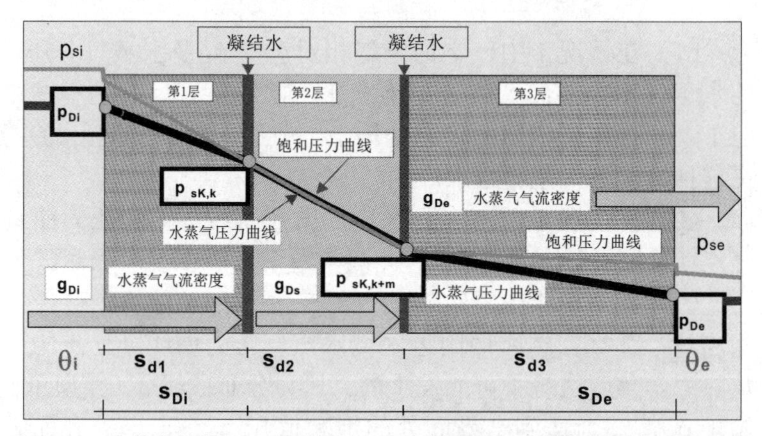

图 5.40　水蒸气扩散图，冬季情况，2 个结露面，中间区域同样是潮湿的

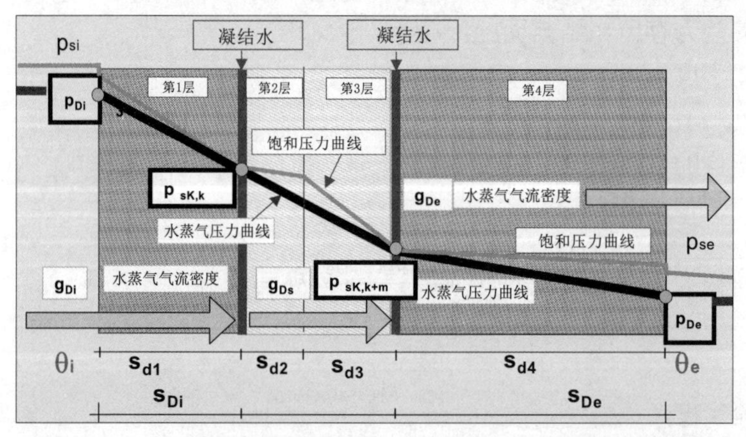

图 5.41　水蒸气扩散图，冬季情况，2 个结露面，中间区域是干燥的

根据水蒸气流量平衡可得：

扩散进入结构的水蒸气气流密度 $g_{Di}=\frac{p_{Di}-p_{sKk}}{r_{Di}}$ 内层水蒸气阻力 $r_{Di}=\sum_{j=1}^{k} r_{Dj}$ （5.50）

从结露平面 k 流向平面 k+1 的水蒸气气流密度 $g_{Dz}=\frac{p_{sK,k}-p_{sK,k+m}}{r_{Dm}}$ 两个结露平面之间材料层的水蒸气阻力 $r_{Dm}=\sum_{j=k+1}^{k+m} r_{Dj}$ （5.51）

扩散流出结构的水蒸气气流密度 $g_{De}=\frac{p_{sK,k+m}-p_{De}}{r_{De}}$ 外层水蒸气阻力 $r_{De}=\sum_{j=k+1+m}^{n} r_{Dj}$ （5.52）

冬季结露期内单位面积的冷凝水量

$$M_{ci}=\frac{m_{ci}}{A}=\left(\frac{p_{Di}-p_{sKk}}{r_{Di}}-\frac{p_{sK,k}-p_{sK,k+m}}{r_{Dm}}\right)\cdot t_c$$

$$M_{ce}=\frac{m_{ce}}{A}=\left(\frac{p_{sK,k}-p_{sK,k+m}}{r_{Dm}}-\frac{p_{sK,k+m}-p_{De}}{r_{De}}\right)\cdot t_c$$

$$M_c=M_{ci}+M_{ce}=\left(\frac{p_{Di}-p_{sKk}}{r_{Di}}-\frac{p_{sK,k+m}-p_{De}}{r_{De}}\right)\cdot t_c \qquad (5.53)$$

前面的结论与多结露平面的情况是完全一致的。

5.2.1.3 夏季干燥过程

在炎热季节，结构内部的凝结水又会变干，但通常是分别朝着向内和向外两个方向的。在结露面上的饱和压力 p_{sKs}（由冬季结露周期产生后仍存留的冷凝水引起）由炎热季节该处的温度确定。内侧和外侧水蒸气的压力 p_{Dis} 和 p_{Des} 取决于夏季的空气相对湿度 ϕ_i 和 ϕ_e，其值相对较小。

水蒸气扩散图——夏季情况——1 个结露面

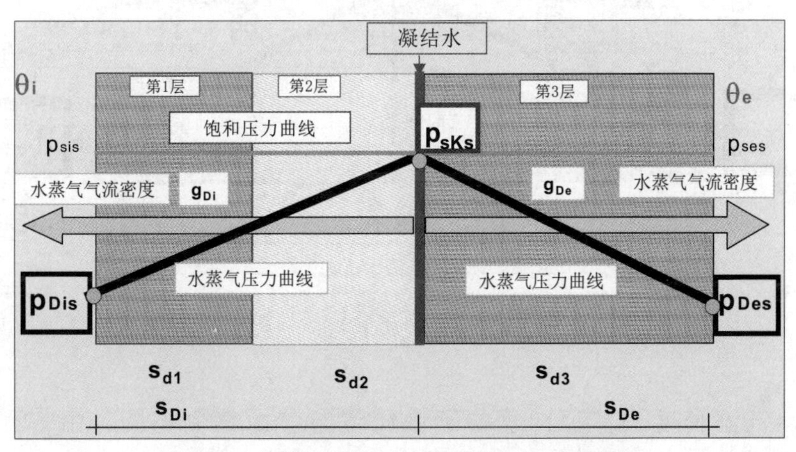

图 5.42 水蒸气扩散图，夏季情况，1 个结露面

水蒸气气流密度为：

向内侧空间扩散的干燥气流密度
$$g_{Di}=\frac{p_{sKS}-p_{DiS}}{r_{Di}} \quad (5.54)$$

向外侧空间扩散的干燥气流密度
$$g_{De}=\frac{p_{sKS}-p_{DeS}}{r_{De}} \quad (5.55)$$

由此得总干燥气流密度
$$g_{ev}=\frac{p_{sKS}-p_{DiS}}{r_{Di}}+\frac{p_{sKS}-p_{DeS}}{r_{De}}$$

及包含干燥时间 t_{ev} 的夏季干燥质量
$$M_{ev}=\left(\frac{p_{sKS}-p_{DiS}}{r_{Di}}+\frac{p_{sKS}-p_{DeS}}{r_{De}}\right)\cdot t_{ev} \quad (5.56)$$

水蒸气扩散图——夏季情况——m 个相邻的结露面

如果有 2 个或多（m）个结露面，则需要克服的扩散阻力必须从“某个重点 K 平面”开始计算。发生结露的 m 层墙体中的扩散阻力不断减半，并向着干燥的内侧和外侧扩展。

向内侧空间扩散的水蒸气气流密度 $g_{Di}=\frac{p_{sKS}-p_{DiS}}{r_{Di}}$　内层水蒸气阻力 $r_{Di}=\sum_{j=1}^{k} r_{Dj}+\frac{r_{Dm}}{2}$　（5.57）

向外侧空间扩散的水蒸气气流密度 $g_{De}=\frac{p_{sKS}-p_{DeS}}{r_{De}}$　外层水蒸气阻力 $r_{De}=\sum_{j=k+m+1}^{n} r_{Dj}+\frac{r_{Dm}}{2}$　（5.58）

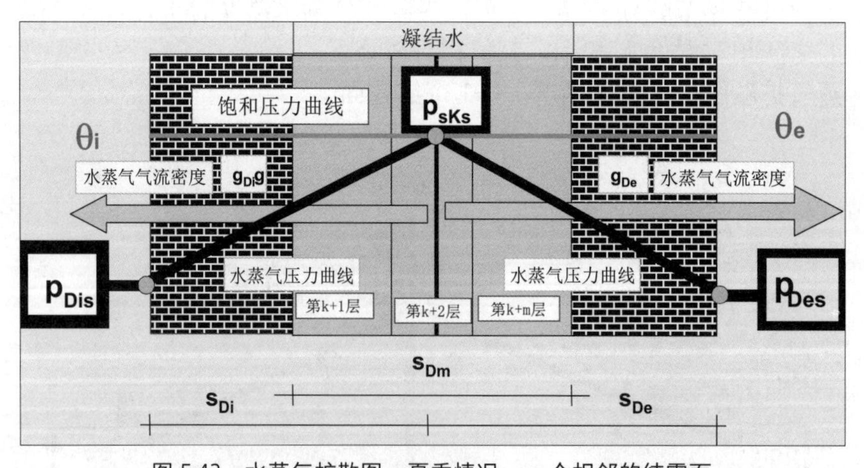

图 5.43　水蒸气扩散图，夏季情况，m 个相邻的结露面

干燥气流密度及单位面积的干燥质量与前面案例相同，由方程（5.56）确定。

水蒸气扩散图——夏季情况——2 个不相邻的结露面

最后，图 5.44 和图 5.45 给出了两个结露面之间由一干燥区间隔开情况的水蒸气扩散图。第一张图给出了过高的干燥值，因为在整个干燥期间存在两个结露面，因此干燥阻力设置得较低。然而，我们预计其中的一个 K 平面会提前变干。因此，应该针对两个结露面每次计算一个，将不利的情况（干燥量较小的）用于对结构进行判断（图 5.45）。干燥气流密度及单位面积的干燥质量仍由方程（5.56）确定，只是此时水蒸气气流密度要由式（5.59）和式（5.60）代入。

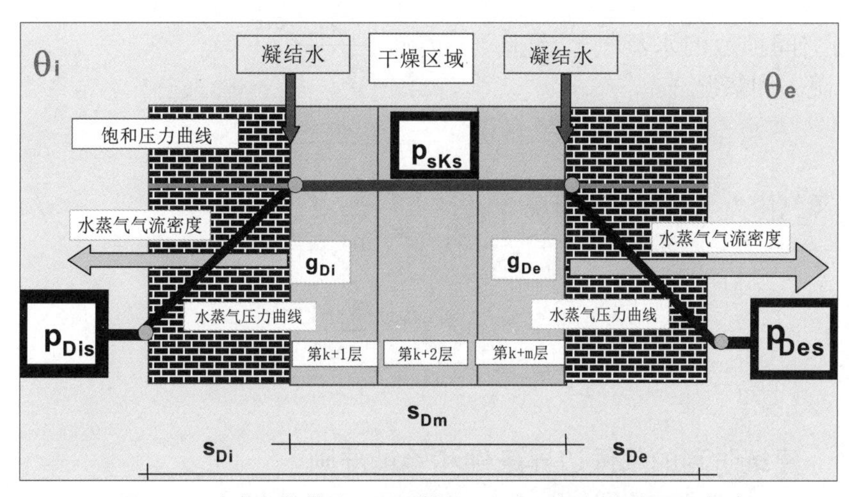

图 5.44 水蒸气扩散图，夏季情况，2 个不相邻的结露面（1）

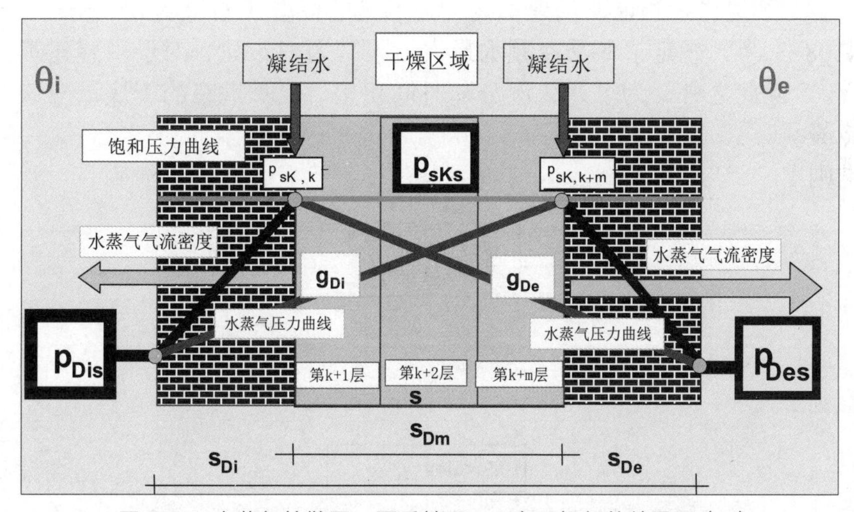

图 5.45 水蒸气扩散图，夏季情况，2 个不相邻的结露面（2）

向内侧空间扩散的水蒸气气流密度，情况 1 和情况 2

$$g_{Di} = \frac{p_{sK,k} - p_{Dis}}{r_{Di}} \quad (5.59)$$

$$g_{Di} = \frac{p_{sK,k+m} - p_{Dis}}{r_{Di}}$$

内层水蒸气阻力，情况 1 和情况 2

$$r_{Di} = \sum_{j=1}^{k} r_{Dj}$$

$$r_{Di} = \sum_{j=1}^{k+m} r_{Dj}$$

向外侧空间扩散的水蒸气气流密度，情况 1 和情况 2

$$g_{De} = \frac{p_{sK,k} - p_{Des}}{r_{De}} \quad (5.60)$$

$$g_{De} = \frac{p_{sK,k+m} - p_{Des}}{r_{De}}$$

外层水蒸气阻力，情况 1 和情况 2

$$r_{De} = \sum_{j=k+1}^{n} r_{Dj}$$

$$r_{De} = \sum_{j=k+m+1}^{n} r_{Dj}$$

5.2.1.4　建筑防潮的气候边界条件和验证准则

借助 1.1 节的气候数据，可以确定下面表 5.4 中给出的简化的整体气候边界条件。

内部冷凝水量的极限值

对于必须提供检测证明的建筑构件，通常的标准（如 DIN EN ISO 13788[23]，DIN 4108-3 [16]）规定了冬季冷凝水最大量限制为 1kg/m^2。对于敏感建筑材料为 0.5kg/m^2。除此之外，为了避免湿分随时间积累，夏季潜在的干燥量应该超过冬季的冷凝量。

准则 1

$$M_c < 1\text{kg/m}^2 \text{ 或 } M_c < 0.5\text{kg/m}^2 \quad (5.61)$$

准则 2

$$M_c < M_{ev} \quad (5.62)$$

表 5.4 用于计算内部冷凝水量的气候边界条件

气候	温度	空气相对湿度	水蒸气压力	时长		
	θ/ ℃	ϕ/%	p/Pa	t/ d	t/h	t/s
结露期为12月至次年2月						
与室外空气隔离的外墙、屋顶、起居室等 直接处于未经隔热改造的屋顶空间之下的楼层盖板						
外界气候	−5	80	321	90	2160	7.78×10^8
室内气候	20	50	1170	90	2160	7.78×10^8
蒸发干燥期为6月至8月						
与室外空气隔离的外墙、屋顶、起居室等 直接处于未经隔热改造的屋顶空间之下的楼层盖板						
外界气候	15	70	1193	90	2160	7.78×10^8
室内气候	18	60	1238	90	2160	7.78×10^8
结露区域	15	100	1704	90	2160	7.78×10^8
与室外空气隔离的屋顶、起居室等						
外界气候	15	70	1193	90	2160	7.78×10^8
室内气候	18	60	1238	90	2160	7.78×10^8
结露区域	18	100	2063	90	2160	7.78×10^8

5.2.1.5　伴随内部结露的水蒸气扩散过程举例及扩散图

例 1：带 PS 泡沫保温层及防水层的混凝土平屋顶

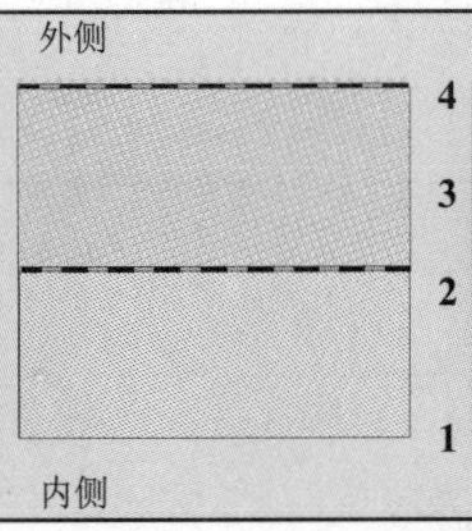

外侧

内侧

	材料	d/mm	λ/(W/mK)	μ
1	钢筋混凝土	180	2.0000	70.0
2	隔汽层	2	0.2000	1E4
3	PS泡沫	140	0.0400	30.0
4	防水层	6	0.2000	1E5

图 5.46　混凝土平屋顶的构造图

结构的构造

	d/m	R/ (m²K/W)	μ	sd/m
内侧对流换热热阻	—	Rsi := 0.13	—	—
钢筋混凝土	d1 := 0.18	R1 := 0.09	μ1 := 70	sd1 := 12.6
隔汽层	d2 := 0.002	R2 := 0.01	$\mu 2 := 1 \cdot 10^4$	sd2 := 20.0
PS 泡沫	d3 := 0.14	R3 := 3.50	μ3 := 30	sd3 := 4.2
防水层	d4 := 0.006	R4 := 0.03	$\mu 4 := 1 \cdot 10^5$	sd4 := 600
外侧对流换热热阻	—	Rse := 0.04	—	—

冬季室内气候　θi := 20　pi := 1170　ϕ_i = 50%

冬季室外气候　θe := −5　pe := 321　ϕ_e = 80%

U值

R := Rsi + R1 + R2 + R3 + R4 + Rse　　R = 3.80

U=0.26 W/m²K

$U := \frac{1}{R}$　　U = 0.26

结露面的计算确定

1.温度场的确定

2.饱和压力场的确定

3.稳态压力场（无内部结露）的确定

考查水蒸气分压力是否超过饱和压力

无内部结露情况下的水蒸气气流密度 g/（kg/m²s）

$\delta o := 2 \cdot 10^{-10}$

sdT := sd1 + sd2 + sd3 + sd4　　sdT = 636.80

$g := \delta o \frac{pi - pe}{sdT}$　　$g = 2.67 \times 10^{-10}$

4.如果稳态压力场的压力在某个层边界上超过饱和压力，则在该层边界出现冷凝水。在下面的计算中，需要用到该层边界处的饱和压力

温度场 θ/℃

内表面	$\theta si := \theta i - (Rsi) \cdot U \cdot (\theta i - \theta e)$	$\theta si = 19.14$
层间边界 1/2	$\theta 12 := \theta i - (Rsi + R1) \cdot U \cdot (\theta i - \theta e)$	$\theta 12 = 18.55$
层间边界 2/3	$\theta 23 := \theta i - (Rsi + R1 + R2) \cdot U \cdot (\theta i - \theta e)$	$\theta 23 = 18.49$
层间边界 3/4	$\theta 34 := \theta i - (Rsi + R1 + R2 + R3) \cdot U \cdot (\theta i - \theta e)$	$\theta 34 = -4.54$
外表面	$\theta se := \theta i - (Rsi + R1 + R2 + R3 + R4) \cdot U \cdot (\theta i - \theta e)$	$\theta se = -4.74$

饱和压力场 p_{sat}/Pa

内表面	$psatsi := 610.5 \cdot \exp\left(\frac{17.26 \cdot \theta si}{237.3 + \theta si}\right)$	$psatsi = 2214.57$
层间边界 1/2	$psat12 := 610.5 \cdot \exp\left(\frac{17.26 \cdot \theta 12}{237.3 + \theta 12}\right)$	$psat12 = 2134.21$
层间边界 2/3	$psat23 := 610.5 \cdot \exp\left(\frac{17.26 \cdot \theta 23}{237.3 + \theta 23}\right)$	$psat23 = 2125.44$
层间边界 3/4	$psat34 := 610.5 \cdot \exp\left(\frac{21.87 \cdot \theta 34}{265.5 + \theta 34}\right)$	$psat34 = 417.32$
外表面	$psatse := 610.5 \cdot \exp\left(\frac{21.87 \cdot \theta se}{265.5 + \theta se}\right)$	$psatse = 410.35$

稳态水蒸气压力场，考查水蒸气分压力是否保持低于饱和压力

内表面	$psi := pi$	$psi = 1170.00$	$psatsi = 2214.57$	**psi<psatsi**
层间边界 1/2	$p12 := pi - \frac{g}{\delta o} \cdot (sd1)$	$p12 = 1153.20$	$psat12 = 2134.21$	**p12<psat12**
层间边界 2/3	$p23 := pi - \frac{g}{\delta o} \cdot (sd1 + sd2)$	$p23 = 1126.54$	$psat23 = 2125.44$	**p23<psat23**
层间边界 3/4	$p34 := pi - \frac{g}{\delta o} \cdot (sd1 + sd2 + sd3)$	$p34 = 1120.94$	$psat34 = 417.32$	**p34>psat34 结露**
外表面	$pse := pi - \frac{g}{\delta o} \cdot (sd1 + sd2 + sd3 + sd4)$	$pse = 321.00$	$psatse = 410.35$	**pse<psatse**

冬季结露量的计算（12 月至次年 2 月）

内侧水蒸气压力	$pi = 1170.00$	
外侧水蒸气压力	$pe = 321.00$	
结露面处的饱和压力	$pc := psat34$ $pc = 417.32$	
结露期时长	$tc := 7.78 \cdot 10^{6}$	
水蒸气扩散的等效层厚度		
sdT：总阻力	$sdT := sd1 + sd2 + sd3 + sd4$	$sdT = 636.80$
sdce：从结露面向外的所有阻力之和	$sdce := sd4$	$sdce = 600.00$
sdci：从内侧到结露面的所有阻力之和	$sdci := sd1 + sd2 + sd3$	$sdci = 36.80$
单位面积的冷凝水量	$Mc := \delta o \cdot \left(\frac{pi - pc}{sdT - sdce} - \frac{pc - pe}{sdce}\right) \cdot tc$	
冬季单位面积的冷凝水量（从12月至次年2月） **$Mc=0.032\ kg/m^2$**	$Mc = 0.03158$	

夏季蒸发干燥量的计算（6月至8月）
该结构满足准则 $Mc<0.5kg/m^2$ 及 $Mev>Mc$

内侧水蒸气压力	pi := 1238	
外侧水蒸气压力	pe := 1193	
结露面处的饱和压力	pc := 2063	
结露期时长	$tev := 7.78 \cdot 10^6$	
蒸气扩散的等效层厚度	sdT := sd1 + sd2 + sd3 + sd4	sdT = 636.80
sdT：　总阻力		
sdce：从结露面向外的所有阻力之和	sdce := sd4	sdce = 600.00
sdci：从内侧到结露面的所有阻力之和	sdci := sd1 + sd2 + sd3	sdci = 36.80
单位面积的蒸发干燥量	$Mev := \delta o \left(\frac{pi - pc}{sdT - sdce} - \frac{pc - pe}{sdce}\right) \cdot tev$	
夏季单位面积的蒸发干燥量（从6月至8月）	Mev = -0.03714	
$Mev=0.037kg/m^2$		

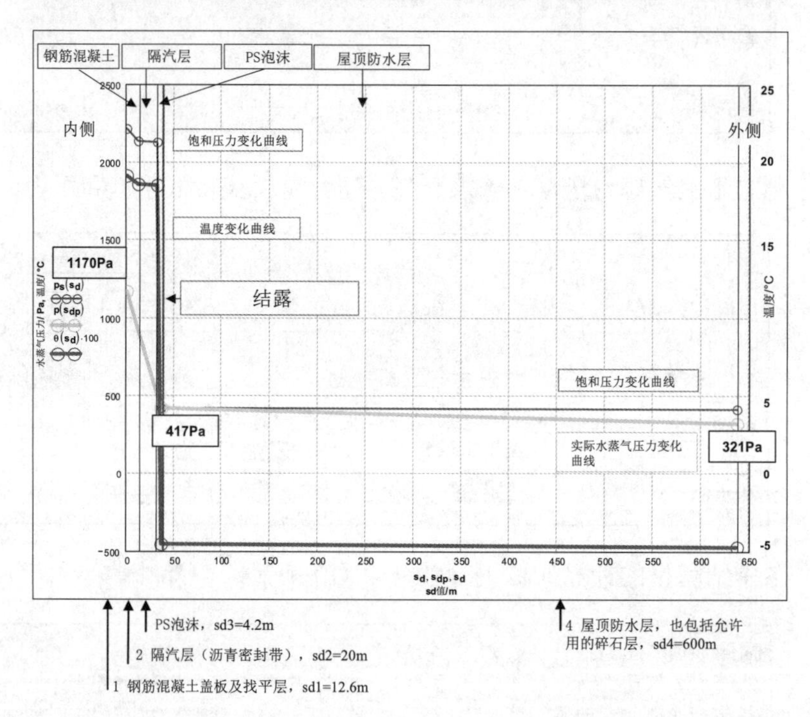

图 5.47　结露期间（12月至次年2月）水蒸气压力及温度的变化

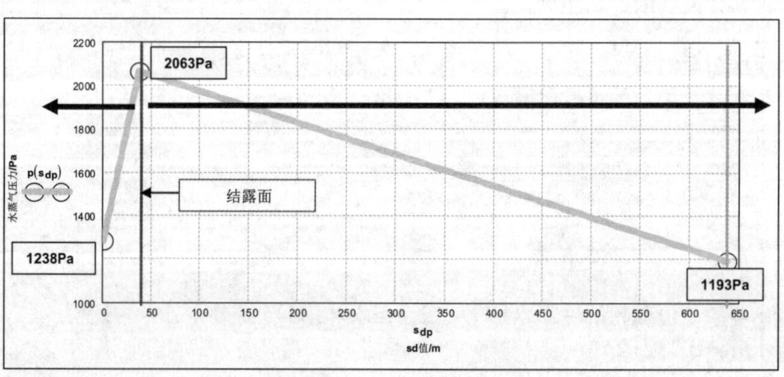

图 5.48　蒸发干燥期间（6月至8月）水蒸气压力的变化

扩散图、内部结露和夏季干燥均可借助表 5.5 进行简便计算。

示例：
带 PS 泡沫保温层及防水层的混凝土平屋顶

表 5.5 扩散图

层参数	d/m	λ/(W/mK)	R/(m^2K/W)	θ/°C	p_s/Pa	μ	s_d/m	r_D 10^{-9}/(m/s)	p/Pa
内侧空气	-	-	-	20	2340	-	-	-	1170
内侧对流			0.13	19.14	2214.6				1170.0
钢筋混凝土	0.180	2.00	0.09	18.55	2134.2	70	12.5	68.04	1153.2
PE 膜	0.002	0.20	0.01	18.49	2134.2	10000	20.0	108.00	1126.5
PS 泡沫	0.140	0.04	3.50	-4.54	417.3	30	4.2	22.68	1120.9
密封层	0.006	0.20	0.03	-4.74	410.4	100000	600	3240.00	321.0
				结露面					
外侧对流			0.04						
外侧空气	-	-	-	-5	401	-	-	-	321
Σ		-	3.80	-	-	-	636.8		-

冬季温度分布

$$\Delta\theta = \frac{R_j}{R_{ges}}\cdot(\theta_i - \theta_e) \qquad R_j = \frac{d_j}{\lambda_j} \qquad R_{ges} = \sum_{j=1}^{n} R_j + R_{si} + R_{se}$$

传热系数

$$U = \frac{1}{R_{ges}} \qquad U = 0.26\frac{W}{m^2K}$$

冬季饱和压力分布

$$\theta < 0 \qquad p_s(\theta) = 610.5\cdot\left(1 + \frac{\theta}{148.57}\right)^{12.30}$$

$$\theta \geq 0 \qquad p_s(\theta) = 610.5\cdot\left(1 + \frac{\theta}{109.80}\right)^{8.02}$$

水蒸气稳态通过过程

$$\Delta p_j = \frac{s_{dj}}{s_{dges}}\cdot(p_i - p_e) \qquad s_{dj} = \mu_j\cdot d_j \qquad r_{dj} = 5.4\cdot10^{9}\cdot s_{dj}$$

$$s_{ges} = s_{dT} = \sum_{j=1}^{n} s_{dj} \qquad r_{ges} = \sum_{j=1}^{n} r_{dj}$$

实际的水蒸气压力分布，s_d 值从内侧至结露面，从结露面至外侧

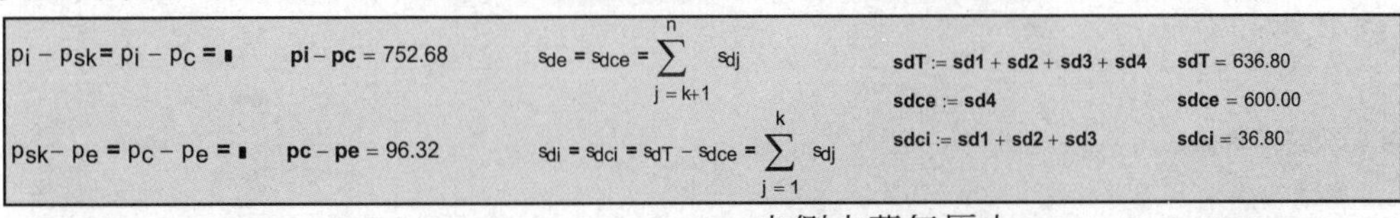

结露期时长 $t_c := 7.78\cdot10^{6}$

蒸发干燥期时长 $t_{ev} := 7.78\cdot10^{6}$

$\delta_o := 1.85\cdot10^{-10}$

内侧水蒸气压力 p_i
夏季外侧压力 p_e
夏季 K 平面内的饱和压力（屋顶 2063Pa，墙 1704Pa）

$p_i := 1238$
$p_e := 1193$
$p_{sks} := 2063$
$p_{sks} := 1704$
$p_c := p_{sks}$

冬季冷凝水总量

$$Mc := \delta o\cdot\left(\frac{pi - pc}{sdT - sdce} - \frac{pc - pe}{sdce}\right)\cdot tc$$

$Mc = 0.03158$

$pi - pc = 752.68$ $pc - pe = 96.32$
$sdT - sdce = 36.80$ $sdce = 600.00$

Mc=0.032kg/m²<0.5kg/m²
满足准则 1

夏季潜在蒸发干燥总量

$$Mev := \delta o\cdot\left(\frac{pi - pc}{sdT - sdce} - \frac{pc - pe}{sdce}\right)\cdot tev$$

$Mev = -0.03714$

$pi - pc = -825.00$ $pc - pe = 870.00$
$sdT - sdce = 36.80$ $sdce = 600.00$

Mc=0.032>0.037kg/m²
满足准则 2

例 2：带通风层的轻质外墙

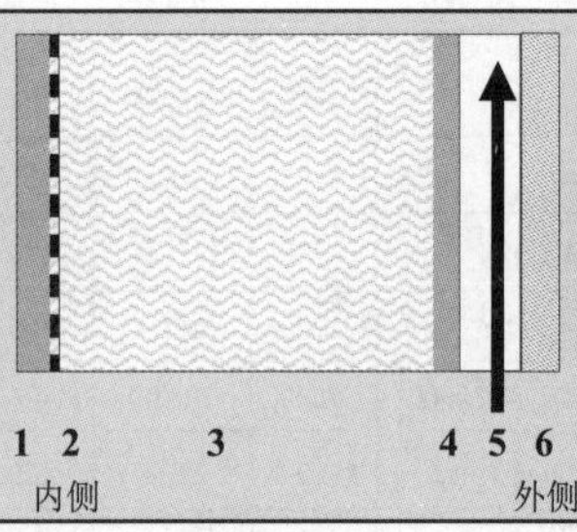

	材料	d /mm	λ/(W/mK)	μ
1	木屑板 V20	19	0.1270	50.0
2	隔汽层	0.05	0.5000	4E4
3	岩棉	160	0.0400	1.0
4	木屑板 V100	19	0.1270	100

图 5.49　带通风层的轻质外墙

结构的构造	d/m	R/(m²K/W)	μ	sd/m
内侧对流换热热阻	—	Rsi := 0.13	—	—
木屑板 **V20**	d1 := 0.019	R1 := 0.15	μ1 := 50	sd1 := 0.95
气密隔汽层	$d2 := 5\cdot10^{-5}$	R2 := 0.0001	$\mu2 := 4\cdot10^{4}$	sd2 := 2.00
岩棉	d3 := 0.160	R3 := 4.00	μ3 := 1	sd3 := 0.16
木屑板 **V100**	d4 := 0.019	R4 := 0.15	μ4 := 100	sd4 := 1.90
通风空气层	—	Rse := 0.13	—	—
冬季室内气候	θi := 20	pi := 1170		ϕ_i = 50%
冬季室外气候	θe := −5	pe := 321		ϕ_e = 80%
U值	R := Rsi + R1 + R2 + R3 + R4 + Rse			R = 4.56
U=0.22 W/m²K	$U := \frac{1}{R}$			U = 0.22

结露面的计算确定

1.温度场的确定

2.饱和压力场的确定

3.稳态压力场（无内部结露）的确定

考查水蒸气分压力是否超过饱和压力

无内部结露情况下的水蒸气气流密度 **g/（kg/m²s）**

$\delta o := 2\cdot10^{-10}$

$sdT := sd1 + sd2 + sd3 + sd4$　　　$sdT = 5.01$

$g := \delta o\,\frac{pi - pe}{sdT}$　　　$g = 3.39\times10^{-8}$

4.如果稳态压力场的压力在某个层边界上超过饱和压力，则在该层边界出现冷凝水。在下面的计算中，需要用到该层边界处的饱和压力

温度场 θ/℃

内表面	$\theta si := \theta i - (Rsi)\cdot U\cdot(\theta i - \theta e)$	$\theta si = 19.29$
层间边界 1/2	$\theta 12 := \theta i - (Rsi + R1)\cdot U\cdot(\theta i - \theta e)$	$\theta 12 = 18.46$
层间边界 2/3	$\theta 23 := \theta i - (Rsi + R1 + R2)\cdot U\cdot(\theta i - \theta e)$	$\theta 23 = 18.46$
层间边界 3/4	$\theta 34 := \theta i - (Rsi + R1 + R2 + R3)\cdot U\cdot(\theta i - \theta e)$	$\theta 34 = -3.46$
外表面	$\theta se := \theta i - (Rsi + R1 + R2 + R3 + R4)\cdot U\cdot(\theta i - \theta e)$	$\theta se = -4.29$

饱和压力场 p_{sat}/Pa

内表面	$psatsi := 610.5\cdot\exp\left(\frac{17.26\cdot\theta si}{237.3 + \theta si}\right)$	$psatsi = 2234.31$
层间边界 1/2	$psat12 := 610.5\cdot\exp\left(\frac{17.26\cdot\theta 12}{237.3 + \theta 12}\right)$	$psat12 = 2122.53$
层间边界 2/3	$psat23 := 610.5\cdot\exp\left(\frac{17.26\cdot\theta 23}{237.3 + \theta 23}\right)$	$psat23 = 2122.46$
层间边界 3/4	$psat34 := 610.5\cdot\exp\left(\frac{21.87\cdot\theta 34}{265.5 + \theta 34}\right)$	$psat34 = 457.18$
外表面	$psatse := 610.5\cdot\exp\left(\frac{21.87\cdot\theta se}{265.5 + \theta se}\right)$	$psatse = 426.38$

稳态水蒸气压力场，考查水蒸气分压力是否保持低于饱和压力

内表面	$psi := pi$	$psi = 1170.00$	$psatsi = 2234.31$	**psi<psatsi**
层间边界 1/2	$p12 := pi - \frac{g}{\delta o}\cdot(sd1)$	$p12 = 1009.01$	$psat12 = 2122.53$	**p12<psat12**
层间边界 2/3	$p23 := pi - \frac{g}{\delta o}\cdot(sd1 + sd2)$	$p23 = 670.09$	$psat23 = 2122.46$	**p23<psat23**
层间边界 3/4	$p34 := pi - \frac{g}{\delta o}\cdot(sd1 + sd2 + sd3)$	$p34 = 642.98$	$psat34 = 457.18$	**p34>psat34 结露**
外表面	$pse := pi - \frac{g}{\delta o}\cdot(sd1 + sd2 + sd3 + sd4)$	$pse = 321.00$	$psatse = 426.38$	**pse<psatse**

冬季结露量的计算（12 月至次年 2 月）

内侧水蒸气压力	$pi = 1170.00$	
外侧水蒸气压力	$pe = 321.00$	
结露面处的饱和压力	$pc := psat34$	
	$pc = 457.18$	
结露期时长	$tc := 7.78\cdot 10^{6}$	
水蒸气扩散的等效层厚度		
sdT：总阻力	$sdT := sd1 + sd2 + sd3 + sd4$	$sdT = 5.01$
sdce：从结露面向外的所有阻力之和	$sdce := sd4$	$sdce = 1.90$
sdci：从内侧到结露面的所有阻力之和	$sdci := sd1 + sd2 + sd3$	$sdci = 3.11$
单位面积的冷凝水量	$Mc := \delta o\cdot\left(\frac{pi - pc}{sdT - sdce} - \frac{pc - pe}{sdce}\right)\cdot tc$	
	$Mc = 0.24511$	

冬季单位面积的冷凝水量（从12月至次年2月）

Mc=0. 245 kg/m²

如果 Mc 全部分布于木屑板中，则得到下列湿分含量/%

$u := \frac{Mc}{\rho M\cdot d4}\cdot 100$　　$u = 1.843$　%　　**1.9% < 3%**　　$\rho M := 700$

夏季蒸发干燥量的计算（6 月至 8 月）

该结构满足准则 $Mc<0.5kg/m^2$，$u<u_{max}$，以及 $Mev>Mc$

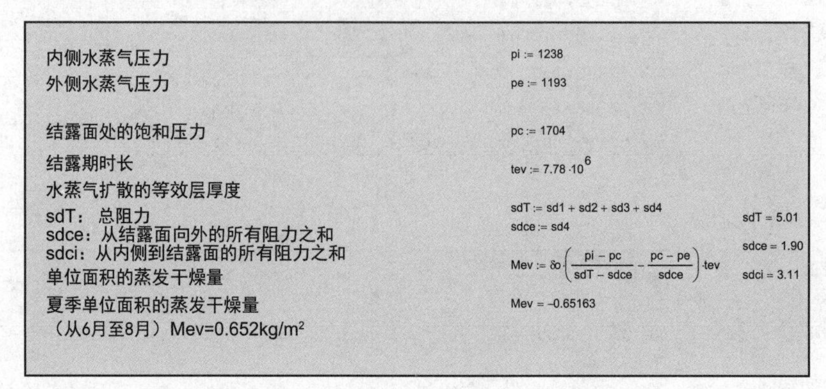

内侧水蒸气压力　pi := 1238

外侧水蒸气压力　pe := 1193

结露面处的饱和压力　pc := 1704

结露期时长　tev := 7.78·10^6

水蒸气扩散的等效层厚度

sdT：总阻力　sdT := sd1 + sd2 + sd3 + sd4　sdT = 5.01

sdce：从结露面向外的所有阻力之和　sdce := sd4　sdce = 1.90

sdci：从内侧到结露面的所有阻力之和　sdci = 3.11

单位面积的蒸发干燥量　$Mev := \delta o \cdot \left(\frac{pi - pc}{sdT - sdce} - \frac{pc - pe}{sdce}\right) \cdot tev$

夏季单位面积的蒸发干燥量（从6月至8月）$Mev=0.652kg/m^2$　Mev = −0.65163

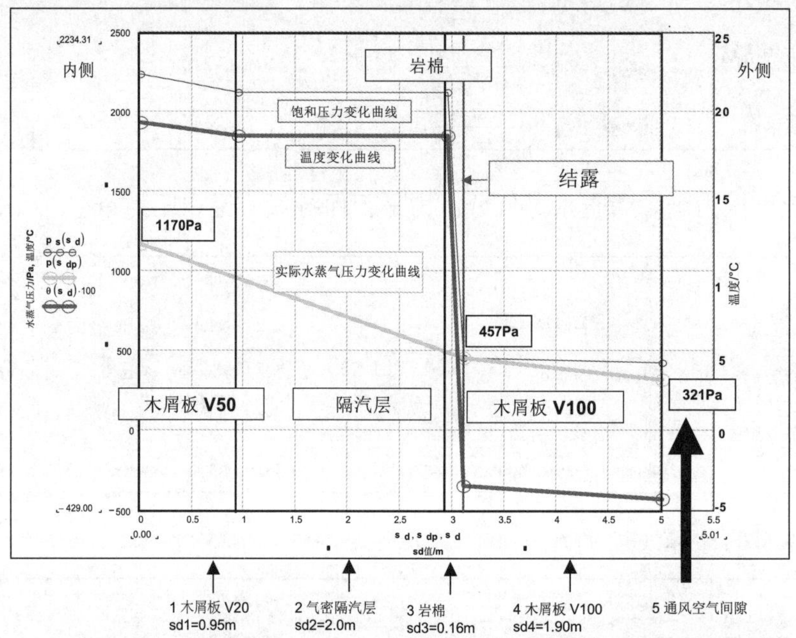

图 5.50　结露期间（12 月至次年 2 月）水蒸气压力及温度的变化

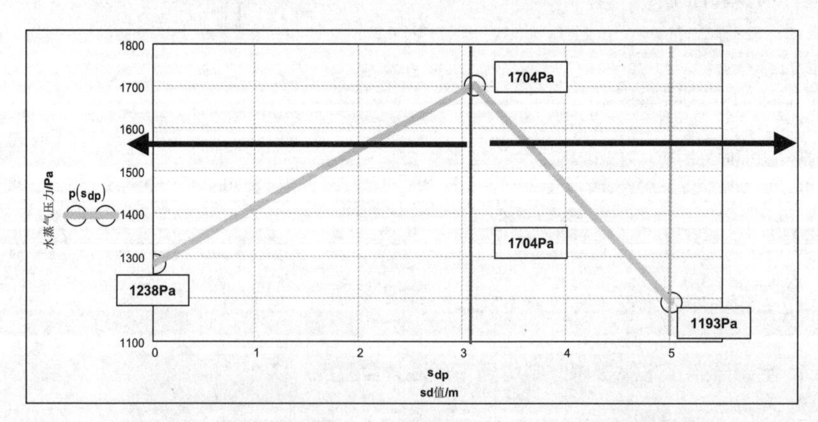

图 5.51　蒸发干燥期间（6 月至 8 月）水蒸气压力的变化

例 3：室内侧由复合保温材料系统隔热的砖墙

建筑构件在两个层边界处结露（本例选自 DIN-EN-13788）

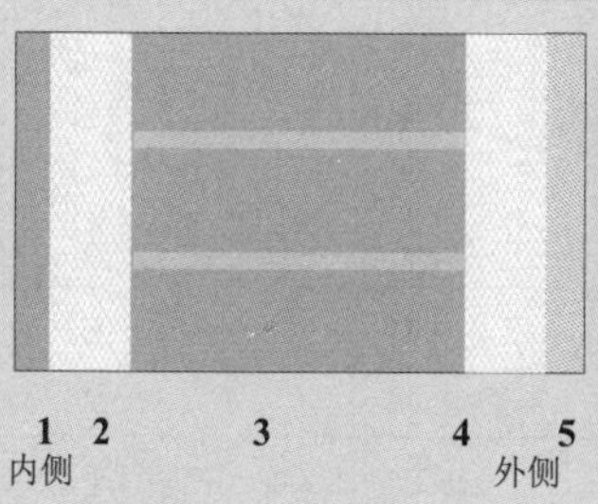

	材料	d/mm	λ/(W/mK)	μ
1	内衬层	10	0.2000	10.0
2	隔热材料	80	0.0320	1.8
3	砖层	365	0.7900	10.0
4	保温层	80	0.0320	1.8
5	抹灰	10	1.0000	100

1 2 3 4 5

内侧 外侧

图 5.52 两侧保温隔热的砖墙

结构的构成	d/m	R/(m²K/W)	μ	sd/m
外侧对流换热热阻	—	Rse := 0.04	—	—
抹灰	d5 := 0.010	R5 := 0.01	μ5 := 100	sd5 := 1.000
隔热材料	d4 := 0.080	R4 := 2.50	μ4 := 1.8	sd4 := 0.144
砖墙	d3 := 0.365	R3 := 0.46	μ3 := 10	sd3 := 3.650
隔热材料	d2 := 0.080	R2 := 2.50	μ2 := 1.8	sd2 := 0.144
内衬层	d1 := 0.010	R1 := 0.05	μ1 := 10	sd1 := 0.100
外侧对流换热热阻	—	Rsi := 0.130	—	—
冬季室内气候	θi := 20	pi := 1170		
冬季室外气候	θe := −5	pe := 321		
U值	R := Rsi + R1 + R2 + R3 + R4 + R5 + Rse			R = 5.69
U=0.17 W/m²K	$U := \frac{1}{R}$			U = 0.18

结露面的计算确定

1.温度场的确定

2.饱和压力场的确定

3.稳态压力场（无内部结露）的确定

考查水蒸气分压力是否超过饱和压力

无内部结露情况下的水蒸气气流密度 g/(kg/m²s)

$$\delta o := 2 \cdot 10^{-10}$$

$$sdT := sd1 + sd2 + sd3 + sd4 + sd5 \qquad sdT = 5.04$$

$$g := \delta o \frac{pi - pe}{sdT} \qquad g = 3.37 \times 10^{-8}$$

4.如果稳态压力场的压力在某个层边界上超过饱和压力，则在该层边界出现冷凝水。在下面的计算中，需要用到该层边界处的饱和压力

温度场 θ/℃

内表面	$\theta si := \theta i - (Rsi)\cdot U\cdot(\theta i - \theta e)$	$\theta si = 19.43$
层间边界 1/2	$\theta 12 := \theta i - (Rsi + R1)\cdot U\cdot(\theta i - \theta e)$	$\theta 12 = 19.21$
层间边界 2/3	$\theta 23 := \theta i - (Rsi + R1 + R2)\cdot U\cdot(\theta i - \theta e)$	$\theta 23 = 8.22$
层间边界 3/4	$\theta 34 := \theta i - (Rsi + R1 + R2 + R3)\cdot U\cdot(\theta i - \theta e)$	$\theta 34 = 6.20$
层间边界 4/5	$\theta 45 := \theta i - (Rsi + R1 + R2 + R3 + R4)\cdot U\cdot(\theta i - \theta e)$	$\theta 45 = -4.78$
外表面	$\theta se := \theta i - (Rsi + R1 + R2 + R3 + R4 + R5)\cdot U\cdot(\theta i - \theta e)$	$\theta se = -4.82$

饱和压力场 p_{sat}/Pa

内表面	$psatsi := 610.5\cdot\exp\left(\frac{17.26\cdot\theta si}{237.3 + \theta si}\right)$	$psatsi = 2254.06$
层间边界 1/2	$psat12 := 610.5\cdot\exp\left(\frac{17.26\cdot\theta 12}{237.3 + \theta 12}\right)$	$psat12 = 2223.47$
层间边界 2/3	$psat23 := 610.5\cdot\exp\left(\frac{17.26\cdot\theta 23}{237.3 + \theta 23}\right)$	$psat23 = 1088.42$
层间边界 3/4	$psat34 := 610.5\cdot\exp\left(\frac{17.26\cdot\theta 34}{237.3 + \theta 34}\right)$	$psat34 = 947.68$
层间边界 4/5	$psat45 := 610.5\cdot\exp\left(\frac{21.87\cdot\theta 45}{265.5 + \theta 45}\right)$	$psat45 = 408.83$
外表面	$psatse := 610.5\cdot\exp\left(\frac{21.87\cdot\theta se}{265.5 + \theta se}\right)$	$psatse = 407.29$

稳态水蒸气压力场，考查水蒸气分压力是否保持低于饱和压力

内表面	$psi := pi$	$psi = 1170.00$	$psatsi = 2254.06$	**psi<psatsi**
层间边界 1/2	$p12 := pi - \frac{g}{\delta o}\cdot(sd1)$	$p12 = 1153.15$	$psat12 = 2223.47$	**p12<psat12**
层间边界 2/3	$p23 := pi - \frac{g}{\delta o}\cdot(sd1 + sd2)$	$p23 = 1128.88$	$psat23 = 1088.42$	**p23>psat23 结露**
层间边界 3/4	$p34 := pi - \frac{g}{\delta o}\cdot(sd1 + sd2 + sd3)$	$p34 = 513.79$	$psat34 = 947.68$	**p34<psat34**
层间边界 4/5	$p45 := pi - \frac{g}{\delta o}\cdot(sd1 + sd2 + sd3 + sd4)$	$p45 = 489.52$	$psat45 = 408.83$	**p45>psat45 结露**
外表面	$pse := pi - \frac{g}{\delta o}\cdot(sd1 + sd2 + sd3 + sd4 + sd5)$	$pse = 321.00$	$psatse = 407.29$	**pse<psatse**

冬季结露量的计算（12 月至次年 2 月）

内侧水蒸气压力	$pi = 1170.00$		
外侧水蒸气压力	$pe = 321.00$		
结露面处的饱和压力	$pc1 := psat45$ $pc1 = 408.83$	$pc2 := psat23$ $pc2 = 1088.42$	
结露期时长	$tc := 7.78\cdot 10^{6}$		
水蒸气扩散的等效层厚度	$sdT := sd1 + sd2 + sd3 + sd4 + sd5$ $sdc1 := sd5$ $sdc2 := sd5 + sd4 + sd3$		
单位面积的冷凝水量 **Mc1 =Mc45 = 0.142 kg/m²** **Mc2 =Mc23 = 0.242 kg/m²**	$Mc1 := \delta o\cdot\left(\frac{pc2 - pc1}{sdc2 - sdc1} - \frac{pc1 - pe}{sdc1}\right)\cdot tc$ $Mc2 := \delta o\cdot\left(\frac{pi - pc2}{sdT - sdc2} - \frac{pc2 - pc1}{sdc2 - sdc1}\right)\cdot tc$		$Mc1 = 0.142$ $Mc2 = 0.242$
Mc = 0.384 kg/m²	$Mc := Mc1 + Mc2$		$Mc = 0.384$

夏季蒸发干燥量的计算（6 月至 8 月）

该结构满足准则 Mc＜0.5kg/m² 及 Mev＞Mc

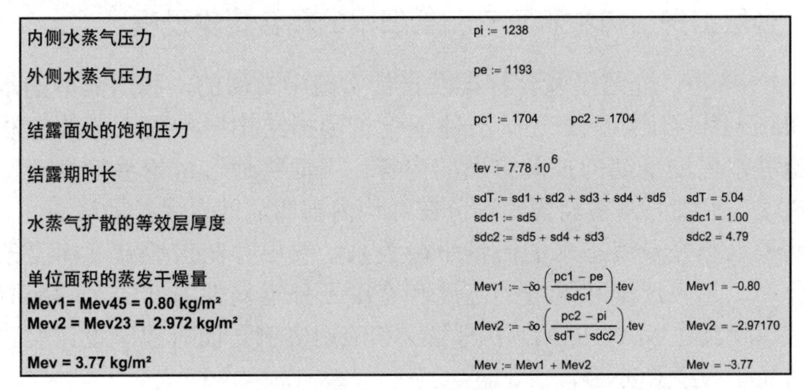

内侧水蒸气压力	pi := 1238	
外侧水蒸气压力	pe := 1193	
结露面处的饱和压力	pc1 := 1704　pc2 := 1704	
结露期时长	$tev := 7.78 \cdot 10^{6}$	
水蒸气扩散的等效层厚度	sdT := sd1 + sd2 + sd3 + sd4 + sd5 sdc1 := sd5 sdc2 := sd5 + sd4 + sd3	sdT = 5.04 sdc1 = 1.00 sdc2 = 4.79
单位面积的蒸发干燥量 **Mev1= Mev45 = 0.80 kg/m²** **Mev2 = Mev23 = 2.972 kg/m²**	$Mev1 := -\delta o \cdot \left(\frac{pc1 - pe}{sdc1}\right) \cdot tev$ $Mev2 := -\delta o \cdot \left(\frac{pc2 - pi}{sdT - sdc2}\right) \cdot tev$	Mev1 = −0.80 Mev2 = −2.97170
Mev = 3.77 kg/m²	Mev := Mev1 + Mev2	Mev = −3.77

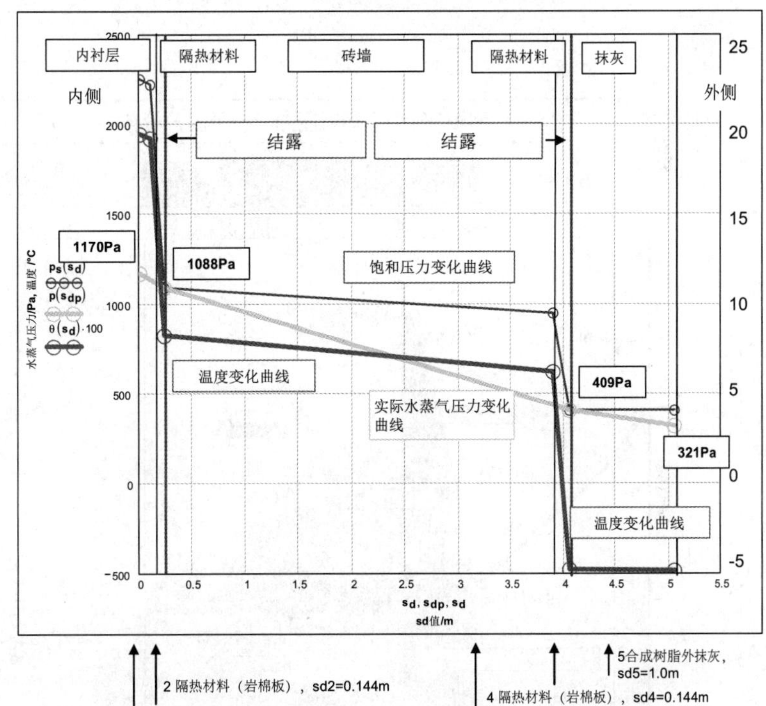

图 5.53 结露期间（12 月至次年 2 月）水蒸气压力及温度的变化

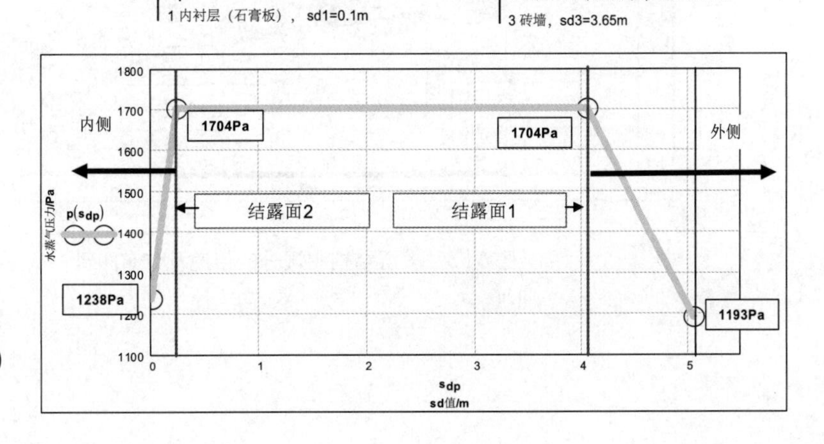

图 5.54 蒸发干燥期间（6 月至 8 月）水蒸气压力的变化

5.2.2　毛细水传输对于内部结露过程的影响

5.2.2.1　多层围护结构中水蒸气和毛细水的耦合传输过程

在 5.2.1 节中，介绍了欧洲标准及设计实践中常用的，利用简单的水蒸气压力图（Glaser 图）计算冬季气候条件下建筑围护结构中冷凝水量的方法。其中未涉及冷凝水借助毛细力扩散方面的内容。下面将通过讨论毛细水流密度来弥补这一缺项。毛细力常常会导致湿分在结构内部明显的自我扩散释放。

借助于水蒸气及液态水的流量平衡关系，给出存在自然温度梯度条件下计算湿分分布、超吸湿饱和区域的高度和宽度及外墙构件内部的实际冷凝水量的简单方法，及其在 MATHCAD 中的算法和应用实例。面对建筑设计实践，研发了相应的简化程序 COND。

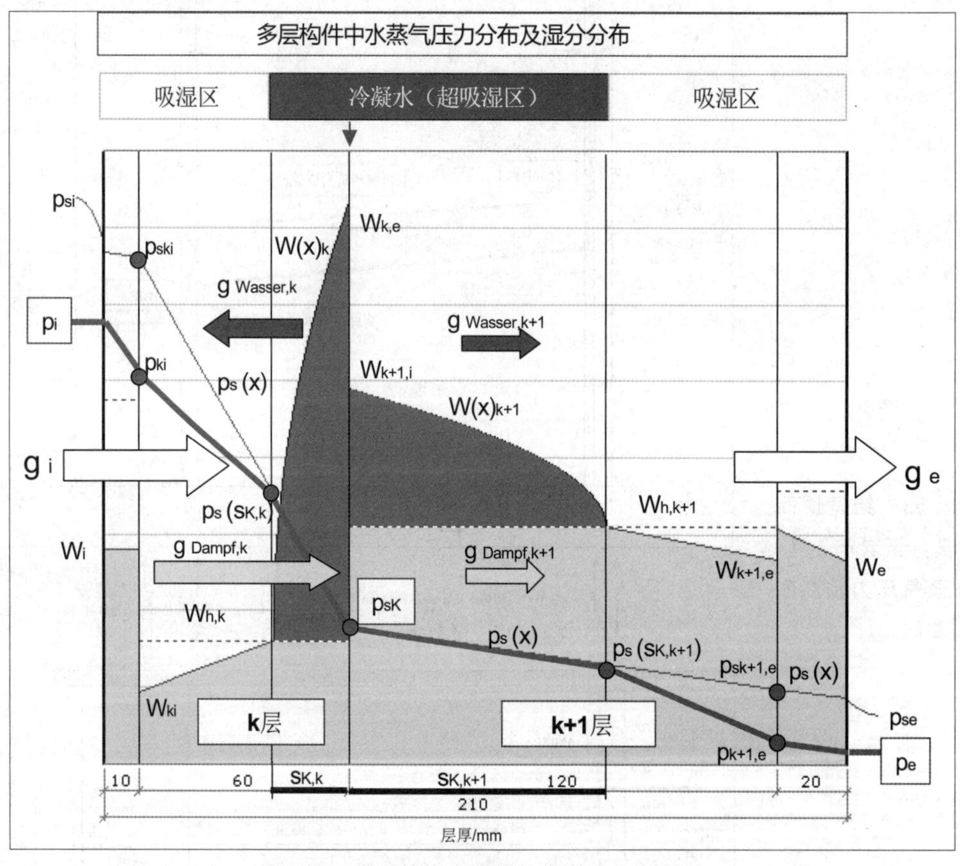

图 5.55　多层结构中湿分的传递及分布图示

5.2.2.2 湿流密度和湿平衡的计算

上面图中多层结构的第 k 层由于结露及毛细力引起的冷凝水运移，在 $s_{K,k}$ 层范围内，已完全处于超吸湿的湿透状态。在该层材料的这一部分中，湿流密度 g 由水蒸气气流密度 g_d 和反向流动的毛细水水流密度 g_w 共同作用形成。式（5.26）被用于后一项的计算，即湿分梯度是作为引起液态水水流密度的原因。

湿流密度 g（kg/m^2s）

其中：

$$g = g_{dk} + g_{wk} \qquad g = -\frac{\delta_L}{\mu_k}\cdot\frac{dp}{dx} - \rho_w \cdot D_w(w)\cdot\frac{dw}{dx} \tag{5.63}$$

水蒸气在空气中的传导系数（s） $\delta_L := 1.9 \cdot 10^{-10}$

水蒸气在材料中的传导系数（s） $\delta = \frac{\delta_L}{\mu}$

材料的毛细水传导系数（m^2/s）（扩散率）与湿含量 w（m^3/m^3）相关：斜率 K 由水吸收系数 A_w（$kg/m^2s^{1/2}$）、自然饱和湿度 w_s（m^3/m^3），以及最大吸湿湿含量 w_h（m^3/m^3）共同确定。

$$D_w(w) = K\cdot(w - w_h) \tag{5.64}$$

$$K := \frac{A_w^2}{2\cdot(w_s - w_h)^3\cdot\rho_w^2}$$

示例：墙砖

whm := 0.012	(m^3/m^3)	ws:= 0.25	(m^3/m^3)
$k := 2\cdot10^{-8}$	(m^2/s)	$\mu := 7$	

右侧的图 5.56 显示了墙砖的毛细水传导系数 $D_w(w)$ 随湿含量线性增长。在吸湿区（$0 < w < w_h$），只有水蒸气传输（$D_w=0$）。

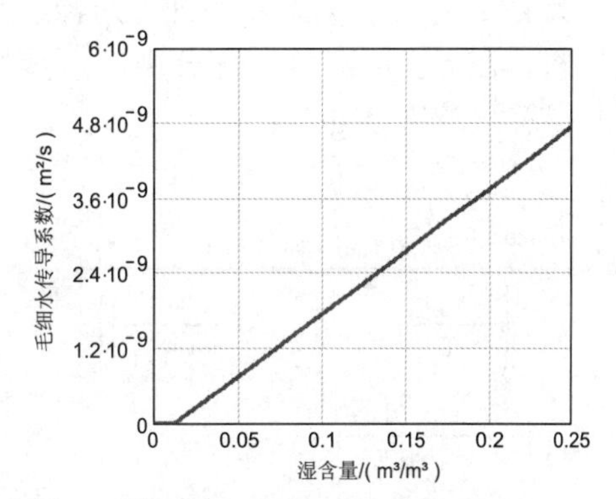

图 5.56 毛隙水传导系数（扩散率）的线性增长

如果对总湿流密度 g 的方程在稳定条件下积分，则得：

$$g = \frac{(p_{ki} - p_{ske})}{\frac{\mu_k \cdot d_k}{\delta_L}} - \frac{(w_{ke} - wh_k)^2}{2\frac{d_k}{\rho_w \cdot k_k}} \tag{5.65}$$

其中：

$$r_{dk} = \frac{\mu_k \cdot d_k}{\delta_L} \qquad \text{第 k 层的水蒸气传导阻力（m/s）} \tag{5.66}$$

$$r_{wk} = \frac{d_k}{\rho_w \cdot k_k} = d_k \frac{2\cdot(w_{sk} - w_{hk})^3}{A_{wk}^2 \cdot \rho_w^2} \qquad \text{第 k 层的毛细水传导阻力（}m^2s/kg\text{）} \tag{5.67}$$

为了计算超吸湿湿分场 $w_{ü}(x)$，仅积分至 x：

$$\int_0^x g\,dx = -\int_{p_{ki}}^{p_{sk}(x)} \frac{\delta_L}{\mu_k}dp - \int_{wh_k}^{w(x)} \rho_W \cdot D_W(w)\,dw$$

$$g \cdot x = -\frac{\delta_L}{\mu_k} \cdot \left(p_{ski} - \frac{p_{ski} - p_{ske}}{d_k} \cdot x - p_{ki}\right) - \rho_W \cdot k_k \frac{(w_{ü}(x) - wh_k)^2}{2} \tag{5.68}$$

超吸湿区域内的饱和压力曲线近似为线性：

$$p_{sk}(x) = p_{ski} - \frac{p_{ski} - p_{ske}}{d_k} \cdot x$$

由此得到第 k 层中的超吸湿湿度场 $w_{ü}(x)$：

$$w_{ü}(x) = wh_k + \sqrt{\frac{\delta_L}{\mu_k} \frac{-2}{\rho_W \cdot k_k} \cdot \left(p_{ski} - \frac{p_{ski} - p_{ske}}{d_k} \cdot x - p_{ki}\right) - \frac{2}{\rho_W \cdot k_k} g \cdot x} \tag{5.69}$$

第 k+1 层中湿流密度的计算

第 k+1 层由于结露及毛细力对冷凝水的分配作用，超吸湿区 $s_{K,k+1}$ 完全处于湿状态。在 d_{k+1} 层的这一部分中，水蒸气气流密度与毛细水水流密度处于平衡，以此得总湿流密度 g 为：

$$g = \frac{(p_{ske} - p_{Sek,k+1,e})}{\frac{\mu_{k+1} \cdot d_{k+1}}{\delta_L}} + \frac{(w_{k+1,i} - wh_{k+1})^2}{2\frac{d_{k+1}}{\rho_W \cdot k_{k+1}}} \tag{5.70}$$

公式中：

$r_{d,k+1}$（m/s）为第 k+1 层中水蒸气的传导阻力

$$r_{d,k+1} = \frac{\mu_{d,k+1} \cdot d_{d,k+1}}{\delta_L} \tag{5.70a}$$

$r_{w,k+1}$（m^2s/kg）为第 k+1 层中毛细水的传导阻力

$$r_{w,k+1} = \frac{d_{k+1}}{\rho_W \cdot k_{k+1}} = d_{k+1} \frac{(w_{Sek,k+1} - w_{h,k+1})^3}{(A_{w,k+1})^2 \cdot 5 \cdot 10^{-5}} \tag{5.70b}$$

层边界处的平衡湿度

当多层结构中的温度、水蒸气压力及空气湿度在层边界处连续变化时，湿分会出现阶越变化。根据建筑材料的湿储存系数，材料不同的湿分受孔隙中空气的湿度，或者说是毛细压力所控制。吸湿区和超吸湿区的湿平衡系数已分别进行了线性化处理。上述方法将应用在调湿抹灰层与砂岩结合的实例中。下列各图首先给出了湿储存系数，即砂岩及调湿抹灰层材料的孔隙中湿含量随毛细压力的变化关系。调湿抹灰层是一种含有非常小的孔隙的材料。其湿储存系数在极高的压力下才会下降，由此导致吸湿性能极好。

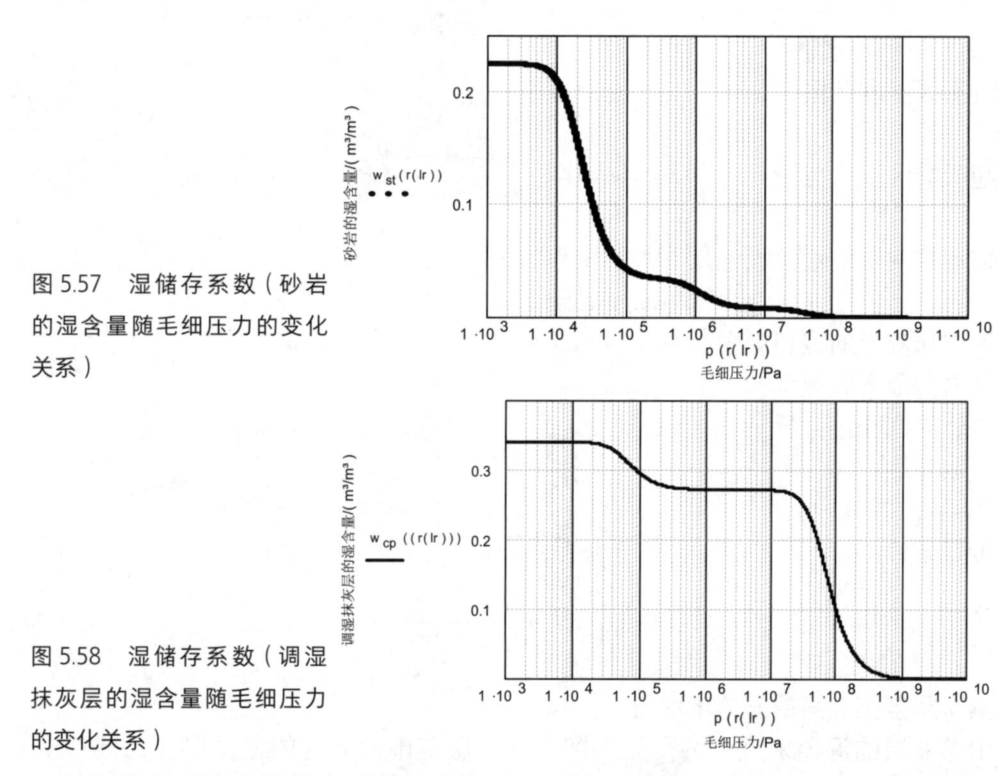

图 5.57 湿储存系数（砂岩的湿含量随毛细压力的变化关系）

图 5.58 湿储存系数（调湿抹灰层的湿含量随毛细压力的变化关系）

如果将上面两个湿储存系数结合起来，则得到接触平衡湿度（此处为砂岩/调湿抹灰层）。这两个系数在吸湿区和超吸湿区应分别进行线性化处理。由此得两种不同建筑材料之间的平衡湿度的条件（阶跃条件）。

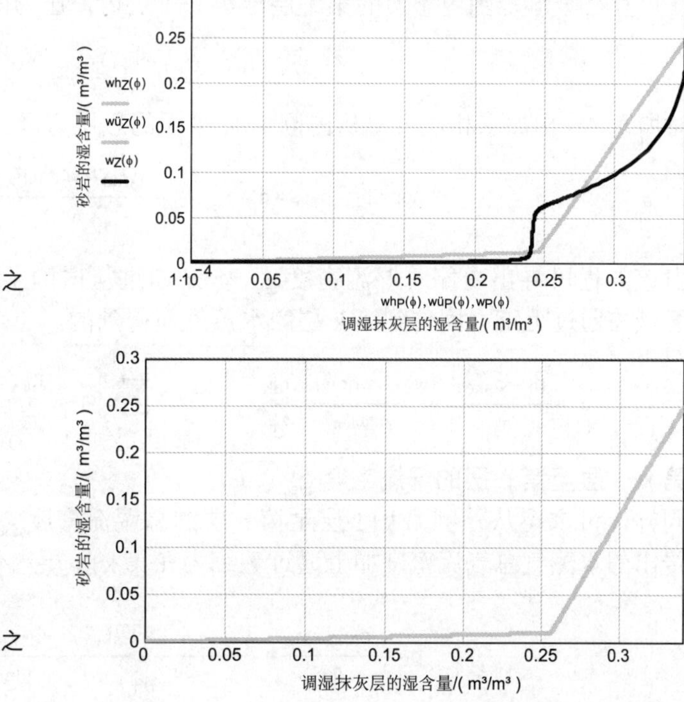

图 5.59 砂岩和调湿抹灰层之间的湿平衡

图 5.60 砂岩和调湿抹灰层之间线性化的湿平衡

通过线性化可得：

吸湿区湿度范围　$wh_s(wh_P) := \frac{whm_s}{whm_P} \cdot wh_P$　（5.71）

超吸湿区湿度范围　$wü_s(wü_P) := \frac{ws_s - whm_s}{ws_s - whm_P} \cdot (wü_P - whm_P) + whm_s$　（5.72）

调湿抹灰层的最大吸湿量　$whm_s := 0.010$

$ws_s := 0.25$

调湿抹灰层的饱和湿含量　$whm_P := 0.255$

砂岩的最大吸湿量　$ws_P := 0.34$

砂岩的饱和湿含量　$whm_k := whm_s$　　$whm_{k+1} := whm_P$

一般表达　$ws_k := ws_s$　　$ws_{k+1} := ws_P$

（S→k；P→k+1）

阶跃条件　$Gh_{k,k+1} := \frac{whm_k}{whm_{k+1}}$　（5.73）

$$Gü_{k,k+1} := \frac{ws_k - whm_k}{ws_{k+1} - whm_{k+1}} \quad (5.74)$$

第 1 层至第 k 层的湿流密度 g_i

由第 k 层的湿流密度，可得处于部分超吸湿范围内湿透的材料层的水蒸气压力降 Δp_k：

$$\Delta p_k = p_{ki} - p_{ske} = g_i \cdot r_{dk} + \frac{(w_{ke} - whm_k)^2}{2 \cdot r_{wk}} \cdot r_{dk} \quad (5.75)$$

在仅存在吸湿范围内湿透的第 1 层至第 k−1 层内，压力降 Δp_j 为：

$$\Delta p_j = (p_{ji} - p_{je}) = g_i \cdot r_{dj} \quad (5.76)$$

对所有 Δp 相加求和，可得从内侧至 K 平面的总压力降：

$$\Delta p_i = p_i - p_{ske} = g_i \cdot \sum_{j=1}^{k} r_{dj} + \frac{(w_{ke} - whm_k)^2}{2 \cdot r_{wk}} \cdot r_{dk} \quad (5.77)$$

由该方程可导出内侧总湿流密度 g_i。g_i 是通过从内侧至 K 平面的水蒸气气流密度减去通过毛细力回传到第 k 层的水蒸气而得到的。

$$g_i = \frac{p_i - p_{ske}}{r_{di}} - \frac{(w_{ke} - whm_k)^2}{2 \cdot r_{wk}} \cdot \frac{r_{dk}}{r_{di}} \qquad r_{di} = \sum_{j=1}^{k} r_{dj} \quad (5.78)$$

r_{di}：从内侧第 1～k 层的水蒸气阻力

第 k+1 层至第 n 层的湿流密度 g_e

同样，可求得从外侧第 k+1 层至第 n 层的总湿流密度 g_e。g_e 由从 K 平面向外侧传出的水蒸气总气流密度加上通过毛细力在第 k+1 层内传输的水蒸气得到。

$$g_e = \frac{p_{ske} - p_e}{r_{de}} + \frac{(w_{k+1,i} - whm_{k+1})^2}{2 \cdot r_{w,k+1}} \cdot \frac{r_{d,k+1}}{r_{de}} \quad (5.79)$$

在超吸湿区域内的湿含量 w_{ke} 和 $w_{k+1,i}$ 通过阶跃条件建立了相互联系。由此得到总湿流密度 g_e 为：

$$g_e = \frac{p_{ske} - p_e}{r_{de}} + \frac{\left(w_{ke} - whm_k\right)^2}{2 \cdot r_{w,k+1} \cdot \left(Gü_{k,k+1}\right)^2} \cdot \frac{r_{d,k+1}}{r_{de}} \qquad r_{de} = \sum_{j=k+1}^{n} r_{dj} \tag{5.80}$$

r_{de}：从外侧第 k+1～n 层的水蒸气阻力

总湿流密度 g

在平衡状态下，结构各点的湿流密度保持不变，即 $g_i=g_e=g$。基于这一条件，可计算得到 g、K 平面 w_{ke} 和 $w_{k+1,i}$ 处的超吸湿水分的高度，以及 s_{Kk} 和 $s_{K,k+1}$ 湿透区域的宽度。

$$g_i = \frac{p_i - p_{ske}}{r_{di}} - \frac{\left(w_{ke} - wh_k\right)^2}{2 \cdot r_{wk}} \cdot \frac{r_{dk}}{r_{di}} = g \qquad g_{di} = \frac{p_i - p_{ske}}{r_{di}} \tag{5.81}$$

g_i：从内侧至 K 平面的水蒸气气流密度

$$g_e = \frac{p_{ske} - p_e}{r_{de}} + \frac{\left(w_{ke} - whm_k\right)^2}{2 \cdot r_{w,k+1} \cdot \left(Gü_{k,k+1}\right)^2} \cdot \frac{r_{d,k+1}}{r_{de}} = g \qquad g_{de} = \frac{p_{ske} - p_e}{r_{de}} \tag{5.82}$$

g_e：从 K 平面至外侧的水蒸气气流密度

通过下面的推导，将给出从内层（1～k）至外层（k+1～n）水蒸气/液态水共同形成的阻力，即湿分阻力的定义：

$$r_{fi} = r_{wk} \frac{r_{di}}{r_{dk}} \qquad r_{fe} = r_{w,k+1} \frac{r_{de}}{r_{d,k+1}} \qquad (m^2s/kg) \tag{5.83）（5.84}$$

由此得通过结构的稳态总湿流密度为：

$$g = \frac{r_{Ki} \cdot g_{di} + r_{fe} \cdot g_{de} \cdot \left(Gü_{k,k+1}\right)^2}{r_{fi} + r_{fe} \cdot \left(Gü_{k,k+1}\right)^2} \qquad (kg/m^2s) \tag{5.85}$$

稳定状态下的总湿流密度等于由湿分阻力加权的进出扩散水蒸气流量密度的平均值。

5.2.2.3 稳态条件下超吸湿阶段湿含量、冷凝区域的范围、凝结水量的计算

如果 g 为已知，接下来可得到第 k 层冷端的超吸湿湿含量 w_{ke} 及第 k+1 层热端的超吸湿湿含量 $w_{k+1,i}$。由 g_i（方程（5.78））可得第 k 层的 w_{ke}（m^3/m^3），由平衡条件式（5.71）至式（5.74）可得第 k+1 层的 $w_{k+1,i}$（m^3/m^3）。

$$w_{ke} - whm_k = \sqrt{2 \cdot \left(g - g_{di}\right) \cdot r_{fi}}$$

将式（5.85）代入，得：

$$w_{ke} - whm_k = \sqrt{2 \frac{g_{di} - g_{de}}{\frac{1}{r_{fi}} + \frac{1}{\left(r_{fe}\right) \cdot \left(Gü_{k,k+1}\right)^2}}} \tag{5.86}$$

$$w_{k+1,i} - whm_{k+1} = \frac{\sqrt{2 \cdot \left(g - g_{di}\right) \cdot r_{fi}}}{Gü_{k,k+1}}$$

将式（5.85）代入，得：

$$w_{k+1,i} - whm_{k+1} = \sqrt{2 \frac{g_{di} - g_{de}}{\frac{1}{r_{fi}} + \frac{1}{r_{fe} \cdot \left(Gü_{k,k+1}\right)^2}}} \cdot \frac{1}{Gü_{k,k+1}} \tag{5.87}$$

超吸湿湿透区域的范围（宽度）s_{Kk} 和 $s_{K,k+1}$ 还是可以从表达水蒸气压力分布及湿分分布的图 5.55 中读取。第 k 层干燥部分的总湿流密度为：

$$g = \frac{\delta_L}{\mu_k} \cdot \left(\frac{p_{ki} - p_s(s_{Kk})}{d_k - s_{Kk}} \right) \tag{5.88}$$

在超吸湿区域的饱和压力曲线都被近似化为线性：

$$p_{sk}(x) = p_{ski} - \frac{p_{ski} - p_{ske}}{d_k} \cdot x \qquad p_{sk}(s_{Kk}) = p_{ski} - \frac{p_{ski} - p_{ske}}{d_k} \cdot s_{Kk} \tag{5.89}$$

将 $p_{sk}(s_{Kk})$ 代入总湿流密度 g 的公式中，可得第 k 层的湿透范围 s_k。同样也可得到第 k+1 层的超吸湿湿透区域的范围（s_k 和 $s_{K,k+1}$ 的单位为 m）。

$$s_{Kk} = d_k \cdot \left(\frac{g - \frac{p_{ki} - p_{ske}}{r_{dk}}}{g - \frac{p_{ski} - p_{ske}}{r_{dk}}} \right) \qquad s_{K,k+1} = d_{k+1} \cdot \left(\frac{g - \frac{p_{ske} - p_{k+1,e}}{r_{d,k+1}}}{g - \frac{p_{ske} - p_{s_{k+1,e}}}{r_{d_{k+1}}}} \right) \tag{5.90}（5.91）$$

平衡状态下冷凝水的量由超吸湿区域内湿透范围的高度和宽度决定。由于超吸湿区域中的湿分场随着毛细水导水率（式（5.64））的变化而呈现为平方根函数，所以第 k 层和第 k+1 层中的冷凝水量，以及总冷凝水量 m_k 都能很容易地计算出来。

$$m_{Kk} = \frac{2}{3} \cdot \rho w \cdot (w_{ke} - whm_k) \cdot s_{Kk} \tag{5.92}$$

$$m_{K,k+1} = \frac{2}{3} \cdot \rho w \cdot \left(w_{k+1,i} - whm_{k+1} \right) \cdot s_{K,k+1} \tag{5.93}$$

$$m_K = \left(m_{Kk} + m_{K,k+1} \right) = \left[\frac{2}{3} \cdot \rho w \cdot (w_{ke} - whm_k) \cdot \left(s_{Kk} + \frac{s_{K,k+1}}{Gü_{k,k+1}} \right) \right] \tag{5.94}$$

5.2.2.4　冬季突变气候条件下的调整适应过程

本部分至此的所有推导均基于稳定状态，即内外气候差总是保持不变的。对于一个无穷小的时间段，在用一个指数函数描述一个冬季突变气候之后，随着内部冷凝水的出现，结构将逐渐变湿，其推导过程如下。湿流密度平衡关系为：

$$g_i - g_e = \frac{d\left(m_{Kk} + m_{K,k+1} \right)}{dt} \tag{5.95}$$

$$\frac{p_i - p_{ske}}{r_{di}} - \frac{\left(w_{ke}(t) - whm_k \right)^2}{2 \cdot r_{wk}} \cdot \frac{r_{dk}}{r_{di}} - \frac{p_{ske} - p_e}{r_{de}} + \frac{\left(w_{ke}(t) - whm_k \right)^2}{2 \cdot r_{w,k+1} \cdot \left(Gü_{k,k+1} \right)^2} \cdot \frac{r_{d,k+1}}{r_{de}} = \frac{d}{dt} \left(s(t)_{Kk} + \frac{s(t)_{K,k+1}}{Gü_{k,k+1}} \right) \cdot \left[\frac{2}{3} \cdot \rho w \cdot \left(w_{ke}(t) - whm_k \right) \right] \tag{5.96}$$

如果在增湿过程中，平衡状态下呈现的超吸湿湿透区域宽度 s_{Kk} 与高度 Δw_{ke} 之比为常数，则吸湿湿透区域内随时间变化的宽度 $s(t)_{Kk}$ 和 $s(t)_{K,k+1}$ 可表达为式（5.97）和式（5.98）。

$$s(t)_{Kk} = d_k \cdot \left(\frac{g - \dfrac{p_{ki} - p_{ske}}{r_{dk}}}{g - \dfrac{p_{ski} - p_{ske}}{r_{dk}}} \right) \frac{w_{ke}(t) - whm_k}{w_{ke} - whm_k} \tag{5.97}$$

$$s(t)_{K,k+1} = d_{k+1} \cdot \left(\frac{g - \dfrac{p_{ske} - p_{k+1,e}}{r_{d,k+1}}}{g - \dfrac{p_{ske} - p_{sk,k+1,e}}{r_{dk+1}}} \right) \frac{w_{ke}(t) - whm_k}{w_{ke} - whm_k} \tag{5.98}$$

由此得到湿流密度平衡关系式（5.95）和式（5.96），其中再次使用了缩写参数 r_{fi}、r_{fe}、g_{di}、g_{de} 及 C。

$$(g_{di} - g_{de}) - \left[\frac{1}{r_{fi}} + \frac{1}{r_{fe}} \frac{1}{(Gü_{k,k+1})^2} \right] \frac{\Delta w_{ke}^2}{2} = C \cdot \left(\frac{d}{dt} \Delta w_{ke}^2 \right) \tag{5.99}$$

$$r_{fi} = r_{wk} \frac{r_{di}}{r_{dk}} \qquad r_{fe} = r_{w,k+1} \frac{r_{de}}{r_{d,k+1}}$$

$$g_{di} = \frac{p_i - p_{ske}}{r_{di}} \qquad g_{de} = \frac{p_{ske} - p_e}{r_{de}}$$

$$C = \frac{2 \cdot \rho_W}{3 \cdot \sqrt{2 \dfrac{g_{di} - g_{de}}{\dfrac{1}{r_{fi}} + \dfrac{1}{r_{fe} \cdot (Gü_{k,k+1})^2}}}} \cdot \left(d_k \frac{g - \dfrac{p_{ki} - p_{ske}}{r_{dk}}}{g - \dfrac{p_{ski} - p_{ske}}{r_{dk}}} + .d_{k+1} \frac{g - \dfrac{p_{ske} - p_{k+1,e}}{r_{d,k+1}}}{g - \dfrac{p_{ske} - p_{sk,k+1,e}}{r_{dk+1}}} \frac{1}{Gü_{k,k+1}} \right)$$

微分方程（5.99）的解，即第 k 层冷侧湿含量随时间的增加量 $\Delta w(t)_{ke}$ 可表达为式（5.100）（m_k 由式（5.94）计算）。相应的阶跃条件（方程（5.15）和方程（5.17））下的 $\Delta w(t)_{k+1,i}$ 由式（5.101）表达，而湿透宽度随时间的增长 $s_{Kk}(t)$ 和 $s_{K,k+1}(t)$ 由式（5.102）和式（5.103）来描述。

$$\Delta w(t)_{K,e} = \Delta w_{ke} \cdot \sqrt{1 - \exp\left(\frac{g_{di} - g_{de}}{m_K} \cdot t \right)} \tag{5.100}$$

$$\Delta w(t)_{k+1,i} = \frac{\Delta w_{ke}}{Gü_{k,k+1}} \cdot \sqrt{1 - \exp\left(\frac{g_{di} - g_{de}}{m_K} \cdot t \right)} \tag{5.101}$$

$$s(t)_{Kk} = s_{Kk} \cdot \sqrt{1 - \exp\left(\frac{g_{di} - g_{de}}{m_K} \cdot t \right)} \tag{5.102}$$

$$s(t)_{K,k+1} = s_{K,k+1} \cdot \sqrt{1 - \exp\left(\frac{g_{di} - g_{de}}{m_K} \cdot t \right)} \tag{5.103}$$

Δw_{ke}、s_{Kk} 及 $s_{K,k+1}$ 分别为经过无限长时间之后湿透区域的高度和宽度（方程（5.86）、方程（5.90）和方程（5.91））。最后，下面的方程（5.104）、方程（5.105）及方程（5.106）为冷凝水随时间的增加量 m_{Kk}、$m_{K,k+1}$ 及 m_K。

$$m(t)_{Kk} = \frac{2}{3}\cdot\rho w\cdot(wke - whm_k)\cdot s_{Kk}\cdot\left(1 - \exp\left(-\frac{g_{di} - g_{de}}{m_K}\cdot t\right)\right) \tag{5.104}$$

$$m(t)_{K,k+1} = \frac{2}{3}\cdot\rho w\frac{w_{ke} - whm_k}{Gü_{k,k+1}}\cdot s_{K,k+1}\cdot\left(1 - \exp\left(-\frac{g_{di} - g_{de}}{m_K}\cdot t\right)\right) \tag{5.105}$$

$$m(t)_K = m_K\cdot\left(1 - \exp\left(-\frac{g_{di} - g_{de}}{m_K}\cdot t\right)\right) \tag{5.106}$$

特殊的时间 $t_{üh}$ 被称为冬季冷凝过程的调整时间，其含义是冷凝水量 m_k（方程（5.94））达到其终点值的 95% 的时间。

$$t_{üh} = 3\frac{m_k}{g_{di} - g_{de}} \tag{5.107}$$

5.2.2.5　夏季的干燥过程

在夏季，存留在第 k 层和第 k+1 层中的湿分向外侧也向内侧逐渐变干。湿流密度的平衡方程为：

$$g_i + g_e = \frac{d\left(m_{Kk} + m_{K,k+1}\right)}{dt} \tag{5.108}$$

由此得到含有 $\Delta w_{kes}{}^2=(w_{kes}(t)-whm_k)^2$ 的微分方程：

$$\frac{p_{skes}-p_{is}}{r_{di}} + \frac{p_{skes}-p_{es}}{r_{de}} + \left[\frac{1}{2\cdot r_{fi}} + \frac{1}{2\cdot r_{fe}}\frac{1}{\left(G_{k,k+1}\right)^2}\right]\cdot(w_{kes}(t) - whm_k)^2 = -\frac{d}{dt}\left(s_{Kk} + \frac{s_{K,k+1}}{Gü_{k,k+1}}\right)\frac{2}{3}\cdot\rho w\frac{(w_{kse}(t) - whm_k)^2}{w_{ke} - whm_k} \tag{5.109}$$

将由下列方程的定义的缩写代入流量密度方程：

$$g_{ds} = \frac{p_{skes}-p_{is}}{r_{di}} + \frac{p_{skes}-p_{es}}{r_{de}} \tag{5.110}$$

$$g_{ws} = \left[\frac{1}{2\cdot r_{fi}} + \frac{1}{2\cdot r_{fe}}\frac{1}{\left(G_{k,k+1}\right)^2}\right]\cdot\Delta w_{ket(90)}{}^2 \tag{5.111}$$

$$m_{Kt}(t_K) = \left(s_{Kk} + \frac{s_{K,k+1}}{Gü_{k,k+1}}\right)\frac{2}{3}\cdot\rho w\frac{(w_{ke}(t_K) - whm_k)^2}{w_{ke} - whm_k} \tag{5.112}$$

得到夏季干燥的湿流密度方程为：

$$g_{ds} + g_{ws}\frac{\Delta w_{kes}^2}{\Delta w_{ket}(t_K)^2} = \frac{-m_{Kt}(t_K)}{\Delta w_{ket}(t_K)^2}\frac{d}{dt}\Delta w_{kes}^2 \tag{5.113a}$$

在该方程中：

g_{ds} 夏季干燥期开始时的总水蒸气气流密度；

p_{skes} 夏季干燥时 K 平面内的饱和压力；

p_{is} 夏季干燥时室内空间的饱和压力；

p_{es} 夏季干燥时外界空气的饱和压力；

g_{ws} 夏季干燥期开始时总的液态水流密度（夏季毛细干燥向内和外两个方向）；

$m_{Kt}(t_K)$ 冬季冷凝期 t_K=90 天结束时冷凝水的存量。

该方程（第 k 层外侧湿含量随时间的减少量 Δw_{kes}）的解为：

$$\Delta w_{kes}(t) = \Delta w_{ket}(t_K)\cdot\sqrt{\left(\frac{g_{ds}}{g_{ws}}+1\right)\cdot\exp\left(-\frac{g_{di}-g_{de}}{m_K}\cdot t\right)-\frac{g_{ds}}{g_{ws}}} \tag{5.113b}$$

同时，初始为冬季终点值 $m_K(t_K)$ 的冷凝水的减少量为：

$$m_{Ks}(t) = m_K(t_K)\cdot\left[\left(\frac{g_{ds}}{g_{ws}}+1\right)\cdot\exp\left(-\frac{g_{di}-g_{de}}{m_K}\cdot t\right)-\frac{g_{ds}}{g_{ws}}\right] \tag{5.114}$$

干燥时间 t_{ev} 借助条件 $m_{Ks}(t_{ev})$=0 进行计算（g_{di}、g_{de} 和 m_k 通过式（5.81）、式（5.82）和式（5.94）得到，g_{ds} 和 g_{ws} 由式（5.110）和式（5.111）计算）：

$$t_{ev} = \frac{m_K}{g_{di}-g_{de}}\cdot\ln\left(1+\frac{g_{ws}}{g_{ds}}\right) \tag{5.115}$$

在不考虑毛细干燥的条件下，可得下列方程，其中“Glaser 干燥”过程的起始冬季冷凝水存量 $m_{KG}(t_K)$ 的数值相对较高：

$$t_{ev2} = \frac{m_{Kt}(t_K)}{\frac{p_{skes}-p_{is}}{r_{di}}+\frac{p_{skes}-p_{es}}{r_{de}}} \tag{5.116}$$

$$t_{evG} = \frac{m_{KG}(t_K)}{\frac{p_{skes}-p_{is}}{r_{di}}+\frac{p_{skes}-p_{es}}{r_{de}}} \tag{5.117}$$

上面两个干燥时间 t_{ev2} 和 t_{evG} 自然大于干燥时间 t_{ev}。

5.2.2.6　案例：6 层外墙结构，带有强毛细作用内保温层墙体的节能改造

考虑毛细水运移及吸湿性的水蒸气传输图。

必要的材料参数

导热系数 λ（W/mK）；

水蒸气传导系数 $\delta_{空气}/\mu$（s）；

毛细水传导系数 $k\cdot(w-w_h)$（m^2/s），k 将由水吸收系数 A_w（$kg/m^2s^{1/2}$）确定；

最大吸湿湿含量 w_h（m^3/m^3），饱和湿含量 w_s（m^3/m^3）。

$$k=\left(\frac{A_w}{w_{Sek}-w_h}\right)^2\frac{\rho w^2}{2\cdot(w_{Sek}-w_h)}$$

情况 1　单个结露面

结露面位于第 2 层和第 3 层之间

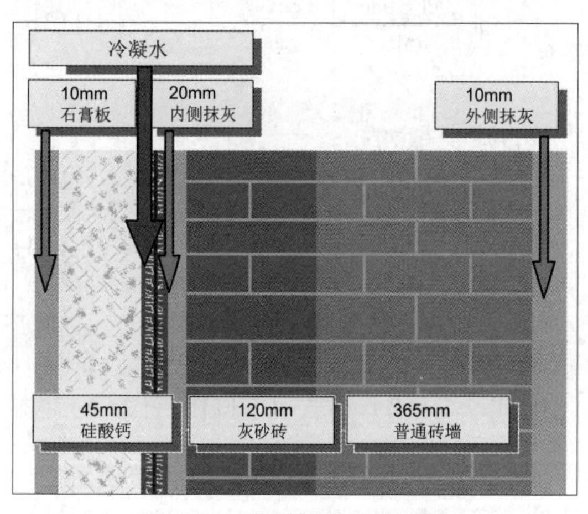

图 5.61　案例结构的构造图

层 1	**石膏板**
层 1	干燥
接触面 1/2	干燥
层 2	**硅酸钙隔热材料**
层 2	部分湿透
接触面 2/3	潮湿
层 3	**粘合剂/内侧抹灰**
接触面 2/3	潮湿
层 3	部分湿透
层 4	**灰砂砖**
接触面 3/4	干燥
层 4	干燥
层 5	**普通墙砖**
接触面 4/5	干燥
层 5	干燥
层 6	**外侧抹灰**
接触面 5/6	干燥
层 6	干燥

输入：三个月冬季气候数据包

冬季室内气候			初始空气湿度	冬季外界气候		
T/°C	ϕ/%	p/Pa	平面 2/3 处	T/°C	ϕ/%	p/Pa

$Ti := 20$　　$\phi i := \frac{50}{100}$　　　　$\phi o := \frac{98}{100}$　　　　$Te := -5$　　$\phi e := \frac{80}{100}$

$psi := 288.68\cdot\left(1.098+\frac{Ti}{100}\right)^{8.02}$　　　　$pse := 4.689\cdot\left(1.486+\frac{Te}{100}\right)^{12.3}$

$psi = 2338.19$　　　　$pse = 401.86$

$pi := \phi i\cdot psi$　　　　$pe := \phi e\cdot pse$

$pi = 1169.09$　　　　$pe = 321.49$

输入：层厚，材料特性参数

	s/m	λ/(W/mK)	μ	Aw/(kg/m²s^1/2)	wh/(m³/m³)	ws/(m³/m³)
层 1	s1 := 0.010	λ1 := 0.34	μ1 := 18	Aw1 := 0.350	wh1 := 0.010	ws1 := 0.400
层 2	s2 := 0.045	λ2 := 0.05	μ2 := 2	Aw2 := 0.776	wh2 := 0.005	ws2 := 0.800
层 3	s3 := 0.020	λ3 := 0.98	μ3 := 31	Aw3 := 0.034	wh3 := 0.030	ws3 := 0.300
层 4	s4 := 0.120	λ4 := 1.25	μ4 := 18	Aw4 := 0.088	wh4 := 0.080	ws4 := 0.300
层 5	s5 := 0.365	λ5 := 0.75	μ5 := 7	Aw5 := 0.100	wh5 := 0.010	ws5 := 0.300
层 6	s6 := 0.010	λ6 := 0.95	μ6 := 7	Aw6 := 0.010	wh6 := 0.020	ws6 := 0.400

计算：导热热阻及导湿阻力

层	热阻/(m²K/W)	水蒸气阻力/(m/s)	毛细水阻力/(m²/skg)	气和水的共同阻力/(m²/skg)
内表面	Roi := 0.130 Roi = 0.130	rdoi := 0 rdoi = 0.00	$d := 5.4\cdot10^{9}$ ρw := 1000	
层 1	$R1 := \frac{s1}{\lambda1}$ R1 = 0.029	rd1 := d·μ1·s1 $rd1 = 9.72\times10^{8}$	$rw1 := \frac{s1\cdot(ws1-wh1)^3}{Aw1^2\cdot5\cdot10^{-5}}$ rw1 = 96.85	
层 2	$R2 := \frac{s2}{\lambda2}$ R2 = 0.900	rd2 := d·μ2·s2 $rd2 = 4.86\times10^{8}$	$rw2 := \frac{s2\cdot(ws2-wh2)^3}{Aw2^2\cdot5\cdot10^{-5}}$ $rw2 = 7.51\times10^{2}$	第1层至第k层 rdi := rd1 + rd2 $rdi = 1.46\times10^{9}$
层 3	$R3 := \frac{s3}{\lambda3}$ R3 = 0.020	rd3 := d·μ3·s3 $rd3 = 3.35\times10^{9}$	$rw3 := \frac{s3\cdot(ws3-wh3)^3}{Aw3^2\cdot5\cdot10^{-5}}$ $rw3 = 6.81\times10^{3}$	$rf12 := rw2\,\frac{rdi}{rd2}$ rf12 = 2252.90
层 4	$R4 := \frac{s4}{\lambda4}$ R4 = 0.096	rd4 := d·μ4·s4 $rd4 = 1.17\times10^{10}$	$rw4 := \frac{s4\cdot(ws4-wh4)^3}{Aw4^2\cdot5\cdot10^{-5}}$ $rw4 = 3.30\times10^{3}$	
层 5	$R5 := \frac{s5}{\lambda5}$ R5 = 0.487	rd5 := d·μ5·s5 $rd5 = 1.38\times10^{10}$	$rw5 := \frac{s5\cdot(ws5-wh5)^3}{Aw5^2\cdot5\cdot10^{-5}}$ $rw5 = 1.78\times10^{4}$	
层 6	$R6 := \frac{s6}{\lambda6}$ R6 = 0.011	rd6 := d·μ6·s6 $rd6 = 3.78\times10^{8}$	$rw6 := \frac{s6\cdot(ws6-wh6)^3}{Aw6^2\cdot5\cdot10^{-5}}$ $rw6 = 1.10\times10^{5}$	第k+1层至第n层 rde := rd3 + rd4 + rd5 + rd6 $rde = 2.92\times10^{10}$ $rf3456 := rw3\,\frac{rde}{rd3}$
外表面	Roe := 0.040 Roe = 0.040	rdoe := 0 rdoe = 0.00		rf3456 = 59374.16
total	R := R1 + R2 + R3 + R4 + R5 + R6		R = 1.54	$U := \frac{1}{Roe + R + Roi}$　U = 0.58

计算：层边界处的湿分阶跃条件

接触层	状态	公式	结果
接触层 1/2	吸湿状态	$G12 := \frac{wh1}{wh2}$	$G12 = 2.00$
接触层 2/3	超吸湿状态	$G23 := \frac{ws2 - wh2}{ws3 - wh3}$	$G23 = 2.94$
接触层 3/4	吸湿状态	$G34 := \frac{wh3}{wh4}$	$G34 = 0.38$
接触层 4/5	吸湿状态	$G45 := \frac{wh4}{wh5}$	$G45 = 8.00$
接触层 5/6	吸湿状态	$G56 := \frac{wh5}{wh6}$	$G56 = 0.50$

计算：稳态温度场 T/℃

位置	公式	结果
内侧表面	$Toi := Ti - Roi \cdot U \cdot (Ti - Te)$	
接触层 1/2	$T12 := Ti - (Roi + R1) \cdot U \cdot (Ti - Te)$	$T12 = 17.67$
接触层 2/3	$T23 := Ti - (Roi + R1 + R2) \cdot U \cdot (Ti - Te)$	$T23 = 4.54$
接触层 3/4	$T34 := Ti - (Roi + R1 + R2 + R3) \cdot U \cdot (Ti - Te)$	$T34 = 4.24$
接触层 4/5	$T45 := Ti - (Roi + R1 + R2 + R3 + R4) \cdot U \cdot (Ti - Te)$	$T45 = 2.84$
接触层 5/6	$T56 := Ti - (Roi + R1 + R2 + R3 + R4 + R5) \cdot U \cdot (Ti - Te)$	$T56 = -4.26$
外侧表面	$Toe := Ti - (Roi + R) \cdot U \cdot (Ti - Te)$	$Toe = -4.42$

计算：稳态饱和压力场 p_s/Pa

位置	公式	结果
内侧表面	$psoi := 288.68 \cdot \left(1.098 + \frac{Toi}{100}\right)^{8.02}$	$psoi = 2077.75$
接触层 1/2	$ps12 := 288.68 \cdot \left(1.098 + \frac{T12}{100}\right)^{8.02}$	$ps12 = 2022.48$
接触层 2/3	$ps23 := 288.68 \cdot \left(1.098 + \frac{T23}{100}\right)^{8.02}$	$ps23 = 845.53$
接触层 3/4	$ps34 := 288.68 \cdot \left(1.098 + \frac{T34}{100}\right)^{8.02}$	$ps34 = 828.03$
接触层 4/5	$ps45 := 288.68 \cdot \left(1.098 + \frac{T45}{100}\right)^{8.02}$	$ps45 = 749.87$
接触层 5/6	$ps56 := 4.6890 \cdot \left(1.486 + \frac{T56}{100}\right)^{12.3}$	$ps56 = 428.00$
外侧表面	$psoe := 4.6890 \cdot \left(1.486 + \frac{Toe}{100}\right)^{12.3}$	$psoe = 422.43$

计算：从内侧至 K 平面 2/3，以及从 K 平面 2/3 至外侧的水蒸气流量密度 g_d，当 t=∞ 时，水蒸气和毛细水合计的总湿分流量密度 g/（kg/m^2s）

$gdi := \frac{pi - ps23}{rd1 + rd2}$	$gde := \frac{ps23 - pe}{rd3 + rd4 + rd5 + rd6}$	$g := \frac{rf12 \cdot gdi + rf3456 \cdot G23^2 \cdot gde}{rf12 + rf3456 \cdot G23^2}$
$gdi = 2.22 \times 10^{-7}$	$gde = 1.80 \times 10^{-8}$	$g = 1.88 \times 10^{-8}$

计算：1/2、3/4、4/5 及 5/6 接触层处的实际水蒸气压力 p/Pa 和空气湿度 ϕ

内侧表面	poi := pi psoi = 2077.75	poi = 1169.09	$\phi oi := \frac{poi}{psoi}$	ϕoi = 0.56
接触层 1/2	p12 := pi − g·rd1 ps12 = 2022.48	p12 = 1150.78	$\phi 12 := \frac{p12}{ps12}$	ϕ12 = 0.57
接触层 2/3	p23 := ps23 ps23 = 845.53	ps23 = 845.53	$\phi 23 := \frac{p23}{ps23}$	ϕ23 = 1.00
接触层 3/4	p34 := pe + g·(rd4 + rd5 + rd6) ps34 = 828.03	p34 = 808.38	$\phi 34 := \frac{p34}{ps34}$	ϕ34 = 0.98
接触层 4/5	p45 := pe + g·(rd5 + rd6) ps45 = 749.87	p45 = 588.60	$\phi 45 := \frac{p45}{ps45}$	ϕ45 = 0.78
接触层 5/6	p56 := pe + g·rd6 ps56 = 428.00	p56 = 328.61	$\phi 56 := \frac{p56}{ps56}$	ϕ56 = 0.77
外侧表面	poe := pe psoe = 422.43	poe = 321.49	$\phi oe := \frac{poe}{psoe}$	ϕoe = 0.76

计算：当 t=∞ 时，吸湿区域及超吸湿区域的湿含量 w/（m^3/m^3）和 Δw/（m^3/m^3）；
当 t=∞ 时，潮湿层中结露区域的宽度 s_K/m

层 1	$w1i := \frac{pi}{psoi}\cdot wh1$ $w1e := \frac{p12}{ps12}\cdot wh1$	w1i = 0.006 wh1 = 0.010 w1e = 0.006	sK1 := 0 sK1 = 0.0000
层 2	$w2i := \frac{p12}{ps12}\cdot wh2$ $\Delta w2e := \sqrt{(gdi - g)\cdot rf12\cdot 2}$ w2e := wh2 + Δw2e	wh2 = 0.005 w2i = 0.003 Δw2e = 0.030 w2e = 0.035	$sK2 := \frac{g\cdot rd2 - (p12 - ps23)}{g\cdot rd2 - (ps12 - ps23)}\cdot s2$ sK2 = 0.0114
层 3	$\Delta w3i := \sqrt{(gdi - g)\cdot rf12\cdot 2}\cdot\frac{1}{G23}$ w3i := wh3 + Δw3i $w3e := \frac{p34}{ps34}\cdot wh3$	wh3 = 0.030 Δw3i = 0.010 w3i = 0.040 w3e = 0.029	$sK3 := \frac{g\cdot rd3 - (ps23 - p34)}{g\cdot rd3 - (ps23 - ps34)}\cdot s3$ sK3 = 0.0114
层 4	$w4i := \frac{p34}{ps34}\cdot wh4$ $w4e := \frac{p45}{ps45}\cdot wh4$	wh4 = 0.080 w4i = 0.078 w4e = 0.063	sK4 := 0 sK4 = 0.0000
层 5	$w5i := \frac{p45}{ps45}\cdot wh5$ $w5e := \frac{p56}{ps56}\cdot wh5$	wh5 = 0.010 w5i = 0.008 w5e = 0.008	sK5 := 0 sK5 = 0.0000
层 6	$w6i := \frac{p56}{ps56}\cdot wh6$ $w6e := \frac{pe}{psoe}\cdot wh6$	wh6 = 0.020 w6i = 0.015 w6e = 0.015	sK6 := 0 sK6 = 0.0000

计算：当 t=∞ 时，超吸湿区域的湿含量 m_K/（kg/m^2）（冷凝水）

层 1	$mK1 := 0$	$mK1 = 0.000$
层 2	$mK2 := sK2 \cdot \Delta w2e \cdot \rho w \cdot 0.667$	$mK2 = 0.230$
层 3	$mK3 := sK3 \cdot \Delta w3i \cdot \rho w \cdot 0.667$	$mK3 = 0.078$
层 4	$mK4 := 0$	$mK4 = 0.000$
层 5	$mK5 := 0$	$mK5 = 0.000$
层 6	$mK6 := 0$	$mK6 = 0.000$
合计	$mK := mK2 + mK3 + mK4 + mK5$	$mK = 0.308$

吸湿增湿时间（结构内部真正开始出现冷凝水之前的时间）定义如下：

$$th := \frac{(1-\phi o)\cdot \rho w}{2} \cdot \frac{I1 \cdot wh1 \cdot s1 + (1+I1)\cdot wh2 \cdot s2 + (1+I4)\cdot wh3 \cdot s3 + (I4+I5)\cdot wh4 \cdot s4 + (I5+I6)\cdot wh5 \cdot s5 + I6 \cdot wh6 \cdot s6}{gdi - gde}$$

上式中的缩写含义为：

$$I1 := \frac{rd1}{rd1 + rd2} \cdot \frac{ps23}{ps12} \qquad I2 := 1 \qquad I3 := 1$$

$$I4 := \frac{rd4 + rd5 + rd6}{rd3 + rd4 + rd5 + rd6} \cdot \frac{ps23}{ps34} \qquad I5 := \frac{rd5 + rd6}{rd3 + rd4 + rd5 + rd6} \cdot \frac{ps23}{ps45} \qquad I6 := \frac{rd6}{rd3 + rd4 + rd5 + rd6} \cdot \frac{ps23}{ps56}$$

th/s　　$th = 8.58 \times 10^5$

thd/d　　$thd := \frac{th}{3600 \cdot 24}$　　$thd = 9.92$

计算：超吸湿增湿时间 t_{oh}

通过设置阶跃变化的气候值可根据一个指数函数计算得到 $t > t_h$（吸湿增湿过程结束）时的冷凝水增加过程。调整时间为：

$$toh := \frac{mK}{gdi - gde} \cdot 3 \qquad tohd := \frac{toh}{3600 \cdot 24}$$

toh/s　　$toh = 4.53 \times 10^6$　　tohd/d　　$tohd = 52.47$

计算：冷凝水随着时间的增加量，时间 /d

$t := thd, thd + 0.1 .. 95$

$w2et(t) := wh2 + \Delta w2e \cdot \sqrt{1 - \exp\left(-3\frac{t - thd}{tohd}\right)}$	$w3it(t) := wh3 + \frac{\Delta w2e}{G23} \cdot \sqrt{1 - \exp\left(-3\frac{t - thd}{tohd}\right)}$
$w2et(90) = 0.035$	$w3it(90) = 0.040$
$sK2t(t) := sK2 \cdot \sqrt{1 - \exp\left(-3\frac{t - thd}{tohd}\right)}$	$sK3t(t) := sK3 \cdot \sqrt{1 - \exp\left(-3\frac{t - thd}{tohd}\right)}$
$sK2t(90) = 0.01135$	$sK3t(90) = 0.01132$
$mK2t(t) := sK2t(t) \cdot (w2et(t) - wh2) \cdot \rho w \frac{2}{3}$	$mK3t(t) := sK3t(t) \cdot (w3it(t) - wh3) \cdot \rho w \frac{2}{3}$
$mK2t(90) = 0.228$	$mK3t(90) = 0.077$
$mK = 0.308$	**zum Vergleich Glaser** $tG := 0, 0.1 .. 90$
$mKt(t) := mK \cdot \left(1 - \exp\left(-3\frac{t - thd}{tohd}\right)\right)$	$mKG(tG) := (gdi - gde) \cdot tG \cdot 24 \cdot 3600$
$mKt(90) = 0.31$	$mKG(90) = 1.59$

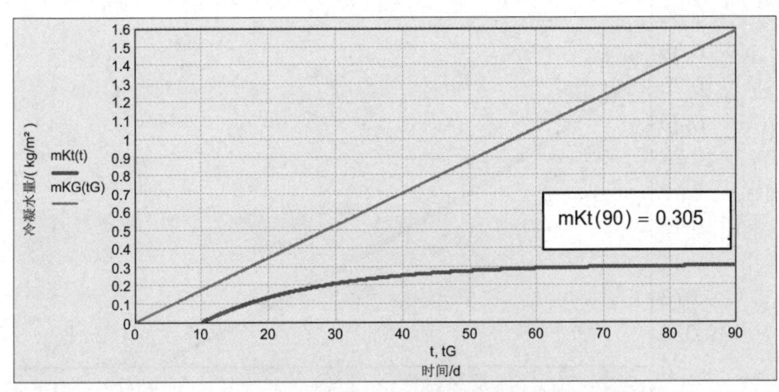

图 5.62　冬季结露期内冷凝水量随时间的增长，
结露期结束时冷凝水的总量（kg/m²）

干燥过程

输入：夏季气候数据包

夏季室内气候 T/°C ϕ/% p/Pa	平面 2/3 内的初始空气湿度	夏季室外气候 T/°C ϕ/% p/Pa
$Tsi := 18$ $\phi si := \frac{60}{100}$	$\phi o := \frac{100}{100}$	$Tse := 15$ $\phi se := \frac{70}{100}$
$pssi := 288.68 \cdot \left(1.098 + \frac{Tsi}{100}\right)^{8.02}$ $pssi = 2064.40$ $psi := \phi si \cdot pssi$ $psi = 1238.64$		$psse := 288.68 \cdot \left(1.098 + \frac{Tse}{100}\right)^{8.02}$ $psse = 1706.31$ $pse := \phi se \cdot psse$ $pse = 1194.42$
夏季平面 2/3 间的温度和压力 $Ts23 := Tsi - (Roi + R1 + R2) \cdot U \cdot (Tsi - Tse)$		$Ts23 = 16.14$
$pss23 := 288.68 \cdot \left(1.098 + \frac{Ts23}{100}\right)^{8.02}$		$pss23 = 1835.94$

计算：超吸湿区域湿度的减少，时间 /d

$$t := 0, 0.001 .. 10$$

$$gds := \frac{pss23 - psi}{rdi} + \frac{pss23 - pse}{rde} \qquad gws := \left(\frac{1}{2 \cdot rf12} + \frac{1}{2 \cdot rf3456} \cdot \frac{1}{G23^2}\right) \cdot (w2et(90) - wh2)^2$$

$$\Delta w2es(t) := \left[\sqrt{\left(\frac{gds}{gws} + 1\right) \cdot \exp\left[\frac{-(gdi - gde) \cdot t}{mK} \cdot 24 \cdot 3600\right] - \frac{gds}{gws}}\right] \cdot (w2et(90) - wh2)$$

$$mKT(t) := \left[\left(\frac{gds}{gws} + 1\right) \cdot \exp\left[\frac{-(gdi - gde) \cdot t}{mK} \cdot 24 \cdot 3600\right] - \frac{gds}{gws}\right] \cdot mKt(90)$$

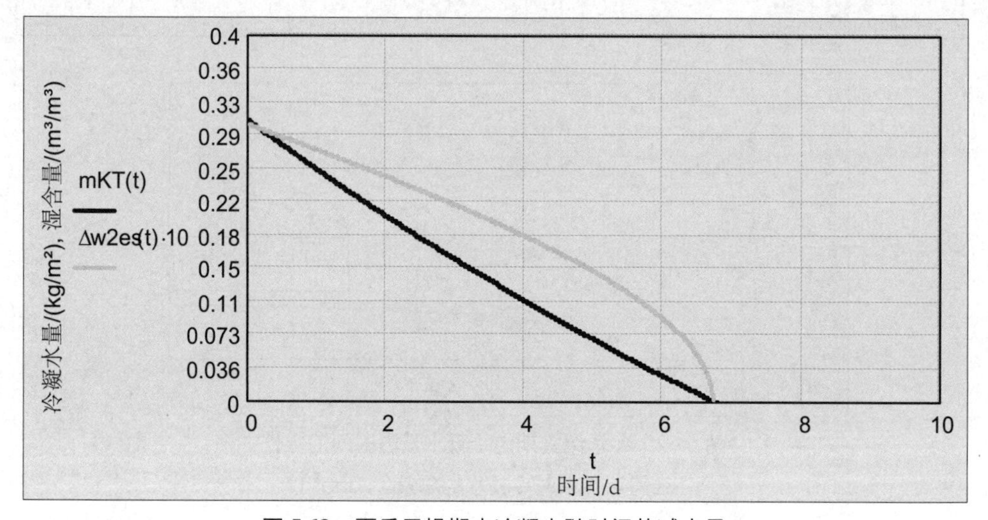

图 5.63　夏季干燥期内冷凝水随时间的减少量

计算：干燥时间 t_{ev}

$tev := \frac{mK}{gdi - gde} \cdot \ln\left(1 + \frac{gws}{gds}\right)$	$tevd := \frac{tev}{24 \cdot 3600}$	**tev/s** **tevd/d**	$tev = 5.798 \times 10^5$ $tevd = 6.71$
简化公式 $tev2 := \frac{mKt(90)}{\frac{pss23 - psi}{rdi} + \frac{pss23 - pse}{rde}}$	$tevd2 := \frac{tev2}{24 \cdot 3600}$	**tev2 /s** **tevd2 /d**	$tev2 = 7.067 \times 10^5$ $tevd2 = 8.18$
干燥计算公式 $tevG := \frac{mKG(90)}{\frac{pss23 - psi}{rdi} + \frac{pss23 - pse}{rde}}$	$tevdG := \frac{tevG}{24 \cdot 3600}$	**tevG /s** **tevdG /d**	$tevG = 3.67 \times 10^6$ $tevdG = 42.53$

结果汇总——90 天结露期

层	温度/°C	水蒸气压力/Pa	空气湿度	材料湿度/(m³/m³)	潮湿区域宽度/m	冷凝水量/(kg/m²)
内侧表面	Ti = 20.00 Toi = 18.10	pi = 1169.09 psoi = 2077.75	φi = 0.50	woi := w1i woi = 0.006		
层1 s1 = 0.01 λ1 = 0.34 μ1 = 18.00 Aw1 = 0.350	Toi = 18.10 T12 = 17.67	poi = 1169.09 ps12 = 2022.48 p12 = 1150.78	φoi = 0.56 φ12 = 0.57	w1i = 0.006 wh1 = 0.010 w1e = 0.006	sK1 = 0.0000	mK1 = 0.00
层2 s2 = 0.05 λ2 = 0.05 μ2 = 2.00 Aw2 = 0.776	T12 = 17.67 T23 = 4.54	p12 = 1150.78 ps23 = 845.53 p23 = 845.53	φ12 = 0.57 φ23 = 1.00	w2i = 0.003 wh2 = 0.005 w2e = 0.035 w2et(90) = 0.035	sK2 = 0.0114 sK2t(90) = 0.0114	mK2 = 0.23 mK2t(90) = 0.228
层3 s3 = 0.02 λ3 = 0.98 μ3 = 31.00 Aw3 = 0.034	T23 = 4.54 T34 = 4.24	p23 = 845.53 ps34 = 828.03 p34 = 808.38	φ23 = 1.00 φ34 = 0.98	w3it(90) = 0.040 w3i = 0.040 wh3 = 0.030 w3e = 0.029	sK3t(90) = 0.0113 sK3 = 0.01138	mK3t(90) = 0.077 mK3 = 0.08
层4 s4 = 0.12 λ4 = 1.25 μ4 = 18.00 Aw4 = 0.088	T34 = 4.24 T45 = 2.84	p34 = 808.38 ps45 = 749.87 p45 = 588.60	φ34 = 0.98 φ45 = 0.78	w4i = 0.078 w4i = 0.078 wh4 = 0.080 w4e = 0.063	sK4 = 0.0000	mK4 = 0.00
层5 s5 = 0.37 λ5 = 0.75 μ5 = 7.00 Aw5 = 0.100	T45 = 2.84 T56 = -4.26	p45 = 588.60 p56 = 328.61 ps56 = 428.00	φ45 = 0.78 φ56 = 0.77	w5i = 0.008 wh5 = 0.010 w5e = 0.008	sK5 = 0.0000	mK5 = 0.00
层6 s6 = 0.01 λ6 = 0.95 μ6 = 7.00 Aw6 = 0.010	T56 = -4.26 Toe = -4.42	p56 = 328.61 psoe = 422.43	φ56 = 0.77 φoe = 0.76	w6i = 0.015 wh6 = 0.020 w6e = 0.015	sK6 = 0.0000	mK6 = 0.00
外侧表面	Toe = -4.42 Te = -5.00	pe = 321.49	φe = 0.80	woe := w6e woe = 0.015		
U值/(W/m²K) U=0.584	t=thd 之后结露开始，thd/d 结露期结束时冷凝水的量/(kg/m²) t=∞ 时冷凝水的量/(kg/m²) 由 GLASER 法计算得到的冷凝水的量/(kg/m²) 干燥时间 tevd/d					thd = 9.9 mKt(90) = 0.305 mK = 0.308 mKG(90) = 1.59 tevd = 6.7

本节的最后一张图中给出了由上面介绍的算法计算得出的一个由 6 层材料组合成的外墙结构中的湿含量分布情况。其中，在硅酸钙保温层和老化的内侧抹灰之间形成结露面。由于毛细力的作用，冷凝水会向两侧运移。

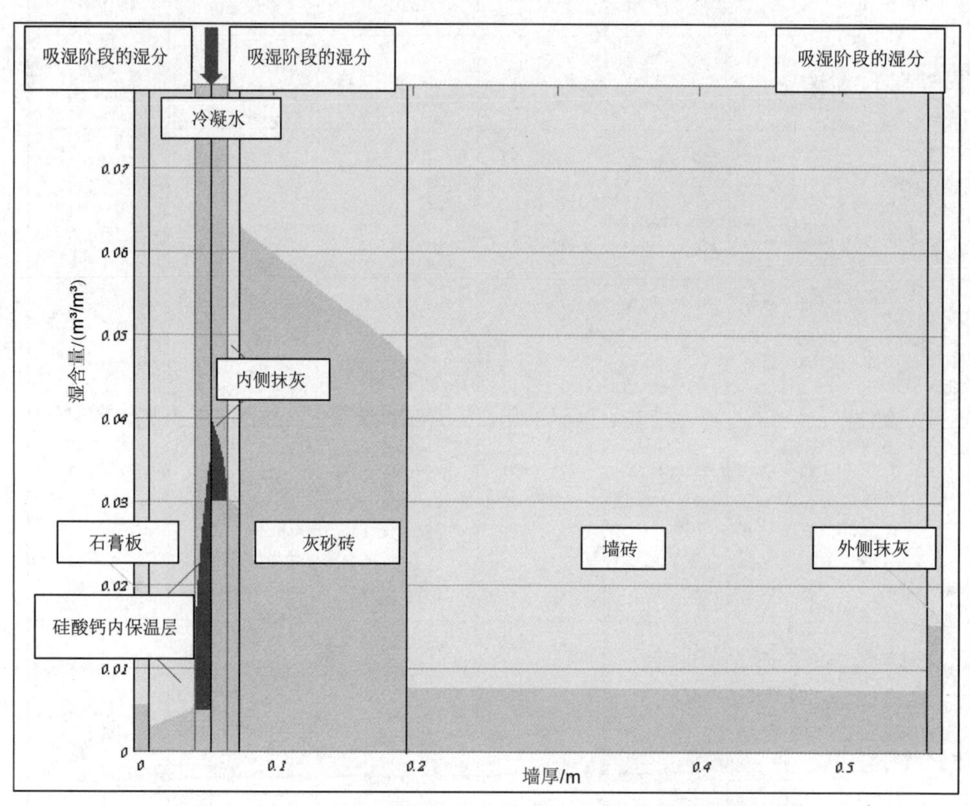

图 5.64　示例 6 层结构的湿含量分布图，浅色为吸湿阶段的湿分，深色为超吸湿阶段的湿分（冷凝水）

5.2.2.7　应用程序 COND 2002 介绍

前面介绍的用于分析多层围护结构中同时发生水蒸气和液态水传输过程的计算模型是用于计算内部结露过程的 Windows 程序 COND 2002 的基础。

该程序的界面示于下面第一张和第二张图。通过单击白色边界区域，可以设置相应对流换热热阻和内外侧气候数据（对流换热热阻、温度、相对湿度，以及冬季和夏季的时长）作为气候数据包。通过单击每一层的区域，可以输入或借助材料参数表（表 2.2 和表 5.1）设置材料参数（导热系数、扩散阻力系数、最大吸湿湿含量、自然饱和水含量及吸水系数）。用户仅需要给出层厚。除此而外，菜单还允许删除和增加层数。主要结果（热阻、U 值、冷凝水量、吸湿和超吸湿的调节时间、夏季干燥时间）将显示于输入面板的右上方。对流换热热阻、温度分布、湿度分布（吸湿区域和超吸湿区域）及实际冷凝水量将会立即以图和表的形式显示出来（图 5.67 和图 5.68）。

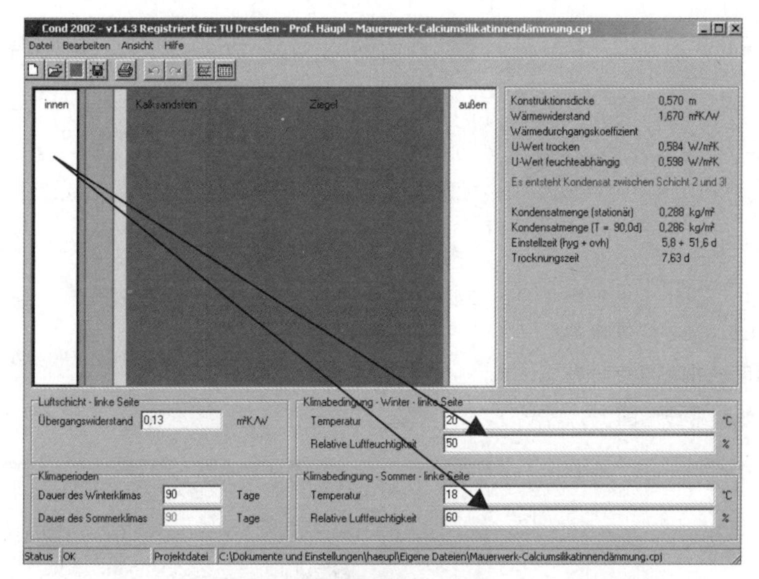

图 5.65 COND 2002 程序屏幕输入窗口——边界条件输入

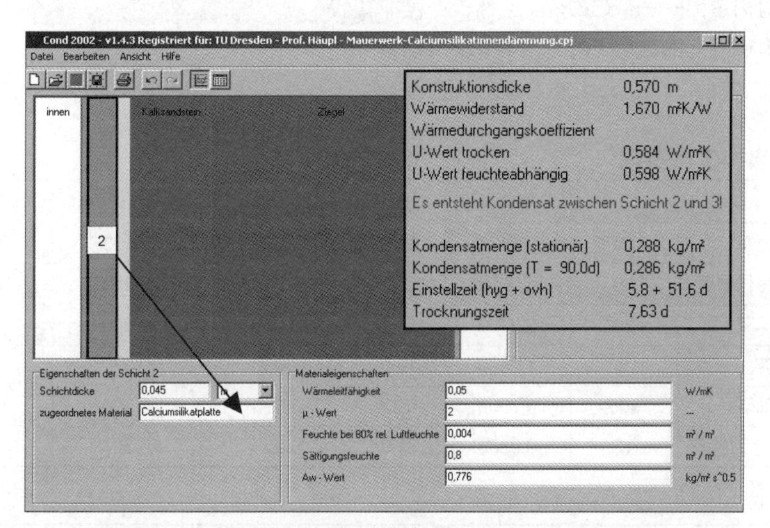

图 5.66 COND 2002 程序屏幕输入窗口——材料参数输入

Ergebnistabellen Registriert für: TU Dresden - Prof. Häupl

	Schicht/Material	θ [°C]	P_{sat} [Pa]	P [Pa]	w [m³/m³]	d_c [mm]	M_c [kg/m²]
	Luftschicht (links)	20,0	2338	1169			
		18,1	2072	1169			
1	Gipskartonplatte				0,005 0,005		
		17,6	2015	1150			
2	Calciumsilikatplatte				0,003 **0,034**	11,0	0,22
		4,8	**859**	**859**			
3	Kalkputz/Kleber				**0,041** 0,030	10,6	0,07
		4,5	841	820			
4	Kalksandstein				0,075 0,060		
		3,0	760	595			
5	Ziegel				0,007 0,007		
		-4,2	429	329			
6	Kalk-Zementputz				0,014 0,014		
		-4,4	423	321			
	Luftschicht (rechts)	-5,0	402	321			

图 5.67 某 6 层外墙中的温度分布、水蒸气压力分布及湿度分布表示

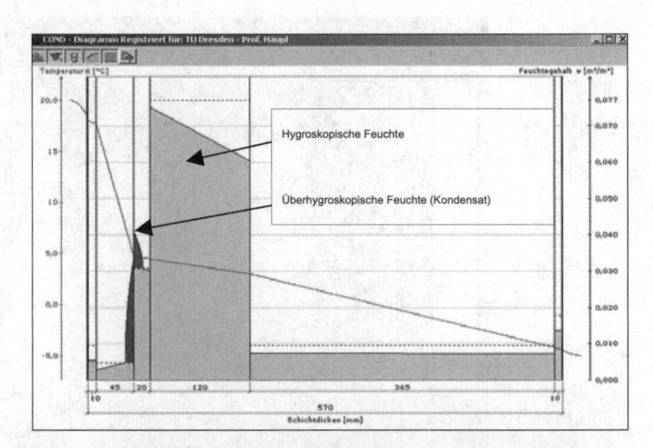

图 5.68　某 6 层外墙中的温度分布和湿度分布图示（屏幕显示图）

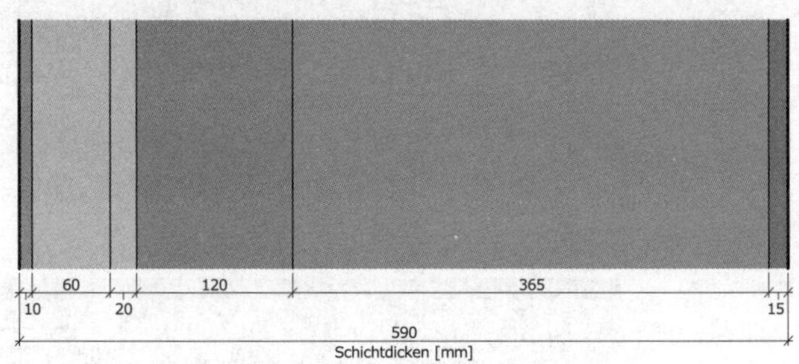

图 5.69　COND 给出的结构构造图——带硅酸钙内保温层的砖墙（打印预览图）

结构构成和材料参数

	材料	d/mm	λ/(W/mK)	μ	$w_{hyg}/(m^3/m^3)$	$w_{sat}/(m^3/m^3)$	$A_w/(kg/m^2s^{0.5})$
1	石膏板	10	0.3400	18.0	0.011	0.400	0.3550
2	硅酸钙保温层	60	0.0600	3.0	0.010	0.800	1.1900
3	石灰抹灰	20	0.8700	12.0	0.025	0.300	0.0450
4	灰砂砖	120	1.2500	18.0	0.065	0.320	0.0880
5	普通墙砖	365	0.7500	7.0	0.020	0.300	0.1460
6	石灰-水泥抹灰	15	0.9800	21.0	0.025	0.300	0.0250

气候数据

冬季气候

左侧气候		右侧气候	
温度	20.0°C	温度	-5.0°C
相对湿度	50.0%	相对湿度	60.0%

结露期（冬季）时长为 90 天

夏季气候

左侧气候		右侧气候	
温度	18.0°C	温度	20.0°C
相对湿度	60.0%	相对湿度	70.0%

干燥期（夏季）时长为 90 天

对流换热阻力

左侧　　Rsi=0.130m²K/W

右侧　　Rse=0.040m²K/W

传热热阻、水蒸气扩散阻力及毛细水传输阻力

	层/材料	$R/(m^2K/W)$	$r_v/(m/s)$	$r_w/(m^2s/kg)$
1	石膏板	0.029	9.720E+08	9.342E+01
2	硅酸钙保温层	0.963	9.720E+08	4.178E+02
3	石灰抹灰	0.023	1.296E+09	4.108E+03
4	灰砂砖	0.096	1.116E+10	5.139E+03
5	普通墙砖	0.487	1.380E+10	7.518E+03
6	石灰-水泥抹灰	0.015	1.701E+09	9.982E+03
	传热热阻	1.613	3.040E+10	

结构总传热热阻：R_T=1.783m^2K/W

结构总传热系数：U=0.561W/m^2K

温度、水蒸气压力及湿含量

	层/材料	Θ/°C	p_{sat}/Pa	p/Pa	w/(m^3/m^3)	d_c/mm	M_c/(g/m^2)
	空气层（左侧）	20.0 18.2	2238 2088	1169 1169			
1	石膏板	17.8	2034	1149	0.006 0.006		
2	硅酸钙保温层	4.3	829	829	0.006 0.026	15.1	0.16
3	石灰抹灰	3.9	811	807	0.031 0.025	11.4	0.04
4	灰砂砖	2.6	737	564	0.065 0.050		
5	普通墙砖	-4.2	429	277	0.015 0.013		
6	石灰-水泥抹灰				0.016 0.014		
	空气层（右侧）	-4.4 -5.0	422 402	241 241			

温度和湿度分布

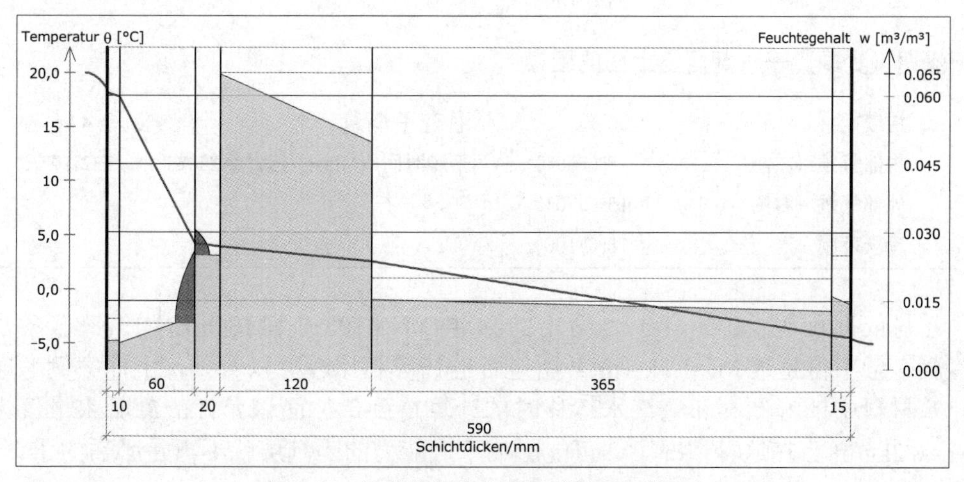

图 5.70 湿度和温度分布图（打印预览图）

计算结果汇总

结构传热系数（潮湿状态）	U=0.561	$W/(m^2K)$
结构传热系数（干燥状态）	U=0.549	$W/(m^2K)$
结露期结束时的冷凝水量（COND 计算结果）	M_c=0.204	kg/m^2
吸湿过程调整时间	t_{hyg}=6.55	d
超吸湿过程调整时间	t_c=46.07	d
干燥时间	t_{ev}=4.42	d

如上所示的所有基本信息都可以打印在三个页面上。此外，基于 5.2.1 节的针对简单水蒸气传递（根据 DIN 4108-3 的 Glaser 计算法，没有考虑毛细管水的运移和水分储存）的比较计算也在后台同时进行。作为比较，其结果示于下表。

基于 Glaser 法（DIN 4108-3，EN 13788）的计算结果

结露期（冬季）			
持续期	90 天	**冷凝水量（Glaser 法计算结果）**	**w_T=1.266kg/m²**
内部气候（左侧）	20°C/50%		
外部气候（右侧）	-5°C/80%		
干燥期（夏季）——墙及冷屋顶			
持续期	90 天	**潜在干燥量**	**w_v=2.011 kg/m²**
内部气候（左侧）	18°C/60%	**干燥时间（Glaser 法计算结果）**	**$t_{e,v}$=56.69 天**
外部气候（右侧）	15°C/70%		
冷凝范围	15°C/100%		
干燥期（夏季）——起居室上面的屋顶			
持续期	90 天	**潜在干燥量**	**w_v=3.5 kg/m²**
内部气候（左侧）	18°C/60%	**干燥时间（Glaser 法计算结果）**	**$t_{e,v}$=32.19 天**
外部气候（右侧）	15°C/70%		
冷凝范围	18°C/100%		

与依据目前（2006 年）还适用的标准 DIN 4108-3 和 ISO-EN 13788（冬季冷凝水量不得超过 M_c=1.3kg/m²）所进行的计算相比较可以看到，上面案例考虑建筑材料中的湿储存和毛细水运移时的计算得到单位面积允许的冷凝水量仅为 M_c=0.2kg/m²。在这种情况下，可能影响干燥能力的隔汽层就不再是必需的了。

本节最后一段给出毛细力对内冷凝水分布影响的实验结果，以验证 COND 模型的有效性。试件（此处为 50mm 的多孔混凝土及 40mm 的普通混凝土，见图 5.71）被放置在气候试验台中 90 天，施加不同气候条件，取出试件后称重。

试件被分为 9 个柱状部分，每个柱又分为 9 片，由此可得到大量的湿度监测数据。这些数据按其坐标标记在图 5.72 中，由 COND 计算得到的结果同时列于图中，计算中所用到的材料系数和气候边界条件列于下面两个表中。两者结果的一致性令人满意。

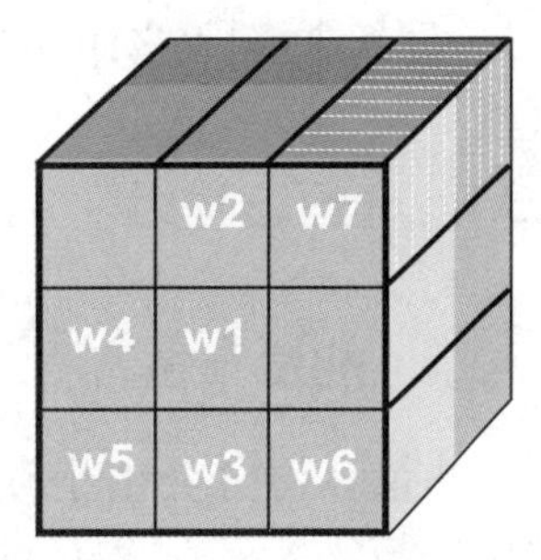

图 5.71 由 50mm 的多孔混凝土及 40mm 的普通混凝土组成的并标记了分解方式的试件

结构构成及材料参数

	材料	d/mm	λ/(W/mK)	μ	w_{80}/(m³/m³)	w_{sat}/(m³/m³)	A_w/(kg/m²s$^{1/2}$)
1	多孔混凝土	50	0.1050	5.0	0.035	0.854	0.1700
2	普通混凝土	40	1.9950	75.0	0.081	0.172	0.0125

d=层厚；λ=导热系数；μ=水蒸气扩散阻力系数；w_{80}/w_{sat}=相对湿度为 80%及饱和时的湿含量；A_w= 吸水系数

气候数据

冬季气候			
左侧气候		右侧气候	
温度	25.0°C	温度	5.0°C
相对湿度	80.0%	相对湿度	70.0%

结露期（冬季）时长为 90 天

对流换热阻力

左侧 R_{si}=0.100m ²K/W

右侧 R_{se}=0.100m ²K/W

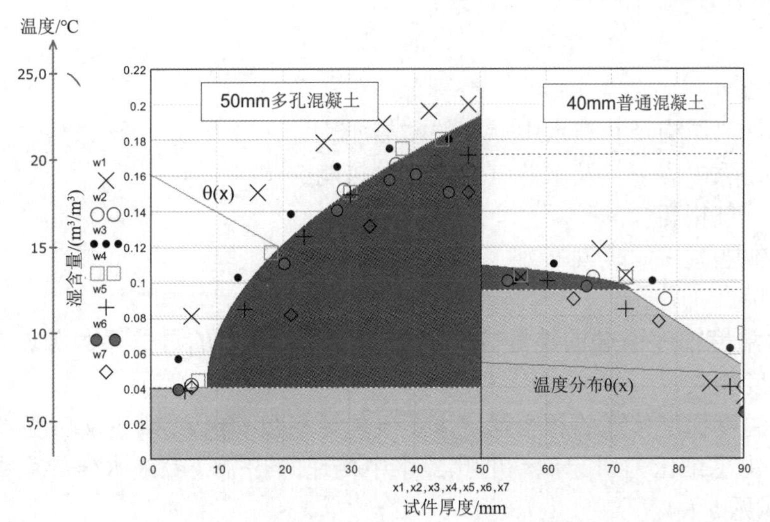

图 5.72 测量数据与 COND 的计算数据的比较

试件：50mm 多孔混凝土 /40mm 普通混凝土；测试期：90 天；

边界条件：热侧 25℃ /80% 空气湿度，冷侧 5℃ /70% 空气湿度

5.3 建筑材料及构件中的热湿耦合传递

5.3.1 守恒方程组

5.3.1.1 能量守恒方程

热量和湿分会由于存在温度梯度和毛细压力梯度而在毛细多孔建筑材料中传输。流入某一体积单元的能量减去流出的能量，其差值储存于该体积单元。除此之外，在该体积单元内还可能存在热源或热沉。由此得下列平衡方程。各物理量的意义、符号、量纲及标识在下面均再次给出解释。

$$\frac{\partial}{\partial t}\Big[\underbrace{\left(\rho_m\cdot c_m+\rho_w\cdot c_w\cdot w\right)\cdot T}_{1}+\underbrace{\left(\rho_v\cdot c_{pv}+\rho_a\cdot c_{pa}\right)\cdot\left(w_s-w\right)\cdot T}_{2}+\underbrace{\rho_v\cdot\left(h_v\left(w_s-w\right)\right)}_{3}\Big]-\underbrace{u_{so}}_{4}=$$

$$\frac{\partial}{\partial x}\left[\left[\underbrace{\lambda\left(p_c,T\right)}_{5}+\underbrace{\delta\left(p_c,T\right)\cdot e^{-\frac{p_c}{\rho_w\cdot R_v\cdot T}}\cdot\left(\frac{d}{dT}p_s+\frac{p_s\cdot p_c}{\rho_w\cdot R_v\cdot T^2}\right)\cdot\left(h_v+c_{pv}\right)}_{6}\right]\frac{\partial}{\partial x}T\right]\ldots$$

$$+\frac{\partial}{\partial x}\left[\left[\underbrace{K_w\left(p_c,T\right)\cdot c_w\cdot T}_{7}+\underbrace{\delta\left(p_c,T\right)\cdot e^{-\frac{p_c}{\rho_w\cdot R_v\cdot T}}\cdot\left(h_v+c_{pv}\cdot T\right)+\frac{p_s}{\rho_w\cdot R_v\cdot T}}_{8}\right]\frac{\partial}{\partial x}p_c\right]$$

储存项

传输项

（5.118）

储存项

1 在材料结构及孔隙水中储存的内热能

2 在孔隙中的空气及水蒸气中储存的热能

3 液－气相变焓

4 其他热源（如暖气）

传输项

5 由温度梯度引起的纯导热（见 3.3.1 节），其中的导热系数 $\lambda(w,T)$ 通常与温度和湿度相关

6 由温度梯度传递的相变焓（水蒸气传导系数 $\delta(p_c,T)$ 或 $\delta(w,T)$ 见 5.1.5 节）

7 在由毛细压力引起运动的孔隙水中传递的热能（毛细水传导系数 $K(p_c,T)$ 或 $K(w,T)$ 见 5.1.4 节）

8 通过水蒸气扩散传递的热能及相变焓

符号

c 比热容（Ws/kgK）

δ 水蒸气传导系数（s）

h 比相变焓（Ws/kg）

K 毛细水传导系数（s）

λ 导热系数（W/mK）

p 压力（Pa）

ρ 密度（kg/m^3）

R 气体常数（Ws/kgK）

t 时间（s）

T 温度（K）

u 热源强度（Ws/m^3）

w 湿含量（m^3/m^3）

x 位置坐标（m）

标识符号

a 空气

c 毛细孔

m 材料骨架结构

p 等压

s 饱和

so 源

v 水蒸气

w 水

从数学的角度看，守恒方程是一个用于计算潮湿建材及构件中通用温度场非线性抛物型的偏微分方程。它没有考虑一般的情况，只是沿 x 坐标轴，即一维方向进行了描述。

5.3.1.2 湿含量守恒方程

本节讨论的问题仍然是：热和湿由于温度梯度和毛细压力梯度在多孔建筑材料中的传输问题。流入某一体积单元的湿质量减去流出的湿质量，其差值储存于该体积单元。除此之外，在该体积单元内还可能存在湿源或湿沉。由此得下列平衡方程。各物理量的意义、符号、量纲及标识在下面均再次给出解释。

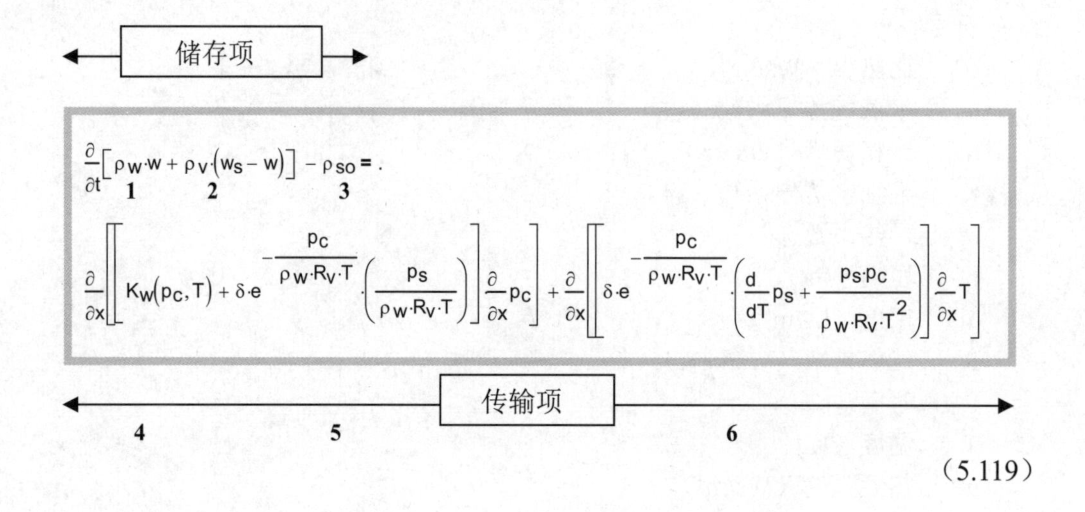

$$\frac{\partial}{\partial t}\left[\rho_w \cdot w+\rho_v \cdot (w_s-w)\right]-\rho_{so}=\frac{\partial}{\partial x}\left[\left[K_w(p_c,T)+\delta \cdot e^{-\frac{p_c}{\rho_w \cdot R_v \cdot T}}\cdot\left(\frac{p_s}{\rho_w \cdot R_v \cdot T}\right)\right]\frac{\partial}{\partial x}p_c\right]+\frac{\partial}{\partial x}\left[\left[\delta \cdot e^{-\frac{p_c}{\rho_w \cdot R_v \cdot T}}\cdot\left(\frac{d}{dT}p_s+\frac{p_s \cdot p_c}{\rho_w \cdot R_v \cdot T^2}\right)\right]\frac{\partial}{\partial x}T\right] \tag{5.119}$$

储存项

1　在孔隙空间以液态水的形式储存的湿分（湿储存系数 $w(p_c)$ 及 $w(\phi)$，见 5.1.3 节）

2　在孔隙中的空气中以水蒸气的形式储存的湿分

3　其他湿源（如管道破裂）

传输项

4　由毛细压力梯度引起的毛细水传导（毛细水传导系数 $K(p_c,T)$ 或 $K(w,T)$ 见 5.1.4 节）

5　水蒸气传输首先由水蒸气压力梯度引起，但此处借助开尔文方程转换为毛细压力梯度（水蒸气传导系数 $\delta(p_c,T)$ 或 $\delta(w,T)$ 见 5.1.5 节）

6　由温度梯度引起的水蒸气传输

上述给出的描述毛细多孔建筑材料中热湿耦合传递现象的非线性偏微分方程组在一般情况下只能数值求解。建筑构件将被进行细密的网格划分处理。守恒方程针对每一个体积单元设立，然后再用计算机软件（如德累斯顿工业大学建筑气候研究所开发的“DELPHIN”）进行计算。求解需要的参数包括材料参数，如导热系数 $\lambda(p_c,T)$、毛细水传导系数 $K(p_c,T)$、水蒸气传导系数 $\delta(p_c,T)$、材料的比热容 $c(T)$ 及湿储存系数 $w(p_c,T)$。其中部分材料参数在前面章节中已经进行了讨论。此外，必须针对每一个边界单元给出建筑气候边界条件——空气温度、空气湿度、短波辐射热流、长波辐射热平衡关系及垂直于构件表面的降水水流密度等。通常，对于若干年的温度场和湿度场的模拟计算，这些值应以小时值的形式给出。

下面将讨论几个热湿性能改造的实例（如外立面作为文物保护对象的建筑物内侧用强毛细力材料进行保温隔热改造）。求解方法及求解软件的开发不在本书讨论的范围。

5.3.2 结构改造案例

5.3.2.1 使用强毛细力内保温材料对德累斯顿一座德国经济繁荣期旧建筑的热改造

1995—1996 年间，人们对下图所示的建造于 1895 年德国经济繁荣时期的房子进行了保温隔热改造。朝向院子一侧的墙面采用了含有背面通风的组合外保温系统。通过经典的中间椽木的隔热，屋顶的热损失降至 $U=0.25W/m^2K$。装有隔热玻璃的改进的箱式外窗，其 $U=1.7W/m^2K$。

图 5.73 德累斯顿 Tal 大街上的测试房

由于建筑物临街一侧的外立面需要作为文物加以保护，所以只能通过内侧保温层来改善其保温隔热性能。此项改造的目标为：外墙的热阻增加一倍，因而不会再出现由于墙体的内表面结露、结构的内部结露、雨水的冲刷及旧的结构在冬季降温幅度过大而导致的墙体破坏。实践证明，强毛细力的硅酸钙保温板可以确保热节能改造的效果。该保温板涂满粘合剂灰浆后被贴合在外墙的内侧。在墙体的表面和内部布置了温度、空气湿度、材料湿度传感器，以及通过结构的热流密度传感器。此外，室内外所有的气候条件也同时被测量和记录。在底层住房（见图 5.73 中的标记）中的测点位置示于图 5.74 之中。

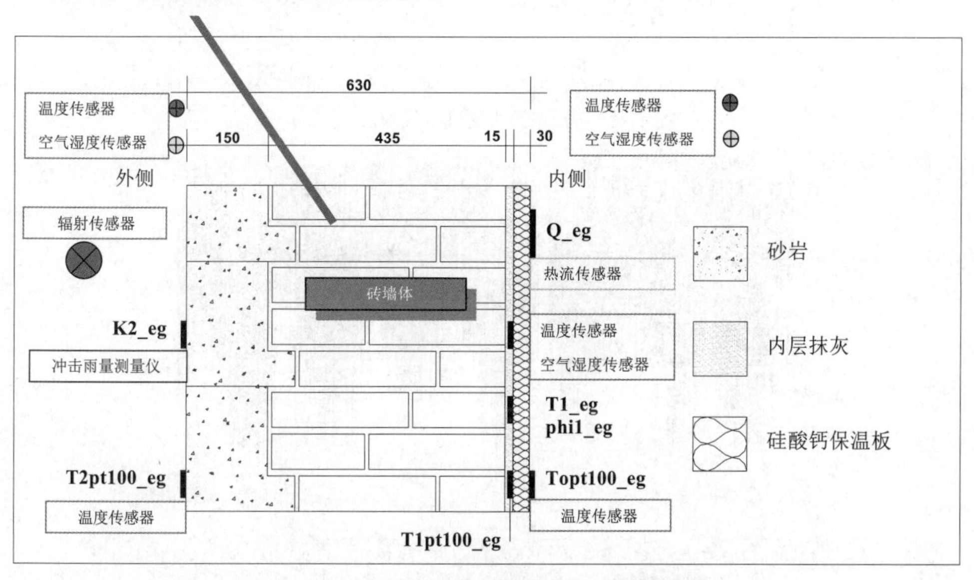

图 5.74 底层房间临街外墙上的传感器布置

下面的图 5.75 至图 5.82 给出了 1996 年 12 月至 2004 年 4 月期间，针对坐落在德累斯顿市中心区域 Tal 大街上的测试建筑所进行的气候测量的结果。

在临街侧测量得到的外界温度和相对空气湿度呈现出典型的随季节变化的特征（可与 1.1 节比较）。外界温度在 −15℃（冬季）和 +33℃（夏季）之间波动。空气相对湿度在 60% 至 100%（冬季），以及 25% 至 100%（夏季）之间变化。

东南外立面接受的辐射热流密度（图 5.77）夏季达到 700W/m^2，而在冬季只有 10W/m^2。

雨流密度（图 5.78）在屋顶的正常区域测量。峰值达到 22kg/m^{2}h。

有关外界气候系列图中最后是风速图和风向图（图 5.79 和图 5.80）。利用测量得到的风向和风速，借助 1.1.5 节的内容便可计算垂直于墙体表面的雨水冲击的雨流密度并用于模拟计算程序。

最后的气候图 5.81 和图 5.82 描述了底层房间中卧室的空气温度和空气相对湿度。1999 年、2000 年更换了租户之后，室内空气湿度增高，但同期温度和相对湿度的峰值却呈现降低。这表明是通风减少，换气率低引起的。

测量得到的外界和室内气候数据的小时值将作为边界条件用于对墙体结构的温度和湿度场的数值模拟计算。

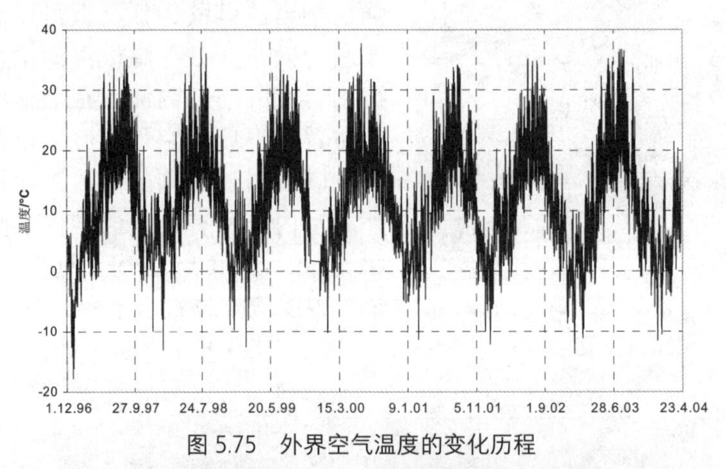

图 5.75　外界空气温度的变化历程

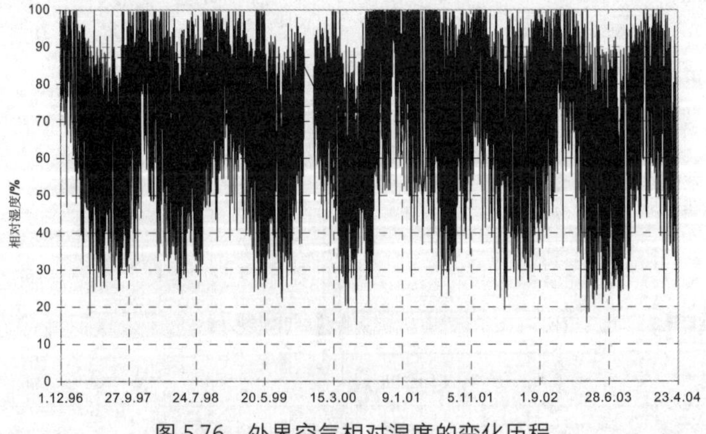

图 5.76　外界空气相对湿度的变化历程

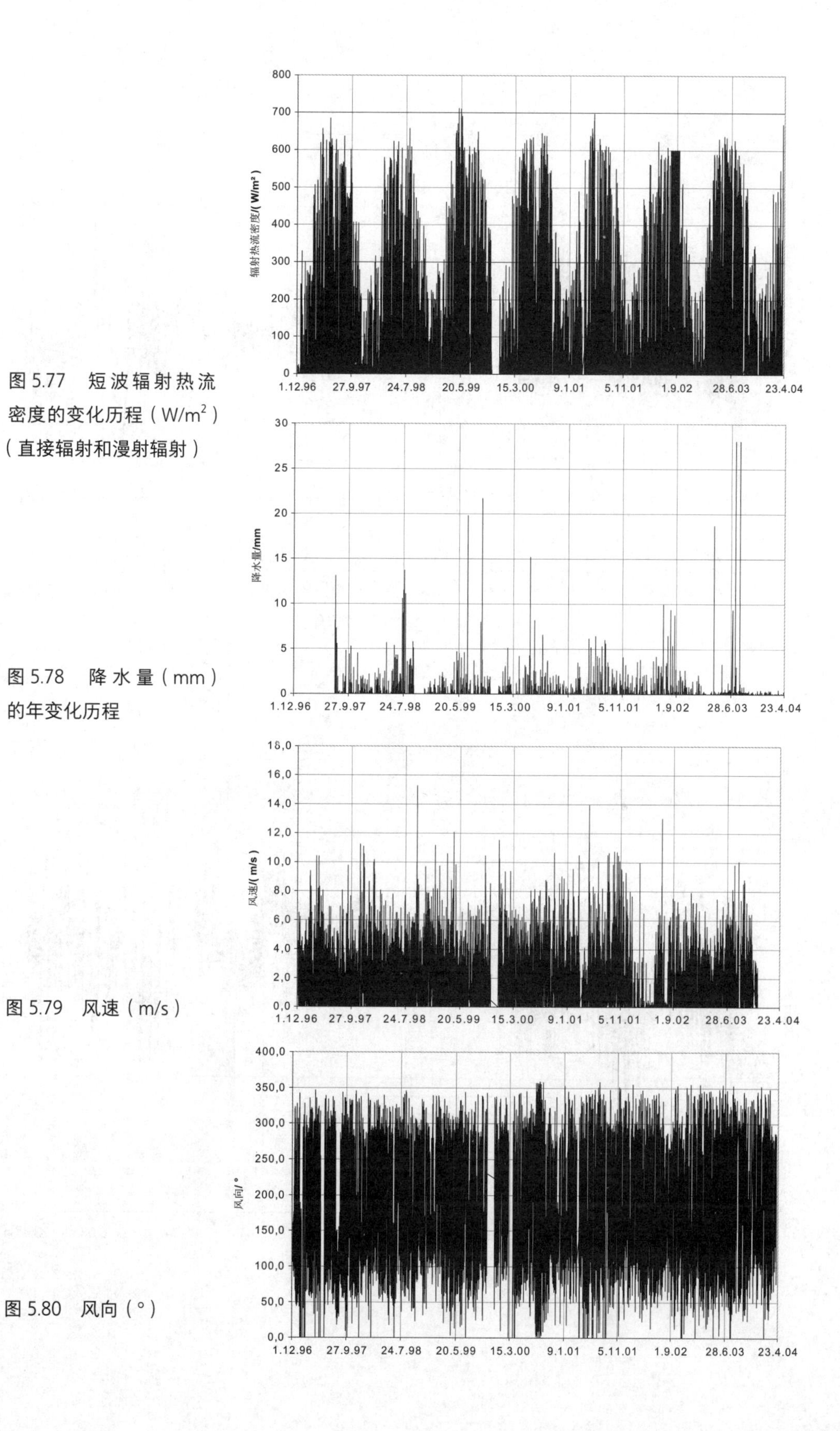

图 5.77 短波辐射热流密度的变化历程（W/m^2）（直接辐射和漫射辐射）

图 5.78 降水量（mm）的年变化历程

图 5.79 风速（m/s）

图 5.80 风向（°）

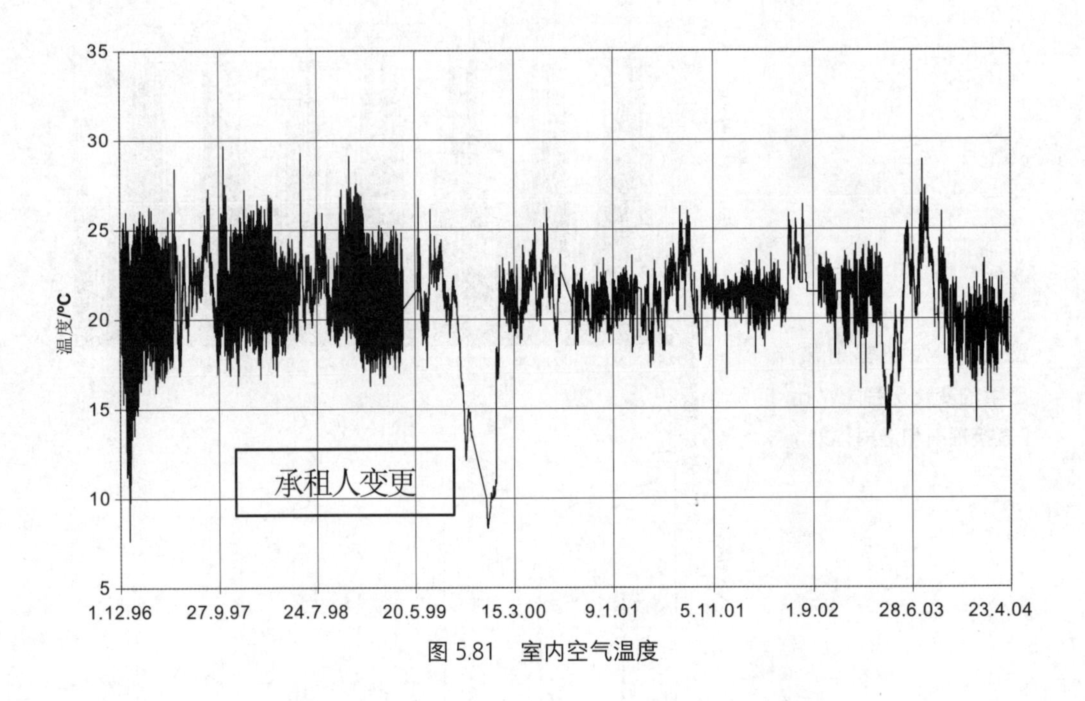

图 5.81　室内空气温度

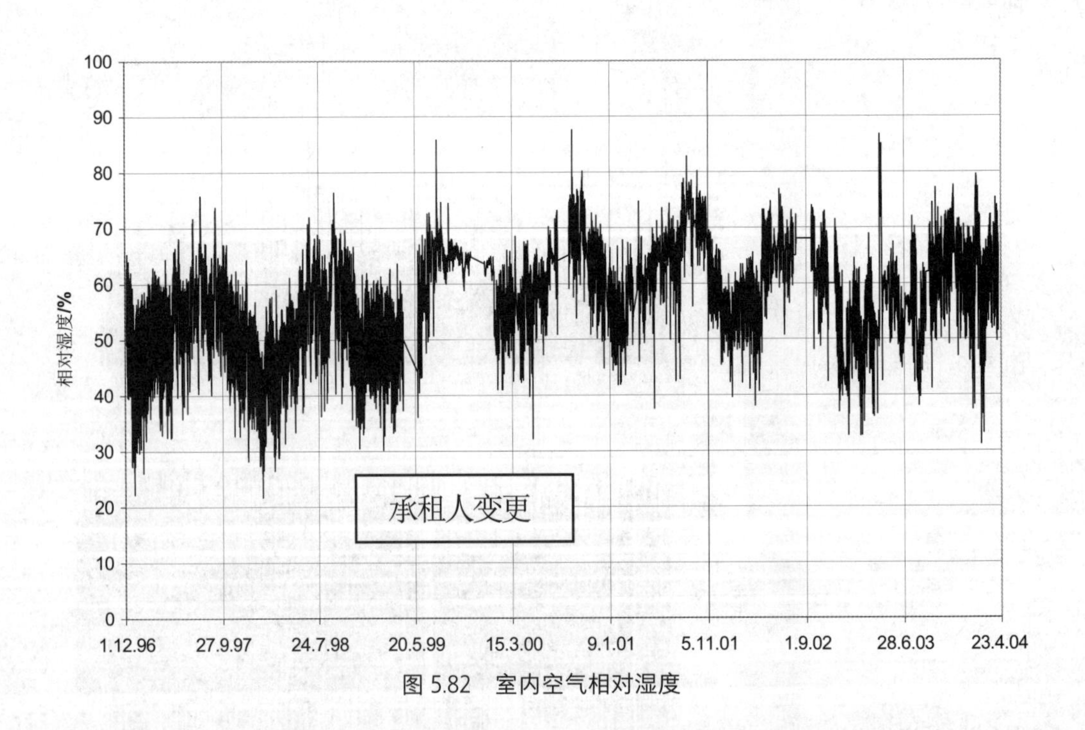

图 5.82　室内空气相对湿度

下面两张图给出了硅酸钙保温板冷侧温度的测量值与计算值的比较，以及相应的与通过外墙的热流密度值的比较。由 DELPHIN 软件数值模拟计算的结果与测量值十分吻合。冬季温度不低于 +5℃，热流密度在 18W/m^2（冬季）和 −3W/m^2（夏季）之间波动。将温度值和热流密度值在从 10 月份至次年 4 月份的供暖期进行平均得到 U 值为 0.65W/m^{2}K。在热改造之前其值为 1.2W/m^{2}K。

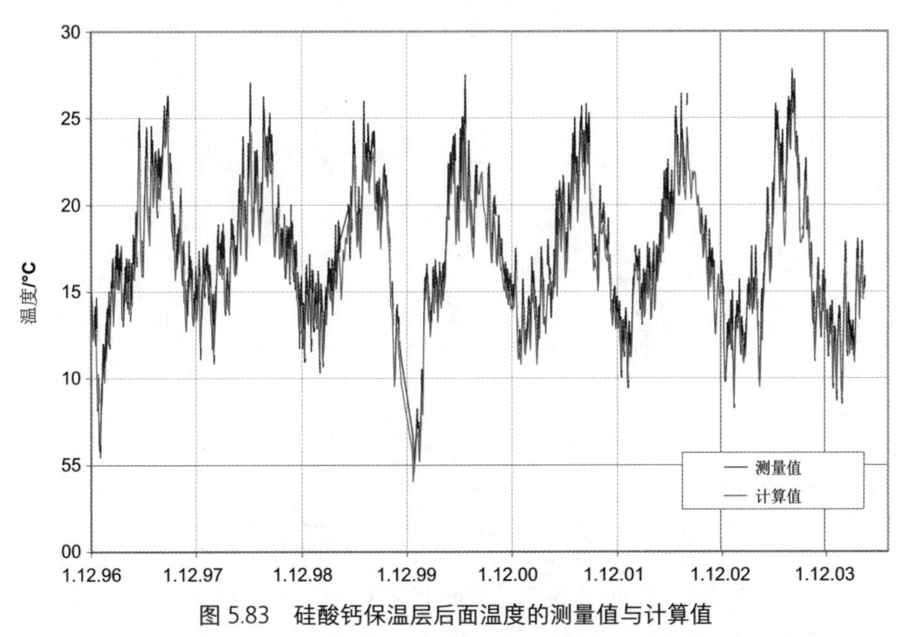

图 5.83 硅酸钙保温层后面温度的测量值与计算值

30mm 硅酸钙板 −10mm 粘接剂 −15mm 内抹灰 −435mm 砖墙 −150mm 砂岩

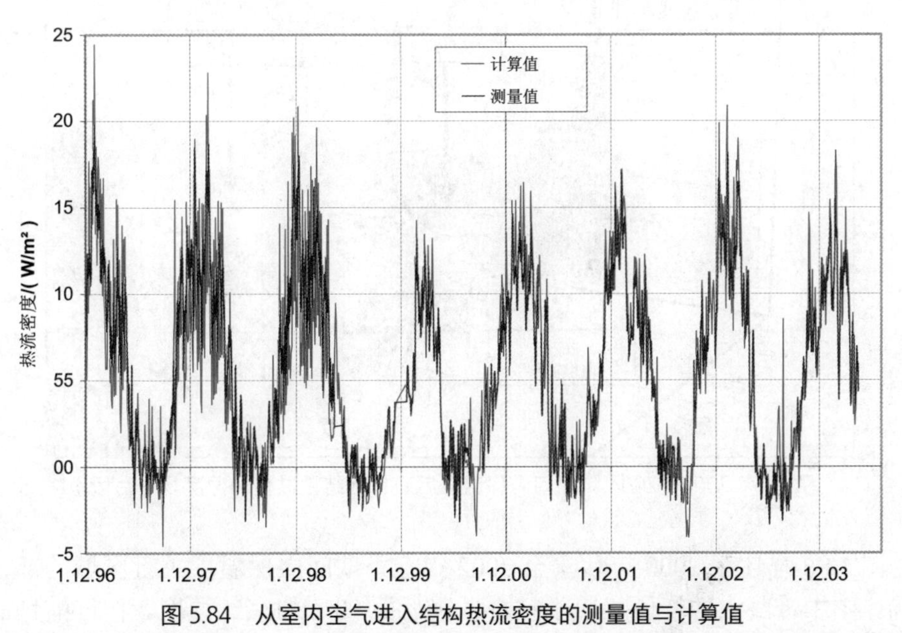

图 5.84 从室内空气进入结构热流密度的测量值与计算值

30mm 硅酸钙板 −10mm 粘接剂 −15mm 内抹灰 −435mm 砖墙 −150mm 砂岩

下面的图 5.85 给出了 1996 年 12 月至 2004 年 4 月期间，德累斯顿 Tal 大街上测试楼房底层住户的硅酸钙保温层和旧的内层抹灰之间的空气相对湿度的测量值和计算值的对比。初始就存在的内部湿分，在接下来的年份中开始干燥得比较好，但当 1999 年年底更换了租户之后，由于通风换气的不利，引起了湿分的再次上升。数值模拟的结果与测试结果一致性非常好。

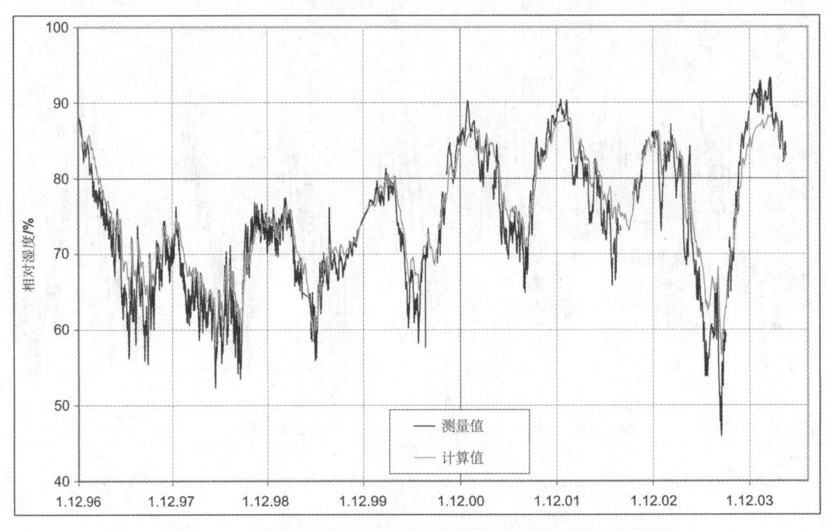

图 5.85　硅酸钙保温层后面湿度的测量值与计算值

30mm 硅酸钙板 -10mm 粘接剂 -15mm 内抹灰 -435mm 砖墙 -150mm 砂岩

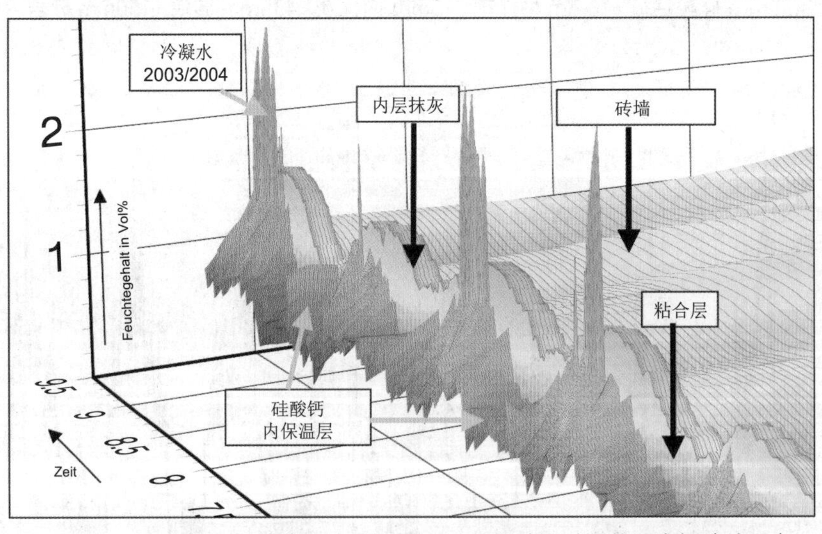

图 5.86　2000—2004 年期间内保温层后面包括结露过程的湿度场（片段）

图 5.86 描述了 2000 年秋季至 2002 年春季期间内保温层关键区域的部分湿度场。图中冷凝水的峰值相应于粘合砂浆后面 90% 的空气湿度。但硅酸钙的毛细传导能力导致冷凝水扩散。对此将在下一个测试案例中详细讨论。

图 5.87 和图 5.88 给出了 7 年内的总湿度场。左侧的若干湿分峰值标记了内部的结露过程，右侧可以看到冲击雨波形的侵入。最重要的结论：通过强毛细力的内保温层（图 5.87）可以使冷凝水量减少至使用无毛细力保温材料时的四分之一，且阻碍干燥过程的隔汽层此时也可以取消。

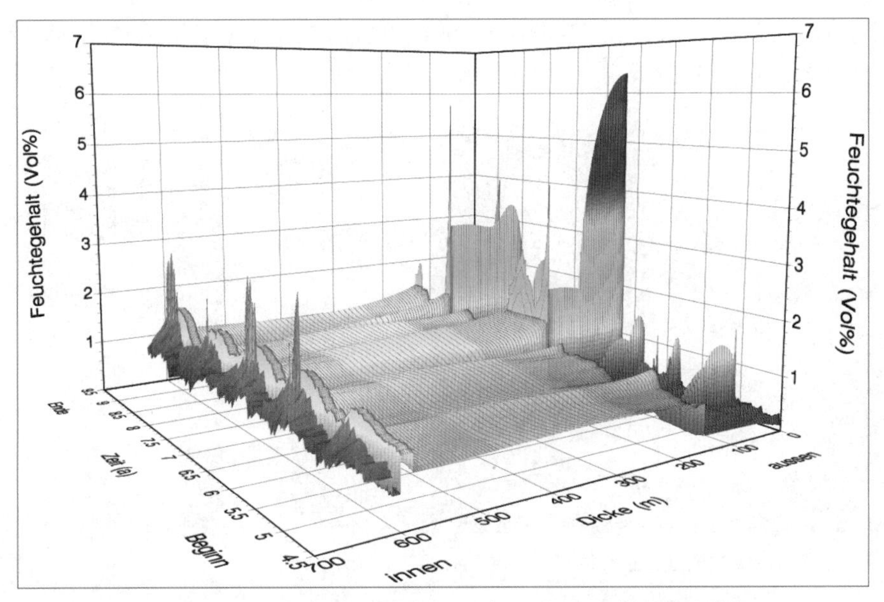

图 5.87　1999 年 7 月 3 日至 2004 年 4 月 15 日期间的湿度场

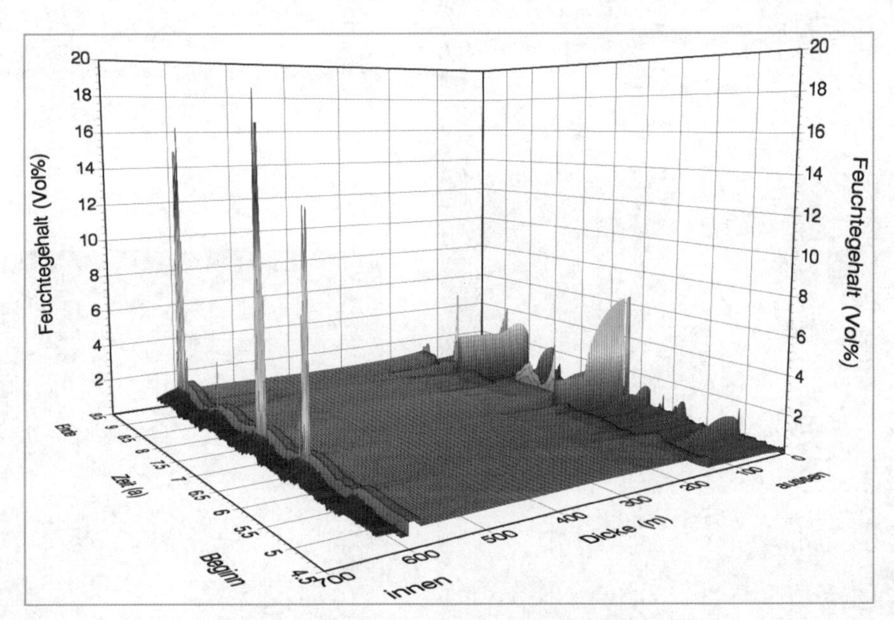

图 5.88　1999 年 7 月 3 日至 2004 年 4 月 15 日
期间的湿度场，假设内保温层无毛细吸湿能力

5.3.2.2　对东萨克森地区一座上卢萨蒂亚建筑的保温隔热改造

基于与 5.3.2.1 节同样的原则，人们对位于纽伦堡的一座被称为“Herrenschießhaus”，位于格利兹的一座早期巴洛克建筑，以及其他 4 座建筑进行了保温隔热节能改造。从 1996 年至 2000 年，在东萨克森地区一座建于 1795 年的上卢萨蒂亚建筑内，针对底层的卧室区和第二层的桁架墙采用了不同的内保温材料进行试验。此项改造的目标为：外墙的热阻增加一倍，因而不再出现由于墙体内表面结露、结构的内部结露及冲击雨等一些由湿引发的问题。

图 5.89　位于纽伦堡的测试建筑 (Herrenschießhaus)

图 5.90　位于格利兹的测试建筑

图 5.91　东萨克森地区的木桁架房屋

图 5.92　带黏土抹灰的硅酸钙保温板

实践证明，具有强毛细力的硅酸钙保温板对于木桁架房屋的热节能改造也是有效的。该保温板涂满粘合剂灰浆后作为内保温层被贴合在房间外墙的内侧。在墙的表面和内部布置了温度、空气湿度、材料湿度传感器，以及通过结构的热流密度传感器。此外，与上一节相同，室内外所有的气候条件也同时被测量和记录。它们将仍然作为建筑物理边界条件用于对木桁架墙内湿度和温度场的数值模拟。计算值和测量值将进行对比。测点的位置示于图 5.93 中。其下面的图 5.94 给出了由计算得到从建筑物理角度来讲冬季中比较关键的一天，1999 年 2 月 18 日特定位置的二维湿分分布图。计算结果的准确性由测量值得到了确认。

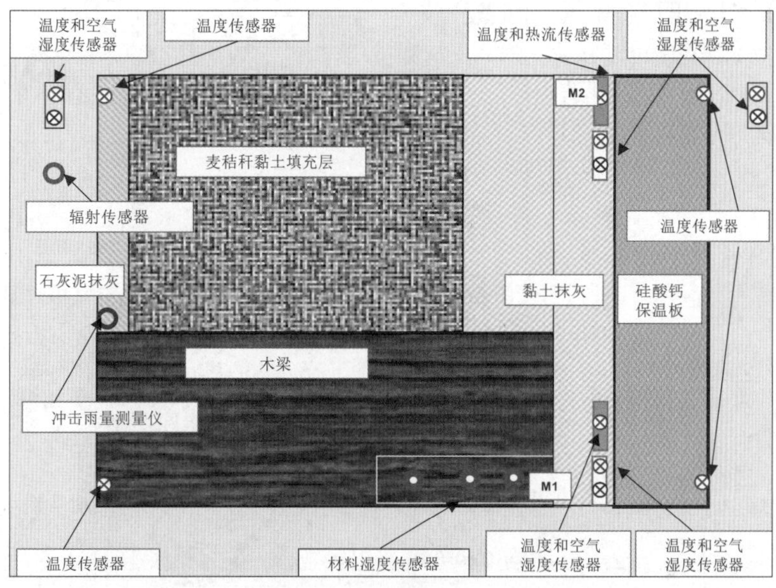

图 5.93　包括测点位置的木桁架墙的垂直剖面图（与图 5.91 对比），左边为外侧，右边为内侧

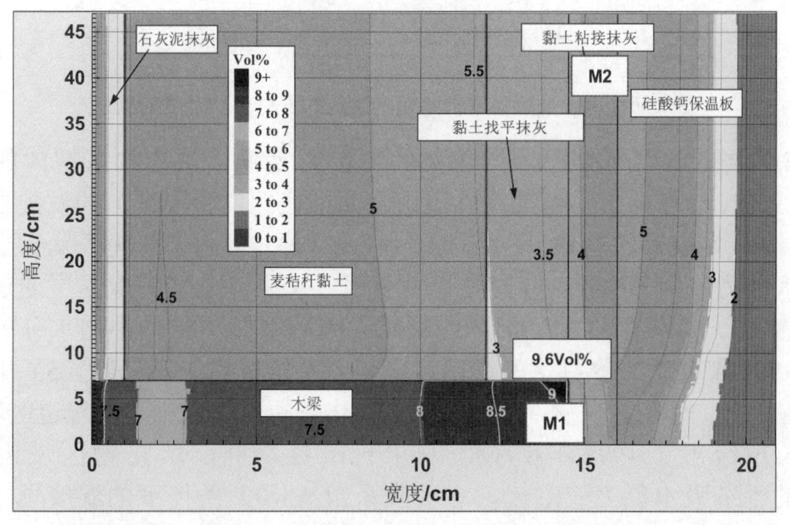

图 5.94　木桁架墙的垂直剖面图（与图 5.91 对比），左边为外侧，右边为内侧，1999 年 2 月 18 日的二维湿度场（湿度临界日，即构件内部材料的湿含量达到最大值）

图 5.95 给出了 1998 年 8 月至 1999 年 10 月期间，填充物区域内硅酸钙保温板后面的空气湿度的计算值与测量值的比较。由于人为造成室内空气湿度高达 60%，结露期从 12 月份持续到次年 4 月，相对偏长。但如下面图中展示和讨论所示，冷凝水总量并没有超过规定的极限。

图 5.96 给出了 1998 年 8 月至 1999 年 10 月期间，木梁（见图 5.93 和图 5.94 中的测点 M1）的湿含量的计算值与测量值的比较。木材湿度于 1999 年 2 月达到 10 Vol% 的临界值，但并没有超过。

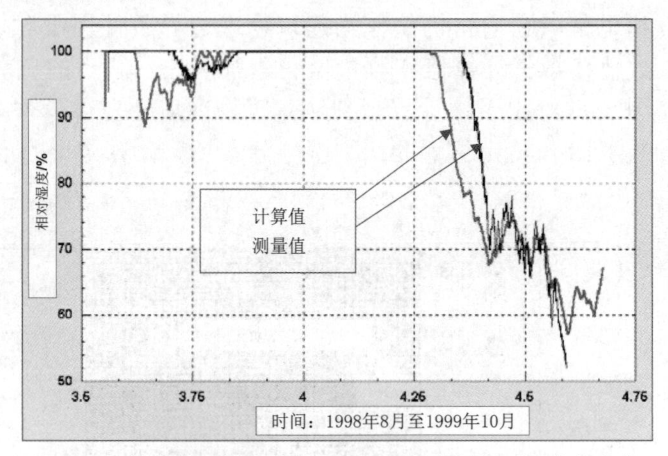

图 5.95　填充物区域内内保温层后面的空气相对湿度的变化

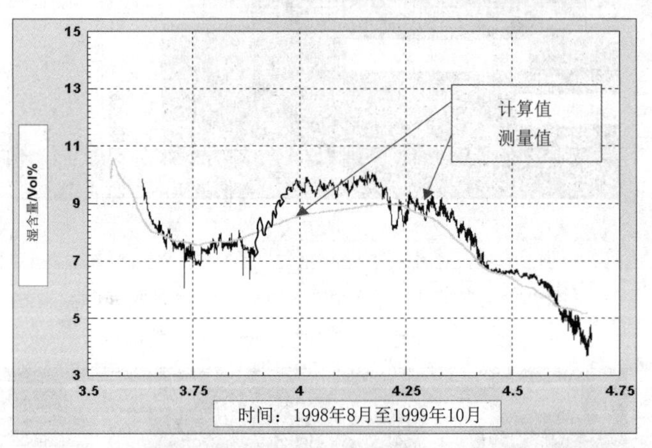

图 5.96　保温层后面木桁架墙木梁内的木材相对湿度的变化

图 5.97 给出了 1998 年 8 月至 1999 年 10 月期间，填充物区域内的湿度场（由 DELPHIN 计算得出，但准确性已由上面描述的实验验证）的发展过程。黏土抹灰层由于制浆水的存在，开始时湿度较大（1），但由于硅酸钙保温层（2）的毛细吸水能力，到 1998 年 10 月便迅速变干。总之，硅酸钙保温层通过毛细作用向内侧（3）运移了很大一部分冷凝水，因此缓解了结构中的水分的局部聚集。至 1999 年夏季，冷凝水干燥殆尽（4）。麦秸秆黏土填充物（5）中几乎不存在吸湿水分。作用在外侧（南墙）上的冲击雨也仅造成很少的湿透区域（6）。

图 5.99 给出了 1998 年 8 月至 1999 年 10 月期间，填充物区域内，在忽略材料的毛细吸水能力（K_w=0，水吸收系数 A_w=0）条件下的湿度场（同样由 DELPHIN 计算得出）的发展过程。黏土抹灰层由于制浆水的存在，与上图相同，开始时湿度较大（1），但此时不再有毛细力的缓解作用（2）。

从 12 月至次年 4 月进入结露期（3）。但由于内保温层不能借助毛细力将冷凝水向内侧传输，因此，出现的冷凝水量是原来的 5 倍。在 1999 年夏季虽然这部分冷凝水部分干燥，但下一个结露期在 10 月份又开始了。DIN 4108-3 及欧洲标准 EN ISO 13778，这些标准同样基于 Glaser 方法，也预测将出现过量的冷凝水。所以这样的内保温层是不能被允许使用的。

上述情况恰当清晰地给出了结构内部总含水量的变化历程。考虑毛细力缓解湿分聚集的功能时，快速干燥内部湿分的量为 6kg/m²。冬季的结露期为 4 个月，虽然很长，但在波动状态（允许）下，冷凝水总量为 0.6kg/m²。如果没有毛细水传输，结构内部的湿分干燥过程非常缓慢，在波动状态下，在明显长的结露期内，结构内部的凝结水量不允许超过 2.5kg/m²，因为这将有可能引起木结构件筑的破坏。隔汽层虽然降低了水蒸气的入侵，但也会明显降低桁架结构所必须具备的干燥能力。下面将给出应用模拟程序 COND 的计算实例。

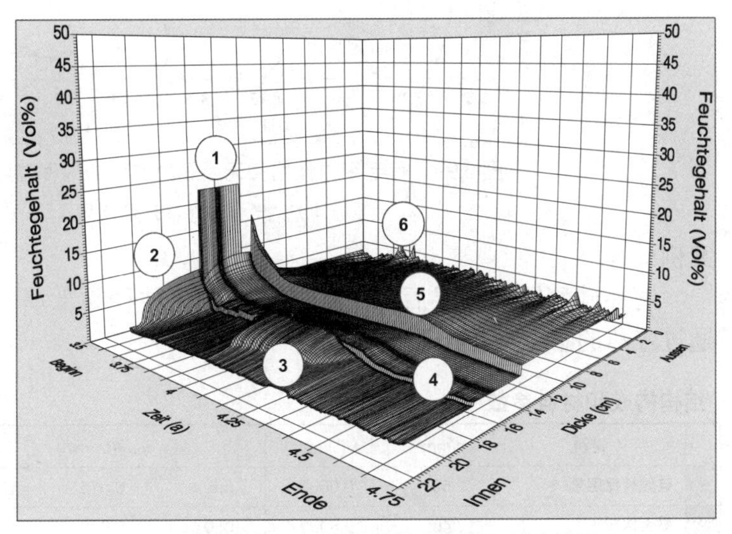

图 5.97 某上卢萨蒂亚建筑木桁架区域内的湿度分布，结构带有强毛细力的硅酸钙内保温层

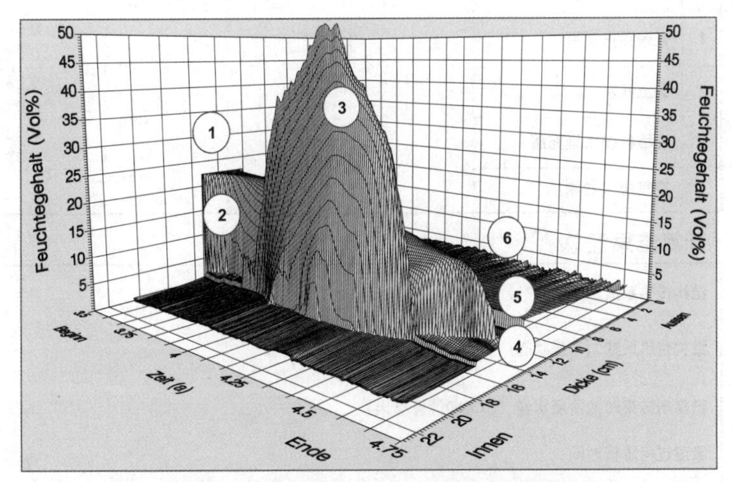

图 5.98 某上卢萨蒂亚建筑木桁架区域内的湿度分布，结构带有无毛细力作用的内保温层

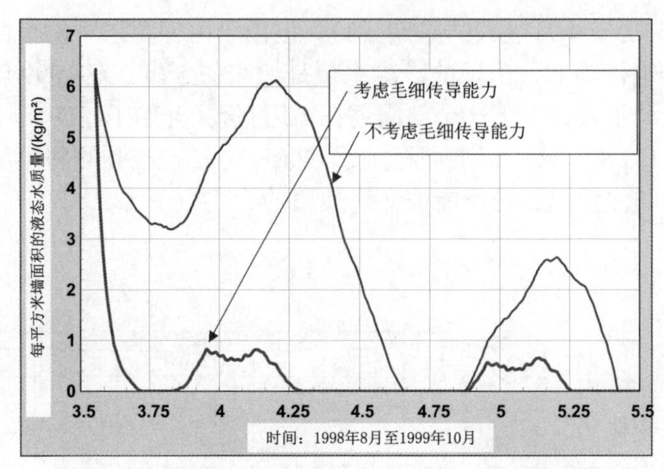

图 5.99　有毛细力作用和无毛细力作用的内保温层中的冷凝水总量，结构中无隔汽层

案例：

增补硅酸钙保温层后热工性能改善的麦秸秆黏土填充层。整个面积的粘合通过较薄的黏土抹灰实现。

结构构成和材料参数

	材料	d/mm	λ/(W/mK)	μ	$w_{hyg}/(m^3/m^3)$	$w_{sat}/(m^3/m^3)$	$A_w/(kg/m^2s^{0.5})$
1	硅酸钙保温层	50	0.0600	5.0	0.015	0.8000	0.7500
2	黏土抹灰	40	0.8000	12.0	0.020	0.400	0.1100
3	麦秸秆黏土填充层	15020	0.4200	10.0	0.040	0.500	0.0800

温度、水蒸气压力及湿含量

	层/材料	Θ/°C	p_{sat}/Pa	p/Pa	$w/(m^3/m^3)$	d_c/(mm)	$M_c/(kg/m^2)$
	空气层（左侧）	20.0 17.6	2238 2015	1169 1169			
1	硅酸钙保温层	3.2	769	769	0.009 0.036	14.3	0.20
2	黏土抹灰	2.3	721	688	0.030 0.019	20.9	0.14
3	麦秸秆黏土填充层				0.038 0.030		
	空气层（右侧）	-4.3 -5.0	428 402	321 321			

计算结果汇总

结构传热系数（潮湿状态）	U=	0.733	$W/(m^2K)$
结构传热系数（干燥状态）	U=	0.709	$W/(m^2K)$
结露期结束时的冷凝水量（COND计算结果）	M_c=	0.338	kg/m^2
吸湿过程调整时间	t_{hyg}=	1.50	d
超吸湿过程调整时间	t_c=	46.18	d
干燥时间	t_{ev}=	8.03	d

温度和湿度分布

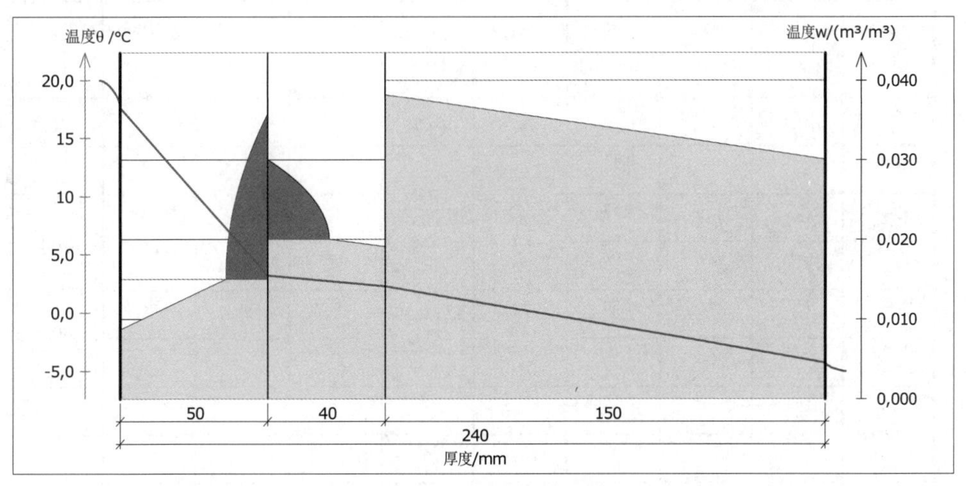

图 5.100 由 COND 计算得出的填充物区域范围的湿度分布

同样对桁架结构再次根据 5.2.5 节介绍的 Glaser 扩散图进行计算（图 5.101）。现在出现两个结露面。冷凝水总量，在没有毛细力缓解的情况下达到 2.1kg/m²，这显然是太高了。使用强毛细力内保温层后，在通常气候（外侧：−5℃，80%，内侧：20℃，50%）且无对干燥期阻碍作用的隔汽层条件下，COND 计算得出的冷凝水总量仅为 0.34kg/m²。

基于 Glaser 法（DIN 4108−3,EN13788）的计算结果

基于 Glaser 法（DIN 4108-3）的计算结果			
持续期	90 天	冷凝水量（Glaser 法计算结果）	w_T=2.073kg/m²
内部气候（左侧）	20°C/50%		
外部气候（右侧）	-5°C/80%		
干燥期（夏季）- 墙及冷屋顶			
持续期	90 天	潜在干燥量	w_v=3.066 kg/m²
内部气候（左侧）	18°C/60%	干燥时间（Glaser 法计算结果）	$t_{e,v}$=60.86 天
外部气候（右侧）	15°C/70%		
冷凝范围	15°C/100%		
干燥期（夏季）- 起居室上面的屋顶			
持续期	90 天	潜在干燥量	w_v=5.4 kg/m²
内部气候（左侧）	18°C/60%	干燥时间（Glaser 法计算结果）	$t_{e,v}$=34.63 天
外部气候（右侧）	15°C/70%		
冷凝范围	18°C/100%		

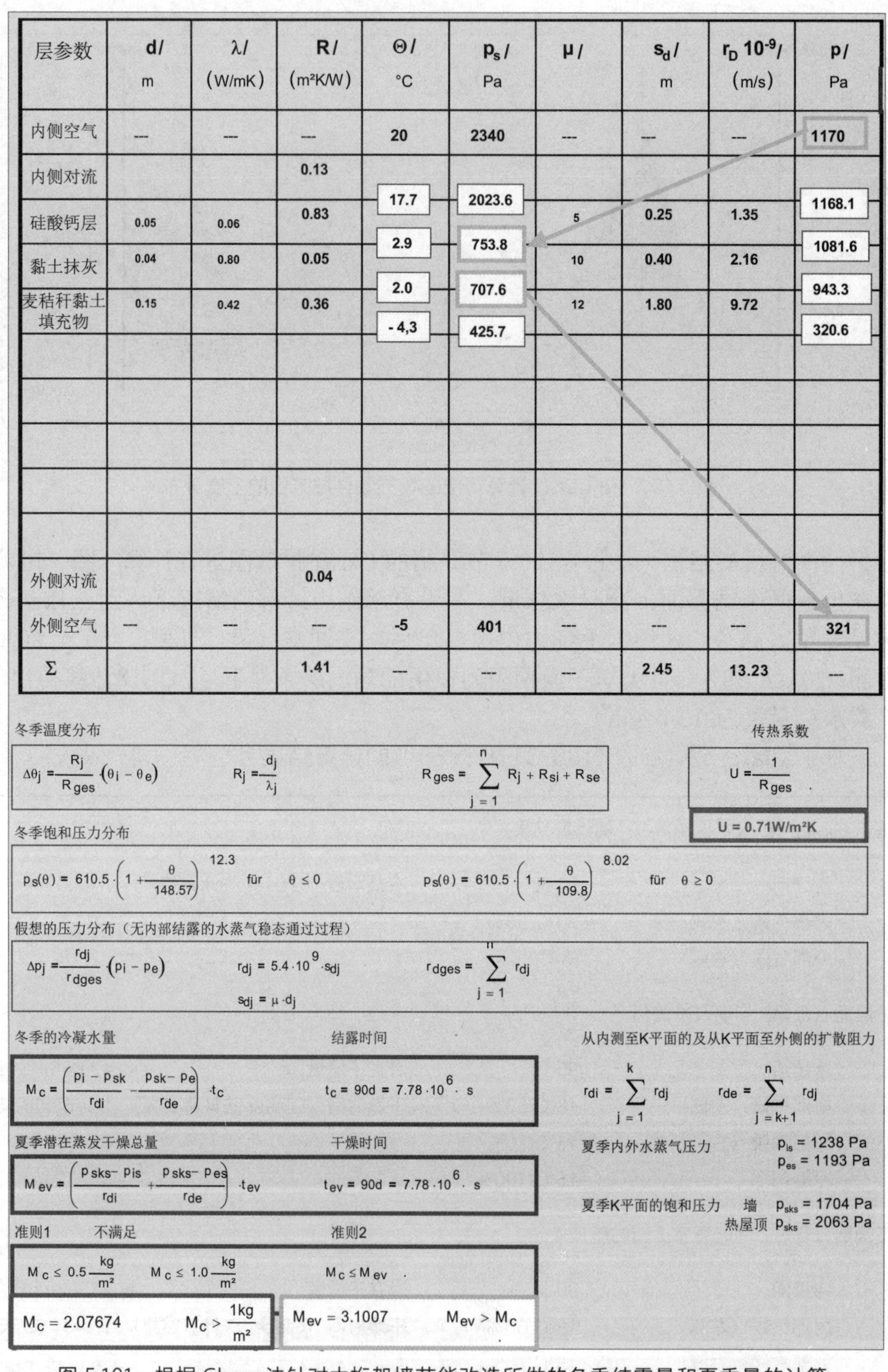

层参数	d/ m	λ/ (W/mK)	R/ (m²K/W)	Θ/ °C	p_s/ Pa	μ/	s_d/ m	r_D 10^{-9}/ (m/s)	p/ Pa
内侧空气	---	---	---	20	2340	---	---	---	1170
内侧对流			0.13						
				17.7	2023.6				1168.1
硅酸钙层	0.05	0.06	0.83			5	0.25	1.35	
				2.9	753.8				1081.6
黏土抹灰	0.04	0.80	0.05			10	0.40	2.16	
				2.0	707.6				943.3
麦秸秆黏土填充物	0.15	0.42	0.36			12	1.80	9.72	
				-4,3	425.7				320.6
外侧对流			0.04						
外侧空气	---	---	---	-5	401	---	---	---	321
Σ		---	1.41	---	---	---	2.45	13.23	---

冬季温度分布

$$\Delta\theta_j = \frac{R_j}{R_{ges}}(\theta_i - \theta_e) \qquad R_j = \frac{d_j}{\lambda_j} \qquad R_{ges} = \sum_{j=1}^{n} R_j + R_{si} + R_{se}$$

传热系数

$$U = \frac{1}{R_{ges}}$$

U = 0.71W/m²K

冬季饱和压力分布

$$p_S(\theta) = 610.5 \cdot \left(1 + \frac{\theta}{148.57}\right)^{12.3} \quad \text{für} \quad \theta \le 0 \qquad p_S(\theta) = 610.5 \cdot \left(1 + \frac{\theta}{109.8}\right)^{8.02} \quad \text{für} \quad \theta \ge 0$$

假想的压力分布（无内部结露的水蒸气稳态通过过程）

$$\Delta p_j = \frac{r_{dj}}{r_{dges}}(p_i - p_e) \qquad r_{dj} = 5.4 \cdot 10^9 \cdot s_{dj} \qquad s_{dj} = \mu \cdot d_j \qquad r_{dges} = \sum_{j=1}^{n} r_{dj}$$

冬季的冷凝水量　　结露时间

$$M_c = \left(\frac{p_i - p_{sk}}{r_{di}} - \frac{p_{sk} - p_e}{r_{de}}\right) \cdot t_c \qquad t_c = 90d = 7.78 \cdot 10^6 \cdot s$$

从内测至K平面的及从K平面至外侧的扩散阻力

$$r_{di} = \sum_{j=1}^{k} r_{dj} \qquad r_{de} = \sum_{j=k+1}^{n} r_{dj}$$

夏季潜在蒸发干燥总量　　干燥时间

$$M_{ev} = \left(\frac{p_{sks} - p_{is}}{r_{di}} + \frac{p_{sks} - p_{es}}{r_{de}}\right) \cdot t_{ev} \qquad t_{ev} = 90d = 7.78 \cdot 10^6 \cdot s$$

夏季内外水蒸气压力　p_{is} = 1238 Pa　p_{es} = 1193 Pa

夏季K平面的饱和压力　墙　p_{sks} = 1704 Pa　热屋顶　p_{sks} = 2063 Pa

准则1　不满足　　准则2

$$M_c \le 0.5 \frac{kg}{m^2} \qquad M_c \le 1.0 \frac{kg}{m^2} \qquad M_c \le M_{ev}$$

$$M_c = 2.07674 \qquad M_c > \frac{1kg}{m^2} \qquad M_{ev} = 3.1007 \qquad M_{ev} > M_c$$

图 5.101　根据 Glaser 法针对木桁架墙节能改造所做的冬季结露量和夏季量的计算

5.3.2.3　包含绿植的木质平屋顶结构

带有绿植的木质热屋顶结构（图 5.102b）本身存在很大的湿破坏的风险（图 5.102a），因此不应采用。绿植屋顶的干燥能力明显低于沥青隔热屋顶。夏季绿植屋顶密封层之上的表面温度起码要低 5K。此外，密封层之上的绿植屋顶总是由一个潮湿的微环境（相对空气湿度几乎为 100%）控制。因此，在夏季从结露平面向内和向外的水蒸气压力梯度就非常低。具体来说，对于一个超吸湿水含量达 $1kg/m^2$ 的绿植屋顶，如果隔汽层为 s_d=100m，那么初始湿分实际上不可能干透，这样，图 5.102a 实际上是可以预见的湿破坏图片。如果没有绿植层，尽管有隔汽层，建设滞留湿分干燥得总是比较快（图 5.106）。对于有隔汽层的绿植屋顶，一般要 7 年的时间才能彻底干透，而如果没有绿植层则最多只需要 3 年（图 5.106 和图 5.107）。

图 5.102a　遭受湿破坏的绿植屋顶，腐烂的保温层已经被移去

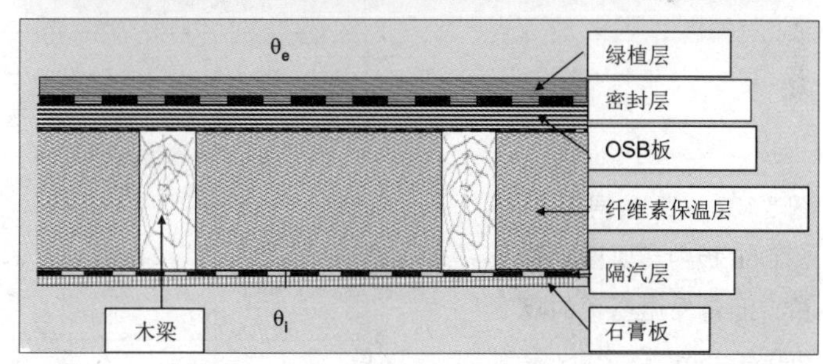

图 5.102b　绿植屋顶的构成

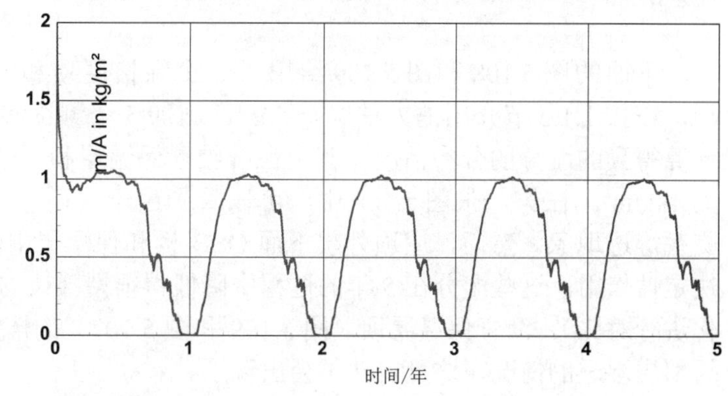

图 5.103　保温层及外侧 OSB 板中超吸湿水总量，绿植屋顶隔汽层 s_d=100m

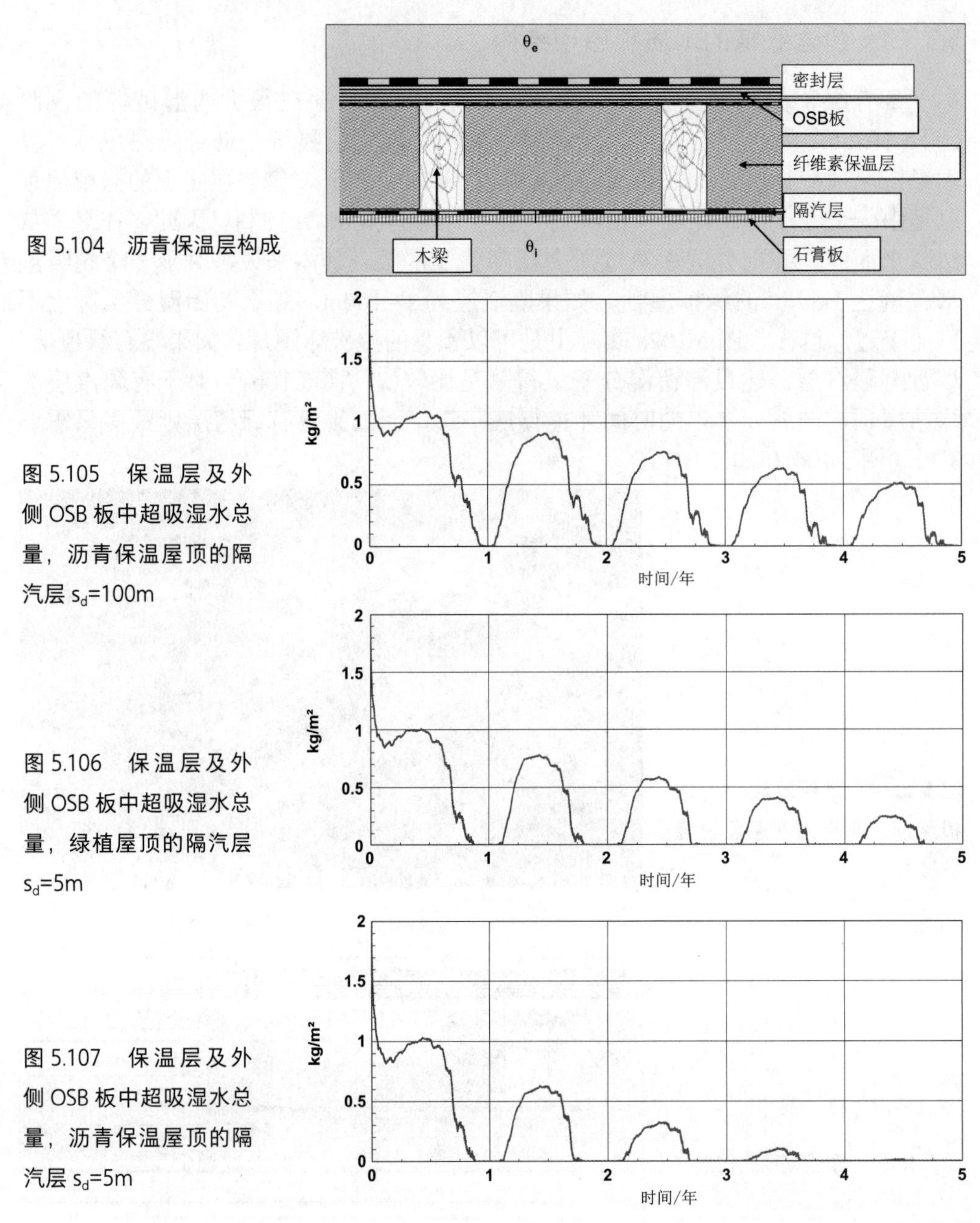

图 5.104　沥青保温层构成

图 5.105　保温层及外侧 OSB 板中超吸湿水总量，沥青保温屋顶的隔汽层 s_d=100m

图 5.106　保温层及外侧 OSB 板中超吸湿水总量，绿植屋顶的隔汽层 s_d=5m

图 5.107　保温层及外侧 OSB 板中超吸湿水总量，沥青保温屋顶的隔汽层 s_d=5m

下面的图 5.108 和图 5.109 给出了一个绿植屋顶和一个简单的沥青保温屋顶，在按 1.1.6 节介绍的方法（s_d=5m），施加 5 个测试参考年的湿负荷情况下，计算得到的湿分的分布情况，其中在纤维素保温层和 OSB 板中建设滞留的湿分为 1kg/m^2。在第一张图 5.108 中，可以看到由于下雨，左侧的绿植层有很强的交替湿透现象。然而，屋顶外层下面 OSB 板和保温层中的湿分对自我保护具有决定性作用。这些湿分在 5 年的过程中降低得很慢（请与图 5.106 中的总湿度变化进行对比）。沥青保温屋顶（图 5.109 和图 5.107）的情况要好得多。由于下雨绿植层湿透的情况在这里自然不会出现了。

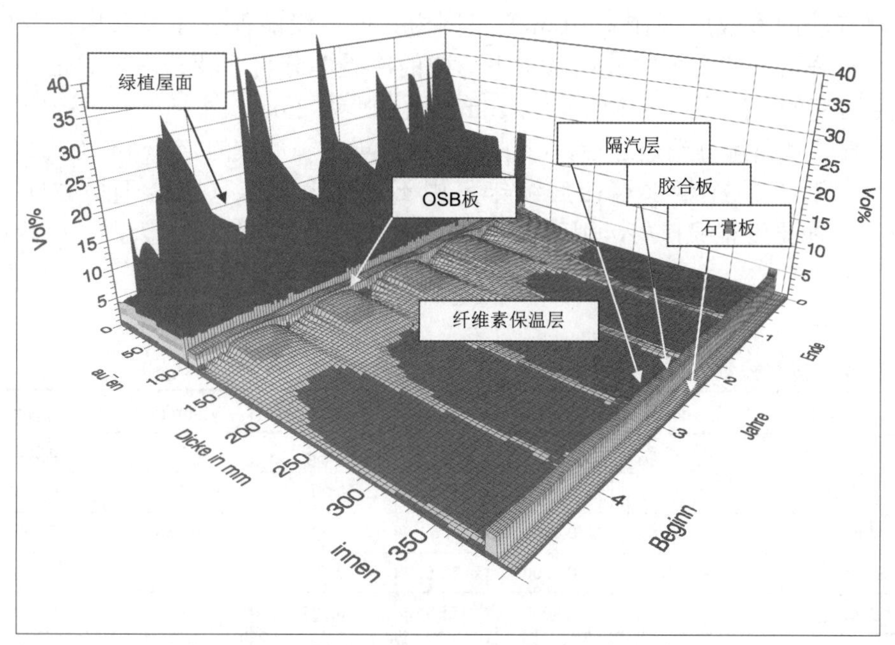

图 5.108 结构的湿度场，绿植屋顶的隔汽层 s_d=5m

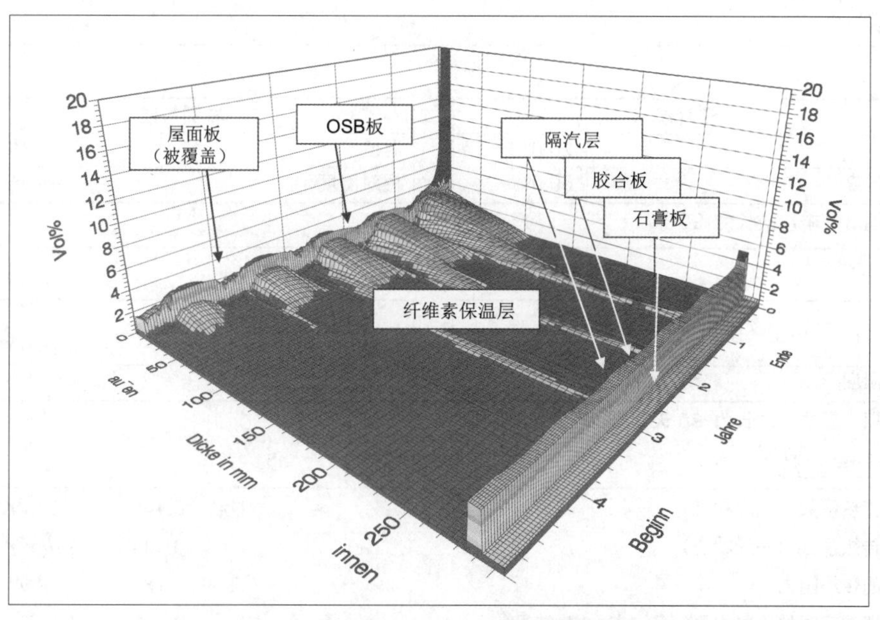

图 5.109 结构的湿度场，沥青屋顶的隔汽层 s_d=5m

对于木质热屋顶结构的绿化仅存在很窄的可行“通道”。所有的湿敏感材料（梁木、木模板、OSB 板、胶合板、纤维素保温层）在建设时只允许保留材料湿分，也就是说空气湿度不得超过 70%（如木材为 12% 质量份额）。在建设期它们也不允许被雨水淋湿。

隔汽层的参数应该在 s_d=10m 的范围内。该值尚能保证建设残留湿分的干燥，且恰好可以使得冬季波动状态下形成的冷凝湿分重新变干。最好是能使用随湿度可变的隔汽层，冬季时 s_d 为 10m，而夏季为 2m。

在建设残留湿分消退之后，绿植屋顶中每年冬季形成的 150g/m²（见 COND 的计算过程）的冷凝水量在后续年份中不能完全干燥（完全干燥时间约为 130 天）。如果没有绿植层，则可以完全干燥（干燥时间约为 75 天，具体计算未列出）。

结构构成和材料参数

	材料	d/mm	λ/(W/mK)	μ	W_{80}/(m³/m³)	w_{sat}/(m³/m³)	A_w/(kg/m²s$^{0.5}$)
1	石膏板	12.5	0.3400	18.0	0.009	0.4000	0.3550
2	聚乙烯薄膜	1	0.1800	5000	0.001	0.010	0.0000
3	纤维素保温层	207	0.0400	1.5	0.008	0.830	0.1050
4	OSB 板	12	0.5000	55.0	0.015	0.300	0.0080
5	屋顶密封层	2	0.4000	5E5	0.001	0.050	0.0000
6	绿植层	100	100	0.0	0.001	0.500	0.2000

d=层厚；λ=导热系数；μ=水蒸气扩散阻力系数；w_{80}/w_{sat}=相对湿度为 80%及饱和时的含湿量；A_w= 吸水系数

气候数据

冬季气候			
左侧气候		右侧气候	
温度	20.0℃	温度	-4.2℃
相对湿度	50.0%	相对湿度	99.9%

结露期（冬季）时长为 90 天

夏季气候			
左侧气候		右侧气候	
温度	18.0℃	温度	15.0℃
相对湿度	60.0%	相对湿度	99.9%

干燥期（夏季）时长为 90 天

计算结果汇总

结构传热系数（潮湿状态）	U=	0.145	W/(m²K)
结构传热系数（干燥状态）	U=	0.144	W/(m²K)
结构的传热阻力	R=	6.785	m²K/W
结露期结束时的冷凝水量（COND 计算结果）	M_c=	0.152	kg/m²
干燥时间	t_{ev}=	127.56	d
DIN 4108-3 4.2.1.c（有吸水能力）M_c≤1.0 kg/m²			满足要求
DIN 4108-3 4.2.1.d（没有吸水能力）M_c≤0.5 kg/m²			满足要求
夏季干燥期 t_{ev}<90d			不满足要求

温度和湿度分布

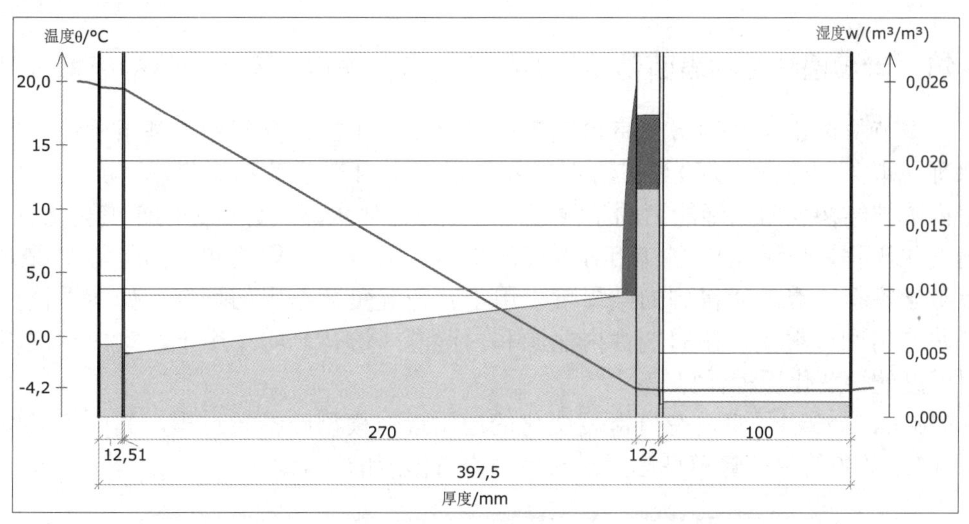

图 5.110 由 COND 计算得出的绿植屋顶内的湿度分布

根据 Glaser 法计算得到类似前面的结果。在夏季干燥过程中，针对绿植屋顶必须保证在结露面有较低的 15℃温度值。潜在的干燥量为 120g/m^2，此值低于 190g/m^2 的冷凝量（见下表）。

基于 Glaser 法（DIN 4108-3,EN13788）的计算结果

结露期（冬季）			
持续期	90 天	冷凝水量（Glaser 法计算结果）	w_T=0.195kg/m^2
内部气候（左侧）	20°C/50%		
外部气候（右侧）	-5°C/80%		
干燥期（夏季）- 墙及冷屋顶			
持续期	90 天	潜在干燥量	w_v=0.120 kg/m^2
内部气候（左侧）	18°C/60%	干燥时间（Glaser 法计算结果）	$t_{e,v}$=145.9 天
外部气候（右侧）	15°C/70%		
冷凝范围	15°C/100%		
干燥期（夏季）- 起居室上面的屋顶			
持续期	90 天	潜在干燥量	w_v=0.212 kg/m^2
内部气候（左侧）	18°C/60%	干燥时间（Glaser 法计算结果）	$t_{e,v}$=82.66 天
外部气候（右侧）	15°C/70%		
冷凝范围	18°C/100%		

对于木屋顶结构来说，完全保险的措施是外保温采用挤压聚苯乙烯泡沫塑料或者泡沫玻璃。如果雨水在外保温层下方流动，则称为倒置式屋顶结构（见 3.1.6 节）。与此相对应的约 10% 的隔热损失，根本无法与前面所说的潜在的湿破坏相比。在外保温层之上可能布置有绿植层、太阳能集热器、人行道铺板、板条格垫等。因为木结构此时完全处于热区域，因此不会出现低于露点的情况，即结构中不会产生结露。

5.4　考虑围护结构表面吸湿功能的非稳态湿负荷作用下室内空气湿度波动

5.4.1　考虑围护结构表面储湿能力的周期负荷作用下室内湿流的模拟

本节将讨论无空调房间室内空气相对湿度变化的计算问题。基于质量守恒原理（水蒸气流量平衡），在给定外界气候、室内产湿率和换气率，并考虑了室内围护结构表面储湿能力的条件下，可以对诸如水蒸气分压力的年变化历程、日变化历程，以及室内空气相对湿度的均值、幅值、相位差和时间差等变量进行数学模拟计算。所得到的结果可以用于其他湿负荷作用的场合，如冬季很少加热的房间（教堂）在周期性内热源和内湿源（访客）的作用下，室内空气相对湿度的日变化历程计算等。

5.4.4 节给出了室内空气湿度变化的通用近似模型的推导过程，其中将类似于 4.3.1 节中的热计算模型应用于对室内空气湿度的计算。

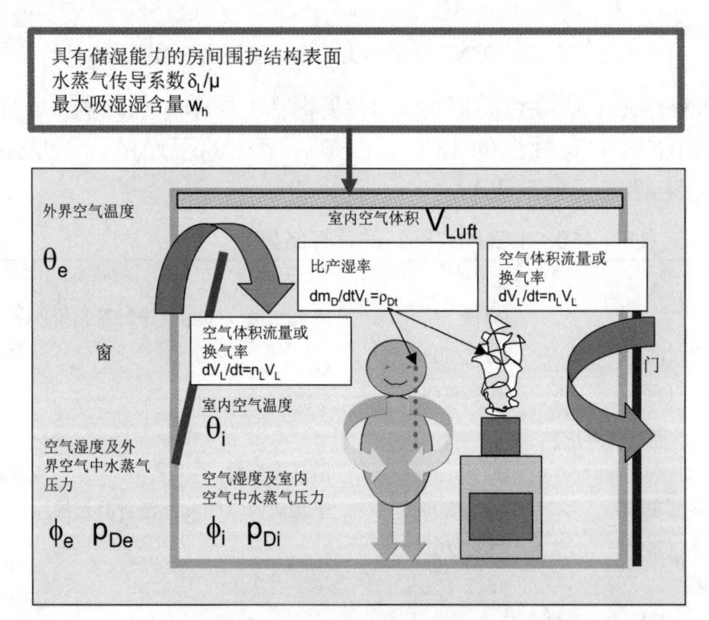

图 5.111　房间湿平衡图示

$$\frac{dm_{Dzu}}{dt}+\frac{dm_{DQu}}{dt}=\frac{dm_{Dab}}{dt}+\frac{dm_{DSp}}{dt} \qquad (5.120)$$

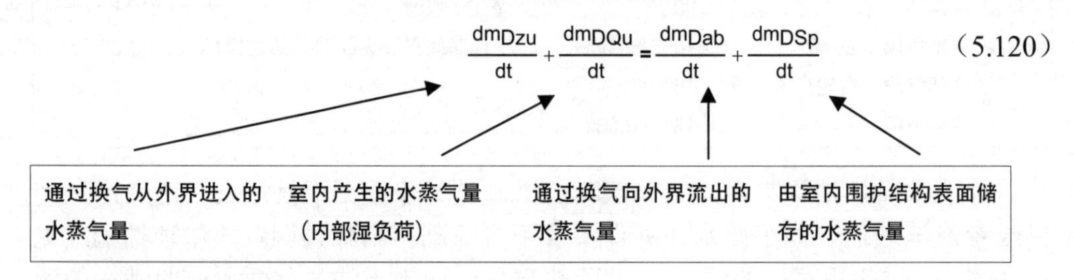

通过周期换气从外界流入的水蒸气量为：

$$\frac{dm_{Dzu}}{dt}=\frac{p_{De}\cdot V_L\cdot n_L}{R_D\cdot T_e}=\frac{p_{Dem}\cdot V_L\cdot n_{Lm}}{R_D\cdot T_e}+\frac{p_{Dem}\cdot V_L\cdot \Delta n_L+\Delta p_{De}\cdot V_L\cdot n_{Lm}}{R_D\cdot T_e}\cdot\cos\left(2\cdot\pi\cdot\frac{t}{T}\right)$$

外界空气中水蒸气分压力的年变化历程 $p_{De}(t) = p_{Dem} - \Delta p_{De} \cdot \cos\left(2 \cdot \pi \cdot \frac{t}{T}\right)$ （5.121）

换气率的年变化历程 $n_L(t) = n_{Lm} - \Delta n_L \cdot \cos\left(2 \cdot \pi \cdot \frac{t}{T}\right)$ （5.122）

室内产生的水蒸气量（内部湿负荷） $\frac{dm_{DQu}}{dt} = \rho_{Dt} \cdot V$ （5.123）

内部湿负荷低的房间 $\rho_{Dt} \le 0.002 \cdot \frac{kg}{m^3 \cdot h}$

内部湿负荷中等的房间 $0.002 \cdot \frac{kg}{m^3 \cdot h} \le \rho_{Dt} \le 0.006 \cdot \frac{kg}{m^3 \cdot h}$

内部湿负荷高的房间 $\rho_{Dt} \ge 0.006 \cdot \frac{kg}{m^3 \cdot h}$

通过换气向外界流出的水蒸气量 $\frac{dm_{Dab}}{dt} = \frac{p_{Di} \cdot V_L \cdot n_L}{R_D \cdot T_i}$

由室内围护结构表面储存的水蒸气量 $\frac{dm_{Dsp}}{dt}$

储存的水蒸气量将在5.5.4节中单独进行量化，然后用于平衡方程（3.44），并计算房间的湿度。

室内空气中水蒸气压力随时间的变化过程将通过下面的周期函数（5.124）表达。

$$p_{Di}(t) = p_{Dim} - \Delta p_{Di} \cdot \cos\left(2 \cdot \pi \cdot \frac{t - t_{ei}}{T}\right) \tag{5.124}$$

由此得到流出的水蒸气量：

$$\frac{dm_{Dab}}{dt} = \frac{p_{Dim} \cdot V_L \cdot n_{Lm}}{R_D \cdot T_i} - \frac{\Delta p_{Di} \cdot V_L \cdot n_{Lm}}{R_D \cdot T_i} \cdot \cos\left(2 \cdot \pi \cdot \frac{t - t_{ei}}{T}\right) - \frac{p_{Dim} \cdot V_L \cdot \Delta n_L}{R_D \cdot T_i} \cdot \cos\left(2 \cdot \pi \cdot \frac{t}{T}\right)$$

$$\frac{dm_{Dab}}{dt} = \frac{p_{Dim} \cdot V_L \cdot n_{Lm}}{R_D \cdot T_i} - \left(\frac{\Delta p_{Di} \cdot V_L \cdot n_{Lm}}{R_D \cdot T_i} \cdot \cos\left(2 \cdot \pi \cdot \frac{t_{ei}}{T}\right) + \frac{p_{Dim} \cdot V_L \cdot \Delta n_L}{R_D \cdot T_i}\right) \cdot \cos\left(2 \cdot \pi \cdot \frac{t}{T}\right) - \frac{\Delta p_{Di} \cdot V_L \cdot n_{Lm}}{R_D \cdot T_i} \cdot \sin\left(2 \cdot \pi \cdot \frac{t_{ei}}{T}\right) \cdot \sin\left(2 \cdot \pi \cdot \frac{t}{T}\right)$$

由房间围护结构表面在吸湿范围储存的水蒸气量为：

$$\frac{dm_{DSp}}{dt} = \frac{\Delta p_{Di} \cdot \sqrt{\frac{2 \cdot \pi}{T}} \cdot b_D \cdot A_i}{\sqrt{\left(1 + \sqrt{\frac{2 \cdot \pi}{T}} \cdot \frac{b_D}{\beta} \cdot \sqrt{2} + \frac{2 \cdot \pi}{T} \cdot \frac{b_D{}^2}{\beta^2}\right)}} \cdot \cos\left(2 \cdot \pi \cdot \frac{t - t_{ei} - t_{oi}}{T} + \frac{\pi}{4}\right) \tag{5.125}$$

该方程可由三角函数加法定理改写为：

$$\frac{dm_{DSp}}{dt} = \frac{-\Delta p_{Di} \cdot \sqrt{\frac{2 \cdot \pi}{T}} \cdot b_D \cdot A_i}{\sqrt{\left(1 + \sqrt{\frac{2 \cdot \pi}{T}} \cdot \frac{b_D}{\beta} \cdot \sqrt{2} + \frac{2 \cdot \pi}{T} \cdot \frac{b_D{}^2}{\beta^2}\right)}} \cdot \left[\left(\cos\left(2 \cdot \pi \cdot \frac{t_{ei} + t_{oi}}{T} - \frac{\pi}{4}\right)\right) \cdot \cos\left(2 \cdot \pi \cdot \frac{t}{T}\right) + \sin\left(2 \cdot \pi \cdot \frac{t_{ei} + t_{oi}}{T} - \frac{\pi}{4}\right) \cdot \sin\left(2 \cdot \pi \cdot \frac{t}{T}\right)\right] \tag{5.126}$$

方程（5.125）和方程（5.126）是等温湿度传导方程（5.127）的解（可与3.3.2 节及方程（3.91）比较）。

$$\frac{d}{dx}\left(K_w(w)\cdot\frac{dp_c}{dx}+\delta\cdot\frac{dp_D}{dx}\right)=\rho_w\cdot\frac{dw}{dt} \tag{5.127a}$$

将 $K_w(w)=0$ 及线性等温吸湿曲线 $w=w_h(p_D/p_{si})$ 代入得（图 5.112）：

$$\frac{\partial}{\partial\phi}w=\frac{\Delta w}{\Delta\phi}=\frac{w(0.8)-w(0.4)}{0.4}=\frac{w_h}{1}$$

$$\frac{d}{dx}\left(\frac{\delta_L}{\mu}\cdot\frac{dp_D}{dx}\right)=\left(\rho_w\cdot\frac{w_h}{p_s}\right)\cdot\frac{dp_D}{dt} \tag{5.127b}$$

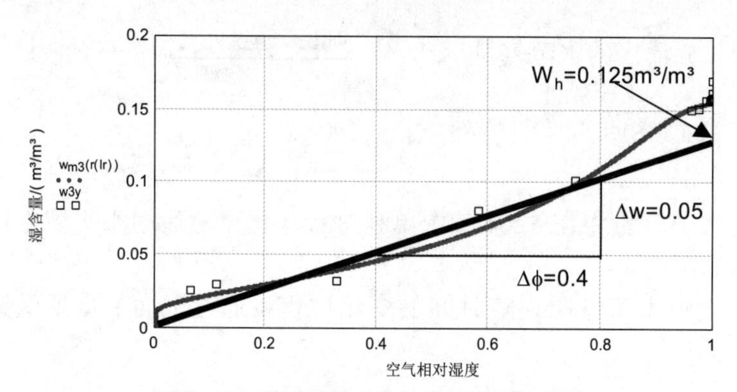

图 5.112　普通混凝土的线性等温吸湿曲线

类似于热穿透系数（λρc）$^{1/2}$，参数 b_D 被称为水蒸气穿透系数（$kg/m^2s^{1/2}$）。

$$b_D(\mu,w_h):=\sqrt{\frac{\delta_L}{\mu}\cdot\frac{w_h\cdot\rho_w}{p_{si}}} \tag{5.128}$$

水蒸气的表面传递系数 β 与表面对流换热系数 h_c 相关。

$$\beta:=7\cdot10^{-9}\cdot\frac{m\cdot s\cdot K}{W}\cdot h_c \tag{5.129}$$

t_{oi} 是房间围护结构内表面与室内空气湿度变化过程之间的时间相位差。

$$t_{oi}(\mu,w_h):=\frac{T}{2\cdot\pi}\cdot\operatorname{atan}\left(\frac{1}{1+\frac{\beta}{b_D(\mu,w_h)}\cdot\sqrt{\frac{T}{\pi}}}\right) \tag{5.130}$$

将水蒸气流量代入上面守恒方程（5.120）中，得针对房间内周期水蒸气压力函数（5.124）含参数 p_{Dim} 和 Δp_{Di} 的方程。
在周期湿负荷作用下，房间内湿平衡方程为：

$$\frac{\Delta p_{De}\cdot n_L\cdot V_L+\Delta n_L\cdot p_{Dem}\cdot V_L}{R_D\cdot T_e}\cdot\cos\left(2\cdot\pi\cdot\frac{t}{T}\right)+\frac{p_{Dem}\cdot V_L\cdot n_{Lm}}{R_D\cdot T_e}+\rho_{Dt}\cdot V_L=$$

$$\frac{p_{Dim}\cdot V_L\cdot n_{Lm}}{R_D\cdot T_i}-\left[\left(\frac{\Delta p_{Di}\cdot V_L\cdot n_{Lm}}{R_D\cdot T_i}\right)\cdot\cos\left(2\cdot\pi\cdot\frac{t_{ei}}{T}\right)+\frac{p_{Dim}\cdot V_L\cdot\Delta n_L}{R_D\cdot T_i}\right]\cdot\cos\left(2\cdot\pi\cdot\frac{t}{T}\right)\ldots$$

$$+\frac{-\Delta p_{Di}\cdot V_L\cdot n_{Lm}}{R_D\cdot T_i}\cdot\sin\left(2\cdot\pi\cdot\frac{t_{ei}}{T}\right)\cdot\sin\left(2\cdot\pi\cdot\frac{t}{T}\right)\ldots \tag{5.131}$$

$$+\frac{-\Delta p_{Di}\cdot\sqrt{\frac{2\cdot\pi}{T}}\cdot b_D\cdot A_i}{\sqrt{1+\sqrt{\frac{2\cdot\pi}{T}}\cdot\frac{b_D}{\beta}\cdot\sqrt{2}+\frac{2\cdot\pi}{T}\cdot\frac{b_D^{2}}{\beta^{2}}}}\cdot\left[\left(\cos\left(2\cdot\pi\cdot\frac{t_{ei}+t_{oi}}{T}-\frac{\pi}{4}\right)\right)\cdot\cos\left(2\cdot\pi\cdot\frac{t}{T}\right)+\sin\left(2\cdot\pi\cdot\frac{t_{ei}+t_{oi}}{T}-\frac{\pi}{4}\right)\cdot\sin\left(2\cdot\pi\cdot\frac{t}{T}\right)\right]$$

将上式中所有常数项合并，便可得到描述水蒸气分压力均值和空气相对湿度均值的著名的关系式（5.132）和式（5.133）。
提示：首先得到

$$p_{im}:=p_{em}\cdot\frac{T_e}{T_i}+\frac{\rho_{Dtm}}{n_{Lm}}\cdot R_D\cdot T_i$$

如果针对湿空气（空气和水蒸气质量和）建立通风气流平衡方程，则得（请与 1.2.2.1 节中的方程（1.68）进行比较）

$$p_{Dim}=p_{Dem}+\frac{dm_{DQu}\cdot R_D\cdot T_i}{dt\cdot n_{Lm}\cdot V_L} \tag{5.132}$$

$$\phi_{im}=\phi_{em}\cdot\frac{p_s(T_e)}{p_s(T_i)}+\frac{\rho_{Dt}}{n_{Lm}}\cdot\frac{R_D\cdot T_i}{p_s(T_i)} \tag{5.133}$$

将所有含 sin(2π/T) 项合并，得室内和室外空气湿度变化过程之间的时间相位差 t_{ei}

$$t_{ei}(\mu,w_h):=\frac{T}{2\cdot\pi}\cdot\operatorname{atan}\left[\frac{\sin\left(t_{oi}(\mu,w_h)\cdot\frac{2\cdot\pi}{T}-\frac{\pi}{4}\right)}{\frac{n_{Lm}\cdot V_L}{R_D\cdot T_i}\cdot\frac{\sqrt{1+\sqrt{\frac{2\cdot\pi}{T}}\cdot\frac{b_D(\mu,w_h)}{\beta}\cdot\sqrt{2}+\frac{2\cdot\pi}{T}\cdot\frac{b_D(\mu,w_h)^{2}}{\beta^{2}}}}{\sqrt{\frac{2\cdot\pi}{T}}\cdot b_D(\mu,w_h)\cdot(-A_i)}-\cos\left(t_{oi}(\mu,w_h)\cdot\frac{2\cdot\pi}{T}-\frac{\pi}{4}\right)}\right] \tag{5.134}$$

最后通过比较所有的 cos(2π/T) 项，得室内水蒸气压力波动幅值 Δp

$$\Delta p_i(\mu,w_h):=\frac{\frac{V_L}{R_D\cdot T_e}\cdot(\Delta p_e\cdot n_{Lm}+\Delta n_L\cdot p_{em})-\frac{V_L}{R_D\cdot T_i}\cdot\Delta n_L\cdot p_{im}}{\frac{V_L}{R_D\cdot T_i}\cdot n_{Lm}\cdot\cos\left(t_{ei}(\mu,w_h)\cdot\frac{2\cdot\pi}{T}\right)+\frac{\sqrt{\frac{2\cdot\pi}{T}}\cdot b_D(\mu,w_h)\cdot A_i}{\sqrt{1+\sqrt{\frac{2\cdot\pi}{T}}\cdot\frac{b_D(\mu,w_h)}{\beta}\cdot\sqrt{2}+\frac{2\cdot\pi}{T}\cdot\frac{b_D(\mu,w_h)^{2}}{\beta^{2}}}}\cdot\cos\left[(t_{oi}(\mu,w_h)+t_{ei}(\mu,w_h))\cdot\frac{2\cdot\pi}{T}-\frac{\pi}{4}\right]} \tag{5.135}$$

由此也可以确定室内空气相对湿度随时间的变化过程

$$\phi_i(t,\mu,w_h,\Delta\rho):=\frac{p_i(t,\mu,w_h,\Delta\rho)}{p_{si}} \qquad p_{si}:=610.5\cdot\left(1+\frac{T_i-273}{109.8}\right)^{8.02} \tag{5.136}$$

5.4.2 周期负荷作用下室内空气相对湿度随时间的变化

5.4.2.1 室内空气湿度的年变化历程

首先，室内空气湿度的年变化历程应该在上一节介绍模型的前提下进行计算，其周期为 T=365 天或 T=365・24・3600 秒。

室外空气温度首先设定为常数。空气相对湿度的变化由于水蒸气分压力随时间变化而产生：室内空气温度显示有轻微的年度波动。室内墙体表面处的饱和压力基本为常数：

$$T_{em} := 282 \qquad p_{em} := 1000 \qquad \Delta p_e := 400$$

$$T_{im} := 293 \qquad \Delta T_i := 1 \qquad p_{ss} := 2200$$

房间围护结构面积及房间容积： $A_i := 200$ $V_L := 50$

湿源强度全年设为常数，换气率周期波动，且夏季大于冬季：

$$\rho_{Dt} := \frac{0.004}{3600} \qquad n_{Lm} := \frac{2.0}{3600} \qquad \Delta n_L := \frac{1.3}{3600} \qquad \frac{dm_D}{dt \cdot V_L} = \rho_{Dt}$$

不变的材料参数和对流传输系数：

$$\delta_L := 1.85 \cdot 10^{-10} \qquad R_D := 462 \qquad \rho_w := 1000 \qquad h_c := 7 \qquad \beta := 7 \cdot 10^{-9} \cdot h_c$$

房间围护结构表面的储湿能力主要涉及最大吸湿湿含量 w_h 和水蒸气扩散系数 μ：

无储湿能力表面 $w_h := 0.0001$ $\mu := 10000$

有储湿能力表面 $w_h := 0.25$ $\mu := 5$

湿穿透系数

$$b_D(\mu, w_h) := \sqrt{\frac{\delta_L}{\mu} \cdot \frac{w_h \cdot \rho_w}{p_{ss}}}$$

表面和室内空气湿度之间的时间相位差

$$t_{oi}(\mu, w_h, T) := \frac{T}{2 \cdot \pi} \cdot \operatorname{atan}\left(\frac{1}{1 + \frac{\beta}{b_D(\mu, w_h)} \cdot \sqrt{\frac{T}{\pi}}}\right)$$

室内外空气湿度之间的时间相位差

$$t_{ei}(\mu, w_h, T) := \frac{T}{2 \cdot \pi} \cdot \operatorname{atan}\left[\frac{\sin\left(t_{oi}(\mu, w_h, T) \cdot \frac{2 \cdot \pi}{T} - \frac{\pi}{4}\right)}{\frac{n_{Lm} \cdot V_L}{R_D \cdot T_i} \cdot \frac{\sqrt{1 + \sqrt{\frac{2 \cdot \pi}{T}} \cdot \frac{b_D(\mu, w_h)}{\beta} \cdot \sqrt{2} + \frac{2 \cdot \pi}{T} \cdot \frac{b_D(\mu, w_h)^2}{\beta^2}}}{\sqrt{\frac{2 \cdot \pi}{T}} \cdot b_D(\mu, w_h) \cdot (-A_i)} - \cos\left(t_{oi}(\mu, w_h, T) \cdot \frac{2 \cdot \pi}{T} - \frac{\pi}{4}\right)}\right]$$

室内水蒸气波动幅度

$$\Delta p_i(\mu, w_h, T) :=$$

$$\frac{\frac{V_L}{R_D \cdot T_e} \cdot (\Delta p_e \cdot n_{Lm} + \Delta n_L \cdot p_{em}) - \frac{V_L}{R_D \cdot T_i} \cdot \Delta n_L \cdot p_{im}}{\frac{V_L}{R_D \cdot T_i} \cdot n_{Lm} \cdot \cos\left(t_{ei}(\mu, w_h, T) \cdot \frac{2 \cdot \pi}{T}\right) + \frac{\sqrt{\frac{2 \cdot \pi}{T}} \cdot b_D(\mu, w_h) \cdot A_i}{\sqrt{1 + \sqrt{\frac{2 \cdot \pi}{T}} \cdot \frac{b_D(\mu, w_h)}{\beta} \cdot \sqrt{2} + \frac{2 \cdot \pi}{T} \cdot \frac{b_D(\mu, w_h)^2}{\beta^2}}} \cdot \cos\left[\left(t_{oi}(\mu, w_h, T) + t_{ei}(\mu, w_h, T)\right) \cdot \frac{2 \cdot \pi}{T} - \frac{\pi}{4}\right]}$$

室内水蒸气压力的年变化历程

$$p_i(t,\mu,w_h,T) := p_{im} - \Delta p_i(\mu,w_h,T)\cdot\cos\left[\frac{2\cdot\pi}{T}\cdot\left(t - t_{ei}(\mu,w_h,T)\right)\right]$$

室内空气湿度的年变化历程

$$\phi_i(t,\mu,w_h,T) := \frac{p_i(t,\mu,w_h,T)}{p_{si}(t)}$$

情况 1：w_h=0.0001，μ=10000

图 5.113 和图 5.114 给出了在房间围护结构表面无储湿能力的条件下，室内水蒸气压力和空气相对湿度年变化历程。相应于假设简化的外界空气湿度的年度变化历程，在产湿率和周期换气率为常数的情况下，室内空气湿度在 48%（冬季）和 60%（夏季）之间波动。

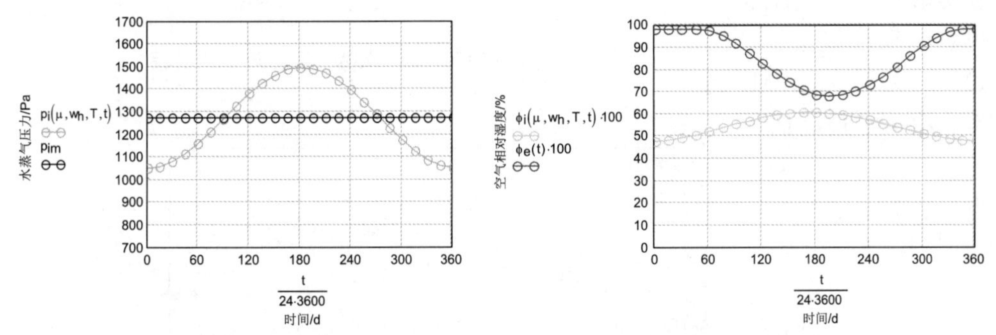

图 5.113　室内水蒸气压力年变化历程（情况 1）

图 5.114　室内空气相对湿度年变化历程（情况 1）

情况 2：w_h=0.25，μ=5

图 5.115 和图 5.116 给出了在房间围护结构表面具有储湿能力的条件下，室内水蒸气压力和空气相对湿度年变化历程。相应于假设简化的外界空气湿度的年变化历程，在产湿率和周期换气率为常数的情况下，室内空气湿度在 52%（冬季）和 56%（夏季）之间波动。除此之外，现在还出现大约 30 天的时间相位差。平稳的空气相对湿度通常对于博物馆非常重要。

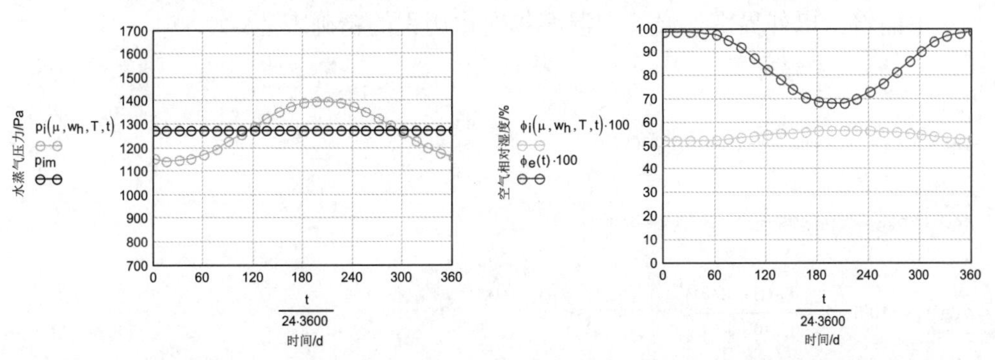

图 5.115　室内水蒸气压力年变化历程（情况 2）

图 5.116　室内空气相对湿度年变化历程（情况 2）

后面两张关于室内空气湿度年变化历程的图 5.117 和图 5.118 原则上再次展现了同样的结果。但它们进一步明确了，只有强储湿（在此最大吸湿湿含量为 25%），且水蒸气传导性能好（在此 μ=5）的材料（此处为调湿抹灰层）才能起到相应的湿度缓解作用。其余材料的对比都比较接近。例如，石膏抹灰的湿度调节作用常常被高估了。

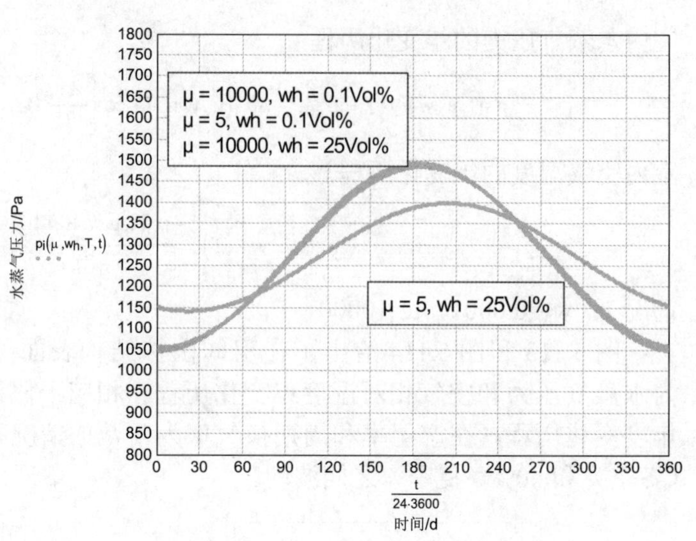

图 5.117　室内水蒸气压力年变化历程

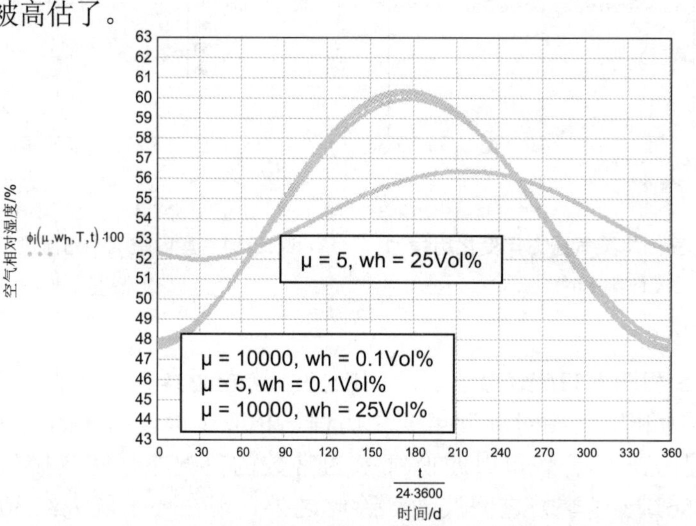

图 5.118　室内空气相对湿度年变化历程

下面将给出外界空气温度和湿度年变化历程的精确表达：

$T_e := 282 \qquad \Delta T_e := 9 \qquad p_{em} := 1000 \qquad \Delta p_e := 400 \qquad T := 24 \cdot 3600 \cdot 365$

$$T_e(t) := T_e - \Delta T_e \cdot \cos\left[\frac{2 \cdot \pi}{T} \cdot (t - 15 \cdot 24 \cdot 3600)\right]$$

$$p_e(t) := p_{em} - \Delta p_e \cdot \cos\left[\frac{2 \cdot \pi}{T} \cdot (t - 15 \cdot 24 \cdot 3600)\right]$$

$$p_{se}(t) := 610.5 \cdot \left(1 + \frac{T_e(t) - 273}{109.8}\right)^{8.02}$$

$$\phi_e(t) := \frac{p_e(t)}{p_{se}(t)}$$

下列关系式适用于室内空气：

$$T_i := 293 \qquad \Delta T_i := 1 \qquad \rho_{Dt} := \frac{0.004}{3600} \qquad n_{Lm} := \frac{2.0}{3600} \qquad \Delta n_L := \frac{1.3}{3600}$$

$$T_i(t) := T_i - \Delta T_i \cdot \cos\left[\frac{2\cdot\pi}{T}\cdot(t - 15\cdot 24\cdot 3600)\right]$$

$$p_{si}(t) := 610.5\cdot\left(1 + \frac{T_i(t) - 273}{109.8}\right)^{8.02}$$

$$p_{im}(t) := p_{em} + \frac{\rho_{Dt}}{n_{Lm}}\cdot R_D\cdot T_i(t) \qquad \frac{dm_D}{dt\cdot V_L} = \rho_{Dt}$$

$$\phi_i(t) := \frac{p_i(t)}{p_{si}(t)}$$

房间围护结构表面的湿穿透系数、室内空气的水蒸气压力峰值，以及它们的时间相位差只是与时间项相关。下面基于这一观点将所有方程再次汇总。

湿穿透系数 b_D

$$b_D(\mu, w_h, t) := \sqrt{\frac{\delta_L}{\mu}\cdot\frac{w_h\cdot\rho_w}{p_{si}(t)}}$$

表面和室内空气湿度之间的时间相位差 t_{oi}

$$t_{oi}(\mu, w_h, T, t) := \frac{T}{2\cdot\pi}\cdot\operatorname{atan}\left(\frac{1}{1 + \dfrac{\beta}{b_D(\mu, w_h, t)}\cdot\sqrt{\dfrac{T}{\pi}}}\right)$$

室内和室外空气湿度之间的时间相位差 t_{ei}

$$t_{ei}(\mu, w_h, T, t) := \frac{T}{2\cdot\pi}\cdot\operatorname{atan}\left[\frac{\sin\left(t_{oi}(\mu, w_h, T, t)\cdot\dfrac{2\cdot\pi}{T} - \dfrac{\pi}{4}\right)}{\dfrac{n_{Lm}\cdot V_L}{R_D\cdot T_i(t)}\cdot\dfrac{\sqrt{1 + \sqrt{\dfrac{2\cdot\pi}{T}}\cdot\dfrac{b_D(\mu, w_h, t)}{\beta}\cdot\sqrt{2} + \dfrac{2\cdot\pi}{T}\cdot\dfrac{b_D(\mu, w_h, t)^2}{\beta^2}}}{\sqrt{\dfrac{2\cdot\pi}{T}}\cdot b_D(\mu, w_h, t)\cdot(-A_i)} - \cos\left(t_{oi}(\mu, w_h, T, t)\cdot\dfrac{2\cdot\pi}{T} - \dfrac{\pi}{4}\right)}\right]$$

室内水蒸气压力波动峰值

$$\Delta p_i(\mu, w_h, T, t) :=$$

$$\frac{\dfrac{V_L}{R_D\cdot T_e(t)}\cdot(\Delta p_e\cdot n_{Lm} + \Delta n_L\cdot p_{em}) - \dfrac{V_L}{R_D\cdot T_i(t)}\cdot\Delta n_L\cdot p_{im}(t)}{\dfrac{V_L}{R_D\cdot T_i(t)}\cdot n_{Lm}\cdot\cos\left(t_{ei}(\mu, w_h, T, t)\cdot\dfrac{2\cdot\pi}{T}\right) + \dfrac{\sqrt{\dfrac{2\cdot\pi}{T}}\cdot b_D(\mu, w_h, t)\cdot A_i}{\sqrt{1 + \sqrt{\dfrac{2\cdot\pi}{T}}\cdot\dfrac{b_D(\mu, w_h, t)}{\beta}\cdot\sqrt{2} + \dfrac{2\cdot\pi}{T}\cdot\dfrac{b_D(\mu, w_h, t)^2}{\beta^2}}}\cdot\cos\left[\left(t_{oi}(\mu, w_h, T, t) + t_{ei}(\mu, w_h, T, t)\right)\cdot\dfrac{2\cdot\pi}{T} - \dfrac{\pi}{4}\right]}$$

室内水蒸气压力和空气湿度的年变化历程

$$p_i(\mu, w_h, T, t) := p_{im}(t) - \Delta p_i(\mu, w_h, T, t)\cdot\cos\left[\frac{2\cdot\pi}{T}\cdot\left(t - t_{ei}(\mu, w_h, T, t)\right)\right]$$

$$\phi_i(\mu, w_h, T, t) := \frac{p_i(\mu, w_h, T, t)}{p_{si}(t)}$$

情况 1：w_h=0.0001，μ=10000

对时间依赖性的考虑并没有带来任何有意义的效果。针对假设简化的室外空气温度和湿度年变化历程，在给定的定常产湿率和周期换气率的情况下，室内空气湿度在 45%（冬季）和 61%（夏季）之间波动。

情况 2：w_h=0.25，μ=5

针对假设简化的室外空气温度和湿度年变化历程，在给定的定常产湿率和周期换气率的情况下，室内空气湿度在 50%（冬季）和 57%（夏季）之间波动。除此之外，现在还出现大约 30 天的时间相位差。

关于室内空气湿度年变化历程的图 5.119 和图 5.120 原则上再次展现了与图 5.117 和图 5.118 同样的结果。由于考虑了对时间的依赖性，所以幅值相对大一些。结果进一步明确了，只有强储湿（在此最大吸湿湿含量为 25%），且水蒸气传导性能好（在此 μ=5）的材料（此处为调湿抹灰层）才能起到相应的湿度缓解作用。其余材料的对比都比较接近。

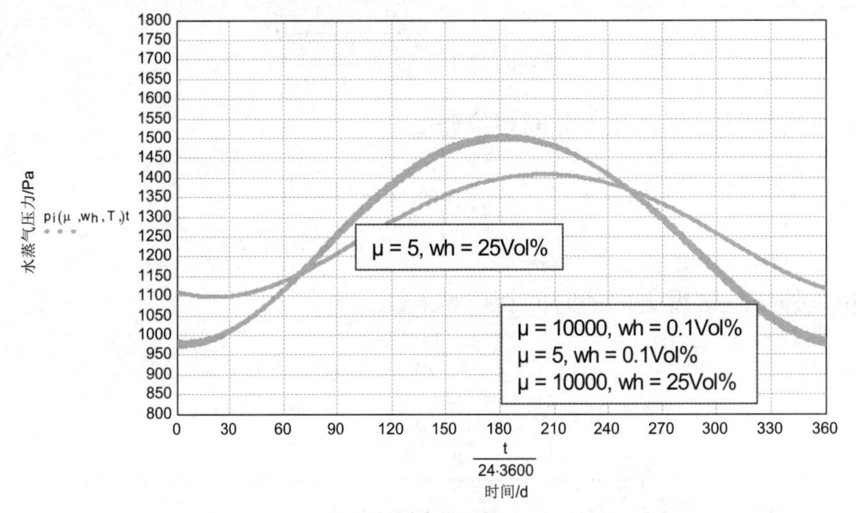

图 5.119 室内水蒸气压力年变化历程

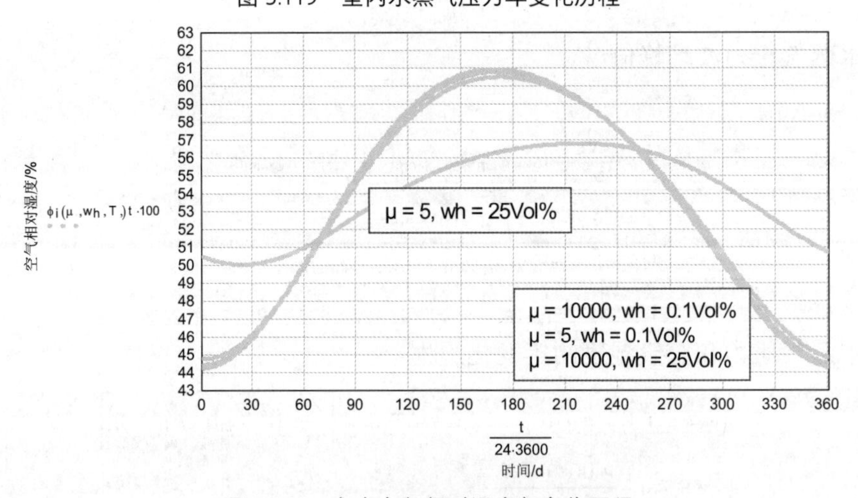

图 5.120 室内空气相对湿度年变化历程

5.4.2.2 室内空气湿度的日变化历程

房间维护结构表面的吸湿特性对湿负荷峰值的削减过程如何进行量化处理是一个重要问题。本节将借助于在下述先决条件下对寒冷季节中的日变化历程的计算，来对这一问题的解决方式进行介绍：外界气温维持为常数，下表中水蒸气压力呈简谐波动。

$$T_e := 273 \quad (\text{K}) \qquad p_{em} := 550 \quad \Delta p_e := -10 \quad (\text{Pa})$$

$$p_{se} := 611.5\cdot\left(1+\frac{T_e-273}{109.8}\right)^{8.02} \quad (\text{Pa}) \qquad p_e(t) := p_{em} - \Delta p_e\cdot\cos\left(2\frac{\pi}{T}\cdot t\right) \quad (\text{Pa}) \qquad \phi_e(t) := \frac{p_e(t)}{p_{se}}$$

室内气温也维持为常数。室内湿源强度周期性变化，在中午达到其最大值。在换气率中将引入湿负荷率，以控制室内空气中湿度峰值的增长。

$$T_i := 293 \quad (\text{K}) \qquad \frac{dm_D}{dt\cdot V_L} = \rho_{Dt} \quad (\text{kg/m}^3\text{s})$$

$$p_{si} := 611.5\cdot\left(1+\frac{T_i-273}{109.8}\right)^{8.02} \quad (\text{Pa})$$

$$\rho_{Dtm} := \frac{0.006}{3600} \quad \Delta\rho := \frac{0.0035}{3600} \quad (\text{kg/m}^3\text{s}) \qquad n_{Lm} := \frac{0.70}{3600} \quad \Delta n_L := \frac{0.05}{3600} \quad (1/\text{s})$$

$$\rho_{Dt}(t) := \rho_{Dtm} - \Delta\rho\cdot\cos\left(\frac{2\cdot\pi}{T}\cdot t\right) \quad (\text{kg/m}^3\text{s}) \qquad n_L(t) := n_{Lm} - \Delta n_L\cdot\cos\left(\frac{2\cdot\pi}{T}\cdot t\right) \quad (1/\text{s})$$

材料参数和对流传输系数保持为常数：

$$h_c := 3 \ (\text{W/m}^2\text{K}) \qquad \beta := 7\cdot10^{-9}\cdot h_c \ (\text{s}) \qquad \delta_L := 1.85\cdot10^{-10} \ (\text{s}) \qquad R_D := 462 \ (\text{Ws/kgK}) \qquad \rho_w := 1000 \ (\text{kg/m}^3)$$

房间围护结构面积和房间容积为 A_i=200m^2，V_L=50m^3。
房间围护结构表面的储湿主要取决于最大吸湿湿含量及水蒸气扩散系数。

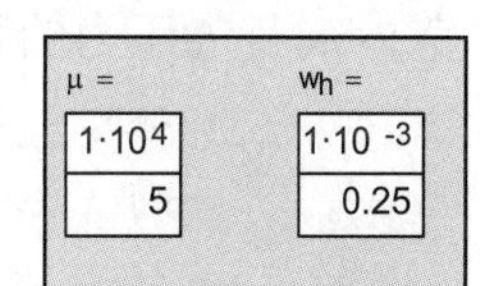

	μ =	w_h =
无储湿能力	$1\cdot10^4$	$1\cdot10^{-3}$
有储湿能力	5	0.25

方程（5.132）至方程（5.136）的解，即室内水蒸气压力的波动过程，取决于湿负荷波动的峰值。现在周期是 T=1 天。

$$T := 24\cdot3600 \quad (\text{s})$$

$$t := 0, 10\cdot24 .. 24\cdot3600 \quad (\text{s})$$

室内水蒸气压力的日均值（Pa）

$$p_{im} := p_{em}\frac{T_e}{T_i} + \frac{\rho_{Dtm}}{n_{Lm}}\cdot R_D\cdot T_i$$

$$p_{im} = 1.751\times10^3$$

湿穿透系数（s$^{3/2}$/m 或（kg/m^{2}sPa）s$^{1/2}$）

$$b_D(\mu, w_h) := \sqrt{\frac{\delta_L}{\mu}\cdot\frac{w_h\cdot\rho_w}{p_{si}}}$$

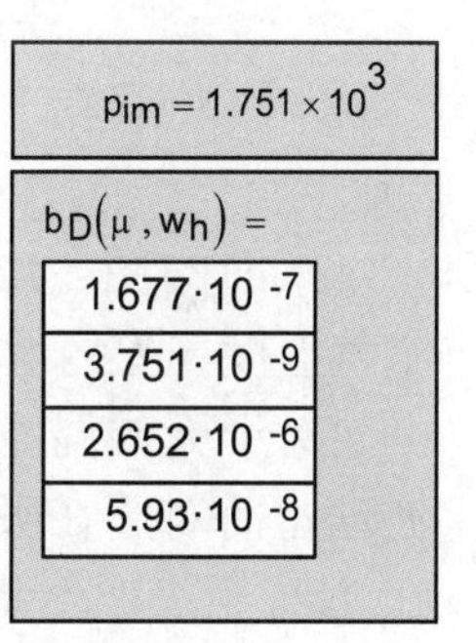

$b_D(\mu, w_h)$ =
$1.677\cdot10^{-7}$
$3.751\cdot10^{-9}$
$2.652\cdot10^{-6}$
$5.93\cdot10^{-8}$

表面和室内空气湿度之间的时间相位差（s）

$$t_{oi}(\mu,w_h) := \frac{T}{2\cdot\pi}\cdot atan\left(\frac{1}{1+\frac{\beta}{b_D(\mu,w_h)}\cdot\sqrt{\frac{T}{\pi}}}\right)$$

$t_{oi}(\mu,w_h) =$
479.004
11.093
$4.793\cdot10^3$
173.317

室内和室外空气湿度之间的时间相位差（s）

$$t_{ei}(\mu,w_h) := \frac{T}{2\cdot\pi}\cdot atan\left[\frac{\sin\left(t_{oi}(\mu,w_h)\cdot\frac{2\cdot\pi}{T}-\frac{\pi}{4}\right)}{\frac{n_{Lm}\cdot V_L}{R_D\cdot T_i}\cdot\frac{\sqrt{1+\sqrt{\frac{2\cdot\pi}{T}}\cdot\frac{b_D(\mu,w_h)}{\beta}\cdot\sqrt{2}+\frac{2\cdot\pi}{T}\cdot\frac{b_D(\mu,w_h)^2}{\beta^2}}}{\sqrt{\frac{2\cdot\pi}{T}}\cdot b_D(\mu,w_h)\cdot(-A_i)}-\cos\left(t_{oi}(\mu,w_h)\cdot\frac{2\cdot\pi}{T}-\frac{\pi}{4}\right)}\right]$$

$t_{ei}(\mu,w_h) =$
$5.543\cdot10^3$
254.438
$5.53\cdot10^3$
$3.032\cdot10^3$

室内水蒸气压力波动峰值（Pa）

$$\Delta p_i(\mu,w_h,\Delta\rho) := \frac{\left[\frac{V_L}{R_D\cdot T_e}\cdot(\Delta p_e\cdot n_{Lm}+\Delta n_L\cdot p_{em})-\frac{V_L}{R_D\cdot T_i}\cdot\Delta n_L\cdot p_{im}+\Delta\rho\cdot V_L\right]}{\frac{V_L}{R_D\cdot T_i}\cdot n_{Lm}\cdot\cos\left(t_{ei}(\mu,w_h)\cdot\frac{2\cdot\pi}{T}\right)+\frac{\sqrt{\frac{2\cdot\pi}{T}}\cdot b_D(\mu,w_h)\cdot A_i}{\sqrt{1+\sqrt{\frac{2\cdot\pi}{T}}\cdot\frac{b_D(\mu,w_h)}{\beta}\cdot\sqrt{2}+\frac{2\cdot\pi}{T}\cdot\frac{b_D(\mu,w_h)^2}{\beta^2}}}\cdot\cos\left[\left[(t_{oi}(\mu,w_h)+t_{ei}(\mu,w_h))\cdot\frac{2\cdot\pi}{T}-\frac{\pi}{4}\right]\right]}$$

室内水蒸气压力的日变化历程（Pa）

$$p_i(t,\mu,w_h,\Delta\rho) := p_{im}-\Delta p_i(\mu,w_h,\Delta\rho)\cdot\cos\left[\frac{2\cdot\pi}{T}\cdot(t-t_{ei}(\mu,w_h))\right]$$

$\Delta p_i(\mu,w_h,\Delta\rho) =$
301.877
593.376
49.514
454.401

室内空气湿度的日变化历程（%）

$$\phi_i(t,\mu,w_h,\Delta\rho) := \frac{p_i(t,\mu,w_h,\Delta\rho)}{p_{si}}$$

下面的图 5.121 通过上述数值，描述了室内空气湿度的日变化历程随室外空气湿度、室内湿负荷、换气率及房间围护结构表面的缓冲作用的变化关系。

对于无储湿能力的墙面，室内空气湿度在 47% 至 97%（墙表面结露）之间波动，而对于在吸湿范围内具有强吸湿能力的房间围护结构表面，波动范围则在 71% 至 74%（墙表面无结露现象）之间。

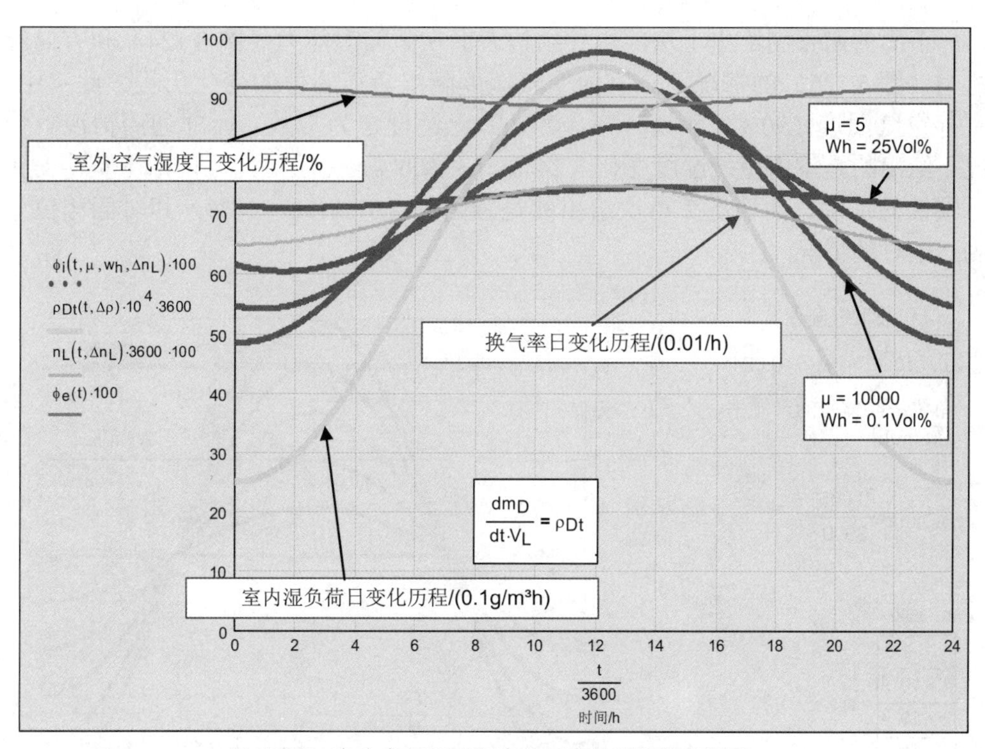

图 5.121 室内空气相对湿度的日变化历程随产湿率、换气率及房间围护结构表面储湿能力的变化关系

在室内空气湿度与墙体表面湿度之间的时间相位差（图 5.122）随最大吸湿湿含量增加而增加，而随水蒸气阻力系数 μ 值的减小而增加的同时，室内空气湿度与湿负荷日变化历程之间的时间相位差在小 μ 值时却呈相反走向（图 5.123）。

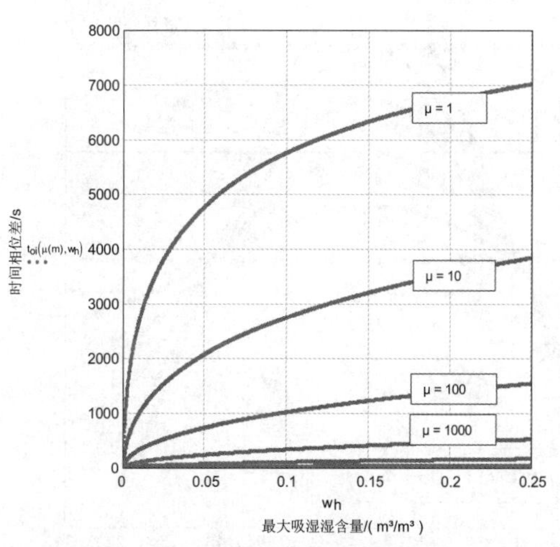

图 5.122 室内空气湿度与墙体表面湿度之间的时间相位差随最大吸湿湿含量 w_h 和水蒸气阻力系数 μ 的变化关系

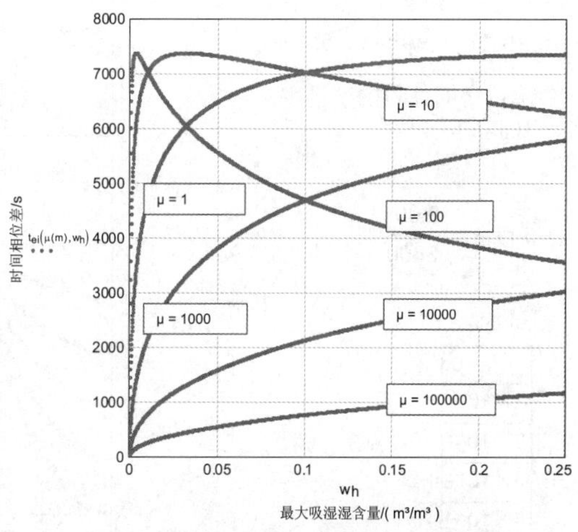

图 5.123 室内空气湿度与湿负荷日变化历程（产湿率）之间的时间相位差随最大吸湿湿含量 w_h 和水蒸气阻力系数 μ 的变化关系

下面的两张图给出了房间围护结构表面在无储湿能力（图 5.124）和有储湿能力（图 5.125）的情况下，室内空气湿度随湿负荷峰值的变化历程。此例中，室外空气湿度（90%）和换气率（0.7/h）已经设定为常数，而非通用情况。情况 1 给出的是室内空气湿度变化（24%＜φ＜100%）无阻尼，且内部湿负荷变化无惯性的情况。而情况 2 再次给出的是强阻尼（61%＜φ＜68%）和时间相位差为 2 小时的情况。

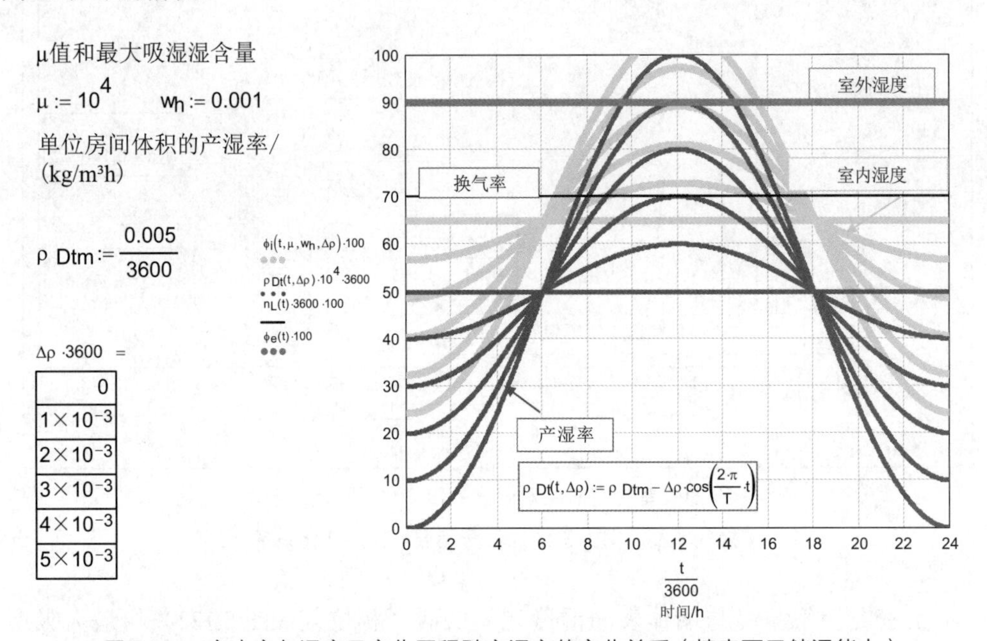

图 5.124　室内空气湿度日变化历程随产湿率的变化关系（墙表面无储湿能力）

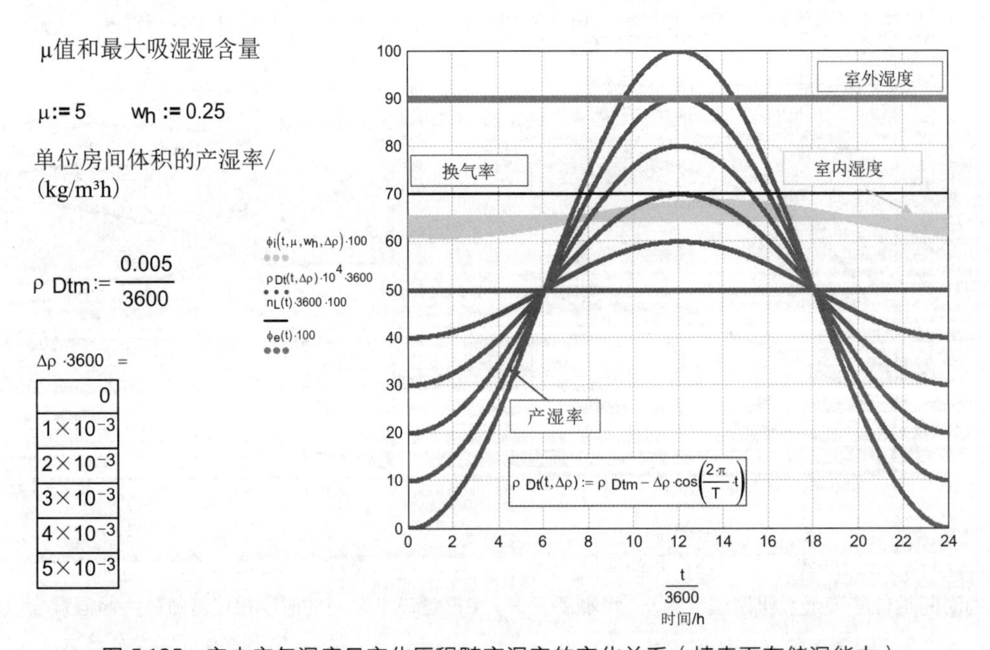

图 5.125　室内空气湿度日变化历程随产湿率的变化关系（墙表面有储湿能力）

下面的两张图给出了房间围护结构表面在无储湿能力（图 5.124）和有储湿能力（图 5.125）的情况下，室内空气湿度随湿负荷峰值的变化历程。此例中，室外空气湿度（90%）和换气率（0.7/h）已经设定为常数，而非通用情况。情况 1 给出的是室内空气湿度变化（24%＜ϕ＜100%）无阻尼，且内部湿负荷变化无惯性的情况。而情况 2 再次给出的是强阻尼（61%＜ϕ＜68%）和时间相位差为 2 小时的情况。

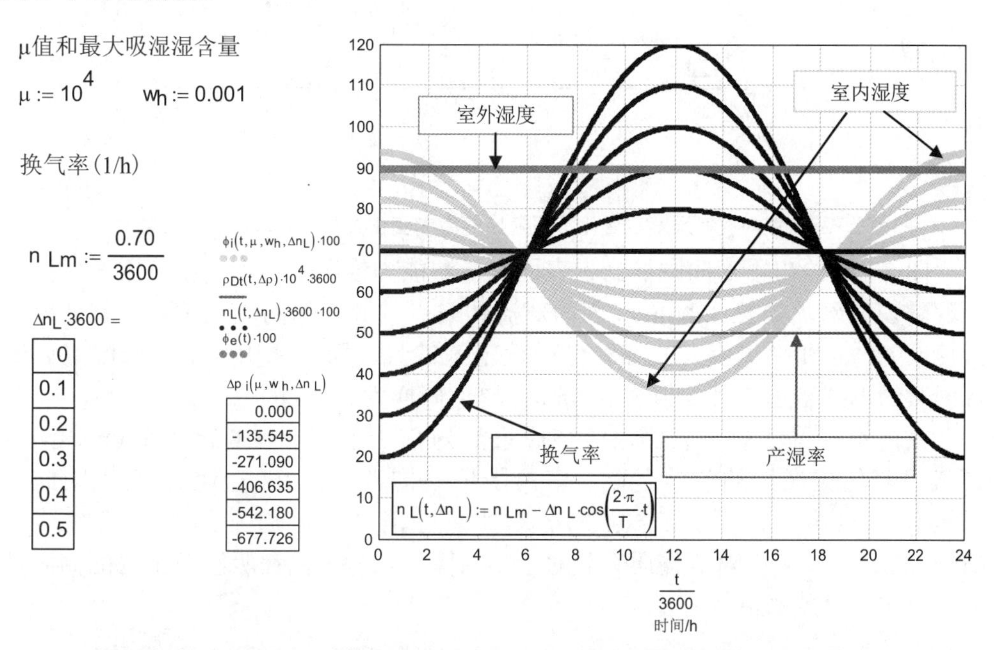

图 5.126 室内空气湿度日变化历程随换气率的变化关系（墙表面无储湿能力）

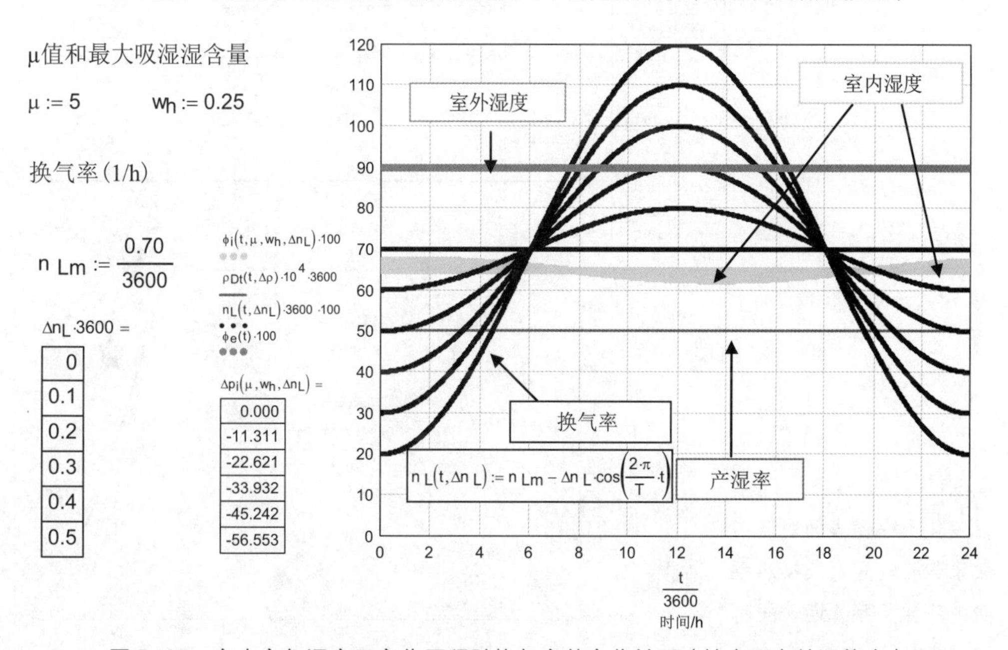

图 5.127 室内空气湿度日变化历程随换气率的变化关系（墙表面有储湿能力）

图 5.127 中被强烈衰减的室内湿度日变化历程，在图 5.128 中以更高的分辨率被再次显示。

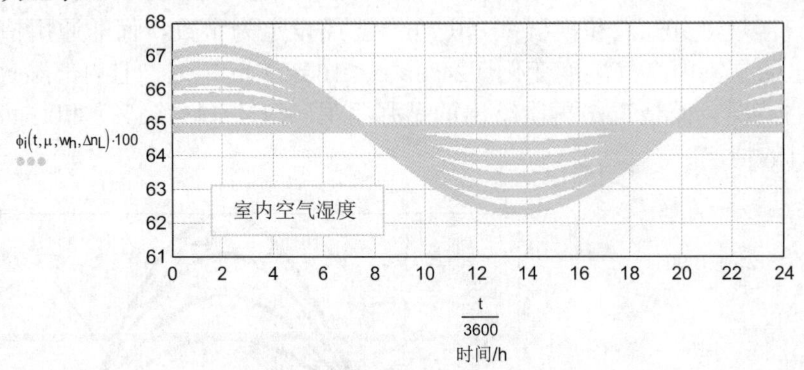

图 5.128　室内空气湿度日变化历程随换气率的变化关系（墙表面有储湿能力）

图 5.129 给出了房间围护结构表面有储湿能力情况下，室内空气湿度日变化历程随表面对流换热系数 h_c 和表面对流传质系数 β 之间的变化关系。室外空气湿度（90%）和换气率（0.7/h）已经设定为常数，而非通用情况。产湿率以简谐函数的形式给出，其均值为 $5g/m^3h$，幅值同样为 $5g/m^3h$。

室内空气湿度处于表面对流传质系数为 0，无阻尼（24%＜ϕ＜100%），且换气率变化无惯性的条件之下。室内围护结构表面良好的储湿特性也因此得以补偿。但这一效果在 h_c=0.5W/m^{2}K 时便已消失。在通常的室内气流速度（10mm/s）下，表面对流传质系数对于室内围护结构表面在吸湿范围内的储湿性并没有实质性的影响。

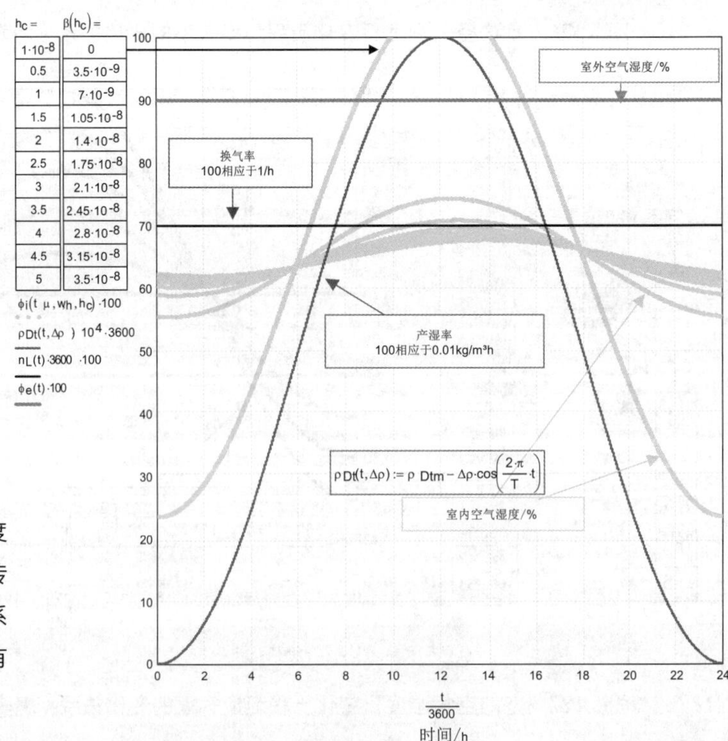

图 5.129　室内空气湿度日变化历程随表面对流传质系数和表面对流换热系数的变化关系（墙表面有储湿能力）

5.4.3 围护结构表面吸湿的评判准则

为了对房间围护结构表面的吸湿能力给出一个简单明了的判定准则，先要建立和讨论内墙表面积在周期负荷（见 3.3 节）及阶跃负荷（见 3.4 节）作用下的线性水蒸气传导方程的解。上一节中讨论的对室内气候的反作用效果在此尚不涉及。

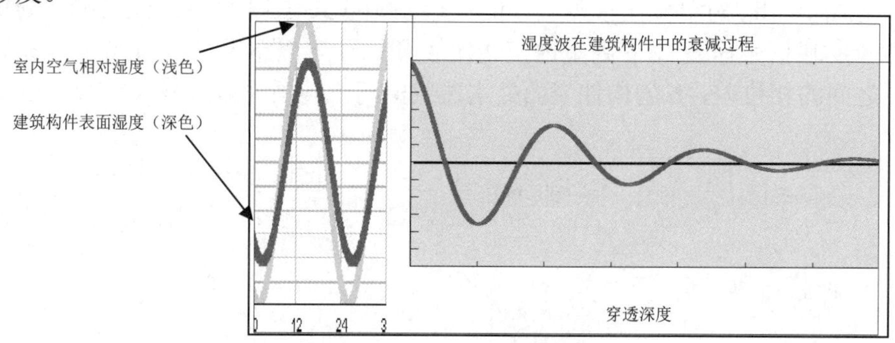

图 5.130 湿度波入侵过程图示

在 5.4.2 节介绍的湿传导方程中，还是没有考虑毛细传导作用。由此得到方程（5.137）。水蒸气压力梯度将借助等温吸湿曲线由水含量梯度代入方程（5.138）。等温吸湿曲线（见 5.1.3 节）的线性增加部分（方程（5.139）），对应于 ϕ=40% 至 ϕ=80%（见图 5.112）。整个范围内的线性化使得在 ϕ=100% 时，得到最大吸湿湿含量 w_h。因而得到简洁的湿传导方程（5.140）。室内周期换气条件下的解为方程（5.142），由此可求得房间围护结构表面内部发生的周期性变化，且相位滞后的湿分分布曲线。

$$\frac{\partial}{\partial x}\left[\delta\cdot\left(\frac{\partial}{\partial x}p_D\right)\right]=\frac{\partial}{\partial t}w \tag{5.137}$$

$$\frac{\partial}{\partial x}p_D=\frac{\partial}{\partial w}p_D\cdot\left(\frac{\partial}{\partial x}w\right)=\frac{\frac{\partial}{\partial x}w}{\frac{\partial}{\partial p_D}w}=\frac{\frac{\partial}{\partial x}w}{\left(\frac{\partial}{\partial\phi}w\right)\frac{1}{p_s}} \tag{5.138}$$

$$\frac{\partial}{\partial x}\left[\delta\cdot\left[\frac{\frac{\partial}{\partial x}w}{\left(\frac{\partial}{\partial\phi}w\right)\frac{1}{p_s}}\right]\right]=\frac{\partial}{\partial t}w \qquad \frac{\partial}{\partial x}\left[\delta\cdot\left(\frac{\partial}{\partial x}w\right)\right]=\left(\frac{\partial}{\partial t}w\right)\cdot\left[\left(\frac{\partial}{\partial\phi}w\right)\frac{1}{p_s}\right]$$

$$\delta:=\frac{\delta_L}{\mu} \qquad \frac{\partial}{\partial\phi}w=\frac{\Delta w}{\Delta\phi}=\frac{w(0.8)-w(0.4)}{0.4}=\frac{w_h}{1} \tag{5.139}$$

$$\frac{\delta_L}{\mu}\cdot\frac{\partial^2}{\partial x^2}w=\frac{w_h}{p_s}\cdot\left(\frac{\partial}{\partial t}w\right) \tag{5.140}$$

$$\phi_L(t):=\left(\phi_{Luft}-\phi_{Wand}\right)\cdot\cos\left(\frac{2\cdot\pi}{T}\right)+\phi_{Wand} \qquad T:=24\cdot 3600 \tag{5.141}$$

$$w(x,t,h_c,\mu,w_h) := \frac{(\phi_{Luft}-\phi_{Wand})\cdot w_h}{\sqrt{1+\frac{b_D(\mu,w_h)}{\beta(h_c)}\cdot\sqrt{\frac{\pi}{T}}+\left(\frac{b_D(\mu,w_h)}{\beta(h_c)}\right)^2\cdot 2\cdot\frac{\pi}{T}}}\cdot e^{\left(-\sqrt{\frac{\pi}{T\cdot a_D(\mu,w_h)}}\right)\cdot x}\cdot\cos\left(\frac{2\cdot\pi}{T}\cdot t-\sqrt{\frac{\pi}{T\cdot a_D(\mu,w_h)}}\cdot x-\gamma(h_c)\right)+\phi_{Wand}\cdot w_h \tag{5.142}$$

上式中，b_D 为湿分（水蒸气）的穿透系数（式（5.128）），a_D 为湿度场传导系数（反映信号速度），g 为室内空气湿度和墙体表面湿度（请与式（5.130）比较）之间的相位差，b 为构件表面处水蒸气的对流传质系数（式（5.129））。

$$b_D(\mu,w_h) := \sqrt{\frac{\delta_L}{\mu}\cdot\frac{\rho_W\cdot w_h}{p_S}} \qquad a_D(\mu,w_h) := \frac{\delta_L}{\mu}\cdot\frac{p_S}{\rho_W\cdot w_h} \qquad \gamma(h_c) := \mathrm{atan}\left(\frac{1}{1+\frac{\beta(h_c)}{b_D(\mu,w_h)}\cdot\sqrt{\frac{T}{\pi}}}\right)$$

$$\beta(h_c) := 7\cdot 10^{-9}\cdot h_c$$

与温度波不同的是，湿度波只能入侵结构构件很小的范围。房间围护结构表面的吸湿能力也只是在表面附近有意义。墙体深层无法从室内空气中获取湿分。下图给出了每隔 3 小时呈现一次的湿度场。

示例：

$$\delta_L := 1.85\cdot 10^{-10} \qquad w_h := 0.1 \qquad \phi_{Wand} := 0.4 \qquad h_c := 5 \qquad \rho_W := 1000$$

$$\mu := 5 \qquad p_S := 2336 \qquad \phi_{Luft} := 0.8 \qquad \beta := 7\cdot 10^{-9}\cdot\frac{m\cdot s\cdot K}{W}\cdot h_c \qquad b := 7\cdot 10^{-9}$$

$$a_D := \frac{\delta_L}{\mu}\cdot\frac{p_S}{\rho_W\cdot w_h} \qquad a_D = 8.643\times 10^{-10} \qquad b_D := \sqrt{\frac{\delta_L}{\mu}\cdot\frac{\rho_W\cdot w_h}{p_S}} \qquad b_D = 1.259\times 10^{-6}$$

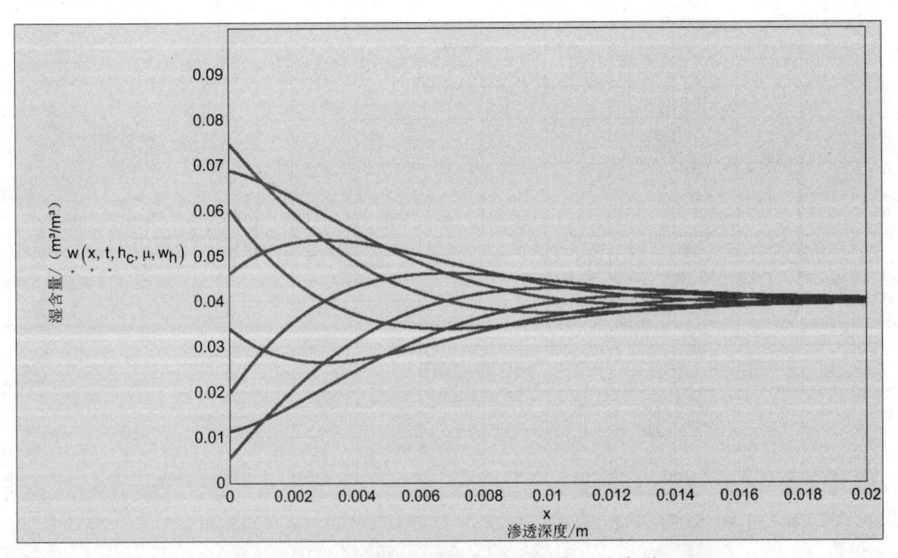

图 5.131　不断深入的湿度场随时间的变化

如果将湿度场在构件表面处（x=0）对空间的导数乘以水蒸气传导系数 δ，得到表面处的水蒸气流量密度 g_D（式（5.143））。

$$g_D(t,\mu,w_h,h_c) := \frac{(\phi_{Luft}-\phi_{Wand})\cdot w_h\cdot\left(b_D(\mu,w_h)\cdot\sqrt{\frac{2\cdot\pi}{T}}\right)}{\sqrt{1+\frac{b_D(\mu,w_h)}{\beta(h_c)}\cdot\sqrt{\frac{\pi}{T}}+\left(\frac{b_D(\mu,w_h)}{\beta(h_c)}\right)^2\cdot 2\frac{\pi}{T}}}\cdot\cos\left(2\frac{\pi}{T}\cdot t-\gamma(h_c)+\frac{\pi}{4}\right) \tag{5.143}$$

对上式积分（例如，在半天时间内），可得房间所获得的或者说是外界再次向房间释放的湿分量 M_T（kg/m^2）（式（5.144））。其结果图示于下面第一张图中，且列表给出了当 $\Delta\phi=0.4$ 时，μ 值和最大吸湿湿含量 w_h 的变化对结果的影响。M_T 包含了建筑构件的湿分吸收系数 B_D（kg/m^2sPa）（式（5.145））。它类似于 3.3.2 节中方程（3.89）所介绍的热吸收系数 B，且已图示于下面的第二张图中。由于定义房间围护结构表面储湿性能的参数在数值上和测量单位上都不够直观，所以实际中人们更愿意使用 M_T。

$$M_T(w_h,\mu,h_c) := \frac{\sqrt{\frac{2\cdot\pi}{T}}\cdot b_D(\mu,w_h)\frac{T}{\pi}\cdot p_s\cdot(\phi_{Luft}-\phi_{Wand})}{\sqrt{1+\sqrt{\frac{2\cdot\pi}{T}}\cdot\frac{b_D(\mu,w_h)}{\beta(h_c)}\cdot\sqrt{2}+\frac{2\cdot\pi}{T}\cdot\frac{b_D(\mu,w_h)^2}{\beta(h_c)^2}}} \tag{5.144}$$

$$B_D(w_h,\mu,h_c) := \frac{\sqrt{\frac{2\cdot\pi}{T}}\cdot b_D(\mu,w_h)}{\sqrt{1+\sqrt{\frac{2\cdot\pi}{T}}\cdot\frac{b_D(\mu,w_h)}{\beta(h_c)}\cdot\sqrt{2}+\frac{2\cdot\pi}{T}\cdot\frac{b_D(\mu,w_h)^2}{\beta(h_c)^2}}} \tag{5.145}$$

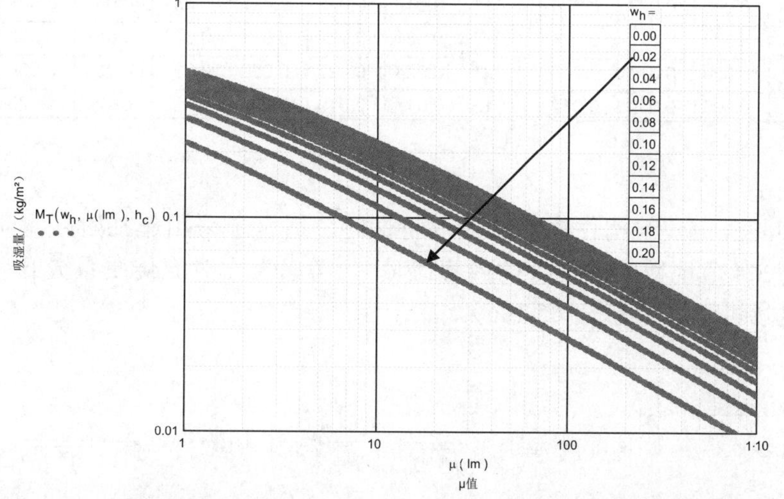

图 5.132　空气湿度周期波动（$\Delta\phi=0.4$）条件下建筑构件表面在吸湿范围内的吸湿量随 μ 值和最大吸湿湿含量 w_h 的变化关系，表面对流换热系数 $h_c=5W/m^2K$，吸湿量的值 12 小时期间在 $0.01kg/m^2$ 至 $0.48kg/m^2$ 之间波动

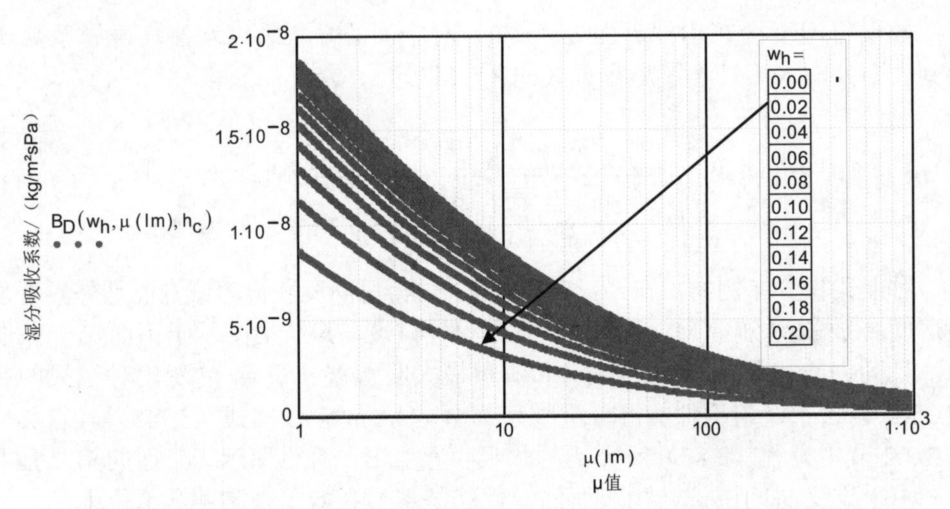

图 5.133　湿分吸收系数 B_D（kg/m^2sPa）（每秒钟，1Pa 水蒸气压力差作用下单位面积吸收的湿分量）随 μ 值和最大吸湿湿含量的变化关系

表 5.6　房间围护结构表面在 12 小时期间储存的湿分量 M_T（kg/m^2）

w_h /(m³/m³)		0.00	0.02	0.04	0.06	0.08	0.10	0.12	0.14	0.16	0.18	0.20
μ/1		0	1	2	3	4	5	6	7	8	9	10
1	0	0.000	0.223	0.291	0.335	0.368	0.395	0.417	0.436	0.452	0.466	0.479
2	1	0.000	0.168	0.223	0.261	0.291	0.315	0.335	0.353	0.368	0.382	0.395
4	2	0.000	0.124	0.168	0.199	0.223	0.244	0.261	0.277	0.291	0.303	0.315
8	3	0.000	0.090	0.124	0.148	0.168	0.184	0.199	0.211	0.223	0.234	0.244
16	4	0.000	0.065	0.090	0.109	0.124	0.137	0.148	0.158	0.168	0.176	0.184
32	5	0.000	0.047	0.065	0.079	0.090	0.100	0.109	0.117	0.124	0.130	0.137
64	6	0.000	0.034	0.047	0.057	0.065	0.073	0.079	0.085	0.090	0.095	0.100
128	7	0.000	0.024	0.034	0.041	0.047	0.052	0.057	0.061	0.065	0.069	0.073
256	8	0.000	0.017	0.024	0.029	0.034	0.037	0.041	0.044	0.047	0.050	0.052
512	9	0.000	0.012	0.017	0.021	0.024	0.027	0.029	0.031	0.034	0.036	0.037
1024	10	0.000	0.009	0.012	0.015	0.017	0.019	0.021	0.022	0.024	0.025	0.027

在实验确定建筑构件表面的储湿特性时，适合于采用施加阶跃湿负荷的方法（请与 3.4 节地板的热传导的内容比较）。考虑表面对流传质系数 β 后，墙体内部湿度场可表达为方程（5.146）。

$$w_h \cdot \left[-e^{\frac{\mu \cdot b \cdot h_c}{\delta_L} \cdot x + \left(\frac{\mu \cdot b \cdot h_c}{\delta_L}\right)^2 \cdot a_D \cdot t} \cdot (\phi_{Luft} - \phi_{Wand}) \cdot \mathrm{erfc}\left(\frac{x}{\sqrt{4 \cdot a_D \cdot t}} + \frac{\mu \cdot b \cdot h_c}{\delta_L} \cdot \sqrt{a_D \cdot t}\right) + (\phi_{Luft} - \phi_{Wand}) \cdot \mathrm{erfc}\left(\frac{x}{\sqrt{4 \cdot a_D \cdot t}}\right) + \phi_{Wand} \right] \tag{5.146}$$

示例

$$\delta_L := 1.85\cdot 10^{-10} \qquad w_h := 0.1 \qquad \phi_{Wand} := 0.4 \qquad h_c := 5 \qquad \rho_w := 1000$$

$$\mu := 5 \qquad p_s := 2336 \qquad \phi_{Luft} := 0.8 \qquad \beta := 7\cdot 10^{-9}\cdot\frac{m\cdot s\cdot K}{W}\cdot h_c \qquad b := 7\cdot 10^{-9}$$

$$a_D := \frac{\delta_L}{\mu}\frac{p_s}{\rho_w\cdot w_h} \qquad a_D = 8.643\times 10^{-10} \qquad b_D := \sqrt{\frac{\delta_L}{\mu}\frac{\rho_w\cdot w_h}{p_s}} \qquad b_D = 1.259\times 10^{-6}$$

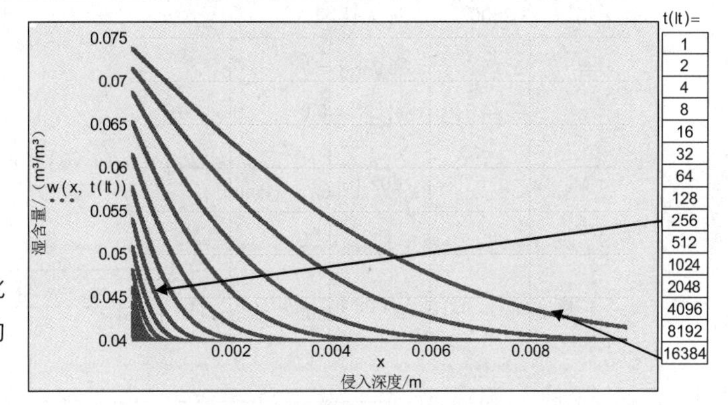

图 5.134 在给定的阶跃变化的空气湿度条件下不断深入的湿度场随时间的变化

对湿度场（曲线下方面积）积分得建筑构件吸收的湿分量 M1(t)（kg/m²）。

$$M1(t) := p_s\cdot(\phi_{Luft}-\phi_{Wand})\cdot\left[\frac{2\sqrt{t}\cdot b_D}{\sqrt{\pi}}-\frac{\delta_L\cdot\rho_w\cdot w_h}{\mu\cdot b\cdot h_c\cdot p_s}\cdot\left[1-e^{\left(\frac{\mu\cdot b\cdot h_c}{\delta_L}\right)^2\cdot a_D\cdot t}\cdot\left(\mathrm{erfc}\left(\frac{\mu\cdot b\cdot h_c}{\delta_L}\cdot\sqrt{a_D\cdot t}\right)\right)\right]\right] \tag{5.147}$$

上面的表达式在数学上很难收敛，但当 $t>t_k$ 时，则得到简单的形式 M3(t)（式（5.148））。利用阶跃函数 Φ，可以将上述两个表达式合并为 M(t)（式（5.149））。典型的增湿过程示于图 5.135 中。

$$t>t_K \qquad t_K := 30\,\frac{\delta_L\cdot\rho_w\cdot w_h}{\mu\cdot(b\cdot h_c)^2\cdot p_s} \qquad t_K = 3.879\times 10^4 \qquad M3(t) := (\phi_{Luft}-\phi_{Wand})\cdot\left(\frac{2\sqrt{t}\cdot b_D}{\sqrt{\pi}}-\frac{\delta_L\cdot\rho_w\cdot w_h}{\mu\cdot b\cdot h_c\cdot p_s}\right)\cdot p_s \tag{5.148}$$

$$M(t) := p_s\cdot(\phi_{Luft}-\phi_{Wand})\cdot\left[\left[\frac{2\sqrt{t}\cdot b_D}{\sqrt{\pi}}-\frac{\delta_L\cdot\rho_w\cdot w_h}{\mu\cdot b\cdot h_c\cdot p_s}\cdot\left[1-e^{\left(\frac{\mu\cdot b\cdot h_c}{\delta_L}\right)^2\cdot a_D\cdot t}\cdot\left(\mathrm{erfc}\left(\frac{\mu\cdot b\cdot h_c}{\delta_L}\cdot\sqrt{a_D\cdot t}\right)\right)\right]\right]\cdot\Phi(t_K-t)+\left(\frac{2\sqrt{t}\cdot b_D}{\sqrt{\pi}}-\frac{\delta_L\cdot\rho_w\cdot w_h}{\mu\cdot b\cdot h_c\cdot p_s}\right)\cdot 1.02\cdot\Phi(t-t_K)\right] \tag{5.149}$$

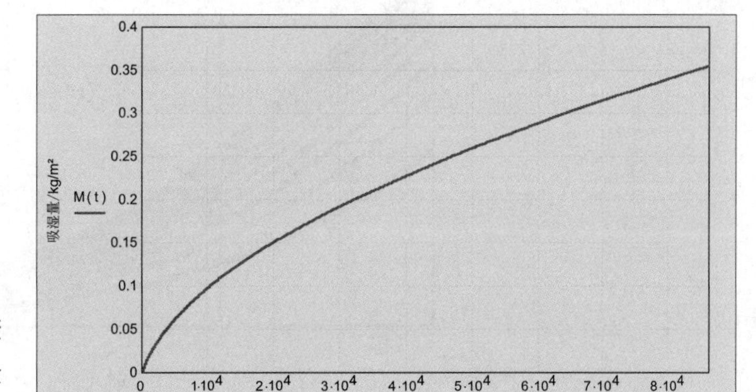

图 5.135 在给定的阶跃变化的空气湿度条件下吸湿量（kg/m²）随时间的变化

如果阶跃加湿时间 t_d（此例中空气湿度从 40% 提高到 80%）持续 12 小时，且加湿时间超过收敛时间 t_K，则可以利用 $M3(t_d)$ 将吸湿量作为表达房间围护结构表面储湿程度的参量（式（5.150））。图 5.136 给出了以水蒸气阻力系数 μ 为参变量，湿分的增长量随最大吸湿湿含量 w_h 的变化关系，而图 5.137 则给出了以最大吸湿湿含量 w_h 为参变量，M_{12} 随 μ 值的变化关系。

$$t_d := 12 \cdot 3600 \qquad \delta_L := 1.85 \cdot 10^{-10}$$

$$\phi_{Wand} := 0.4 \qquad h_c := 5$$

$$\phi_{Luft} := 0.8 \qquad b := 7 \cdot 10^{-9}$$

$$M_{12}(w_h, \mu, h_c) := p_s \cdot 1.02 \cdot (\phi_{Luft} - \phi_{Wand}) \cdot \left(\frac{2 \cdot \sqrt{t_d} \cdot b_D(\mu, w_h)}{\sqrt{\pi}} - \frac{\delta_L \cdot \rho_w \cdot w_h}{\mu \cdot b \cdot h_c \cdot p_s} \right)$$

$$M_{12}(w_h, \mu, h_c) := p_s \cdot 1.02 \cdot (\phi_{Luft} - \phi_{Wand}) \cdot \left[2 \cdot \sqrt{\frac{t_d}{\pi} \cdot \left(\frac{\delta_L}{\mu} \cdot \frac{\rho_w \cdot w_h}{p_s} \right)} - \frac{\delta_L \cdot \rho_w \cdot w_h}{\mu \cdot b \cdot h_c \cdot p_s} \right] \tag{5.150}$$

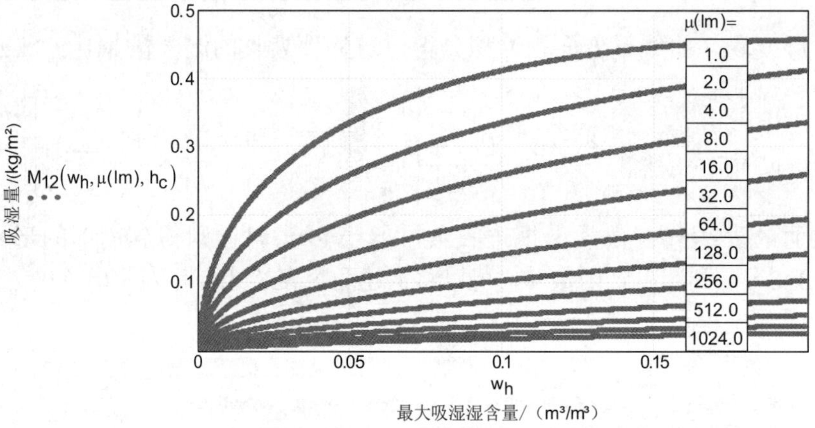

μ(lm)=
1.0
2.0
4.0
8.0
16.0
32.0
64.0
128.0
256.0
512.0
1024.0
0.5
0.4
0.3
0.2
0.1
0
0.05
0.1
0.15
吸湿量/(kg/m²)
M12(wh, μ(lm), hc)
wh
最大吸湿湿含量/（m³/m³）

图 5.136　以 μ 为参变量，湿分的增长量随最大吸湿湿含量 w_h 的变化关系

wh =
0.00
0.02
0.04
0.06
0.08
0.10
0.12
0.14
0.16
0.18
0.20
0.5
0.4
0.3
0.2
0.1
0
1
10
100
1·10³
吸湿量/(kg/m²)
M12(wh, μ(lm), hc)
μ(lm)
μ值

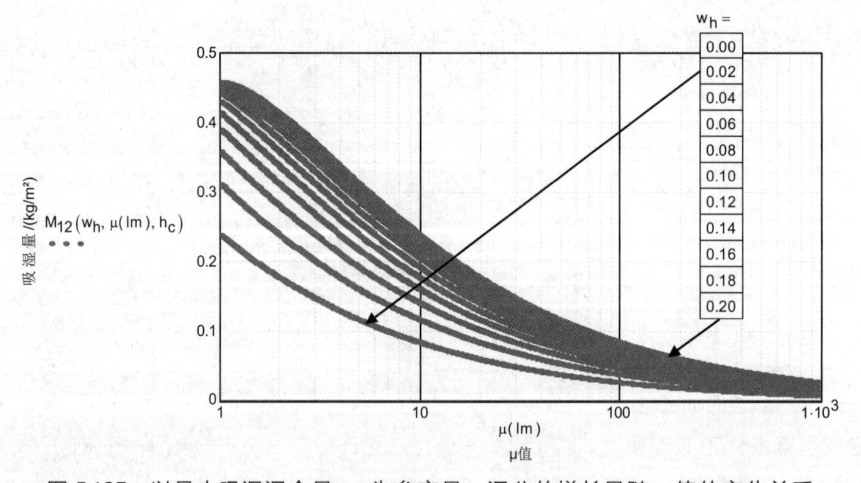

图 5.137　以最大吸湿湿含量 w_h 为参变量，湿分的增长量随 μ 值的变化关系

表 5.7 中的值是 M_{12}（kg/m²）随两个相关因素的变化值。在周期负荷作用下，这些值在数值上差别不是很大。必须指出的事实是：传输函数仅包含水蒸气的传输（μ 值），但是有一些材料中的孔隙表面水会由于毛细压力而运移（见 5.1.4 节毛细水的运移），所以吸湿量可能会稍大于由式（5.144）和式（5.150）计算得到的值，并可能会流向周边。

表 5.7　M_{12} 值

w_h/(m³/m³)		0.00	0.02	0.04	0.06	0.08	0.10	0.12	0.14	0.16	0.18	0.20
μ/1		0	1	2	3	4	5	6	7	8	9	10
1	0	0.000	0.238	0.312	0.358	0.390	0.413	0.430	0.442	0.451	0.456	0.458
2	1	0.000	0.177	0.238	0.280	0.312	0.337	0.358	0.375	0.390	0.403	0.413
4	2	0.000	0.130	0.177	0.211	0.238	0.261	0.280	0.297	0.312	0.325	0.337
8	3	0.000	0.094	0.130	0.156	0.177	0.195	0.211	0.225	0.238	0.250	0.261
16	4	0.000	0.068	0.094	0.114	0.130	0.144	0.156	0.167	0.177	0.187	0.195
32	5	0.000	0.048	0.068	0.082	0.094	0.104	0.114	0.122	0.130	0.137	0.144
64	6	0.000	0.034	0.048	0.059	0.068	0.075	0.082	0.088	0.094	0.099	0.104
128	7	0.000	0.025	0.034	0.042	0.048	0.054	0.059	0.063	0.068	0.072	0.075
256	8	0.000	0.017	0.025	0.030	0.034	0.038	0.042	0.045	0.048	0.051	0.054
512	9	0.000	0.012	0.017	0.021	0.025	0.027	0.030	0.032	0.034	0.037	0.038
1024	10	0.000	0.009	0.012	0.015	0.017	0.019	0.021	0.023	0.025	0.026	0.027

5.4.4 室内空气湿度日变化历程和年变化历程的一般表达

4.2.5 节和 4.3.1 节中介绍的确定室内温度的计算模型可以通用化，可用于计算自然外界气候，以及随建筑物参数变化的任意使用方式条件下，房间内水蒸气压力及空气相对湿度的年变化历程和日变化历程。现再次以 4.2.5.2 节和 4.3.1 节中介绍的房间 1 举例。建筑物参数仍取自表 4.18，并再次用于计算。墙体表面温度、室内空气温度及体感温度仍根据 4.3.1 节的内容进行计算。类似于能量守恒关系，可以建立质量守恒方程。房间－湿分模型相对比较简单，因为在传递过程中湿分几乎不能运移穿过围护结构（但冲击雨是能够穿透墙体的），同时也不存在"湿辐射"。在图 4.132 中，标出了针对外侧的 p_{De}，p_{se}，ϕ_e，针对内侧的 p_{Di}，p_{si}，ϕ_i，以及房间围护结构表面积的储湿流量 dm_{sp}/dt、表面对流换湿流量 $dm_{Üi}/dt$、单位体积的湿源质量流量 $dm_p/dtdV$ 等模拟变量（图 5.138）。

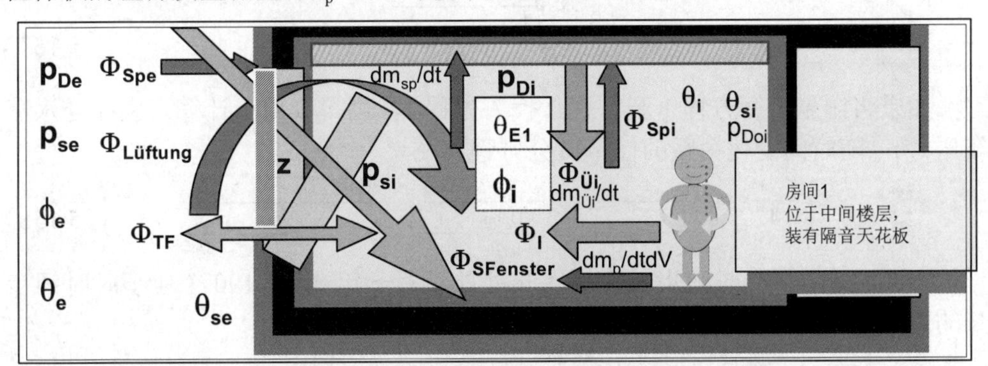

图 5.138　用于通用计算室内温度和室内空气湿度的测试房间

4.2.5.2 节和 4.3.1 节中介绍的能量流模型（方程（4.111）至方程（4.113））在建立湿流模拟方程时将会直接采用。然后给出方程（5.151）至方程（5.153）。

外表面能量平衡 1
$$S_W = T'W\cdot(\theta_{oe} - \theta_{oi}) + Ü_e\cdot(\theta_{oe} - \theta_e) + C_e\frac{d\theta_{oe}}{dt} \tag{4.111}$$

室内空气能量平衡 2
$$0 = (L + T_F)\cdot(\theta_e - \theta_i) + Ü_i\cdot(\theta_{oi} - \theta_i) + \frac{J}{2} \tag{4.112}$$

内表面能量平衡 3
$$C_i\frac{d\theta_{oi}}{dt} = S_F + T'W\cdot(\theta_{oe} - \theta_{oi}) + Ü_i\cdot(\theta_{oi} - \theta_i) + \frac{J}{2} \tag{4.113}$$

外表面湿量平衡 1
$$0 = 0 \tag{5.151}$$

室内空气湿量平衡 2
$$C_{LF}\frac{dp_i}{dt} = \frac{V_L\cdot n_L}{R_D}\cdot\left(\frac{p_e}{T_e} - \frac{p_i}{T_i}\right) + Ü_{iF}\cdot(p_{oi} - p_i) + m_{ptV}\cdot V_L \tag{5.152}$$

内表面湿量平衡 3
$$C_{iF}\frac{dp_{oi}}{dt} = Ü_{iF}\cdot(p_{oi} - p_i) \tag{5.153}$$

类似于温度，将水蒸气压力的作用作为驱动势。墙体外侧表面处的湿量平衡方程与室内空气湿度不相关，因此方程（5.151）可以去掉。与之相反，在针对室内空气的湿平衡方程中，室内空气的储湿系数 C_{FL}（kg/Pa）必须要予以考虑。它由气体状态方程得到。

$$C_{LF} = \frac{V_L}{R_D\cdot T_i} \tag{5.154}$$

传输项 T 不再需要。类似于比通风热流量 L，式（5.152）中的比通风湿流量（此处为单位压力）为：

$$L_{Fi} = \frac{V_L\cdot n_L}{R_D\cdot T_i} \qquad L_{Fe} = \frac{V_L\cdot n_L}{R_D\cdot T_e} \qquad (5.155a)(5.155b)$$

室内空气 / 房间围护结构表面积之间的对流换湿系数（kg/sPa）（也可与式（5.129）对比）为：

$$Ü_{iF} = \sum_{j=1}^{n} 7.9\cdot 10^{-9}\cdot h_c\cdot A_{wij} \tag{5.156}$$

湿源产生的湿流量 dmp/dtdV=m_{ptv}（kg/m^{3}h）将全部（不是一半）释放在空气中。在针对房间围护结构的湿量平衡方程（5.153）中，T 项和 S 项被删掉。同样 J/2 项也被删掉，因为湿分不能通过辐射传递。房间围护结构表面的储湿系数 C_{iF}（kg/Pa=ms^2）为阶跃湿负荷（请与式（5.150）对比）：

$$C_{iF} = \sum_{j=1}^{n} 2\cdot\sqrt{\frac{t_{sp}}{\pi}}\cdot\sqrt{\frac{\delta_L}{\mu}\cdot\rho_W\frac{w_h}{p_S}}\cdot A_{wij} \tag{5.157}$$

如果将湿量平衡方程 1 和方程 2 代入方程 3，则得到用于计算内表面处水蒸气压力 p_{oi} 随时间变化关系的简单微分方程：

$$C_{iF}\frac{dp_{oi}}{dt} = -p_i\frac{1}{\dfrac{R_D\cdot T_i}{V_L\cdot n_L} + \dfrac{1}{Ü_{iF}}} + p_e\frac{1}{\dfrac{R_D\cdot T_e}{V_L\cdot n_L} + \dfrac{1}{Ü_{iF}}} + \frac{m_{ptV}\cdot R_D\cdot T_i}{n_L}\frac{1}{\dfrac{R_D\cdot T_i}{V_L\cdot n_L} + \dfrac{1}{Ü_{iF}}} \tag{5.158}$$

表面温度在第 j 时间步长的解（此处并没有一年选择 2190 个 4 小时时间步长的通用限制）为（请与式（4.114a）对比）：

$$p_{oi,j+1} = p_{oi,j} + (p_{oi,lim,j} - p_{oi,j})\cdot\left(1 - e^{-\beta_{jF}\cdot t}\right) \tag{5.159}$$

上式中，$p_{oi,lim,j}$ 为无穷长时间之后表面处水蒸气的压力，$p_{oi,j}$ 为第 j 时间步长开始时的压力，$p_{oi,j+1}$ 为第 j+1 时间步长结束时的压力，b_{jF} 为第 j 时间步长内湿调整过程的时间常数。

$$p_{oi,lim,j} = p_{e,j} + \frac{m_{ptV} \cdot R_D \cdot T_i}{n_{Lj}} \tag{5.160}$$

$$\beta_{jF} = \frac{1}{C_{iF}} \cdot \left(\frac{1}{\frac{R_D \cdot T_i}{V_L \cdot n_{Lj}} + \frac{1}{\ddot{U}_{iF}}} \right) \tag{5.161}$$

在 1.2.2.1 节中（方程（1.68）），已对方程（5.160）进行了推导和讨论。调整过程的惯性系数 b_{jF} 由室内空气的储湿系数 $V_L\ n_{Lj}/R_D\ T_i$，房间围护结构表面储湿系数 C_{iF}，以及室内空气与内表面之间的对流换湿系数共同确定。最后，将给出类似于方程（4.121）的室内空气的水蒸气压力计算公式。

$$pi_{j+1} := \frac{po_{j+1} \cdot \ddot{U}_{iF} + po_{j+1} \frac{Vl \cdot n_L(j)}{R_D \cdot T_i} \cdot 3600}{\frac{Vl \cdot n_L(j)}{R_D \cdot T_i} \cdot 3600 + \ddot{U}_{iF}} \tag{5.162}$$

示例：测试房间，情况 1a（图 5.138 及 4.2.5.2 节）

室内温度将根据 4.3.1 节中的方程（4.131）进行计算并使用。输入参数表补充吸湿范围的参数。首先讨论的是，室内围护结构表面在吸湿范围内无储湿能力的情况（μ=500，w_h=0.002m^3/m^3）。湿源强度 m_{ptV} 为 0.004kg/hm^3（见 1.2.2.1 节中的室内气候分类）。

$\delta_L := 1.85 \cdot 10^{-10}$	$hic = 2.20$	$Aoi := 83$	$t_{sp} := 24 \cdot 3600$	$p_s := 2336$	$m_{ptV}(j) := 0.004$
$\mu := 500$	$bo := 7.9 \cdot 10^{-9}$	$Vl := 50$	$t4 := 4 \cdot 3600$	$T_i := 293$	
$w_h := 0.002$				$po_j := 1400$	
$C_{iF} := 2 \cdot \sqrt{\frac{t_{sp}}{\pi}} \cdot \sqrt{\frac{\delta_L}{\mu} \cdot \rho_w \cdot \frac{w_h}{p_s}} \cdot Aoi$		$\ddot{U}_{iF} := bo \cdot hic \cdot Aoi$			
$C_{iF} = 4.900 \times 10^{-4}$		$\ddot{U}_{iF} = 1.44 \times 10^{-6}$			

依据式（1.29）外侧空气中水蒸气的压力

$$pDe(j) := p(j) \cdot \Phi(pse(j) - p(j)) + (-pse(j) \cdot \Phi(pse(j) - p(j))) + pse(j) \tag{5.163}$$

调整时间常数（1/s）及调整时间（h）

$$\beta F(j) := \frac{\frac{1}{C_{iF}}}{\frac{R_D \cdot T_i}{Vl \cdot n_L(j)} \cdot 3600 + \frac{1}{\ddot{U}_{iF}}} \qquad \tau F(j) := \frac{3}{\beta F(j) \cdot 3600} \tag{5.164}$$

第 j+1 时间段开始时的内表面水蒸气压力

$$po_{j+1} := po_j + \left(pDe(j) + \frac{m_{ptV}(j) \cdot R_D \cdot T_i}{n_L(j)} - po_j \right) \cdot (1 - \exp(-\beta F(j) \cdot t4)) \tag{5.165}$$

内表面处的空气相对湿度

$$\phi oiF(j, m_{ptV}) := \frac{po_{j+1}}{p_{soi}(j)} \tag{5.166}$$

第 j+1 时间段开始时室内空气中的水蒸气压力

$$pi_{j+1} := \frac{po_{j+1} \cdot \ddot{U}_{iF} + po_{j+1} \frac{Vl \cdot n_L(j)}{R_D \cdot T_i} \cdot 3600}{\frac{Vl \cdot n_L(j)}{R_D \cdot T_i} \cdot 3600 + \ddot{U}_{iF}} \tag{5.167}$$

室内空气中的空气相对湿度

$$\phi i(j, m_{ptV}) := \frac{pi_{j+1}}{p_{si}(j)} \tag{5.168}$$

图 5.139 给出的是非储湿表面的饱和压力的变化过程（对应图 4.144 所示的温度变化过程）及水蒸气压力的变化过程。

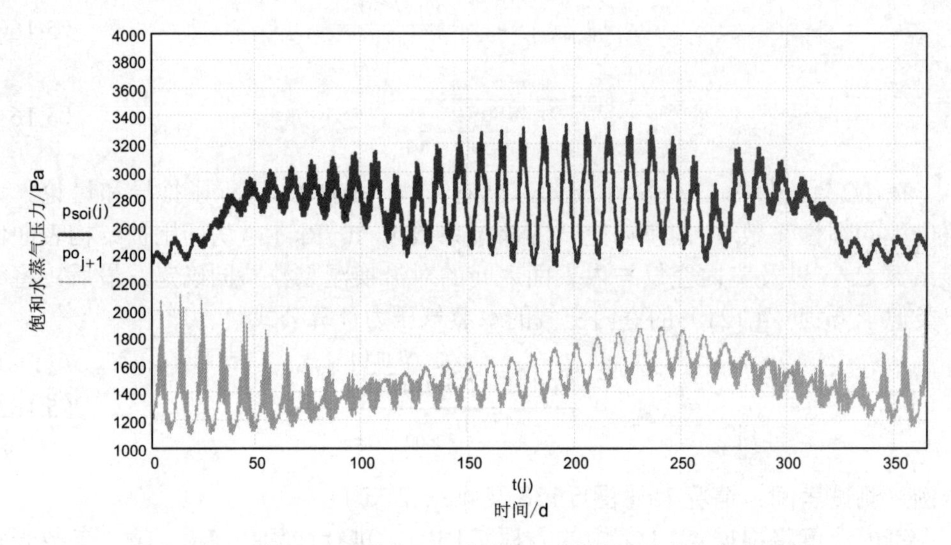

图 5.139　非储湿表面的饱和压力及实际水蒸气压力的年变化历程

图 5.140 给出的是根据式（5.168）计算得到的空气相对湿度的变化过程。在冬季波动特别大。

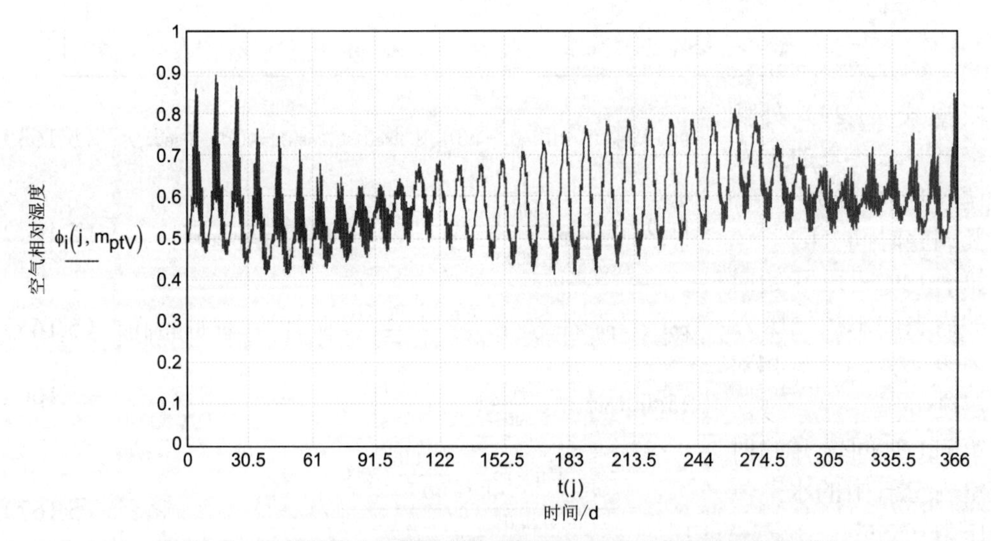

图 5.140　无储湿能力的围护结构表面的空气相对湿度的年变化历程

图 5.141 给出的是围护结构表面储湿能力很强的情况（$\mu=5$，$w_h=0.2m^3/m^3$）。产湿率保持为 $4g/hm^3$。在此，空气相对湿度的变化被强烈地抑制，在此强烈衰减，冬季抑制作用尤为明显。

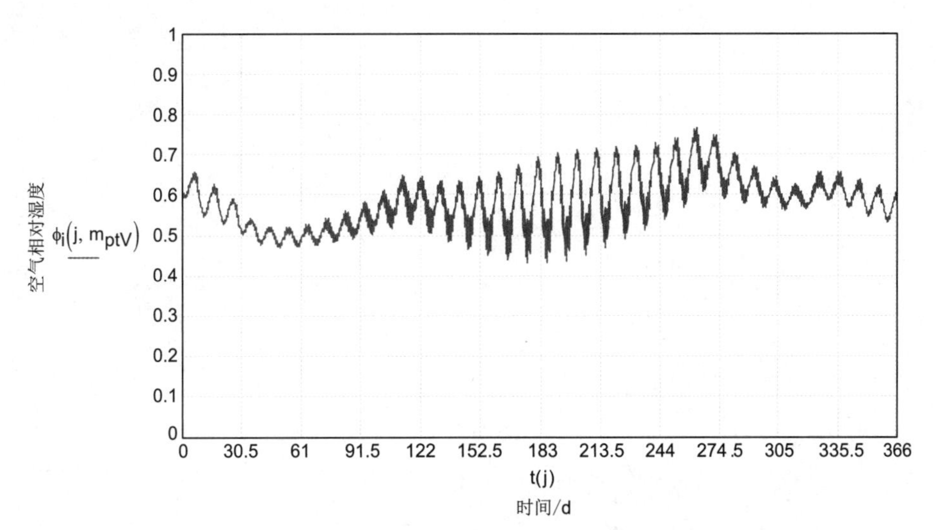

图 5.141　具有强储湿能力的围护结构表面的空气相对湿度的年变化历程

最后的图 5.142 给出的是针对中等储湿能力（$\mu=20$，$w_h=0.02m^3/m^3$），湿产率为 $3g/hm^3$ 情况下的计算空气湿度（浅色曲线）与 5.3.2.1 节中对测试房间测量值的对比。原则上一致性是令人满意的。

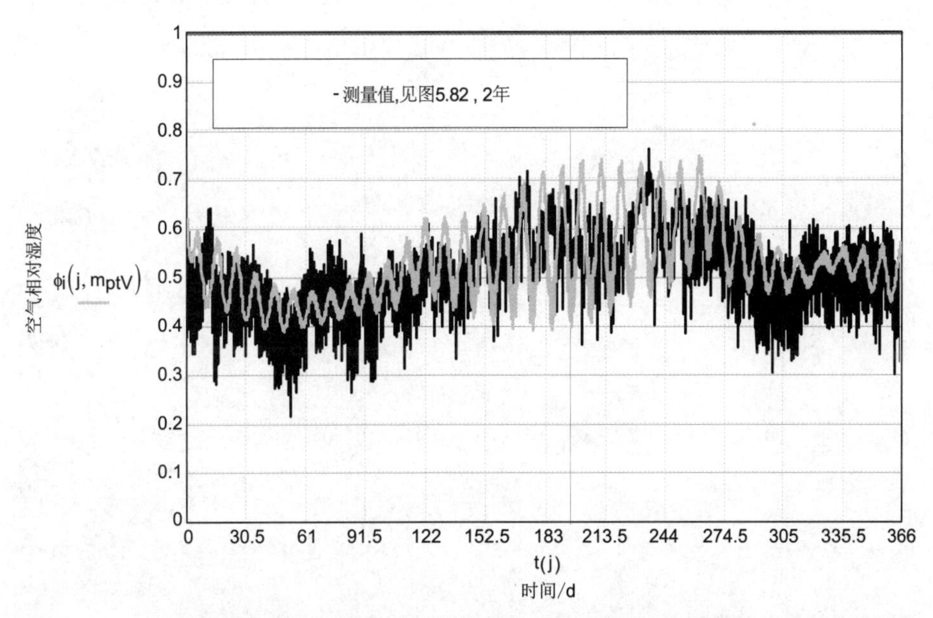

图 5.142　正常储湿表面的空气相对湿度的年变化历程（浅色）与测量值（深色）的比较

建筑声学

6 建筑声学基础

声波是机械纵波，即空气、液体或固体粒子在波的传播方向的振动。振动通过弹性耦合从一个粒子传递到另一个粒子，因此振动波的传播与弹性介质相关。振动如果是在空气中传播，人们称之为空气声波，如果是在建筑构件中传播，称之为固体声波。发生在传播方向上的振动，会产生介质的疏密现象，即压力波动。由于气压是在正常大气压力附近的波动，所以声音可以到达人耳。

第一张图给出了与建筑物相关的增加和减弱声波作用的图示。在一个建筑物内，其右侧房间中的用户可能会受到通过空气和固体传播过来的外界噪声及隔壁噪声源的干扰。通过采取噪声防护措施（内墙和外墙的隔音层，以及主体房间自身的吸声作用）可以使人们听觉感知到的频率范围内的噪声水平降低并得到控制。

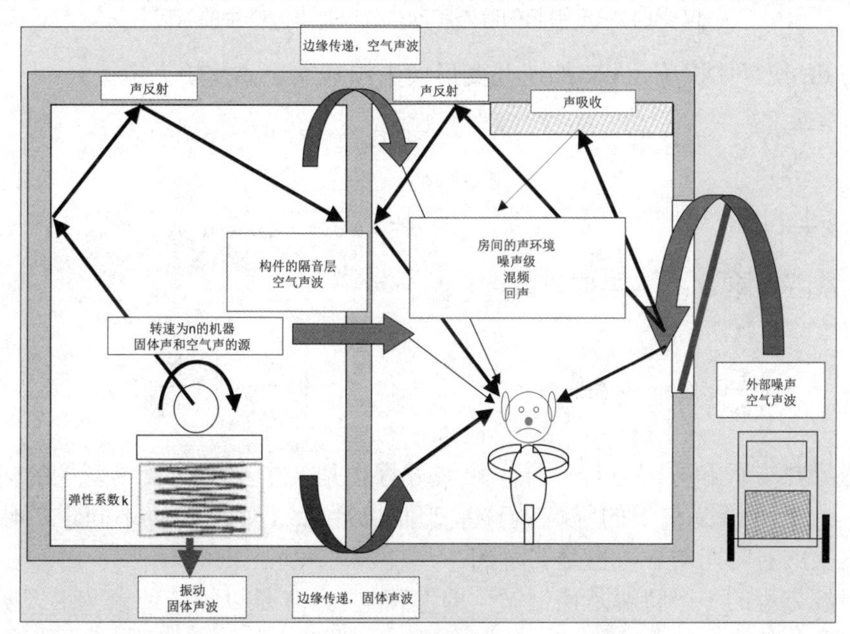

图 6.1　声负荷图示

在本章的第一部分将介绍声音在自由空间传播的一些基本规律。它们对于定量确定外部噪声对建筑物的影响程度，以及对于交通规划和城市规划都很重要。这里主要介绍声源特点确定、声场的一般性定义及场变量的计算等内容。

第二部分主要内容为声音在建筑物中室内的传播。其目的是给出几个与良好的室内音质相关的重要关系式。但是在此仅介绍有关房间声学的重要基础知识。

第三部分将介绍噪声控制及建筑构件的隔声。重点介绍建筑声学基本方程及测量规则的振动力学公式的推导。

6.1　自由空间中声音的传播

6.1.1　一维声波方程

根据固体加速及变形的力学原理，可以推导出描述机械纵波在介质中传播的通用波动方程。

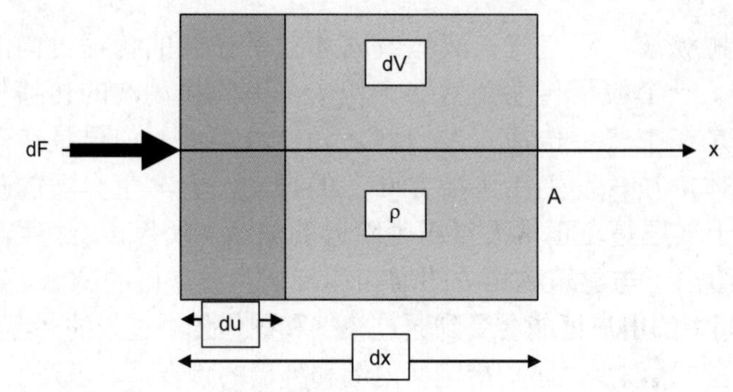

图 6.2　作用在某种材料（空气、建筑构件）体积单元的力
dV 上的力 dF 引起的静态和动态效果是声波产生的原因

力 dF 使得体积单元 dV 加速并变形（牛顿基本定律及胡克定律）。

$a = \frac{d^2}{dt^2}u$　　加速度　　$dF = dm \cdot a = \rho \cdot dV \frac{d^2}{dt^2}u$　　（6.1）

$\varepsilon = \frac{d}{dx}u$　　拉压应力应变　　$dF = E \cdot d\varepsilon \cdot A = E \cdot d\left(\frac{d}{dx}u\right) \cdot A$　　（6.2）

由式（6.1）和式（6.2）得通用声波方程

$E \cdot d\left(\frac{d}{dx}u\right) \cdot A = \rho \cdot dx \cdot A \frac{d^2}{dt^2}u$　　$\frac{E}{\rho} \cdot \left(\frac{\partial^2}{\partial x^2}u\right) = \frac{\partial^2}{\partial t^2}u$　　（6.3）

与导热方程和导湿方程一样，声波方程也是一个用于计算场变量的偏微分方程，此处为振荡粒子的纵向偏移量或伸长量 u(x,t)。但是，不同于热传导方程，这里的对时间的导数也是二阶的。

声波方程的一个特解是简谐波，即偏移量 u(x,t) 是以正弦或余弦形式随时间和位置变化的。

$$u(x,t) := u_o \cdot \sin\left(2 \cdot \pi \cdot \frac{t}{T} - 2 \cdot \pi \cdot \frac{x}{\lambda}\right) \tag{6.4}$$

其中：

U_0　粒子的最大偏移量或振幅（m）；

T　振动周期（s）；

λ　波长（m）（两个相邻的最大偏移量之间的距离）；

x　传播方向上的位置（m）；

t　时间（s）。

数值举例

$u_o := 1.1 \cdot 10^{-8}$

$T := 10^{-3}$

$\lambda := 0.34$

$x := 0, 0.017 .. 1.7$

$t := \frac{1}{2} \cdot T$

下面的图 6.3 至图 6.5 给出了简谐波的示意图，即声波的偏移量（伸长量）随位置 x（传播方向）和时间 t 的变化关系。

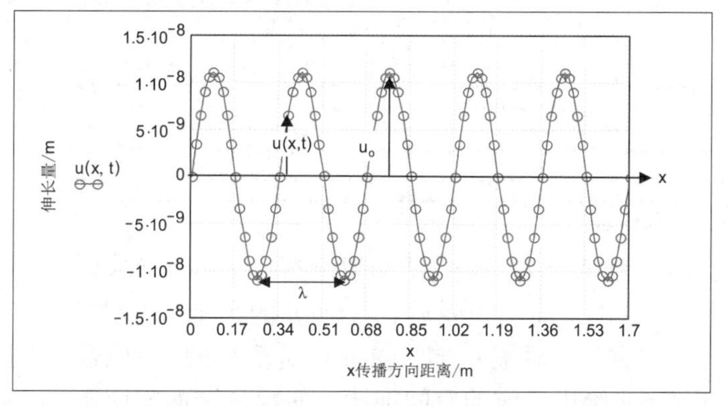

图 6.3 声波的偏移量（伸长量）随传播方向的变化关系（时间点 =T/2）

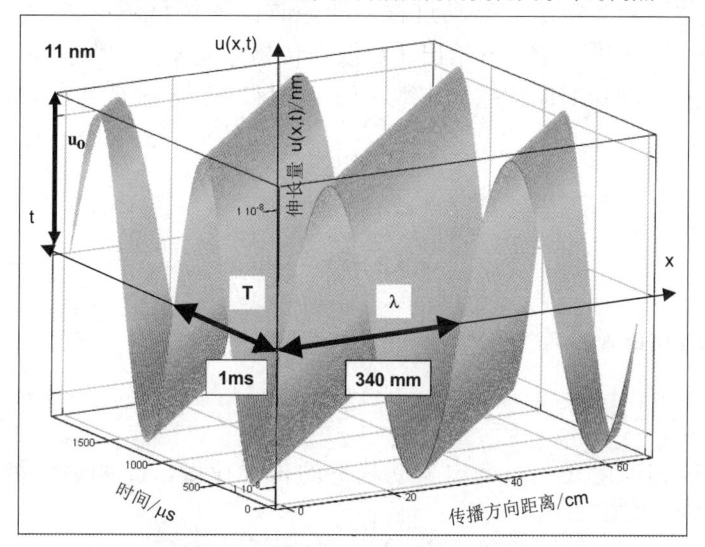

图 6.4 声波的偏移量（伸长量）随传播方向和时间的变化关系

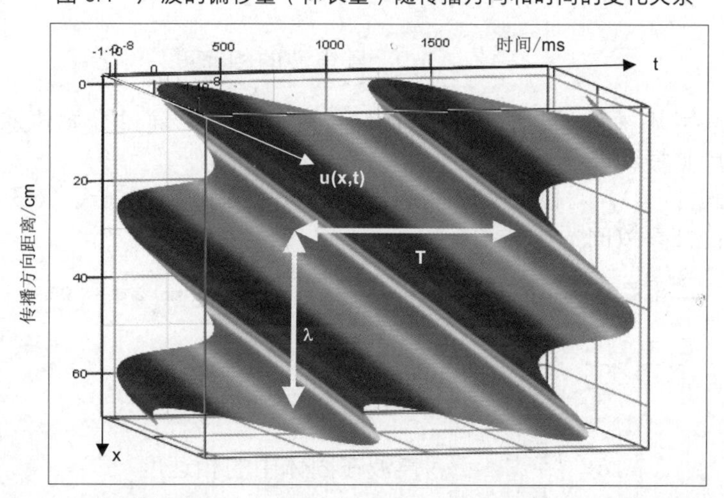

图 6.5 声波的偏移量（伸长量）随传播方向和时间的变化关系（俯视图）

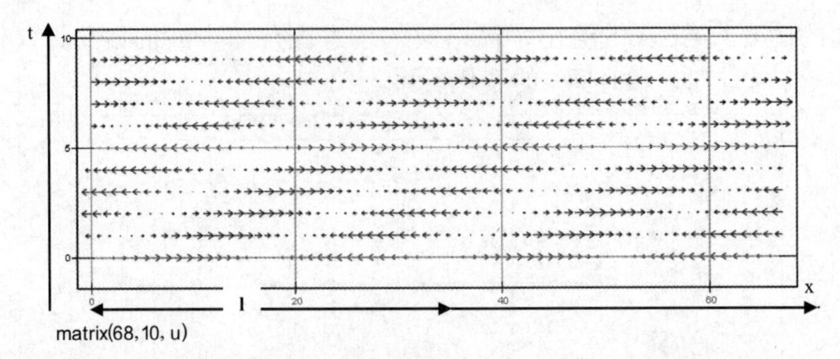

图 6.6　伸长量（纵向振动）随传播方向和时间的变化关系（俯视图）

第一张图 6.3 给出了简谐正弦波式（6.4）的图示，即波在时间点 t=T/2 时，在传播方向上的偏移量（注意：伸长量 u 还是垂直的，而不是平行于传播方向 x 的）。第二张图 6.4 给出了波的空间描述。右前方图面相应于第一张图的内容。左前方图面是第一个粒子的振动过程，即随时间的偏移量。第三张图 6.5 是从"上方"观察波的结果。图 6.6 给出了纵波在传播方向 x 上的偏移量 u。振动周期的倒数是频率 f（单位时间的振动次数，1/s 或 Hz），f 与 2π 的乘积为角频率 ω。

$$f = \frac{1}{T} \tag{6.5}$$

$$\omega = 2\cdot\pi\cdot f = \frac{2\cdot\pi}{T} \tag{6.6}$$

简谐函数中的幅角 ϕ 被称为相位角：

$$\phi = 2\cdot\pi\cdot\frac{t}{T} - 2\cdot\pi\cdot\frac{x}{\lambda} \tag{6.7}$$

为了确定相速度（一个确定振动状态的传播速度，比如最大偏移状态），f 要设定为常数，比如 f=0。

$$\frac{x}{t} = \frac{\lambda}{T} = \lambda\cdot f = c$$

$$c = \lambda\cdot f \quad \text{声波的相速度} \tag{6.8}$$

粒子本身并不被传递，它们只是在位置附近振动。通过介质传递的只是振动状态，然后是振动能量。

将解（式（6.4））对位置和时间两次求导并带入声波方程式（6.3）。由此得声速随介质特性参数的变化关系。

$$\frac{\partial^2}{\partial x^2}u = -4\cdot u_0\cdot\sin\left(2\cdot\pi\cdot\frac{t}{T} - 2\cdot\pi\cdot\frac{x}{\lambda}\right)\cdot\frac{\pi^2}{\lambda^2} \qquad \frac{\partial^2}{\partial t^2}u = -4\cdot u_0\cdot\sin\left(2\cdot\pi\cdot\frac{t}{T} - 2\cdot\pi\cdot\frac{x}{\lambda}\right)\cdot\frac{\pi^2}{T^2}$$

$$\frac{E}{\rho}\cdot\frac{1}{\lambda^2} = \frac{1}{T^2}$$

$$c = \sqrt{\frac{E}{\rho}} \quad \text{声波在固体中的相速度} \tag{6.9}$$

对于建筑材料中发生声波的空间传播的情况，还要考虑泊松比 μ。

$$c = \sqrt{\frac{E}{\rho} \cdot \frac{(1-\mu)}{(1+\mu)\cdot(1-2\cdot\mu)}} \tag{6.10}$$

在气体中传播时，模量 E 可由气体压力与绝热指数的乘积替代，因为声波中的压力波动是在绝热条件下发生的。在空气中绝热指数 κ 大约为 1.4，因此，声波在空气中的相速度可近似地表达为：

$$c = \sqrt{\frac{\kappa \cdot p}{\rho}} \tag{6.11}$$

$$c_{Luft} = \left(331.6 + \frac{0.6}{K} \cdot \theta\right) \cdot \frac{m}{s} \tag{6.12}$$

简谐函数（式（6.7））中的幅角 ϕ 也可结合式（6.8）写为：

$$\phi = \frac{2 \cdot \pi}{T} \cdot \left(t - \frac{x}{c}\right) \tag{6.13}$$

由此也可得到方程式（6.4）的解：

$$u(x,t) := u_o \cdot \sin\left[\frac{2 \cdot \pi}{T} \cdot \left(t - \frac{x}{c}\right)\right] \tag{6.14}$$

可以看到，以 t-x/c 为幅角的式（6.15）代表的所有的解均满足一般波动方程（6.3）：

$$u(x,t) = u\left(t - \frac{x}{c}\right) \tag{6.15}$$

下图描述的是一个霹雳声的传播过程。一个一次性的偏移量 u1（在此写成矩阵形式 u1(i,j)，包括最大偏移量 u_0）以速度 c 穿过介质。

$u_o := 1.1 \cdot 10^{-6}$ $T := 1$ $\lambda := 340$

$x(i) := i \cdot 4$ $i := 0, 1 .. 200$

$t(j) := j \cdot 0.1$ $j := 0, 1 .. 30$

$$u1(i,j) := u_o \cdot \left[e^{-\left(2 \cdot \pi \cdot \frac{t(j)}{T} - 2 \cdot \pi \cdot \frac{x(i)}{\lambda}\right)^2}\right]$$

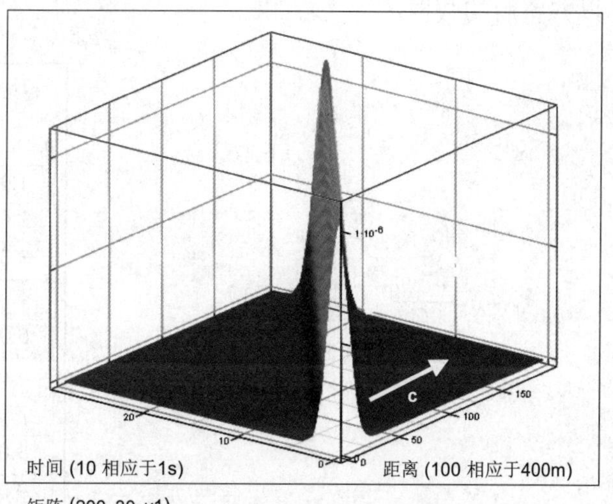

图 6.7 声冲击波（霹雳声）的传播

6.1.2 声场参数

6.1.2.1 频率、倍频程和 1/3 倍频程

声频表示单位时间内粒子（在建筑构件中、在空气中）振动的次数。图 6.8 直观地描述了相关声频。听力频率范围为 20Hz 至 20000Hz，房间声学的相关频率范围为 63Hz 至 8000Hz，建筑构件隔声层的设计频率范围为 100Hz 至 3150Hz 之间，其中 500Hz 是一个重点频率。

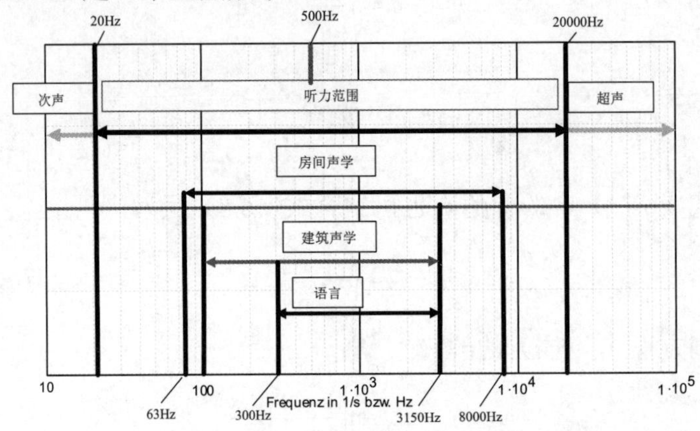

图 6.8　相关的声学范围，按频率排列

在声学中，一般不针对单一频率做分析，而是针对频段。因此，听力范围被以对数形式分为 10 个倍频程或 26 个 1/3 倍频程。

每一个倍频程区间都对应频率翻一倍。最低倍频程的起始中心频率为 31.25Hz。由此可通过式（6.16）计算得到高端倍频程的重点频率 f_{mO}。由于重点频率是倍频程带中下限频率和上限频率的几何中心值（中心频率），所以 f_{uO} 和 f_{oO} 可由式（6.17）和式（6.18）计算。在实践中，后者与听力感觉的一致性是以取整后的数据进行比较的。

$$f_{Oo} := 31.25 \qquad (6.16)$$

$$f_{mO}(n) := f_{Oo} \cdot 2^{n-1}$$

$$f_{uO}(n) := \frac{f_{mO}(n)}{\sqrt{2}} \qquad (6.17)$$

$$f_{oO}(n) := \sqrt{2} \cdot f_{mO}(n) \qquad (6.18)$$

表 6.1　听力范围内的倍频程频带及其频率特征

倍频程频带 n =	中心频率 $f_{mO}(n)$ =	下限频率 $f_{uO}(n)$ =	上限频率 $f_{oO}(n)$ =
1.0	31.3	22.1	44.2
2.0	62.5	44.2	88.4
3.0	125.0	88.4	176.8
4.0	250.0	176.8	353.6
5.0	500.0	353.6	707.1
6.0	1000.0	707.1	1414.2
7.0	2000.0	1414.2	2828.4
8.0	4000.0	2828.4	5656.9
9.0	8000.0	5656.9	11313.7
10.0	16000.0	11313.7	22627.4

如果将一个倍频程按对数分为 3 个频段，则得到 1/3 倍频程频段。由此得到起始于给定最低频率 f_{To}，计算每一个 1/3 倍频程频段的均值（中心频率）f_{mT}、下限频率值 f_{uT} 和上限频率值 f_{oT} 的式（6.19）、式（6.20）和式（6.21）。在实践中，这些频率与听力感觉的一致性也是以取整后的数据进行比较的。建筑声学的范围（第 6 个至第 21 个 1/3 倍频程）由边框标出。

$$f_{mT}(n) := f_{To} \cdot \left(2^{\frac{1}{3}}\right)^{n-1} \qquad f_{To} := 31.5 \qquad f_{uT}(n) := \frac{f_{mT}(n)}{2^{\frac{1}{6}}} \qquad f_{oT}(n) := f_{mT}(n) \cdot 2^{\frac{1}{6}} \qquad (6.19)\ (6.20)\ (6.21)$$

表 6.2　听力范围内的 1/3 倍频程频带及其频率特征

1/3 倍频程频带

n =	中心频率 $f_{mT}(n)$ =	下限频率 $f_{uT}(n)$ =	上限频率 $f_{oT}(n)$ =
1.0	31.5	28.1	35.4
2.0	39.7	35.4	44.5
3.0	50.0	44.5	56.1
4.0	63.0	56.1	70.7
5.0	79.4	70.7	89.1
6.0	100.0	89.1	112.3
7.0	126.0	112.3	141.4
8.0	158.8	141.4	178.2
9.0	200.0	178.2	224.5
10.0	252.0	224.5	282.9
11.0	317.5	282.9	356.4
12.0	400.0	356.4	449.0
13.0	504.0	449.0	565.7

n =	中心频率 $f_{mT}(n)$ =	下限频率 $f_{uT}(n)$ =	上限频率 $f_{oT}(n)$ =
14.0	635.0	565.7	712.8
15.0	800.1	712.8	898.0
16.0	1008.0	898.0	1131.4
17.0	1270.0	1131.4	1425.5
18.0	1600.1	1425.5	1796.1
19.0	2016.0	1796.1	2262.9
20.0	2540.0	2262.9	2851.1
21.0	3200.2	2851.1	3592.1
22.0	4032.0	3592.1	4525.8
23.0	5080.0	4525.8	5702.1
24.0	6400.4	5702.1	7184.2
25.0	8064.0	7184.2	9051.5
26.0	10160.0	9051.5	11404.2

6.1.2.2　声速或粒子的振动速度

除了上一节提到的声波振动频率以外，声场相速度 c、波长 λ 及声振幅 u_0 等已经定义的变量均属于声场的运动学变量。接下来是声速 v(x,t)，即粒子的振动速度。

$$v(x,t) = \frac{\partial}{\partial t}u(x,t) \qquad v(x,t) := u_o \frac{2\cdot\pi}{T}\cdot\cos\left(2\cdot\pi\cdot\frac{t}{T} - 2\cdot\pi\cdot\frac{x}{\lambda}\right) \qquad v_{max} := u_o\cdot 2\cdot\pi\cdot f \qquad (6.22)$$

图 6.9 给出的是时间点 t=T/2 时的振动情况。声速和位移之间有 T/2 的时间差，或者是 π/2 的相位差。

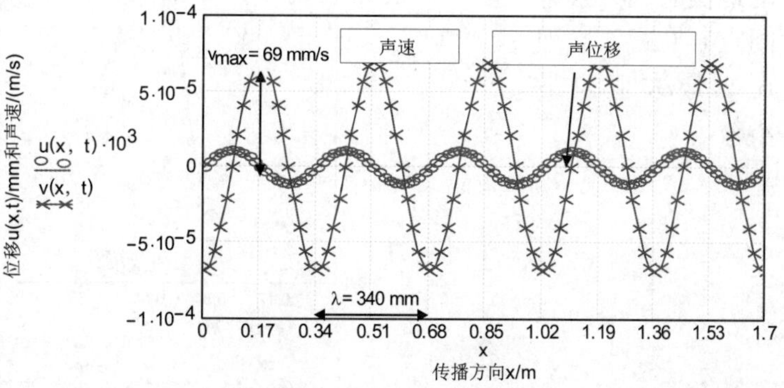

图 6.9　声位移与声速

6.1.2.3　声压

粒子的纵向振动会导致介质的疏密变化，因而产生压力波动。这一现象将在下面定量描述。

由动力学基本定律（式（6.1））得出的压力方程为：

$$dp = \rho \cdot dx \frac{\partial^2}{\partial t^2} u(x,t) \qquad \frac{\partial}{\partial x} p(x,t) = p_x(x,t) = \rho \frac{\partial^2}{\partial t^2} u(x,t) \tag{6.23}$$

由式（6.2）可得到加速度，即 u(x,t) 的二阶导数：

$$a(x,t) = \frac{\partial^2}{\partial t^2} u(x,t) = u_o \frac{4 \cdot \pi^2}{T^2} \cdot \sin\left(2 \cdot \pi \frac{t}{T} - 2 \cdot \pi \frac{x}{\lambda}\right) \tag{6.24}$$

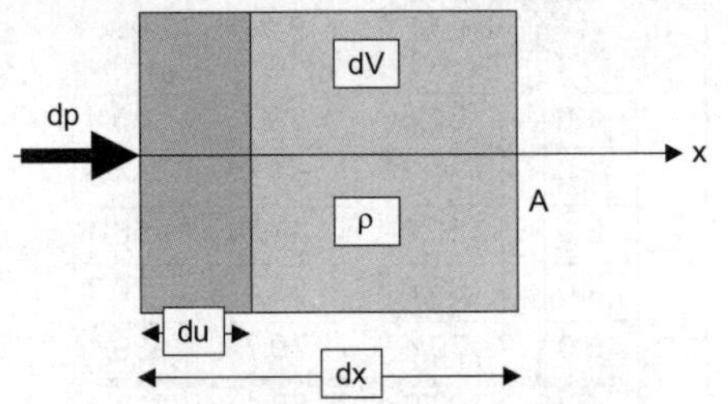

图 6.10　作用在体积单元 dV 上的压力 dp 引起的静态和动态效果为声波产生的原因

将式（6.24）代入压力的偏导数 $p_x(x,t)=dp/dx$ 的表达式（6.23）并积分，得到压力波动本身的表达式：

$$p_x(x,t) := \rho_L \cdot u_o \frac{4 \cdot \pi^2}{T^2} \cdot \sin\left(2 \cdot \pi \frac{t}{T} - 2 \cdot \pi \frac{x}{\lambda}\right)$$

$$p(x,t) := \int_0^x p_x(x,t)\,dx$$

$$p(x,t) := u_o \cdot 2 \cdot \pi \cdot f \cdot c \cdot \rho_L \cdot \cos\left(2 \cdot \pi \frac{t}{T} - 2 \cdot \pi \frac{x}{\lambda}\right) \qquad p_{max} := u_o \cdot 2 \cdot \pi \cdot f \cdot c \cdot \rho_L \tag{6.25}$$

声压与声速同相，它们之间没有时间差。粒子振动最快的地方（时间点 t=T/2），出现压力最大值及最小值。

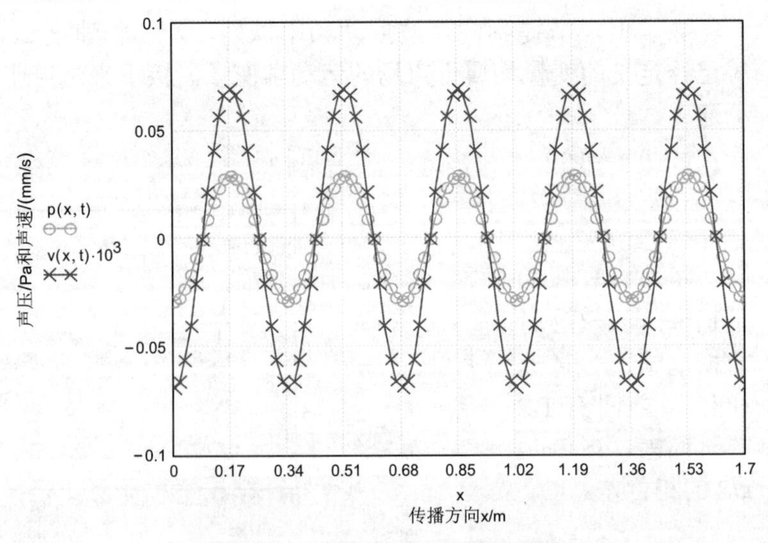

图 6.11　简谐振动波的声压和声速

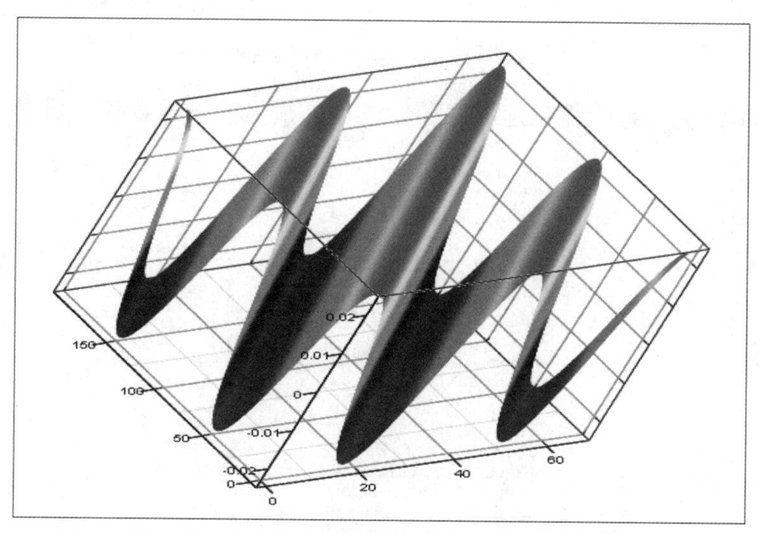

图 6.12　压力波动随传播方向和时间的变化关系

图 6.13（时间点 t=0）再次对由粒子在传播方向上振动引起的机械纵向波中压力波动的出现给出了解释。

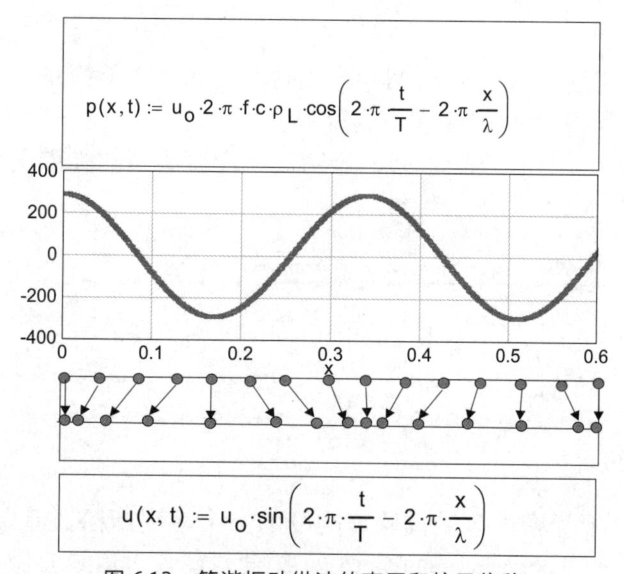

图 6.13　简谐振动纵波的声压和粒子位移

6.1.2.4　声能、声能密度、声功率和声强

在声波中也同时有机械能的传递。当 $v=v_{max}$ 时，总能量为动能。体积 dV 中的能量为：

$$dW = dm\frac{v_{max}^2}{2} = \rho \cdot dx \cdot A\frac{v_{max}^2}{2} \qquad (6.26)$$

将能量 dW 除以体积单元 dV，得到能量密度 w：

$$w = \frac{dW}{A \cdot dx} = \rho \frac{v_{max}^2}{2} \qquad (W/m^3) \tag{6.27}$$

如果将式（6.27）中最大振动速度由压力波动的最大值形式替代，则得：

$$w = \frac{dW}{A \cdot dx} = \frac{p_{max}^2}{2 \cdot \rho \cdot c^2} \qquad (W/m^3) \tag{6.28}$$

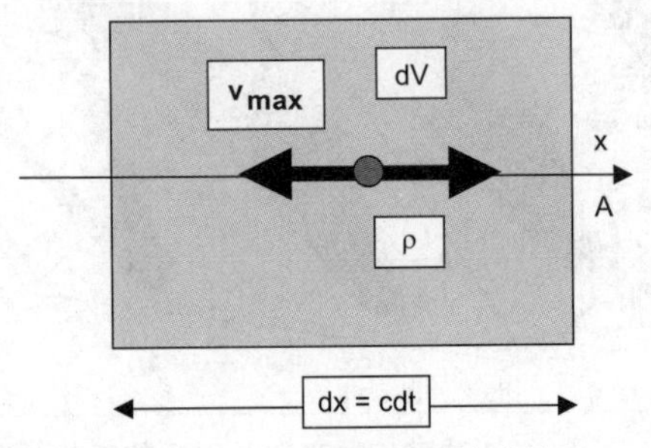

图 6.14 单个体积单元的动能

对于简谐波，最大值 v_{max} 和 p_{max} 可由它们的有效值 v_{eff} 和 p_{eff} 表达。

$$p_{eff} := \frac{p_{max}}{\sqrt{2}} \qquad v_{eff} := \frac{v_{max}}{\sqrt{2}} \tag{6.29}(6.30)$$

如果将声能量 dW 除以时间 dt，则得声功率（声能流量）P，将声功率除以接收面面积 A，则得声强度（声能流密度更合适）J，这是一个很重要的表达声波能量的参数。此外，式（6.35）表明，在没有所谓的弥散现象存在的情况下，声波的能量以速度 c 向周边传播。

$$P = \frac{dW}{dt} = \rho \frac{dx}{dt} \cdot A \frac{v_{max}^2}{2} = \rho \cdot c \cdot A \frac{v_{max}^2}{2} \qquad (W) \tag{6.31}(6.32)$$

$$J = \frac{dW}{dt \cdot A} \qquad J := \rho \cdot c \frac{v_{max}^2}{2} \qquad J := \frac{p_{max}^2}{2 \cdot \rho \cdot c} \qquad J = w \cdot c \qquad (W/m^2) \tag{6.33}(6.34)(6.35)$$

6.1.2.5 声级

声强（声能流密度）是反映声响度的一个客观指标。但人的听觉随着声响度呈对数增长（Weber-Fechner 定律）。因此，建议对声级 L 做如下定义。

$$L = 10 \cdot \log\left(\frac{J}{J_0}\right) \cdot dB \qquad J_0 := 10^{-12} \quad 当 \quad f := 1000 \tag{6.36}$$

J_0 是当频率为 1000Hz 时，正好可以听到的声级。其单位是依据 Graham-Bell 的名字命名的分贝（dB），它是一个人为定义的单位，因为对数计算只能针对无量纲量进行，因此其本身并无单位。

在该体系中听力范围定义为从 0dB（听觉阈值）到 120dB（痛觉阈值）。下面将对 c=340m/s，f=1000Hz 的空气中声场的常用运动学和动力学参数进行计算。令人惊讶的是，这些尺寸在 SI 单位制中是如此之小。

表 6.3 给定声级下声场的场变量

声级/dB	声强/(W/m²)	声速/(m/s)	声压/Pa	声振幅/m
$L := 0, 10 .. 120$	$J(L) := J_0 \cdot 10^{\frac{L}{10}}$	$v_{max}(L) := \sqrt{2 \frac{J(L)}{(\rho \cdot c)}}$	$p_{max}(L) := \sqrt{J(L) \cdot 2 \cdot \rho \cdot c}$	$u_o(L) := \frac{1}{2 \cdot \pi \cdot f} \cdot \sqrt{2 \frac{J(L)}{(\rho \cdot c)}}$
L =	J(L) =	$v_{max}(L) =$	$p_{max}(L) =$	$u_o(L) =$
0.0	$1.00 \cdot 10^{-12}$	$6.89 \cdot 10^{-8}$	$2.90 \cdot 10^{-5}$	$1.10 \cdot 10^{-11}$
10.0	$1.00 \cdot 10^{-11}$	$2.18 \cdot 10^{-7}$	$9.18 \cdot 10^{-5}$	$3.47 \cdot 10^{-11}$
20.0	$1.00 \cdot 10^{-10}$	$6.89 \cdot 10^{-7}$	$2.90 \cdot 10^{-4}$	$1.10 \cdot 10^{-10}$
30.0	$1.00 \cdot 10^{-9}$	$2.18 \cdot 10^{-6}$	$9.18 \cdot 10^{-4}$	$3.47 \cdot 10^{-10}$
40.0	$1.00 \cdot 10^{-8}$	$6.89 \cdot 10^{-6}$	$2.90 \cdot 10^{-3}$	$1.10 \cdot 10^{-9}$
50.0	$1.00 \cdot 10^{-7}$	$2.18 \cdot 10^{-5}$	$9.18 \cdot 10^{-3}$	$3.47 \cdot 10^{-9}$
60.0	$1.00 \cdot 10^{-6}$	$6.89 \cdot 10^{-5}$	$2.90 \cdot 10^{-2}$	$1.10 \cdot 10^{-8}$
70.0	$1.00 \cdot 10^{-5}$	$2.18 \cdot 10^{-4}$	$9.18 \cdot 10^{-2}$	$3.47 \cdot 10^{-8}$
80.0	$1.00 \cdot 10^{-4}$	$6.89 \cdot 10^{-4}$	$2.90 \cdot 10^{-1}$	$1.10 \cdot 10^{-7}$
90.0	$1.00 \cdot 10^{-3}$	$2.18 \cdot 10^{-3}$	$9.18 \cdot 10^{-1}$	$3.47 \cdot 10^{-7}$
100.0	$1.00 \cdot 10^{-2}$	$6.89 \cdot 10^{-3}$	2.90	$1.10 \cdot 10^{-6}$
110.0	$1.00 \cdot 10^{-1}$	$2.18 \cdot 10^{-2}$	9.18	$3.47 \cdot 10^{-6}$
120.0	1.00	$6.89 \cdot 10^{-2}$	$2.90 \cdot 10^{1}$	$1.10 \cdot 10^{-5}$

下面针对常见的 L=60dB 的情况做较为详细的讨论。振动的空气粒子偏离静止位置的最大量，即振幅仅为 11nm。由于当 f=1000Hz 时，空气粒子在 1s 内要来回振动 1000 次，所以振动速度，即声速同样只能很小，其值实际上只有 0.069mm/s。最终能导致耳膜一起振动的最大压力波动值仅为 0.029Pa（相比较，大气压力为 100000Pa）。最后看一下声强，在 $1m^2$ 的面积上分布着 0.001mW 的功率，这几乎是人们无法想象的小功率。

A- 计权声级

在 1000Hz 时，人的听觉与声级的定义基本上是一致的。而当频率偏低或偏高时，即使同样声强，人们听到的响度却偏低。为了使声级适应于人的生理听力，人们引入随频率变化的修正系数，称之为 A- 计权评价。通过式（6.37a）可以描述必要的声级 L_{erf} 随听到的声级 L_h 及频率 f 的变化关系（图 6.15a 中的黑色曲线及图 6.15b 中的“听觉感觉面”）。通过近似关系式（6.37b）可以计算 A- 计权评价（图 6.15a 中浅色线）。由此得到式（6.38）。针对一个客观存在的声级 L，通过式（6.38）就可以求得 A 这一评价系数，即近似的感觉响度级别。当频率为 f 时，该值不同于频率为 1000Hz 时的值（通常小于 L）。其单位为声学分贝 dBA。

$$L_{erf}(L_h, f) := L_h - 9.5 \cdot \left(\log\left(\frac{f}{f_0 \cdot 0.32}\right)\right) + 12.8 \cdot \left(\log\left(\frac{f}{f_0 \cdot 0.42}\right)\right)^4 - 0.056 \cdot \left(\frac{f}{f_0 \cdot 1.13}\right)^{2.9} + 0.075 \cdot \left(\frac{f}{f_0 \cdot 3.81}\right)^{4.7} + 5 \quad (6.37a)$$

$$L_{erfN}(L_h, f) := L_h - 8 \cdot \log\left(\frac{f}{f_0}\right) + 11.3 \cdot \log\left(\frac{f}{f_0}\right)^2 + 1 \quad (6.37b)$$

$$L_A(L, f) := L - \left(-8 \cdot \log\left(\frac{f}{f_0}\right) + 11.3 \cdot \log\left(\frac{f}{f_0}\right)^2 + 1\right) \quad (6.38)$$

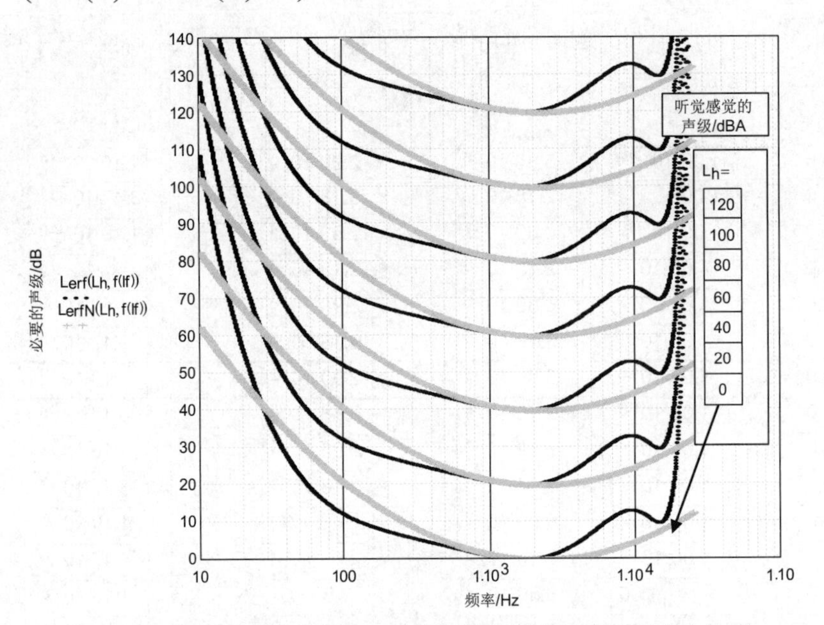

图 6.15a　人耳的响度感觉及 A- 计权声级随声级和频率的变化关系

听觉感觉面的空间表达

$f_0 := 1000$

$j := 10, 20 .. 120$　　　$i := 0, 5 .. 305$

$Lh(j) := j \cdot 1$　　　$f(i) := 10^{(i \cdot 0.01 + 1.3)}$

$$L_{erf}(i, j) := Lh(j) - 9.5 \cdot \log\left(\frac{f(i)}{f_0 \cdot 0.32}\right) + 12.8 \cdot \left(\log\left(\frac{f(i)}{f_0 \cdot 0.42}\right)\right)^{4.0} - 0.056 \cdot \left(\frac{f(i)}{f_0 \cdot 1.13}\right)^{2.9} + 0.075 \cdot \left(\frac{f(i)}{f_0 \cdot 3.81}\right)^{4.7} + 4 \quad (6.37a)$$

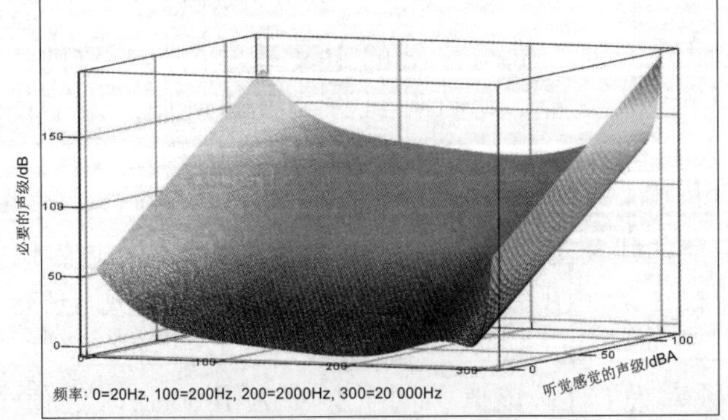

图 6.15b　人耳的响度感觉随声级和频率（听觉感觉面）的变化关系

在表 6.4 中汇集了一些响声以 dBA 表达的声级水平。

表 6.4 响声类型及其声级水平

声级/dBA	响声类型
0	听力阈响声
10	轻松听到的声音
20	轻微的树叶声
30…40	安静的居住区
40…50	轻微的谈话声，安静的办公室
50…60	正常谈话声
60…70	中等道路交通声
70…80	呼唤，喊叫
80…90	货车经过声，10m之内的割草机声
90…100	强烈的机器噪声，10m之内的风镐声
100…110	ICE 列车经过声
110…120	汽锤锻工车间声
120…130	3m之内的螺旋桨飞机声，耳痛阈响声

声级的叠加和与平均

如果多个声波在某点相遇，不能将声级直接叠加，而是必须首先对声能、声功率或声强求和，然后再确定总声级。

$$L_{ges} = 10\cdot\log\left(\frac{\sum_{j=1}^{n} J_j}{J_o}\right) \quad (6.39)$$

$$J_j = J_o\cdot 10^{\frac{L_j}{10}} \quad (6.40)$$

$$L_{ges} = 10\cdot\log\left(\sum_{j=1}^{n} 10^{\frac{L_j}{10}}\right) \quad (6.41)$$

如果将声强相等的声波叠加的话，得：

$$L_{ges} = 10\cdot\log\left(n\cdot\frac{J}{J_o}\right) = 10\cdot\log\left(\frac{J}{J_o}\right) + 10\cdot\log(n) \quad (6.42)$$

$L_1 := 60 \quad n := 1, 2 .. 10$

$$L_{ges}(n) := L_1 + 10\log(n) \quad (6.43)$$

如果将两个等强度的声波叠加，则声级增加 3dB。

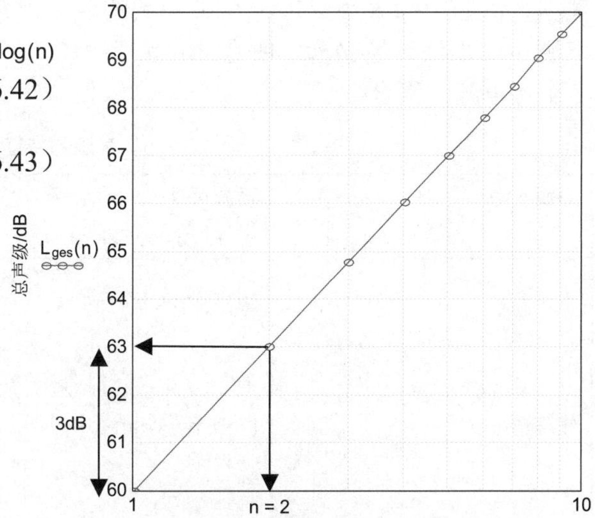

图 6.16 声级随声源数量的增长量

如果通过添加建筑声学范围的 16 个 1/3 倍频程的声强来创建噪声的 A- 计权声级，则在使用式（6.38）的基础上得到式（6.44）：

$$L_{Ages} = 10 \cdot \log\left[\sum_{j=1}^{16} 10^{\left[L_A(f_{mT}(j)) - \left(-8 \cdot \log\left(\frac{f_{mT}(j)}{f_o}\right) + 11.3 \cdot \log\left(\left(\frac{f_{mT}(j)}{f_o}\right)^2 + 1\right)\right)\right]}\right] \tag{6.44}$$

等效连续声级

声强和声级通常也随时间连续变化。由声强的时间平均可以得到等效连续声级。

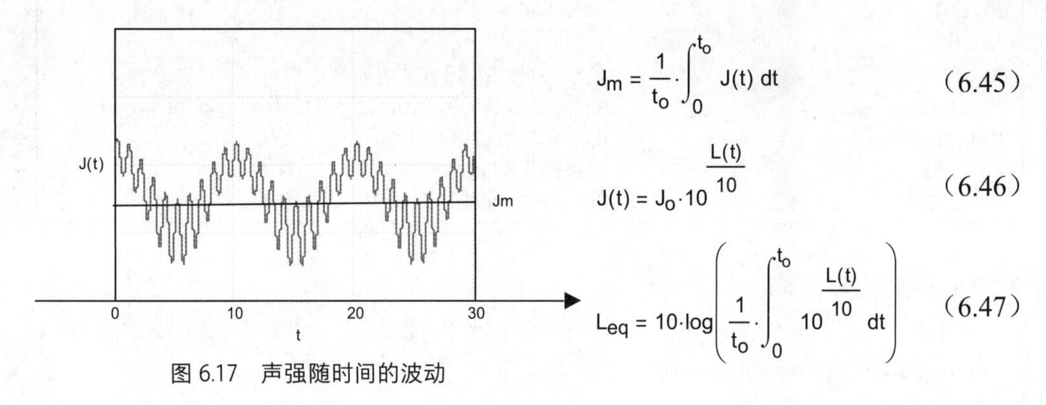

$$J_m = \frac{1}{t_o} \cdot \int_0^{t_o} J(t)\,dt \tag{6.45}$$

$$J(t) = J_o \cdot 10^{\frac{L(t)}{10}} \tag{6.46}$$

$$L_{eq} = 10 \cdot \log\left(\frac{1}{t_o} \cdot \int_0^{t_o} 10^{\frac{L(t)}{10}}\,dt\right) \tag{6.47}$$

图 6.17　声强随时间的波动

6.1.3　室外空间的声级

6.1.3.1　声源的特征

声波是由介质的局部扰动产生的，即粒子在某一位置处受到激励而振动。根据声源的尺寸大小及声源与影响域的距离，声源被分为点声源、线声源和面声源。只要距离足够远，所有的声源都可以看作点声源。所以，扩展的声源即多个点声源的组合。

表 6.5　声源的特征

声源类型	声源尺寸 长 l，宽 b，高 h	举例
点声源	距离 r>>l, b, h	人的声音（一个人）， 发动机，单一机器
线声源	l>>b, h　r>>h, b	道路交通，轨道交通， 管道
面声源	h<<b, l　r>>b, l	大面积工业区， 停车场，管弦乐队

如果某声源的声功率为 P，则该声源的声功率级定义如式 6.48，即：将声源的功率除以 $1m^2$ 后再除以最小声音强度 $J_0=10^{-12}W/m^2$，对其取对数后得到声功率级的定义式。

$$L_W = 10\cdot\log\left(\frac{P}{J_o\cdot 1m^2}\right) \tag{6.48}$$

对于线声源，则声功率除以线声源长度 l，对于面声源则除以声源面积 A。由此得线声源和面声源的声功率级 L_w' 和 L_w''：

$$L'_W = 10\cdot\log\left(\frac{P}{J_o\frac{l}{m}\cdot 1\cdot m^2}\right) = \left(10\cdot\log\left(\frac{P}{J_o\cdot 1\cdot m^2}\right) - 10\cdot\log\left(\frac{l}{m}\right)\right) = L_W - 10\cdot\log\left(\frac{l}{m}\right) \tag{6.49}$$

$$L''_W = 10\cdot\log\left(\frac{P}{J_o\frac{A}{m^2}\cdot 1\cdot m^2}\right) = \left(10\cdot\log\left(\frac{P}{J_o\cdot 1\cdot m^2}\right) - 10\cdot\log\left(\frac{A}{m^2}\right)\right) = L_W - 10\cdot\log\left(\frac{A}{m^2}\right) \tag{6.50}$$

6.1.3.2　点声源

某点声源发射功率为 P，其分布于球形表面积 $A=4\pi r^2$ 之上，由此可得到距离 r 处的声强和声级。式（6.52）中的第一项仍对应于声源的功率级。

$$J(r,P) = \frac{P}{4\cdot\pi\cdot r^2} \tag{6.51}$$

$$L(r,P) = 10\cdot\log\left(\frac{P}{J_o\cdot 4\cdot\pi\cdot r^2}\right) = 10\cdot\log\left(\frac{P}{J_o\cdot 1\cdot m^2}\right) - 10\cdot\log(4\cdot\pi) - 20\cdot\log\left(\frac{r}{m}\right) \tag{6.52}$$

$$L(r,P) = L_W - 11 - 20\cdot\log\left(\frac{r}{m}\right) \tag{6.53}$$

点声源

$J_P(r,P) := \frac{P}{4\cdot\pi\cdot r^2}$　　$J_o := 10^{-12}$

$lP := 1, 0 .. -1$　　$lr := 0, 0.001 .. 6$

$P(lP) := 10^{lP}$　　$r(lr) := 10^{lr}$

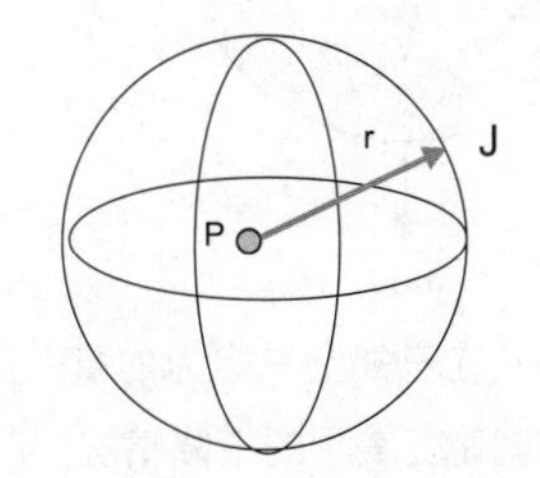

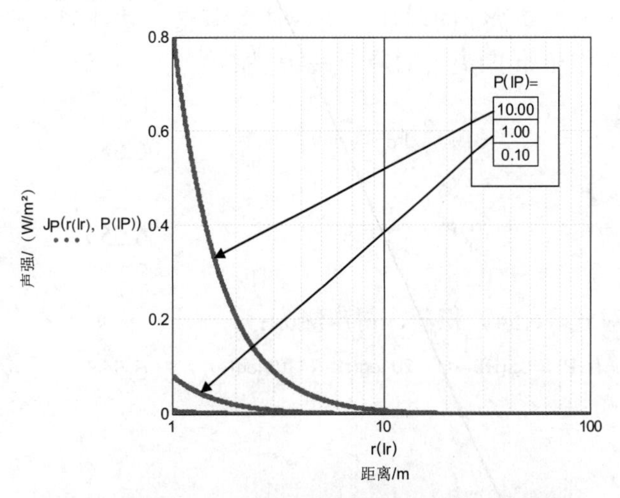

图 6.18　功率为 P 的点声源的声强随距离 r 的下降情况

在传播过程中无干扰的情况下，声强与声源距离 r 的平方成反比。

如果距离增加一倍，则声级的衰减量为20log(2)=6dB。所有最大影响范围l,b,h＜0.7r的声源都可以当作点声源看待。

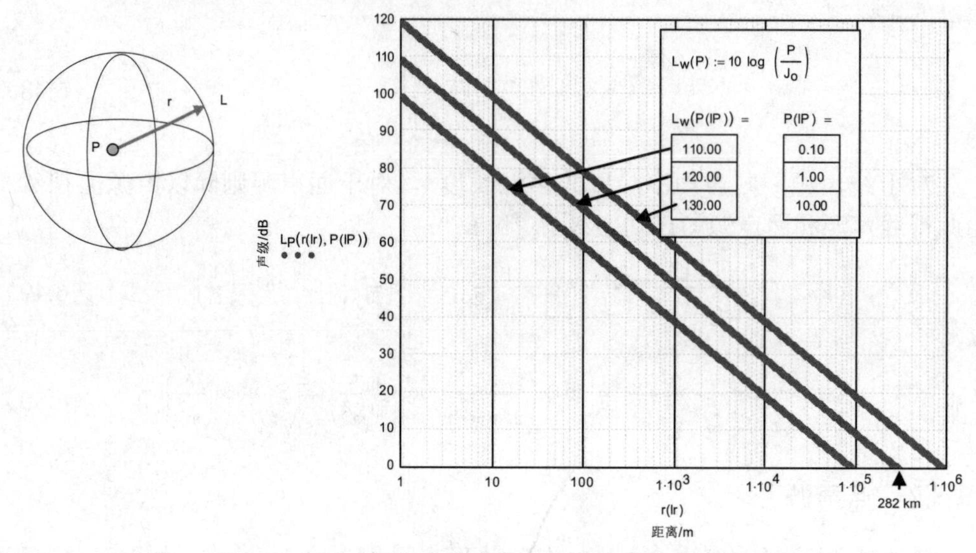

图6.19　功率为P的点声源的声级随距离r的下降情况

前面关系式所描述的无干扰的声扩散是不存在的。如果存在的话，那么一个P=1W，L_W=120dB的声源，其声波传递范围（式（6.53）中的L=0）可达到282km。

$$L_W := 120 \qquad L(r,P) = 0 \qquad r := 1 \cdot 10^{\frac{L_W - 11}{20}} \qquad r = 2.82 \times 10^5$$

声波在空气中的衰减（由衰减系数δ描述）就已经导致声强和声级随与点声源的距离r的增加，明显快速降低。由于球的表面积增大和衰减效应引起的声强在dr距离上的降低量dJ为：

$$-dJ = -\frac{2}{r} \cdot J \cdot dr - \delta \cdot J \cdot dr \qquad (6.54)$$

$$J(r,P) := \frac{P}{4 \cdot \pi \cdot r^2} \cdot e^{-\delta \cdot r} \qquad (6.55)$$

对式（6.54）积分，得声级为：

$$L_D(r,P) := L_W(P) - 11 - 20 \cdot \log(r) - (\delta \cdot 10 \cdot \log(e)) \cdot r \qquad (6.56)$$

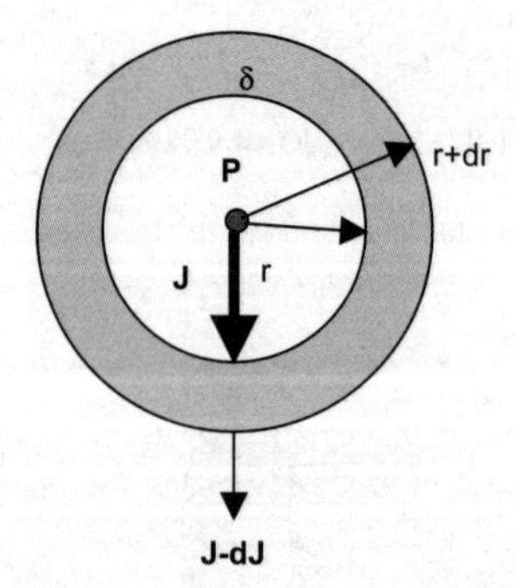

图6.20　在已知空气阻力的情况下声强随距离r的下降情况

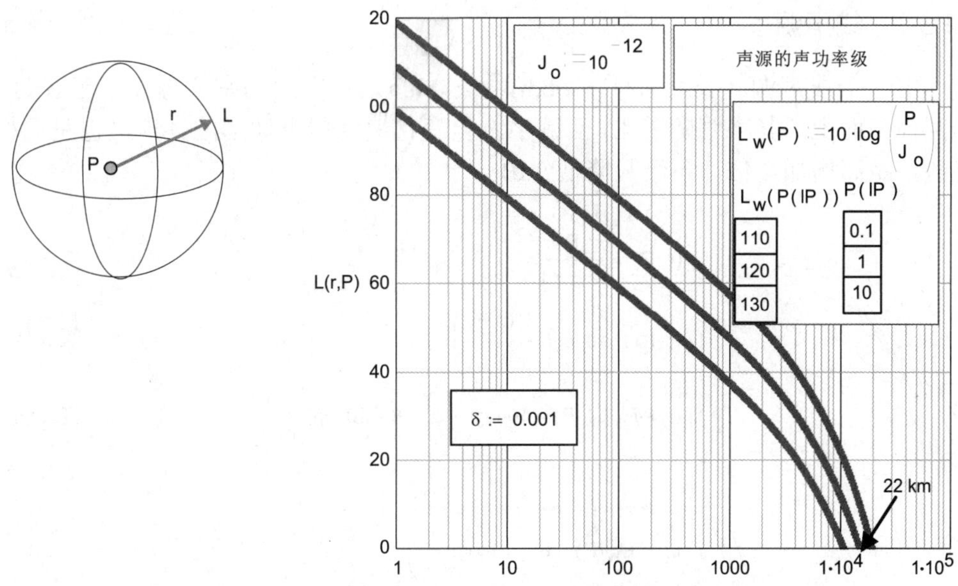

图 6.21 声级随距离 r 的下降情况，已知空气阻力为 δ=0.001/m，r=1000m 之后衰减特别明显

对于相同的声功率级的点声源（L_W=120dB），当 δ=0.001/m 时，声波的影响范围将从 282km 降低到 22km。空气的声衰减系数 δ 是频率和温度的函数。频率越高，被衰减越多。0℃时的衰减系数可由式（6.58）表达。

$$L_D(r,P) := L_W(P) - 11 - 20 \cdot \log(r) - r \cdot \delta \cdot \log(e) \tag{6.57}$$

$$\delta(f) := 0.00101 \cdot \log\left(\frac{f+200}{100}\right)^{5.5} \tag{6.58}$$

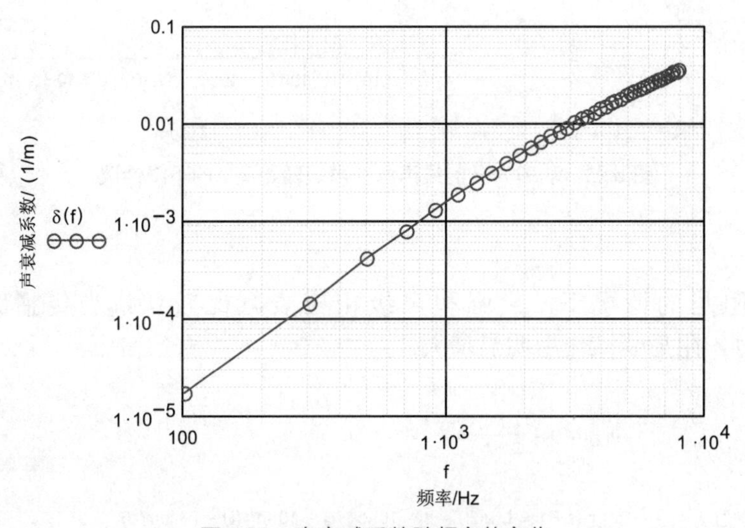

图 6.22 声衰减系数随频率的变化

6.1.3.3 线声源

由一个线声源（长为l，l>>b,h，r>>h,b）发出的功率P分布于半径为r的圆柱表面上。其声强随着1/r而减小，但变化速度慢于球形波。声级也呈同样趋势，距离增加一倍，声级只降低3dB。

$$J_L(r,P) := \frac{P}{2\cdot\pi\cdot r\cdot l} \tag{6.59}$$

$$L_L(r,P) := 10\cdot\log\left(\frac{J_L(r,P)}{J_o}\right) \tag{6.60a}$$

$$L_L(r,P) := L_W(P) - 10\cdot\log\left(\frac{l}{m}\right) - 8 - 10\cdot\log\left(\frac{r}{m}\right) \tag{6.60b}$$

$$L_L = L'_W(P) - 8 - 10\cdot\log\left(\frac{r}{m}\right) \tag{6.61}$$

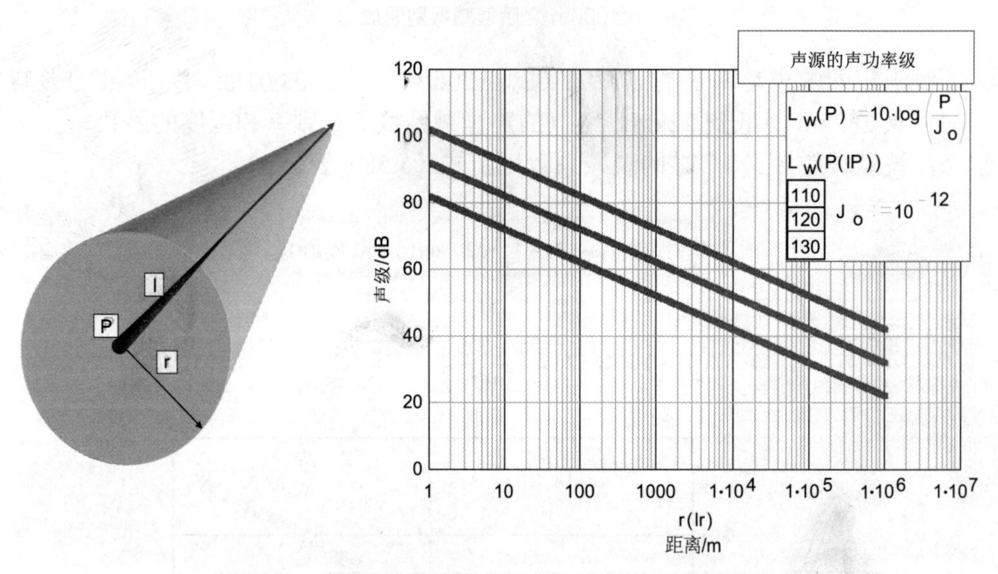

图6.23　功率为P的线声源的声级随距离r的下降情况

在有阻尼的情况下，声强和声级相应衰减比较快。当传播距离超过r=1000m时，阻尼衰减作用明显增大。

$$J_{LD}(r,P) := \frac{P}{2\cdot\pi\cdot r\cdot l}\cdot e^{-\delta\cdot r} \tag{6.62}$$

$$L_{.LD}(r,P) := L_W(P) - 8 - 10\cdot\log(r) - 10\cdot\log(l) - r\cdot\delta\cdot\log(e) \tag{6.63}$$

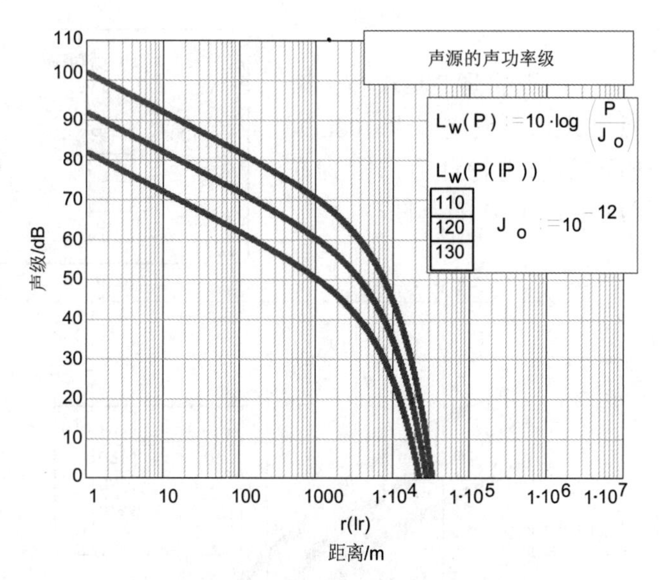

图 6.24 功率为 P 的线声源的声级随距离 r 的下降情况，实际空气阻尼为 δ=0.001/m

有限长度线声源

下面将计算声功率为 P，长度为 l 的有限长度线声源在距离 r 处的声强 J 和声级 L。首先为由长度为 dx 的声源所产生的，在距离 R 处的声强 dJ 建立计算关系式。然后从 −l/2 至 l/2，即沿整个线源进行积分。

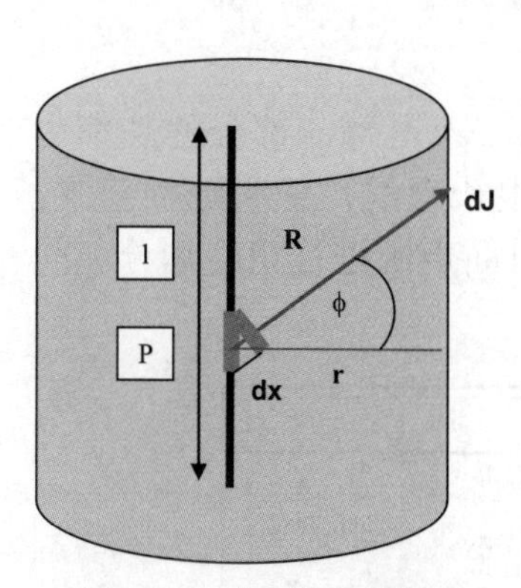

图 6.25 功率为 P 的有限长度线声源的声级随距离 r 下降情况的示意

$$dJ=\frac{P}{l}\cdot dx\cdot\frac{1}{4\cdot\pi\cdot R^2}\cdot\cos(\phi)=\frac{P}{4\cdot\pi\cdot l}\cdot\frac{r}{\sqrt{r^2+x^2}}\cdot\frac{1}{r^2+x^2}\cdot dx \tag{6.64}$$

$$J(r,P)=\int_{\frac{-l}{2}}^{\frac{l}{2}}\frac{P}{4\cdot\pi\cdot l}\cdot\frac{r}{\sqrt{r^2+x^2}}\cdot\frac{1}{r^2+x^2}\,dx \tag{6.65}$$

$$J(r,P):=\frac{P}{4\cdot\pi\cdot r}\cdot\frac{1}{\left(r^2+\frac{l^2}{4}\right)^{\frac{1}{2}}} \tag{6.66}$$

$$L_l(r,P):=10\cdot\log\left[\frac{P}{4\cdot\pi\cdot r\cdot J_o}\cdot\frac{1}{\left(r^2+\frac{l^2}{4}\right)^{\frac{1}{2}}}\right] \tag{6.67}$$

示例:

当r<100m时，声级的降低量可按无限长度线声源的规律计算，反之（r>100m），可按衰减更强的球形波进行计算，因为在这个距离下，已满足r>0.7l的条件。

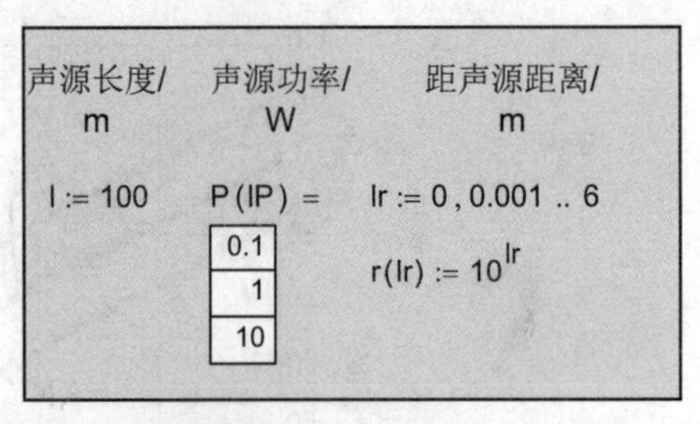

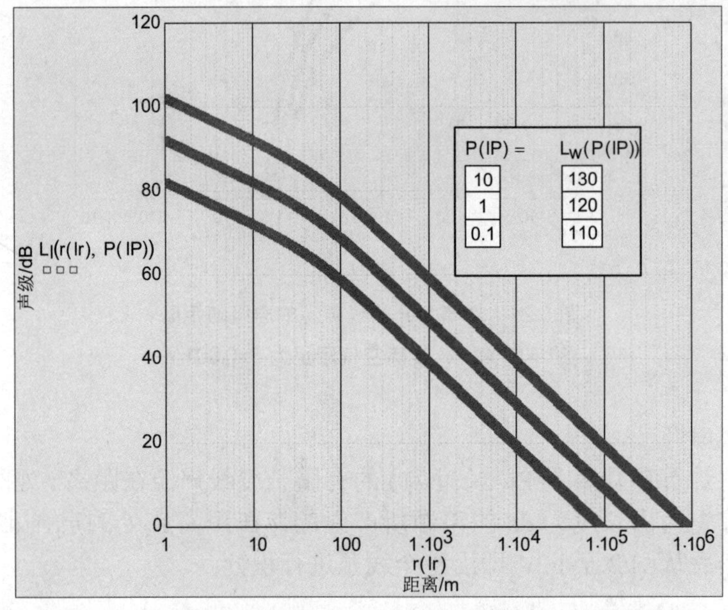

图6.26 功率为P的有限长度线声源的声级随距离r的下降情况

6.1.3.4 面声源

将面积为A，功率为P的面声源分为若干小面积ΔA_j，每一部分的功率为ΔP_j。测听点AP处的声强是根据前一节中介绍的有限长度线声源积分的模式，通过对单个声强的加和得到。对于l<0.7r的条件，对面声源进行粗略划分和简单加和就足够了。

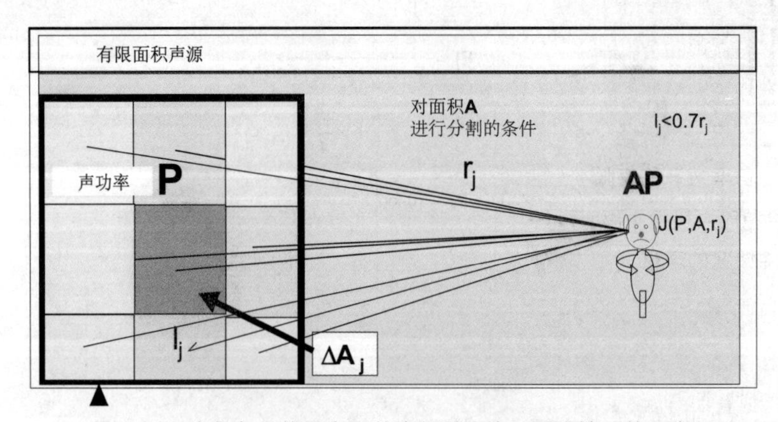

图6.27 功率为P的面声源的声级随距离r下降情况的示意

$\Delta J_j = \frac{P}{A}\cdot\Delta A_j\cdot\frac{1}{4\cdot\pi r_j^2}$　　由分割面积 ΔA_j 在测听点产生的声强　　(6.68)

$J = \frac{P}{A}\cdot\sum_{j=1}^{n}\Delta A_j\cdot\frac{1}{4\cdot\pi\cdot r_j^2}$　　测听点处的总声强　　(6.69)

$$L = 10\cdot\log\left(\frac{P}{A\cdot J_o}\right) - 10\cdot\log(4\cdot\pi) + 10\cdot\log\left(\sum_{j=1}^{n}\frac{\Delta A_j}{r_j^2}\right) = 10\cdot\log\left(\frac{P}{J_o\cdot 1m^2}\right) - 10\cdot\log\left(\frac{A}{1m^2}\right) - 11 + 10\cdot\log\left(\sum_{j=1}^{n}\frac{\Delta A_j}{r_j^2}\right) \quad (6.70)$$

$$L = L_W - 10\cdot\log\left(\frac{A}{1\cdot m^2}\right) - 11 + 10\cdot\log\left(\sum_{j=1}^{n}\frac{\Delta A_j}{r_j^2}\right) = L''_W - 11 + 10\cdot\log\left(\sum_{j=1}^{n}\frac{\Delta A_j}{r_j^2}\right) \quad (6.71)$$

计算声级的式（6.70）和式（6.71）还没有包含衰减或隔声效应。

示例：

在居住区 1500m 范围之外有一工业区，计算测听点处的声级。

声源的功率和面积

$P := 1$　　$A := 1000\cdot 500$

声源单位面积的声级

$L''_W := 10\cdot\log\left(\frac{1}{10^{-12}}\right) - 10\cdot\log(5\cdot 10^5)$

$L''_W = 63.01$

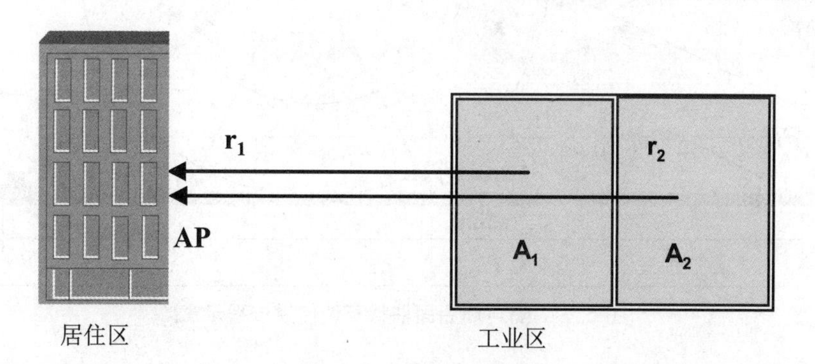

将声源面积分为两个部分面积
每一部分面积到测听点的距离

$A_1 := 2.5\cdot 10^5$　　$A_2 := 2.5\cdot 10^5$

$r_1 := 1.25\cdot 10^3$　　$r_2 := 1.75\cdot 10^3$

测听点处的声级

$L := L''_W - 11 + 10\cdot\log\left(\frac{2.5\cdot 10^5}{1.25^2\cdot 10^6} + \frac{2.5\cdot 10^5}{1.75^2\times 10^6}\right)$　　$L = 45.84$

测听点处的声级为 46dB。

6.1.3.5　通过隔声墙降低声级

室外空间的声级可以通过声屏障，如隔声墙或路堤明显降低。下面将计算由高度为 h，与功率为 P、长度为 l 的线声源距离为 a 的隔音墙引起的声级的减小量。

图 6.28　高速公路旁边的隔声墙

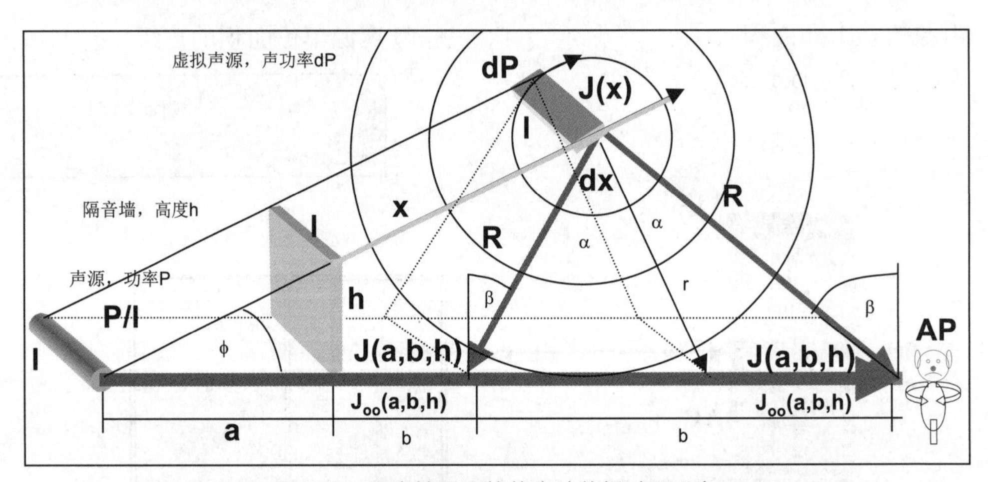

图 6.29　隔声墙后面柱状声波传播过程示意

如果没有隔声墙，线声源在测听点 AP 产生的声强为 J_{oo} 或声级为 L_{oo}。在有隔声墙的情况下，隔声墙上方部分的面积 ldx 将成为柱状基础波的起点，将其功率为 dP 沿 x 方向累加，得到在测听点处的实际声强 J(a,b,h) 及声级 L(a,b,h)。在距离 x 处，声强为 J(x)，其产生的功率为 dP。dP 成为一个新的线声源作用于测听点，并在该点引发的声强为 J(a,b,h)。

$$J_{oo}(a,b,h) := \frac{P}{2\cdot\pi\cdot l\cdot(a+b)} \qquad J(x) = \frac{P}{2\cdot\pi\cdot l\cdot x} \qquad dP = \frac{P}{2\cdot\pi\cdot l\cdot x} l\cdot dx\cdot\cos(\alpha) \tag{6.72}$$

$$J_{AP}(a,b,h) = \int_{\sqrt{a^2+h^2}}^{\infty} \frac{P}{2\cdot\pi\cdot l\cdot x}\cdot\frac{1}{2\cdot\pi\cdot R\cdot l}\cdot\cos(\alpha)\cdot\cos(\beta)\, l\, dx \qquad \cos(\alpha) = \frac{R^2 + x^2\cdot\left(\frac{h}{a}\right)^2 - \left(a+b-x\cdot\frac{d}{a}\right)^2}{2\cdot R\cdot x\cdot\frac{h}{a}} \tag{6.73a}$$

$$R^2 = x^2 + (a+b)^2 - 2\cdot x\cdot(a+b)\cdot\cos(\phi) \qquad \cos\beta = \frac{x}{R}\frac{h}{\sqrt{a^2+h^2}} \qquad \cos(\phi) = \frac{a}{\sqrt{a^2+h^2}}$$

几何辅助参数 R，cosϕ，cosα（分割面积 ldx 法线与发射的声能流 dP 之间的夹角）和 cosβ（测听点 AP 接收面法线与达到声能流密度之间的夹角）将被代入式（6.73）。沿 x 方向从隔声墙的上边缘到无穷远对声功率积分，得到隔声墙后面测听点 AP 处的声强。在推导过程中，没有考虑声波在空气中的衰减。

$$J_{AP}(a,b,h) := \frac{P}{4\cdot\pi\cdot l\cdot(a+b)}\cdot\left[\frac{\left(a\cdot b - h^2\right)}{\sqrt{h^2+b^2}\sqrt{a^2+h^2}} + 1\right]$$

除此之外，隔声墙后面的可用声功率通常会因隔声墙的“阴影因子”而降低。

$$J_{AP}(a,b,h) := \frac{P\cdot\left(1 - \frac{h}{\sqrt{a^2+h^2}}\right)}{4\cdot\pi\cdot l\cdot(a+b)}\cdot\left[\frac{\left(a\cdot b - h^2\right)}{\sqrt{h^2+b^2}\sqrt{a^2+h^2}} + 1\right] \tag{6.73}$$

图 6.30 给出了声强和声级随与隔声墙的距离及隔声墙的高度的变化关系。

隔声墙后面的声强 J(a,b,h)

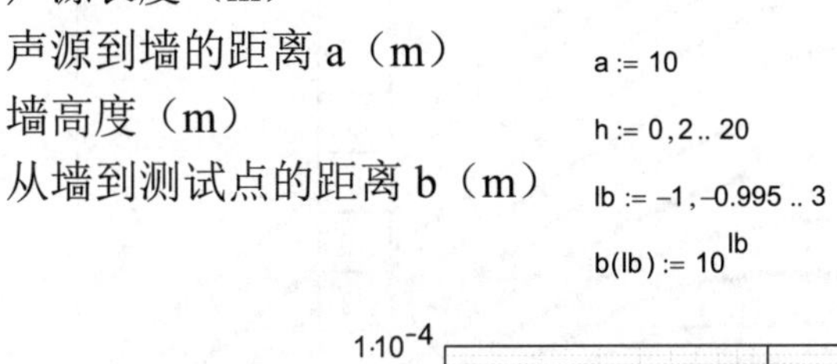

声源功率（W） $P := 1$

声源长度（m） $l := 1000$

声源到墙的距离 a（m） $a := 10$

墙高度（m） $h := 0,2..20$

从墙到测试点的距离 b（m） $lb := -1,-0.995..3$

$b(lb) := 10^{lb}$

图 6.30 声强随与隔声墙的距离 b 的下降情况

隔声墙后面的声级 L(a,b,h)

由声强公式（6.72）和式（6.73）得声级计算式（6.74）和式（6.75）。

$$L_{oo}(a,b,h) := 10\cdot\log\left(\frac{J_{oo}(a,b,h)}{J_o}\right) \tag{6.74}$$

$$L(a,b,h) := 10\cdot\log\left(\frac{J(a,b,h)}{J_o}\right) \tag{6.75}$$

隔声墙后方声级的最大值大约处于与隔声墙高度等值的距离。小于这一值，隔声墙的衰减作用增强；大于这一值，根据距离关系公式，声级下降。

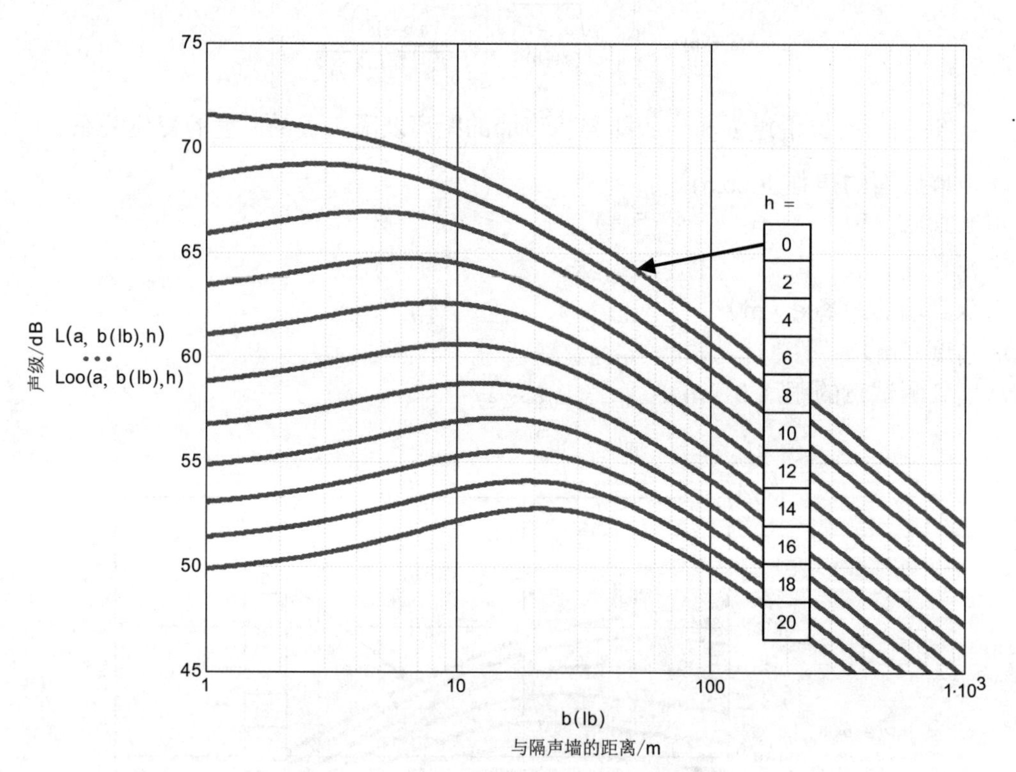

图 6.31　声级随与隔声墙的距离 b 的下降情况

图 6.32 和图 6.33 是对声级减小量随隔声墙高度变化的描述。在图 6.32 中，声源至隔声墙的距离为 10m，而到测听点的距离是变化的。在图 6.33 中，声源到隔声墙的距离是变化的，而到测听点的距离是 10m。

$$\Delta L(a,b,h) := L_{oo}(a,b,h) - L(a,b,h) \tag{6.76}$$

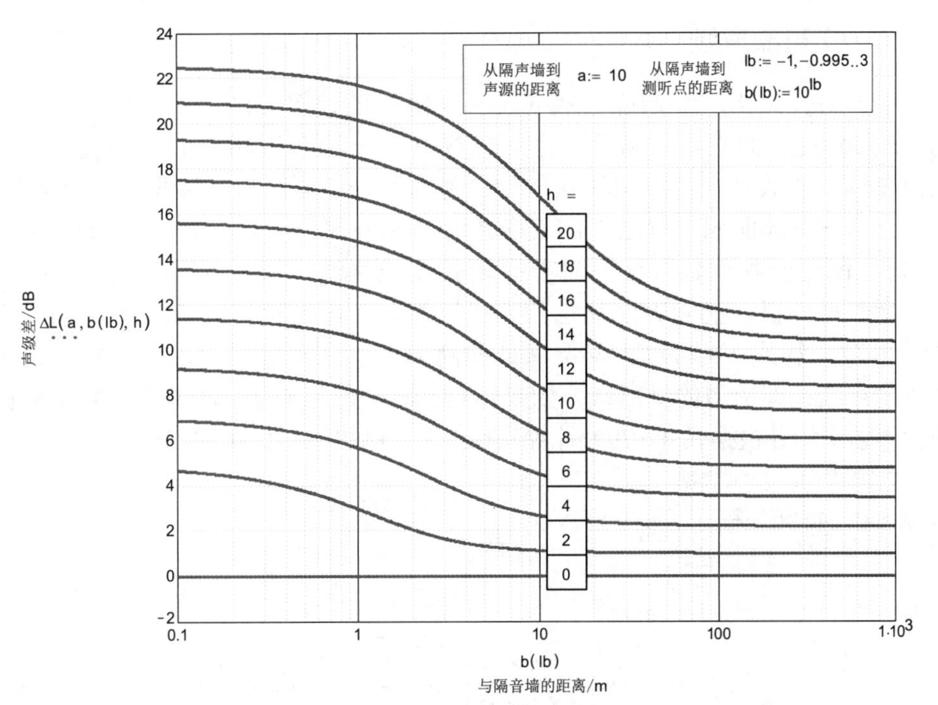

图 6.32 声级随与隔声墙之间距离 b 的变化而改变的量，与声源的距离 a= 常数

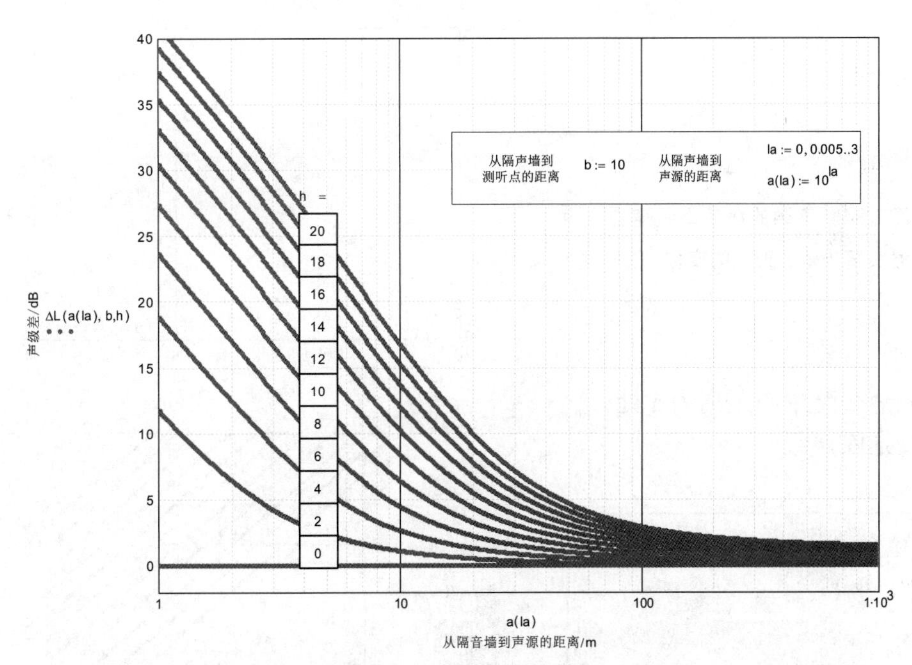

图 6.33 声级随与声源之间距离 a 的变化而改变的量，与测听点的距离 b= 常数

室外的声能流不仅通过空气阻尼或声屏障，而且主要通过一般的建筑、植被、地形表面的起伏等的影响而减少。欧洲标准和工程规范包含了大量的经验近似关系式，用于估计这些声级减少量并计算指定测听点的噪声水平。

6.1.3.6　交通噪声级

下面将介绍街道交通噪声级（无声屏障）的计算方法。式（6.77）由定义式（6.35）推导而来，且易于理解。其中 P 为一辆车声功率的日均值，z 为一天内车辆的总数量。将声功率除以一参考面积，该面积与距离平方的立方根成正比。但这种球面积（对比 6.1.1.2 节内容）和柱面积（对比 6.1.1.3 节内容）的“平均”仅是一种近似方法。对于有限长度线声源，根据式（6.67）声强随距离的增长而下降，椭圆表面积也具有可比性。由此，我们得到距离 a 处的声强（式（6.77）和式（6.78））。声强总是和阈值 J_o 相关联。式（6.78）中的 L_{WA} 是声源的声级，即街道的噪声级。如果针对 z 辆距离为 a 的，以速度 v 经过的车辆进行声强平均并根据式（6.79）计算噪声级 L，则可以得到类似的结果。

$$L_{VA}(z,a) := 10\cdot\log\left[\frac{P\cdot z}{A_o\cdot\left(\frac{a}{a_o}\right)^{1.52}\cdot J_o}\right] \quad (6.77)$$

$$L_{VA}(z,a) = L_{WA} - 15.2\cdot\log\left(\frac{a}{a_o}\right) \quad (6.78)$$

$$L_{WA}(z) := 10\cdot\log\left(\frac{P\cdot z}{Jo\cdot A_o}\right)$$ 声源的声功率级

$$L_V(z,a) := 10\cdot\log\left[\frac{P_V\cdot z}{4\cdot\pi\cdot J_o\cdot v\cdot a\cdot t}\cdot\left(\operatorname{atan}\left(\frac{v\cdot t - x_o}{a}\right) + \operatorname{atan}\left(\frac{x_o}{a}\right)\right)\right] \quad (6.79)$$

$P_V := 6.0\cdot 10^{-5}$　$v := 35$　$x_o := 10^2$　$t := 6$

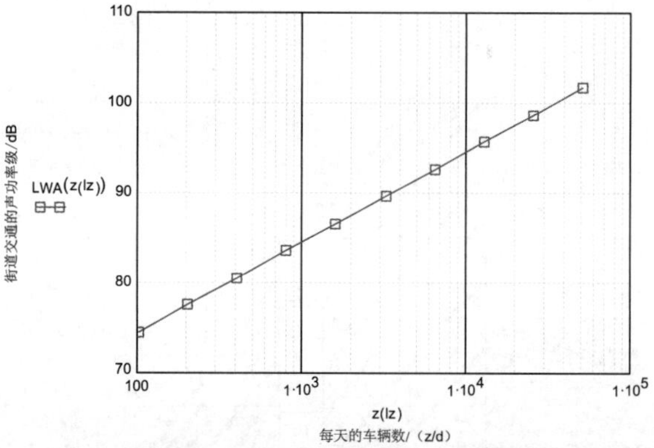

图 6.34　声源的声功率级随交通负荷（辆 / 天）的变化

示例：

距高速公路中心距离为 a 处的交通噪声级

$P := 2.8\cdot 10^{-7}$　　$a_o := 1$

$Jo := 10^{-12}$　　$A_o := 1$

$lz := 2, 2.30103 .. 5$　　$la := 0, 0.001 .. 3$

$z(lz) := 10^{lz}$　　$a(la) := 10^{la}$

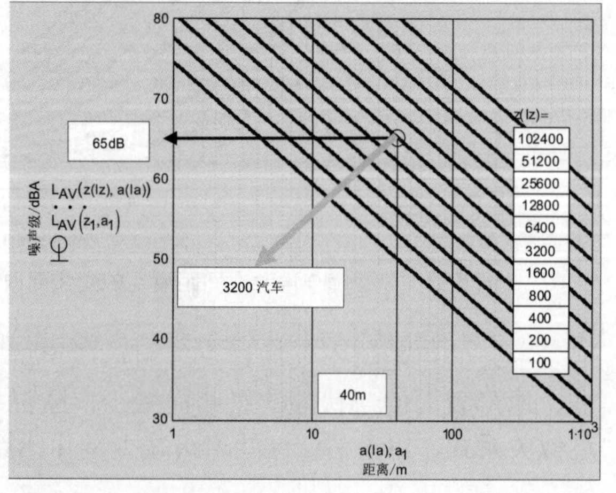

图 6.35　由式（6.77）计算得到的交通噪声级随与到声源（道路中央）距离 a 的变化，交通负荷（辆 / 天）作为参数

在标准[16]中，列出了交通流量与噪声级的变化关系。将距街道中心的距离作为参数，式（6.77）转换为 z 的表达式：

$$zVA(L,a) := \frac{\left(\frac{a}{a_o}\right)^{1.52}}{\frac{P}{Jo \cdot A_o}} \cdot 10^{\frac{L}{10}} \tag{6.80}$$

高速公路上货车数量占 25%　　$L := 30, 30.01 .. 80$　　$P := 2.8 \cdot 10^{-7}$　　$la := 3.107, 2.806 .. 0.7$

$Jo := 10^{-12}$　　$a(la) := 10^{la}$

$A_o := 1$　　$a_o := 1$

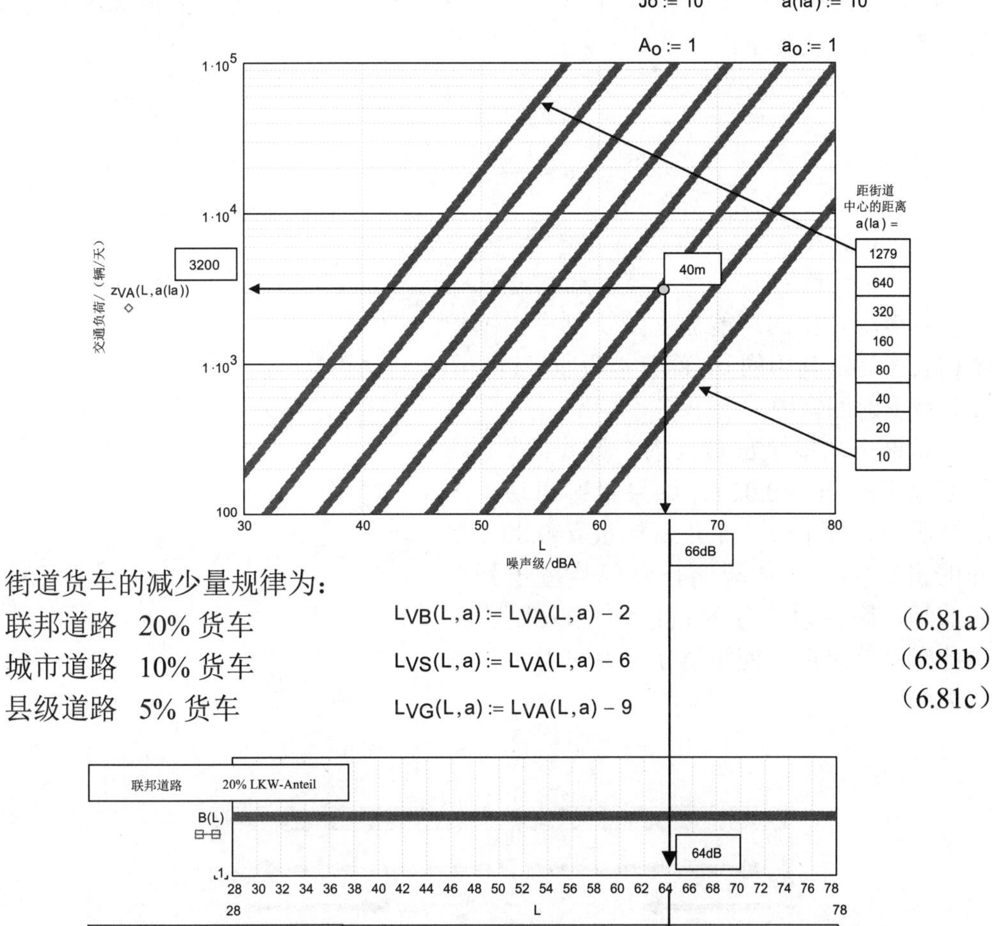

街道货车的减少量规律为：

联邦道路　20% 货车　　$L_{VB}(L,a) := L_{VA}(L,a) - 2$　　（6.81a）

城市道路　10% 货车　　$L_{VS}(L,a) := L_{VA}(L,a) - 6$　　（6.81b）

县级道路　5% 货车　　$L_{VG}(L,a) := L_{VA}(L,a) - 9$　　（6.81c）

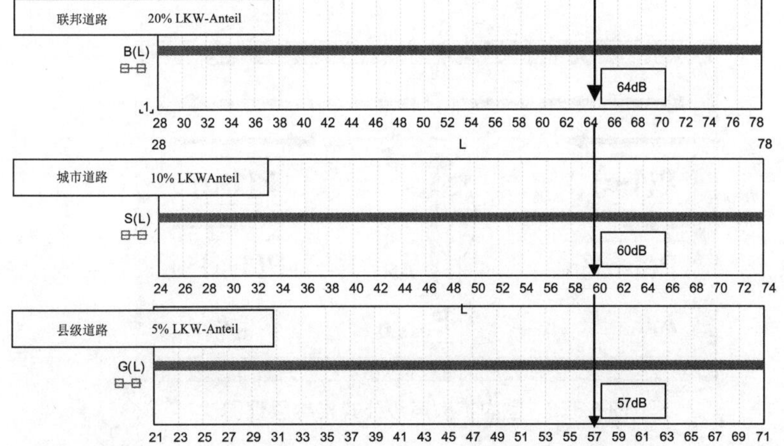

图 6.36　用于确定交通噪声的诺谟图

6.2　内部空间声的传播——室内声学

6.2.1　扩散和直达声场

6.2.1.1　扩散声强和等效吸声面

室外声强主要通过直达声传至受声点，但在受限的室内空间，声源的直达声强要与扩散声强 J_{dif} 叠加在一起，而扩散声强经过室内围护结构表面 A_{Raum} 的 n 次反射（每次均伴有吸收），在室内表现为与位置无关的均匀的声能流密度。吸声系数 α 定义如下：

$$\alpha = \frac{P_{吸收}}{P_{入射}} \tag{6.82}$$

由声源发出的声能流 P 撞击到室内围护结构表面后，其中的 αP 部分被吸收，P(1−α) 部分被反射回室内。

如果声功率全部被反射，则 α=0（裸露的混凝土表面 α=0.02）；如果投射声功率全部被吸收，则 α=1（穿孔石膏板 α=0.80，敞开的窗户 α=1）。如果 P(1−α) 部分撞击到对面的墙，则反射部分为 $P(1-\alpha)^2$，以此类推。由此得总的扩散声能流等于一系列几何量的代数和。

$$P_0 = P$$

$$P_1 = P\cdot(1-\alpha)$$

$$P_2 = P\cdot(1-\alpha)^2$$

$$P_n = P\cdot(1-\alpha)^n$$

$$P_{ges} = \sum_{n=0}^{\infty} P\cdot(1-\alpha)^n = \frac{P}{\alpha} \tag{6.83}$$

$$J = \frac{P}{\alpha\cdot A_{Raum}} \tag{6.84}$$

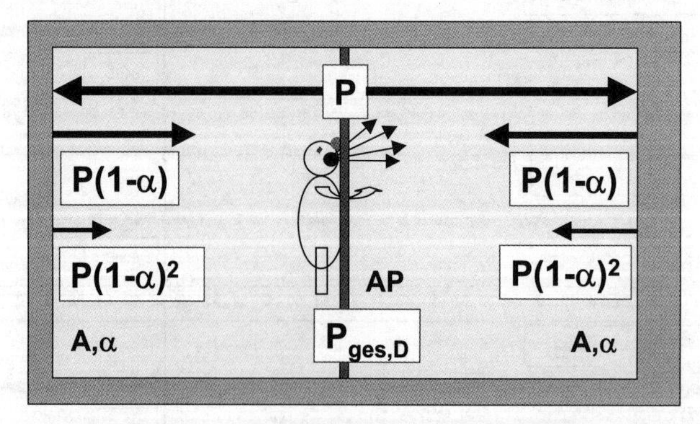

图 6.37a　室内扩散声级公式推导原理图

如果要进一步确定声接收测听点AP处的扩散声能流密度J_{dif}，还需要图6.37b所示的空间几何视图。J可以通过对J_{dif}的法向分量在半空间积分获得。由此，在假设J_{dif}为常数的条件下得$J=J_{dif}/4$（见式（6.85）和式（6.86））。如果将式（6.86）代入式（6.84），则得室内扩散声强的表达式（6.87）。

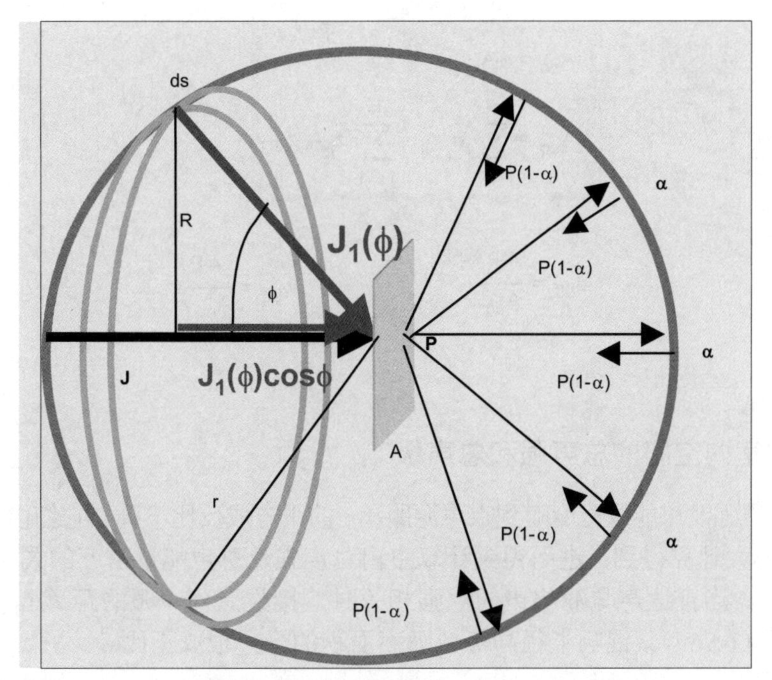

图6.37b 室内扩散声级公式推导原理图

厚度ds，半径为R的圆环的空间角（整个空间的空间角为4π）定义为：

$$d\Omega = \frac{2\cdot\pi\cdot R\cdot ds}{r^2} = \frac{2\cdot\pi\cdot R\cdot r\cdot d\phi}{r^2} = \frac{2\cdot\pi\cdot r\cdot \sin\phi\cdot r\cdot d\phi}{r^2} = 2\cdot\pi\cdot\sin\phi\cdot d\phi \tag{6.85}$$

对扩散声能流密度J_{ges}的法向分量在空间角dΩ上积分得：

$$J = \frac{1}{4\cdot\pi}\cdot\int_0^{\frac{\pi}{2}} J(\phi)\cdot\cos\phi\cdot\sin\phi\, d\phi = \frac{J_{dif}}{4} \tag{6.86}$$

$$J(\phi) = J_{dif} = 常数$$

$$J_{dif} = \frac{4\cdot P}{\alpha\cdot A_{Raum}} \tag{6.87}$$

吸声系数α和吸声（室内围护结构）面积A的乘积被称为等效吸声面积A_{eq}。一般情况下，必须针对不同的吸声组成面积，考虑人及物体的吸声特性（式（6.89））。α和A_{eq}是与频率相关的。这样，最后得到室内扩散声强（更准确为声能流密度）及扩散声能量密度的表达式（6.90）和式（6.91）。

$$A_{eq} = \alpha \cdot A \tag{6.88}$$

$$A_{eq} = \sum_{j=1}^{n} \alpha_j \cdot A_j + \sum_{j=1}^{k} z_j \cdot A_{eqPG} \tag{6.89}$$

$$J_{dif} = \frac{4 \cdot P}{A_{eq}} \tag{6.90}$$

$$w_{dif} = \frac{4 \cdot P}{A_{eq} \cdot c} \tag{6.91}$$

6.2.1.2　室内空间的总声强和总声级

直达声强及声能量密度随到点声源距离r的平方成反比下降，它们由式（6.92）和式（6.93）计算得到。进而得到计算室内总声强及总声能量密度的式（6.94）和式（6.95）。当直达声与混响声的声强相等时，接收点到声源的距离r_H称为混响半径（式（6.96））。混响半径与等效吸声面积的平方根成正比。

$$J_{dir} = \frac{P}{4 \cdot \pi \cdot r^2} \tag{6.92}$$

$$w_{dir} = \frac{P}{4 \cdot \pi \cdot r^2 \cdot c} \tag{6.93}$$

$$J := \frac{P}{4 \cdot \pi \cdot r^2} + \frac{4 \cdot P}{A_{eq}} \tag{6.94}$$

$$w := \frac{P}{4 \cdot \pi \cdot r^2 \cdot c} + \frac{4 \cdot P}{A_{eq} \cdot c} \tag{6.95}$$

$$\frac{P}{4 \cdot \pi \cdot r_H^2 \cdot c} = \frac{4 \cdot P}{A_{eq} \cdot c}$$

$$r_H = 0.141 \cdot \sqrt{A_{eq}} \tag{6.96}$$

如果总声强为已知，室内声级可由式（6.99）计算。对应于声源功率 P 的声功率级仍然是 L_w（$P=10^{-6}W$，$L_w=60dB$）。A_o 为 1m^2 的参考面积。

$A_o := 1 \qquad P := 10^{-6}$

$J_o := 10^{-12} \qquad L_W = 60$

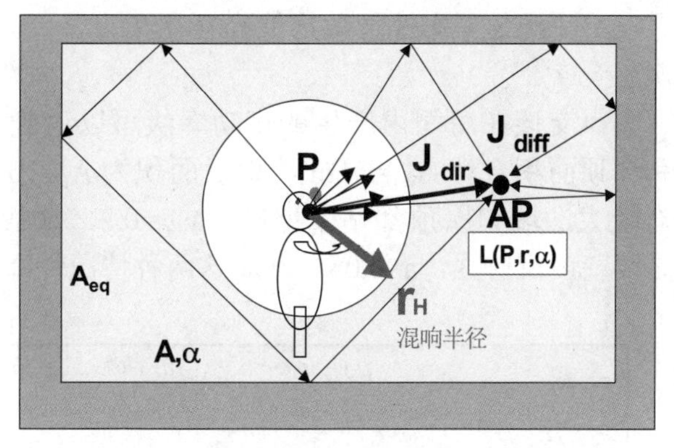

图 6.38 室内接收点 AP 的扩散和直达声级

$$L(P,r,\alpha) := 10 \cdot \log\left(\frac{J(P,r,\alpha)}{J_o}\right)$$

$$L(P,r,\alpha) := 10 \cdot \log\left(\frac{\frac{P}{4 \cdot \pi \cdot r^2} + 4 \frac{P}{A_{eq}(\alpha)}}{J_o}\right) \tag{6.97}$$

$$L_W := 10 \cdot \log\left(\frac{P}{J_o \cdot A_o}\right) \tag{6.98}$$

$$L(P,r,\alpha) := L_W + 10 \cdot \log\left(\frac{A_o}{4 \cdot \pi \cdot r^2} + \frac{4 \cdot A_o}{A_{eq}(\alpha)}\right) \tag{6.99}$$

当 $r > r_H$ 时，直达声强的影响已经减弱到很小，只有扩散声部分对总声级起作用，如式（6.100）。当 $r=r_H$ 时，L 比扩散声级大 3dB。

$$L(P,r,\alpha) := L_W + 6 + 10 \cdot \log\left(\frac{A_o}{A_{eq}(\alpha)}\right) \tag{6.100}$$

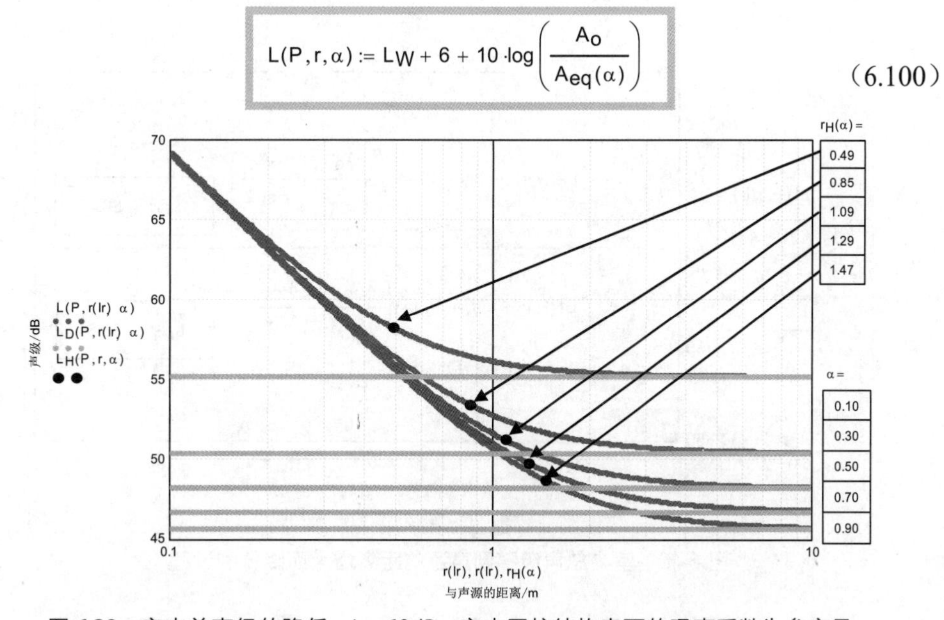

图 6.39 室内总声级的降低，L_w=60dB，室内围护结构表面的吸声系数为参变量

图 6.39 给出了声级的变化过程曲线，以及混响半径值随室内围护结构表面吸声系数的变化。当与声源的距离超过 1.5m 时，随着空间吸声效应越来越强，只有在空间均匀分布的扩散声能尚且存在。

示例:

大声交谈在房间内产生的声功率级可以达到 L_w=60dB（$P=10^{-6}$W）。房间的墙和屋顶面积合计 $A_{WD}=56m^2$，地板面积为 $A_F=16m^2$。第一种情况是，吸声系数相对较大，墙和屋顶都贴了壁纸，a_{WD}=0.2，地板铺了地毯，a_F=0.4。第二种情况是墙壁声反射强，a=0.05。针对这两种情况计算混响半径和声级。

$P := 10^{-6}$　$J_o := 10^{-12}$

$A_o := 1$

$L_W := 10 \cdot \log\left(\frac{P}{J_o \cdot A_o}\right)$

$L_W = 60.00$

$\alpha WD := 0.2$　$\alpha F := 0.4$　$\alpha := 0.05$

$A_{WD} := 56$　$A_F := 16$

$A_{eq1} := \alpha WD \cdot A_{WD} + \alpha F \cdot A_F$　　$A_{eq2} := \alpha \cdot (A_{WD} + A_F)$

$A_{eq1} = 17.60$　　$A_{eq2} = 3.60$

$r_{H1} := 0.141\sqrt{A_{eq1}}$　　$r_{H2} := 0.141\sqrt{A_{eq2}}$

$r_{H1} = 0.59$　　$r_{H2} = 0.27$

$L1(P,r) := L_W + 10 \cdot \log\left(\frac{A_o}{4 \cdot \pi \cdot r^2} + \frac{4 \cdot A_o}{A_{eq1}}\right)$　　$L2(P,r) := L_W + 10 \cdot \log\left(\frac{A_o}{4 \cdot \pi \cdot r^2} + \frac{4 \cdot A_o}{A_{eq2}}\right)$

$L_{D1} := L_W + 6 - 10 \cdot \log(A_{eq1})$　　$L_{D2} := L_W + 6 - 10 \cdot \log(A_{eq2})$

$L_{D1} = 53.5$　　$L_{D2} = 60.4$

吸声的室内围护结构表面使得室内声级降低 7dB。

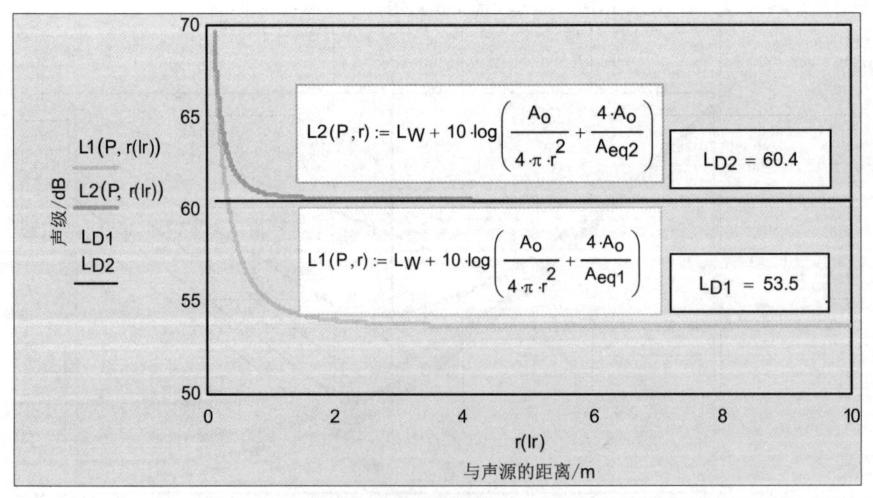

图 6.40　室内总声级随到声源的距离增大而降低的过程

6.2.2 吸声

在这一节中，将介绍三种典型的吸声材料（穿孔石膏板、纺织物地毯等类似物品、板吸声体及亥姆霍兹共振腔）随声波的吸声特性和频率特性而变化的吸声率的计算。

6.2.2.1 多孔吸声材料

多孔材料目前直接用于建筑构件。入射声波、反射声波及进入材料中的声波，即吸收波的声压和声速向量可由关系式（6.101）和式（6.102）计算。将式（6.102）表达的声压和速度之间的关系（见 6.1.2 节声场参数）代入后，可得出式（6.103）。借助反射系数 r 和吸声系数 α 的定义，可立即得到式（6.104）和式（6.105）。密度和声速的乘积 Z=ρc 称为波阻或声阻抗。

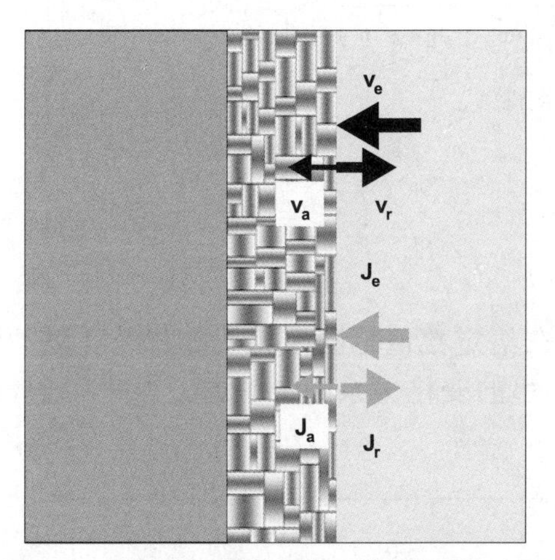

图 6.41 确定多孔墙体吸声系数的原理示意图

$$p_a = p_e + p_r \tag{6.101}$$

$$v_a = v_e - v_r \tag{6.102}$$

$$\frac{p_a}{\rho_W \cdot c_W} = \frac{p_e}{\rho_L \cdot c_L} - \frac{p_r}{\rho_L \cdot c_L} \tag{6.103}$$

$$r = \frac{J_r}{J_e} = \frac{p_r^2}{p_e^2} = \left(\frac{1 - \frac{\rho_L \cdot c_L}{\rho_W \cdot c_W}}{1 + \frac{\rho_L \cdot c_L}{\rho_W \cdot c_W}} \right)^2 \tag{6.104}$$

$$\alpha = 1 - r = 1 - \left(\frac{1 - \frac{\rho_L \cdot c_L}{\rho_W \cdot c_W}}{1 + \frac{\rho_L \cdot c_L}{\rho_W \cdot c_W}} \right)^2 \tag{6.105}$$

$$Z_W = \rho_W \cdot c_W \tag{6.106}$$

$$Z_L = \rho_L \cdot c_L \tag{6.107}$$

$$Z1(\psi) := \frac{\rho_M \cdot c_M}{1 + \psi \cdot \left(\frac{\rho_M \cdot c_M}{\rho_L \cdot c_L} \right)} \tag{6.108}$$

$$Z2(\psi) := \left[\left(\rho_M \cdot c_M - \rho_L \cdot c_L \right) \cdot (1 - \psi) \right] + \rho_L \cdot c_L \tag{6.109}$$

$$Z_W(\psi, p) := Z1(\psi) \cdot (1 - p) + Z2(\psi) \cdot p \tag{6.110}$$

空气的声阻抗为 Z_L=420kg/m^{2}s。在多孔材料中，材料固体骨架和空气的声阻抗混淆在一起共同起作用。进入的声能流密度 J_a 将遇到一系列串联和并联的孔隙（同样的情况在多孔建筑材料的热和湿传导已经遇到）。由此得吸声墙体材料的声阻抗计算式（6.110）。

机械声能在孔隙中被转换为热能。孔隙半径分布将使用与湿传递章节（见5.1.3节湿储存）中同样的公式描述。所有以 u_o 为声振幅的声能，如果小于式（6.111），则被转换为热。对孔隙分布函数（具有一个半径为 R_0 孔峰值的单模式分布）从无穷大至 u_o 积分，得到“声有效”孔隙率 ψ_R 计算式（6.112）。该式被代入阻抗式（6.108）至式（6.110）中。从而得到式（6.113）至式（6.115），最后得到吸声系数 α 的最终表达式（6.116）。

$$u_o^2 = \frac{2 \cdot J_e}{c_L \cdot \rho_L \cdot 4 \cdot \pi^2 \cdot f^2} \tag{6.111}$$

$$\psi R(\psi, f) := \psi \cdot \left[1 + \frac{2 \cdot J}{\left(Ro^2 \cdot c_L \cdot \rho_L \cdot 4 \cdot \pi^2 \cdot f^2\right)}\right]^{-2} \tag{6.112}$$

$$Z1(\psi, f, Ro) := \frac{\rho_M \cdot c_M}{1 + \psi \cdot \left[1 + \frac{2 \cdot J}{\left(Ro^2 \cdot c_L \cdot \rho_L \cdot 4 \cdot \pi^2 \cdot f^2\right)}\right]^{-2} \cdot \left(\frac{\rho_M \cdot c_M}{\rho_L \cdot c_L}\right)} \tag{6.113}$$

$$Z2(\psi, f, Ro) := \left[\left(\rho_M \cdot c_M - \rho_L \cdot c_L\right) \cdot \left[1 - \psi \cdot \left[1 + \frac{2 \cdot J}{\left(Ro^2 \cdot c_L \cdot \rho_L \cdot 4 \cdot \pi^2 \cdot f^2\right)}\right]^{-2}\right]\right] + \rho_L \cdot c_L \tag{6.114}$$

$$ZW(\psi, f, Ro) := Z1(\psi, f, Ro) \cdot (1 - p) + Z2(\psi, f, Ro) \cdot p \tag{6.115}$$

$$\alpha(\psi, f, Ro) := 1 - \left(\frac{1 - \frac{\rho_L \cdot c_L}{ZW(\psi, f, Ro)}}{1 + \frac{\rho_L \cdot c_L}{ZW(\psi, f, Ro)}}\right)^2 \tag{6.116}$$

在图6.42中，给出了墙的声阻抗 Z_W 在给定数值范围内随孔隙率及孔隙的声学并联部分份额的变化关系。阻抗与频率的变化关系尚未考虑。当 Ψ=0 时，$Z_W=\rho_M c_M$，当 Ψ=1 时，$Z_W=\rho_L c_L$。

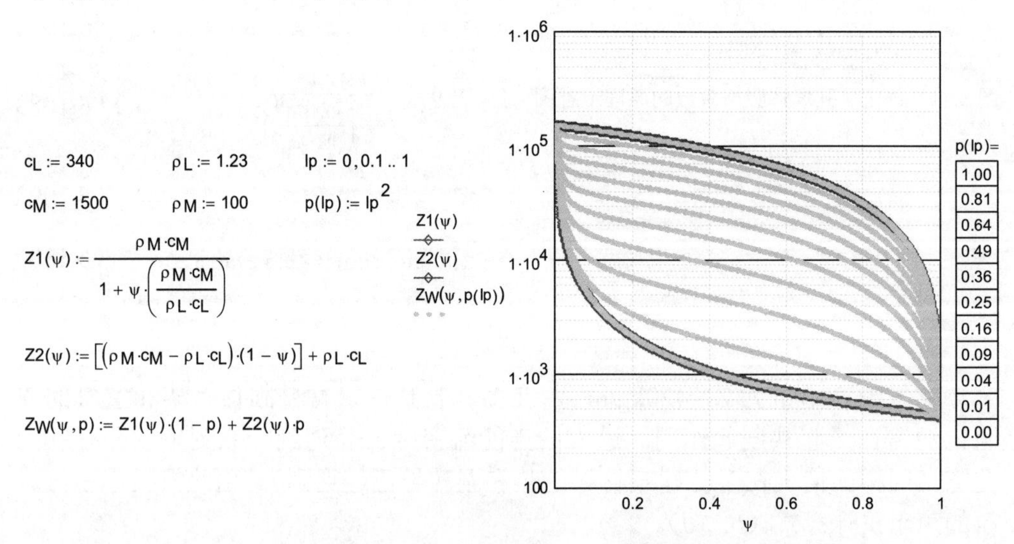

图6.42　墙的声阻抗随孔隙率的变化

图 6.43 给出了墙体材料的吸声系数在图上标注给定材料参数范围内随孔隙率（作为参数，R_o 是孔径分布的量度）和频率的变化关系。

本节继续在以下几页介绍一些具体材料的计算值，并与文献的测量结果进行比较。

多孔吸声材料抑制宽频带的，尤其是高频率的声波。

$J := 10^{-5}$　　$Ro := 2\cdot 10^{-7}$　　$lf := 1, 1.01 .. 4$

$c_L := 340$　　$\rho_L := 1.23$　　$\psi := 1, 0.9 .. 0$　　$f(lf) := 10^{lf}$

$c_M := 1500$　　$\rho_M := 100$　　$p := 0.04$

$$Z1(\psi,f,Ro) := \frac{\rho_M \cdot c_M}{1+\psi\cdot\left[1+\frac{2\cdot J}{\left(Ro^2\cdot c_L\cdot\rho_L\cdot 4\cdot\pi^2\cdot f^2\right)}\right]^{-2}\cdot\left(\frac{\rho_M\cdot c_M}{\rho_L\cdot c_L}\right)}$$

$$Z2(\psi,f,Ro) := \left[\left(\rho_M\cdot c_M-\rho_L\cdot c_L\right)\cdot\left[1-\psi\cdot\left[1+\frac{2\cdot J}{\left(Ro^2\cdot c_L\cdot\rho_L\cdot 4\cdot\pi^2\cdot f^2\right)}\right]^{-2}\right]\right]+\rho_L\cdot c_L$$

$$ZW(\psi,f,Ro) := Z1(\psi,f,Ro)\cdot(1-p)+Z2(\psi,f,Ro)\cdot p$$

$$\alpha(\psi,f,Ro) := 1-\left(\frac{1-\frac{\rho_L\cdot c_L}{ZW(\psi,f,Ro)}}{1+\frac{\rho_L\cdot c_L}{ZW(\psi,f,Ro)}}\right)^2$$

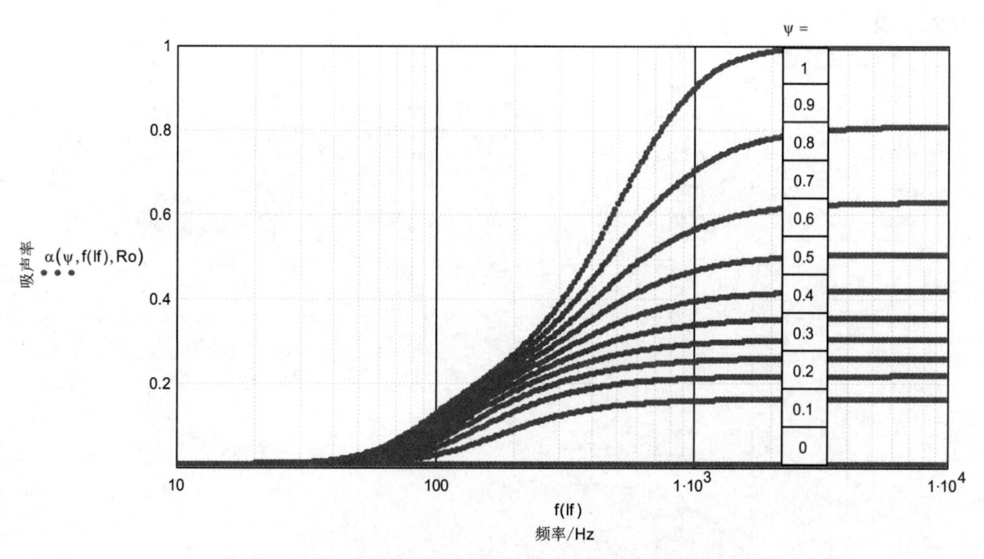

图 6.43　墙面的吸声系数随频率和孔隙率的变化关系

例 1：吸声石膏板

测量结果

频率 F	吸声系数 a1
125	0.04
250	0.15
500	0.26
1000	0.41
2000	0.69
4000	0.89

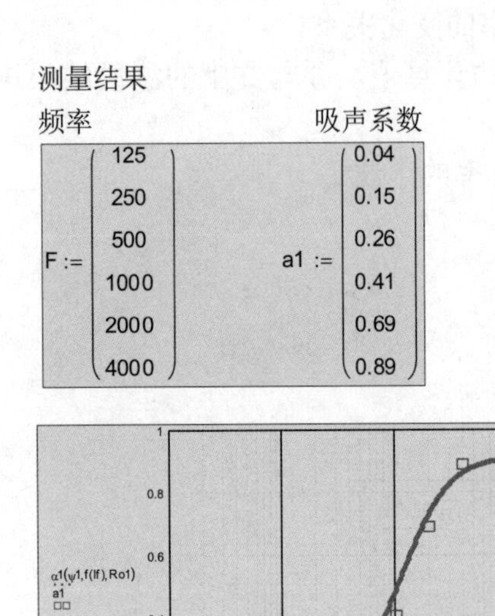

计算结果

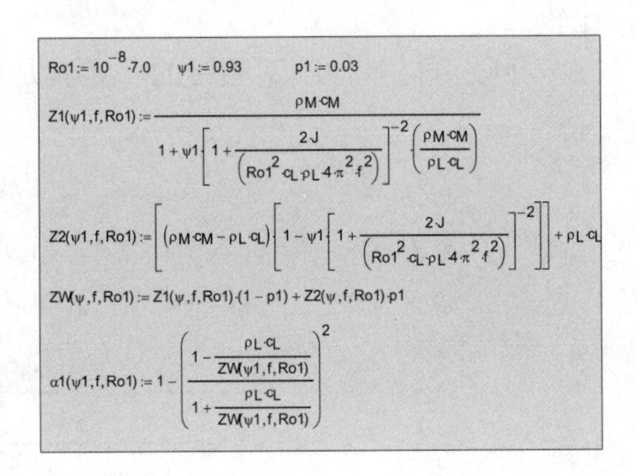

图 6.44　吸声系数的计算值和测量值随频率的变化

例 2：石灰水泥抹灰层

测量结果

频率 F	吸声系数 a2
125	0.03
250	0.03
500	0.04
1000	0.04
2000	0.05
4000	0.06

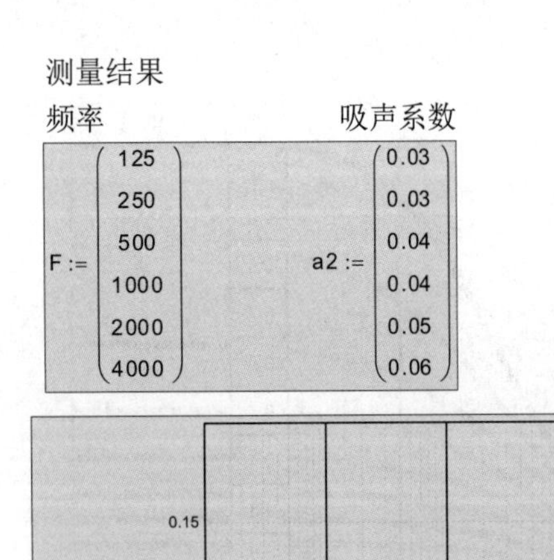

计算结果

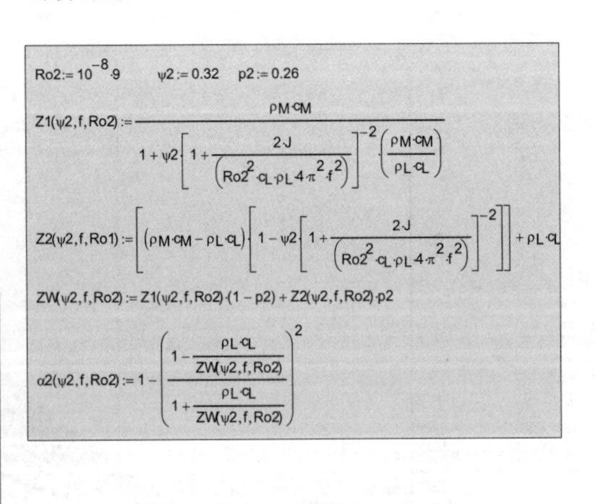

图 6.45　吸声系数的计算值和测量值随频率的变化

例 3：裸混凝土墙面

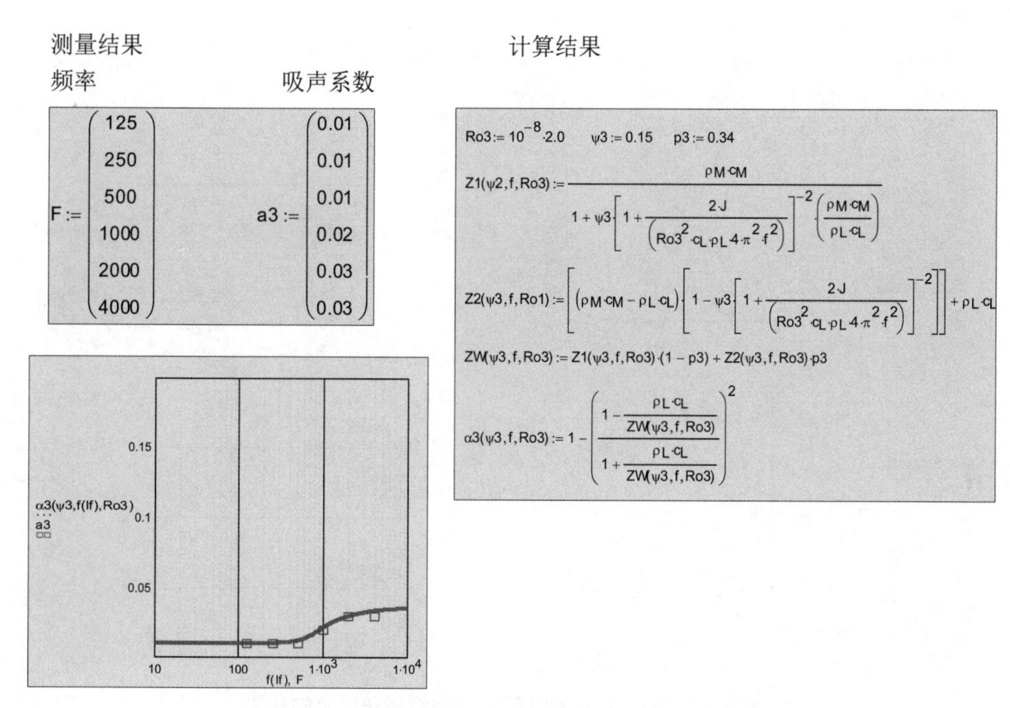

图 6.46　吸声系数的计算值和测量值随频率的变化

例 4：木地板（未密封）

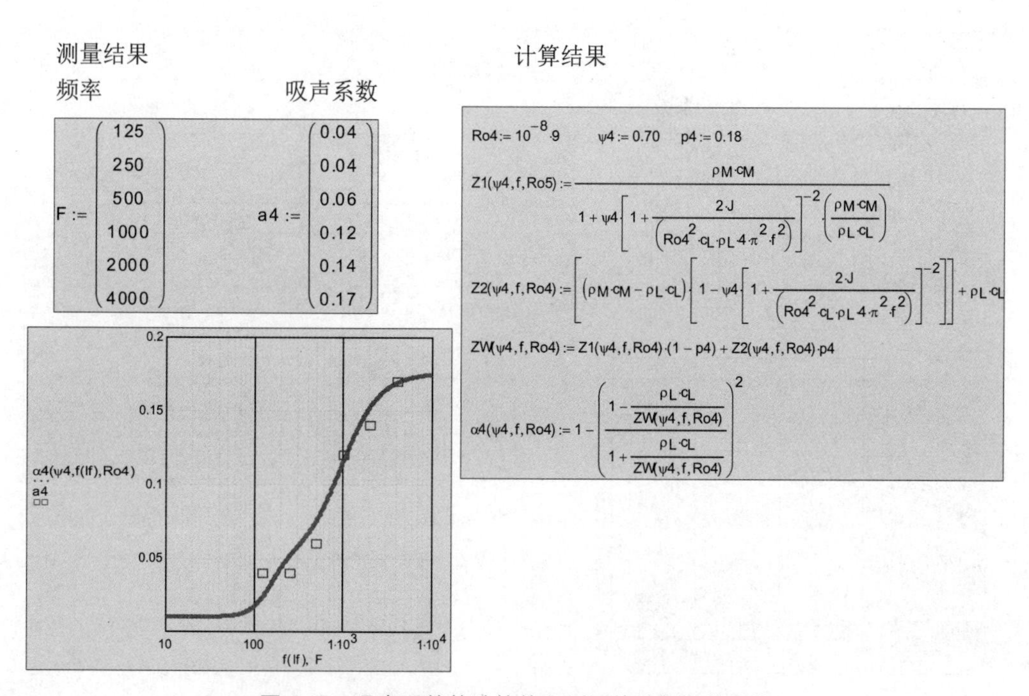

图 6.47　吸声系数的计算值和测量值随频率的变化

例 5：织物垫（丝绒地毯）

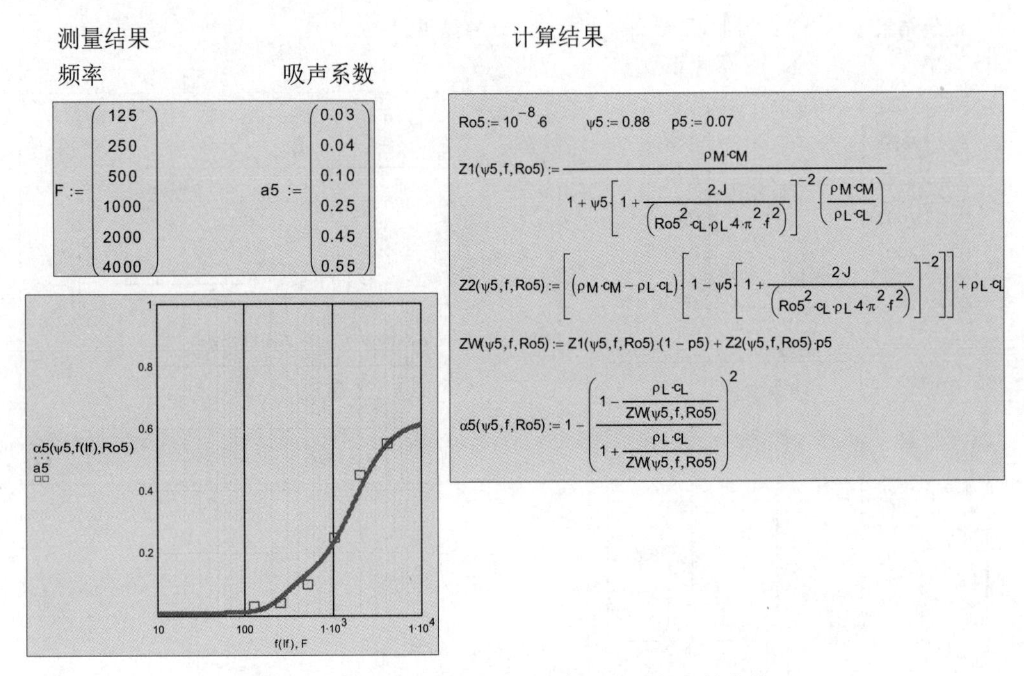

$$Z1(\psi5,f,Ro5):=\frac{\rho M\cdot cM}{1+\psi5\cdot\left[1+\frac{2\cdot J}{\left(Ro5^{2}\cdot cL\cdot\rho L\cdot 4\cdot\pi^{2}\cdot f^{2}\right)}\right]^{-2}\cdot\left(\frac{\rho M\cdot cM}{\rho L\cdot cL}\right)}$$

$$Z2(\psi5,f,Ro5):=\left[(\rho M\cdot cM-\rho L\cdot cL)\cdot\left[1-\psi5\cdot\left[1+\frac{2\cdot J}{\left(Ro5^{2}\cdot cL\cdot\rho L\cdot 4\cdot\pi^{2}\cdot f^{2}\right)}\right]^{-2}\right]\right]+\rho L\cdot cL$$

$$\alpha5(\psi5,f,Ro5):=1-\left(\frac{1-\frac{\rho L\cdot cL}{ZW(\psi5,f,Ro5)}}{1+\frac{\rho L\cdot cL}{ZW(\psi5,f,Ro5)}}\right)^{2}$$

图 6.48　吸声系数的计算值和测量值随频率的变化

例 6：PVC 地板，瓷砖

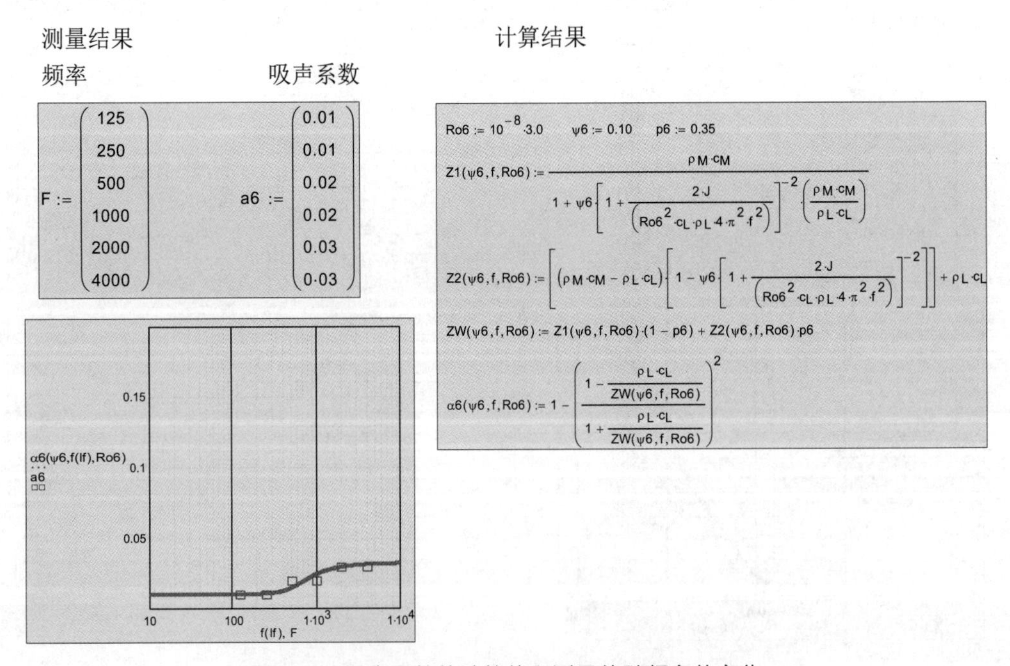

$$Z1(\psi6,f,Ro6):=\frac{\rho M\cdot cM}{1+\psi6\cdot\left[1+\frac{2\cdot J}{\left(Ro6^{2}\cdot cL\cdot\rho L\cdot 4\cdot\pi^{2}\cdot f^{2}\right)}\right]^{-2}\cdot\left(\frac{\rho M\cdot cM}{\rho L\cdot cL}\right)}$$

$$Z2(\psi6,f,Ro6):=\left[(\rho M\cdot cM-\rho L\cdot cL)\cdot\left[1-\psi6\cdot\left[1+\frac{2\cdot J}{\left(Ro6^{2}\cdot cL\cdot\rho L\cdot 4\cdot\pi^{2}\cdot f^{2}\right)}\right]^{-2}\right]\right]+\rho L\cdot cL$$

$$\alpha6(\psi6,f,Ro6):=1-\left(\frac{1-\frac{\rho L\cdot cL}{ZW(\psi6,f,Ro6)}}{1+\frac{\rho L\cdot cL}{ZW(\psi6,f,Ro6)}}\right)^{2}$$

图 6.49　吸声系数的计算值和测量值随频率的变化

6.2.2.2 薄板共振吸声结构

将一块可弯曲的软板（如石膏板，OSB板）安装在距墙面 d_E 的位置，板后面有空气或者低弹性模量材料（如岩棉）起到弹簧的作用。来自右侧的声波，其声能流密度为 J_e，声压幅值为 Δp_e，频率为 f_e，激励该板产生受迫衰减振动。板振动的幅值 u_p，相位角 β_p 可由动力学基本定律（式（6.117）至式（6.121））求得。然后得到吸收的和反射到室内的声能流密度 J_a 和 J_r。如果板振动系统的固有频率 f_0 与入射声波的激振频率一致（共振的情况），那就会有特别多的声能被吸收。实践证明，薄板共振吸声结构在建筑声学的低频范围特别有效。

作用在薄板上的力由入射声波的激振力、弹性恢复力及阻尼力组成，见式（6.117）。将其代入力学基本定律式（6.118），得到式（6.119）。将式（6.120）关于薄板激振力振幅和单位面积质量的关系式代入式（6.119），可以得到微分式（6.121），由该方程可以得到用于计算振动位移（位移-时间定律）的式（6.124），其中的振幅、相位差和自振频率分别由式（6.126）、式（6.122）和式（6.123）表达。在确定吸收的声能流密度之前，下面先讨论该方程。

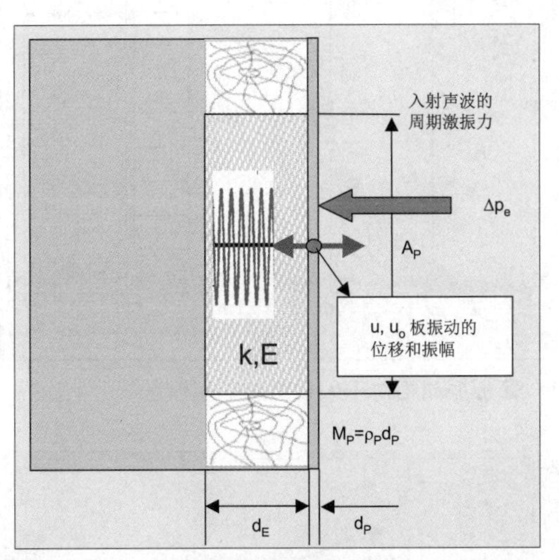

图 6.50 计算薄板共振吸声结构吸声系数的原理示意图

$$F = -k\cdot u - r\frac{d}{dt}u + F_0\cdot\cos(2\cdot\pi\cdot f_e\cdot t) \qquad (6.117)$$

弹性恢复力 阻尼力 激振力

$$F = m\cdot a \qquad (6.118)$$

$$-k\cdot u - r\frac{d}{dt}u + F_0\cdot\cos(2\cdot\pi\cdot f_e\cdot t) = m\frac{d^2}{dt^2}u \qquad (6.119)$$

$$F_0 = 2\cdot\Delta p_e\cdot A \qquad M = \frac{m}{A} \qquad (6.120)$$

激振力振幅 薄板面密度

$$-(2\cdot\pi\cdot f_0)^2\cdot u - 2\cdot D_P\cdot(2\cdot\pi\cdot f_0)\frac{d}{dt}u + \frac{2\cdot\Delta p_e}{M}\cdot\cos(2\cdot\pi\cdot f_e\cdot t) = \frac{d^2}{dt^2}u \qquad (6.121)$$

弹性恢复力 阻尼力 激振力 惯性力

$$f_0 = \frac{1}{2\cdot\pi}\cdot\sqrt{\frac{k}{m}} = \frac{1}{2\cdot\pi}\cdot\sqrt{\frac{E}{d_E}\frac{A_P}{m_P}} \qquad (6.122)$$

$$f_{0P}(d_E, E) := \frac{1}{2\cdot\pi}\cdot\sqrt{\frac{E}{d_E}\frac{1}{\rho_P d_P}} \qquad (6.123)$$

$$u(x,t) = u_P \cdot \cos\left[(2\cdot\pi\cdot f_e\cdot t) - \beta_P\right] \tag{6.124}$$

$$\beta_P(f_e, d_E, D_P, E) := \operatorname{atan}\left[2\cdot D_P\cdot\frac{(2\cdot\pi\cdot f_{oP}(d_E,E))\cdot(2\cdot\pi\cdot f_e)}{\left[(2\cdot\pi\cdot f_{oP}(d_E,E))^2-(2\cdot\pi\cdot f_e)^2\right]}\right] \tag{6.125}$$

$$u_P(f_e, D_P, d_E, E) := 2\frac{2\cdot\Delta p_e}{M_P(\rho_P, d_P)\cdot(2\cdot\pi\cdot f_e)^2\cdot\sqrt{\left[\frac{(2\cdot\pi\cdot f_{oP}(d_E,E))^2}{(2\cdot\pi\cdot f_e)^2}-1\right]^2+\left[2\cdot D_P\cdot\frac{(2\cdot\pi\cdot f_{oP}(d_E,E))}{(2\cdot\pi\cdot f_e)}\right]^2}} \tag{6.126}$$

示例：

一块石膏板（密度 ρ_P=1000kg/m³，厚度 d_P=10mm）挂在距墙面 d_E=0.1m 的前方，填充材料为岩棉（E=3・10⁵N/m²）阻尼系数 D_P 为参变量

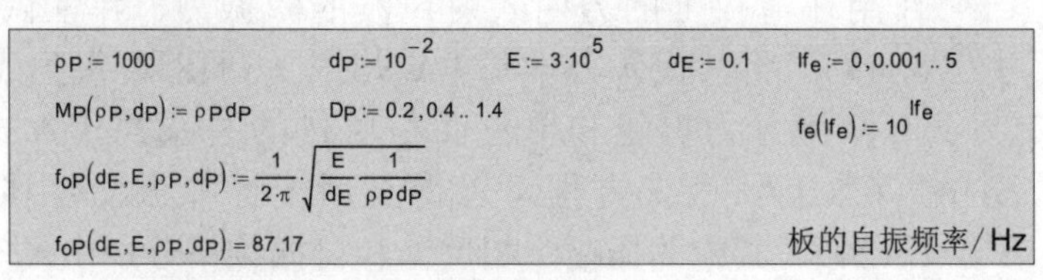

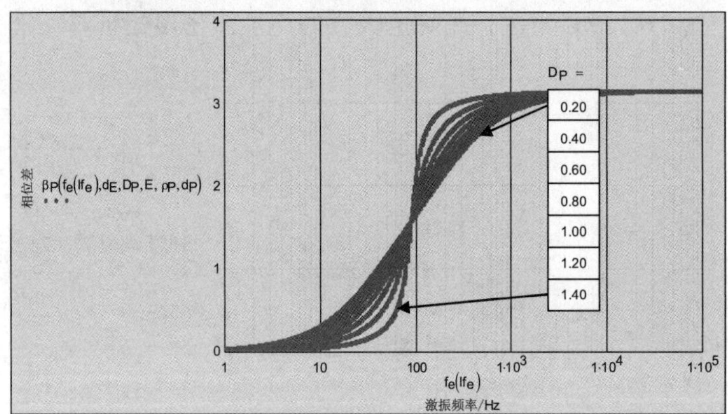

图 6.51　薄板振动相对于入射声波的相位差

图 6.51 给出了薄板振动相对于入射声波的相位差，图中阻尼系数 D_P 为参变量。在极小的激振频率时，薄板会与入射声波同节拍振动（β=0，t_v=0），而对于非常大的激振频率，会出现反向节拍（β=π，t_v=T）。在共振情况下，相位差为 β=π/2，时间相位差为 T/2。随着阻尼的增大，曲线变得平缓。

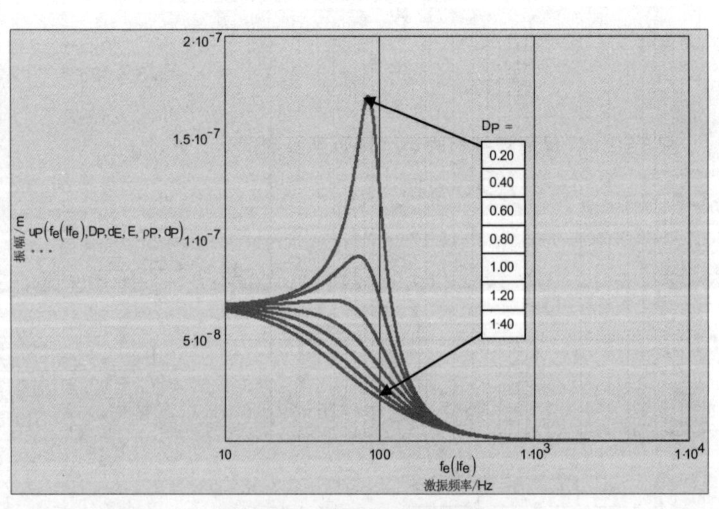

图 6.52　薄板振动的振幅

图 6.52 给出了以阻尼 D_p 作为参变量的薄板振动振幅。在极小的激振频率时，薄板会与入射声波同节拍振动，且板的偏移量对应于其静态变形。而对于非常大的激振频率，板因惯性无法跟随激励源振动，因而保持不动。在共振的情况下，如果阻尼系数小于 0.71，则共振幅值明显变得越来越大。这对应于对相应的声能量的吸收量。

示例:

一块石膏板（密度 ρ_P=1000kg/m^3，厚度 d_P=10mm）挂在距墙面不同距离的前方，阻尼系数 D_P=0.3

$\rho P := 1000$　　$dP := 10^{-2}$　　$E := 3\cdot10^{5}$　　$dE := 0.3, 0.25 .. 0.05$　　$lfe := 0, 0.001 .. 5$

$MP(\rho P, dP) := \rho P dP$　　$DP := 0.3$　　$fe(lfe) := 10^{lfe}$

$foP(dE, E, \rho P, dP) := \frac{1}{2\cdot\pi}\cdot\sqrt{\frac{E}{dE}\cdot\frac{1}{\rho P dP}}$　　板的自振频率/ Hz

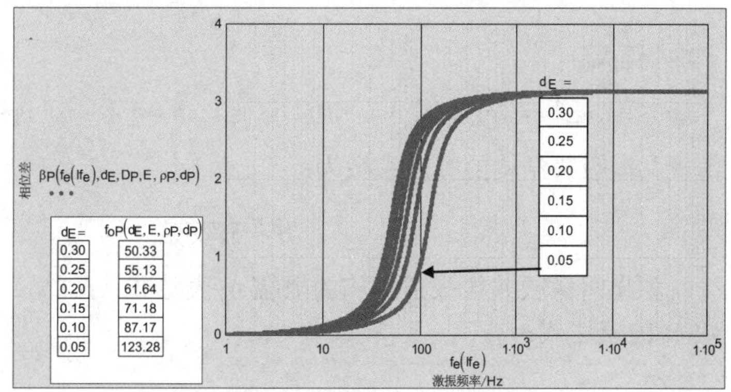

图 6.53　薄板振动相对于入射声波的相位差

图 6.53 再次给出了薄板振动相对于入射声波的相位差，但本图是以 d_E 为参变量。在极小的激振频率时，薄板会与入射声波同节拍振动（β=0，t_v=0），而对于非常大的激振频率，会出现反向节拍（$\beta=\pi$，t_v=T）。在共振情况下，相位差为 $\beta=\pi/2$，时间相位差为 T/2。随着板与墙之间距离的增大，自振频率下降，由此带来吸声最大值的下降。

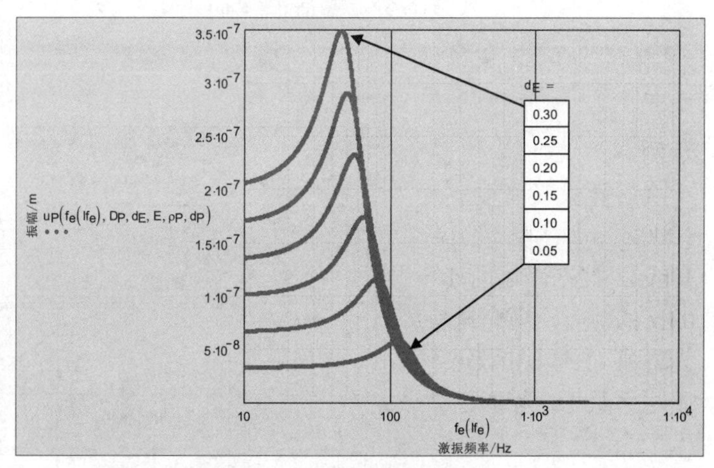

图 6.54　薄板振动的振幅

图 6.54 给出了以阻尼 d_E 作为参变量的薄板振动振幅。在极小的激振频率时，薄板会与入射声波同节拍振动，且板的偏移量对应于其静态变形。该变形会随着板墙间距的增大而增大。对于非常大的激振频率，板因惯性无法跟随激励源振动，因而保持不动。在共振的情况下，如果阻尼系数 D_p=0.3，特别是在大的板墙间距下会出现明显的共振振幅增大。这对应于对相应的声能量的吸收量。

如果将力的表达式（6.121）乘以薄板振动速度 du/dt，得到声能流密度关系式。

$$M\cdot(2\cdot\pi\cdot f_O)^2\cdot u\cdot\left(\frac{d}{dt}u\right)-2\cdot M\cdot D_P\cdot(2\cdot\pi\cdot f_O)\cdot\left(\frac{d}{dt}u\right)\cdot\left(\frac{d}{dt}u\right)+2\cdot\Delta p_e\cdot\cos(2\cdot\pi\cdot f_e\cdot t)\cdot\left(\frac{d}{dt}u\right)=M\frac{d^2}{dt^2}u\cdot\left(\frac{d}{dt}u\right)\qquad(6.127)$$

势能能流密度　　由于摩擦消耗的势能能流密度　　由激振力传递的能流密度　　动能能流密度

在 6.1.2.4 节中式（6.34）为入射声波的能流密度 J_e 的表达式。由于摩擦薄板共振吸声结构消耗的声能流密度由式（6.127）推导得到，表达式为式（6.128）。

$$J_e=\frac{\Delta p_e^{\,2}}{2\cdot\rho_L\cdot c_L}$$

$$J_{aP}(f_e,D_P,d_E,E,\rho_P,d_P):=M_P(\rho_P,d_P)\cdot u_P(f_e,D_P,d_E,E,\rho_P,d_P)^2\cdot(2\cdot\pi\cdot f_e)^2\cdot D_P\cdot 2\cdot\pi\cdot f_{oP}(d_E,E,\rho_P,d_P)\qquad(6.128)$$

薄板共振吸声结构的吸声系数为：

$$\alpha_P=\frac{J_{aP}}{J_e+J_{aP}}\qquad(6.129)$$

如果将薄板共振吸声结构的振幅 u_p 表达式（6.126）代入，则最后得吸声系数 α_P 的表达式：

$$\alpha_P(f_e,D_P,d_E,E,\rho_P,d_P):=\frac{1}{1+\dfrac{\pi\cdot\rho_P\cdot d_P}{16\cdot D_P\cdot\rho_L\cdot c_L}\cdot\dfrac{f_e^{\,2}}{f_{oP}(d_E,E,\rho_P,d_P)}\cdot\left[\left[\dfrac{(f_{oP}(d_E,E,\rho_P,d_P))^2}{f_e^{\,2}}-1\right]^2+\left(2\cdot D_P\cdot\dfrac{f_{oP}(d_E,E,\rho_P,d_P)}{f_e}\right)^2\right]}\qquad(6.130)$$

示例：

一块石膏板（密度 ρ_P=1000kg/m^3，厚度 d_P=10mm）挂在距墙面 d_E=0.1m 的前方，填充材料为岩棉（E=3・10^{5}N/m^2）阻尼系数 D_P 为参变量

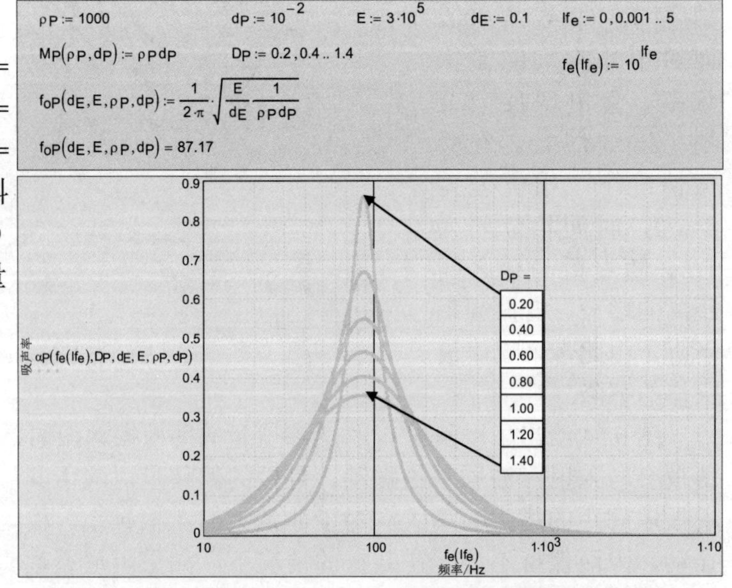

图 6.55　薄板振动体（石膏板）的吸声系数随频率和阻尼的变化

示例：石膏板距墙间隔 d_E 不同，阻尼系数为 D_p=0.3

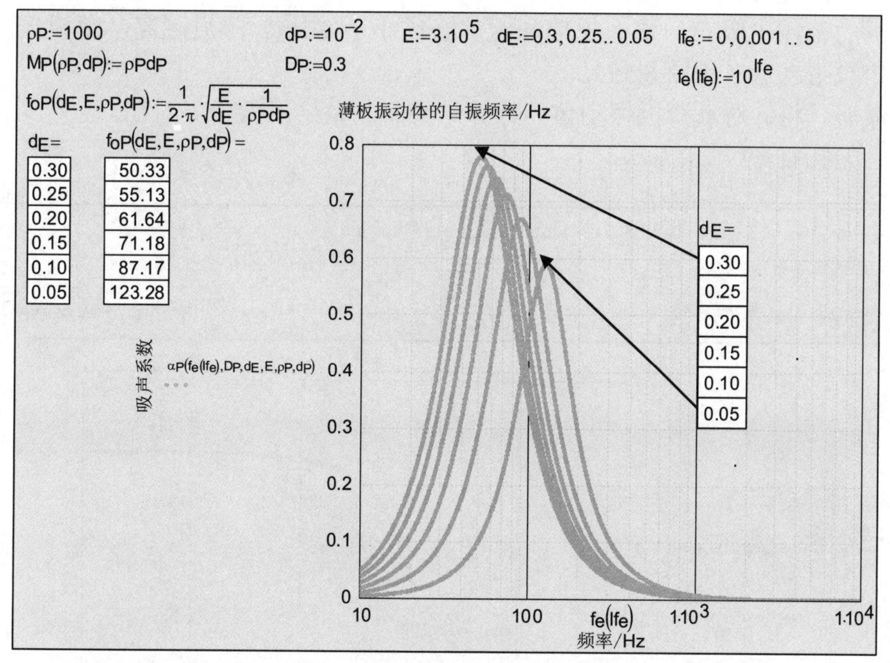

图 6.56　薄板振动体（石膏板）的吸声系数随频率和板墙间距的变化

示例：石膏板厚度不同，阻尼系数为 D_p=0.3

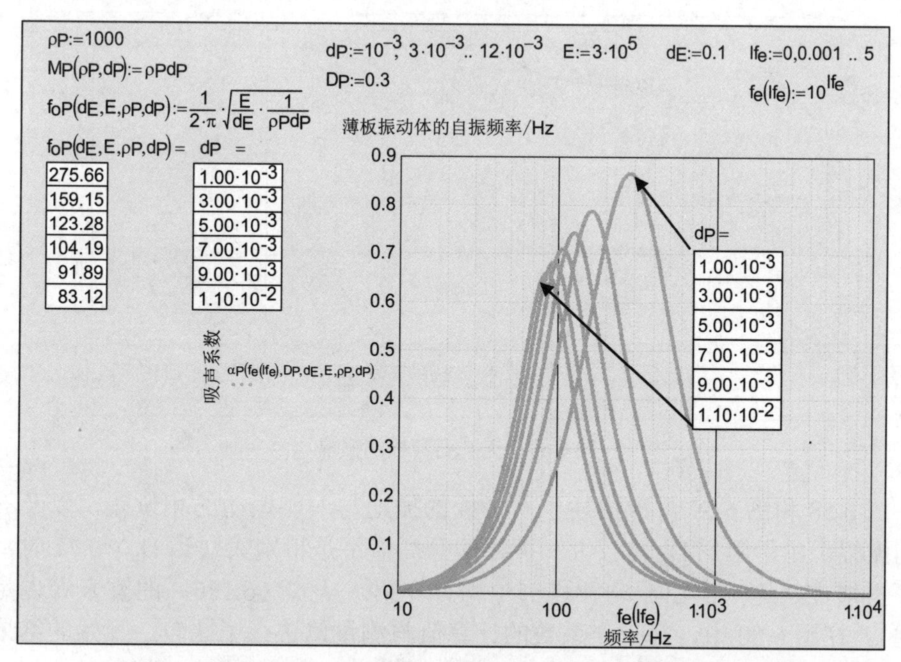

图 6.57　薄板振动体（石膏板）的吸声系数随频率和板厚度的变化

图（6.57）显示出，薄板振动体在低频范围内吸声。板越厚（振动质量增加），板墙间距越大（弹性刚度下降），吸声有效的频率越低。如果要在建筑声学的听力范围内吸声，那么板墙间距就必须小于 0.1m。阻尼越高，薄板振动体的吸声频带越宽（见图 6.55）。

最后，将针对石膏板振动体的计算结果和测量结果做一下对比。

示例：无孔石膏板

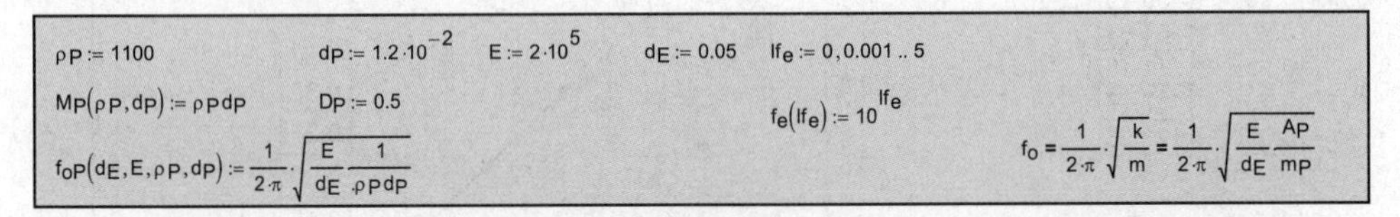

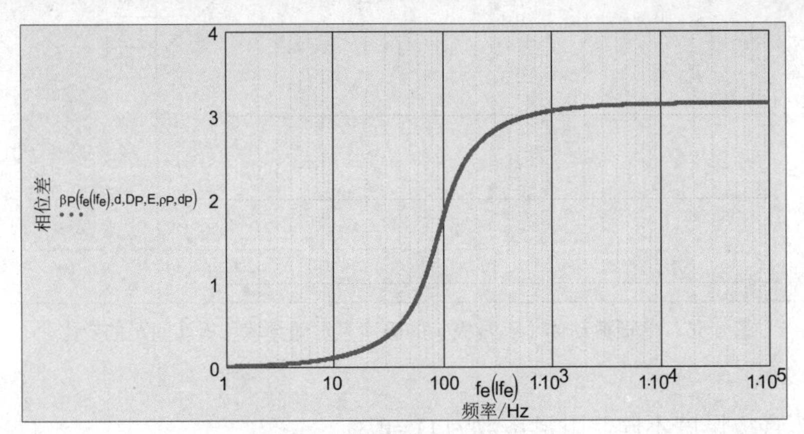

图 6.58　无孔石膏板的相位差

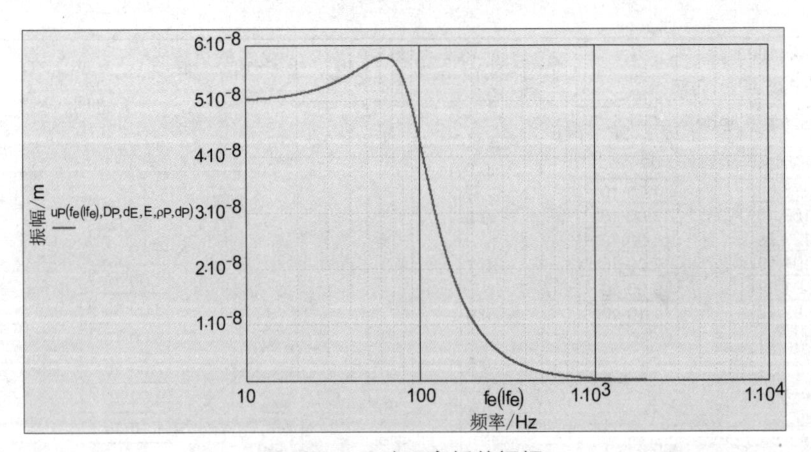

图 6.59　无孔石膏板的振幅

图 6.58 和图 6.59 再次描述了石膏板的振动与入射振动的相位差，以及石膏板的振幅。由于阻尼 D_p 比较大，振幅的升高值不是特别大（当 $D_p > 0.71$ 时，振幅不再增加。这一点在振动教科书中均有介绍，从式（6.126）的解来看也是明显的）。在图 6.60 中，对吸声系数的计算值与测量值进行了比较。开始的结果是在高频范围测量值高于计算值。

当然，根据 6.2.2.1 节的式（6.116），由于孔隙的存在，石膏板还有吸声功能。这样，在整个频率范围内计算值和测量值就非常一致了（图 6.61）。

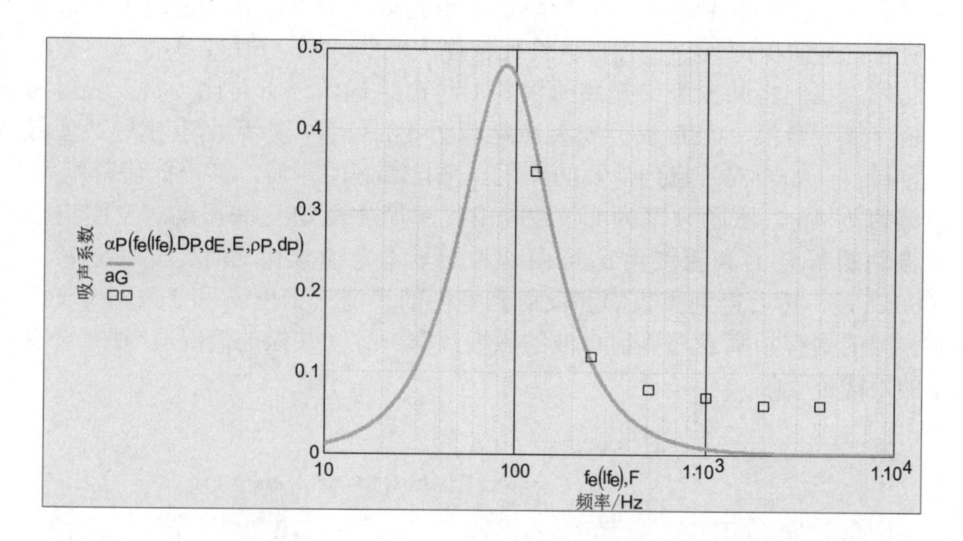

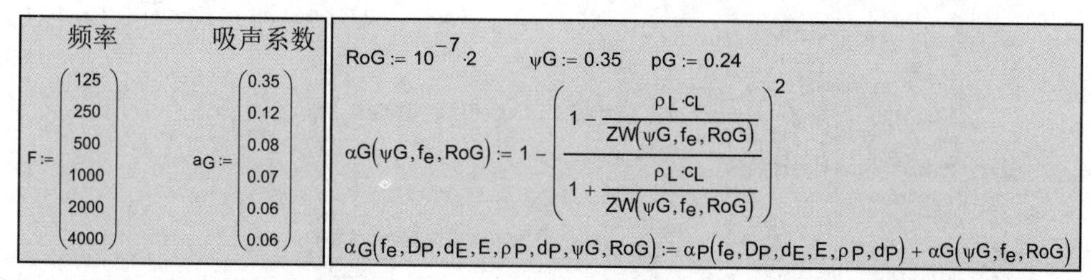

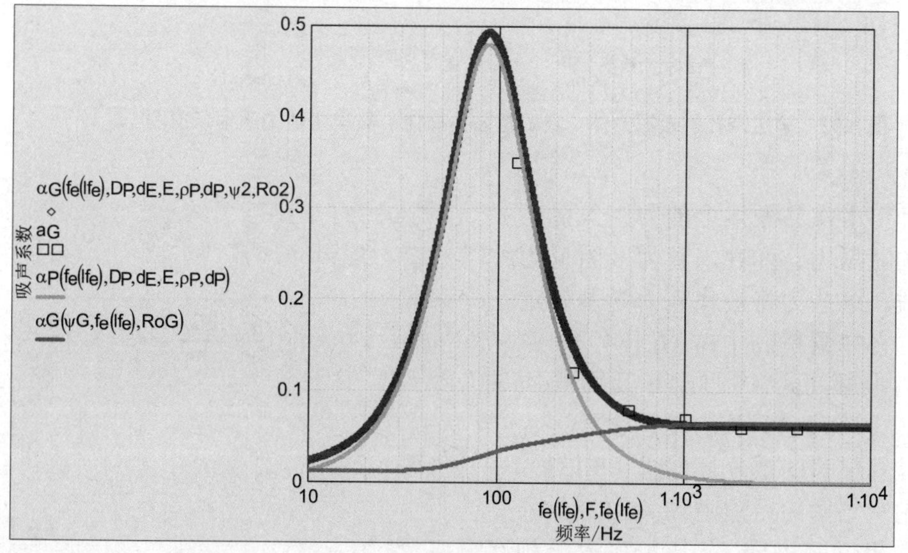

图 6.60 和图 6.61 薄板振动体（石膏板）的吸声系数随频率的变化，测量值与计算值的比较

6.2.2.3　亥姆霍兹共振腔结构

房间围护结构表面的吸声系数在很大程度上受穿孔板的影响。对于与入射声波相对应的共振和衰减有重要影响的参量是处于振动状态的空气塞的尺寸大小和质量。其面积为 A_{Loch}，厚度大约比板厚大一些（式（6.131））。

此外，我们将共振腔结构和薄板共振吸声结构做一下对比。将一块可弯曲的软板（如石膏板，OSB 板）安装在距墙面 d 的位置，板后面有空气或者低弹性模量材料（如岩棉）起到弹簧的作用。来自右侧的声波，其声能流密度为 J_e，声压幅值为 Δp_e，激励频率为 f_e，激励空气塞产生受迫衰减振动。空腔内空气质量振动的幅值 u_p 和相位角 b_p 可由动力学基本定律求得（对比式（6.117）至式（6.121））。然后得到吸收的和反射到室内的声能流密度 J_a 和 J_r。如果亥姆霍兹共振腔的固有频率 f_0 与入射声波的激振频率一致（共振的情况），那就会有特别多的声能被吸收。

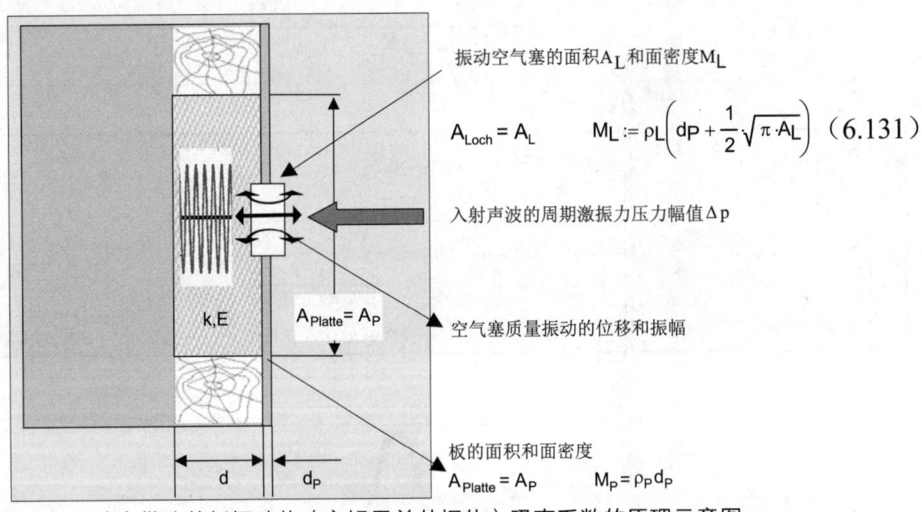

图 6.62　确定带孔的板振动体（亥姆霍兹共振体）吸声系数的原理示意图

作用在共振体上的力由入射声波的激振力、弹性恢复力及阻尼力组成。这些力将被代入力学基础定律。将弹簧系数（式（6.134））、激振力振幅（式（6.135））及面积质量（式（6.131））等表达式代入，得计算位移的微分方程式（6.133），其中空气塞的振幅由式（6.138）表达，相位差为式（6.137），激振频率由式（6.136）表达。

$$-k \cdot u - r\frac{d}{dt}u + F_0 \cdot \cos(2\cdot\pi\cdot f_e \cdot t) = m_L \frac{d^2}{dt^2}u \tag{6.132}$$

$$-(2\cdot\pi\cdot f_0)^2 \cdot u - 2\cdot D\cdot(2\cdot\pi\cdot f_0)\frac{d}{dt}u + \frac{F_0}{m_L}\cdot\cos(2\cdot\pi\cdot f_e\cdot t) = \frac{d^2}{dt^2}u \tag{6.133}$$

$$k = E \cdot A_L \frac{A_L}{A_P} \tag{6.134}$$

$$F_0 = \frac{A_L}{A_P} \cdot \Delta p_e \cdot A_L \tag{6.135}$$

孔面积与板面积之比，即穿孔率为：

$$a = \frac{A_L}{A_P}$$

自振频率或共有频率为：

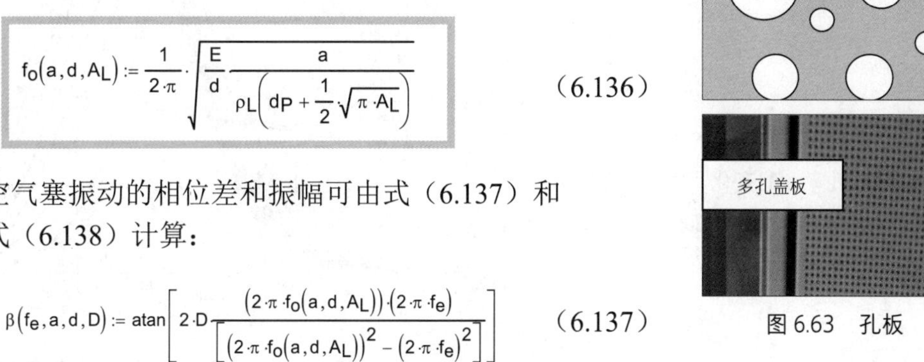

图 6.63 孔板

$$f_o(a,d,A_L) := \frac{1}{2\cdot\pi}\cdot\sqrt{\frac{E}{d}\cdot\frac{a}{\rho_L\left(d_P+\frac{1}{2}\cdot\sqrt{\pi\cdot A_L}\right)}} \tag{6.136}$$

空气塞振动的相位差和振幅可由式（6.137）和式（6.138）计算：

$$\beta(f_e,a,d,D) := \operatorname{atan}\left[2\cdot D\cdot\frac{(2\cdot\pi\cdot f_o(a,d,A_L))\cdot(2\cdot\pi\cdot f_e)}{\left[(2\cdot\pi\cdot f_o(a,d,A_L))^2-(2\cdot\pi\cdot f_e)^2\right]}\right] \tag{6.137}$$

$$u(f_e,D,a,d,d_P,A_L) := \frac{4\cdot\Delta p_e\cdot a}{M_L(d_P,A_L)\cdot(2\cdot\pi\cdot f_e)^2\cdot\sqrt{\left[\frac{(2\cdot\pi\cdot f_{oL}(a,d,A_L,d_P))^2}{(2\cdot\pi\cdot f_e)^2}-1\right]^2+\left[2\cdot D\cdot\frac{(2\cdot\pi\cdot f_{oL}(a,d,A_L,d_P))}{(2\cdot\pi\cdot f_e)}\right]^2}} \tag{6.138}$$

相位差和振幅和 6.2.2.2 节中描述薄板振动体相位差和振幅的图相同。由于摩擦而消失的声能流密度 J_{aL}，以及仍出现部分的声能流密度 J_e 为：

$$J_{aL}(f_e,D,a,d,d_P,A_L) := M_L(d_P,A_L)\cdot u(f_e,D,a,d,d_P,A_L)^2\cdot(2\cdot\pi\cdot f_e)^2\cdot D\cdot 2\cdot\pi\cdot f_{oL}(a,d,A_L,d_P) \tag{6.139}$$

$$J_e(f_e,D,a,d) := a\cdot\frac{\Delta p_e^{\,2}}{2\cdot\rho_L\cdot c_L} \tag{6.140}$$

保持吸声系数的定义（式（6.129））不变，得式（6.141），而在代入振动空气塞的振幅和面密度后，则得到孔隙的吸声系数（式（6.142）），可与式（6.130）做对比。

$$\alpha_L(f_e,D,a,d,d_P,A_L) := \frac{J_{aL}(f_e,D,a,d,d_P,A_L)}{J_{aL}(f_e,D,a,d,d_P,A_L)+\frac{\Delta p_e^{\,2}}{2\cdot\rho_L\cdot c_L}\cdot a} \tag{6.141}$$

$$\alpha_L(f_e,D,a,d,d_P,A_L) := \frac{1}{1+\frac{\left(d_P+\frac{1}{2}\cdot\sqrt{\pi\cdot A_L}\right)\cdot\pi\cdot f_e^{\,2}}{16\cdot a\cdot D\cdot f_{oL}(a,d,A_L,d_P)\cdot c_L}\cdot\left[\left[\left(\frac{f_{oL}(a,d,A_L,d_P)}{f_e}\right)^2-1\right]^2+\left(2\cdot D\cdot\frac{f_{oL}(a,d,A_L,d_P)}{f_e}\right)^2\right]} \tag{6.142}$$

孔板吸声只是在比较窄的频带，而通过调整穿孔率及孔隙尺寸，可以影响吸声频率，即使高频声也可以有目的的被消除。下面的图给出了吸声系数随频率的变化。其中频率通过改变穿孔率、单孔面积及孔板与墙体之间的距离调整。

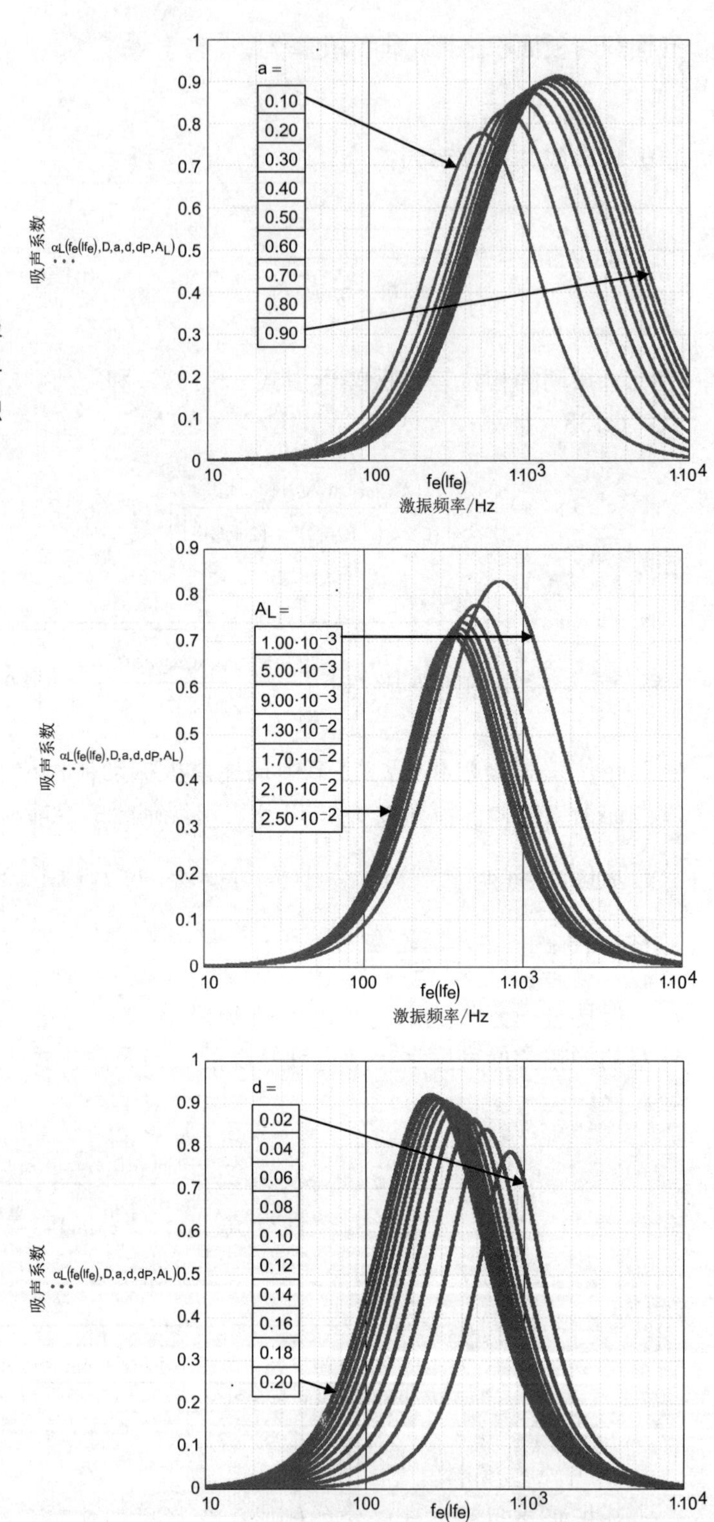

图 6.64　亥姆霍兹共振腔的吸声系数随穿孔率 a 的变化，平均阻尼系数 D=0.5，孔隙面积 A_L=2mm²，板间距 d=50mm

随着穿孔率 a 的增加，吸声系数和吸声频率都将增加。

图 6.65　亥姆霍兹共振腔的吸声系数随孔隙面积 A_L 的变化，穿孔率 a=0.15，板间距 d=50mm，平均阻尼系数 D=0.5

随着孔隙面积 A_L 的下降，吸声系数和吸声频率都将增加。

随着板间距 d 的增加，吸声系数和吸声频率都将下降。

图 6.66　亥姆霍兹共振腔的吸声系数随板间距 d 的变化，平均阻尼系数 D=0.3，孔隙面积 A_L=5mm²，穿孔率 a=0.15

穿孔板起到了薄板共振吸声结构和亥姆霍兹共振腔结构的综合作用，其吸声系数为每一种结构单独吸声系数（式（6.130）和式（6.142））的加权和。

$$\alpha_{ages}(f_e, D, D_P, d, d_E, E, a, A_L, d_P) := \frac{J_{aP}(f_e, D_P, d_E, E, \rho_P, d_P)}{J_{aP}(f_e, D_P, d_E, E, \rho_P, d_P) + (1-a)\frac{\Delta p_e^2}{2\cdot\rho_L\cdot c_L}} + \frac{J_{aL}(f_e, D, a, d, d_P, A_L)}{J_{aL}(f_e, D, a, d, d_P, A_L) + a\frac{\Delta p_e^2}{2\cdot\rho_L\cdot c_L}} \quad (6.143)$$

示例：

一穿孔石膏板，安装在距墙 d_E=50mm 的前方。墙与板之间的填充材料为岩棉。穿孔率为 15%。本例将吸声系数的计算值与测量值进行比较。

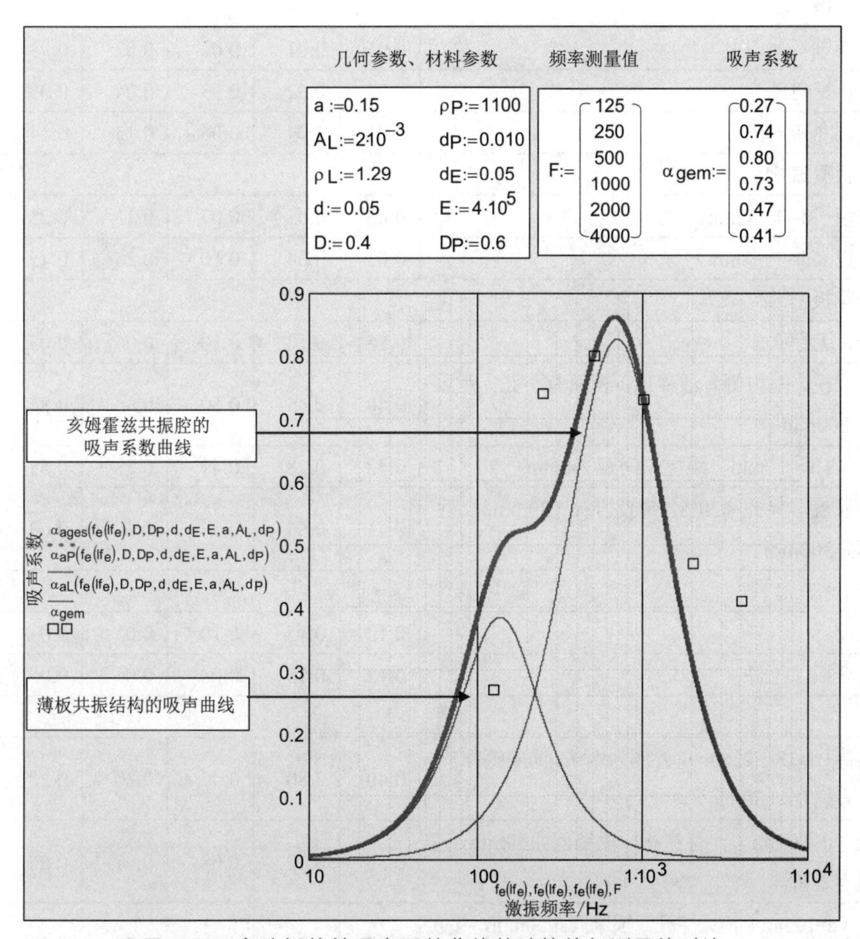

图 6.67　穿孔板的总吸声系数曲线的计算值与测量值对比

板的吸声峰值对应的频率为 136Hz，而“孔”板的吸声峰值对应的频率为 689Hz。总吸声系数的计算值与测量值在总体上的一致性是令人满意的。在较高频率范围，由于石膏板的孔隙作用甚至还会提高 10% 的吸声系数（可与 6.2.2.2 节中的图（6.61）对比）。第 14 个 1/3 倍频程（见 6.1.2.1 节）总是有 80% 被吸收。

最后将若干建筑材料的表面系统结构的吸声系数汇总如下[9]。

表 6.6　不同材料及不同布置形式的吸声系数

	吸声系数 α_s					
	125 Hz	250 Hz	500 Hz	1000Hz	2000 Hz	4000 Hz
矿物类材料表面						
石灰水泥抹灰层（粗糙）	0.03	0.03	0.04	0.04	0.05	0.06
裸露混凝土层	0.01	0.01	0.01	0.02	0.03	0.03
消声抹灰层（d=12mm）	0.04	0.15	0.26	0.41	0.69	0.89
非织物地板						
PVC，漆布	0.01	0.01	0.02	0.02	0.03	0.03
木地板，密封的	0.02	0.02	0.03	0.04	0.05	0.05
木地板，非密封的	0.04	0.04	0.06	0.12	0.14	0.17
纺织地板覆盖物						
针织地毯（d=4～6mm）	0.03	0.03	0.07	0.13	0.25	0.45
丝绒地毯（d=7～8mm）	0.03	0.04	0.10	0.25	0.45	0.55
悬挂天花板						
石膏板，无穿孔	0.25	0.12	0.10	0.05	0.05	0.10
岩棉纤维板，室内侧有油漆层，表面有小孔，距屋顶间距 200mm	0.40	0.45	0.60	0.65	0.85	0.85
木屑板，10～12mm，距屋顶间距300mm	0.42	0.28	0.49	0.78	0.58	0.62
穿孔金属板，穿孔率20%，铺设岩棉（30mm），距屋顶间距300mm	0.41	0.54	0.56	0.64	0.69	0.64
窗、门						
窗，关闭	0.10	0.15	0.10	0.05	0.03	0.02
门，胶合板，上漆	0.12	0.10	0.08	0.05	0.05	0.05
内饰						
木板装饰（d=18～22mm），外侧为木条，间隔缝隙5%，后面铺设岩棉（30mm）	0.40	0.80	0.40	0.30	0.20	0.20
石膏板（d=10mm），有穿孔，板墙间距50mm，空隙内填有岩棉	0.35	0.12	0.08	0.07	0.06	0.07
石膏板（d=10mm），无穿孔，板墙间距50mm，穿孔率为15%，板墙间空隙内填有岩棉	0.27	0.74	0.80	0.73	0.47	0.41
木板条外铺设刨花板，板墙间距为 50mm	0.18	0.28	0.12	0.07	0.04	0.04
椅子和人						
木制椅子（表中数值为每把椅子的值）	0.03	0.03	0.04	0.05	0.05	0.05
软垫椅子（表中数值为每把椅子的值）	0.08	0.15	0.25	0.29	0.43	0.39
坐在椅子上的人（表中数值为每把椅子的值）	0.15	0.25	0.35	0.40	0.40	0.40

6.2.3 室内空间的音质

6.2.3.1 回声

如果切断室内的声源，那么直接声能流密度在测听点 AP 会立刻消失，但漫射声能流密度则只能逐渐减弱。声能流密度减弱速度的度量指标即混响时间 T。它是衡量室内空间音质的主要指标。

依据 6.2.1.1 节中式（6.91），可针对测听点给出计算漫射声能流密度随时间变化关系的简单的微分方程（6.144），并由此得到呈指数下降趋势的室内声能流密度的关系式（6.145）及声强的关系式（6.146）。最后，由 6.1.2.5 节中的声级定义式（6.36），可得到声级随时间下降关系的方程式（6.147）。

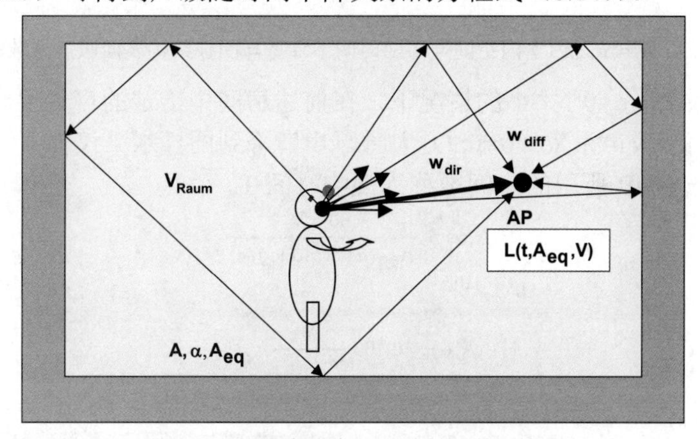

图 6.68 推导室内空间混响关系的示意图

$$w_{diff} = \frac{4 \cdot P}{A_{eq} \cdot c_L} = \frac{4}{A_{eq} \cdot c_L} \cdot \left[-V \cdot \left(\frac{d}{dt} w_{diff}\right)\right] \tag{6.144}$$

$$\int_{wo_{diff}}^{w_{diff}} \frac{1}{w_{diff}} \, dw_{diff} = -\int_0^t \frac{A_{eq} \cdot c_L}{4 \cdot V} \, dt$$

$$w_{diff}(t) = wo_{diff} \cdot e^{-\frac{A_{eq} \cdot c_L}{4 \cdot V} \cdot t} \tag{6.145}$$

$$J_{diff}(t) = Jo_{diff} \cdot e^{-\frac{A_{eq} \cdot c_L}{4 \cdot V} \cdot t} \tag{6.146}$$

$$L(t, V, A, \alpha) := L_o - 10 \cdot \log(e) \cdot \frac{A \cdot \alpha \cdot c_L}{4 \cdot V} \cdot t \qquad A_{eq}(\alpha) := A \cdot \alpha \tag{6.147}$$

示例：

声级随时间下降的关系，初始声级 L_0=60dB。

$L_o := 60$ $V := 2000$ $t := 0, 0.001 .. 2$
$A := 1700$
$\alpha := 0.1, 0.2 .. 0.9$ $c_L := 340$

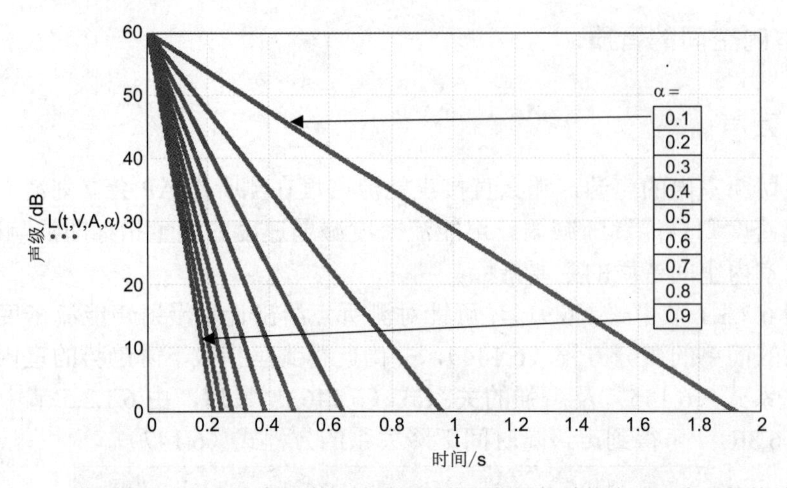

图 6.69　切断声源之后室内空间声级随时间下降量与围护结构表面吸声系数的关系

在吸声系数（α=0.1）小的情况下，在前述房间中给定的声音要经过 2s 之后才降下来，而当吸声系数（α=0.9）大时，声音降到同样水平仅需要 0.2s。

声音降低 60dB 所用的时间被称为混响时间 T。

$$T(V,A,\alpha):=\frac{60\cdot 4\cdot V}{A_{eq}(\alpha)\cdot c_L\cdot 10\cdot \log(e)} \tag{6.148}$$

$$c_L := 340$$

Sabine 混响时间

$$T(V,A,\alpha):=0.163\,\frac{V}{A_{eq}(\alpha)} \tag{6.149}$$

示例:
鞋盒形空间

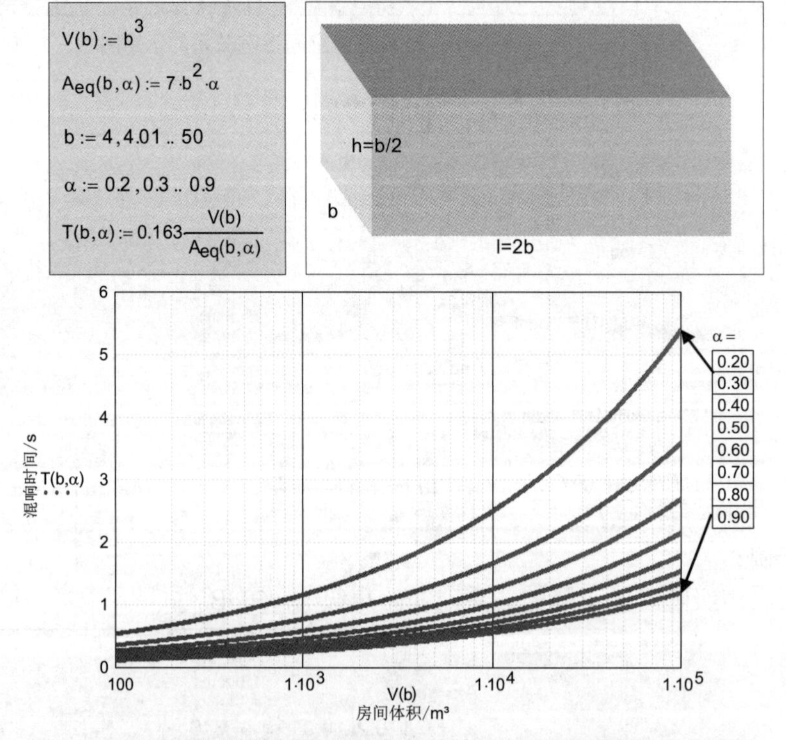

图 6.70　混响时间随空间尺寸及房间围护结构表面吸声系数的变化关系

在非常大的房间里，如 $V=10^5 m^3$，根据吸声系数的不同，混响时间在 1s 至 5s 之间。此外，在大房间里，漫射空气噪声也会被室内的空气衰减（比较室外空间空气对声音的衰减作用，如式（6.57）），且衰减作用随着频率的增大而增大。

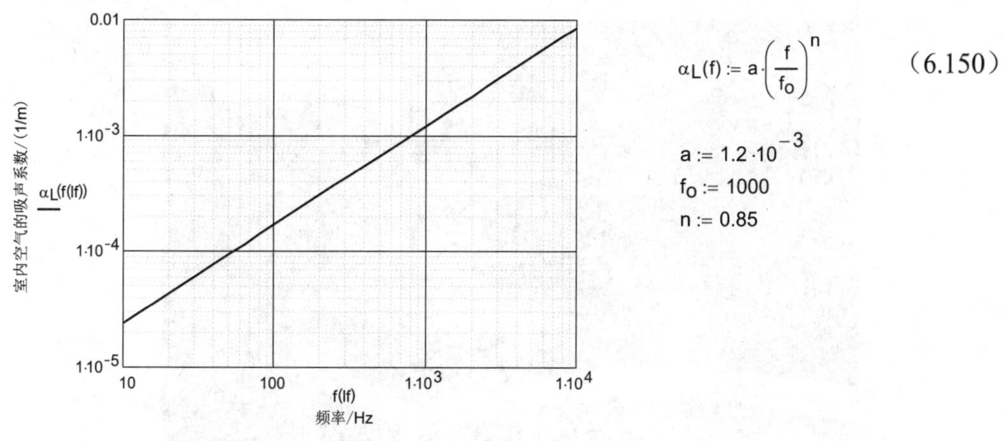

$$\alpha_L(f) := a \cdot \left(\frac{f}{f_o}\right)^n \qquad (6.150)$$

$$a := 1.2 \cdot 10^{-3}$$
$$f_o := 1000$$
$$n := 0.85$$

图 6.71 室内空气的吸声系数随频率的变化关系

由此得 Sabine 公式

$$T(V, A_{eq}, f) := 0.163 \frac{V}{A_{eq} + 8 \cdot \alpha_L(f) \cdot V} \qquad (6.151)$$

优化的混响时间随着房间中使用的声源不同而变化的关系可以近似由式（6.152）求得。

$$\alpha_o := 1.2 \cdot 10^{-3} \quad n := 0.85 \quad f := 500$$

$$\alpha(f) := \alpha_o \cdot \left(\frac{f}{f_o}\right)^n$$

$$A_{eqo}(V, ao) := V^{0.875} \cdot ao \cdot 0.98$$

$$T_o(V, ao, f_1) := 0.163 \frac{V}{A_{eqo}(V, ao) + 8 \cdot \alpha(f) \cdot V} \qquad (6.152)$$

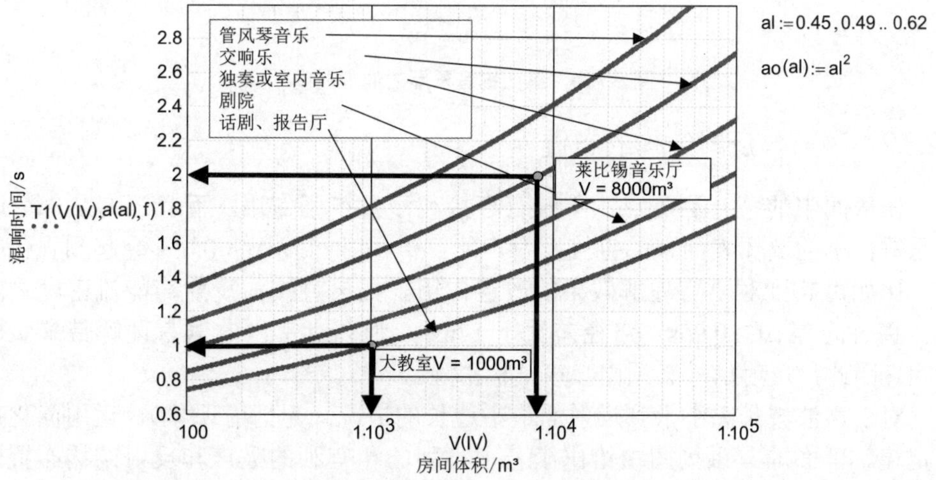

$$al := 0.45, 0.49 .. 0.62$$

$$ao(al) := al^2$$

图 6.72 优化的混响时间随房间尺寸和使用声源的变化

一个体积为14m×20m×3.6m的阶梯教室所需要的混响时间T=1s。专门用于交响乐的莱比锡音乐厅，体积为8000m^3，其混响时间为T=2s，这一值可在很大的频率范围内保持不变。

图 6.73a　莱比锡音乐厅（阶梯座位形式）

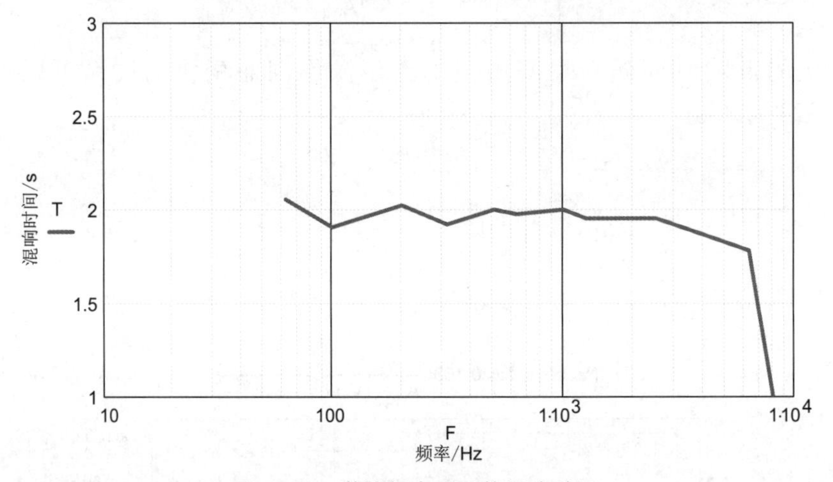

图 6.73b　莱比锡音乐厅的混响时间

6.2.3.2　吸声与反射结构的布置

在房间中的某一测听点，不仅有直接和漫射声强作用，而且还有从部分吸声系数很小的墙体表面来的直接反射声能。传播时间差$\Delta t<0.05s$会起到强化效应，比如可起到对语言理解效果的改善作用。如果直接与反射声能流密度之间的传播时间差$\Delta t>0.05s$（路径差大于17m），则会对室内的语言理解带来负面影响。因此，反射信号必须由吸声结构消除。

对于声波波长λ小于到反射面最小边长的情况（无衍射现象），适用简化反射定律。下面的一系列图中给出了若干不利的和有利的吸声和反射结构布置的定性描述。文献［1］通过大量实例很好地表达了房间的声学区域。

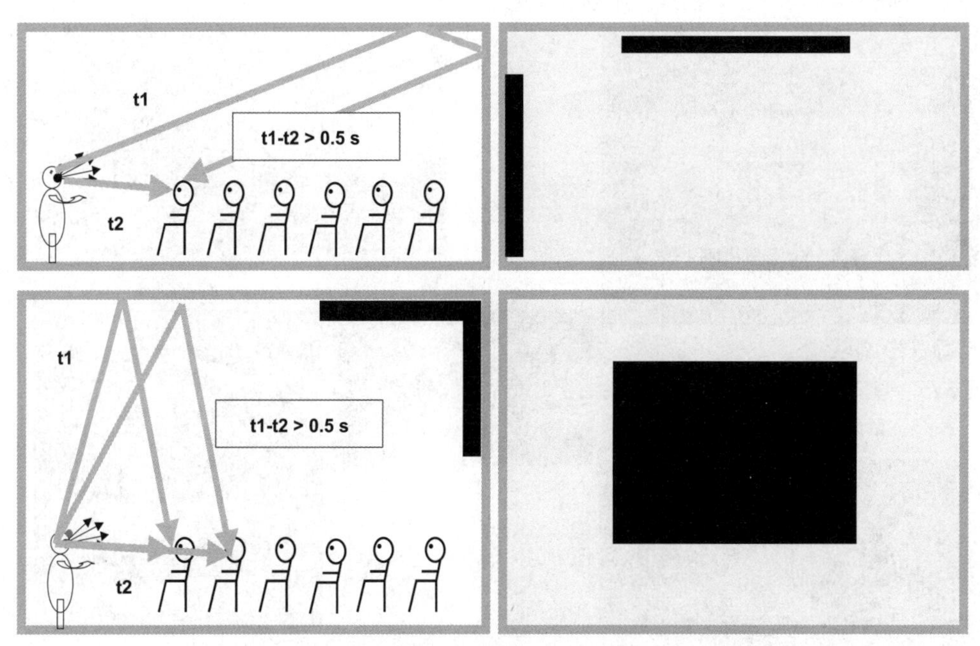

图 6.74a 不利的房间几何形状及吸声结构布置

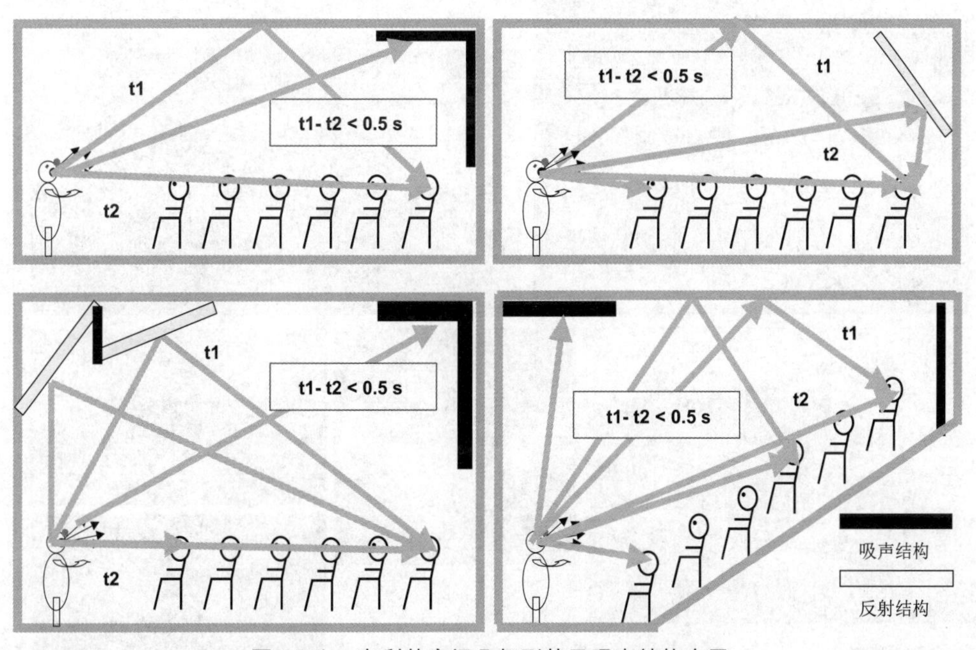

图 6.74b 有利的房间几何形状及吸声结构布置

下面的一系列图给出了室内声学效果非常好的几个歌剧院和音乐厅的示例。鞋盒形剧院比马蹄铁形及圆形剧院问题更少些。

马蹄铁形剧院

图 6.75　德累斯顿 Semperoper 歌剧院和布宜诺斯艾利斯 Colon 大剧院

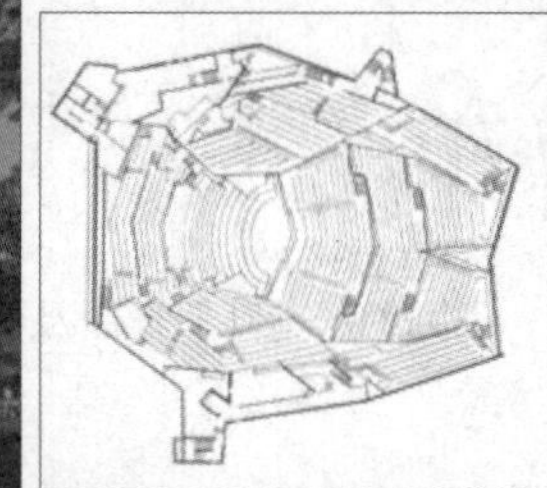

圆形阶梯剧院

图 6.76　柏林交响乐厅和莱比锡音乐厅

鞋盒形剧院

图 6.77　维也纳金色大厅及柏林音乐厅

6.3 建筑声学

6.3.1 建筑构件的隔声

当一声能流（声功率）或声能流密度（声强）与一建筑构件相遇时，仅有极小的一部分可以穿过。作为建筑构件隔音效果的度量参数 R，将使用下面的对数式（6.153）和式（6.154）来定义。R 给出了通过某一建筑构件后声级的下降量。本节的主要任务是，计算透射的声功率及减小的声压随建筑构件的质量和振动力学特征变化的关系。

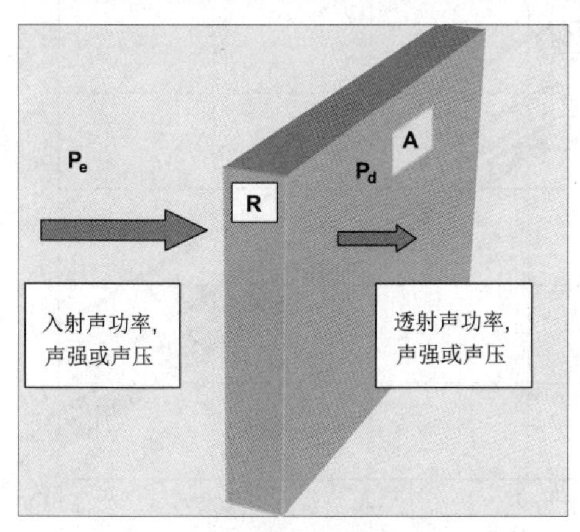

图 6.78 隔音效果的度量参数定义原理图

$$R = 10 \cdot \log\left(\frac{P_e}{P_d}\right) \tag{6.153}$$

$$R = 10 \cdot \log\left(\frac{J_e}{J_d}\right) \tag{6.154}$$

声强也可以用声压替换（式（6.34））

$$J := \frac{p_{max}^{2}}{2 \cdot \rho \cdot c}$$

$$R = 20 \cdot \log\left(\frac{p_{max.e}}{p_{maxd}}\right) \tag{6.155}$$

6.3.1.1 单层构件的隔声——Berger 定律

首先确定对于墙的隔音效果的度量参数。其假设条件是，墙体仅通过入射声波，该入射声波仅引发纵向振动，并向隔壁房间传递。入射波的压力波动激励墙中的粒子振动，其位移和振幅将通过动力学基本定律确定。式（6.157）中力的幅值是入射声波压力幅值的 2 倍。

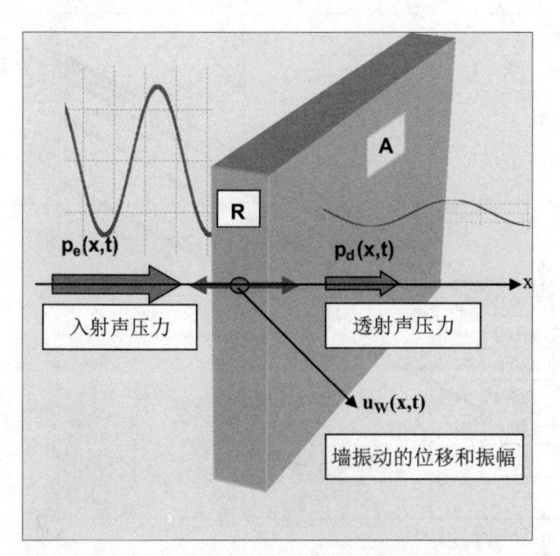

图 6.79 推导 Berger 定律原理图

$$F = m \cdot a = m \frac{d^2}{dt^2} u_W(x,t) \tag{6.156}$$

$$F = 2 \cdot p_e(x,t) \cdot A = 2 \cdot u_o \cdot \cos\left(2 \cdot \pi \frac{t}{T} - 2 \cdot \pi \frac{x}{\lambda}\right) \frac{2 \cdot \pi}{T} \cdot c_L \cdot A\ \rho_L \tag{6.157}$$

$$\rho_L 2 \cdot u_o \cdot \cos\left(2 \cdot \pi \frac{t}{T} - 2 \cdot \pi \frac{x}{\lambda}\right) \frac{2 \cdot \pi}{T} \cdot c \frac{A}{m} = \frac{d^2}{dt^2} u_W(x,t)$$

$$u_W(x,t) := -\cos\left(2 \cdot \pi f \cdot t - 2 \cdot \pi \frac{x}{\lambda}\right) \cdot u_o \frac{c_L}{\pi \cdot f} \frac{A}{m}\ \rho_L \tag{6.158}$$

$$u_{Wmax}(f,M) := u_o \frac{c_L}{\pi \cdot f \cdot M} \rho_L \tag{6.159}$$

图 6.80 给出的是振动建筑构件的振幅（式 6.159）随入射声波频率 f 及墙的面密度 M 的变化关系。振幅随着频率和面密度的增大而下降。由墙体振动引起的传向右侧房间的压力波的波幅可由式（6.25）计算。由此可得入射和穿透声压的比及隔声量（式（6.161））。在式（6.160）和式（6.161）中，振动周期的倒数 1/T 已由频率替换。方程（6.161）被称为是 Berger 定律。声级的降低仅由建筑构件的惯性实现。

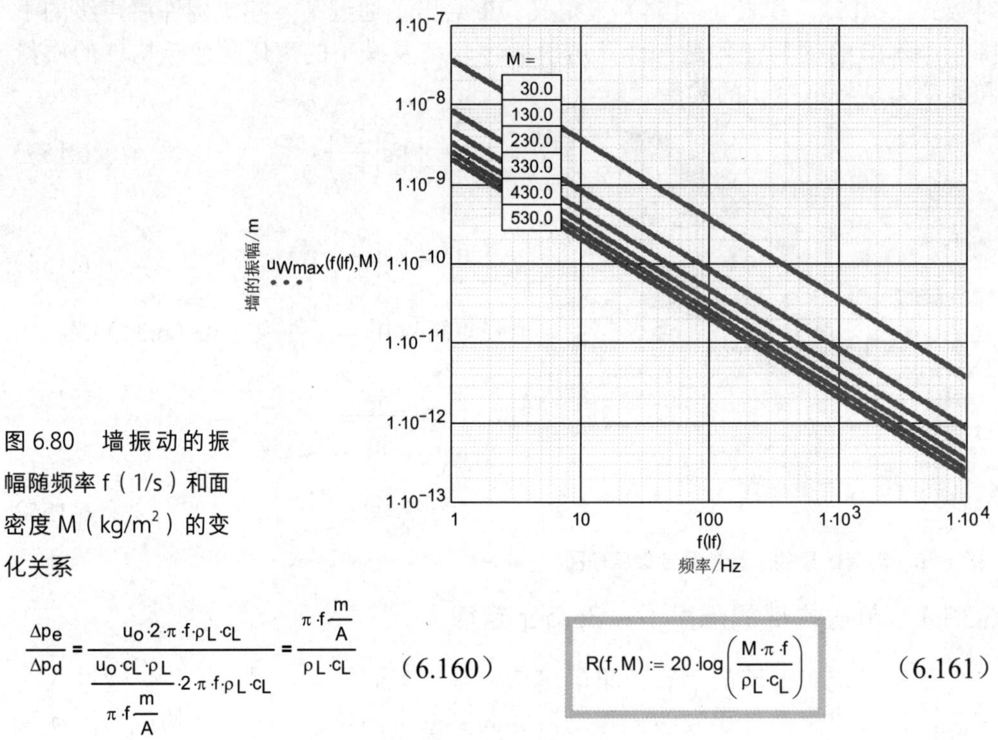

图 6.80　墙振动的振幅随频率 f（1/s）和面密度 M（kg/m^2）的变化关系

$$\frac{\Delta p_e}{\Delta p_d} = \frac{u_o \cdot 2 \cdot \pi \cdot f \cdot \rho_L \cdot c_L}{\frac{u_o \cdot c_L \cdot \rho_L}{\pi \cdot f \cdot \frac{m}{A}} \cdot 2 \cdot \pi \cdot f \cdot \rho_L \cdot c_L} = \frac{\pi \cdot f \cdot \frac{m}{A}}{\rho_L \cdot c_L} \qquad (6.160)$$

$$R(f, M) := 20 \cdot \log\left(\frac{M \cdot \pi \cdot f}{\rho_L \cdot c_L}\right) \qquad (6.161)$$

图 6.81 给出的是隔声量随频率 f 和面密度 M 的变化关系。如果频率及建筑构件的面密度都增加一倍，则使得隔声量增加了 6dB。

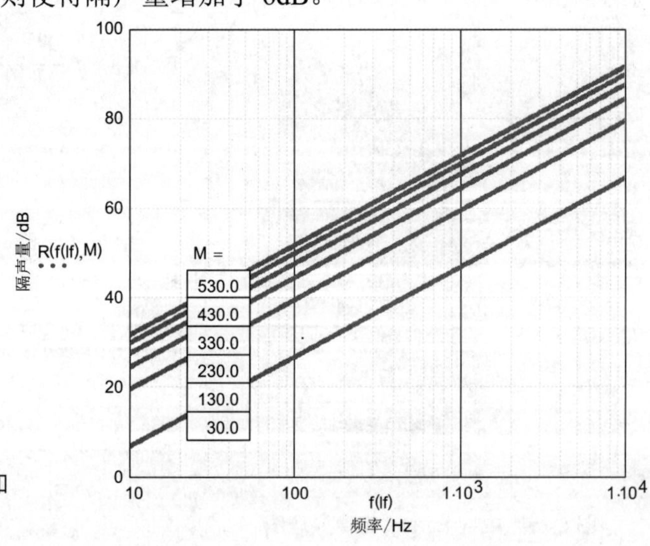

图 6.81　隔声量随频率 f（1/s）和面密度 M（kg/m^2）的变化关系

6.3.1.2 建筑构件的弯曲振动对隔声量的降低

入射声波的压力波动并不像上一节所说的，仅引起简单的纵向振动，也会引起弯曲振动（变形振动）。这种附加的振动 $u_B(x,t)$ 会使得隔声量降低。对隔声效果的破坏特别表现在共振的情况，即弯曲振动墙体的自振频率与入射声波的频率一致。通过一块振动板的简单情况便可进行量化研究：将板的两面固定，使其无法移动。但是，它们不应该被拉紧，因为拉紧点局部导数的消失会导致弯曲振动方程的解变得复杂。

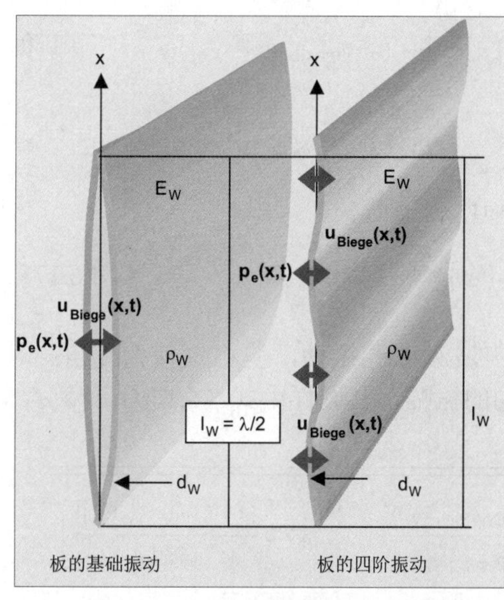

图 6.82 弯曲振动共振计算的原理图

在此例中，弹性恢复力正比于 $u_B(x,t)$ 对位置的四阶导数。

$$F_B = -E_W \cdot \left(1-\mu^2\right) \cdot l_W{}^2 \cdot \frac{d_W{}^3}{12} \cdot \frac{d^4}{dx^4} u_B(x,t) \qquad (6.162)$$

方程中的符号含义：

E_W 墙体材料的弹性模量（N/m^2）；

μ 泊松比的 $\mu^2 << 1$；

J_W 墙体横截面的面积惯性矩（m^4）；

l_W 墙的长和宽（m）；

d_W 墙的厚度（m）。

$$J_W = \frac{d_W{}^3 \cdot l_W}{12} \qquad (6.163)$$

此外，动力学基本定律当然仍适用：

$$F = m \cdot a = \rho_W \cdot d_W \cdot l_W{}^2 \cdot \frac{d^2}{dt^2} u_B(x,t) \qquad (6.164)$$

如果在考虑式（6.163）的情况下，让式（6.162）和式（6.164）相等，则得到描述建筑构件无阻尼自弯曲自由振动 $u_B(x,t)$ 的振动或波动微分方程（6.165）。所描述的建筑构件左侧的墙的基础振动，其解为式（6.166）。本例中 x 轴位于板的内部，即垂直于声波的传播方向。将位移 $u_B(x,t)$ 对时间二次求导、对位置四次求导，得到描述板基础振动自振频率的方程（6.167）：

$$\frac{\partial^2}{\partial t^2} u_B(x,t) = \frac{-E_W}{\rho_W} \cdot \frac{d_W{}^2}{12} \cdot \frac{\partial^4}{\partial x^4} u_B(x,t) \qquad (6.165)$$

$$u_B(x,t) = u_{Bmax} \cdot \sin\left(\frac{x}{l} \cdot \pi\right) \cdot \cos(2 \cdot \pi \cdot f \cdot t) \qquad (6.166)$$

$$f := \frac{1}{2 \cdot \pi} \cdot \sqrt{\frac{E_W}{12 \cdot \rho_W} \cdot \left(\frac{d_W}{l_W{}^2} \cdot \pi^2\right)^2} \qquad (6.167)$$

但是，只有当声音波长“适合”于板的长度时，板的振荡与入射声波的压力波动之间才会相一致。在板的基础振动情况下，这意味着（条件式（168））：

$$l_W = \frac{\lambda}{2} = \frac{c_L}{2 \cdot f} \qquad (6.168)$$

由此，得到建筑构件弯曲振动的同步频率式（6.169），在此频率下，会发生人们并不希望出现的极高声能传递。

$$f_o := \frac{{c_L}^2}{2\cdot\pi\cdot d_W}\cdot\sqrt{\frac{12\cdot\rho_W}{E_W}} \tag{6.169}$$

下面将激振力（入射声波的压力波动）及与墙体的振动速度成正比的阻尼力补充进式（6.165）。

$$\rho_W\cdot d_W\cdot {l_W}^2\frac{\partial^2}{\partial t^2}u_B(x,t) = -E_W\frac{{d_W}^3\cdot {l_W}^2}{12}\frac{\partial^4}{\partial x^4}u_B(x,t) - r\frac{\partial}{\partial t}u_B(x,t) + p_{maxe}\cdot\cos(2\cdot\pi\cdot f_e)\cdot {l_W}^2 \tag{6.170}$$

惯性力　　弹性恢复力　　阻尼力　　激振力（声波压力）

其解（板中心振动的位置与时间关系式 $u_B(t)$）为：

$$u_B(t) = u_{Bmax}(f, D, \rho_W, d_W, E_W)\cdot\cos(2\cdot\pi\cdot f_e - \phi) \tag{6.171}$$

板（墙体、其他建筑构件）以入射声波频率 f_e 振动，但相位差为 ϕ 角。对于声波向隔壁房间传递重要的是弯曲振动的振幅，其同样由式（6.170）计算。

$$u_{Bmax}(f_e, D, \rho_W, d_W, E_W) := \frac{2\cdot p_{maxe}}{\rho_W\cdot d_W\cdot(2\cdot\pi\cdot f_e)^2\cdot\sqrt{\left[\frac{(2\cdot\pi\cdot f_o(\rho_W, d_W, E_W))^2}{(2\cdot\pi\cdot f_e)^2}-1\right]^2+\left[2\cdot D\frac{(2\cdot\pi\cdot f_o(\rho_W, d_W, E_W))}{(2\cdot\pi\cdot f_e)}\right]^2}} \tag{6.172}$$

方程中，各符号的含义为：

fe　　入射声波的频率；

P_{maxe}　　入射声波压力波动幅值；

F_o　　由式（6.169）计算的同步频率；

D　　阻尼常数。

$$D = \frac{r}{4\cdot\pi\cdot f_o\cdot\rho_W\cdot d_W\cdot {l_W}^2}$$

振动墙体的总振幅是将上一节中 Berger 纵向振动添加到弯曲振动振幅的结果。

$$u_{max}(f_e, D, \rho_W, d_W, E_W) := \frac{2\cdot p_{maxe}}{\rho_W\cdot d_W\cdot(2\cdot\pi\cdot f_e)^2}\left[1+\frac{1}{\sqrt{\left[\frac{(2\cdot\pi\cdot f_o(\rho_W, d_W, E_W))^2}{(2\cdot\pi\cdot f_e)^2}-1\right]^2+\left[2\cdot D\frac{(2\cdot\pi\cdot f_o(\rho_W, d_W, E_W))}{(2\cdot\pi\cdot f_e)}\right]^2}}\right] \tag{6.173}$$

示例：砖墙

$\rho_W := 1400$ $d_W := 0.12, 0.24 .. 0.36$

$E_W := 4 \cdot 10^9$

$\rho_L := 1.23$ $p_{maxe} := 0.03$

$c_L := 340$ $D := 0.15$

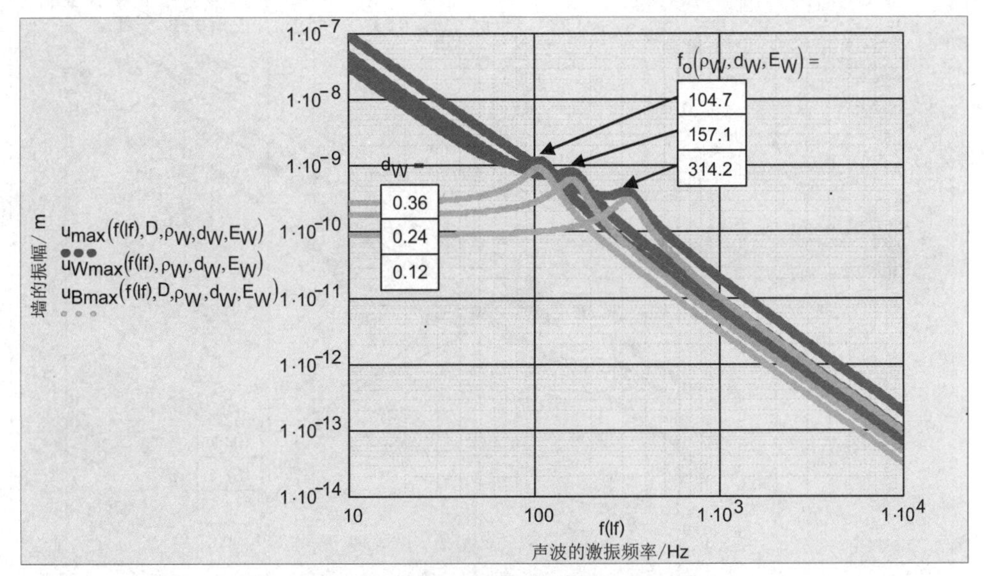

图 6.83 墙的振幅随频率和墙厚的变化

浅色曲线为由式（6.172）计算得到的弯曲振动的振幅，该振动属于数量级较低的低频范围振动。深色粗线为由式（6.173）计算得到的总振幅。很遗憾，共振引起的超大振动发生在听力范围内。

如果单层建筑构件的总振幅为已知，则可以计算其隔声效果。

$$R = 20 \cdot \log\left(\frac{p_{max.e}}{p_{maxd}}\right) \tag{6.155}$$

$$p_{maxd} = u_{max}\left(f_e, D, \rho_W, d_W, E_W\right) \cdot \rho_L \cdot c_L \cdot 2 \cdot \pi \cdot f_e \tag{6.174}$$

将式（6.174）和式（6.173）代入定义式（6.155），得到单层建筑构件的隔声量（式（6.175））。方程（6.175）的分母是 Berger 惯性定律对墙体弯曲振动的修正量。

$$R_{BW}\left(f_e, D, \rho_W, d_W, E_W\right) := 20 \cdot \log\left[\frac{\dfrac{\rho_W \cdot d_W \cdot \pi \cdot f_e}{\rho_L \cdot c_L}}{\left[1 + \dfrac{1}{\sqrt{\left[\dfrac{\left(2 \cdot \pi \cdot f_o\left(\rho_W, d_W, E_W\right)\right)^2}{\left(2 \cdot \pi \cdot f_e\right)^2} - 1\right]^2 + \left[2 \cdot D \dfrac{\left(2 \cdot \pi \cdot f_o\left(\rho_W, d_W, E_W\right)\right)}{\left(2 \cdot \pi \cdot f_e\right)}\right]^2}}\right]}\right]$$

（6.175）

示例：砖墙

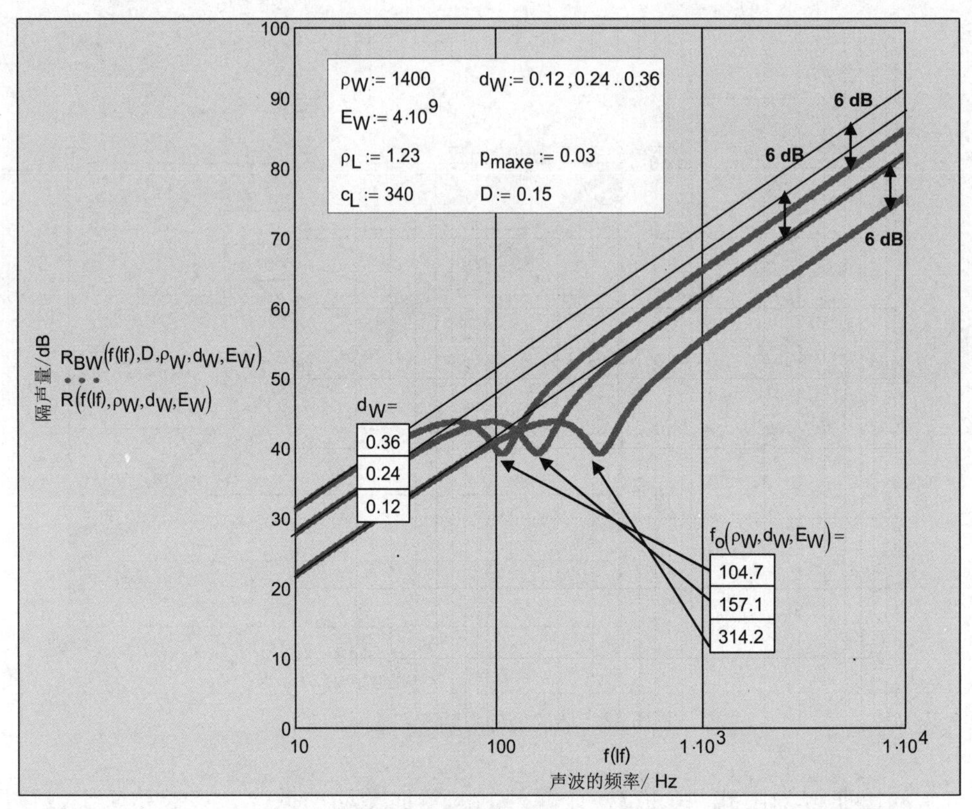

图 6.84a　墙的隔声量随频率的变化，墙厚为参变量

黑色细线是根据式（6.161）计算得到的砖墙简单的 Berger 隔声量随频率和墙厚的变化。灰色粗线为由式（6.175）得到的总隔声量。在低频范围内，二者基本一致，因为相对于纵向振动振幅，弯曲振动的振幅较小。令人遗憾的是，在本示例中，共振出现在听力频率范围内。在高频范围内，隔声能力不能被完全“恢复”。如图 6.84a 振幅图所示，以及式（6.159）和式（6.172）的数学描述，弯曲振动和纵向振动的振幅具有相同的数量级。可惜墙体的真实隔声量低于 Berger 隔声量约 6dB。

示例：砖墙、全木墙、薄钢板墙比较

	密度/（kg/m³）	弹性模量/（N/m²）	厚度/m	阻尼常数
薄钢板墙	$\rho_S := 8400$	$E_S := 2\cdot10^{11}$	$d_S := 0.002$	$D := 0.15$
砖墙	$\rho_Z := 1400$	$E_Z := 6\cdot10^{9}$	$d_Z := 0.24$	
全木墙	$\rho_H := 500$	$E_H := 8\cdot10^{8}$	$d_H := 0.10$	

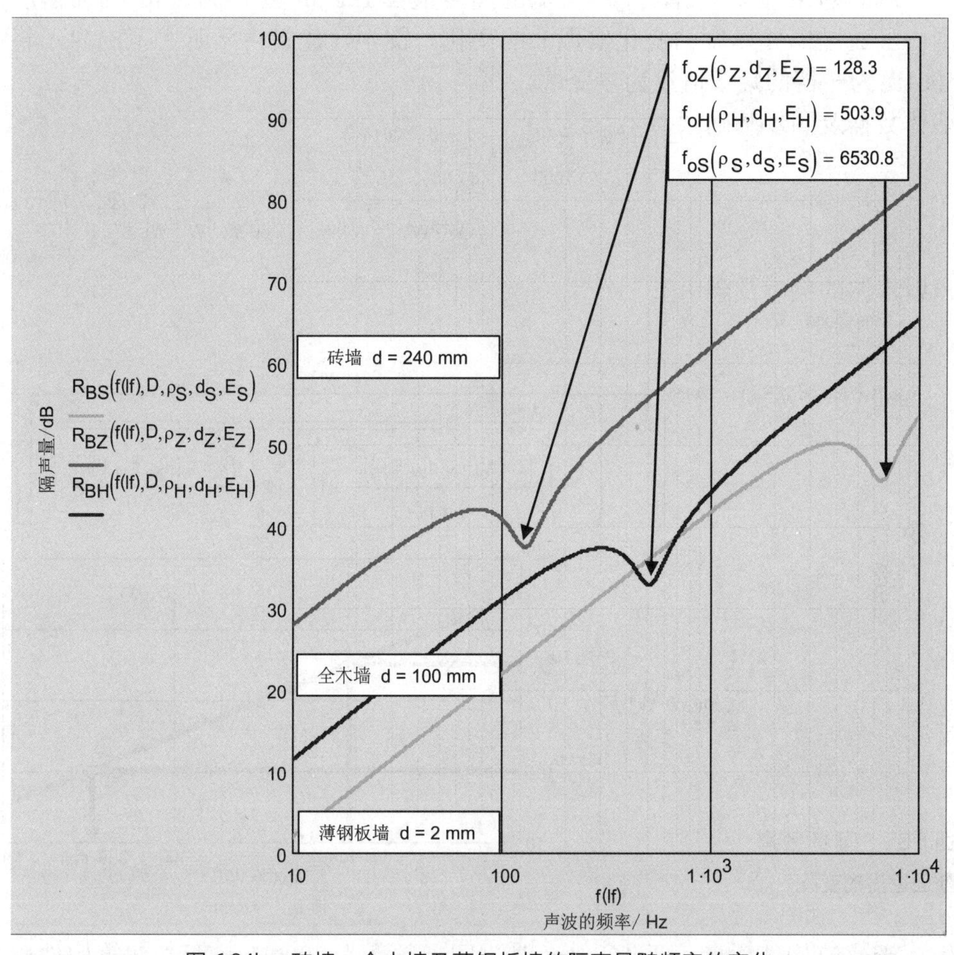

图 6.84b 砖墙、全木墙及薄钢板墙的隔声量随频率的变化

240mm 厚的砖墙效果最好，尽管 128Hz 的共振频率已经在建筑声学听力范围内。薄钢板墙遵循 Berger 定律，正如预期，共振干扰发生在听力范围之外的 6531Hz。大质量的全木墙效果相对较差。504Hz 的共振频率处于建筑声学范围内的对数中点。对应的隔声效果甚至低于薄钢板墙。

板既可以由入射声波，也可以由弯曲谐振动波激励而振动。在前面的式（6.169）中，同步频率为：

$$f_{on} = \frac{n^2 \cdot c_L^2}{2 \cdot \pi} \cdot \sqrt{\frac{12 \cdot \rho_W}{E_W \cdot d_W^2}} \tag{6.176}$$

砖墙的同步频率为 f_{o2}=513Hz，位于听力范围，而其他墙体均超过此值。

后面的系列图示给出了单层墙的隔声量在 1kg/m^2 至 1000kg/m^2 的面密度范围内（通过墙体厚度的变化实现）的变化。图中，建筑声学听力范围内，将每 500Hz 为一档的频率值设为参变量。

墙体数据及同步基础频率

$$E_W := 4\cdot 10^9 \qquad ld := 0, 0.001 .. 3$$

$$\rho_W := 1000 \qquad d_W(ld) := 10^{-ld}$$

$$M_W(d_W) := d_W \cdot \rho_W \qquad f_o(\rho_W, d_W, E_W) := \frac{c_L^2}{2\cdot\pi}\cdot\sqrt{\frac{12\cdot\rho_W}{E_W\cdot d_W^2}}$$

入射声波的频率及隔声量

$$f := 3100, 2600 .. 100$$

$$R_{BW}(f, D, \rho_W, d_W, E_W) := 20\cdot\log\left[\frac{\rho_W\cdot d_W\cdot\pi\cdot f}{\rho_L\cdot c_L\cdot\left[1+\dfrac{1}{\sqrt{\left[\dfrac{(2\cdot\pi\cdot f_o(\rho_W, d_W, E_W))^2}{(2\cdot\pi\cdot f)^2}-1\right]^2+\left[2\cdot D\dfrac{(2\cdot\pi\cdot f_o(\rho_W, d_W, E_W))}{(2\cdot\pi\cdot f)}\right]^2}}\right]}\right]$$

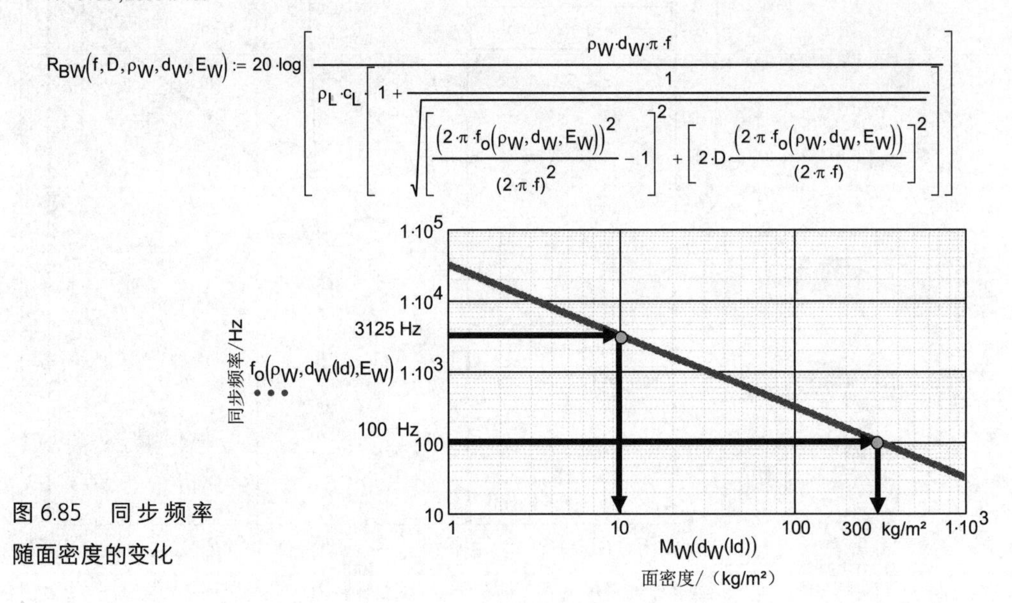

图 6.85　同步频率随面密度的变化

当建筑构件质量小于 10kg/m^2 时，同步频率为 3000Hz，而当建筑构件质量大于 300kg/m^2 时，同步频为 100Hz，即均在建筑声学的听力范围之外。

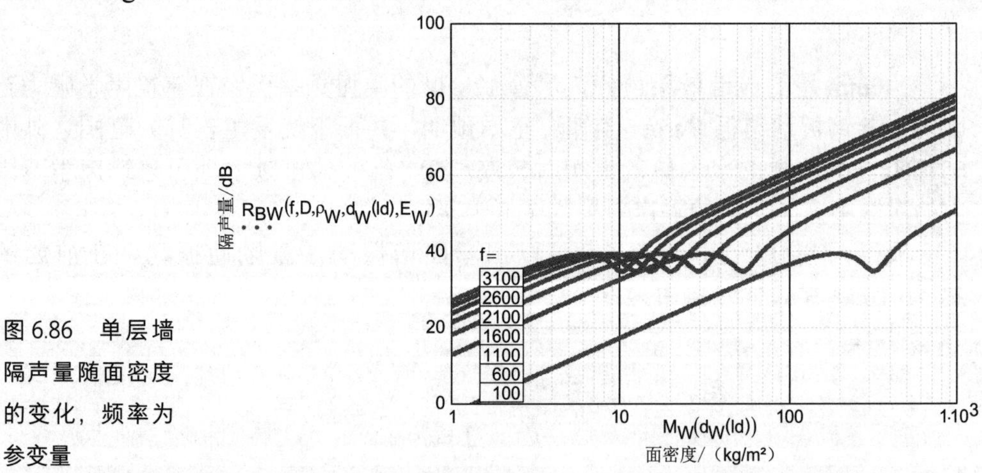

图 6.86　单层墙隔声量随面密度的变化，频率为参变量

对于通常的从 10kg/m^2 至 300kg/m^2 面密度（通过改变厚度实现面密度的改变），共振干扰遗憾地出现在 100Hz 至 3000Hz 之间的声学听力范围内。

6.3.1.3 双层构件的隔声

一个双层建筑构件代表一个由两个质量 m_1 和 m_2（即面密度为 M_1 和 M_2）及弹性系数为 k 的中间弹簧（两层壳体之间的材料），自振频率为 f_0 的振动系统。频率为 f_e 的入射声波的压力波动引发构件产生有阻尼的受迫振动。声强的传递关键在于接收声波房间一侧构件的振幅 $u_B(x,t)$。

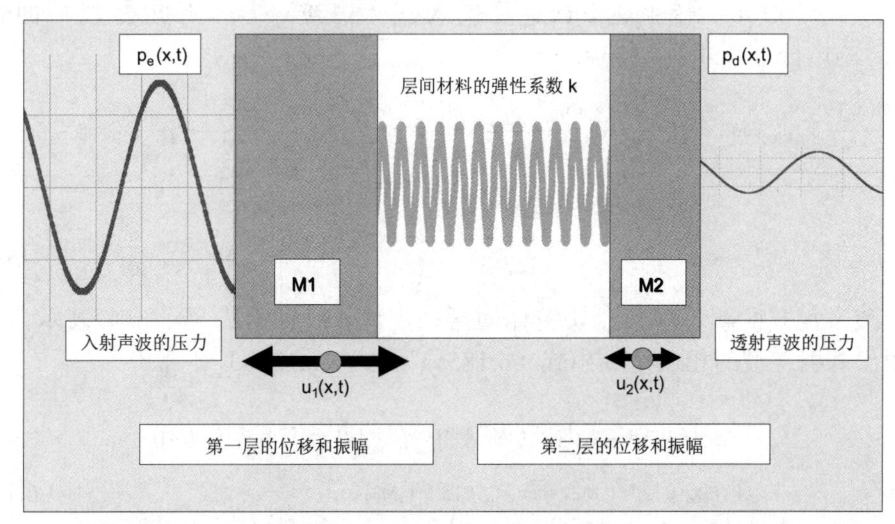

图 6.87 推导面积质量为 M_1 和 M_2，层间距为 d（弹簧常数为 k）的双层墙体隔声量的原理图

第二层板体的位移 $u_2(x,t)$ 和振幅 u_{2max} 即为双层板体的耦合振动微分方程的解。

第一层的振动方程

$$p_{maxe}\cdot\cos(2\cdot\pi\cdot f_e\cdot t)\cdot A-k\cdot\left(u_1(x,t)-u_2(x,t)\right)-r\cdot\frac{d}{dt}u_1(x,t)=m_1\cdot\frac{d^2}{dt^2}u_1(x,t) \tag{6.177}$$

第二层的振动方程

$$-k\cdot\left(u_2(x,t)-u_1(x,t)\right)-r\cdot\frac{d}{dt}u_2(x,t)=m_2\cdot\frac{d^2}{dt^2}u_2(x,t) \tag{6.178}$$

激振力（声波压力）　弹性力　阻尼力　惯性力

弹性系数 k 可以根据弹性定律，由弹性模量和墙体两层板体之间的厚度 d 确定，表达式为式（6.179）。在非周期激振力并无阻尼条件下，式（6.177）和式（6.178）的解首先给出了由两个振动质量及质量体间弹簧构成系统的自振频率 f_o（式（6.180））。

$$F=k\cdot u \qquad p=F\cdot A=E\cdot\frac{u}{d} \qquad k=\frac{E}{d}\cdot A \tag{6.179}$$

$$f_o(E,d,M1,M2):=\frac{1}{2\cdot\pi}\cdot\sqrt{\frac{E}{d}\cdot\left(\frac{1}{M1}+\frac{1}{M2}\right)} \tag{6.180}$$

通过式（6.180），可以将式（6.177）和式（6.178）中的弹性系数替换。根据定义，摩擦因子 r 也可以替换为阻尼常数 D。

$$k=\frac{(2\cdot\pi\cdot f_o)^2}{\frac{1}{M_1}+\frac{1}{M_2}}\cdot A \qquad r=\frac{2\cdot D\cdot(2\cdot\pi\cdot f_o)}{\frac{1}{M_1}+\frac{1}{M_2}}\cdot A \tag{6.181}$$

（6.182）

将式（6.178）转换为 $u_1(x,t)$ 并代入式（6.177）中。由此得到下面计算 $u_2(x,t)$ 的微分方程式（6.183）。

$$\frac{(2\cdot\pi\cdot f_o)^2}{M_1+M_2}\cdot p_{maxe}\cdot\cos(2\cdot\pi\cdot f_e)=\frac{4\cdot D\cdot(2\cdot\pi\cdot f_o)^3}{\frac{M2}{M1}+\frac{M1}{M2}+2}\frac{d}{dt}u_2(x,t)+(2\cdot\pi\cdot f_o)^2\cdot\left(1+\frac{4\cdot D^2}{\frac{M2}{M1}+\frac{M1}{M2}+2}\right)\frac{d^2}{dt^2}u_2(x,t)+ \\ +2\cdot\pi\cdot f_o\cdot 2\cdot D\frac{d^3}{dt^3}u_2(x,t)+\frac{d^4}{dt^4}u_2(x,t) \tag{6.183}$$

该方程式的解，即第二块板体的振动规律 $u_2(x,t)$ 由式（6.184）表示，其中相对于入射声波的相位角 ϕ 由式（6.185a）和式（6.185b）计算。

$$u_2(x,t)=u_{2max}(f_e,E,d,M1,M2)\cdot\cos(2\cdot\pi\cdot f_e\cdot t-\phi(f_e,E,d,M1,M2)) \tag{6.184}$$

$$F(f_e,E,d,M1,M2)=\tan\phi(f_e,E,d,M1,M2) \tag{6.185a}$$

$$F(f_e,E,d,M1,M2):=2\cdot D\cdot 2\cdot\pi\cdot f_o(E,d,M1,M2)\cdot(2\cdot\pi\cdot f_e)\frac{\left[1-\frac{2}{\left(\frac{M2}{M1}+\frac{M1}{M2}+2\right)}\cdot\left(\frac{2\cdot\pi\cdot f_o(E,d,M1,M2)}{2\cdot\pi\cdot f_e}\right)^2\right]}{(2\cdot\pi\cdot f_o(E,d,M1,M2))^2\cdot\left(1+\frac{4\cdot D^2}{\frac{M2}{M1}+\frac{M1}{M2}+2}\right)-(2\cdot\pi\cdot f_e)^2} \tag{6.185b}$$

对于声波传递起关键作用的是第二块板体的振幅 u_{2max}。由于在自振频率时根号前的正负号要改变，因此由两个公式（式（6.186a）和式（6.186b））表达振幅。此外，这里入射声波的激振频率 f_e 由 f 简要表达。在图 6.88 中，为了进行比较，纵向振动的简单 Berger 振幅 u_w 用浅色曲线表达。

$$u_{21max}(f,E,d,M1,M2):=\frac{\frac{2\cdot p_{maxe}}{M1+M2}\cdot(1)\sqrt{1+F(f,E,d,M1,M2)^2}\cdot(2\cdot\pi\cdot f_o(E,d,M1,M2))^2}{(2\cdot\pi\cdot f)^4-2\cdot D\cdot 2\cdot\pi\cdot f_o(E,d,M1,M2)\cdot(2\cdot\pi\cdot f)^3\cdot F(f,E,d,M1,M2)-(2\cdot\pi\cdot f)^2\cdot(2\cdot\pi\cdot f_o(E,d,M1,M2))^2\cdot\left(1+\frac{4\cdot D^2}{\frac{M2}{M1}+\frac{M1}{M2}+2}\right)+\frac{4\cdot D}{\frac{M2}{M1}+\frac{M1}{M2}+2}\cdot 2\cdot\pi\cdot f\cdot(2\cdot\pi\cdot f_o(E,d,M1,M2))^3\cdot F(f,E,d,M1,M2)} \tag{6.186a}$$

$$u_{22max}(f,E,d,M1,M2):=\frac{\frac{2\cdot p_{maxe}}{M1+M2}\cdot(-1)\sqrt{1+F(f,E,d,M1,M2)^2}\cdot(2\cdot\pi\cdot f_o(E,d,M1,M2))^2}{(2\cdot\pi\cdot f)^4-2\cdot D\cdot 2\cdot\pi\cdot f_o(E,d,M1,M2)\cdot(2\cdot\pi\cdot f)^3\cdot F(f,E,d,M1,M2)-(2\cdot\pi\cdot f)^2\cdot(2\cdot\pi\cdot f_o(E,d,M1,M2))^2\cdot\left(1+\frac{4\cdot D^2}{\frac{M2}{M1}+\frac{M1}{M2}+2}\right)+\frac{4\cdot D}{\frac{M2}{M1}+\frac{M1}{M2}+2}\cdot 2\cdot\pi\cdot f\cdot(2\cdot\pi\cdot f_o(E,d,M1,M2))^3\cdot F(f,E,d,M1,M2)} \tag{6.186b}$$

示例：双层墙体，由两块石膏板构成，中间为岩棉

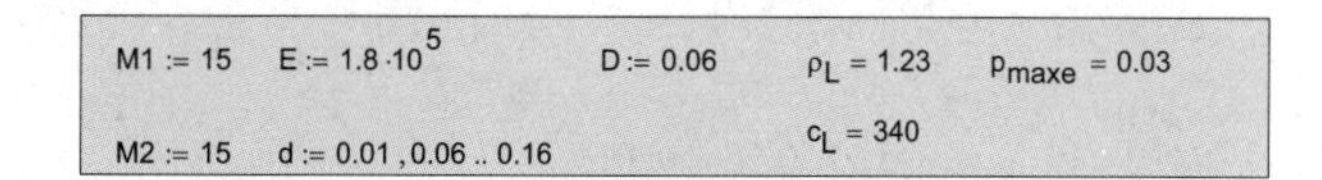

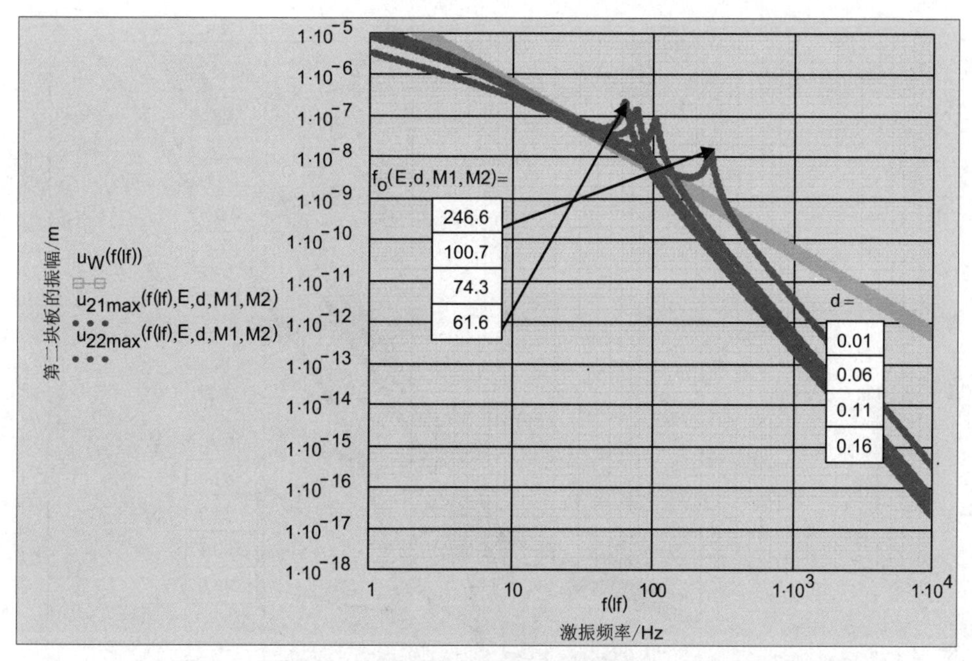

图 6.88 双层墙体第二块板的振幅随激振频率的变化，板间距为参变量

由第二块板的振幅可以通过式（6.187）再次确定向接收房间透射声波的压力波幅，并考虑定义式（6.155），由此计算双层建筑构件的隔声量（式（6.188），相位差项 F 由式（6.185b）计算）。

$$p_{2maxd} = u_{2max}(f,E,d,M1,M2)\cdot\rho_L\cdot c_L\cdot 2\cdot\pi\cdot f \qquad (6.187)$$

$f<f_0$

$$R_{21W}(f,E,d,M1,M2) := 20\cdot\log\left[\frac{\pi\cdot f\cdot(M1+M2)}{\rho_L\cdot c_L}\cdot\left[\frac{\left[\left(\frac{f}{f_o(E,d,M1,M2)}\right)^2+2\cdot D\cdot F(f,E,d,M1,M2)\cdot\left[2\cdot\frac{f_o(E,d,M1,M2)}{f\cdot\left(\frac{M2}{M1}+\frac{M1}{M2}+2\right)}-\frac{f}{f_o(E,d,M1,M2)}\right]\right]-\left(1+\frac{4\cdot D^2}{\frac{M2}{M1}+\frac{M1}{M2}+2}\right)}{(1)\sqrt{1+F(f,E,d,M1,M2)^2}}\right]\right]$$

$f>f_0$

$$R_{22W}(f,E,d,M1,M2) := 20\cdot\log\left[\frac{\pi\cdot f\cdot(M1+M2)}{\rho_L\cdot c_L}\cdot\left[\frac{\left[\left(\frac{f}{f_o(E,d,M1,M2)}\right)^2+2\cdot D\cdot F(f,E,d,M1,M2)\cdot\left[2\cdot\frac{f_o(E,d,M1,M2)}{f\cdot\left(\frac{M2}{M1}+\frac{M1}{M2}+2\right)}-\frac{f}{f_o(E,d,M1,M2)}\right]\right]-\left(1+\frac{4\cdot D^2}{\frac{M2}{M1}+\frac{M1}{M2}+2}\right)}{(-1)\sqrt{1+F(f,E,d,M1,M2)^2}}\right]\right]$$

（6.188）

$$R_W(f,M1,M2) := 20\cdot\log\left[\frac{\pi\cdot(M1+M2)\cdot f}{c_L\cdot\rho_L}\right]$$ Berger 定律式（6.189）用于对比

示例：双层墙体，由两块石膏板构成，中间为岩棉

$M1 := 15$　$E := 1.8 \cdot 10^5$　$D := 0.06$　$\rho_L = 1.23$　$p_{maxe} = 0.03$

$M2 := 15$　$d := 0.01, 0.06 .. 0.16$　$c_L = 340$

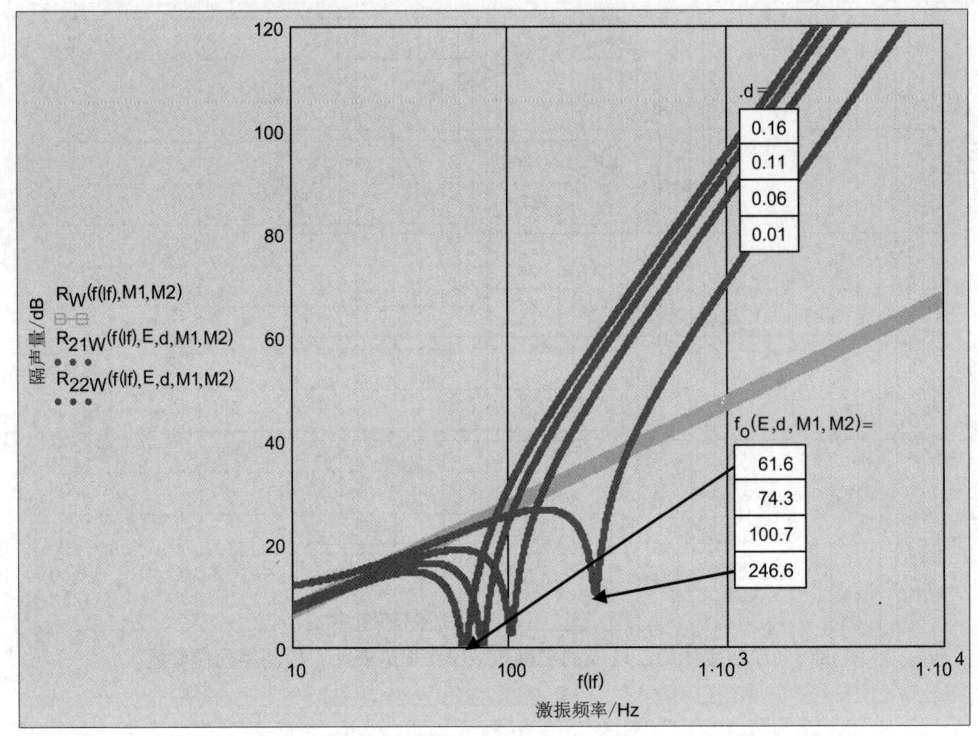

图 6.89a　双层墙体的隔声量随激振频率的变化，层间距为参变量
（浅色直线：等效单层 Berger 墙），D=0.06

在前面所给的小阻尼情况下，在低频段隔声量与根据 Berger 定律的计算值基本一致。当入射声波的激振频率达到振动系统的自振频率（式（6.180））时，则隔声功能失效。接下来，隔声量增长得非常快，在频率增加一倍时，隔声量增加 18dB，而同样条件由简单 Berger 定律（式（6.189））得到的结果是 6dB。后者为图 6.89a 中的粗直线。

$$R_W(f, M1, M2) := 20 \cdot \log\left[\frac{\pi \cdot (M1 + M2) \cdot f}{c_L \cdot \rho_L}\right] \tag{6.189}$$

图 6.89b 是同样的双层墙体，但阻尼值 D=0.15。共振区的干扰不再那么明显。在低频区域，隔声量与 Berger 公式计算值基本一致。超过共振频率后，隔声量在频率增加一倍时仍为 18dB。同样尺寸大小的双层构件（例如间距为 160mm 的双层石膏板之间填充有岩棉）即使面密度很低，也能起到很好的隔声作用。

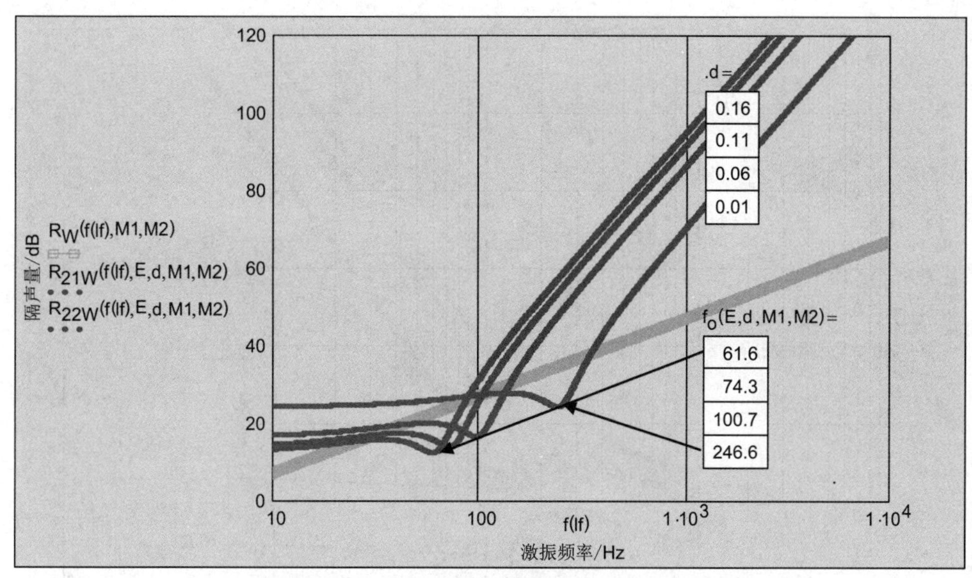

图 6.89b 双层墙的隔声量随激振频率的变化，层间距为参变量（浅色直线：等效单层 Berger 墙），D=0.15

不利的共振区域频率宽度大约为

$$\frac{f_o}{\sqrt{2}} \le f \le \sqrt{2} \cdot f_o \tag{6.190}$$

图 6.89a 和图 6.89b 表明，在听力范围内共振区的间距为 10mm。在关于“热”的章节中所推荐的隔热玻璃窗在隔声方面却是不利的。其中间层材料的弹性模量太高也是造成隔声不利的原因。在图 6.89c 中，岩棉由聚苯乙烯泡沫（E=2×10^{6}N/m^2，D=0.15）替换。所有的共振区域现在均处于建筑声学的听力范围。

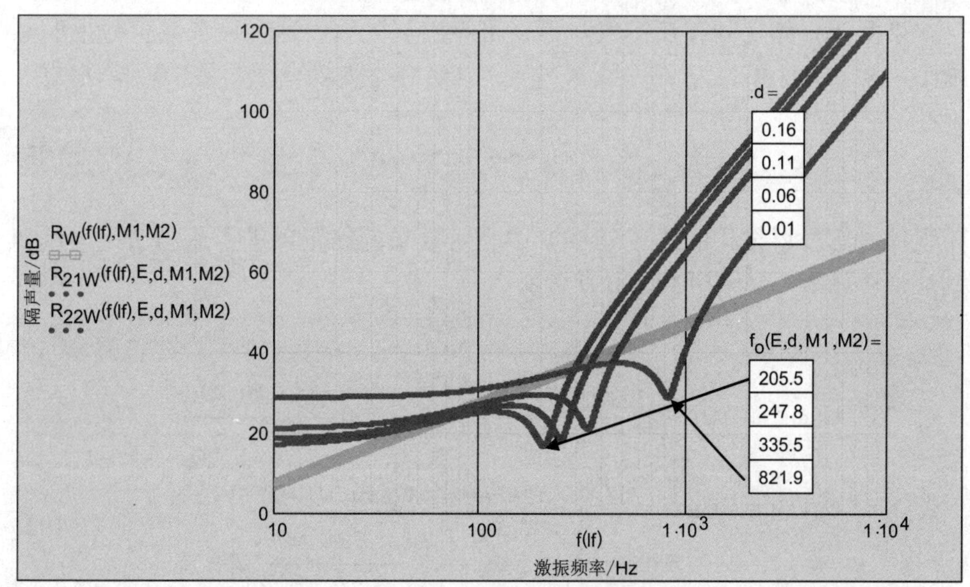

图 6.89c 填充硬材料（PS 泡沫）的双层墙的隔声量随激振频率的变化，层间距为参变量（浅色直线：等效单层 Berger 墙）

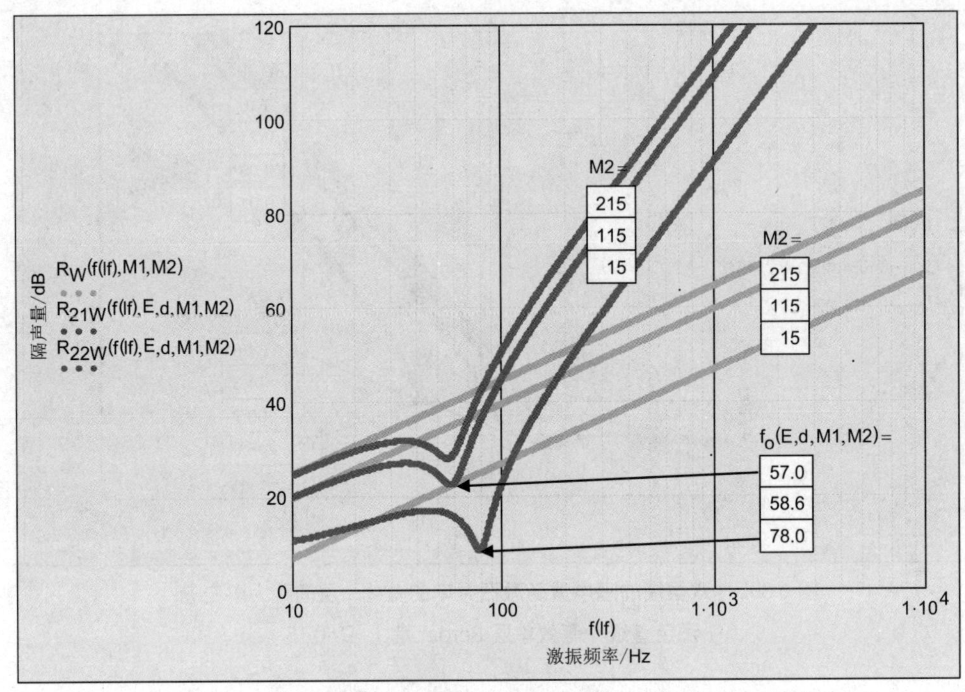

图 6.89d　双层墙的隔声量随激振频率的变化，面密度为参变量

（浅色直线：等效单层 Berger 墙）

当然，两层板体仍按照 6.3.1.2 节的理论做弯曲振动。其同步频率可通过式（6.169）计算。但是，由于中间材料的弹性和阻尼特性，使得量化描述声的传播过程比较困难，因此，这部分内容在此略过。

如果两层板体之间存在空气，那么可能出现驻波，这会导致隔声效果的额外减小。

$$f_s = n\frac{c_L}{2 \cdot d} \tag{6.191}$$

现针对第二层结构的式（6.188）中相对复杂的修正项进行适当简化，以便得到适合计算第二层结构的近似方法。

$$K(f,d,E,M1,M2) := \sqrt{\left[\left(\frac{f_o(d,E,M1,M2)}{f}\right)^2 - 1\right]^2 + \left(1 \cdot D\frac{f_o(d,E,M1,M2)}{f}\right)^2}$$

$$R_{W2}(f,d,E,M1,M2) := 20 \cdot \log\left[\frac{\pi \cdot f \cdot (M1+M2)}{\rho_L \cdot c_L} \frac{K(f,d,E,M1,M2)}{\left(\frac{f_o(d,E,M1,M2)}{f}\right)^2}\right] - 3 \tag{6.192}$$

应该利用前面的数据将式（6.188）和式（6.192）的计算结果进行对比。

示例：双层墙体，由两块石膏板构成，中间为岩棉

$M1 := 15 \quad E := 1.8 \cdot 10^{5} \quad D := 0.06 \quad \rho_L = 1.23$

$M2 := 15 \quad d := 0.01, 0.06 .. 0.16 \quad c_L = 340$

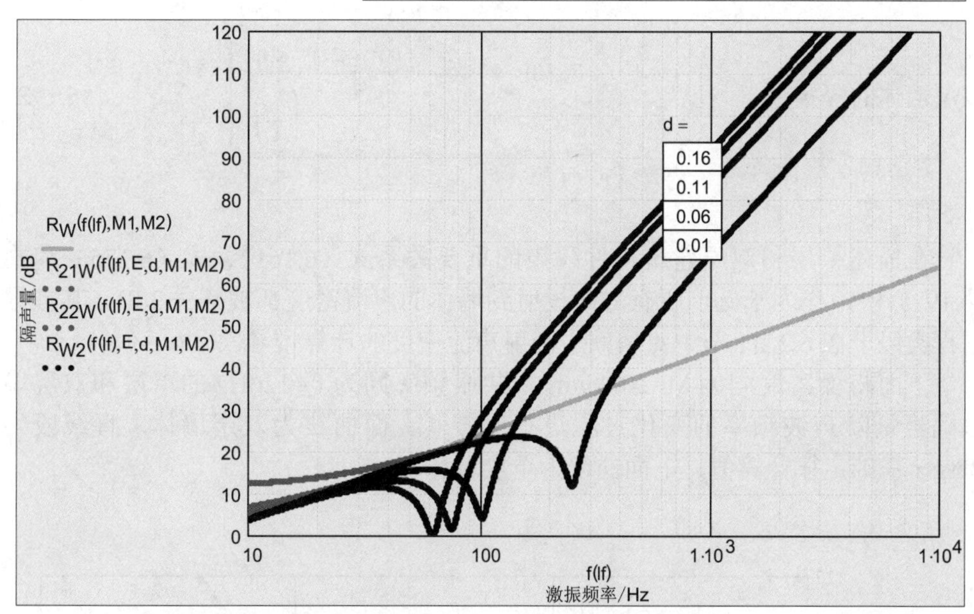

图 6.90 双层墙体隔声量随激振频率的变化，层间距为参变量，由式（6.188）得到的准确值与由式（6.192）得到的近似值进行比较（浅色直线：等效单层 Berger 墙）

只是在低频区域出现很小的偏差，在超过共振频率的建筑声学重要的频率范围区域内，由式（6.192）和式（6.188）计算得到的双层墙的隔声量值完全一致。

通过比较单层和双层墙体的隔声量，发现它们在数学表达上具有相似性。现将其中重要的简单关系式汇总如下。

Berger 惯性条件下的基础隔声量

$$R_{WB}(f) := 20 \cdot \log\left(\frac{\pi \cdot f \cdot M}{\rho_L \cdot c_L}\right) - 3 \tag{6.161}$$

通过调整墙壁弯曲振动的轨迹获得的共振频率

$$f_o := \frac{c_L^{2}}{2 \cdot \pi \cdot d_W} \cdot \sqrt{\frac{12 \cdot \rho_W}{E_W}}$$

共振现象校正系数

$$K(f) := \sqrt{\left[\left(\frac{f_o}{f}\right)^2 - 1\right]^2 + \left(2 \cdot D \cdot \frac{f_o}{f}\right)^2}$$

单层墙体的隔声量

$$R_{W1}(f) := 20 \cdot \log\left[\left(\frac{\pi \cdot f \cdot M}{\rho_L \cdot c_L}\right) \frac{K(f)}{1 + K(f)}\right] - 3 \tag{6.175}$$

共振现象校正系数

$$K(f) := \sqrt{\left[\left(\frac{f_o}{f}\right)^2 - 1\right]^2 + \left(1 \cdot D \cdot \frac{f_o}{f}\right)^2}$$

以填充材料为弹簧的双层墙体振动系统的共振频率

$$f_o := \frac{1}{2 \cdot \pi} \cdot \sqrt{\frac{E}{d} \cdot \left(\frac{1}{M1} + \frac{1}{M2}\right)}$$

双层墙体的隔声量

$$R_{W2}(f) := 20 \cdot \log\left[\frac{\pi \cdot f \cdot (M1 + M2)}{\rho_L \cdot c_L} \cdot \frac{K(f)}{\left(\frac{f_o}{f}\right)^2}\right] - 3 \qquad (6.192)$$

在描述单层和双层建筑构件隔声的重要关系式（6.161）、式（6.175）和式（6.192）中，作为基础，所有方向投射到墙体的声流密度都被减去 3dB。其推导过程类似于在 6.2.1.1 节中对房间中漫射声流密度的计算推导。

下面将面密度同为 M=200kg/m^2，共振频率同为 f_o=120Hz 的单层和双层墙体隔声量随声波频率的变化过程进行比较（上面曲线为双层墙体，直线段为 Berger 基础定律计算值，下面曲线为单层墙体）。

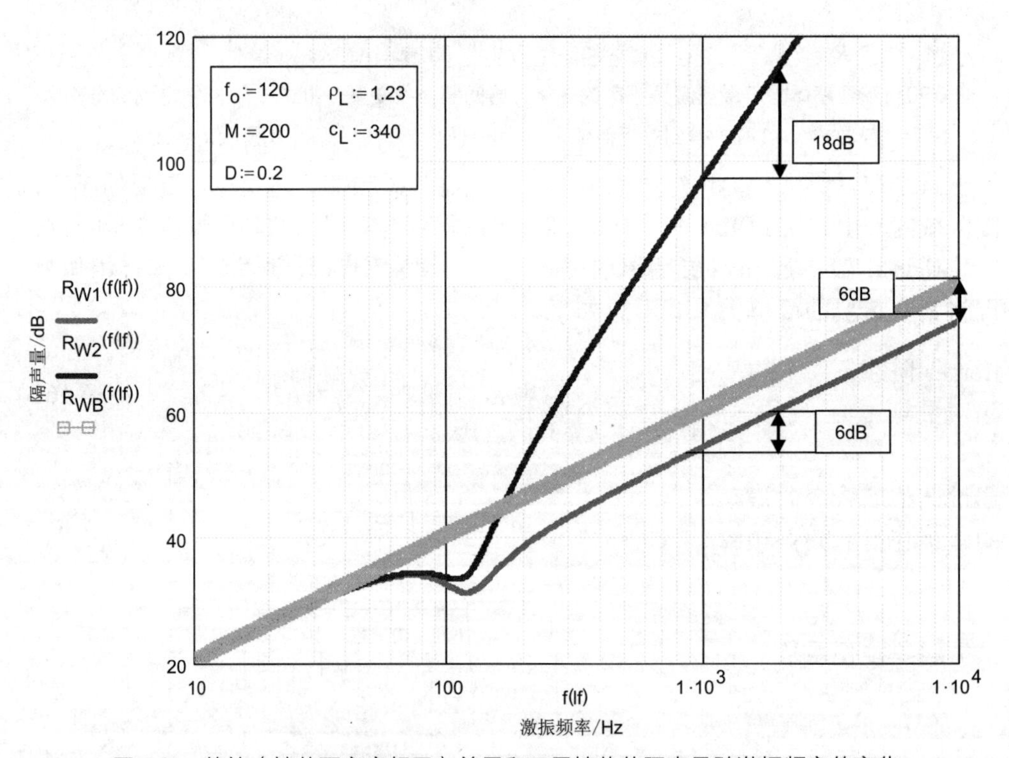

图 6.91 等效（墙的面密度相同）单层和双层墙体的隔声量随激振频率的变化

对于单层墙体，当频率增加一倍时，隔声量会增加 6dB，但高于变形轨迹匹配频率后，隔声量会低于 Berger 公式计算值 6dB。

对于双层墙体，在高于共振频率的情况下，当频率增加一倍时，隔声量会增加 18dB。

共振频率应尽可能在建筑声学听力范围之外，即通常要低于 100Hz。

下面将针对 6.3.1.2 节中的墙体材料及 6.3.1.3 节中的填充材料补充给出其需求的弹性模量值。

表 6.7 不同材料的弹性模量 / (N/m^2)

墙砖	4×10^9
灰砂砖	1×10^9
混凝土	4×10^{10}
多孔混凝土	2×10^9
石膏板	3×10^9
刨花板	6×10^9
云杉木、松木（顺纤维）	2×10^9
云杉木、松木（垂直于纤维）	1×10^{10}
岩棉板	1.8×10^5
聚苯乙烯颗粒板	2×10^6
聚苯乙烯硬泡沫板	3×10^7
泡沫玻璃	2×10^6
普通玻璃	5×10^{10}
铝板	7×10^{10}
钢板	2×10^{11}
空气	1.2×10^5

6.3.1.4　不同隔声特性构件组合使用时的隔声效果

如果一个建筑构件由具有不同隔声效果的多个子表面组成（见图 6.92），则总声能流（声功率）将被看作由各平行的声能流组成并具有可加性。

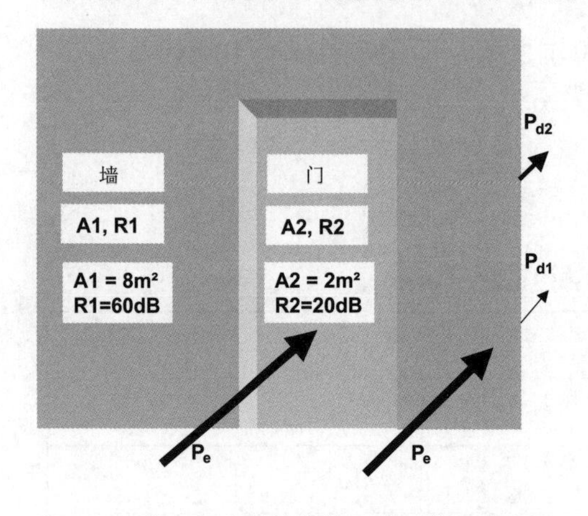

图 6.92　推导组合建筑构件隔声量的原理示图

$$J_e = P_e \cdot (A_1 + A_2) \tag{6.193}$$

$$J_d = P_{d1} \cdot A_1 + P_{d2} \cdot A_2 \tag{6.194}$$

$$R_{res} = 10 \cdot \log\left(\frac{J_e}{J_d}\right) = -10 \cdot \log\left[\frac{P_{d1} \cdot A_1 + P_{d2} \cdot A_2}{P_e \cdot (A_1 + A_2)}\right]$$

$$P_{d1} = P_e \cdot 10^{\frac{-R_1}{10}} \qquad P_{d2} = P_e \cdot 10^{\frac{-R_2}{10}}$$

$$R_{res} = -10 \cdot \log\left(\frac{A_1 \cdot 10^{\frac{-R_2}{10}} + A_2 \cdot 10^{\frac{-R_1}{10}}}{A_1 + A_2}\right) \tag{6.195}$$

对于由任意多个具有隔声量 R_j 的子面积 A_j 所组成的组合构件，其最终的总隔声量 R_{res} 可由式（6.196）计算。

$$R_{res} = -10 \cdot \log\left(\frac{\sum_{j=1}^{n} A_j \cdot 10^{\frac{-R_j}{10}}}{\sum_{j=1}^{n} A_j}\right) \tag{6.196}$$

示例：

如图 6.92 所示的墙体，$A=10m^2$，$R_1=60dB$，包含一门，$A_2=2m^2$，$R_2=20dB$。最终的隔声量为 27dB。

在图 6.93 中，面积比 A_2/A 从 0 增加到 1，子面积 A_2 做为参变量从 0（打开）增加到墙体的值 60dB。

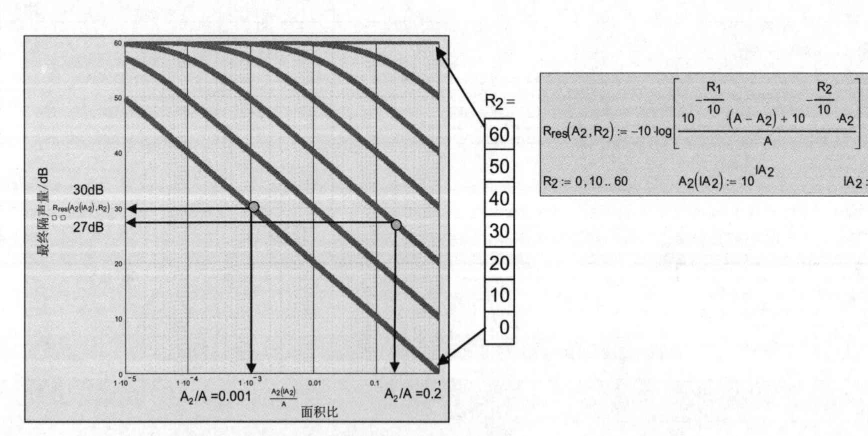

图 6.93　组合建筑构件的最终隔声量

小的开口会使得相对墙体面积来说有高达百分之几十的声流直接通过，并导致总隔声效果的显著降低。从图中可以看到，面积 $10m^2$ 的墙上的一个 $1cm^2$ 的开口，使得隔声量从 60dB 降到 30dB。基于 $A_2 \cdot 10^{-R2/10}$ 相对于 $A_1 \cdot 10^{-R1/10}$ 非常大的条件，式（6.195）可以简化为式（6.197）。墙体良好的隔声量 R_1 已不可能再维持。

$$R_{res} = R_2 + 10 \cdot \log\left(\frac{A_1 + A_2}{A_2}\right) \tag{6.197}$$

本例也显示出，当门打开时 $R_2=0$，最终的隔声量为 7dB。

6.3.1.5 单层墙体的建筑隔声量及边缘传输效应

建筑物中的建筑构件总是在结构功能上通过各种构造连接在一起的。构件连接处的声音传播难以进行定量描述。在欧洲标准和工程规范中已有大量的经验公式和近似关系式可供使用。

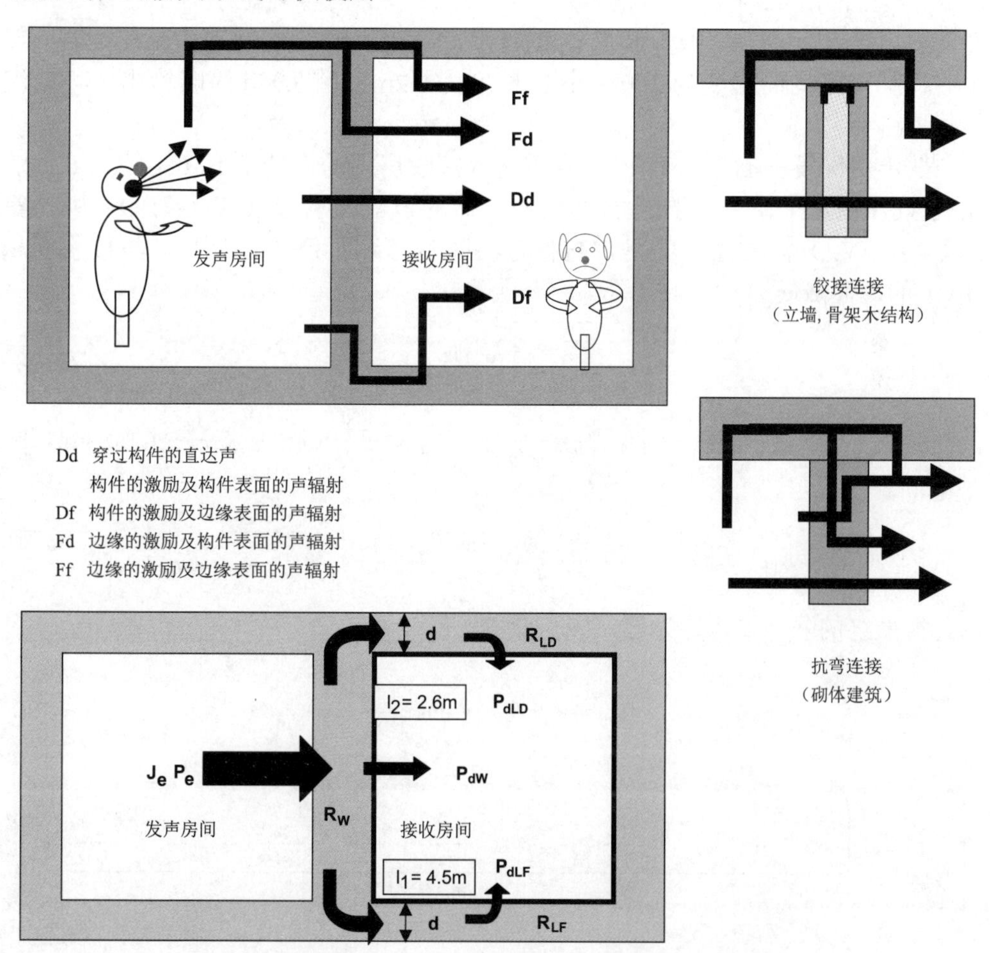

图 6.94a 至图 6.94d 推导边缘传播的隔声效果的原理示意图

由上面几个图示可以看出，平行穿过墙的直接声能流密度 P_{Dd}，声能流密度 P_{Ff}、P_{Fd}，以及 P_{Df} 将会通过边缘被传递。与建筑隔声措施相关的总声能流也可以借助上一节中介绍的声能流并联模式求得。

简单铰接连接情况时的主要声能流为：穿过墙的 P_{Dd}（在上一节中针对单层和双层墙体进行了定量描述）及越过边界构件的 P_{Ff}。后者可采用与普通结构相同的数学方法处理。边界构件由发声房间的声波穿过入口面积较小的构件厚度 d_F 乘以接缝长度 l_1 及 l_2 激发振动。这一振动在接收房间将由整个边界构件表面辐射出去。P_{Fd} 和 P_{Ff} 部分在抗弯连接的情况下会额外出现。P_{Fd} 是 P_{Dd} 的补充，P_{Df} 扩大了边缘的传播。另外，在抗弯连接处会由于较大的惯性及结构细节共振频率的改变，而导致传递的声功率 P_{Ff} 减小。

下面将介绍一个简单的模型，该模型可以提供包括连接件在内的各类建筑构件有效实用的信息，即所谓的建筑隔声量的信息。涉及的基础面积（地板及天花板面积）规格为 $A_F=l_1\cdot l_1=4.5m\cdot 4.5m$。发声房间 / 接收房间的分隔面积为 $A_W=l_1\cdot l_2=4.5m\cdot 2.6m$，这也相应于侧墙边缘的面积。分隔墙的隔声量 R_W（即 R_{BW} 和 R_{2W}）将依据 6.3.1.1 节、6.3.1.2 节及 6.3.1.3 节的内容确定。对于边缘建筑构件的隔声量 R_{LF}、R_{LD}、R_{LW1} 和 R_{LW2} 的计算，使用 Berger 惯性定律已经足够，使用时，基点平均面密度为 300kg/m²，厚度为 0.2m。图 6.94d 简略给出了声能流的传播路径。

发声房间发出的声功率 P_e 及穿透进入接收房间的声功率 P_d 可由式（6.198）和式（6.199）计算。对于通过边缘处传递的声能流密度（式（6.199）中的第 2 项至第 5 项）需要注意的是，它肯定会随着边缘面积（l_{1d} 及 l_{2d}）与接收面积（l_1l_2）的比而降低。

$$P_e = J_e\cdot l_1\cdot l_2 \tag{6.198}$$

$$P_d = J_{dW}\cdot l_1\cdot l_2 + J_{dLF}\frac{l_1\cdot d}{l_1\cdot l_2}\cdot l_1\cdot l_1 + J_{dLD}\frac{l_1\cdot d}{l_1\cdot l_2}\cdot l_1\cdot l_1 + J_{dLW1}\frac{l_2\cdot d}{l_1\cdot l_2}\cdot l_1\cdot l_2 + J_{dLW2}\frac{l_2\cdot d}{l_1\cdot l_2}\cdot l_1\cdot l_2 \tag{6.199}$$

$$J_{dW} = J_e\cdot 10^{\frac{-R_W}{10}} \quad J_{dLF} = J_e\cdot 10^{\frac{-R_{LF}}{10}} \quad J_{dLD} = J_e\cdot 10^{\frac{-R_{LD}}{10}} \quad J_{dLW1} = J_e\cdot 10^{\frac{-R_{LW1}}{10}} \quad J_{dLW2} = J_e\cdot 10^{\frac{-R_{LW2}}{10}}$$

由此得最终的隔声量，称为建筑隔声量 R_{Bau}：

$$R_{Bau} = 10\cdot\log\left(\frac{P_e}{P_d}\right) = -10\cdot\log\left(\frac{P_d}{P_e}\right) \tag{6.200}$$

$$R_{Bau} = -10\cdot\log\left(\frac{J_e\cdot 10^{\frac{-R_W}{10}}\cdot l_1\cdot l_2 + J_e\cdot 10^{\frac{-R_{LF}}{10}}\frac{l_1\cdot d}{l_1\cdot l_2}\cdot l_1\cdot l_1 + J_e\cdot 10^{\frac{-R_{LD}}{10}}\frac{l_1\cdot d}{l_1\cdot l_2}\cdot l_1\cdot l_1 + J_e\cdot 10^{\frac{-R_{LW1}}{10}}\frac{l_2\cdot d}{l_1\cdot l_2}\cdot l_1\cdot l_2 + J_e\cdot 10^{\frac{-R_{LW2}}{10}}\frac{l_2\cdot d}{l_1\cdot l_2}\cdot l_1\cdot l_2}{J_e\cdot l_1\cdot l_2}\right) \tag{6.201}$$

首先，将确定弯曲振动共振时单层墙体的隔声，并针对不同情况进行讨论。然后给出材料特性参数、墙体厚度、声频率、面密度方程、同步频率，以及墙体的隔声量（请与 6.3.1.2 节对比）。

$$E_W := 4\cdot 10^9 \qquad \rho_W := 1000 \qquad ld := -1, -0.995 .. 3 \qquad f := 3100, 2900 .. 100 \qquad D := 0.2$$

$$d_W(ld) := 10^{-ld}$$

$$M_W(d_W) := d_W \cdot \rho_W$$

$$f_o(\rho_W, d_W, E_W) := \frac{c_L^2}{2\cdot\pi}\cdot\sqrt{\frac{12\cdot\rho_W}{E_W\cdot d_W^2}}$$

$$R_{BW}(f, D, \rho_W, d_W, E_W) := 20\cdot\log\left[\frac{\rho_W\cdot d_W\cdot\pi\cdot f}{\rho_L\cdot c_L\cdot\left[1+\frac{1}{\sqrt{\left[\frac{(2\cdot\pi\cdot f_o(\rho_W,d_W,E_W))^2}{(2\cdot\pi\cdot f)^2}-1\right]^2+\left[2\cdot D\cdot\frac{(2\cdot\pi\cdot f_o(\rho_W,d_W,E_W))}{2\cdot\pi\cdot f}\right]^2}}\right]}\right]-3$$

边缘构件的材料特性参数和隔声量为：

$$d_F := 0.2 \qquad M_{LF} := 300 \qquad M_{LD} := 300 \qquad M_{LW1} := 300 \qquad M_{LW2} := 300$$

$$R_{LF}(f, M_{LF}) := 20\cdot\log\left(\frac{M_{LF}\cdot\pi\cdot f}{\rho_L\cdot c_L}\right)-3 \qquad R_{LW1}(f, M_{LW1}) := 20\cdot\log\left(\frac{M_{LW1}\cdot\pi\cdot f}{\rho_L\cdot c_L}\right)-3$$

$$R_{LD}(f, M_{LD}) := 20\cdot\log\left(\frac{M_{LD}\cdot\pi\cdot f}{\rho_L\cdot c_L}\right)-3 \qquad R_{LW2}(f, M_{LW2}) := 20\cdot\log\left(\frac{M_{LW2}\cdot\pi\cdot f}{\rho_L\cdot c_L}\right)-3$$

由此得单层墙体的实际建筑隔声量：

$$R_{Bau}(f, D, \rho_W, d_W, E_W) :=$$

$$-10\cdot\log\left[\frac{\left(l_1\cdot l_2\cdot 10^{\frac{-R_{BW}(f,D,\rho_W,d_W,E_W)}{10}}+l_1\cdot l_1\frac{d_F}{l_2}\cdot 10^{\frac{-R_{LF}(f,M_{LF})}{10}}+l_1\cdot l_1\frac{d_F}{l_2}\cdot 10^{\frac{-R_{LD}(f,M_{LD})}{10}}+\frac{d_F}{l_1}\cdot l_1\cdot l_2\cdot 10^{\frac{-R_{LW1}(f,M_{LW1})}{10}}+\frac{d_F}{l_1}\cdot l_1\cdot l_2\cdot 10^{\frac{-R_{LW2}(f,M_{LW2})}{10}}\right)}{l_1\cdot l_2}\right] \tag{6.202}$$

图 6.95 给出的是建筑声学听力范围（100Hz＜f＜3100Hz）内的建筑隔声量随分隔墙体面密度（10kg/m^2＜M＜1000kg/m^2）的变化关系。面密度的改变通过保持 1000kg/m^3 的材料密度不变，而改变墙体的层厚来实现。这一点很重要，因为对隔声量起关键作用的同步频率取决于墙体层厚和密度的独立改变。因此隔声量与面密度不存在明确的函数关系（在下一个例子中将通过改变密度实现面密度的变化）。图 6.95 中也标出无边缘传递情况下，与 500Hz 的评估参考频率对应的隔声量（浅色）。通过边缘构件传递的声能流只有在分隔墙的面积质量较高时才会起负面作用。频率为 500Hz 时，建筑隔声量从 70kg/m^2 的 35dB 增加到 1200kg/m^2 的 60dB。在 200kg/m^2，500Hz 条件下，建筑隔声量为 48dB。

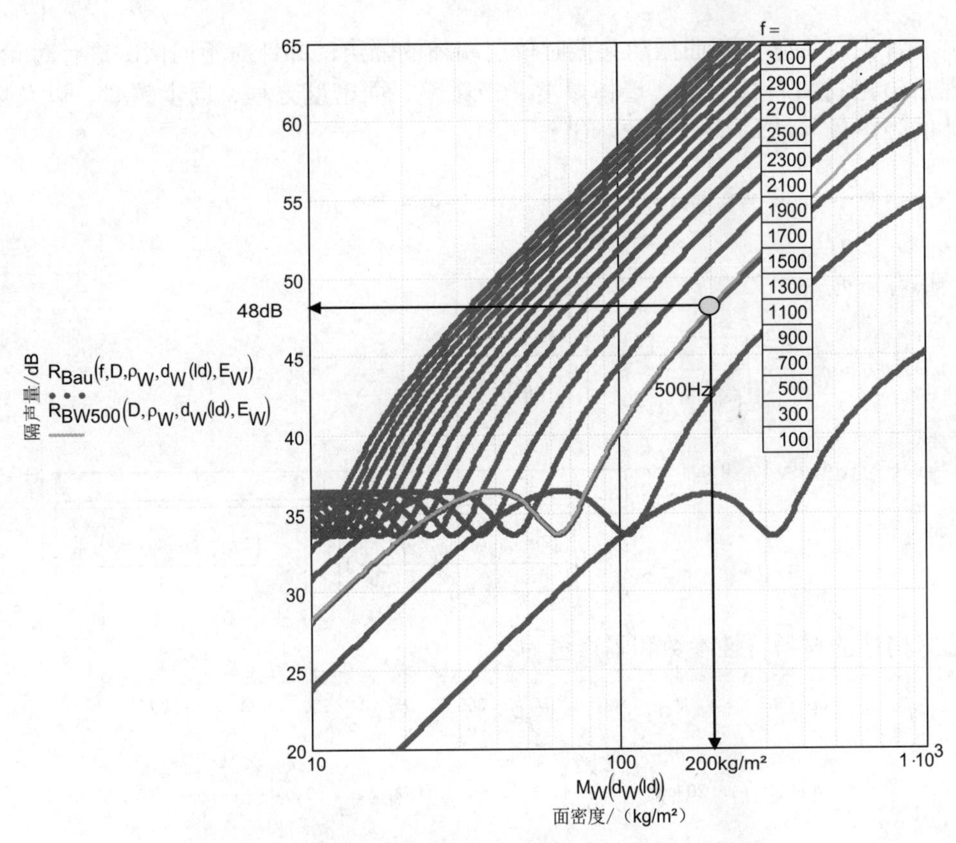

图 6.95　建筑隔声量随墙体面密度的变化，频率为参变量，墙体材料密度为常数，墙体厚度变化

图 6.96a 给出的是分隔墙的同步频率随墙体面密度的变化，其限制条件是材料密度为 1000kg/m³，墙体厚度是变化的。令人遗憾的是，同步频率在面密度超过 300kg/m² 时，才能低于 100Hz 的建筑声学限值。

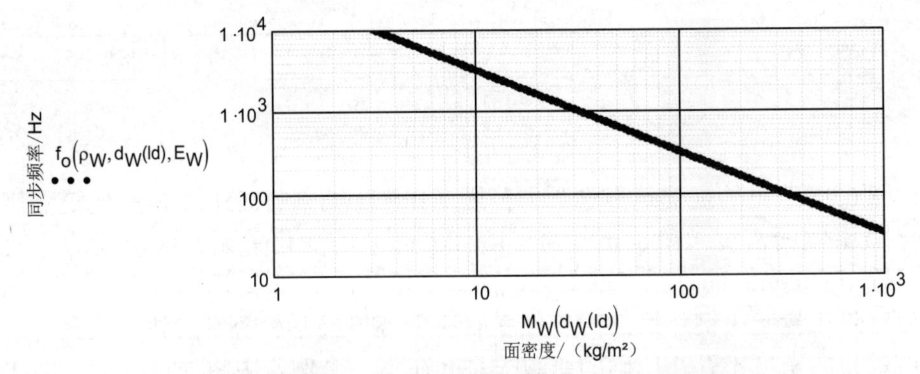

图 6.96a　分隔墙的同步频率随墙体面密度的变化（墙厚可变）

在图 6.96b 中，在墙厚为 0.2m 不变的情况下，通过密度的增加来达到面密度增加的目的。同步频率在此随着面密度的提高而提高，并在面积质量超过 100kg/m² 时处于建筑声学听力范围内。

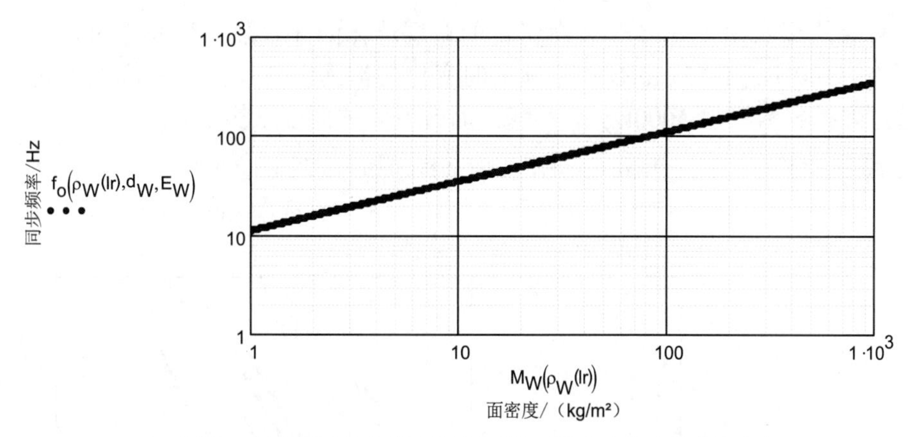

图 6.96b 分隔墙的同步频率随墙体面密度的变化（密度可变）

图 6.97 再次给出建筑声学范围内（100Hz＜f＜3100Hz）建筑隔声量随分隔墙的面密度（10kg/m²＜M＜1000kg/m²）（如前述，定常厚度是通过改变密度实现的）的变化。在 100Hz＜f＜500Hz 的频率范围内，由共振引起的隔声量减少是明显的，且这一降低发生在分隔构件的面密度大于 300kg/m² 之后。

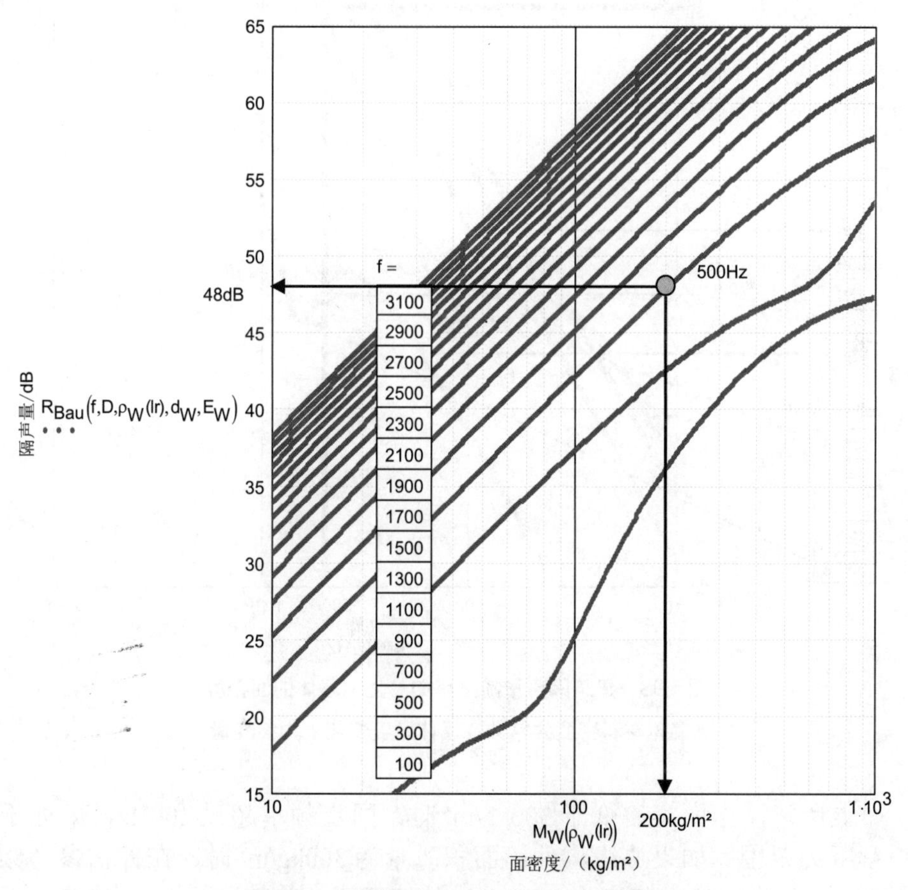

图 6.97 建筑隔声量随墙体面密度的变化
（墙体厚度不变，墙体材料密度变化），频率为参变量

最后的图 6.98 给出了一直在讨论的单层墙体的建筑隔声量在建筑声学听力范围内（100Hz＜f＜3100Hz）随频率的变化。作为参变量的面密度的变化，在此通过保持材料密度 1000kg/m³ 不变，而改变墙体厚度来实现。

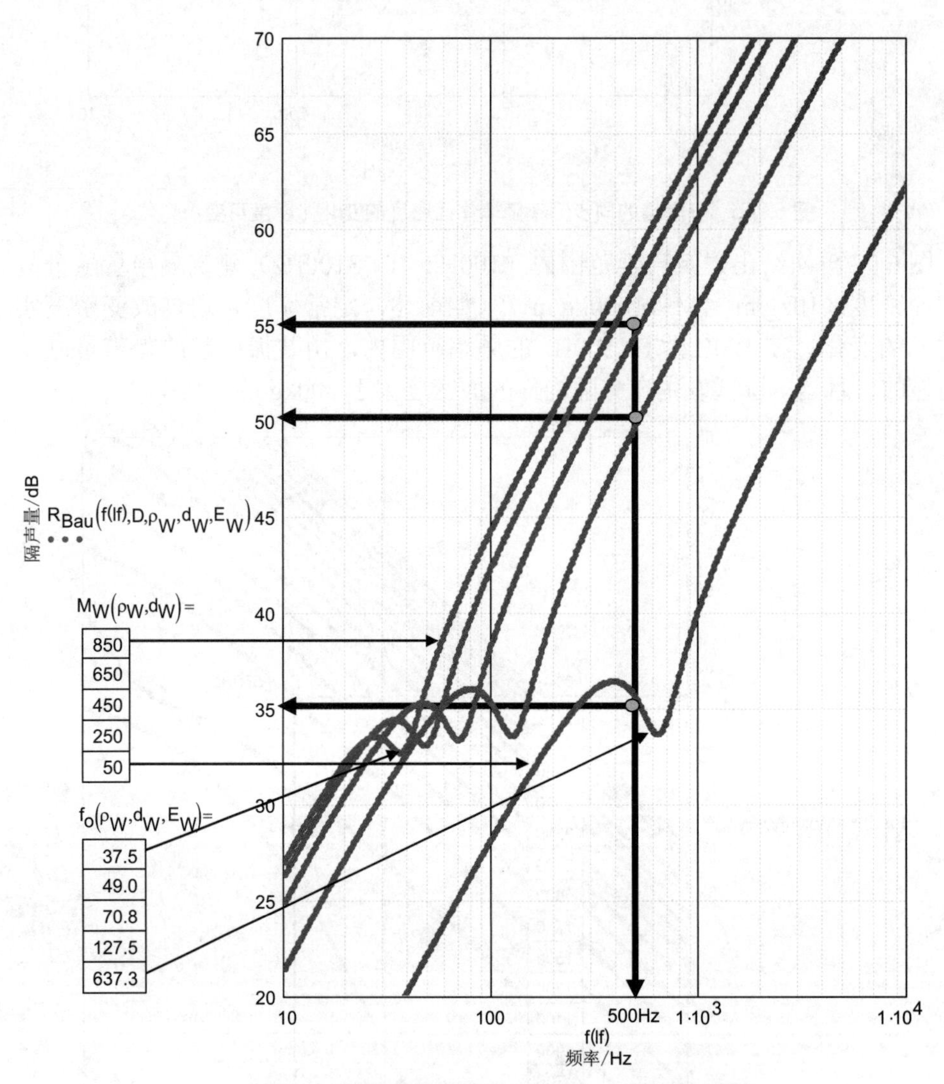

图 6.98 建筑隔声量随频率的变化，墙体的面密度（墙体材料密度为常数，墙体厚度变化）为参变量

如上所述，当面密度低于 300kg/m² 时，同步频率超过 100Hz，即处于建筑声学听力范围。如果边缘构件的面积质量为 300kg/m² 时，在评估参考频率为 500Hz，分隔墙的面密度为 450kg/m² 的情况下，建筑隔声量为 55dB，而在 250kg/m² 时，为 50dB，在 50kg/m² 时，为 35dB。

6.3.1.6 双层墙体的边缘传输效应及建筑隔声量

在这一节将介绍双层组合墙体的分隔墙。接着引入双层墙板体的面密度 M1 和 M2（M2 质量可变）、层间材料的特性、墙厚、建筑声学听力范围内的声频率（作为参变量）、双层组合墙体的共振频率，以及双层墙体的隔声量（请与 6.3.1.2 节对比）等参数。弹性模量和阻尼常数 D 设置为层间材料特性参数，而不是墙板体材料的。

两层墙板体的面密度　　层间材料的特性参数　　建筑声学听力范围内的声频率

$$M1 := 15 \quad m2 := 1, 1.005 .. 3 \quad M2(m2) := 10^{m2} \quad M_W(M2, M1) := M1 + M2$$

$$E := 4 \cdot 10^5 \quad d := 0.10 \quad D := 0.2$$

$$f := 3100, 2900 .. 100$$

双层墙体的建筑隔声量可由近似关系式（6.192）计算。

双层组合墙体的共振频率

$$f_o(d,E,M1,M2) := \frac{1}{2 \cdot \pi} \cdot \sqrt{\frac{E}{d} \cdot \left(\frac{1}{M1} + \frac{1}{M2}\right)} \tag{6.180}$$

$$K(f,d,E,M1,M2) := \sqrt{\left[\left(\frac{f_o(d,E,M1,M2)}{f}\right)^2 - 1\right]^2 + \left(1 \cdot D \frac{f_o(d,E,M1,M2)}{f}\right)^2}$$

双层墙的隔声量

$$R_{W2}(f,d,E,M1,M2) := 20 \cdot \log\left[\frac{\pi \cdot f \cdot (M1 + M2)}{\rho_L \cdot c_L} \frac{K(f,d,E,M1,M2)}{\left(\frac{f_o(d,E,M1,M2)}{f}\right)^2}\right] - 3 \tag{6.192}$$

对于边缘构件可采用同样的值，且关系式同 6.3.1.5 节。

$$l_1 := 4.5 \quad d_F := 0.2 \quad M_{LF} := 300 \quad M_{LD} := 300 \quad M_{LW1} := 300 \quad M_{LW2} := 300$$

$$l_2 := 2.6$$

$$R_{LF}(f, M_{LF}) := 20 \cdot \log\left(\frac{M_{LF} \cdot \pi \cdot f}{\rho_L \cdot c_L}\right) - 3 \qquad R_{LW1}(f, M_{LW1}) := 20 \cdot \log\left(\frac{M_{LW1} \cdot \pi \cdot f}{\rho_L \cdot c_L}\right) - 3$$

$$R_{LD}(f, M_{LD}) := 20 \cdot \log\left(\frac{M_{LD} \cdot \pi \cdot f}{\rho_L \cdot c_L}\right) - 3 \qquad R_{LW2}(f, M_{LW2}) := 20 \cdot \log\left(\frac{M_{LW2} \cdot \pi \cdot f}{\rho_L \cdot c_L}\right) - 3$$

由此得到计算双层墙体建筑隔声量 R_{Bau2} 的式（6.203）。

$$R_{Bau2}(f,E,d,M1,M2) := -10\cdot\log\left[\frac{\left(\begin{array}{l} l_1\cdot l_2\cdot 10^{\frac{-R_{W2}(f,d,E,M1,M2)}{10}} \ldots \\ +l_1\cdot l_1\dfrac{d_F}{l_2}\cdot 10^{\frac{-R_{LF}(f,M_{LF})}{10}} \ldots \\ +l_1\cdot l_1\dfrac{d_F}{l_2}\cdot 10^{\frac{-R_{LD}(f,M_{LD})}{10}} \ldots \\ +\dfrac{d_F}{l_1}\cdot l_1\cdot l_2\cdot 10^{\frac{-R_{LW1}(f,M_{LW1})}{10}} \ldots \\ +\dfrac{d_F}{l_1}\cdot l_1\cdot l_2\cdot 10^{\frac{-R_{LW2}(f,M_{LW2})}{10}} \end{array}\right)}{l_1\cdot l_2}\right] \tag{6.203}$$

示例 1

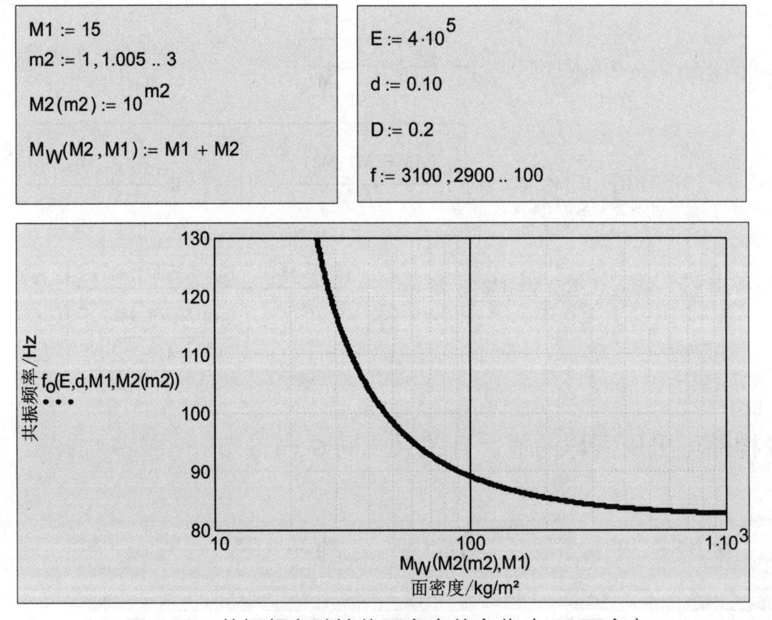

图 6.99　共振频率随墙体面密度的变化（M2 可变）

双层墙第二层墙板体面密度从 10kg/m² 增至 1000kg/m²。第一层面密度固定为 15kg/m²，层间距为 0.1m。层间材料为岩棉。组合墙体的自振频率在总面密度超过 50kg/m² 时，低于期望值 100Hz。与此相应的是，在声频为 100Hz 时建筑隔声效果非常差。在总面密度达到 300kg/m² 时，隔声量仅为 40dB。在评估参考频率 500Hz 时，建筑隔声量从 30kg/m² 时的 60dB，增长为 1000kg/m² 时的 64dB。边缘传递再次阻止了在大质量时隔声量的明显改善。

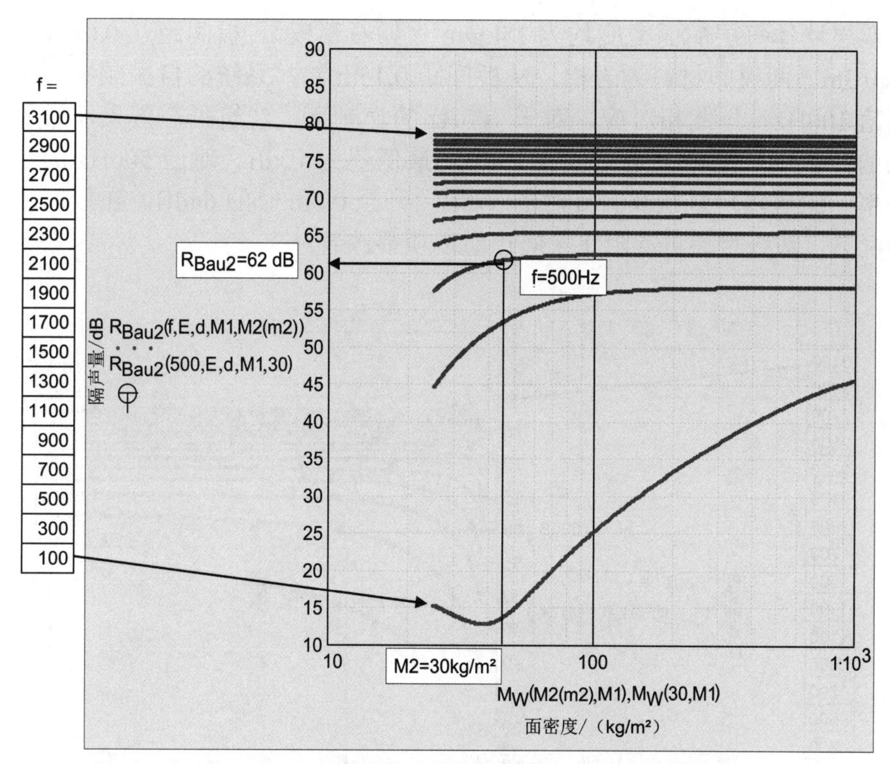

图 6.100 双层墙的建筑隔声量随墙体面密度的变化
（第二层质量 M2 可变），频率为参变量

示例 2

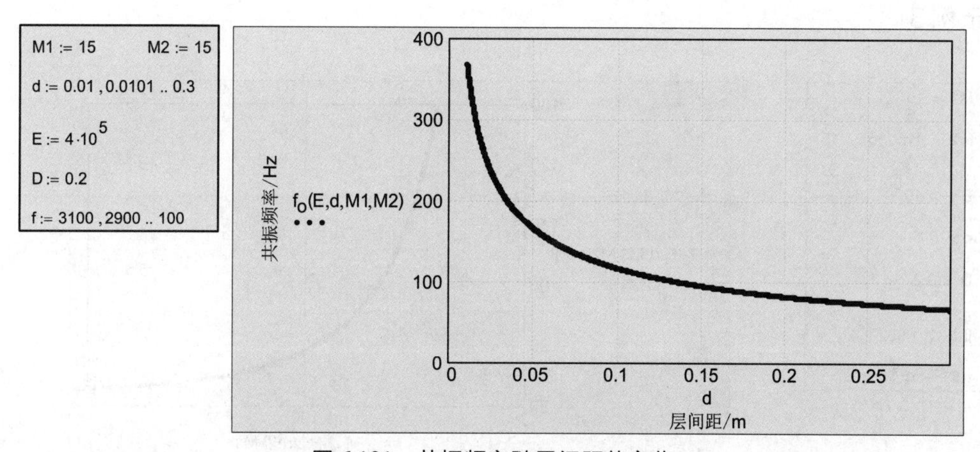

图 6.101 共振频率随层间距的变化

双层墙体每层的面密度均为 15kg/m²（如石膏板）。板间距从 0.01m 逐步增大到 0.3m。两板间材料为岩棉。从板间距 0.15m 起，系统的自振频率开始低于期望值 100Hz。与此相对应，对于 100Hz 的声频率，建筑隔声效果非常差。在共振的情况下，隔声量全程低于 25dB，最低值为 10dB。对应 500Hz 的评估参考频率，建筑隔声量从 0.01m 时的 37dB，升至 0.3m 时的 64dB。在板间距增大的情况下，边缘传递再次阻止了隔声量的明显改善。

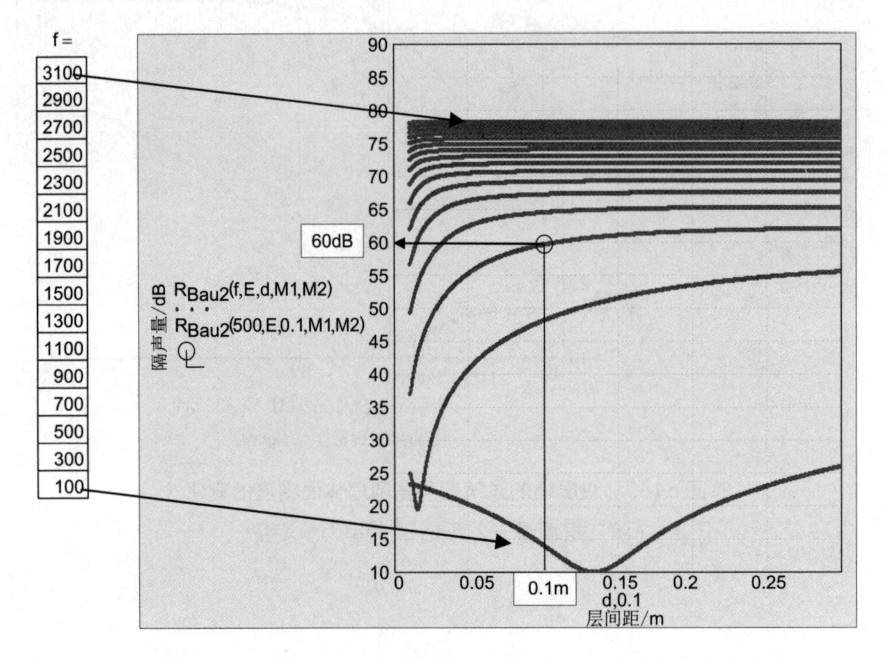

图 6.102　双层墙的建筑隔声量随层间距的变化，声波频率为参变量

$R_{Bau2}(500, E, 0.1, M1, M2) = 59.7$

示例 3

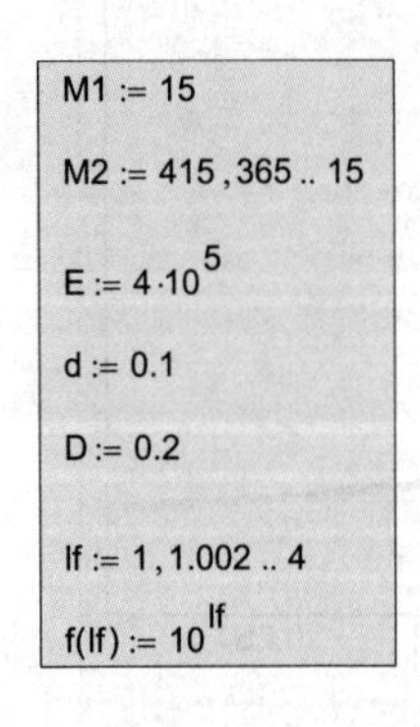

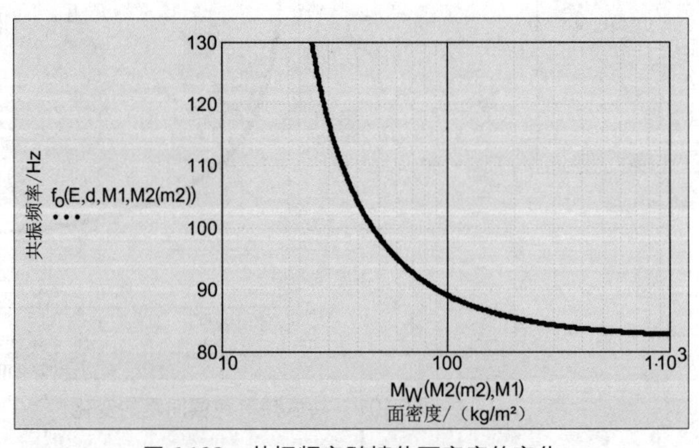

图 6.103　共振频率随墙体面密度的变化

双层墙第二层板体面密度从 15kg/m^2 增至 640kg/m^2。第一层质量固定为 15kg/m^2（如石膏板），层间距为 0.1m。层间材料为岩棉。系统的自振频率在总面密度超过 50kg/m^2 时，低于期望值 100Hz。此时的建筑隔声量随声频率在 10Hz 至 1000Hz 范围内的变化而变化的关系如图 6.104 所示。在大约 100Hz 处可明显看到共振突变，最显著的自然是小面密度的情况。当频率极高时，所有曲线都汇聚到由于边缘传递所导致的同一隔声量。而双层隔墙的最佳效果值（浅色曲线簇）却没能实现。如同前面所述，在评估参考频率 500Hz 时，建筑隔声量处于 58dB 至 63dB 之间。

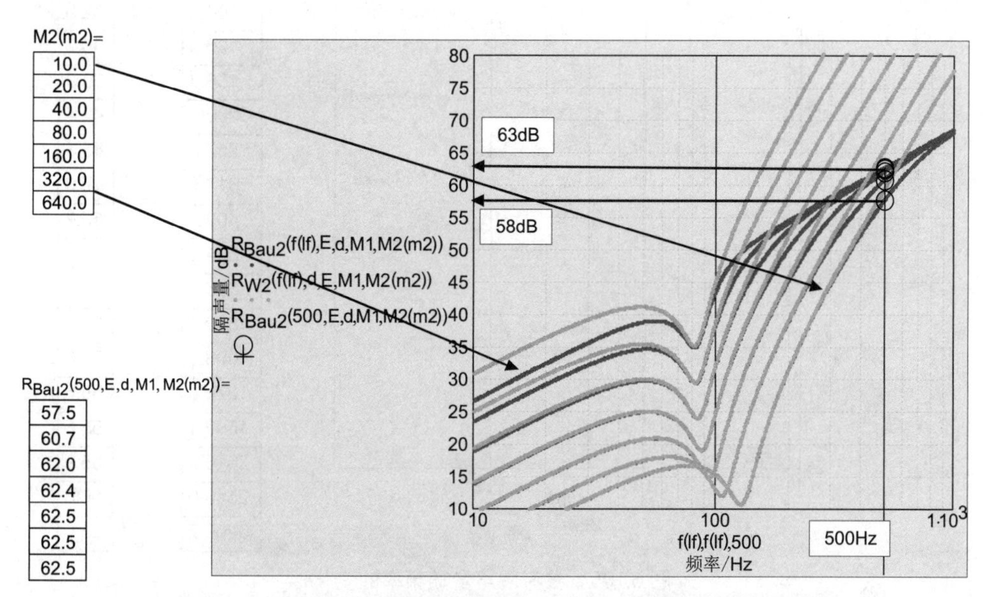

图 6.104 建筑隔声量随频率的变化，第二层的面密度为参变量

6.3.1.7 评估参考建筑隔声量

由于单层及双层建筑构件存在同步和共振现象，在较低听力范围内，即 100Hz 至 500Hz 之间，如前几节所示，隔声措施或建筑隔声措施常常会出现严重失效。在高频下良好的隔声效果没有实用意义，因为人耳的敏感性下降（6.1.2.5 节中的图 6.15a 和图 6.15b）。适应听力区域的要求导致人们针对建筑隔声量定义了参考曲线 R_{BBa} 随声频率的变化关系。这是人们努力追求的一种理想状态。如图 6.105 所示，并将 16 个与建筑声学相关的 1/3 倍频程（平均频率）在表中列出。

在图 6.106 中，给出了参考曲线及作为例子的某一单层墙体（厚度 d_W=0.12m，密度 ρ_W=1000kg/m^3，面密度 M_W=120kg/m^2，对比内容见 6.3.1.5 节）的实际建筑隔声量。几乎在整个建筑声学听力范围（120Hz＜f＜2000Hz）内，实际曲线都低于参考曲线。此时的参考曲线将被移位（本例中为 4.1dB），直至在 16 个建筑声学的 1/3 倍频程范围内的平均线性偏差低于 2dB。

参考隔声量曲线表达

$Rg := 56$ $fg := 120$

$lf := 1, 1.002 .. 4$

$f(lf) := 10^{lf}$

$$R_{BB}(f) := Rg \cdot \left[1 - e^{-\left(\frac{f}{fg}\right)^{0.68}}\right] \tag{6.204}$$

参考隔声量表格表达

$f_{To} := 31.5$ $n := 6, 7 .. 21$

$$f_{mT}(n) := f_{To} \cdot \left(2^{\frac{1}{3}}\right)^{n-1}$$

$$R(n) := Rg \cdot \left[1 - e^{-\left(\frac{f_{mT}(n)}{fg}\right)^{0.68}}\right]$$

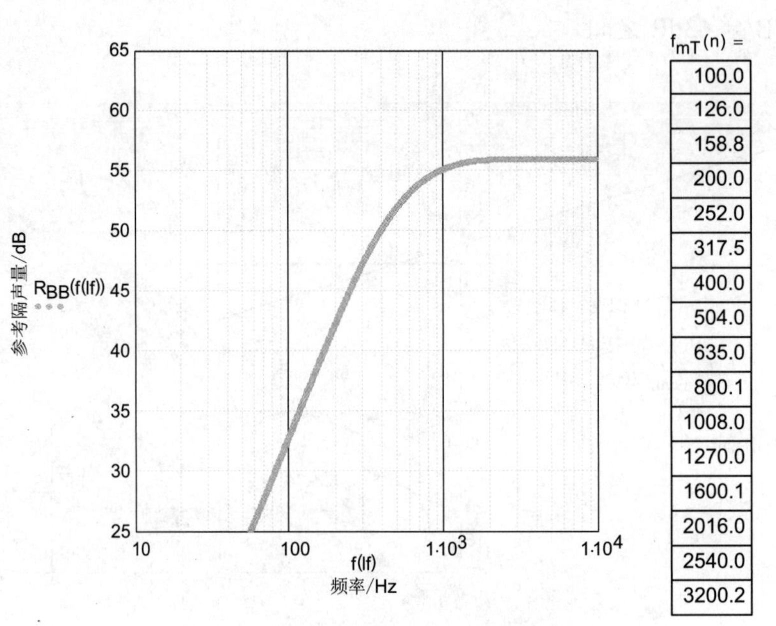

$f_{mT}(n) =$	$R(n) =$
100.0	32.9
126.0	36.1
158.8	39.3
200.0	42.4
252.0	45.3
317.5	47.9
400.0	50.2
504.0	52.1
635.0	53.5
800.1	54.5
1008.0	55.2
1270.0	55.6
1600.1	55.8
2016.0	55.9
2540.0	56.0
3200.2	56.0

图 6.105 参考隔声量随频率的变化

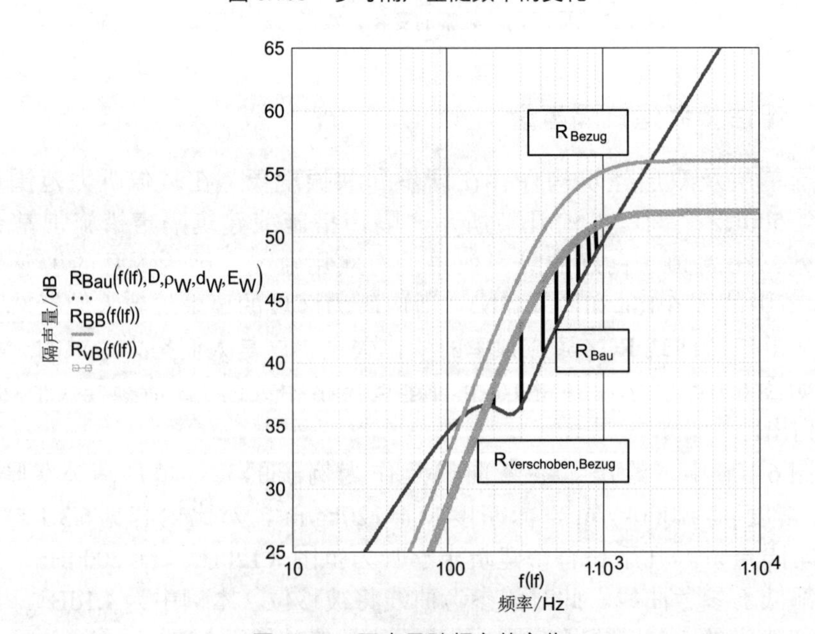

图 6.106 隔声量随频率的变化

进行平均时只取正值偏差，如果建筑隔声量超过参考曲线，则偏差取为零（本例中为低于180Hz的值和高于1200Hz的值）。然后再乘以Haevside阶跃函数F可得：

$$R_{vB}(f) := Rg\left[1 - e^{-\left(\frac{f}{fg}\right)^{0.68}}\right] - 4.1 \tag{6.205}$$

$$\delta R := \frac{1}{16}\left[\sum_{n}\left(R_{vB}(n) - R_{Bau}(n, D, \rho_W, d_W, E_W)\right)\cdot\Phi\left(\left(R_{vB}(n) - R_{Bau}(n, D, \rho_W, d_W, E_W)\right)\right)\right] \tag{6.206}$$

$$\delta R = 2$$

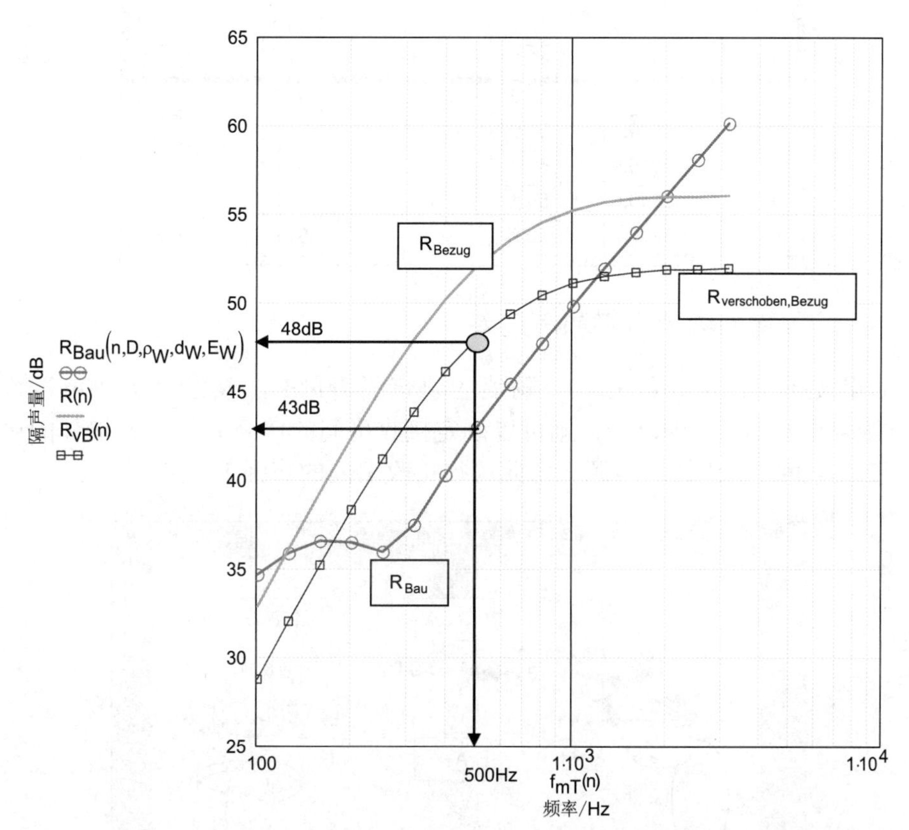

图6.107 隔声量（实际隔声量、参考隔声量、移位参考隔声量）随频率的变化

本例中针对16个与建筑声学相关的平均1/3倍频程频率的建筑隔声量和移位参考曲线的值如图6.107和表6.8所示。式（6.205）中4.1dB的向下移位量的实现方式是：直至偏差（式（6.206））<2dB。

最后将定义评估参考建筑隔声量的 R_{BauB} 如下：建筑构件的评估参考隔声量为500Hz（第13个1/3倍频程）时，移位参考曲线的隔声量。

本例中此值为 R_{BauB}=48dB。而墙体的建筑隔声量在500Hz的评估频率时，其值可达 R_{Bau}=43dB。

表 6.8　针对建筑声学 1/3 倍频程的隔声量

n =	$f_{mT}(n)$ =	$R_{Bau}(n, D, \rho_W, d_W, E_W)$ =	$R_{vB}(n)$ =	$\Delta R(n)$ =
6	100.0	34.6	28.8	-5.9
7	126.0	35.9	32.0	-3.9
8	158.8	36.6	35.2	-1.4
9	200.0	36.4	38.3	1.9
10	252.0	35.9	41.2	5.3
11	317.5	37.4	43.8	6.4
12	400.0	40.3	46.1	5.8
13	504.0	43.0	48.0	5.0
14	635.0	45.4	49.4	4.0
15	800.1	47.7	50.4	2.7
16	1008.0	49.8	51.1	1.3
17	1270.0	51.9	51.5	-0.4
18	1600.1	54.0	51.7	-2.3
19	2016.0	56.0	51.8	-4.2
20	2540.0	58.1	51.9	-6.2
21	3200.2	60.1	51.9	-8.2

6.3.1.8　接收房间内的声级和声级差

如果发声房间的声级 L_1、分隔墙的建筑隔声量 R_{Bau} 及发声房间声学特性（等效吸声面积 A_{eq2}）为已知，则可以确定接收房间的声级 L_2。穿透墙体的声流 P_d 为接收房间漫射声场的声源。由此可得接收房间的声强 J_2 和声级 L_2。

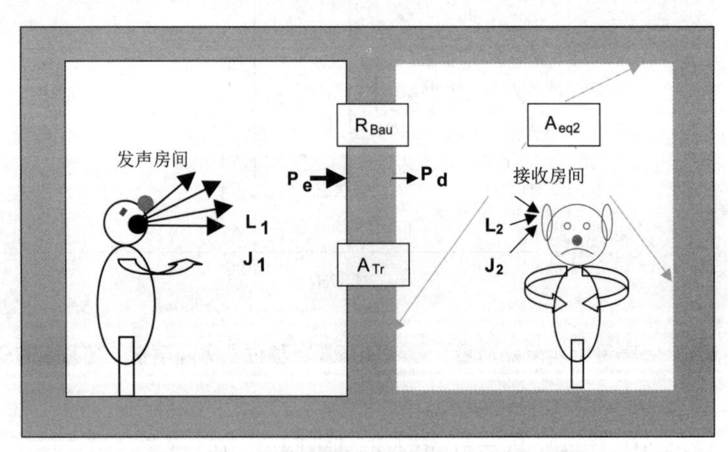

图 6.108　推导隔壁房间声级的原理示意图

接收房间：

$$J_2 = \frac{4 \cdot P_d}{A_{eq2}} \qquad (6.207)$$

$$L_2 = 10 \cdot \log\left(\frac{J_2}{J_o}\right) = 10 \cdot \log\left(\frac{\frac{4 \cdot P_d}{A_{eq2}}}{J_o}\right) \qquad (6.208)$$

从发声房间投射到分隔墙表面 A_{Tr} 的声能流 P_e 等于垂直作用于 A_{Tr} 面上的声能流密度（声强）J 乘以该面积。正如下面给出的对左侧半空间的积分所示，$J=J_1/4$，此处 J_1 为发声房间的漫射声强，其假设为常数。J_1 在发声房间引起的声级为 L_1。

发声房间：

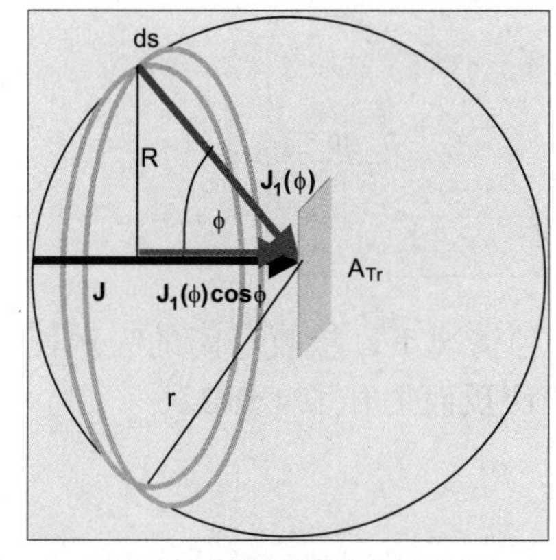

图 6.108　推导隔壁房间声级的原理示意图

$$P_e = J\cdot A_{Tr} = \frac{J_1}{4}\cdot A_{Tr} \tag{6.209}$$

$$J_1 = \frac{4\cdot P_e}{A_{Tr}}$$

$$L_1 = 10\cdot\log\left(\frac{J_1}{J_o}\right) = 10\cdot\log\left(\frac{\frac{4\cdot P_e}{A_{Tr}}}{J_o}\right) \tag{6.210}$$

厚度为 ds，半径为 R 的环的空间角：
（全部空间的空间角为 4π）

$$d\Omega = \frac{2\cdot\pi\cdot R\cdot ds}{r^2} = \frac{2\cdot\pi\cdot R\cdot r\cdot d\phi}{r^2} = \frac{2\cdot\pi\cdot r\cdot\sin\phi\cdot r\cdot d\phi}{r^2} = 2\cdot\pi\cdot\sin\phi\cdot d\phi$$

将漫射声能流密度 J_1 垂直分量对空间角 dΩ 积分：

$$J = \frac{1}{4\cdot\pi}\cdot\int_0^{\frac{\pi}{2}} J(\phi)\cdot\cos\phi\cdot 2\cdot\pi\cdot\sin\phi\, d\phi = \frac{J_1}{4} \tag{6.211}$$

$$J(\phi) = J_1 = \text{konstant}$$

建筑隔声量的一般性定义：

$$R_{Bau} = 10\cdot\log\left(\frac{P_e}{P_d}\right) \tag{6.212}$$

下面将建立发声房间和接收房间声级差的计算公式，由此可以得出接收房间的声级 L_2。声级 L_2 等于发声房间的声级 L_1 减去分隔墙的建筑隔声量，但要由接收房间的等效吸声面积进行修正。如果等效吸声面积大于分隔墙面积（吸声量小），L_2 将变大。反之，吸声能力强时，接收房间的声级 L_2 将会变得更小。

$$L_1 - L_2 = 10\cdot\log\left(\frac{P_e}{P_d}\cdot\frac{A_{eq2}}{A_{Tr}}\right) = 10\cdot\log\left(\frac{P_e}{P_d}\right) - 10\cdot\log\left(\frac{A_{Tr}}{A_{eq2}}\right) = R_{Bau} - 10\cdot\log\left(\frac{A_{Tr}}{A_{eq2}}\right)$$

$$L_2 = L_1 - R_{Bau} + 10\cdot\log\left(\frac{A_{Tr}}{A_{eq2}}\right) \tag{6.213}$$

示例：

发声房间产生的声级为 L_1=70dB，分隔墙的面积 A_{Tr}=10m^2，建筑隔声量为 R_{Bau}=51dB；接收房间的墙和屋顶面积总和 A_{WD}=56m^2，地面面积 A_F=16m^2。第一种情况：吸声系数相对高，墙和屋顶均贴了墙纸，a_{WD}=0.2，地毯 a_F=0.4。第二种情况：墙壁反射强，a=0.05。将对以上两种情况计算接收房间的声级 L_2。

$$L_2 = L_1 - R_{Bau} + 10 \cdot \log\left(\frac{A_{Tr}}{A_{eq2}}\right)$$

$$L_{21} := 70 - 51 + 10 \cdot \log\left(\frac{10}{56 \cdot 0.2 + 16 \cdot 0.4}\right) \qquad L_{22} := 70 - 51 + 10 \cdot \log\left(\frac{10}{72 \cdot 0.05}\right)$$

$$L_{21} = 16.5 \qquad L_{22} = 23.4$$

分隔墙使得声级从 70dB 降到 19dB。在第一种情况下，接收房间的吸声使声级再降 2.5dB。在第二种情况下，由于反射，声级反而上升了 4.5dB。

6.3.1.9　隔声效果的验证条件

与建筑技术中的隔热和隔湿一样，隔声时是将某一特征值，如评估参考建筑隔声量与给定的最小值进行比较。

$$R_{BauB} \geq R_{Bauerf} \tag{6.214}$$

表征隔声效果的实际的特征函数：隔声量、建筑隔声量、评估参考隔声量及评估参考建筑隔声量，可根据前面各节中的关系式进行计算。复杂系统和结构交接处的隔声量将由试验确定。标准（如 DIN4190）和工程规范针对大量的结构给出了包含修正系数的经验近似公式及具体数值。其中，也给出了许用隔声量特征值与房间使用目的和噪声源声功率级的依赖关系。

表 6.9 节选了小部分目前适用的最低要求。

表 6.9　对若干内侧建筑构件所要求的隔声量

主要外部噪声声级/dB	房间类型		
	医院和疗养院中的卧室	住宅中的起居室、酒店中的住房、教室	办公用房
	对内侧建筑构件所要求的建筑隔声量 R_{Bau}		
0～55	35	30	—
56～60	35	30	30
61～65	40	35	30
66～70	45	40	35
71～75	50	45	40
76～80	> 50	50	45

表 6.10 对若干外侧建筑构件所要求的隔声量

建筑构件	要求的 R_{BauB}
住宅隔墙及陌生办公室之间的墙	53
楼梯间墙及与房屋走廊的隔墙	52
与共用车库通道及进车道的隔墙等	55
游戏室或类似共用房间的墙	55
通往走廊和楼梯间的门及住宅门厅或办公室的门	27
住宅起居室直接通往楼内走廊或楼梯间的门	37
住宅楼层盖板及陌生办公用房或类似用房层间盖板	53
共用屋顶间、储物间及其通道下面的楼板	54

6.3.2 屋顶走动噪声的隔离

走动噪声是一种特殊形式的固体声，它由发声房间中楼板上的走动所产生，并作为空气噪声被“辐射”或传播到受声房间。为了确保规定条件，将对受声房间楼板上方进行标准锤击（例如，标准 EN ISO 140-6 规定：0.5kg 的锤子从 40mm 高度每秒下落 10 次），激励固体声的发出。

在房间天花板下方出现的声级称为走动噪声声级 L_T。它像空气噪声声级（见 6.3.1 节）一样，不仅受楼板的声技术品质的影响，而且也与受声房间的等效吸声面积 A_{eq}（见 6.2.1 节）有关。

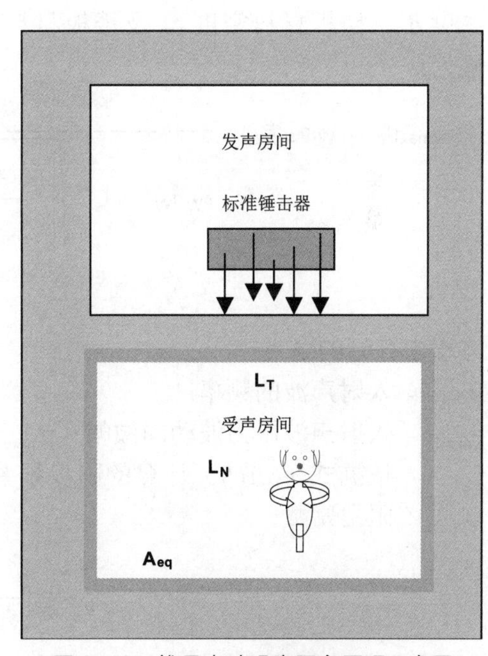

图 6.110 推导走动噪声隔离原理示意图

锤击或地板上行走是给出激振力 F。由此引发地板的弯曲振动。通过力平衡关系可再次得到 6.3.1.2 节所列的微分方程（式（6.170））及其对应的楼板振动振幅 u_{max} 的解（式（6.215））。

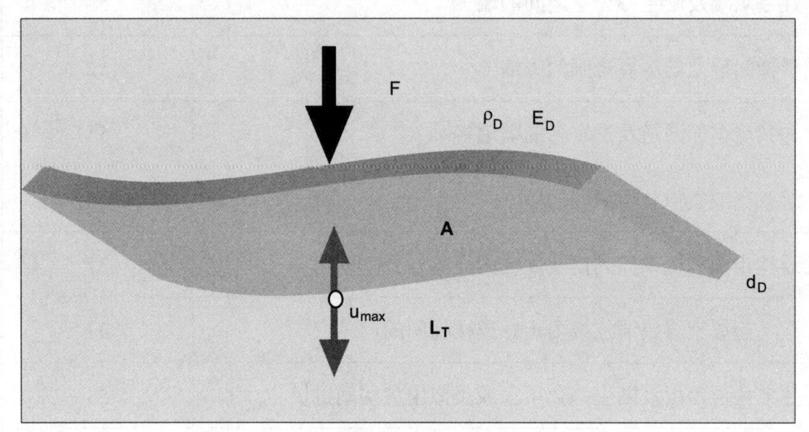

图 6.111 通过固体声激振引发的弯曲振动

6.3.2.1 单层屋顶走动噪声声级

单层楼板之下的走动噪声声级如下面内容所示，可以通过结构数据、楼板厚度 d_D、楼板材料密度 ρ_D 及楼板材料弹性模量近似推导得出。楼板振动的振幅为：

$$u_{Bmax}(f_e, D, \rho_W, d_W, E_W) := \frac{2 \cdot p_{maxe}}{\rho_W \cdot d_W \cdot (2 \cdot \pi \cdot f_e)^2 \cdot \sqrt{\left[\frac{(2 \cdot \pi \cdot f_o(\rho_W, d_W, E_W))^2}{(2 \cdot \pi \cdot f_e)^2} - 1\right]^2 + \left[2 \cdot D \frac{(2 \cdot \pi \cdot f_o(\rho_W, d_W, E_W))}{(2 \cdot \pi \cdot f_e)}\right]^2}} \tag{6.215}$$

方程中符号的含义：

f_e 入射声波的频率；

p_{maxe} 入射声波压力波动的波幅（p_{maxe}=F/A）；

f_o 依据式（6.169）计算的同步频率；

D 阻尼常数。

$$f_o := \frac{{c_L}^2}{2 \cdot \pi \cdot d_W} \cdot \sqrt{\frac{12 \cdot \rho_W}{E_W}} \tag{6.169}$$

上式中原来表示墙的下标 W，现在要用表示楼板的下标 D 替代。由振幅计算式（6.172）可以直接求取楼板下方的空气压力波动，进而可计算出走动噪声声级 L_T。Berger 振动份额（对比振幅计算式（6.173））在此不允许补充加入，因为没有来自发声房间的空气噪声，而只有由锤击或走动产生的固体噪声。

当锤击的功率级为 L_H 时，由直接激励下振动楼板振幅方程（6.215）及隔声量的一般定义式（6.155），首先可以得到楼板隔声量 R_{DT} 的方程（6.216）（对比描述单层构件对空气噪声阻隔量的略有差别的关系式（6.175）），然后可以得到走动噪声声级 L_T 的方程式（6.217）。

$$R_{DT}(f) := 20 \cdot \log\left(\frac{\pi \cdot f \cdot M}{\rho_L \cdot c_L} \cdot K(f)\right) - 3 \qquad K(f) := \sqrt{\left[\left(\frac{f_o}{f}\right)^2 - 1\right]^2 + \left(2 \cdot D \cdot \frac{f_o}{f}\right)^2} \qquad M := \rho_D \cdot d_D \tag{6.216}$$

$$f_o := \frac{c_L^{\,2}}{2 \cdot \pi \cdot d_D} \cdot \sqrt{\frac{12 \cdot \rho_D}{E_D}} \tag{6.169}$$

$$L_T(f) := L_H - R_{DT}(f) \tag{6.217}$$

	楼板厚度/m	$d_D := 0.2$
	混凝土密度/(kg/m³)	$\rho_D := 2000$
	混凝土弹性模量/(N/m²)	$E_D := 1 \cdot 10^{10}$
$M = 400$ (kg/m²)	阻尼系数	$D := 1.2$
$f_o = 142.51$ (Hz)	锤击声级/dB	$L_H := 100$
	走动声波的频率范围/Hz	$lf := 1, 1.005 .. 4$ $f(lf) := 10^{lf}$

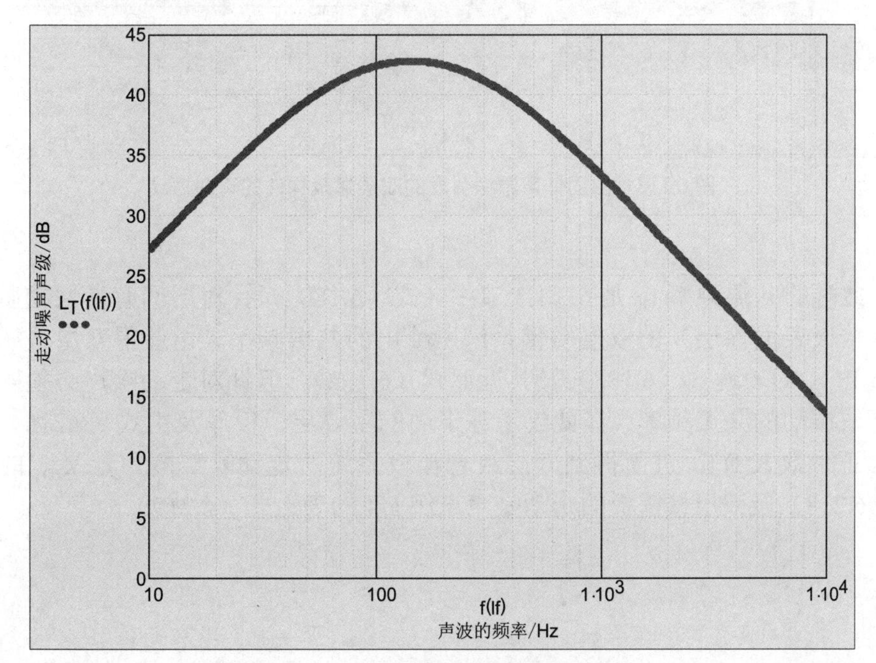

图 6.112 走动噪声声级随频率的变化

走动噪声声级曲线的变化趋势非常典型。在非常低的频率下，对走动噪声的隔离效果良好，所以在受声房间的声级低。弯曲振动的共振频率大约在100Hz以上，即已经处于建筑声学范围之内。很遗憾，这些对走动噪声非常重要的频率都被传递得很好。走动噪声声级曲线存在最大值，之后声级急剧下降。极高的频率与走动噪声声级频谱不相关。

6.3.2.2　双层屋顶走动噪声声级

双层楼板之下的走动噪声声级如下面内容所示，同样可以通过结构数据、两层墙板的面积体积和弹性模量、层间材料厚度和弹性模量近似推导得出。作为应用实例将介绍由结构空心楼板、楼板表面涂层及地板覆盖物组成的组合楼板系统。

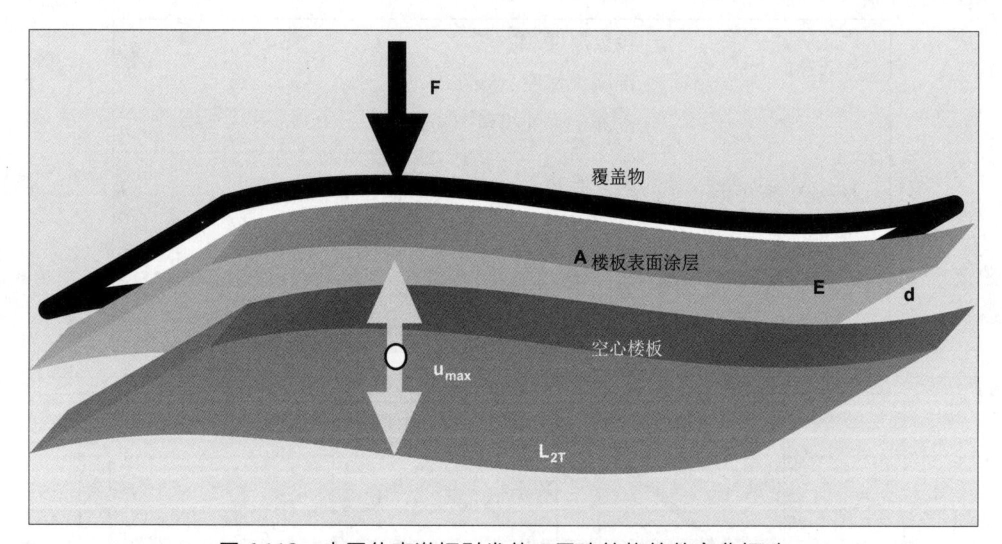

图 6.113　由固体声激振引发的双层建筑构件的弯曲振动

此时的共振频率 f_{20} 是 6.3.1.3 节中（式（6.180））针对层间有弹性物质（在此为楼板表面涂层）的双层质量系统所给出的共振频率。由此得双层系统的隔声量 R'_{2DT} 的表达式（6.188）及其近似式（6.192）。但针对走动噪声必须同时考虑弯曲振动的共振频率（在此仅考虑下面的主要层、板厚及由式（6.216）给出的修正系数 K(f)）。进而得到双层组合楼板系统的走动噪声隔声量 R_{2DT} 的表达式（6.218）及双层楼盖板的走动噪声声级 L_{2T} 的表达式（6.219）。

$$f_{2o} := \frac{1}{2\cdot\pi}\cdot\sqrt{\frac{E}{d}\cdot\left(\frac{1}{M_1}+\frac{1}{M_2}\right)} \tag{6.180}$$

$$K_{12}(f) := \sqrt{\left[\left(\frac{f_{2o}}{f}\right)^2 - 1\right]^2 + \left(2\cdot D\cdot\frac{f_{2o}}{f}\right)^2}$$

$$R'_{2DT}(f) := 20\cdot\log\left[\frac{\pi\cdot f\cdot M}{\rho_L\cdot c_L}\cdot\left[\left[K_{12}(f)\cdot\left(\frac{f}{f_{2o}}\right)^2\right]\right]\right] - 3 \tag{6.192}$$

$$R_{2DT}(f) := 20\cdot\log\left[\frac{\pi\cdot f\cdot M}{\rho_L\cdot c_L}\cdot\left[K_{12}(f)\cdot\left(\frac{f}{f_{2o}}\right)^2 + K(f)\right]\right] - 3 \tag{6.218}$$

$$L_{2T}(f) := L_H - R_{2DT}(f) \tag{6.219}$$

示例：带有表面涂层及地板覆盖物的混凝土楼板

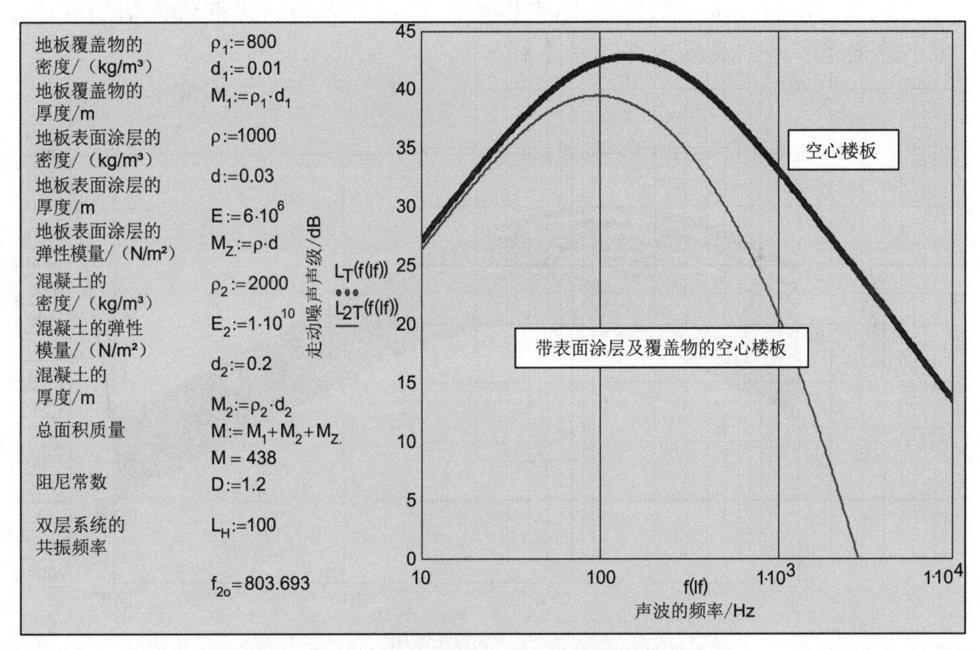

图 6.114 双层楼板走动噪声声级随频率的变化

通过地板表面涂层及地板覆盖物，主要在高频段（$f>f_{20}$，空气噪声的隔离效果在 18dB，本例中的频率 f＞804×1.41Hz=1134Hz）走动噪声的隔离效果得到了实质性的改善。

在下面的图示中将再次定量给出对单层和双层楼板的走动噪声声级的若干其他影响因素。

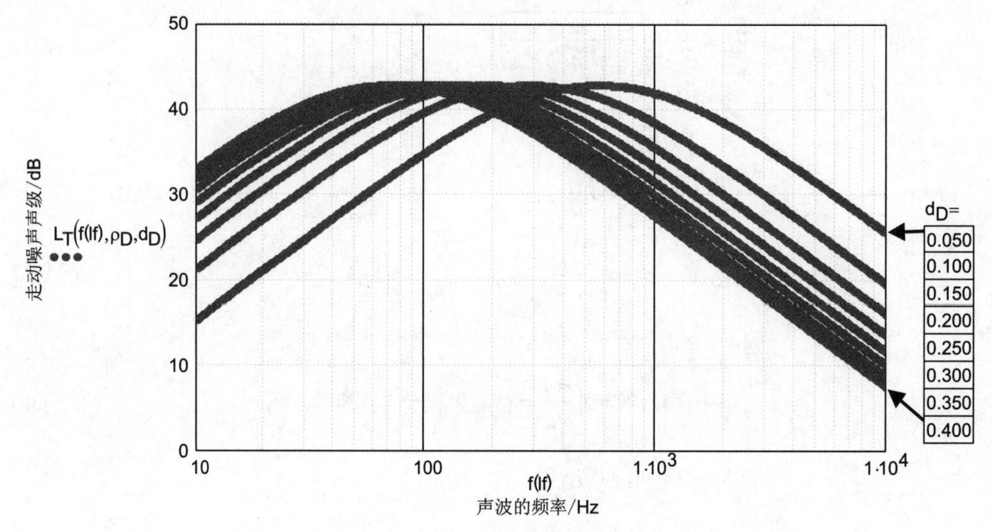

图 6.115 走动噪声声级随频率的变化

对于单层楼板（基本数据见混凝土示例），走动噪声声级的最大值随着厚度的减小越来越多地向高频区移动（不利）。

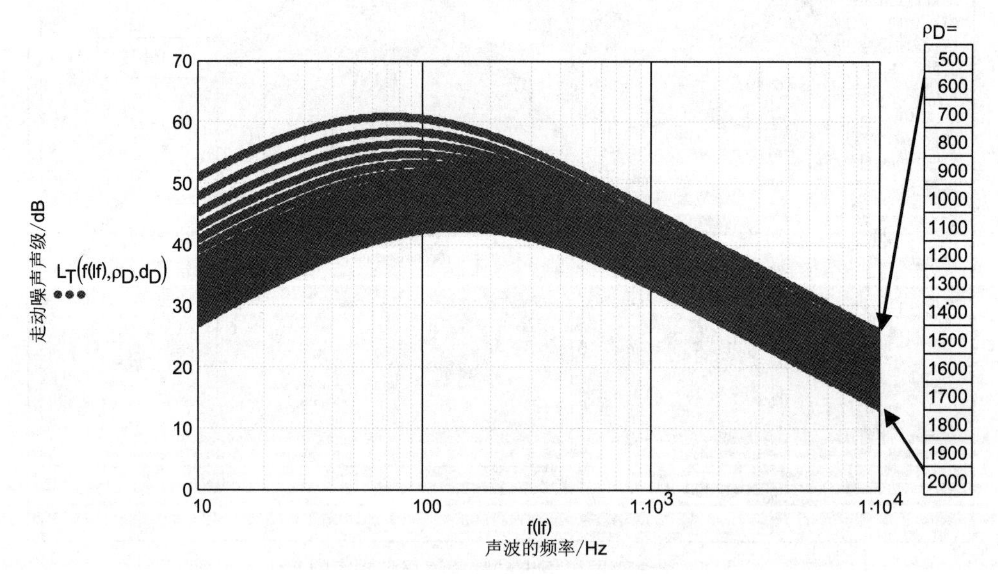

图 6.116 走动噪声声级随频率的变化

对于双层楼板系统（基本数据见带表面涂层及覆盖物的混凝土楼板示例），走动噪声声级特别在高频下随层间材料（此处为地板涂层）的弹性模量的减小而减小（有利）。

随着层厚度的增加，走动噪声声级同样下降（有利）。

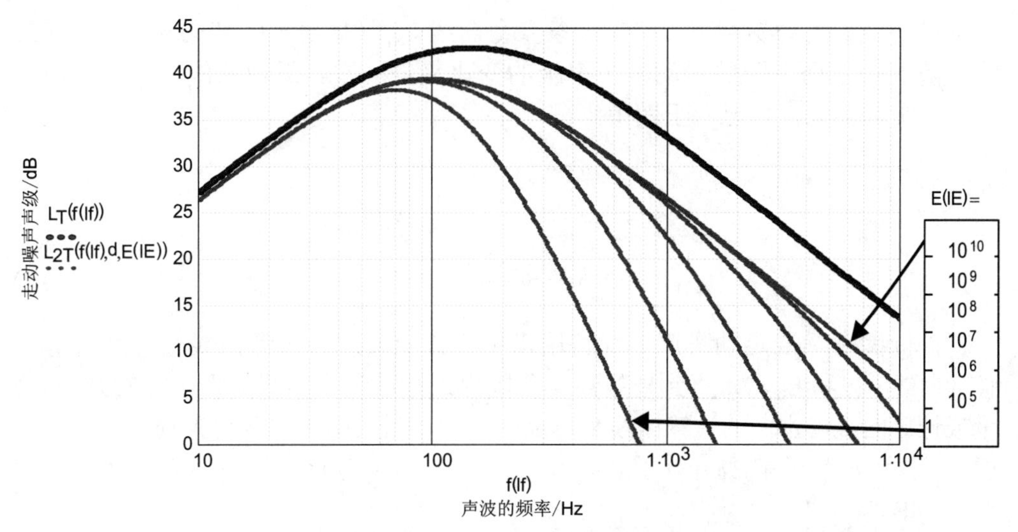

图 6.117 走动噪声声级随频率的变化，中间层材料的弹性模量为参变量

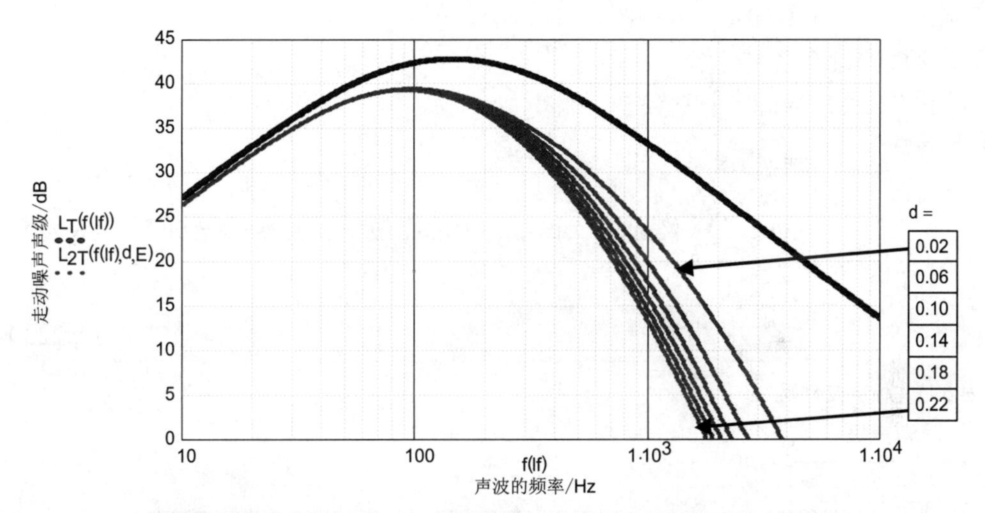

图 6.118 走动噪声声级随频率的变化，中间层材料的厚度为参变量

6.3.2.3 标准走动噪声声级和评价参考标准走动噪声声级

标准走动噪声声级 L_N 等于走动噪声声级乘以接收房间的等效吸声面积（请与 6.3.1.6 节内容及方程式（6.213）对比）。

分隔面再次设为 A_{Tr}=10m^2，如果 A_{eq} 大于 A_{Tr}（小吸声系数，反射楼板表面），走动声波将增大，且 L_N 大于 L_T。对于吸声的接收房间 L_N 小于 L_T。如果 A_{eq}=A_{Tr}，则 L_N=L_T。

$$L_N = L_T + 10 \cdot \log\left(\frac{A_{eq}}{A_{Tr}}\right) \quad (6.220)$$

对于标准走动噪声声级确定一条参考曲线 L_{NB}（见表 6.11 和图 6.119）。该曲线与随着频率而下降的走动噪声声级的变化趋势一致。近似曲线（式（6.221））适用于实际计算，并已示于图中。

$$f_0 := 31.5 \qquad n := 6, 7 .. 21$$

$$f_T(n) := f_0 \cdot \left(2^{\frac{1}{3}}\right)^{n-1}$$

$$L_{BTN}(f_T) := 62.5 - 3 \cdot 10^{-3} \cdot f_T^{\ 1.1} \tag{6.221}$$

评价参考标准走动噪声声级将用以下方式定义：将参考曲线 L_{BN} 和 L_{BTN} 平移（曲线 L_{Nv} 和 L_{BNv}），直到建筑声学范围内，标准噪声声级（式（6.222））的测量或计算曲线（本例的计算曲线来自上一节中“带表面涂层及覆盖物的混凝土楼板”）上第 6 个至第 21 个 1/3 倍频程区间，平均（正）偏差 δ_R（方程（6.222））低于 2dB。

示例：
双层楼板评价参考标准走动噪声声级

$$f_0 := 31.5 \qquad n := 6, 7 .. 21$$

$$f_T(n) := f_0 \cdot \left(2^{\frac{1}{3}}\right)^{n-1}$$

$$L_{BTN}(f_T) := 62.5 - 3 \cdot 10^{-3} \cdot f_T^{\ 1.1}$$

$$L_{BTv}(f_T) := 62.5 - 3 \cdot 10^{-3} \cdot f_T^{\ 1.1} - 25.0$$

$$\delta R := \frac{1}{16} \cdot \sum_{n=6}^{21} \left(L_{N2}(f_T(n), d_2) - L_{BTv}(f_T(n))\right) \cdot \Phi\left(L_{N2}(f_T(n), d_2) - L_{BTv}(f_T(n))\right) \tag{6.222}$$

$$\delta R = 1.759$$

$$L_{BTv}(500) = 34.71 \tag{6.223}$$

表 6.11 标准走动噪声声级

1/3 倍频程	f/Hz	L_{NB}/dB
6	100.0	62
7	126.0	62
8	158.8	62
9	200.0	62
10	252.0	62
11	317.5	62
12	400.0	61
13	504.0	60
14	635.0	59
15	800.1	58
16	1008.0	57
17	1270.0	54
18	1600.1	51
19	2016.0	48
20	2540.0	45
21	3200.2	42

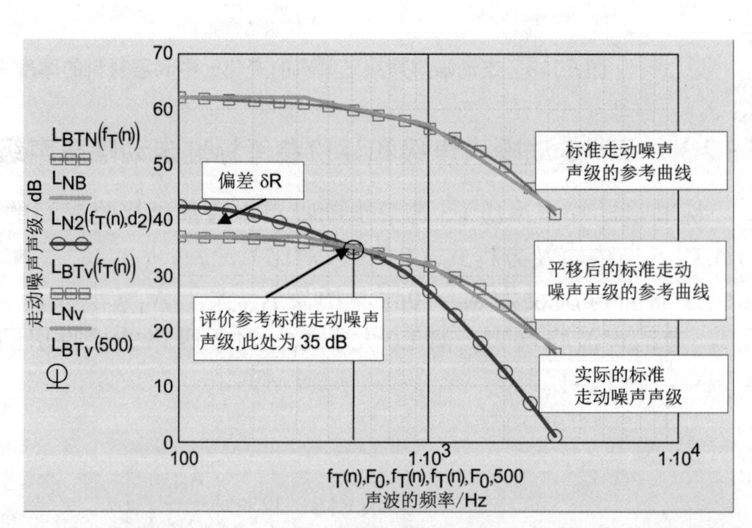

图 6.119 走动噪声声级、标准走动噪声声级及评价参考标准走动噪声声级

评价参考标准走动噪声声级为在 f=500Hz（第 13 个 1/3 倍频程）时，平移后的标准走动噪声声级曲线上的对应值。在上一节“带表面涂层及覆盖物的混凝土楼板”的示例（针对第 15 个与建筑声学相关的 1/3 倍频程对应的值已用圆圈做了标记）中，参考曲线向下平移了 25dB。本例中的评价参考标准走动噪声声级为 35dB，其值非常有利。

通常，轻型木梁楼板隔声效果不好。本章最后的几张图示给出的是若干结构的评价参考标准走动噪声声级。

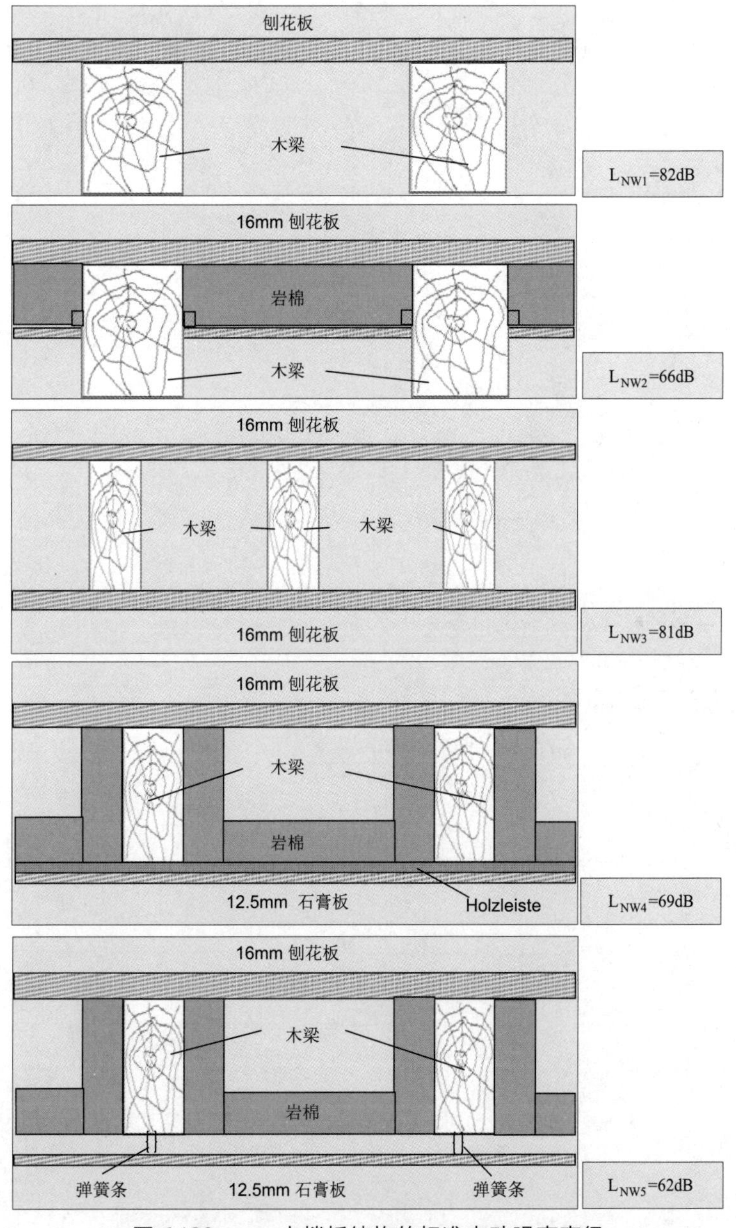

图 6.120 a-e 木楼板结构的标准走动噪声声级

在本系列中，没有直接关联的多层结构可以达到最多 20dB 的改善效果。

公式符号、单位和角标

符号	含义	单位
拉丁文字母		
A	面积	m^2
a	热辐射吸收系数	1
a	导温系数	m^2/s
A	亥姆霍兹共振腔孔洞比例	1
a	吸声系数	1
A_W	吸水系数	$kg/m^2s^{1/2}$
Ar	阿基米德数	1
B	吸热系数	W/m^2K
B	水蒸气吸收系数	
B	太阳对倾斜面积辐射的辅助角函数	1
b	热穿透系数	$Ws^{1/2}/m^2K$
b	湿穿透系数	$kg^{1/2}/m^2sPa,s^{3/2}m$
b	宽度	m
b	角度，向北倾斜角	1，角度°
C	热容量	Ws/K
C	日长函数，降雨持续期函数	1
c	光速	m/s
c	比热容	Ws/kgK
c	声速	m/s
c	阻力系数	1
D	湿含量传导系数（湿扩散率）	m/s^2
D	冲击雨减小因子	1
D	（声波）空气阻力的阻尼常数	1
D	日长函数	1
d	直径	m
d	层厚	m
d	辐射热流穿透部分的比例	1
E	弹性模量	N/m^2
E	冲击雨常数	$kg^{1/4}m^2s^{1/2}$
e	设备耗能系数	1
ε	发射系数	1
F	力	N
F	回归函数向量	
F	总遮阳率	1
f	频率	1/s
f	玻璃比例，窗户的窗框系数	1
f	孔隙概率分布	1
f	绝对空气湿度	kg/m^3
f	热桥的温度系数	1
F_o	傅里叶数	1

符号	含义	单位
G	格拉晓夫数	1
G	辐射热流密度	W/m^2
G	层边界处的湿度阶跃函数	1
g	湿流密度	kg/m^2
g	玻璃透射系数	1
g	重力加速度	m/s
h	比焓	Ws/kg
h	表面对流换热系数	W/m^2K
h	太阳高度角	1
h	高度	m
h	普朗克常数	Ws^2
h	温度频次	d/K
H	传热热流的比焓	W/K
I	内热源强度	W
J	平面转动惯量	m4
J	内热源强度	W
J	声强，声能流密度	W/m^2
K	毛细水传导系数（导水率）	s
k	导湿率系数	1
k	弹簧常数	N/m
k	玻尔兹曼常数	Ws/K
k	绝热指数	1
L	边界层厚度，层间距	m
L	单位波长的辐射热流密度	W/m^2m
L	通风换气热流的比焓	W/K
L	声级	dB,dBa
l	长度	m
m	质量	kg
M	单位面积的质量	kg/m^2
m	水蒸气扩散系数	1
m	泊松数	1
N	雨流密度	m^3/m^2s,mm/a,l/m^2h
n	换气次数	1/h
Nu	努塞尔特数	1
P	功率	W
P	并联孔隙的份额	1
p	压力	N/m^2,Pa
Pe	佩克莱特数	1
Pr	普朗特数	1

符号	含义	单位
Q	热能	Ws,kWh,MWh
Q"	比热能	$Ws/m^2,kWh/m^2$
q	热流密度	W/m^2
R	热阻	m^2K/W
R	气体常数	Ws/kgK
R	隔声量	dB,dBA
r,R	半径	m
r	水蒸气阻力	m/s
r	毛细水阻力	m^2/skg
r	比相变焓	Ws/kg
r	空气阻力（声）的衰减常数	kg/s
r	辐射热流的反射份额	1
Re	雷诺数	1
S	储热系数	W/m^2K
S	由墙吸收的及穿过窗户进入的辐射热流	W
S	孔隙结构中串联部分的份额	1
s	层厚，湿透区域宽度	m
sd	水蒸气阻力等效层厚	m
St	斯坦顿数	1
T	周期时长	s,h,d,a
T	混响时间	s
T	建筑构件的传热系数	W/K
T	温度	K
t	时间	s,h,d,a
Tr	不透明度	1
Th	THING 数	1
U	单位面积的传热系数	W/m^2K
U′	不含对流阻力的传热系数	W/m^2K
u	振动的位移	m
u	回归函数的解向量	
u	材料单位体积的热源强度	Ws/m^3
Ü	对流换热系数	W/K
V	容积	m^3
v	速度	m/s
v	回归函数的初始向量	
W	功，能量	Ws,k,Wh
w	能量密度	Ws/m^3
w	风向角	1
w	材料的湿含量	m^3/m^3,%

符号	含义	单位
x	位置坐标	m
x	空气绝对湿度	kg/kg
y	位置坐标	m
Z	声波阻力	kg/m^3s
Z	（采暖）度日数	Kd
z	位置坐标	m
z	遮阳系数	1
z	数	1
希腊字母		
α	太阳直接辐射的方位角	1
α	角度	1
β	角度	1
β	对流传质系数	1/s
β	指数函数的时间常数	1/s
χ	地理维度角	1
δ	太阳的赤纬角	1
δ	空气中声波的衰减常数	1
δ	水蒸气的传导率	s
Δ	物理量的差	
ε	发射率	1
Φ	热流	W
Φ(t)	HEAVISIDE 阶跃函数，F(t)=0,t=0,F(t)=1,t>0	1
ϕ	角度，相位角	1，角度°
ϕ	空气相对湿度	1,%
ϕ	入射数	1
γ	角度	1，角度°
γ	体积膨胀系数	1/K
η	失热与得热量减小系数	1
η	温度幅值衰减系数	1
η	黏度	Pas
κ	导湿率的修正函数	1
κ	绝热指数	1
λ	导热系数	W/mK
λ	波长	m

符号	含义	单位
μ	水蒸气扩散系数	1
μ	泊松数	1
ρ	物质密度	kg/m^3
σ	表面张力	N/m
σ	斯蒂芬 - 玻尔兹曼常数	W/m^2K^4
τ	调整时间	s,h,d,a
θ	温度	℃
ψ	角度	1，角度°
ψ	孔隙率	$m^3/m^3$1,%
ω	圆频率	1/s
Ω	空间角	1
ζ	反转屋顶雨水流走的份额	1

角标

角标	含义
A,a	单位面积的
A	声学
A	高速公路
AP	测试点
a	吸收的
a	年
a	空气
ab	放出
B	建筑
B	建筑构件质量
B	需求
B	参考的
B	弯曲的
B,b	桥
B	冷凝式供热锅炉
B	联邦公路
Be	装饰面
b	宽度
b	涂层的
c	毛细的
c	对流的
c	冷凝的
con	传导的
D	屋顶
D,d	蒸气
D	衰减
D	德累斯顿市
d	日
de	楼板
dif	扩散
dir	直接的
E	侵入深度
E	弹性材料
E	埃森市
e	外部的
e	入射的
e	发射的
e	激振器
eff	有效的，体感的
erf	要求的
eq	等效的
ev	气化，干燥
F,f	窗户
Fb	地板
Fu	足部
f	湿度
ϕ	空气湿度
G	直的
G	获得
G	侧墙
G	玻璃
G	GLASER（人名）
G	地面
g	重力
g	大的
g	边界层
ges	总的
H,heit	采暖周期，需热量
H	回声
H	锤击器
H	木材
h,hor	水平的
hyg	吸湿的
i	内部的
i	求和符号角标
j	求和符号角标
K	冷凝
K	接触
k	小的
k	求和符号角标
kin	动力学的
L	纵向侧翼
L	纵向墙
L	线性
L	孔
L	空气
L	通风
l	线性形式
l	层流的
lang	长波的
l	导热
M,m	材料
M,m,mittle	平均值
m	形状参数
m	与……一起
max	最大值
min	最小值
N.n	垂直的
N	低温锅炉
N	标准
N,n	使用
n	夜晚
n	运行索引
nach	事后的
n, nord	北方的

角标

O	八度音阶
O,o	表面积
o,0	参考值
o	幅度
o	自身的
o	无
o	上面的
o,ost	东面
P	连续五天（时间）的
P	周期
P	板
P	点
p	产出的
p	等压的
P,p	初级的
Qu	源
R	框
R	降雨
R, r, reib	摩擦
r	半径
r	半径的
r	反射的
res	最终的
S	冲击雨
S	太阳
S	辐射
S	钢
s, sat	饱和
s	表面积
s, süd	南面的
sp	间隙
s	源
s	夏季
Sp	储存
T, Tau	露点
T	周期，结露期
T	传递
T	走动噪声
Tr	分隔
t	时间导数
t	天
t	湍流
UKD	反转屋顶
Ü, ü	表面对流
u	水吸收
u	下方的
V,v	蒸气
V	结合的
V	交通
V	损失
v	单位体积的
v	垂直的
v	移位的
v,vor	之前的
W	墙
W	阻力
w	水
w	声源的声级
w, west	西面
W,w	冬季
wi	角度
x	x 方向
x	对 x 求导
y	y 方向
y	对 y 求导
Z	砖
z	z 方向
zu	输入的
zul	允许的

参考文献

[1] Ederer; Bauklimatik für Architekten – Raumakustik und Beschallungstechnik,
TU Dresden,2004

[2] Fasold/Sonntag; Bauphysikalische Entwurfslehre, Bau- und Raumakustik,
Rudolf Müller Verlag, Köln1987

[3] Gertis; Gebaute Bauphysik,
Fraunhofer IRB Verlag, Stuttgart 1998

[4] Grunewald/Häupl;
Gekoppelter Feuchte-,Luft-,Salz- und Wärmetransport in porösen Baustoffen-
In Bauphysikkalender 2003, Verlag Ernst&Sohn, Berlin 2003

[5] Häupl/Stopp/Strangfeld; Feuchtekatalog,
Rudolph Müller Verlag, Köln 1990

[6] Hausladen/de Seldhana,Novak/Liedl
Einführung in die Bauklimatik
Verlag Ernst & Sohn, Berlin 2006

[7] Hauser/Stiegel; Wärmebrücken-Atlas für den Mauerwerksbau,
Bauverlag, Wiesbaden 1990

[8] Hilbig; Grundlagen der Bauphysik
Fachbuchverlag im Carl Hanser Verlag, Leipzig 1999

[9] Hohmann/Setzer; Bauphysikalische Formeln und Tabellen,
3. Auflage,Werner-Verlag, Düsseldorf 1997

[10] Lohmeyer; Praktische Bauphysik,
2. Auflage, B. G. Teubner Verlag, Stuttgart 1990

[11] Lutz/Klopfer/Jenisch/Freymuth/Krampf/Petzold; Lehrbuch der Bauphysik,
5. Auflage, B. G. Teubner Verlag, Stuttgart 2002

[12] Petzold; Band Wärmelast, Band Raumlufttemperatur,
Verlag Technik, Berlin 1976

[13] Recknagel/Sprenger/Schramek; Taschenbuch der Heizung+Klimatechnik,
Oldenbourg Verlag, München 2003

[14] Staufenbiel/Wessig; Bauphysik und Baustofflehre – Eine Einführung in Experimenten,
Band 1: Adhäsion, Porigkeit, Kapillarität,
Band 2: Wärme, Wärmewirkung, Wärmeschutz,
Band 3: Wasserdampfdruck, Wasserdampfdiffusion, Wasserdampfkondensation,
Bauverlag, Wiesbaden 1990

[15] Zürcher/Frank; Bauphysik,
B. G. Teubner Verlag, Stuttgart 1997

[16] DIN-Taschenbuch 189, Bauphysik Normen für das Studium,
Beuth Verlag 1994, Berlin-Wien-Zürich

[17] DIN-Taschenbuch 158, Wärmeschutz 1: Bauwerksplanung, Wärmeschutz, Wärmebedarf,
Beuth Verlag GmbH Berlin, 2004

[18] DIN-Taschenbuch 357, Wärmeschutz 2: Wärmebedarf und energetische Bewertung heiz- und raumlufttechnischer Anlagen,
Beuth Verlag GmbH Berlin, 2004

[19] DIN-Taschenbuch 189, Bauphysik 1: Normen für das Studium-Brandschutz,Schallschutz,
Beuth Verlag GmbH Berlin, 2001

[20] DIN-18599, Energetische Bewertung von Gebäuden - Berechnung des Nutz-, End- und Primärenergiegedarfs für Heizung, Kühlung, Lüftung, Trinkwasser und Beleuchtung,
Beuth Verlag GmbH Berlin, Vornorm 2005

[21] EnEV 2007/2008: Energieeinsparverordnung
Bundesgesetzblatt im Bundesanzeiger Verlag in Köln, 2007

[22] DIN EN ISO 13792, Sommerliche Raumtemperaturen bei Gebäuden ohne Anlagentechnik, Allgemeine Kriterien für vereinfachte Rechenverfahren,
Beuth Verlag GmbH Berlin, 2005

[23] DIN EN ISO 13788, Wärme- und feuchtetechnisches Verhalten von Bauteilen und Bauelementen - Raumseitige Oberflächentemperatur zur Vermeidung kritischer Oberflächenfeuchte und Tauwasserbildung im Bauteilinneren – Berechnungsverfahren,
Beuth Verlag GmbH Berlin, 2001

[24] VDI-Wärmeatlas, VDI-Gesellschaft Verfahrenstechnik und Chemieingenieurwesen (Hrsg.)
10.bearb. u. erw. Aufl., Springer Verlag Berlin-Heidelberg, 2006